Strukturoptimierung
Grundlagen und Anwendungen

Strukturoptimierung

Grundlagen und Anwendungen

von

Lothar Harzheim

3. überarbeitete und erweiterte Auflage

VERLAG EUROPA-LEHRMITTEL · Nourney, Vollmer GmbH & Co. KG
Düsselberger Straße 23 · 42781 Haan-Gruiten

Europa-Nr.: 56580

Der Autor:

Prof. Dr. Lothar Harzheim arbeitete nach seiner Promotion zunächst in der Gruppe von Prof. Dr. Mattheck (Deutscher Umweltpreis 2003) an der Entwicklung der bionischen Optimierungsprogramme CAO und SKO mit, bevor er zur Simulationsabteilung der Firma Opel wechselte.

Als Verantwortlicher für den Bereich Optimierung, Bio-Engineering und Robustheit hat er nicht nur die Optimierung im Unternehmen eingeführt und angewendet, sondern auch durch eigene Programme zur Topologieoptimierung den heutigen Entwicklungsstand mitgeprägt.

Prof. Dr. Harzheim hält regelmäßig Vorträge und Seminare zur Angewandten Strukturoptimierung, unter anderem als Honorarprofessor an der TU Darmstadt.

3. überarbeitete und erweiterte Auflage 2019

Druck 5 4 3 2 1

ISBN 978-3-8085-5882-9

ISBN 9-783-8085-5883-6 (E-Book)

http://www.europa-lehrmittel.de
Satz: Satzherstellung Dr. Naake, 09618 Brand-Erbisdorf
Umschlaggestaltung: braunwerbeagentur, 42477 Radevormwald
Druck: Medienhaus Plump GmbH, 53619 Rheinbreitbach

Vorwort zur dritten Auflage

Neben einigen kleineren Korrekturen wurden in der dritten Auflage folgende Kapitel in großen Teilen modifiziert oder ergänzt:

3.1.4	Skalierung der Restriktionen und Festlegung der Parameter: Es wurde die dynamische Anpassung der Straffunktion-Skalierung ergänzt.
7.1.2.3	Die Beta-Methode: Es wurden Formulierungen für Frequenzgangrestriktionen ergänzt.
8.2.1.6.1	Formoptimierung eines Vorderachslenkers: Das Optimierungsproblem wurde praxisgerechter umformuliert. Weiterhin wurden Varianten für verschiedene Zielsetzungen vorgestellt und die Optimierungsergebnisse verglichen und diskutiert.
10.4	Generelle Bemerkungen zu den stochastischen Optimierungsverfahren: Es wurden zusätzliche Möglichkeiten zur Berücksichtigung von Restriktionen ergänzt.

Weiterhin wurden zwei Kapitel mit neuen Themen und ein Kapitel mit einer Anwendung hinzugefügt:

6.2.5.3	Fluch der Dimensionalität
10.2.1.3	Differentielle Evolution (DE)
7.4.4	Optimierung eines Instrumententafelträgers unter Berücksichtigung von Frequenzgangrestriktionen

Wie auch bei den beiden vorherigen Auflagen möchte ich mich hier ganz herzlich bei all denen bedanken, die mich auf Fehler hingewiesen oder Modifikationen und Ergänzungen vorgeschlagen haben. Dies gilt vor allem für Herrn Michael Alb, auf dessen Anregung hin ich das Kapitel 10.2.1.3 hinzugefügt habe und dessen Restriktionsformulierung für die Differentielle Evolution in Kapitel 10.4 eingeflossen ist. Weiterhin gilt mein Dank meinem Kollegen Dr. Rainer Immel, dessen kritischer Blick und Diskussionsbereitschaft immer wieder hilfreich und inspirierend sind.

Verlagsseitig wurde ich wieder in der bewährten professionellen und freundlichen Art von Herrn Klaus Horn betreut. Ich fand wie gewohnt bei jedem Problem stets ein offenes Ohr und eine schnelle umfassende Hilfe. Ganz herzlichen Dank dafür. Ebenso sei Herrn Dr. Steffen Naake gedankt, der das Format wieder so zügig und professionell umgesetzt hat.

Ganz besonderen Dank gilt wieder meiner Familie und insbesondere meiner Frau Brigitte für die immerwährende Unterstützung bei diesem Projekt.

Mainz, im Frühjahr 2019 Lothar Harzheim

Vorwort zur ersten Auflage

Zum Buch

Dieses Buch ist im Rahmen der 3-stündigen Vorlesung „Angewandte Strukturoptimierung" entstanden, die an der TU Darmstadt im Fachgebiet für Numerische Berechnungsverfahren im Maschinenbau (fnb) in jedem Wintersemester angeboten wird. Es ist somit für Einsteiger geeignet, die sich in das Gebiet der Optimierung einarbeiten und die einen Überblick über die gängigsten und bewährtesten Optimierungsverfahren und deren Anwendungen gewinnen möchten. Darüber hinaus soll jedoch mit dem Buch auch dem erfahrenen Anwender ein Nachschlagewerk zur Verfügung gestellt werden. Um dieser doppelten Zielsetzung gerecht zu werden, ist es auch um diejenigen Details, Herleitungen und Optimierungsverfahren ergänzt, die in einer Vorlesung aus Zeitgründen nicht behandelt werden können. Dennoch hat das Buch keinen streng mathematischen Aufbau. Vielmehr steht an erster Stelle die Vermittlung der Idee eines Verfahrens bzw. einer Strategie, die – wo immer möglich – zu Beginn eines Kapitels dargestellt wird. In den Fällen, in denen die Idee nur im Zuge einer Herleitung entwickelt werden konnte, wurde der Text so angelegt, dass der Leser auch dann ein Verfahren verstehen kann, wenn er nicht alle Details nachvollzieht. Damit wird das Buch auch dem Leser gerecht, der nicht an den Einzelheiten interessiert ist – oder der sich zuerst einen Überblick verschaffen will, ehe er sich mit den Feinheiten befasst. Da wichtige Zusammenhänge hergeleitet und Details beschrieben werden, wird auf der anderen Seite auch derjenige fündig, der mehr in die Tiefe gehen will.

Das Buch besteht inhaltlich aus zwei Teilen. Im ersten, von einer speziellen Anwendung unabhängigen Teil, werden die theoretischen Grundlagen, die Lösungsverfahren und Optimierungsstrategien dargestellt. So können die vorgestellten Optimierungsverfahren und Strategien für alle Probleme eingesetzt werden, die sich mithilfe einer Simulation beschreiben lassen. Aus der mittlerweile unüberschaubaren Anzahl von Optimierungsalgorithmen werden in diesem Buch nur diejenigen dargestellt, die sich in der praktischen Anwendung bewährt haben oder zumindest für das Verständnis bewährter Algorithmen wichtig sind. Eine solche Auswahl kann natürlich immer nur subjektiv sein.

Der zweite Teil behandelt die spezielle Anwendung im Bereich der Strukturoptimierung. Er geht darauf ein, wie die Kopplung der FEM-Programme an die Optimierungssoftware vorgenommen wird und welche Besonderheiten bei der Formulierung des Optimierungsproblems zu beachten sind. Insbesondere die Form- und Topologieoptimierung werden ausführlich behandelt und deren Anwendungsmöglichkeiten anhand zahlreicher Beispiele aus der Praxis veranschaulicht.

Es ist ein Ziel des Buches, die Möglichkeiten aufzuzeigen, die heutzutage im Bereich der Strukturoptimierung zur Verfügung stehen; keinesfalls soll eine konkrete Software-Empfehlung gegeben werden. Zwar werden bei den Anwendungen die Namen der Optimierungsprogramme genannt, mit denen – weil sie im Arbeitsumfeld vorhanden waren – die Optimierung durchgeführt wurde, die Programme anderer Hersteller bieten aber häufig die gleiche oder zumindest eine vergleichbare Funktionalität. Solche alternativen Programme sind im Text auch erwähnt und im Anhang B zusammengefasst (jedoch erhebt die Liste keinen Anspruch auf Vollständigkeit).

Zu den Abbildungen und Anwendungsbeispielen

Alle Anwendungsbeispiele mit den dazugehörigen Abbildungen sind während meiner Tätigkeit am Internationalen Technischen Entwicklungszentrum der Adam Opel GmbH in Rüsselsheim entstanden und mit freundlicher Genehmigung der Adam Opel GmbH freigegeben worden.

Danksagung

In das Buch sind die Ergebnisse vieler Fachvorträge und Diskussionen eingeflossen. Mein Dank gilt somit all denjenigen, mit denen ich während meiner langjährigen Tätigkeit auf dem Gebiet der Optimierung Fachgespräche geführt und offene Fragen und Probleme diskutiert habe. Besonders intensiv ist ein solcher Erfahrungsaustausch natürlich im täglichen Arbeitsumfeld. So gilt mein Dank Herrn Prof. Dr. Claus Mattheck, bei dem ich während der dreijährigen Mitarbeit in seiner Gruppe über CAO und SKO den Zugang zur Optimierung gefunden habe. Weiterhin möchte ich mich für die konstruktive and angenehme Zusammenarbeit bei den Kollegen aus den verschiedenen Fachbereichen der Simulationsabteilung der Adam Opel GmbH bedanken, ohne die eine erfolgreiche Anwendung der Optimierungsalgorithmen nicht möglich gewesen wäre. Besonders möchte ich mich dort bei folgenden Personen bedanken: Bei meinem ehemaligen Chef Herrn Gerhard Graf, der gerade in der Einführungsphase der Optimierung immer ein hilfsbereiter und kompetenter Ratgeber bei auftretenden Problemen war und der mir die notwendige Freiheit gegeben hat, neue Ideen und Verfahren auszuprobieren. Bei Herrn Stefan Klug, der in den Anfangszeiten der Topologieoptimierung mit seiner professionellen Umsetzung der Designvorschläge in ein fertigbares Design maßgeblich zum Erfolg und zur Akzeptanz der Methode beigetragen hat. Bei meinem Kollegen Dr. Don Jones aus dem GM-TEC Center in Detroit, der mir Kriging und die funktionale Varianzanalyse nahegebracht und bei Fragen und Problemen Hilfestellung geleistet hat und dies auch heute noch tut. Bei meinem ehemaligen Kollegen Prof. Dr. Axel Schumacher für die zahlreichen inspirierenden Diskussionen und die angenehme, fruchtbare Zusammenarbeit bei den gemeinsamen Projekten. Bei meinem Kollegen Dr. Karsten Bohle, von dem die Grundidee des „Sensitivity Trackings“ stammt, für die anregenden Diskussionen und den Erfahrungsaustausch zum Thema Approximation und Robustheit.

Nicht nur von der fachlichen Seite her gab es Hilfestellung zu diesem Buch. So gilt mein Dank meinem Schwiegervater Herrn Heinz Kloth, der die Arbeit auf sich genommen hat, die erste Fassung des Buches durchzulesen, um all diese Fehler zu finden, die man als Autor so gerne überliest, weil man ja „weiß“, was dort stehen soll. Weiterhin gilt mein Dank dem Verlag Harri Deutsch, der dieses Buchprojekt ermöglicht hat. Insbesondere möchte ich mich für die angenehme und konstruktive Zusammenarbeit bei Herrn Klaus Horn bedanken, der mich während der gesamten Entstehungsphase des Buchs beraten und unterstützt hat und durch dessen Hilfe das Buch zum Schluss den letzten Schliff erhalten hat. Das gilt auch für Herrn Dr. Steffen Naake, der die Vorlage so zügig und kompetent in ein professionelles Erscheinungsbild umgesetzt hat. Weiterhin gilt mein Dank den Leitern der Simulationsabteilung und der Öffentlichkeitsarbeit der Adam Opel GmbH, die mich zu diesem Projekt ermutigt und dabei unterstützt haben. Besonders möchte ich mich bei meinen Eltern Helga und Otto Harzheim bedanken, denn ohne ihre Unterstützung während meiner Ausbildung wäre dieses Buch niemals entstanden. Mein besonders herzlicher Dank gilt jedoch meiner Familie, die während der Fertigstellungsphase an den zahlreichen Wochenenden und freien Tagen auf ihren Ehemann bzw. Vater verzichtet und damit dieses Projekt erst ermöglicht hat.

Mainz, im Sommer 2007

Lothar Harzheim

Für

Brigitte,

Jens, Maike und Achim

Inhaltsverzeichnis

1 Einleitung

Optimierung ist eine Strategie, die in vielen Bereichen des täglichen Lebens angewendet wird. So wird beispielsweise versucht, Ampelschaltungen zu optimieren, Aktienkurse und Gewinne zu maximieren, Verluste zu minimieren, ein Produkt mit möglichst geringen Kosten herzustellen und eine Ware zu dem günstigsten Preis zu erwerben, um nur einige Beispiele zu nennen. Offenbar entspricht es dem menschlichen Wesen, immer das Optimale anzustreben und das Bestmögliche herauszuholen.

Dieses Buch beschränkt sich nur auf einen Ausschnitt der möglichen Optimierungsanwendungen und Strategien, indem nur die simulationsgestützte Optimierung [4], [16], [17], [27], [127], [222], [283] betrachtet wird. Dies bedeutet, dass ein mathematisches Modell für das zu optimierende Problem vorliegen muss. Mit diesem Modell können dann die Ausgabegrößen beziehungsweise die Systemantworten bestimmt werden, welche wiederum von den Eingabegrößen wie Variablen und Parametern abhängen. Dabei kann es sich bei dem Modell um eine Simulation des Problems in analytischer oder numerischer Form oder auch um eine Approximation handeln, die aus einer Anzahl vorliegender Datenpunkte aufgebaut worden ist. Im letzteren Fall müssen die Daten nicht zwangsweise das Ergebnis einer Simulation sein, sondern können auch aus einem Experiment stammen.

Die zweite Einschränkung besteht darin, dass sich der Anwendungsbereich auf die Strukturoptimierung [21], [31], [118], [132], [169], [333], [382], also auf die Optimierung mechanischer Strukturen beschränkt. Viele der behandelten Grundlagen und Optimierungsalgorithmen gelten jedoch in den meisten Fällen für jede simulationsgestützte Optimierung.

In den Ingenieurbereichen hat die Simulation in den letzten Jahren immer mehr an Bedeutung gewonnen, und ein Ende dieser Entwicklung ist zurzeit noch nicht absehbar. So verlagert sich beispielsweise in der Automobilindustrie der Schwerpunkt von der versuchsbasierten Entwicklung immer mehr hin zur virtuellen Entwicklung. Durch diese Schwerpunktsverlagerung in Richtung der Simulation im Entwicklungsprozess ist auch die Bedeutung der simulationsgestützten Optimierung gewachsen und eröffnet auch vollkommen neue Einsatzmöglichkeiten. So wäre es vor Jahren unvorstellbar gewesen, dass es mithilfe der Optimierung möglich ist, für ein Gussbauteil den optimalen Querschnitt und die optimale Anzahl und Anordnung der Rippen innerhalb des Profils zu finden.

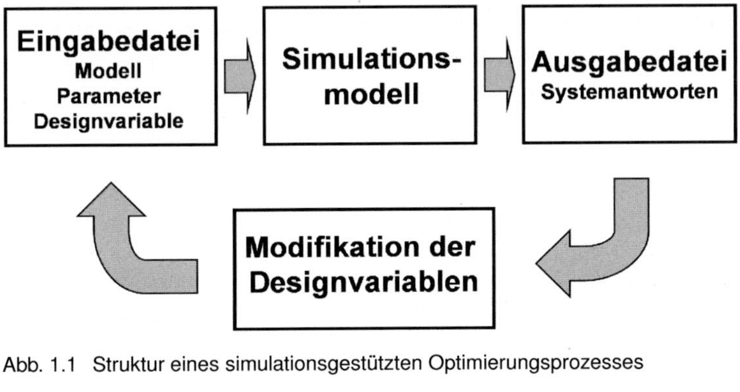

Abb. 1.1 Struktur eines simulationsgestützten Optimierungsprozesses

In Abbildung 1.1 ist ein typischer Ablauf eines simulationsgestützten Optimierungsprozesses dargestellt. Als Eingabegrößen liegt in einer Eingabedatei neben der Modellbeschreibung ein Satz von Parametern und Designvariablen vor. Erstere sind fest vorgegeben und können nicht mehr verändert werden, während letztere in einen vorgegebenen Bereich variiert werden können. Beispiele für Eingabeparameter sind Materialkennwerte eines vorgegebenen Werkstoffs und für Designvariable die Wandstärken von Blechen. Mit dem mathematischen Modell werden dann die Systemantworten (Responses), die von Interesse sind, bestimmt, wie beispielsweise das Gewicht, Verschiebungen, Spannungen oder Eigenfrequenzen. Die Aufgabe des Ingenieurs besteht nun darin, die Werte der Systemantworten zu interpretieren und zu beurteilen. Liegen diese außerhalb des zulässigen Bereiches oder sollen diese so weit wie möglich verbessert werden, müssen die Designvariablen innerhalb des zulässigen Bereichs solange variiert werden, bis das gewünschte Ergebnis erreicht worden ist. Es gibt dabei zwei Möglichkeiten, diesen Optimierungsprozess durchzuführen. Er kann manuell ausgeführt werden, das heißt, dass der Ingenieur aufgrund seiner Erfahrung neue Werte für die Designvariablen auswählt. Mit dem modifizierten Eingabesatz wird dann erneut die Berechnung durchgeführt, die neuen Systemantworten beurteilt und daraus gegebenenfalls erneute Änderungen der Designvariablen abgeleitet. Dieser Prozess wird solange wiederholt, bis das Ziel erreicht ist.

Diese manuelle Vorgehensweise ist meistens mühselig und zeitaufwendig. Schneller und einfacher ist es häufig, einen mathematischen Algorithmus einzusetzen, der in den einzelnen Iterationsschritten die Beurteilung der Systemantworten übernimmt und die Veränderung der Designvariablen bestimmt und ausführt. Dabei findet man mit einem solchen Algorithmus häufiger eine bessere Lösung als mit der manuellen Optimierung und dies meistens auch noch mit geringerem Zeitaufwand. Dies bedeutet jedoch nicht, dass die Erfahrung des Ingenieurs nicht mehr wichtig wäre. Im Gegensatz zu den Werbesprüchen einiger Software-Hersteller kann Optimierung im Allgemeinen nicht auf Knopfdruck von einem unerfahrenen Anwender durchgeführt werden. Es ist sicherlich vorstellbar, dass es die eine oder andere Standardoptimierungsaufgabe gibt, die auch ohne großes Hintergrundwissen erfolgreich behandelt werden kann. Generell ist jedoch die Erfahrung des Anwenders für eine erfolgreiche Optimierung wichtig und notwendig. So muss der Anwender beispielsweise das Optimierungsproblem so definieren, dass es auch zu dem gewünschten Ergebnis führt. Dazu gehören sowohl die Auswahl der Designvariablen als auch die Auswahl der Systemantworten, die während der Optimierung berücksichtigt werden sollen. Weiterhin muss das Optimierungsergebnis auf Plausibilität und Qualität hin beurteilt werden.

Man wird häufig gerade von Einsteigern gefragt, wie genau denn die Optimierungsergebnisse sind. Diese Frage ist falsch gestellt. Die Genauigkeit des Ergebnisses wird durch das Simulationsmodell festgelegt und nicht durch das Optimierungsprogramm. Der Optimierungsalgorithmus sucht nur die beste Lösung im Rahmen der Systemantworten, die ihm vom Simulationsmodell zur Verfügung gestellt werden. Hat dieses Modell Schwächen oder Bereiche, in dem das Problem nicht angemessen modelliert wird, kann es vorkommen, dass der Optimierungsalgorithmus gerade in diesem Bereich die beste Lösung findet. Hier ist wieder der qualifizierte Anwender gefragt, der den Gültigkeitsbereich des Simulationsmodells kennt und ja auch bei der manuellen Optimierung dafür sorgen muss, dass dieser nicht verlassen wird. Jedoch deckt gerade ein Optimierungsalgorithmus gerne solche Schwachstellen auf und findet in solchen Fällen häufig die beste Lösung außerhalb des Gültigkeitsbereichs. Ist eine solche Situation eingetreten, muss entweder das Optimierungsproblem neu formuliert oder das Simulationsmodell verbessert werden.

Die Frage nach der Genauigkeit des Modells bezieht sich auch auf die Lastfälle, die bei der Optimierung berücksichtigt werden. Auch ohne Optimierung ist es wichtig, dass alle wichtigen Lastfälle in der Simulation berücksichtigt werden, um das Bauteil oder die Struktur vollständig beurteilen zu können. Fehlt ein wichtiger Lastfall, ist es möglich, dass das Bauteil genau bei diesem versagt. Es gibt jedoch normalerweise einen großen Erfahrungsschatz, welche Lastfälle relevant sind und berücksichtigt werden müssen. Man muss sich dennoch darüber im Klaren sein, dass man beim Einsatz eines Optimierungsprogramms immer an die Grenzen geht. Gibt es bei der Beurteilung eines Bauteils ohne Optimierung immer noch eine gewisse Wahrscheinlichkeit, dass ein fehlender Lastfall sich wegen vorhandener Sicherheitsreserven nicht auswirkt, so ist das bei einem optimierten Bauteil meistens nicht der Fall. Man kann vielmehr davon ausgehen, dass ein optimiertes Design genau in dem Lastfall versagen wird, der in der Optimierung nicht berücksichtigt worden ist.

Dies alles zeigt, dass es eine Optimierung auf Knopfdruck im Normalfall nicht geben kann, sondern ein Optimierungsprogramm ein Werkzeug ist, das nur dann effektiv eingesetzt werden kann, wenn es von einem versierten Anwender bedient wird. Deshalb beeinflusst die Qualifikation und die Erfahrung des Anwenders maßgeblich die Qualität des Ergebnisses.

Es soll zum Abschluss dieses Abschnitts noch darauf hingewiesen werden, dass nicht alle Optimierungsprobleme mithilfe eines Optimierungsalgorithmus gelöst werden können, obwohl heute eine große Anzahl von sehr guten und effektiven Optimierungsprogrammen auf dem Markt ist. Der Grund dafür kann sein, dass eine Parametrisierung des Problems gar nicht oder nur mit großem Aufwand möglich ist oder dass die Rechenzeit jeden vernünftigen Rahmen sprengen würde.

1.1 Optimierungstypen

Man kann in der Strukturoptimierung zwischen drei verschiedenen Anwendungsbereichen unterscheiden, die in Abbildung 1.2 veranschaulicht sind.

1. Bei der *Dimensionierung* (Sizing) werden nur Zahlenwerte variiert, wie beispielsweise Wandstärken von verschiedenen Blechen einer Karosserie oder Querschnittsflächen von Balken. Diese Zahlenwerte stehen meistens in einer Eingabedatei für die Analyse und können damit leicht modifiziert werden.
2. Bei der *Formoptimierung* muss dagegen die Form modifiziert und dem Optimierungsprogramm die möglichen Formvariationen übergeben werden. Dies kann je nach Problemstellung und verfügbaren Programmen sehr schwierig und zeitaufwendig sein. Die Formoptimierung stellt somit sicherlich eine der anspruchsvollsten und arbeitsintensivsten Form der Optimierung dar.
3. In der *Topologieoptimierung* geht man noch einen Schritt weiter, indem auch das Entstehen von Löchern innerhalb einer Komponente zugelassen wird. Dass diese auf den ersten Blick noch anspruchsvollere Form der Optimierung einfach in der Anwendung ist und damit überhaupt in der Praxis Anwendung gefunden hat, verdankt sie der Tatsache, dass die wirkliche Kontur durch eine Dichteverteilung approximiert wird.

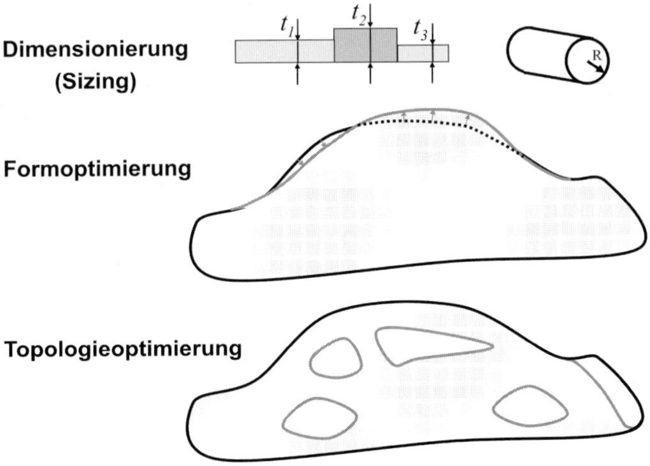

Abb. 1.2 Veranschaulichung der verschiedenen Optimierungstypen

Auf die Details der einzelnen Optimierungstypen und deren Anwendung wird später ausführlich eingegangen.

1.2 Motivation und Grundbegriffe der Optimierung

Um mit der Struktur von Optimierungsproblemen vertraut zu werden, soll zu Anfang ein einfaches Optimierungsproblem betrachtet werden. In Abbildung 1.3 ist eine Blechplatte gezeigt, aus der eine Box gefertigt werden soll. Dazu wird an allen Ecken ein Quadrat mit der Kantenlänge x herausgeschnitten. Die verbleibenden Kanten werden hoch gebogen und die Ecken zusammengeschweißt. Die Anforderung lautet nun, den Verschnitt bei der Herstellung der Box möglichst gering zu halten. Dies bedeutet in diesem Fall konkret, dass aus dem verfügbaren Blech eine Box herstellt werden soll, bei der das Volumen V maximal ist. Damit kann man das Optimierungsproblem folgendermaßen formulieren:

$$\max V(x), \tag{1.1}$$

Dabei ist das Volumen gegeben als:

$$V(x) = (b - 2x)(a - 2x)x$$

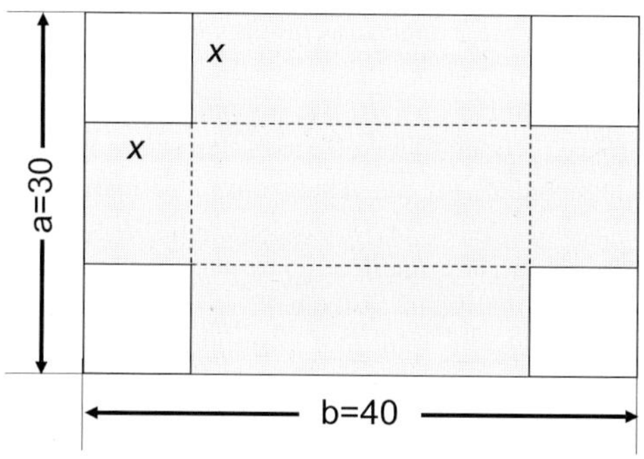

Abb. 1.3 Bemaßung der Blechplatte, aus der eine Box gefertigt werden soll

Die Variable ist in diesem Fall die Kantenlänge x der entfernten Quadrate beziehungsweise die Höhe der Box. Sie wird in der Optimierung als Designvariable bezeichnet. Diese wird auf einen Wertebereich zwischen 0 und $a/2$ eingeschränkt, da bei den in Abbildung 1.3 gezeigten Kantenlängen nur dieser Bereich physikalisch sinnvoll ist. Das Optimierungsproblem wird gelöst, indem $V(x)$ nach der Variablen x abgeleitet und die Ableitung gleich null gesetzt wird. Man erhält dann

$$\frac{\mathrm{d}V}{\mathrm{d}x} = ab - 4(a + b)x + 12x^2 = 0, \tag{1.2}$$

woraus sich als physikalisch sinnvolle Lösung ergibt (siehe Abbildung 1.4)

$$x^* = x_1 = \frac{a+b}{6} - \sqrt{\left(\frac{a+b}{6}\right)^2 - \frac{ab}{12}} = 5{,}7. \tag{1.3}$$

Hier wurde die übliche Notation verwendet, die Designvariable im Optimum mit einem Stern zu kennzeichnen.

Jetzt sollen jedoch die Boxen in Regale gestellt werden, die nur eine Höhe $\overline{x}$ besitzen. Damit wird das Optimierungsproblem um eine Ungleichheitsrestriktion $g_1(x)$ erweitert:

$$g_1(x) = x - \overline{x} \leq 0 \tag{1.4}$$

Dabei wurde die Ungleichheitsrestriktion in der Form geschrieben, die in der Optimierung üblich ist. Diese Ungleichheitsrestriktion führt dazu, dass nicht mehr der gesamte Wertebereich von x zur

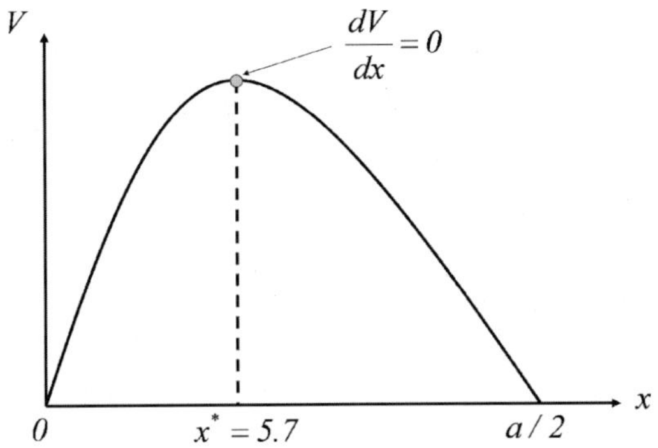

Abb. 1.4 Lösung des Optimierungsproblems ohne Restriktionen

Verfügung steht, sondern dass es nun einen Bereich gibt, in dem die Restriktion verletzt und der damit unzulässig ist. Die Lösung des erweiterten Optimierungsproblems

$$\max V(x),$$

sodass

$$g_1(x) \leq 0 \tag{1.5}$$

hängt nun von dem Wert von $\overline{x}$ ab (Abbildung 1.5). Ist dieser größer als x_1, ändert sich die Lösung nicht. Ist dagegen $\overline{x}$ kleiner als x_1, dann lautet die optimale Lösung

$$x^* = \overline{x}. \tag{1.6}$$

Dies bedeutet, dass die optimale Lösung nicht im Maximum der Funktion liegt, sondern am Rand des zulässigen Bereichs. Dort gilt gerade das Gleichheitszeichen für die Restriktion. Eine solche Restriktion wird als aktiv bezeichnet. Weiterhin ist zu erkennen, dass das ursprünglich verwendete Kriterium zur Bestimmung des Optimums nicht mehr gültig ist, da offensichtlich die erste Ableitung im Optimum jetzt nicht mehr null ist. Die Kriterien für das Optimum mit Restriktionen sind die so genannten Kuhn-Tucker-Bedingungen, die später in Abschnitt 3.2.2.1 vorgestellt werden.

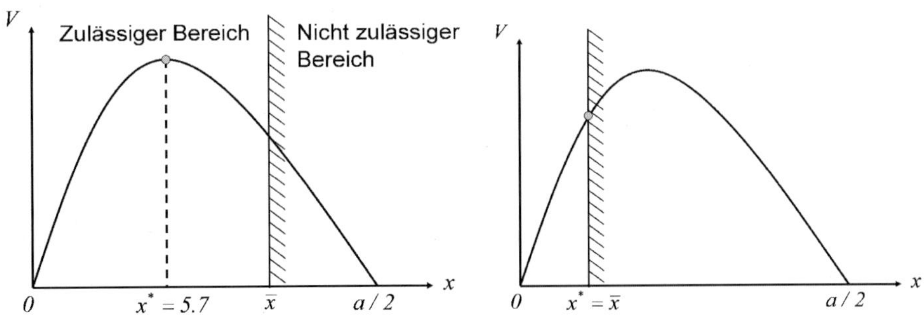

Abb. 1.5 Verschiedene Lösungen des Optimierungsproblems in Abhängigkeit der oberen Restriktionsgrenze $\overline{x}$

Eine andere Anforderung lautet, dass das Volumen der Box einen Wert von $\overline{V}$ nicht überschreiten darf. Mit dieser Restriktion lautet das Optimierungsproblem nun:

$$\max V(x),$$

sodass

$$g_2(x) = V - \overline{V} \leq 0 \tag{1.7}$$

Wie in Abbildung 1.6 dargestellt gibt es nun offenbar zwei Lösungen des Problems, die beide wieder am Rand des zulässigen Bereiches liegen.

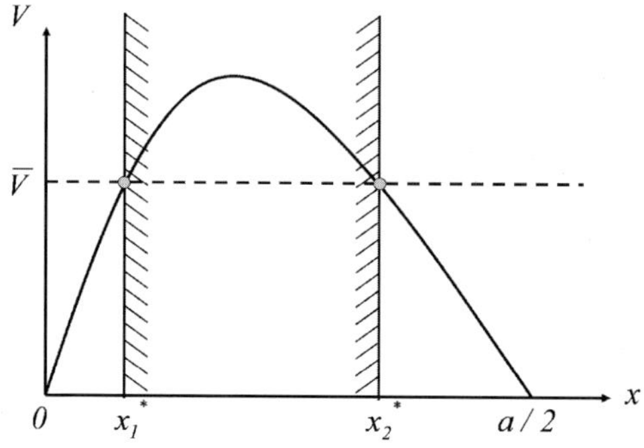

Abb. 1.6 Lösungen des Optimierungsproblems für die Volumenrestriktion

Wenn beide Anforderungen gleichzeitig erfüllt werden sollen, lautet das Optimierungsproblem folgendermaßen:

$$\max V(x),$$

sodass

$$\begin{aligned} g_1(x) &\leq 0 \\ g_2(x) &\leq 0 \end{aligned} \tag{1.8}$$

Auch in diesem Falle hängen die Lösungen von dem Wert von $\overline{x}$ ab. In Abbildung 1.7 sind die verschiedenen Fälle dargestellt. Je nach Wert von $\overline{x}$ gibt es nur eine oder zwei optimale Lösungen, und es ist jeweils nur die erste oder die zweite Restriktion aktiv.

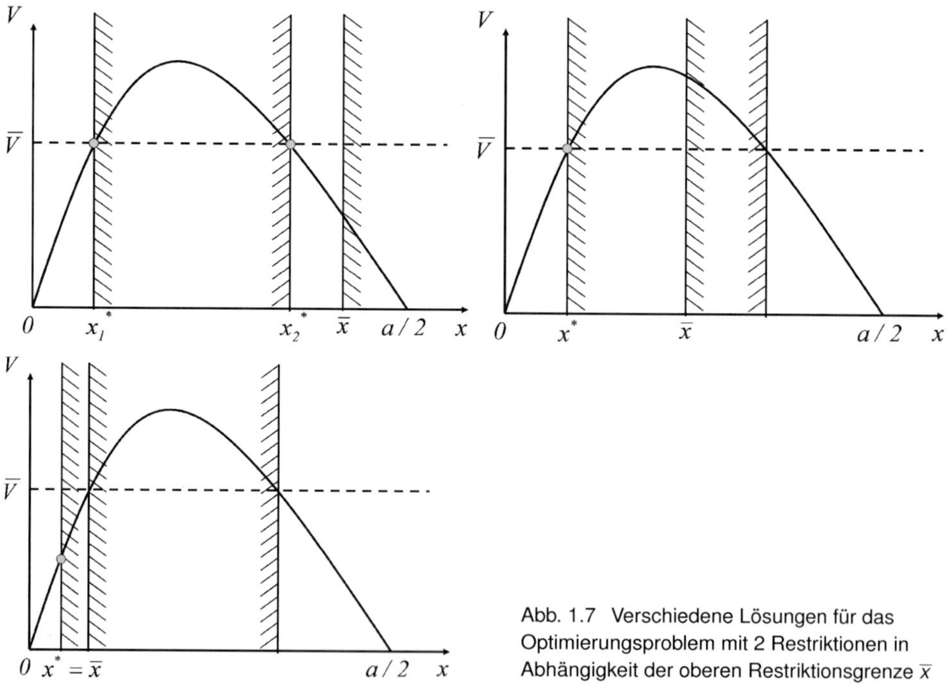

Abb. 1.7 Verschiedene Lösungen für das Optimierungsproblem mit 2 Restriktionen in Abhängigkeit der oberen Restriktionsgrenze $\overline{x}$

Ein wiederum neues Optimierungsproblem ergibt sich, wenn die Anforderung besteht, dass das Volumen exakt den Wert $\overline{V}$ haben soll. In diesem Falle spricht man von einer Gleichheitsrestriktion, die mit $h(x) = V - \overline{V}$ bezeichnet wird. Damit lautet das Optimierungsproblem nun

$$\max V(x),$$

sodass

$$\begin{aligned} g_1(x) &\leq 0 \\ h(x) &= 0. \end{aligned} \tag{1.9}$$

Hier besteht, wie in Abbildung 1.8 dargestellt ist, der zulässige Bereich nur aus zwei Punkten, die zudem gleichzeitig ohne Ungleichheitsrestriktion die beiden optimalen Lösungen darstellen. Mit der Ungleichheitsrestriktion ergeben sich jedoch je nach Wert von $\overline{x}$ die in Abbildung 1.8 dargestellten 3 Fälle. Im letzten Fall liegt sogar kein zulässiger Bereich mehr vor, und es existiert demnach keine Lösung des Optimierungsproblems.

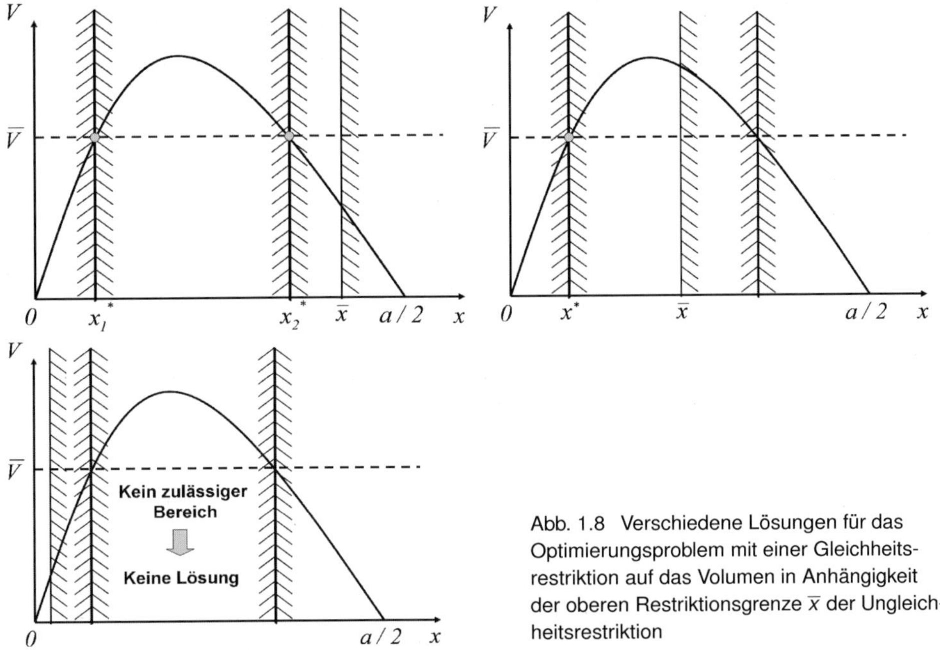

Abb. 1.8 Verschiedene Lösungen für das Optimierungsproblem mit einer Gleichheitsrestriktion auf das Volumen in Anhängigkeit der oberen Restriktionsgrenze $\overline{x}$ der Ungleichheitsrestriktion

Die oben dargestellten Fälle geben einen Einblick, welche verschiedenen mathematischen Strukturen ein Optimierungsproblem annehmen kann, welche Situationen bei der Optimierung eintreten können und welche Folgen die Restriktionen auf die optimale Lösung haben. Normalerweise liegen fast immer Optimierungsprobleme mit Restriktionen vor. Weiterhin liegt typischerweise die optimale Lösung am Rand des zulässigen Bereichs. Dies muss vor allen immer der Fall sein, wenn das Gewicht minimiert werden soll. Ohne aktive Restriktion würde die Optimierung immer beim Gewicht $= 0$ enden.

1.3 Allgemeine Form des Optimierungsproblems

In den oben vorgestellten Beispielen war die Situation überschaubar, weil die zu maximierende Funktion nur von einer Variablen abhängt und für die Funktion ein expliziter Ausdruck vorlag. Das ist normalerweise in den praktischen Anwendungen nicht der Fall. Vielmehr liegen normalerweise mehr als eine Designvariable vor, und die benötigten Systemantworten müssen für einen Satz vorgegebener Designvariablen meistens mit einem numerischen Verfahren, wie der Methode der Finiten Elemente (FEM), berechnet werden. Somit sind deren Werte nur an dem gerade aktuellen Punkt bekannt sind.

Allgemein kann ein Optimierungsproblem mit n Designvariablen, m Ungleichheitsrestriktionen und q Gleichheitsrestriktionen in folgender Form geschrieben werden:

$$\min f(\overrightarrow{x}),$$

sodass

$$\begin{aligned} g_j(\overrightarrow{x}) &\leq 0; & j &= 1, m \\ h_k(\overrightarrow{x}) &= 0; & k &= 1, q \\ x_i^L \leq x_i &\leq x_i^{\mathrm{U}}; & i &= 1, n \end{aligned} \tag{1.10}$$

Dabei wird f als Zielfunktion (Objective Function) bezeichnet, die Ungleichheitsrestriktionen (inequality constraints) mit $g_j(\overrightarrow{x})$ und die Gleichheitsrestriktionen (equality constraints)mit $h_k(\overrightarrow{x})$. Die Restriktionen auf die Designvariablen mit den unteren Grenzen x_i^{L} (Lower) und oberen Grenzen x_i^{U} (Upper) nennt man explizite Restriktionen (Side Constraints). Werden alle Designvariablen

$$\overrightarrow{x}^{\mathrm{T}} = (x_1, x_2, \ldots, x_n) \in R^n$$

und Restriktionsgrenzen

$$\overrightarrow{x}^{\mathrm{LT}} = (x_1^{\mathrm{L}}, x_2^{\mathrm{L}}, \ldots, x_n^{\mathrm{L}}) \in R^n$$
$$\overrightarrow{x}^{\mathrm{UT}} = (x_1^{\mathrm{U}}, x_2^{\mathrm{U}}, \ldots, x_n^{\mathrm{U}}) \in R^n$$

zu einem Vektor zusammengefasst, können die expliziten Restriktionen auch geschrieben werden als

$$\overrightarrow{x}^{\mathrm{L}} \leq \overrightarrow{x} \leq \overrightarrow{x}^{\mathrm{U}} \tag{1.11}$$

Für die Anwendung spielen Gleichheitsrestriktionen eher eine untergeordnete Rolle. Der Grund ist, dass für die meisten Anforderungen die Einhaltung oberer oder unterer Grenzen, selten jedoch ein exakter Zielwert gefordert wird. Es gibt deswegen auch Optimierungsalgorithmen, die nur Ungleichheitsrestriktionen behandeln können.

Die oben angegebene Form des Optimierungsproblems, bei der die Zielfunktion minimiert werden soll, stellt die allgemeine Formulierung dar, weil das Problem eine Funktion zu maximieren leicht auf die obige Form zurückgeführt werden kann, indem man die negative Funktion minimiert.

$$\max f(\overrightarrow{x}) = \min\left(-f(\overrightarrow{x})\right) \tag{1.12}$$

Für die Ungleichheitsrestriktionen kann man 3 Fälle unterscheiden:

$g_j < 0$ Restriktion erfüllt aber nicht aktiv
$g_j = 0$ Restriktion erfüllt und aktiv
$g_j > 0$ Restriktion verletzt

Der Bereich, in dem alle Restriktionen erfüllt sind, heißt zulässiger Bereich. In diesem zulässigen Bereich versucht der Optimierer die Werte der Designvariablen zu finden, bei denen die Zielfunktion unter Einhaltung aller Restriktionen minimal wird. Dies geht nicht in einem Schritt sondern in mehreren Iterationen. In jeder Iteration wird vom Algorithmus bestimmt, um welchen Wert $\Delta \overrightarrow{x}^{(k-1)}$ alle Variablen $\overrightarrow{x}^{(k-1)}$ in der k-ten Iteration zu ändern sind.

$$\overrightarrow{x}^{(k)} = \overrightarrow{x}^{(k-1)} + \Delta \overrightarrow{x}^{(k-1)} \tag{1.13}$$

Es gibt viele Möglichkeiten, das Optimierungsproblem zu lösen, beziehungsweise den Wert von $\Delta \overrightarrow{x}^{(k-1)}$ zu bestimmen. Man kann jedoch grob drei verschiedene Gruppen unterscheiden. Eine von diesen macht sich die Tatsache zunutze, dass das mathematische Optimierungsproblem im Fall von zwei Designvariablen sehr gut veranschaulicht werden kann, wenn man die Struktur der

Zielfunktion in Form von Isolinien darstellt (Abbildung 1.9). Das analoge Bild zum Optimierungsproblem ist eine Gebirgslandschaft, deren Höhenlinien den Isolinien der Zielfunktion und die Werte der Designvariablen den Ortskoordinaten entsprechen und in der ein Bergsteiger, beginnend vom Ausgangspunkt, den tiefsten Punkt eines Tales finden soll. Dabei versperrt ihm dichter Nebel die Sicht und sein einziges Hilfsmittel ist ein Höhenmesser. Neben der Sichtbehinderung wird die Situation dadurch erschwert, dass in der Landschaft Zäune verlaufen, die den Restriktionsgrenzen entsprechen und nicht überquert werden dürfen. Die Strategie des Bergsteigers wird nun so aussehen, dass er versuchen wird, sich immer abwärts zu bewegen. Dabei wird er sein Ziel nicht gradlinig erreichen können, sondern vielmehr infolge der fehlenden Sicht, der zerklüfteten Landschaft und der Restriktionszäune häufiger die Richtung wechseln müssen. Er wird dabei spätestens dann eine neue Richtung einschlagen, wenn die aktuelle nicht mehr bergab führt, keinen nennenswerten Abstieg mehr verspricht oder eine Restriktion ein weiteres Fortschreiten verbietet.

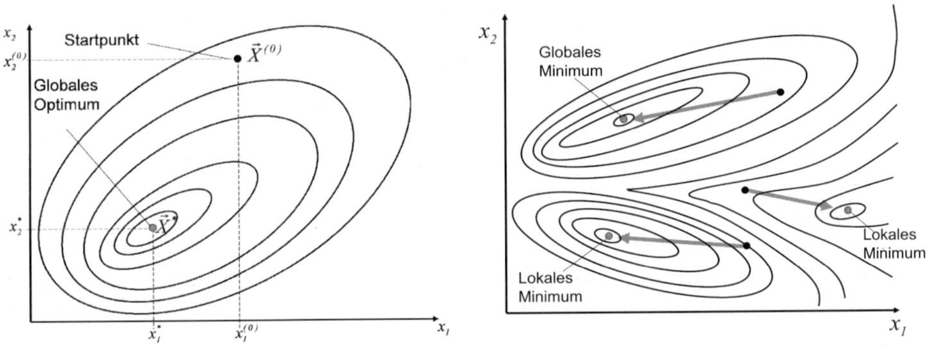

Abb. 1.9 Veranschaulichung des Optimierungsproblems als Gebirgslandschaft, links ohne und rechts mit „Seitentälern"

Diese anschauliche Vorstellung des Abstiegs bis zur tiefsten Stelle eines Tales ist die Grundlage für viele Optimierungsprogramme. Diese unterscheiden sich lediglich dadurch, wie die Richtungen zum Abstieg bestimmt und wie die Restriktionen berücksichtigt werden. Diese Abstiegsstrategien haben jedoch den Nachteil, dass man je nach Startpunkt nicht in das Tal mit der tiefsten Talsohle (globales Optimum) absteigt, sondern in ein Seitental gelangen kann, dessen tiefster Punkt höher liegt (lokales Optimum) und damit ein schlechteres Ergebnis liefert (Abbildung 1.9). Aus diesem Grund wird bei der zweiten Gruppe, den so genannten globalen Optimierungsverfahren, von der reinen Abstiegsstrategie abgewichen und auch andere Richtungen zugelassen, welche häufig zufallsbedingt gewählt werden. Deshalb haben viele globale Optimierungsverfahren eine Zufallskomponente im Algorithmus integriert.

Die dritte Gruppe von Optimierungsstrategien verwendet so genannte Optimalitätskriterien. In diese Klasse fallen Verfahren, die versuchen, ein Kriterium für das Optimum als mathematische Bedingung zu formulieren und dieses über eine heuristische Iterationsvorschrift zu erfüllen. Andere Verfahren verwenden ein anschauliches und plausibles Kriterium, das sie mit heuristischen oder empirischen Algorithmen zu erreichen versuchen. Das populärste aus dieser Kategorie ist wohl das Prinzip vom voll beanspruchten Tragwerk (Fully Stressed Design).

1.4 Optimierung basierend auf linearer und nichtlinearer Analyse

Wie problemlos die Optimierung in der Praxis anwendbar ist, wie zeitaufwendig sie sich gestaltet und welche Optimierungstypen verwendet werden können, hängt davon ab, um welche Art von Analyse es sich in der Optimierungsschleife in Abbildung 1.1 handelt. Bei einer linearen Analyse sind alle Optimierungstypen möglich und der Aufwand ist in der Regel sowohl von der Vorbereitung (Preprocessing) als auch von der benötigten Rechenzeit her praktikabel. Deswegen hat sich diese Art von Optimierung in der Praxis als Standardwerkzeug etabliert, das effizient im Entwicklungsprozess eingesetzt werden kann. In dem meisten Fällen werden hier gradientenbasierte Optimierungsverfahren eingesetzt, die direkt im FEM-Programm integriert sind. Somit haben diese direkten Zugriff auf interne Informationen des FEM-Programms und können deswegen die für die Gradientenbestimmung notwendige Sensitivitätsanalyse (sem-)analytisch und damit sehr zeiteffizient durchführen. Die theoretischen Grundlagen für die Gradientenverfahren werden in Kapitel 2, 3 und den Abschnitten 6.1 und 7.2 behandelt. Ebenfalls basieren die in Kapitel 7, 8 und 9 behandelte Wandstärken-, Form- und Topologieoptimierung auf linearen Analysen.

Bei nichtlinearen Analyse muss man zwischen impliziter und expliziter Analyse unterscheiden. Bei der impliziten Analyse sind die Sensitivitäten im Prinzip mit praktikablen Aufwand zu berechnen und somit auch Gradientenverfahren einsetzbar. Dies wird jedoch erst von wenigen Programmen angeboten. Wenn die Sensitivitäten vorliegen, kann man Optimierungsprobleme mit nichtlinearen Materialeigenschaften und Verformungen, sowie auch einfache Kontaktprobleme zeiteffizient lösen. Bei der expliziten Analyse ist eine Sensitivitätsanalyse nicht möglich, sodass dort nur gradientenfreie Verfahren eingesetzt werden können. Diese sind in Kapitel 10 beschrieben. Ebenso kann eine Optimierung verwendet werden, die auf globalen Approximationen (Metamodellen) basiert, deren Struktur in Abschnitt 6.2 und deren Verwendung in Abschnitt 6.2.7 beschriebenen sind. Die Einschränkung auf gradientenfreie Verfahren hat zur Folge, dass die Optimierung basierend auf expliziten Verfahren sehr aufwendig ist. Zum einen konvergieren nicht gradientenbasierte Verfahren nicht so schnell wie die gradientenbasierten Methoden, zum anderen kommen noch die langen Analysezeiten hinzu. So muss man sich entweder auf eine begrenzte Anzahl von Designvariablen beschränken ($n < 10$) oder Hardware-mäßig stark aufgestellt sein. Damit ist es dann zwar möglich Dimensionierung und auch Formoptimierungsprobleme zu lösen, jedoch nicht Topologieoptimierungsprobleme. Hier ist es zur Zeit nur möglich, lineare Ersatzlastfälle für den nichtlinearen Lastfall zu generieren und diese für eine Optimierung basierend auf einer linearen Analyse einzusetzen. Auf diese Weise können wiederum alle Optimierungstypen verwendet werden. Die ESL (Equivalent Static Loads) Methode, die in Abschnitt 11.3 beschrieben ist, liefert einen Mechanismus, um solche linearen Ersatzlastfälle zu definieren.

1.5 Konvexität

Anhand des einfachen Beispiels zur Einleitung in Abschnitt 1.2 wurde deutlich, dass es Fälle gibt, in denen mehr als eine Lösung des Optimierungsproblems vorliegt. In Abbildung 1.10 sind zwei eindimensionale Funktionen dargestellt, für die nur explizite Restriktionen vorliegen und die im zulässigen Bereich nur eine optimale Lösung aufweisen. Das dritte Beispiel zeigt dagegen einen Fall, bei dem im zulässigen Bereich verschiedene Minima vorliegen. Das Minimum mit dem kleinsten Funktionswert heißt globales Minimum, die anderen dagegen lokale Minima. In der Praxis ist man daran interessiert, das globale Minimum zu finden. Es gibt jedoch bis heute noch kein Optimierungsverfahren, das sicherstellt, dass das globale Optimum gefunden wird. Insbesondere die Algorithmen, die eine Suchrichtung verwendeten, bewegen sich von dem Startpunkt gesehen immer abwärts zum nächstgelegenen Minimum. Je nach Startpunkt wird ein solcher Algorithmus somit verschiedene Optima finden, wie dies exemplarisch in Abbildung 1.10 dargestellt ist. Ähnlich ist die Situation im mehrdimensionalen Fall, wie dies schon in Abbildung 1.9 gezeigt war.

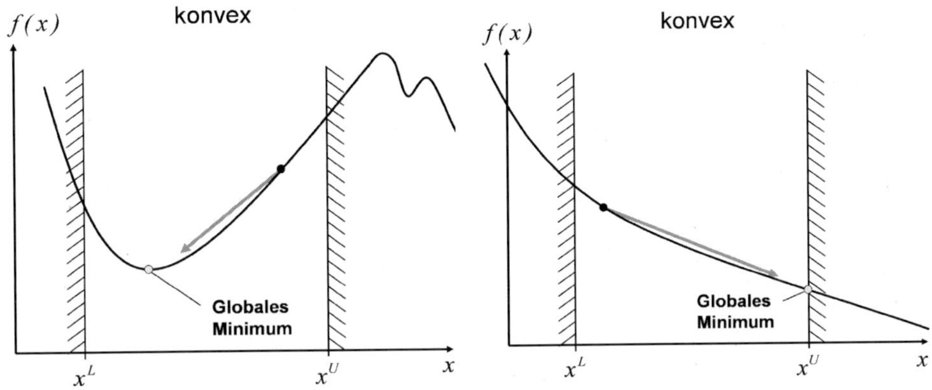

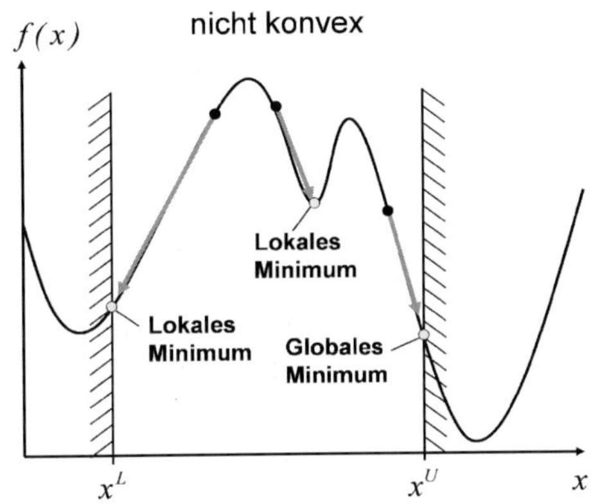

Abb. 1.10 Zwei eindimensionale Funktionen, die nur ein lokales Minimum aufweisen und eine Funktion mit zwei zusätzlichen lokalen Minima, zu denen man je nach Startwert mit einer Bergabstiegsstrategie gelangt

Die Konvexität einer Funktion ist nun ein Kriterium, das sicherstellt, dass es nur ein globales Optimum gibt.

Definition: Eine Funktion $f : [\vec{x}^{L}, \vec{x}^{U}] \rightarrow R$ heißt konvex, wenn gilt:

$$f(\theta \cdot \vec{x}_A + (1-\theta) \cdot \vec{x}_B) \leq \theta \cdot f(\vec{x}_A) + (1-\theta) \cdot f(\vec{x}_B)$$
$$\forall \vec{x}_A, \vec{x}_B \in [\vec{x}^{L}, \vec{x}^{U}]; \quad \forall \theta \in [0,1] \tag{1.14}$$

Der Ausdruck auf der rechten Seite beschreibt dabei die Geradengleichung durch die Funktionswerte $f(\vec{x}_A)$ und $f(\vec{x}_B)$, deren Funktionswerte bei einer konvexen Funktion immer größer sein müssen als die Werte der Zielfunktion zwischen den beiden Punkten $\vec{x}_A$ und $\vec{x}_B$ (Abbildung 1.11). Dabei muss dies für jede beliebige Wahl der beiden Punkte $\vec{x}_A$und $\vec{x}_B$ innerhalb des Definitionsbereichs gelten. Die Konvexitätsbedingung ist jedoch nur hinreichend und nicht notwendig. Das bedeutet, dass eine nicht konvexe Funktion nicht zwangsläufig lokale Extrema haben muss. Dies ist in Abbildung 1.12 gezeigt, wo die dargestellte Funktion nicht konvex ist aber dennoch nur ein globales Minimum besitzt.

Die Bedingung, dass die Zielfunktion konvex ist, reicht beim Vorhandensein von Restriktionen nicht aus, um sicherzustellen, dass nur ein globales Optimum existiert. Dies wird deutlich in Abbildung 1.13, in der eine konvexe Funktion dargestellt ist, jedoch infolge der Restriktion zwei Optima existieren. Dies liegt daran, dass der zulässige Bereich nicht konvex ist. Da es sich bei

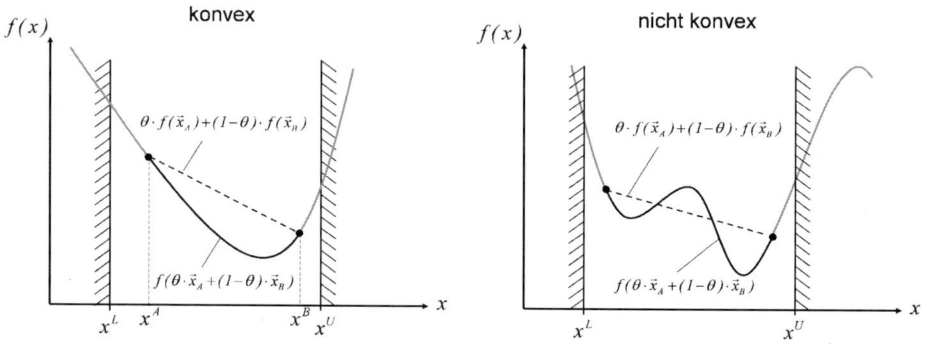

Abb. 1.11 Veranschaulichung der Definition der Konvexität einer Funktion

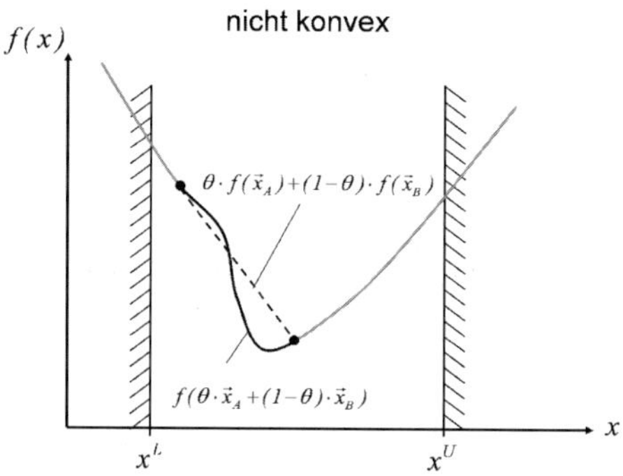

Abb. 1.12 Eine nicht konvexe Funktion, die nur ein globales und kein lokales Minimum besitzt

dem zulässigen Bereich um eine Menge handelt, benötigt man die Definition der Konvexität einer Menge (Abbildung 1.14).

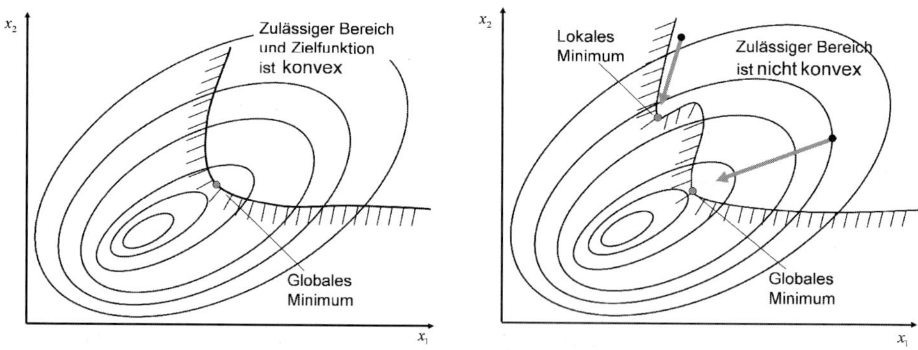

Abb. 1.13 Beispiel einer konvexen Funktion, die je nach der Struktur der Restriktion entweder nur ein globales Optimum besitzt oder noch zusätzlich ein lokales Minimum aufweist

Definition: Eine Menge M heißt konvex, wenn gilt:

$$\overrightarrow{y} = \theta \cdot \overrightarrow{x_A} + (1-\theta) \cdot \overrightarrow{x_B} \in M \qquad \forall \overrightarrow{x_A}, \overrightarrow{x_B} \in M; \quad \forall \theta \in [0,1] \tag{1.15}$$

Ein Optimierungsproblem heißt konvex, wenn sowohl die Zielfunktion als auch der zulässige Bereich konvex sind. Nur in diesem Fall ist die Existenz eines globalen Optimums ohne lokale Nebenminima garantiert. Auch hier handelt es sich um ein hinreichendes aber nicht notwendiges

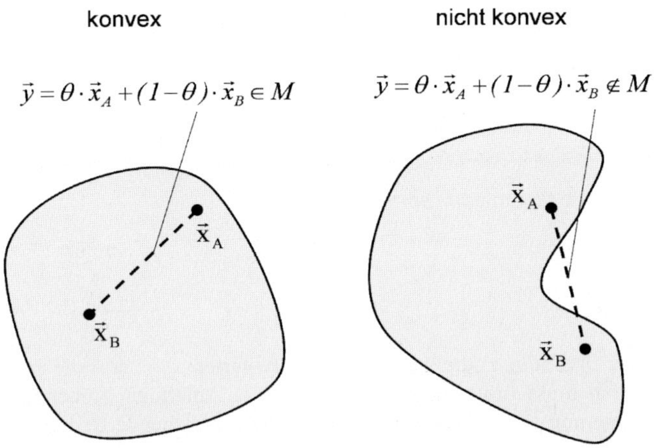

Abb. 1.14 Beispiel einer konvexen und nicht konvexen Menge

Kriterium. Dies wird beispielsweise deutlich am linken Beispiel in Abbildung 1.13. Wird dort die Ungleichheitsrestriktion durch eine Gleichheitsrestriktion ersetzt, wird das Optimierungsproblem nicht konvex, weil sich dadurch der zulässige Bereich auf die Grenzlinie zum unzulässigen Bereich reduziert. Dadurch verändert sich jedoch weder die optimale Lösung, noch entstehen dadurch nun lokale Minima. Grundsätzlich ist eine Gleichheitsrestriktion nur dann konvex, wenn sie linear ist. Nur dann liegen die Verbindungsgeraden aller möglichen Punktepaare in der Ebene, die durch die Bedingung $h(\overrightarrow{x}) = 0$ bestimmt ist.

In der Praxis ist jedoch im Allgemeinen nicht bekannt, ob das zu lösende Problem konvex ist oder nicht. Man kann daher normalerweise nie ausschließen, dass es sich bei dem ermittelten Optimum um ein lokales Minimum handelt. Jedoch bedeutet auch das Erreichen eines lokalen Minimums eine Verbesserung. Es ist deswegen vom pragmatischen Standpunkt aus gesehen durchaus erstrebenswert, ein lokales Minimum zu erreichen, auch wenn es vielleicht noch eine bessere Lösung geben sollte.

Mit den hier eingeführten Begriffen ist es nun auch verständlich, wieso in Abbildung 1.6 zwei optimale Lösungen existieren, denn dort ist offensichtlich der zulässige Bereich nicht konvex.

2 Optimierung ohne Restriktionen

Ohne Restriktionen lautet das zu lösende Optimierungsproblem einfach

$$\min f(\overrightarrow{x}), \tag{2.1}$$

mit

$$\overrightarrow{x} \in R^n.$$

Im eindimensionalen Fall gelten im Optimum x^* die wohlbekannten Kriterien, dass dort die erste Ableitung der Zielfunktion null sein muss (notwendig) und die zweite Ableitung größer null (hinreichend). Bei der Verallgemeinerung auf n Dimensionen lautet die hinreichende Bedingung im Optimum $\overrightarrow{x}^*$, dass dort der Gradient der Zielfunktion gleich dem Nullvektor

$$\overrightarrow{\nabla} f(\overrightarrow{x}^*) = \begin{pmatrix} \frac{\partial f}{\partial x_1}(\overrightarrow{x}^*) \\ \frac{\partial f}{\partial x_2}(\overrightarrow{x}^*) \\ \vdots \\ \frac{\partial f}{\partial x_n}(\overrightarrow{x}^*) \end{pmatrix} = \begin{pmatrix} 0 \\ 0 \\ \vdots \\ 0 \end{pmatrix} = \overrightarrow{0} \tag{2.2}$$

und die Hesse-Matrix

$$\boldsymbol{H}(\overrightarrow{x}^*) = \begin{pmatrix} \frac{\partial^2 f}{\partial x_1 \partial x_1}(\overrightarrow{x}^*) \cdots \frac{\partial^2 f}{\partial x_1 \partial x_n}(\overrightarrow{x}^*) \\ \vdots \quad \ddots \quad \vdots \\ \frac{\partial^2 f}{\partial x_n \partial x_1}(\overrightarrow{x}^*) \cdots \frac{\partial^2 f}{\partial x_n \partial x_n}(\overrightarrow{x}^*) \end{pmatrix} \tag{2.3}$$

positiv definit sein muss. Eine Matrix ist positiv definit, wenn alle Eigenwerte positiv sind. Anschaulich bedeutet dies, dass die Zielfunktion in allen Richtungen eine positive Krümmung aufweist.

Wie schon im vorherigen Kapitel erläutert, kann man sich die Zielfunktion im Optimierungsproblem (2.1) als Gebirge vorstellen, in dem die Isolinien der Zielfunktion den Höhenlinien entsprechen und somit den Wert der Zielfunktion repräsentieren, während der Standort durch die Koordinaten des Designvariablen-Vektors $\overrightarrow{x}^{\mathrm{T}} = (x_1, x_2, \ldots, x_n)$ beschrieben wird. Die dadurch motivierte Strategie, in dem Gebirge bergab zusteigen, bis man den tiefsten Punkt im Tal erreicht hat, wird von allen in diesem Kapitel vorgestellten Optimierungsverfahren verwendet.

2.1 Eindimensionale Optimierung (Liniensuche)

In den wenigsten Fällen hat man es in der Praxis mit Optimierungsproblemen zu tun, die nur von einer Designvariablen abhängen. Zudem könnte man ein eindimensionales Optimierungsproblem auch leicht grafisch lösen. Dennoch ist es sinnvoll sich im Detail mit eindimensionalen Lösungsalgorithmen zu befassen, weil bei den so genannten Suchrichtungsmethoden das mehrdimensionale auf ein eindimensionales Optimierungsproblem zurückgeführt wird. Zur Lösung des eindimensionalen Unterproblems, auch Liniensuche (Line Search) genannt, werden effektive Algorithmen benötigt, von denen zwei häufig verwendete Verfahren im Folgenden vorgestellt werden [16], [17],

[21], [31], [132], [289], [333], [382]. Bevor diese jedoch eingesetzt werden können, muss das gesuchte Minimum eingeklammert werden.

2.1.1 Einklammerung des Minimums

Bevor die Verfahren zur Lösung eines eindimensionalen Optimierungsproblems eingesetzt werden können, muss das Intervall bestimmt werden, in dem sich das Minimum befindet. Für eine solche Einklammerung des Minimums (Bracketing) werden, wie in 2.1 dargestellt, drei Punkte a, b und c mit $a < b < c$ oder $a > b > c$ benötigt. Es befindet sich mindestens ein Minimum zwischen Punkt a und c, wenn gilt:

$$f(b) < f(a) \quad \text{und} \quad f(b) < f(c) \tag{2.4}$$

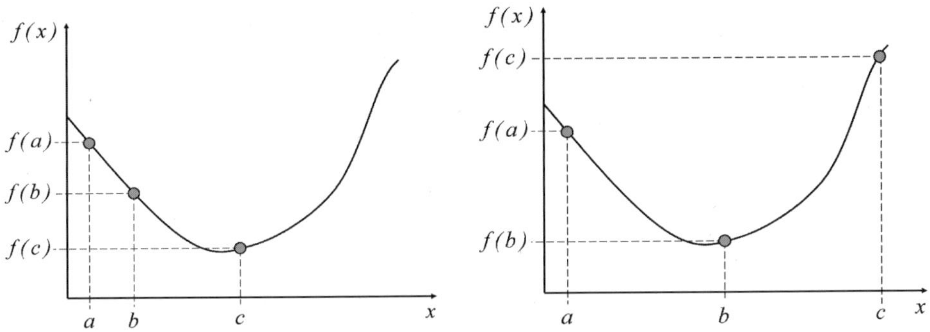

Abb. 2.1 Einklammern des Minimums: Links ist das Minimum zwar eingeklammert, was aber nicht erkennbar ist, weil Bedingung (2.4) nicht erfüllt ist. Rechts ist dies der Fall.

Um das Optimum einzuklammern, wird ausgehend vom Startpunkt a das Intervall solange vergrößert, bis die Bedingung (2.4) erfüllt ist. Damit ergibt sich folgender Ablauf:

1. Wähle einen Punkt b und bestimme dort den Funktionswert $f(b)$.
2. Wenn $f(b) < f(a)$ gehe nach 3, sonst vertausche a und b und gehe nach 3.
3. Wähle einen neuen Punkt
$$c = b + \gamma(b - a) \quad \text{mit} \quad \gamma > 0 \tag{2.5}$$
und bestimme dort den Funktionswert.
4. Wenn $f(b) < f(c)$ gehe nach 6.
5. Setze $a := b$ und $b := c$ und gehe nach 3.
6. Optimum ist eingeklammert.

Für den Faktor γ kann man den Wert $\gamma = 1{,}618$ verwenden, der sich bei der Methode des goldenen Schnitts ergibt. Wird diese Methode dann auch zur Bestimmung des Minimums verwendet, hat man den Vorteil, dass die richtigen Intervallverhältnisse bereits vorliegen.

Im Folgenden wird immer vorausgesetzt, dass die Einklammerung des Optimums durchgeführt worden und somit das Intervall, welches das Optimum enthält, bekannt ist.

2.1.2 Methode des goldenen Schnitts

Bei der Methode des goldenen Schnitts wird das Minimum durch eine Intervallschachtelung so weit eingegrenzt, bis die erwünschte Genauigkeit erreicht ist. Dazu wird im Intervall $[a, c]$ ein zusätzlicher Punkt χ eingeführt und dort der Wert der Zielfunktion bestimmt 2.2. Je nachdem ob dieser Wert größer oder kleiner als der Wert der Zielfunktion am Punkt b ist, wird als neues Intervall

$[a,\chi]$ oder $[b,c]$ gewählt. Die Bedingungen stellen sicher, dass das Minimum immer eingeklammert bleibt, d. h. dass die Bedingung (2.4) immer erfüllt ist. Konkret bedeutet dies:

$$\begin{aligned}&\text{Wenn } f(\chi) < f(b) \rightarrow \text{neues Triplett} = b,\chi,c \text{ und neues Intervall} = [b,c]\\&\text{Wenn } f(\chi) > f(b) \rightarrow \text{neues Triplett} = a,b,\chi \text{ und neues Intervall} = [a,\chi]\end{aligned} \tag{2.6}$$

Danach werden die Punkte im neuen Intervall nach a, b und c so umbenannt, dass, $[b,c]$ immer das größere Intervall ist. Anschließend wird dann wieder ein neuer Punkt χ gewählt und nach dem Kriterium (2.6) das nächste neue Intervall bestimmt. Auf diese Weise kann das Minimum immer weiter eingegrenzt werden, bis die erwünschte Genauigkeit erreicht worden ist (Abbildung 2.3).

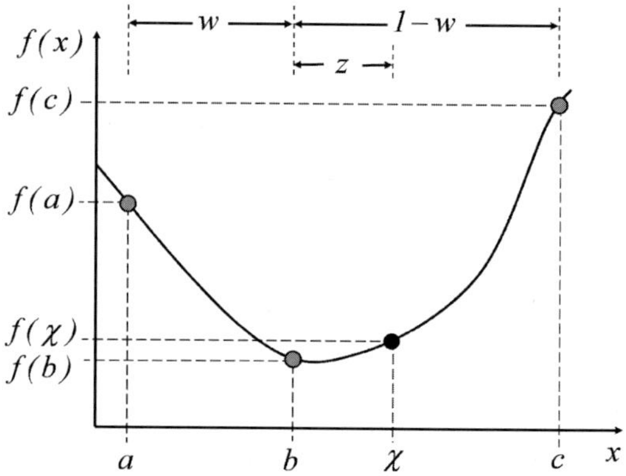

Abb. 2.2 Vorgehensweise bei der Methode des goldenen Schnitts. Das neue Intervall wäre hier $[a,\chi]$. Zusätzlich sind die normierten Intervallbreiten eingezeichnet.

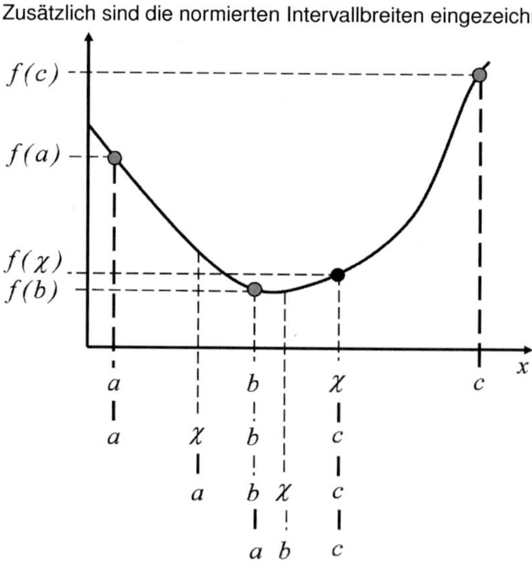

Abb. 2.3 Folge von Intervallschachtelungen bei der Methode des goldenen Schnitts

Die offene Frage ist nur, wie der neue Punkt χ am besten gewählt werden soll. Da vor dem Setzen des Punktes χ nicht bekannt ist, ob als nächstes Intervall $[a,\chi]$ oder $[b,c]$ ausgewählt wird, legt man den Punkt χ so fest, dass beide Intervalle gleich groß sind. Dies garantiert, dass die

Konvergenzgeschwindigkeit unabhängig von der Wahl des Intervalls ist. Diese Forderung liefert unter Verwendung der normierten Intervalllängen (Abbildung 2.2)

$$w = \frac{b-a}{c-a} \tag{2.7}$$

$$z = \frac{\chi - b}{c-a}$$

die Bedingung

$$1 - w = w + z, \tag{2.8}$$

sodass damit gelten muss

$$z = 1 - 2w. \tag{2.9}$$

Da sich nur für

$$w < \frac{1}{2} \tag{2.10}$$

sinnvolle Lösungen ergeben, folgt aus Gleichung (2.9), dass χ im größeren der beiden Intervalle liegen muss. Weiterhin kann man leicht zeigen, dass χ spiegelsymmetrisch zu b liegen muss, denn es gilt für den normierten Abstand des Punktes b vom Mittelpunkt des Intervalls:

$$\frac{\frac{1}{2}(a+c) - b}{c-a} = -\frac{1}{2}\left(\frac{b-a}{c-a} + \frac{b-c}{c-a}\right) = -\frac{1}{2}(w - 1 + w) = \frac{1}{2} - w. \tag{2.11}$$

Für den Abstand von χ vom Mittelpunkt ergibt sich unter Verwendung von Gleichung (2.9) der gleiche Wert.

$$\frac{\chi - \frac{1}{2}(a+c)}{c-a} = \frac{\chi - b - \left(\frac{1}{2}(a+c) - b\right)}{c-a} = z - \left(\frac{1}{2} - w\right) = \frac{1}{2} - w. \tag{2.12}$$

Der Wert von w wird über die Bedingung der Skalenähnlichkeit festgelegt. Das bedeutet, dass die Verhältnisse der Intervalle in allen Iterationen gleich sein müssen. Dies führt zu dem Ausdruck

$$\frac{w}{1-w} = \frac{z}{1-w-z}, \tag{2.13}$$

der unter Verwendung von Gleichung (2.9) zu der quadratischen Gleichung

$$w^2 - 3w + 1 = 0 \tag{2.14}$$

umgeformt werden kann. Aus den beiden Lösungen liefert Bedingung (2.10) die eindeutige Lösung

$$w = \frac{3 - \sqrt{5}}{2} = 0{,}381\,966 \tag{2.15}$$

und damit das Verhältnis (goldener Schnitt)

$$1 - w = 0{,}618, \tag{2.16}$$

mit dem der Punkt χ in dem größeren Teilintervall gewählt werden soll. Wenn man beim Einklammern des Minimums in Gleichung (2.5) für

$$\gamma = \frac{1-w}{w} = 1{,}618 \tag{2.17}$$

wählt, liegen direkt von Anfang an die optimalen Intervallverhältnisse vor. Wenn dies nicht der Fall ist, kann der goldene Schnitt dennoch angewendet werden, weil sich die Intervallverhältnisse schon nach wenigen Schritten den optimalen Werten annähern.

Der Vorteil der Methode des goldenen Schnitts ist, dass sie immer funktioniert, auch bei hochgradig nichtlinearen und sogar bei unstetigen Funktionen. Zudem ist eine konstante Konvergenzrate von 0,618 immer garantiert. Bei gut konditionierten Problemen konvergieren jedoch andere Verfahren, wie beispielsweise die Polynominterpolation, schneller.

2.1.3 Polynominterpolation

Bei der Polynominterpolation wird das Minimum der Funktion durch das Minimum eines Polynoms approximiert, welches durch die vorhandenen Datenpunkte gelegt worden ist. Man beginnt mit einer quadratischen Approximation durch die drei Punkte, die sich nach der Einklammerung ergeben und bestimmt das Minimum der Approximation. An dieser Stelle wird wiederum der Funktionswert berechnet und mit dem zusätzlichen Punkt eine kubische Interpolation ermittelt. Normalerweise werden keine höheren Polynomgrade verwendet, weil bei diesen die Tendenz zu Oszillationen und Überschwingern zu stark ausgeprägt ist und sich dadurch die Approximationsgüte stark verschlechtert.

Wie in Abbildung 2.4 veranschaulicht, sieht der Ablauf der Polynominterpolation folgendermaßen aus:

1. Bestimme die quadratische Interpolation durch die Funktionswerte $f(a)$, $f(b)$ und $f(c)$.
2. Bestimme das Minimum $x^{(1)^*}$ der quadratischen Interpolation.
3. Berechne den Funktionswert $f(x^{(1)^*})$.
4. Bestimme die kubische Interpolation durch die Funktionswerte $f(a)$, $f(b)$, $f(c)$ und $f(x^{(1)^*})$.
5. Bestimme das Minimum $x^{(2)^*}$ der kubischen Interpolation.
6. Stopp, wenn gewünschte Genauigkeit erreicht ist.
7. Wähle die drei Punkte, die am nächsten an $x^{(2)^*}$ liegen und benenne diese um nach a, b und c. Weiterhin setzte $x^{(1)^*} = x^{(2)^*}$ und gehe nach 4.

Als Maß für die Genauigkeit des ermittelten Minimums kann der relative Unterschied zwischen Funktionswert der Interpolation und der wirklichen Funktion verwendet werden. Jedoch kann dieser Wert auch unzuverlässig sein, wie das Beispiel in Abbildung 2.4 zeigt. Hier weist bei der quadratischen Interpolation der deutliche Unterschied zwischen wirklichem Funktionswert und der Interpolation korrekterweise darauf hin, dass das Minimum noch nicht gut angenähert worden ist. Bei der kubischen Approximation ist der Unterschied dagegen gering, obwohl eine noch bessere Annäherung durchaus wünschenswert sein könnte.

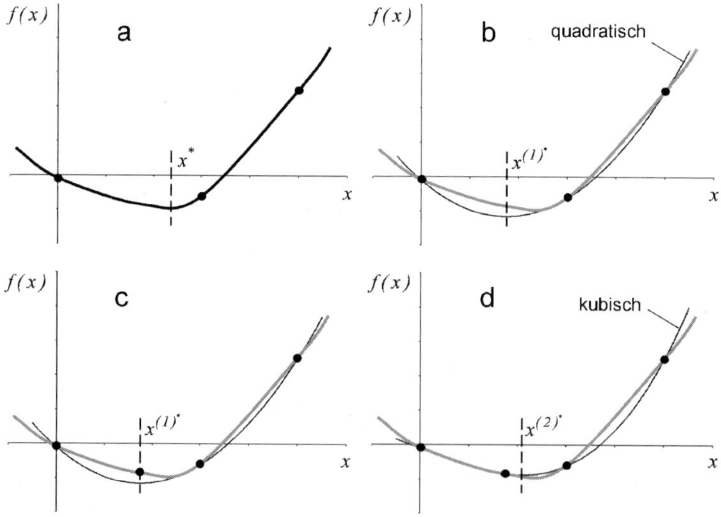

Abb. 2.4 Ablauf der Polynominterpolation: a) Funktion, deren Minimum durch 3 Punkte eingeklammert ist; b) quadratische Interpolation; c) 4. Funktionswert an der Stelle des Minimums der quadratischen Funktion; d) kubische Interpolation

Wird zur Lösung des mehrdimensionalen Optimierungsproblems ein Gradientenverfahren verwendet, wird am Startpunkt a neben dem Funktionswert auch die Ableitung benötigt. Letztere kann dann auch verwendet werden, um mit dieser und den drei Funktionswerten direkt eine kubische Approximation zu bestimmen. Somit kann die Ermittelung eines zusätzlichen Funktionswerts eingespart werden.

Die Polynominterpolation ist sehr effektiv und schnell bei glatten und gutmütigen Funktionsverläufen. Bei schlecht konditionierten Problemen ist sie dagegen der Methode des goldenen Schnitts unterlegen.

2.1.4 Unvollständige Liniensuche

Der Großteil der Kosten einer Optimierung wird meistens nicht durch den Optimierungsalgorithmus selber, sondern durch die Rechenzeit zur Bestimmung der Funktionswerte verursacht. Gerade eine Liniensuche kann aber viele Funktionsaufrufe erfordern, bis das Minimum erreicht worden ist. Hier ergibt sich somit eine Möglichkeit Kosten und Rechenzeiten für den Optimierungslauf zu reduzieren, indem man die Liniensuche nicht vollständig bis zum Erreichen des Minimums durchführt, sondern sich mit einer Zwischenlösung zufrieden gibt (unvollständige Liniensuche). Dies kann dadurch geschehen, eine maximale zulässige Anzahl von Iterationen für eine Liniensuche vorzugeben wird. Ist diese erreicht, ohne dass das Minimum erreicht worden ist, wird der Punkt mit dem bis dahin besten Ergebnis genommen. Eine andere Möglichkeit besteht darin, die Liniensuche dann abzubrechen, wenn der Wert der Zielfunktionen eine geforderte Mindestverbesserung erreicht hat. Weil man eine umso höhere Verbesserung erwarten kann je größer die Steigung $f'(x^{(k)})$ am Ausgangspunkt $x^{(k)}$ ist, hängt bei der so genannten Armijo-Bedingung das Kriterium von der Steigung ab. Es wird gefordert, dass ein Punkt $x^{(k+1)}$ als Näherungslösung der Liniensuche akzeptiert wird, wenn gilt:

$$f(x^{(k+1)}) \leqq f(x^{(k)}) + \lambda f'(x^{(k)}) \left(x^{(k+1)} - x^{(k)}\right) \tag{2.18}$$

Wie in Abbildung 2.5 gezeigt, bedeutet dies anschaulich, dass der Wert der Zielfunktion unterhalb der Geraden durch den Punkt $x^{(k)}$ mit der Steigung $\lambda f'(x^{(k)})$ liegen muss. In Abbildung 2.5 erfüllen die Punkte im Bereich I die Bedingung (2.18) und würden somit als Lösung der Liniensuche akzeptiert, die im Bereich II dagegen nicht. Für den Parameter λ wird typischerweise ein Wert im Bereich $\lambda = 10^{-4} - 10^{-3}$ verwendet.

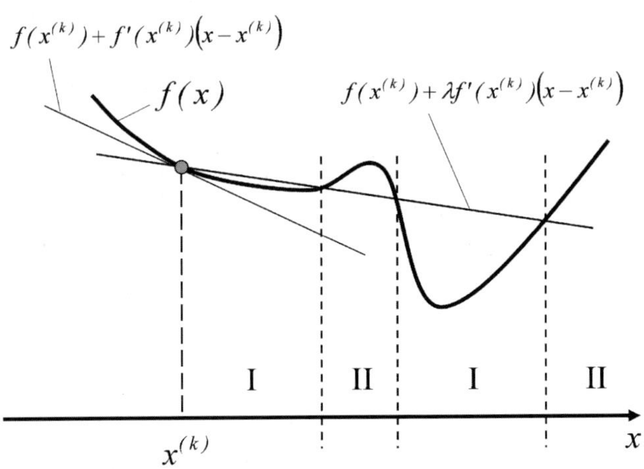

Abb. 2.5 Veranschaulichung der Armijo-Bedingung

Im allgemeinen Fall der mehrdimensionalen Optimierung, die im folgenden Kapitel besprochen wird, ist $f'(\overrightarrow{x}^{(k)})$ die Richtungsableitung des Gradienten am Punkt $\overrightarrow{x}^{(k)}$ in Richtung der Suchrichtung $\overrightarrow{p}^{(k+1)}$.

$$f'(\overrightarrow{x}^{(k)}) = \frac{\partial f(\overrightarrow{x}^{(k)})}{\partial \overrightarrow{n}} = \overrightarrow{\nabla}^{\mathrm{T}} f(\overrightarrow{x}^{(k)})\overrightarrow{n}; \qquad \overrightarrow{n} = \frac{\overrightarrow{p}^{(k+1)}}{\left|\overrightarrow{p}^{(k+1)}\right|} \tag{2.19}$$

2.2 Mehrdimensionale Optimierung

2.2.1 Nelder-Mead-Simplexverfahren

Im Gegensatz zu den Suchrichtungsmethoden, die in den nachfolgenden Kapiteln vorgestellt werden, wird beim Nelder-Mead-Simplexverfahren, auch kurz DSM (Downhill Simplex Method in Multidimensions) genannt, das mehrdimensionale Problem nicht auf ein eindimensionales Optimierungsproblem (Liniensuche) zurückgeführt. Vielmehr wird eine vollständig eigene Strategie verwendet [31], [260], [289]. Es sei hier darauf hingewiesen, dass DSM nicht mit dem Simplex-Algorithmus aus der linearen Optimierung verwechselt werden darf.

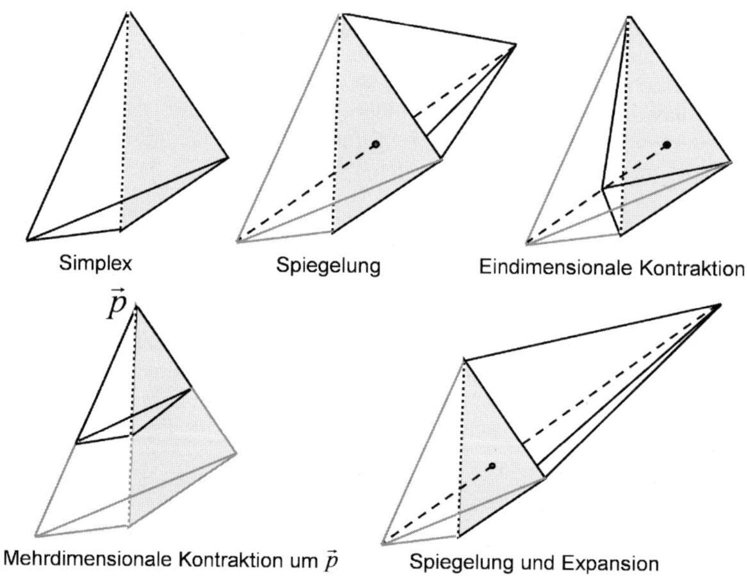

Abb. 2.6 Dreidimensionales Simplex und die Grundoperationen

DSM benötigt nur Funktionswerte und keine Gradienteninformation und zählt damit zur Klasse der Methoden 0-ter Ordnung. Ausgangspunkt ist ein Simplex, das in n Dimensionen aus $n + 1$ Eckpunkten, aus den verbindenden Linien und Flächen besteht. Im zweidimensionalen ist das Simplex ein Dreieck, im dreidimensionalen ein Tetraeder. Die Idee ist, dass sich das Simplex wie eine Amöbe abwärts bewegt, indem das „Standbein“ mit dem höchsten Funktionswert aufgegeben und auf der gegenüberliegenden Seite neu aufgesetzt wird. Dabei wird die Schrittweite gemäß dem Erfolg variiert. Um das Optimum herum wird das Simplex dann zusammengezogen. Es stehen insgesamt vier Operationen zur Verfügung (siehe Abbildung 2.6):

1. Spiegelung
2. Expansion
3. Eindimensionale Kontraktion
4. Mehrdimensionale Kontraktion bezüglich des Punktes $\overrightarrow{p}$.

Bei der Spiegelung handelt es sich um eine Punktspiegelung des Punkts mit dem höchsten Wert der Zielfunktion bezüglich des Schwerpunkts $\vec{R_s}$ der (Hyper-)Fläche, die durch die restlichen Punkte des Simplex aufgespannt wird. Werden mit $\vec{p_i}$, $i = 1, n+1$, die Eckpunkte des Simplex und mit $\vec{p_j}$ der Punkt bezeichnet, der gespiegelt werden soll, dann kann der Schwerpunkt $\vec{R_s}$ folgendermaßen bestimmt werden:

$$\vec{R}_\mathrm{s} = \frac{1}{n}\sum_{\substack{i=1\\ i\neq j}}^{n+1}\vec{p_i} = \frac{n+1}{n}\vec{R}_\mathrm{cms} - \frac{1}{n}\vec{p_j} \tag{2.20}$$

Dabei ist

$$\vec{R}_\mathrm{cms} = \frac{1}{n+1}\sum_{i=1}^{n+1}\vec{p_i} \tag{2.21}$$

der Schwerpunkt des Simplex. Die Punktspiegelung von einem Punkt $\vec{p_j}$ wird durchgeführt, indem man zu $\vec{R}_\mathrm{s}$ den mit dem Skalierungsfaktor $s = -1$ multiplizierten Vektor $\vec{p_j} - \vec{R}_\mathrm{s}$ hinzuaddiert:

$$\vec{p}_\mathrm{neu} = \vec{R}_\mathrm{s} + s(\vec{p_j} - \vec{R}_\mathrm{s}) \tag{2.22}$$

Neben der Spiegelung können mit diesem Ausdruck auch andere Operationen ausgeführt werden. So erhält man für $s = 2$ die Expansion oder in anderen Worten eine Vergrößerung der Schrittweite. Diese wird verwendet, wenn die Spiegelung erfolgreich war, d. h. wenn der neue Punkt einen kleineren Funktionswert hat als der kleinste Wert der restlichen Eckpunkte. Ist der neue Punkt dagegen schlechter als der zweitschlechteste, wird mit $s = 0{,}5$ eine eindimensionale Kontraktion durchgeführt. Ergibt sich nach der Kontraktion an dem neuen Punkt ein Funktionswert, der schlechter ist als die der anderen Punkte des Simplex, wird um den besten Punkt $\vec{p}$ eine mehrdimensionale Kontraktion durchgeführt. Die neuen Koordinaten der Punkte um den besten Punkt $\vec{p}$ lassen sich bestimmen durch:

$$\vec{p_i}^\mathrm{neu} = \frac{\vec{p} + \vec{p_i}}{2}, \qquad \vec{p_i} \neq \vec{p} \tag{2.23}$$

Im Detail sieht der Ablauf des Optimierungsalgorithmus folgendermaßen aus:

1. Setze die $n+1$ Startpunkte $\vec{p_i}$, $i = 1, n+1$, des Simplex und bestimme dort die Werte der Zielfunktion. Im einfachsten Fall können die Punkte um einen Startpunkt $\vec{p_0}$ herum folgendermaßen erzeugt werden:

   $$\vec{p_i} = \vec{p_0} + \lambda_i\vec{e_i}, \qquad i = 1, n$$
   $$\vec{p}_{n+1} = \vec{p_o}$$

   wobei $\vec{e_i}$ der i-te Einheitsvektor und λ_i ein Skalierungsfaktor ist.
2. Bestimme den Punkt $\vec{p}^{\,\max}$ mit dem maximalen (schlechtesten) Wert der Zielfunktion $f^{\max}$, den Punkt $\vec{p}^{\,\max-1}$ mit dem zweitgrößten Wert $f^{\max-1}$ und den Punkt $\vec{p}^{\,\mathrm{best}}$ mit dem kleinsten (besten) Wert f^{best}.
3. Prüfe Konvergenzkriterium $2\dfrac{|f^{\max} - f^{\mathrm{best}}|}{|f^{\max}| + |f^{\mathrm{best}}|} < rtol$. Wenn erfüllt dann gehe nach 7.
4. Spiegele $\vec{p}_{\max}$ nach Gleichung (2.22) ($s = -1$) und bestimme an dem gespiegelten Punkt $\vec{p}^{\,\mathrm{neu}}$ den Funktionswert f^{neu}.
5. Wenn $f^{\mathrm{neu}} \leqq f^{\mathrm{best}}$ dann expandiere ($s = 2$) den Punkt $\vec{p}^{\,\mathrm{neu}}$. Akzeptiere den expandierten Punkt jedoch nur dann, wenn er eine weitere Verbesserung darstellt. Gehe nach 2.
6. Wenn $f^{\mathrm{neu}} \geqq f^{\max-1}$ dann führe eindimensionale Kontraktion ($s = 0{,}5$) durch, und zwar um den Punkt vor der Spiegelung, wenn dort der Funktionswert kleiner ist als am gespiegelten, andernfalls um den Punkt $\vec{p}^{\,\mathrm{neu}}$. Wenn der Funktionswert am kontrahierten Punkt $f^{\mathrm{kontr}} \geqq f^{\max}$, dann führe mehrdimensionale Kontraktion um den besten Punkt $\vec{p}^{\,\mathrm{best}}$ durch. Gehe nach 2.
7. Gebe als Lösung des Optimierungsproblems $\vec{x}^{\,*} = \vec{p}^{\,\mathrm{best}}$ mit dem dazugehörigen Wert der Zielfunktion $f(\vec{x}^{\,*}) = f^{\mathrm{best}}$ heraus.

2.2.2 Suchrichtungsmethoden

Viele erfolgreiche Optimierungsalgorithmen verwenden eine Suchrichtungsstrategie. Bei dieser wird vom Startpunkt $\overrightarrow{x}^{(0)}$ aus eine Suchrichtung $\overrightarrow{p}^{(1)}$ festgelegt und die Zielfunktion entlang dieser Richtung minimiert (Abbildung 2.7). Diese Minimierung entlang einer Suchrichtung wird Liniensuche (Line Search) genannt. Auf diese Weise gelangt man zum Punkt $\overrightarrow{x}^{(1)}$, in dem dann wieder eine neue Suchrichtung bestimmt und eine Liniensuche durchgeführt wird, usw.

Durch die Verwendung einer Suchrichtung wird das mehrdimensionale Optimierungsproblem auf eindimensionales Problem zurückgeführt. Zur Lösung dieses Optimierungsproblems kann dabei eines der in Abschnitt 2.1 vorgestellten eindimensionalen Verfahren verwendet werden.

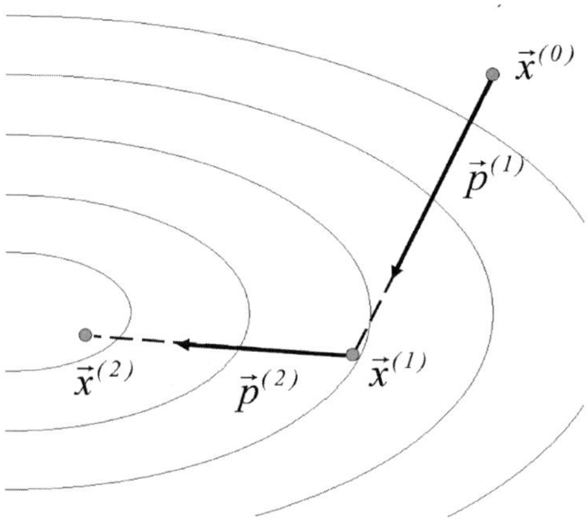

Abb. 2.7 Vorgehen bei der Suchrichtungsmethode

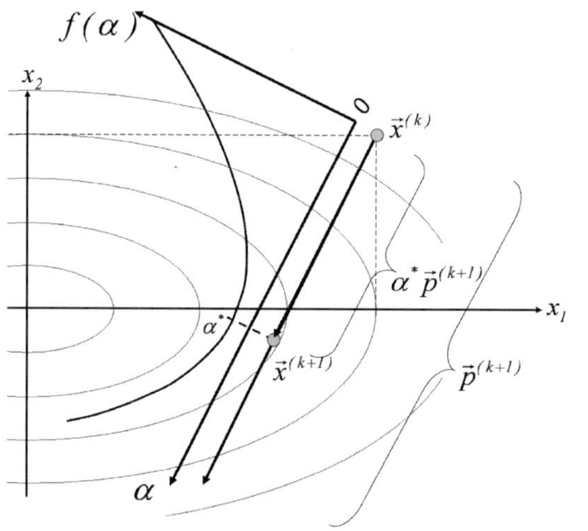

Abb. 2.8 Details bei der Suchrichtungsmethode in der *k*-ten Iteration

Allgemein lautet der Algorithmus einer Suchrichtungsmethode (Abbildung 2.8)

1. Nenne den Startpunkt $\overrightarrow{x}^{(0)}$ und setze $k = 0$.

2. Bestimme eine Suchrichtung $\overrightarrow{p}^{(k+1)}$ und führe eine Liniensuche in Richtung $\overrightarrow{x}^{(k)} + \alpha \cdot \overrightarrow{p}^{(k+1)}$ durch, d. h., löse das eindimensionale Optimierungsproblem bezüglich der Variablen α:

$$\min_{\alpha} f\left(\overrightarrow{x}^{(k)} + \alpha \cdot \overrightarrow{p}^{(k+1)}\right) = \min_{\alpha} f(\alpha) \tag{2.24}$$

3. Bestimme den neuen Punkt

$$\overrightarrow{x}^{(k+1)} = \overrightarrow{x}^{(k)} + \alpha^* \cdot \overrightarrow{p}^{(k+1)}, \tag{2.25}$$

wobei α^* die Lösung des Optimierungsproblems (2.24) ist:

$$\left.\frac{\mathrm{d}f(\overrightarrow{x}^{(k)} + \alpha \cdot \overrightarrow{p}^{(k+1)})}{\mathrm{d}\alpha}\right|_{\alpha=\alpha^*} = 0 \tag{2.26}$$

4. Überprüfe Konvergenzkriterien. Wenn nicht erfüllt, dann setze $k = k+1$ und gehe nach 2.
5. Optimum ist Punkt $\overrightarrow{x}^* = \overrightarrow{x}^{(k+1)}$.

Die Effizienz des Optimierungsalgorithmus wird entscheidend durch die Wahl der Suchrichtungen bestimmt. Dabei kann man unterscheiden zwischen Methoden 0-ter, 1-ter und 2-ter Ordnung.

2.2.2.1 Methoden 0-ter Ordnung

Bei Methoden 0-ter Ordnung wird nur der Funktionswert, jedoch nicht die Gradienteninformation verwendet. Sie sind häufig nicht so effizient wie die Methoden höherer Ordnung. Sie bieten sich jedoch an, wenn die Sensitivitäten schwierig zu bestimmen sind, wie das beispielsweise bei stark oszillierenden oder verrauschten Systemantworten der Fall ist. Eine sehr effektive Methode 0-ter Ordnung ist die Methode nach Powell.

Methode nach Powell

Bei der Methode nach Powell (Powells Method) [31], [284], [289] werden in jeder Iteration n Liniensuchen in Richtung von n Hilfssuchrichtungen durchgeführt und danach eine resultierende Suchrichtung bestimmt. Die Liniensuche entlang der resultierenden Suchrichtung beendet dann den Iterationsschritt. Zu Beginn werden die Hilfssuchrichtungen entlang der Einheitsrichtungen im Entwurfsraum gelegt, d. h., es wird jeweils immer nur eine Designvariable variiert. In jeder folgenden Iteration wird dann eine der Hilfssuchrichtungen durch die resultierende Suchrichtung ersetzt, die im Allgemeinen nicht mehr entlang einer Einheitsachse zeigt. Nach n Iterationen sind dann alle Einheitsrichtungen ersetzt worden und man kann zeigen, dass für eine quadratische Funktion spätestens dann das Optimum erreicht wird. Der Grund dafür ist, dass die erzeugten resultierenden Suchrichtungen konjugiert sind. Der Begriff der konjugierten Suchrichtungen wird in Abschnitt 2.2.2.2.2 näher erläutert.

Der Algorithmus lautet im Detail folgendermaßen (Abbildung 2.9):

1. Starte bei Punkt $\overrightarrow{x}^{(0)}$.
2. Setze die ersten n Hilfssuchrichtungen gleich den Einheitsvektoren: $\overrightarrow{p}^{(k)} = \overrightarrow{e}_k$, $k = 1, n$.
3. Minimiere für $k = 1, n$ vom Punkt $\overrightarrow{x}^{(k-1)}$ aus die Zielfunktion f in Richtung $\overrightarrow{p}^{(k)}$ und nehme als neuen Punkt $\overrightarrow{x}^{(k)} = \overrightarrow{x}^{(k-1)} + \alpha^{(k)*} \cdot \overrightarrow{p}^{(k)}$, wobei $\alpha^{(k)^*}$ die Lösung der eindimensionalen Liniensuche im Schritt k ist.
4. Bestimme die resultierende und konjugierte Suchrichtung aus

$$\overrightarrow{p}^{(r)} = \overrightarrow{x}^{(n)} - \overrightarrow{x}^{(0)} \left(= \sum_{k=1}^{n} \alpha^{(k)*} \cdot \overrightarrow{p}^{(k)} \right).$$

5. Minimiere ausgehend von $\overrightarrow{x}^{(n)}$ die Zielfunktion f in Richtung von $\overrightarrow{p}^{(r)}$ und nenne den neuen Punkt $\overrightarrow{x}^{(0)}$.
6. Setze $\overrightarrow{p}^{(k)} = \overrightarrow{p}^{(k+1)}$ für $k = 1, n-1$ und $\overrightarrow{p}^{(n)} = \overrightarrow{p}^{(r)}$.
7. Überprüfe Konvergenzkriterien. Wenn nicht erfüllt, dann gehe nach 3. Optimum ist $\overrightarrow{x}^* = \overrightarrow{x}^{(0)}$.

Die verwendeten Hilfssuchrichtungen können am einfachsten mithilfe einer Matrix

$$\boldsymbol{H} = \left(\overrightarrow{p}^{(1)}, \overrightarrow{p}^{(2)}, \ldots, \overrightarrow{p}^{(n)}\right) \tag{2.27}$$

verdeutlicht werden. Diese lautet in der ersten Iteration:

$$\boldsymbol{H} = \begin{pmatrix} 1 & 0 & \cdot & \cdot & 0 \\ 0 & 1 & 0 & \cdot & \cdot \\ \cdot & 0 & \cdot & \cdot & \cdot \\ \cdot & \cdot & \cdot & 1 & 0 \\ 0 & \cdot & \cdot & 0 & 1 \end{pmatrix} \tag{2.28}$$

In Schritt 6 wird die erste Suchrichtung entfernt und die resultierende Suchrichtung als neue Hilfssuchrichtung hinten hinzugefügt. Die Komponenten der resultierenden Suchrichtung sind im ersten Durchgang einfach die optimierten Werte $\alpha^{(k)*}$ aus den Liniensuchen. Damit hat die Matrix nach dem ersten Durchgang die Form:

$$\boldsymbol{H} = \begin{pmatrix} 0 & 0 & \cdot & 0 & \alpha^{(1)*} \\ 1 & 0 & \cdot & \cdot & \alpha^{(2)*} \\ 0 & 1 & \cdot & \cdot & \cdot \\ \cdot & \cdot & \cdot & 0 & \cdot \\ 0 & \cdot & 0 & 1 & \alpha^{(n)*} \end{pmatrix} \tag{2.29}$$

In der nächsten Iteration wird die Suchrichtung $\overrightarrow{e}_2$entfernt und man erhält:

$$\boldsymbol{H} = \begin{pmatrix} 0 & 0 & \cdot & \alpha^{(1)*} & \beta^{(1)*} \\ 0 & 0 & \cdot & \alpha^{(2)*} & \beta^{(2)*} \\ 1 & 0 & \cdot & \cdot & \cdot \\ \cdot & \cdot & \cdot & \cdot & \cdot \\ 0 & \cdot & 0 & \alpha^{(n)*} & \beta^{(n)*} \end{pmatrix} \tag{2.30}$$

Hier können jetzt die Koeffizienten der neu hinzugenommenen Hilfssuchrichtung nicht mehr einfach angegeben werden, weil nicht mehr alle Hilfssuchrichtungen Einheitsvektoren sind.

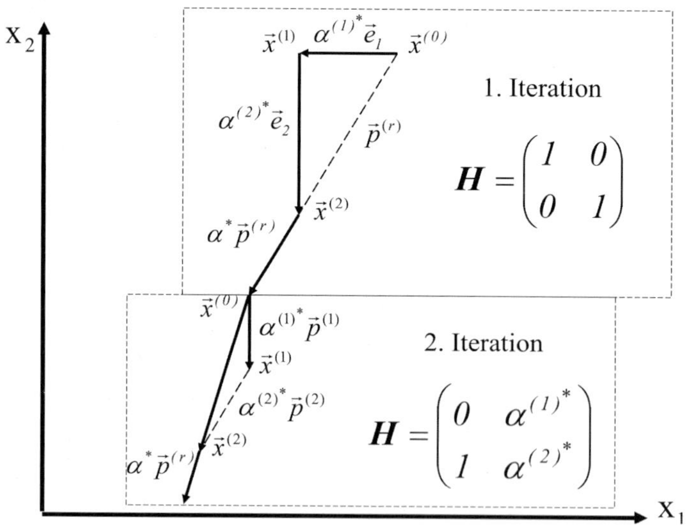

Abb. 2.9 Eine Folge von Suchrichtungen nach der Methode von Powell im 2-dimensionalen Fall. Es ist deutlich die Tendenz der resultierenden Suchrichtungen $\overrightarrow{p}^{(r)}$ zu erkennen, sich parallel auszurichten.

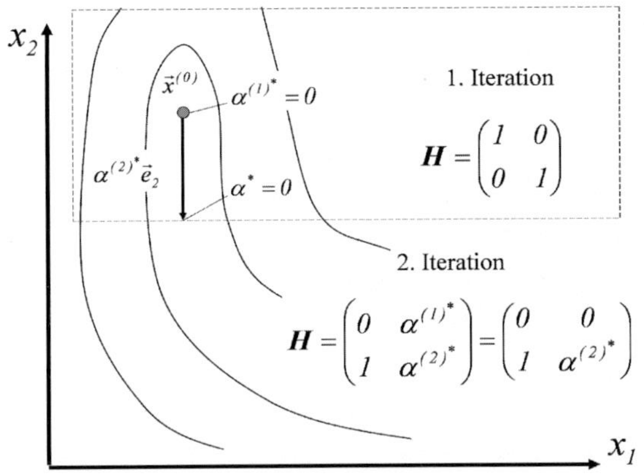

Abb. 2.10 Eine Folge von Suchrichtungen für den extremen Fall, dass in Richtung von $\overrightarrow{e_1}$ kein Fortschritt erzielt werden konnte und damit das Verfahren nach der 1. Iteration stoppt.

Wie bereits oben erwähnt, wird bei einer quadratischen Zielfunktion das Optimum nach spätestens n Iterationen erreicht. Da meistens jedoch keine quadratische Zielfunktion vorliegt, tritt dieser Fall normalerweise nicht ein und hier weist die Methode nach Powell in der hier vorgestellten Grundversion einen gravierenden Mangel auf. Dieser resultiert daher, dass die Suchrichtungen die Tendenz haben, sich parallel auszurichten. Dies kann man tendenziell sehr gut in Abbildung 2.9 erkennen, in dem für den 2-dimensionalen Fall eine Folge von Suchrichtungen angegeben ist. Im ungünstigsten Fall kann dies dazu führen, dass das Verfahren nur noch in einem Unterraum optimiert und kein zufrieden stellendes Ergebnis liefert. Ein solch extremer Fall ist in Abbildung 2.10 dargestellt, bei dem der Startpunkt in einem schmalen Tal liegt, das in Richtung von $\overrightarrow{e_2}$ ausgerichtet ist und somit nur in dieser Richtung eine Reduktion der Zielfunktion erzielt werden kann. Die Gründe für diese Probleme der Grundversion sind folgende:

1. Es wird immer nur die Suchrichtung $\overrightarrow{p}^{(1)}$ verworfen, ohne zu überprüfen, ob dies sinnvoll ist.
2. Einzelne Suchrichtungen ergeben teilweise keinen oder nur sehr kleinen Fortschritt und damit nur ein kleines $\alpha^{(k)*}$. Dies führt tendenziell zu einer parallelen Ausrichtung der Suchrichtungen.

Als Verbesserungsmöglichkeiten sind folgende Maßnahmen möglich:

1. Es wird nicht die erste Hilfssuchrichtung verworfen sondern die mit maximalem $\alpha^{(k)*}$. Von dieser kann erwartet werden, dass sie, wenn sie nicht verworfen wird, die Richtung von $\overrightarrow{x}^{(n)} - \overrightarrow{x}^{(0)}$ dominiert und damit die parallele Ausrichtung der Suchrichtungen begünstigt. Weiterhin kann man davon ausgehen, dass nach einem solch großen Fortschritt diese Suchrichtung „aufgebraucht" ist.
2. Die alten Richtungen werden beibehalten, wenn die neue Suchrichtung aus Schritt 5 uneffektiv oder „aufgebraucht" ist, d. h. wenn gilt:
$$f(\overrightarrow{x}^{(0)}) < f(\overrightarrow{x}^{(0)} + 2(\overrightarrow{x}^{(n)} - \overrightarrow{x}^{(0)})).$$
3. Der Algorithmus wird neu gestartet, wenn sich der Optimierungsfortschritt stark verlangsamt.

Mit diesen Maßnahmen verbessert sich die Effizienz des Verfahrens beträchtlich. Dennoch ist dieses Verfahren im Gegensatz zu Verfahren höherer Ordnung, die noch zusätzlich die Gradienten der Zielfunktion benötigen, nicht sehr verbreitet. Der Grund ist möglicherweise, dass das Verfahren nach Powell auf den ersten Blick weder Vorteile bezüglich der Effizienz noch der Rechenzeit bietet. So werden hier pro Iteration mehr als $n + 1$ Analysen benötigt um eine neue resultierende Suchrichtung zu generieren, also mehr Analysen als über Vorwärtsdifferenzen einen Gradienten zu ermitteln (siehe Abschnitt 7.2.1). Genau genommen handelt es sich bei dem Verfahren nach Powell in der ersten Iteration auch um eine erweiterte Vorwärtsdifferenz, bei der jedoch nicht nur kleine Änderungen in Richtung der Einheitsvektoren berücksichtigt werden, sondern stattdessen in diesen Richtungen eine Liniensuche durchgeführt wird. Dadurch ist dieses Verfahren aber auch geeignet für Probleme mit stark oszillierenden Systemantworten, bei denen eine Gradientenbestimmung über finite Differenzen in diesem Fall versagen würde (siehe Abschnitt 7.2.1). Dies kann beispielsweise bei einer Crash-Analyse der Fall sein. Dagegen haben Verfahren höherer Ordnung bei Anwendungen, in denen die Gradienten analytisch oder semi-analytisch (siehe Abschnitt 7.2.2) bestimmt werden können, einen eindeutigen Vorteil gegenüber der Methode nach Powell, weil diese dann wesentlich weniger Rechenzeit pro Iteration benötigen.

2.2.2.2 Methoden 1-ter Ordnung

Bei den Methoden 1-ter Ordnung werden nicht nur die Funktionswerte sondern auch die ersten Ableitungen der Zielfunktion verwendet. Letztere werden in einem Vektor, dem Gradienten, zusammengefasst:

$$\vec{\nabla}^{\mathrm{T}} f(\vec{x}) = \left(\frac{\partial f(\vec{x})}{\partial x_1}, \frac{\partial f(\vec{x})}{\partial x_2}, \frac{\partial f(\vec{x})}{\partial x_3}, \ldots, \frac{\partial f(\vec{x})}{\partial x_n} \right) \tag{2.31}$$

Dieser steht senkrecht auf der entsprechenden Isolinie der Zielfunktion – oder präziser auf der Tangentialfläche an der Isolinie – und zeigt immer in Richtung des steilsten Aufstiegs (Abbildung 2.11).

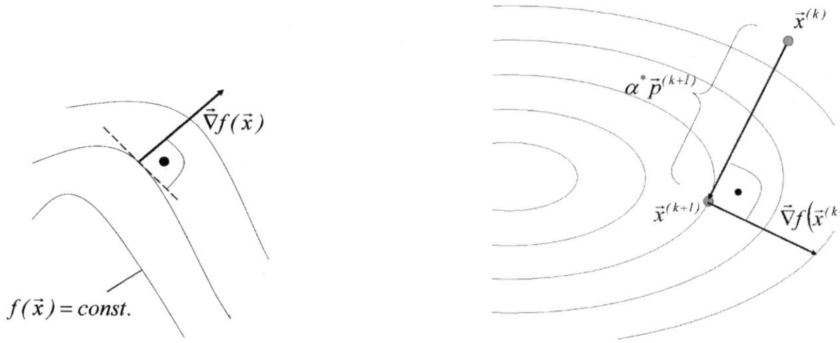

Abb. 2.11 Veranschaulichung der Gradienteneigenschaft (links) und deren Konsequenz am Ende der Liniensuche

Da bei der Liniensuche ausgehend vom Punkt $\vec{x}^{(k)}$ das Minimum in der Suchrichtung $\vec{p}^{(k+1)}$ bestimmt wird, bedeutet dies, dass die Steigung im neuen Punkt $\vec{x}^{(k+1)}$ in Richtung $\vec{p}^{(k+1)}$ null ist. Mit anderen Worten heißt das, dass die Richtungsableitung in Richtung $\vec{p}^{(k+1)}$ an diesem Punkt verschwindet (Abbildung 2.11). Somit muss eine vollständige Liniensuche immer tangential zu einer Isolinie enden. Es gilt folglich am Ende einer vollständigen Liniensuche die allgemeine Eigenschaft:

$$\vec{p}^{(k)\mathrm{T}} \cdot \vec{\nabla} f(x^{(k)}) = 0 \tag{2.32}$$

Die Art und Weise, wie in der so genannten Sensitivitätsanalyse der Gradient berechnet wird, bestimmt maßgeblich die Effizienz der Verfahren höher Ordnung. Die verschiedenen Möglichkeiten der Sensitivitätsanalyse vor allem im Zusammenhang mit der FE-Analyse werden in Abschnitt 7.2 vorgestellt.

2.2.2.2.1 Methode des steilsten Abstiegs

Die einfachste Wahl einer Suchrichtung scheint bei gegebenen Gradienten $\vec{\nabla} f(\vec{x})$ die Richtung des steilsten Abstiegs (Steepest Descend) [31], [75], [289] zu sein:

$$\vec{p}^{(k)} = -\vec{\nabla} f(\vec{x}^{(k-1)}) \tag{2.33}$$

Dieses Verfahren ist jedoch im Allgemeinen uneffektiv. Der Grund dafür ist, dass nach einer Liniensuche die verwendete Suchrichtung senkrecht auf dem Gradienten am erreichten Punkt steht (siehe Gleichung (2.32)). Wird für jede Suchrichtung der steilste Abstieg gewählt, dann bedeutet dies, dass zwei aufeinander folgende Suchrichtungen immer senkrecht aufeinander stehen.

$$\vec{p}^{(k)\mathrm{T}} \cdot \vec{\nabla} f(x^{(k)}) = 0 = -\vec{p}^{(k)\mathrm{T}} \cdot \vec{p}^{(k+1)} \tag{2.34}$$

Dies hat wiederum zur Folge, dass sich vor allem in Bereichen, in denen die Isolinien der Zielfunktion die Form eines „langgestreckten“ und „schmalen“ Tals haben, ein Zickzackkurs einstellt. In einem solchen Fall werden viele Iterationen benötigt, um zum Optimum zu gelangen.

Ein solcher Fall ist in Abbildung 2.12 für die 2-dimensionale quadratische Funktion

$$f(\vec{x}) = \frac{x_1^2}{4} + x_2^2 \tag{2.35}$$

dargestellt, deren Minimum im Punkt $\vec{x}^{*\mathrm{T}} = (0,0)$ liegt. Die Isolinien sind Ellipsen, wobei die Isolinie für $f(\vec{x}) = 1$ eine Ellipse mit den Halbachsen $a = 2$ und $b = 1$ bildet. Für den Startwert von $\vec{x}^{(0)} = (2,1)$ ergibt sich der in Abbildung 2.12 dargestellte Optimierungsverlauf. Ein solcher Zickzackkurs stellt sich immer dann ein, wenn der Startpunkt nicht in der „Talsohle“ liegt. Der Grund ist, dass am Ende einer Liniensuche die verwendete Suchrichtung tangential zu einer Isolinie der Zielfunktion stehen muss. Deshalb führt die Liniensuche bei einem außerhalb der Talsohle liegenden Startpunktes immer ein Stück über die Talsohle hinaus und damit zu einem uneffektiven Optimierungsverlauf.

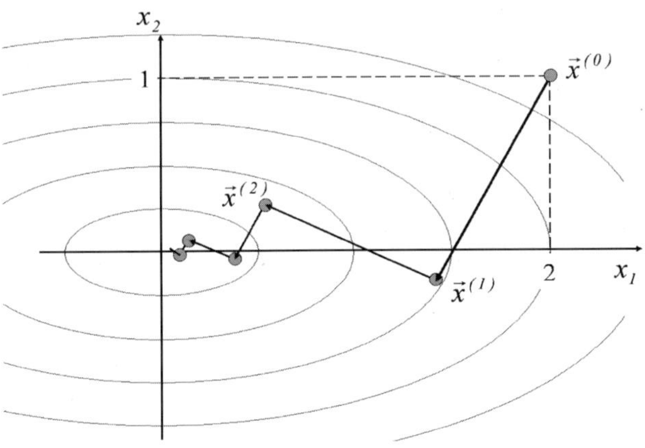

Abb. 2.12 Optimierungsverlauf bei der Methode des steilsten Abstiegs für eine quadratische Zielfunktion

Zur Veranschaulichung wird nun die Berechnung die ersten beiden in Abbildung 2.12 dargestellten Iterationsschritte für die quadratische Funktion (2.35) vorgeführt. Der Gradient der Funktion lautet allgemein

$$\vec{\nabla} f(\vec{x}) = \begin{pmatrix} \dfrac{x_1}{2} \\ 2x_2 \end{pmatrix} \tag{2.36}$$

und am Startpunkt $\overrightarrow{x}^{(0)} = (2{,}1)$

$$\overrightarrow{\nabla} f(\overrightarrow{x}^{(0)}) = \begin{pmatrix} 1 \\ 2 \end{pmatrix}. \tag{2.37}$$

Mit dem negativen Gradienten als Suchrichtung $\overrightarrow{p}^{(1)}$ können in der Liniensuche nur Punkte

$$\overrightarrow{x} = \overrightarrow{x}^{(0)} + \alpha\,\overrightarrow{p}^{(1)} = \begin{pmatrix} 2 \\ 1 \end{pmatrix} + \alpha \begin{pmatrix} -1 \\ -2 \end{pmatrix} = \begin{pmatrix} 2-\alpha \\ 1-2\alpha \end{pmatrix} \tag{2.38}$$

und damit nur folgende Funktionswerte

$$f(\alpha) = f(\overrightarrow{x}^{(0)} + \alpha\,\overrightarrow{p}^{(1)}) = \frac{(2-\alpha)^2}{4} + (1-2\alpha)^2 = \frac{17}{4}\alpha^2 - 5\alpha + 2 \tag{2.39}$$

erreicht werden. Das Minimum der Liniensuche kann aus der Bedingung

$$\frac{\mathrm{d}f}{\mathrm{d}\alpha} = \frac{17}{2}\alpha - 5 = 0 \tag{2.40}$$

bestimmt werden zu:

$$\alpha^* = \frac{10}{17} \tag{2.41}$$

Das Einsetzen von α^* in Gleichung (2.38) liefert dann den Endpunkt in der ersten Iteration

$$\overrightarrow{x}^{(1)} = \overrightarrow{x}^{(0)} + \alpha * \overrightarrow{p}^{(1)} = \begin{pmatrix} \frac{24}{17} \\ -\frac{3}{17} \end{pmatrix}. \tag{2.42}$$

In der 2. Iteration erhält man mit der Suchrichtung

$$\overrightarrow{p}^{(2)} = -\overrightarrow{\nabla} f(\overrightarrow{x}^{(1)}) = \begin{pmatrix} -\frac{12}{17} \\ \frac{6}{17} \end{pmatrix} \tag{2.43}$$

die Funktion

$$f(\alpha) = \frac{1}{4}\frac{(24-12\alpha)^2}{17^2} + \frac{(6\alpha-3)^2}{17^2}, \tag{2.44}$$

deren Minimum bei

$$\alpha^* = \frac{15}{12} \tag{2.45}$$

liegt. Damit ergibt sich als Endpunkt der 2. Iteration

$$\overrightarrow{x}^{(2)} = \overrightarrow{x}^{(1)} + \alpha * \overrightarrow{p}^{(2)} = \begin{pmatrix} \frac{9}{17} \\ \frac{9}{34} \end{pmatrix} \tag{2.46}$$

Schon dieses einfache Beispiel macht deutlich, dass man noch eine größere Anzahl von Iterationen benötigt, um zum Optimum zu gelangen. Ebenfalls ist klar, dass man umso mehr Iterationen braucht, je langgestreckter die Isolinien der Funktion sind. Es ist deshalb wünschenswert, statt dem steilsten Abstieg eine Suchrichtung zu wählen, die zwar abwärts zeigt und eine Verbesserung der Zielfunktion gewährleistet, dagegen aber den Zickzackkurs vermeidet. Die konjugierten Suchrichtungen haben gerade diese Eigenschaft.

2.2.2.2.2 Konjugierte Suchrichtungen

Das Problem bei der Bestimmung von geeigneten Suchrichtungen besteht darin, dass man die genaue Form der Zielfunktion nicht kennt. Man wählt deshalb eine quadratische Zielfunktion um solche Suchrichtungen herzuleiten, die garantieren, dass für eine solche Funktion nach spätestens n Iterationen das Optimum erreicht wird. Diese werden als konjugierte Suchrichtungen [31], [96], [167], [289] bezeichnet. Die Idee ist dabei, dass es auch für eine allgemeine Zielfunktion sinnvoll ist, konjugierte Suchrichtungen zu verwenden, weil jede Funktion quadratisch approximiert werden kann. Vor allem in der Nähe des Optimums ist diese Näherung gerechtfertigt und die konjugierten Suchrichtungen werden in diesem Fall sehr schnell an das Minimum heranführen.

Die allgemeine Form einer quadratischen Funktion lautet bis auf den konstanten Faktor, der für die Minimierung einer Funktion nicht relevant ist und deshalb direkt weggelassen wird:

$$f(\vec{x}) = \vec{c}^{\mathrm{T}} \vec{x} + \frac{1}{2} \vec{x}^{\mathrm{T}} \boldsymbol{A} \vec{x} \tag{2.47}$$

Dabei ist $\vec{c}$ ein konstanter Vektor und $\boldsymbol{A}$ die symmetrische und positiv definite Hesse-Matrix [1)]. Die konjugierten Suchrichtungen haben nun folgende Eigenschaft:

$$\vec{p}^{(i)^{\mathrm{T}}} \boldsymbol{A} \vec{p}^{(j)} = 0 \qquad \text{für} \quad i \neq j \tag{2.48}$$

Im Folgenden soll diese Eigenschaft hergeleitet werden. Dabei wird neben der quadratischen Zielfunktion lediglich vorausgesetzt, dass die Liniensuche immer vollständig, durchgeführt wird.

Für die quadratische Zielfunktion kann der Gradient an jeder Stelle bestimmt werden zu:

$$\vec{\nabla} f(\vec{x}) = \vec{c} + \boldsymbol{A} \vec{x} \tag{2.49}$$

Nach Gleichung (2.25) ergibt sich ausgehend vom Punkt $\vec{x}^{(k)}$ der neue Punkt aus der Beziehung

$$\vec{x}^{(k+1)} = \vec{x}^{(k)} + \alpha^{(k+1)*} \cdot \vec{p}^{(k+1)}. \tag{2.50}$$

Betrachtet man den Punkt $\vec{x}^{(n)}$, der sich in der n-ten Iteration ergibt, und setzt diese Beziehung rekursiv ein, erhält man:

$$\begin{aligned} \vec{x}^{(n)} &= \vec{x}^{(n-1)} + \alpha^{(n)*} \cdot \vec{p}^{(n)} \\ &= \vec{x}^{(n-2)} + \alpha^{(n-1)*} \cdot \vec{p}^{(n-1)} + \alpha^{(n)*} \cdot \vec{p}^{(n)} \\ &= \vec{x}^{(n-k)} + \sum_{i=n-k+1}^{n} \alpha^{(i)*} \cdot \vec{p}^{(i)} \qquad \text{mit} \qquad 1 \leqq k \leqq n, \quad k \in N \end{aligned} \tag{2.51}$$

Multipliziert man von links mit der Matrix $\boldsymbol{A}$ und addiert auf beiden Seiten den Vektor $\vec{c}$, ergibt sich

$$\vec{c} + \boldsymbol{A} \vec{x}^{(n)} = \vec{c} + \boldsymbol{A} \left(\vec{x}^{(n-k)} + \sum_{i=n-k+1}^{n} \alpha^{(i)*} \cdot \vec{p}^{(i)} \right) \tag{2.52}$$

und unter Verwendung von Gleichung (2.49)

$$\vec{\nabla} f(\vec{x}^{(n)}) = \vec{\nabla} f(\vec{x}^{(n-k)}) + \sum_{i=n-k+1}^{n} \alpha^{(i)*} \cdot \boldsymbol{A} \vec{p}^{(i)}. \tag{2.53}$$

Der Gradient auf der rechten Seite wird nun eliminiert, indem man beide Seiten mit der Suchrichtung $\vec{p}^{(n-k)}$ multipliziert und Gleichung (2.32) verwendet.

$$\vec{p}^{(n-k)^{\mathrm{T}}} \cdot \vec{\nabla} f(\vec{x}^{(n)}) = \sum_{i=n-k+1}^{n} \alpha^{(i)*} \cdot \vec{p}^{(n-k)^{\mathrm{T}}} \boldsymbol{A} \vec{p}^{(i)} \qquad \text{mit} \qquad 1 \leqq k \leqq n-1 \tag{2.54}$$

1) Durch die positive Definitheit der Hesse-Matrix ist sichergestellt, dass f konvex ist und somit eine eindeutige Lösung des quadratischen Problems vorliegt.

Dabei musste der Wertebereich von k eingeschränkt werden, weil für die Suchrichtung kein Index 0 definiert ist. Gleichung (2.54) liefert $n-1$ Gleichungen:

$$\begin{aligned}
\vec{p}^{(1)^{\mathrm{T}}} \cdot \vec{\nabla} f(\vec{x}^{(n)}) &= \sum_{i=2}^{n} \alpha^{(i)*} \cdot \vec{p}^{(1)^{\mathrm{T}}} \boldsymbol{A} \vec{p}^{(i)} \\
\vec{p}^{(2)^{\mathrm{T}}} \cdot \vec{\nabla} f(\vec{x}^{(n)}) &= \sum_{i=3}^{n} \alpha^{(i)*} \cdot \vec{p}^{(2)^{\mathrm{T}}} \boldsymbol{A} \vec{p}^{(i)} \\
\vec{p}^{(3)^{\mathrm{T}}} \cdot \vec{\nabla} f(\vec{x}^{(n)}) &= \sum_{i=4}^{n} \alpha^{(i)*} \cdot \vec{p}^{(3)^{\mathrm{T}}} \boldsymbol{A} \vec{p}^{(i)} \\
&\vdots \\
\vec{p}^{(n-1)^{\mathrm{T}}} \cdot \vec{\nabla} f(\vec{x}^{(n)}) &= \sum_{i=n}^{n} \alpha^{(i)*} \cdot \vec{p}^{(n-1)^{\mathrm{T}}} \boldsymbol{A} \vec{p}^{(i)} = \alpha^{(n)*} \cdot \vec{p}^{(n-1)^{\mathrm{T}}} \boldsymbol{A} \vec{p}^{(n)}
\end{aligned} \tag{2.55}$$

Wählt man jetzt die Richtungsvektoren so, dass Gleichung (2.48) gilt, erhält man einen Satz von Vektoren, die orthogonal bezüglich des Skalarprodukts (2.48) sind. Da solche Vektoren - auch A-konjugiert genannt - linear unabhängig sind, bilden sie eine Basis des R^n. Es ergeben sich dann $n-1$ Gleichungen aus Gleichung (2.55)

$$\begin{aligned}
\vec{p}^{(1)^{\mathrm{T}}} \cdot \vec{\nabla} f(\vec{x}^{(n)}) &= 0 \\
\vec{p}^{(2)^{\mathrm{T}}} \cdot \vec{\nabla} f(\vec{x}^{(n)}) &= 0 \\
\vec{p}^{(3)^{\mathrm{T}}} \cdot \vec{\nabla} f(\vec{x}^{(n)}) &= 0 \\
&\vdots \\
\vec{p}^{(n-1)^{\mathrm{T}}} \cdot \vec{\nabla} f(\vec{x}^{(n)}) &= 0 \\
\vec{p}^{(n)^{\mathrm{T}}} \cdot \vec{\nabla} f(\vec{x}^{(n)}) &= 0
\end{aligned} \tag{2.56}$$

Die n-te Gleichung ergibt sich dabei einfach aus Gleichung (2.32). Da jedoch die n Richtungsvektoren eine Basis im R^n bilden, können alle n Gleichungen nur erfüllt werden wenn gilt:

$$\vec{\nabla} f(\vec{x}^{(n)}) = \vec{0} \tag{2.57}$$

Das ist aber genau die notwendige Bedingung für das Optimum. Somit ist gezeigt, dass bei einer quadratischen Funktion das Optimum nach spätestens n Iterationen erreicht wird, wenn die Suchrichtungen Gleichung (2.48) erfüllen.

Die Bedingung (2.48) erscheint auf dem ersten Blick nicht sehr hilfreich zu sein, weil sie die Hesse-Matrix enthält und deren Bestimmung sehr aufwendig ist. Sie kann jedoch zur Herleitung von Algorithmen benutzt werden, die dann die Hesse-Matrix gar nicht mehr verwenden oder bei denen die Hesse-Matrix genähert wird. Im Folgenden werden je ein Verfahren aus beiden Kategorien vorgestellt.

2.2.2.2.3 Methode der konjugierten Gradienten (Methode nach Fletcher und Reeves)

Wie der Name schon suggeriert, sind die verwendeten Suchrichtungen bei dem Verfahren von Fletcher und Reeves [28], [167], [96] konjugiert. Dabei startet das Verfahren in der 1. Iteration in Richtung des steilsten Abstiegs. In allen folgenden Iterationen wird jedoch zu dem negativen Gradienten noch ein Anteil der Suchrichtung aus der vorherigen Iteration hinzuaddiert. Damit ergibt sich folgender Algorithmus:

$$\vec{p}^{(k+1)} = -\vec{\nabla} f(\vec{x}^{(k)}) + \beta \vec{p}^{(k)} \tag{2.58}$$

mit

$$\beta = \begin{cases} 0 & \text{für } k = 0 \\ \dfrac{\left|\vec{\nabla} f(\vec{x}^{(k)})\right|^2}{\left|\vec{\nabla} f(\vec{x}^{(k-1)})\right|^2} & \text{für } k > 0 \end{cases}$$

Bei dem Verfahren werden somit nur Gradienten verwendet und keine höheren Ableitungen benötigt. Bis auf die Speicherung des Gradienten aus der vorherigen Iteration ist damit kein Mehraufwand erforderlich.

Anhand des 2-dimesionalen Beispiels aus Gleichung (2.35) soll nun demonstriert werden, dass mit dem Fletcher-Reeves-Algorithmus, im Gegensatz zur Methode des steilsten Abstiegs, wirklich in der 2. Iteration das Optimum erreicht wird. Dabei ist die 1. Iteration bei beiden Verfahren identisch, weil auch beim Fletcher-Reeves-Algorithmus der steilste Abstieg als 1. Suchrichtung verwendet wird. Somit erhält man den gleichen Endpunkt in der 1. Iteration:

$$\vec{x}^{(1)} = \begin{pmatrix} \frac{24}{17} \\ -\frac{3}{17} \end{pmatrix} \tag{2.59}$$

Nach Fletcher und Reeves lautet jedoch (mit $\left|\vec{\nabla} f(\vec{x}^{(0)})\right|^2 = 5$ und $\left|\vec{\nabla} f(\vec{x}^{(1)})\right|^2 = 180/289$) die Suchrichtung in der 2. Iteration jetzt:

$$\vec{p}^{(2)} = -\vec{\nabla} f(\vec{x}^{(1)}) + \beta\,\vec{p}^{(1)} = \frac{10}{17}\begin{pmatrix} -\frac{24}{17} \\ \frac{3}{17} \end{pmatrix} = -\frac{10}{17}\vec{x}^{(1)} \tag{2.60}$$

Da diese jedoch antiparallel zu Ortsvektor $\vec{x}^{(1)}$ steht, geht die Liniensuche durch den Punkt $(0,0)$ und führt damit, wie auch in Abbildung 2.13 dargestellt, direkt zum Optimum.

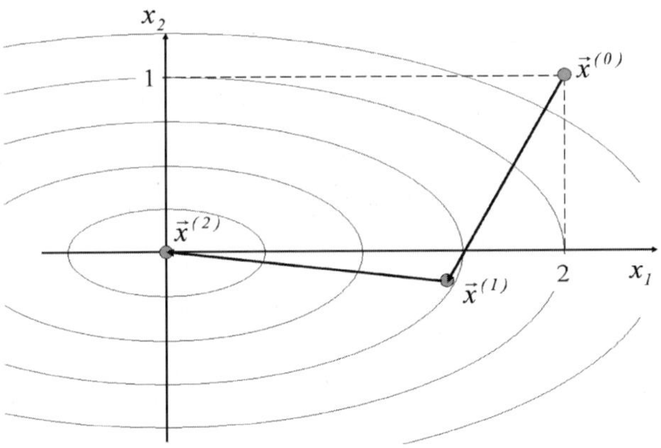

Abb. 2.13 Optimierungsverlauf unter Verwendung von konjugierten Suchrichtungen nach Fletcher und Reeves für eine quadratische Zielfunktion

Zum Abschluss kann man noch überprüfen, dass $\vec{p}^{(1)}$ und $\vec{p}^{(2)}$ auch wirklich A-konjugiert sind. Die Hesse Matrix für Beispiel (2.35) lautet offenbar

$$\mathbf{A} = \begin{pmatrix} \frac{1}{2} & 0 \\ 0 & 2 \end{pmatrix}, \tag{2.61}$$

sodass sich damit ergibt

$$\vec{p}^{(1)\mathrm{T}}\boldsymbol{A}\vec{p}^{(2)} = \frac{10}{17^2}\begin{pmatrix}-1 & -2\end{pmatrix}\begin{pmatrix}\frac{1}{2} & 0\\ 0 & 2\end{pmatrix}\begin{pmatrix}-24\\ 3\end{pmatrix} = \frac{10}{17^2}(12-12) = 0 \tag{2.62}$$

Es ist auf dem ersten Blick verwunderlich, dass die Hesse-Matrix in dem Algorithmus nicht benötigt wird, obwohl sie in der Bedingung (2.48) enthalten ist. Warum dennoch konjugierte Suchrichtungen ohne Kenntnis der Hesse-Matrix berechnet werden können, soll im Folgenden hergeleitet werden.

Zur Herleitung werden die Vorrausetzungen und allgemeinen Eigenschaften (2.47), (2.49), (2.50), (2.32) und (2.48) verwendet, die zur besseren Übersicht hier nochmals zusammen aufgelistet sind:

1. Quadratische Zielfunktion

$$f(\vec{x}) = \vec{c}^{\mathrm{T}}\cdot\vec{x} + \frac{1}{2}\vec{x}^{\mathrm{T}}\boldsymbol{A}\vec{x} \tag{2.63}$$

2. Gradient für quadratische Zielfunktion

$$\vec{\nabla} f(\vec{x}) = \vec{c} + \boldsymbol{A}\vec{x} \tag{2.64}$$

3. Allgemeine Form einer Liniensuche

$$\vec{x}^{(k+1)} = \vec{x}^{(k)} + \alpha^{(k+1)*}\cdot\vec{p}^{(k+1)} \tag{2.65}$$

4. Eigenschaften am Ende einer vollständigen Liniensuche

$$\vec{p}^{(k)\mathrm{T}}\cdot\vec{\nabla} f(x^{(k)}) = 0 \tag{2.66}$$

5. Bedingung für konjugierte Suchrichtungen

$$\vec{p}^{(i)\mathrm{T}}\boldsymbol{A}\vec{p}^{(j)} = 0 \quad \text{für} \quad i \neq j \tag{2.67}$$

Für die gesuchte konjugierte Suchrichtung in Iteration $k+1$ wird folgender Ansatz verwendet:

$$\vec{p}^{(k+1)} = -\vec{\nabla} f(\vec{x}^{(k)}) + \beta^{(k)}\vec{p}^{(k)} \tag{2.68}$$

Wird dieser Ansatz in die Bedingung (2.67) für die konjugierten Suchrichtungen eingesetzt, erhält man

$$\begin{aligned}\vec{p}^{(k+1)\mathrm{T}}\boldsymbol{A}\vec{p}^{(k)} = 0 &= -\vec{\nabla} f^{\mathrm{T}}(\vec{x}^{(k)})\boldsymbol{A}\vec{p}^{(k)} + \beta^{(k)}\vec{p}^{(k)\mathrm{T}}\boldsymbol{A}\vec{p}^{(k)}\\ &= -\vec{\nabla} f^{\mathrm{T}}(\vec{x}^{(k)})\boldsymbol{A}\frac{\left(\vec{x}^{(k)} - x^{(k-1)}\right)}{\alpha^{k^*}} + \beta^{(k)}\vec{p}^{(k)\mathrm{T}}\boldsymbol{A}\vec{p}^{(k)},\end{aligned} \tag{2.69}$$

wobei im letzten Schritt Gleichung (2.65) verwendet wurde. Dieser Ausdruck wird nun nach $\beta^{(k)}$ aufgelöst, sodass sich zusammen mit Gleichung (2.64) ergibt

$$\beta^{(k)} = \frac{\vec{\nabla}^{\mathrm{T}} f(\vec{x}^{(k)})\left(\vec{\nabla} f(\vec{x}^{(k)}) - \vec{\nabla} f(\vec{x}^{(k-1)})\right)}{\alpha^{(k)^*}\vec{p}^{(k)\mathrm{T}}\boldsymbol{A}\vec{p}^{(k)}}. \tag{2.70}$$

Der Faktor α^{k^*}, der sich in Iteration k am Ende einer vollständigen Liniensuche ergibt, kann mit (2.63) und (2.65) aus der Bedingung

$$\begin{aligned}\frac{\partial f(\alpha)}{\partial\alpha} = 0 &= \frac{\partial}{\partial\alpha}\Bigg[\vec{c}^{\mathrm{T}}\left(\vec{x}^{(k-1)} + \alpha^{(k)}\vec{p}^{(k)}\right)\\ &\quad + \frac{1}{2}\left(\vec{x}^{(k-1)} + \alpha^{(k)}\vec{p}^{(k)}\right)^{\mathrm{T}}\boldsymbol{A}\left(\vec{x}^{(k-1)} + \alpha^{(k)}\vec{p}^{(k)}\right)\Bigg]\\ &= \left(\vec{x}^{(k-1)} + \alpha^{(k)}\vec{p}^{(k)}\right)^{\mathrm{T}}\boldsymbol{A}\vec{p}^{(k)} + \vec{c}^{\mathrm{T}}\vec{p}^{(k)}\end{aligned} \tag{2.71}$$

bestimmt werden, sodass man unter Verwendung von (2.64) folgenden Ausdruck erhält:

$$\alpha^{k^*} = -\frac{\left(\vec{c}^{\mathrm{T}} + \vec{x}^{(k-1)\mathrm{T}}\boldsymbol{A}\right)\vec{p}^{(k)}}{\vec{p}^{(k)}\boldsymbol{A}\vec{p}^{(k)}} = -\frac{\vec{\nabla}^{\mathrm{T}} f(\vec{x}^{(k-1)})\vec{p}^{(k)}}{\vec{p}^{(k)}\boldsymbol{A}\vec{p}^{(k)}} \tag{2.72}$$

Setzt man diesen in Gleichung (2.69) ein, kürzt sich gerade der Term mit der Hesse-Matrix heraus. Berücksichtigt man zusätzlich noch, dass nach Gleichung (2.66) und (2.68) die Beziehung

$$\vec{\nabla}^{\mathrm{T}} f(\vec{x}^{(k-1)})\vec{p}^{(k)} = -\vec{\nabla}^{\mathrm{T}} f(\vec{x}^{(k-1)})\vec{\nabla} f(\vec{x}^{(k-1)}) \tag{2.73}$$

gilt, erhält man den Ausdruck, der von Polak und Ribiere vorgeschlagen wurde:

$$\beta^{(k)} = \frac{\vec{\nabla}^{\mathrm{T}} f(\vec{x}^{(k)})\left(\vec{\nabla} f(\vec{x}^{(k)}) - \vec{\nabla} f(\vec{x}^{(k-1)})\right)}{\vec{\nabla}^{\mathrm{T}} f(\vec{x}^{(k-1)})\vec{\nabla} f(\vec{x}^{(k-1)})} \tag{2.74}$$

Der Ausdruck nach Fletcher-Reeves in (2.58) ergibt sich durch Ausnutzen der Orthogonalitätseigenschaft, die sich unter Verwendung von Gleichung (2.63) bis (2.66) und (2.67) herleiten lässt:

$$\begin{aligned}
\vec{\nabla}^{\mathrm{T}} f(\vec{x}^{(k)})\vec{\nabla} f(\vec{x}^{(k-1)}) &= \vec{\nabla}^{\mathrm{T}} f(\vec{x}^{(k)})(-\vec{p}^{(k)} + \beta^{(k-1)}\vec{p}^{(k-1)}) \\
&= \beta^{(k-1)}\vec{\nabla}^{\mathrm{T}} f(\vec{x}^{(k)})\vec{p}^{(k-1)} \\
&= \beta^{(k-1)}\left(\vec{c}^{\mathrm{T}} + \left(\vec{x}^{(k-1)} + \alpha^{(k)}\vec{p}^{(k)}\right)^{\mathrm{T}}\boldsymbol{A}\right)\vec{p}^{(k-1)} \\
&= \beta^{(k-1)}\left(\vec{\nabla}^{\mathrm{T}} f(\vec{x}^{(k-1)}) + \alpha^{(k)}\vec{p}^{(k)\mathrm{T}}\boldsymbol{A}\right)\vec{p}^{(k-1)} = 0
\end{aligned} \tag{2.75}$$

Da die Suchrichtungen konjugiert sind, führt der Algorithmus (2.58) bei einer quadratischen Funktion – wie in Abbildung 2.13 für den zweidimensionalen Fall veranschaulicht – nach spätestens n Iterationen zum Minimum. Dies wird im allgemeinen Fall einer nicht quadratischen Funktion nicht so sein. Wenn man jedoch den Algorithmus über die n Iterationen hinaus verwendet, können die Suchrichtungen uneffektiv werden. Man sollte also entweder das Verfahren generell nach n Iterationen neu starten oder zumindest spätestens dann, wenn die generierte Suchrichtung „bergauf“ führt, das heißt wenn gilt:

$$\vec{p}^{(k+1)\mathrm{T}} \cdot \vec{\nabla} f(\vec{x}^{(k)}) \geqq 0 \tag{2.76}$$

Ein besseres Verhalten für Iterationen über n hinaus erhält man mit dem modifizierten β nach Polak-Ribiere aus Gleichung (2.74). Dies ist zwar mathematisch identisch mit dem von Fletcher-Reeves, jedoch nur bei einer quadratischen Zielfunktion. Im allgemeinen Fall erhält man mit dem β nach Polak-Ribiere ein besseres numerisches Verhalten [289].

2.2.2.3 Methoden 2-ter Ordnung: Quasi-Newton-Methode

Bei den Methoden 2-ter Ordnung [52], [79], [97], [117], [123], [343] wird neben den Gradienten noch die Hesse-Matrix benötigt. Die zugrunde liegende Idee ist hierbei, mithilfe des Newton-Verfahrens das Minimum einer Funktion über die Nullstelle der ersten Ableitung zu finden.

Bei der ursprünglichen Newton-Methode zur Bestimmung von Nullstellen einer Funktion handelt es sich um ein Verfahren 1. Ordnung. Dabei wird die Funktion an dem aktuellen Punkt durch eine lineare Funktion angenähert und die Nullstelle der Näherung bestimmt (Abbildung 2.14). An der genäherten Nullstelle wird dann dieses Verfahren wiederholt, sodass man sich iterativ der wirklichen Nullstelle der Funktion annähert. Im eindimensionalen Fall lautet die lineare Näherung um den aktuellen Punkt $x^{(k)}$:

$$f(x) \approx \tilde{f}(x) = f(x^{(k)}) + f'(x^{(k)})(x - x^{(k)}) \tag{2.77}$$

Die Bedingung für die Nullstelle der Näherung

$$\tilde{f}(x) = 0 \tag{2.78}$$

liefert folgende Iterationsvorschrift:

$$x^{(k+1)} = -\frac{f(x^{(k)})}{f'(x^{(k)})} + x^{(k)} \tag{2.79}$$

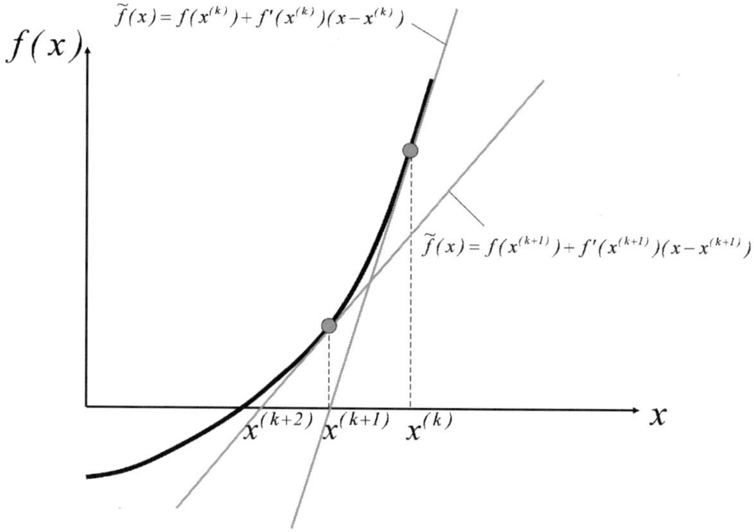

Abb. 2.14 Nullstellenbestimmung einer Funktion nach dem Newton-Verfahren im eindimensionalen Fall

Das Newton-Verfahren kann ebenso zur Bestimmung des Minimums einer Funktion eingesetzt werden, indem damit die Nullstelle der ersten Ableitung bestimmt wird. Damit jedoch die erste Ableitung linear approximiert werden kann, muss die Funktion selber quadratisch genähert werden

$$f(x) \approx \tilde{f}(x) = f(x^{(k)}) + f'(x^{(k)})(x - x^{(k)}) + \tfrac{1}{2} f''(x^{(k)})(x - x^{(k)})^2. \tag{2.80}$$

Für die Nullstelle der ersten Ableitung der Approximation erhält man damit folgende Bedingung:

$$\tilde{f}'(x) = f'(x^{(k)}) + f''(x^{(k)})(x - x^{(k)}) = 0 \tag{2.81}$$

Dies führt zu einer Iterationsvorschrift, bei der die Funktionen in Gleichung (2.79) durch die um eine Ableitung erhöhten Funktionen ersetzt werden, sodass dann die zweite statt der ersten Ableitung im Nenner benötigt wird.

$$x^{(k+1)} = -\frac{f'(x^{(k)})}{f''(x^{(k)})} + x^{(k)} \tag{2.82}$$

Im allgemeinen Fall von n Designvariablen muss der Kehrwert der 2. Ableitung durch die inverse Hesse-Matrix $\boldsymbol{A}^{-1}$ ersetzt werden, denn die Approximation lautet jetzt

$$\begin{aligned} f(\vec{x}) &\approx \tilde{f}(\vec{x}) \\ &= f(\vec{x}^{(k)}) + \vec{\nabla} f^{\mathrm{T}}(\vec{x}^{(k)})(\vec{x} - \vec{x}^{(k)}) + \tfrac{1}{2}(\vec{x} - \vec{x}^{(k)})^{\mathrm{T}} \boldsymbol{A} (\vec{x} - \vec{x}^{(k)}). \end{aligned} \tag{2.83}$$

Die Nullstellenforderung für die Approximation

$$\vec{\nabla} \tilde{f}(\vec{x}) = \vec{\nabla} f(\vec{x}^{(k)}) + \boldsymbol{A}(\vec{x} - \vec{x}^{(k)}) = \vec{0} \tag{2.84}$$

führt dann zu

$$\vec{x}^{(k+1)} = -\boldsymbol{A}^{-1} \vec{\nabla} f(\vec{x}^{(k)}) + \vec{x}^{(k)}. \tag{2.85}$$

Bei einer quadratischen Funktion wird durch Gleichung (2.85) direkt das gesuchte Minimum bestimmt. Für den allgemeinen Fall einer nicht quadratischen Funktion verwendet man dagegen Gleichung (2.85) um die Suchrichtung festzulegen:

$$\vec{p}^{(k+1)} = \vec{x}^{(k+1)} - \vec{x}^{(k)} = -\boldsymbol{A}^{-1} \vec{\nabla} f(\vec{x}^{(k)}) \tag{2.86}$$

Dazu muss jedoch die Hesse-Matrix berechnet werden. Diesen rechenintensiven Schritt umgeht man, indem man die Hesse-Matrix nicht exakt am aktuellen Punkt bestimmt, sondern während der einzelnen Iterationen sukzessive aufbaut. Deswegen wird das Verfahren auch als Quasi-Newton-Methode oder auch als Variable Metrik Methode bezeichnet. Das BFGS-Verfahren (Broyden-Fletcher-Goldfarb-Shanno) ist für diesen Zweck eine bewährte und häufig verwendete Methode, wobei hier direkt die inverse Hesse-Matrix, welche im Folgenden mit $\boldsymbol{H}$ bezeichnet wird, aufgebaut wird. Im ersten Schritt wird die inverse Hesse-Matrix durch die Einheitsmatrix ersetzt. Das bedeutet nach Gleichung (2.86), dass die erste Suchrichtung in Richtung des steilsten Abstiegs führt. In den folgenden Iterationen wird die Matrix durch ein Ersetzungsschema so modifiziert, dass man bei einer quadratischen Funktion nach n Iterationen die exakte inverse Hesse-Matrix erhält.

$$\boldsymbol{H}^{(n)} = \boldsymbol{A}^{-1} \tag{2.87}$$

Dabei ist das Ersetzungsschema so aufgebaut, dass die Matrix $\boldsymbol{H}$ in jeder Iteration symmetrisch und positiv definit ist. Konkret wird jetzt die Suchrichtung in jeder Iteration bestimmt durch

$$\vec{p}^{\,(k+1)} = -\boldsymbol{H}^{(k)}\vec{\nabla} f(\vec{x}^{\,(k)}), \tag{2.88}$$

wobei das Ersetzungsschema lautet

$$\begin{aligned} \boldsymbol{H}^{(0)} &= \mathbf{1} \\ \boldsymbol{H}^{(k+1)} &= \boldsymbol{H}^{(k)} + \boldsymbol{B}^{(k)} \qquad \text{mit} \qquad k \geqq 0. \end{aligned} \tag{2.89}$$

Dabei ist die Matrix $\boldsymbol{B}^{(k)}$ definiert als

$$\boldsymbol{B}^{(k)} = \frac{\vec{p} \otimes \vec{p}}{\vec{p}^{\,\mathrm{T}} \cdot \vec{y}} - \frac{(\boldsymbol{H}^{(k)}\vec{y}) \otimes (\boldsymbol{H}^{(k)}\vec{y})}{\vec{y}^{\,\mathrm{T}}\boldsymbol{H}^{(k)}\vec{y}} + \left(\vec{y}^{\,\mathrm{T}}\boldsymbol{H}^{(k)}\vec{y}\right) \vec{u} \otimes \vec{u} \tag{2.90}$$

mit

$$\begin{aligned} \vec{p} &= \vec{x}^{\,(k+1)} - x^{(k)} \\ \vec{y} &= \vec{\nabla} f(x^{(k+1)}) - \vec{\nabla} f(x^{(k)}) \\ \vec{u} &= \frac{\vec{p}}{\vec{p}^{\,\mathrm{T}} \cdot \vec{y}} - \frac{\boldsymbol{H}^{(k)}\vec{y}}{\vec{y}^{\,\mathrm{T}}\boldsymbol{H}^{(k)}\vec{y}} \end{aligned} \tag{2.91}$$

und das dyadische Produkt gegeben als

$$\left(\vec{u} \otimes \vec{v}\right)_{ij} = u_i v_j. \tag{2.92}$$

Man kann zeigen, dass die mit dem BFGS-Algorithmus ermittelten Suchrichtungen konjugiert sind. Die Grundidee beim BFGS-Verfahren ist dabei, dass analog zur 1. Ableitung, welche als Differenz von Funktionswerten bestimmt werden kann, sich die zweite Ableitung als Differenz von ersten Ableitungen berechnen lässt. So liefert zum Beispiel eine Taylor-Reihenentwicklung für den Gradienten den Ausdruck

$$\vec{\nabla} f(\vec{x}^{\,(k+1)}) = \vec{\nabla} f(\vec{x}^{\,(k)}) + \boldsymbol{A}(x^{(k+1)} - x^{(k)}) + \ldots. \tag{2.93}$$

und unter Vernachlässigung der höheren Terme

$$\boldsymbol{A}(x^{(k+1)} - x^{(k)}) = \vec{\nabla} f(\vec{x}^{\,(k+1)}) - \vec{\nabla} f(\vec{x}^{\,(k)}). \tag{2.94}$$

Im Fall einer allgemeinen Funktion liefert Gleichung (2.94) die Hesse-Matrix einer quadratischen Approximation, während man bei einer quadratischen Funktion die exakte Hesse-Matrix erhält.

Die Tatsache, dass beim Quasi-Newton-Verfahren nicht die exakte Hesse-Matrix verwendet wird, erscheint auf dem ersten Blick ein Nachteil und eine Notlösung zu sein. In Wirklichkeit macht erst der iterative Aufbau der Hesse-Matrix das Verfahren brauchbar und robust. Die Verwendung der exakten Hesse-Matrix bringt nämlich nur bei einer quadratischen Funktion Vorteile, weil dann nach Gleichung (2.85) das Optimum in einem Schritt bestimmt werden kann. Zudem ist dann auch die Hesse-Matrix konstant und kann deshalb an jedem beliebigen Punkt berechnet werden. Für eine allgemeine Funktion trifft dies alles nicht zu. Würde man hier an einem Punkt die Hesse-Matrix bestimmen, kann diese dort sogar nicht positiv definit sein und in einem solchen Fall zum Versagen des Newton-Verfahrens führen. Die Zielsetzung ist deshalb, eine quadratische Approximation der Funktion aufzubauen, die das mittlere globale Verhalten beschreibt. Genau dies liefert das BFGS-Verfahren, weil hier die Beiträge an den verschiedenen Punkten, die während der Iterationen erreicht werden, zum Aufbau der Hesse-Matrix verwendet werden. Zudem werden durch den Algorithmus auch noch lokale Minima „weggeglättet", sodass deshalb weniger die Gefahr besteht, in einem lokalen Minimum zu enden.

2.2.2.4 Skalierung von Designvariablen

Die Skalierung der Designvariablen hat einen großen Einfluss auf die Konvergenzgeschwindigkeit der oben vorgestellten Optimierungsalgorithmen. Dies soll an einem einfachen Beispiel einer quadratischen Funktion

$$f(\vec{x}) = \frac{x_1^2}{16} + \frac{x_2^2}{4} = \frac{1}{2}\vec{x}^{\mathrm{T}}\boldsymbol{A}\vec{x} \tag{2.95}$$

mit

$$\boldsymbol{A} = \begin{pmatrix} \frac{2}{16} & 0 \\ 0 & \frac{2}{4} \end{pmatrix}$$

verdeutlicht werden. Offensichtlich haben die Isolinien Ellipsenform, wobei die Isolinie für $f(\vec{x}) = 1$ eine Ellipse mit den Halbachsen $a = 4$ und $b = 2$ bildet (Abbildung 2.15). Wie oben besprochen, würde die Methode des steilsten Abstiegs zu einen Zickzack-Kurs führen und sich damit nur langsam dem Minimum bei $\vec{x}^{\mathrm{T}} = (0, 0)$ annähern. Dagegen würde man mit einer konjugierten Suchrichtung das Optimum nach 2 Iterationen erreichen. Werden nun die Designvariablen folgendermaßen umskaliert

$$\begin{aligned} x_1 &= \sqrt{\frac{16}{2}}\hat{x}_1 = \frac{1}{\sqrt{A_{11}}}\hat{x}_1 \\ x_2 &= \sqrt{\frac{4}{2}}\hat{x}_2 = \frac{1}{\sqrt{A_{22}}}\hat{x}_2, \end{aligned} \tag{2.96}$$

erhält man als Gleichung in den neuen Koordinaten den Ausdruck

$$f(\vec{\hat{x}}) = \frac{\hat{x}_1}{2} + \frac{\hat{x}_2}{2} = \frac{1}{2}\vec{\hat{x}}^{\mathrm{T}}\hat{\boldsymbol{A}}\vec{\hat{x}} \tag{2.97}$$

mit

$$\hat{\boldsymbol{A}} = \begin{pmatrix} 1 & 0 \\ 0 & 1 \end{pmatrix}.$$

Offensichtlich bilden nun – wie in Abbildung 2.15 gezeigt – die Isolinien Kreisflächen aus, sodass der Gradient an jeder Stelle zum Optimum zeigt. Damit würde sowohl mit konjugierten Suchrichtungen als auch mit der Methode des steilsten Abstiegs nach der ersten Iteration das Optimum erreicht.

Allgemein lautet für eine diagonale Hesse-Matrix die Transformationsvorschrift, durch die die Isoflächen einer quadratischen Funktion zu Kugelflächen werden, folgendermaßen:

$$x_i = \frac{1}{\sqrt{A_{ii}}}\hat{x}_i \tag{2.98}$$

Dies kann auch für den Fall erweitert werden, dass die Hessematrix nicht wie in dem obigen Beispiel diagonal ist. In diesem Fall liegen die Halbachsen nicht parallel zu den Koordinatenachsen. Dies

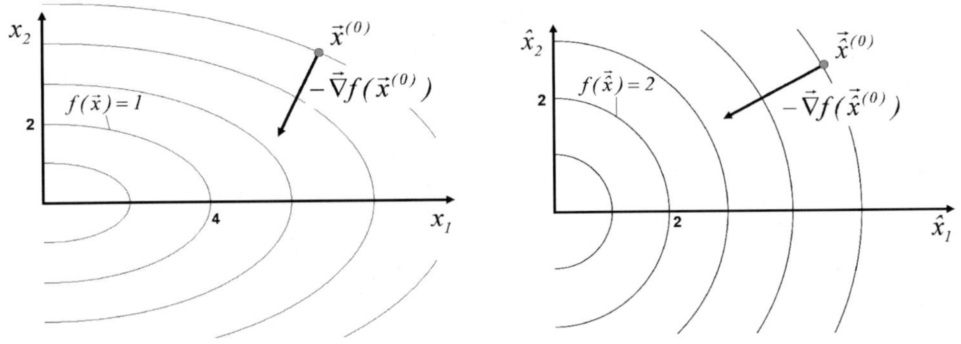

Abb. 2.15 Isolinien der quadratischen Funktion aus Gleichung (2.95) (links) und die gleiche Funktion nach der Transformation gemäß Gleichung (2.96) (rechts)

ist jedoch der Fall, wenn man die Koordinaten ins Hauptachsensystem transformiert, das durch die Eigenvektoren der Hessematrix definiert wird. Dort hat die Hessematrix die Diagonalform

$$\boldsymbol{A}' = \begin{pmatrix} a_1 & & & & \\ & a_2 & & 0 & \\ & & a_3 & & \\ & & & \cdot & \\ & 0 & & & \cdot \\ & & & & a_n \end{pmatrix}, \tag{2.99}$$

wobei a_i die Eigenwerte der Matrix sind. Die Transformation (2.98) kann nun im Hauptachsensystem ausgeführt werden und lautet:

$$x_i' = \frac{1}{\sqrt{a_i}}\hat{x}_i'. \tag{2.100}$$

Man muss demnach zuerst alle Variablen ins Hauptachsensystem transformieren, dort die Transformation (2.100) ausführen und anschließend wieder ins ursprüngliche System zurücktransformieren. Es wird auch deutlich, dass die Transformation (2.100) beziehungsweise (2.98) nichts anderes bewirkt, als die Konditionszahl der Hesse-Matrix (das Verhältnis von größtem zum kleinsten Eigenwert) zu 1 zu setzen. Je größer die Konditionszahl ist, umso langgestreckter sind die Ellipsoide der Isoflächen und umso länger braucht die Methode des steilsten Anstiegs, um ans Optimum zu gelangen.

Mithilfe der Eigenwerte von $\boldsymbol{A}$ können auch Aussagen zur Konvergenzgeschwindigkeit von Methoden mit konjugierten Suchrichtungen gemacht werden. So wird bei diesen das Optimum einer quadratischen Funktion nach spätestens n Iterationen erreicht. Das obige zweidimensionale Beispiel zeigt jedoch, dass sich die Anzahl von 2 auf 1 reduziert, wenn die beiden Diagonalelemente gleich sind. Allgemein gilt, dass bei einer quadratischen Zielfunktion genau M Iterationen bis zum Optimum benötigt werden, wenn die Hesse-Matrix M verschiedene Eigenwerte hat.

Leider ist die Hesse-Matrix im Allgemeinen nicht bekannt, sodass die Betrachtungen zwar tiefere Einsichten in das Optimierungsproblem bringen, jedoch praktisch nicht umgesetzt werden können. So bleibt als einzige Alternative, alle Designvariablen auf 1 zu normieren, in der Hoffnung, dadurch eine möglichst niedrige Konditionszahl zu erhalten. Eine solche Normierung wird häufig von den Optimierungsprogrammen intern durchgeführt.

2.3 Abbruchkriterien

Da sich numerische Optimierungsalgorithmen iterativ dem Optimum nähern, müssen Abbruchkriterien definiert werden, bei deren Erreichen man davon ausgehen kann, dass das Optimum hinreichend genau bestimmt worden ist. Je nach Optimierungsprogramm werden ein oder mehrere Kriterien verwendet, die entweder durch „and"- oder „or"-Operatoren verknüpft sind. Häufig verwendete Abbruchskriterien sind:

- **Maximale Anzahl der Iterationen**: Dieses Kriterium ist normalerweise nicht sinnvoll und sollte nur verwendet werden, wenn aus Zeitgründen nicht mehr Iterationen durchgeführt werden können. In diesem Fall kann man zumindest eine Verbesserung, wenn auch nicht die optimale Lösung, erwarten. Besonders ärgerlich und problematisch ist es jedoch, wenn bei einem Optimierungsprogramm der „Default"-Wert für die maximale Anzahl der Iterationen sehr niedrig gesetzt ist, beispielsweise auf 5. Bei einer solchen Anzahl von Iterationen hat auch ein guter Optimierungsalgorithmus häufig das Optimum noch nicht erreicht. Bricht das Programm dann in dieser Iteration wegen der maximalen Anzahl von Iterationen ab und erkennt der Anwender den Grund für den Abbruch der Optimierung nicht, geht er fälschlicherweise davon aus, das Optimum als Lösung erhalten zu haben. Bemerkt er den Grund, muss er das Programm am zuletzt ermittelten Punkt neu starten, was einen erhöhten Aufwand bedeutet. Es ist deshalb empfehlenswert, die maximale Anzahl der Iterationen so hoch zu setzten, dass sie als Abbruchkriterium nicht aktiv werden kann.

- **Absolute Änderung der Zielfunktion**: Hier wird die Optimierung beendet, wenn sich die absoluten Werte der Zielfunktion um weniger als eine vorgegebene Grenze ändern:

  $$\left| f(\overrightarrow{x}^{(k+1)}) - f(\overrightarrow{x}^{(k)}) \right| \leqq \varepsilon_{\text{abs}} \tag{2.101}$$

  Dieses Kriterium ist sinnvoll aber nicht sehr praktisch, weil die Grenze immer an die jeweilige Zielfunktion angepasst werden muss.

- **Relative Änderung der Zielfunktion**: Hier wird die Optimierung beendet, wenn sich die relativen Werte der Zielfunktion um weniger als eine vorgegebene Grenze ändern:

  $$\frac{\left| f(\overrightarrow{x}^{(k+1)}) - f(\overrightarrow{x}^{(k)}) \right|}{\left| f(\overrightarrow{x}^{(k+1)}) \right|} \leqq \varepsilon_{\text{rel}} \tag{2.102}$$

  Dies ist sicherlich das sinnvollste und universellste Abbruchkriterium, weil die Grenze hier nicht an die jeweilige Zielfunktion angepasst werden muss. Typische Werte für die relative Grenze liegen in der Größenordnung $\varepsilon_{\text{rel}} \approx 10^{-3}$.

- **Änderung des Gradienten**: Hier wird die Optimierung beendet, wenn sich der Gradient hinreichend nahe am Nullvektor befindet. Dies wird in die Anforderung übersetzt, dass sich die Werte jeder einzelnen Komponente des Gradienten betragsmäßig um weniger als eine vorgegebene Grenze ändern dürfen:

  $$\left| \frac{\partial f}{\partial x_i} \right| \leqq \varepsilon_{\text{grad}} \tag{2.103}$$

  Dieses Kriterium kann jedoch nur bei restriktionsfreien Optimierungsproblemen verwendet werden. Liegen Restriktionen vor, muss dieses Kriterium durch die Kuhn-Tucker-Bedingungen ersetzt werden (siehe Abschnitt 3.2.2.1).

3 Optimierung mit Restriktionen

Die Restriktionen eines Optimierungsproblems können auf zwei Arten berücksichtigt werden. Bei der indirekten Methode wird ein Ersatzproblem ohne Restriktionen unter Verwendung von Straffunktionen gelöst, während bei der direkten Methode die Restriktionen direkt im Lösungsalgorithmus berücksichtigt werden. Dabei sind die direkten Methoden normalerweise effektiver als die indirekten Methoden.

3.1 Indirekte Methoden

Bei der indirekten Methode [21], [31], [132], [333], [382], kurz auch SUMT (Sequential Unconstrained Minimization Techniques) genannt, wird nicht das Originalproblem mit Gleichheits- und Ungleichheitsrestriktionen gelöst

$$\min f(\overrightarrow{x}),$$

sodass

$$\begin{aligned} g_j(\overrightarrow{x}) &\leqq 0; \qquad j = 1, m \\ h_k(\overrightarrow{x}) &= 0; \qquad k = 1, q, \end{aligned} \tag{3.1}$$

sondern ein Ersatzproblem ohne Restriktionen, bei dem eine Pseudo-Zielfunktion $\hat{f}(\overrightarrow{x})$ minimiert wird

$$\min \hat{f}(\overrightarrow{x}) \tag{3.2}$$

mit

$$\hat{f}(\overrightarrow{x}) = f(\overrightarrow{x}) + rP(\overrightarrow{x}). \tag{3.3}$$

Die Restriktionen werden dabei durch einen Strafterm $rP(\overrightarrow{x})$ berücksichtigt, wobei $P(\overrightarrow{x})$ die so genannte Straffunktion und r ein Skalierungsfaktor ist. Der Strafterm „bestraft" die Pseudo-Zielfunktion des Ersatzproblems $\hat{f}(\overrightarrow{x})$ im nichtzulässigen Bereich, indem er dort Zahlenwerte zu den Werten der richtigen Zielfunktion $f(\overrightarrow{x})$ hinzuaddiert. Diese werden umso größer, je mehr man sich von dem zulässigen Bereich wegbewegt. Der Vorteil dieser Formulierung ist, dass zur Lösung die Optimierungsalgorithmen aus Kapitel 2 eingesetzt werden können.

Die expliziten Restriktionen für die Designvariablen

$$x_i^L \leqq x_i \leqq x_i^U; \qquad i = 1, n \tag{3.4}$$

können entweder ebenfalls über eine Straffunktion oder auch direkt bei der Lösung des Ersatzproblems berücksichtigt werden. Im letzteren Fall wird für eine Designvariable, die die obere oder untere Grenze erreicht, die entsprechende Komponente des Suchrichtungsvektors zu null gesetzt, wenn sie in den unzulässigen Bereich führt.

3.1.1 Externe Straffunktion

Die externe Straffunktion kann sowohl für Gleichheits- als auch Ungleichheitsrestriktionen eingesetzt werden und hat die Form:

$$P(\overrightarrow{x}) = \sum_{k=1}^{q} |h_k(\overrightarrow{x})|^2 + \sum_{j=1}^{m} \left[\max(g_j(\overrightarrow{x}), 0)\right]^2 \tag{3.5}$$

Wie in Abbildung 3.1 im eindimensionalen Fall für eine Ungleichheitsrestriktion gezeigt ist, liefert die Straffunktion im zulässigen Bereich keinen Beitrag, sondern steigt erst im nichtzulässigen Bereich an. Dies hat zur Folge, dass das Minimum $\hat{x}^*$ von $\hat{f}(x)$ nicht an der Stelle des wirklichen Optimums x^* liegt, sondern im unzulässigen Bereich. Jedoch nähert sich $\hat{x}^*$ umso mehr an x^*, je größer der Skalierungsfaktor r wird, sodass im Grenzfall gilt:

$$\overrightarrow{\hat{x}^*} \xrightarrow{r\to\infty} \overrightarrow{x}^* \tag{3.6}$$

Das gleiche Verhalten zeigt sich auch bei den Gleichheitsrestriktionen, bei denen ja die Definition der Straffunktion im Bereich $h_k(\overrightarrow{x}) \geqq 0$ identisch mit der für die Ungleichheitsrestriktionen ist (Abbildung 3.2).

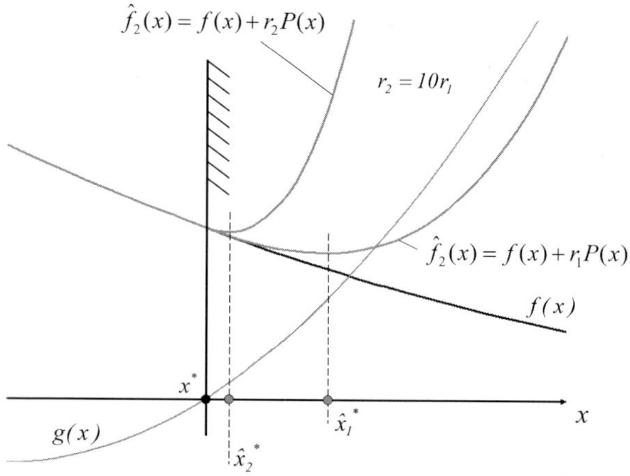

Abb. 3.1 Pseudo-Zielfunktion bei einer externen Straffunktion für eine Ungleichheitsrestriktion bei zwei unterschiedlichen Werten des Skalierungsfaktors r

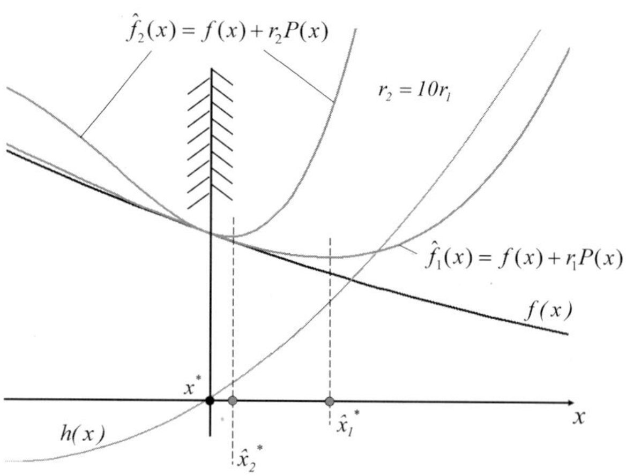

Abb. 3.2 Pseudo-Zielfunktion bei einer externen Straffunktion für eine Gleichheitsrestriktion bei zwei unterschiedlichen Werten des Skalierungsfaktors r

Die Schwierigkeit bei der externen Straffunktion besteht darin, dass auf der einen Seite ein großer Skalierungsfaktor r wünschenswert ist, um möglichst nahe an die wirkliche Lösung heranzukommen, sich dagegen auf der anderen Seite damit sehr steile Funktionsverläufe ergeben und das Problem damit schlecht konditioniert ist. Vor allem ist es schwierig, von einem beliebigen Startpunkt aus das Minimum mit einem hohen Skalierungswert zu bestimmen. Man geht deswegen so vor, dass man zuerst mit einem unkritischen Wert für r die Optimierung beginnt und somit in die nähere Umgebung des Optimums gelangt. Von dort aus ist es dann unproblematisch, auch mit größeren Skalierungswerten das Ersatzproblem zu lösen und sich mit steigendem r dem wirklichen Optimum zu nähern. Die genaue Vorgehensweise ist in Abschnitt 3.1.4 beschrieben.

Der größte Nachteil der externen Straffunktion ist, dass man sich bei Verwendung eines Suchrichtungsverfahrens der optimalen Lösung normalerweise aus dem unzulässigen Bereich her nähert. Hat man nämlich einmal den unzulässigen Bereich erreicht, und das passiert bei externen Straffunktionen irgendwann, ist es sehr unwahrscheinlich, dass das Suchrichtungsverfahren noch mal in den zulässigen Bereich zurückkehrt. Das hat zur Folge, dass ab dann alle Zwischenlösungen unzulässig sind, und deshalb auch nur eine unzulässige Lösung vorliegt, wenn die Optimierung aus irgendeinem Grund nicht bis zum Ende geführt wird. Anders sieht es bei Optimierungsverfahren aus, die große Sprünge im Designraum ermöglichen, wie das bei den globalen Optimierungsverfahren (siehe Kapitel 10) mit Zufallskomponente der Fall ist. Hier ist die externe Straffunktion besonders geeignet, weil sie einen „gutmütigen“ Funktionsverlauf ohne Singularitäten aufweist Dies ist bei der internen Straffunktion, die im nächsten Abschnitt beschrieben wird, nicht der Fall ist. Dafür liefert sie eine Folge von zulässigen Lösungen.

3.1.2 Interne Straffunktion

Im Gegensatz zu der externen Straffunktion generiert eine interne Straffunktion, auch Barrierenfunktion genannt, bei einem Suchrichtungsverfahren eine Folge von zulässigen Lösungen. Jedoch können mit ihr nur Ungleichheitsrestriktionen behandelt werden. Die interne Straffunktion ist definiert als:

$$P(\vec{x}) = \sum_{j=1}^{m} \frac{-1}{g_j(\vec{x})} \tag{3.7}$$

Auch hier liegt das Optimum des Ersatzproblems $\hat{x}^*$ nicht an der Stelle des wirklichen Optimums x^*. Jedoch liegt es immer im zulässigen Bereich, sodass die Lösung, im Gegensatz zur externen Straffunktion, konservativ ist (Abbildung 3.3). Der Nachteil ist jedoch, dass an der Restriktionsgrenze eine Singularität vorliegt, die zu Schwierigkeiten führen kann, wenn die Optimierung im nichtzulässigen Bereich startet oder während der Optimierung der zulässige Bereich verlassen wird. Letzteres kann vor allem bei den globalen Optimierungsverfahren (siehe Kapitel 10) passieren. Auch bei der internen Straffunktion strebt das Optimum des Ersatzproblems im Grenzfall gegen das wirkliche Optimum, jedoch jetzt mit kleiner werdendem Skalierungsfaktor r.

$$\vec{\hat{x}}^* \xrightarrow{r \to 0} \vec{x}^* \tag{3.8}$$

Die Lösungsstrategie ist für interne Straffunktionen die gleiche wie für die externen Straffunktionen bis auf den Unterschied, dass nun der Skalierungsfaktor verringert wird bis Konvergenz erzielt wird (siehe auch Abschnitt 3.1.4).

3.1.3 Erweiterte interne Straffunktion

Bei der erweiterten internen Straffunktion [131] werden die Vorteile der internen und externen Straffunktion miteinander kombiniert, nämlich die Eigenschaft, eine Folge zulässiger Lösungen zu liefern und dennoch einen durchgehend kontinuierlichen Verlauf und keine Singularität an der Restriktionsgrenze aufzuweisen. Dies wird dadurch erreicht, indem die interne Straffunktion

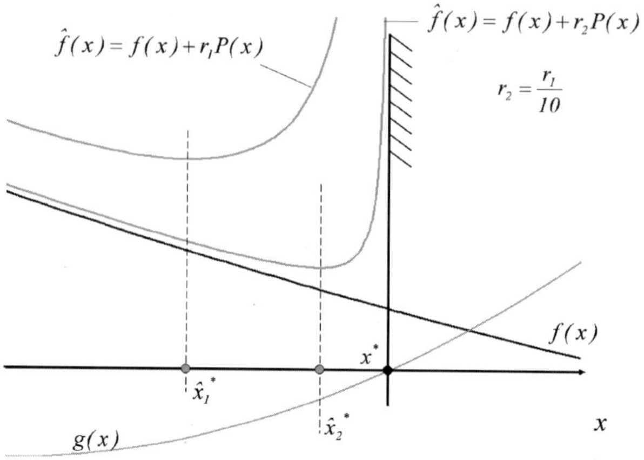

Abb. 3.3 Pseudo-Zielfunktion bei einer internen Straffunktion für zwei unterschiedliche Werte des Skalierungsfaktors *r*

$-1/g$ durch eine Funktion $z(g)$ ersetzt wird, wenn die Restriktion g einen negativen Grenzwert ε überschreitet (Abbildung 3.4):

$$P(\overrightarrow{x}) = \sum_{j=1}^{m} \Phi_j(\overrightarrow{x}) \tag{3.9}$$

mit

$$\Phi_j(\overrightarrow{x}) = \begin{cases} \dfrac{-1}{g_j(\overrightarrow{x})} & \text{wenn} \quad g_j(\overrightarrow{x}) \leqq \varepsilon \\ z(g_j) & \text{wenn} \quad g_j(\overrightarrow{x}) > \varepsilon \end{cases} \tag{3.10}$$

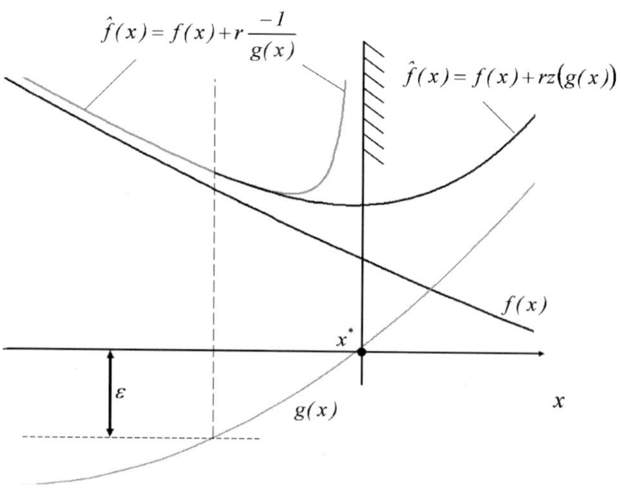

Abb. 3.4 Verlauf der Ersatzfunktion im eindimensionalen Fall bei einer erweiterten internen Straffunktion

Für die Funktion $z(g)$ kann eine lineare oder quadratische Funktion verwendet werden. Dabei sind im ersten Fall an der Anschlussstelle nur die ersten, nicht jedoch die zweiten Ableitungen der Straffunktion stetig. Dies kann zu Schwierigkeiten führen, wenn zur Optimierung ein Verfahren

2. Ordnung verwendet wird. Hier empfiehlt sich die Verwendung der quadratischen Formulierung, die nun kurz hergeleitet wird. Der quadratische Ansatz für $z(g)$ lautet:

$$z(g) = ag^2 + bg + c \tag{3.11}$$

Die Koeffizienten werden durch die Forderung bestimmt, dass der Übergang zwischen beiden Funktionen bei $g = \varepsilon$ stetig bis zur zweiten Ableitung nach $\overrightarrow{x}$ sein soll. Daraus ergeben sich die Bedingungen:

1. $$z(\varepsilon) = \left.\frac{-1}{g}\right|_{g=\varepsilon} = \frac{-1}{\varepsilon}$$

2. $$z'(\varepsilon) = \left.\left(\frac{-1}{g}\right)'\right|_{g=\varepsilon}$$

3. $$z''(\varepsilon) = \left.\left(\frac{-1}{g}\right)''\right|_{g=\varepsilon}.$$

Aus Bedingung 3

$$2ag'^2 + g''(2a\varepsilon + b) = \frac{-2g'^2}{\varepsilon^3} + \frac{g''}{\varepsilon^2} \tag{3.12}$$

folgt durch Koeffizientenvergleich

$$a = \frac{-1}{\varepsilon^3} \tag{3.13}$$

und

$$2a\varepsilon + b = \frac{1}{\varepsilon^2}, \tag{3.14}$$

wobei sich Gleichung (3.14) auch aus Bedingung 2 herleiten ließe. Zusammen mit (3.13) ergibt sich für b der Ausdruck

$$b = \frac{3}{\varepsilon^2} \tag{3.15}$$

und daraus unter Verwendung von Bedingung 1

$$c = \frac{-3}{\varepsilon}. \tag{3.16}$$

Damit lautet die Funktion $z(g)$ letztendlich:

$$z(g) = \frac{-1}{\varepsilon^3}g^2 + \frac{3}{\varepsilon^2}g - \frac{3}{\varepsilon}. \tag{3.17}$$

3.1.4 Skalierung der Restriktionen und Festlegung der Parameter

Je nach Problemstellung können die Werte zwischen Zielfunktion und Restriktionen sehr unterschiedlich sein. Deswegen muss die Skalierung innerhalb der Pseudo-Zielfunktion und die Festlegung der Parameter so erfolgen, dass sie möglichst problemunabhängig sind. Ein Konzept ist, jede Restriktion so zu skalieren, dass ihre Steigung im Anfangspunkt gleich der Steigung der Zielfunktion ist. Dadurch wird ein Ungleichgewicht zwischen den einzelnen Restriktionen vermieden. Damit ergibt sich für jede Restriktion g_j der Skalierungsfaktor

$$c_j = \frac{\left|\overrightarrow{\nabla} f(\overrightarrow{x}^{(0)})\right|}{\left|\overrightarrow{\nabla} g_j(\overrightarrow{x}^{(0)})\right|}. \tag{3.18}$$

Wird ein Gradientenverfahren verwendet, könnte der Skalierungsfaktor in jeder Iteration neu bestimmt werden. Meistens wird er jedoch nur am Anfang berechnet und dann für die gesamte Optimierung beibehalten. Wenn kein Gradientenverfahren verwendet wird, können die Gradienten durch finite Differenzen bestimmt werden, was zusätzlich n Analysen erfordert. Wenn man diesen Aufwand vermeiden will, kann man alternativ nur eine zusätzliche Analyse verwenden, bei der alle Designvariablen simultan um einen Wert $0 < \Delta x \ll 1$ verschoben werden, und den Skalierungsfaktor folgendermaßen bestimmen:

$$c_j \approx \frac{\left| f(\vec{x}^{(0)} + \Delta\vec{x}) - f(\vec{x}^{(0)}) \right|}{\left| g_j(\vec{x}^{(0)} + \Delta\vec{x}) - g_j(\vec{x}^{(0)}) \right|}; \qquad \Delta\vec{x}^{\mathrm{T}} = (\Delta x, \Delta x, \ldots, \Delta x)\,. \tag{3.19}$$

Die Festlegung des Anfangswerts für den Skalierungsfaktor r der Straffunktion ist der schwierigste und kritischste Teil, weil dieser einen großen Einfluss auf die Effizienz der Optimierung hat. Ist er zu groß, kann das zu numerischen Schwierigkeiten führen, während ein zu kleiner Wert bei der externen oder der erweiterten internen Straffunktion zu einer Folge von Designs führen kann, die vom ingenieurmäßigen Standpunkt aus gesehen unsinnig sind und für die im ungünstigsten Fall nicht einmal mehr eine Lösung existiert. Hier ist die Empfehlung, sowohl für die externe als auch die interne Straffunktion einen Startwert von

$$r = 1 \tag{3.20}$$

zu verwenden, wenn die Restriktionen skaliert sind.

Für die externe und interne Straffunktion ergeben sich nun zwei mögliche Strategien. Zum einen kann man eine Sequenz von Optimierungen durchführen, bei denen der Skalierungsfaktor r in jedem Optimierungslauf konstant gehalten wird. Man beginnt dabei mit der Skalierung aus Gleichung (3.20) und verändert vor jedem neuen Optimierungslauf die Skalierung gemäß $r = \alpha r$. Typische Werte für α sind $\alpha = 3$ für die externen und $\alpha = 1/3$ für die internen Straffunktionen. Die Folge von Optimierungsläufen wird abgebrochen, wenn die Änderung der optimalen Werte der Designvariablen $|x^*(k) - x^*(k-1)|$ zwischen zwei sukzessiven Optimierungsläufen $k-1$ und k unterhalb einer vordefinierten Toleranz fällt. Der Nachteil dieser Vorgehensweise ist, dass mehrere Optimierungsläufe durchgeführt werden müssen. Eine andere Strategie ist, die Skalierung in einem einzigen Optimierungslauf von Iteration zu Iteration zu modifizieren. Ein möglicher Ansatz für eine solche dynamische Skalierung für eine externe Straffunktion, bei dem der Zuwachs an den Iterationsindex k gekoppelt ist, lautet [68], [67], [185]

$$r = (ck)^{\alpha} \tag{3.21}$$

mit $c = 0{,}5$ und $\alpha = 1$ oder 2. Eine Erweiterung dieses Ansatzes mit $\alpha = 1$ über die e-Funktion führt zu der Straffunktion [68], [67], [185]

$$P(\vec{x}) = \exp\left(ck \sum_{j=1}^{m} \max\left(g_j(\vec{x}), 0 \right) \right). \tag{3.22}$$

Dabei wird beispielsweise $c = 0{,}05$ gesetzt.

Ein anderer Ansatz für die Skalierung ist von dem Simulated Annealing-Verfahren (Kapitel 10.3) inspiriert [68], [67], [249]

$$r = \frac{1}{\tau}, \tag{3.23}$$

bei dem die Pseudotemperatur τ nach einem an den Iterationsindex k gekoppeltes Abkühlschema [248]

$$\tau^{k+1} = 0{,}1\, \tau^{k} \tag{3.24}$$

reduziert und dadurch die Skalierung r erhöht wird. Dabei wird der Anfangswert $\tau = 1$ gesetzt τ auf den Minimalwert $\tau^{\mathrm{L}} = 10^{-6}$ begrenzt.

Bei Verwendung der erweiterten internen Straffunktion muss noch der Parameter ε vorgegeben werden. Diesen versucht man so festzulegen, dass die Steigung der Pseudo-Zielfunktion im unzulässigen Bereich immer positiv ist, damit sich eine Folge von zulässigen Lösungen während der Optimierung ergibt. Ideal wäre es, wenn die Pseudo-Zielfunktion $\hat{f}(\vec{x})$ genau an der Restriktionsgrenze $g = 0$ das Minimum hätte. Aus dieser Anforderung ergibt sich, wenn nur eine Ungleichheitsrestriktion betrachtet wird,

$$\hat{f}'(\vec{x})\big|_{g=0} = f'(\vec{x})\big|_{g=0} + r\left(\frac{-2gg'}{\varepsilon^3} + \frac{3g'}{\varepsilon^2}\right)\bigg|_{g=0} = f'(\vec{x})\big|_{g=0} + r\frac{3g'}{\varepsilon^2}\bigg|_{g=0} = 0 \quad (3.25)$$

und daraus ein Zusammenhang zwischen Skalierungsfaktor r und der Grenze ε

$$\varepsilon = -sr^{\frac{1}{2}} \quad (3.26)$$

mit

$$s = \sqrt{\frac{-3g'}{f'}\bigg|_{g=0}}. \quad (3.27)$$

(Die Wurzel ist reell, weil an der Grenze gilt $g' > 0$ und $f' < 0$.) Dieser Ausdruck ist jedoch nicht sehr hilfreich, weil weder die Ableitung der Zielfunktion noch die der Restriktion an der Restriktionsgrenze bekannt ist. Man behilft sich so, dass man den Zusammenhang (3.28) in einer etwas erweiterten Form [132]

$$\varepsilon = -sr^{\alpha}; \qquad \frac{1}{3} \leqq \alpha \leqq \frac{1}{2} \quad (3.28)$$

verwendet. Den Wert von s legt man unter Verwendung des Anfangswertes der Skalierung aus Gleichung (3.20) dadurch fest, dass man einen Anfangswert für ε aus dem Intervall $[-0{,}3, \; -0{,}1]$ wählt. Dieser Wert für s wird dann während des gesamten Optimierungsverlaufs beibehalten und der Wert von ε unter Verwendung von Gleichung (3.28) jeweils an den aktuellen Wert des Skalierungsfaktors r angepasst.

Nach Skalierung aller Restriktionen und der Festlegung der Anfangswerte aller Parameter ergibt sich damit folgender Optimierungsalgorithmus:

1. Setze $k = 1$.
2. Bestimme die Lösung $\vec{\hat{x}}^{(k)^*}$ des Optimierungsproblems
$$\min \hat{f}(\vec{x}) = f(\vec{x}) + r^E \sum_{k=1}^{q} h_k^2(\vec{x}) + r^I \sum_{j=1}^{m} \Phi_j.$$
3. Überprüfe für $k > 1$ die Konvergenz. Wenn erfüllt, dann gehe nach 5.
4. Setze $k := k+1$, $r^E := \alpha^E r^E$, $r^I := \alpha^I r^I$, $\varepsilon := -sr^{I\alpha}$, $\vec{x}^{(0)} := \vec{\hat{x}}^{(k-1)^*}$ und gehe nach 2.
5. Lösung des Optimierungsproblems ist $\vec{x}^* = \vec{\hat{x}}^{(k)^*}$.

Übliche Werte für die Änderungsfaktoren der Skalierungsterme sind $\alpha^I = 0{,}3$ ist $\alpha^E = 3$. Als Konvergenzkriterium kann man verwenden, dass sich die Werte der Zielfunktion im Optimum nur noch unwesentlich ändern und dass die Restriktionsverletzungen unterhalb einer Toleranzgrenze liegen.

3.1.5 Die erweiterte Lagrange-Methode

Mit den oben vorgestellten Straffunktionen lässt sich das restringierte Optimierungsproblem zwar mit beliebiger Genauigkeit auf ein unrestringiertes zurückführen, jedoch auf Kosten der Konditionierung des Ersatzproblems. Je näher das Optimum des unrestringierten Ersatzproblems an dem wirklichen Optimum liegt, umso schlechter ist die Konditionierung. Wie oben ausgeführt, wird deshalb eine Folge von Optimierungen gelöst, in denen der Skalierungsfaktor sukzessive erhöht (externe Straffunktion) beziehungsweise erniedrigt (interne Straffunktion) wird. Die erweiterte Lagrange-Methode, auch kurz ALM (Augmented Lagrange Multiplier Method) genannt, hat diesen

Nachteil nicht, weil sie von der Skalierung des Strafterms (nahezu) unabhängig ist. Es wird zwar letztendlich auch hier eine Folge von Optimierungsproblemen gelöst, bei der ein Skalierungsfaktor erhöht wird, jedoch geschieht dies hier, um die Konvergenzgeschwindigkeit zu erhöhen.

Zuerst wird die Methode für Gleichheitsrestriktionen vorgestellt, weil sie dafür ursprünglich entwickelt und erst später für Ungleichheitsrestriktionen erweitert wurde. Bei dem Verfahren wird, wie schon der Name vermuten lässt, die Lagrange-Funktion verwendet. Deshalb sollte vorher Kapitel 4 durchgearbeitet werden, wenn diese noch nicht bekannt ist.

3.1.5.1 Erweiterte Lagrange-Methode für Gleichheitsrestriktionen

Für das Optimierungsproblem

$$\min f(\vec{x}), \quad \text{sodass } h_j(\vec{x}) = 0;\ j = 1, q \tag{3.29}$$

lautet die dazugehörige Lagrange-Funktion:

$$L(\vec{x}, \vec{\gamma}) = f(\vec{x}) + \sum_{j=1}^{q} \gamma_j h_j(\vec{x}); \qquad \gamma_j \in R \tag{3.30}$$

Bei der erweiterten Lagrange-Funktion $A(\vec{x}, \vec{\gamma}, r)$ wird nun ein externer Strafterm hinzugefügt:

$$A(\vec{x}, \vec{\gamma}, r) = f(\vec{x}) + \sum_{j=1}^{q} \gamma_j h_j(\vec{x}) + r \sum_{j=1}^{q} |h_j(\vec{x})|^2. \tag{3.31}$$

Die erweiterte Lagrange-Funktion hat zwei attraktive Eigenschaften:

1. Im Spezialfall, dass alle Lagrange-Multiplikatoren $\gamma_j = 0$ sind, liegt wieder ein Optimierungsproblem mit einer Pseudo-Zielfunktion für eine externe Straffunktion vor, das wieder durch eine Optimierungssequenz mit steigendem Skalierungsfaktor gelöst werden kann.
2. Bei vorgegebenen optimalen Werten der Lagrange-Multiplikatoren $\gamma_j = \gamma_j^*$ ergibt sich die optimale Lösung $\vec{x}^*$ als Minimum von $A(\vec{x}, \vec{\gamma}, r)$ unabhängig vom Wert des Skalierungsfaktors r.

Die zweite Eigenschaft bedeutet, dass der Wert von r immer unwichtiger wird, je mehr man sich den optimalen Werten der Lagrange-Multiplikatoren nähert. Eine Änderung von r hat somit keine Änderung der optimalen Lösung zur Folge, sondern lediglich einen Einfluss auf die Konvergenzgeschwindigkeit.

Nun sind die Werte γ_j^* zu Beginn nicht bekannt. Sie werden deshalb iterativ bestimmt, wobei in jeder Iteration die Funktion $A(\vec{x}, \vec{\gamma}, r)$ bezüglich $\vec{x}$ minimiert wird. Das Iterationsschema kann über die Eigenschaft festgelegt werden, dass die Lagrange-Funktion $L(\vec{x}, \vec{\gamma})$ und die erweiterte Lagrange-Funktion $A(\vec{x}, \vec{\gamma}, r)$ im Optimum identisch sind. Die notwendige Bedingung im Optimum lautet für die Lagrange-Funktion

$$\frac{\partial L}{\partial x_i}(\vec{x}^*, \vec{\gamma}^*) = \frac{\partial f}{\partial x_i}(\vec{x}^*, \vec{\gamma}^*) + \sum_{j=1}^{q} \gamma_j^* \frac{\partial h_j}{\partial x_i}(\vec{x}^*) = 0, \tag{3.32}$$

während man für die erweiterte Lagrange-Funktion in der k-ten Iteration erhält:

$$\frac{\partial A}{\partial x_i}(\vec{x}^{(k)}, \vec{\gamma}^{(k)}) = \frac{\partial f}{\partial x_i}(\vec{x}^{(k)}, \vec{\gamma}^{(k)}) + \sum_{j=1}^{q} \left(\gamma_j^{(k)} + 2rh_j(\vec{x}^{(k)})\right) \frac{\partial h_j}{\partial x_i}(\vec{x}^{(k)}). \tag{3.33}$$

Hat man die optimalen Werte der Lagrange-Multiplikatoren noch nicht erreicht, so können durch Vergleich von Gleichung (3.32) und (3.33) deren Werte mit folgenden Iterationsschema verbessert und damit an die optimalen Werte angenähert werden:

$$\gamma_j^{(k+1)} = \gamma_j^{(k)} + 2rh_j(\vec{x}^{(k)}). \tag{3.34}$$

Dabei wird der Wert r von Iteration zu Iteration bis hin zu einem Maximalwert $r_{\max}$ vergrößert, um die Konvergenzgeschwindigkeit zu erhöhen. Als Startwert für die Lagrange-Multiplikatoren kann man beispielsweise $\gamma_j^{(0)} = 0$ wählen. Geschickter ist es jedoch, die Multiplikatoren so zu wählen, dass sie von Anfang an in die „richtige" Richtung weisen, d. h.:

$$\gamma_j^{(0)} = 1 \quad \text{wenn} \quad \vec{\nabla}^{\mathrm{T}} h_j(\vec{x}^{(0)}) \vec{\nabla} f(\vec{x}^{(0)}) < 0 \tag{3.35}$$

und

$$\gamma_j^{(0)} = -1 \quad \text{wenn} \quad \vec{\nabla}^{\mathrm{T}} h_j(\vec{x}^{(0)}) \vec{\nabla} f(\vec{x}^{(0)}) > 0. \tag{3.36}$$

Das Iterationsschema sieht dann wie folgt aus:

1. Wähle Anfangswerte für r und $\gamma_j^{(0)}$ und setze $k = 0$.
2. Minimiere $A(\vec{x}, \vec{\gamma}^{(k)}, r)$ bezüglich $\vec{x}$ und nenne den ermittelten optimalen Punkt $\vec{\hat{x}}^{(k+1)}$.
3. Überprüfe Konvergenzkriterien, wenn erfüllt, gehe nach 5.
4. Setze $\gamma_j^{(k+1)} := \gamma_j^{(k)} + 2rh_j(\vec{x}^{(k+1)})$, $k := k + 1$, $r := \min(\alpha r, r_{\max})$ und gehe nach 2.
5. Lösung des Optimierungsproblems ist $\vec{x}^* = \vec{\hat{x}}^{(k+1)}$.

Statt einer gleichmäßigen Erhöhung von r um einen Faktor $\alpha > 1$ in jeder Iteration, kann dies auch unregelmäßig vorgenommen werden. Als Kriterium kann hierbei die Änderung von $|\vec{h}| = \sqrt{\sum_{j=1}^{q} h_j^2}$ dienen. Eine empfohlene Vorgehensweise ist, den Skalierungsfaktor r um einer Faktor 10 zu erhöhen, wenn sich $|\vec{h}|$ um weniger als einen Faktor 4 ändert.

3.1.5.2 Erweiterte Lagrange-Methode für Ungleichheitsrestriktionen

Wenn Ungleichheitsrestriktionen [168], [98], [300], [280], [179] berücksichtigt werden sollen, kann man 2 Fälle unterscheiden:

1. Die Restriktion g_j ist verletzt oder aktiv, d. h. $g_j \geqq 0$: Dann kann sie behandelt werden wie eine Gleichheitsrestriktion und der dazugehörige Lagrange-Multiplikator λ_j sollte, wenn sich am Status der Restriktion nichts ändert, gegen den optimalen Wert $\lambda_j^* \geqq 0$ streben.
2. Die Restriktion g_j ist erfüllt aber nicht aktiv, d. h. $g_j < 0$: Für diesen Fall hat der dazugehörige Multiplikator im Optimum den Wert $\lambda_j^* = 0$. Das bedeutet, dass der Lagrange-Multiplikator während der Iterationen gegen null streben muss, wenn sich am Status der Restriktion nichts ändert.

Die gewünschten Eigenschaften in beiden oben geschilderten Fällen werden erfüllt, wenn bei Ungleichheitsrestriktionen das Iterationsschema in Gleichung (3.34) ersetzt wird durch

$$\lambda_j^{(k+1)} = \max\left(\lambda_j^{(k)} + 2rg_j(\vec{x}^{(k)}), 0\right). \tag{3.37}$$

Man kann sich schnell klar machen, dass dieser Ausdruck die erwünschten Eigenschaften für die beiden oben genannten Fälle aufweist:

1. $g_j \geqq 0$: Hier können wiederum zwei Fälle unterschieden werden:
   a) $\lambda_j^{(k)} > -2rg_j(\vec{x}^{(k)})$: In diesem Fall wird die gleiche Iterationsvorschrift wie bei einer Gleichheitsrestriktion angewendet und $\lambda_j^{(k+1)}$ ist auf jeden Fall größer null.
   b) $\lambda_j^{(k)} \leqq -2rg_j(\vec{x}^{(k)})$: In diesem Fall ist $\lambda_j^{(k+1)} = 0$ und der Multiplikator wird in der nächsten Iteration wie eine Gleichheitsrestriktion behandelt, wenn sich am Status der Restriktion nichts ändert.
2. $g_j < 0$: In diesem Fall gilt immer $\lambda_j^{(k+1)} < \lambda_j^{(k)}$ und es gibt die beiden Fälle:
   a) $\lambda_j^{(k)} > -2rg_j(\vec{x}^{(k)})$: In diesem Fall strebt der Lagrange-Multiplikator gegen null, wenn sich am Status der Restriktion nichts ändert.
   b) $\lambda_j^{(k)} \leqq -2rg_j(\vec{x}^{(k)})$: In diesem Fall ist $\lambda_j^{(k+1)} = 0$.

3.2 Direkte Methoden

Bei den direkten Methoden löst man das Originalproblem und berücksichtigt die Restriktionen direkt im Optimierungsalgorithmus.

Die Strategie ist dabei so, dass zu Beginn überprüft wird, ob der Startpunkt im zulässigen Bereich liegt. Ist dies nicht der Fall, wird zunächst versucht, ohne Rücksicht auf den Wert der Zielfunktion in den zulässigen Bereich zu gelangen. Erst wenn dieser erreicht ist, beginnt die wirkliche Optimierungsphase, bei der die Zielfunktion minimiert wird. Ist zu Beginn der Optimierungsphase keine Restriktion aktiv, wird ein Optimierungsalgorithmus aus Kapitel 2 mit den entsprechenden Suchrichtungen verwendet. Jedoch müssen nun während der Liniensuche auch Restriktionen berücksichtigt werden, weil nun die Liniensuche nicht nur im Minimum, sondern auch an einer Restriktionsgrenze enden kann. Sobald eine oder mehrere Restriktionen aktiv sind, wird eine andere Strategie zur Bestimmung der Suchrichtung verwendet, indem man versucht, sich möglichst nahe an der Grenze entlang des zulässigen Bereichs abwärts zu bewegen.

Im folgenden Abschnitt wird zunächst auf die für die Liniensuche benötigte eindimensionale Optimierung mit Restriktionen eingegangen, bevor für den mehrdimensionalen Fall die Strategien zu Festlegung einer Suchrichtung beim Vorhandensein von Restriktionen vorgestellt werden.

3.2.1 Eindimensionale Optimierung mit Restriktionen

Auch bei den direkten Methoden können die Restriktionen bei der Liniensuche mit einer indirekten Methode berücksichtigt werden, indem eine Straffunktion verwendet und dann das unrestringierte Problem gelöst wird. Nahe liegender ist es hier jedoch, die Restriktionen auch bei der Liniensuche direkt zu berücksichtigen, indem die in Abschnitt 2.1 vorgestellten Methoden entsprechend erweitert werden. Diese Erweiterungen werden jetzt in Folgenden vorgestellt.

3.2.1.1 Einklammerung des Minimums

Wie beim restriktionsfreien eindimensionalen Optimierungsproblem, muss auch beim Vorhandensein von Restriktionen im ersten Schritt das Minimum eingeklammert werden. Die Einklammerung kann jedoch hier unabhängig vom Wert der Zielfunktion immer beendet werden, sobald beim neu gesetzten Punkt c eine Restriktion verletzt ist (siehe Abbildung 3.5). Da es sich bei allen hier später behandelten mehrdimensionalen direkten Methoden um Gradientenverfahren handelt, kann man weiterhin ausnutzen, dass die Abstiegsrichtung schon von vornherein bekannt ist. Es ist deswegen möglich, dass schon mit zwei Punkten das Minimum eingeklammert werden kann, nämlich wenn beim zweiten Punkt b mindestens eine Restriktion verletzt ist oder der Funktionswert dort größer ist als am Anfangspunkt a.

Der Algorithmus zum Einklammern lautet demnach:

1. Wähle einen Punkt b in Abwärtsrichtung und bestimme dort den Wert der Zielfunktion $f(b)$ und aller Restriktionen $g_j(b)$.
2. Wenn es eine Restriktion gibt mit $g_j(b) \geqq 0$, setze $c = b$ und setze einen neuen Punkt b im Intervall $[a, c]$. Gehe nach 8.
3. Wenn $f(b) \geqq f(a)$, setze $c = b$ und setze einen neuen Punkt b im Intervall $[a, c]$. Gehe nach 8.
4. Wähle einen neuen Punkt $c = b + \gamma(b - a)$ mit $\gamma > 0$ und bestimme dort den Funktionswert.
5. Wenn $f(b) < f(c)$, gehe nach 8.
6. Wenn es eine Restriktion gibt mit $g_j(c) \geqq 0$, gehe nach 8.
7. Setze $a = b$ und $b = c$ und gehe nach 4.
8. Optimum ist eingeklammert.

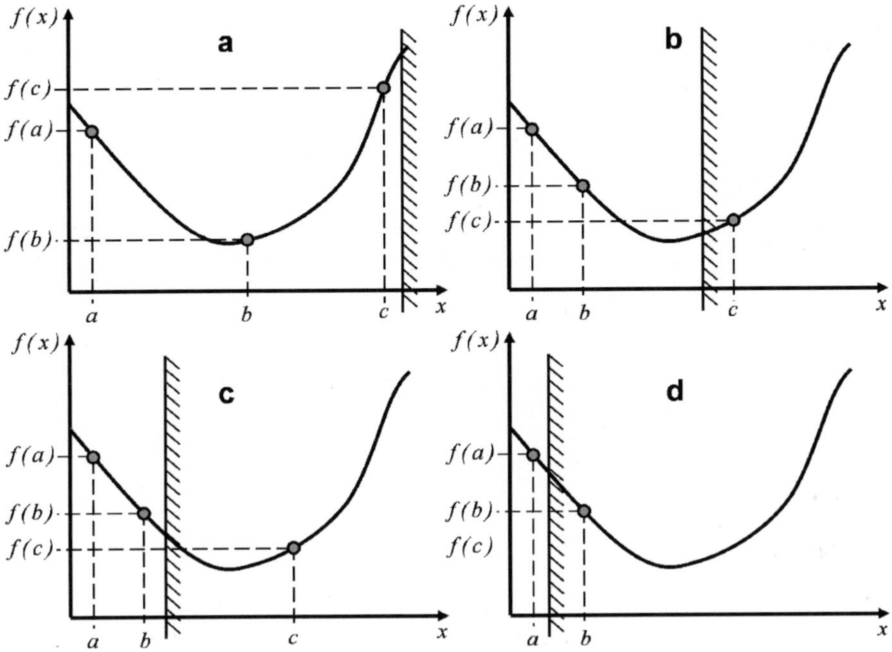

Abb. 3.5 Kriterien beim Einklammerung mit Restriktionen: Bei a) wie beim unrestringierten Problem. Bei b) und c) liegt dagegen Punkt *c* und bei d) der Punkt *b* im unzulässigen Bereich.

3.2.1.2 Methode des goldenen Schnitts

Das Vorgehen bei der Methode des goldenen Schnitts ist beim restringierten Problem identisch mit dem in Abschnitt 2.1.2 beschriebenen, solange keine Restriktion verletzt ist. Wenn jedoch eine Restriktion am neu gewählten Punkt χ verletzt ist, wird immer das Intervall $[a,\chi]$ gewählt (Abbildung 3.6). Damit lautet der auf unrestringierte Problem erweiterte Algorithmus:

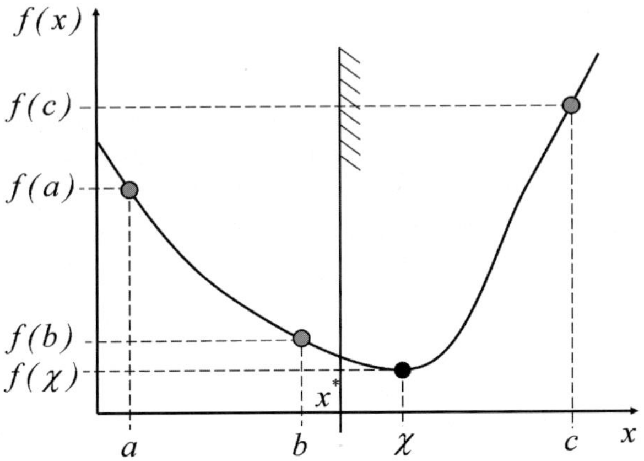

Abb. 3.6 Ein Fall, bei dem der neu gewählten Punkt χ im unzulässigen Bereich liegt und deshalb das Intervall $[a,\chi]$ gewählt wird, obwohl gilt $f(\chi) < f(b)$. Im dargestellten Fall liegt das gesuchte Minimum x^* an der Restriktionsgrenze.

$$\begin{aligned}
&\text{Wenn es eine Restriktion } g_j \text{ gibt mit } g_j(\chi) \geqq 0 \\
&\qquad \rightarrow \text{neues Triplett} = a, b, \chi \text{ und neues Intervall} = [a, \chi] \\
&\text{Wenn } f(\chi) < f(b) \rightarrow \text{neues Triplett} = b, \chi, c \text{ und neues Intervall} = [b, c] \\
&\text{Wenn } f(\chi) > f(b) \rightarrow \text{neues Triplett} = a, b, \chi \text{ und neues Intervall} = [a, \chi]
\end{aligned} \tag{3.38}$$

3.2.1.3 Polynominterpolation

Bei der Polynominterpolation mit Restriktionen ist die Vorgehensweise zunächst identisch mit dem Algorithmus ohne Restriktionen, indem zunächst das Minimum $x^{(1)^*}$ der quadratischen Approximation bestimmt wird. Zusätzlich wird aber nun auch jeweils eine quadratische Approximation für alle Restriktionen berechnet. Deren Nullstellen $x_j^{(1)}$ sind die approximierten Restriktionsgrenzen, sodass sich das gesuchte Minimum $x_z^{(1)^*}$ im zulässigen Bereich ergibt zu (Abbildung 3.7)

$$x_z^{(1)^*} = \text{Min}\left(x^{(1)^*}, x_j^{(1)} : x_j^{(1)} \in [a, c]\,;\; j = 1, m\right). \tag{3.39}$$

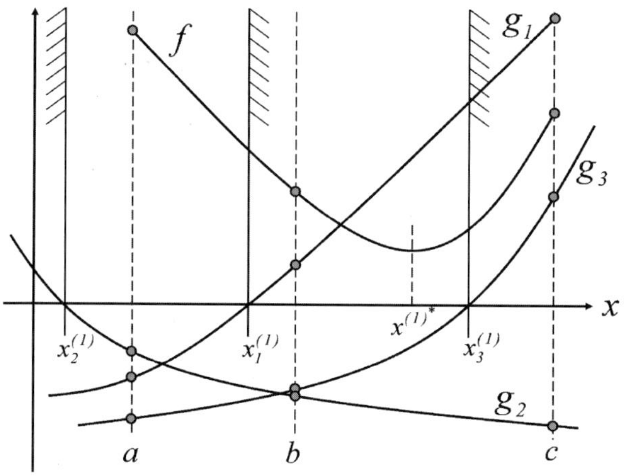

Abb. 3.7 Interpolation der Zielfunktion und Restriktionen und die daraus resultierenden Restriktionsgrenzen. Im dargestellten Fall liegt das gesuchte Minimum bei $x_z^{(1)^*} = x_1^{(1)}$.

Die Einschränkung von $x_j^{(1)}$ auf das Intervall $[a, c]$ resultiert daher, dass vorausgesetzt wird, dass das Minimum im Intervall $[a, c]$ eingeklammert und Punkt a zulässig ist. Deshalb kann keine Restriktion mit einer Restriktionsgrenze außerhalb des Intervalls verletzt sein (siehe auch Abbildung 3.7). Entsprechend der quadratischen Approximation wird auch bei der kubischen Interpolation verfahren. Somit ergibt sich folgender Ablauf für die Polynominterpolation mit Restriktionen:

1. Bestimme die quadratische Interpolation für die Zielfunktion f und für alle Restriktionen g_j, $j = 1, m$, aus den Funktionswerten an den Punkten a, b und c.
2. Bestimme das Minimum $x^{(1)^*}$ der quadratischen Interpolation der Zielfunktion, alle Nullstellen $x_j^{(1)}$ der quadratischen Interpolationen der Restriktionen und daraus das gesuchte Minimum im zulässigen Bereich als
$$x_z^{(1)^*} = \text{Min}\left(x^{(1)^*}, x_j^{(1)} : x_j^{(1)} \in [a, c]\,;\; j = 1, m\right).$$
3. Berechne die Werte der Zielfunktion und aller Restriktionen am Punkt $x_z^{(1)^*}$.
4. Bestimme die kubische Interpolation für die Zielfunktion f und für alle Restriktionen g_j, $j = 1, m$, aus den Funktionswerten an den Punkten a, b, c und $x_z^{(1)^*}$.

5. Bestimme das Minimum $x^{(2)^*}$ der kubischen Interpolation der Zielfunktion, alle Nullstellen $x_j^{(2)}$ der kubischen Interpolationen der Restriktionen und daraus das gesuchte Minimum im zulässigen Bereich als
$$x_z^{(2)^*} = \text{Min}\left(x^{(2)^*}, x_j^{(2)} : x_j^{(2)} \in [a, c]\,;\; j = 1, m\right).$$
6. Stopp, wenn gewünschte Genauigkeit erreicht ist.
7. Wähle die drei Punkte, die am nächsten an $x_z^{(2)^*}$ liegen und benenne diese um nach a, b und c. Weiterhin setzte $x_z^{(1)^*} = x_z^{(2)^*}$ und gehe nach 4.

3.2.2 Mehrdimensionale Optimierung mit Restriktionen

Bei den mehrdimensionalen direkten Optimierungsverfahren wird das Optimierungsproblem mit Restriktionen nicht durch ein Ersatzproblem ersetzt, sondern direkt gelöst. Dabei wird so vorgegangen, dass zu Beginn der Optimierung ein restriktionsfreies Verfahren verwendet wird, solange keine Restriktion aktiv ist. Sobald eine Restriktion aktiv wird, müssen die Suchrichtungen mit einer anderen Strategie bestimmt werden. Dabei macht sich die Methode der zulässigen Richtungen, die als erste vorgestellt wird, wiederum das anschauliche Bild eines Bergsteigers zu Nutze, der im dichten Nebel bergab steigt, um innerhalb der Zäune, die die Restriktionen repräsentieren, den tiefsten Punkt im Tal zu finden. Diese anschauliche Vorstellung führt auch zwanglos zu den Kuhn-Tucker-Bedingungen, welche das Optimalitätskriterium für ein Optimum bei Vorhandensein von Restriktionen darstellen. Aus diesem Grund werden aus der anschaulichen Optimierungsstrategie zuerst die Kuhn-Tucker-Bedingungen hergeleitet und anschließend deren praktische Umsetzung in die Methode der zulässigen Richtungen und deren Erweiterung vorgestellt.

3.2.2.1 Kuhn-Tucker-Bedingungen

Sobald eine Restriktion während einer Optimierung aktiv wird, müssen die Suchrichtungen nach einem neuen Konzept bestimmt werden. Dazu wird zunächst untersucht, welche Bereiche überhaupt für eine Suchrichtung infrage kommen. Dabei wird zunächst der Fall betrachtet, dass wie in Abbildung 3.8 nur eine Restriktion aktiv ist. Man kann drei verschiedene Bereiche unterscheiden:

1. Brauchbarer Bereich: Eine Suchrichtung $\vec{p}$ liegt im brauchbaren Bereich, wenn man erwarten kann, dass eine Liniensuche in dieser Richtung zu einer Verbesserung der Zielfunktion führt. Dies bedeutet bei einem Minimierungsproblem, dass sich der Wert der Zielfunktion verringern muss. Dies ist offensichtlich nur dann zu erwarten, wenn die Suchrichtung $\vec{p}$ und der Gradient der Zielfunktion $\vec{\nabla} f$ entgegengesetzt stehen und somit gelten muss:
$$\vec{p}^{\,\mathrm{T}} \vec{\nabla} f < 0 \tag{3.40}$$
2. Zulässiger Bereich: Eine Suchrichtung liegt im zulässigen Bereich, wenn zu erwarten ist, dass eine Liniensuche in dieser Richtung zu keiner Restriktionsverletzung führt. Dies ist offensichtlich nur dann der Fall, wenn die Suchrichtung $\vec{p}$ und der Gradient der aktiven Restriktion $\vec{\nabla} g$ entgegengesetzt stehen, also gelten muss:
$$\vec{p}^{\,\mathrm{T}} \vec{\nabla} g \leqq 0 \tag{3.41}$$
3. Zulässiger und brauchbarer Bereich: Dieser Bereich ist die Schnittmenge aus dem zulässigen und brauchbaren Bereich. In diesem muss die zu bestimmende Suchrichtung liegen, um sowohl die Anforderung nach Verbesserung der Zielfunktionswerte als auch die Anforderung auf Zulässigkeit zu erfüllen. Das Optimum ist erreicht, wenn der zulässige und brauchbare Bereich verschwindet und damit keine sinnvolle Suchrichtung mehr festgelegt werden kann (Abbildung 3.9).

Auch hier ist die anschauliche Vorstellung hilfreich, dass die Zielfunktion eine Gebirgslandschaft darstellt, in der die tiefste Stelle im Tal gefunden werden soll, und die Restriktionen Zäune

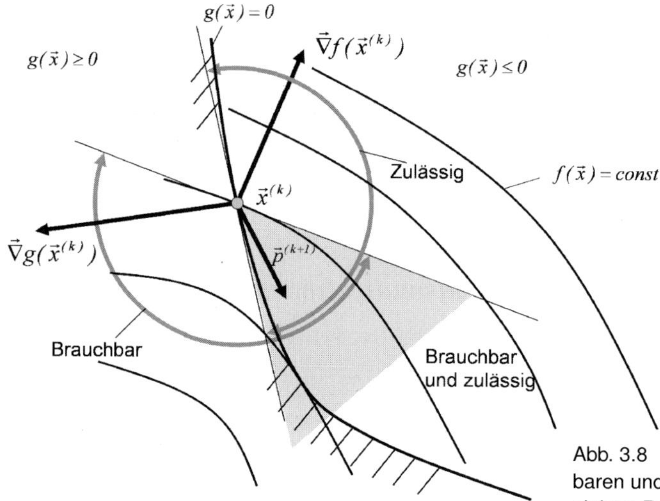

Abb. 3.8 Veranschaulichung des brauchbaren und zulässigen Bereichs bei einer aktiven Restriktion

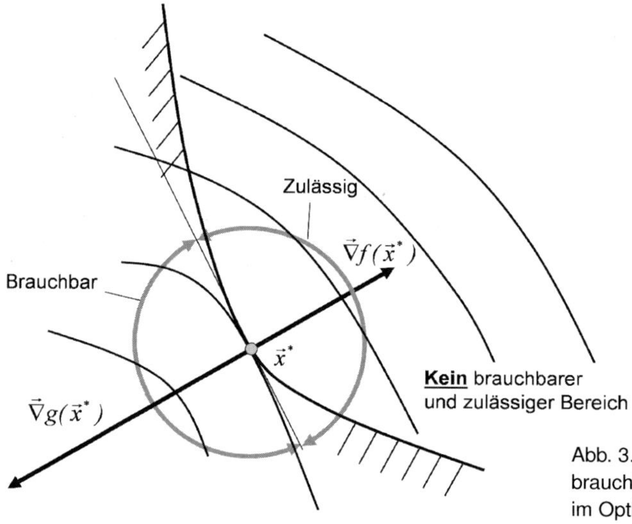

Abb. 3.9 Veranschaulichung des brauchbaren und zulässigen Bereichs im Optimum bei einer aktiven Restriktion

darstellen, die nicht überschritten werden dürfen. Legt man beispielsweise an der aktuellen Stelle bei einer aktiven Restriktion eine Kugel nieder, so wird diese anschaulich gesprochen an der Restriktionsgrenze bergab rollen. Dies zeigt an, dass eine Suchrichtung existiert, die den Wert der Zielfunktion ohne Verletzung der Restriktion verbessert. Verschwindet jedoch der brauchbare und zulässige Bereich an einer Stelle oder rollt mit anderen Worten die Kugel nach dem Loslassen nicht mehr weiter, ist keine Verbesserung ohne Restriktionsverletzung mehr möglich und damit das Optimum erreicht. Dies ist in dem betrachteten Beispiel mit nur einer Restriktion offenbar der Fall, wenn der Gradient der Zielfunktion und der Gradient der aktiven Restriktion antiparallel stehen (Abbildung 3.9). Mathematisch kann dies als Bedingung so formuliert werden, dass es im Optimum $\overrightarrow{x}^*$ ein $\lambda \geqq 0$ gibt, für das gilt:

$$\overrightarrow{\nabla} f(\overrightarrow{x}^*) + \lambda \overrightarrow{\nabla} g(\overrightarrow{x}^*) = \overrightarrow{0} \tag{3.42}$$

Der Faktor λ heißt Lagrange-Multiplikator.

Diese Bedingung kann leicht auf mehrere aktive Restriktionen erweitert werden (Abbildung 3.10). Hier ist der zulässige Bereich jeder aktiven Restriktion g_j definiert durch

$$\vec{p}^{\,\mathrm{T}} \vec{\nabla} g_j \leqq 0; \qquad j \in I_z, \quad I_z = \{j : g_j = 0;\ j = 1, m\}. \tag{3.43}$$

Dabei wurde die Indexmenge I_z eingeführt, die alle Indizes der aktiven Restriktionen enthält. Der zulässige und brauchbare Bereich ist nun als Schnittmenge des brauchbaren mit den zulässigen Bereichen aller aktiven Restriktionen definiert.

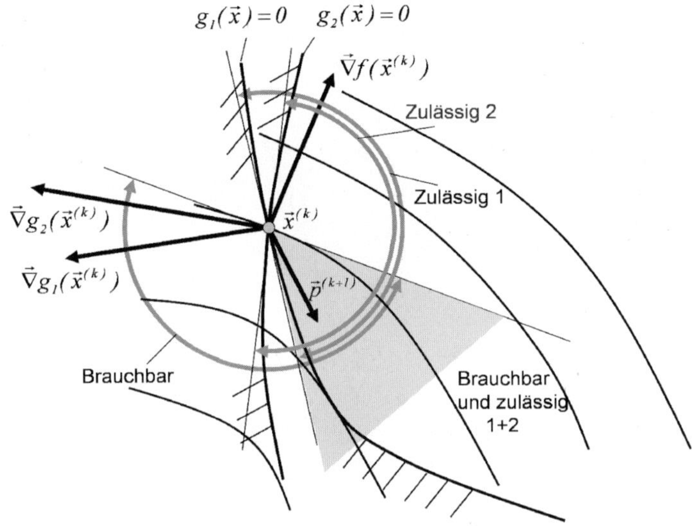

Abb. 3.10 Veranschaulichung des brauchbaren und zulässigen Bereichs bei zwei aktiven Restriktionen

Wie in Abbildung 3.11 für zwei aktive Restriktionen veranschaulicht ist, wird auch bei mehreren aktiven Restriktionen der optimale Punkt erreicht, wenn der Gradient der Zielfunktion und der Gradient einer der aktiven Restriktionen antiparallel stehen. Zusätzlich ist aber auch dann kein brauchbarer und zulässiger Bereich vorhanden, wenn der negative Gradient der Zielfunktion innerhalb des Kegels liegt, der von den Gradienten der aktiven Restriktionen aufgespannt wird.

Somit heißt die Verallgemeinerung von Bedingung (3.42) auf beliebig viele Restriktionen, dass es im Optimum $\vec{x}^*$ Lagrange-Multiplikatoren $\lambda_j \geqq 0$ mit $j \in I_z$ gibt, für die gilt:

$$\vec{\nabla} f(\vec{x}^*) + \sum_{j \in I_z} \lambda_j \vec{\nabla} g_j(\vec{x}^*) = \vec{0} \tag{3.44}$$

Anschaulich kann eine Kugel in diesem Punkt nicht weiterrollen, weil sie in Abwärtsrichtung vollständig von den Zäunen umschlossen wird und deshalb keine Verbesserung der Zielfunktion möglich ist ohne eine Restriktion zu verletzen (Abbildung 3.12).

Aus den obigen Betrachtungen lassen sich Bedingungen (Optimalitätskriterien) für die Lösung eines Optimierungsproblems mit Restriktionen ableiten. Diese heißen Kuhn-Tucker-Bedingungen und werden auch als Karusch-Kuhn-Tucker-Bedingungen bezeichnet. Für die Formulierung der Bedingungen wird der Begriff des regulären Punkts benötigt.

Definition: Sei $\vec{x}$ zulässig. Dann ist $\vec{x}$ ein regulärer Punkt, wenn die Gradienten aller aktiven Restriktionen in $\vec{x}$ linear unabhängig sind.

Mit dieser Definition können nun die Kuhn-Tucker-Bedingungen [218] formuliert werden:

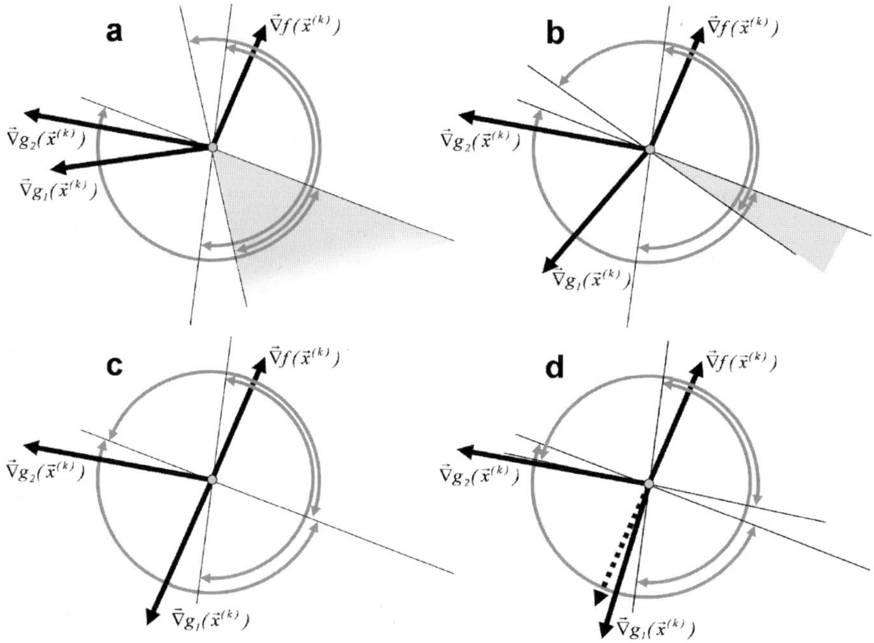

Abb. 3.11 Verschiedene mögliche Anordnungen der Gradienten einer Zielfunktion und zweier aktiven Restriktionen. Bei c) und d) ist das Optimum erreicht, weil kein zulässiger und brauchbarer Bereich mehr existiert.

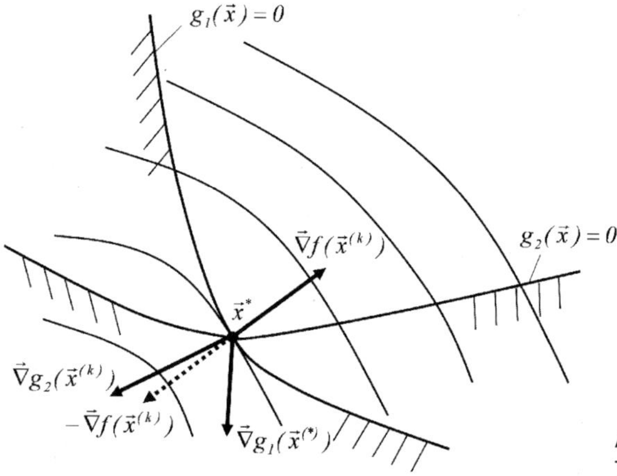

Abb. 3.12 Veranschaulichung der Kuhn-Tucker-Bedingungen im Optimum

Sei $\overrightarrow{x}^*$ ein regulärer Punkt und Lösung des Optimierungsproblems

$$\min f(\overrightarrow{x}),$$

sodass

$$\begin{aligned} &g_j(\overrightarrow{x}) \leqq 0; && j = 1, m \\ &h_k(\overrightarrow{x}) = 0; && k = 1, q \\ &x_i^L \leqq x_i \leqq x_i^U; && i = 1, n, \end{aligned} \tag{3.45}$$

dann gilt:

1. $\vec{x}^*$ ist zulässig (3.46)

2. $\lambda_j g_j(\vec{x}^*) = 0; \qquad j = 1, m$ (3.47)

3. $$\vec{\nabla} f(\vec{x}^*) + \sum_{j=1}^{m} \lambda_j \vec{\nabla} g_j(\vec{x}^*) + \sum_{k=1}^{q} \gamma_k \vec{\nabla} h_k(\vec{x}^*) = \vec{0}; \qquad \lambda_j \geqq 0;\ \gamma_k \in R \quad (3.48)$$

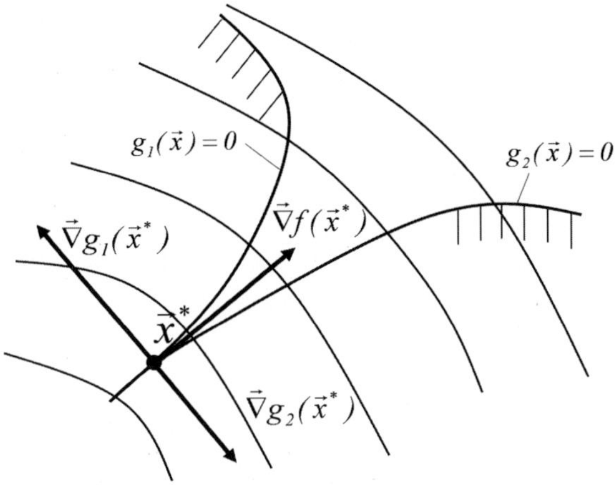

Abb. 3.13 Ein Fall, in dem die Kuhn-Tucker-Bedingungen im Optimum nicht gelten, weil die Gradienten der beiden Restriktionen antiparallel stehen und deshalb die Slater-Bedingung verletzt ist

Die erste Bedingung (3.46) bedeutet einfach, dass alle Restriktionen erfüllt sein müssen. Die dritte Bedingung (3.48) ist die Erweiterung von Gleichung (3.44) auf Gleichheitsrestriktionen. Jedoch läuft hier die Summe für die Ungleichheitsrestriktionen nun über alle und nicht nur über die Indexmenge I_z der aktiven Restriktionen. Die Rolle der Indexmenge I_z übernimmt hier die zweite Bedingung (3.47) (Switching Condition). Sie stellt sicher, dass nur aktive Restriktionen zu der Summe beitragen können. Für diese gilt ja gerade $g_j(\vec{x}^*) = 0$, sodass aufgrund der zweiten Bedingung nur bei den aktiven Restriktionen die zugehörigen Lagrange-Multiplikatoren λ_j ungleich null sein können. Für die Gleichheitsrestriktionen fehlt eine solche Bedingung, weil bei diesen ja immer das Gleichheitszeichen gilt und diese somit immer „aktiv“ sind. Weiterhin gibt es deshalb bei den Gleichheitsrestriktionen im Gegensatz zu den Ungleichheitsrestriktionen keine Abhängigkeit vom Vorzeichen, was zur Folge hat, dass die Multiplikatoren γ_k auch negative Werte annehmen können. Die Bedingung, dass $\vec{x}^*$ ein regulärer Punkt sein muss, wird auch Slater-Bedingung oder „Constraint Qualification“ genannt. Ist sie verletzt, dann müssen im Optimum die Kuhn-Tucker-Bedingungen nicht gelten, wie dies an dem Beispiel in Abbildung 3.13 deutlich wird.

Die oben angegebenen Kuhn-Tucker-Bedingungen sind notwendig aber nicht hinreichend wie das Beispiel in Abbildung 3.14 zeigt. Für die beiden Hauptanwendungen der Kuhn-Tucker-Bedingungen reicht dies jedoch normalerweise aus. Eine Anwendung besteht darin, die Kuhn-Tucker-Bedingungen zur Herleitung von Optimalitätskriterien zu verwenden, aus denen dann Optimierungsalgorithmen abgeleitet werden können. Dies wird näher in Kapitel 5 beschrieben. Die zweite Möglichkeit besteht in der Verwendung der Kuhn-Tucker-Bedingungen als Abbruchkriterium.

Kuhn-Tucker-Bedingungen als Abbruchkriterium

In Abschnitt 2.3 wurden bereits mögliche Abbruchkriterien für ein Optimierungsproblem ohne Restriktionen vorgestellt. Die ersten drei Kriterien gelten auch für Optimierungsprobleme mit Restriktionen, während das 4. Kriterium nur gilt, wenn keine Restriktionen vorhanden sind. Letzteres

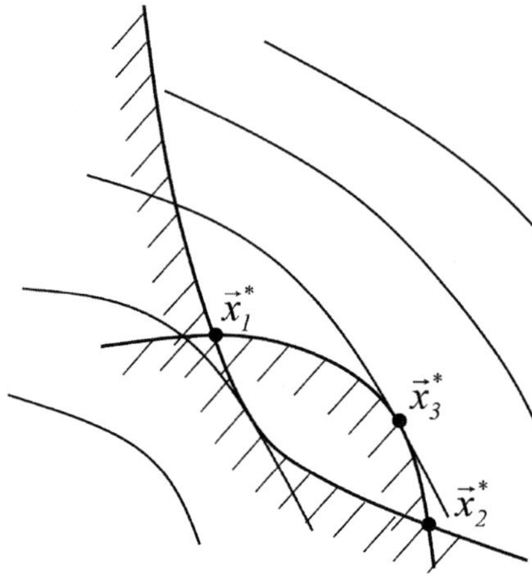

Abb. 3.14 Drei Punkte, die die Kuhn-Tucker-Bedingungen erfüllen: $x_1^* =$ globales Minimum, $x_2^* =$ lokales Minimum, $x_3^* =$ labiler Punkt, der bei einer numerischen Optimierung unkritisch ist, weil er praktisch nie exakt getroffen werden kann

stellt genau genommen nur einen Spezialfall der Kuhn-Tucker-Bedingungen dar und muss bei Optimierungsproblemen mit Restriktionen durch die allgemeinere Formulierung ersetzt werden. Dabei geht man so vor, dass man überprüft, ob Gleichung (3.48) erfüllt ist. Hier wird sich aus numerischen Gründen jedoch niemals genau der Nullvektor ergeben, sodass man die Bedingung als erfüllt ansieht, wenn der Betrag des Gesamtvektors oder die Beträge der Einzelkomponenten unterhalb einer vorgegebenen Grenze liegen.

Wird mit N_A die Anzahl aller aktiven Restriktionen zuzüglich der Anzahl der Gleichheitsrestriktionen bezeichnet, können je nach Wert von N_A drei Fälle unterschieden werden:

1. $N_A = n$: In diesem Fall ist (3.48) ein lineares Gleichungssystem, das es zu lösen gilt.
2. $N_A > n$: In diesem Fall muss gezeigt werden, dass es unter allen N_A Gradienten genau n linear unabhängige gibt, die Gleichung (3.48) erfüllen.
3. $N_A < n$: In diesem Fall würde es reichen, nur die ersten N_A Gleichungen von (3.48) zu verwenden. Besser ist es jedoch, die Lagrange-Multiplikatoren über eine Ausgleichsrechnung (siehe Abschnitt 6.2.1.2) zu bestimmen.

3.2.2.2 Zoutendjiks Methode der zulässigen Richtungen

Mit Zoutendjiks Methode der zulässigen Richtungen (MFD = Method of Feasible Direction) [415], [382] können nur Ungleichheitsrestriktionen berücksichtigt werden. Sobald eine Restriktion aktiv ist, wird zur Bestimmung der Suchrichtung genau die anschauliche Vorstellung verwendet, die bei den Kuhn-Tucker-Bedingungen erläutert wurden. Damit lautet das Konzept, dass man versucht, sich an den Restriktionsgrenzen entlang so weit wie möglich abwärts zu bewegen (Abbildung 3.15). Dies bedeutet, dass man in der k-ten Iteration eine Suchrichtung $\vec{p}^{(k)}$ festlegen muss, die sowohl brauchbar als auch zulässig ist und damit folgende Eigenschaften aufweisen muss:

$$\vec{p}^{(k)\mathrm{T}} \vec{\nabla} f(\vec{x}^{(k-1)}) < 0 \tag{3.49}$$

$$\vec{p}^{(k)\mathrm{T}} \vec{\nabla} g_j(\vec{x}^{(k-1)}) \leqq 0; \qquad j \in I_z, \quad I_z = \{j : g_j = 0;\ j = 1, m\} \tag{3.50}$$

Bei der numerischen Umsetzung gibt es bei diesem Konzept 2 Probleme zu lösen. Das erste Problem besteht darin, dass man festlegen muss, ab wann eine Restriktion als aktiv anzusehen ist. Da sich der mathematisch exakten Wert von $g_j = 0$ numerisch in den seltensten Fällen erreichen lässt, muss man einen gewissen Toleranzbereich zulassen. Weiterhin ist es sinnvoll, eine Restriktion auch dann schon bei der Festlegung der Suchrichtung mit zu berücksichtigen, wenn diese zwar noch nicht aktiv ist, sich aber der aktuelle Punkt bereits nahe an der Restriktionsgrenze befindet. Anderenfalls ist die Gefahr groß, schon nach einer kleinen Schrittweite an diese Restriktionsgrenze zu stoßen, sodass man gezwungen ist, wieder eine neue Suchrichtung festzulegen.

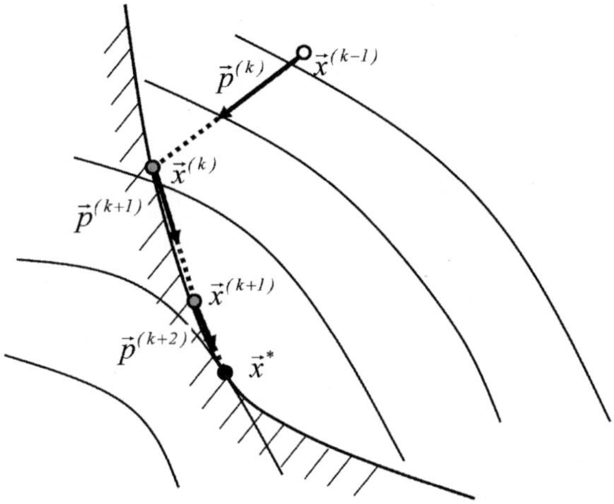

Abb. 3.15 Konzept der Methode der zulässigen Richtungen

Die Probleme löst man, indem man die Restriktionsgrenzen durch die Festlegung eines Toleranzbereiches „ausschmiert". Da dieses jedoch für alle Restriktionen auf die gleiche Art geschehen soll, müssen die Restriktionen vorher normiert werden. Ist für eine Systemantwort r_j eine untere und obere Restriktionsgrenze definiert worden

$$r_j^L \leqq r_j \tag{3.51}$$

$$r_j \leqq r_j^U, \tag{3.52}$$

können diese Restriktionen auf folgende Art sowohl auf die Standardform gebracht, als auch normiert werden:

$$g_{2j-1} = \frac{r_j^L - r_j}{\left|r_j^L\right|} \leqq 0 \tag{3.53}$$

$$g_j = \frac{r_j - r_j^U}{\left|r_j^U\right|} \leqq 0. \tag{3.54}$$

Bei dieser Definition darf keine der Restriktionsgrenzen null sein. Dieser Fall wird zwar normalerweise innerhalb eines Optimierungsprogramms abgefangen, indem statt null ein kleiner Wert eingesetzt wird, jedoch sollte dieser Fall vom Anwender vermieden werden. Dies kann dadurch erreicht werden, indem man auf beiden Seiten der Ungleichung eine Konstante c addiert, wenn eine Restriktionsgrenze null ist, sodass statt

$$r_j \leqq 0 \tag{3.55}$$

dann

$$r_j + c \leqq c \tag{3.56}$$

verwendet wird. Die Normierung erlaubt es, die Erfüllung oder Verletzung einer Restriktion als relatives Maß anzugeben. So bedeutet beispielsweise ein Wert von $g_j = 0{,}3$, dass die Restriktion um 30 % verletzt ist. Das „Ausschmieren" einer Restriktionsgrenze erfolgt nun so, dass eine (normierte)

Restriktion g_j schon als aktiv angesehen wird, wenn sie oberhalb eines Wertes $\varepsilon < 0$ und unterhalb eines Wertes $\delta > 0$ liegt (Abbildung 3.16).

$$\varepsilon \leqq g_j \leqq \delta \tag{3.57}$$

Eine typische Wahl ist $\varepsilon = -0{,}03$, was bedeutet, dass eine Restriktion schon 3 % vor der exakten Restriktionsgrenze als aktiv angesehen wird. Weiterhin lässt man eine leichte Restriktionsverletzung zu, was bei einem typischen Wert von $\delta = 0{,}003$ während der Iterationen und von $\delta = 0{,}005$ beim Konvergenzcheck am Ende der Optimierung einer Restriktionsverletzung von 0,3 % bzw. 0,5 % entspricht.

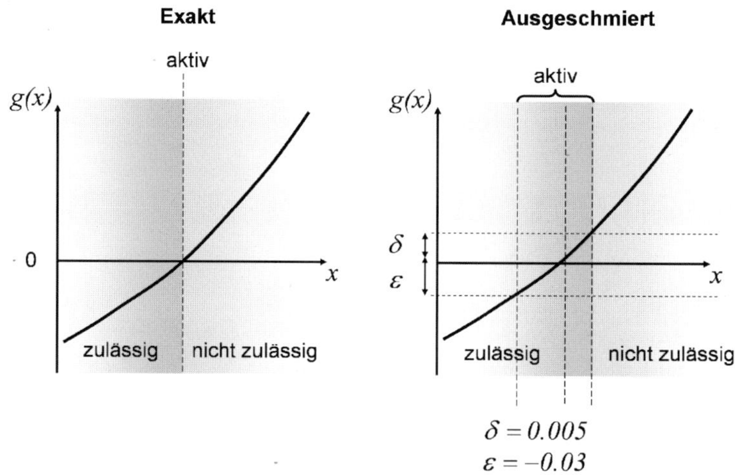

Abb. 3.16 Exakte und „ausgeschmierte“ Restriktionsgrenze

Bei der Festlegung der Suchrichtung muss man versuchen, zwei widersprüchlichen Anforderungen möglichst gut gerecht zu werden. Auf der einen Seite ist man bestrebt, eine Richtung zu wählen, bei der sich die Zielfunktion möglichst stark verbessert, während man auf der andern Seite einen möglichst weiten Weg zurücklegen möchte, ohne dass dabei eine Restriktion verletzt wird. Am schnellsten lässt sich der Wert der Zielfunktion verbessern, wenn man die Suchrichtung wählt, die senkrecht zum Gradienten der aktiven Restriktion steht, die den brauchbaren und zulässigen Bereich begrenzt. Hier muss man jedoch damit rechnen, schnell in den unzulässigen Bereich hineinzulaufen. Dies kann schon bei sehr kleinen Schrittweiten passieren, wenn die Restriktion nichtlinear und der zulässige Bereich konvex ist. Aus diesem Grund wählt man eine Suchrichtung, die mehr in den zulässigen Bereich hineinzeigt. Das Wegdrücken der Suchrichtung von der Restriktionsgrenze einer Restriktion g_j wird durch Hinzufügen eines „Push-Off“-Faktors Θ_j in der Definition des zulässigen Bereiches erreicht:

$$\begin{aligned} &\overrightarrow{p}^{(k)\mathrm{T}} \overrightarrow{\nabla} g_j(\overrightarrow{x}^{(k-1)}) + \Theta_j \leqq 0; \\ &\Theta_j \geqq 0, \quad j \in I_z, \quad I_z = \{j : g_j = 0;\ j = 1, m\} \end{aligned} \tag{3.58}$$

Diese Definition hat jedoch den Nachteil, dass bei großen Werten von Θ_j die Suchrichtung aus dem brauchbaren Bereich gedrückt werden kann. Durch folgende Modifikation

$$\begin{aligned} &\overrightarrow{p}^{(k)\mathrm{T}} \overrightarrow{\nabla} g_j(\overrightarrow{x}^{(k-1)}) - \Theta_j \overrightarrow{p}^{(k)\mathrm{T}} \overrightarrow{\nabla} f(\overrightarrow{x}^{(k-1)}) \leqq 0; \\ &\Theta_j \geqq 0, \quad j \in I_z, \quad I_z = \{j : g_j = 0;\ j = 1, m\} \end{aligned} \tag{3.59}$$

wird erreicht, dass die Suchrichtung für jeden Wert von Θ_j im zulässigen und brauchbaren Bereich bleibt, weil der Term $\overrightarrow{p}^{(k)\mathrm{T}}\overrightarrow{\nabla} f$ an der Grenze zum brauchbaren Bereich gegen null geht und damit das Anwachsen von Θ_j von kompensiert. Als letzte Maßnahme wird der Wert von Θ_j in Abhängigkeit des Restriktionswertes g_j gesteuert. Wird eine Restriktion gerade aktiv ($g_j = \varepsilon$), wird der „Push-Off"-Faktor zu null gesetzt und eine Suchrichtung tangential zur Restriktionsgrenze damit ermöglicht. Nähert man sich jedoch der numerischen Restriktionsgrenze $g_j = \delta$ steigt Θ_j immer weiter an. Dabei wird üblicherweise eine quadratische Abhängigkeit gewählt.

$$\Theta_j = \Theta_0 \left(1 - \frac{g_j\left(\overrightarrow{x}^{(k-1)}\right)}{\varepsilon}\right)^2 . \tag{3.60}$$

Aus numerischen Gründen sollte dabei $\Theta_0 \leqq 50$ sein. Die Wirkungsweise dieser Steuerung für den „Push-Off"-Faktor ist in Abbildung 3.17 veranschaulicht.

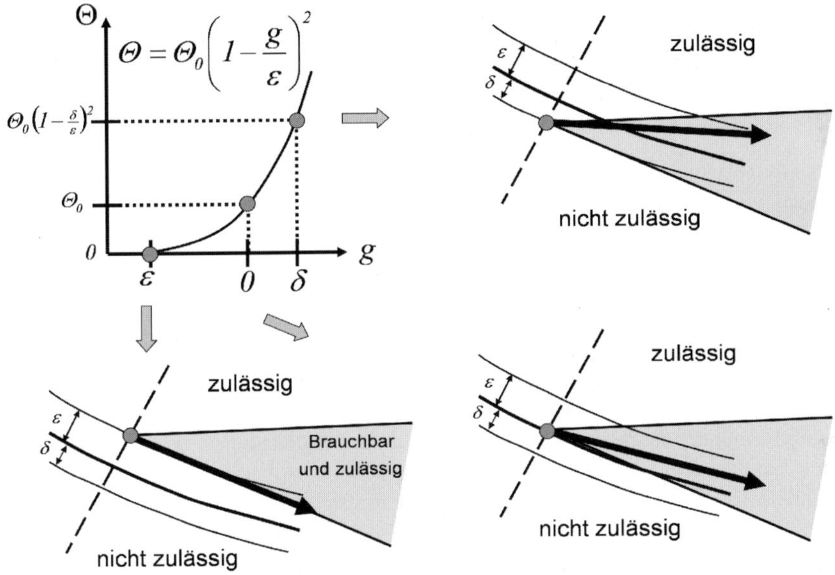

Abb. 3.17 Wirkungsweise und Steuerung des „Push-Off"-Faktors

Die Suchrichtung wird nun so bestimmt, dass die Richtung ausgewählt wird, welche innerhalb des zulässigen und brauchbaren Bereichs, der nun zusätzlich durch die „Push-Off"-Faktoren aller aktiven Restriktionen eingeschränkt ist, zur größten Verbesserung der Zielfunktion führt. Dazu wird folgendes Optimierungsproblem gelöst, in dem die Designvariablen die Komponenten des gesuchten Suchrichtungsvektors sind:

$$\min \overrightarrow{p}^{(k)\mathrm{T}}\overrightarrow{\nabla} f(\overrightarrow{x}^{(k-1)}), \tag{3.61}$$

sodass

$$\overrightarrow{p}^{(k)\mathrm{T}}\overrightarrow{\nabla} g_j(\overrightarrow{x}^{(k-1)}) - \Theta_j \overrightarrow{p}^{(k)\mathrm{T}}\overrightarrow{\nabla} f(\overrightarrow{x}^{(k-1)}) \leqq 0; \qquad j \in I_z = \{j : g_j = 0;\ j = 1, m\}$$

$$\left|\overrightarrow{p}^{(k)}\right| \leqq 1.$$

Der Betrag der Suchrichtung muss hierbei beschränkt werden, weil sonst das Optimierungsproblem unbeschränkt ist und somit keine Lösung existiert. Sonst kann die Zielfunktion schon alleine durch die eine Verlängerung des Suchvektors beliebig stark verringert werden kann, ohne dass die Richtung modifiziert werden muss.

Das Optimierungsproblem (3.61) wird auch häufig mit der Beta-Methode formuliert (siehe Abschnitt 7.1.2) und lautet damit folgendermaßen:

$$\min \beta, \tag{3.62}$$

sodass

$$\begin{aligned}
&\vec{p}^{(k)\mathrm{T}} \vec{\nabla} f(\vec{x}^{(k-1)}) - \beta \leqq 0 \\
&\vec{p}^{(k)\mathrm{T}} \vec{\nabla} g_j(\vec{x}^{(k-1)}) - \Theta_j \beta \leqq 0; \qquad j \in I_z = \{j : g_j = 0;\ j = 1, m\} \\
&\left|\vec{p}^{(k)}\right| \leqq 1.
\end{aligned}$$

Die Methode der zulässigen Richtungen ist sicherlich eine der besten und robustesten Optimierungsalgorithmen, weil sie die zwei widersprüchlichen Anforderungen nach Einhaltung der Restriktionen und möglichst schneller Verbesserung der Zielfunktion geschickt ausbalanciert. Jedoch hat die Methode eine Tendenz, an der Restriktionsgrenze im Zickzack-Kurs entlangzulaufen. Dies tritt vor allem bei linear verlaufenden Restriktionsgrenzen oder nicht-konvexen zulässigen Bereichen auf, weil in diesem Fall der „Push-Off"-Faktor die Suchrichtung unnötigerweise von der Grenze wegdrückt und somit die Liniensuche von der Restriktionsgrenze wegführt. In der folgenden Iteration muss man sich dann der Grenze wieder annähern, was letztendlich zu einem Zickzack-Kurs führt. Dieses Verhalten wird bei der modifizierten Methode der zulässigen Richtungen vermieden.

3.2.2.3 Modifizierte Methode der zulässigen Richtungen

Bei der modifizierten Methode der zulässigen Richtungen (MMFD = Modified Method of Feasible Direction) [383] wird die Liniensuche verbessert, indem die Tendenz der Methode der zulässigen Richtungen unterdrückt wird, im Zickzack-Kurs die Restriktionsgrenzen entlangzulaufen. Die Idee ist dabei, dass man keinen „Push-Off"-Faktor verwendet (was dadurch erreicht werden kann, dass man $\Theta_j = 0$ setzt), sondern stattdessen den Punkt auf die Restriktionsgrenze projiziert, wenn er im unzulässigen Bereich liegt (Abbildung 3.18). Die Projektion wird während der Liniensuche durchgeführt, indem die verletzte Restriktion als Taylor-Reihe um den Punkt $\vec{x}^{(k-1)} + \alpha \vec{p}^{(k)}$ entwickelt wird:

$$\tilde{g}_j(\Delta \vec{x}) = g_j(\vec{x}^{(k-1)} + \alpha \vec{p}^{(k)}) + \vec{\nabla}^{\mathrm{T}} g_j(\vec{x}^{(k-1)} + \alpha \vec{p}^{(k)}) \Delta \vec{x}. \tag{3.63}$$

Mit der Näherung

$$\vec{\nabla} g_j(\vec{x}^{(k-1)} + \alpha \vec{p}^{(k)}) \approx \vec{\nabla} g_j(\vec{x}^{(k-1)}) \tag{3.64}$$

und den beiden Forderungen, dass die Restriktion ($g_j = 0$) erfüllt sein muss und die Restriktionsgrenze auf dem kürzesten Weg erreicht werden soll, kann man $\Delta \vec{x}$ aus folgendem Minimierungsproblem ermitteln:

$$\min \left(\Delta \vec{x}^{\mathrm{T}} \Delta \vec{x}\right), \tag{3.65}$$

sodass

$$g_j(\vec{x}^{(k-1)} + \alpha \vec{p}^{(k)}) + \vec{\nabla}^{\mathrm{T}} g_j(\vec{x}^{(k-1)}) \Delta \vec{x} = 0.$$

Die auf die Restriktionsgrenze projizierten Werte der Designvariablen während einer Liniensuche ergeben sich dann zu

$$\vec{x} = \vec{x}^{(k-1)} + \alpha \vec{p}^{(k)} + \Delta \vec{x}. \tag{3.66}$$

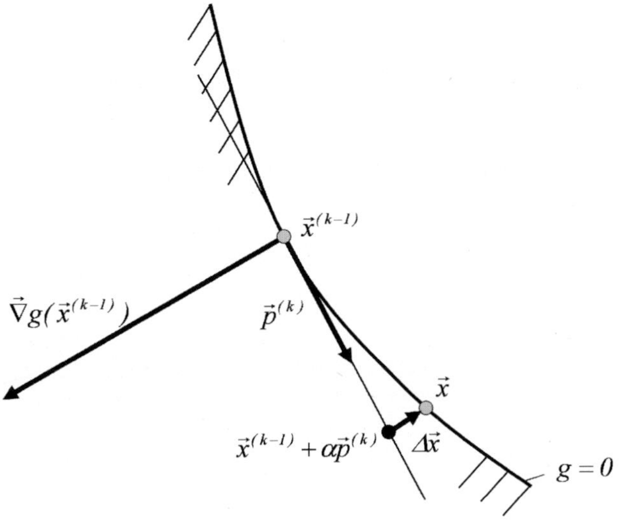

Abb. 3.18 Projektion auf die Restriktionsgrenze bei MMFD

3.2.2.4 Starten im unzulässigen Bereich

Bisher wurde vorausgesetzt, dass der Startpunkt $\overrightarrow{x}^{(0)}$ der Optimierung im zulässigen Bereich liegt. Dies muss jedoch nicht immer der Fall sein. Gerade bei größeren Optimierungsproblemen kann es schwierig sein, einen Startpunkt im zulässigen Bereich zu finden. In diesem Fall muss eine Strategie angewendet werden, um zunächst in den zulässigen Bereich zu gelangen, ehe die Optimierungsstrategien aus Abschnitt 3.2.2.2 und 3.2.2.3 eingesetzt werden können. Dabei liegt die Zielsetzung darauf, möglichst schnell in den zulässigen Bereich zu gelangen und eine Erhöhung der Zielfunktion während dieser Phase in Kauf zu nehmen. Die Minimierung beginnt dann erst, wenn der zulässige Bereich erreicht worden ist.

Eine einfache Möglichkeit, in den zulässigen Bereich zu gelangen ist mithilfe einer externen Straffunktion

$$P(\overrightarrow{x}) = \sum_{j=1}^{m} \left[\max(g_j(\overrightarrow{x}) + \zeta, 0)\right]^2 \tag{3.67}$$

möglich. Dabei soll der Wert $\zeta > 0$ sicherstellen, dass das Minimum der Straffunktion im zulässigen Bereich liegt und nicht, wie sonst bei den externen Straffunktion üblich, im nichtzulässigen Bereich [31].

Eine andere Möglichkeit ist, das Optimierungsproblem (3.61), so zu modifizieren, dass man eine Suchrichtung erhält, die möglichst schnell aus dem unzulässigen Bereich herausführt [382]:

$$\min \overrightarrow{p}^{(k)^{\mathrm{T}}} \overrightarrow{\nabla} f(\overrightarrow{x}^{(k-1)}) - \Phi\beta, \tag{3.68}$$

sodass

$$\overrightarrow{p}^{(k)^{\mathrm{T}}} \overrightarrow{\nabla} g_j(\overrightarrow{x}^{(k-1)}) - \Theta_j\beta \leqq 0; \qquad j \in I_v = \{j : g_j > 0;\ j = 1, m\}$$

$$\left|\overrightarrow{p}^{(k)}\right| \leqq 1.$$

Hier werden nur die verletzten Restriktionen berücksichtigt. Dadurch, dass neben β auch $\overrightarrow{p}^{(k)^{\mathrm{T}}} \overrightarrow{\nabla} f(\overrightarrow{x}^{(k-1)})$ minimiert wird, ist es möglich, dass auch die Zielfunktion bei dem Weg zu zulässigen Bereich verbessert wird. Wie stark dieser Aspekt Berücksichtigung findet, wird durch den Wert des Skalierungsfaktors Φ festgelegt. Es wird ein Wert $\Phi \geqq 10^5$ empfohlen, damit die Suchrichtung auch in Richtung des zulässigen Bereichs zeigt. Ist die Suchrichtung festgelegt, wird in der Liniensuche die maximale Restriktionsverletzung minimiert, um dadurch in den zulässigen Bereich zu gelangen.

Bei Optimierungsproblemen mit einer großen Anzahl von Designvariablen und Restriktionen ist es möglich, dass nur sehr kleine Bereiche im Designraum zulässig sind. In einem solchen Fall kann es sehr schwierig sein, mit den oben vorgestellten Verfahren die Inseln zulässiger Bereiche im Designraum zu finden. Hier kann es vorteilhaft sein, ein globales Optimierungsverfahren, wie beispielsweise einen genetischen Algorithmus [398], einzusetzen, um solche Inseln und damit zulässige Startpunkte für einen lokalen Optimierungsalgorithmus zu finden.

3.2.2.5 Die generalisierte Methode der reduzierten Gradienten

Die generalisierte Methode der reduzierten Gradienten [1], [111] kann im Gegensatz zur Methode der zulässigen Richtungen auch Gleichheitsrestriktionen berücksichtigen. Sie ist eine Erweiterung der Methode der reduzierten Gradienten [401], die nur für Gleichheitsrestriktionen entwickelt wurde. Die Idee ist dabei, dass von den n Designvariablen genau q Variablen, die so genannten abhängigen Variablen, eliminiert werden können, wenn q Gleichheitsrestriktionen vorliegen. Für die $n-q$ unabhängigen Variablen wird dann ein reduzierter Gradient bestimmt, der sicherstellt, dass während der Liniensuche die Restriktionen erfüllt sind.

In der generalisierten Methode der reduzierten Gradienten wird zusätzlich sichergestellt, dass auch alle aktiven Ungleichheitsrestriktionen erfüllt werden. Dazu werden zunächst alle Ungleichheitsrestriktionen

$$g_j(\vec{x}) \leqq 0 \tag{3.69}$$

mithilfe der so genannten Schlupfvariablen $w_j \geqq 0$ in Gleichheitsrestriktionen umgeformt:

$$g_j(\vec{x}) + w_j = 0. \tag{3.70}$$

Dadurch kann das ursprüngliche Optimierungsproblem mit Gleichheits- und Ungleichheitsrestriktionen

$$\min f(\vec{x}), \tag{3.71}$$

sodass

$$\begin{aligned} g_j(\vec{x}) &\leqq 0; & j &= 1, m \\ h_k(\vec{x}) &= 0; & k &= 1, q \\ \vec{x}^L \leqq \vec{x} &\leqq \vec{x}^U; & \vec{x} &\in R^n \end{aligned}$$

auf ein Optimierungsproblem zurückgeführt werden, in dem nur Gleichheitsrestriktionen vorgegeben sind. Der Preis dafür ist allerdings, dass sich die Zahl der Designvariablen $\vec{x} \in R^n$ von n auf $n+m$ erhöht.

$$\vec{X} = \begin{pmatrix} \vec{x} \\ \vec{w} \end{pmatrix} \in R^{n+m}. \tag{3.72}$$

Es ist jedoch mit Hinblick auf die Zielsetzung geschickter, den Variablen-Vektor anders aufzuspalten und zwar in einen Anteil $\vec{z}$, der die $n-q$ unabhängigen Variablen enthält, und einen Vektor $\vec{y}$ für die $q+m$ anhängigen Variablen:

$$\vec{X} = \begin{pmatrix} \vec{z} \in R^{n-q} \\ \vec{y} \in R^{q+m} \end{pmatrix} \in R^{n+m}. \tag{3.73}$$

Damit kann das Optimierungsproblem nun folgende einheitliche Form gebracht werden:

$$\min f(\vec{X}), \tag{3.74}$$

sodass

$$h_k(\vec{X}) = 0; \qquad k = 1, q+m$$
$$\vec{X}^L \leqq \vec{X} \leqq \vec{X}^U; \qquad \vec{X} \in R^{n+m}.$$

Dabei sind die unteren Grenzen, die den Schlupfvariablen entsprechen, gegeben als

$$X_i^L = 0 \quad \text{für} \quad i > n, \tag{3.75}$$

während für die oberen eine sehr große Zahl eingesetzt wird.

Die differenzielle Änderungen der Zielfunktion und der Restriktionen ergeben sich mit den oben eingeführten Bezeichnungen zu:

$$\mathrm{d}f(\vec{X}) = \vec{\nabla}_z^{\mathrm{T}} f(\vec{X})\,\mathrm{d}\vec{z} + \vec{\nabla}_y^{\mathrm{T}} f(\vec{X})\,\mathrm{d}\vec{y} \tag{3.76}$$
$$\mathrm{d}h_k(\vec{X}) = \vec{\nabla}_z^{\mathrm{T}} h_k(\vec{X})\,\mathrm{d}\vec{z} + \vec{\nabla}_y^{\mathrm{T}} h_k(\vec{X})\,\mathrm{d}\vec{y}$$

Werden alle Gleichheitsrestriktionen zu einem Vektor $\vec{h}^{\mathrm{T}} = \left(h_1, h_2, \ldots, h_{q+m}\right)$ zusammengefasst, kann die untere Gleichung auch mithilfe von Matrizen als

$$\mathrm{d}\vec{h} = \boldsymbol{A}\,\mathrm{d}\vec{z} + \boldsymbol{B}\,\mathrm{d}\vec{y} \tag{3.77}$$

geschrieben werden, wobei die $(q+m)\times(n-q)$ Matrix $\boldsymbol{A}$ gegeben ist als

$$\boldsymbol{A} = \begin{pmatrix} \vec{\nabla}_z^{\mathrm{T}} h_1 \\ \vdots \\ \vec{\nabla}_z^{\mathrm{T}} h_{q+m} \end{pmatrix} \tag{3.78}$$

und die $(q+m)\times(q+m)$ Matrix $\boldsymbol{B}$ als

$$\boldsymbol{B} = \begin{pmatrix} \vec{\nabla}_y^{\mathrm{T}} h_1 \\ \vdots \\ \vec{\nabla}_y^{\mathrm{T}} h_{q+m} \end{pmatrix}. \tag{3.79}$$

Aus der Forderung, dass während der Liniensuche alle Gleichheitsrestriktionen erfüllt werden sollen, ergibt sich die Bedingung

$$\mathrm{d}\vec{h} = \vec{0}. \tag{3.80}$$

Damit kann für jede Änderung $\mathrm{d}\vec{z}$ der unabhängigen Variablen über Gleichung (3.77) die Änderung der abhängigen Variablen berechnet werden als

$$\mathrm{d}\vec{y} = -\boldsymbol{B}^{-1}\boldsymbol{A}\,\mathrm{d}\vec{z}. \tag{3.81}$$

Setzt man dieses in Gleichung (3.76) ein, erhält man für die Änderung der Zielfunktion

$$\mathrm{d}f(\vec{X}) = \left(\vec{\nabla}_z^{\mathrm{T}} f(\vec{X}) - \vec{\nabla}_y^{\mathrm{T}} f(\vec{X})\boldsymbol{B}^{-1}\boldsymbol{A}\right)\mathrm{d}\vec{z} \tag{3.82}$$

und damit den gesuchten reduzierten Gradienten

$$\vec{G}_R = \vec{\nabla}_z f(\vec{X}) - \left(\boldsymbol{B}^{-1}\boldsymbol{A}\right)^{\mathrm{T}} \vec{\nabla}_y f(\vec{X}). \tag{3.83}$$

Dieser kann dann wie ein normaler Gradient verwendet werden, um die Suchrichtung zu bestimmen.

Es ist zu beachten, dass Gleichung (3.77) eine lineare Näherung ist und somit nur bei linearen Restriktionen sichergestellt werden kann, dass diese bei der Liniensuche exakt eingehalten werden. Im Allgemeinen muss man deswegen die abhängigen Variablen $\vec{y}$ nachkorrigieren.

$$\vec{y}^{\,\mathrm{korr}} = \vec{y} + \mathrm{d}\vec{y}. \tag{3.84}$$

Die Korrektur $\mathrm{d}y_k$ wird über die Korrekturen $\mathrm{d}h_k$ der verletzten Restriktionen h_k bestimmt, für welche gelten muss:

$$\mathrm{d}h_k + h_k = 0. \tag{3.85}$$

Unter Verwendung von Gleichung (3.77) ergibt sich dann folgender Ausdruck:

$$\mathrm{d}\vec{y} = \boldsymbol{B}^{-1}\left(-\vec{h} - \boldsymbol{A}\,\mathrm{d}\vec{z}\right) \tag{3.86}$$

Die Korrektur muss notfalls sukzessive so oft wiederholt angewendet werden, bis alle Restriktionen erfüllt sind.

Damit ergibt sich folgender Ablauf:

1. Überprüfe am Startpunkt $\vec{X}^{(0)}$, ob alle Restriktionen erfüllt sind. Wenn nicht, wende zuerst eine Strategie an, um in den zulässigen Bereich zu gelangen (Abschnitt 3.2.2.4).
2. Wähle die abhängigen Variablen aus, bestimme den dazugehörigen reduzierten Gradienten $\vec{G}_R$ und daraus eine Suchrichtung für die Liniensuche.
3. Korrigiere jeweils in jedem Punkt der Liniensuche die abhängigen Designvariablen bis alle Restriktionen erfüllt sind.
4. Überprüfe Konvergenzkriterien, wenn das Minimum der Liniensuche erreicht ist. Wenn nicht erfüllt, gehe nach 2).
5. Minimum der Liniensuche ist das Optimum.

Die Effektivität und auch die Stabilität des Algorithmus hängen entscheidend von der Wahl der abhängigen Variablen ab. Sie muss immer so erfolgen, dass die Matrix $\boldsymbol{B}$ nichtsingulär ist, weil anderenfalls die Invertierung nicht durchgeführt werden kann. Weiterhin sollten die aktuellen Werte der abhängigen Variablen nicht zu nahe an der oberen oder unteren Grenze liegen, damit nicht schon eine kleine Schrittweite zu einer Restriktionsverletzung führt. Für die Details zur Auswahl der abhängigen Variablen sei auf [382] verwiesen.

4 Lagrange-Funktion und Dualität

Die übliche und auch praxisgerechte Formulierung eines Optimierungsproblems über die separate Angabe der Zielfunktion und der Restriktionen ist aus mathematischer Sicht für die Handhabung und die Untersuchung der mathematischen Strukturen eher ungeeignet. Strukturen und Eigenschaften eines Optimierungsproblems lassen sich häufig besser studieren, wenn Restriktionen und Zielfunktion in einer Funktion zusammengefasst sind. Eine solche alternative Formulierung des Optimierungsproblems bietet die Lagrange-Funktion. Sie spielt auf dem Gebiet der Optimierung eine wichtige Rolle, weil sie die Basis für viele theoretische Untersuchungen bildet. Weiterhin können mit ihrer Hilfe Optimalitätskriterien (siehe Kapitel 5) und neue Optimierungsalgorithmen hergeleitet werden, wie beispielsweise die duale Methode, die im Abschnitt 4.4.2 vorgestellt wird [17], [21], [31], [132], [333].

Die Lagrange-Funktion wird zuerst für Gleichheitsrestriktionen vorgestellt, für die sie ursprünglich auch entwickelt wurde. Anschließend wird auf die Erweiterung auf Ungleichheitsrestriktionen eingegangen.

4.1 Lagrange-Funktion mit Gleichheitsrestriktionen

Für das Optimierungsproblem

$$\min f(\vec{x}),$$

sodass

$$h_k(\vec{x}) = 0; \qquad k = 1, q \tag{4.1}$$

lautet die dazugehörige Lagrange-Funktion

$$L(\vec{x}, \vec{\gamma}) = f(\vec{x}) + \sum_{k=1}^{q} \gamma_k h_k(\vec{x}); \qquad \vec{\gamma} \in R^q, \tag{4.2}$$

wobei die Faktoren γ_k Lagrange-Multiplikator genannt werden. Die Lagrange-Funktion hängt nicht nur von den Designvariablen ab, sondern auch von den Lagrange-Multiplikatoren, deren Anzahl gleich der Anzahl der Gleichheitsrestriktionen ist. Sie hat die Eigenschaft, dass sie bezüglich der Designvariablen und der Lagrange-Multiplikatoren im Optimum stationär wird. Das bedeutet, dass im Optimum alle partiellen Ableitungen null sind:

$$\frac{\partial L(\vec{x}^*, \vec{\gamma}^*)}{\partial x_i} = 0; \qquad i = 1, n \tag{4.3}$$

$$\frac{\partial L(\vec{x}^*, \vec{\gamma}^*)}{\partial \gamma_k} = 0; \qquad k = 1, q \tag{4.4}$$

Die Gültigkeit dieser Aussage kann man leicht überprüfen, indem man den Ausdruck für die Lagrange-Funktion aus Gleichung (4.2) in Gleichung (4.3) und (4.4) einsetzt. Man erhält dann

$$\frac{\partial L(\vec{x}^*, \vec{\gamma}^*)}{\partial x_i} = \frac{\partial f(\vec{x}^*)}{\partial x_i} + \sum_{k=1}^{q} \gamma_k^* \frac{\partial h_k(\vec{x}^*)}{\partial x_i} = 0; \qquad i = 1, n \tag{4.5}$$

$$\frac{\partial L(\vec{x}^*, \vec{\gamma}^*)}{\partial \gamma_k} = h_k(\vec{x}^*) = 0; \qquad k = 1, q. \tag{4.6}$$

Offenbar ist Gleichung (4.5) die 2. Kuhn-Tucker-Bedingung, während Gleichung (4.6) ausdrückt, dass die Restriktionen erfüllt sind. Damit erfüllt der stationäre Punkt der Lagrange-Funktion die Kriterien für die optimale Lösung des Optimierungsproblems. Weiterhin bedeutet dies, dass die Kuhn-Tucker-Bedingungen alternativ über die Stationaritätsbedingung der Lagrange-Funktion formuliert werden können.

4.2 Lagrange-Funktion mit Gleichheits- und Ungleichheitsrestriktionen

Im einfachsten Fall kann man die Ungleichheitsrestriktionen

$$g_j \leqq 0; \qquad j = 1, m \tag{4.7}$$

berücksichtigen, indem man sie mithilfe von Schlupfvariablen w_j in Gleichheitsrestriktionen überführt:

$$g_j + w_j^2 = 0; \qquad j = 1, m, \quad w_j \in R. \tag{4.8}$$

Offensichtlich ist die Ungleichheitsrestriktion g_j für jeden Wert von w_j erfüllt, wenn die Gleichheitsrestriktion (4.8) erfüllt ist. Weiterhin ist ersichtlich, dass die Ungleichheitsrestriktion bei $w_j = 0$ aktiv ist.

Die Lagrange-Funktion, die jetzt zusätzlich neben den Designvariablen und den Lagrange-Multiplikatoren auch noch von m Schlupfvariablen abhängt, lautet:

$$L(\overrightarrow{x}, \overrightarrow{\lambda}, \overrightarrow{\gamma}, \overrightarrow{w}) = f(\overrightarrow{x}) + \sum_{j=1}^{m} \lambda_j (g_j(\overrightarrow{x}) + w_j^2) + \sum_{k=1}^{q} \gamma_k h(\overrightarrow{x}) \tag{4.9}$$

mit

$$\overrightarrow{\gamma} \in R^q$$
$$\overrightarrow{w} \in R^m$$
$$\overrightarrow{\lambda} \in R^m$$
$$\lambda_j \geqq 0; \qquad j = 1, m.$$

Hier wurde noch zusätzlich die Einschränkung $\lambda_j \geqq 0$ für die Lagrange-Multiplikatoren der Ungleichheitsrestriktionen ergänzt. Nur dann führt die Stationaritätsbedingung an die Lagrange-Funktion

$$\frac{\partial L}{\partial x_i} = \frac{\partial f}{\partial x_i} + \sum_{j=1}^{m} \lambda_j \frac{\partial g_j}{\partial x_i} + \sum_{k=1}^{q} \gamma_k \frac{\partial h_k}{\partial x_i} = 0; \qquad i = 1, n \tag{4.10}$$

$$\frac{\partial L}{\partial \gamma_k} = h_k = 0; \qquad k = 1, q \tag{4.11}$$

$$\frac{\partial L}{\partial \lambda_j} = g_j + w_j^2 = 0; \qquad j = 1, m \tag{4.12}$$

$$\frac{\partial L}{\partial w_j} = 2\lambda_j w_j = 0; \qquad j = 1, m \tag{4.13}$$

zu den Kuhn-Tucker-Bedingungen. Gleichungen (4.10) und (4.13) liefern die 3. und 2. Kuhn-Tucker-Bedingung, während über die Gleichungen (4.11) und (4.12) die Zulässigkeit der Lösung garantiert wird.

Die Formulierung mit den Schlupfvariablen hat den Nachteil, dass m zusätzliche Variable berücksichtigt werden müssen. Aus diesem Grunde wird meistens eine alternative Formulierung bevorzugt, die ohne Schlupfvariable auskommt. Diese erhält man, indem man ausnutzt, dass die Schlupfvariablen nur in den Gleichungen (4.12) und (4.13) enthalten sind und deshalb eliminiert werden können. Dazu betrachtet man die beiden möglichen Fälle, dass eine Restriktion aktiv ist oder nicht. Wenn eine Ungleichheitsrestriktion g_j aktiv ist, muss die dazugehörige Schlupfvariable nach

Gleichung (4.12) $w_j = 0$ sein. Nur in diesem Fall kann der dazugehörige Lagrange-Multiplikator λ_j nach Gleichung (4.13) ungleich null sein. Ist dagegen eine Ungleichheitsrestriktion g_j nicht aktiv, ist nach Gleichung (4.12) die dazugehörige Schlupfvariable w_j ungleich null und nach Gleichung (4.13) der dazugehörige Lagrange-Multiplikator $\lambda_j = 0$. Offenbar bewirkt die Schlupfvariable w_j lediglich, dass der dazugehörige Lagrange-Multiplikator λ_j bei einer nicht aktiven Restriktion g_j zu null gesetzt wird. Sie hat somit die gleiche Wirkung wie die „Switching Condition" aus Gleichung (3.47):

$$\lambda_j g_j(\overrightarrow{x}^*) = 0; \qquad j = 1, m \tag{4.14}$$

Damit können Gleichungen (4.12) und (4.13) durch die „Switching Condition" ersetzt und dadurch die Schlupfvariablen eliminiert werden.

Somit lautet die alternative Form der Lagrange-Funktion bei Ungleichheitsrestriktionen ohne Schlupfvariable

$$L(\overrightarrow{x}, \overrightarrow{\lambda}, \overrightarrow{\gamma}) = f(\overrightarrow{x}) + \sum_{j=1}^{m} \lambda_j g_j(\overrightarrow{x}) + \sum_{k=1}^{q} \gamma_k h(\overrightarrow{x}) \tag{4.15}$$

und die damit formulierten Kuhn-Tucker-Bedingungen:

Sei $\overrightarrow{x}^*$ ein regulärer Punkt und Lösung des Optimierungsproblems

$$\min f(\overrightarrow{x}), \tag{4.16}$$

sodass

$$g_j(\overrightarrow{x}) \leqq 0; \qquad j = 1, m$$

$$h_k(\overrightarrow{x}) = 0; \qquad k = 1, q$$

$$x_i^L \leqq x_i \leqq x_i^U; \qquad i = 1, n$$

dann gilt:

$$\frac{\partial L(\overrightarrow{x}^*, \overrightarrow{\lambda}^*, \overrightarrow{\gamma}^*)}{\partial x_i} = \frac{\partial f}{\partial x_i} + \sum_{j=1}^{m} \lambda_j \frac{\partial g_j}{\partial x_i} + \sum_{k=1}^{q} \gamma_k \frac{\partial h_k}{\partial x_i} = 0; \tag{4.17}$$
$$i = 1, n, \quad j = 1, m, \quad k = 1, q, \quad \overrightarrow{\gamma} \in R^q, \quad \overrightarrow{\lambda} \in R^m, \quad \lambda_j \geqq 0,$$

$$h_k(\overrightarrow{x}^*) = 0; \qquad k = 1, q \tag{4.18}$$

$$g_j(\overrightarrow{x}^*) \leqq 0; \qquad j = 1, m \tag{4.19}$$

$$\lambda_j g_j(\overrightarrow{x}^*) = 0; \qquad j = 1, m. \tag{4.20}$$

Bei den Kuhn-Tucker-Bedingungen (4.17) – (4.20) handelt es sich um notwendige Bedingungen. Dies bedeutet, dass es sich bei $\overrightarrow{x}^*$ nicht um das gesuchte Minimum, sondern auch um ein Maximum oder einen Sattelpunkt handeln kann. Mithilfe der Lagrange-Funktion können die notwendigen Bedingungen um eine weitere Bedingung erweitert werden, sodass sich ein hinreichendes Kriterium ergibt. Die hinreichenden Bedingungen erhält man, indem die Bedingungen (4.17) – (4.20) um folgende Bedingung ergänzt werden:

Die Hesse Matrix der Lagrange-Funktion

$$A_{ij} = \frac{\partial^2 L(\overrightarrow{x}^*)}{\partial x_i \partial x_j} = \frac{\partial^2 f}{\partial x_i \partial x_j} + \sum_{k=1}^{m} \lambda_k \frac{\partial^2 g_k}{\partial x_i \partial x_j} + \sum_{k=1}^{q} \gamma_k \frac{\partial^2 h_k}{\partial x_i \partial x_j}; \qquad i, j = 1, n \tag{4.21}$$

ist im Punkt $\overrightarrow{x}^*$ positiv definit auf einem Unterraum von R^n, welcher aus allen Vektoren $\overrightarrow{y}$ besteht, die folgende Bedingungen erfüllen:

$$\overrightarrow{y}^T \overrightarrow{\nabla} h_k = 0; \qquad k = 1, q \tag{4.22}$$

$$\overrightarrow{y}^T \overrightarrow{\nabla} g_j = 0; \qquad j \in I_z \wedge \lambda_j \geqq 0. \tag{4.23}$$

Dies bedeutet, dass für jeden Vektor $\overrightarrow{y}$ aus diesem Unterraum gelten muss

$$\overrightarrow{y}^T \mathbf{A} \overrightarrow{y} > 0. \tag{4.24}$$

In Abbildung 4.1 sind einige Beispiele solcher Unterräume für Gleichheitsrestriktionen dargestellt. Die Bedingungen (4.22) und (4.23) definieren offensichtlich im Punkt $\vec{x}^*$ den Tangentialraum aller Gleichheitsrestriktionen und aktiven Ungleichheitsrestriktionen. Nur bezüglich der Richtungen innerhalb dieses Unterraums muss die Hesse-Matrix positiv definit sein.

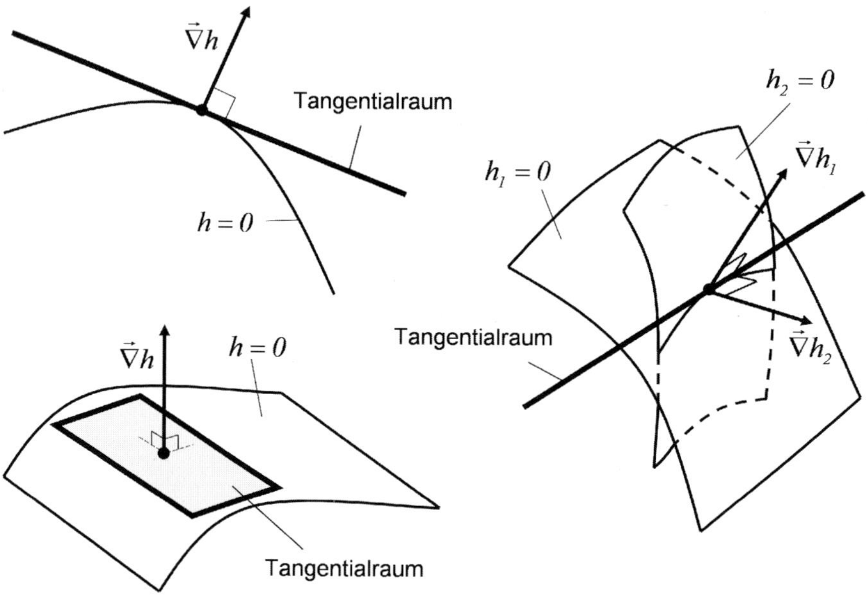

Abb. 4.1 Einige Beispiele von Unterräumen, welche die Bedingung (4.22) erfüllen

4.3 Sattelpunktseigenschaften

Die Tatsache, dass die Lagrange-Funktion im Optimum stationär wird, heißt nicht, dass sie dort ein Extremum besitzt. In diesem Fall würde ein Optimierungsproblem ohne Restriktionen vorliegen, das einfach mithilfe eines entsprechenden Optimierungsalgorithmus gelöst werden könnte. Es zeigt sich vielmehr, dass die Lagrange-Funktion im stationären Punkt einen Sattelpunkt und nicht ein Extremum aufweist.

Ein Punkt $(\vec{\alpha}^*, \vec{\beta}^*)$ heißt Sattelpunkt einer Funktion $y(\vec{\alpha}, \vec{\beta})$, wenn er die Eigenschaft

$$y(\vec{\alpha}^*, \vec{\beta}) \leqq y(\vec{\alpha}^*, \vec{\beta}^*) \leqq y(\vec{\alpha}, \vec{\beta}^*) \qquad (4.25)$$

hat. Dies bedeutet, dass die Funktion dort bezüglich der Variablen $\vec{\alpha}$ minimal und bezüglich der Variablen $\vec{\beta}$ maximal wird. Ein Beispiel für einen Sattelpunkt ist in Abbildung 4.2 gezeigt.

Bei der Lagrange-Funktion entsprechen die Designvariablen $\vec{x}$ den Variablen $\vec{\alpha}$ und die Lagrange-Multiplikatoren $\vec{\lambda}$ und $\vec{\gamma}$ den Variablen $\vec{\beta}$. Somit lautet die Sattelpunktseigenschaft der Lagrange-Funktion [222], [233], [400]:

$$L(\vec{x}^*, \vec{\lambda}, \vec{\gamma}) \leqq L(\vec{x}^*, \vec{\lambda}^*, \vec{\gamma}^*) \leqq L(\vec{x}, \vec{\lambda}^*, \vec{\gamma}^*) \qquad (4.26)$$

Speziell gilt, dass die Zielfunktion und die Lagrange-Funktion im Optimum den gleichen Wert haben, weil im Optimum alle Restriktionen erfüllt sein müssen:

$$L(\vec{x}^*, \vec{\lambda}^*, \vec{\gamma}^*) = f(\vec{x}^*) \qquad (4.27)$$

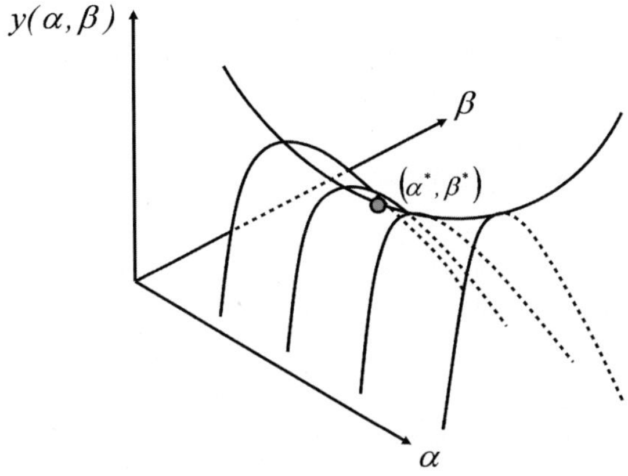

Abb. 4.2 Sattelpunkt einer Funktion mit 2 Variablen

4.4 Dualität

Wie oben dargestellt, besitzt die Lagrange-Funktion im stationären Punkt einen Sattelpunkt. Man kann demnach das Optimierungsproblem lösen, indem man den Sattelpunkt der Lagrange-Funktion bestimmt. Dabei gibt es zwei Strategien um dieses Ziel zu erreichen [99], [222], [233], [370], [400].

4.4.1 Primale Methode

Eine Möglichkeit zu dem Sattelpunkt zu gelangen, besteht darin, den „Bergrücken" hinunterzulaufen (Abbildung 4.3). Dabei kann man den Optimierungspfad entlang des „Bergrückens" bestimmen, indem man die Lagrange-Funktion bezüglich der Lagrange-Multiplikatoren maximiert und damit die Lagrange-Multiplikatoren eliminiert. Die Lagrange-Funktion $\overline{L}(\overrightarrow{x})$ entlang des Optimierungspfads ergibt sich damit zu

$$\overline{L}(\overrightarrow{x}) = \max_{\overrightarrow{\lambda},\overrightarrow{\gamma}} L(\overrightarrow{x},\overrightarrow{\lambda},\overrightarrow{\gamma}). \tag{4.28}$$

Zum Sattelpunkt gelangt man nun, indem man die Funktion $\overline{L}(\overrightarrow{x})$ minimiert. Somit lautet das primale Problem

$$\min_{\overrightarrow{x}} \overline{L}(\overrightarrow{x}). \tag{4.29}$$

Die Lösung des primalen Problems liefert keine neue Optimierungsstrategie, denn die Maximierung der Lagrange-Funktion bezüglich der Lagrange-Multiplikatoren liefert die Bedingungen

$$\frac{\partial L(\overrightarrow{x},\overrightarrow{\lambda},\overrightarrow{\gamma})}{\partial \lambda_j} = 0; \qquad I_z = \{j : g_j = 0;\ j = 1,m\} \tag{4.30}$$

$$\frac{\partial L(\overrightarrow{x},\overrightarrow{\lambda},\overrightarrow{\gamma})}{\partial \gamma_k} = 0; \qquad k = 1,q \tag{4.31}$$

und damit die Restriktionsbedingungen

$$g_j(\overrightarrow{x}) = 0; \qquad I_z = \{j : g_j = 0;\ j = 1,m\} \tag{4.32}$$

$$h_k(\overrightarrow{x}) = 0; \qquad k = 1,q. \tag{4.33}$$

Somit bedeutet die Lösung des primalen Problems, dass die Zielfunktion unter Einhaltung der Restriktionen minimiert werden soll. Dies ist aber nichts anderes als die Vorgehensweise bei den direkten Methoden.

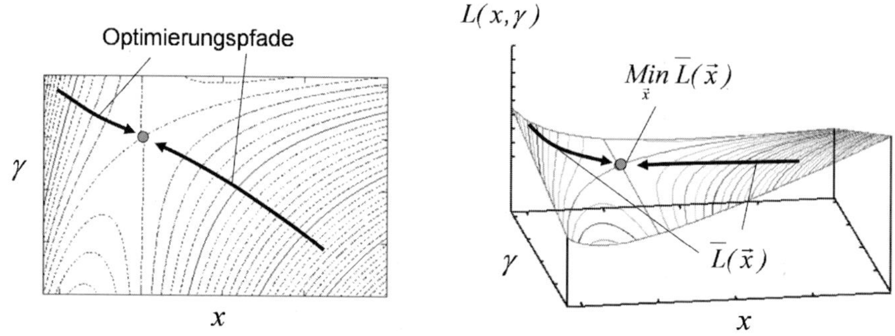

Abb. 4.3 Optimierungspfad entlang des „Bergrückens" und die dazugehörige Lagrange-Funktion in der primalen Methode bei einer Designvariablen und einer Gleichheitsrestriktion

4.4.2 Duale Methode

Im Gegensatz zur primalen Methode führt die Lösung des dualen Problems zu einem neuen Optimierungsalgorithmus, der so genannten dualen Methode. Bei der dualen Methode erreicht man den Sattelpunkt der Lagrange-Funktion, indem man sich durch die „Talsohle" nach oben bewegt (Abbildung 4.4).

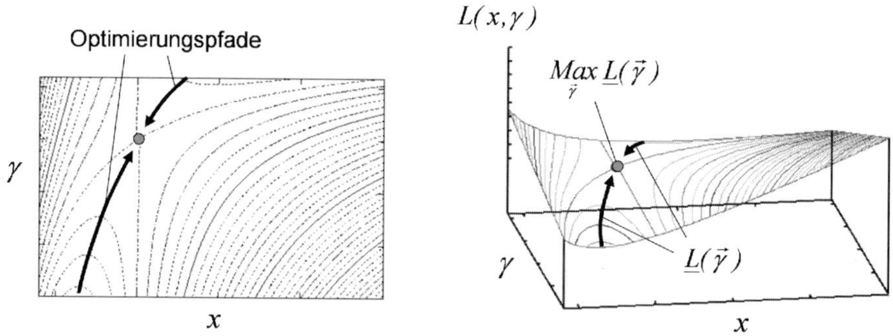

Abb. 4.4 Optimierungspfad entlang der „Talsohle" und die dazugehörige Lagrange-Funktion in der dualen Methode bei einer Designvariablen und einer Gleichheitsrestriktion

Den Optimierungspfad entlang der „Talsohle" erhält man, indem die Lagrange-Funktion bezüglich der Designvariablen minimiert wird. Die Lagrange-Funktion $\underline{L}(\vec{\lambda}, \vec{\gamma})$ entlang des Optimierungspfads lautet damit:

$$\underline{L}(\vec{\lambda}, \vec{\gamma}) = \min_{\vec{x}} L(\vec{x}, \vec{\lambda}, \vec{\gamma}). \tag{4.34}$$

Hier gelangt man durch die Maximierung von $\underline{L}(\vec{\lambda}, \vec{\gamma})$ zum Sattelpunkt. Somit lautet das zu lösende duale Problem:

$$\max_{\vec{\lambda}, \vec{\gamma}} \underline{L}(\vec{\lambda}, \vec{\gamma}). \tag{4.35}$$

Zunächst scheint nicht sehr viel gewonnen zu sein, da jetzt ein verschachteltes Optimierungsproblem gelöst werden muss. Der Vorteil ist jedoch, dass nun keine Restriktionen mehr explizit berücksichtigt werden müssen.

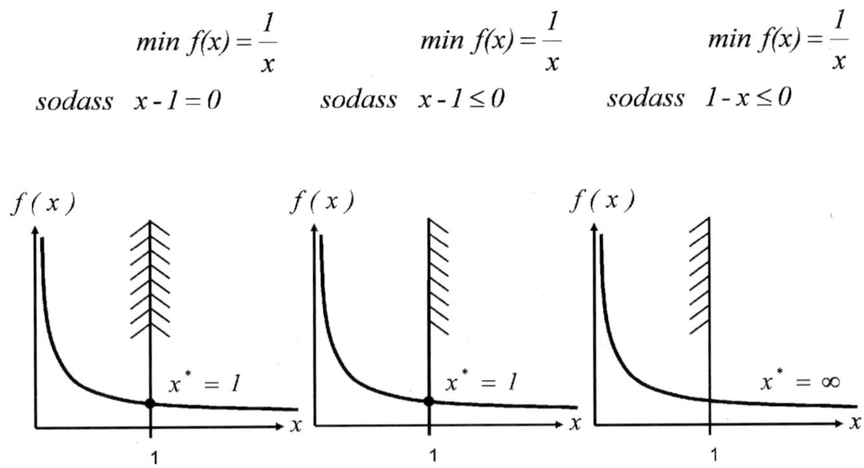

Abb. 4.5 Grafische Lösungen der im Text beschriebenen Optimierungsprobleme mit einer Designvariablen

An einigen einfachen Beispielen soll die duale Methode und die Verwendung der Lagrange-Funktion veranschaulicht werden. Im ersten Beispiel soll folgendes Optimierungsproblem mit der dualen Methode gelöst werden (Abbildung 4.5):

$$\min f(x) = \frac{1}{x}, \tag{4.36}$$

sodass

$$h(x) = x - 1 = 0.$$

Die Lagrange-Funktion für dieses Optimierungsproblem lautet

$$L(x, \gamma) = \frac{1}{x} + \gamma(x - 1). \tag{4.37}$$

Aus der Bedingung

$$\min_x L(x, \gamma) \tag{4.38}$$

lässt sich der Optimierungsweg durch die „Talsohle“ bestimmen:

$$\frac{\partial L}{\partial x} = \frac{-1}{x^2} + \gamma = 0 \tag{4.39}$$

$$\Rightarrow x = \pm\frac{1}{\sqrt{\gamma}}. \tag{4.40}$$

Durch Einsetzen der positiven Wurzel aus Gleichung (4.40) in die Lagrange-Funktion in Gleichung (4.37) erhält man die Lagrange-Funktionswerte entlang der „Talsohle“:

$$\underline{L}(\gamma) = 2\sqrt{\gamma} - \gamma. \tag{4.41}$$

Die Anforderung, diese zu maximieren, führt zur Bedingung

$$\frac{\partial \underline{L}}{\partial \gamma} = 0 = \frac{1}{\sqrt{\gamma}} - 1 \tag{4.42}$$

und damit zum optimalen Wert des Lagrange-Multiplikators

$$\gamma^* = 1. \tag{4.43}$$

Der optimale Wert der Designvariable lässt sich dann über Gleichung (4.40) bestimmen zu

$$x^* = 1. \tag{4.44}$$

Setzt man statt der positiven Wurzel die negative Wurzel aus Gleichung (4.40) in die Lagrange-Funktion ein, erhält man

$$\sqrt{\gamma} = -1 \tag{4.45}$$

und damit eine nicht reelle und damit unzulässige Lösung für den Lagrange-Multiplikator.

Man kann sich leicht klar machen, dass das Optimierungsproblem

$$\min f(x) = \frac{1}{x}, \tag{4.46}$$

sodass

$$g(x) = x - 1 \leqq 0,$$

in dem die Gleichheitsrestriktion durch eine Ungleichheitsrestriktion ersetzt worden ist, die gleiche Lagrange-Funktion aufweist und zu den gleichen optimalen Werte für den Lagrange-Multiplikator und der Designvariablen führt (Abbildung 4.5). Der einzige äußerliche Unterschied ist hier, dass der Lagrange-Multiplikator nun mit λ anstatt mit γ bezeichnet wird. Jedoch muss bei der Ungleichheitsrestriktion noch zusätzlich überprüft werden, ob der berechnete Wert der Lagrange-Multiplikatoren positiv ist, was hier der Fall ist.

Lautet dagegen das Optimierungsproblem

$$\min f(x) = \frac{1}{x}, \tag{4.47}$$

sodass

$$g(x) = 1 - x \leqq 0,$$

dann hat die dazugehörige Lagrange-Funktion die Form:

$$L(x, \lambda) = \frac{1}{x} + \lambda(1 - x). \tag{4.48}$$

Aus der Maximierung bezüglich x ergibt sich

$$\frac{1}{x^2} = -\lambda. \tag{4.49}$$

Dies kann aber nur erfüllt werden, wenn gilt $\lambda < 0$. Dies bedeutet, dass diese Restriktion nicht aktiv ist und nach der Kuhn-Tucker-Bedingung $\lambda^* = 0$ gesetzt werden muss. Daraus ergibt sich wiederum, dass $x^* = \infty$ und damit kein Minimum vorhanden ist (Abbildung 4.5).

Als etwas komplexeres Beispiel soll folgendes Optimierungsproblem gelöst werden:

$$\min f(\overrightarrow{x}) = x_1^2 + x_2^2, \tag{4.50}$$

sodass

$$g_1(\overrightarrow{x}) = 5 - 2x_1 - x_2 \leqq 0$$

$$g_2(\overrightarrow{x}) = b - 3x_1 - x_2 \leqq 0.$$

Die Lagrange-Funktion des Optimierungsproblems lautet:

$$L(\overrightarrow{x}, \overrightarrow{\lambda}) = x_1^2 + x_2^2 + \lambda_1(5 - 2x_1 - x_2) + \lambda_2(b - 3x_1 - x_2). \tag{4.51}$$

Die Maximierung von $L(\overrightarrow{x}, \overrightarrow{\lambda})$ bezüglich $\overrightarrow{x}$ führt zu den Bedingungen

$$\frac{\partial L}{\partial x_1} = 0 = 2x_1 - 2\lambda_1 - 3\lambda_2 \tag{4.52}$$

$$\frac{\partial L}{\partial x_2} = 0 = 2x_2 - \lambda_1 - \lambda_2, \tag{4.53}$$

aus denen sich der Optimierungspfad entlang der „Talsohle“ bestimmen lässt zu

$$x_1 = \lambda_1 + \frac{3}{2}\lambda_2 \tag{4.54}$$

$$x_2 = \frac{\lambda_1 + \lambda_2}{2}. \tag{4.55}$$

Das Einsetzen von Gleichung (4.54) und (4.55) in die Lagrange-Funktion liefert die Werte der Lagrange-Funktion $\underline{L}(\overrightarrow{\lambda})$ entlang der „Talsohle“:

$$\underline{L}(\overrightarrow{\lambda}) = -\frac{5}{4}\lambda_1^2 - \frac{5}{2}\lambda_2^2 - \frac{7}{2}\lambda_1\lambda_2 + 5\lambda_1 + b\lambda_2. \tag{4.56}$$

Die Maximierung von $\underline{L}(\overrightarrow{\lambda})$ führt zu den Gleichungen

$$\frac{\partial \underline{L}}{\partial \lambda_1} = 0 = -\frac{5}{2}\lambda_1 - \frac{7}{2}\lambda_2 + 5 \tag{4.57}$$

$$\frac{\partial \underline{L}}{\partial \lambda_2} = 0 = -5\lambda_2 - \frac{7}{2}\lambda_1 + b \tag{4.58}$$

und damit zu folgenden Werten der Lagrange-Multiplikatoren:

$$\lambda_1 = 100 - 14b \tag{4.59}$$

$$\lambda_2 = 10b - 70. \tag{4.60}$$

Zunächst muss überprüft werden, für welche Werte von b die beiden Lagrange-Multiplikatoren größer null sind. Offenbar gilt:

$$\lambda_1 \geqq 0 \quad \text{wenn} \quad b \leqq \frac{50}{7} \tag{4.61}$$

$$\lambda_2 \geqq 0 \quad \text{wenn} \quad b \geqq 7 \tag{4.62}$$

Man kann somit je nach Wert von b drei Bereiche unterscheiden. Nur für $b \in (7{,}50/7)$ können beide Multiplikatoren gleichzeitig größer null und damit beide Restriktionen gleichzeitig aktiv sein. Für andere Werte von b ist immer einer der beiden Multiplikatoren kleiner null, was anzeigt, dass die dazugehörige Restriktionen nicht aktiv ist und der Multiplikator zu null gesetzt werden muss. Dabei reicht es jedoch nicht, beispielsweise für den Fall $b < 7$ nur $\lambda_2 = 0$ zu setzen und für λ_1 Gleichung (4.59) zu verwenden. Diese Gleichung ist nur im Intervall $b \in (7{,}50/7)$ gültig. Vielmehr muss die Lagrange-Funktion $\underline{L}$ für $\lambda_2 = 0$ neu aufgestellt

$$\underline{L}(\lambda_1) = -\frac{5}{4}\lambda_1^2 + 5\lambda_1 \tag{4.63}$$

und daraus über die Bedingung

$$\frac{\partial \underline{L}}{\partial \lambda_1} = 0 = -\frac{5}{2}\lambda_1 + 5 \tag{4.64}$$

der optimale Wert neu bestimmt werden. In diesem Fall ergibt sich $\lambda_1^* = 2$. In Tabelle 4.1 sind alle möglichen Fälle aufgelistet und in Abbildung 4.6 grafisch veranschaulicht.

Tabelle 4.1 Werte der Designvariablen und Lagrange-Multiplikatoren im Optimum für verschieden Werte von b

Bereich von b	x_1^*	x_2^*	λ_1^*	λ_2^*
$b \leqq 7$	2	1	2	0
$7 < b < \frac{50}{7}$	$b - 5$	$15 - 2b$	$100 - 14b$	$10b - 70$
$b \geqq \frac{50}{7}$	$\frac{3b}{10}$	$\frac{b}{10}$	0	$\frac{b}{5}$

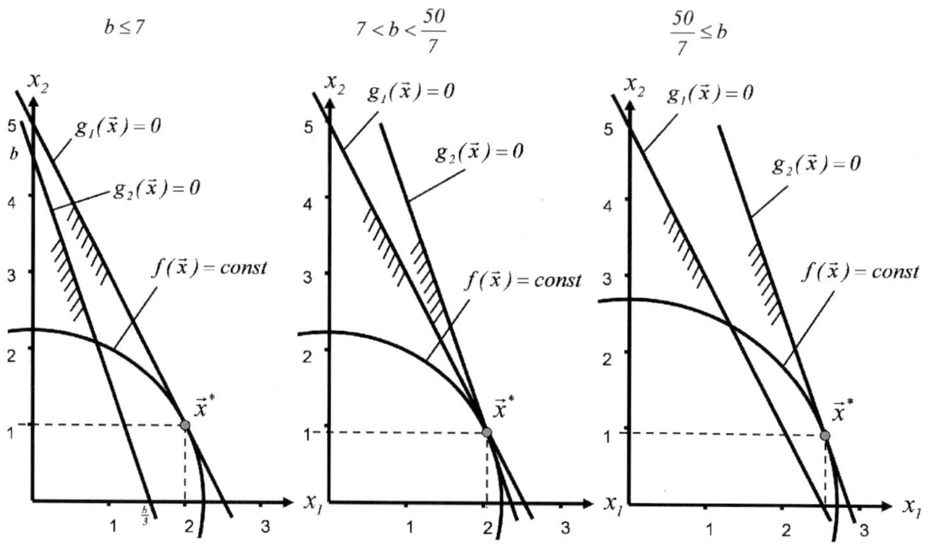

Abb. 4.6 Optimale Lösungen des Optimierungsproblems (4.50) für verschiedene Wertebereiche von *b*

4.4.3 Dualität bei separierbaren Problemen

Die obigen Beispiele machen deutlich, dass es bei der dualen Methode notwendig ist, die Designvariablen als Funktion der Lagrange-Multiplikatoren auszudrücken, um den Optimierungspfad durch die „Talsohle" zu bestimmen. Dies wird im allgemeinen Fall nicht möglich sein. Die duale Methode ist deshalb für allgemeine Optimierungsprobleme nur einsetzbar, wenn für die Ziel- und Restriktionsfunktionen Approximationen verwendet werden, die eine Auflösung nach den Designvariablen erlauben. Dabei wählt man die Approximation sinnvollerweise so, dass sich ein konvexes Optimierungsproblem ergibt und das approximierte Problem damit eine eindeutige Lösung hat. Die Auflösung nach den Designvariablen ist dagegen sichergestellt, wenn das Optimierungsproblem separierbar ist. Die Separierbarkeit ist dabei folgendermaßen definiert:

Definition: Eine Funktion $f(\vec{x})$, die von n Variablen x_i abhängt, heißt separierbar, wenn sie in eine Summe von Funktionen $f_i(x_i)$ zerlegt werden kann, die jeweils nur von einer Variablen abhängen:

$$f(\vec{x}) = f_0 + \sum_{i=1}^{n} f_i(x_i). \tag{4.65}$$

Wenn Zielfunktion und Restriktionsfunktionen separierbar sind, lautet das Optimierungsproblem:

$$\min f(\vec{x}) = f_0 + \sum_{i=1}^{n} f_i(x_i), \tag{4.66}$$

sodass

$$g_j(\vec{x}) = g_{j0} + \sum_{i=1}^{n} g_{ji}(x_i) \leqq 0; \qquad j = 1, m$$

$$h_k(\vec{x}) = h_{k0} + \sum_{i=1}^{n} h_{ki}(x_i) = 0; \qquad k = 1, q$$

Die dazugehörige Lagrange-Funktion

$$L(\vec{x}, \vec{\lambda}, \vec{\gamma}) = f_0 + \sum_{i=1}^{n} f_i(x_i) + \sum_{j=1}^{m} \lambda_j \left(g_{j0} + \sum_{i=1}^{n} g_{ji}(x_i) \right) + \sum_{k=1}^{q} \gamma_k \left(h_{k0} + \sum_{i=1}^{n} h_{ki}(x_i) \right) \tag{4.67}$$

ist dann ebenfalls separierbar:

$$L(\vec{x}, \vec{\lambda}, \vec{\gamma}) = L_0 + \sum_{i=1}^{n} L_i(x_i) \tag{4.68}$$

mit

$$L_0 = f_0 + \sum_{j=1}^{m} \lambda_j g_{j0} + \sum_{k=1}^{q} \gamma_k h_{k0} \tag{4.69}$$

$$L_i(x_i) = f_i(x_i) + \sum_{j=1}^{m} \lambda_j g_{ji}(x_i) + \sum_{k=1}^{q} \gamma_k h_{ki}(x_i).$$

Damit zerfällt das Optimierungsproblem zur Bestimmung der Talsohle

$$\min_{\vec{x}} \left(L(\vec{x}, \vec{\lambda}, \vec{\gamma}) = L_0 + \sum_{i=1}^{n} L_i(x_i) \right) \tag{4.70}$$

in n eindimensionale Optimierungsprobleme, die sich schnell und effektiv lösen lassen und eine eindeutige Lösung liefern, wenn das Problem konvex ist:

$$\min_{x_i} (L_i(x_i)); \qquad i = 1, n. \tag{4.71}$$

Nach Auflösung der Gleichungen nach den Designvariablen ist noch das $m + q$-dimensionale Optimierungsproblem zu lösen. Hier wird deutlich, dass die duale Methode besonders dann Vorteile bietet, wenn gilt $n \gg m + q$, also die Anzahl der Designvariablen sehr viel größer ist, als die Anzahl der Restriktionen. Das Paradebeispiel ist hierbei die Topologieoptimierung, bei der sich die duale Methode zusammen mit der adjungierten Methode zur Sensitivitätsbestimmung bewährt hat. Hier liegen sehr viele Designvariable und wenig Restriktionen vor. Im einfachsten Fall ist nur eine Restriktion für den Füllgrad zu beachten, sodass die Lagrange-Funktion nur noch von einem Lagrange-Multiplikator abhängt und somit nur noch ein eindimensionales Optimierungsproblem zu lösen ist.

Als Approximationen für die Ziel- und Restriktionsfunktionen können beispielsweise die lineare und reziproke Approximation, CONLIN und MMA verwendet werden, weil sie alle zu konvexen und separierbaren Optimierungsproblemen führen. Als Beispiel, wie die Auflösung nach den Designvariablen erfolgt, wird das folgende Optimierungsproblem betrachtet, in dem die Zielfunktion linear und die Ungleichheitsrestriktionen reziprok approximiert werden:

$$\min f(\vec{x}) = f_0 + \sum_{i=1}^{n} f_i x_i, \tag{4.72}$$

sodass

$$g_j(\vec{x}) = g_{j0} - \sum_{i=1}^{n} \frac{c_{ji}}{x_i}; \qquad j = 1, m$$

Dabei wird vorausgesetzt, dass, wie bei der hybriden Approximation, $c_{ji} < 0$ gilt. Die dazugehörige Lagrange-Funktion lautet

$$L(\vec{x}, \vec{\lambda}) = f_0 + \sum_{j=1}^{m} f_i x_i + \sum_{j=1}^{m} \lambda_j \left(g_{j0} - \sum_{i=1}^{n} \frac{c_{ji}}{x_i} \right). \tag{4.73}$$

Aus der Bedingung

$$\frac{\partial L}{\partial x_i} = 0 = f_i + \sum_{j=1}^{m} \lambda_j \frac{c_{ji}}{x_i^2} \tag{4.74}$$

lassen sich die Designvariablen als Funktion der Lagrange-Multiplikatoren bestimmen zu

$$x_i(\vec{\lambda}) = \sqrt{\frac{-\sum_{j=1}^{m} \lambda_j c_{ji}}{f_i}}. \tag{4.75}$$

Setzt man diesen Ausdruck in die Lagrange-Funktion ein, erhält man für die zu maximierende Funktion

$$\underline{L}(\vec{\lambda}) = f_0 + \sum_{j=1}^{m} f_i x_i(\vec{\lambda}) + \sum_{j=1}^{m} \lambda_j \left(g_{j0} - \sum_{i=1}^{n} \frac{c_{ji}}{x_i(\vec{\lambda})} \right). \tag{4.76}$$

Die Lösung des m-dimensionalen Optimierungsproblems wird dadurch erleichtert, dass die 1. und 2. Ableitungen analytisch bestimmt werden können. So ergibt sich unter Verwendung von Gleichung (4.74)

$$\begin{aligned} \frac{\partial \underline{L}}{\partial \lambda_j} &= \sum_{i=1}^{n} f_i \frac{\partial x_i}{\partial \lambda_j} + g_{j0} - \sum_{i=1}^{n} \frac{c_{ji}}{x_i} + \sum_{k=1}^{m} \lambda_k \sum_{i=1}^{n} \frac{c_{ki}}{x_i^2} \frac{\partial x_i}{\partial \lambda_j} \\ &= \sum_{i=1}^{n} \frac{\partial x_i}{\partial \lambda_j} \left(f_i + \sum_{k=1}^{m} \lambda_k \frac{c_{ki}}{x_i^2} \right) + g_{j0} - \sum_{i=1}^{n} \frac{c_{ji}}{x_i} \\ &= g_{j0} - \sum_{i=1}^{n} \frac{c_{ji}}{x_i} \end{aligned} \tag{4.77}$$

Für die zweite Ableitung ergibt sich mit $\frac{\partial x_i}{\partial \lambda_k} = -\frac{1}{2} \frac{c_{ki}}{f_i x_i}$ dann

$$\frac{\partial^2 \underline{L}}{\partial \lambda_j \partial \lambda_k} = \sum_{i=1}^{n} \frac{c_{ji}}{x_i^2} \frac{\partial x_i}{\partial \lambda_k}. = -\frac{1}{2} \sum_{i=1}^{n} \frac{c_{ki} c_{ji}}{f_i x_i^3}. \tag{4.78}$$

Da hier auch die 2. Ableitungen analytisch vorliegen, bietet sich zur Lösung des Optimierungsproblems der Einsatz der Quasi-Newton-Methode an.

4.5 Interpretation der Lagrange-Multiplikatoren

Die Lagrange-Multiplikatoren, die sich im Optimum aus den Kuhn-Tucker Bedingungen ergeben, können genutzt werden um zusätzliche Informationen über die Zielfunktion zu erhalten [21], [132], [353]. Mit Ihrer Hilfe kann bestimmt werden, wie sich der Zielfunktionswert f^* im Optimum in Abhängigkeit von Parametern $\vec{y}$ ändert, die nicht als Designvariable verwendet sondern während der Optimierung konstant gehalten wurden. Besonders interessant ist der dabei der Spezialfall, dass die Parameter $\vec{y}$ entweder die oberen oder die unteren Restriktionsgrenzen r_k^U und r_k^L von Restriktionen der Form

$$g_k = r_k - r_k^U \leqq 0 \tag{4.79}$$

$$g_j = r_j^L - r_j \leqq 0 \tag{4.80}$$

sind. In diesem Fall entsprechen, wie später unten hergeleitet wird, die Lagrange-Multiplikatoren λ_j genau den Sensitivitäten

$$\frac{\partial f^*}{\partial r_k^U} = -\lambda_k \tag{4.81}$$

$$\frac{\partial f^*}{\partial r_j^L} = \lambda_j. \tag{4.82}$$

Diese ermöglichen es in linearer Näherung abzuschätzen, wie sich der optimale Wert der Zielfunktion verändert, wenn die oberen Grenzen um einen Wert Δr_k^U

$$\Delta f^* = \frac{\partial f^*}{\partial r_k^U} \Delta r_k^U = -\lambda_k \Delta r_k^U \tag{4.83}$$

und unteren Grenzen um einen Wert Δr_j^L

$$\Delta f^* = \frac{\partial f^*}{\partial r_j^L} \Delta r_j^L = \lambda_j \Delta j_k^L \tag{4.84}$$

verändert werden. Dadurch ist es möglich die dominanten Restriktionen zu identifizieren, die den größten Einfluss auf den optimalen Wert der Zielfunktion f^* haben. Somit erhält man einen Hinweis, welche Anforderungsänderungen f^* stark und welche f^* nur schwach beeinflussen. Dies gilt allerdings nur unter der Voraussetzung, dass sich der Satz der aktiven Restriktionen nicht ändert.

Neben der Abschätzung kann mithilfe der Sensitivitäten (4.81) und (4.82) auch eine Rangreihenfolge erstellt werden um festzustellen, welche Grenzen das größte Potenzial haben um die Zielfunktion zu verbessern. Da sich die Systemantworten und damit die Restriktionsgrenzen jedoch sehr in der Größenordnung unterscheiden können, ist eine solche Rangreihenfolge nur jeweils innerhalb eines Restriktionstyps sinnvoll (z. B. eine Rangreihenfolge für Frequenzen, eine für Steifigkeiten, eine für Spannungen, etc.)

Im Folgenden werden die Sensitivitäten für einen allgemeinen Parametersatz $\overrightarrow{y}$ hergeleitet und aus dem Ergebnis am Schluss dann Gleichungen (4.81) und (4.82) abgeleitet. Es wird dabei angenommen, dass sowohl die Zielfunktion als auch die Ungleichheitsrestriktionen von den Parametern $\overrightarrow{y}$ abhängen:

$$f = f(\overrightarrow{x}, \overrightarrow{y}) \tag{4.85}$$

$$g = g(\overrightarrow{x}, \overrightarrow{y}) \tag{4.86}$$

Insbesondere hängt der optimale Wert der Zielfunktion f^* und der optimale Punkt $\overrightarrow{x}^*$ von den Parametern $\overrightarrow{y}$ ab, sodass gilt

$$f^* = f(\overrightarrow{x}^*(\overrightarrow{y}), \overrightarrow{y}). \tag{4.87}$$

Die Änderung der Zielfunktion im Optimum in Abhängigkeit eines Parameters y_j errechnet sich dann zu

$$\frac{\mathrm{d} f^*}{\mathrm{d} y_j} = \frac{\partial f^*}{\partial y_j} + \sum_{i=1}^{n} \frac{\partial f^*}{\partial x_i} \frac{\partial x_i^*}{\partial y_j}. \tag{4.88}$$

Mithilfe der Kuhn-Tucker Bedingung

$$\frac{\mathrm{d} f^*}{\mathrm{d} x_i} = -\sum_{k=1}^{m} \lambda_k \frac{\partial g_k^*}{\partial x_i} \tag{4.89}$$

ergibt sich

$$\frac{\mathrm{d} f^*}{\mathrm{d} y_j} = \frac{\partial f^*}{\partial y_j} - \sum_{k=1}^{m} \lambda_k \sum_{i=1}^{n} \frac{\partial g_k^*}{\partial x_i} \frac{\partial x_i^*}{\partial y_j} \tag{4.90}$$

wobei für die aktiven Restriktionen im Optimum

$$g_k^* = 0 \tag{4.91}$$

gilt. Die Bedingungen (4.89) und (4.91) können durch Anpassung von $x^*(\overrightarrow{y})$ immer erfüllt werden, solange die Werte von $\overrightarrow{y}$ den Satz der aktiven Restriktionen nicht ändern. Im Folgenden werden nur Wertebereiche von $\overrightarrow{y}$ betrachtet, für die das zutrifft. In diesem Fall muss die Ableitung von Gleichung (4.91) bezüglich y_j null sein und es gilt

$$\frac{\mathrm{d} g_k^*}{\mathrm{d} y_j} = \frac{\partial g_k^*}{\partial y_j} + \sum_{i \in I_z} \frac{\partial g_k^*}{\partial x_i} \frac{\partial x_i^*}{\partial y_j} = 0. \tag{4.92}$$

Dabei ist I_z die Indexmenge der aktiven Restriktionen. Damit ergibt sich Gleichung (4.90) zu

$$\frac{\mathrm{d} f^*}{\mathrm{d} y_j} = \frac{\partial f^*}{\partial y_j} + \sum_{k=1}^{m} \lambda_k \frac{\partial g_k^*}{\partial y_j}. \tag{4.93}$$

Es wurde hier darauf verzichtet, die Summe nur auf die aktiven Restriktionen zu beschränken, weil über die „Switching Condition“ die Lagrange-Multiplikatoren für die nicht aktiven Restriktionen null sind und diese somit keinen Beitrag liefern.

Für den Spezialfall, dass die Parameter $\overrightarrow{y}$ entweder die oberen oder die unteren Restriktionsgrenzen sind, hängt die Zielfunktion nicht von y_k ab und es gilt

$$\frac{\partial f^*}{\partial y_j} = 0. \tag{4.94}$$

Weiterhin folgt für den Fall $y_j = r_j^U$ aus Gleichung (4.79)

$$\frac{\partial g_k^*}{\partial y_j} = -\delta_{jk} \tag{4.95}$$

und damit aus Gleichung (4.93)

$$\frac{\mathrm{d} f^*}{\mathrm{d} r_j^U} = -\lambda_j. \tag{4.96}$$

Da die Lagrange-Multiplikatoren immer größer als null sind, sagt Gleichung (4.96) aus, dass sich die Zielfunktion verkleinert und damit verbessert, wenn die obere Restriktionsgrenze erhöht und damit die Restriktion gelockert wird. Entsprechend erhält man für die unteren Restriktionsgrenzen r_k^L den Ausdruck

$$\frac{\mathrm{d} f^*}{\mathrm{d} r_j^L} = \lambda_j. \tag{4.97}$$

Werden Restriktionen verwendet, die normiert sind, wie beispielsweise normierte Restriktionen mit oberer Grenze der Form

$$g_k = \frac{r_k - r_k^U}{|r_k^U|} \leqq 0, \tag{4.98}$$

erhält man statt Gleichung (4.95) den Ausdruck

$$\frac{\partial g_k^*}{\partial y_j} = -\frac{r_k^*}{(r_k^U)^2} \delta_{ij} \tag{4.99}$$

und damit für die Sensitivität

$$\frac{\mathrm{d} f^*}{\mathrm{d} r_j^U} = -\frac{r_j^*}{(r_j^U)^2} \lambda_j. \tag{4.100}$$

Entsprechend ergibt sich für normierte Restriktionen mit unterer Grenze

$$\frac{\mathrm{d} f^*}{\mathrm{d} r_j^L} = \frac{r_j^*}{(r_j^L)^2} \lambda_j. \tag{4.101}$$

5 Optimalitätskriterienverfahren

Bei den Optimalitätskriterienverfahren [21], [31], [132] wird versucht das optimale Design dadurch zu bestimmen, indem man ein Kriterium erfüllt, von dem man vermutet oder von dem man weiß, dass es das Optimum charakterisiert. Man kann zwei Klassen von Kriterien unterscheiden. In die eine Klasse fallen die Kriterien, die entweder intuitiv aus der Erfahrung oder basierend auf Beobachtungen in der Natur aufgestellt werden. Beispiele dazu sind das Prinzip vom voll beanspruchten Tragwerk und die adaptive Wachstumsregel von biologischen Kraftträgern. Zur anderen Klasse gehören die Kriterien, die mathematisch hergeleitet werden. In diese Kategorie fallen die Kuhn-Tucker-Bedingungen, die bereits in Abschnitt 3.2.2.1 vorgestellt wurden. In allen Fällen versucht man das Kriterium durch eine heuristische Iterationsvorschrift zu erfüllen. Im Gegensatz zu den Suchrichtungsalgorithmen wird dabei der Designraum nicht geometrisch durchschritten. Man versucht vielmehr, unabhängig von der Gestalt der „Gebirgslandschaft“, über eine Re-Design-Formel das Optimalitätskriterium zu erfüllen und darüber zum Optimum zu gelangen. Meistens konvergieren die Optimalitätskriterienverfahren sehr schnell und sind damit sehr effizient. Der Nachteil ist jedoch, dass ein solches Verfahren nicht allgemein einsetzbar, sondern nur für eine bestimmte Problemklasse geeignet ist.

5.1 Das Prinzip vom voll beanspruchten Tragwerk

Das klassische Beispiel für ein aus der Intuition hergeleitetes Optimalitätskriterienverfahren ist das Prinzip vom voll beanspruchten Tragwerk, das auch als Fully Stressed Design (FSD) bezeichnet wird. Hier wird postuliert, dass ein Tragwerk das minimale Gewicht aufweist, wenn so viele Stäbe wie möglich voll beansprucht sind. Müssen mehr als ein Lastfall berücksichtigt werden, lautet die allgemeine Definition des voll beanspruchten Tragwerks:

Definition: Ein Tragwerk heißt dann voll beansprucht, wenn für jeden Stab i entweder $x_i = x_i^L$ oder in mindestens einem Lastfall $\sigma_i = \sigma_i^{\text{zulässig}}$ gilt.

Dabei sind x_i der Querschnitt, x_i^L der untere zulässige Querschnitt, σ_i die Spannung und $\sigma_i^{\text{zulässig}}$ die zulässige Spannung für Stab i.

Mit der intuitiven Vorstellung, dass ein Hinzufügen von Material die Spannung senkt, lässt sich folgender Iterationsalgorithmus aufstellen, um ein solches voll beanspruchtes Tragwerk zu bestimmen:

$$x_i^{(k+1)} = \max\left(x_i^L, x_i^{(k)} \frac{\sigma_i}{\sigma_i^{\text{zulässig}}}\right) \tag{5.1}$$

Es zeigt sich jedoch, dass nur bei einem statisch bestimmten Tragwerk die vollbeanspruchte Struktur auch die gewichtsminimierte Lösung darstellt. Bei einem statisch unbestimmten Tragwerk ist dies im Allgemeinen nicht der Fall. Ein typisches Gegenbeispiel ist der in Abbildung 5.1 darstellte Stabdreischlag [21], [132], [321], [326], der mit zwei symmetrischen Lastfällen beaufschlagt wird und bei dem alle drei Querschnitte unabhängig variiert werden können. Mit der Zielvorgabe, das Gewicht zu minimieren, lässt sich das Optimierungsproblem folgendermaßen formulieren:

$$\min\left(\sum_{i=1}^{3} L_i x_i\right), \tag{5.2}$$

sodass

$$\sigma_i \leqq \sigma^{\text{zulässig}}$$

$$x_i^{\text{L}} \leqq x_i; \qquad i = 1,3$$

Dabei ist L_i die Länge von Stab i. Alternativ kann das Problem auch wegen der Symmetrie der beiden Lastfälle mit nur einem Lastfall formuliert werden, indem für Stab *1* und *3* ein einheitlicher Querschnitt verwendet wird und somit nur zwei Designvariablen benötigt werden (Abbildung 5.1).

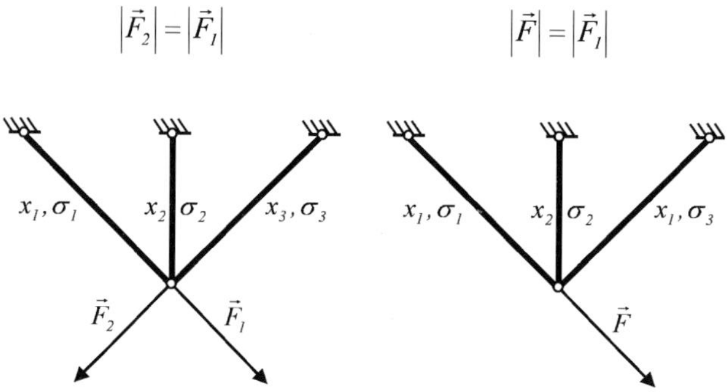

Abb. 5.1 Stabdreischlag mit zwei Lastfällen und die äquivalente Struktur mit nur einem Lastfall und dafür gleichen Querschnitten von Stab *1* und *3*

Wird nun beispielsweise für $\sigma^{\text{zulässig}} = \left|\vec{F}\right| / x^{(0)}$ und $x_i^L = 0$ gewählt, erhält man als Lösung des Optimierungsproblems $x_1^* = x_3^* = 0{,}778x^{(0)}$, $x_2^* = 0{,}408x^{(0)}$und damit ein um 6,4 % geringeres Gewicht als beim voll beanspruchten Tragwerk, welches die Lösung $x_1^* = x_3^* = x^{(0)}$, $x_2^* = 0$ hat.

Zusammenfassend gilt:

1. Bei einem statisch bestimmten System entspricht das voll beanspruchte Tragwerk der Lösung mit minimalem Gewicht.
2. Ebenfalls sind das voll beanspruchte Tragwerk und die gewichtsminimierte Lösung identisch, wenn ein statisch unbestimmtes System mit nur einem Lastfall beaufschlagt ist. Dabei muss es sich jedoch um einen „echten“ Einzellastfall handeln und nicht um ein System mit mehreren Lastfällen, das, wie in Abbildung 5.1, durch Hinzunahme von Symmetriebedingungen auf einen Lastfall reduziert wurde.
3. Bei einem statisch unbestimmten System fallen normalerweise das voll beanspruchte Tragwerk und die gewichtsminimierte Lösung nicht zusammen. Wenn dies doch der Fall ist, liegt bei der gewichtsoptimalen Lösung in der Regel wieder ein statisch bestimmtes System vor, weil statisch überzählige Querschnitte zu null gesetzt wurden.
4. Die Regel, dass Hinzufügen von Material beziehungsweise die Erhöhung des Querschnittes zu einer Reduktion der Spannung führt, gilt nur bei statisch bestimmten Strukturen. Dort wirkt sich eine Querschnittsänderung in einem Stab nur auf dessen Spannungsniveau und nicht auf das der anderen Stäbe aus. Bei statisch unbestimmten Tragwerken ist diese Entkopplung nicht gegeben, was dazu führen kann, dass eine Erhöhung des Querschnitts eines Stabes ein Ansteigen und nicht ein Absinken der Spannung bewirkt [321], [326]. Dies bedeutet jedoch nicht zwangsläufig, dass die Iterationsvorschrift (5.1) bei statisch unbestimmten Tragwerken nicht verwendet werden kann. Es werden dort lediglich statt einer nun mehrere Iterationen benötigt, um zum voll beanspruchten Tragwerk zu gelangen.

5.2 Die adaptive biologische Wachstumsregel

Die adaptive biologische Wachstumsregel von biologischen Kraftträgern, wie Bäume, Knochen und Tigerkrallen, ist die Grundlage für die Optimierungsprogramme CAO zur Formoptimierung und SKO zur Topologieoptimierung, welche in Abschnitt 8.2.2 und 9.2 näher behandelt werden. Beide Optimierungsverfahren sind dem Bereich der Bionik zuzuordnen, weil sie durch Vorbilder aus der Natur inspiriert worden sind. Entwickelt wurden die Methoden am Forschungszentrum Karlsruhe [238], [239], [240], [242].

Die Idee für das Verfahren entstand dadurch, dass die Eigenschaften von biologischen Kraftträgern studiert wurden. Diese sind mechanisch gesehen nichts anderes als Bauteile, die äußeren Belastungen (Windlast, Schneelast) ausgesetzt sind und diese möglichst ohne Versagen überstehen sollen. Das Bestreben nach möglichst hoher Versagenssicherheit ist jedoch nur ein Kriterium bei den biologischen Kraftträgern. Die Sicherheit muss auch mit einem möglichst geringen Aufwand an Material erreicht werden, um sich im harten Konkurrenzkampf in der Natur behaupten zu können. Man kann daher erwarten, dass die biologischen Kraftträger ein optimiertes Leichtbaudesign darstellen. Im Ingenieuralltag verfolgt man häufig die gleichen Ziele wie die biologischen Kraftträger, nämlich mit möglichst wenig Aufwand an Material ein versagenssicheres Bauteil zu konstruieren. Man hat somit gute Gründe, die Eigenschaften von biologischen Kraftträgern zu studieren und sich vom biologischen Vorbild inspirieren zu lassen.

Es wurde eine Vielzahl von biologischen Kraftträgern (Bäume, Knochen, Tigerkrallen, Geweihe) untersucht [238], [239], [240]. In allen Fällen zeigte sich, dass bei diesen ein homogener Spannungszustand auf der Oberfläche unter Standardbelastung vorliegt. Auf Grundlage zahlreicher Untersuchungen wurde daraufhin folgende Hypothese aufgestellt:

Hypothese: Biologische Kraftträger versuchen immer, in eine Form zu wachsen, bei der die Oberflächenspannung homogen ist.

Ein solches Verhalten ist verständlich weil Spannungsspitzen den Schwachpunkt in einer mechanischen Struktur darstellen. Sie begrenzen die Lebensdauer des Bauteils und das Versagen setzt normalerweise in Bereichen hoher Spannung ein. Biologische Kraftträger vermeiden somit solche potenziellen Schwachpunkte. So findet man beispielsweise an einer Astanbindung in Abbildung 5.2 keinen kreisförmigen Übergang, der zu Kerbspannungen führen würde, sondern einen kerbspannungsfreien Übergang. Solche kerbspannungsfreien Übergangsformen wurden bereits 1934 von Baud gefunden [24], [376] und werden aus diesem Grund auch Baud-Kurven genannt. Dieser suchte eine kerbspannungsfreie Kontur für den Übergang zwischen zwei Wellen mit unterschiedlichen Durchmessern. Als Analogie zur konstanten Spannung an der Oberfläche diente die konstante Geschwindigkeit eines aus einem kreisförmigen Loch frei austretenden Strahls einer idealen reibfreien Flüssigkeit. Die Parameterdarstellung der Außenkontur eines solchen Strahls lautet:

$$\begin{aligned} x &= 2C\sin^2(\Theta/2) \\ y &= \ln\left(\tan(\Theta/2+\pi/4)-\sin\Theta\right) \end{aligned} \tag{5.3}$$

Dabei ist $C = d/\pi$, wobei d der Abstand der beiden Asymptoten ist und damit der Strahlbreite oder dem Durchmesser der dünneren Welle entspricht. In Abbildung 5.3 ist eine solche Baudkurve dargestellt. Baud konnte experimentell nachweisen, dass es sich bei Zugbelastung wirklich um einen kerbspannungsfreien Übergang handelt. Dies gilt jedoch nicht für Biege- oder Torsionsbelastungen. Hier sinken die Spannungen stellenweise unter die Spannung in der dünneren Welle ab. Durch Korrekturfaktoren kann jedoch die Zug-Baudkurve so modifiziert werden, dass sich auch bei Biege- oder Torsionsbelastungen ein Übergang mit konstanter Oberflächenspannung einstellt.

In Abbildung 5.2 ist zusätzlich die Spannung entlang einer Astanbindung gezeigt, wenn anstatt der in Wirklichkeit auftretenden Biegebelastung eine artfremde Zugbelastung aufgegeben wird. Dabei zeigt sich, dass die Astanbindung für diesen Lastfall nicht kerbspannungsfrei ist. Dies verdeutlicht noch einmal, dass eine optimierte Struktur nur für die auftretenden Belastungen oder, auf die simulationsgestützte Optimierung bezogen, für die berücksichtigten Lastfälle optimal ist und bei andersartiger Belastung frühzeitig versagen kann.

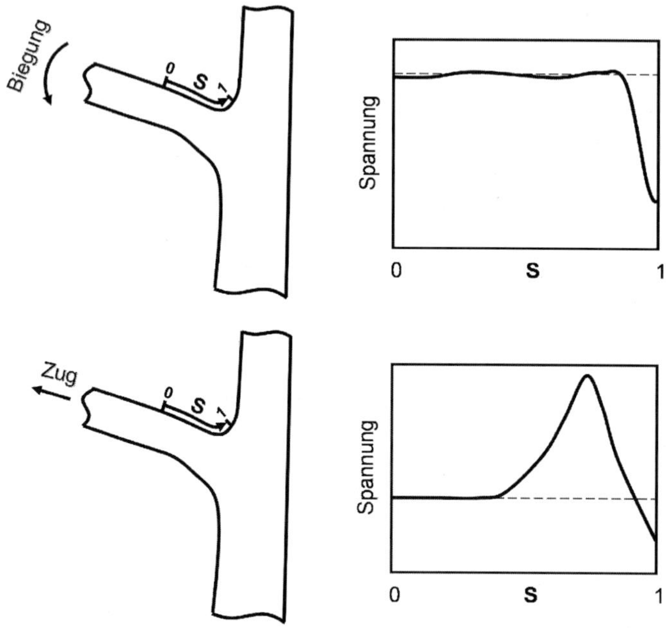

Abb. 5.2 Skizze einer Astanbindung und der Spannungsverteilung entlang des Übergangsbereichs bei Biegebelastung (oben) und bei Zugbelastung (unten), die in der Natur nicht auftritt

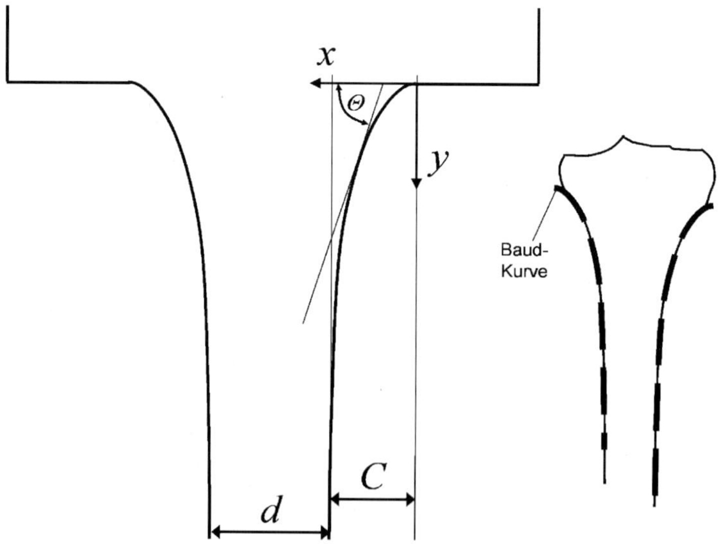

Abb. 5.3 Zug-Baudkurve und Skizze eines Knochens als exemplarisches Beispiel einer biologischen Struktur, die eine Baud-Kurven-Kontur aufweist

Man kann Baud-Kurven in vielen biologischen Strukturen wiederfinden, wovon exemplarisch in Abbildung 5.3 die Knochenkontur gezeigt ist. Nun sind nicht alle in der Natur vorkommenden Konturen Baudkurven. Aber zumindest dort wo man sie erwartet, liegen sie auch vor.

Die biologischen Wachstumsträger erreichen ihre spannungsoptimierte Form, indem sie nach einer Wachstumsregel in die optimale Form hineinwachsen. Das Wachstumsverhalten der biologischen Wachstumsträger kann besonders gut studiert werden, wenn die optimale Form gestört ist. Dies ist beispielsweise bei einem Astloch in einem Baumstamm der Fall. Mechanisch gesehen wirkt ein solches Astloch wie ein Loch in einer bi-axial belasteten Platte, sodass die Spannungsspitzen am linken und rechten Rand des Astlochs auftreten. Abbildung 5.4 zeigt einen Schnitt in Höhe eines verheilten Astlochs. Anhand der Jahresringe kann man deutlich erkennen, dass der Baum an den Stellen hoher Spannung mit erhöhtem Wachstum reagiert hat. Daraus kann man die erste von zwei Wachstumsregeln herleiten, welche lauten:

1. Lagere an hochbelasteten Stellen Material an.
2. Entferne Material (Knochen) an unterbelasteten Stellen.

Die 2. Wachstumsregel gilt nur für Knochen. So ist es den Bäumen nicht möglich, solche Bereiche, die nach veränderten Lastbedingungen plötzlich unterbelastet sind, als überflüssiges Material zu entfernen. Der Gewichtsaspekt ist bei Bäumen jedoch nicht ganz so wichtig, weil sie sich nicht fortbewegen. Dagegen stellt beim Knochen das Gewicht und die daraus resultierende Fortbewegungsgeschwindigkeit ein wichtiges Kriterium zum Überleben in der Natur dar. Aus diesem Grund sind Knochen flexibler und im Wachstumsverhalten den Bäumen überlegen. Sie können über Fresszellen, die so genannten Osteoklasten, nicht benötigtes Material entfernen und somit ein wirkliches Leichtbaudesign realisieren.

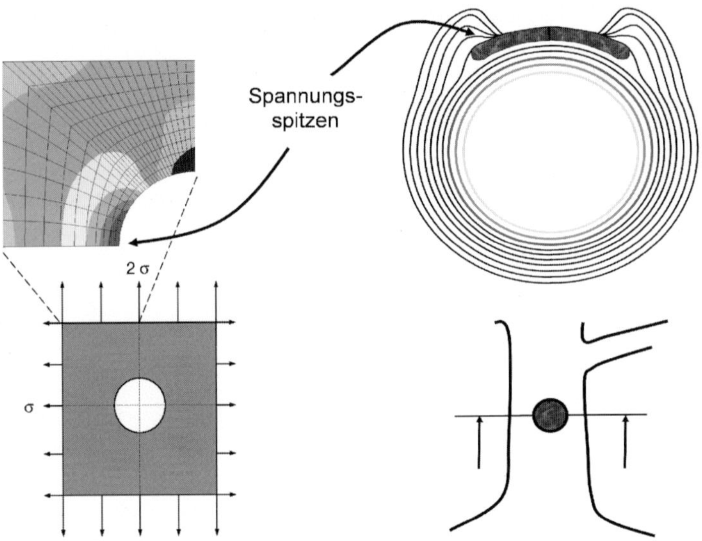

Abb. 5.4 Skizze eines Schnitts durch einen Baumstamm in Höhe eines zugeheilten Astlochs. Zusätzlich ist das zum Astloch mechanische Analogon einer bi-axial belasteten Lochplatte als FE-Modell und die sich ergebene Spannungsverteilung dargestellt. Dabei wurde unter Ausnutzung der Spiegelsymmetrie nur ein Viertel modelliert.

Es liegt nahe, die erfolgreiche biologische Wachstumsregel zu kopieren, indem man sie auf dem Computer simuliert und als Optimierungsverfahren einsetzt. Dabei lässt man das zu optimierende Bauteil virtuell gemäß der biologischen Wachstumsregel wachsen, wie es beispielsweise ein Knochen tun würde, wenn er die Funktion des Bauteils übernehmen müsste. Da dies zu einem

Design mit homogener Oberflächenspannung führt, liegt der Anwendungsbereich der Methode bei Festigkeitsproblemen. Wendet man die Wachstumsregel nur auf Oberflächenbereiche an, so erhält man ein Verfahren zur Formoptimierung, das CAO-Verfahren. Beim später in Kapitel 9 vorgestellten SKO-Verfahren wird dagegen die Wachstumsregel auch auf innere Bereiche angewendet, indem auch Material im Inneren des Bauteils entfernt wird. Dies führt zu einem Verfahren zur Topologieoptimierung. Auf die Details wird in den Kapiteln zur Form- und Topologieoptimierung eingegangen.

Die Frage, ob das Design mit homogener Oberflächenspannung auch die gewichtsoptimale Lösung darstellt, wird in der Fachwelt teilweise kontrovers diskutiert. Dabei wird das Design mit homogener Oberflächenspannung gerne mit dem voll beanspruchten Tragwerk gleichgesetzt. Die Kritiker weisen darauf hin, dass ein voll beanspruchtes Tragwerk, wie im vorigen Kapitel dargestellt, nicht zwangsläufig das Design mit minimalem Gewicht sein muss [18], [21]. Inwieweit ein solcher Vergleich legitim ist, sei dahingestellt. So besteht schon ein nennenswerter Unterschied zwischen einem massiven Bauteil, bei dem nur die Spannungen auf der Oberfläche homogen sind und im Inneren eine komplexe Spannungsverteilung vorliegt, und einem Stabdreischlag, bei dem die Stäbe über Gelenke verbunden sind und in denen sich wegen des Fehlens von Biege- und Torsionsanteilen eine konstante Spannung über den gesamten Querschnitt einstellt. Zudem kann man den pragmatischen Standpunkt einnehmen, dass sich das Design mit homogener Oberflächenspannung in der Evolution offenbar als beste Lösung herausgebildet hat. Ebenso scheint sich die adaptive biologische Wachstumsregel als stabiler Algorithmus zur Ausbildung dieses Designs etabliert zu haben. Es ist daher wahrscheinlich, dass das Ergebnis in den meisten Fällen mit dem gewichtsoptimierten Design zusammenfällt oder diesem zumindest sehr nahe kommt. Dabei muss man allerdings fairerweise einräumen, dass nicht klar ist, ob der Optimierungsprozess in der Natur überhaupt schon abgeschlossen ist und sich die Wachstumsregel nicht eventuell noch verbessern kann (siehe auch die Diskussion in Abschnitt 10.2.1.4 zu den evolutionären Algorithmen). Letztendlich zählt jedoch nur, wie sich ein Verfahren in der Praxis bewährt. Hier zeigen zahlreiche erfolgreiche Anwendungen, dass die Methoden, die auf der Wachstumsregel oder vergleichbaren Algorithmen basieren, durchaus mit anderen Verfahren konkurrieren können.

5.3 Optimalitätskriterien aus den Kuhn-Tucker-Bedingungen

Die notwendigen Kuhn-Tucker-Bedingungen stellen ein mathematisch exaktes Kriterium für die Lösung des mathematisch formulierten Optimierungsproblems dar. Sie können über die Lagrange-Funktion

$$L(\vec{x}, \vec{\lambda}, \vec{\gamma}) = f(\vec{x}) + \sum_{j=1}^{m} \lambda_j g_j(\vec{x}) + \sum_{k=1}^{q} \gamma_k h_k(\vec{x}) \tag{5.4}$$

aus den Stationaritätsbedingungen

$$\frac{\partial L}{\partial x_i} = 0; \qquad i = 1, n \tag{5.5}$$

$$\frac{\partial L}{\partial \gamma_k} = 0; \qquad k = 1, q \tag{5.6}$$

$$\frac{\partial L}{\partial \lambda_j} = 0; \qquad j = 1, m \tag{5.7}$$

hergeleitet werden. Es hängt von der Problemstellung ab, ob eine brauchbare Iterationsvorschrift angegeben werden kann, die gegen die Bedingungen (5.5) bis (5.7) konvergiert. In der Topologieoptimierung wurde ein solches Verfahren erfolgreich für die Minimierung der mittleren Nachgiebigkeit und der Maximierung von Eigenfrequenzen eingesetzt. Die Herleitung des Kriteriums und die daraus abgeleitete Iterationsvorschrift wird für die mittlere Nachgiebigkeit in Abschnitt 9.1.2.1 vorgeführt.

6 Approximationsverfahren

Die Hauptkosten bei der Optimierung werden durch die (FE-)Analyse und die Sensitivitätsanalyse verursacht. Man ist deswegen bestrebt, die Anzahl der Analysen während einer Optimierung so gering wie möglich zu halten. Dies ist möglich, wenn man statt der teuren Analyse eine Approximation [21], [31], [333], [364], [382] für die Systemantworten verwendet. Man unterscheidet dabei zwischen lokaler und globaler Approximation.

Lokale Approximation: Hier ist die Approximation nur in der näheren Umgebung des aktuellen Punktes $\vec{x}^{(k)}$ hinreichend genau und brauchbar. Sie wird deswegen nur für eine Iteration verwendet.

Globale Approximation: Hier ist die Approximation im gesamten Designraum hinreichend genau. Sie kann deswegen für die gesamte Optimierung verwendet werden.

6.1 Lokale Approximation

Bei der lokalen Approximation wird eine einfache Funktion verwendet, von der nur erwartet werden kann, dass sie in der näheren Umgebung des aktuellen Datenpunktes eine gute Näherung liefert und somit auch innerhalb einer Iteration hinreichend genau ist. In diesem Fall kann man die Optimierung innerhalb einer Iteration vollständig mit der Approximation durchführen und die Analysen dort einsparen. Man löst also eine Folge von Ersatzproblemen, die jeweils eine Approximation des wirklichen Optimierungsproblems darstellen. Es ergibt damit folgende Optimierungsstrategie:

1. Nenne den Startpunkt $\vec{x}^{(0)}$ und setze $k = 0$.
2. Approximiere Zielfunktion und Restriktionen um den Punkt $\vec{x}^{(k)}$.

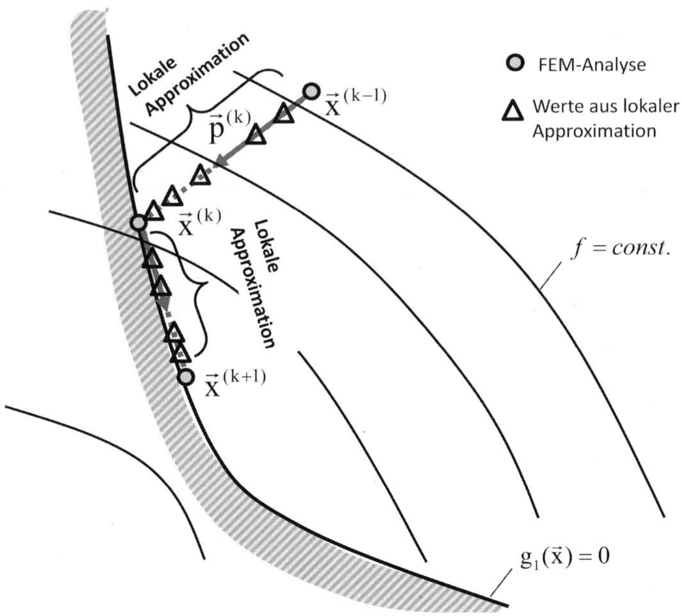

Abb. 6.1 Einsatz der lokalen Approximation bei der Methode der zulässigen Richtungen

3. Löse das approximierte Optimierungsproblem und nenne den optimalen Punkt $\vec{x}^{(k+1)}$.
4. Führe am Punkt $\vec{x}^{(k+1)}$ eine Analyse durch und bestimme die exakten Werte der Systemantworten.
5. Überprüfe die Konvergenzkriterien. Wenn diese nicht erfüllt sind, dann setze $k = k + 1$ und gehe nach 2.
6. Optimum ist Punkt $\vec{x}^* = \vec{x}^{(k+1)}$.

Bei der Methode der zulässigen Richtungen bedeutet dies konkret, dass die Liniensuche nur auf der lokalen Approximation durchgeführt wird und erst der Punkt am Ende der Liniensuche wieder mit einer FE-Analyse nachgerechnet wird (Abbildung 6.1).

6.1.1 Lineare und quadratische Approximation

Die einfachste Approximation für eine Funktion $y(\vec{x})$ im Punkt $\vec{x}^{(k)}$ ist die lineare Näherung, die man erhält, indem man die Taylor-Reihe nach dem linearen Term abbricht (Abbildung 6.2):

$$\tilde{y}(\vec{x}) = y(\vec{x}^{(k)}) + \vec{\nabla}^{\mathrm{T}} y(x^{(k)})(\vec{x} - \vec{x}^{(k)}) \tag{6.1}$$

Wird ein Gradientenverfahren verwendet, müssen die Gradienten am aktuellen Punkt $\vec{x}^{(k)}$ schon für den Optimierungsalgorithmus bestimmt werden, sodass die Berechnung der linearen Approximation keinen Mehraufwand darstellt. Es brauchen demnach bei einer linearen Approximation innerhalb einer Iteration nur der Funktionswert und der Gradient am Punkt $\vec{x}^{(k)}$ über die Analyse bestimmt zu werden, während die gesamte Liniensuche auf der Approximation durchgeführt werden kann.

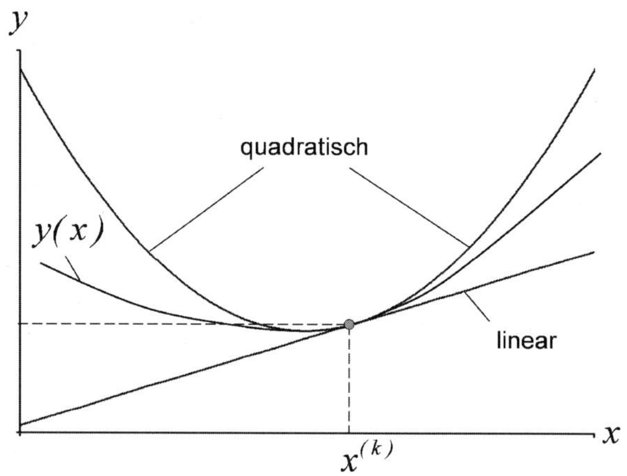

Abb. 6.2 Lineare und quadratischen Approximation einer Funktion $y(x)$ im eindimensionalen Fall

Entwickelt man die Taylor-Reihe bis zur 2. Ordnung, erhält man eine quadratische Approximation:

$$\tilde{y}(\vec{x}) = y(\vec{x}^{(k)}) + \vec{\nabla}^{\mathrm{T}} y(x^{(k)})(\vec{x} - \vec{x}^{(k)}) + \frac{1}{2}(\vec{x} - \vec{x}^{(k)})^{\mathrm{T}}\boldsymbol{A}(\vec{x} - \vec{x}^{(k)}) \tag{6.2}$$

Bei dieser müssen neben dem Gradienten noch alle Koeffizienten der Hesse-Matrix $\boldsymbol{A}$ bestimmt werden, was die Anzahl der zu bestimmenden Unbekannten und damit den Aufwand mit steigender Anzahl von Designvariablen sehr schnell in die Höhe treibt (siehe Tabelle 6.1). Man kann jedoch diesen Mehraufwand umgehen, indem man das BFGS-Verfahren anwendet.

In den folgenden Abschnitten werden einige häufig verwendete Optimierungsstrategien vorgestellt, die lokale Approximationen verwenden.

Tabelle 6.1 Anzahl der zu bestimmenden Parameter bei linearer und quadratischer Approximation in Abhängigkeit der Anzahl n der Designvariablen

	Anzahl der Parameter	
n	linear	quadratisch
1	2	3
2	3	6
5	6	21
10	11	66
20	21	231

6.1.1.1 Sequenzielle lineare Programmierung

Bei der sequenziellen linearen Programmierung, auch kurz SLP (Sequential Linear Programming) [17], [21], [195], [382] genannt, werden sowohl die Zielfunktion als auch die Restriktionen um den aktuellen Punkt herum linear approximiert. Damit lautet das linearisierte Ersatzproblem, das in Iteration k gelöst wird:

$$\min \tilde{f}(\vec{x}) = f(\vec{x}^{(k-1)}) + \vec{\nabla}^{\mathrm{T}} f(\vec{x}^{(k-1)})(\vec{x} - \vec{x}^{(k-1)}), \tag{6.3}$$

sodass

$$\begin{aligned} &\tilde{g}_j(\vec{x}) = g_j(\vec{x}^{(k-1)}) + \vec{\nabla}^{\mathrm{T}} g_j(\vec{x}^{(k-1)})(\vec{x} - \vec{x}^{(k-1)}) \leqq 0; \qquad j = 1, m \\ &\tilde{h}_l(\vec{x}) = h_l(\vec{x}^{(k-1)}) + \vec{\nabla}^{\mathrm{T}} h_l(\vec{x}^{(k-1)})(\vec{x} - \vec{x}^{(k-1)}) = 0; \qquad l = 1, q \\ &\vec{x}^{L} \leqq \vec{x} \leqq \vec{x}^{U} \end{aligned}$$

Da eine linear approximierte Zielfunktion kein Extremum besitzt, kann es für das Ersatzproblem nur eine Lösung geben, wenn es vollständig restringiert ist. Selbst wenn dies für das Originalproblem der Fall ist, können jedoch gerade am Anfang einer Optimierung die Approximationen der Zielfunktion und Restriktionen zu ungenau sein, um ein vollständig restringiertes Ersatzproblem zu definieren. In einem solchen Fall existiert dann keine Lösung für das Ersatzproblem. Aus diesem Grund muss bei der Verwendung einer linearen lokalen Approximation dafür gesorgt werden, dass man sich in einer Iteration nicht zu weit vom aktuellen Punkt wegbewegt. Ein weiterer Grund für eine solche Beschränkung ist, dass generell die Gefahr besteht, bei zu großen Schrittweiten in Bereiche zu kommen, in denen die Approximation zu ungenau wird. Aus diesen Gründen wird die Schrittweite innerhalb einer Iteration dadurch eingeschränkt, dass man für jede Designvariable eine untere und obere Grenze $\bar{x}_i^L$ und $\bar{x}_i^U$ setzt, so genannte „Move-Limits“. So können beispielsweise die Grenzen für die Iteration k folgendermaßen gesetzt werden:

$$\begin{aligned} \bar{x}_i^L &= \max(x_i^L, x_i^{(k-1)} - D\left|x_i^{(k-1)}\right|) \\ \bar{x}_i^U &= \min(x_i^U, x_i^{(k-1)} + D\left|x_i^{(k-1)}\right|); \qquad D \in [0, 1] \end{aligned} \tag{6.4}$$

Ein typischer Startwert für D ist dabei $D = 0{,}5$. Anschaulich bedeutet dies, dass sich – wie in Abbildung 6.3 für den 2-dimensionalen Fall dargestellt – der Optimierungsalgorithmus maximal bis zu den Außenflächen des durch die Move-Limits definierten (Hyper-)Würfels bewegen kann. Bei einem Suchrichtungsalgorithmus wird das Ende der Liniensuche normalerweise nicht in einen der Ecken des Würfels enden, sondern auf einer seiner Außenflächen. Streng genommen müsste hier die Iteration enden. Häufig bewegt man sich jedoch bis in die nächstgelegene Ecke weiter, obwohl dadurch von der Suchrichtung abgewichen wird (siehe Abbildung 6.3). Bei einer solchen Strategie laufen in einer Iteration alle Designvariablen immer gegen ihre „Move-Limits“, wenn keine Restriktion aktiv wird und dies verhindert.

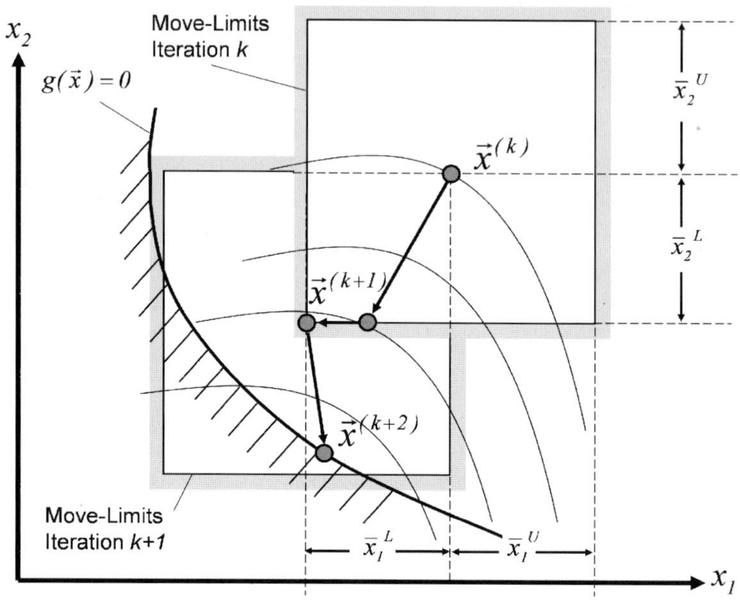

Abb. 6.3 „Move-Limits" bei zwei aufeinander folgenden Iterationen. In der $k + 1$-ten Iteration wird keine Ecke des „Move-Limit"-Würfels erreicht, weil Restriktion g aktiv wird.

Die „Move-Limits" werden im Laufe der Iterationen verkleinert. Eine mögliche Steuerung [254] lautet, dass die „Move-Limits" halbiert werden, wenn folgende Bedingungen erfüllt sind:

1. Die Anzahl der Iterationen ist $k \geqq 3$.
2. Es ist mindestens eine Restriktion verletzt und deren Restriktionsverletzung ist ansteigend.

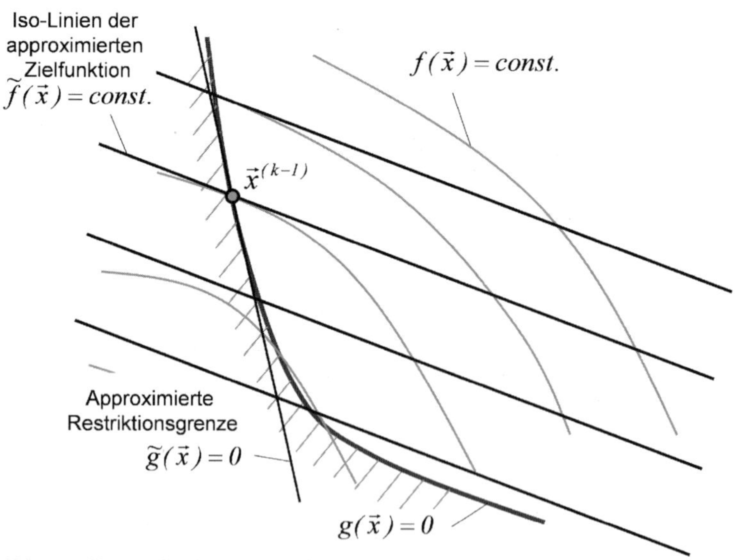

Abb. 6.4 Veranschaulichung des SLP-Algorithmus

Da die Restriktionsgrenzen linear approximiert werden, besteht während einer Liniensuche entlang einer Restriktionsgrenze die Gefahr, schnell in den unzulässigen Bereich zu gelangen (Abbildung 6.4). Hier bietet sich deshalb die Methode der zulässigen Richtungen als Optimierungsalgorithmus an, bei der mithilfe des „Push-Off-Faktors" diesem Problem entgegengewirkt wird oder die modifizierte Methode der zulässigen Richtungen, die einen Projektionsalgorithmus verwendet.

6.1.1.2 Sequenzielle quadratische Programmierung

Beim SLP-Algorithmus ist die Ordnung der Approximationen für Zielfunktion und Restriktionen unausgeglichen. Bei den Restriktionen sind nämlich nur die Nullstellen der Restriktionsfunktionen von Bedeutung, weil diese die Restriktionsgrenzen festlegen. Dagegen ist bei der Zielfunktion das Minimum wichtig und damit die Nullstelle der ersten Ableitung. Diese Unausgeglichenheit zeigt sich beim SLP-Algorithmus in der Tatsache, dass keine Lösung existiert, wenn das Problem nicht vollständig restringiert ist. Dieses wird bei der sequenziellen quadratischen Programmierung, auch kurz SQP (Sequential Quadratic Programming) oder SQP-Algorithmus [22], [42], [43], [134], [135], [257], [285], [287], [318], [319] genannt, korrigiert, indem hier die Zielfunktion quadratisch und die Restriktionen dagegen linear um den aktuellen Punkt herum approximiert werden. Damit lautet das Ersatzproblem, das in Iteration k gelöst wird:

$$\begin{aligned} \text{Min}\, \tilde{f}(\vec{x}) = & f(\vec{x}^{(k-1)}) + \vec{\nabla}^{\mathrm{T}} f(\vec{x}^{(k-1)})(\vec{x} - \vec{x}^{(k-1)}) \\ & + \frac{1}{2}(\vec{x} - \vec{x}^{(k-1)})^{\mathrm{T}} \boldsymbol{A} (\vec{x} - \vec{x}^{(k-1)}) \end{aligned} \tag{6.5}$$

sodass

$$\tilde{g}_j(\vec{x}) = g_j(\vec{x}^{(k-1)}) + \vec{\nabla}^{\mathrm{T}} g_j(\vec{x}^{(k-1)})(\vec{x} - \vec{x}^{(k-1)}) \leqq 0; \qquad j = 1, m$$

$$\tilde{h}_l(\vec{x}) = h_l(\vec{x}^{(k-1)}) + \vec{\nabla}^{\mathrm{T}} h_l(\vec{x}^{(k-1)})(\vec{x} - \vec{x}^{(k-1)}) = 0; \qquad l = 1, q$$

$$\vec{x}^{L} \leqq \vec{x} \leqq \vec{x}^{U}$$

Die für die Zielfunktion benötigte Hesse-Matrix $\boldsymbol{A}$ wird dabei über den BFGS-Algorithmus (siehe Abschnitt 2.2.2.3) bestimmt. Dadurch wird der Aufwand zur Bestimmung der exakten Hesse-Matrix vermieden und zusätzlich sichergestellt, dass das approximierte Problem konvex ist und damit auch eine eindeutige Lösung besitzt. Es existieren speziell angepasste und sehr effektive Lösungsverfahren für das Optimierungsproblem (6.5). Generell kann aber auch jedes Verfahren aus Kapitel 3 verwendet werden, auch wenn dieses nicht speziell auf das Problem zugeschnitten ist. Da hier nur ein approximiertes Ersatzproblem gelöst wird, kann nicht sichergestellt werden, dass alle Zwischenlösungen während der Optimierung auch zulässig sind.

6.1.1.3 Successive Response Surface Method

Bei der SLP und SQP-Methode wurden zur Bestimmung der lokalen Approximation die Gradienten der Ziel- und Restriktionsfunktionen verwendet. Damit sind beide Verfahren vor allen Dingen für Anwendungen geeignet, bei denen die Sensitivitäten analytisch oder semi-analytisch bestimmt werden können und man deshalb bevorzugt ein Gradientenverfahren einsetzen wird. Anders sieht es aus, wenn die Gradienten nicht (semi-)analytisch bestimmt werden können oder die Systemantworten hochgradig nichtlinear sind und stark oszillieren. Während im ersten Fall die Gradienten über finite Differenzen bestimmt werden müssen und damit der Mehraufwand stark anwächst, ist im letzteren Fall die numerische Bestimmung der Gradienten mit großen Unsicherheiten behaftet oder nicht sinnvoll. Hier bietet sich die Verwendung der „Successive Response Surface Method" [30], [304], [362], [363], [364], auch kurz SRSM genannt, an, die in LS-OPT <DYNAmore> implementiert ist. Bei SRSM wird in jeder Iteration eine glättende Approximation für Zielfunktion und Restriktionen durch einen Satz von Stützpunkten gelegt, die in einem definierten Subbereich um den aktuellen Punkt erzeugt wurden. Eine solche Approximation wird auch Antwortfläche oder

Response Surface genannt. Bei der SRSM wird meistens eine lineare Funktion verwendet, obwohl auch höhere Ordnungen möglich sind. Bei einem Ansatz höherer Ordnung erhöht sich jedoch auch die Anzahl der Stützpunkte und damit der Aufwand, der häufig nicht durch den Vorteil einer besseren Approximation kompensiert wird. Deswegen wird das lineare Polynom als effektivster Ansatz empfohlen [364].

Die Stützpunkte in dem Subbereich um den aktuellen Punkt herum werden über einen D-optimalen Versuchsplan erstellt, wobei 50 % mehr Punkte erzeugt werden als für die Approximation benötigt werden (50 % „Oversampling"). Dadurch wird eine Glättung der Approximation erreicht. Dies ist vor allem bei stark oszillierenden Systemantworten von Vorteil, weil dadurch der globale Verlauf abgebildet wird und das Hineinfallen in ein lokales Minimum vermieden wird.

Der Subbereich wird in jeder Iteration um den aktuellen Punkt herum neu definiert und angepasst. Der Benutzer muss zu Anfang für jede Designvariable x_i eine Längenskala $r_i^{(0)}$ definieren, aus dem sich die unteren und oberen Grenzen $x_i^{l(0)}$ und $x_i^{u(0)}$ in der ersten Iteration folgendermaßen bestimmen:

$$\begin{aligned} x_i^{l(0)} &= x_i^{(0)} - 0{,}5r_i^{(0)} \\ x_i^{u(0)} &= x_i^{(0)} + 0{,}5r_i^{(0)} \end{aligned} \tag{6.6}$$

Der Startpunkt $\overrightarrow{x}^{(0)}$ liegt somit in der Mitte des vorgegebenen Subbereichs. Es muss jedoch berücksichtigt werden, dass diese Grenzen außerhalb des Bereichs liegen können, der durch x_i^L und x_i^U vorgegeben ist. Die allgemein gültige Beziehung, die sicherstellt, dass der durch x_i^L und x_i^U definierte Bereich nicht verlassen wird, lautet deshalb

$$\begin{aligned} x_i^{l(0)} &= \max\left(x_i^L, x_i^{(0)} - 0{,}5r_i^{(0)}\right) \\ x_i^{u(0)} &= \min\left(x_i^U, x_i^{(0)} + 0{,}5r_i^{(0)}\right) . \end{aligned} \tag{6.7}$$

Dies muss auch während der ganzen Optimierung beachtet werden, auch wenn diese Vorschrift in den folgenden Formeln nicht immer explizit angegeben ist.

In jeder Iteration $k-1$ werden nun in dem Subbereich um den Startpunkt $\overrightarrow{x}^{(k-1)}$ die Antwortflächen für die Zielfunktion und die Restriktionen generiert und das dadurch vorgegebenen Optimierungsproblem gelöst. Zur Lösung des restringierten Optimierungsproblems kann dabei jeder beliebige Algorithmus aus Kapitel 3 verwendet werden. Um den sich so ergebenden Punkt $\overrightarrow{x}^{(k)}$ wird eine neue Subregion definiert, indem der alte Subbereich verschoben und verkleinert wird, sodass sich in der Iteration k die neuen Grenzen des Subbereich ergeben zu

$$x_i^{l(k)} \leqq x_i^{(k)} \leqq x_i^{u(k)} \tag{6.8}$$

mit

$$\begin{aligned} x_i^{l(k)} &= x_i^{(k)} - 0{,}5r_i^{(k)} \\ x_i^{u(k)} &= x_i^{(k)} + 0{,}5r_i^{(k)} \end{aligned} \tag{6.9}$$

und

$$r_i^{(k)} = \lambda_i^{(k)} r_i^{(k-1)} . \tag{6.10}$$

Um die Kontraktionsrate $\lambda_i^{(k)}$ festzulegen, werden zunächst 2 Extremfälle betrachtet (Abbildung 6.5):

1. Das Optimum $\overrightarrow{x}^{(k)}$ liegt an den Grenzen der Subregion. Dieses Ergebnis stellt sich ein, wenn keine der approximierten Restriktionen in der Subregion aktiv wird. In diesem Fall findet nur eine reine Verschiebung des Subbereichs statt (pure panning) und somit gilt $\lambda_i^{(k)} = 1$.
2. Das Optimum liegt genau auf dem Startpunkt. Dieses Ergebnis stellt sich ein, wenn der Startpunkt vollständig von aktiven Restriktionen eingeschlossen ist. In dem Fall wird nur eine reine Kontraktion des Subbereichs durchgeführt (pure zooming). Hier gilt $\lambda_i^{(k)} = \eta$, wobei η der Zoom-Parameter ist. Ein typischer Wert ist $\eta = 0{,}5$.

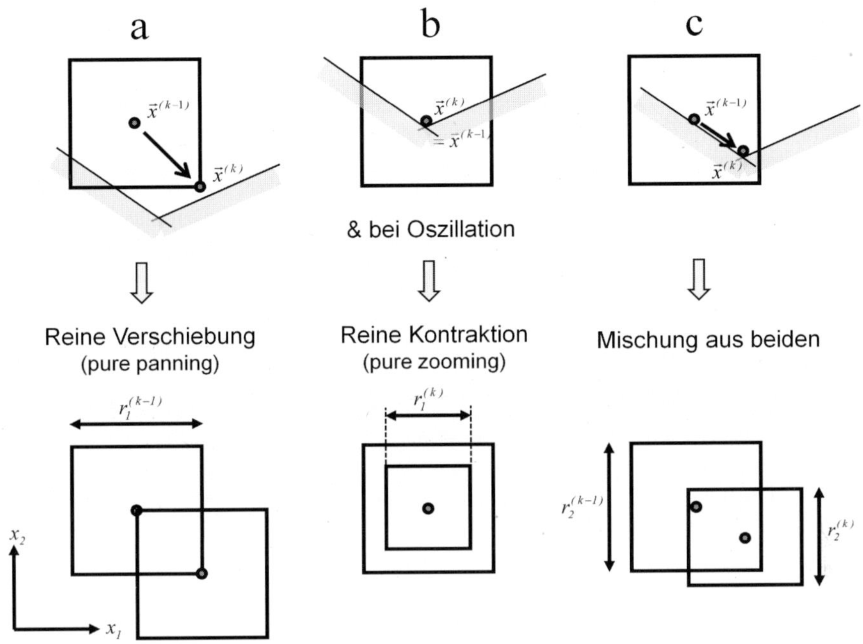

Abb. 6.5 Grundoperationen bei SRSM: a) Reine Verschiebung, b) reine Kontraktion und c) Mischung aus beiden Operationen. Zur Veranschaulichung sind oben exemplarisch Situationen dargestellt, die zu den entsprechenden Grundoperationen führen. Dabei sind Zielfunktion und Restriktionen als lineare Approximationen dargestellt und es wird angenommen, dass das Minimum der linearen Approximation der Zielfunktion in der rechten unteren Ecke der Subregion liegt

Für die Fälle zwischen diesen beiden Extremen wird für die Kontraktionsrate eine lineare Interpolation verwendet. Um diese quantifizieren zu können, müssen einige Größen definiert werden. Eine davon ist der Bewegungsindikator

$$d_i^{(k)} = \frac{2\Delta x_i^{(k)}}{r_i^{(k-1)}}; \qquad \Delta x_i^{(k)} = x_i^{(k)} - x_i^{(k-1)}. \tag{6.11}$$

Er ist ein Maß dafür, wie weit entfernt das Optimum $\overrightarrow{x}^{(k)}$ vom Startpunkt $\overrightarrow{x}^{(k-1)}$ liegt. Offenbar gilt $d_i^{(k)} \in [-1, 1]$, wobei sich das Optimum $\overrightarrow{x}^{(k)}$ bei $d_i^{(k)} = -1$ und $d_i^{(k)} = 1$ am Rand des Subreichs befindet und bei $d_i^{(k)} = 0$ am Startpunkt $\overrightarrow{x}^{(k-1)}$ liegt.

Zusätzlich muss bei der Interpolation der Kontraktionsrate noch berücksichtigt werden, dass sich durch Hin- und Herspringen zwischen zwei Subregionen Endlosschleifen ergeben können. Um diesem entgegenzuwirken, findet auch im Fall einer solchen Oszillation eine Kontraktion statt. Eine Oszillation wird dabei über den Oszillationsindikator c identifiziert:

$$c_i^{(k)} = d_i^{(k)} d_i^{(k-1)} \tag{6.12}$$

Von diesem wird noch die Wurzel gezogen, um die quadratische Abhängigkeit vom Bewegungsindikator zu eliminieren:

$$\hat{c}_i^{(k)} = \sqrt{\left|c_i^{(k)}\right|}\,\mathrm{sign}(c_i^{(k)}) \tag{6.13}$$

Damit wird die Kontraktionsrate nun folgendermaßen gesteuert:

$$\lambda_i^{(k)} = \eta_i^{(k)} + \left|d_i^{(k)}\right| \left(\gamma_i^{(k)} - \eta_i^{(k)}\right) \tag{6.14}$$

Dabei ist der Kontraktionsparameter gegeben als

$$\gamma_i^{(k)} = \frac{\gamma_{\text{pan}}\left(1 + \hat{c}_i^{(k)}\right) + \gamma_{\text{osc}}\left(1 - \hat{c}_i^{(k)}\right)}{2}, \tag{6.15}$$

wobei typische Werte für die Parameter $\gamma_{\text{pan}} = 1$ und $\gamma_{\text{osc}} = 0{,}5 - 0{,}7$ sind. Es ist offensichtlich, dass der Anteil von γ_{osc} für den Extremfall $\hat{c}_i^{(k)} = 1$ und $\left|d_i^{(k)}\right| = 1$ wegfällt und sich die Kontraktionsrate zu $\lambda_i^{(k)} = \gamma_{\text{pan}} = 1$ und damit nur eine reine Verschiebung ergibt, während man für $\left|d_i^{(k)}\right| = 0$ eine reine Kontraktion $\lambda_i^{(k)} = \eta_i^{(k)}$ erhält. Die Zwischenzustände werden linear interpoliert, wobei im Fall einer Oszillation der Anteil über γ_{osc} eine zusätzliche Kontraktion einbringt. Im Extremfall der reinen Oszillation, d. h. es findet immer die volle Bewegung zwischen den Grenzen statt, ergibt sich mit $\hat{c}_i^{(k)} = -1$, $d_i^{(k)} = -d_i^{(k-1)}$ und $\left|d_i^{(k)}\right| = 1$ wiederum eine reine Kontraktion, aber nun mit $\lambda = \gamma_{\text{osc}}$.

6.1.2 Reziproke Approximation

Die Qualität und der Gültigkeitsbereich einer Approximation kann stark verbessert werden, wenn bei der Wahl der Näherung das Wissen über die zu approximierenden Größen mit einfließt. In Abbildung 6.6 sind einige einfache Beispiele dargestellt, bei denen Systemantworten wie Masse, Spannung und Verschiebung analytisch bekannt sind. Es zeigt sich, dass sich nur für die Masse und das Volumen eine lineare Abhängigkeit ergibt und sie sich demnach sogar linear exakt approximieren lassen. Dagegen weisen Größen wie Verschiebung und Spannungen einen reziproken Verlauf auf. Es ist deshalb nahe liegend, für diese Größen eine reziproke Approximation zu verwenden.

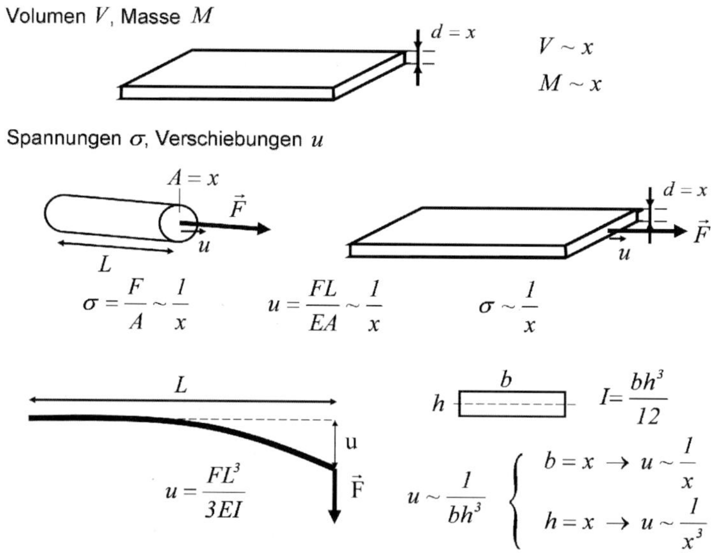

Abb. 6.6 Einfache Beispiele, bei denen die Systemantworten analytisch bestimmt werden können

Bei der reziproken Approximation wird die Taylor-Reihe nicht nach den Designvariablen x_i entwickelt, sondern nach deren Kehrwert:

$$z_i = 1/x_i. \tag{6.16}$$

Damit lautet die Approximation

$$\tilde{y}(\overrightarrow{x}) = y(\overrightarrow{x}^{(k)}) + \sum_{i=1}^{n} \frac{\partial y(\overrightarrow{x}^{(k)})}{\partial z_i}(z - z_i). \tag{6.17}$$

Setzt man

$$\frac{\partial y}{\partial z_i} = \sum_{j=1}^{n} \frac{\partial y}{\partial x_j}\frac{\partial x_j}{\partial z_i} = \sum_{j=1}^{n} \frac{\partial y(\overrightarrow{x}^{(k)})}{\partial x_j}\left(\frac{-1}{z_i^2}\right)\delta_{ij} = \frac{\partial y(\overrightarrow{x}^{(k)})}{\partial x_i}\left(\frac{-1}{z_i^2}\right) = \frac{\partial y(\overrightarrow{x}^{(k)})}{\partial x_i}(-x_i^2) \quad (6.18)$$

an der Stelle $\overrightarrow{x}^{(k)}$ in Gleichung (6.17) ein und ersetzt alle z_i gemäß Gleichung (6.16) durch x_i, erhält man

$$\begin{aligned} \tilde{y}(\overrightarrow{x}) &= y(\overrightarrow{x}^{(k)}) + \sum_{i=1}^{n} \frac{\partial y(\overrightarrow{x}^{(k)})}{\partial x_i}\left(-x_i^{(k)^2}\right)\left(\frac{1}{x_i} - \frac{1}{x_i^{(k)}}\right) \\ &= y(\overrightarrow{x}^{(k)}) + \sum_{i=1}^{n} \frac{\partial y(\overrightarrow{x}^{(k)})}{\partial x_i}\frac{x_i^{(k)}}{x_i}\left(x_i - x_i^{(k)}\right). \end{aligned} \quad (6.19)$$

Damit unterscheidet sich der Ausdruck für die reziproke Approximation nur durch einen Term $x_i^{(k)}/x_i$ von der linearen. Der Fall $x_i = 0$ muss dabei im Optimierungsalgorithmus abgefangen werden. In einem solchen Fall kann jedoch generell davon ausgegangen werden, dass man den Gültigkeitsbereich der Approximation verlassen hat.

6.1.3 CONLIN

Anstatt für jede Systemantwort einzeln festzulegen, ob die lineare oder reziproke Approximation verwendet werden soll, kann man diese Entscheidung, motiviert durch die Beispiele aus Abbildung 6.6, auch in Abhängigkeit des Vorzeichens der ersten Ableitung treffen. In diesem Fall, der in Abbildung 6.7 veranschaulicht ist, spricht man von hybrider Approximation, welche folgende Form hat:

$$\tilde{y}(\overrightarrow{x}) = y(\overrightarrow{x}^{(k)}) + \sum_{i=1}^{n} \Gamma_i \frac{\partial y(\overrightarrow{x}^{(k)})}{\partial x_i}\left(x_i - x_i^{(k)}\right) \quad (6.20)$$

$$\Gamma_i = \begin{cases} 1 & \text{wenn } \dfrac{\partial y(\overrightarrow{x}^{(k)})}{\partial x_i} \geqq 0, \quad \text{linear} \\ \dfrac{x_i^{(k)}}{x_i} & \text{wenn } \dfrac{\partial y(\overrightarrow{x}^{(k)})}{\partial x_i} < 0, \quad \text{reziprok} \end{cases}$$

Man bezeichnet diese Approximation auch als konvexe Linearisierung (Convex Linearization) oder als CONLIN [100], [101], weil sie zu einem konvexen und separierbaren Optimierungsproblem führt. Dies gilt zwar auch für die lineare Approximation, jedoch werden bei der hybriden Approximation die Systemantworten wie Spannungen und Verschiebungen besser angenähert. Die Konvexität und Separierbarkeit machen CONLIN zu einem geeigneten Kandidaten zur Verwendung bei der dualen Methode. Die im nächsten Kapitel vorgestellte Methode MMA ist jedoch allgemeiner formuliert und dadurch flexibler.

6.1.4 MMA (Method of Moving Asymptotes)

Bei der Hybriden Methode werden nur Funktionen mit negativer Steigung reziprok approximiert, die mit positiver Steigung dagegen linear. Wenn auch diese unterschiedliche Behandlung durch Beispiele aus der Mechanik motiviert ist, ist es jedoch nicht unbedingt einsichtig, dass dies im Allgemeinen die beste Strategie ist. Weiterhin liegt bei der reziproken Approximation die untere Asymptote immer bei null. Auch hier kann man sich vorstellen, eine bessere lokale Approximation zu erhalten, wenn eine beliebige untere Asymptote zugelassen wird.

Bei der „Method of Moving Asymptotes“ [371], oder kurz nur MMA genannt, werden genau diese oben genannten Einschränkungen aufgehoben. Das bedeutet, dass für die reziproke Approximation eine allgemeine untere Asymptote L zugelassen und der gleiche Approximationstyp auch für Funktionen mit positiver Steigung verwendet wird, jetzt jedoch mit einer oberen Asymptote U.

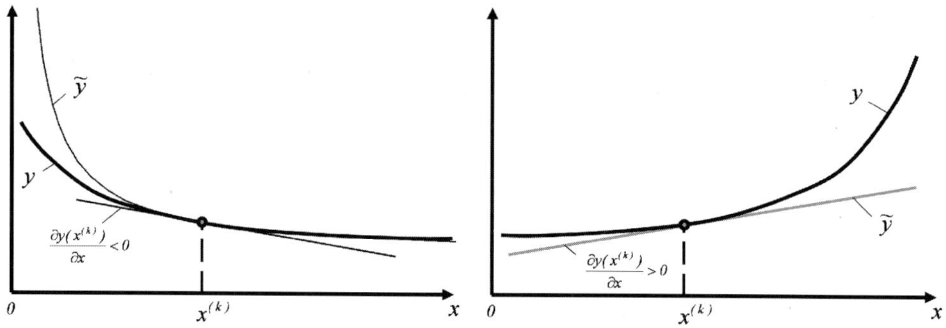

Abb. 6.7 Hybride Approximation

Man erhält den Ausdruck für die MMA-Approximation bei Funktionen mit negativer Steigung, indem in der reziproken Approximation in Gleichung (6.20) jede Variable x_i durch den Ausdruck $x_i - L_i$ ersetzt wird, wobei $L_i < x_i^{(k)}$ die zur Variablen x_i dazugehörige untere Asymptote ist:

$$\tilde{y}(\overrightarrow{x}) = y(\overrightarrow{x}^{(k)}) + \sum_{i=1}^{n} \frac{x_i^{(k)} - L_i}{x_i - L_i} \frac{\partial y(\overrightarrow{x}^{(k)})}{\partial x_i} \left(x_i - x_i^{(k)}\right). \tag{6.21}$$

Man kann sich leicht klarmachen, dass nun wirklich eine verallgemeinerte Formulierung vorliegt, weil sich im Grenzfall

$$\frac{x_i^{(k)} - L_i}{x_i - L_i} \xrightarrow{L_i \to -\infty} 1 \tag{6.22}$$

die lineare und im Grenzfall

$$\frac{x_i^{(k)} - L_i}{x_i - L_i} \xrightarrow{L_i \to 0} \frac{x_i^{(k)}}{x_i} \tag{6.23}$$

die reziproke Approximation mit der unteren Asymptote bei null ergibt. Der Verlauf der Approximation für verschiedene untere Asymptoten ist in Abbildung 6.8 dargestellt. Entsprechende Eigenschaften erhält man für den Fall mit positiver Steigung, indem jede Variable x_i in der reziproken Approximation durch den Ausdruck $U_i - x_i$ ersetzt wird, wobei $U_i > x_i^{(k)}$ die zur Variablen x_i dazugehörige obere Asymptote ist. Insgesamt ergibt sich für die MMA-Approximation nun folgender Ausdruck:

$$\tilde{y}(\overrightarrow{x}) = y(\overrightarrow{x}^{(k)}) + \sum_{i=1}^{n} \Gamma_i^y \frac{\partial y(\overrightarrow{x}^{(k)})}{\partial x_i} \left(x_i - x_i^{(k)}\right) \tag{6.24}$$

$$\Gamma_i^y = \begin{cases} \dfrac{U_i - x_i^{(k)}}{U_i - x_i} & \text{wenn } \dfrac{\partial y(\overrightarrow{x}^{(k)})}{\partial x_i} \geqq 0 \\[2ex] \dfrac{x_i^{(k)} - L_i}{x_i - L_i} & \text{wenn } \dfrac{\partial y(\overrightarrow{x}^{(k)})}{\partial x_i} < 0 \end{cases}$$

Demnach erlaubt die MMA alle Zwischenstufen zwischen linearer und reziproker Approximation darzustellen, die sich, wie in Tabelle 6.2 aufgelistet, als Spezialfälle von MMA darstellen lassen.

Verwendet man MMA als Approximation für die Zielfunktion und die Restriktionen, hat man in jeder Iteration k folgendes Ersatzproblem zu lösen:

$$\min \tilde{f}(\overrightarrow{x}) = f(\overrightarrow{x}^{(k)}) + \sum_{i=1}^{n} \Gamma_i^f \frac{\partial f(\overrightarrow{x}^{(k)})}{\partial x_i} \left(x_i - x_i^{(k)}\right), \tag{6.25}$$

Tabelle 6.2 Approximationstypen bei MMA für verschiedene Werte der Asymptoten

Approximation	L	U
Lineare	$-\infty$	$+\infty$
Hybride, CONLIN	0	$+\infty$
MMA	$\mathbb{R}$	$\mathbb{R}$

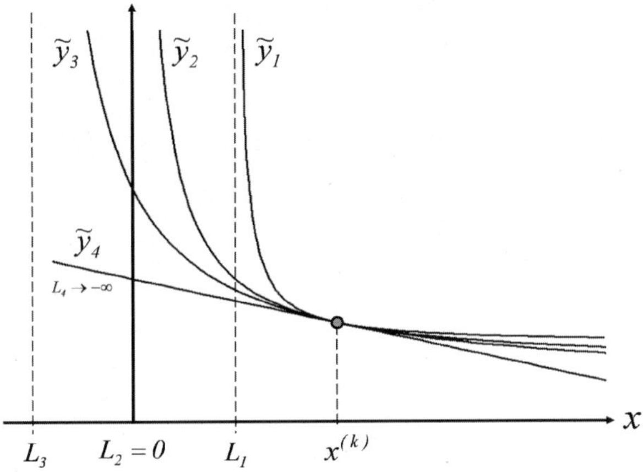

Abb. 6.8 Verlauf der MMA-Approximation für verschiedene untere Asymptoten

sodass

$$\tilde{g}_j(\overrightarrow{x}) = g_j(\overrightarrow{x}^{(k)}) + \sum_{i=1}^{n} \Gamma_i^{g_j} \frac{\partial g_j(\overrightarrow{x}^{(k)})}{\partial x_i} \left(x_i - x_i^{(k)}\right) \leqq 0; \qquad j = 1, m$$

$$x_i^l \leqq x_i \leqq x_i^u; \qquad i = 1, n.$$

Dabei wurden die modifizierten Restriktionsgrenzen der Designvariablen

$$x_i^l = \max(x_i^L, \alpha_i)$$
$$x_i^u = \min(x_i^U, \beta_i) \tag{6.26}$$

mit den „Move-Limits“ α_i und β_i eingeführt. Diese sollen verhindern, dass während der Lösung des Optimierungsproblems (6.25) die Asymptoten erreicht werden und dadurch numerischen Schwierigkeiten auftreten. Sie müssen demnach so gewählt werden, dass gilt

$$L_i < \alpha_i < x_i < \beta_i < U_i. \tag{6.27}$$

Eine mögliche Wahl der „Move-Limits“, die diese Bedingung immer erfüllt, ist

$$\alpha_i = 0{,}9L_i + 0{,}1x_i \tag{6.28}$$
$$\beta_i = 0{,}9U_i + 0{,}1x_i.$$

Die hohe Flexibilität von MMA kann nur dann genutzt werden, wenn während der Iterationen die oberen und unteren Asymptoten sinnvoll modifiziert werden. Die Anpassung der Asymptoten während der Optimierung wird durch die Forderung bestimmt, dass die Approximation der Restriktionen konservativ ist. Eine Approximation $\tilde{g}(\overrightarrow{x})$ einer Restriktion $g(\overrightarrow{x}) \leqq 0$ heißt konservativ, wenn gilt

$$g(\overrightarrow{x}) \leqq \tilde{g}(\overrightarrow{x}). \tag{6.29}$$

In diesem Fall liegt der zulässige Bereich, der sich aus der Approximation ergibt, immer im wirklichen zulässigen Bereich (Abbildung 6.9).

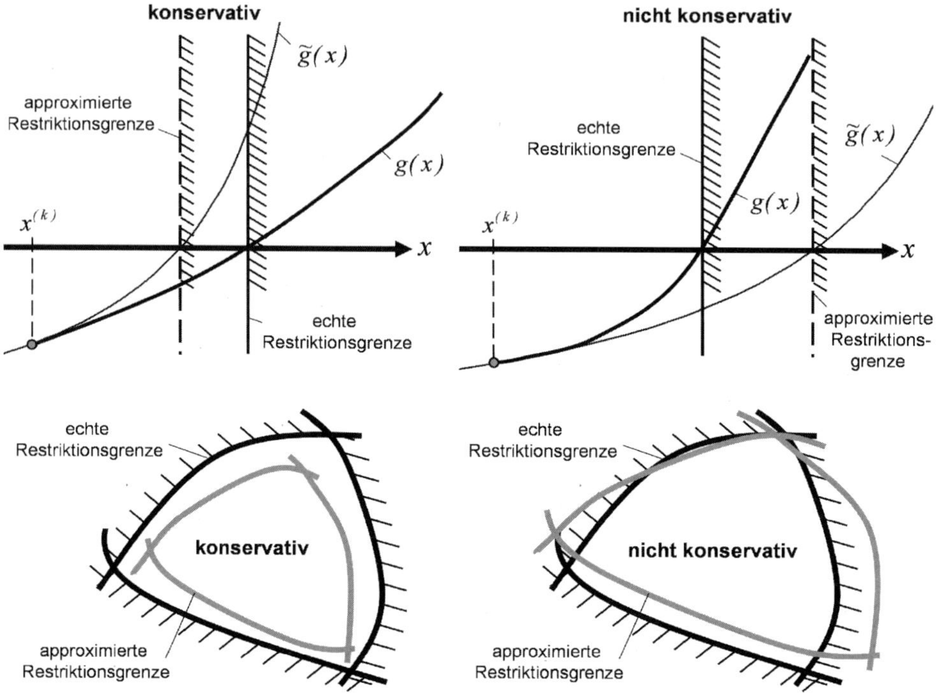

Abb. 6.9 Beispiele konservativer und nichtkonservativer Approximationen im 1- und 2-dimensionalen Fall

Man kann natürlich nicht global überprüfen, ob eine Approximation konservativ ist. Dies ist jedoch auch nicht unbedingt notwendig, weil es ausreichend ist, die konservative Näherung entlang des Optimierungspfads sicherzustellen und die oberen und unteren Asymptoten daraufhin entsprechend anzupassen. Wie in Abbildung 6.9 veranschaulicht ist, führt innerhalb einer Iteration eine nicht konservative Approximation zu einer nicht zulässigen Lösung, weil die Grenze des approximierten zulässigen Bereichs außerhalb des wirklich zulässigen Bereichs liegt. Die Entwicklungsrichtung der Designvariablen muss sich deshalb in der darauf folgenden Iteration umkehren um in den zulässigen Bereich zurückzugelangen (Abbildung 6.10). Dieses Verhalten wird als Oszillation der Designvariablen bezeichnet. Im Fall der Oszillation wird deshalb die Approximationsfunktion „hochgezogen", um wieder eine konservative Approximation zu erhalten. Dies erreicht man, indem die Grenzen U oder L näher an den Entwicklungspunkt gezogen werden. Im anderen Fall werden die Grenzen weiter nach außen geschoben, um die Konvergenzgeschwindigkeit zu erhöhen. Aus diesen Überlegungen ergibt folgende Strategie zur Anpassung der Asymptoten:

- Zu Beginn der Optimierung werden bei den ersten beiden Iterationen die Asymptoten so gesetzt, dass sie außerhalb des zulässigen Bereichs liegen. Somit ergibt sich für $k = 0$ und $k = 1$:

$$\begin{aligned} L_i^{(k)} &= x_i^{(k)} - (x_i^U - x_i^L) \\ U_i^{(k)} &= x_i^{(k)} + (x_i^U - x_i^L). \end{aligned} \tag{6.30}$$

- Während der folgenden Iterationen mit $k > 1$ wird für jede Designvariable geprüft, ob ein Oszillation vorliegt oder nicht und dementsprechend die Asymptoten folgendermaßen modifiziert:

- Wenn eine Oszillation vorliegt, d. h. $\left(x_i^{(k)} - x_i^{(k-1)}\right)\left(x_i^{(k-1)} - x_i^{(k-2)}\right) < 0$, dann ziehe die Asymptoten näher an $x_i^{(k)}$ heran, indem die neuen Werte $L_i^{(k)}$ und $U_i^{(k)}$ folgendermaßen bestimmt werden:

$$\begin{aligned} x_i^{(k)} - L_i^{(k)} &= s\left(x_i^{(k-1} - L_i^{(k-1)}\right) \\ U_i^{(k)} - x_i^{(k)} &= s\left(U_i^{(k)} - x_i^{(k-1}\right) \end{aligned} \tag{6.31}$$

- Wenn keine Oszillation vorliegt, d. h. $\left(x_i^{(k)} - x_i^{(k-1)}\right)\left(x_i^{(k-1)} - x_i^{(k-2)}\right) \geqq 0$, dann schiebe die Asymptoten weiter von $x_i^{(k)}$ weg, indem die neuen Werte $L_i^{(k)}$ und $U_i^{(k)}$ folgendermaßen bestimmt werden:

$$\begin{aligned} x_i^{(k)} - L_i^{(k)} &= \left(x_i^{(k-1} - L_i^{(k-1)}\right)/s \\ U_i^{(k)} - x_i^{(k)} &= \left(U_i^{(k-1)} - x_i^{(k-1}\right)/s \end{aligned} \tag{6.32}$$

Dabei muss $s \in (0,1)$ sein, zum Beispiel $s = 0{,}7$. Es gibt die noch konservativere Variante, dass in Gleichung (6.32) anstatt $1/s$ der Term $1/\sqrt{s}$ verwendet wird. In diesem Fall benötigt man zwei Iterationen, um ein Zusammenziehen der Asymptoten gemäß Gleichung (6.31) wieder rückgängig zu machen.

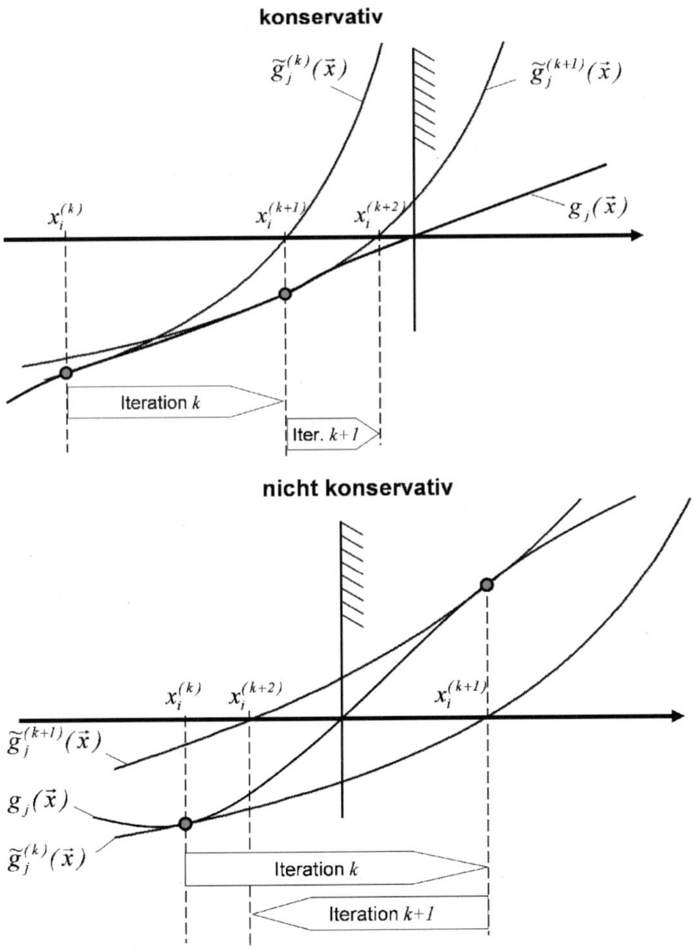

Abb. 6.10 Verlauf der Optimierung bei einer konservativen und nicht konservativen Approximation

Auch wenn die Anpassung der Asymptoten über das Oszillationskriterium durch die Forderung nach einer konservativen Näherung und damit über die Restriktionsfunktionen getrieben ist, funktioniert diese auch für die Zielfunktion. Dies ist in Abbildung 6.11 für den Fall veranschaulicht, dass im Optimum keine Restriktion aktiv ist und dieses somit im Minimum der Zielfunktion liegt. Auch hier tritt ein Oszillationsverhalten um das Minimum auf, das dazu führt, dass die Asymptoten um das Minimum zusammengezogen werden und der Prozess somit gegen das Optimum konvergiert.

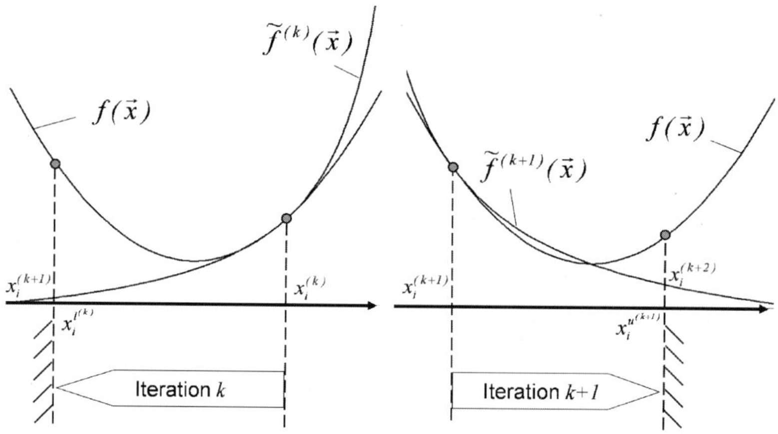

Abb. 6.11 Oszillationsverhalten um das Minimum der Zielfunktion bei einem, bis auf die expliziten Restriktionen, restriktionsfreien Optimierungsproblem

Das Optimierungsproblem (6.25), das jeweils während einer Iteration gelöst werden muss, ist konvex und separierbar und deshalb eine geeignete Approximation zur Verwendung bei der dualen Methode. Damit eignet sich MMA für Probleme, in denen die Anzahl der Designvariablen größer als die Anzahl der Restriktionen ist. Aus diesem Grund wird MMA auch bevorzugt in der Topologieoptimierung eingesetzt, bei der immer eine große Anzahl von Designvariablen vorliegt, die Anzahl der Restriktionen dagegen normalerweise gering ist. Bei MMA kann die Minimierung nach den Designvariablen analytisch gelöst und für jede einzelne Designvariable ein expliziter Ausdruck in Abhängigkeit der Lagrange-Multiplikatoren hergeleitet werden, sodass man auch für die zu maximierende Lagrange-Funktion $\underline{L}$ einen expliziten Ausdruck erhält [371]. Da es sich hier um ein Optimierungsproblem ohne Restriktionen handelt, kann die Maximierung von $\underline{L}$ mit jedem beliebigen Optimierungsalgorithmus aus Kapitel 2 durchgeführt werden. Die Dimension des Optimierungsproblems ist dabei allein durch die Anzahl der Lagrange-Multiplikatoren und damit durch die Anzahl der Restriktionen bestimmt.

Bei der Originalversion von MMA gibt es für jede einzelne Designvariable x_i eine obere und untere Asymptote L_i und U_i, welche allerdings für die Zielfunktion und alle Restriktionen identisch sind. Von Zhang und Fleury [408] wurde eine erweiterte Version vorgeschlagen, die GMMA (Generalized Method of Moving Asymptotes), in der zusätzlich für jede zu approximierende Funktion eigene Asymptotenwerte eingeführt werden.

$$\begin{aligned} L_i &\rightarrow L_{ji} \\ U_i &\rightarrow U_{ji}. \end{aligned} \tag{6.33}$$

Dabei werden mit L_{ji} und U_{ji} für $j > 0$ die unteren und oberen Asymptoten für Restriktion g_j und für $j = 0$ die der Zielfunktion bezeichnet. Das Problem ist jetzt allerdings die Steuerung der Asymptoten. Es werden dazu 2 Alternativen vorgeschlagen. Bei der einen handelt es sich um ein

Schema 2. Ordnung. Hier werden beispielsweise für die Approximation der Restriktionsfunktion g_j, die bei GMMA die Form

$$\tilde{g}_j(\vec{x}) = \begin{cases} g_j(\vec{x}^{(k)}) + \sum_{i=1}^{n} \dfrac{U_{ji} - x_i^{(k)}}{U_{ji} - x_i} \dfrac{\partial g_j(\vec{x}^{(k)})}{\partial x_i} \left(x_i - x_i^{(k)}\right) & \text{wenn } \dfrac{\partial g_j(\vec{x}^{(k)})}{\partial x_i} \geqq 0 \\ g_j(\vec{x}^{(k)}) + \sum_{i=1}^{n} \dfrac{x_i^{(k)} - L_{ji}}{x_i - L_{ji}} \dfrac{\partial g_j(\vec{x}^{(k)})}{\partial x_i} \left(x_i - x_i^{(k)}\right) & \text{wenn } \dfrac{\partial g_j(\vec{x}^{(k)})}{\partial x_i} < 0 \end{cases} \tag{6.34}$$

hat, die 1. und 2. Ableitungen bestimmt

$$\frac{\partial \tilde{g}_j(\vec{x})}{\partial x_i} = \begin{cases} \dfrac{\left(U_{ji} - x_i^{(k)}\right)^2}{\left(U_{ji} - x_i\right)^2} \dfrac{\partial g_j(\vec{x}^{(k)})}{\partial x_i} & \text{wenn } \dfrac{\partial g_j(\vec{x}^{(k)})}{\partial x_i} \geqq 0 \\ \dfrac{\left(x_i^{(k)} - L_{ji}\right)^2}{\left(x_i - L_{ji}\right)^2} \dfrac{\partial g_j(\vec{x}^{(k)})}{\partial x_i} & \text{wenn } \dfrac{\partial g_j(\vec{x}^{(k)})}{\partial x_i} < 0 \end{cases} \tag{6.35}$$

$$\frac{\partial^2 \tilde{g}_j(\vec{x})}{\partial x_i \partial x_l} = \begin{cases} \dfrac{2}{U_{ji} - x_i} \dfrac{\partial g_j(\vec{x}^{(k)})}{\partial x_i} \delta_{il} & \text{wenn } \dfrac{\partial g_j(\vec{x}^{(k)})}{\partial x_i} \geqq 0 \\ \dfrac{-2}{x_i - L_{ji}} \dfrac{\partial g_j(\vec{x}^{(k)})}{\partial x_i} \delta_{il} & \text{wenn } \dfrac{\partial g_j(\vec{x}^{(k)})}{\partial x_i} < 0. \end{cases} \tag{6.36}$$

Wird Gleichung (6.36) nach den Asymptoten aufgelöst, ergibt sich beispielsweise für die obere Asymptote folgendes Ersetzungsschema:

$$U_{ji}^{(k)} - x_i^{(k)} = \frac{2 \dfrac{\partial g_j(\vec{x}^{(k)})}{\partial x_i}}{\max\left(\varepsilon, \dfrac{\partial^2 \tilde{g}_j(\vec{x}^{(k)})}{\partial^2 x_i}\right)}. \tag{6.37}$$

Hier wird der Fall, dass die 2. Ableitung gleich oder kleiner null ist, durch einen kleinen Faktor $0 < \varepsilon \ll 1$ abgefangen. Weiterhin wird vorgeschlagen, die 2. Ableitungen im Nenner über den BFGS-Mechanismus zu bestimmen. Das Schema 2. Ordnung hat jedoch generell den Nachteil, dass bei Verwendung der dualen Methode kein expliziter Zusammenhang zwischen Designvariablen und Lagrange-Multiplikatoren hergeleitet werden kann und das Problem numerisch, zum Beispiel mit dem Newton-Raphson-Verfahren, gelöst werden muss.

In der 2. Alternative wird vorgeschlagen, die Asymptoten so zu bestimmen, dass die Funktionswerte an den Stellen $\vec{x}^{(k-1)}$ und $\vec{x}^{(k)}$ mit denen der Approximation identisch sind. Dies ist eine Vorgehensweise, wie sie in ähnlicher Form auch für eine modifizierte Version von CONLIN verwendet wird [408]:

$$\begin{aligned} \tilde{g}_j(\vec{x}^{(k-1)}) &= g_j(\vec{x}^{(k-1)}) \\ \tilde{g}_j(\vec{x}^{(k)}) &= g_j(\vec{x}^{(k)}) \end{aligned} \tag{6.38}$$

6.2 Globale Approximation

Bei der globalen Approximation (auch Antwortfläche (Response Surface) oder Metamodell genannt) [132], [327], [333] werden die Systemantworten im gesamten Designraum approximiert. Liegt eine solche globale Approximation vor, können alle Systemantworten mit minimalem Zeitaufwand berechnet werden. Dadurch bietet ein solches Metamodell eine Reihe von Vorteilen:

- Es können funktionelle Zusammenhänge zwischen Designvariablen untersucht und grafisch dargestellt werden. Auch Konsequenzen aufgrund von Änderung der Restriktionsgrenzen können schnell ermittelt werden.

- Es ist möglich, Optimierungsverfahren anzuwenden, die eine große Anzahl von Analysen benötigen, wie beispielsweise globale Optimierungsverfahren,
- Es kann eine funktionale Varianzanalyse durchgeführt und darüber der Einfluss der einzelnen Variablen auf die Systemantworten ermittelt werden.
- Es kann eine Robustheitsanalyse und gegebenenfalls auch eine Robustheitsoptimierung entweder über eine funktionale Varianzanalyse oder die Monte-Carlo-Methode durchgeführt werden. Letztere kann zwar prinzipiell auch ohne Antwortfläche angewendet werden, jedoch werden vor allem bei der Robustheitsoptimierung durch die hohe Anzahl der benötigten Analysen schnell Rechenzeiten erreicht, die eine Anwendung unmöglich machen. In einem solchen Fall bietet die globale Approximation eine Möglichkeit, eine Robustheitsoptimierung über die Monte-Carlo-Methode durchzuführen.
- Eine multidisziplinäre Optimierung wird erleichtert, wenn die Systemantworten einer oder mehrere Disziplinen als globale Approximation vorliegen.
- Es ist ohne großen Zeitaufwand möglich, Pareto-Fronten bei einem Mehrzieloptimierungsproblem zu generieren.

Dies alles setzt jedoch voraus, dass die globale Approximation auch hinreichend genau ist. Dabei kann man, im Gegensatz zur lokalen Approximation, nicht erwarten, mit einfachen Funktionen auszukommen. Bei einer lokalen Approximation ist es möglich, einfache Funktionen zu verwenden, weil die Anwendung nur lokal auf die nähere Umgebung um den aktuellen Punkt beschränkt ist. Vor allem gegen Ende der Optimierung wird die Schrittweite und damit der benötigte Gültigkeitsbereich der lokalen Approximation immer kleiner, sodass sich dadurch die Genauigkeit automatisch erhöht. Die Ermittelung einer globalen Approximation ist dagegen wesentlich anspruchsvoller. Die Qualität hängt dabei von folgenden Faktoren ab:

1. **Die Größe des zu approximierenden Bereichs:** Je größer der Designraum ist, desto schwieriger ist es vor allem bei hochgradig nichtlinearen Systemantworten, eine hinreichend genaue Approximation zu berechnen. Eine mit Ingenieursverstand vorgenommene Reduktion des Designraums kann deswegen die Qualität der globalen Approximation stark erhöhen.
2. **Die Wahl der Approximationsfunktion:** Die Wahl der verwendeten Approximationsfunktion ist sicherlich einer der kritischsten Punkte. Bei einer schlecht getroffenen Wahl ist es nicht möglich, eine brauchbare Approximation zu erhalten.
3. **Anzahl und Anordnung der Stützstellen:** Um die Parameter der Approximation zu bestimmen, werden Funktionswerte an ausgewählten Stützstellen benötigt. Um den Rechenaufwand möglichst gering zu halten, ist man bestrebt, mit möglichst wenigen Stützstellen auszukommen. Es muss deshalb geklärt werden, wie viele Stützstellen man benötigt und an welche Stellen sie gesetzt werden müssen, um eine hinreichende Genauigkeit der Approximation zu erreichen.

Man kann grundsätzlich zwei Arten von Approximation unterscheiden. Zum einen gibt es die glättende Approximation, welche nicht durch die Datenpunkte hindurchgeht und zum anderen die Interpolation, welche exakt durch die Datenpunkte läuft (Abbildung 6.12). Beispiele für glättende Approximation sind Polynome oder neuronale Netzwerke und für eine Interpolation das Kriging-Modell und radiale Basisfunktionen. Die Parameter der glättenden Approximation werden dabei über eine Ausgleichsrechnung beziehungsweise über eine Regressionsanalyse ermittelt. Hier kann man unterscheiden zwischen linearer Regression, bei der die Parameter über die Lösung eines linearen Gleichungssystems berechnet werden können, und nichtlinearer Regression, bei der zur Parameterbestimmung ein nichtlineares Optimierungsproblem gelöst werden muss.

In den folgenden Abschnitten werden sowohl für die glättende Approximation als auch die Interpolation zunächst die verschiedenen Funktionstypen, die Verfahren zur Festlegung der Stützpunkte (Versuchsplanung), die Vorgehensweise zur Bestimmung der Parameter und die Möglichkeiten zur Qualitätsbeurteilung der Approximation vorgestellt. Zum Abschluss folgt eine Diskussion über die Vor- und Nachteile der verschiedenen Ansätze.

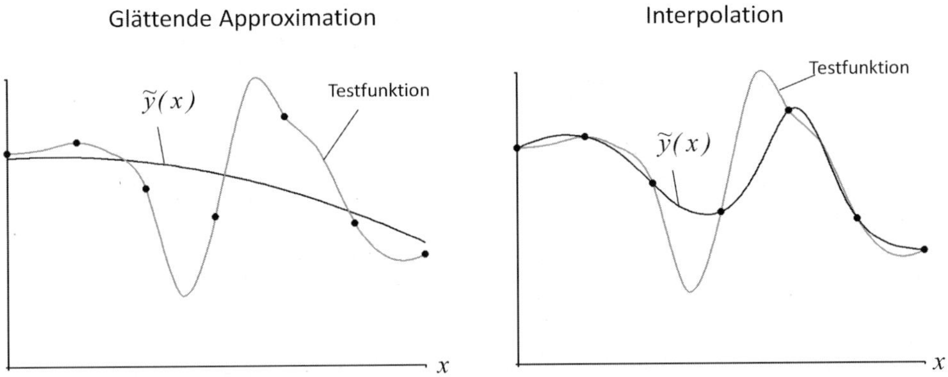

Abb. 6.12 Gegenüberstellung von glättender Approximation und Interpolation

6.2.1 Lineare Regression

Bei einer linearen Regression hat die Approximationsfunktion die Form

$$\tilde{y}(\vec{x}) = \sum_{j=1}^{M} c_j \phi_j(\vec{x}), \tag{6.39}$$

wobei lediglich die Koeffizienten c_j der Basisfunktionen $\phi_j(\vec{x})$ die zu bestimmenden Parameter sind. Das Wort „linear" bedeutet hier nicht, dass die Approximation selber linear ist. Vielmehr können die Basisfunktionen beliebig komplex und nichtlinear sein. Linear heißt hier lediglich, dass die Berechnung der Parameter durch die Lösung eines linearen Gleichungssystems erfolgt.

6.2.1.1 Polynome

Eine Approximation über Polynome hat die Form:

$$\tilde{y}(\vec{x}) = a_0 + \sum_{i=1}^{n} a_i x_i + \sum_{i=1}^{n} \sum_{j \geqq i}^{n} a_{ij} x_i x_j + \dots . \tag{6.40}$$

Aus numerischen Gründen empfiehlt es sich, die normierte Form zu verwenden

$$\tilde{y}(\vec{x}) = a_0 + \sum_{i=1}^{n} a_i \hat{x}_i + \sum_{i=1}^{n} \sum_{j \geqq i}^{n} a_{ij} \hat{x}_i \hat{x}_j + \dots \tag{6.41}$$

mit

$$\hat{x}_i = \frac{x_i - x_i^m}{x_i^r}; \qquad x_i^m = \frac{x_i^U + x_i^L}{2}; \qquad x_i^r = \frac{x_i^U - x_i^L}{2}. \tag{6.42}$$

Es ist offensichtlich, dass Gleichung (6.40) oder (6.41) die Form (6.39) haben. So kann zum Beispiel ein quadratisches Polynom für $n = 2$ folgendermaßen umgeschrieben werden:

$$\tilde{y}(\vec{x}) = \sum_{j=1}^{6} c_j \phi_j(\vec{x}) = \vec{c}^{\,\mathrm{T}} \vec{\phi}(\vec{x}) \tag{6.43}$$

mit

$$\vec{\phi}^{\,\mathrm{T}}(\vec{x}) = \left(1, x_1, x_2, x_1 x_2, x_1^2, x_2^2\right); \qquad \vec{c}^{\,\mathrm{T}} = (c_0, c_1, c_2, c_{12}, c_{11}, c_{22}). \tag{6.44}$$

Polynome sind in allen Programmen, die Approximationsfunktionen anbieten, verfügbar. In der Anwendung geht man jedoch selten über einen Polynomgrad von 2 hinaus, weil sich mit zunehmendem Polynomgrad die Neigung zu einem Überschwingverhalten ansteigt, was die Güte der Approximation stark verschlechtern kann. Polynome sind somit vorwiegend für „gutmütige" Probleme mit nicht zu großen Nichtlinearitäten geeignet.

6.2.1.2 Bestimmung der Regressionsparameter

Bei einer glättenden Approximation liegt die Anzahl der Stützstellen immer höher als die Anzahl der zu bestimmenden Regressionsparameter („Oversampling"). Aus diesem Grund müssen die Parameter über eine Ausgleichsrechnung bestimmt werden. Im Prinzip handelt es sich dabei um nicht anderes, als um die Lösung eines Ausgleichsproblems, um eine Funktion möglichst gut durch bestehende experimentelle Datenpunkte zu legen. Der einzige Unterschied besteht darin, dass experimentelle Datenpunkte fehlerbehaftet (statistischer Fehler) sind, während die Werte aus der Simulation immer deterministisch sind und somit keinen Fehlerbalken aufweisen. In beiden Fällen wird die Parameteranpassung nach der Methode der kleinsten Quadrate vorgenommen, das heißt, dass man die Summe der quadratischen Abweichungen minimiert. Für den Fall ohne Fehlerbalken lautet das zu lösende Optimierungsproblem dann

$$\min\left(\chi^2(\vec{c}) = \sum_{j=1}^{N}\left(y_j - \tilde{y}_j\right)^2\right). \tag{6.45}$$

Dabei sind $\vec{x}(j)$, $j = 1, N$, die N Stützpunkte, an denen die Werte der Systemantwort $y_j = y(\vec{x}(j))$ bestimmt wurden, und $\tilde{y}_j = \tilde{y}(\vec{x}(j))$ die Funktionswerte der Approximation an diesen Punkten. Den Fall für experimentelle Datenpunkte mit Fehlerbalken erhält man, wenn y_j und $\tilde{y}_j$ jeweils durch y_j/σ_j und $\tilde{y}_j/\sigma_j$ ersetzt werden.

Im Fall der linearen Regression kann das Optimierungsproblem auf die Lösung eines linearen Gleichungssystems zurückgeführt werden, welches eine eindeutige Lösung liefert, wenn die Anzahl der Datenpunkte höher als die der Parameter und das Gleichungssystem nichtsingulär ist [289], [333], [364]. Das Minimum

$$\min\left(\chi^2(\vec{c}) = \sum_{j=1}^{N}\left(y_j - \tilde{y}_j\right)^2 = \sum_{j=1}^{N}\left(y_j - \sum_{k=1}^{M} c_k\phi_k\left(\vec{x}(j)\right)\right)^2\right) \tag{6.46}$$

kann bestimmt werden, indem die Ableitungen nach den zu bestimmenden Parametern gebildet und zu null gesetzt werden. Dies führt zu

$$\begin{aligned}
\frac{\partial\chi^2}{\partial c_i} &= 0\\
&= 2\sum_{j=1}^{N}\left(y_j - \sum_{k=1}^{M} c_k\phi_k\left(\vec{x}(j)\right)\right)\phi_i\left(\vec{x}(j)\right)\\
&= 2\sum_{j=1}^{N}\left(\phi_i\left(\vec{x}(j)\right)y_j - \sum_{k=1}^{M}\phi_i\left(\vec{x}(j)\right)\phi_k\left(\vec{x}(j)\right)c_k\right)\\
&= 2\left(\sum_{j=1}^{N} X_{ij}^{\mathrm{T}}y_j - \sum_{j=1}^{N}\sum_{k=1}^{M} X_{ij}^{\mathrm{T}}X_{jk}c_k\right).
\end{aligned} \tag{6.47}$$

Damit muss zur Lösung des Optimierungsproblems das lineare Gleichungssystem

$$\boldsymbol{A}\vec{c} = \vec{b} \tag{6.48}$$

gelöst werden mit

$$\begin{aligned}
\boldsymbol{A} &= \boldsymbol{X}^{\mathrm{T}}\boldsymbol{X}\\
\vec{c}^{\,\mathrm{T}} &= (c_1, \ldots, c_M)\\
\vec{b}^{\,\mathrm{T}} &= \left(\sum_{j=1}^{N} X_{1j}^{\mathrm{T}}y_j, \ldots, \sum_{j=1}^{N} X_{Mj}^{\mathrm{T}}y_j\right) = \boldsymbol{X}^{\mathrm{T}}\vec{y}
\end{aligned} \tag{6.49}$$

und der $N\times M$-Matrix

$$X_{kj} = \phi_j\left(\vec{x}(k)\right). \tag{6.50}$$

Im Grunde kann man jedes Verfahren zur Lösung eines linearen Gleichungssystems einsetzen, um die Parameter zu bestimmen. Es kann jedoch der Fall auftreten, dass die Matrix $\boldsymbol{A}$ singulär oder nahezu singulär wird [289]. In diesem Fall ist entweder das Gleichungssystem nicht lösbar oder man erhält eine Lösung, die Parameter mit sehr großen Werten liefert. Deren Beiträge heben sich innerhalb der numerischen Genauigkeit zwar auf, jedoch ist diese Kombination nicht stabil und ändert sich drastisch bei kleinen Änderungen wie beispielsweise durch eine Veränderung von Rundungsfehlern durch eine Modifikation im Lösungsablauf. Der Grund für die Singularität ist, dass eine oder mehrere Basisfunktionen durch die Daten nicht separiert werden können. Dies bedeutet, dass verschieden große Beträge oder Linearkombinationen die Funktionswerte an den Datenpunkten nahezu gleich gut beschreiben. In einem solchen Fall ist es wünschenswert, die redundanten Basisfunktionen zu eliminieren und die Anpassung nur mit den verbleibenden Basisfunktionen durchzuführen. Ein Verfahren, das genau dies leistet, ist SVD (Singular Value Decomposition).

6.2.1.3 SVD (Singular Value Decomposition)

Die Basis für SVD [107], [366], [395] ist ein Satz aus der linearen Algebra, der besagt, dass jede $N \times M$-Matrix $\boldsymbol{A}$ mit $N \geqq M$ in drei Matrizen $\boldsymbol{U}$, $\boldsymbol{V}$ und $\boldsymbol{W}$ zerlegt werden kann:

$$\boldsymbol{A} = \boldsymbol{U}\boldsymbol{W}\boldsymbol{V}^{\mathrm{T}}. \tag{6.51}$$

Hier ist $\boldsymbol{W}$ eine $M \times M$-Diagonalmatrix mit den Singulärwerten ω_i, die Matrix $\boldsymbol{V}$ eine $M \times M$- und $\boldsymbol{U}$ eine $N \times M$-Matrix.

$$\begin{pmatrix} \\ \\ \boldsymbol{A} \\ \\ \\ \end{pmatrix} = \begin{pmatrix} \\ \\ \boldsymbol{U} \\ \\ \\ \end{pmatrix} \begin{pmatrix} \omega_1 & & & \\ & \omega_2 & 0 & \\ & & \ddots & \\ & 0 & & \ddots & \\ & & & & \omega_M \end{pmatrix} \begin{pmatrix} \\ \boldsymbol{V}^{\mathrm{T}} \\ \\ \end{pmatrix}. \tag{6.52}$$

Dabei ist $\boldsymbol{U}$ spaltenorthogonal, dagegen $\boldsymbol{V}$ spalten- und zeilenorthogonal, d. h. es gilt

$$\boldsymbol{U}^{\mathrm{T}}\boldsymbol{U} = \mathbf{1}$$
$$\boldsymbol{V}^{\mathrm{T}}\boldsymbol{V} = \boldsymbol{V}\boldsymbol{V}^{\mathrm{T}} = \mathbf{1} \tag{6.53}$$

Mithilfe dieser Orthogonalitätseigenschaften lässt sich die inverse Matrix von $\boldsymbol{A}$

$$\boldsymbol{A}^{-1} = \boldsymbol{V}\boldsymbol{W}^{-1}\boldsymbol{U}^{\mathrm{T}} \tag{6.54}$$

mit

$$\boldsymbol{W}^{-1} = \begin{pmatrix} \frac{1}{\omega_1} & & & & \\ & \frac{1}{\omega_2} & 0 & & \\ & & \ddots & & \\ & 0 & & \ddots & \\ & & & & \frac{1}{\omega_M} \end{pmatrix} \tag{6.55}$$

und damit auch die Lösung eines linearen Gleichungssystems

$$\boldsymbol{A}\,\overrightarrow{c} = \overrightarrow{b} \tag{6.56}$$

direkt angeben als

$$\overrightarrow{c} = \boldsymbol{V}\boldsymbol{W}^{-1}\boldsymbol{U}^{\mathrm{T}}\overrightarrow{b}. \tag{6.57}$$

Es würde den Rahmen dieses Buches sprengen, die Hintergründe und Details von SVD darzustellen. Es wird sich deswegen auf den Spezialfall beschränkt, dass $M = N$ und $\boldsymbol{A}$ symmetrisch ist und nur für diesen Fall die Eigenschaften und Wirkungsweise von SVD diskutiert. Diese sind aber auch im allgemeinen Fall gültig. Für den Spezialfall kann SVD einfach als Transformation vom Ausgangskoordinatensystem S in das Hauptachsensystem S' und die Singulärwerte als Eigenwerte interpretiert werden. Dabei wird das System S' durch die Eigenvektoren aufgespannt, wobei die Matrix $\boldsymbol{V}$ die Transformationsmatrix in das System S' ist. Zur Erinnerung und besseren Verständnis werden kurz die benötigten Grundlagen wiederholt.

Die N Eigenvektoren $\vec{e}\,'(j)$, $j = 1, N$ der Matrix $\boldsymbol{A}$ mit den N dazugehörigen Eigenwerten und nicht notwendigerweise verschiedenen ω_j lassen sich bestimmen durch das Lösen des Eigenwertproblems

$$\boldsymbol{A}\vec{e}\,' = \omega\vec{e}\,'. \tag{6.58}$$

Normiert man die Eigenvektoren, dann bilden diese eine orthonormale Basis:

$$\vec{e}\,'(j)^{\mathrm{T}}\vec{e}\,'(k) = \delta_{jk}. \tag{6.59}$$

In diesem Basissystem S' hat die Matrix Diagonalform:

$$\boldsymbol{A}' = \begin{pmatrix} \omega_1 & & & & \\ & \omega_2 & & 0 & \\ & & \ddots & & \\ & 0 & & \ddots & \\ & & & & \omega_M \end{pmatrix}. \tag{6.60}$$

Die Transformation zwischen dem Hauptachsensystem S' und der ursprünglichen Basis S, die durch die Vektoren $\vec{e}(j)$ aufgespannt wird, ist gegeben durch die Ähnlichkeitstransformation

$$\boldsymbol{A}' = \boldsymbol{DAD}^{\mathrm{T}}, \tag{6.61}$$

wobei die orthogonale Transformationsmatrix D die Form hat

$$D_{ij} = \vec{e}\,'(i)^{\mathrm{T}}\vec{e}(j). \tag{6.62}$$

Damit stellt Gleichung (6.51) in dem hier betrachteten symmetrischen Spezialfall nichts anderes dar als eine Transformation ins Hauptachsensystem S', in dem die Matrix Diagonalform hat, und die Rücktransformation zurück ins ursprüngliche System S.

Der Vorteil dieser Vorgehensweise ist, dass man als erstes eine Information darüber bekommt, ob das System singulär ist oder nicht. Ist es singulär, so ist mindestens ein Singulärwert ω_j gleich null. In dem Fall lässt sich die Umkehrmatrix von $\boldsymbol{W}$ in Gleichung (6.55) nicht bilden und somit auch nicht die Umkehrmatrix von $\boldsymbol{A}$ in Gleichung (6.54). Zusätzlich erhält man jedoch auch die Information, welche Komponenten in S' – oder anders ausgedrückt, welche Linearkombinationen von Komponenten in S – die Singularität verursachen, nämlich genau die, welche zu den Singulärwerten mit dem Wert null gehören. Zu guter Letzt liefert aber das Verfahren auch eine Lösungsmöglichkeit, indem die singulären Anteile eliminiert werden. Dies geschieht dadurch, dass Gleichung (6.55) durch folgende Ersetzungsvorschrift modifiziert wird:

Setze

$$\frac{1}{\omega_j} = 0 \quad \text{wenn} \quad \omega_j = 0. \tag{6.63}$$

Damit werden die für die Beschreibung nicht sensitiven Anteile aus dem Gleichungssystem entfernt und nur die sensitiven Anteile berücksichtigt. Man kann zeigen, dass diese Vorgehensweise das Residuum

$$|r| = \left|\boldsymbol{A}\vec{c} - \vec{b}\right| \tag{6.64}$$

minimiert. Dies stellt aber wiederum nichts anderes dar als die Lösung von Gleichung (6.46) und damit die Lösung des Ausgleichsproblems.

Numerisch wird sich für die Singulärwerte nie genau ein Wert null ergeben, sodass für die praktische Anwendung die Vorschrift (6.63) ersetzt werden muss durch:

Setze

$$\frac{1}{\omega_j} = 0 \quad \text{wenn} \quad |\omega_j| \leqq \varepsilon. \tag{6.65}$$

Eine mögliche Wahl für ε ist

$$\varepsilon = \varepsilon_{\text{tol}}\,\omega_{\text{max}}; \qquad \omega_{\text{max}} = \max\{|\omega_j| : j = 1, M\}, \tag{6.66}$$

wobei die Toleranz beispielsweise $\varepsilon_{\text{tol}} = 10^{-5}$ gesetzt werden kann [289]. Damit kann SVD zur Lösung des Gleichungssystems (6.48) mit der quadratischen Matrix $\boldsymbol{A}$ eingesetzt werden. Man kann jedoch die Bestimmung der Matrix $\boldsymbol{A}$ einsparen, da die allgemeine Form (6.51) erlaubt, das Gleichungssystem aus N linearen Gleichungen

$$\boldsymbol{X}\vec{c} = \vec{y}; \qquad \vec{y}^{\,\text{T}} = (y_1, y_2, \ldots, y_N) \tag{6.67}$$

direkt zu lösen, das sich bei $N > M$ Datenpunkten und M Basisfunktionen ergibt.

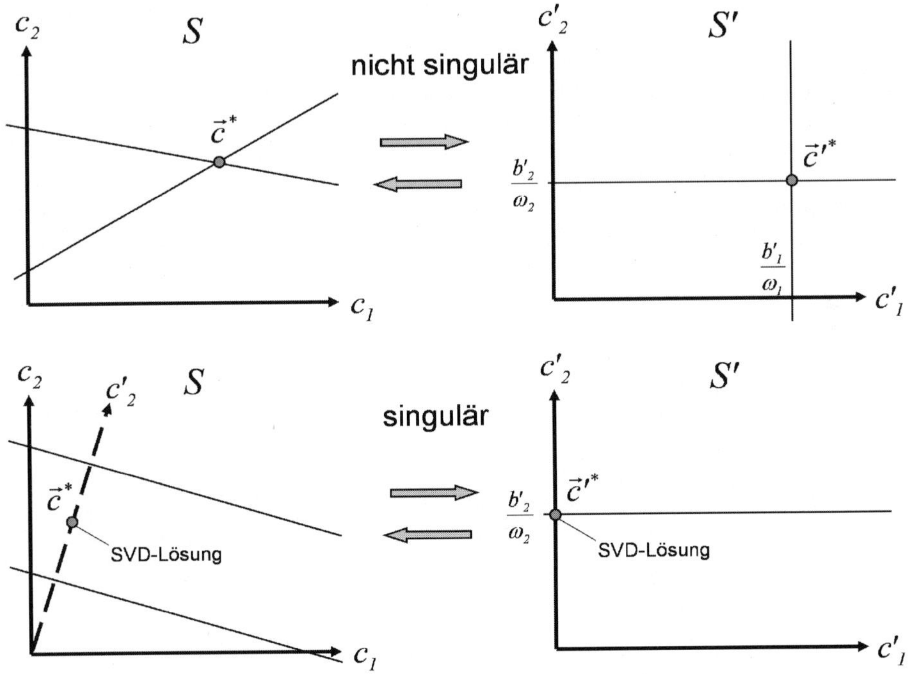

Abb. 6.13 Veranschaulichung des SVD-Verfahrens im nicht singulären und singulären Fall

Die Vorgehensweise von SVD ist nochmals in Abbildung 6.13 für den 2-dimensionalen Fall veranschaulicht. Im nichtsingulären Fall ergibt sich die Lösung des linearen Gleichungssystems

$$\begin{aligned} A_{11}c_1 + A_{12}c_2 &= b_1 \\ A_{21}c_1 + A_{22}c_2 &= b_2 \end{aligned} \tag{6.68}$$

als Schnittpunkt $\vec{c}^*$ der beiden Geraden, die sich aus den beiden Zeilen des Gleichungssystems ergeben. Im Hauptachsensystem S' reduziert sich das lineare Gleichungssystem auf

$$\begin{aligned} \omega_1 c_1' &= b_1' \\ \omega_2 c_2' &= b_2'. \end{aligned} \tag{6.69}$$

Hier erhält man zwei Geraden, die zu den Koordinatenachsen parallel sind. Auch hier ist der Schnittpunkt $\vec{c}'^*$ der beiden Geraden die Lösung des Gleichungssystem, die nach der Rücktransformation in das System S genau auf $\vec{c}^*$ fällt.

Im singulären Fall sind die beiden Geraden im System S parallel, sodass hier kein Schnittpunkt und damit auch keine Lösung des linearen Gleichungssystems vorliegt. Im Hauptachsensystem S' hat in diesem Fall ein Eigenwert den Wert null, z. B. $\omega_1 = 0$, sodass das lineare Gleichungssystem nun lautet:

$$\begin{aligned} 0 &= b_1' \\ \omega_2 c_2' &= b_2'. \end{aligned} \tag{6.70}$$

Die SVD-Lösung ergibt sich nun, indem $c_1' = 0$ gesetzt wird und der sich so ergebende Lösungspunkt zurück in das System S transformiert wird.

6.2.1.4 Die Moving-Least-Square-Methode

Bei hochgradig nichtlinearen Funktionsverläufen ist ein reiner Polynomansatz häufig nicht geeignet, um eine gute Approximation zu erhalten. Ein Ansatz mit einem niedrigen Polynomgrad wird nicht in der Lage sein, den Funktionsverlauf hinreichend gut zu beschreiben, während ein höherer Ansatz zu Überschwingproblemen (Runge-Phänomen) führen kann. Ein Ausweg aus diesem Dilemma bietet die Moving-Least-Square-Methode [219], [220], [221]. Die Idee ist dabei, dass man nur Polynomansätze mit niedrigem Polynomgrad verwendet (maximal quadratisch) und die Flexibilität dadurch erhält, dass an jedem Punkt $\vec{x}$ die Parameter c_j neu bestimmt werden. Dabei werden nur die quadratischen Abweichungen an den nächstgelegenen Stützpunkten für die Berechnung der Parameter verwendet, wobei deren Gewichtung proportional zum Abstand zu $\vec{x}$ abfällt. Dies bedeutet, dass nicht nur die Basisfunktionen, sondern auch die Parameter in Gleichung (6.39) nun vom Ort $\vec{x}$ abhängen:

$$\tilde{y}(\vec{x}) = \sum_{j=1}^{M} c_j(\vec{x})\phi_j(\vec{x}). \tag{6.71}$$

Die Ortsabhängigkeit der Parameter entsteht dadurch, dass nun eine gewichtete quadratische Fehlersumme minimiert wird:

$$\min\left(\chi^2\left(\vec{c}(\vec{x})\right) = \sum_{j=1}^{N} \omega_j \left(y_j - \sum_{k=1}^{M} c_k\left(\vec{x}\right)\phi_k\left(\vec{x}(j)\right)\right)^2\right). \tag{6.72}$$

Die Gewichtsfunktion ist dabei eine Funktion des Abstandes zwischen dem Stützpunkt $\vec{x}(j)$ und $\vec{x}$

$$\omega_j = \omega\left(r_j\right); \qquad r_j = |\vec{x} - \vec{x}(j)| \tag{6.73}$$

und hat folgende Eigenschaften:

$$\begin{aligned} &\omega(r) > 0 \quad \text{für } r < R \\ &\omega(r) = 0 \quad \text{für } r \geqq R. \\ &\vec{\nabla}\,\omega(R) = \vec{0}\,. \end{aligned}$$

Damit stellt die Gewichtsfunktion sicher, dass bei der Berechnung der Parameter nur Datenpunkte berücksichtigt werden, deren Abstand kleiner als R ist. Die Bestimmung der Parameter kann wiederum auf die Lösung eines linearen Gleichungssystems zurückgeführt werden. Es muss lediglich in Gleichung (6.47) die Gewichtsfunktion ω hinzugefügt werden

$$\begin{aligned}\frac{\partial\chi^2}{\partial c_i} &= 0\\ &= 2\sum_{j=1}^{N}\omega_j\left(y_j-\sum_{k=1}^{M}c_k\phi_k\left(\overrightarrow{x}(j)\right)\right)\phi_i\left(\overrightarrow{x}(j)\right)\\ &= 2\sum_{j=1}^{N}\left(\phi_i\left(\overrightarrow{x}(j)\right)\omega_j y_j-\sum_{k=1}^{M}\phi_i\left(\overrightarrow{x}(j)\right)\omega_j\phi_k\left(\overrightarrow{x}(j)\right)c_k\right)\\ &= 2\left(\sum_{j=1}^{N}X^{\mathrm{T}}_{ij}\omega_j y_j-\sum_{j=1}^{N}\sum_{k=1}^{M}X^{\mathrm{T}}_{ij}\omega_j X_{jk}c_k\right),\end{aligned} \tag{6.74}$$

sodass in Gleichung (6.48) lediglich die Matrix $\boldsymbol{A}$ und der Vektor $\overrightarrow{b}$ ersetzt werden muss durch

$$\begin{aligned}\boldsymbol{A} &= \boldsymbol{X}^{\mathrm{T}}\boldsymbol{\Omega}\boldsymbol{X}\\ \overrightarrow{c}^{\mathrm{T}} &= (c_1,\ldots,c_M)\\ \overrightarrow{b}^{\mathrm{T}} &= \left(\sum_{j=1}^{N}X^{\mathrm{T}}_{1j}\omega_j y_j,\ldots,\sum_{j=1}^{N}X^{\mathrm{T}}_{Mj}\omega_j y_j\right).\end{aligned} \tag{6.75}$$

Dabei ist $\boldsymbol{\Omega}$ eine Diagonalmatrix, die die Gewichtsfunktionen enthält.

$$\Omega_{ij} = \omega_j\delta_{ij}. \tag{6.76}$$

Eine mögliche Wahl für die Gewichtsfunktion ist (Abbildung 6.14) [219]:

$$\omega(r) = \begin{cases} 1-3\left(\frac{r}{R}\right)^2+2\left(\frac{r}{R}\right)^3; & r < R\\ 0; & r \geqq 0.\end{cases} \tag{6.77}$$

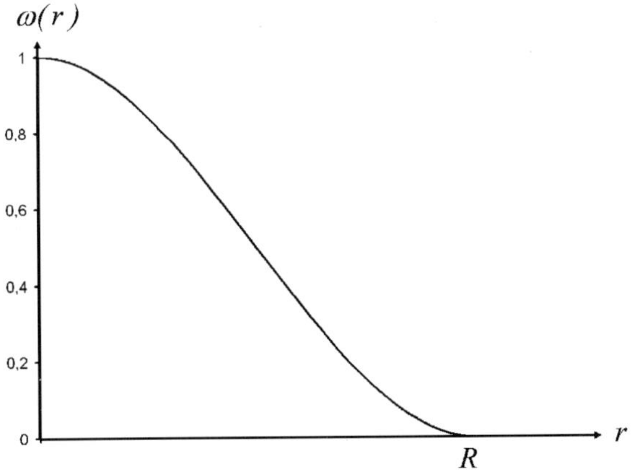

Abb. 6.14 Gewichtsfunktion aus Gleichung (6.77)

Sie liefert eine glättende Approximation. Es ist auch möglich, eine interpolierende Approximation zu erhalten. In diesem Fall ist die Gewichtsfunktion an der Stelle ihres Trägers singulär:

$$\omega\left(|\overrightarrow{x}-\overrightarrow{x}(j)|\right) = \frac{\tilde{\omega}\left(|\overrightarrow{x}-\overrightarrow{x}(j)|\right)}{|\overrightarrow{x}-\overrightarrow{x}(j)|^{\alpha}}. \tag{6.78}$$

Dabei ist $\tilde{\omega}$ eine stetig differenzierbare Funktion, für die beispielsweise Gleichung (6.77) verwendet werden kann. Damit die Approximation mindestens einmal differenzierbar ist, sollte $\alpha > 1$ sein [125], [219].

6.2.1.5 Sequenzielle Antwortflächen-Methode

Bei der sequenziellen Antwortflächen-Methode (Sequential Response Surface Method) [10], [324], [325], [327] handelt es sich um eine Mischung aus reiner Polynomapproximation und Moving-Least-Square-Methode. Zu Beginn wird eine globale lineare Approximation erzeugt und auf Basis dieser Approximation für Zielfunktion und Restriktionen mit der Optimierung begonnen. Aus den Funktionswerten an den Lösungspunkten des approximierten Systems werden dann sukzessive die fehlenden Koeffizienten für eine quadratische Approximation

$$\tilde{y}(\vec{x}) = a_0 + \sum_{i=1}^{n} a_i x_i + \sum_{i=1}^{n} \sum_{j \geq i}^{n} a_{ij} x_i x_j \tag{6.79}$$

berechnet, für die insgesamt $M = 1 + n + n(n+1)/2$ Parameter zu bestimmen sind. Sind alle Parameter festgelegt, werden danach nur noch quadratische Approximationen mit der Moving-Least-Square-Methode bestimmt. Auf diese Weise wird erreicht, dass besonders die Daten in der Nähe des aktuellen Punkts bei der Approximation berücksichtigt werden und somit die Approximationsgüte dort erhöht wird. Der Algorithmus lautet dann im Detail:

1. Lege $M = n + 1$ Stützstellen fest und bestimme dort die Funktionswerte von Zielfunktion und Restriktionen.
2. Bestimme jeweils für Zielfunktion und Restriktionen die Koeffizienten der Approximation in folgender Reihenfolge:
   a) Wenn $M = n + 1$, dann bestimme a_0 und a_i, $i = 1,n$.
   b) Wenn $n + 1 < M \leqq 2(n+1)$, dann bestimme a_0, a_i und a_{jj}, $i = 1,n$, $j = 1, M - n - 1$.
   c) Wenn $(2n + 1) < M \leqq 1 + n + n(n+1)/2$, dann bestimme a_0, a_i und a_{jj}, $i = 1, n$, $j = 1$, $M - n - 1$, und sukzessive alle Nebendiagonalelemente a_{ij}.
   d) Wenn $M > 1 + n + n(n+1)/2$, dann bestimme a_0, a_i und a_{ij} mit der Moving-Least-Square-Methode.
3. Löse das approximierte Optimierungsproblem.
4. Bestimme im Optimum des approximierten Problems die wahren Funktionswerte von Zielfunktion und Restriktionen. Setze $M = M + 1$.
5. Wenn Konvergenz, dann gehe nach 7).
6. Gehe nach 2).
7. Optimierung beenden und Optimum herausgeben.

6.2.2 Nichtlineare Regression

Bei einer nichtlinearen Regressionsanalyse hängen zusätzlich auch die Basisfunktionen von Parametern ab

$$\tilde{y}(\vec{x}, \vec{c}) = \sum_{i=1}^{M} c_i \phi_i(\vec{x}, \vec{c}), \tag{6.80}$$

sodass nicht nur die M Koeffizienten zu bestimmen sind, sondern insgesamt L Parameter, die in einem Gesamtvektor zusammengefasst sind:

$$\vec{c}^{\mathrm{T}} = (c_1, \ldots, c_M, \ldots, c_L). \tag{6.81}$$

In diesem Fall kann die Bestimmung der Parameter nicht mehr auf die Lösung eines linearen Gleichungssystems zurückgeführt sondern muss mithilfe eines Optimierungsalgorithmus berechnet werden. Ein Beispiel für eine nichtlineare Regression sind neuronale Netzwerke.

6.2.2.1 Neuronale Netzwerke

Das menschliche Gehirn kann von der Funktion her mit einem Computer verglichen werden. Jedoch haben beide grundsätzlich verschiedene Eigenschaften. Während der Computer in der Ausführung von mathematischen Algorithmen schneller als das menschliche Gehirn ist, besitzt dieses eine höhere Erkennungsleistung und ist dem Computer im Erkennen von Gesichtern und Strukturen überlegen. Weiterhin hat es eine höhere Redundanz beim Ausfall von Informationseinheiten, weil es beim Ausfall von Nervenzellen immer noch korrekte Ergebnisse liefern kann, der Computer dagegen in einem solchen Fall falsche Ergebnisse herausgibt.

Mit einem künstlichen neuronalen Netz (ANN = Artificial Neural Network) [390] wird versucht, die Struktur des Gehirns nachzustellen. Dieses besteht aus einer großen Anzahl von kleinen Elementen, den Neuronen, welche untereinander verbunden und damit zu einem komplexen Netz zusammengeschaltet sind. Ein Neuron besteht aus einem Zellkörper, den Dendriten und dem Axon (Abbildung 6.15). Über die Dendriten erhält das Neuron das Eingabesignal, während das Axon das Ausgangssignal weiterleitet. Das Axon kann sich verzweigen und damit das Signal an mehrere Neuronen weiterleiten. Ein Ausgangssignal wird dabei erst dann erzeugt, wenn das Eingangssignal einen Schwellwert überschritten hat. Dies kann im einfachsten Fall, wie in Abbildung 6.15 dargestellt, durch eine Sprungfunktion beschrieben werden, deren Eingabewert die Summe aller Dendriten-Signale ist. Eine solche Funktion wird Transferfunktion, oder auch Schwellenwert- oder Aktivierungsfunktion, genannt.

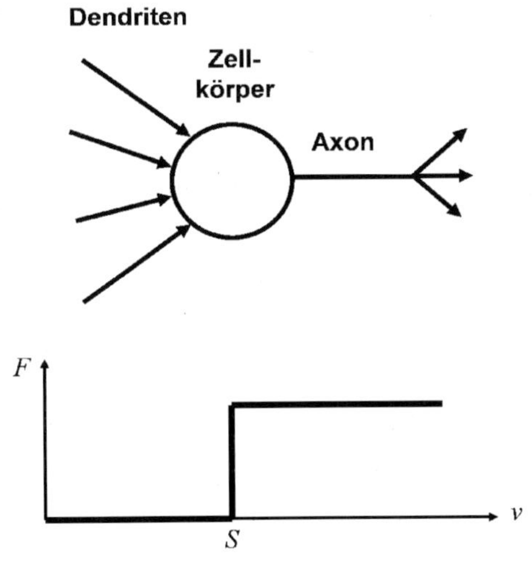

Abb. 6.15 Schematische Darstellung eines Neurons und der Transferfunktion eines Neurons, das erst „feuert“, wenn das Aktivierungspotenzial v eine Schwelle S überschreitet

Ein künstliches Neuron ist ein stark idealisiertes Neuron und besteht aus einem Eingabevektor $\vec{e}$ der Dimension N und einer Ausgabe a (Abbildung 6.16). Die N Eingabegrößen werden gewichtet und aufsummiert und der sich ergebende Wert an die Transferfunktion F übergeben, aus der sich dann der Ausgabewert a ergibt. Als Aktivierungsfunktion wird häufig eine s-förmige (sigmoide) Funktion verwendet, die eine stetig differenzierbare Näherung für die Transferfunktion eines realen Neurons darstellen soll. Die am häufigsten verwendeten Formen sind dabei

$$F(x) = \frac{1}{1 + \exp(-x)} \tag{6.82}$$

oder

$$F(x) = \tanh(x). \tag{6.83}$$

Damit ergibt sich als Ausgangssignal eines Neuron der Wert

$$a = F(v) \tag{6.84}$$

mit dem Aktivierungspotenzial

$$v = \sum_{i=1}^{N} w_i e_i + b \tag{6.85}$$

und dem Schwellwertparameter b, mit dem der Schwellwert verschoben werden kann.

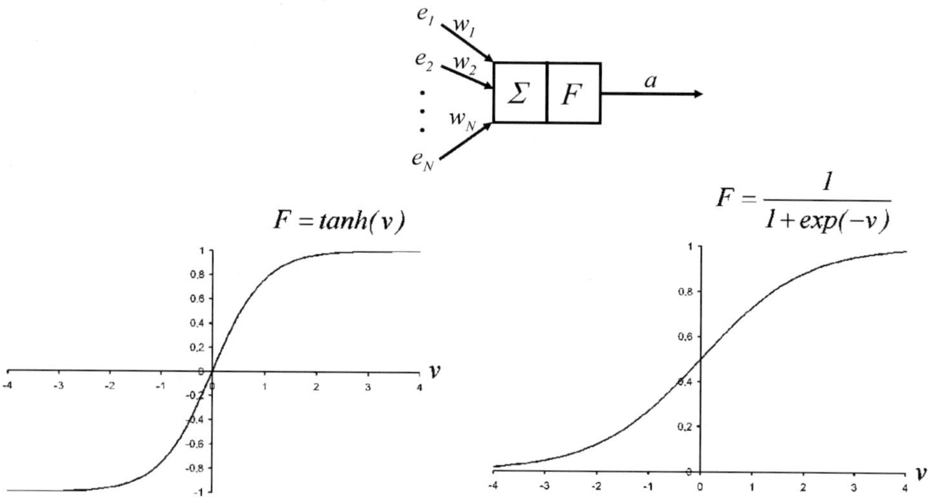

Abb. 6.16 Künstliches Neuron und zwei Typen von sigmoiden Transferfunktionen

Es gibt eine Vielzahl von Möglichkeiten, die Neuronen zu einem Netz zusammenzuschalten. Für die hier erwünschte Anwendung haben sich jedoch vor allem die Netze ohne Rückkopplung, so genannte Feedforward-Netze (Feedforward Network), etabliert [176], [364], [391], [394], mit denen sehr flexible Approximationen erzeugt werden können. Ein solches Netz besteht aus mehreren Schichten (Layers), der Eingabeschicht (Input Layer), mindestens einer verdeckten Schicht (Hidden Layer) und der Ausgabeschicht (Output Layer). Jedes Neuron einer Schicht kann dabei nur mit Neuronen der darauf folgenden Schicht verbunden sein. Zwischen den Neuronen innerhalb einer Schicht gibt es dagegen keine Verbindung. Die Neuronen in der Eingabe- und Ausgabeschicht besitzen eine lineare Aktivierungsfunktion. Das bedeutet, dass die Neuronen in der Eingabeschicht den Eingabewert nur durchreichen und auf die Neuronen der ersten verdeckten Schicht verteilen, während die Neuronen in der Ausgabeschicht die Ausgangssignale aus der letzten verborgenen Schicht einsammeln. Die Neuronen in den verdeckten Schichten besitzen dagegen eine sigmoide Transferfunktion. Ein Beispiel eines Feedforward-Netzes ist in Abbildung 6.17 dargestellt.

Als Parameter eines Feedforward-Netzes sind damit für alle Neuronen die Gewichte und die Schwellwert-Parameter zu bestimmen. Dies wird auch als Trainieren des Netzes bezeichnet. Als Kriterium für die Güte des Netzes wird dabei meistens die Summe der Fehlerquadrate

$$\chi^2 = \sum_{j=1}^{N} \left(y_j - \tilde{y}_j\right)^2 \tag{6.86}$$

verwendet, sodass die Parameter über das Optimierungsproblem

$$\text{Min}\left(\chi^2\right) \tag{6.87}$$

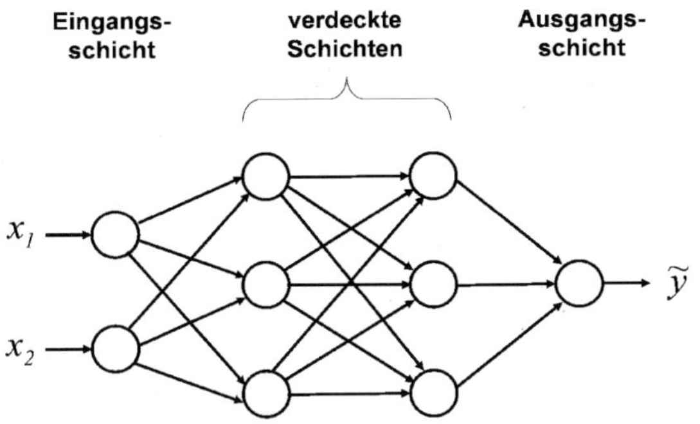

Abb. 6.17 Beispiel eines Feedforward-Netzes mit zwei Eingaben, zwei verdeckten Schichten mit je 3 Neuronen und einer Ausgabe

bestimmt werden können. Einen Algorithmus, der speziell zur Lösung dieses Optimierungsproblems geeignet ist, stellt die Levenberg-Marquardt-Methode dar, die weiter unten vorgestellt wird. Bei dieser Methode wird die spezielle Form der Zielfunktion ausgenutzt und die Tatsache, dass alle Ableitungen über die Kettenregel analytisch bestimmt werden können [308]. Da es sich um ein nichtlineares Optimierungsproblem handelt, kann jedoch nicht ausgeschlossen werden, dass man als Lösung ein lokales Optimum erhält.

Ein Problem bei den neuronalen Netzen ist immer, die Anzahl der verdeckten Schichten und die Anzahl Neuronen in jeder Schicht und damit die Anzahl der zu bestimmenden Parameter festzulegen. Ist die Anzahl zu gering, kann die Funktion $\tilde{y}$ nicht gut wiedergegeben werden. Ist sie dagegen zu groß besteht die Gefahr des „Over-Fittings". Es ist nämlich offensichtlich, dass mit größer werdender Anzahl der Parameter der quadratische Fehler immer weiter reduziert werden kann. Jedoch steigt damit die Komplexität der Approximation. Da jedoch über die Funktionswerte außerhalb der Stützpunkte nichts bekannt ist, wird eher eine glatte Interpolation angestrebt und kein komplexer und stark variierender Verlauf. Die Aufgabe besteht damit darin, die minimal nötige Anzahl der Parameter zu bestimmen, um die Funktion angemessen zu beschreiben. Für die Details, wie diese Aufgabe bewältigt werden kann, sei auf die Literatur [207], [352], [364] verwiesen.

6.2.2.2 Bestimmung der Regressionsparameter

Die Regressionsparameter werden, wie bei der linearen Regression, dadurch bestimmt, dass die mittlere quadratische Abweichung

$$\chi^2(\vec{c}) = \sum_{i=1}^{N} (y_i - \tilde{y}_i)^2; \qquad y_i = y(\vec{x}(i)), \quad \tilde{y}_i = \tilde{y}(\vec{x}(i), \vec{c}) \tag{6.88}$$

minimiert wird. Im Gegensatz zur linearen Regressionsanalyse lässt sich jedoch diesmal dieses Problem nicht auf die Lösung eines linearen Gleichungssystems zurückführen. Man muss vielmehr jetzt ein nicht lineares Optimierungsproblem lösen. Dafür sind prinzipiell alle Algorithmen aus Kapitel 2 geeignet. Jedoch hat sich für dieses spezielle Optimierungsproblem die Levenberg-Marquardt-Methode bewährt, die auf eine Zielfunktion der Form (6.88) zugeschnitten ist.

6.2.2.3 Levenberg-Marquardt-Methode

Die Idee bei dem Levenberg-Marquardt-Verfahren [235] ist, dass je nach Situation zwischen 2 Suchrichtungsstrategien umgeschaltet wird. Lässt sich die Zielfunktion (6.88) um den aktuellen Punkt $\vec{c}^{(k)}$ herum gut quadratisch approximieren

$$\chi^2(\vec{c}) = \chi^2(\vec{c}^{(k)}) + \vec{\nabla}^{\mathrm{T}} \chi^2(\vec{c}^{(k)})(\vec{c} - \vec{c}^{(k)}) + \frac{1}{2}(\vec{c} - \vec{c}^{(k)})^{\mathrm{T}} \boldsymbol{A}(\vec{c} - \vec{c}^{(k)}), \tag{6.89}$$

kann man das gesuchte Minimum, wie schon in Abschnitt 2.2.2.3 dargestellt, in einem Schritt erhalten als

$$\delta \vec{c}^{(k)} = -\boldsymbol{A}^{-1}\vec{\nabla}\chi^2(\vec{c}^{(k)}); \quad \delta \vec{c}^{(k)} = \vec{c} - \vec{c}^{(k)}. \tag{6.90}$$

Dieses Verhalten kann man vor allem am Ende einer Optimierung erwarten, wenn man sich schon in der Nähe des Optimums befindet. Ist die quadratische Approximation dagegen schlecht und versagt die inverse Hesse-Methode (6.90), was vor allem am Anfang einer Optimierung wahrscheinlich ist, dann wird der steilste Abstieg als Suchrichtung verwendet:

$$\delta \vec{c}^{(k)} = -\alpha \vec{\nabla}\chi^2(\vec{c}^{(k)}). \tag{6.91}$$

Beide Strategien sind bereits in Kapitel 2 beschrieben worden, jedoch gibt es hier nun einen grundlegenden Unterschied. Während die Hesse-Matrix bei dem Quasi-Newton-Verfahren nicht bekannt ist und deshalb über die Iterationen mit einem Ersetzungs-Schema wie dem BFGS-Algorithmus aufgebaut werden muss, ist hier die zu minimierende Zielfunktion vollständig bekannt, weil die Basisfunktionen analytisch vorgegeben sind. Deshalb lassen sich auch alle Ableitungen analytisch bestimmen. So ergibt sich für die einzelnen Komponenten des Gradienten

$$\frac{\partial \chi^2}{\partial c_j} = -2\sum_{i=1}^{N}(y_i - \tilde{y}_i)\frac{\partial \tilde{y}_i}{\partial c_j} \tag{6.92}$$

und für die der Hesse-Matrix

$$A_{jk} = \frac{\partial^2 \chi^2}{\partial c_j \partial c_k} = 2\sum_{i=1}^{N}\frac{\partial \tilde{y}_i}{\partial c_j}\frac{\partial \tilde{y}_i}{\partial c_k} - 2\sum_{i=1}^{N}(y_i - \tilde{y}_i)\frac{\partial^2 \tilde{y}_i}{\partial c_j \partial c_k}. \tag{6.93}$$

In der Praxis wird jedoch nicht der vollständige Ausdruck (6.93) für die Hesse-Matrix verwendet, sondern der 2. Term mit den 2.Ableitungen weggelassen, sodass sich ergibt:

$$A_{jk} = \frac{\partial^2 \chi^2}{\partial c_j \partial c_k} = 2\sum_{i=1}^{N}\frac{\partial \tilde{y}_i}{\partial c_j}\frac{\partial \tilde{y}_i}{\partial c_k}. \tag{6.94}$$

Der Grund für diese Vorgehensweise ist, dass der letzte Term zu numerischen Instabilitäten führen kann, wenn der Funktionsverlauf schlecht in eine quadratische Approximation passt. Rechtfertigen lässt sich dies auch anschaulich dadurch, dass der Term $(y_i - \tilde{y}_i)$ bei einer guten Approximation einem zufälligen Fehler entspricht und somit im Mittel beide Vorzeichen gleich häufig vorkommen sollten. Damit kann man erwarten, dass sich die Terme mit den zweiten Ableitungen in guter Näherung gegenseitig aufheben.

Die Fragen ist nun, wie sich die beiden Möglichkeiten (6.90) und (6.91), die hier noch mal jeweils in Komponentenschreibweise dargestellt sind

$$\sum_{j=1}^{L} A_{ij}\delta c_j = -\frac{\partial \chi^2}{\partial c_i} \tag{6.95}$$

$$\delta c_i = -\alpha\frac{\partial \chi^2}{\partial c_i}, \tag{6.96}$$

zusammenzubringen lassen. Dies kann folgendermaßen erreicht werden: Nimmt man an, dass die Hesse-Matrix $\boldsymbol{A}$ diagonal ist oder die nichtdiagonalen Elemente so klein sind, dass sie vernachlässigt werden können, reduziert sich Gleichung (6.95) zu:

$$\delta c_i = -\frac{1}{A_{ii}}\frac{\partial \chi^2}{\partial c_i}. \tag{6.97}$$

Führt man nun zusätzlich statt der festen Schrittweite eine variable Schrittweitensteuerung über einen Parameter λ ein, erhält man den steilsten Abstieg (6.96) als Suchrichtung, mit dem einzigen Unterschied, dass nun ein anderer Ausdruck für den Parameter α verwendet wird:

$$\delta c_i = -\frac{1}{\lambda A_{ii}}\frac{\partial \chi^2}{\partial c_i} \tag{6.98}$$

Damit ergibt sich der steilste Abstieg als Spezialfall der inversen Hesse-Methode, wenn die Hesse-Matrix diagonal ist. Basierend auf dieser Erkenntnis wird nun über folgende Definition eine neue Matrix $\boldsymbol{A}'$ eingeführt

$$\boldsymbol{A}' = \boldsymbol{A} + \lambda \mathbf{1} \tag{6.99}$$

und diese anstatt $\boldsymbol{A}$ in Gleichung (6.90) beziehungsweise (6.95) verwendet:

$$\sum_{j=1}^{L} A'_{ij} \delta c_j = -\frac{\partial \chi^2}{\partial c_i}. \tag{6.100}$$

Offenbar gilt, dass für $\lambda = 0$ die neue Matrix exakt die Hesse-Matrix ist und man somit die inverse Hesse-Methode erhält. Mit größer werdenden λ wird jedoch die Diagonale von A' immer dominanter und der Algorithmus nähert sich immer mehr der Methode des steilsten Abstiegs (6.88) an. Damit ergibt sich folgender Optimierungsalgorithmus [289]:

1. Bestimme für die Anfangswerte $\overrightarrow{c}^{(0)}$ der Parameter die Funktion $\chi(\overrightarrow{c}^{(0)})$, lege für λ einen nicht zu großen Anfangswert fest, z. B. $\lambda^{(0)} = 0.001$, und setze $k = 1$.
2. Berechne $\boldsymbol{A}^{(k)'}$, löse Gleichung (6.100) und bestimme $\chi(\overrightarrow{c}^{(k)})$ mit $\overrightarrow{c}^{(k)} = \overrightarrow{c}^{(k-1)} + \delta \overrightarrow{c}^{(k)}$.
3. Gehe nach 6 wenn Abbruchkriterium erfüllt.
4. Wenn $\chi(\overrightarrow{c}^{(k-1)}) \geqq \chi(\overrightarrow{c}^{(k)})$, setze $\lambda^{(k+1)} = s\lambda^{(k)}$ und $k = k + 1$ und gehe nach 2.
5. Wenn $\chi(\overrightarrow{c}^{(k-1)}) < \chi(\overrightarrow{c}^{(k)})$, setze $\lambda^{(k+1)} = \dfrac{1}{s}\lambda^{(k)}$ und $k = k + 1$ und gehe nach 2.
6. Lösung ist $\overrightarrow{c}^{*} = \overrightarrow{c}^{(k)}$.

Ein vernünftiger Wert für s ist dabei $s = 10$.

6.2.3 Statistische Test- und Fehlerterme

Nachdem die Antwortfläche erzeugt worden ist, muss der Benutzer beurteilen, wie gut die Anpassung der glättenden Approximation an die Stützpunkte gelungen ist. Dazu stehen ihm statistische Test- und Fehlerterme zur Verfügung [258], [364]. Die gebräuchlichsten werden im Folgenden beschrieben:

Eine visuelle Beurteilung der Approximation kann mithilfe des Streudiagramms (Scatter-Plot) erfolgen. Dort sind die wirklichen Funktionswerte gegen die durch die Approximation ermittelten aufgetragen. Im Idealfall liegen alle Punkte auf der Winkelhalbierenden (Abbildung 6.18).

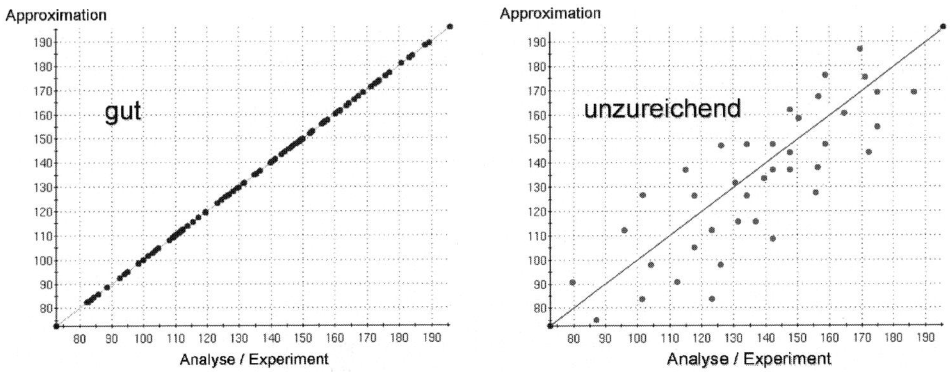

Abb. 6.18 Streudiagramm einer Approximation mit hoher und niedriger Güte

Der globale Fehler der Approximation wird durch die Summe der Fehlerquadrate (Residual Sum of Squares, Error Sum of Squares) beschrieben:

$$\varepsilon = \sum_{i=1}^{N} (y_i - \tilde{y}_i)^2. \tag{6.101}$$

Manchmal wird auch stattdessen die Wurzel des mittleren quadratischen Fehlers (RMS = Root Mean Square Error, Root Mean Square Deviation) verwendet:

$$\varepsilon_{\mathrm{RMS}} = \sqrt{\frac{\sum_{i=1}^{N} (y_i - \tilde{y}_i)^2}{N}}. \tag{6.102}$$

Der multiple Korrelationskoeffizient R^2 (Coefficient of multiple Determination, Coefficient of multiple Correlation) ist ein Maß dafür, wie gut die Variabilität der Approximation die Variabilität der Stützstellenwerte abbilden kann:

$$R^2 = \frac{\sum_{i=1}^{N} (\tilde{y}_i - \bar{y})^2}{\sum_{i=1}^{N} (y_i - \bar{y})^2}; \qquad \bar{y} = \frac{\sum_{i=1}^{N} y_i}{N} \tag{6.103}$$

Der Wert von R^2 sollte möglichst nahe bei Eins liegen. In diesem Fall beschreibt die Approximation die Stützpunkte mit einem kleinen Fehler. Dies gilt aber nur dann, wenn die Anzahl der Stützstellen N deutlich größer ist als die Anzahl der zu bestimmenden Parameter L der Approximation. Dagegen steigt R^2 umso mehr an, je mehr sich N an L annähert. Im Extremfall $N = L$ ist zwar $R^2 = 1$ weil die Approximation exakt durch die Punkte geht, jedoch enthält der Wert keinerlei Information mehr über die Modellgüte. Um diesem Verhalten entgegenzuwirken, wurde der angepasste Koeffizient eingeführt.

$$R^2_{\mathrm{adj}} = 1 - \frac{N-1}{N-L}\left(1 - R^2\right). \tag{6.104}$$

Auch hier weist ein Wert nahe bei Eins auf ein gutes Modell hin. R^2_{adj} zeigt zwar ein deutlich besseres Verhalten als R^2, jedoch weist auch er ein Anwachsen bei Annäherung von N an L auf, wenn auch in deutlich abgeschwächter Form.

6.2.4 Interpolationen

6.2.4.1 Kriging

Die Grundversion von Kriging, benannt nach dem Bergingenieur D. G. Krige, wurde in den frühen 60er-Jahren im Bereich der Geologie entwickelt [72], [73], [236]. Die Zielsetzung war dabei eine Approximation zu entwickeln, um die Konzentration von wertvollen Mineralien vorherzusagen, von denen die Daten aus Bohrkernen nur an einigen Orten vorlagen. Beim Kriging-Modell handelt sich es sich um eine Interpolation, sodass die Approximation durch alle Datenpunkte hindurchgeht. Ein wesentlicher Unterschied zu den Modellen in den vorherigen Kapiteln besteht darin, dass keine Annahmen darüber gemacht werden müssen, welche Terme oder Funktionen berücksichtigt werden sollen. Die Struktur des Modells und die Anzahl der zu bestimmenden Parameter ist immer durch die Anzahl N der verwendeten Datenpunkte vorgegeben. Dabei ist ein Kriging-Modell immer in der Lage, auch hochgradig nichtlineare Verläufe abzubilden, ohne dabei jedoch ein Überschwingverhalten wie bei Polynomen aufzuweisen.

Das Kriging Modell wird auf Basis eines stochastischen Modells hergeleitet. Dadurch ist es möglich, statistische Maße zu bestimmen, die zusätzliche Informationen liefern. So kann man an jedem Punkt die Genauigkeit der Approximation berechnen. Weiterhin kann die Wahrscheinlichkeit angegeben werden, an einem Punkt einen Funktionswert zu finden, der besser (kleiner) ist als der bis dahin beste Wert. Letzteres kann sowohl als Optimierungsstrategie verwendet werden oder auch als Entscheidungshilfe dienen, um zusätzliche Stützpunkte auszuwählen, wenn die Approximation verbessert werden muss [186], [187].

Eine exakte Herleitung dieses Modells würde den Rahmen dieses Buches sprengen. Es wird sich deshalb darauf beschränkt, die Eigenschaften des Modells vorzustellen. Für den interessierten Leser werden am Ende dieses Kapitel die zugrunde liegenden Ideen und die daraus folgenden Resultate erläutert. Für eine detaillierte Herleitung sei auf [309], [74] verwiesen.

Das Kriging-Modell hat die Form:

$$\tilde{y}(\vec{x}) = \mu + \vec{r}^{\,\mathrm{T}} \boldsymbol{R}^{-1}(\vec{y} - \vec{1}\mu). \tag{6.105}$$

Dabei sind

$$\vec{1}^{\,\mathrm{T}} = (1, 1, \ldots, 1)$$

ein N-dimensionaler Vektor, bei dem alle Komponenten den Wert 1 haben,

$$\vec{y}^{\,\mathrm{T}} = (y_1, y_2, \ldots, y_N)$$

die Funktionswerte an den Stützpunkten,

$$\mu = \frac{\vec{1}^{\,\mathrm{T}} \boldsymbol{R}^{-1} \vec{y}}{\vec{1}^{\,\mathrm{T}} \boldsymbol{R}^{-1} \vec{1}}$$

deren Mittelwert,

$$R_{ij} = \exp\left(-d\left(\vec{x}(i), \vec{x}(j)\right)\right)$$

die Korrelationsmatrix und

$$r_j = \exp\left(-d\left(\vec{x}, \vec{x}(j)\right)\right)$$

der Korrelationsvektor zwischen den Funktionswerten an den Stützstellen und dem aktuellen Punkt $\vec{x}$.

Weiterhin ist

$$d\left(\vec{x}(i), \vec{x}(j)\right) = \sum_{k=1}^{n} \Theta_k \left|x_k(i) - x_k(j)\right|^{p_k} \qquad \text{mit} \quad \Theta_k > 0, \quad p_k \in [1, 2] \tag{6.106}$$

der Abstand zwischen den Datenpunkten $\vec{x}(i)$ und $\vec{x}(j)$. Hier wird jedoch nicht der Euklidische Abstand verwendet, bei dem die Gewichte und Exponenten bei allen Variablen gleich sind. Vielmehr werden die Gewichtung und die Potenzen zunächst offen gelassen und als Parameter zur Anpassung verwendet.

In Abbildung 6.19 ist an 4 Beispielen die Wirkungsweise der Parameter veranschaulicht. Es wird deutlich, dass der Parameter p_k festlegt, wie glatt die Funktion ist, während der Parameter Θ_k bestimmt, wie stark der Einfluss der einzelnen Datenpunkte mit der Entfernung abfällt.

Für $p_k = 2$ kann man das Kriging-Modell auch als Approximation interpretieren, bei der um jeden Punkt Gauß-Verteilungen als Basisfunktionen verwendet werden:

$$\tilde{y}(\vec{x}) = \mu + \sum_{j=1}^{N} c_j \exp\left(\sum_{k=1}^{n} \Theta_k \left(x_k - x_k(j)\right)^2\right) \tag{6.107}$$

mit

$$c_j = \left(\boldsymbol{R}^{-1}(\vec{y} - \vec{1}\mu)\right)_j^{\mathrm{T}}.$$

Jedoch sind die Koeffizienten hier keine Konstanten, sondern hängen selber wiederum von den Parametern ab. Dadurch ist das Kriging-Modell flexibler als eine Approximation mit konstanten Koeffizienten.

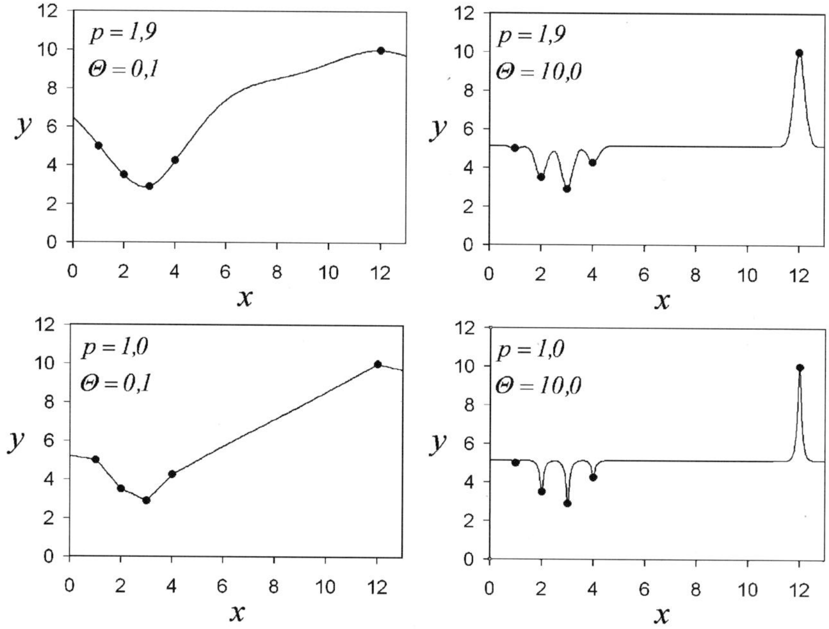

Abb. 6.19 Kriging-Modell durch 5 Datenpunkte für vier verschiedene Parameterkombinationen (Die erste Kurve zeigt das Kriging-Modell nach der Parameteranpassung)

Die Parameter Θ_k und p_k werden so bestimmt, dass die Wahrscheinlichkeitsfunktion

$$\frac{1}{(2\pi)^{N/2}(\sigma^2)^{N/2}\,|\boldsymbol{R}|^{1/2}}\exp\left(\frac{-(\vec{y}-\vec{1}\mu)^{\mathrm{T}}\boldsymbol{R}^{-1}(\vec{y}-\vec{1}\mu)}{2\sigma^2}\right) \tag{6.108}$$

mit

$$\sigma^2 = \frac{(\vec{y}-\vec{1}\mu)^{\mathrm{T}}\boldsymbol{R}^{-1}(\vec{y}-\vec{1}\mu)}{N} \tag{6.109}$$

maximiert wird. Anstatt das Maximierungsproblem direkt zu lösen, kann alternativ auch eine Iterationsvorschrift verwendet werden [234], [181].

Das Kriterium zur Bestimmung der Parameter lässt sich anschaulich als Mittelwertbildung aller möglichen Approximationen deuten. Dies ist exemplarisch in Abbildung 6.20 gezeigt, in der eine Kurvenschar mit unterschiedlichen Werten von Θ und p dargestellt ist. Das Kriterium, nach dem die Wahrscheinlichkeitsfunktion in Gleichung (6.108) maximiert wird, selektiert die „glatteste“ Funktion, die man wahrscheinlich auch intuitiv auswählen würde.

Es kann leicht gezeigt werden, dass der Ausdruck (6.105) wirklich interpolierende Eigenschaften hat. So ist der Vektor $\vec{r}$ am Punkt $\vec{x} = \vec{x}(i)$ identisch mit der i-ten Spalte der Matrix $\boldsymbol{R}$, die mit $\vec{R}_i$ bezeichnet wird. Damit gilt

$$\vec{r}^{\,\mathrm{T}}\boldsymbol{R}^{-1} = \left(\boldsymbol{R}^{-1}\vec{r}\right)^{\mathrm{T}} = (\boldsymbol{R}^{-1}\vec{R}_i)^{\mathrm{T}} = \vec{e}_i^{\,\mathrm{T}}, \tag{6.110}$$

wobei $\vec{e}_i$ der i-te Einheitsvektor ist. Damit reduziert sich Gleichung (6.105) am Punkt $\vec{x}(i)$ zu

$$\begin{aligned}\tilde{y}(\vec{x}(i)) &= \mu + \vec{r}^{\,\mathrm{T}}\boldsymbol{R}^{-1}(\vec{y}-\vec{1}\mu)\\ &= \mu + \vec{e}_i^{\,\mathrm{T}}(\vec{y}-\vec{1}\mu) = \mu + (y_i-\mu) = y_i.\end{aligned} \tag{6.111}$$

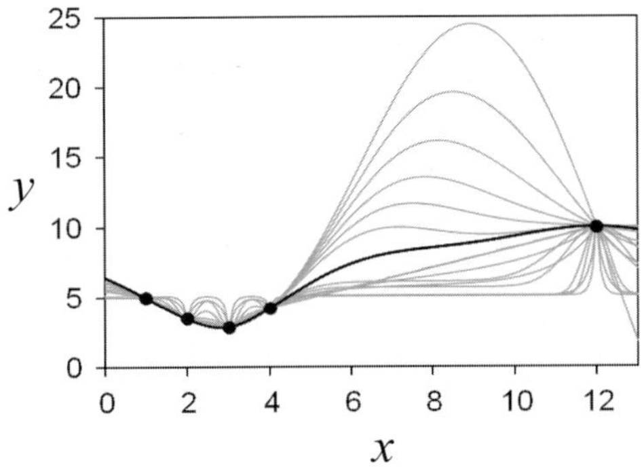

Abb. 6.20 Interpretation des Kriging-Modells (schwarze Kurve) als Mittelwert aller möglichen Approximationen

Der Vorteil des Kriging-Modells liegt darin, dass infolge des stochastischen Zugangs eine Aussage über die Genauigkeit des Modells am aktuellen Punkt $\vec{x}$ möglich ist. So kann der mittlere quadratische Fehler des Kriging-Modells am Punkt $\vec{x}$ bestimmt werden zu

$$s^2(\vec{x}) = \sigma^2 \left[1 - \vec{r}^{\mathrm{T}} \boldsymbol{R}^{-1} \vec{r} + \frac{\left(1 - \vec{1}^{\mathrm{T}} \boldsymbol{R}^{-1} \vec{r}\right)^2}{\vec{1}^{\mathrm{T}} \boldsymbol{R}^{-1} \vec{1}} \right]. \tag{6.112}$$

Man kann sich leicht klar machen, dass dieser Ausdruck die erwarteten Eigenschaften hat. So steigt der quadratische Fehler umso stärker an, je weiter sich der Punkt $\vec{x}$ von den Datenpunkten $\vec{x}_i$ entfernt. Ist der Abstand zwischen Punkt $\vec{x}$ und allen $\vec{x}_i$ groß, so ist $\vec{r} \approx \vec{0}$ und der quadratische Fehler $s^2 \approx \sigma^2$. Dagegen wird der Fehler immer geringer, je näher $\vec{x}$ an einem Datenpunkt $\vec{x}_i$ liegt. Im Extremfall gilt an der Stelle eines Datenpunktes $\vec{x} = \vec{x}(i)$ unter Verwendung von Gleichung (6.110)

$$\vec{r}^{\mathrm{T}} \boldsymbol{R}^{-1} \vec{r} = \vec{r}^{\mathrm{T}} \vec{e}_i = r_i\left(\vec{x}(i)\right) = 1 \tag{6.113}$$

und

$$\vec{1}^{\mathrm{T}} \boldsymbol{R}^{-1} \vec{r} = \vec{1}^{\mathrm{T}} \vec{e}_i = 1, \tag{6.114}$$

sodass der quadratische Fehler an diesem Punkt verschwindet. Dies muss auch so sein, weil das Kriging-Modell eine Interpolation ist und der Funktionswert an diesem Punkt in die Bestimmung des Kriging-Modells eingeflossen ist. Für die Testfunktion aus Abbildung 6.21 ist in Abbildung 6.22 die Kriging-Approximation, der Verlauf von s^2 und der daraus abgeleitete 95 %-Vertrauensbereich dargestellt.

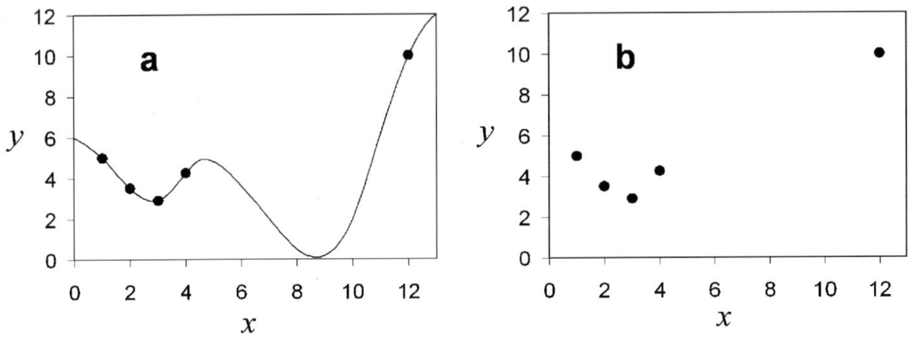

Abb. 6.21 Die Testfunktion mit den 5 selektierten Datenpunkten, b) was der Anwender sieht

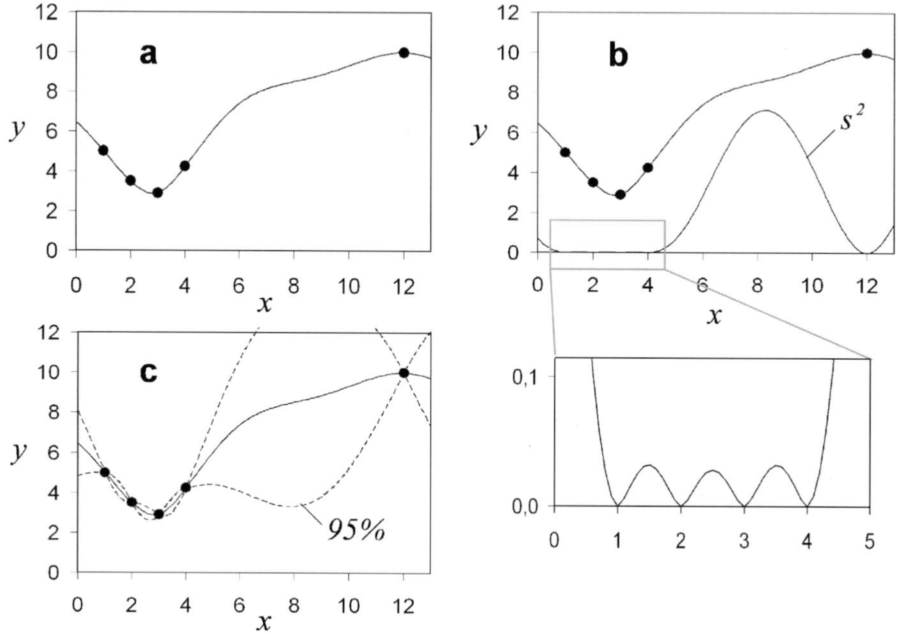

Abb. 6.22 Kriging-Modell durch die 5 selektierten Datenpunkte, b) zusätzlich mit dem quadratischen Fehler (mit Detailvergrößerung) aus Gleichung (6.112) und c) mit daraus abgeleitetem 95 %-Vertrauensbereich

Da es sich beim Kriging-Modell um eine Interpolation handelt, können zur Überprüfung der Modellqualität nicht die gleichen Möglichkeiten verwendet werden wie bei einer glättenden Approximation. Stattdessen kann man die „Leave-One-Out"-Methode verwenden, eine spezielle Form der Kreuzvalidierung, die in Kapitel 6.2.6 im Detail beschrieben ist und auch bei den radialen Basisfunktionen verwendet wird. Man nimmt dabei einen Punkt $\vec{x}(i)$ aus dem Modell heraus und versucht, den dazugehörigen Funktionswert y_i mit dem reduzierten Modell vorherzusagen. Wird der mit dem reduzierten Modell vorhergesagte Funktionswert mit $\tilde{y}_{-i}\left(\vec{x}(i)\right)$ und der dazugehörige quadratische Fehler aus Gleichung (6.112) mit $s^2_{-i}\left(\vec{x}(i)\right)$ bezeichnet, kann man als Maß für die Qualität der Vorhersage die Größe (Standardized Cross-Validated Residual)

$$R_{\mathrm{SCV}} = \frac{y_i - \tilde{y}_{-i}\left(\vec{x}(i)\right)}{s_{-i}\left(\vec{x}(i)\right)} \tag{6.115}$$

definieren und in einem Streudiagramm visualisieren. Als Qualitätsmaß kann man nun fordern, dass der vorhergesagte Wert innerhalb des 99,7 %-Vertrauensbereichs liegen soll, was bedeutet, dass der Wert von R_{SCV} innerhalb des Intervalls $[-3, +3]$ liegen muss. Wird diese Vorgehensweise für alle N Punkte durchgeführt, erhält man eine Rückmeldung über die Güte des Kriging-Modells. Dabei werden die Parameter für das Modell mit allen N Punkten bestimmt und diese dann auch in den reduzierten Modellen mit $N-1$ Datenpunkten verwendet.

Im Rahmen des stochastischen Modells, das dem Kriging-Modell zugrunde liegt, kann man $\tilde{y}(\vec{x})$ als normalverteilte Zufallsvariable mit der Varianz $s^2(\vec{x})$ interpretieren. Dies lässt sich nutzen um zu entscheiden, an welchem Ort man einen neuen Datenpunkt setzen sollte, wenn die Güte des Kriging-Modells verbessert werden soll. So ist in Abbildung 6.22 der quadratische Fehler am Ort $x = 8{,}3$ am größten. Hier liegt die geringste Information über die Funktion vor und demnach sollte hier ein neuer Datenpunkt gesetzt werden um den globalen Verlauf der Approximation zu verbessern. Nimmt man nun diesen Funktionswert am Punkt $x = 8{,}3$ zu dem Modell hinzu, erhält man den in Abbildung 6.23 dargestellten Verlauf, der die Testfunktion schon wesentlich besser wiedergeben kann.

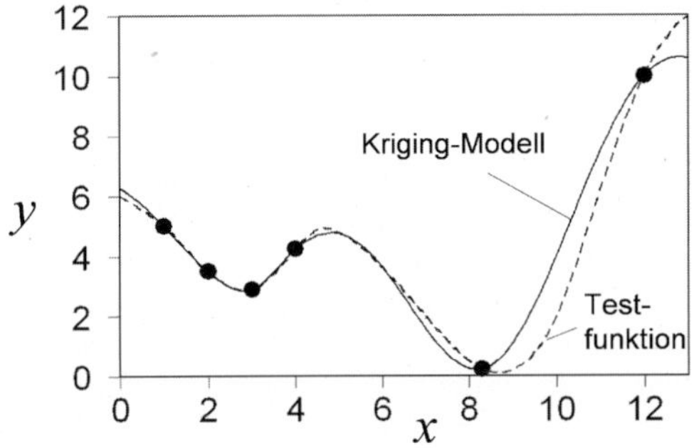

Abb. 6.23 Kriging-Modell aus Abbildung 6.22 nach Hinzunahme eines zusätzlichen Datenpunktes

Ein anderes Kriterium besteht darin, den Punkt $\vec{x}$ hinzuzunehmen, an dem die Wahrscheinlichkeit am höchsten ist, einen besseren (kleineren) Funktionswert als den bisher gefundenen Wert $y_{\min}$ zu finden. Die Wahrscheinlichkeit, am Ort $\vec{x}$ eine Verbesserung $I = y_{\min} - y(\vec{x})$ zu erhalten, ist (siehe Abbildung 6.24)

$$\frac{1}{\sqrt{2\pi}s(\vec{x})}\exp\left(\frac{-\left(y_{\min}-\tilde{y}(\vec{x})-I\right)^2}{2s^2(\vec{x})}\right). \tag{6.116}$$

Die erwartete Verbesserung (Expected Improvement) EI ist nun nichts anderes als der Erwartungswert der Verbesserung, der sich nach Integration über die Wahrscheinlichkeitsdichte (6.116) ergibt:

$$EI = \int_0^\infty I\frac{1}{\sqrt{2\pi}s(\vec{x})}\exp\left(\frac{-\left(y_{\min}-\tilde{y}(\vec{x})-I\right)^2}{2s^2(\vec{x})}\right)\mathrm{d}I. \tag{6.117}$$

Dieses Integral kann mithilfe partieller Integration analytisch gelöst werden und man erhält

$$EI = s(\vec{x})\left(u\Phi(u)+\phi(u)\right) \tag{6.118}$$

mit

$$u = \frac{y_{\min}-\tilde{y}(\vec{x})}{s(\vec{x})}.$$

Dabei ist Φ die kumulative Verteilungsfunktion und ϕ die Dichtefunktion der Normalverteilung.

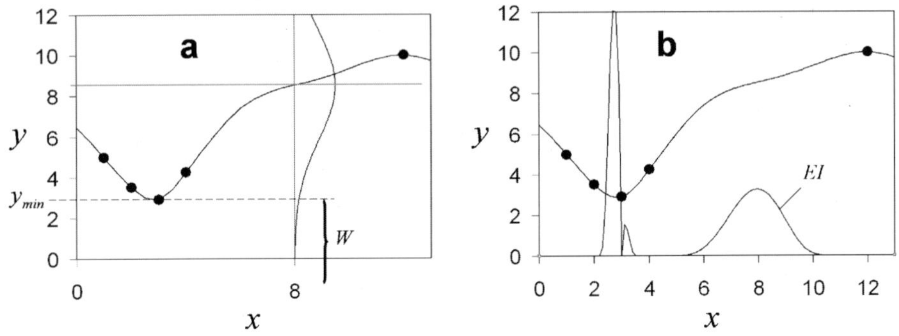

Abb. 6.24 a) Gauß-Verteilung um den Funktionswert am Punkt $x = 8$, die sich mit s^2 aus Gleichung (6.112) ergibt, und der Wahrscheinlichkeitsbereich W, in dem man einen besseren Wert als $y_{\min}$ findet; b) Verlauf von EI (mit Faktor 200 skaliert)

Der Verlauf von EI für das Modell aus Abbildung 6.22 ist in Abbildung 6.24 dargestellt. Das Maximum liegt hier am Punkt $x = 2{,}7$, sodass man nach dem EI-Kriterium diesen als zusätzlichen Datenpunkt wählen würde. Da über EI eine Wahrscheinlichkeit angegeben werden kann, an welchem Punkt der kleinste Funktionswert zu finden ist, lässt sich EI auch als Kriterium in einem Optimierungsalgorithmus integrieren, indem immer der Punkt als nächster hinzugenommen wird, bei dem EI maximal ist. Diese Vorgehensweise ist im EGO-Algorithmus implementiert, der in Abschnitt 10.5 vorgestellt wird.

Ein Problem in der Berechnung des Kriging-Modells besteht darin, dass es numerische Probleme bei der Invertierung der Matrix $\boldsymbol{R}$ geben kann. Der Grund dafür ist, dass die Matrix schlecht konditioniert sein kann, wenn die Datenpunkte zu eng beieinander liegen. Im Extremfall wird die Matrix singulär wenn Datenpunkte zusammenfallen. Dies Problem kann gelöst werden, indem man SVD (Abschnitt 6.2.1.3) zur Invertierung von $\boldsymbol{R}$ einsetzt. Eine andere Möglichkeit besteht darin, zu den Diagonalelementen einen kleinen Faktor hinzuaddieren und somit die Singularität zu beheben. Allerdings geht die Approximation dann nicht mehr exakt durch die Datenpunkte.

Zum Schluss sollen nun noch die grundlegenden Ideen bei der Herleitung des Kriging-Modells dargestellt werden. Ausgangspunkt ist ein Regressionsmodell für eine Funktion $\tilde{y}(\vec{x})$ bestehend aus M Basisfunktionen, das an die an den Punkten $\vec{x}(j)$ gemessenen Werte $y_j = y\left(\vec{x}(j)\right)$, $j = 1, N$, möglichst gut angepasst werden soll. Speziell gilt an den gemessenen Punkten $\vec{x}(j)$

$$\tilde{y}\left(\vec{x}(j)\right) = \sum_{k=1}^{M} a_k \phi_k \left(\vec{x}(j)\right) + \varepsilon_j. \tag{6.119}$$

Dabei sind ε_j normalverteilte unabhängige Fehler, die sich infolge der Messung ergeben. Die Annahme von unabhängigen Fehlern ist bei Messdaten sicherlich gerechtfertigt, nicht jedoch wenn die Funktionswerte mithilfe der Simulation, also mit einem deterministischen Computerprogramm berechnet worden sind. Die Simulation kann beliebig oft an einem Punkt durchgeführt werden und wird immer das gleiche Ergebnis liefern. Damit stellt ε_j im Fall der Simulation keinen Messfehler oder Rauschen dar, sondern die Unzulänglichkeit des Regressionsmodells, die Funktion $y(\vec{x})$ an der Stelle $\vec{x}$ richtig wiederzugeben. Somit enthält ε_j alle fehlenden Regressionsterme, die zur exakten Beschreibung benötigt werden, und ist folglich eine Funktion von $\vec{x}$. Diese wird im Folgenden mit $\varepsilon(\vec{x})$ bezeichnet. Für einen solchen kontinuierlichen Fehler ist jedoch die Annahme der Unabhängigkeit nicht mehr haltbar. Man muss eher davon ausgehen, dass die Fehlerterme $\varepsilon(\vec{x}(j))$ und $\varepsilon(\vec{x}(k))$ zweier benachbarter Punkte $\vec{x}(j)$ und $\vec{x}(k)$ korreliert sind und zwar um so mehr, je dichter sie beieinander liegen. Damit sollte die Korrelation vom Abstand der Punkte $d\left(\vec{x}(i), \vec{x}(j)\right)$ abhängen. Als Korrelation wird beim Kriging-Modell eine Normalverteilung

$$\operatorname{corr}\left(\vec{x}(i), \vec{x}(j)\right) = R_{ij} = \exp\left(-d\left(\vec{x}(i), \vec{x}(j)\right)\right) \tag{6.120}$$

angesetzt. Diese weist alle gewünschten Eigenschaften auf. So ist sie nahezu Eins, wenn der Abstand beider Punkte gegen null geht und fällt mit zunehmendem Abstand ab. Der Parameter Θ_k legt dabei die Stärke der Korrelation für die k-te Variable fest. Je größer Θ_k ist, umso schneller fällt die Korrelation mit zunehmendem Abstand ab. Dagegen legt der Parameter p_k fest, wie glatt die Funktion ist, wobei die Funktion bei hohen Werten glatter als bei kleinen Werten ist [275].

Zusammenfassend beschreiben die Regressionsterme in Gleichung (6.119) den globalen Trend einer Funktion, während die Fehlerterme die genaue Anpassung an die Werte y_j gewährleisten. Da jedoch über den Trend einer Funktion normalerweise nichts bekannt ist, berücksichtigt man häufig von den Regressionstermen nur den Mittelwert μ (Ordinary Kriging), sodass der gesamte Funktionsverlauf allein über variable Fehlerterme und Korrelationen beschrieben wird. Nimmt man hingegen neben dem Mittelwert noch andere Regressionsterme hinzu, spricht man vom „Universal Kriging" [74], [177]. Besonders interessant ist hier der Ansatz, über eine Variablenreduktionstechnik die wichtigen

Regressionsterme zu bestimmen (Blind Kriging [303]). Hier wird jedoch im Folgenden nur die einfache Version mit dem Mittelwert betrachtet:

$$\tilde{y}\left(\overrightarrow{x}(j)\right) = \mu + \varepsilon\left(\overrightarrow{x}(j)\right). \tag{6.121}$$

Man kann nun zeigen [309], [206], [186], [187], dass der beste lineare unverzerrte Schätzer für die unbekannte Funktion $y(\overrightarrow{x})$ gerade die Form in Gleichung (6.105) hat.

Neben der interpolierenden Version von Kriging gibt es auch eine glättende Formulierung [71], [114], [202], [253]. Diese kann verwendet werden, wenn eine Glättung bei verrauschten Daten oder von deterministischen Daten erwünscht ist. Dazu wird in Gleichung (6.121) die Zufallsvariable δ mit dem Mittelwert 0 und der Standardabweichung σ_δ hinzuaddiert:

$$\tilde{y}\left(\overrightarrow{x}(j)\right) = \mu + \varepsilon\left(\overrightarrow{x}(j)\right) + \delta. \tag{6.122}$$

Dieser Term soll den verrauschten Anteil beschreiben. Folglich gibt es bei diesem auch keine Korrelation zwischen verschiedenen Datenpunkten. Mit diesem Zusatzterm ergibt sich dann statt Gleichung (6.105) der Ausdruck

$$\tilde{y}(\overrightarrow{x}) = \mu + \overrightarrow{r}_E^{\,\mathrm{T}} \boldsymbol{R}_E^{-1}(\overrightarrow{y} - \overrightarrow{1}\mu) \tag{6.123}$$

mit

$$\overrightarrow{r}_E = (1-\gamma)\overrightarrow{r}$$

$$\boldsymbol{R}_E = (1-\gamma)\boldsymbol{R} + \gamma\boldsymbol{1}$$

wobei

$$\gamma = \frac{\sigma_\delta^2}{\sigma_\delta^2 + \sigma^2}$$

der verrauschte Anteil an der Gesamtvarianz ist. Bis auf die Tatsache, dass zwei Terme modifiziert werden müssen und nun noch ein zusätzlicher Parameter γ vorhanden ist, bleibt das weitere Vorgehen zur Bestimmung der Parameter identisch zu dem oben beschriebenen.

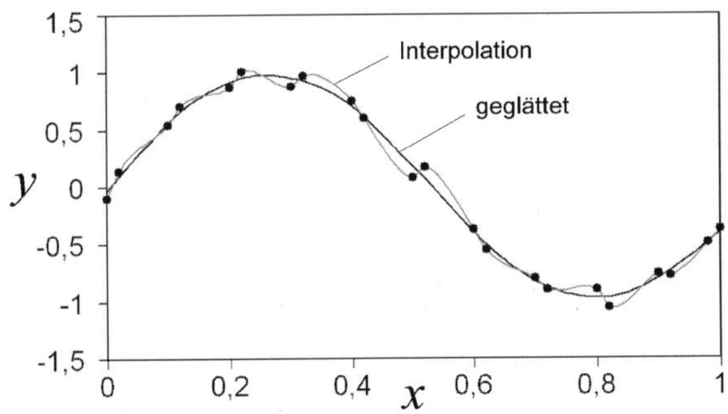

Abb. 6.25 Vergleich von einem interpolierenden mit einem glättenden Kriging-Modell für eine verrauschte Funktion

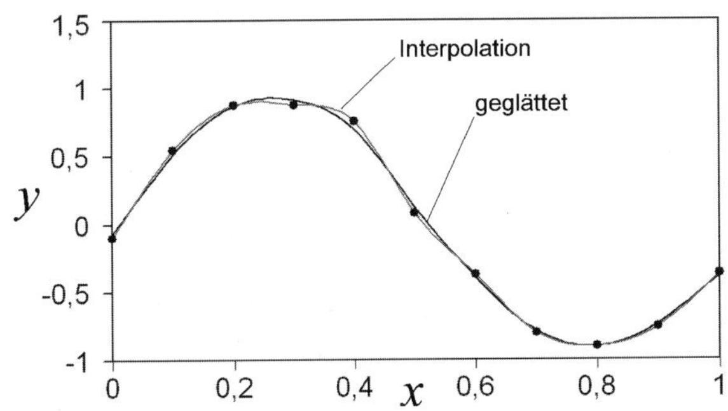

Abb. 6.26 Vergleich von einem interpolierenden mit einem glättenden Kriging-Modell für eine nicht verrauschte Funktion

Ein Beispiel wie die Glättung im Kriging-Modell wirkt, ist in Abbildung 6.25 dargestellt. Der Unterschied zwischen glättendem und interpolierendem Modell ist allerdings gering, wenn die Funktion nicht oder nur schwach verrauscht ist (Abbildung 6.26).

6.2.4.2 Radiale Basisfunktionen

Bei den radialen Basisfunktionen (RBF=Radial Basis Functions) [51], [90], [137], [138], [139], [174], [188], [190], [191], [192], [193], [227], [315], [316], [393] handelt es sich um eine Klasse von Funktionen, die zur Lösung von partiellen Differenzialgleichungen und bei neuronalen Netzen eingesetzt werden. Dabei wird jeder Stützstelle $\vec{x}(j)$ genau eine radiale Basisfunktion zugeordnet, die um die Stützstelle herum radialsymmetrisch verläuft. Somit gilt

$$\phi_j(\vec{x}) = \phi_j\left(\|\vec{x} - \vec{x}(j)\|\right), \tag{6.124}$$

wobei $\|\vec{x}(j) - \vec{x}\| = \sqrt{\sum_{i=1}^{n}(x_i(j) - x_i)^2}$ die euklidische Norm ist. Die Interpolationsgleichung mit radialen Basisfunktionen lautet im einfachsten Fall

$$\tilde{y}\left(\vec{x}\right) = \sum_{j=1}^{N} c_j\phi_j\left(\vec{x}\right). \tag{6.125}$$

Die N Bedingungen zur Bestimmung der Koeffizienten erhält man aus der Interpolationsbedingung, dass die Funktionswerte an den N Stützstellen mit den Werten der Approximation übereinstimmen müssen:

$$y_j = \tilde{y}\left(\vec{x}(j)\right); \qquad j = 1, N \tag{6.126}$$

Dies führt auf das zu lösende lineare Gleichungssystem

$$\boldsymbol{B}\vec{c} = \vec{y} \tag{6.127}$$

mit

$$\boldsymbol{B} = \begin{pmatrix} \phi_1\left(\vec{x}(1)\right) & \phi_2\left(\vec{x}(1)\right) & \cdots & \phi_N\left(\vec{x}(1)\right) \\ \phi_1\left(\vec{x}(2)\right) & \phi_2\left(\vec{x}(2)\right) & \cdots & \phi_N\left(\vec{x}(2)\right) \\ \vdots & \vdots & \vdots & \vdots \\ \phi_1\left(\vec{x}(N)\right) & \phi_2\left(\vec{x}(N)\right) & \cdots & \phi_N\left(\vec{x}(N)\right) \end{pmatrix}$$

$$\vec{c}^{\,\mathrm{T}} = (c_1, c_2, \ldots, c_N)$$

$$\vec{y}^{\,\mathrm{T}} = (y_1, y_2, \ldots, y_N).$$

Die gebräuchlichsten radialen Basisfunktionen sind in Tabelle 6.3 aufgeführt.

Während die radiale Abhängigkeit der Basisfunktionen bei den „Thin Plate Splines“ und den „linearen“ und „kubischen Splines“ an allen Stützstellen fest vorgegeben ist, kann diese bei den anderen aufgeführten Funktionen über Formparameter modifiziert werden. Dabei wird bei den „Variable Power Splines“ der Exponent aller Basisfunktionen über einen einzigen Formparameter κ verändert, während die letzten drei aufgeführten Funktionen die lokalen Formparameter κ_j enthalten, welche es erlauben, den radialen Verlauf individuell um jede Stützstelle $\vec{x}(j)$ an den Funktionenverlauf anzupassen.

Die radialen Basisfunktionen haben einige attraktive Eigenschaften. Wenn man beispielsweise Gauß-Funktionen als radiale Basisfunktionen verwendet, kann man zeigen, dass für jede beliebige Wahl von paarweise verschiedenen Stützstellen die Matrix $\boldsymbol{B}$, die zur Bestimmung der Koeffizienten benötigt wird, positiv definit ist. Somit ist die Matrix $\boldsymbol{B}$ nicht-singulär und es existiert immer eine eindeutige Lösung des linearen Gleichungssystems (6.127) [288]. Dies gilt jedoch nicht für alle in der Tabelle 6.3 angegebenen Basisfunktionen. Man kann jedoch immer eine eindeutige Lösung

Tabelle 6.3 Die gebräuchlichsten radialen Basisfunktionen und das dazugehörige Polynom, das die Eindeutigkeit der Lösung sicherstellt

Bezeichnung	Funktion $\phi_j(\vec{x})$	Polynom P
Thin Plate Splines	$\left\|\vec{x}-\vec{x}(j)\right\|^2 \ln\left(\left\|\vec{x}-\vec{x}(j)\right\|\right)$	linear
Lineare Splines	$\left\|\vec{x}-\vec{x}(j)\right\|$	konstant
Kubische Splines	$\left\|\vec{x}-\vec{x}(j)\right\|^3$	linear
Variable Power Splines	$\left\|\vec{x}-\vec{x}(j)\right\|^\kappa$	$\kappa \neq 2\mathbb{N}$ und $\begin{cases} 0, & \text{wenn } \kappa < 1 \\ \text{konstant} & \text{wenn } 1 \leqq \kappa < 2 \\ \text{linear} & \text{wenn } 2 < \kappa < 3 \\ \vdots & \vdots \quad \vdots \end{cases}$
Gauß-Funktion	$\exp\left(-\frac{\left\|\vec{x}-\vec{x}(j)\right\|^2}{\kappa_j^2}\right)$	0
Multiquadratische Funktion	$\sqrt{1+\frac{\left\|\vec{x}-\vec{x}(j)\right\|^2}{\kappa_j^2}}$	linear
Reziproke multiquadratische Funktion	$\frac{1}{\sqrt{1+\frac{\left\|\vec{x}-\vec{x}(j)\right\|^2}{\kappa_j^2}}}$	0

garantieren, indem man den Lösungsraum für die Koeffizienten c_i einschränkt. Dies geschieht dadurch, dass die Interpolationsgleichung um ein Polynom P erweitert wird

$$\tilde{y}\left(\vec{x}\right) = \sum_{j=1}^{N} c_j \phi_j\left(\vec{x}\right) + P. \tag{6.128}$$

Die dazugekommenen Koeffizienten des Polynoms werden eindeutig bestimmt, indem – wie im Folgenden für 2 Fälle demonstriert wird – der Lösungsraum durch Hinzunahme von Restriktionen eingeschränkt wird:

1. Im einfachsten Fall ist $P = \beta_0$ eine Konstante und der Interpolant lautet dann

$$\tilde{y}\left(\vec{x}\right) = \sum_{j=1}^{N} c_j \phi_j\left(\vec{x}\right) + \beta_0. \tag{6.129}$$

Die Restriktion, die den Lösungsraum einschränkt und somit den zusätzlichen Koeffizienten β_0 bestimmt, lautet

$$\sum_{j=1}^{N} c_j = 0. \tag{6.130}$$

Die Interpolationsbedingungen führen dann zusammen mit der Restriktion auf folgendes lineares Gleichungssystem:

$$\hat{\boldsymbol{B}}\vec{c} = \vec{y} \tag{6.131}$$

mit den $(N+1)$-dimensionalen Vektoren

$$\vec{c}^{\,\mathrm{T}} = (c_1, c_2, \ldots, c_N, \beta_0)$$
$$\vec{y}^{\,\mathrm{T}} = (y_1, y_2, \ldots, y_N, 0)\,.$$

der $(N+1)\times(N+1)$ Matrix

$$\hat{\boldsymbol{B}} = \begin{pmatrix} \boldsymbol{B} & \vec{p} \\ \vec{p}^{\,\mathrm{T}} & 0 \end{pmatrix}$$

und dem N-dimensionalen Vektor

$$\overrightarrow{p}^{\mathrm{T}} = \overrightarrow{1}^{\mathrm{T}} = (1, 1, \ldots, 1)\,.$$

2. Für den Fall, dass

$$P = \beta_0 + \sum_{j=1}^{n} \beta_i x_i \tag{6.132}$$

linear ist, lautet der Interpolant

$$\tilde{y}\left(\overrightarrow{x}\right) = \sum_{j=1}^{N} c_j \phi_j \left(\overrightarrow{x}\right) + \beta_0 \sum_{j=1}^{n} \beta_i x_i \tag{6.133}$$

und die den Lösungsraum einschränkenden Restriktionen

$$\sum_{j=1}^{N} c_j = 0. \tag{6.134}$$

$$\sum_{j=1}^{N} c_j x_k(j) = 0; \qquad k = 1, n. \tag{6.135}$$

Diese führen zusammen mit den Interpolationsbedingungen auf das lineare Gleichungssystem

$$\hat{\boldsymbol{B}}\,\overrightarrow{c} = \overrightarrow{y} \tag{6.136}$$

mit den $(N+n+1)$-dimensionalen Vektoren

$$\overrightarrow{c}^{\mathrm{T}} = (c_1, c_2, \ldots, c_N, \beta_0, \beta_1, \beta_2, \ldots, \beta_n)$$

$$\overrightarrow{y}^{\mathrm{T}} = (y_1, y_2, \ldots, y_N, 0, \ldots, 0)\,,$$

der $(N+n+1) \times (N+n+1)$ Matrix

$$\hat{\boldsymbol{B}} = \begin{pmatrix} \boldsymbol{B} & \boldsymbol{P} \\ \boldsymbol{P}^{\mathrm{T}} & 0 \end{pmatrix}$$

und der $N \times (n+1)$-Matrix

$$\boldsymbol{P} = \begin{pmatrix} 1 & \overrightarrow{x_1}(1) & \cdots & \overrightarrow{x_n}(1) \\ 1 & \overrightarrow{x_1}(2) & \cdots & \overrightarrow{x_n}(2) \\ \vdots & \vdots & \vdots & \vdots \\ 1 & \overrightarrow{x_1}(N) & \cdots & \overrightarrow{x_n}(N) \end{pmatrix}$$

Tabelle 6.3 gibt an, welches Polynom zu welcher radialen Basisfunktion gewählt werden muss, um eine eindeutige Lösung für jede beliebige Wahl der Stützstellen zu garantieren.

Die Anpassung der Formparameter erfolgt üblicherweise mithilfe der Kreuzvalidierung, die im Detail in Kapitel 6.2.6 beschrieben ist. Dabei wir bevorzugt die „Leave-One-Out"-Methode eingesetzt, weil dafür keine zusätzlichen Stützpunkte generiert werden müssen. Zudem gibt es hier eine effiziente Methode, den normierten Gesamtfehler E_{LOO} zu berechnen. So wurde in [297] gezeigt, dass die Berechnung des Fehlers vereinfacht werden kann zu

$$E_{\mathrm{CV}} = \sqrt{\frac{\sum_{k=1}^{N} \left(\frac{c_j}{B_{jj}^{-1}}\right)^2}{N}}. \tag{6.137}$$

Dabei sind c_j die Koeffizienten und B_{jj}^{-1} das j-te Diagonalelement der inversen Matrix aus Gleichung (6.127) oder (6.136) für den vollständigen Satz von Stützpunkten. Somit muss hier nur ein lineares Gleichungssystem gelöst werden.

Ein einfaches eindimensionales Beispiel einer solchen Anpassung ist in Abbildung 6.27 und Abbildung 6.28 dargestellt, wobei als Basisfunktionen die „Variable Power Splines" verwendet werden. Abbildung 6.28 zeigt für die in Abbildung 6.27 gezeigte Testfunktion und die fünf

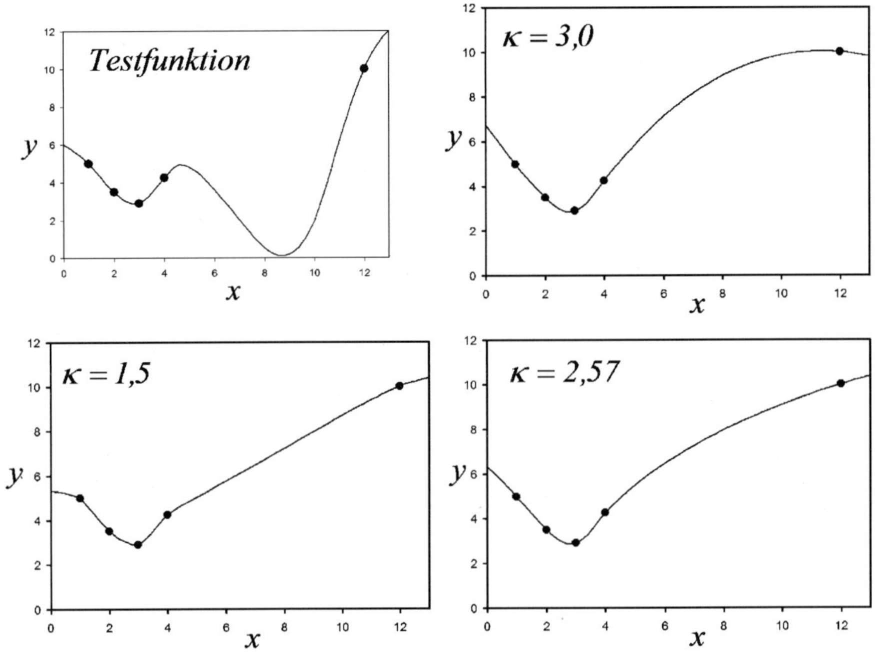

Abb. 6.27 Testfunktion mit den ausgewählten Stützstellen und der Verlauf der Interpolation („Variable Power Spline") für drei Werte von κ (die optimale Anpassung ergibt sich für $\kappa = 2{,}57$)

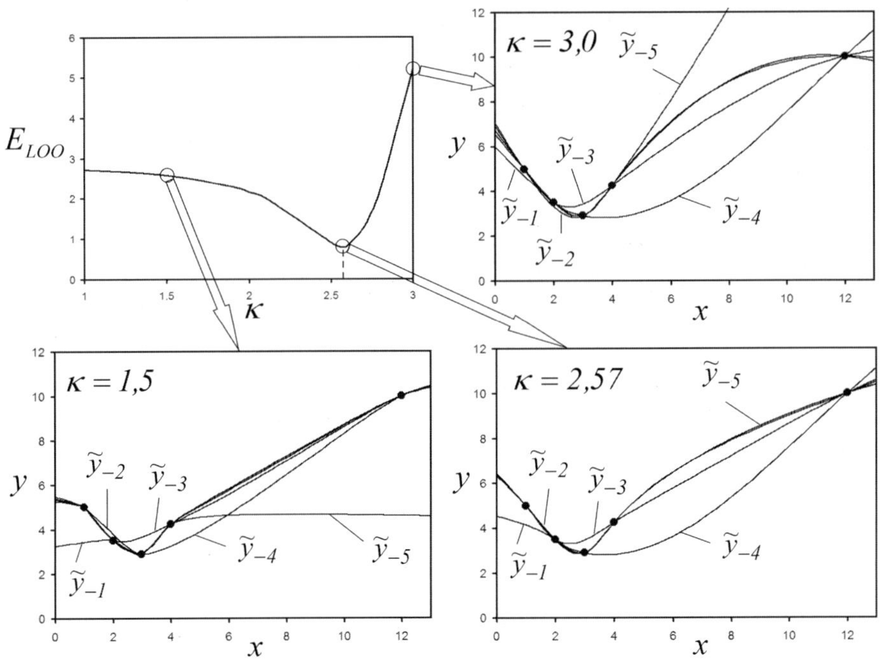

Abb. 6.28 Verlauf von E_{LOO} in Abhängigkeit vom Formparameter κ und Verläufe der $\tilde{y}_{-j}(\vec{x})$ für die drei Werte von κ aus Abbildung 6.27

ausgewählten Stützstellen den Verlauf von E_{LOO} in Abhängigkeit vom Formparameter κ, aus dem sich ein optimaler Wert von $\kappa = 2{,}57$ ergibt. Weiterhin sind für den optimalen Wert und für zwei weitere Werte von κ die verschiedenen $\tilde{y}_{-j}(\vec{x})$ aus der Kreuzvalidierung dargestellt. Abbildung 6.27 zeigt den Verlauf der Interpolation für diese drei Werte von κ. Es ist offensichtlich, dass sich für den optimalen Formparameter ein sehr glatter Verlauf ohne Überschwingneigung ergibt.

Werden für die Approximation als Basisfunktion die Gauß-Funktionen verwendet, erinnert die Interpolationsformel stark an das Kriging-Modell in Gleichung (6.107). Verstärkt wird dieser Eindruck noch, wenn man den Zusatzterm $P = \beta_0$ hinzunimmt (auch wenn dies nicht notwendig ist, um die Eindeutigkeit zu garantieren), weil sich für das Kriging-Modell unter Verwendung von $\mu = \frac{\vec{1}^{\mathrm{T}} \boldsymbol{R}^{-1} \vec{y}}{\vec{1}^{\mathrm{T}} \boldsymbol{R}^{-1} \vec{1}}$ für die Summe der Koeffizienten ebenfalls der Wert null ergibt:

$$\begin{aligned}\sum_{j=1}^{N} c_j^{\mathrm{Kriging}} &= \vec{1}^{\mathrm{T}} \boldsymbol{R}^{-1} \left(\vec{y} - \vec{1}\mu\right) \\ &= \vec{1}^{\mathrm{T}} \boldsymbol{R}^{-1} \vec{y} - \vec{1}^{\mathrm{T}} \boldsymbol{R}^{-1} \vec{1}\mu = \vec{1}^{\mathrm{T}} \boldsymbol{R}^{-1} \vec{y} - \vec{1}^{\mathrm{T}} \boldsymbol{R}^{-1} \vec{y} = 0.\end{aligned} \tag{6.138}$$

Jedoch täuschen diese Ähnlichkeiten darüber hinweg, dass es grundlegende Unterschiede zwischen beiden Approximationstypen gibt. So wird beim Kriging-Modell nicht allein die euklidische Norm verwendet, sondern auch unterschiedliche Exponenten pro Designvariable zugelassen. Der größte Unterschied besteht jedoch zwischen den Parametern Θ_k und den Formparametern κ_j. Während bei Kriging über die Parameter Θ_k jede einzelne Designvariable global über den gesamten Designraum skaliert wird, geschieht dies bei den Gaußschen radialen Basisfunktionen über die Formparameter κ_j für jede Basisfunktion lokal um die entsprechende Stützstelle.

So attraktiv die Eigenschaften der radialen Basisfunktionen auch sind, so bedeutet dies nicht, dass deren numerischen Eigenschaften unkritisch sind. Die Existenz einer eindeutigen Lösung bedeutet eben nicht zwangsläufig, dass die Matrix $\boldsymbol{B}$ in Gleichung (6.127) oder (6.136) gut konditioniert ist. Die schlechte Kondition ist bei vielen radialen Basisfunktionen ein großes Problem und eine Lösung liegt nur für Spezialfälle vor [104], [105]. Weiterhin tritt bei vielen radialen Basisfunktionen, welche einen Formparameter enthalten, das Runge-Phänomen auf, zumindest im Grenzfall, dass der Formparameter gegen unendlich geht [317]. Bei Gaußschen radialen Basisfunktionen kann gezeigt werden, dass dieses Phänomen schon bei endlichen Werten des Formparameters auftritt [282]. In Abbildung 6.29 ist ein Beispiel gezeigt, in dem 21 äquidistante Stützpunkte auf der so genannten Runge-Funktion

$$f(x) = \frac{1}{1 + 16x^2}; \qquad x \in [-1, 1] \tag{6.139}$$

mithilfe von Gaußschen radialen Basisfunktionen

$$\phi_j(\vec{x}) = \exp\left(\frac{-\|\vec{x} - \vec{x}(j)\|^2}{\kappa^2}\right) \tag{6.140}$$

mit einem einheitlichen Formparameter κ interpoliert werden sollen. Es zeigt sich, dass man für $\kappa = 2/7$ eine so gute Interpolation erhält, das man den Unterschied zur Runge-Funktion auf der Abbildung nicht erkennen kann, während bei $\kappa = 3/7$ bereits das Runge-Phänomen auftritt. Bei $\kappa = 1/2$ ist zusätzlich die Kondition[1)] der Matrix $\boldsymbol{B}$ schon so schlecht, dass die berechnete Kurve nicht mehr durch alle Stützpunkte geht. Das Runge-Problem und die schlechte Kondition haben zur Folge, dass die E_{LOO}-Kurve oberhalb eines kritischen Werts κ_{crit} ein chaotisches Verhalten aufweist (siehe Abbildung 6.30). Da dieser kritische Wert auch unterhalb des Minimums der E_{LOO}-Kurve liegen kann, ist eine Bestimmung des optimalen Formparameters über die Minimierung des

1) Generell verschlechtert sich die Kondition von $\boldsymbol{B}$ immer mit steigendem κ. Jedoch erwartet man ernsthafte Schwierigkeiten nicht bei so kleinen Werten κ von sondern erst bei so großen Werten, dass es für die Anwendung nicht relevant ist

Kreuzvalidierungsfehlers in vielen Fällen unmöglich. Damit verbietet sich eine Standardanwendung der Gaußschen radialen Basisfunktionen.

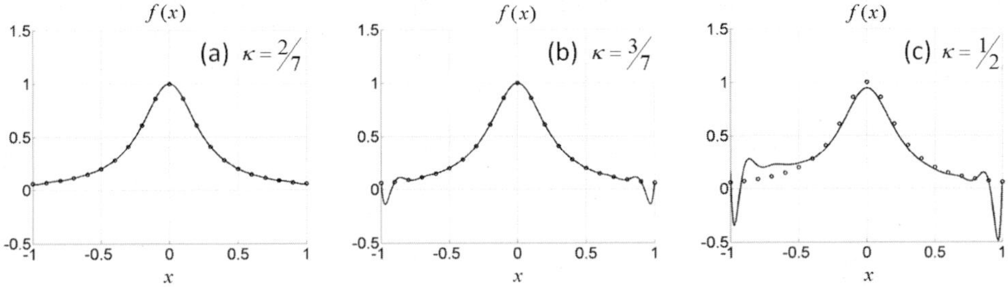

Abb. 6.29 Auftreten des Runge-Phänomens und der schlechten Kondition mit ansteigendem κ bei Gaußschen radialen Basisfunktionen ($p = 2$)

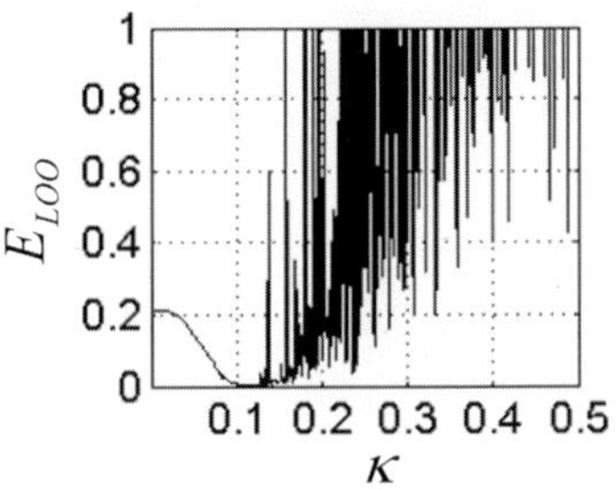

Abb. 6.30 Exemplarischer Verlauf der E_{LOO}-Kurve mit chaotischen Verhalten ab einem kritischen Wert von $\kappa_{\mathrm{crit}} \approx 0{,}13$ bei Verwendung von Gaußschen radialen Basisfunktionen ($p = 2$)

Eine mögliche Lösung scheint zu sein, generalisierte Gauß-Funktionen

$$\phi_j(\vec{x}) = \exp\left(\frac{-\|\vec{x} - \vec{x}(j)\|^p}{\kappa^p}\right); \qquad p > 1 \tag{6.141}$$

zu verwenden. Auch in diesem Fall ist die Eindeutigkeit der Lösung von Gleichung (6.127) bzw. (6.136) unabhängig von der Anordnung der Stützstellen sichergestellt [26]. Empirische Untersuchungen [119], [120] zeigen, dass die oben geschilderten Probleme offenbar für $p \geqq 2$ auftreten, nicht jedoch im Bereich $p \in (1, 2)$. So tritt in dem Beispiel aus Abbildung 6.29 für $p = 1{,}9$ weder das Runge-Phänomen noch das Konditions-Problem auf und die Interpolation ist selbst für so hohe Werte wie $\kappa = 100\,000$ von hervorragender Qualität (Abbildung 6.31). Dies wird auch nochmal deutlich in Abbildung 6.32 und Abbildung 6.33, in denen jeweils der Verlauf der Konditionszahl

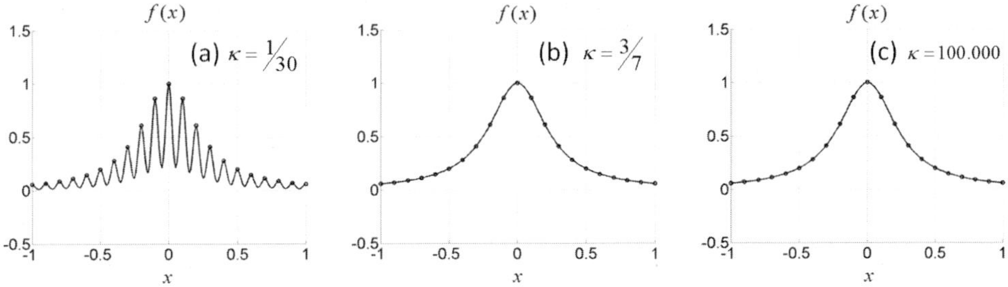

Abb. 6.31 Interpolation wie in Abbildung 6.29 aber mit generalisierten Gaußschen radialen Basisfunktionen ($p = 1{,}9$)

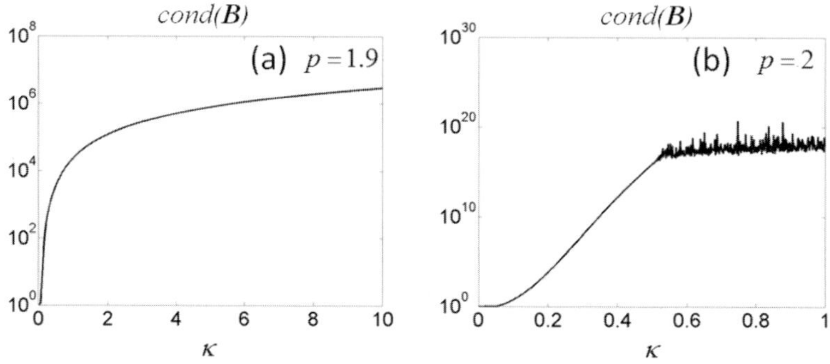

Abb. 6.32 Verlauf der Konditionszahl cond($\boldsymbol{B}$) für $p = 1{,}9$ und $p = 2{,}0$ (man beachte die Skalierung der Achsen)

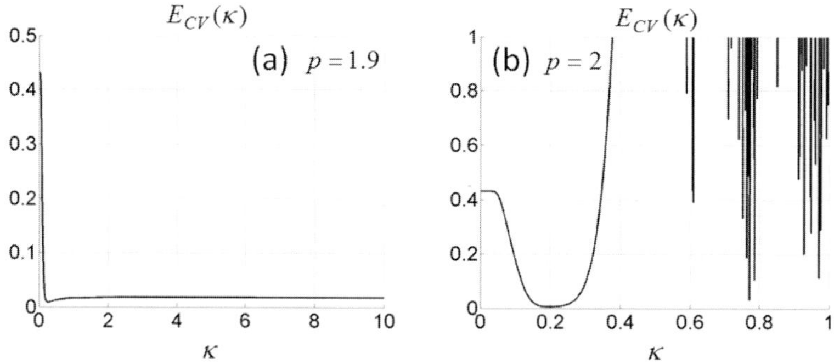

Abb. 6.33 Verlauf der E_{LOO}-Kurve für $p = 1{,}9$ und $p = 2{,}0$

der Matrix $\boldsymbol{B}$ und die E_{LOO}-Kurven in Abhängigkeit von κ gegenübergestellt sind. Jedoch ist dieses Verhalten zur Zeit nur empirisch anhand von Testfunktionen untersucht worden und ein Beweis, dass diese Modifikation die Probleme in allen Fällen löst, steht noch aus.

6.2.5 Versuchsplanung

Um die Parameter der Approximationsfunktion bestimmen zu können, müssen die Funktionswerte an einigen Punkten im Designraum, den so genannten Stützstellen, bekannt sein. Die Versuchsplanung (DOE = Design of Experiments) liefert Strategien zur Auswahl der Stützstellen [204], [217], [223], [258], [301], [331], [364]. Das Ziel ist dabei immer, mit einer minimalen Anzahl von Stützstellen den Informationsgehalt zu maximieren. Wie stark sich die Wahl der Stützstellen auf die Qualität und Anzahl der benötigten Stützstellen auswirkt, soll am Beispiel einer 2-dimensionalen linearen Funktion

$$f(\overrightarrow{x}) = a_0 + a_1 x_1 + a_2 x_2 \tag{6.142}$$

in Abbildung 6.34 demonstriert werden. Die Funktion beschreibt eine Ebene, bei der die Isolinien Geraden sind. Offenbar reichen 3 Stützpunkte (schwarze Punkte) aus, um die 3 Parameter zu bestimmen. Liegen die Stützpunkte jedoch alle auf einer Isolinie (graue Punkte), können nur 2 Parameter bestimmt werden und es wird mindestens ein weiterer Datenpunkt benötigt.

Nicht ganz so direkt einsichtig ist, wie man der Stützstellen für eine 2-dimensionale bi-lineare Funktion am günstigsten zu wählen hat:

$$f(\overrightarrow{x}) = a_0 + a_1 x_1 + a_2 x_2 + a_{12} x_1 x_2. \tag{6.143}$$

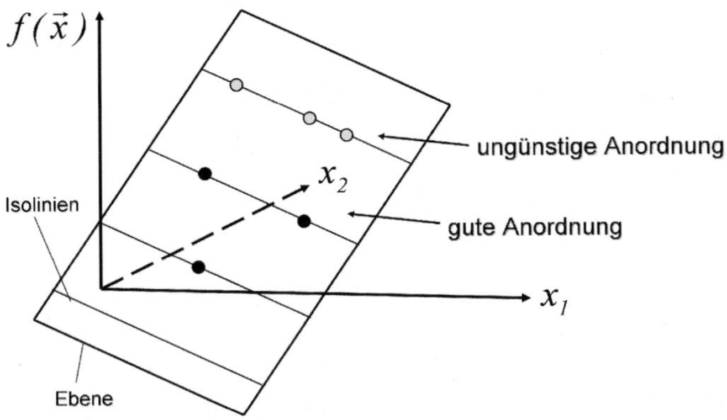

Abb. 6.34 Ungünstige und gute Anordnung von drei Stützpunkten, um die Parameter einer 2-dimensionalen linearen Funktion zu bestimmen

In Abbildung 6.35 sind zwei Möglichkeiten für die Wahl der benötigten 4 Stützpunkte aufgezeigt. Offensichtlich ist DOE 2 die richtige Wahl, weil bei DOE 1 der Mischterm x_1x_2 in allen 4 Bestimmungsgleichungen immer null ist und deshalb der Koeffizient a_{12} nicht bestimmt werden kann. Dagegen sind für eine Funktion

$$f(\overrightarrow{x}) = a_0 + a_1x_1 + a_2x_2 + a_{22}x_2^2 \tag{6.144}$$

sowohl der Versuchsplan DOE 1 als auch der Versuchsplan DOE 2 geeignet.

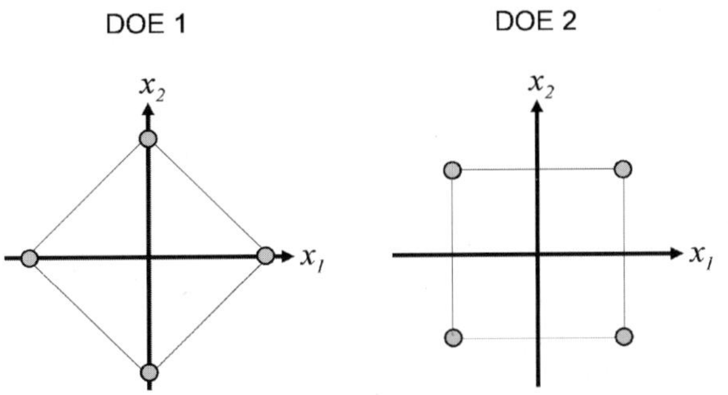

Abb. 6.35 Zwei Versuchspläne für eine 2-dimensionale bi-lineare Funktion

Diese beiden Beispiele zeigen, dass es empfehlenswert ist, bei der Auswahl der Stützstellen eine Strategie zu verwenden. Zusätzlich wird aber deutlich, dass es keinen generellen optimalen Versuchsplan geben kann, sondern dieser vielmehr von der zugrunde gelegten Ansatzfunktion oder, allgemeiner gesprochen, von der Problemstellung abhängt. Es gibt deshalb eine Vielzahl von Versuchsplänen, die jeweils an das Problem angepasst sind.

Generell kann man zwischen klassischer Versuchsplanung, die auf experimentell ermittelten Daten (physikalische Experimente) aufbaut, und moderner Versuchsplanung, die Simulationsergebnisse verwendet (Computer Experimente), unterscheiden [121]. Dabei ist klar, dass ein experimenteller Versuchsplan nicht zwangsläufig auch für die simulationsgestützte Optimierung geeignet ist. Deswegen werden in den beiden folgenden Kapiteln die grundlegenden Unterschiede zwischen physikalischen und Computer Experimenten in Bezug auf Zielsetzung und Strategie erläutert und einige ausgewählte Versuchspläne vorgestellt. Für eine vollständige Übersicht von Versuchsplänen sei auf die Fachliteratur wie beispielsweise [204], [217], [258] verwiesen.

6.2.5.1 Klassische Versuchsplanung

Der klassische Versuchsplan basiert auf experimentellen Daten, welche immer einem Messfehler unterworfen sind. Mathematisch kann dies beschrieben werden als

$$y_m(\vec{x}) = y_t(\vec{x}) + \epsilon, \tag{6.145}$$

wobei $y_m(\vec{x})$ die gemessene, $y_t(\vec{x})$ die wahre Systemantwort und ϵ ein Zufallsfehler ist. Das bedeutet, dass zwei nacheinander ausgeführte Messungen nie das exakt gleiche Ergebnis liefern, sondern immer der Streuung unterworfen sind. Es ist deswegen im Allgemeinen nicht sinnvoll, eine hochkomplexe Funktion durch die Datenpunkte zu legen. Vielmehr ist das typische Ziel eines klassischen Versuchsplans den Trend abzuschätzen und vorherzusagen, wobei meistens relativ einfache Modelle für den Trend (z. B. Polynome) verwendet werden. Dabei ist im Grunde genommen die Versuchsplanung selber eine Optimierungsstrategie, bei der die die Robustheit optimiert wird, indem man das Verhältnis von Signal zum Rauschen (Signal/Noise Ratio) maximiert [372], [373]. Deswegen gibt es häufig einen direkten Zusammenhang zwischen Trendmodell und verwendetem Versuchsplan.

Wie in Abbildung 6.36 veranschaulicht, ist es für eine Trendabschätzung von Vorteil, wenn die Stützstellen möglichst weit auseinander liegen, weil dadurch die Unsicherheit infolge des Fehlers ϵ minimiert wird. Deswegen werden bei der klassischen Versuchsplanung die meisten Punkte auf den Rand des Designraums platziert, während das Innere des Designraums schwach oder gar nicht besetzt ist.

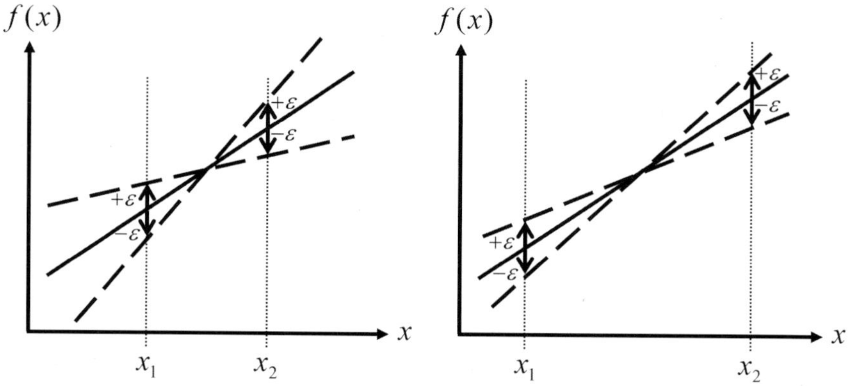

Abb. 6.36 Einfluss des Abstands von zwei Stützstellen auf die Genauigkeit einer linearen Trendabschätzung (durchgezogene Linie) infolge des Fehlers ϵ

Ein weiteres Charakteristikum der klassischen Versuchsplanung ist es, dass nur diskrete Werte für die Designvariablen, so genannte Stufen, verwendet werden. Der Grund dafür ist, dass in einem Experiment die Änderungen in den Designvariablen (in der Versuchsplanung als Kontrollfaktoren bezeichnet) eine Mindestgröße überschreiten müssen, damit die dadurch resultierende Änderung in den gemessenen Größen auch innerhalb der Messgenauigkeit nachweisbar ist. Da die Änderung in einer Designvariablen sowohl den Aufbau eines neuen Prototyps als auch den Aufbau und die Durchführung eines Experiments bedeutet und dieses häufig zeitaufwendig und kostenintensiv ist, versucht man mit möglichst wenig Datenpunkten auszukommen. Das wird dadurch erreicht, dass man sich auf möglichst wenige Stufen – typischerweise 2 oder 3 – beschränkt und die Anzahl der Designvariablen möglichst gering hält. Im Folgenden werden einige klassische Versuchspläne vorgestellt.

6.2.5.1.1 Vollständig faktorielle Versuchspläne

Bei einem vollständig faktoriellen Versuchsplan sind alle möglichen Kombinationen enthalten, die sich aus der Anzahl k der gewählten Stufen für die Designvariablen ergeben. Das dadurch entstehende Gitternetz für 2- und 3-stufige Versuchspläne ist in Abbildung 6.37 für jeweils $n = 2$ und $n = 3$ Designvariablen dargestellt.

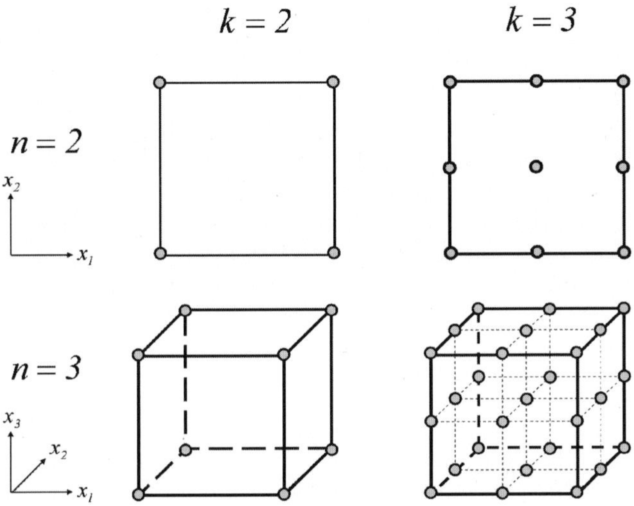

Abb. 6.37 2- und 3-stufige vollständig faktorielle Versuchspläne für $n = 2$ und $n = 3$ Designvariablen

Die Anzahl N der Stützpunkte ergibt sich aus der Anzahl k der Stufen und der Anzahl n der Designvariablen zu:

$$N = k^n. \tag{6.146}$$

Die vollständig faktoriellen Versuchspläne haben die Eigenschaft, dass bei einer festen Anzahl k der Abstand d_{min} zweier Nachbarpunkte identisch ist, unabhängig von der Anzahl n der Designvariablen. Wenn alle Designvariablen auf das Intervall $[0, 1]$ normiert sind, ergibt sich

$$d_{\text{min}} = \frac{1}{k-1}. \tag{6.147}$$

Dieser Zusammenhang kann zusammen mit Gleichung (6.146) benutzt werden, um eine Vorstellung davon zu bekommen, wie stark die Anzahl der Stützpunkte mit der Anzahl der Designvariablen anwachsen muss, damit der Abstand zweier Nachbarpunkte gleich bleibt. In Tabelle 6.4 ist die Anzahl der Stützstellen für einen vollständig faktoriellen 2- und 3-stufigen Versuchsplan in Abhängigkeit der Anzahl der Designvariablen dargestellt. In allen 3-stufigen Versuchsplänen haben, wie in Abbildung 6.37 veranschaulicht, benachbarte Stützpunkte den Abstand $1/2$. Um diesen Abstand zu halten, muss die Anzahl der Stützpunkte von 27 auf 59 049 erhöht werden, wenn die Anzahl der Designvariablen von 3 auf 10 anwächst. Es ist klar, dass dies jeden realistischen Rahmen sprengen würde. Aus dem Grund hat in der Praxis ein Anwachsen der Anzahl der Designvariablen immer zur Folge, dass der Designraum weniger fein abgetastet werden kann und damit immer weniger Details erfasst werden können.

In Tabelle 6.4 ist zusätzlich ist die Anzahl der benötigten Stützpunkte für eine lineare und quadratische Approximation aufgelistet. Es wird deutlich, dass die vollständig faktoriellen Versuchspläne wesentlich mehr Stützpunkte liefern, als jedes sinnvolle „Oversampling“ fordert, wenn die Anzahl der Designvariablen $n \geqq 4$ ist.

Tabelle 6.4 Anzahl der Stützstellen für einen vollständig faktoriellen 2- und 3-stufigen Versuchsplan und Anzahl der benötigten Stützstellen zur Bestimmung einer linearen und quadratischen Approximation in Abhängigkeit der Anzahl n der Designvariablen

n	Lineare Approximation	Quadratische Approximation	2^n	3^n
2	3	6	4	9
3	4	10	8	27
4	5	15	16	81
5	6	21	32	243
10	11	66	1 024	59 049
20	21	231	$\approx 10^6$	$\approx 10^9$

Dies bedeutet jedoch nicht, dass die vollständig faktorisierten Versuchspläne nicht zur Bestimmung globaler Approximationen verwendet werden können. Wenn die Analysezeit kurz ist, kann die Verwendung auch bei einer komplexen Ansatzfunktion sinnvoll sein, vor allem auch in Kombination mit anderen Versuchsplänen (siehe Beispiel in Kapitel 11.6.3)

Ein weiterer Nachteil der vollständig faktorisierten Versuchspläne ist, dass sie kollabieren (siehe Abbildung 6.38) wenn eine oder mehrere Designvariablen aus dem Model entfernt werden. Dieser Fall kann beispielsweise dann eintreten, wenn man zuerst einen Versuchsplan mit wenigen Stützstellen verwendet um die wichtigsten Variablen zu identifizieren und mit diesen dann weiterführende Versuchspläne durchzuführen möchte. Nach Entfernen der unwichtigen Designvariablen führt das Kollabieren dann zum Verlust von Datenpunkten.

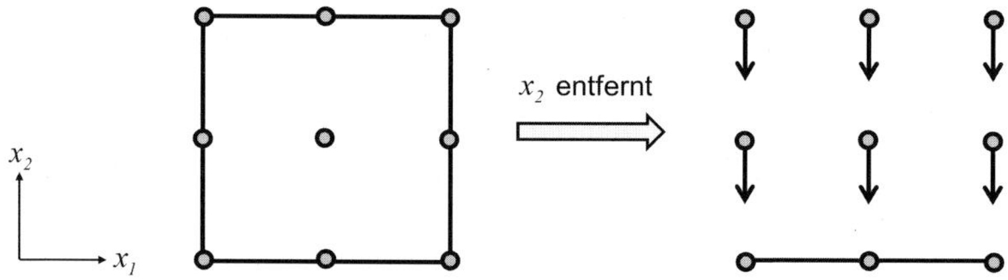

Abb. 6.38 Kollabieren eines 3-stufigen vollständig faktorisierten Versuchsplans für 2 Designvariablen und der daraus resultierende Verlust von 6 Stützstellen nach Entfernen der Designvariable x_2

6.2.5.1.2 Koshal Designs

Ein Koshal Design [210] ist ein Versuchsplan, der exakt die Anzahl an Stützpunkten liefert, die für eine Polynom benötigt werden, also $n+1$ eine lineare und $1+n+n(n+1)/2$ für eine quadratische Approximation. Für einen 3 stufigen Versuchsplan hat das Koshal Design bei 3 Designvariablen folgende Form, wenn die Designvariablen auf das Intervall $[-1,1]$ normiert sind:

$$D_{\text{quad}}^{\text{Koshal}} = \begin{bmatrix} 0 & 1 & 0 & 0 & -1 & 0 & 0 & 1 & 1 & 0 \\ 0 & 0 & 1 & 0 & 0 & -1 & 0 & 1 & 0 & 1 \\ 0 & 0 & 0 & 1 & 0 & 0 & -1 & 0 & 1 & 1 \end{bmatrix}. \tag{6.148}$$

Beispiele für Koshal Designs sind in Abbildung 6.39 dargestellt.

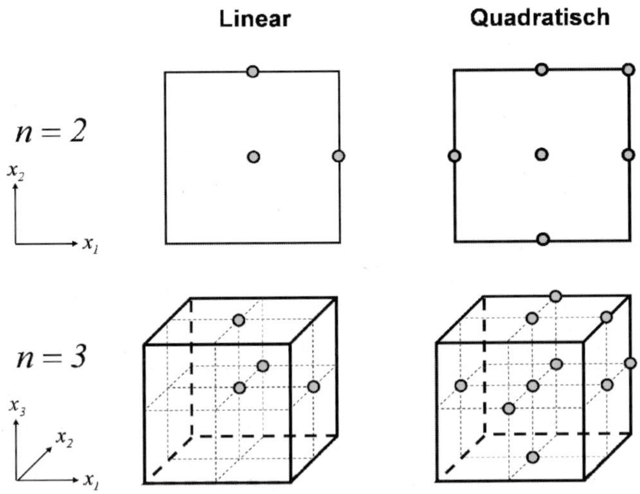

Abb. 6.39 Koshal Designs für lineare und quadratische Approximationen bei $n = 2$ und $n = 3$ Designvariablen

6.2.5.1.3 D-Optimale Versuchspläne

Sowohl beim vollständig faktoriellen Versuchsplan als auch beim Koshal Design handelt es sich um Stützstellenentwürfe für reguläre Räume [1]. Diese Versuchspläne können nicht mehr verwendet werden, wenn der zulässige Designraum S durch Restriktionen irregulär [2] ist. In diesem Fall hilft ein D-Optimaler Versuchsplan [258], der für jeden beliebigen Raum einen Stützstellenentwurf liefert. Weitere Anwendungsbereiche sind Fälle, in denen schon Funktionswerte an Stützstellen vorliegen oder wenn zusätzlich zum Koshal Design Datenpunkte für das „Oversampling" benötigt werden. In allen Fällen kann mit dem D-Optimalen Versuchsplan bestimmt werden, wo der nächste Stützpunkt am besten gesetzt werden soll.

D-Optimale Versuchspläne können nur für eine lineare Regression eingesetzt werden, also für Approximationen der Form

$$\tilde{y}(\overrightarrow{x}) = \sum_{j=1}^{M} c_j \phi_j(\overrightarrow{x}). \tag{6.149}$$

Wie in Abschnitt 6.2.1.2 gezeigt wurde, können die Regressionsparameter c_j über die Lösung eines linearen Gleichungssystems bestimmt werden.

$$\boldsymbol{A}\overrightarrow{c} = \overrightarrow{b}. \tag{6.150}$$

Dies ist nur dann problemlos möglich, wenn die Matrix $\boldsymbol{A}$ nicht singulär ist. Ist dagegen die Determinante $\det \boldsymbol{A} = 0$, dann existiert keine eindeutige Lösung und es müssen Spezialverfahren wie SVD eingesetzt werden, um einen Parametersatz zu bestimmen. Auf der anderen Seite ist das System umso besser konditioniert, je größer die Determinante von $\boldsymbol{A}$ ist. Dies ist genau das Kriterium, was beim D-Optimalen Versuchsplan verwendet wird. Es wird für alle bekannten Stützpunkte und dem gesuchten neuen Punkt die Matrix $\boldsymbol{A}$ aufgestellt und die Lage des neuen Stützpunkts $\overrightarrow{x}^{\text{neu}}$ innerhalb des Designraums S so bestimmt, dass die Determinante von $\boldsymbol{A}$ maximal

[1] Dies bedeutet, dass der Designraum allein durch die Restriktionsgrenzen der Designvariablen festgelegt ist und er somit die Form eines (Hyper-)Würfels besitzt.

[2] Dies ist beispielsweise der Fall, wenn eine Ecke des (Hyper-)Würfels infolge einer Restriktion abgeschnitten ist.

und damit das lineare Gleichungssystem möglichst gut konditioniert ist. Es muss dazu folgendes Optimierungsproblem gelöst werden:

$$\max\left(\det \boldsymbol{A}\left(\overrightarrow{x}^{\mathrm{neu}}\right)\right), \tag{6.151}$$

sodass $\overrightarrow{x}^{\mathrm{neu}} \in S$.

6.2.5.2 Moderne Versuchsplanung

Die oben vorgestellten vollständig faktoriellen Versuchspläne und Koshal Designs sind für die Verwendung von Polynomen und die D-Optimalen Designs für die lineare Regression konzipiert. Für alle anderen Approximationstypen ist die Verwendung dieser Versuchspläne entweder nicht möglich oder im Allgemeinen wenig sinnvoll. Zudem liefern vollständig faktorielle Versuchspläne, wie in Abbildung 6.37 veranschaulicht, vorwiegend Stützpunkte am Rand des Designraums um den Fehler bei der Trendermittelung zu minimieren. Gerade hier gibt es jedoch einen grundlegenden Unterschied zwischen klassischer und moderner Versuchsplanung. Die moderne Versuchsplanung basiert auf der Simulation. Da eine Simulation beliebig oft abgeschickt werden kann und dennoch immer das gleiche Ergebnis liefert, gibt es bei der Ermittlung der Stützwerte keine Streuung[1]. Ein weiterer Unterschied zu der klassischen Versuchsplanung ist, dass hier keine Annahme über den Funktionenverlauf getroffen wird. Es wird deswegen angestrebt, den Designraum möglichst gleichmäßig abzutasten und damit die Stützpunkte so gut wie möglich über den ganzen Designraum zu verteilen, unabhängig von einem zugrunde gelegten mathematischen Modell. Solche Versuchspläne werden als Space Filling Designs bezeichnet. Im Folgenden werden einige ausgewählte Space Filling Designs [364] vorgestellt.

6.2.5.2.1 Monte Carlo Sampling

Beim Monte Carlo Sampling [88], [261], [356] werden die Stützpunkte als gleichverteilte Zufallszahlen mithilfe eines Zufallszahlengenerators erzeugt. Infolge der Zufallskomponente kann im Einzelfall nicht sichergestellt werden, dass die Stützpunkte gleichmäßig verteilt sind, auch wenn dies im statistischen Mittel der Fall ist.

6.2.5.2.2 Latin Hypercube Sampling

Beim Latin Hypercube Sampling (kurz LHS) [243] [180], manchmal auch Random Latin Hypercube genannt, wird der Definitionsbereich jeder Designvariablen in N Teilstücke aufgeteilt, wobei N die Anzahl der erwünschten Stützstellen ist. Dadurch ergeben sich N^n Zellen im Designraum. Davon wird eine Zelle zufällig ausgewählt und im Zentrum der Zelle der erste Stützpunkt gesetzt. Alle Spalten und Zeilen, die diese ausgewählte Zelle enthalten, werden dann für alle folgenden Durchgänge gesperrt. Aus den verbleibenden Zellen wird daraufhin wieder eine zufällig ausgewählt, in welche dann der nächste Stützpunkt gesetzt und dann ebenso die dazugehörigen Spalten und Zeilen gesperrt werden, usw. Dieses wird solange wiederholt, bis alle Zellen besetzt und damit alle N Stützstellen festgelegt sind (Abbildung 6.40). Anstatt die Stützstellen in das Zentrum einer Zelle zu setzen kann man sie in jeder Zelle auch zufällig platzieren (Abbildung 6.41).

Das LHS-Verfahren stellt sicher, dass jede Stufe der Designvariablen genau einmal Verwendung findet (Abbildung 6.41). Dadurch hat LHS die Eigenschaft, dass die Projektion der Stützstellen auf jede Designvariablen-Achse gleichförmig verteilt ist, d. h. dass sich in jedem Intervall genau eine Stützstelle befindet und diese sogar äquidistant sind wenn die Stützstellen in das Zentrum der Zellen gesetzt werden. Das heißt jedoch nicht, dass die Stützstellen auch gleichförmig im Raum angeordnet sind (Abbildung 6.42). Deswegen wird meistens die zufallsbedingte Verteilung der Stützpunkte als Ausgangspunkt für eine Optimierung genommen, in der die Stützstellenanordnung variiert wird um die Gleichförmigkeit zu verbessern bzw. sicherzustellen. Eine mögliche

[1] Das stimmt bei einer expliziten Analyse nicht unbedingt. In Kapitel 11.5.1 wird dieser Aspekt im Detail besprochen

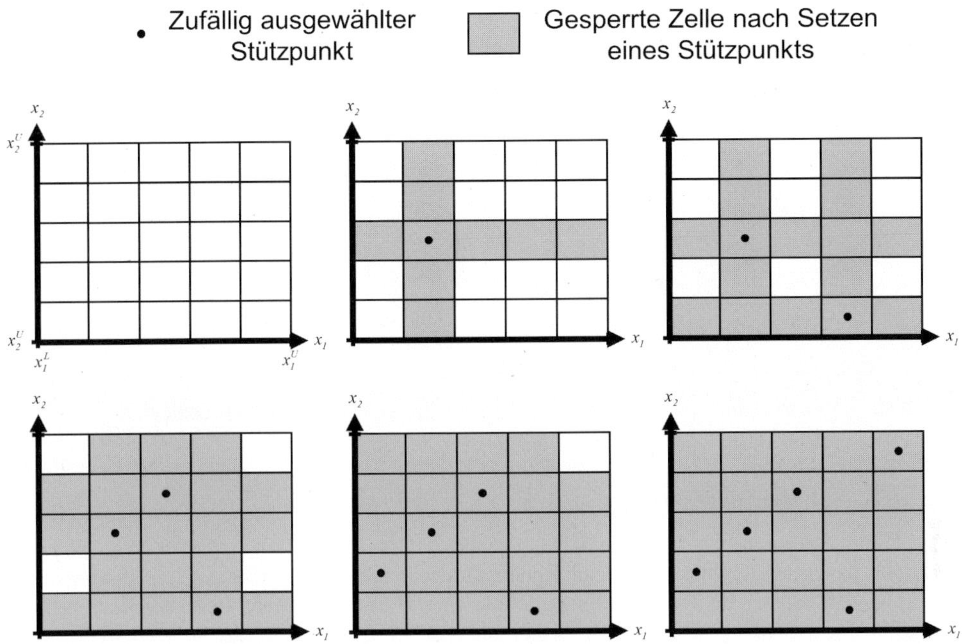

Abb. 6.40 Ablauf beim Random Latin Hypercube Verfahren für $N = 5$

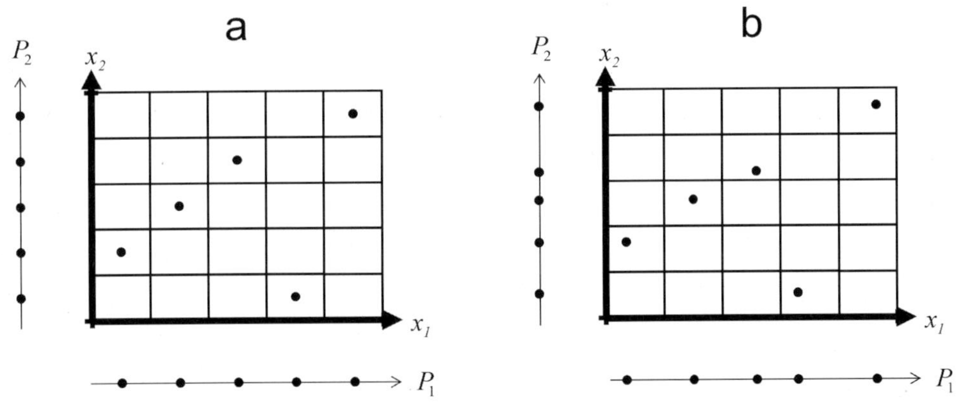

Abb. 6.41 LHS mit Stützstellen, die zentral (a) und die zufällig (b) in die einzelnen Zellen gesetzt wurden. Weiterhin sind die Projektionen P_i der Stützstellen auf die jeweiligen Achsen x_i eingezeichnet um die gleichförmige Verteilung der projizierten Stützstellen zu verdeutlichen

Formulierung dieses Optimierungsproblems ist, den kleinsten Abstand aller benachbarten Punkte zu maximieren [226], [290]. Dies führt zu einem Design, bei dem die kleinsten Abstände aller benachbarten Punkte möglichst gleich sind. Eine alternative Zielfunktionen ist das ϕ_p-Kriterium, dass dem „kleinsten Abstand"-Kriterium sehr ähnlich ist, aber optimierungstechnisch einfacher zu handhaben ist [76], [128], [184], [256], [290], [385], [405]. Andere typische Zielfunktionen sind die Centered L2-Discrepancy [76], [89], die ein Maß dafür ist, wie stark eine Verteilung von Stützpunkten von der perfekten gleichförmigen Verteilung abweicht, und die Entropie [184], [273], [405]. Als Optimierungsalgorithmen finden dabei häufig genetische Algorithmen oder Simulated

Annealing Verwendung. Der Rechenaufwand für die Optimierung kann dabei je nach Dimension sehr groß werden. Die Konstruktion eines Space Filling Designs ist aus diesem Grunde immer noch Gegenstand der aktuellen Forschung.

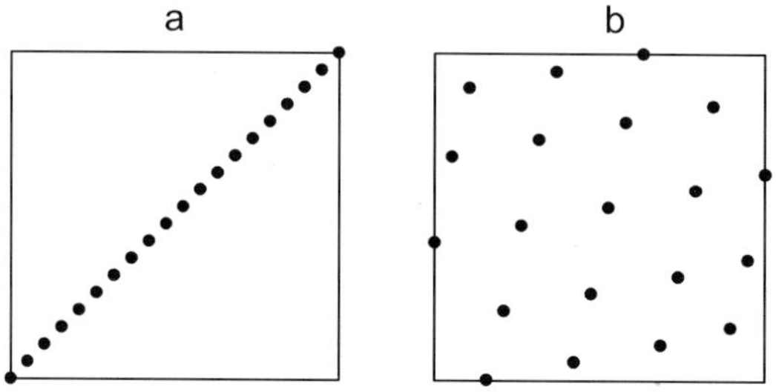

Abb. 6.42 LHS-Design mit schlechten (a) und sehr guten (b) raumfüllenden Eigenschaften

6.2.5.2.3 Orthogonal Arrays

Mit „Orthogonal Arrays" (orthogonale Felder) (kurz OA) [164], [206] werden Versuchspläne generiert, bei denen jede Projektion auf einen t-dimensionalen Unterraum des Designraums (mit $t < n$) wie ein vollständig faktorieller Versuchsplan mit M Stufen aussieht. In Wirklichkeit handelt es sich jedoch nicht um M^n sondern immer nur um Mt Stützpunkte, die so angeordnet sind, dass sie möglichst gleichmäßig über den Designraum verteilt sind (Abbildung 6.43). Ein solcher Versuchsplan wird auch als Strength-t-OA bezeichnet. LHS ist deswegen ein Spezialfall eines OAs mit $t = 1$. Der Nachteil OAs ist, dass für $t > 2$ die Anzahl der Stützstellen nicht frei gewählt werden kann, sondern immer M^t sein muss.

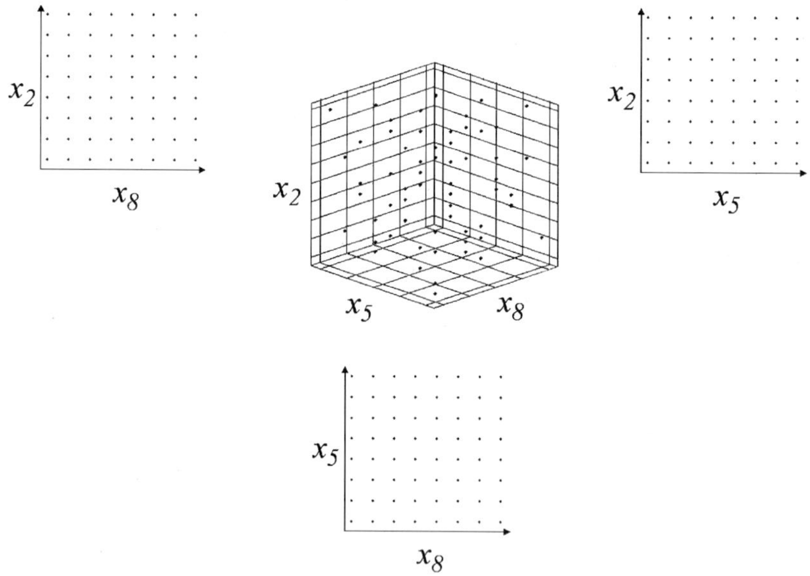

Abb. 6.43 Anordnung der Stützpunkte in einem exemplarisch ausgewählten 3-dimensionalen Unterraum bei einem „strength-2-OA"-Versuchsplan für $n = 8$ Designvariablen und die Projektionen auf die drei 2-dimensionalen Unterräume

6.2.5.2.4 Randeffekt

Es gibt jedoch gerade bei der Verwendung von Space Filling Designs ein prinzipielles Problem, das zwar generell bei allen Versuchsplänen auftritt, jedoch gerade bei einem Space Filling Design besonders ausgeprägt ist. So nimmt die Qualität einer auf einem Versuchsplan erzeugten Approximation zum Rand des Designraums zwangsläufig ab. So ist ein Punkt in der Mitte (Punkt *A* in Abbildung 6.44) des Designraums von allen Seiten mit Stützpunkten umgeben, was zur Folge hat, dass dort die Approximation in der Vorhersagekraft und der Genauigkeit wesentlich besser abgesichert, als bei einem Punkt am Rand (Punkt *B* in Abbildung 6.44) des Designraums. Besonders ausgeprägt ist dieser „Randeffekt" bei der Verwendung eines Space Filling Designs, das zwar sehr gut das globale Verhalten einer Funktion abtasten kann, bei dem aber zwangsläufig am Rand des Designraums weniger Stützpunkte vorliegen als bei einem vollständig faktoriellen Versuchsplan mit gleicher Anzahl von Stützpunkten [1)]. Somit verändert sich die Qualität einer Approximation von der einer Interpolation immer mehr in Richtung einer Extrapolation, je mehr der auszuwertende Punkt am Rand des Designraums liegt.

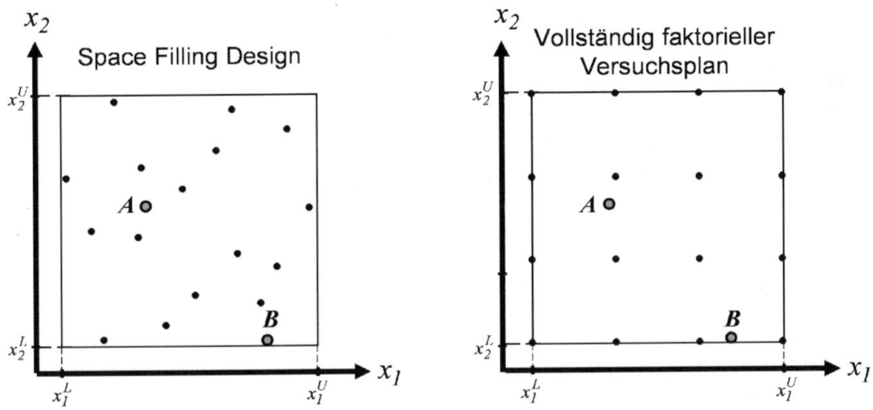

Abb. 6.44 „Randeffekt" bei einer über Random Latin Hypercube erzeugten Stützpunktanordnung (links) und bei einem vollständig faktoriellen Design

Eine einfache Möglichkeit um die Qualität einer Approximation am Rand des Designraums zu erhöhen besteht darin, dass die Stützpunkte nicht in dem Bereich erzeugt werden, der durch die unteren und oberen Grenzen x_i^L und x_i^U des Optimierungsproblems der Designvariablen vorgegeben ist, sondern in einem um den Faktor $\lambda > 1$ vergrößerten Raum. Dadurch wird sichergestellt, dass es im eigentlichen Designraum selber keine wirklichen Randpunkte mehr gibt, sondern auch Punkte an Rand von allen Seiten von Stützpunkten umgeben sind. In Abschnitt 11.6.2 ist ein Beispiel mit 9 Designvariablen gezeigt, bei dem sich ein Faktor $\lambda = 1{,}3$ ergab und welcher somit einen guten Anhaltspunkt liefert, in welcher Größenordnung die Vergrößerung liegen sollte. Weiterhin wird dort erläutert, wie der Vergrößerungsfaktor für ein konkretes Problem bestimmt werden kann.

[1)] Das 2-dimensionale Beispiel in Abbildung 6.44 ist etwas irreführend, weil hier auch der 4-stufige voll faktorielle Versuchsplan eine gute globale Abtastung der Funktion gewährleistet. Dies ändert sich jedoch schnell mit anwachsender Anzahl von Designvariablen, weil dann die Anzahl der benötigten Stützpunkte schnell anwächst. Reduziert man jedoch die Anzahl der Stufen, um die Anzahl von Stützpunkten im vertretbaren Maß zu halten, verbleiben gegen Ende nur noch die Stützpunkte am Rand des Designraums.

6.2.5.3 Fluch der Dimensionalität

Der Begriff „Fluch der Dimensionalität" (curse of dimensionality) wurde von Richard Bellmann [32], [33] geprägt. Er bezieht sich auf Phänomene, die in hochdimensionalen Räumen auftreten und den alltäglichen Erfahrungen im 3-dimensionalen Raum zuwiderlaufen. Sie wirken sich somit bei der Erstellung von hochdimensionalen Versuchsplänen aus.

Ein Phänomen ist, dass mit wachsender Dimension das Volumen des Designraums so schnell anwächst, dass es für eine realistische Anwendung unmöglich ist, die Dichte der Daten und damit den Informationsgehalt beizubehalten. Sind beispielsweise im eindimensionalen Fall k Stufen ausreichend um eine Systemantwort aufzulösen, kann man das Intervall zwischen unterer und oberer Grenze in k Intervalle einteilen und jeweils in die Mitte eine Stützstelle setzen. Im 2-dimensionalen Fall müsste man, um die gleiche Auflösung zu erhalten, in das Zentrum jedes der k^2 Quadrate, die sich aus den möglichen Kombinationen aller Stufen der beiden Variablen ergeben, einen Datenpunkt setzen (s. Abbildung 6.45). Man erhält also einen vollständig faktoriellen Versuchsplan. Im n-dimensionalen Fall ergeben sich dann k^n Punkte, die jeweils im Zentrum des n-dimensionalen Hyperwürfels platziert sind. Die Anzahl der Stützstellen, die man benötigt um mit steigender Dimension den Informationsgehalt beizubehalten, wächst somit exponentiell mit der Anzahl der Designvariablen an.

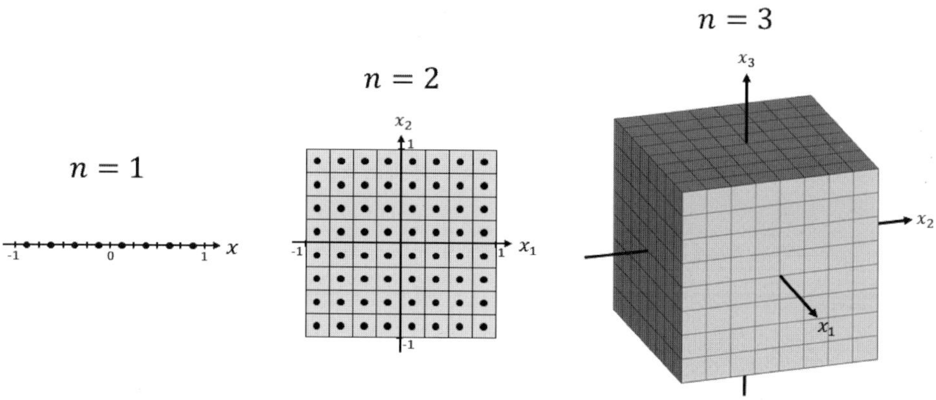

Abb. 6.45 Veranschaulichung des Anwachsens der benötigten Stützstellen mit der Dimension n bei Beibehaltung der Informationsdichte für den Fall von $k = 8$ Stufen

Ein anderes Phänomen betrifft die Anordnung der Punkte im Raum. So zeigt sich, dass mit ansteigender Dimension n immer mehr Stützstellen am Rand des Designraums liegen. Diesen Zusammenhang kann man herleiten, indem man von einem n-dimensionalen Designraum mit der jeweiligen Kantenlänge $2r$ ausgeht und das Volumen $V_\varepsilon^{(n)}$ des Randbereichs mit der Dicke ε berechnet. Dieses ergibt sich als Differenz des Volumens $V_{2r}^{(n)}$ des Designraums und des Volumens $V_{2(r-\varepsilon)}^{(n)}$ eines Hyperwürfels mit der Kantenlänge $2(r-\varepsilon)$ zu

$$V_\varepsilon^{(n)} = V_{2r}^{(n)} - V_{2(r-\varepsilon)}^{(n)} = (2r)^n - (2\,(r-\varepsilon))^n \,. \tag{6.152}$$

Da die Stützstellen immer im Zentrum der k^n Hyperwürfels sitzen und damit deren Anzahl proportional zum Gesamtvolumen dieser Würfel ist, kann man die Anzahl der Stützstellen über das Volumen – unabhängig von der Anzahl der Stufen – abschätzen. Somit ergibt sich der relative Anteil der Stützstellen im Randbereich aus dem Verhältnis der Anzahl N_ε der Stützstellen im Randbereich mit der Dicke ε zur Gesamtanzahl N_{2r} der Stützstellen zu

$$\frac{N_\varepsilon^{(n)}}{N_{2r}^{(n)}} = \frac{V_\varepsilon^{(n)}}{V_{2r}^{(n)}} = \frac{(2r)^n - (2(r-\varepsilon))^n}{(2r)^n} = 1 - (1-\lambda)^n \,. \tag{6.153}$$

Dabei ist $\lambda = \varepsilon/r$.

Aus Gleichung (6.153) folgt[1)], dass für $r = 1$ bei $n = 20$ ungefähr 90 % der Stützstellen und bei $n = 100$ nahezu alle Stützstellen im Randbereich mit der Dicke $\varepsilon = 0{,}1$ ($\lambda = 0{,}1$) liegen (siehe Abbildung 6.46). Dieses Ergebnis mag überraschen und unanschaulich erscheinen, jedoch kann man schon in den Dimensionen $n = 2$ und $n = 3$ den Trend der Stützstellen erkennen, anteilmäßig zum Randbereich hin anzuwachsen. Dies ist in Abbildung 6.47 veranschaulicht. Dort sieht man, dass für $r = 1$ im 2-dimensionalen Fall $3/4$ und im 3-dimensionalen Fall $7/8$ der Stützstellen im Randbereich mit der Dicke $\varepsilon = 0{,}5$ liegen.

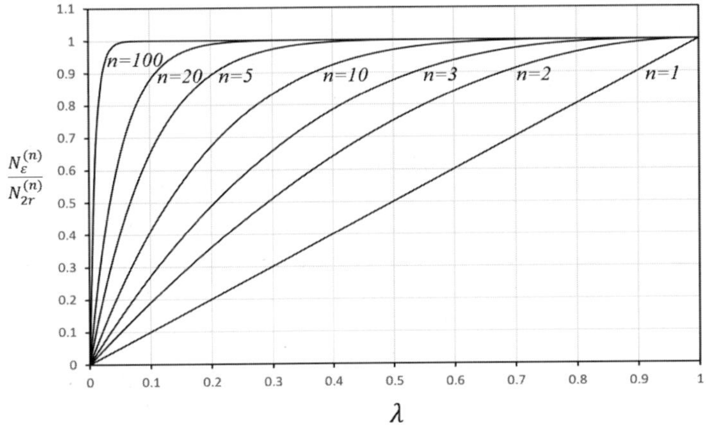

Abb. 6.46 Relativer Anteil $\frac{N_\varepsilon^{(n)}}{N_{2r}^{(n)}}$ der Stützstellen im Randbereich mit der Dicke ε für verschiedene Dimensionen n als Funktion von $\lambda = \varepsilon/r$

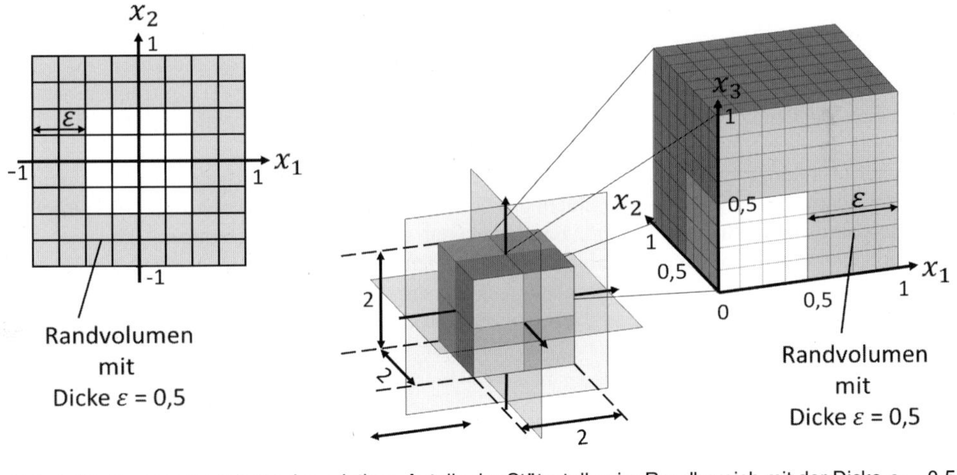

Abb. 6.47 Veranschaulichung des relativen Anteils der Stützstellen im Randbereich mit der Dicke $\varepsilon = 0{,}5$ bei $r = 1$ für den 2- und den 3-dimensionalen Fall

Im Fall des rechtwinkligen Designraums kann man zusätzlich zeigen, dass die meisten Punkte in den Ecken des Hyperwürfels liegen. Dies kann man über die Berechnung des Volumens der Ecken

[1)] Dieselbe Gleichung erhält man auch, wenn man von einem kugelförmigen Designraum mit dem Radius r ausgeht und von dem Volumen dieser Hyperkugel das Volumen der Hyperkugel mit dem Radius $r - \varepsilon$ abzieht.

$V_E^{(n)}$ herleiten, indem man vom Volumen des Hyperwürfels $V_{2r}^{(n)}$ mit der Kantenlänge $2r$ das Volumen der Hyperkugel mit dem Radius r

$$\Omega_r^{(n)} = \frac{2\pi^{\frac{n}{2}}}{n\,\Gamma\left(\frac{n}{2}\right)}\, r^n \tag{6.154}$$

abzieht, wobei Γ die Gammafunktion ist. Über das Verhältnis von $V_E^{(n)}$ zu $V_{2r}^{(n)}$ kann man dann wieder das Verhältnis der Stützstellen $N_E^{(n)}$ innerhalb der Ecken zur Gesamtanzahl $N_{2r}^{(n)}$ abschätzen.

$$\frac{N_E^{(n)}}{N_{2r}^{(n)}} = \frac{V_E^{(n)}}{V_{2r}^{(n)}} = 1 - \frac{\pi^{\frac{n}{2}}}{2^{n-1} n\,\Gamma\left(\frac{n}{2}\right)} \tag{6.155}$$

Daraus ergibt sich, dass ab $n = 9$ nahezu alle Stützstellen in den Ecken des Hyperwürfels sitzen (Abbildung 6.48).

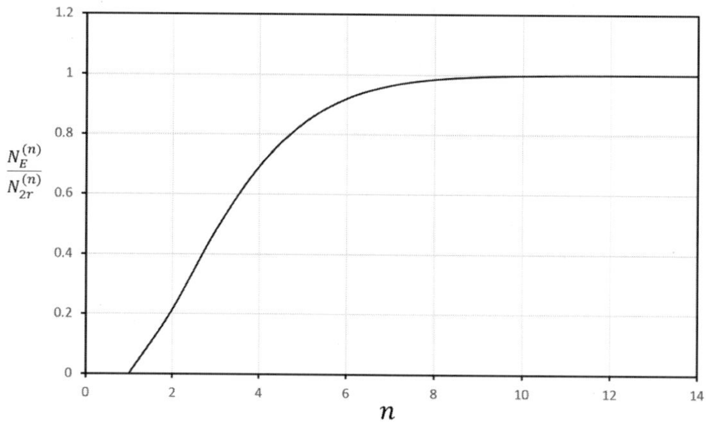

Abb. 6.48 Relativer Anteil der Stützstellen im Eckbereich als Funktion der Dimension n

Dem Fluch der Dimensionalität kann man zwar nicht entkommen, jedoch ist er ein Hinweis darauf, dass es sich lohnt zu versuchen, die Anzahl der Designvariablen so klein wie möglich zu halten, sei es dadurch, dass der Sinn jeder Designvariablen hinterfragt oder ein Verfahren zu deren Reduktion (s. Kapitel 11.4) eingesetzt wird. Dies gilt insbesondere für die Metamodell-gestützte Optimierung. Jede eingesparte Designvariable vereinfacht das Optimierungsproblem und reduziert den zeitlichen bzw. den hardwaremäßigen Aufwand. Ebenso zeigen die obigen Betrachtungen, dass man bei einer hohen Anzahl von Designvariablen nicht erwarten kann, mit einer machbaren Anzahl von Stützstellen ein hinreichend genaues Metamodell im gesamten Designraum zu erhalten. Vielmehr ist es in einem solchen Fall sinnvoller, sich auf eine lokale Approximation in einen Teilbereich zu beschränken.

6.2.6 Test der Vorhersagegüte

Die Qualität eines Metamodells zeigt sich darin, wie gut es die Werte im Designraum vorhersagen kann. Die für die glättenden Approximationen in Kapitel 6.2.3 aufgeführten statistischen Test- und Fehlerterme sind jedoch kein gutes Maß für die Vorhersagequalität eines Metamodells. Der Grund ist, dass sie nur auf die Punkte bezogen sind, mit denen das Metamodell aufgebaut wurde. Da zudem die Parameter in den Approximationen durch die Minimierung von Fehlermaßen festgelegt werden, ist ein niedriger Fehlerwert nicht sehr aussagekräftig. Noch weniger Information hat man bei einer Interpolation, weil diese per Definition exakt durch die Stützpunkte geht. Es ist somit klar, dass die Vorhersagequalität eines Modells an Punkten getestet werden muss, die nicht zum Aufbau der Approximation verwendet worden sind. Genau dieser Ansatz wird in der Kreuzvalidierung verfolgt.

Die „Holdout"-Methode die einfachste und sauberste Variante der Kreuzvalidierung. Hier werden die Stützstellen in zwei disjunkte Gruppen aufgespalten, eine Trainingsgruppe G_{app} zur Bestimmung der Approximation (Trainingsmenge) und eine Testgruppe G_{test} zur Überprüfung der Genauigkeit (Testmenge). Somit tragen die Stützpunkte der Testgruppe nicht zur Verbesserung der Qualität der Approximation bei, sondern dienen lediglich dazu, deren Vorhersagequalität zu bestimmen. Mit den Stützpunkten aus G_{test} werden dann Streudiagramme erzeugt und Fehlerterme bestimmt. Der RMS-Fehler für die Vorhersage (cross validation prediction error) ergibt sich dann zu

$$\varepsilon_{\text{RMS}} = \sqrt{\frac{\sum\limits_{i \in G_{\text{test}}} (y_i - \tilde{y}_i)^2}{N_{\text{test}}}}, \tag{6.156}$$

wobei N_{test} die Anzahl der Stützpunkte in der Testgruppe ist. Ein typischer Wert für N_{test} ist

$$N_{\text{test}} \approx \frac{1}{2} N_{\text{app}},$$

wobei N_{app} die Anzahl der Stützpunkte der Trainingsmenge ist. Der Nachteil der „Holdout"-Methode ist, dass nicht nur die Funktionswerte an den Stützstellen der Trainingsgruppe ermittelt werden müssen, sondern auch an denen der Testgruppe, was einen erheblichen Mehraufwand darstellt.

Eine preisgünstige Alternative stellt die K-fach Kreuzvalidierung dar, weil hier keine zusätzlichen Stützpunkte benötigt werden. Vielmehr werden die Stützpunkte in K möglichst gleich große Gruppen [1)] aufgeteilt, von denen jeweils nur eine als Testgruppe und die restlichen $K - 1$ Gruppen als Trainingsmenge zur Bestimmung der Approximation verwendet werden. Man kann nun mithilfe der auf der Trainingsmenge erstellten Approximation die Funktionswerte an den Stützstellen der Validierungsgruppe vorhersagen und den Fehler der Vorhersage ermitteln. Bezeichnet man mit $\tilde{y}_{-k}(\vec{x})$ die Approximation, welche ohne die k-te Gruppe erstellt worden ist, dann ergibt sich der quadratische Fehler zu

$$\epsilon_k^2 = \sum_{j \in I_k} \left(y_j - \tilde{y}_{-k}\left(\vec{x}\,(j)\right)\right)^2 \tag{6.157}$$

Dabei ist I_k die Indexmenge, die alle Stützpunkte in der Gruppe k (Testmenge) enthält. Verwendet man sukzessive jede der K Gruppen als Testmenge, erhält man insgesamt K verschiedene Approximationen und die dazugehörigen quadratischen Fehler. Der gemittelte Gesamtfehler ergibt sich dann zu

$$E_{\text{CV}} = \sqrt{\frac{\sum\limits_{k=1}^{K} \epsilon_k^2}{K}}. \tag{6.158}$$

Einen Spezialfall der K-fach Kreuzvalidierung stellt die „Leave-One-Out"-Methode dar, bei der $K = N$ und damit die Anzahl der Gruppen gleich der Anzahl der Stützpunkte N ist. Hier wird immer nur eine Stützstelle, beispielsweise die j-te Stützstelle $\vec{x}\,(j)$, weggelassen und basierend auf den restlichen Stützstellen die Approximation $\tilde{y}_{-j}(\vec{x})$ bestimmt. Der resultierende quadratische Fehler wird auch in der Fachliteratur als geschätzter Quadratsummenfehler oder auch als PRESS (Prediction Error Sum of Square) [8], [9], [258] bezeichnet und ergibt sich als Summe der Fehlerquadrate zu

$$PRESS = \sum_{i=1}^{N} \left(y_i - \tilde{y}_{-i}\left(\vec{x}(i)\right)\right)^2. \tag{6.159}$$

[1)] Typische Werte sind $K = 5 - 10$

Damit ergibt sich als normierter Gesamtfehler der Kreuzvalidierung (cross validation prediction error) mit der „Leave-One-Out“-Methode

$$E_{\mathrm{LOO}} = \sqrt{\frac{\sum_{k=1}^{N} \left(y_j - \tilde{y}_{-j}\left(\vec{x}\,(j)\right)\right)^2}{N}}. \tag{6.160}$$

Die „Leave-One-Out“-Methode stellt die rechenaufwendigste Methode dar, weil hier N Approximationen bestimmt werden müssen. Bei einer linearen Regressionsanalyse kann PRESS jedoch in einem Schritt berechnet werden

$$PRESS = \sum_{i=1}^{N} \left(\frac{(y_i - \tilde{y}_i)^2}{1 - H_{ii}} \right), \tag{6.161}$$

wobei die Matrix

$$\boldsymbol{H} = \boldsymbol{X} \left(\boldsymbol{X}^{\mathrm{T}}\boldsymbol{X}\right)^{-1} \boldsymbol{X} \tag{6.162}$$

die Werte an den Stützstellen auf die Werte abbildet, die sich aus der Antwortfläche ergeben

$$\vec{\tilde{y}} = \boldsymbol{H}\vec{y} \tag{6.163}$$

und $\boldsymbol{X}$ in Gleichung (6.50) definiert ist.

Ein Maß für die Vorhersagegüte im gesamten Designraum wird durch die Größe $R^2_{\mathrm{prediction}}$ (Prediction Accuracy Indicator) [256], [258] ausgedrückt

$$R^2_{\mathrm{prediction}} = 1 - \frac{PRESS}{S_{yy}}; \qquad S_{yy} = \vec{y}^{\,\mathrm{T}}\vec{y} - \frac{\left(\sum_{1=1}^{N} y_i\right)^2}{N}, \tag{6.164}$$

deren Wert möglichst nahe bei Eins liegen sollte.

Da der Kreuzvalidierungsfehler ein Maß für die Vorhersagegüte einer Approximation ist, kann er auch dazu verwendet werden, um die Parameter einer Approximation festzulegen. Diese werden in einer Optimierung dann so bestimmt, dass der Kreuzvalidierungsfehler minimal wird. Vor allem die K-fach Kreuzvalidierung und die „Leave-One-Out“-Methode werden gerne für diesen Zweck eingesetzt, weil beide keine zusätzlichen Stützpunkte erfordern. Jedoch liefern sie auch nicht immer zuverlässige Ergebnisse. Der Grund ist, dass bei beiden Methoden der Vorhersagefehler nicht mit dem zu überprüfenden Metamodell bestimmt wird, sondern mit einem Metamodell, dass auf einer reduzierten Trainingsmenge aufgebaut wird. Auch wenn die Trainingsmenge bei der „Leave-One-Out“-Methode nur um eine Stützstelle reduziert ist, kann dies zu einer drastischen Änderung des Metamodells in diesem Bereich führen und den dort ermittelten Vorhersagefehler stark verfälschen. Dies soll anhand eines einfachen Beispiels verdeutlicht werden.

Als Testfunktion wird eine einfache Sinus-Funktion $y(x) = 10\sin(2\pi x)$ verwendet und zwei Sätze von Stützstellen betrachtet. Beim ersten Satz M_1 (Abbildung 6.49) liegen die Stützstellen vor den Extrema, während sie für den Satz M_2 (Abbildung 6.50) genau in den Extrema liegen. Zuerst wird eine glättende lineare Approximation betrachtet. Es ist klar, dass die Vorhersagequalität für Satz M_2 schlechter ist als für Satz M_1, weil bei M_2 der Abstand zwischen den Stützwerten größer ist als bei M_1 und damit dieser Datensatz schlechter durch eine lineare Funktion zu approximieren ist. Wird jetzt die „Leave-One-Out“-Methode angewendet, so führt dies zu merklichen Unterschieden zwischen den Approximationen $\tilde{y}$ und $\tilde{y}_{-k}$, wobei der Fehler dann ja nur auf Basis von $\tilde{y}_{-k}$ bestimmt wird. Trotz dieser Schwankungen wird die Vorhersagequalität von M_2 als schlechter als von M_1 und damit korrekt bewertet.

Anders sieht es in dem Fall aus, dass ein interpolierendes Kriging-Modell als Approximation verwendet wird. Hier gibt das Streudiagramm und der daraus resultierende Vorhersagefehler keine gute Rückmeldung über die Qualität der Approximation. So ist der normierter „Leave-One-Out“-Gesamtfehler E_{LOO} für das Kriging-Modell mit Satz M_2 in Abbildung 6.52 ($E_{\mathrm{LOO}} = 19{,}1$) größer

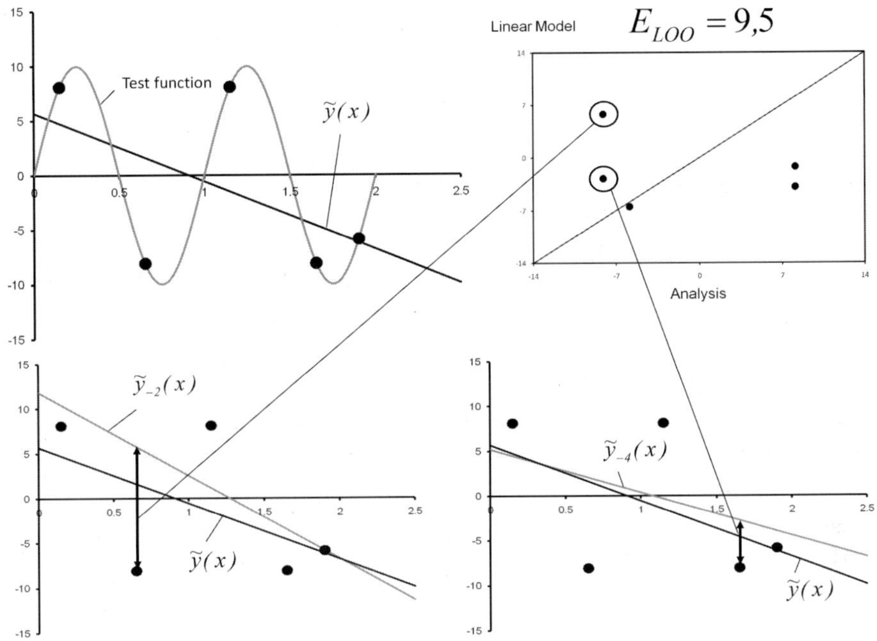

Abb. 6.49 Glättende lineare Approximation durch die Stützpunkte aus Satz M_1, das Streudiagramm, zwei Funktionen aus der Kreuzvalidierung mit der „Leave-One-Out"-Methode mit eingezeichnetem Vorhersagefehler der reduzierten Modelle und Gesamtfehler E_{LOO}

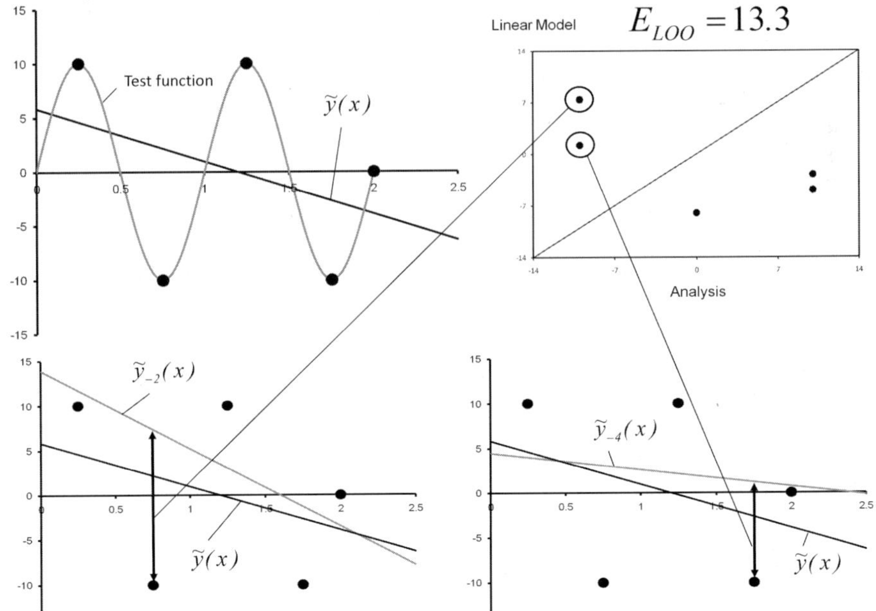

Abb. 6.50 Glättende lineare Approximation durch die Stützpunkte aus Satz M_2, das Streudiagramm, zwei Funktionen aus der Kreuzvalidierung mit der „Leave-One-Out"-Methode mit eingezeichnetem Vorhersagefehler der reduzierten Modelle und Gesamtfehler E_{LOO}

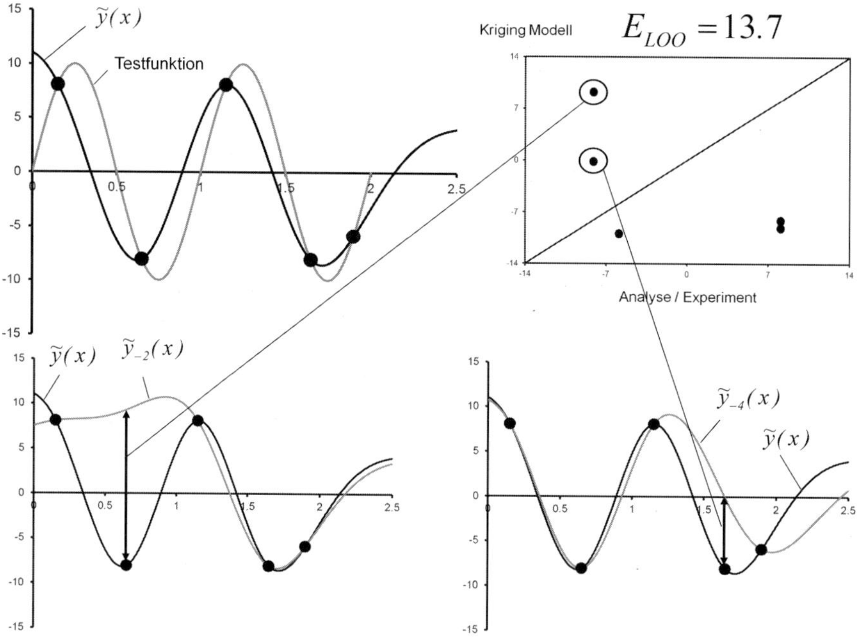

Abb. 6.51 Kriging-Modell durch die Stützpunkte aus Satz M_1, das Streudiagramm, zwei Funktionen aus der Kreuzvalidierung mit der „Leave-One-Out"-Methode mit eingezeichnetem Vorhersagefehler der reduzierten Modelle und Gesamtfehler E_{LOO}

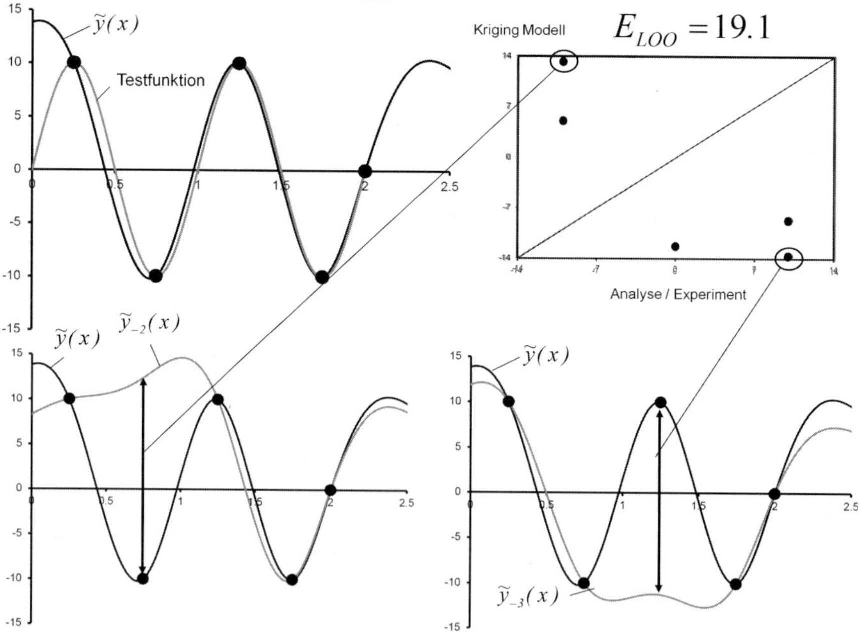

Abb. 6.52 Kriging-Modell durch die Stützpunkte den Satz M_2, das Streudiagramm, zwei Funktionen aus der Kreuzvalidierung mit der „Leave-One-Out"-Methode mit eingezeichnetem Vorhersagefehler der reduzierten Modelle und Gesamtfehler E_{LOO}

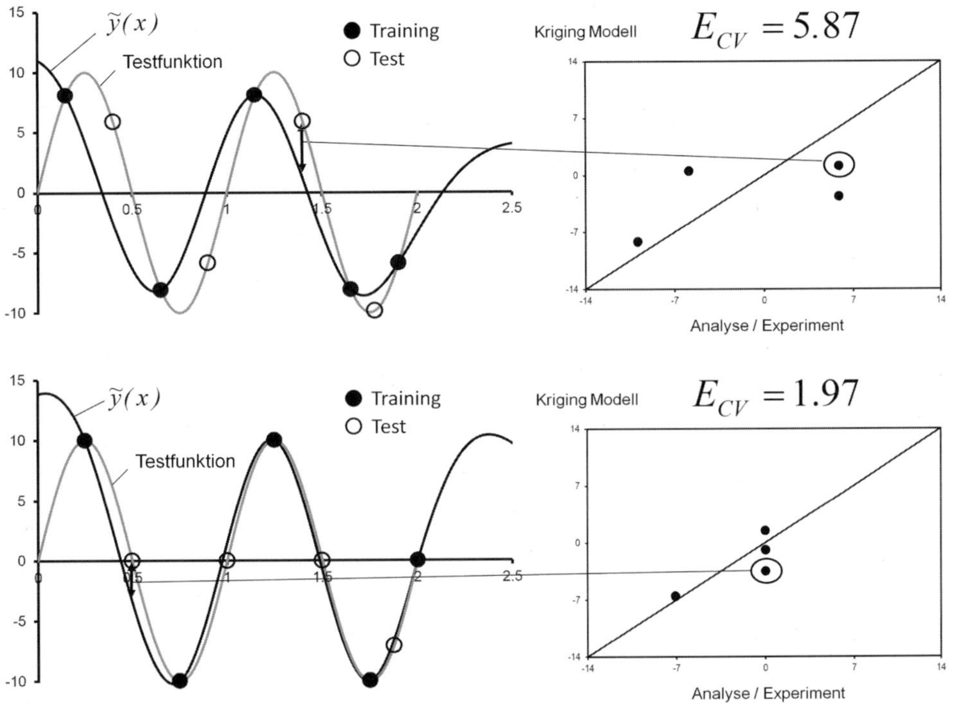

Abb. 6.53 Kriging-Modell durch die Stützpunkte aus Satz M_1 (oben) und M_2 (unten), das Streudiagramm aus der Kreuzvalidierung mit der „Holdout"-Methode und der Gesamtfehler ϵ_{RMS}

als für das mit Satz M_1 in Abbildung 6.51 ($E_{LOO} = 13{,}7$), obwohl das letztere die schlechtere Approximation darstellt. Der Grund liegt darin, dass bei der Kreuzvalidierung die Approximation nicht mehr durch den herausgenommen Stützpunkt geht und die Kurve gleichsam in einen glatteren Verlauf „zurückspringt". Der Unterschied zwischen Vorhersage und wirklichem Wert am Stützpunkt und damit der ermittelte Fehler ist dabei umso größer, je mehr der Stützpunkt im Extremum liegt. Erst bei einer höheren Dichte oder bei einem geringen Abstand zum benachbarten Stützpunkt (wie bei $\tilde{y}_{-4}$ in Abbildung 6.51, Diagramm rechts unten) wird der Rückspringeffekt aufgefangen und eine Verbesserung im Streudiagramm sichtbar. In einem solchen Fall ist jedoch schon eine hohe Stützpunktdichte erreicht, die beträchtlich über der minimal notwendigen liegen kann. Somit muss man speziell bei Interpolationen damit rechnen, dass bei einer geringen Stützpunktdichte das Ergebnis der „Leave-One-Out"-Methode unsicher ist und fehlerbehaftet sein kann. Im Gegensatz dazu liefert die „Holdout"-Methode ein korrektes Ergebnis (Abbildung 6.53), allerdings zu dem Preis, dass man eine höhere Anzahl von Stützwerten bestimmen muss.

6.2.7 Vergleich der globalen Approximationen und Optimierungsstrategie

Die Frage, welches mathematische Modell als globale Approximation verwendet werden soll, wird zum Teil schon dadurch entschieden, welche Modelle in dem zur Verfügung stehenden Programm angeboten werden. So sind Polynome in allen Programmen verfügbar, was jedoch nicht heißt, dass sie immer die erste Wahl sind. Sie haben den Nachteil, dass sie „steif" und unflexibel sind und sich auch bei zusätzlichen Stützpunkten nicht anpassen können, wenn dadurch eine höhere Komplexität

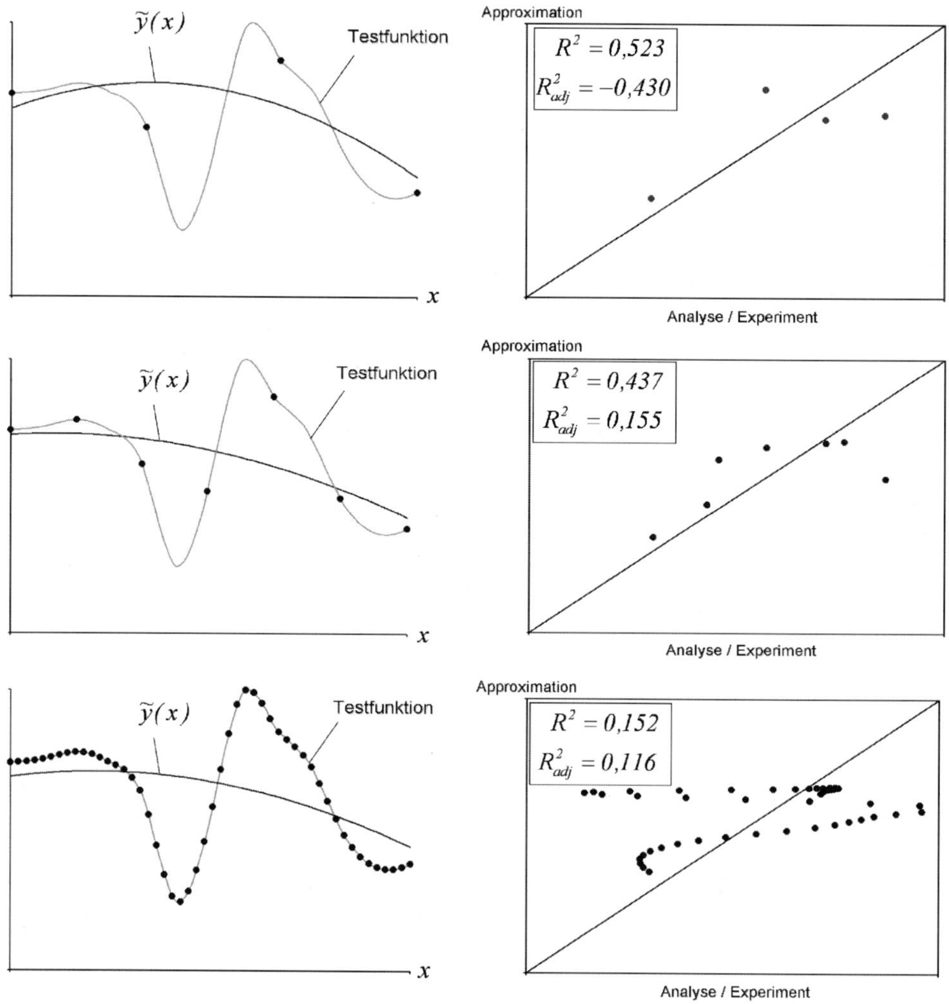

Abb. 6.54 Quadratische Approximation einer komplexen Testfunktion bei 4, 7 und 50 Kontrollpunkten

deutlich wird. Dies ist in Abbildung 6.54 am Beispiel einer 1-dimesionalen Funktion dargestellt. Die quadratische Approximation kann den Verlauf der Testfunktion nicht einmal andeutungsweise richtig wiedergeben. Daran ändert sich auch nichts, wenn die Anzahl der Stützstellen so drastisch erhöht wird, dass der gesamte Verlauf der Testfunktion in allen Details abgetastet wird. Aus diesem Grund liegt man bei Polynomen mit einer „Oversampling"-Rate von 1,5 bis 1,8 auch nie ganz falsch, weil dort die Grundform der Approximation feststeht und sich danach durch zusätzliche Stützpunkte nur noch kleine Variationen ergeben. Der Vorteil ist jedoch in dem hier gezeigten Beispiel, dass die statistischen Test- und Fehlerterme eindeutig darauf hinweisen, dass die Approximation nicht brauchbar ist. Damit sind Polynome durchaus geeignet, wenn ein glatter und nicht zu komplexer Verlauf der Systemantworten erwartet wird. Weiterhin sollten Polynome höherer Ordnung nur als glättende Approximation eingesetzt werden, weil sonst die Gefahr des Überschwingens besteht und sich dadurch die Qualität der Approximation vor allem im Randbereich drastisch verschlechtern kann (Abbildung 6.55). Dieses Phänomen des Überschwingens bei der Interpolation mit Polynomen höherer Ordnung wird auch als Runge-Phänomen bezeichnet [103], [106].

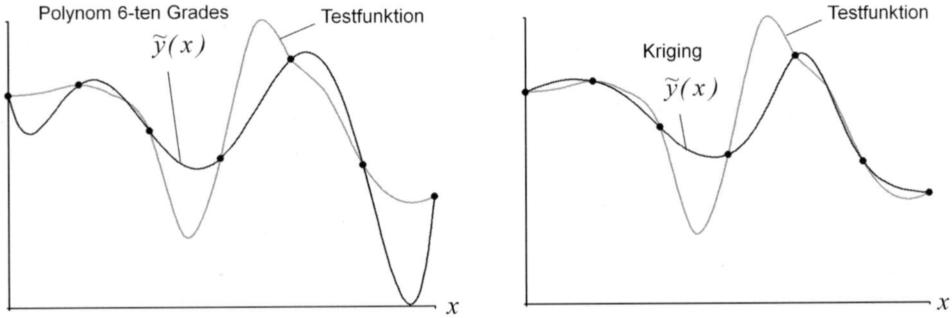

Abb. 6.55 Polynominterpolation mit Überschwingverhalten durch die 7 Kontrollpunkte aus Abbildung 6.54 (mitte) im Vergleich zum Kriging-Modell (rechts)

Wird anstatt eines Polynoms ein flexibleres mathematisches Modell verwendet, stellt sich zunächst die Frage, ob eine glättende oder interpolierende Approximation verwendet werden soll. Da ein Simulationsergebnis im Gegensatz zu einem Versuchsergebnis immer deterministisch ist (Details dazu siehe Abschnitt 11.5.1), bedeutet die Verwendung einer glättenden Approximation immer einen Verlust an Details. Bei einer nicht verrauschten Systemantwort gibt es deswegen keinen Grund, eine glättende Approximation zu verwenden und auf die höhere Genauigkeit zu verzichten. Anders sieht es bei einer verrauschten Systemantwort oder bei einer Systemantwort mit einen stark oszillierenden Verlauf aus. Hier kann es durchaus sinnvoll sein, eine glättende Approximation zu verwenden, weil man normalerweise nur an dem gemittelten globalen Verlauf interessiert ist. Die Interpolation modelliert in einem solchen Fall nur das Rauschen oder die Oszillationen (Abbildung 6.56) und erschwert letztendlich nur die Optimierung. Dies gilt aber nur dann, wenn der Abstand zwischen den Stützstellen ungefähr in der gleichen Größenordnung ist, wie die Amplitude des Rauschens oder der Oszillationen. Ist der Stützstellen-Abstand dagegen wesentlich größer als die Amplitude, können das Rauschen oder die Oszillationen nicht mehr aufgelöst werden. Wie in Abbildung 6.54 veranschaulicht, kann man sich in diesem Fall trefflich darüber streiten, ob die Daten besser durch eine Interpolation oder durch eine glättende Approximation beschrieben werden.

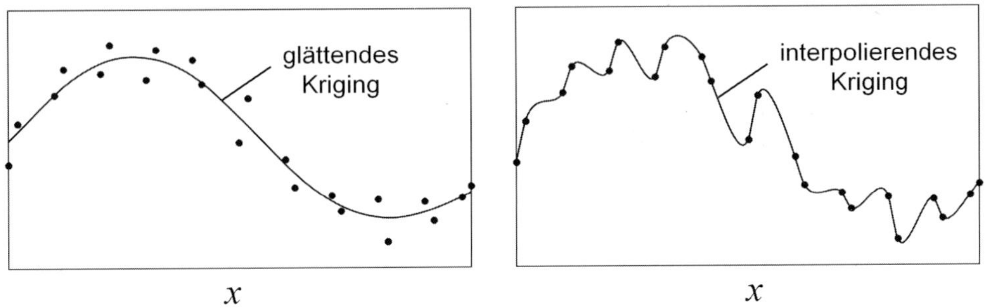

Abb. 6.56 Modellierung einer verrauschten Systemantwort mit einem glättenden (links) und einem interpolierenden Kriging-Modell bei eng zusammenliegenden Stützstellen (Stützstellen-Abstand ≈ Rauschamplitude)

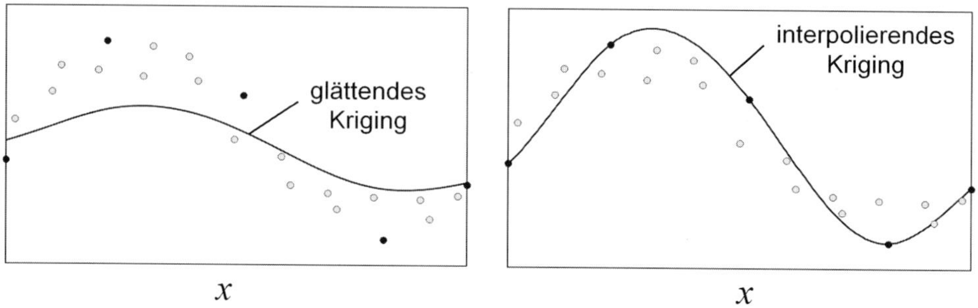

Abb. 6.57 Modellierung einer verrauschten Systemantwort bei weit auseinander liegenden (schwarzen) Stützstellen (schwarzer Stützstellen-Abstand $\gg$ Rauschamplitude)

Die Frage nach der benötigten Anzahl der Stützpunkte lässt sich bei einem flexiblen mathematischen Modell nicht so einfach beantworten wie bei den Polynomen. Zwar gilt beispielsweise bei Kriging-Modellen als grobe Faustregel, dass $N \approx 10n$ Punkte für ein brauchbares Modell benötigt werden, jedoch gilt dies, wenn überhaupt, nur für eine gutmütige Systemantwort. Der Grund ist, dass ein Kriging-Modell nicht so unflexibel oder so steif wie ein Polynom ist, sondern vielmehr durch jedem neu hinzugenommenen Stützpunkt durchgeht und damit die Form in dessen Umfeld immer neu angepasst wird. Die benötigte Zahl an Stützpunkten kann deshalb nicht von der Anzahl n der Designvariablen, sondern nur von der (nicht bekannten) Komplexität der Systemantwort anhängen. So werden, wie exemplarisch in Abbildung 6.52 dargestellt, für eine Funktion mit η Extrema mindestens η Stützpunkte benötigt. Diese müssen jedoch dann auch gut um den Bereich der Extrema platziert sein. Da dieses aber nicht sichergestellt werden kann, muss man eher davon ausgehen, dass deutlich mehr Stützpunkte benötigt werden.

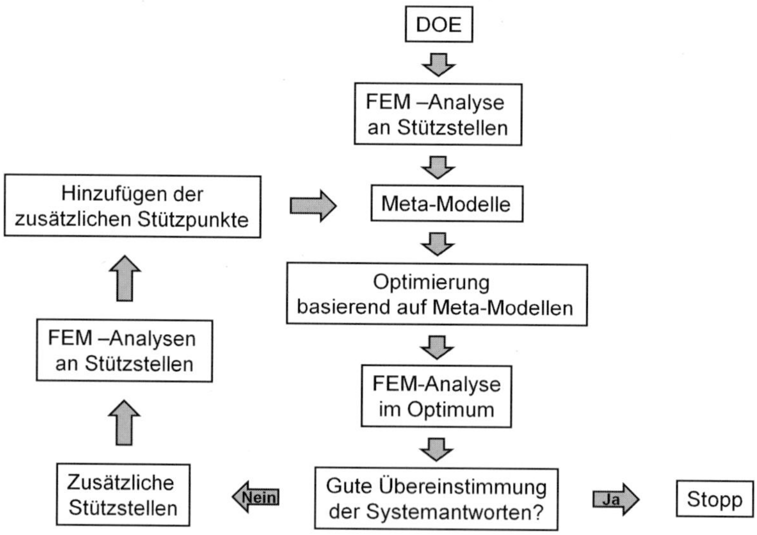

Abb. 6.58 Ablauf einer Optimierung mit Metamodellen

Da es bei der Verwendung von flexiblen mathematischen Modellen keine Faustregel für die Anzahl der benötigten Stützpunkte gibt und eine verlässliche Aussage über die Vorhersagequalität nur mit der „Holdout“-Methode über zusätzliche Stützpunkte zu erhalten ist, geht man in der Praxis, wie in Abbildung 6.58 dargestellt, folgendermaßen vor. Im ersten Schritt wird, basierend auf der Erfahrung, die Anzahl der Stützstellen festgelegt und deren Lage über einen Versuchsplan bestimmt. Anschließend werden über eine FE-Analyse die Stützwerte berechnet. Basierend auf den Stützpunkten wird daraufhin für jede Systemantwort ein Metamodell erstellt. Die Optimierung wird dann basierend auf den Metamodellen durchgeführt. Das sich ergebende Optimum muss anschließend immer mit einer FE-Analyse nachgerechnet werden, um eine Rückmeldung über die Güte der Metamodelle im Optimum zu erhalten. Ist der Unterschied zwischen den Werten aus der FE-Analyse und aus den Metamodellen unterhalb einer festgelegten Toleranzgrenze, so wird die Optimierung beendet. Ansonsten wird die Qualität des Metamodells erhöht, indem man zusätzliche Stützstellen bestimmt und diese zu den bestehenden Stützstellen hinzunimmt. Anschließend wird mit den verbesserten Metamodellen wiederum eine Optimierung durchgeführt und der Verbesserungsprozess für die Metamodelle so oft durchlaufen, bis die Toleranzgrenze eingehalten wird.

7 Kopplung an FEM

Die Methode der Finiten Elemente, kurz mit FEM (Finite Element Method) bezeichnet, wird heutzutage als Standardwerkzeug in der Analyse mechanischer Strukturen eingesetzt. In diesem Kapitel werden typische Strukturantworten vorgestellt, die von FEM-Programmen zur Verfügung gestellt werden. Zudem werden Formulierungen von häufig auftretenden Optimierungsproblemen besprochen und gegebenenfalls auf Besonderheiten im Zusammenspiel mit dem FEM-Programm eingegangen. Weiterhin werden die verschiedenen Möglichkeiten zur Bestimmung von Gradienten vorgestellt und am Schluss verschiedene Programmsysteme miteinander verglichen.

7.1 Strukturantworten und Formulierungen des Optimierungsproblems

In diesem Abschnitt werden die wichtigsten Strukturantworten, die von kommerziellen FEM-Programmen zur Verfügung gestellt werden, vorgestellt und deren Verwendung zur Definition des Optimierungsproblems besprochen.

7.1.1 Bauteilsteifigkeit

Ein häufiges Optimierungsziel ist die Maximierung der Steifigkeit einer Struktur. Für diese Aufgabenstellung bietet sich an, den Betrag der Verschiebung $\vec{d}(k)$ an einem ausgewählten Knoten k, typischerweise am Kraftangriffspunkt, zu minimieren:

$$\min \left| \vec{d}(k) \right| . \tag{7.1}$$

Auch für den Fall, dass nur eine Komponente des Verschiebungsvektors minimiert werden soll, ist es empfehlenswert, den Betrag zu verwenden, weil man dann von der Wahl des Koordinatensystems und damit vom Vorzeichen der Verschiebung unabhängig ist. So würde in dem Beispiel in Abbildung 7.1 die Formulierung

$$\min d_z(k) \tag{7.2}$$

zur Minimierung der Steifigkeit führen, wogegen die Definition

$$\min |d_z(k)| \tag{7.3}$$

immer das Design mit maximaler Steifigkeit ergibt.

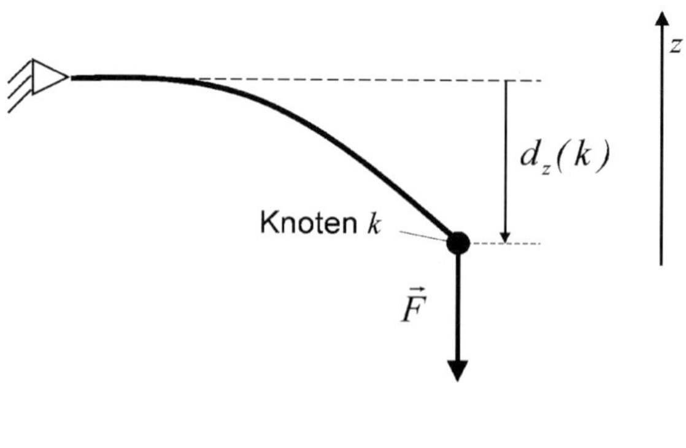

Abb. 7.1 Kragträger

Eine alternative und mehr generelle Formulierung erhält man durch die Verwendung der mittleren Nachgiebigkeit (Compliance). Ist diese auf das gesamte Bauteil bezogen, spricht man von globaler mittlere Nachgiebigkeit, welche definiert ist als

$$C^{\text{Global}} = \sum_i \overrightarrow{F_i}^{\mathrm{T}} \cdot \overrightarrow{u_i}. \tag{7.4}$$

Dabei ist $\overrightarrow{F_i}$ die Kraft am i-ten Kraftangriffspunkt und $\overrightarrow{u_i}$ die dort resultierende Verschiebung. Die Summe in (7.4) läuft dabei über alle Kräfte und dazugehörigen Verschiebungsvektoren.

Es gibt 2 Formulierungen des Optimierungsproblems über die mittlere Nachgiebigkeit, je nachdem, ob die Kräfte oder die Verschiebungen auf die Struktur aufgebracht werden. Werden die Lastfälle über die Kräfte definiert, sind diese in Gleichung (7.4) konstant. Eine Minimierung von C^{Global} bedeutet dann eine Minimierung der resultierenden Verschiebungen und damit eine Maximierung der Steifigkeit. Werden dagegen Verschiebungen aufgebracht, sind die Kräfte in Gleichung (7.4) die resultierenden Reaktionskräfte. In diesem Fall erhält man die steifste Struktur, wenn die Reaktionskräfte und damit auch C^{Global} maximiert werden. Zusammengefasst lauten damit die beiden Formulierungen des Optimierungsproblems zur Maximierung der Steifigkeit (Abbildung 7.2) folgendermaßen:

$$\min C^{\text{Global}} \quad \text{bei aufgebrachten Kräften} \tag{7.5}$$

$$\max C^{\text{Global}} \quad \text{bei aufgebrachten Verschiebungen} \tag{7.6}$$

Da meistens die Kräfte aufgebracht werden, wird in der Regel die Formulierung (7.5) angewendet. Sie wird vor allem in der Topologieoptimierung häufig benutzt.

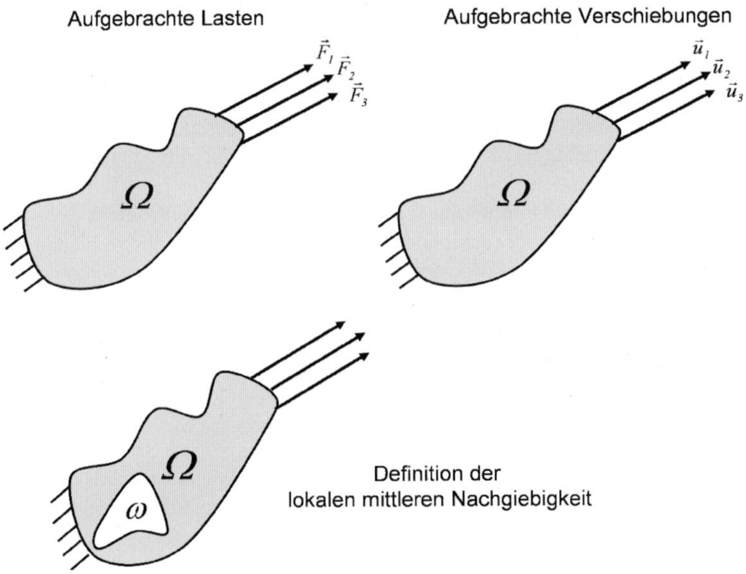

Abb. 7.2 Schematische Darstellung der Lastfalldefinition über aufgebrachte Kräfte oder Verschiebungen und Skizze zur Definition der lokalen mittleren Nachgiebigkeit

Die globale mittlere Nachgiebigkeit in Gleichung (7.4) ist gleich der doppelten geleisteten externen Arbeit. Sie muss aus Energieerhaltungsgründen gleich der doppelten internen Dehnungsenergie sein.

$$C^{\text{Global}} = \int_{\Omega} \vec{\sigma}^{\mathrm{T}} \vec{\varepsilon} \, \mathrm{d}V. \tag{7.7}$$

Damit entspricht die Minimierung der globalen mittleren Nachgiebigkeit der Minimierung der internen Dehnungsenergie. Die Formulierung (7.7) erlaubt es, die lokale mittlere Nachgiebigkeit C^{Lokal} eines Teilbereichs des Gesamtbauteils zu definieren, indem statt über das gesamte Volumen Ω über das Volumen ω des Teilbereichs integriert wird (Abbildung 7.2).

$$C^{\mathrm{Lokal}} = \int_{\omega} \overrightarrow{\sigma}^{\mathrm{T}} \overrightarrow{\varepsilon}\, \mathrm{d}V. \tag{7.8}$$

Eine denkbare Verwendung von C^{Lokal} scheint beispielsweise die Maximierung der Steifigkeit eines Blechbauteils in einer Karosserie zu sein. Da sich die Änderungen eines einzelnen Blechteils normalerweise nur sehr geringfügig auf die Gesamtsteifigkeit und damit auf C^{Global} auswirken, ist mit numerischen Schwierigkeiten zu rechnen. Hier erscheint die Verwendung von C^{Lokal} des zu optimierenden Teils eine gute Alternative zu sein, weil hier nur die interne Dehnungsenergie des zu optimierenden Bauteils berücksichtigt wird. Auch wenn dies auf den ersten Blick plausibel erscheint, ist die Verwendung von C^{Lokal} mit Vorsicht zu genießen. Der Grund dafür ist, dass häufig die auf den Teilbereich wirkenden Randbedingen maßgeblich von Steifigkeit der umgebenden Reststruktur mitbestimmt werden. In einem solchen Fall kann für den Teilbereich nicht klar zwischen den beiden Fällen (7.5) und (7.6) unterschieden werden. Das kann wiederum zur Folge haben, dass das Optimierungsergebnis falsch oder unbrauchbar ist [152]. Ein Beispiel, in dem die Verwendung der lokalen mittleren Nachgiebigkeit versagt hat, wird in Abschnitt 9.5.2.1 im Zusammenhang mit der Topologieoptimierung vorgestellt und diskutiert.

7.1.2 Das Min-Max-Problem

Bei einigen Optimierungsaufgaben liegt ein so genanntes Min-Max-Problem vor. Ein typisches Beispiel ist eine Formoptimierung mit dem Ziel, eine Spannungsspitze in einem Teilbereich eines Bauteils abzubauen. Hier stellt sich das Problem, dass man nur eine Zielfunktion definieren kann. Es ist jedoch damit zu rechnen, dass sich die maximale Spannung während der Optimierung infolge der Formvariationen verschiebt, sodass es wenig Sinn macht, nur die Spannung eines Elements zu minimieren. Vielmehr möchte man, dass in jeder Iteration die jeweils maximale Spannung minimiert wird. Ein solches Optimierungsproblem wird Min-Max-Problem genannt. Ein anderes Beispiel ist die Minimierung der maximalen Verschiebung einer frequenzabhängigen Verschiebungskurve. Auch hier wird sich im Allgemeinen das Maximum der Kurve während der Optimierung verschieben und man möchte, dass in jeder Iteration immer das jeweilige Maximum minimiert wird, um über alle Frequenzen eine möglichst große Steifigkeit zu erhalten. In den folgenden Unterkapiteln werden verschiedene Formulierungen des Min-Max-Problems vorgestellt.

7.1.2.1 Die direkte Formulierung

Die direkte Formulierung ist die einfachste Form, ein Min-Max-Problem zu definieren. Für das oben aufgeführte Beispiel der Spannungsoptimierung ergeben sich folgende direkte Formulierungsmöglichkeiten:

$$\min\left(\max\left\{\sigma_i,\, i \in B\right\}\right). \tag{7.9}$$

Dabei wird mit σ_i eine Vergleichsspannung von Element i und mit B die Indexmenge aller Elemente bezeichnet, deren Spannungen während der Optimierung berücksichtigt werden sollen.

Bei dieser Definition werden nur die Spannungsspitzen abgebaut, während die Bereiche mit geringer Spannung nicht modifiziert werden. Möchte man jedoch, dass überflüssiges Material abgebaut und somit Gewicht eingespart wird, bietet sich folgende Formulierung an:

$$\min\left(\max\left\{\sigma_i,\, i \in B\right\} - \min\left\{\sigma_i,\, i \in B\right\}\right). \tag{7.10}$$

Hier ergibt sich bei einer Formoptimierung im Grenzfall eine Struktur mit homogener Oberflächenspannung. Jedoch ist vor Abschluss der Optimierung nicht bekannt, gegen welchen homogenen Spannungswert das Verfahren letztendlich konvergieren wird. Bei der Formulierung

$$\min\left(\max|\{\sigma_i,\, i\in B\}-\sigma_{\text{ref}}|\right) \tag{7.11}$$

kann dagegen eine Zielspannung σ_{ref} vorgegeben und, wenn dies möglich ist, erreicht werden.

Alle oben vorgestellten Formulierungen haben den Nachteil, dass unstetige Sprünge in der Zielfunktion auftreten können, wenn sich während der Optimierung die maximale Spannung von einem zu einem anderen Element hin verlagert. Dies kann zu einem unruhigen Optimierungsverlauf und einer erhöhten Anzahl von Iterationen führen. Im schlimmsten Fall kann der Optimierungsalgorithmus versagen. In den nächsten 3 Abschnitten werden Formulierungen vorgestellt, die einen weicheren Verlauf im Optimierungsverlauf gewährleisten.

7.1.2.2 Die *p*-Norm

Die p-Norm eines Vektors $\overrightarrow{x}=(x_1,x_2,\ldots,x_n)^T$ ist definiert als

$$\|\overrightarrow{x}\|_p=\left(\sum_{i=1}^{n}|x_i|^p\right)^{1/p}. \tag{7.12}$$

Für das obige Beispiel der Spannungsoptimierung kann die Zielfunktion mithilfe der p-Norm folgenderweise formuliert werden.

$$f=\left(\sum_{i\in B}|\sigma_i|^p\right)^{1/p} \tag{7.13}$$

Da in diesem Fall alle Spannungen in der Zielfunktion enthalten sind und sich diese stetig ändern, garantiert diese Formulierung einen glatten Verlauf der Zielfunktion während der Optimierung. Der Nachteil der Methode ist jedoch, dass alle Spannungen und nicht nur die maximale Spannung minimiert werden. Die großen Spannungen erhalten lediglich ein größeres Gewicht und zwar umso mehr, je größer p gewählt wird. Dabei erhält man im Grenzfall $p\to\infty$ wieder die Min-Max-Formulierung:

$$\begin{aligned} p=1:&\quad \min\left(\sum_{i\in B}|\sigma_i|\right)\\ p=2:&\quad \min\sqrt{\sum_{i\in B}|\sigma_i|^2}\\ p\to\infty:&\quad \min\left(\max\{\sigma_i,\, i\in B\}\right). \end{aligned} \tag{7.14}$$

Es ist somit nicht auszuschließen, dass man im Optimum zwar eine minimierte Zielfunktion erhält, aber nicht zwangsläufig die Lösung mit minimaler Maximalspannung. Dieser Fall tritt ein, wenn die maximale Spannung weiterhin verringert werden könnte, dies aber zu einem Ansteigen der anderen Spannungen und dadurch auch zu einem Ansteigen der Zielfunktion führt. Die folgenden Formulierungen weisen diesen Nachteil nicht auf.

7.1.2.3 Die Beta-Methode

Die Beta-Methode bietet eine gute alternative Formulierung für das Min-Max-Problem. Hier führt man für den allgemeinen Fall, dass von m Zielfunktionen f_j die maximale Funktion minimiert werden soll, eine zusätzliche Designvariable β ein und löst folgendes Optimierungsproblem:

$$\min\beta,$$

sodass

$$f_j\leqq\beta;\qquad j=1,m \tag{7.15}$$

Für das obige Beispiel der Spannungsoptimierung ergibt sich dann

$$\min \beta,$$

sodass

$$\sigma_i \leqq \beta; \qquad i \in B \tag{7.16}$$

Wie in Abbildung 7.3 veranschaulicht, wird durch die Restriktionen erzwungen, dass eine Minimierung von β nur möglich ist, wenn die maximale Spannung im Bereich B abgesenkt wird. Ebenso kann man, wie in Abbildung 7.3 gezeigt, die Methode zu einem Max-Min-Problem umformulieren.

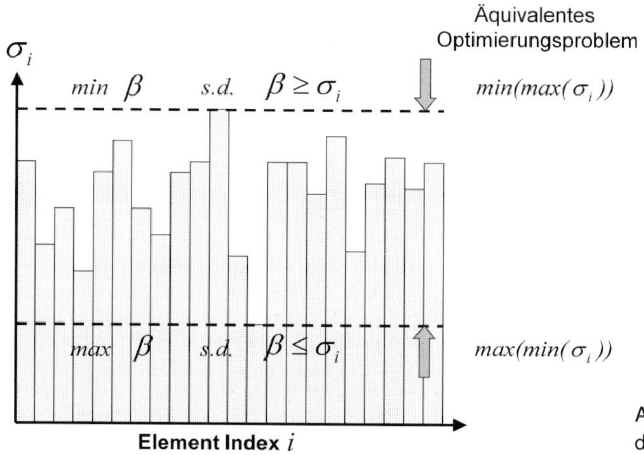

Abb. 7.3 Veranschaulichung der Beta-Methode

Die Beta-Methode verhält sich vor allem gutmütig, wenn ein Optimierungsalgorithmus mit „ausgeschmierten" Restriktionsgrenzen verwendet wird, wie beispielsweise die Methode der zulässigen Richtungen, weil dann der Wechsel zwischen den einzelnen Elementspannungen fließend stattfindet. Dies ist jedoch nur dann der Fall, wenn auch alle wichtigen Restriktionen vom Optimierungsalgorithmus berücksichtigt werden. Das muss jedoch nicht immer der Fall sein. So werden, um Rechenzeit zu sparen, von einigen Optimierungsprogrammen nur die M aktivsten Restriktionen berücksichtigt und der Rest ausgeblendet (Screening). Gerade bei der Spannungsoptimierung liegt jedoch häufig eine große Anzahl von Elementspannungen im betrachteten Bereich B vor. Sind nun für N Elemente die Spannungen ungefähr gleich groß der maximalen Spannung und es gilt $N > M$, so werden $N - M$ Restriktionen durch das Ausblenden in der Optimierung nicht berücksichtigt. Dies kann zu starken Oszillationen im Verlauf einer Optimierung bis hin zum Abbruch aufgrund unzulässiger Netzverzerrungen bei einer Formoptimierung führen. Es empfiehlt sich deshalb bei Optimierungsprogrammen mit Ausblendestrategie, bei Spannungsoptimierungen immer den voreingestellten Wert M zu überprüfen und diesen gegebenenfalls höher zu setzen.

Bei akustischen oder schwingungstechnischen Problemen wird häufig eine Frequenzganganalyse („frequency response analysis") durchgeführt. Dort wird an einer Stelle in der Struktur (z. B. an einem Motorlager oder am Radmittelpunkt) eine frequenzabhängige Belastung aufgegeben und an einem Messpunkt die sich daraus resultierende Systemantwort r (wie beispielsweise Verschiebung, Geschwindigkeit oder Beschleunigung) berechnet. Im einfachsten Fall besteht die Belastung aus einer sinusförmigen Anregung, deren Frequenz ν in einem vorgegebenen Frequenzbereich durchfahren wird. Als Ergebnis erhält man die Amplitude der Systemantwort $r(\nu)$ als Funktion der Anregungsfrequenz ν, von der dann gefordert wird, dass sie in einem vorgegebenen Frequenzintervall $[\nu^L, \nu^U]$ unterhalb einer Grenzkurve $r^G(\nu)$ liegen soll (siehe Abbildung 7.4).

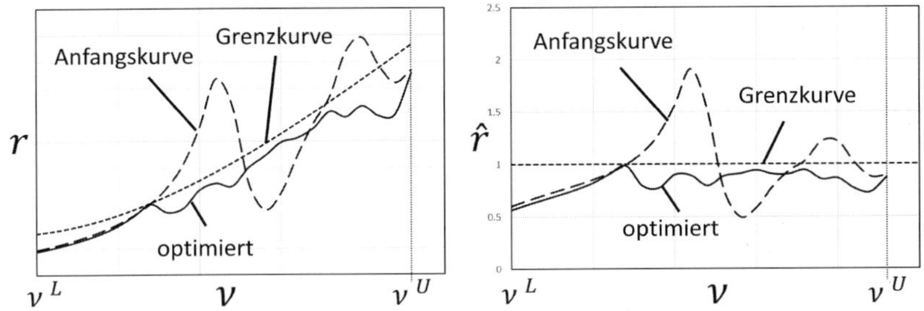

Abb. 7.4 Anfängliche Systemantwort-Kurve $r(\nu)$ mit einer maximalen Restriktionsverletzung von 90 % und die optimierte Kurve ohne Restriktionsverletzung (links) und das Gleiche in der normierten Form (rechts)

Im Folgenden wird vorausgesetzt, dass innerhalb des Frequenzintervalls $[\nu^L, \nu^U]$ die Frequenzganganalyse für n_f Frequenzwerte ν_i, $i = 1, n_f$, durchgeführt wird. Die Amplituden der vorgegebenen Grenzkurve an diesen Stellen werden mit $r_i^G = r^G(\nu_i)$ und die der frequenzabhängigen Systemantwort mit $r_i = r(\nu_i)$ bezeichnet. Das zu lösende Optimierungsproblem für eine beliebige Zielfunktion f lautet dann:

$$\min f, \tag{7.17}$$

sodass

$$r_i \leqq r_i^G; \qquad i = 1, n_f.$$

Typischerweise sind die Restriktionen zu Beginn verletzt, sodass der Optimierer die Optimierung im unzulässigen Bereich beginnt. In diesem Fall ist das primäre Ziel, in den zulässigen Bereich zu gelangen und erst danach wird versucht, die Zielfunktion zu minimieren. Es ist jedoch möglich, dass es der Optimierer nicht schafft den zulässigen Bereich zu erreichen. Es stellt sich dann die Frage, ob es mit dem vorgegebenen Satz an Designvariablen prinzipiell möglich ist, zulässig zu werden. Hier ist es sinnvoll, einen Optimierungslauf aufzusetzen, der nur das Ziel hat aus dem unzulässigen Bereich hinauszugelangen, ohne Rücksicht darauf, wie weit sich die Zielfunktion dabei verschlechtert bzw. wie sehr andere Anforderungen verletzt werden. Einen solchen Optimierungslauf kann man wieder über die Beta-Methode formulieren. Ist ein solcher Lauf erfolgreich, d. h. wenn man den zulässigen Bereich erreicht hat, kann der optimale Punkt dann als Startpunkt für das wirkliche Optimierungsproblem (7.17) verwendet werden. Gelingt es allerdings nicht eine zulässige Lösung zu erreichen, dann ist die Variation über die Designvariablen nicht ausreichend groß genug um dies zu ermöglichen. In diesem Fall müssen die Variationsmöglichkeiten vergrößert werden, beispielsweise durch Hinzunahme weiterer Designvariablen oder durch Erweiterung der Designvariablen-Grenzen.

Die in (7.17) verwendete Formulierung ist jedoch nicht für die Beta-Methode geeignet, weil dort jede Restriktion eine eigene Obergrenze r_i^G besitzt. Sie muss deswegen in eine verträgliche Formulierung umgeschrieben werden. Dazu werden die Restriktionen auf beiden Seiten durch r_i^G dividiert wird, sodass sich für $r_i^G > 0$ ergibt

$$\hat{r}_i \leqq 1; \qquad i = 1, n_f. \tag{7.18}$$

Dabei sind $\hat{r}_i = r_i / r_i^G$ die auf die Grenzwerte normierten Amplituden. Da jetzt alle Restriktionen die gleiche, konstante, obere Grenze 1 (Abbildung 7.4) aufweisen, kann man die Beta-Methode formulieren, indem man die 1 in der oberen Grenze einfach durch β ersetzt und man erhält

$$\min \beta, \tag{7.19}$$

sodass

$$\hat{r}_i \leqq \beta; \qquad i = 1, n_f.$$

Wenn keine Restriktion verletzt und mindestens eine Restriktion aktiv ist, erlaubt der Wert von β eine einfache Interpretation über die Zulässigkeit der Systemantwort. So bedeutet

$\beta < 1$ Restriktion ist übererfüllt (z. B. $\beta = 0{,}85$ bedeutet, dass alle Punkte auf der Systemantwort-Kurve $r_i = r(v_i)$ um mindestens 15 % übererfüllt sind),

$\beta = 1$ Restriktion ist exakt erfüllt,

$\beta > 1$ Restriktion ist verletzt (z. B. $\beta = 1{,}22$ bedeutet, dass mindestens ein Punkt auf der Systemantwort-Kurve $r_i = r(v_i)$ um 22 % verletzt ist).

Der Nachteil der Beta-Methode ist, dass die Optimierung nicht beendet wird, sobald alle Restriktionen zulässig sind, sondern die Zulässigkeit soweit wie möglich erhöht wird. Das führt im Allgemeinen dazu, dass für den Optimierungslauf mehr Iterationen verwendet werden als zum Erreichen der Zulässigkeit notwendig ist (Abbildung 7.5). Wird das Ergebnis als Startpunkt für eine weitere Optimierung verwendet, ist auch in dem nachfolgenden Optimierungslauf eine größere Anzahl an Iterationen notwendig, weil der Optimierer erst wieder zurück zur Restriktionsgrenze gelangen muss. Wenn man dies alles vermeiden will, kann man die Optimierung nur bis zur Grenze des zulässigen Bereiches durchführen, indem man die Zielfunktion β in (7.19) durch eine quadratische Zielfunktion ersetzt, die bei $\beta = 1$ ihr Minimum hat. In diesem Fall endet die Optimierung, sobald keine Restriktion mehr verletzt ist (Abbildung 7.5). Die Formulierung für dieses Optimierungsproblem lautet

$$\min\,(\beta - 1)^2 + 1, \tag{7.20}$$

sodass

$$\hat{r}_i \leqq \beta; \qquad i = 1, n_f.$$

Hier wurde auf die Zielfunktion der Faktor 1 addiert, damit sie im Minimum den Wert $f^* = 1$ und nicht $f^* = 0$ hat. Der Grund ist, dass bei allen kommerziellen Programmen standardmäßig die relative Änderung der Zielfunktion als Abbruchkriterium verwendet wird. Dies führt bei einen Optimum bei $f^* = 0$ zu unnötig vielen Iterationen, weil dort die relative Abbruchsgrenze einer wesentlich kleineren absoluten Änderung entspricht als bei $f^* = 1$.

Die Formulierungen (7.19) und (7.20) gelten nur $r_i^G > 0$. Für den Fall $r_i^G < 0$ drehen sich alle Ungleichheitszeichen in beiden Formulierungen um.

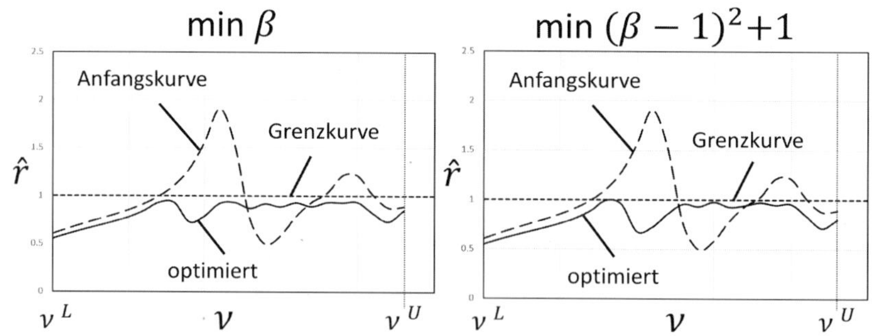

Abb. 7.5 Typische Ergebnisse der Optimierungsprobleme (7.19) (links) und (7.20) (rechts), beide mit dem Ziel, die maximale Restriktionsverletzung zu minimieren

Da die üblichen Optimierungsprogramme nur Konstanten als obere oder als untere Grenze akzeptieren, sind die Formulierungen (7.15), (7.16), (7.19) und (7.20) nicht praxisgerecht. Wenn sichergestellt ist, dass $\beta \neq 0$ gilt, besteht die einfachste und auch eindeutige Lösungsmöglichkeit darin, durch β auf beiden Seiten der Ungleichung zu dividieren, sodass sich anstatt

$$r \leqq \beta \tag{7.21}$$

für $\beta > 0$ nun

$$\frac{r}{\beta} \leqq 1 \tag{7.22}$$

ergibt. Ist dies nicht möglich, kann man auch (7.21) nach

$$r - \beta + c \leqq c \tag{7.23}$$

umformen. Dabei sollte $c \neq 0$ sein, weil in den meisten Optimierungsprogrammen die Restriktionen auf die Restriktionsgrenze normiert werden (siehe Gleichung (3.53) und (3.54)).

7.1.2.4 Die Kreisselmeier-Steinhauser-Funktion (KS-Funktion)

Die Kreisselmeier-Steinhauser-Funktion (auch kurz KS-Funktion genannt) [212], [213] hängt von m Funktionen $f_1(\overrightarrow{x}), f_2(\overrightarrow{x}), \ldots, f_m(\overrightarrow{x})$ (abgekürzt als $\{f_j\}$) ab und ist definiert als

$$KS^{\downarrow}\left(\{f_j\}\right) = \frac{1}{\rho} \ln\left(\sum_{j=1}^{m} \exp\left(\rho f_j(\overrightarrow{x})\right)\right) \tag{7.24}$$

mit

$$\rho > 0.$$

Sie hat die Eigenschaft, dass ihr Wert an jeder Stelle $\overrightarrow{x}$ größer ist als der größte Wert aller Funktionen $\{f_j\}$ (siehe Abbildung 7.6). Über den Parameter ρ kann die Eintauchtiefe gesteuert und damit festgelegt werden, wie nah sich die KS-Funktion den Funktionen $\{f_j\}$ annähert. Sie stellt damit das differenzierbare Äquivalent von $\max\left(\{f_j\}\right)$ dar. Wie man leicht zeigt, lautet die Ableitung der KS-Funktion

$$\frac{\partial KS^{\downarrow}\left(\{f_j\}\right)}{\partial x_i} = \frac{\sum_{j=1}^{m} \frac{\partial f_j}{\partial x_i} \exp\left(\rho f_j\right)}{\sum_{j=1}^{m} \exp\left(\rho f_j\right)}. \tag{7.25}$$

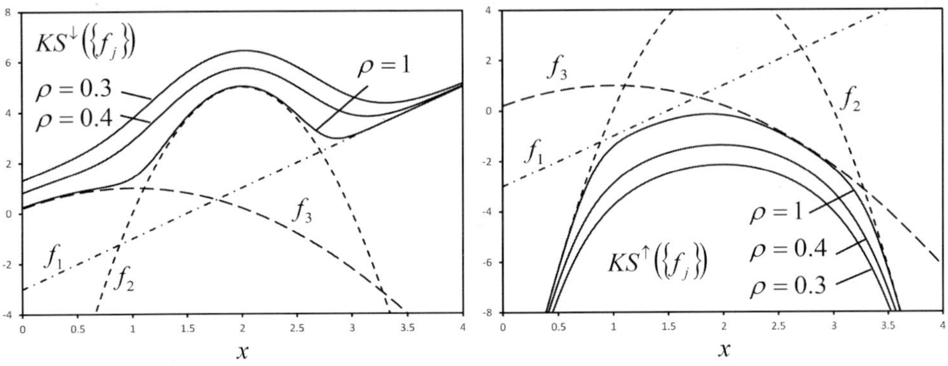

Abb. 7.6 Die Funktion $KS^{\downarrow}$ (links) und $KS^{\uparrow}$ (rechts) in Anhängigkeit von $m = 3$ Funktionen für verschiedene Werte von ρ

Bei großen Werten von f kann es wegen der Exponentialfunktion zu numerischen Schwierigkeiten kommen. Dies kann man vermeiden, indem man die alternative Formulierung [354], [355]

$$KS^{\downarrow}\left(\{f_j\}\right) = f_{\max} + \frac{1}{\rho} \ln\left(\sum_{j=1}^{m} \exp\left(\rho\left(f_j(\overrightarrow{x}) - f_{\max}\right)\right)\right) \tag{7.26}$$

mit

$$f_{\max} = \max\left(\{f_i\left(\overrightarrow{x}\right)\}\right)$$

verwendet, welche, wie man leicht zeigt,

$$\begin{aligned} KS^{\downarrow}\left(\{f_j\}\right) &= f_{\max} + \frac{1}{\rho} \ln\left(\sum_{j=1}^{m} \exp\left(\rho\left(f_j - f_{\max}\right)\right)\right) \\ &= f_{\max} + \frac{1}{\rho} \ln\left(\exp\left(-\rho f_{\max}\right) \sum_{j=1}^{m} \exp\left(\rho f_j\right)\right) \\ &= f_{\max} + \frac{1}{\rho}\left(\ln\left(\exp\left(-\rho f_{\max}\right)\right) + \ln\left(\sum_{j=1}^{m} \exp\left(\rho f_j\right)\right)\right) \\ &= f_{\max} + \frac{1}{\rho}\left(-\rho f_{\max} + \ln\left(\sum_{j=1}^{m} \exp\left(\rho f_j\right)\right)\right) \\ &= \frac{1}{\rho} \ln\left(\sum_{j=1}^{m} \exp\left(\rho f_j\right)\right) \end{aligned} \tag{7.27}$$

zu der ursprünglichen äquivalent ist.

Die KS-Funktion hat an jeder Stelle $\overrightarrow{x}$ die Eigenschaft

$$f_{\max} \leqq KS^{\downarrow} \leqq f_{\max} + \frac{\ln m}{\rho}\,. \tag{7.28}$$

Wie man am einfachsten an der Formulierung Gleichung (7.26) sehen kann, wird der obere Wert genau in dem Punkt erreicht, in dem sich alle Funktionen schneiden und damit gilt $f_j = f_{\max}$, $j = 1, m$.

Das Gegenstück der KS-Funktion aus Gleichung (7.24), welche sich den Funktionen nicht von oben sondern von unten annähert, lautet

$$KS^{\uparrow}\left(\{f_j\}\right) = \frac{-1}{\rho} \ln\left(\sum_{j=1}^{m} \exp\left(-\rho f_j(\overrightarrow{x})\right)\right) \tag{7.29}$$

und hat die Eigenschaft

$$f_{\min} \geqq KS^{\uparrow} \geqq f_{\min} - \frac{\ln m}{\rho} \tag{7.30}$$

mit

$$f_{\min} = \min\left(\{f_i\left(\overrightarrow{x}\right)\}\right)\,.$$

Die KS-Funktion kann man verwenden um die Nullstellen einer Funktion f zu finden [354], [355], indem man $KS^{\downarrow}(f, -f)$ minimiert (siehe Abbildung 7.7), denn aus Gleichung (7.25) folgt,

$$\frac{KS^{\downarrow}(f,-f)}{\partial x_i} = \frac{\frac{\partial f}{\partial x_i}\left(\exp(\rho f) - \exp(-\rho f)\right)}{\exp(\rho f) + \exp(-\rho f)} \tag{7.31}$$

und damit, dass für $f = 0$ alle Ableitungen null sind. Auf die gleiche Art kann man gemeinsame Nullstellen von mehreren Funktionen $f_1(\overrightarrow{x}), f_2(\overrightarrow{x}), \ldots, f_m(\overrightarrow{x})$ bestimmen, indem man die Funktion $KS^{\downarrow}(f_1, -f_1, f_2, -f_2, \ldots, f_m, -f_m)$ minimiert.

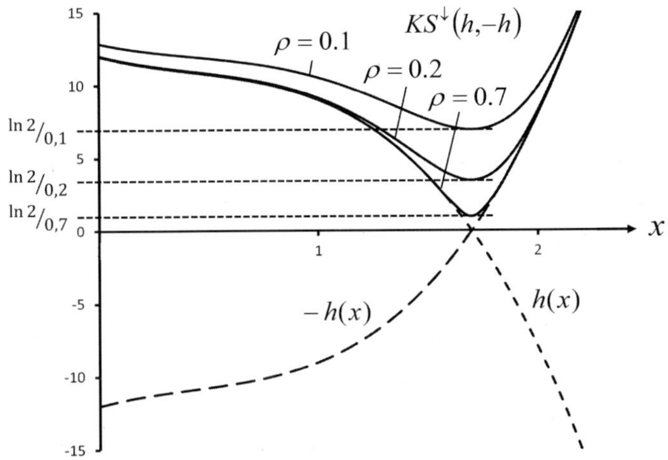

Abb. 7.7 Einsatz der KS-Funktion zur Bestimmung der Nullstelle einer Funktion bzw. die Verwendung zur Umformulierung einer Gleichheitsrestriktion in die Ungleichheitsrestriktion in Gleichung (7.32)

In der Optimierung lässt sich die KS-Funktion einsetzen, um Gleichheitsrestriktionen umzuformulieren [354], [355], [132]. Dies ist vor allem vorteilhaft, wenn man Optimierungsverfahren verwendet, die nur Ungleichheits- aber keine Gleichheitsrestriktionen behandeln können (Typisches Beispiel dafür ist das MFD-Verfahren [382], [415]). In einem solchen Fall kann zwar eine Gleichheitsrestriktion

$$h = 0$$

zu zwei Ungleichheitsrestriktionen umformuliert werden

$$h \geqq 0$$
$$h \leqq 0,$$

jedoch verdoppelt dies die Anzahl der Restriktionen. Mit der KS-Funktion können diese zu einer Ungleichheitsrestriktion zusammengefasst werden (siehe auch Abbildung 7.7)

$$KS^{\downarrow}(h, -h) \leqq \frac{\ln 2}{\rho} + \epsilon \,. \tag{7.32}$$

Dabei ist $\ln 2/\rho$ der Wert, den die KS-Funktion nach Gleichung Gleichung (7.28) bei Erfüllung der Gleichheitsrestriktion $h = 0$ annimmt und ϵ eine numerische Toleranz. Bei mehreren Gleichheitsrestriktionen lassen sich – wie oben bei der Nullstellensuche beschrieben – alle zu einer einzigen Restriktion zusammenfassen als

$$KS^{\downarrow}(h_1, -h_1, h_2, -h_2, \ldots, h_m, -h_m) \leqq \frac{\ln 2m}{\rho} + \epsilon \,. \tag{7.33}$$

Ebenso lassen sich mit der KS-Funktion mehrere Ungleichheitsrestriktionen

$$g_j \leqq 0; \qquad j = 1, m$$

zu einer einzigen Ungleichheitsrestriktion

$$KS^{\downarrow}(g_1, g_2, \ldots, g_m) \leqq \frac{\ln m}{\rho} + \epsilon \tag{7.34}$$

zusammenzufassen. Diese Umformulierung ist bei Optimierungsalgorithmen von Vorteil, die bei einer großen Anzahl von Restriktionen langsam konvergieren. Eine solche Reduktion mithilfe der KS-Funktion kann zwar bei einem solchen Algorithmus die Konvergenzgeschwindigkeit erhöhen, jedoch reduziert sie nicht den Aufwand bei der Sensitivitätsanalyse. Vielmehr müssen immer die Sensitivitäten aller Restriktionen bestimmt werden.

Weiterhin lässt sich die KS-Funktion zur Umformulierung von Min-Max-Problemen

$$\min\left(\max(f_1, f_2, \ldots, f_m)\right) \tag{7.35}$$

einsetzen. Wie oben beschrieben, ändert sich bei der direkten Formulierung von (7.35) die Zielfunktion bei einer Änderung der maximalen Funktion unstetig. Mithilfe der KS-Funktion wird das Min-Max-Problem in eine stetig differenzierbare Formulierung übergeführt

$$\min KS^{\downarrow}(f_1, f_2, \ldots, f_m)\,. \tag{7.36}$$

Sie stellt damit eine Alternative zur Beta-Methode dar. Entsprechend lässt sich natürlich ein Max-Min-Problem umformulieren als

$$\max KS^{\uparrow}(f_1, f_2, \ldots, f_m)\,. \tag{7.37}$$

Ein weiterer Einsatzbereich der KS-Funktion ist die Formulierung von Mehrzieloptimierungsproblemen (siehe Abschnitt 11.1).

7.1.3 Frequenzen

Eine häufig vorkommende Aufgabe besteht darin, die akustischen Eigenschaften eines Bauteils dadurch zu verbessern, dass man eine oder mehrere Eigenfrequenzen in Bereiche verschiebt, in denen die entsprechenden Moden wenig oder gar nicht angeregt werden. Da die Auswahl dieser Frequenzen normalerweise über die Form der Moden erfolgt, ist es wichtig, dass die Zuordnung während der Optimierung erhalten bleibt. Hier besteht jedoch das Problem, dass die Bezeichnung der Eigenfrequenzen nur über ihre Reihenfolge und nicht über ihre Form definiert ist. Kreuzen sich die Frequenzen während der Optimierung, verändert sich dadurch ihre Reihenfolge und damit auch ihre Bezeichnung. Soll beispielsweise die erste Eigenfrequenz ν_1 maximiert werden

$$\max \nu_1, \tag{7.38}$$

ist es möglich, dass eine der höher gelegenen Frequenzen während der Optimierung abgesenkt wird. In Abbildung 7.8 ist schematisch dargestellt, wie sich erste und zweite Eigenfrequenz kreuzen und ihre Bezeichnung wechseln. Damit wechselt jedoch auch die Zielgröße in (7.38), weil jetzt die ehemalige zweite Eigenfrequenz maximiert wird, wenigstens solange, bis sich die Frequenzen erneut kreuzen. Dies führt zu einer Oszillation zwischen den beiden Frequenzen, sodass ein Optimierungsfortschritt nicht mehr möglich ist.

Ähnlich ist die Situation für ein Optimierungsproblem, bei dem die Frequenzen in den Restriktionen verwendet werden, wie zum Beispiel

$$\min \text{Gewicht}, \tag{7.39}$$

sodass

$$\nu_1^L \leqq \nu_1$$
$$\nu_2^L \leqq \nu_2.$$

In Abbildung 7.8 ist schematisch gezeigt, dass Überkreuzungen dazu führen, dass die Restriktionsgrenzen auf die falschen Moden bezogen werden und unsinnige Konstellationen entstehen.

Die oben geschilderten Probleme können mit dem so genannten „Mode Tracking“ gelöst werden. Hier werden, unabhängig von der Reihenfolge und Nummerierung, die Moden während einer Optimierung verfolgt und den entsprechenden Größen wie Zielfunktion oder Restriktionen richtig zugeordnet. Man nützt dabei aus, dass die Moden $\overrightarrow{\phi_i}$ verschiedener Eigenfrequenzen orthogonal bezüglich der Massenmatrix $\boldsymbol{M}$ sind und bei einer Normierung auf die Massenmatrix gilt:

$$\overrightarrow{\phi_i}^{\mathrm{T}} \boldsymbol{M} \overrightarrow{\phi_j} = \delta_{ij}. \tag{7.40}$$

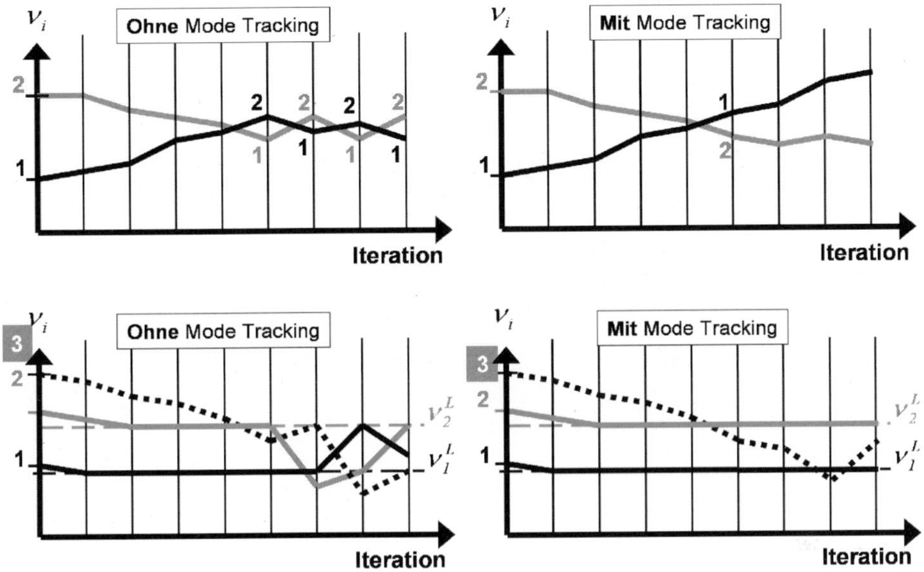

Abb. 7.8 Schematischer Verlauf des Optimierungsproblems (7.38) (oben) und (7.39) (unten) jeweils mit und ohne „Mode Tracking“

Zwar ändern sich nun die Eigenmoden von Iteration zu Iteration, jedoch kann man davon ausgehen, dass die Änderungen eher schwach sind und damit zumindest näherungsweise für die Moden aufeinander folgender Iterationen gilt:

$$\overrightarrow{\phi}_i^{(k-1)\mathrm{T}} \boldsymbol{M} \overrightarrow{\phi}_j^{(k)} \approx \delta_{ij}. \tag{7.41}$$

Die Zuordnung kann dann so geschehen, dass einer Eigenform $\overrightarrow{\phi}_i^{(k-1)}$ aus der vorherigen Iteration $k-1$ diejenige Eigenform $\overrightarrow{\phi}_j^{(k)}$ aus der aktuellen Iteration k zugeordnet wird, für die das obige Skalarprodukt (7.41) maximal wird. Damit ist es möglich, jede einzelne Eigenform unabhängig von der Nummerierung zu verfolgen, die ja nur allein aufgrund der Reihenfolge und nicht nach dem Eigenform-Typ vorgenommen wird (Abbildung 7.8).

Für die spezielle Problemstellung, dass zusammenliegende Frequenzen im Indexbereich $i = m^L, m^U$ nach oben hin verschoben werden sollen, kann man alternativ ein Optimierungsproblem definieren, das ohne „Mode Tracking“ auskommt, indem man die gewichtete reziproke Summe von Eigenfrequenzen als Zielfunktion verwendet:

$$\mathrm{Min}\left(\sum_{j=m^L}^{m^U} \frac{w_j}{\nu_j}\right). \tag{7.42}$$

Auch wenn nur die erste Frequenz mit der Formulierung (7.42) nach oben geschoben werden soll, ist es empfehlenswert, mindestens noch die beiden nächsthöheren Frequenzen mitzunehmen. Dadurch wird ein glatter Lauf der Zielfunktion gewährleistet, weil die am tiefsten liegende Eigenform automatisch am höchsten gewichtet ist und sich ein Wechsel in den höheren Eigenformen nur schwach auf die Zielfunktion auswirkt. Nachteilig ist jedoch, dass für den Fall, dass nur die erste Eigenfrequenz maximiert werden soll, auch höherliegende Frequenzen mit nach oben verschoben werden. Damit ist zu erwarten, dass das Ergebnis schlechter ausfällt als bei der Formulierung (7.38) mit „Mode Tracking“, wo die oberen Frequenzen beliebig stark abgesenkt werden können. Dennoch stellt (7.42) eine gute Alternative dar, wenn kein „Mode Tracking“ im verwendeten FEM-Programm vorhanden ist oder wenn, wie bei der Topologieoptimierung, das „Mode Tracking“ wegen der extrem großen Designänderung während des Optimierungsverlaufs in den meisten Fällen versagt.

7.1.4 Weitere Strukturantworten

Im Folgenden sind weitere mögliche Größen für die Zielfunktion oder die Restriktionen aus den Bereichen Stabilität, Crash und Akustik aufgelistet.

- Stabilitätsprobleme: Knicken, Beulen
  - $\max F_{\text{kritisch}}$
- Crash:
  - min HIC-Wert
  - min Fußraumeindringung
  - min (max Beschleunigung)
  - max (max Eindrückkraft)
- Akustik:
  - min (max Lautstärkepegel)
  - min (max Beschleunigung)

Die Formulierung des Optimierungsproblems lässt sich mit den oben besprochenen Strategien und Hinweisen entsprechend durchführen. So kann beispielsweise für den Crash der zeitunabhängige HIC-Wert direkt als Zielfunktion oder Restriktion eingesetzt werden, während für eine zeitabhängige Größe, wie die Beschleunigung, eine Min-Max oder eine verwandte Formulierung aus (7.9) bis (7.16) verwendet werden kann.

7.1.5 Berücksichtigung von mehreren Lastfällen

In der Regel müssen in einer Optimierung nicht nur ein Lastfall, sondern mehrere Lastfälle berücksichtigt werden. Meistens geschieht dies über Restriktionen, die aus verschiedenen Lastfällen stammen. Dies ist sogar ausschließlich der Fall, wenn als Zielfunktion beispielsweise die Masse M verwendet wird, die lastfallunabhängig ist. In einem solchen Fall lautet das Optimierungsproblem

$$\min M, \tag{7.43}$$

sodass

$$\begin{aligned}
g_1 &\leqq 0 && \text{Verschiebungsrestriktion 1, Lastfall 1}\\
g_2 &\leqq 0 && \text{Verschiebungsrestriktion 2, Lastfall 1}\\
g_3 &\leqq 0 && \text{Frequenzrestriktion, Lastfall 5}\\
g_4 &\leqq 0 && \text{Spannungsrestriktion, Lastfall 3}\\
&\vdots
\end{aligned}$$

Dabei sind beispielsweise g_1 und g_2 Verschiebungsrestriktionen aus Lastfall 1, g_3 eine Frequenzrestriktion aus Lastfall 5 und g_4 eine Spannungsrestriktion aus Lastfall 3, usw. Für den Optimierungsalgorithmus ist es dabei irrelevant, aus welchen Lastfällen die einzelnen Restriktionen stammen. Es müssen nur jeweils die entsprechenden Informationen bereitgestellt werden, wie der Wert der benötigten Systemantworten und – bei einem Gradientenverfahren – die Sensitivitäten.

Eine andere Variante ist, dass die Zielfunktion aus einem Lastfall stammt. Zum Beispiel soll die Verschiebung $d_p^{(3)}$ an einem Punkt p in Lastfall 3 minimiert werden, unter Einhaltung von Restriktionen aus mehreren Lastfällen. Dabei können natürlich auch zusätzlich lastfallunabhängige Restriktionen berücksichtigt werden, wie beispielsweise eine Restriktion auf die Masse M mit einer oberen Grenze M^U. In einem solchen Fall würde das Optimierungsproblem lauten

$$\min d_p^{(3)}, \tag{7.44}$$

sodass

$$
\begin{aligned}
&M - M^U \leqq 0 && \text{lastfallunabhängige Restriktion}\\
&g_1 \leqq 0 && \text{Verschiebungsrestriktion 1, Lastfall 1}\\
&g_2 \leqq 0 && \text{Verschiebungsrestriktion 2, Lastfall 1}\\
&g_3 \leqq 0 && \text{Frequenzrestriktion, Lastfall 5}\\
&g_4 \leqq 0 && \text{Spannungsrestriktion, Lastfall 3}\\
&\quad\vdots
\end{aligned}
$$

Eine weitere Variante ist, dass mehrere Zielfunktionen aus verschiedenen Lastfällen gleichzeitig minimiert werden sollen. In diesem Fall spricht man von einer Mehrzieloptimierung, die im Detail in Abschnitt 11.1 erläutert wird. Das Paradebeispiel ist die gleichzeitige Minimierung der mittleren Nachgiebigkeit aus allen Lastfällen, wie sie häufig bei der Topologieoptimierung Anwendung findet. In diesem Fall wird standardmäßig die gewichtetet Summe der mittleren Nachgiebigkeit aus den einzelnen Lastfällen als Zielfunktion verwendet.

$$\min \sum_{i=1}^{m} w_i C_i \tag{7.45}$$

Dabei ist C_i die mittlere Nachgiebigkeit aus Lastfall i, m die Anzahl der Lastfälle und w_i Gewichtungsfaktoren, die in der Regel auf Eins gesetzt werden. Generell hat man hier jedoch das in Abschnitt 11.1.1 erläuterte Gewichtungsproblem, weil verschiedene Gewichtungskombinationen zu sehr unterschiedlichen optimalen Lösungen führen können.

7.2 Sensitivitätsanalyse

Beim Einsatz eines Gradientenverfahrens werden die Gradienten, auch Sensitivitäten genannt, der Zielfunktion und der Restriktionen benötigt:

$$
\begin{aligned}
\overrightarrow{\nabla}^{\mathrm{T}} f(\overrightarrow{x}) &= \left(\frac{\partial f}{\partial x_1}, \frac{\partial f}{\partial x_2}, \frac{\partial f}{\partial x_3}, \ldots, \frac{\partial f}{\partial x_n}\right)\\
\overrightarrow{\nabla}^{\mathrm{T}} g_j(\overrightarrow{x}) &= \left(\frac{\partial g_j}{\partial x_1}, \frac{\partial g_j}{\partial x_2}, \frac{\partial g_j}{\partial x_3}, \ldots, \frac{\partial g_j}{\partial x_n}\right); \qquad j = 1, m\\
\overrightarrow{\nabla}^{\mathrm{T}} h_k(\overrightarrow{x}) &= \left(\frac{\partial h_k}{\partial x_1}, \frac{\partial h_k}{\partial x_2}, \frac{\partial h_k}{\partial x_3}, \ldots, \frac{\partial h_k}{\partial x_n}\right); \qquad k = 1, q
\end{aligned}
\tag{7.46}
$$

Die Sensitivitätsanalyse [21], [31], [132], [254], [338], [375], [377], in der die Gradienten bestimmt werden, spielt eine entscheidende Rolle in der Optimierung, weil sie, abhängig vom verwendeten Optimierungsprogramm, den Großteil der Rechenzeit beanspruchen kann. Damit entscheidet sie, wie schnell und effektiv die Optimierung mit einem Gradientenverfahren durchgeführt werden kann.

7.2.1 Finite Differenzen

Im einfachsten Fall können die Sensitivitäten näherungsweise durch die Bildung finiter Differenzen gebildet werden. Im eindimensionalen Fall erhält man

$$\frac{\mathrm{d}f(x)}{\mathrm{d}x} = \lim_{\Delta x \to 0} \frac{f(x+\Delta x) - f(x)}{\Delta x} \approx \frac{\Delta f(x)}{\Delta x}. \tag{7.47}$$

Dabei kann man den Differenzquotienten entweder als Vorwärtsdifferenz

$$\frac{\Delta f(x)}{\Delta x} = \frac{f(x+\Delta x) - f(x)}{\Delta x} \tag{7.48}$$

oder als zentrale Differenz

$$\frac{\Delta f(x)}{\Delta x} = \frac{f(x + \frac{1}{2}\Delta x) - f(x - \frac{1}{2}\Delta x)}{\Delta x} \tag{7.49}$$

bestimmen. Wenn keine schwerwiegenden Gründe dagegen sprechen, wird man Vorwärtsdifferenzen verwenden, weil dann nur eine zusätzliche Analyse am Punkt $x+\Delta x$ benötigt wird, bei zentralen Differenzen dagegen zwei zusätzlichen Analysen an den Punkten $x + \frac{1}{2}\Delta x$ und $x - \frac{1}{2}\Delta x$.

Die Verallgemeinerung der Vorwärtsdifferenz bei n Designvariablen lautet

$$\frac{\partial f(\overrightarrow{x})}{\partial x_i} \approx \frac{\Delta f(\overrightarrow{x})}{\Delta x_i} \tag{7.50}$$

$$= \frac{f(x_1, x_2, \ldots, x_{i-1}, x_i + \Delta x_i, x_{i+1}, \ldots, x_n) + f(x_1, x_2, \ldots, x_{i-1}, x_i, x_{i+1}, \ldots, x_n)}{\Delta x_i}.$$

Hier müssen neben der Analyse am aktuellen Punkt $\overrightarrow{x}$ noch n zusätzliche, also insgesamt $n + 1$, Analysen pro Iteration bestimmt werden. Für ein Optimierungsproblem mit 9 Designvariablen, das in 15 Iterationen gelöst wird, benötigt man demnach 150 Analysen. Dies treibt nicht nur die Kosten, sondern auch die Wartezeit auf das Optimierungsergebnis in die Höhe. Letztere kann man jedoch reduzieren, wenn man alle benötigten $n + 1$ Analysen in einer Iteration parallel auf verschiedenen Computern rechnet.

Ein weiterer Nachteil der finiten Differenzen ist numerischer Art. Bei einer ungeschickten Wahl von Δx kann das Ergebnis sehr ungenau sein. Verstärkt wird das Problem, wenn stark oszillierende Strukturantworten vorliegen, unabhängig davon, ob es sich um Rauschen oder eine systembedingte Oszillation handelt. Solche Oszillationen können beispielsweise beim Crash auftreten. In einem solchen Fall kann das Ergebnis, wie in Abbildung 7.9 dargestellt, sogar ein falsches Vorzeichen liefern, sodass hier der direkte Einsatz eines Gradientenverfahrens auf Basis der Analyseergebnisse nicht sinnvoll ist. Hier gibt es nur die Möglichkeit, eine glättende Approximation, die den mittleren Verlauf wiedergibt, zu bestimmen und auf dieser ein Gradientenverfahren anzuwenden.

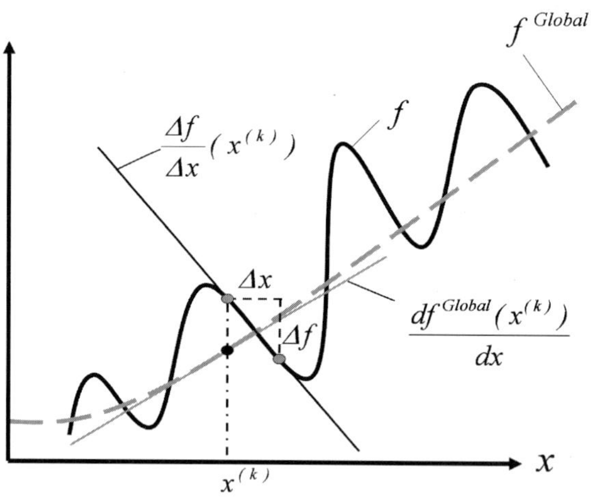

Abb. 7.9 Bildung von finiten Differenzen bei einer oszillierenden Strukturantwort f im Vergleich zur Ableitung einer glättenden Approximation f^{Global}, die den mittleren Verlauf wiedergibt

Wegen der hohen Kosten und der numerischen Unsicherheiten, die mit der Bestimmung der Sensitivitäten über finite Differenzen verbunden sind, ist es empfehlenswert, diese Möglichkeit nur dann zu wählen, wenn es keine Alternative dazu gibt. Für gewisse Analysen, wie beispielsweise lineare Statik, Modalanalyse und transiente Analyse, gibt es jedoch die Möglichkeit, die Sensitivitäten analytisch oder semi-analytisch zu bestimmen. Da die Rechenzeit für die Sensitivitätsanalyse in einem solchen Fall drastisch reduziert und die Genauigkeit stark verbessert ist, sollte ein Programm mit (semi-)analytischer Sensitivitätsanalyse immer einem mit finiten Differenzen vorgezogen werden.

7.2.2 Analytische und semi-analytische Sensitivitätsanalyse

Die Idee der (semi-)analytischen Sensitivitätsanalyse soll am Beispiel der linearen Statik und einer Strukturantwort f demonstriert werden. In der linearen Statik werden die Verschiebungen $\vec{u}$ bestimmt aus der FEM-Gleichung:

$$\boldsymbol{K}(\vec{x})\,\vec{u} = \vec{F} \tag{7.51}$$

Dabei hängt die Steifigkeitsmatrix $\boldsymbol{K}$ von den Designvariablen ab, die beispielsweise die Wandstärken von verschiedenen Blechbauteilen im Modell variieren. Die Strukturantwort f ist damit eine Funktion von $\vec{x}$ und $\vec{u}$

$$f = f(\vec{x}, \vec{u}), \tag{7.52}$$

wobei die Verschiebungen $\vec{u}$ über die FEM-Gleichung von den Designvariablen $\vec{x}$ abhängen. Das totale Differenzial einer solchen Funktion lautet:

$$\frac{\mathrm{d}f(\vec{x},\vec{u})}{\mathrm{d}x_i} = \frac{\partial f(\vec{x},\vec{u})}{\partial x_i} + \sum_j \frac{\partial f(\vec{x},\vec{u})}{\partial u_j}\frac{\partial u_j}{\partial x_i} \tag{7.53}$$

Die partiellen Ableitungen $\partial f/\partial x_i$ und $\partial f/\partial u_j$ können aus den Basisgleichungen, welche die Funktion f definieren, bestimmt werden. Sie lauten beispielsweise, wenn f die Compliance $f = \sum\limits_k F_k u_k$ ist:

$$\frac{\partial f}{\partial x_i} = 0; \qquad \frac{\partial f}{\partial u_j} = F_j. \tag{7.54}$$

Ist $f = M = \sum\limits_k \rho_k x_k A_k$ die Masse M einer Schalenstruktur, wobei ρ_k die Massendichte, A_k die Fläche und x_k die Dicke des k-ten Schalenelements sind, so lauten die partiellen Ableitungen

$$\frac{\partial f}{\partial x_i} = \rho_i A_i; \qquad \frac{\partial f}{\partial u_j} = 0. \tag{7.55}$$

Der Aufwand besteht somit allein in der Behandlung der Terme $\partial u_j/\partial x_i$. Diese können entweder mit der direkten Methode berechnet oder mit der adjungierten Methode aus Gleichung (7.53) eliminiert werden.

7.2.2.1 Die direkte Methode

Ausgangspunkt der direkten Methode [31], [132], [254] ist die FEM-Gleichung (7.51). Diese wird auf beiden Seiten nach x_i differenziert und man erhält

$$\frac{\partial \boldsymbol{K}}{\partial x_i}\vec{u} + \boldsymbol{K}\frac{\partial \vec{u}}{\partial x_i} = \frac{\partial \vec{F}}{\partial x_i} \tag{7.56}$$

oder umgestellt

$$\boldsymbol{K}\frac{\partial \vec{u}}{\partial x_i} = \vec{\Phi} \tag{7.57}$$

mit

$$\vec{\Phi} = \frac{\partial \vec{F}}{\partial x_i} - \frac{\partial \boldsymbol{K}}{\partial x_i}\vec{u}. \tag{7.58}$$

Gleichung (7.57) hat die gleiche Struktur wie die FEM-Gleichung (7.51), jedoch mit dem Unterschied, dass $\vec{u}$ durch die gesuchten partiellen Ableitungen $\partial\vec{u}/\partial x_i$ und der Lastvektor $\vec{F}$ durch den Pseudolastvektor $\vec{\Phi}$ ersetzt worden sind. Bei bekanntem Pseudolastvektor können damit die gesuchten partiellen Ableitungen $\partial\vec{u}/\partial x_i$ durch Lösen der FEM-Gleichung (7.51) für zusätzliche Lastfälle bestimmt werden, bei denen der physikalische Lastvektor $\vec{F}$ durch den Pseudolastvektor $\vec{\Phi}$ ersetzt worden ist. Dabei ist die Matrix $\boldsymbol{K}$ schon zur Lösung der ursprünglichen FEM-Gleichung faktorisiert worden, sodass diese zeitaufwendige Operation für die Sensitivitätsanalyse nicht nochmals durchgeführt werden muss.

Der Term $\partial\vec{F}/\partial x_i$ in Gleichung (7.58) ist in den meisten Fällen null, da die Designvariablen normalerweise nicht die Belastung ändern. Sollte dies jedoch der Fall sein, dann ist die Abhängigkeit von $\vec{F}$ bezüglich x_i explizit bekannt und der Ausdruck kann analytisch bestimmt werden. Der verbleibende Term $\partial\boldsymbol{K}/\partial x_i$ kann nun entweder analytisch oder über finite Differenzen berechnet werden. Im ersten Fall spricht man von einer analytischen und im zweiten Fall von einer semianalytischen Sensitivitätsanalyse. In Abschnitt 7.2.2.3 ist beschrieben. wie der aus den finiten Differenzen resultierende Fehler korrigiert werden kann.

Um die partiellen Ableitungen $\partial\vec{u}/\partial x_i$ zu bestimmen, muss in jeden physikalischen Lastfall für jede Designvariable x_i ein Pseudolastfall gelöst werden, d. h. bei n_{LC} physikalischen Lastfällen ergeben sich insgesamt $(n \cdot n_{LC})$ Pseudolastfälle. Somit kann die Bestimmung der Sensitivitäten mit der direkten Methode sehr zeitaufwendig sein, wenn die Anzahl der Designvariablen n sehr groß ist. Das Paradebeispiel dafür ist die Topologieoptimierung, in der die Anzahl der Designvariablen der Anzahl der Elemente im Designraum entspricht. Enthält der Designraum beispielsweise 90 000 Elemente, dann müssen mit der direkten Methode 90 000 Pseudolastfälle für jeden physikalischen Lastfall gelöst werden, um alle partiellen Ableitungen zu bestimmen. Dagegen liegen bei einer Topologieoptimierung typischerweise nur wenige Restriktionen, häufig nur eine Volumenrestriktion, vor. In einem solchen Fall ist die adjungierte Methode vorteilhafter.

7.2.2.2 Die adjungierte Methode

Während man bei der direkten Methode die Terme $\partial u_j/\partial x_i$ wirklich berechnet, werden diese bei der adjungierten Methode (adjoint Method) [132], [31], [81], [208], [209] aus Gleichung (7.53) durch geschickte Umformungen eliminiert. Dies wird dadurch bewerkstelligt, dass man zu der zu differenzierenden Funktion $f\left(\vec{x},\vec{u}\right)$ einen Ausdruck hinzuaddiert, der immer Null ist, sodass er bei einer Änderung in den Designvariablen weder den Wert der Funktion $f\left(\vec{x},\vec{u}\right)$ noch den Wert der Ableitung $\mathrm{d}f/\mathrm{d}x_i$ ändert. Ein solcher Ausdruck lässt sich aus der umgestellten FEM-Gleichung (7.51) bestimmen

$$\vec{F} - \boldsymbol{K}\vec{u} = \vec{0}, \tag{7.59}$$

da diese ja in jedem Punkt im Designraum erfüllt sein muss. Bei einer $M \times M$ Steifigkeitsmatrix $\boldsymbol{K}$ kann man damit jede der M Gleichungen zu $f\left(\vec{x},\vec{u}\right)$ hinzuaddieren, ohne den Wert der Funktion und deren Ableitungen zu ändern. Das gilt auch, wenn jede der M Gleichungen mit einem beliebigen Faktor λ_k multipliziert wird:

$$\begin{aligned}
\lambda_1 \left(F_1 - \sum_{k=1}^{M} K_{1k}u_k\right) &= 0\\
\lambda_2 \left(F_2 - \sum_{k=1}^{M} K_{2k}u_k\right) &= 0\\
&\vdots\\
\lambda_M \left(F_M - \sum_{k=1}^{M} K_{Mk}u_k\right) &= 0
\end{aligned} \tag{7.60}$$

Addiert man jetzt die Summe aller Nullterme in (7.60) zu $f\left(\overrightarrow{x}, \overrightarrow{u}\right)$ hinzu, erhält man

$$f = f + \sum_{j=1}^{M} \lambda_j \left(F_j - \sum_{k=1}^{M} K_{jk} u_k \right). \tag{7.61}$$

Das totale Differenzial des Ausdrucks mit dem Zusatzterm auf der rechten Seite ergibt sich damit zu

$$\begin{aligned} \frac{\mathrm{d}f(\overrightarrow{x}, \overrightarrow{u})}{\mathrm{d}x_i} &= \frac{\partial f}{\partial x_i} + \sum_{k=1}^{M} \frac{\partial f}{\partial u_k} \frac{\partial u_k}{\partial x_i} + \sum_{j=1}^{M} \lambda_j \left(\frac{\partial F_j}{\partial x_i} - \sum_{k=1}^{M} \left(\frac{\partial K_{jk}}{\partial x_i} u_k + K_{jk} \frac{\partial u_k}{\partial x_i} \right) \right) \\ &= \frac{\partial f}{\partial x_i} + \sum_{k} \left(\frac{\partial f}{\partial u_k} - \sum_{j} \lambda_j K_{jk} \right) \frac{\partial u_k}{\partial x_i} + \sum_{j} \lambda_j \left(\frac{\partial F_j}{\partial x_i} - \sum_{k} \frac{\partial K_{jk}}{\partial x_i} u_k \right). \end{aligned} \tag{7.62}$$

Die Idee ist nun, die Werte der frei wählbaren Faktoren λ_j, der so genannten adjungierten Variablen, so zu bestimmen, dass die Terme $\partial u_k / \partial x_i$ in Gleichung (7.62) herausfallen. Dies ist offenbar der Fall, wenn für alle k gilt

$$\frac{\partial f}{\partial u_k} - \sum_{j} \lambda_j K_{jk} = 0. \tag{7.63}$$

Nutzt man aus, dass die Steifigkeitsmatrix symmetrisch ist, kann die obige Gleichung vektoriell folgendermaßen geschrieben werden:

$$\boldsymbol{K} \overrightarrow{\lambda} = \overrightarrow{\Gamma} \tag{7.64}$$

mit

$$\overrightarrow{\lambda}^{\mathrm{T}} = (\lambda_1, \lambda_2, \ldots, \lambda_M) \tag{7.65}$$

und

$$\overrightarrow{\Gamma}^{\mathrm{T}} = \left(-\frac{\partial f}{\partial u_1}, -\frac{\partial f}{\partial u_2}, \ldots, -\frac{\partial f}{\partial u_M} \right) \tag{7.66}$$

Bei Gleichung (7.64) handelt es sich wieder um die FEM-Gleichung (7.51), jedoch jetzt mit dem Unterschied, dass der Vektor $\overrightarrow{u}$ durch den Vektor $\overrightarrow{\lambda}$ und der Lastvektor $\overrightarrow{F}$ durch den Pseudolastvektor $\overrightarrow{\Gamma}$ ersetzt worden sind. Dabei lässt sich der Pseudolastvektor analytisch aus der Basisgleichung für f bestimmen. Über Gleichung (7.64) können daraufhin unter Verwendung der faktorisierten Matrix $\boldsymbol{K}$ die adjungierten Variablen λ_j berechnet werden. Von Gleichung (7.71) verbleibt nun für das totale Differenzial von f der Ausdruck

$$\frac{\mathrm{d}f(\overrightarrow{x}, \overrightarrow{u})}{\mathrm{d}x_i} = \frac{\partial f}{\partial x_i} + \sum_{j=1}^{M} \lambda_j \left(\frac{\partial F_j}{\partial x_i} - \sum_{k=1}^{M} \frac{\partial K_{jk}}{\partial x_i} u_k \right). \tag{7.67}$$

Dabei können, wie schon bei der direkten Methode, die Terme $\partial K_{jk} / \partial x_i$ entweder analytisch oder semi-analytisch bestimmt werden. Ebenso kann man im letzteren Fall, den aus den finiten Differenzen resultierende Fehler mit der in Abschnitt 7.2.2.3 beschriebenen Methode korrigieren.

Im Gegensatz zur direkten Methode muss hier für die Zielfunktion und für jeweils jede der m Restriktionen ein Pseudolastfall gelöst werden und man erhält dadurch für jede dieser Funktionen direkt die partiellen Ableitungen nach allen Designvariablen. Bei n_{LC} physikalischen Lastfällen führt dies zu insgesamt $(m + 1 + n_{LC})$ Pseudolastfällen. Die adjungierte Methode ist somit dann empfehlenswert, wenn die Anzahl der Designvariablen n groß gegenüber der Anzahl der Restriktionen m ist. Sie findet deswegen vor allem in der Topologieoptimierung Verwendung, bei der typischerweise die Anzahl der Designvariablen sehr hoch ist und oft nur eine Restriktion auf den Füllgrad verwendet wird. Ein weiterer Vorteil ergibt sich, wenn die globale mittlere Nachgiebigkeit

C als Zielfunktion verwendet wird. In diesem Fall erhält man unter Verwendung von Gleichung (7.4) für den Pseudolastvektor

$$\vec{\Gamma}^{\mathrm{T}} = \left(\frac{\partial C}{\partial u_1}, \frac{\partial C}{\partial u_2}, \ldots, \frac{\partial C}{\partial u_M} \right) = (F_1, F_2, \ldots, F_M). \tag{7.68}$$

Da in diesem Fall der Pseudolastvektor $\vec{\Gamma}$ gleich dem Lastvektor $\vec{F}$ ist, ergibt sich über Gleichung (7.51) die Lösung für $\vec{\lambda}$ direkt zu $\vec{\lambda} = \vec{u}$. Damit braucht Gleichung (7.64) nicht mehr gelöst werden und man erhält für das totale Differenzial den Ausdruck

$$\frac{\mathrm{d}f(\vec{x}, \vec{u})}{\mathrm{d}x_i} = \frac{\partial f}{\partial x_i} + \sum_{j=1}^{M} u_j \left(\frac{\partial F_j}{\partial x_i} - \sum_{k=1}^{M} \frac{\partial K_{jk}}{\partial x_i} u_k \right). \tag{7.69}$$

Eine alternative und mehr formale Herleitung der adjungierten Methode erhält man, indem man Gleichung (7.57) umformt nach

$$\frac{\partial \vec{u}}{\partial x_i} = \boldsymbol{K}^{-1} \left(\frac{\partial \vec{F}}{\partial x_i} - \frac{\partial \boldsymbol{K}}{\partial x_i} \vec{u} \right) \tag{7.70}$$

und den Ausdruck für $\partial \vec{u} / \partial x_i$ in Gleichung (7.53) einsetzt. Man erhält dann

$$\frac{\mathrm{d}f(\vec{x}, \vec{u})}{\mathrm{d}x_i} = \frac{\partial f(\vec{x}, \vec{u})}{\partial x_i} + \sum_j \underbrace{\left(\frac{\partial f(\vec{x}, \vec{u})}{\partial \vec{u}} \right)^T \boldsymbol{K}^{-1}}_{\vec{\lambda}} \left(\frac{\partial \vec{F}}{\partial x_i} - \frac{\partial \boldsymbol{K}}{\partial x_i} \vec{u} \right). \tag{7.71}$$

Hier wird deutlich, dass sich adjungierte und direkte Methode formal nur in der Reihenfolge unterscheiden, in der die Matrixoperationen in Gleichung (7.71) abgearbeitet werden, und dadurch in der daraus resultierenden Anzahl der durchzuführenden Operationen [77], [92]. Während bei der direkten Methode der hintere Teil im letzten Ausdruck in Form von Gleichung (7.57) bzw. Gleichung (7.70) gelöst wird, werden bei der adjungierten Methode die ersten beiden Terme zuerst bearbeitet. Setzt man diese gleich der adjungierten Variablen $\vec{\lambda}^{\mathrm{T}} = (\lambda_1, \lambda_2, \ldots, \lambda_M)$ und nutzt aus, dass die Steifigkeitsmatrix K symmetrisch ist, erhält man wiederum Gleichung (7.64).

7.2.2.3 Exakte semi-analytische Sensitivitäten

Im Prinzip kann der Term $\partial \boldsymbol{K} / \partial x_i$ im Pseudolastvektor bei vorgegebener Elementformulierung analytisch berechnet werden. Dies erfordert jedoch, dass dies für jeden Elementtyp durchgeführt werden muss. Nähert man dagegen $\partial \boldsymbol{K} / \partial x_i$ durch finite Differenzen an, beispielsweise durch Vorwärtsdifferenzen

$$\frac{\partial \boldsymbol{K}}{\partial x_i} \approx \frac{\Delta \boldsymbol{K}}{\Delta x_i} = \frac{\boldsymbol{K}(x_i + \Delta x_i) - \boldsymbol{K}(x_i)}{\Delta x_i}, \tag{7.72}$$

dann ist man von der Elementformulierung vollkommen unabhängig. Der Preis, den man dafür zahlen muss, ist ein Verlust an Genauigkeit [23]. Die resultierenden Fehler können dabei Größenordnungen annehmen, die nicht vernachlässigt werden können. So steigt beispielsweise der Fehler bei Elementen vom Euler-Bernoulli- oder Kirchhoff-Typ reziprok quadratisch mit der Elementgröße an [44]. Dies ist besonders ungünstig, weil dadurch der Fehler in den Sensitivitäten nach einer Netzverfeinerung ansteigt, die man beispielsweise durchgeführt hat, um Netzkonvergenz zu erhalten und somit die Genauigkeit der Ergebnisse aus der FE-Analyse zu erhöhen. In diesem Fall erkauft man sich die erhöhte Genauigkeit der Systemantworten durch einen Genauigkeitsverlust in den Sensitivitäten.

Es gibt jedoch eine Methode [44], den Fehler in den semi-analytischen Sensitivitäten exakt zu korrigieren und somit exakte Sensitivitäten unabhängig von der Elementformulierung zu ermitteln. Die Idee ist dabei, die finite Differenz $\Delta \boldsymbol{K} / \Delta x_i$ im Pseudolastvektor durch einen Term $\left(\Delta \boldsymbol{K} / \Delta x_i \right)^*$ zu ersetzen, der so bestimmt ist, dass der Fehler in den Sensitivitäten verschwindet. Die Basis dieses

Ansatzes [252] bilden die Starrkörpermoden eines nicht angebundenen Systems, welche man aus der Gleichung

$$(\boldsymbol{K} - \lambda \boldsymbol{M}) \overrightarrow{u} = \overrightarrow{0} \tag{7.73}$$

erhält, wobei die Eigenvektoren $\overrightarrow{\phi_i}, i = 1, n_s$, mit den Eigenwerten $\lambda_i = 0$ die Starrkörpermoden sind. Im dreidimensionalen Fall erhält 3 translatorische und 3 rotatorische und damit insgesamt $n_s = 6$ Starrkörpermoden. Da die Starrkörpermoden für ein freies nicht angebundenes System bestimmt werden, können diese keine Kraft auf das System aufbringen, sodass gilt

$$\boldsymbol{K} \overrightarrow{\phi_i} = \overrightarrow{0}. \tag{7.74}$$

Wird dieser Ausdruck nach einer Designvariablen x differenziert, erhält man

$$\frac{\partial \boldsymbol{K}}{\partial x} \overrightarrow{\phi_i} + \boldsymbol{K} \frac{\partial \overrightarrow{\phi_i}}{\partial x} = \overrightarrow{0}. \tag{7.75}$$

Multipliziert man von links mit $\overrightarrow{\phi_j}^T$ ergibt sich

$$\overrightarrow{\phi_j}^T \frac{\partial \boldsymbol{K}}{\partial x} \overrightarrow{\phi_i} + \overrightarrow{\phi_j}^T \boldsymbol{K} \frac{\partial \overrightarrow{\phi_i}}{\partial x} = \overrightarrow{0}. \tag{7.76}$$

Weil die Steifigkeitsmatrix $\boldsymbol{K}$ symmetrisch ist, verschwindet der zweite Term gemäß Gleichung (7.74) und man erhält

$$\overrightarrow{\phi_j}^T \frac{\partial \boldsymbol{K}}{\partial x} \overrightarrow{\phi_i} = \overrightarrow{0}. \tag{7.77}$$

Gleichung (7.77) liefert ein Kriterium, das alle exakten Sensitivitäten erfüllen müssen. Es kann somit verwendet werden, um den korrigierten Term $(\Delta \boldsymbol{K}/\Delta x_i)^*$ zu bestimmen. Man kann zeigen, dass Gleichung (7.77) für die finite Differenz $\Delta \boldsymbol{K}/\Delta x_i$ bei den rotatorischen Starrkörpermoden nicht erfüllt ist und dass es somit einen direkten Zusammenhang zwischen rotatorischen Moden und dem Fehler in den Sensitivitäten gibt [62]. Im folgenden werden deswegen nur die rotatorischen Starrkörpermoden betrachtet und mit $\varphi_i, i = 1, n_r$, bezeichnet.

Für den korrigierten Term $(\Delta \boldsymbol{K}/\Delta x_i)^*$ macht man nun den Ansatz [1)]

$$\left(\frac{\Delta \boldsymbol{K}}{\Delta x_i}\right)^* = \frac{\Delta \boldsymbol{K}}{\Delta x_i} + \sum_{k=1}^{n_r} \sum_{l=1}^{n_r} a_{kl} \overrightarrow{\varphi_k} \overrightarrow{\varphi_l}^T. \tag{7.78}$$

Die unbekannten Koeffizienten a_{kl} können jetzt über Bedingung (7.77) bestimmt werden

$$\overrightarrow{\varphi_j}^T \left(\frac{\Delta \boldsymbol{K}}{\Delta x_i}\right)^* \overrightarrow{\varphi_i} = \overrightarrow{0} = \overrightarrow{\varphi_j}^T \frac{\Delta \boldsymbol{K}}{\Delta x_i} \overrightarrow{\varphi_i} + \sum_{k=1}^{n_r} \sum_{l=1}^{n_r} a_{kl} \left(\overrightarrow{\varphi_j}^T \overrightarrow{\varphi_k}\right) \left(\overrightarrow{\varphi_l}^T \overrightarrow{\varphi_i}\right). \tag{7.79}$$

Setzt man

$$b_{ij} = \overrightarrow{\varphi_j}^T \frac{\Delta \boldsymbol{K}}{\Delta x_i} \overrightarrow{\varphi_i} \tag{7.80}$$

und

$$d_{jkli} = \left(\overrightarrow{\varphi_j}^T \overrightarrow{\varphi_k}\right) \left(\overrightarrow{\varphi_l}^T \overrightarrow{\varphi_i}\right) \tag{7.81}$$

erhält man ein 9×9 lineares Gleichungssystem.

$$\sum_{k=1}^{n_r} \sum_{l=1}^{n_r} a_{kl} d_{jkli} = -b_{ji}. \tag{7.82}$$

Berücksichtigt man noch die Symmetrie $\left(\overrightarrow{\varphi_j}^T \overrightarrow{\varphi_k}\right) = \left(\overrightarrow{\varphi_k}^T \overrightarrow{\varphi_j}\right)$, lässt sich dieses auf ein 6×6 Gleichungssystem reduzieren. Es gibt jedoch eine einfachere und schnellere Methode die Koeffizienten a_{kl} zu bestimmen. Dazu nutzt man aus, dass die Moden $\overrightarrow{\varphi_i}$ im Allgemeinen zwar nicht

1) Hinweis: $\overrightarrow{\varphi_k} \overrightarrow{\varphi_l}^T$ ist eine Matrix, welche auch als dyadisches Produkt $\left(\overrightarrow{\varphi_k} \otimes \overrightarrow{\varphi_l}^T\right)_{ij} = \varphi_{ki} \varphi_{lj}$ geschrieben werden kann.

orthogonal, aber immer linear unabhängig sind und somit eine Basis im Raum der rotatorischen Starrkörperbewegungen bilden. Sie können somit verwendet werden, um eine orthonormale Basis $\vec{\varphi}_i^{*(0)}$ zu generieren. Im dreidimensionalen Fall ($n_r = 3$) beginnt man eine orthogonale Basis $\vec{\varphi}_i^{*}$ aufzubauen, indem man setzt

$$\vec{\varphi}_1^{*} = \vec{\varphi}_1. \tag{7.83}$$

Den zweiten Basisvektor setzt man als Linearkombination

$$\vec{\varphi}_2^{*} = \alpha \vec{\varphi}_1^{*} + \vec{\varphi}_2 \tag{7.84}$$

an, wobei sich der Koeffizient α aus der Bedingung $\vec{\varphi}_1^{*T} \vec{\varphi}_2^{*} = 0$ bestimmen lässt zu

$$\alpha = -\frac{\vec{\varphi}_1^{T} \vec{\varphi}_2}{\vec{\varphi}_1^{T} \vec{\varphi}_1}. \tag{7.85}$$

Für den letzten Basisvektor $\vec{\varphi}_3^{*}$ wird der Ansatz

$$\vec{\varphi}_3^{*} = \gamma \vec{\varphi}_1^{*} + \beta \vec{\varphi}_2^{*} + \vec{\varphi}_3 \tag{7.86}$$

verwendet und nach Ausnutzen der Bedingungen $\vec{\varphi}_1^{*T} \vec{\varphi}_2^{*} = 0$, $\vec{\varphi}_1^{*T} \vec{\varphi}_3^{*} = 0$ und $\vec{\varphi}_2^{*T} \vec{\varphi}_3^{*} = 0$ die Koeffizienten β und γ bestimmt zu

$$\beta = -\frac{\vec{\varphi}_2^{*T} \vec{\varphi}_3}{\vec{\varphi}_2^{*T} \vec{\varphi}_2} \tag{7.87}$$

$$\gamma = -\frac{\vec{\varphi}_1^{T} \vec{\varphi}_3}{\vec{\varphi}_1^{T} \vec{\varphi}_1}. \tag{7.88}$$

Anschließend werden die orthogonalen Moden $\vec{\varphi}_i^{*}$ normiert, sodass gilt

$$\vec{\varphi}_i^{*(0)T} \vec{\varphi}_j^{*(0)} = \delta_{ij}. \tag{7.89}$$

Setzt man die orthonormalen Moden $\vec{\varphi}_i^{*(0)T}$ in Gleichung (7.81) ein, erhält man

$$d_{jkli} = \left(\vec{\varphi}_j^{*(0)T} \vec{\varphi}_k^{*(0)}\right) \left(\vec{\varphi}_l^{*(0)T} \vec{\varphi}_i^{*(0)}\right), \tag{7.90}$$

sodass sich mit (7.89) die Bestimmungsgleichung (7.82) vereinfacht zu

$$a_{ji} = -b_{ji} = -\vec{\varphi}_j^{*(0)T} \frac{\Delta \boldsymbol{K}}{\Delta x} \vec{\varphi}_i^{*(0)}. \tag{7.91}$$

Somit können die Koeffizienten a_{ij} schnell berechnet werden, sobald die orthonormalen Moden $\vec{\varphi}_i^{*(0)}$ bestimmt worden sind. Die exakten semi-analytischen Sensitivitäten erhält man dann, indem man in Gleichung (7.58) oder (7.67) statt $\Delta \boldsymbol{K}/\Delta x$ den korrigierten Term $\left(\Delta \boldsymbol{K}/\Delta x\right)^*$ aus Gleichung (7.78) verwendet.

7.3 Programmsysteme zur Optimierung

Am Anfang einer Optimierung steht, unabhängig vom verwendeten Programm, die Definition des Optimierungsproblems. Dieses muss sowohl auf der Eingabe- als auch auf der Ausgabenseite des FEM-Programms vorgenommen werden (Abbildung 7.10). Auf der Eingabeseite müssen zuerst die Designvariablen mit Anfangswert und unterer und oberer Grenze definiert werden. Anschließend muss festgelegt werden, welche Parameter des FE-Modells als Entwurfsvariablen dienen und wie diese durch die Designvariablen modifiziert werden sollen. Beispiele für solche Entwurfsvariable sind:

- Wandstärke von Schalen eines Blechbauteils
- Balkenquerschnitte
- Materialeigenschaften (E-Modul, Dichte)

- Steifigkeit und Dämpfung von Schalen
- Formvariationen über Formbasisvektoren oder CAD-Parameter

Die aktuellen Werte der Designvariablen bestimmen dann jeweils, mit welchen Werten für die Entwurfsvariablen eine FE-Analyse durchgeführt werden soll.

Auf der Ausgabenseite muss festgelegt werden, was mit den Simulationsergebnissen geschehen soll. Dazu muss zunächst definiert werden, welche der Strukturantworten für die Optimierung verwendet werden sollen. Eine Auswahl solcher Strukturantworten wurde bereits in Abschnitt 7.1 vorgestellt. Oft werden zur Definition des Optimierungsproblems zusätzlich zu den einzelnen Strukturantworten, die direkt vom FEM-Programm geliefert werden, noch Funktionen aus den Strukturantworten und Designvariablen benötigt. Solche Funktionen werden als synthetische Strukturantworten bezeichnet. Ein Beispiel dafür ist die Restriktionsfunktion bei der Beta-Methode für ein Element mit der Spannung σ_e:

$$g = \sigma_e - \beta \leqq 0. \tag{7.92}$$

Zum Schluss muss noch festgelegt werden, welche der direkten oder synthetischen Strukturantworten als Restriktion oder als Zielfunktion verwendet werden sollen.

Wie die oben beschrieben Definition vorgenommen wird, ist bei den verschiedenen Programmen sehr unterschiedlich gelöst. Man kann jedoch zwei Typen von Optimierungsprogrammen unterscheiden, die in den beiden folgenden Abschnitten näher besprochen werden.

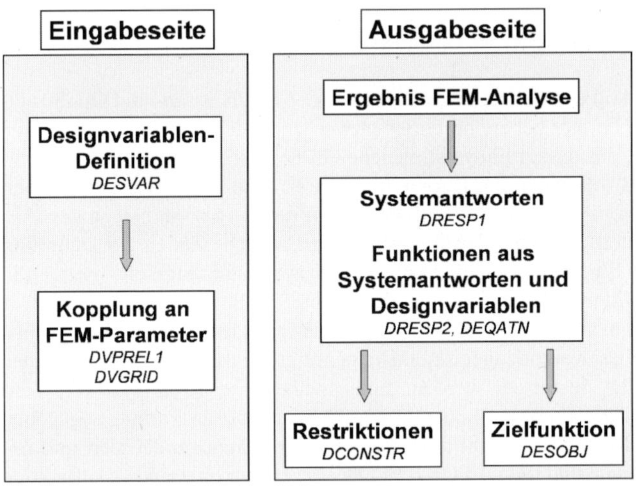

Abb. 7.10 Definition des Optimierungsproblems auf der Ein- und Ausgabenseite. Zusätzlich sind kursiv einige dazugehörige Schlüsselwörter im MSC/Nastran- und OptiStruct-Format angegeben

7.3.1 Programme mit integriertem Optimierungsalgorithmus

Bei vielen FEM-Programmen sind ein oder mehrere Optimierungsalgorithmen integriert. Hier wird das Auslesen der Ergebnisse und das Modifizieren der einzelnen Parameter intern im FEM-Programm vorgenommen (Abbildung 7.11). Beispiele solcher Programme sind ANSYS <CADFEM>, GENESIS <VRAND>, MSC/Nastran <MSC>, OptiStruct <Altair>, PERMAS <INTES> und Pro/Mechanica <PTC>. Die Definition des Optimierungsproblems kann entweder im Programm selber über eine grafische Benutzeroberfläche, über einen externen Pre-Prozessor oder über einen Editor vorgenommen werden. Im zweiten Fall muss immer eine Eingabedatei im ASCII-Format für das entsprechende FEM-Programm herausgeschrieben werden. Auch wenn der gesamte

Optimierungsablauf mithilfe einer grafischen Oberfläche bearbeitet werden kann, ist es immer hilfreich, die Syntax in der Eingabedatei zu kennen. So ist es möglich, die Definition des Optimierungsproblems in der Eingabedatei direkt zu überprüfen und geringfügige Änderungen manuell dort einzubringen. Weiterhin sind Fehler anhand von Fehlermeldungen leichter zu identifizieren.

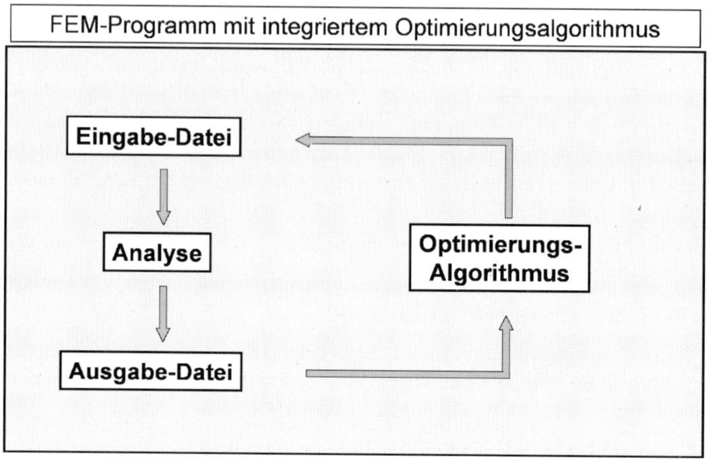

Abb. 7.11 Struktur eines Programms mit integriertem Optimierungsalgorithmus

Ohne auf die Details einzugehen, soll exemplarisch die Struktur der MSC/Nastran- und OptiStruct-Eingabedatei, welche das gleiche Format haben, beschrieben werden. Jede Zeile der Eingabedatei beginnt mit einem Schlüsselwort, das darauf hinweist, welche Größe beschrieben werden soll. So besagt das Schlüsselwort „NODE", dass nun ein Knoten über die Knoten-Identifikationsnummer, die Nummer des Koordinatensystems und die Knotenkoordinaten definiert wird. Neben den Angaben zur Definition des FE-Modells, sind bei der Optimierung zusätzliche Zeilen zur Definition des Optimierungsproblems in der Eingabedatei enthalten. Eine Auswahl an Schlüsselwörtern ist in Abbildung 7.10 angegeben. So wird mit über das Schlüsselwort „DESVAR" je eine Designvariable mit Anfangswert und Grenzen definiert und über „DVPREL1" der Wandstärke einer Schalengruppe oder mit „DVGRID" einem Formbasisvektor zugeordnet. Die benötigten Strukturantworten können über das Schlüsselwort „DRESP1" festgelegt werden. Eine synthetische Strukturantwort wird über „DRESP2" definiert, wobei die Funktion über „DEQATN" im Fortran-Format angegeben wird. Mit „DCONSTR" werden Restriktionen mit unteren und oberen Grenzen definiert und mit DESOBJ(MIN) eine zu minimierende und mit DESOBJ(MAX) eine zu maximierende Zielfunktion festgelegt.

Bei FEM-Programmen mit integriertem Optimierungsalgorithmus kann eine Optimierung nur für die angebotenen Analysetypen eingesetzt werden. So werden beispielsweise bei MSC/Nastran folgende Analysen für die Optimierung angeboten:

- Lineare Statik
- Eigenfrequenzanalyse
- Knicken und Beulen
- Direkte, modale und transiente Frequenzanalyse
- Statische Aeroelastik
- Flatter-Analyse

Dabei ist eine Optimierung nicht unbedingt auf einen Analysetyp begrenzt. So kann beispielsweise eine Optimierung gleichzeitig auf linearer Statik und Eigenfrequenzanalyse durchgeführt werden.

Es handelt sich damit um eine einfache Form der multidisziplinären Optimierung (Details dazu, siehe Abschnitt 11.2).

Der große Vorteil bei Programmen mit integriertem Optimierungsalgorithmus ist, dass die Sensitivitätsanalyse (semi-)analytisch durchgeführt werden kann, was sich in Form einer geringen Rechenzeit – vor allem bei einer großen Anzahl von Designvariablen – deutlich bemerkbar macht. Rechnet man (großzügig) für die (semi-)analytische Sensitivitätsanalyse noch mal die gleiche Zeit wie für die FE-Analyse, beansprucht ein Programm, dass die Sensitivitäten über finite Differenzen bestimmt, mindestens einen Faktor $(n + 1)/2$ mehr an Rechenzeit. Deswegen ist es normalerweise immer empfehlenswert, statt einem externen Optimierer ein Gradientenverfahren eines FEM-Programms mit integriertem Optimierungsalgorithmus und (semi-)analytischer Sensitivitätsanalyse einzusetzen, wo immer dies möglich ist.

7.3.2 Externe Optimierer

Bei externen Optimierungsprogrammen („General Purpose"-Optimierer oder „Plug-in"-Optimierer) wird nur das Optimierungsprogramm mit den entsprechenden Schnittstellen und grafischer Oberfläche angeboten (Abbildung 7.12). Beispiele solcher Programme sind BOSS quattro <Samcef>, modeFRONTIER <Esteco>, HyperStudy <Altair>, iSight <Engineous>, LS-OPT <DYNAmore>, Optimus <Noesis>, und OptiSLang <DYNARDO>. Dabei stellen die externen Optimierer nicht nur einen oder mehrere Optimierungsalgorithmen zur Verfügung, sondern steuern auch den ganzen Ablauf einer Optimierung und bieten häufig zusätzlich auch die Durchführung von Versuchsplänen, Robustheitsanalysen, Robustheitsoptimierung und die Erzeugung von globalen Approximationen an.

Die Definition der Designvariablen wird hier über eine grafische Benutzeroberfläche vorgenommen. Die Kopplung der einzelnen Designvariablen an die entsprechenden Parameter des FE-Modells erfolgt dagegen über Markierungen in der Eingabedatei. So legt beispielsweise in einer MSC/Nastran- oder OptiStruct-Datei die Zeile

```
PSHELL, 1, 100, 1.5
```

fest, dass allen Schalenelementen der Gruppe mit der Identifikationsnummer 1 das Material mit der Identifikationsnummer 100 und eine Wandstärke von 1,5 zugeordnet wird. Soll nun die Designvariable mit dem Namen `Thick_1` diese Wandstärke steuern, wird in einer Kopie der Eingabedatei (Template-Datei) der aktuelle Wert für die Wandstärke durch die Markierung `#Thick1#` ersetzt.

```
PSHELL, 1, 100, #Thick1#
```

Die aktuelle Eingabedatei für die Analyse wird dann mithilfe der Template-Datei erzeugt, indem jede Markierung durch den jeweils aktuellen Wert der Designvariable ersetzt wird. Statt dem Zeichen `#` zum Einrahmen des Namens der Designvariablen werden auch andere Zeichen als Alternative angeboten wie beispielsweise `$`, `%` oder `&`. Dies ist notwendig, weil einige der Zeichen schon in der Eingabedatei vorhanden sein können, wie beispielsweise `$` als Kommentarzeichen, das Zeichen zum Einrahmen jedoch nur bei den Markierungen vorkommen darf.

Nach dem Erstellen der aktuellen Eingabedatei wird vom externen Optimierungsprogramm die Analyse gestartet. Nach Abschluss der Analyse müssen die erwünschten Strukturantworten aus der Ausgabedatei herausgelesen werden. Dies kann zum Beispiel entweder durch Angabe von Schlüsselwörtern, die in der Datei vor der zu lesenden Zahl stehen, erfolgen oder durch Angabe einer Zeilen- und Spaltennummer.

Der Vorteil eines externen Optimierungsprogramms ist, dass jede Art von Analyse verwendet und optimiert werden kann. Auch können beliebige Analysetypen gleichzeitig in einer Optimierung berücksichtigt werden (siehe multidisziplinäre Optimierung in Abschnitt 11.2). Der Nachteil ist, dass bei Einsatz eines Gradientenverfahrens die Sensitivitäten normalerweise nur über finite Differenzen

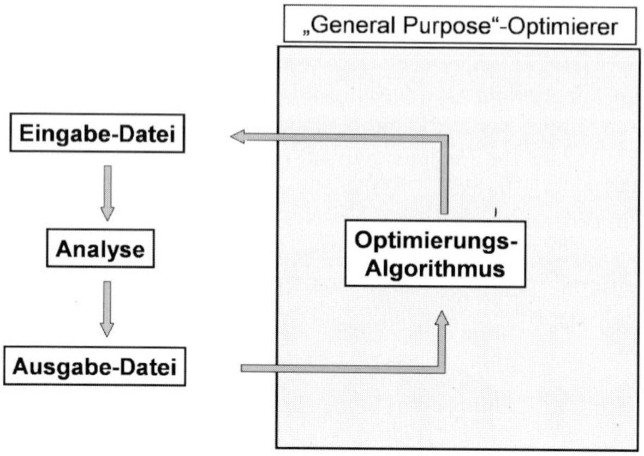

Abb. 7.12 Struktur eines externen Optimierungsprogramms

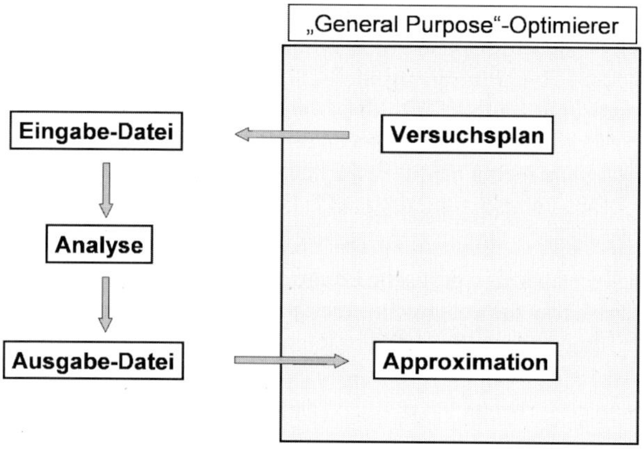

Abb. 7.13 Verwendung eines externen Optimierungsprogramms zur Bestimmung einer globalen Approximation

ermittelt werden können, was die Rechenzeit und die Kosten stark in die Höhe treibt. Dabei kann jedoch die Wartezeit innerhalb einer Iteration auf die einer einzelnen Analyse reduziert werden, indem alle benötigten $n + 1$ Analysen parallel auf verschiedenen Computern berechnet werden.

Da mit einem externen Optimierer jede Art von Analyseprogramm bearbeitet werden kann, ist auch die Verwendung von globalen Approximationen möglich. Dazu bieten viele externe Optimierer die Möglichkeit an, einen Versuchsplan zu erstellen, die Eingabedateien für die Analysen an den Stützstellen zu generieren und aus den Ergebnissen eine Approximation zu erstellen (Abbildung 7.13). Die Optimierung selber kann dann zeitsparend auf der Approximation durchgeführt werden. Weiterhin sind dann auch die von externen Optimierern angebotenen Robustheitsanalysen oder Robustheitsoptimierungen auf der Approximation durchführbar, was auf Basis des Analysemodells häufig vom Zeitaufwand her nicht möglich ist.

7.4 Anwendung: Dimensionierung

Die einfachste und unproblematischste Art der Optimierung ist die Dimensionierung (Sizing). Hier werden nur Zahlenwerte geändert, wie beispielsweise Balkenquerschnitte oder Wandstärken von Blechgruppen. Dadurch kann die Definition des Optimierungsproblems schnell durchgeführt werden, was zusätzlich durch Pre-Prozessoren, die dies unterstützen, erleichtert wird. Im Folgenden werden 2 Anwendungsbeispiele zur Dimensionierungen vorgestellt, eine Standardoptierungsaufgabe und ein etwas komplexeres Optimierungsproblem.

7.4.1 Wandstärkenoptimierung von Blechbauteilen einer Karosserie

In Abbildung 7.14 sind die Wandstärken der ausgewählten Blechbauteile einer Karosserie gezeigt, welche gewichtsmäßig unter Berücksichtigung von Steifigkeits- und Frequenzeigenschaften optimiert werden sollten. Bei der Auswahl der Bauteile wurden diejenigen ausgeschlossen, die für das Crash-Verhalten wichtig waren und deshalb nicht verändert werden durften. Für die verbleibenden 30 Blechbauteile wurde das Optimierungsproblem so definiert, dass die Masse M der Karosserie minimiert werden sollte:

$$\min M, \tag{7.93}$$

sodass

$$\begin{aligned} d_z^{(i)} &\leqq d_z^{U(i)}; & i &= 1,5 \\ \nu^{(j)} &\geqq \nu^{L(j)}; & j &= 1,3 \\ x_k^{L(p)} \leqq x_k^{(p)} &\leqq x_k^{U(p)}; & k &= 1,30 \end{aligned}$$

Dabei sollten die Steifigkeitsanforderungen für die 5 Lastfälle Torsion, Biegung, Front- und Heckabbiegung und Scharniersteifigkeit erfüllt werden. Diese Anforderungen wurden als Restriktionen auf die Verschiebungen an den Kraftangriffspunkten formuliert. Weiterhin wurden die Frequenzen für den 1. Biege- und den 1. Torsionsmode, sowie die eines lokalen Modes im Bereich der Windschutzscheibe berücksichtigt. Die Optimierung wurde mit MSC/Nastran <MSC> durchgeführt.

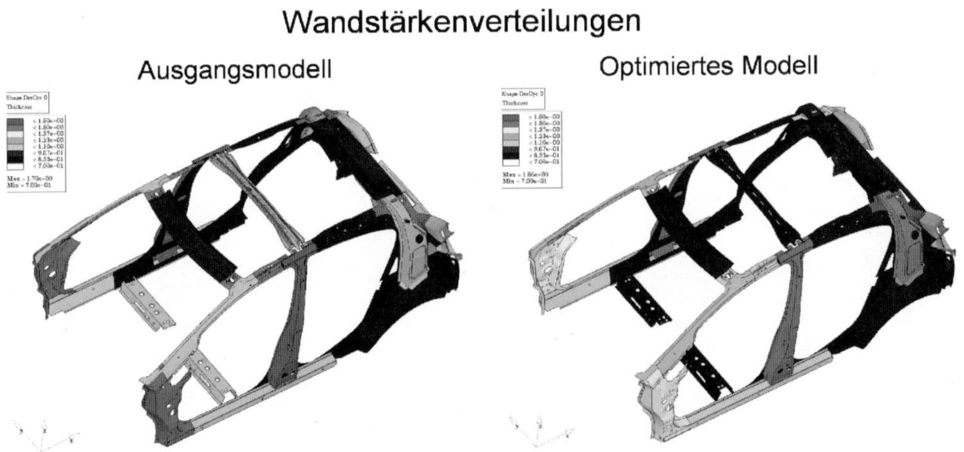

Abb. 7.14 Wandstärkenverteilung vor und nach der Optimierung der selektierten Blechbauteile

Am Ende der Optimierung ergab sich eine Gewichtsreduktion von 10 %. Da jedoch die Anforderung für Crash nicht in der Optimierung berücksichtigt worden sind, muss das Ergebnis immer noch – trotz vorheriger Absprache und Selektion der Bauteile – mit der Fachabteilung diskutiert und überprüft werden. Dort zeigt es sich dann häufig, dass einige der Ergebnisse dann doch nicht umgesetzt werden können. Normalerweise verbleibt jedoch ein Anteil von 30 – 50 % der Gewichtsreduktion, der dann problemlos kostensparend umsetzbar ist.

7.4.2 Optimierung einer Karosseriestruktur unter Einsatz von Blechen mit variabler Wandstärke

Neben der Optimierung von Blechbauteilen mit konstanter Wandstärke kann die Dimensionierung auch für die Optimierung von Blechbauteilen mit variabler Wandstärke (Tailor Rolled Blanks) eingesetzt werden [151]. Hierbei handelt es sich um eine Weiterentwicklung der so genannten „Tailored Blanks“, bei denen zwei oder mehr Bleche unterschiedlicher Wandstärke miteinander verschweißt und anschließend wie ein einzelnes Blech weiterverarbeitet werden (Abbildung 7.15). Der Vorteil ist hierbei, dass die Wandstärken in einem Bauteil belastungsgerechter angepasst werden können und damit Gewicht gespart werden kann. Einen Schritt weiter geht man mit dem Einsatz von Blechen mit variabler Wandstärke. Diese ermöglichen eine noch bessere Anpassung, auch wenn die Variabilität durch Fertigungsrestriktionen eingeschränkt ist. So durfte – wie in Abbildung 7.15 dargestellt – bei der weiter unten beschriebene Anwendung das Verhältnis der größten zur geringsten Wandstärke nicht mehr als 2 betragen (Verhältnisrestriktion) und sich die Wandstärke auf einer Strecke von 100 mm maximal um 1 mm verändern (Gradientenrestriktion).

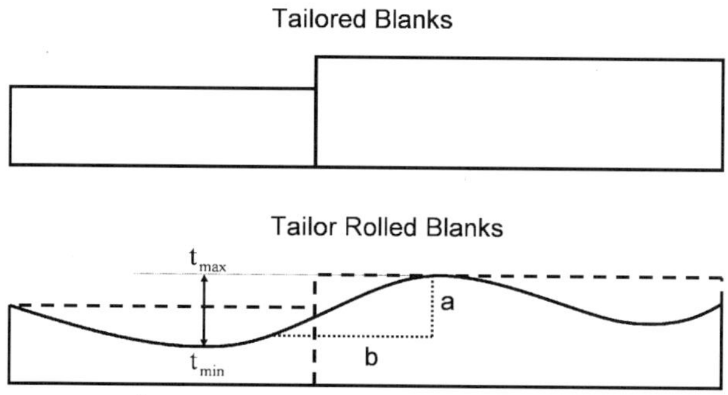

$$\frac{t_{max}}{t_{min}} \le 2 \qquad \frac{a}{b} \le \frac{1}{100}$$

Abb. 7.15 Schematische Darstellung eines „Tailored Blanks“ bestehend aus zwei Blechen und eines „Tailor Rolled Blanks“, bei dem die Wandstärke fließend variiert wird. Zusätzlich sind die Fertigungsrestriktionen veranschaulicht.

Mithilfe der Optimierung sind für den Einsatz von Blechen mit variabler Wandstärke zwei Probleme zu lösen. Zunächst müssen die Blechteile bestimmt werden, für die der Einsatz dieser Technologie sinnvoll ist. Im zweiten Schritt muss dann für diese Auswahl die optimale Wandstärkenverteilung ermittelt werden.

Im ersten Schritt wurde aus der Rohkarosserie eine Vorauswahl von Blechen getroffen, für die ein Einsatz von Blechen mit variabler Wandstärke denkbar war. So verbietet sich der Einsatz bei Teilen der Außenhaut und in den Bereichen, wo aufgrund von Anforderungen, wie beispielsweise aus dem Bereich Crash, keine Veränderung vorgenommen werden darf. Die 116 selektierten Teile sind in Abbildung 7.16 dargestellt.

Bei der Vielzahl der Bauteile und der daraus resultierenden großen Anzahl von Designvariablen war es wegen der großen Rechenzeit der Crash- und Lebensdauer-Analyse nicht möglich, diese Bereiche in die Optimierung mit einzubeziehen. Es wurden deshalb nur Anforderungen an die Steifigkeit und die Eigenfrequenzen berücksichtigt. Damit konnte sowohl die lineare Statik und die Eigenfrequenzanalyse als auch die Optimierung mit MSC/Nastran <MSC> im akzeptablen Zeitrahmen durchgeführt werden. Auf dieser Basis wurden im ersten Schritt die Bauteile mit Potenzial für den Einsatz als „Taylor Rolled Blanks“ ermittelt. Diese Vorgehensweise ist trotz der

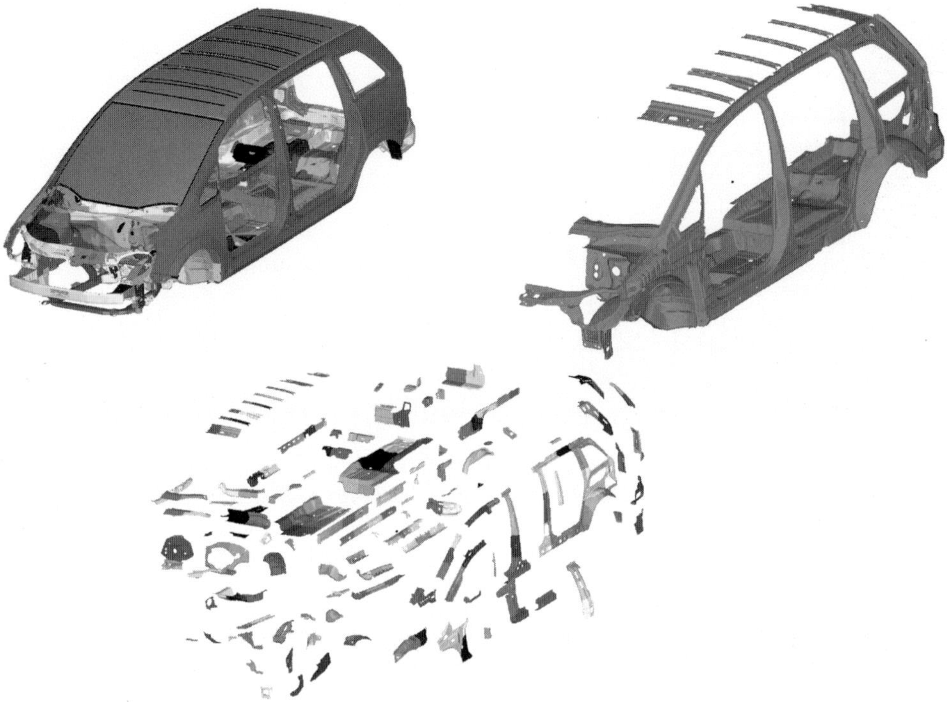

Abb. 7.16 Gesamtmodell der Rohkarosserie (oben links) und die selektierten Bauteile aus der Gesamtkarosserie, für die ein Einsatz von Blechen mit variabler Wandstärke möglich ist, oben rechts in normaler und unten in Explosionsdarstellung. Der besseren Übersicht wegen wird für die ausgewählten Teile nur die linke Hälfte gezeigt.

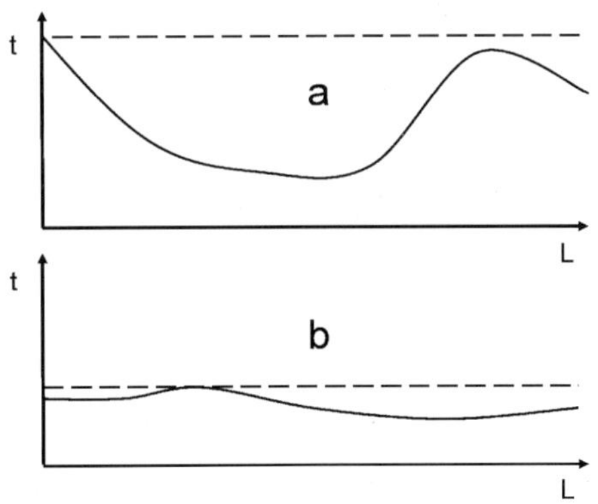

Abb. 7.17 Schematische Darstellung der optimalen Wandstärkenverteilung *t* zweier Bleche.
Fall a): hohes Potenzial für ein Blech mit variabler Wandstärke, Fall b): kein Potenzial. Zusätzlich ist gestrichelt die optimale Wandstärke eingezeichnet, die sich aus einer Optimierung mit einer über das gesamte Blech konstanten Wandstärke ergeben würde.

Reduktion auf zwei Fachbereiche sinnvoll, weil man für diese eine Auswahl der relevanten und optimierten Bauteile erhält und damit auch eine drastische Reduktion der Komponentenanzahl. Die ausstehenden Untersuchungen der nicht berücksichtigten Fachbereiche müssen dann nur noch auf Basis dieser begrenzten Auswahl durchgeführt werden.

Der Einsatz von einem Blech mit variabler Wandstärke ist umso sinnvoller, je mehr die optimierte Wandstärke in dem Blech variiert. So sind in Abbildung 7.17 schematisch zwei optimierte Wand-

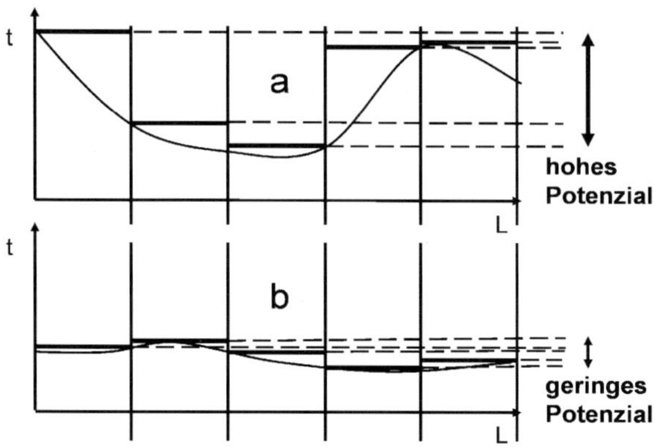

Abb. 7.18 Ergebnis einer Wandstärkenoptimierung, wenn jedes Blech in Teilstücke zerlegt wird

stärkenverläufe dargestellt. Der Einsatz eines Blechs mit variabler Wandstärke ist im Fall b nicht sinnvoll, da die Wandstärke nur schwach variiert. Ebenfalls wird ersichtlich, dass eine Auswahl der Bleche nicht über eine gewöhnliche Wandstärkenoptimierung mit konstanter Wandstärke erfolgen kann, weil dort die optimale Wandstärke allein durch die schwächste Stelle festgelegt wird. So würde sich in dem in Abbildung 7.17 dargestellten Fall für das erste Blech (a) eine größere optimierte Wandstärke ergeben und damit nicht das dort vorhanden Potenzial für den Einsatz als „Taylor Rolled Blank" widerspiegeln, weil es ein „schlechteres" Ergebnis liefert als im zweiten Fall (b). Das Gleiche gilt natürlich auch, wenn nur die Sensitivitäten betrachtet werden.

Wie groß die Variation in der optimalen Wandstärkenverteilung ist, kann ermittelt werden, indem jedes Blech in Teilstücke zerlegt wird und jedes dieser Teilstücke bezüglich der Wandstärke optimiert wird (Abbildung 7.18). Dabei genügt es zunächst, eine grobe Einteilung zu verwenden, um die Rechenzeit in Grenzen zu halten. Die Bauteile, bei denen die optimierten Wandstärken in den Teilstücken am meisten variieren, haben das größte Potenzial und kommen damit als Kandidaten infrage. Demnach muss das Optimierungsproblem folgendermaßen definiert werden:

$$\min M, \tag{7.94}$$

sodass

$$\begin{aligned} &d_z^{(i)} \leqq d_z^{U(i)}; && i = 1,4 \\ &\nu^{(j)} \geqq \nu^{L(j)}; && j = 1,2 \\ &x_k^{L(p)} \leqq x_k^{(p)} \leqq x_k^{U(p)}; && p \in I^{PID}, \quad k = 1, N_p \end{aligned}$$

Dabei ist M die Masse der selektierten Bauteile, $x_k^{(p)}$ die Designvariable, welche die Wandstärke des k-ten Teilstücks des Bauteils mit der Identifikationsnummer (Property-ID) $PID = p$ steuert, und N_p die Anzahl der Teilstücke für diese Komponente. Die Identifikationsnummern PID der selektierten Bauteile sind dabei in der Indexmenge I^{PID} aufgelistet, während $\nu^{(1)}$ und $\nu^{(2)}$ jeweils die erste Torsions- und Biegefrequenz sind. Die Steifigkeitsanforderungen der vier statischen Lastfälle globale Torsion, globale Biegung, Heck- und Frontabbiegung wurden über Restriktionen auf die Verschiebungen $d_z^{(i)}$ an den Messpunkten berücksichtigt. Die Restriktionsgrenzen $d_z^{U(i)}$ und $\nu^{L(j)}$ wurden so gewählt, dass für diese der aktuelle Wert der Verschiebung bzw. der Frequenz beim Anfangsmodell genommen wurde, wenn er nahe am Zielwert lag. Lag er dagegen weit über diesem, wurde eine größere Verschiebung bzw. kleinere Frequenz als der Anfangswert für die Restriktionsgrenze verwendet, der jedoch gewährleistete, dass die Zielwerte nicht verletzt werden konnten.

Die Aufteilung der einzelnen Bauteile in Segmente ist sehr zeitaufwendig. Wenn absehbar ist, dass diese Art von Optimierungsaufgabe in Zukunft wieder anfallen wird, ist es lohnenswert, ein Programm zu schreiben, das diese Aufgabe erledigt. Um ein solches Programm handelt es sich bei „Splitter“ [151]. Als Eingabe wird eine Liste mit den PIDs der selektierten Bleche und die MSC/Nastran-Eingabedatei des Modells vorgegeben. Das Programm bestimmt daraus für jedes Blech die Richtung, in der das Bauteil die geringste Breite aufweist (Richtung 1) und die darauf senkrecht stehende Richtung (Richtung 2), in der meistens die größte Breite vorliegt. Entlang dieser beiden Richtungen wird dann das Bauteil in einzelne Teile aufgespalten, wobei der Benutzer für jede der beiden Richtungen eine gewünschte Kantenlänge $b_1^{(p)}$ und $b_2^{p)}$ der Teilstücke definieren kann. Dabei wird die vorgegebene Kantenlänge nicht unbedingt exakt eingehalten, sondern der nächstgelegene Wert verwendet, für den sich die gleiche Breite bei allen Teilstücken einer Komponente ergibt. Als Ausgabe wird eine MSC/Nastran-Datei herausgeschrieben, in der jedem Teilstück eine eigene PID und eine Designvariable zugeordnet wird. Dabei überprüft das Programm, ob innerhalb einer Toleranzgrenze symmetrische Bauteile links- und rechtsseitig vorliegen. Ist dies der Fall, werden den entsprechenden links- und rechtsseitigen Teilen nur je eine PID und Designvariable zugeordnet und damit sichergestellt, dass symmetrische Teile auch die gleichen optimierten Wandstärkenverteilungen aufweisen. In Abbildung 7.19 sind als Beispiel zwei Bauteile dargestellt, die mit „Splitter“ in einzelne Segmente zerlegt wurden. Beim schlanken Bauteil ergab sich automatisch nur eine Zerlegung in Richtung der längsten Ausdehnung, während das nahezu quadratische Bauteil in zwei Richtungen zerlegt wurde. Natürlich ist eine Variation der Wandstärke in zwei Richtungen technisch nicht umsetzbar. Für die Vorauswahl der Bauteile ist sie aber sinnvoll. Zudem kann man dem Ergebnis entnehmen, was die günstigste Richtung für die Wandstärkenvariation ist, wenn ein solches Bauteil ausgewählt wird.

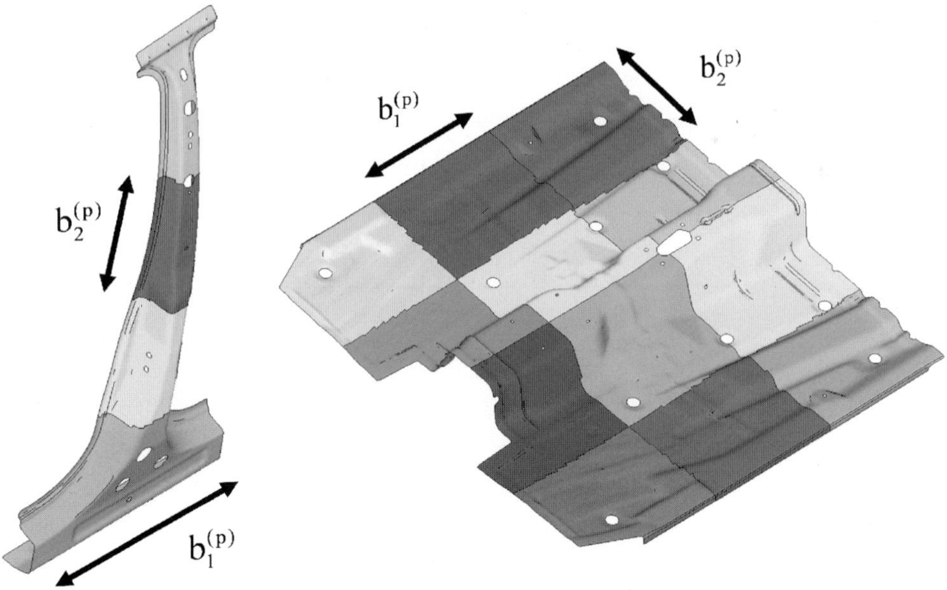

Abb. 7.19 Ein schlankes (links) und ein nahezu quadratischen Bauteil (rechts), die mit dem Programm „Splitter“ in Teilstücke aufgespalten wurden

Nach der Zerlegung lagen 259 Designvariablen vor. Das Ergebnis der gemeinsamen Optimierung für alle Bauteile ist in Abbildung 7.20 dargestellt. Aus diesen wurden die Bauteile selektiert,

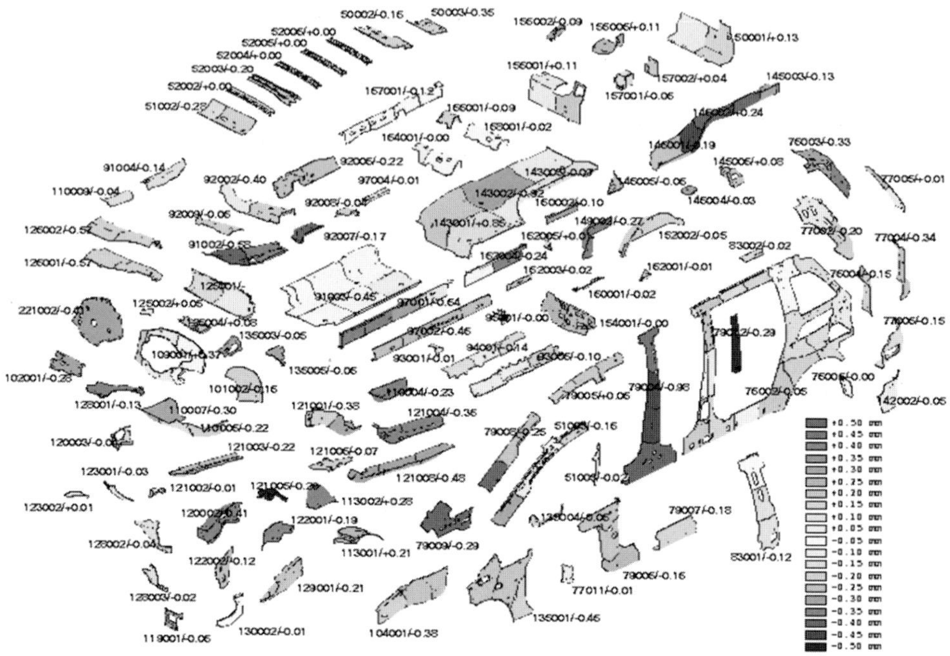

Abb. 7.20 Optimale Wandstärken von allen Teilsegmenten der berücksichtigten Bauteile

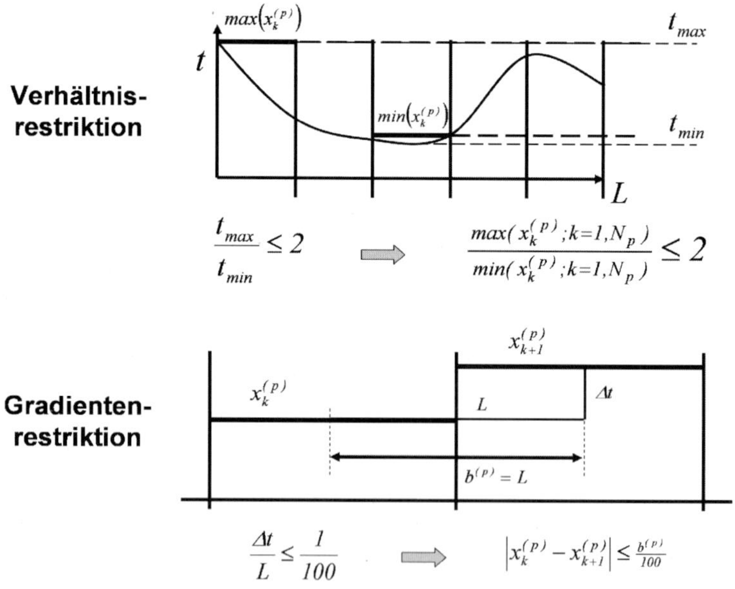

Abb. 7.21 Geometrische Verhältnisse und Formulierung der Verhältnis- und der Gradientenrestriktion

die Potenzial zum Einsatz von Blechen mit variabler Wandstärke haben. Als Auswahlkriterium wurde hierbei verwendet, dass der Wandstärkenunterschied in den Teilsegmenten des Bauteils mindestens eine Variationsbreite von 0,2 mm hat. Nach Anwendung dieses Selektionskriteriums reduzierte sich die Anzahl der Bauteile von 116 auf 39. Diese Anzahl wurde weiterhin reduziert, indem die verbleibenden Bauteile zusätzlich bewertet wurden. Dabei floss die Erfahrung aus den Fachdisziplinen mit ein, die bei der Optimierung nicht berücksichtigt wurden. Weiterhin wurden aber auch Fertigungs- und Kostenaspekte berücksichtigt. Diese hängen stark von der Geometrie des Bauteils ab, weil die Kosten mit steigendem Verschnitt ansteigen.

Letztendlich ergaben sich 5 selektierte Bauteile, für die dann der genaue optimale Wandstärkenverlauf bestimmt wurde. Dazu wurden die 5 Bauteile mit dem Programm „Splitter" wieder in Teilsegmente unterteilt, diesmal jedoch immer nur in eine Richtung und mit einer feineren Einteilung. In Abbildung 7.22 ist ein Beispiel für ein auf diese Weise zerlegtes Bauteil dargestellt.

Weiterhin müssen nun bei der Optimierung die beiden Fertigungsrandbedingungen berücksichtigt werden. Abbildung 7.21 zeigt wie die Verhältnis- und die Gradientenrestriktion über die Breite der einzelnen Teilstücke formuliert werden können. Mit diesen beiden zusätzlichen Restriktionen lautet das Optimierungsproblem dann:

$$\min M, \tag{7.95}$$

sodass

$$\begin{aligned}
&d_z^{(i)} \leqq d_z^{U(i)}; && i = 1,4 \\
&v^{(j)} \geqq v^{L(j)}; && j = 1,2 \\
&x_k^{L(p)} \leqq x_k^{(p)} \leqq x_k^{U(p)}; && p \in \hat{I}^{PID}, \quad k = 1, \hat{N}_p \\
&\max\left(x_k^{(p)}; k = 1, \hat{N}_p\right) / \min\left(x_k^{(p)}; k = 1, \hat{N}_p\right) \leqq 2; && p \in \hat{I}^{PID} \\
&\left|x_k^{(p)} - x_{k+1}^{(p)}\right| \leqq b^{(p)}/100; && p \in \hat{I}^{PID}
\end{aligned}$$

Dabei enthält $\hat{I}^{PID}$ die PIDs aller Bauteile, die für die Feinoptimierung ausgewählt wurden, während $b^{(p)}$ die Breite der einzelnen Teilstücke des selektierten Bauteils mit der $PID = p$ (Abbildung 7.22) ist.

Das Ergebnis der Optimierung für ein Bauteil ist in Abbildung 7.22 dargestellt, wenn alle selektierten Bauteile gleichzeitig optimiert wurden. Natürlich muss der durch die diskrete Zerlegung bedingte zackige Verlauf der Wandstärke für die Umsetzung geglättet werden. Insgesamt konnte eine Gewichtsersparnis von 29 % erreicht werden. Im letzten Schritt muss dann noch überprüft werden, ob auch die Anforderungen der Fachdisziplinen, die nicht in der Optimierung enthalten waren, für die optimierten Wandstärkenverteilungen erfüllt sind.

In Abbildung 7.22 ist zudem auch die optimierte Wandstärkenverteilung dargestellt, wenn man das Bauteil einzeln optimiert. In diesem Fall erreicht man in der Summe aller Einzeloptimierungen die oben genannte Gewichtsersparnis nicht mehr. Vielmehr erhält man dort nur eine Gewichtsreduktion von 10 %. Der Grund für das unterschiedliche Ergebnis beider Optimierungsvarianten ist, dass der Optimierungsalgorithmus flexibler ist, wenn alle Bauteile zusammen optimiert werden, weil dann Material zwischen den einzelnen Bauteilen umgeschichtet werden kann. Das führt zwangsweise dazu, dass die Summe der Einzeloptimierung nie eine größere Gewichtsreduktion erreichen kann als die gemeinsame Optimierung aller Bauteile, sondern in der Regel mit einem schlechteren Ergebnis gerechnet werden muss. Dennoch kann der Einsatz der Einzeloptimierung sinnvoll sein, wenn beispielsweise zu Beginn der Entwicklung noch nicht sichergestellt ist, dass auch alle optimierten Bauteile umgesetzt werden. Ebenfalls kann es passieren, dass nicht alle optimierten Bauteile die Anforderung der nicht in der Optimierung enthaltenen Fachbereiche erfüllen. In beiden Fällen kann das Optimierungsergebnis nur teilweise umgesetzt werden und man muss mit einem Verlust in der Steifigkeit und beim Frequenzniveau rechnen, wenn das Ergebnis einer gemeinsamen Optimierung

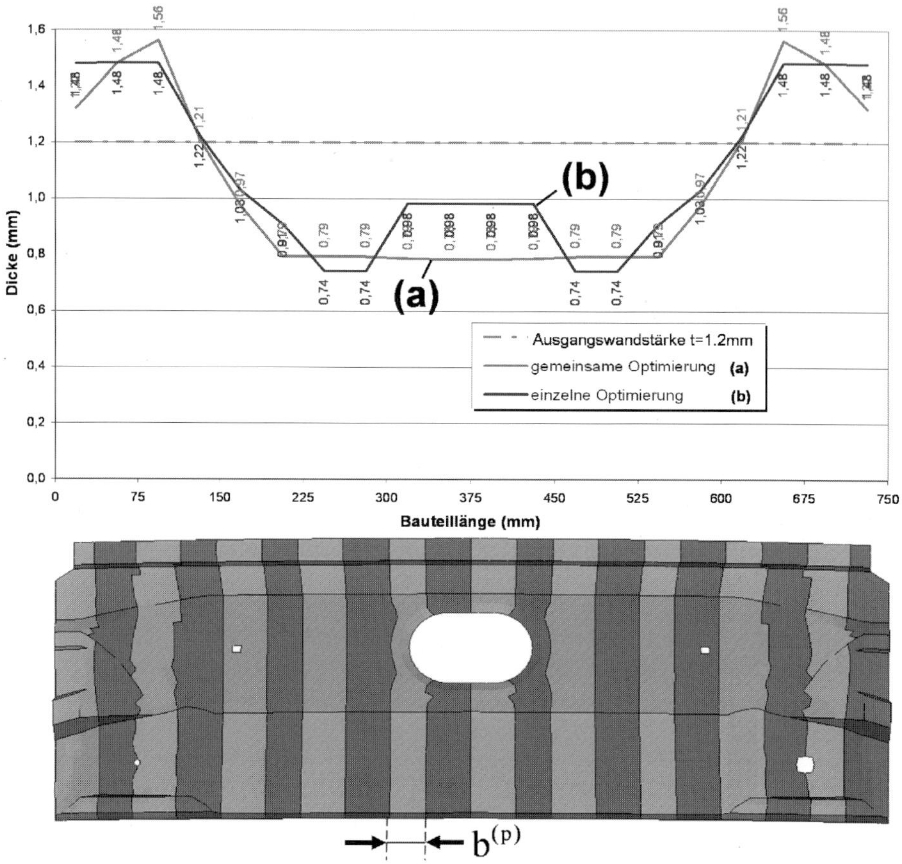

Abb. 7.22 Blechbauteil mit der $PID = p$, das mit dem Programm 'Splitter' in Teilsegmente der Breite $b^{(p)}$ zerlegt wurde und dessen optimierte Wandstärkenverteilungen für den Fall, dass dieses allein optimiert wird (a), und für den Fall, dass alle Bauteile gemeinsam in einem Lauf gemeinsam optimiert werden (b)

zugrunde gelegt wurde. In diesem Fall stellt die Einzeloptimierung die Alternative mit der größeren Sicherheit dar, weil hier alle Anforderungen eingehalten werden. Der Nachteil dabei ist, dass für jede Komponente ein Optimierungslauf durchgeführt werden muss, statt nur einen bei der gemeinsamen Optimierung. Weiterhin wird für den Fall, dass wirklich alle Bauteile umgesetzt werden, Potenzial zur Gewichtsreduktion verschenkt.

Die oben beschriebene Optimierungsstrategie kann unverändert übernommen werden, wenn andere Fachdisziplinen in die Optimierung integriert werden. Es müssen lediglich die entsprechenden Restriktionen ergänzt werden. Für die Berechnung der benötigten Strukturantworten kann man im einfachsten Fall beispielsweise für den Bereich Crash versuchen, statische Ersatzlastfälle zu verwenden. Dies hat den Vorteil, dass in diesem Fall weiterhin MSC/Nastran verwendet werden kann. Der Nachteil ist, dass Ersatzlastfälle das Crash-Verhalten teilweise nur ungenügend nachbilden können. Auf der sicheren Seite ist man, wenn die Crash-Berechnungen explizit zur Optimierung mit hinzugenommen werden. Dann muss jedoch statt MSC/Nastran ein Programm zur multidisziplinären Optimierung verwendet werden. Mathematisch stellt dies kein Problem dar. Jedoch erhöht sich die CPU-Zeit beträchtlich. Hier muss im Einzelfall abgewogen werden, ob dieser Weg gangbar oder ob das Kosten-Nutzenverhältnis noch vertretbar ist.

Die Bleche mit variabler Wandstärke erlauben zwar eine belastungsgerechte Anpassung der Komponente an die Beanspruchung, jedoch nur in eine Richtung. Wäre die Variation in beiden Richtungen möglich, könnten in der Regel noch weitere Gewichtseinsparungen erreicht werden, was jedoch zurzeit technisch nicht umsetzbar ist. Da demnach im Allgemeinen das Gewichtseinsparungspotenzial nicht voll ausgeschöpft ist, kann man durchaus erwarten, durch Einbringen von Löchern noch weiteres Gewicht einzusparen. Die optimale Anzahl und Lage von Löchern könnte dabei mithilfe der Topologieoptimierung ermittelt werden, die ja schon bereits seit längerer Zeit bei Blechbauteilen mit konstanter Wandstärke eingesetzt wird (siehe Kapitel 9).

7.4.3 „Taylor Rolled Blank" Optimierung eines Lenkungsquerträgers

In Abbildung 7.23 ist das Ausgangsdesign eines Lenkungsquerträgers gezeigt. Das ursprüngliche Rohr mit konstanter Dicke sollte durch ein Rohr mit variabler Wandstärke („Taylor Rolled Blank") ersetzt werden mit dem Ziel, Gewicht einzusparen. Gesucht war die optimale Wandstärkenverteilung des „Taylor Rolled Blank"-Rohrs. Dazu wurde das Rohr in 16 gleich große Segmente der Breite b unterteilt und in jedem Segment die Wandstärke als Designvariable verwendet. Neben den in Abbildung 7.21 erläuterten Fertigungsrestriktionen wurde gefordert, dass die ersten beiden Eigenfrequenzen ν_1 und ν_2 nicht unterhalb eines Grenzwertes ν_1^L und ν_2^L sinken durften. Das Optimierungsproblem lautete somit:

$$\min W(\overrightarrow{x}), \tag{7.96}$$

sodass

$$\begin{aligned}
&\nu_j^L \leqq \nu_j; && j = 1,2\\
&x_i^L \leqq x_i \leqq x_i^U; && i = 1,16\\
&\max(x_i;\, i = 1,16)\,/\,\min(x_i;\, i = 1,16) \leqq 2; &&\\
&|x_i - x_{i+1}| \leqq b/100; && i = 1,15
\end{aligned}$$

Dabei war die Nummerierung i der Designvariablen so gewählt, dass x_i und x_{i+1} den Wandstärken von benachbarten Segmenten zugeordnet waren. Die optimierte Wandstärke des „Taylor Rolled

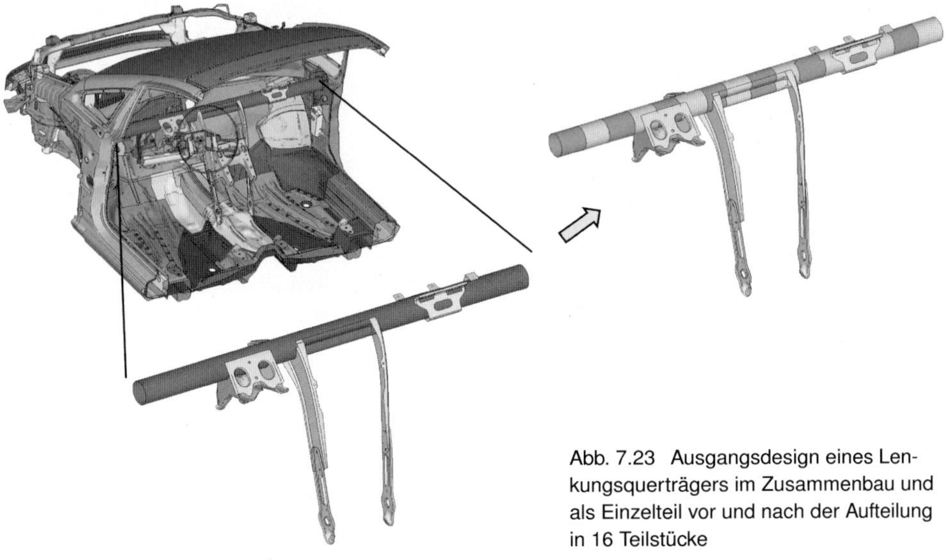

Abb. 7.23 Ausgangsdesign eines Lenkungsquerträgers im Zusammenbau und als Einzelteil vor und nach der Aufteilung in 16 Teilstücke

Blank"-Rohrs ist in Abbildung 7.24 gezeigt. Durch die Optimierung konnte das Gewicht um 30 % reduziert werden.

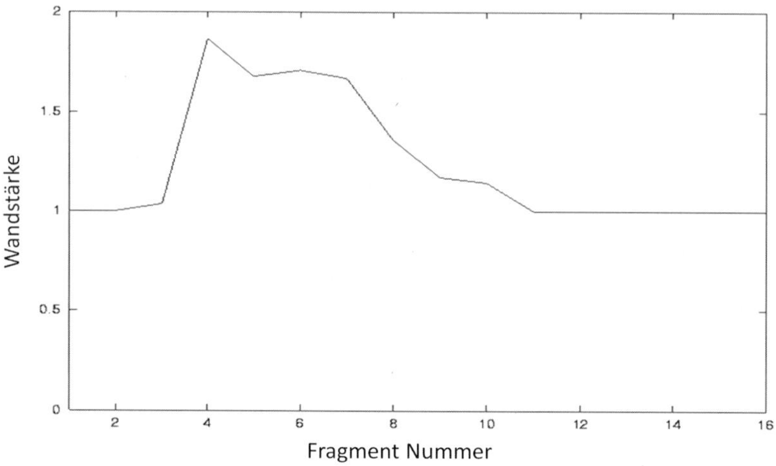

Abb. 7.24 Optimierter Wandstärkenverlaufs des „Taylor Rolled Blank"-Rohrs

7.4.4 Optimierung eines Instrumententafelträgers unter Berücksichtigung von Frequenzgangrestriktionen

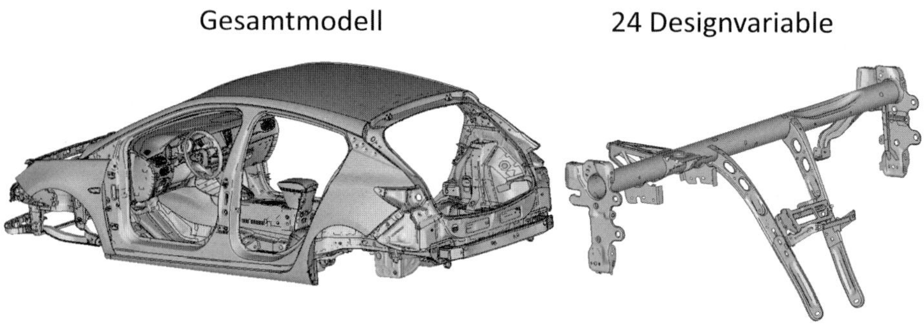

Abb. 7.25 Berechnungsmodell und die 24 Teile des Instrumententafelträgers, deren Wandstärken in der Optimierung variiert wurden

In Abbildung 7.25 sind zusammen mit dem Gesamtmodell die Teile des Instrumententafelträgers gezeigt, deren Wandstärken in der Optimierung variiert werden konnten. Der Lastfall bestand darin, dass an einer Stelle eine sinusförmige Anregung in einem Frequenzbereich von ν^L bis ν^U aufgegeben und am Lenkrad die daraus resultierende Beschleunigung $\ddot{u}(\nu)$ in vertikaler Richtung berechnet wurde. Die Anforderung war, dass $\ddot{u}(\nu)$ immer unter einer vorgegebenen Grenzkurve $\ddot{u}^G(\nu)$ liegen sollte. In Abbildung 7.26 ist erkennbar, dass diese Anforderung zu Beginn der Optimierung verletzt war. Ziel war es nun, die Masse M der selektierten Teile unter Einhaltung der Grenzkurve zu minimieren. Das zu lösende Optimierungsproblem lautete somit

$$\min M, \tag{7.97}$$

sodass

$$\hat{\ddot{u}}_i \leqq 1; \qquad i = 1, n_f$$
$$x_i^L \leqq x_i \leqq x_i^U; \qquad i = 1, 24$$

Dabei ist n_f die Anzahl der äquidistanten Frequenzstützstellen ν_i im Intervall $[\nu^L, \nu^U]$, $\ddot{u}_i = \ddot{u}(\nu_i)$, $\ddot{u}_i^G = \ddot{u}^G(\nu_i)$ und $\hat{\ddot{u}}_i = \ddot{u}_i / \ddot{u}_i^G$. Weiterhin sind x_i die Wandstärken der 24 Blechbauteile, die in der Optimierung variiert wurden.

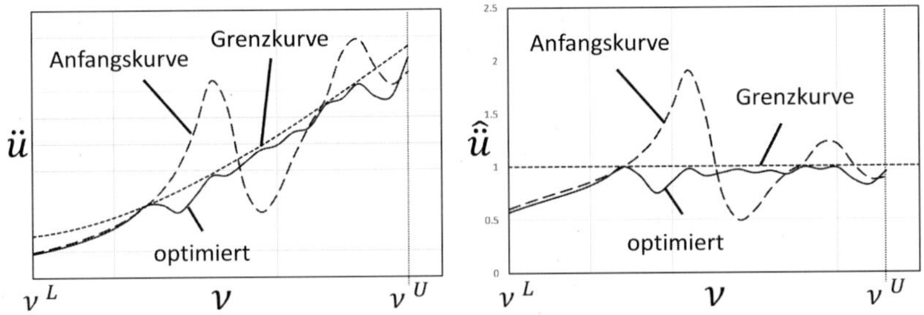

Abb. 7.26 Beschleunigungsamplituden in der Original- ($\ddot{u}$) sowie in der normierten Form ($\hat{\ddot{u}}$) als Funktion der Frequenz ν vor und nach der Optimierung sowie die Grenzkurve, die nicht überschritten werden durfte

Die Beschleunigungskurven vor und nach der Optimierung, für die 9 Iterationen benötigt wurden, sind in Abbildung 7.26 dargestellt. Da das Basisdesign nicht zulässig war, kann man nicht erwarten, im Optimum eine kleinere Masse als die des Ausgangsdesigns zu erhalten. In diesem Fall lag die Masse im Optimum jedoch lediglich um vernachlässigbare 0,1 % höher als die des Ausgangsdesigns. Man konnte also durch die Optimierung ein zulässiges Design ohne Gewichtserhöhung erreichen.

Zum Vergleich wurden zwei alternative Optimierungsläufe durchgeführt, der erste mit dem Ziel, ein zulässiges Design zu erreichen (siehe Abschnitt 7.1.2.3), damit das resultierende Optimum dann als Startpunkt für die „min M“ (7.97) Optimierung verwendet werden konnte. Das Ergebnis der „min β“-Optimierung (7.19) ist in Abbildung 7.27 dargestellt, in welcher der Optimierer bei einer Übererfüllung der Restriktionen um 4 % über das Ziel hinausgeschossen ist und dafür auch eine relativ hohe Anzahl von 9 Iterationen benötigte. In der nachfolgenden „min M“-Optimierung (7.97) wurden dann auch 8 Iterationen benötigt, weil sich der Optimierer erst wieder an die

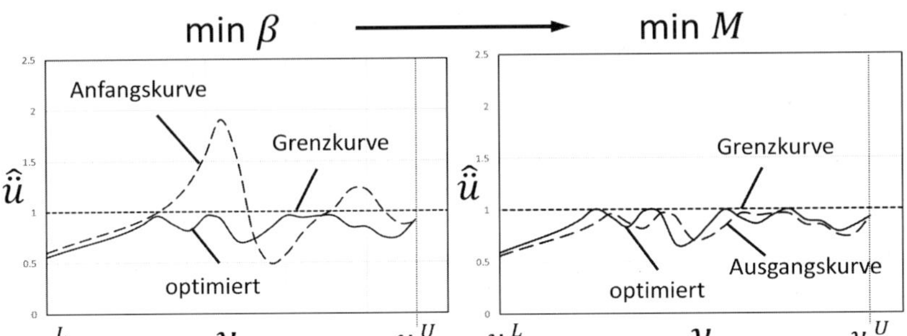

Abb. 7.27 Normierte Beschleunigungsamplitude ($\hat{\ddot{u}}$) vor und nach der Optimierung für eine „min β“-Optimierung mit dem Ziel, eine zulässige Lösung zu finden (links), und für eine nachgeschaltete restringierte min M-Optimierung, bei der das resultierende Optimum als Startpunkt verwendet wurde (rechts)

Restriktionsgrenze heranarbeiten musste. Dagegen wurde bei einer „min $(\beta - 1)^2 + 1$"-Optimierung (7.20) die Zulässigkeit (ohne Übererfüllung) schon nach 4 Iterationen und in der nachgeschalteten „min M" (7.97) Optimierung das Optimum ebenfalls nach 4 Iterationen erreicht (Abbildung 7.28). Wie man an den Abbildungen sehen kann, sind die Ergebnisse nicht identisch. Sie sind jedoch von gleicher Qualität, weil die Masse im Optimum ungefähr gleich ist. Auch wenn hier alle drei Optimierungsläufe vergleichbar gute Resultate liefern, ist es, sofern es die Zeit erlaubt, generell durchaus sinnvoll alle drei Optimierungsvarianten durchzuführen. Im Allgemeinen besteht durchaus die Möglichkeit, bei einer Variante ein wesentlich besseres Ergebnis zu erhalten.

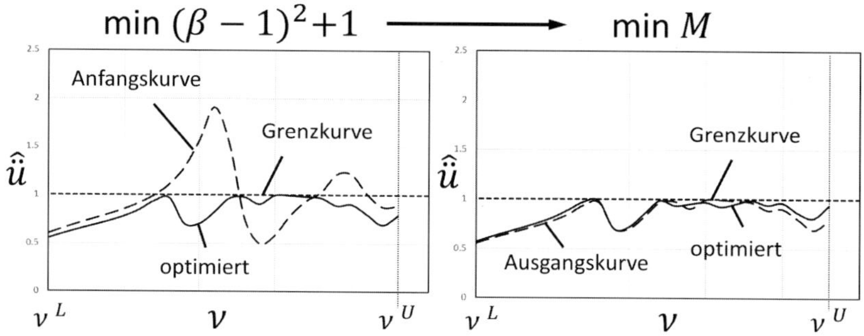

Abb. 7.28 Normierte Beschleunigungsamplitude ($\hat{\hat{u}}$) vor und nach der Optimierung für eine „min $(\beta - 1)^2 + 1$"-Optimierung mit dem Ziel, eine zulässige Lösung zu finden (links), und für eine nachgeschaltete restringierte min M-Optimierung, bei der das resultierende Optimum als Startpunkt verwendet wurde (rechts)

8 Formoptimierung

Bei der Formoptimierung oder Gestaltoptimierung [21], [132], [333] wird die Form eines Bauteils variiert, um die optimale Gestalt zu bestimmen. Dazu müssen die möglichen Formvariationen definiert und dem Optimierungsprogramm übergeben werden. Dies kann je nach Problemstellung und verfügbaren Programmen sehr schwierig und zeitaufwendig sein. Die Formoptimierung stellt somit sicherlich eine anspruchsvolle und arbeitsintensive Form der Optimierung dar.

Einer der Haupteinsatzfelder der Formoptimierung ist die Reduktion von Spannungsspitzen und damit die Erhöhung der Lebensdauer eines Bauteils. Fälschlicherweise wird häufig angenommen, dass immer Material hinzugefügt werden muss, um Spannungen zu reduzieren. Dies mag bei einem Blechbauteil, bei dem nur die Wandstärke variiert werden darf, zutreffen. Dagegen kann ein Bauteil nach einer Formoptimierung durchaus auch weniger Gewicht aufweisen. Der Grund dafür ist, dass durch Wegnehmen von Material im zu optimierenden Bereich die Außenkontur ausgerundet und geglättet und dadurch die Kerbspannung in diesem Bereich abgebaut werden kann. Dies ist in Abbildung 8.1 am Beispiel eines gekerbten Zugstabes demonstriert. Die Spannungsspitze im

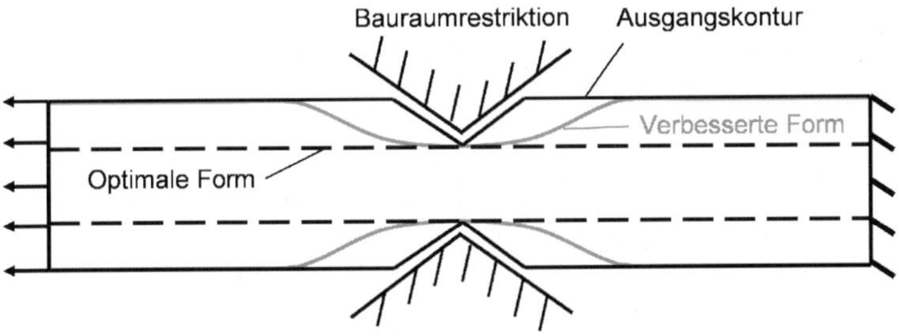

Abb. 8.1 Gekerbter Zugstab als Ausgangskontur, ein verbessertes und das optimale Design

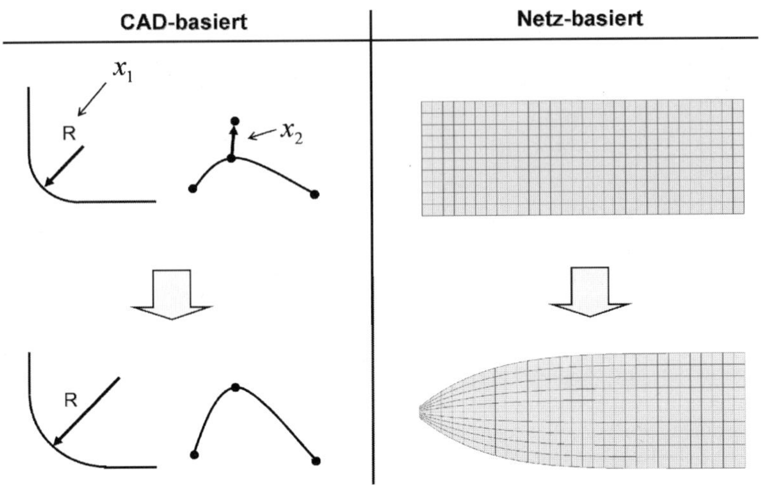

Abb. 8.2 CAD- und Netz-basierte Methode zur Erzeugung von Formvariationen

Kerbgrund kann durch Ausrunden der Kerbe und damit durch Wegnahme von Material reduziert werden, wobei sich als optimale Form ein Zugstab ergibt, der den verfügbaren Bauraum voll ausnutzt.

Es gibt zwei Möglichkeiten, die Formvariationen zu definieren (Abbildung 8.2). Bei der CAD-basierten Methode werden die Designvariablen direkt an die CAD-Parameter eines parametrisierten CAD-Modells gekoppelt. Die Vorgehensweise ist beispielsweise in Programmen wie UNIGRAPHICS <UG>, Pro/Engineer <PTC> oder Pro/MECHANICA <PTC> implementiert. Die andere Möglichkeit benutzt nicht die CAD-Beschreibung des Bauteils, sondern nur das FE-Netz, das ja auch eine geometrische Beschreibung darstellt. Dieser Netz-basierte Zugang findet in Programmen wie MSC/Nastran <MSC>, OptiStruct <Altair>, PERMAS-OPT <INTES>, TOSCA <Dassault> oder CAO <CAOSKO> Verwendung.

8.1 CAD-basierte Formoptimierung

Es erscheint die natürlichste und auch einfachste Methode zu sein, die CAD-Parametrisierung eines Bauteils für die Formoptimierung zu nutzen, indem die Designvariablen einfach an die CAD-Parameter gekoppelt werden. In Abbildung 8.3 ist der prinzipielle Ablauf einer CAD-basierten Formoptimierung dargestellt. Die Designvariablen sind an ausgewählten CAD-Parameter des CAD-Modells gekoppelt, die in einer Datei enthalten sind. Bei jeder Änderung der Designvariablen werden dann die CAD-Parameter in der Datei aktualisiert. Auf dieser Basis erzeugt das CAD-Programm das modifizierte Modell, das anschließend automatisch vernetzt wird. Nach dem Aufbringen der Randbedingungen wird dann die Analyse durchgeführt und die Ergebnisse dem Optimierungsalgorithmus übergeben, der daraufhin die Werte der Designvariablen modifiziert. In einigen CAD-Programmen, wie beispielsweise in UNIGRAPHICS <UG> und Pro/Engineer <PTC>, ist der gesamte Ablauf im System integriert, sodass kein Zusatzprogramm benötigt wird. Eine andere Möglichkeit besteht darin, die automatische Vernetzung und das Aufbringen der Randbedingungen von einem Pre-Prozessor durchführen zu lassen [330]. Dazu wird ein externer Optimierer benötigt, der den Optimierungsalgorithmus zur Verfügung stellt und den Prozessablauf steuert. Eine Sonderrolle spielen hierbei FEM-Programme wie Pro/MECHANICA <PTC>, in denen es intern möglich ist, auf CAD-Parameter zuzugreifen und auch einfache Geometrien zu erzeugen.

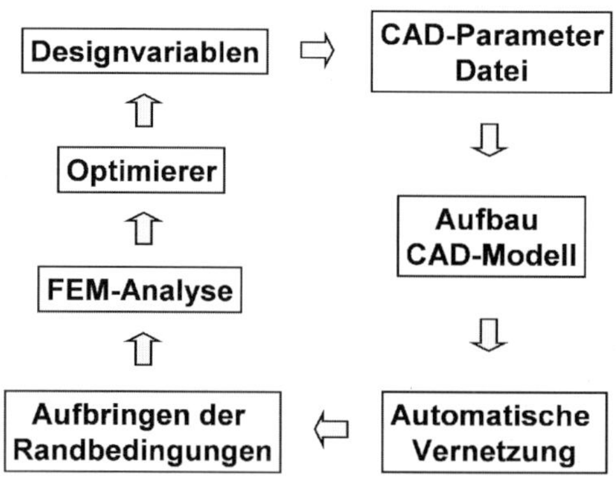

Abb. 8.3 Ablauf einer CAD-basierten Formoptimierung

Der Vorteil der CAD-basierten Formoptimierung liegt darin, dass die Geometriebeschreibung des CAD-Systems verwendet wird und somit am Ende der Optimierung das optimierte Bauteil in der benötigten CAD-Beschreibung vorliegt. Weiterhin treten bei Formänderungen keine Netzverzerrungen auf, weil nach jeder Modifikation ein neues Netz generiert wird. In der praktischen Anwendung ergeben sich jedoch häufig Probleme, die diesen Zugang erschweren und teilweise auch unmöglich machen.

So ist eine Grundvoraussetzung, dass die CAD-Daten fehlerfrei sind. Dies ist jedoch gerade bei komplexen Bauteilen nicht immer der Fall. Selbst wenn dies zutrifft, kann schon bei geringen Formänderungen die CAD-Beschreibung versagen und das CAD-Modell nicht mehr aufgebaut werden. Eine weitere Problemquelle stellen die automatischen Vernetzer dar, die trotz großer Fortschritte auf diesem Gebiet bei der Neuvernetzung versagen können. Weiterhin ist eine Voraussetzung für die Formoptimierung, dass der Konstrukteur sein Modell so aufgebaut hat, dass die für Optimierung erwünschten Formänderungen auch erzeugt werden können. Dies setzt beim Konstrukteur ein Verständnis und Grundwissen in der Optimierung voraus, das normalerweise über das für die Konstruktionstätigkeit benötigte hinausgeht und das sich dieser zusätzlich aneignen muss. Der Berechnungsingenieur muss dagegen den Aufbau des CAD-Modells sehr genau kennen, um die Parameter als Designvariable nutzen zu können. Das erfordert von ihm Erfahrung mit dem CAD-Programm und dem Aufbau von CAD-Modellen, was beides gerade bei komplexen Bauteilen über das übliche Wissen eines Berechnungsingenieurs hinausgehen kann.

Wie bedeutend die oben erwähnten Probleme sind, hängt natürlich sehr stark vom Arbeitsumfeld ab. So werden die das Spezialwissen des Konstrukteurs und Berechnungsingenieurs betreffenden Punkte in einem kleineren Betrieb, in dem Konstruktion und Berechnung von derselben Person ausgeführt werden, weniger relevant sein als in einem großen Betrieb, in dem Berechnung und Konstruktion getrennt sind.

Ob man sich für die CAD-basierte Formoptimierung entscheidet, hängt in der Praxis vor allem vom Anwendungsbereich ab. Soll eine Spannungsspitze abgebaut werden, sind dafür normalerweise sehr komplexe Formänderungen notwendig, die sich in einem CAD-System zum Teil nur mit großem Aufwand aufbauen und parametrisieren lassen. Solche komplexe Formänderungen lassen sich jedoch häufig einfacher mithilfe von „Morphing“-Programmen auf Basis des FE-Netzes erzeugen, sodass sich hier die FE-Netz-basierte Formoptimierung anbietet, die im Abschnitt 8.2 beschrieben ist. Dagegen lassen sich einfache Formänderungen wie Querschnittsänderungen von Profilen und Verschieben von Rippen und Profilen teilweise nur schwer oder gar nicht mit einem „Morphing“-Programm umsetzen, vor allem dann nicht, wenn beim Verschieben einer Struktur andere Profile, Flansche oder Schweißpunkte gekreuzt werden. Hier ist der CAD-basierte Zugang ganz klar im Vorteil. Er findet deswegen sehr häufig bei der Optimierung von Crash-Lastfällen Verwendung, weil dort oft einfache Formänderungen wie Änderungen von Profilquerschnitten verwendet werden. Zusätzlich erhält man durch die Neuvernetzung immer ein gut adaptiertes Netz, was vor allem bei einer Crash-Analyse wichtig ist. Ein Anwendungsbeispiel einer CAD-basierten Formoptimierung aus dem Bereich Crash ist im Rahmen einer Multidisziplinären Optimierung in Abschnitt 11.6.5 beschrieben.

Prinzipiell lassen sich Formänderung mit jedem CAD-Programm generieren. Jedoch nimmt hier das Programm SFE-Concept <SFE> eine Sonderrolle ein. Wie der Name schon suggeriert, ist es hauptsächlich für den Einsatz in der Konzeptphase gedacht [414]. Hier kommt es weniger auf die Details an, sondern eher darauf, verschiedene Konzepte schnell umsetzen zu können. Hierfür erlaubt das Programm, ein Modell ohne allzu viele Details relativ schnell parametrisch aufzubauen, ein FE-Modell zu erzeugen und eine Analyse durchzuführen. Darüber hinaus kann man auch Varianten von Baugruppen definieren und in einer Datenbank ablegen, um sie bei Bedarf schnell einbauen oder austauschen zu können. Ein Beispiel dafür sind verschieden Varianten von Karosserieknoten, um Profile miteinander zu verbinden. Der parametrische Aufbau erlaubt jedoch nicht nur den schnellen Aufbau von Varianten, sondern auch eine Optimierung, indem die Designvariablen an diese Parameter gekoppelt werden. Das Programm ersetzt jedoch kein CAD-System, sodass nach der Konzeptphase oder nach einer Optimierung das Ergebnis in einem CAD-System umgesetzt werden muss.

Zum Abschluss sind anschließend nochmals die Vor- und Nachteile der CAD-basierten Methode zusammengefasst:

+ Parameter als Designvariable
+ Neuvernetzung nach jeder Formänderung
+ Optimierte Form als CAD-Modell
+ Verschieben von Strukturen auch beim Kreuzen von anderen Strukturen möglich
– CAD Modell normalerweise nicht auf Formoptimierung zugeschnitten
– Erzeugung eines CAD-Modells für Formoptimierung kann zeitaufwendig sein
– Automatische Neuvernetzung kann versagen
– Aufbau eines modifizierten CAD-Modells kann versagen
– Auswahl der relevanten Parameter aus umfangreicher Liste kann mühselig sein

8.1.1 Anwendungsbeispiele

Als Anwendungsbeispiele werden zwei Optimierungen beschrieben, die beide mit Pro/Mechanica <PTC> durchgeführt wurden.

8.1.1.1 Formoptimierung eines Torsionsprofils

In Abbildung 8.4 ist das halbe Modell einer Verbundlenker-Hinterachse mit der Lasteinleitung für den Lastfall Torsion gezeigt. In dem Modell wurde der Lenker vereinfacht, das zu optimierende Torsionsprofil dagegen detailliert abgebildet. Das Profil besteht aus einem Rohr, dass in der Mitte zu einem U-förmigen Querschnitt umgeformt wurde. Für den kritischsten Lastfall Kurvenfahrt (Torsion) traten im Rohr in dem Übergangsbereich vom U-förmigen zum kreisförmigen Querschnitt erhöhte Spannungen auf, die reduziert werden sollten. Für die Ausgangskontur wurden 5 Querschnitte in dem Bereich zwischen U- und kreisförmigen Querschnitt erzeugt, die dann als Kontrollkurven einer neu definierten Flächenbeschreibung im Übergangsbereich fungierten. Die Fläche konnte nun variiert werden, indem die Kontrollkurven gegeneinander verschoben und deren Form verändert wurde (Abbildung 8.5).

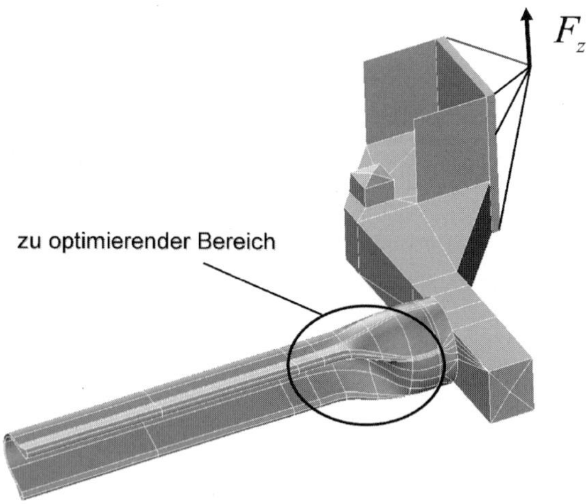

Abb. 8.4 Halbes Modell einer Verbundlenker-Hinterachse mit Lasteinleitung für den Lastfall Torsion

Als zu minimierende Zielfunktion wurde die maximale Spannung σ_{max} im Übergangsbereich gewählt. Zusätzlich wurde gefordert, dass sich die Torsionsrate des Profils nicht verringern sollte. Dies wurde durch eine Restriktion auf die Verschiebung d_z am Kraftangriffspunkt berücksichtigt. Das Optimierungsproblem lautete somit:

$$\min \sigma_{max}, \tag{8.1}$$

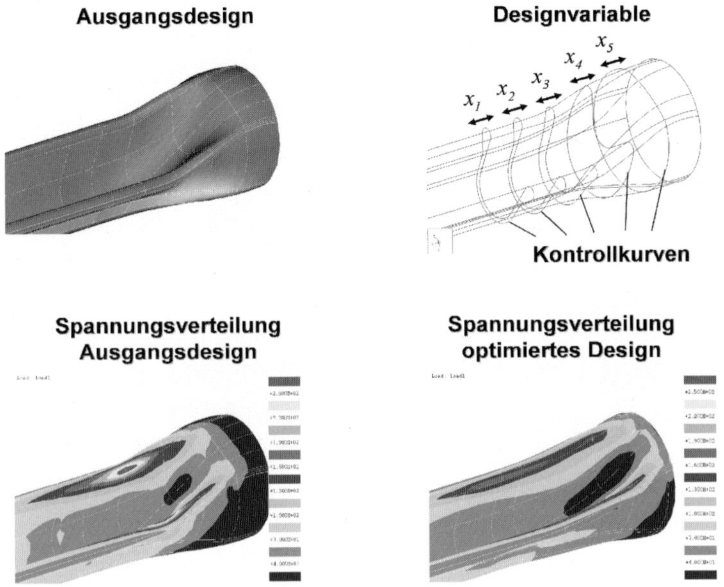

Abb. 8.5 Ausgangsform der Übergangbereichs, Definition der Designvariablen und Spannungsverteilung (von Mises) der Ausgangsform und des optimierten Designs

sodass

$$d_z \geqq d_z^L$$
$$x_i^L \leqq x_i \leqq x_i^U; \qquad i = 1,5$$

Das Ergebnis der Optimierung ist in Abbildung 8.5 dargestellt. Die maximale Spannung im Übergangsbereich konnte durch die Optimierung um 38 % reduziert werden.

8.1.1.2 Formoptimierung eines Motorhalters

Abbildung 8.6 zeigt das Modell eines Motorhalters, der gewichtsmäßig optimiert werden sollte [141]. Da bei diesem nur die Eigenfrequenzen und keine Spannungen berücksichtigt werden sollten, wurden Wände, Boden und Rippen durch einfache ebene Flächen mit geraden Kanten abgebildet, die dann mit Schalenelementen vernetzt wurden. So konnten sowohl Änderungen in den Höhen der Rippen und Wände, als auch die Verschiebung der Rippen innerhalb des Profils leicht umgesetzt werden. Auf diese Weise wurden 13 Designvariablen definiert, von denen 6 exemplarisch in Abbildung 8.6 dargestellt sind. Zusätzlich wurden mit 23 Designvariablen die Wandstärke des Bodens, der einzelnen Rippen und der Wände variiert. Das Optimierungsziel lautete:

$$\min \text{Gewicht}, \tag{8.2}$$

sodass

$$\nu_1 \geqq 330\,\text{Hz}$$
$$x_i^L \leqq x_i \leqq x_i^U; \qquad i = 1,36$$

Dabei lag die erste Eigenfrequenz der Anfangsstruktur bei 306 Hz, sodass die Optimierung im nichtzulässigen Bereich startete. Dies ist im Allgemeinen nicht unbedingt eine empfehlenswerte Strategie, weil nicht sichergestellt werden kann, dass der Optimierer aus dem nicht zulässigen Bereich herausfindet. Bei diesem Beispiel war die Optimierung jedoch erfolgreich und führte zu

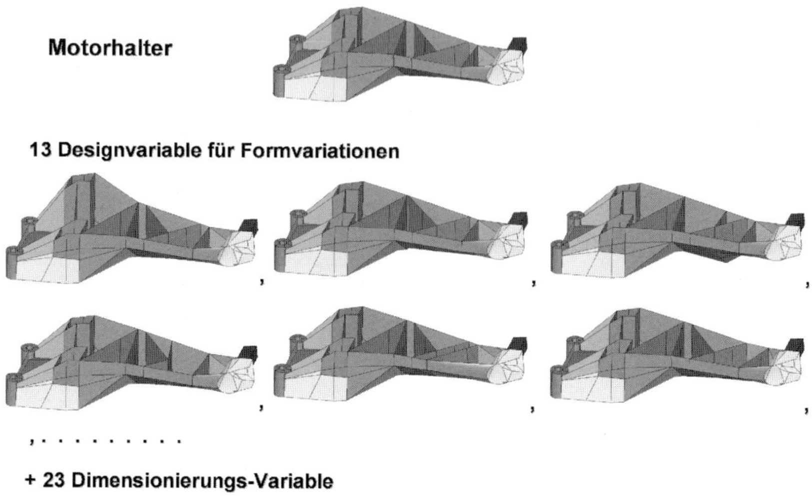

Abb. 8.6 Modell des Motorhalters und 6 von insgesamt 13 Formvariationen

einem Ergebnis, bei dem 10 % Gewicht eingespart und die Frequenzrestriktion eingehalten werden konnte (Abbildung 8.7). Ein „Mode Tracking" war hier nicht zwingend erforderlich, weil die zweite Eigenfrequenz mit einem Wert um 420 Hz hinreichend weit von der ersten Frequenz entfernt lag.

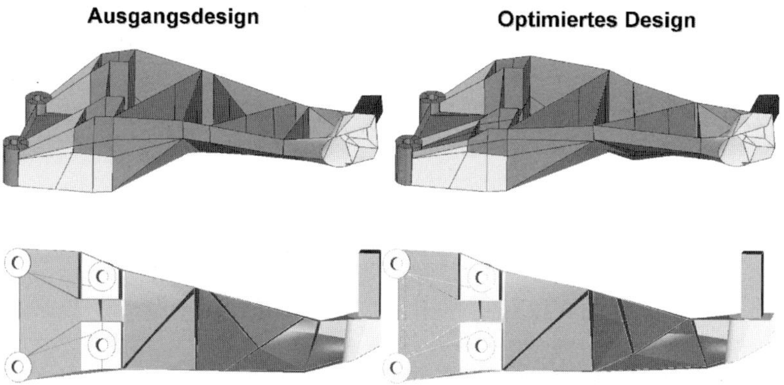

Abb. 8.7 Ausgangsdesign und optimiertes Design des Motorhalters

8.2 FE-Netz-basierte Formoptimierung

Bei der Netz-basierten Formoptimierung wird zur Geometriebeschreibung eines Bauteils nicht die CAD-Beschreibung, sondern nur das FE-Netz verwendet. Sie kann deshalb vollkommen unabhängig vom CAD-Modell des Bauteils durchgeführt werden. Die Formvariationen werden durch Verschiebung der Knoten des FE-Netzes erzeugt. Ein Beispiel einer solchen Formvariation ist in Abbildung 8.2 für einen einfachen Balken gezeigt.

Man kann bei der Netz-basierten Formoptimierung zwei Typen von Optimierungsverfahren unterscheiden. Beim einen Typ werden die die Verschiebungen der Knoten auf Basis von Sensitivitäten bestimmt, beim anderen Typ dagegen mithilfe einer empirischen Regel (CAO-Verfahren). Beide Möglichkeiten werden in den folgenden Abschnitten im Detail vorgestellt.

8.2.1 Sensitivitätsbasierte Formoptimierung

Um ein sensitivitätsbasiertes Optimierungsverfahren anwenden zu können, muss zunächst definiert werden, wie die Designvariablen mit möglichen Formänderungen verknüpft werden. Hier macht man sich zu Nutze, dass bei der Netz-basierten Formoptimierung nur die Knoten verschoben werden und die Netztopologie nicht verändert wird. Somit kann die Form eines Bauteils mit N Knoten einfach durch einen Vektor $\overrightarrow{R}^{(0)}$ der Dimension $3N$ charakterisiert werden, in dem die Koordinaten $\overrightarrow{r}(i)$, $i = 1, N$, aller Knoten des Netzes zusammengefasst werden:

$$\overrightarrow{R}^{(0)\mathrm{T}} = \left(\overrightarrow{r}^{(0)\mathrm{T}}(1),\ \overrightarrow{r}^{(0)\mathrm{T}}(2),\ \overrightarrow{r}^{(0)\mathrm{T}}(3),\ \ldots,\ \overrightarrow{r}^{(0)\mathrm{T}}(N)\right). \tag{8.3}$$

Bezeichnet man mit $\overrightarrow{R}^{(0)}$ den Vektor, der die Ausgangsform charakterisiert, so erhält man eine Formvariation $\overrightarrow{R}$, indem man zu $\overrightarrow{R}^{(0)}$ einen Verschiebungsvektor (Abbildung 8.8)

$$\overrightarrow{T}^{\mathrm{T}} = \left(\overrightarrow{t}^{\mathrm{T}}(1),\ \overrightarrow{t}^{\mathrm{T}}(2),\ \overrightarrow{t}^{\mathrm{T}}(3),\ \ldots,\ \overrightarrow{t}^{\mathrm{T}}(N)\right) \tag{8.4}$$

hinzuaddiert.

$$\overrightarrow{R} = \overrightarrow{R}^{(0)} + \overrightarrow{T} \tag{8.5}$$

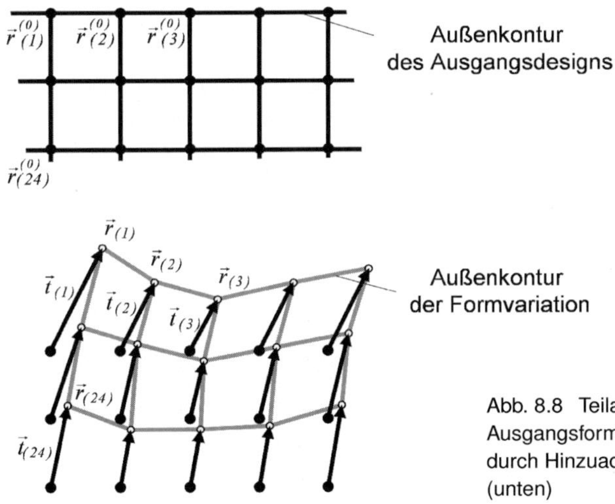

Abb. 8.8 Teilausschnitt eines FE-Netzes einer Ausgangsform (oben) und erzeugte Formvariation durch Hinzuaddieren von Verschiebungsvektoren (unten)

Dabei ist $\overrightarrow{t}(i)$ der Verschiebungsvektor für Knoten i. Ein solcher $3N$-dimensionaler Verschiebungsvektor $\overrightarrow{T}$ heißt Formbasisvektor (Shape Basis Vector) oder einfach nur Basisvektor und wird in der Literatur auch als Grundgestalt oder Form-Mode bezeichnet. Multipliziert man den Basisvektor mit einer Designvariablen x

$$\overrightarrow{R} = \overrightarrow{R}^{(0)} + x\overrightarrow{T}, \tag{8.6}$$

so kann man durch Variation von x von 0 bis 1 die Form stetig von der Ausgangsform in die variierte Form überführen. Um wirklich komplexe Formänderungen erzeugen zu können, müssen jedoch nicht nur einer, sondern mehrere Basisvektoren verwendet werden, wobei jeder einzelne mit einer Designvariablen x_i gewichtet wird:

$$\vec{R} = \vec{R}^{(0)} + \sum_{i=1}^{M} x_i \vec{T}_i . \tag{8.7}$$

Mathematisch gesehen spannen die M Basisvektoren den Raum der möglichen Formvariationen auf. Das Optimierungsprogramm ermittelt dann in diesem Raum über die optimalen Werte der Designvariablen die Linearkombination, welche die optimierte Form ergibt.

In den Programmen MSC/Nastran <MSC> und OptiStruct <Altair> werden die Basisvektoren über das Schlüsselwort DVGRID in der Eingabedatei definiert. Eine Zeile

DVGRID, DV-ID, N-ID, $\vec{t}(N - ID)$

definiert den Verschiebungsvektor des Knotens mit der Nummer N-ID, welcher der Designvariablen mit der Nummer DV-ID zugeordnet wird. Da zur Definition eines Basisvektors die Verschiebungsvektoren vieler Knoten notwendig sind, enthält die Eingabedatei zu jeder Designvariablen eine große Anzahl von Zeilen mit dem DVGRID-Schlüsselwort.

Es scheint nahe liegend zu sein, einfach solche Basisvektoren zu verwenden, bei denen pro Vektor jeweils nur ein Knoten auf der zu optimierenden Oberfläche verschoben wird. Dadurch kann die größtmögliche Vielfalt von Formen erzeugt werden und es entfällt die Notwendigkeit, sich Gedanken über die Auswahl der Formvariationen zu machen. In der Praxis bewährt sich diese Strategie jedoch nicht. Der Grund dafür ist, dass sich durch Verschieben einzelner Knoten große Netzverzerrungen ergeben können. Die daraus resultierenden Diskretisierungsfehler verfälschen die Strukturantworten, wie Steifigkeit und Spannungen, normalerweise so, dass sich eine umso größere Verbesserung der Zielfunktion ergibt, je mehr das Netz verzerrt wird. Der Optimierungsalgorithmus maximiert in diesem Fall die Diskretisierungsfehler statt das physikalische Problem zu optimieren [48], [132]. Ein typisches Beispiel ist in Abbildung 8.9 für eine bi-axial belastete Lochplatte dargestellt, bei der die vertikale Belastung doppelt so hoch ist wie in horizontaler Richtung. Die Aufgabe lautet, die Lochform zu finden, bei der die „von Mises"-Spannung entlang des Lochrands homogen ist. Hier wurden die Basisvektoren so gewählt, dass jeweils nur ein Knoten auf dem Lochrand verschoben wird. Das zu lösende Optimierungsproblem lautet

$$\min \text{Gewicht}, \tag{8.8}$$

sodass

$$\sigma_{\mathrm{vM}}(j) \leqq \sigma_{\mathrm{vM}}^{\max}; \qquad \mathrm{j} \in \mathrm{L}$$
$$x_i^L \leqq x_i \leqq x_i^U; \qquad i = 1, 11,$$

wobei $\sigma_{\mathrm{vM}}(j)$ die „von Mises"-Spannung des Elementes j am Lochrandes L ist und als obere Restriktionsgrenze $\sigma_{\mathrm{vM}}^{\max}$ die Spannung des Elements links unten (= maximale Spannung bei kreisförmigen Lochrand) verwendet wird. Die optimale Form, die sich als Lösung dieses analytisch lösbaren Problems ergibt, ist eine Ellipse mit dem Achsenverhältnis 2 : 1. Zwar zeigt das Ergebnis in Abbildung 8.10 eine grobe Ähnlichkeit mit der theoretischen Lösung, jedoch wird deutlich, dass der Optimierungsalgorithmus infolge der falschen Spannungswerte beim verzerrten Netz in Richtung des maximalen Diskretisierungsfehlers gelaufen ist. Dass der obere und der untere Rand eine glatte Kontur aufweisen, ist nur darauf zurückzuführen, dass dort die Designvariablen an die oberen Grenzen gestoßen sind.

Es gibt zwei Möglichkeiten, um ein solches Fehlschlagen der Formoptimierung zu verhindern. Zum einen kann man als Basisvektoren nur Verschiebungsfelder verwenden, die eine glatte und gleichmäßige Formvariation erzeugen und somit die Netzverzerrung möglichst gering halten. Die andere Möglichkeit besteht darin, die Netzverzerrung im Optimierungsverlauf zu kontrollieren und auf das minimale Maß zu begrenzen. Letztere Methode ist in dem Programm Carat++

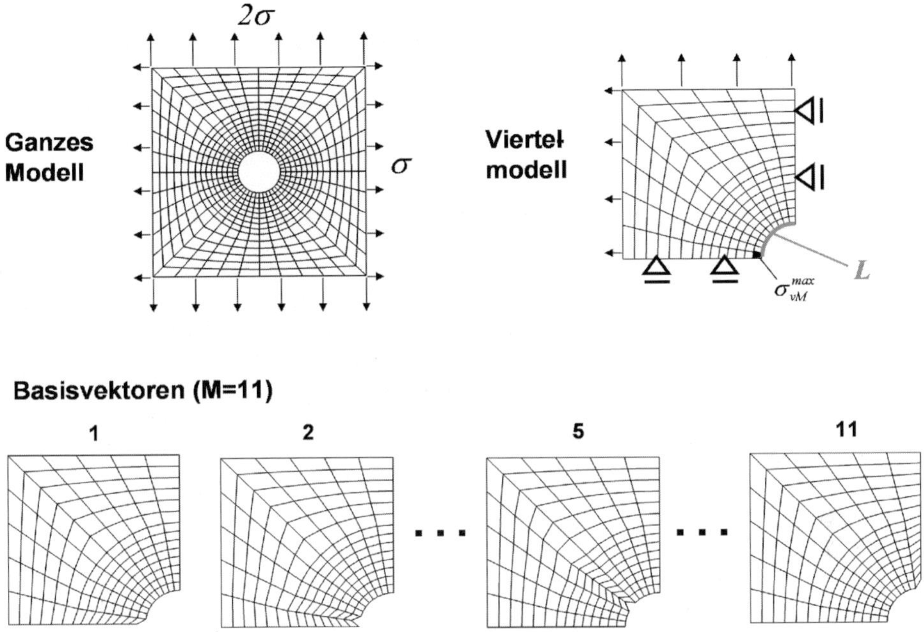

Abb. 8.9 Ausgangsmodell einer bi-axial belasteten Lochplatte mit Randbedingungen, das reduzierte Viertelmodell nach Ausnutzen der Spiegelsymmetrie und 4 exemplarisch herausgegriffene der insgesamt 11 Basisvektoren

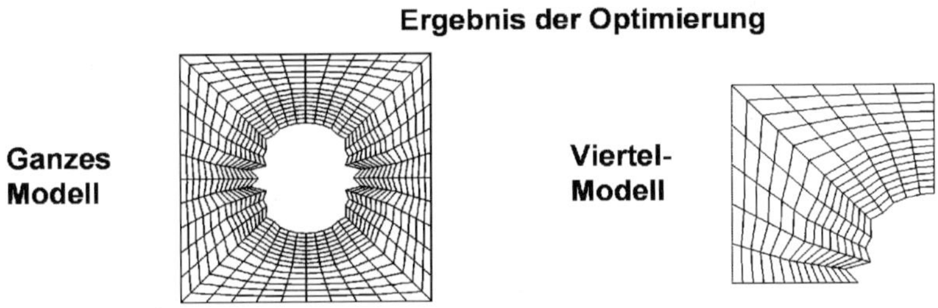

Abb. 8.10 Ergebnis des Optimierungsproblems (8.8) für das Viertelmodell und das resultierende ganze Modell

implementiert, das an der TU München am Lehrstuhl für Statik entwickelt wurde [93], [94]. Dort wird mithilfe von Regularisierungstechniken [92], [95] die Netzqualität und die Krümmung an der Oberfläche kontrolliert. Dabei werden Filterverfahren eingesetzt, wie sie in ähnlicher Weise in der Topologieoptimierung Verwendung finden. Da bei dem Verfahren jeder einzelne Knoten im Designbereich verschoben wird, ergibt sich eine hohe Anzahl an Designvariablen. Deswegen wird für die Sensitivitätsanalyse eine adjungierte Formulierung [44] verwendet. Die Methode ist sehr anwenderfreundlich, weil nur die Knoten im Designbereich definiert werden müssen und der Aufwand zur Erzeugung von Formbasisvektoren entfällt. Zur Zeit wird Carat++ jedoch nicht als kommerzielles Produkt, sondern nur über Dienstleistungen <FEMopt> angeboten.

Der Zugang über Basisvektoren ist bei den meisten kommerziellen Programmen implementiert. Hier besteht die Herausforderung darin, geeignete Basisvektoren zu bestimmen, weil diese festlegen, welche Formvariationen erzeugt werden können. So kann mit zwei linearen Basisvektoren, wie in Abbildung 8.11 gezeigt, je nach Wert der dazugehörigen Designvariablen, jede beliebige lineare Formvariation erzeugt werden, jedoch nicht eine Formvariation höherer Ordnung. Dafür müssen Basisvektoren verwendet werden, wie beispielsweise die 6 Basisvektoren in Abbildung 8.12, deren Linearkombination die Erzeugung jeder Form ermöglicht, die durch ein Polynoms 5-ten Grades beschrieben werden kann. Ist das optimale Design nicht als Linearkombination der ausgewählten Basisvektoren darstellbar, kann dieses mit der Optimierung nicht erreicht werden. Man erhält dann nur das beste Design in dem durch die Basisvektoren definierten Designraum. Je weiter dieses beste Design vom optimalen Design entfernt ist, umso schlechter wird dabei das Optimierungsergebnis ausfallen. Der Benutzer legt somit durch seine Auswahl von Basisvektoren fest, wie gut das Optimierungsergebnis am Ende sein kann. Da die mathematische Beschreibung der optimalen Form jedoch normalerweise nicht bekannt ist, empfiehlt es sich, eine möglichst allgemeine Formulierung für die Basisvektoren, wie beispielsweise Polynomansätze, zu verwenden. Dabei zeigt es sich in der Praxis, dass Polynomansätze vom Grad 4 – 6 normalerweise ausreichend sind und sich ab einem Polynomgrad von 10 keine nennenswerte Unterschiede mehr ergeben.

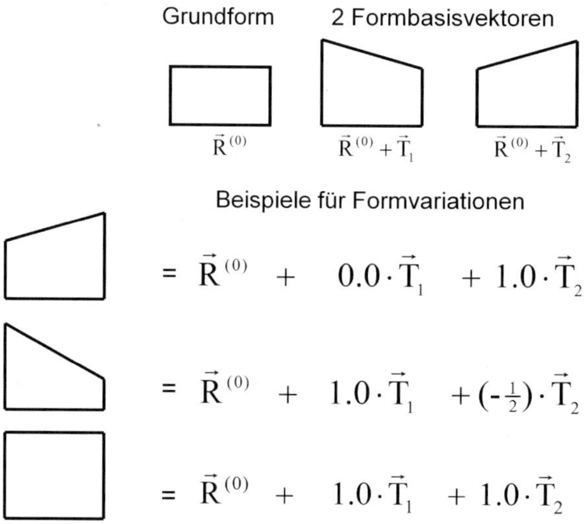

Abb. 8.11 Zwei lineare Basisvektoren und 3 exemplarische Formen, die sich als Linearkombination erzeugen lassen

Nicht immer sind jedoch Formvariationen höherer Ordnung notwendig. Um dies zu erläutern, sind in der folgenden Tabelle 8.1 die verschieden Typen von Formänderungen aufgelistet, die für die Optimierung eines Gussteils benötigt werden:

Tabelle 8.1 Typen von Formänderung bei Gussteilen

Typ	Beschreibung
1	Detaillierte Formänderung zur Reduktion oder unter Berücksichtigung von Spannungen
2	Wandstärkenänderung von Rippen und Wänden
3	Verschieben der Lage einer Rippe in einem offenen Profil
4	Ändern von Radien

Da bekannt ist, dass Geometrien mit gleichmäßigem oder reduziertem Spannungsniveau komplex sind, kann man bei dem ersten Typ nicht erwarten, mit einer linearen Formvariation Erfolg zu haben.

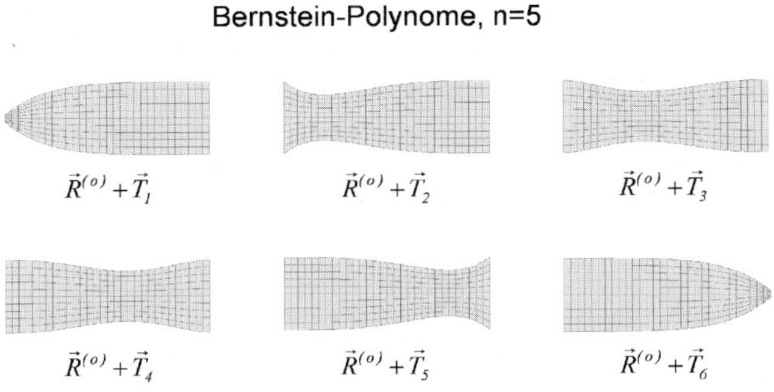

Allgemeine Linearkombination

$$\vec{R} = \vec{R}^{(0)} + x_1\vec{T}_1 + x_2\vec{T}_2 + x_3\vec{T}_3 + x_4\vec{T}_4 + x_5\vec{T}_5 + x_6\vec{T}_6$$

Abb. 8.12 Basisvektoren, mit denen sich jede Form eines Polynoms 5-ten Grades als Linearkombination darstellen lässt

Hier müssen im Allgemeinen Formvariation höherer Ordnung verwendet werden. Anders sieht es bei einer Wandstärkenänderung einer Rippe aus. Hier werden für die Modellierung von Rippen in einem Gussteil in der Regel Solid-Elemente verwendet, um brauchbare Simulationsergebnisse für die Spannungen zu erhalten. Somit muss, im Gegensatz zu einem Schalen-Modell, bei dem eine Wandstärke durch eine einfache Änderung einer Zahl in der Eingabedatei modifiziert werden kann, eine wirkliche Formvariation im FE-Netz über einen Formbasisvektor vorgenommen werden. Dafür ist jedoch im Allgemeinen eine lineare Formänderung ausreichend. Das Gleiche gilt auch für das Verschieben von Rippen und für die Änderung von Radien.

Generell ist die Erzeugung der Basisvektoren immer das Hauptproblem und der zeitaufwendigste Teil bei einer Netz-basierten Formoptimierung. Heutzutage werden für diese Aufgabe kommerzielle „Morphing"-Programme angeboten, die die Erzeugung von qualitativ guten Formbasisvektoren mit akzeptablem Aufwand ermöglichen. In den nächsten Abschnitten werden diese zusammen mit den in der Vergangenheit verwendeten Möglichkeiten vorgestellt und diskutiert.

8.2.1.1 Erzeugung von Formbasisvektoren über Lastfälle

Im Benutzerhandbuch des FEM-Programms MSC/Nastran [254] werden dem Benutzer verschiedene Möglichkeiten angeboten, die Basisvektoren zu erzeugen. Von diesen ist jedoch für praktische Probleme nur die Methode praktikabel, bei der Lasten in dem zu optimierenden Bereich aufgebracht und mit einer „linearen Statik"-Analyse die resultierenden Verformungen berechnet werden. Jede verformte Struktur wird dann als Formvariante genommen, indem das dazugehörige Verschiebungsfeld als Basisvektor verwendet wird. Diese Vorgehensweise ist zwar praktikabel, aber aus folgenden Gründen – je nach Problemstellung mehr oder weniger – zeitaufwendig und schwierig zu handhaben:

- Man benötigt für jeden Basisvektor eine statische FE-Analyse.
- Es ist zum Teil schwierig, im Voraus zu beurteilen, ob ein einzelner Lastfall eine brauchbare Formvariante erzeugt oder welche Lastfälle sinnvoll zu wählen sind.
- Es ist meistens nicht möglich zu beurteilen, welcher Raum durch die Basisvektoren aufgespannt wird, d. h. welche Formänderungen als Linearkombination erzeugt werden können. Geht man beispielsweise von einem Balken mit geraden Kanten aus und erzeugt die Basisvektoren durch Anwendung einzelner Lasten entlang der Außenkante, so weiß man im Allgemeinen nicht, ob

ein Balken mit geraden Kanten aber mit reduzierter Breite als Linearkombination aus diesen Basisvektoren dargestellt werden kann.

- Um die einzelnen Formvarianten auf ihre Brauchbarkeit zu bewerten, müssen für jeden Lastfall die Verschiebungen grafisch dargestellt werden.
- Oft müssen noch zusätzliche Elemente wie z. B. Balken in das Modell eingefügt werden, um eine weichere und glattere Formvariation zu erzeugen und die Ausbildung von scharfen Kanten zu vermeiden.
- Eine Formänderung vom Typ 2 – 4 in Tabelle 8.1 ist nur mit großem Aufwand zu realisieren.

Wegen der oben geschilderten Probleme wurde die Erzeugung von Basisvektoren über Lastfälle in der Vergangenheit selten eingesetzt. Heutzutage ist von der Verwendung dieser Methode eher abzuraten, weil mit den jetzt angebotenen kommerziellen Programmen Basisvektoren schneller und von besserer Qualität erzeugt werden können.

8.2.1.2 SHAPE200

Wegen des Fehlens von brauchbaren kommerziellen Produkten zur Generierung von Formbasisvektoren in der Vergangenheit, wurde schon vor Jahren im Hause Opel das Programm SHAPE200 [142] entwickelt. Die generelle Vorgehensweise ist dabei die gleiche, wie sie auch bei den in dem nächsten Abschnitt vorgestellten „Morphing"-Programmen verwendet wird. Da für diese jedoch die Details und verwendeten Formeln nicht veröffentlicht sind, werden im Folgenden die Vorgehensweise und Einzelheiten von SHAPE200 vorgestellt, um die Idee und die Methodik zu verdeutlichen.

Bei SHAPE200 werden die Formvariationen unter Verwendung von Bezier-Splines berechnet, wobei der Polynomgrad beliebig gewählt werden kann. Im einfachsten Fall kann man Bezier-Splines [41] verwenden, um eine Gerade zu verformen. Möchte man für diese eine Formänderung vom Polynomgrad m erzeugen, so setzt man zunächst $m-1$ Kontrollpunkte $\vec{p}_i$, $i = 1, m-1$, im äquidistanten Abstand auf die Verbindungsgerade zwischen den Endpunkten $\vec{p}_0$ und $\vec{p}_m$ (siehe Abbildung 8.13). Die Formvariation der Geraden, die sich durch das Verschieben der Kontrollpunkte um den Vektor $\Delta\vec{p}_i$ ergibt, lässt sich dann berechnen nach

$$\vec{r}(s) = \sum_{i=0}^{m} a_i^{(m)}(s)\,\hat{\vec{p}}_i, \tag{8.9}$$

wobei

$$\begin{aligned} &s \in [0,1] \\ &\hat{\vec{p}}_i = \vec{p}_i + \Delta\vec{p}_i \end{aligned} \tag{8.10}$$

ist. Dabei sind

$$a_i^m(s) = \binom{m}{i}(1-s)^{m-i}s^i \tag{8.11}$$

die Bernstein-Polynome und

$$\binom{l}{i} = \frac{l!}{i!(l-i)!} \tag{8.12}$$

die Binomialkoeffizienten.

Durch die Variation des Parameters s von 0 bis 1 wird die ganze Kurve durchlaufen, wobei gilt:

$$\begin{aligned} \hat{\vec{p}}_0 &= \vec{r}(0) \\ \hat{\vec{p}}_m &= \vec{r}(1). \end{aligned} \tag{8.13}$$

Die in Abbildung 8.13 gezeigten Beispiele zeigen auch deutlich die Eigenart eines Bezier-Splines, nur an den Eckpunkten durch die Kontrollpunkte zu gehen, nicht jedoch durch die dazwischen-

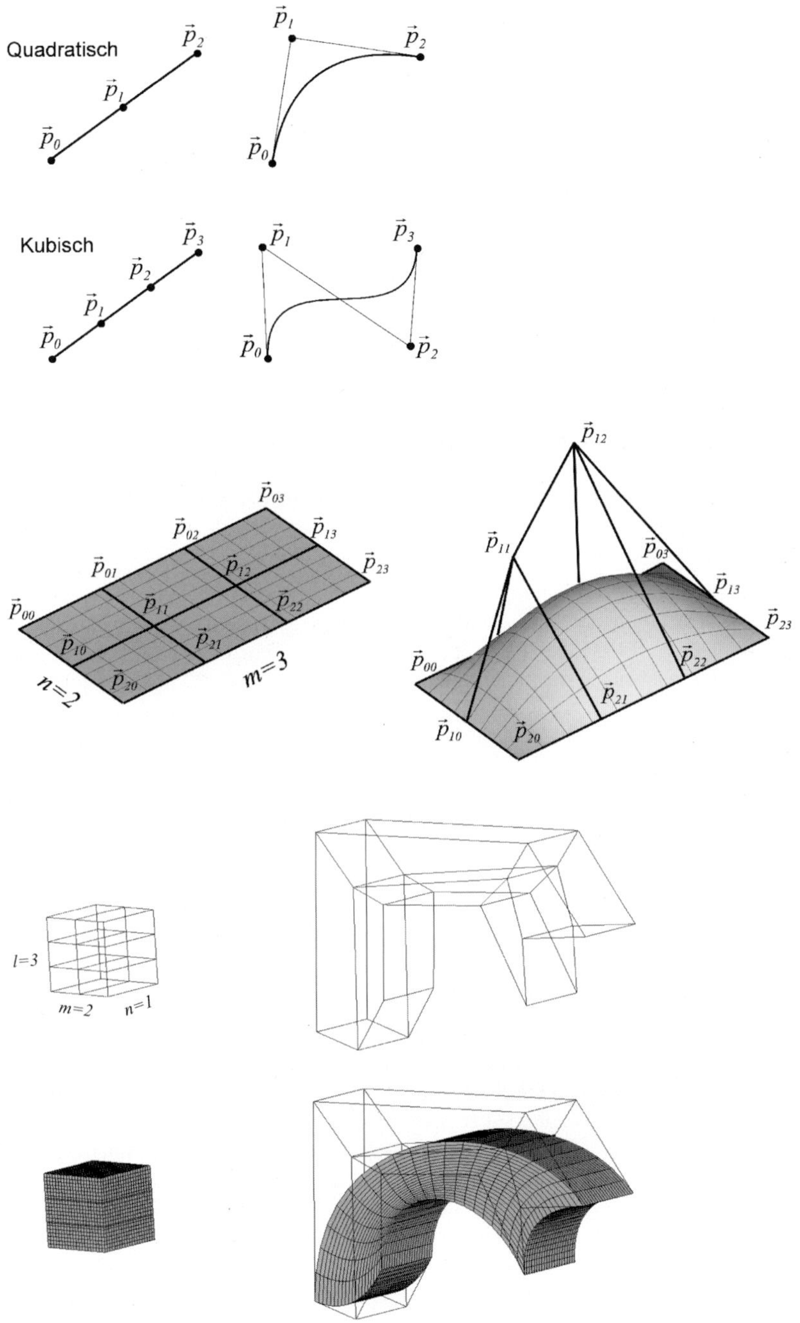

Abb. 8.13 Formvariationen über Bezier-Splines mit unterschiedlichen Polynomansätzen für Geraden (oben), Flächen (Mitte) und Volumen (unten). Links ist jeweils die Ausgangsstruktur mit den Kontrollpunkten in der Ausgangsposition gezeigt, während rechts die Formvariation dargestellt ist, die sich durch Verschieben der Kontrollpunkte einstellt.

liegenden Kontrollpunkte. Sind alle $\Delta \overrightarrow{p_i} = 0$, also alle Kontrollpunkte in ihrer Ausgangsposition, ergibt sich als Kurve aus Gleichung (8.9) wieder die Gerade.

Dies kann zwanglos auf Flächen erweitert werden, indem man nun für die beiden Richtungen auf der Fläche je einen Parameter s und t mit einem dazugehörigen Polynomgrad m und n definiert. Auch die Kontrollpunkte $\overrightarrow{p_{ij}}$ werden, wie in Abbildung 8.13 gezeigt, als Ausgangsposition wieder äquidistant auf die Verbindungslinien gesetzt, sodass sich ein Netz aus Kontrollpunkten ergibt. Die verformte Fläche, die sich durch Verschiebung dieser Kontrollpunkte ergibt, kann dann aus der Ausgangsposition gemäß der Formel

$$\overrightarrow{r}(s,t) = \sum_{i=0}^{m} \sum_{j=0}^{n} a_i^{(m)}(s) a_j^{(n)}(t) \overrightarrow{\hat{p}}_{ij} \tag{8.14}$$

bestimmt werden.

Die Erweiterung auf 3-dimensionale Körper [339] erfolgt dann durch Einführung von 3 Parametern s, t und u und drei Polynomgraden l, m und n, wobei dann die Formel lautet:

$$\overrightarrow{r}(s,t,u) = \sum_{i=0}^{l} \sum_{j=0}^{m} \sum_{k=0}^{n} a_i^{(l)}(s) a_j^{(m)}(t)\, \mathrm{a}_{\mathrm{k}}^{(\mathrm{n})}(u) \overrightarrow{\hat{p}}_{ijk} \tag{8.15}$$

Ein extremes Beispiel dafür, welche Formvariationen sich mithilfe der Bezier-Funktionen bei 3-dimensionalen Körpern erzeugen lassen, ist in Abbildung 8.13 dargestellt. Dort wird ein Netz im Einheitswürfel mit sehr drastischen Verschiebungen der Kontrollpunkte verformt.

In der Praxis kann man die oben beschriebenen Formvariationen anwenden, indem der Anwender über die Eckpunkte ein Designelement (Shape Box)[1)] in Form eines allgemeinen Hexaeders definiert, das den Bereich des FE-Modells umschließt, der in der Form variiert werden soll. Anschließend definiert der Anwender den Polynomgrad in jeder der drei Richtungen und legt darüber die Anzahl und Anordnung der Kontrollpunkte fest. Anschließend werden ein oder mehrere Kontrollpunkte ausgewählt und verschoben und darüber die Formvariation erzeugt. In SHAPE200 wird dies rechentechnisch so umgesetzt, dass zuerst alle Knoten innerhalb des Designelements selektiert und auf den Einheitswürfel abgebildet werden. Dann werden nach Bestimmung der dazugehörigen Parameterwerte s, t und u durch Verschieben von Kontrollpunkten die Form variiert und die Koordinaten der verschobenen Knoten gemäß Gleichung (8.15) berechnet. Anschließend werden die Koordinaten zurück in das Designelement transformiert und die daraus resultierenden Verschiebungen im Basisvektor zusammengefasst. Wenn statt der Bezier-Splines andere Formvariationen erwünscht sind, wie beispielsweise B-Splines oder NURBS, kann dies leicht durch Verwendung anderer Gewichtsfunktionen in Gleichung (8.15) realisiert werden.

Bei der Formoptimierung soll meistens nur eine Außenfläche in der Form verändert werden. Deshalb genügt es im Allgemeinen, den Polynomansatz senkrecht zu dieser Fläche linear zu wählen. Dies ist normalerweise ausreichend, um ein zufrieden stellendes Nachziehen der darunter liegenden Knoten zu gewährleisten. Im Allgemeinen wird man für jeden Basisvektor nur einen Kontrollpunkt verschieben (Abbildung 8.14). Führt man dies sukzessive für jeden Kontrollpunkt durch, erhält man einen vollständigen Satz von Basisvektoren, die als Linearkombination jede Form innerhalb des gewählten Polynomansatzes darstellen können. Ein Spezialfall liegt vor, wenn gefordert ist, dass eine Außenkante im Modell in einer Richtung gerade bleiben soll. In diesem Fall wird in dieser Richtung ein linearer Ansatz gewählt und es werden immer zwei entsprechende Kontrollpunkte gleichzeitig verschoben (Abbildung 8.15). Ist ein Kippen der Ebene erlaubt, kann dies durch Hinzufügen von zwei weiteren Basisvektoren über einen linearen Ansatz berücksichtigt werden (Abbildung 8.15).

Es können auch mehrere nebeneinander liegende Designelemente verwendet werden, um mit einem linearen Ansatz ein Loch in einer Ebene zu verschieben und dessen Radius über die Designelemente

[1)] Dieses Element gehört nicht zum FE-Modell, sondern dient nur zur Generierung der Formbasisvektoren!

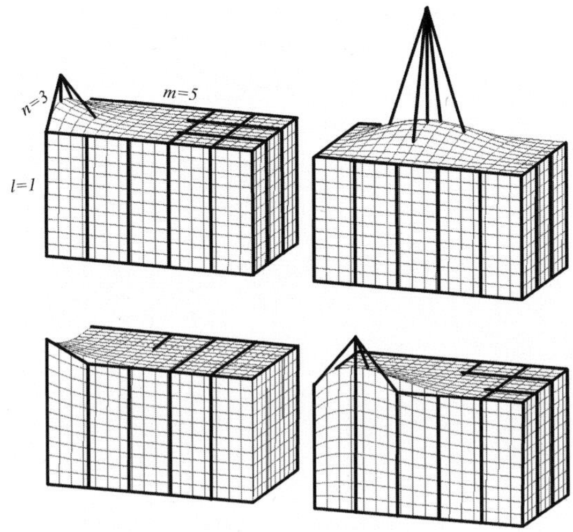

Abb. 8.14 Designelement mit Kontrollpunkten für $m = 5$, $n = 3$ und $l = 1$. Es können 24 Formvariationen für die obere Fläche erzeugt werden, indem die Kontrollpunkte jeweils einzeln nach oben gezogen werden. Die Abbildung zeigt 4 mögliche Formvariationen. Alle 24 Formbasisvektoren bilden eine Basis, um jede Form vom Polynomgrad 5 in der einen und vom Grad 3 in der anderen Richtung zu erzeugen.

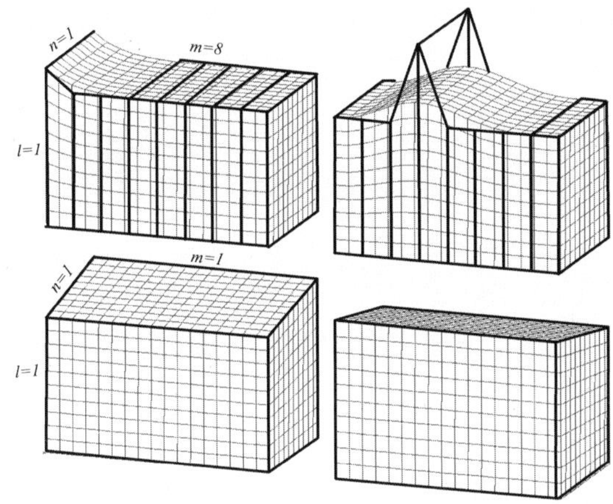

Abb. 8.15 Zwei Beispiele für die Verschiebungen der Kontrollpunkte bei einen Polynomansatz von $m = 8$, wenn eine Kante in einer Richtung gerade bleiben soll (oben). Ist auch ein Kippen erlaubt, so kann dies durch Hinzufügen von zwei weiteren Basisvektoren (unten) mit einem linearen Ansatz berücksichtigt werden.

zu verändern (Abbildung 8.16). Bei höheren Ansätzen können bei nebeneinander liegenden Designelementen die Stetigkeitseigenschaften der Formvariationen im Übergangsbereich festgelegt werden [339]. Werden beispielsweise die Kontrollpunkte auf der Grenze zweier Designelemente nicht verschoben, ist die Formvariation stetig, aber nicht die erste Ableitung. Wird ebenfalls die angrenzende Reihe von Kontrollpunkten nicht verschoben, dann ist auch die erste Ableitung stetig, aber nicht die zweite, usw.

Mithilfe von zwei akademischen Beispielen soll die Anwendbarkeit demonstriert werden. In Abbildung 8.17 ist die Optimierung eines einfachen Zugbalkens dargestellt. Das Optimierungsproblem lautete:

$$\min \text{Gewicht}, \tag{8.16}$$

sodass

$$\sigma_j \leqq \sigma_{\text{ref}}; \qquad j = 1, m$$
$$x_i^L \leqq x_i \leqq x_i^U; \qquad i = 1, 4$$

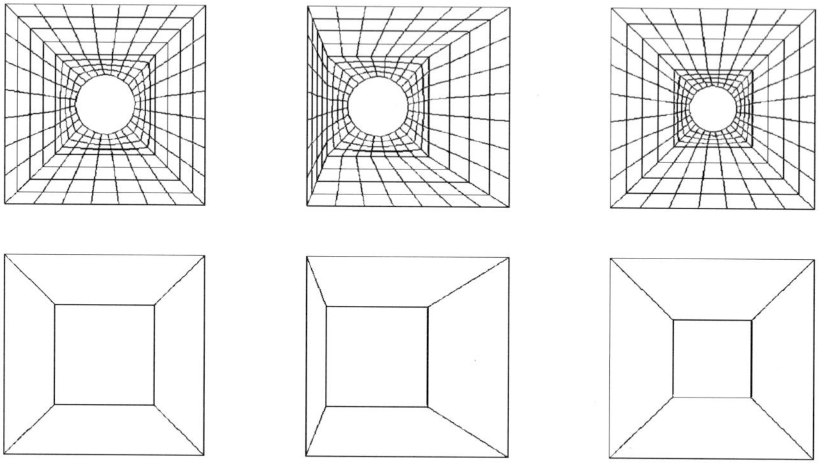

Abb. 8.16 Beispiel Lochplatte. Oben sind die FE-Netze und unten separat die entsprechenden 5 aneinandergrenzenden Designelemente dargestellt, für die alle $n = m = 1$ gilt. Links: Basismodell. Mitte: Verschiebung des Loches. Rechts: Veränderung des Radius.

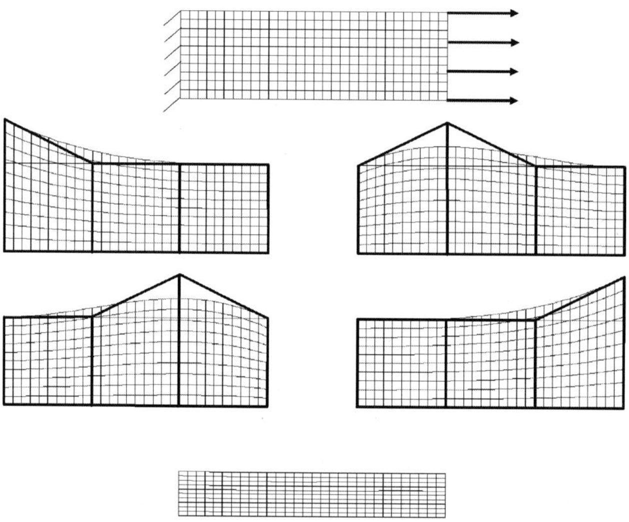

Abb. 8.17 Zugbalken: Das Basismodell (oben), die Formbasisvektoren (Mitte) bei einem Ansatz von $m = 3$ und das Ergebnis der Optimierung (unten)

Dabei ist σ_j die Spannung von Element j und m die Anzahl der Elemente im Modell[1)]. Es wurden 4 Basisvektoren verwendet, die jede Form bis zum Polynomgrad 3 darstellen können. Weiterhin war σ_{ref} so gewählt, dass sich als optimale Lösung die Höhe des Balkens halbiert. Da diese optimale Form als Spezialfall eines Polynoms 3. Grades im Designraum darstellbar ist, wird die optimale Form auch erreicht.

In Abbildung 8.18 ist die Optimierung eines Kragträgers dargestellt. Für diesen wurde die Form gesucht, bei der die Spannungen σ_j im Bereich A alle gleich sind. Das Optimierungsproblem lautet damit:

$$\min \text{Gewicht}, \tag{8.17}$$

[1)] In diesem speziellen Fall kann man natürlich auch nur eine einzige Spannungsrestriktion für ein beliebiges Element aus dem Modell verwenden.

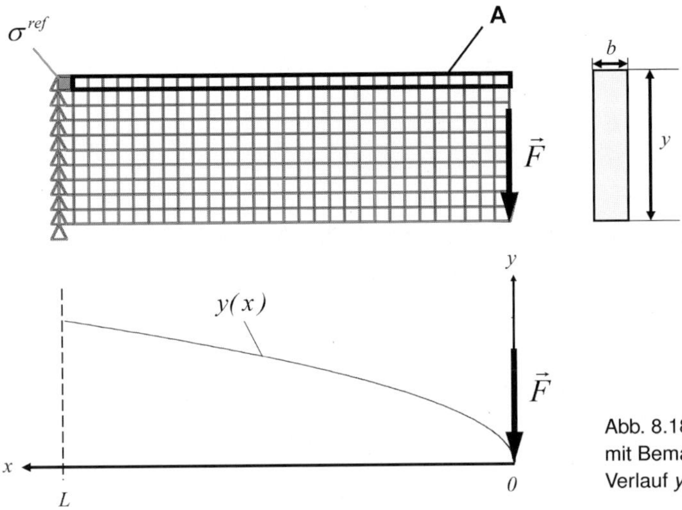

Abb. 8.18 Modell eines Kragträgers mit Bemaßung (oben) und optimaler Verlauf $y(x)$ der Außenkontur (unten)

sodass

$$\sigma_i \leqq \sigma_{\text{ref}}; \qquad i \in A$$

Hierbei ist σ_{ref} die Spannung des Elements an der Einspannung, die sich dann als homogene Spannung der optimalen Kontur einstellt. Die Lösung des Optimierungsproblems kann man leicht analytisch folgendermaßen herleiten: Die Spannung an der Oberkante $\sigma(x)$ ist gegeben als

$$\sigma(x) = \frac{M(x)}{I_z} y(x). \tag{8.18}$$

Hierbei ist

$$M(x) = Fx \tag{8.19}$$

das Biegemoment an der Stelle x,

$$I_z = \frac{by^3}{12} \tag{8.20}$$

das Flächenträgheitsmoment und $y(x)$ der gesuchte optimale Verlauf der Außenkontur. Aus der Forderung, dass die Spannung homogen sein soll, ergibt sich

$$\sigma(x) = \frac{12Fx}{by^2} = \text{const.} \tag{8.21}$$

und damit eine liegende Parabel als optimale Kontur

$$y(x) \propto \sqrt{x}. \tag{8.22}$$

Für die Optimierung wurden die 4 in Abbildung 8.19 dargestellten Formbasisvektoren vom Polynomgrad 4 verwendet. Der 5. Basisvektor, der durch Verschieben des Kontrollpunktes an der linken Ecke entsteht, wurde nicht verwendet, weil die Trägerbreite an der Einspannung nicht verändert werden sollte. Ein Polynom 4. Grades kann den Verlauf der Wurzelfunktion natürlich nicht exakt wiedergeben. Es liefert aber, wie Abbildung 8.19 zeigt, eine gute Annäherung an die analytische Lösung.

An dem einfachen Beispiel des Kragträgers lässt sich auch gut der Einfluss der Skalierung auf die Konvergenzgeschwindigkeit untersuchen. Die in Abbildung 8.19 verwendeten Basisvektoren wurden so erzeugt, dass der maximale Verschiebungsvektor bei allen Vektoren gleich war (Skalierung A). Um dies zu erreichen, mussten die Kontrollpunkte unterschiedlich weit nach oben geschoben werden. Eine andere Möglichkeit besteht darin, alle Kontrollpunkte um den gleichen Betrag nach

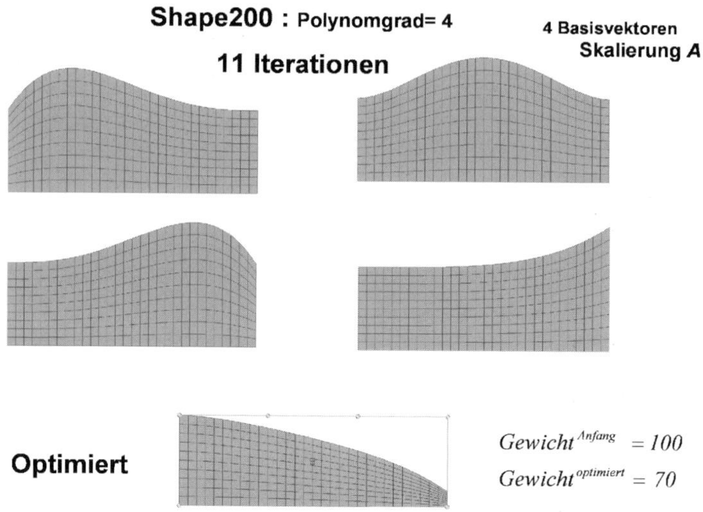

Abb. 8.19 Die vier verwendeten Basisvektoren mit der Skalierung *A* und das Ergebnis der Optimierung

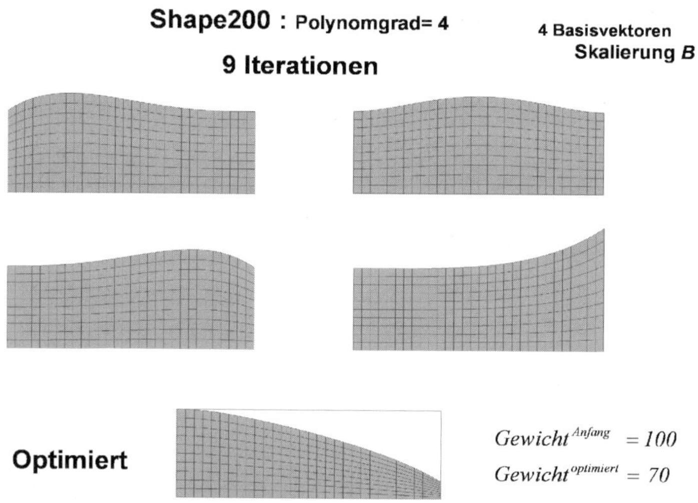

Abb. 8.20 Die vier verwendeten Basisvektoren mit der Skalierung *B* und das Ergebnis der Optimierung

oben zu ziehen (Skalierung *B*). In diesem Fall, der in Abbildung 8.20 dargestellt ist, wird das Optimierungsergebnis schon nach 9 anstatt nach 11 Iterationen erreicht. Dieser Unterschied ist dadurch erklärbar, dass der verwendete Optimierer (hier OptiStruct) in der ersten Iteration bei den meisten Designvariablen an die „Move-Limits" läuft und diese folglich den gleichen Wert haben. Da der Wert jeder Designvariablen dem Betrag einer Kontrollpunktverschiebung entspricht und bei der Skalierung *B* eine gleich große Verschiebung aller Kontrollpunkte eine Parallelverschiebung der Außenkontur generiert, erhält man in diesem Fall eine glatte Formvariation (Abbildung 8.21). Bei der Skalierung *A* ergibt sich dagegen eine stark verzerrte Form, sodass der Optimierer mehr Iterationen braucht, um zu der glatteren Form zurückzukehren und sich dem optimalen Design anzunähern (Abbildung 8.22).

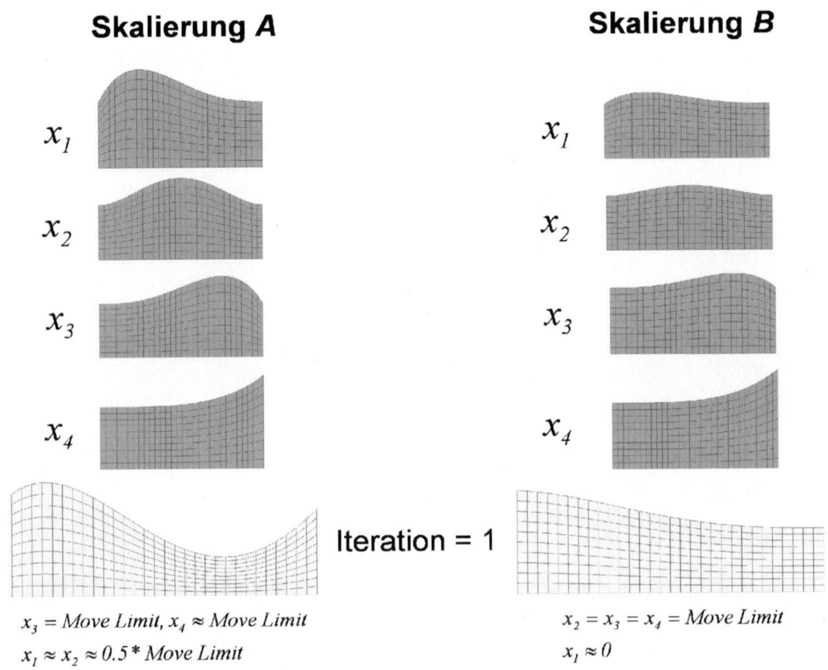

Abb. 8.21 Form in der 1. Iteration, die sich bei Skalierung *A* bzw. *B* ergibt

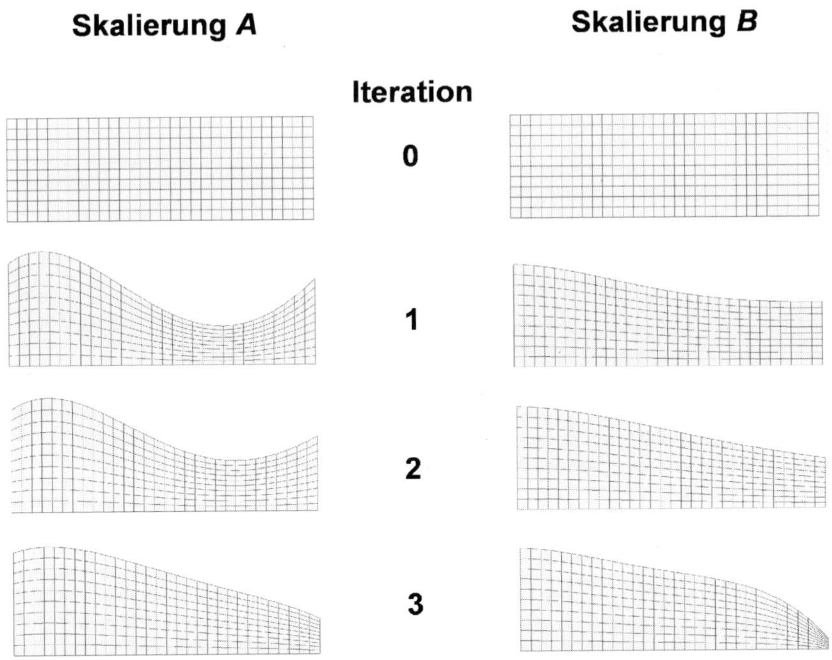

Abb. 8.22 Die Formen, die sich für Skalierung *A* und *B* in den Iterationen 0–3 ergeben

8.2.1.3 Morphing

Mit „Morphing“-Programmen, auch kurz nur als „Morpher“ bezeichnet, wird dem Benutzer ein kommerzielles Werkzeug zur Verfügung gestellt, um mit akzeptablem Aufwand Formbasisvektoren zu erzeugen. Mit diesen Programmen können FE-Netze weich verformt werden, ein Prozess, der im Englischen als „Morphing“ bezeichnet wird. Beispiele für „Morphing“-Programme sind Sofy <Sofy>, DEP's Meshworks Morpher <DEP>, ANSA Morphing <BETA> und HyperMorph <Altair>. Gedacht waren diese Programme ursprünglich, um ohne CAD-Entwurf aus einem bestehenden FE-Modell über die Verformung des Netzes auf schnelle Art und Weise ein modifiziertes Modell zu erzeugen. Zur Erzeugung von Formbasisvektoren lässt sich ein „Morpher“ (ebenso wie auch SHAPE200) folgendermaßen einsetzen (siehe auch Abbildung 8.23):

- Zuerst wird der Bereich, der formmäßig variiert werden soll, mit einem oder mehreren Designelementen umschlossen, welche auch „Morph-Volumes“ oder „Domains“ genannt werden.
- Zusätzlich zu den Kontrollpunkten, die automatisch an den Ecken der „Morph-Volumes“ erzeugt werden, können noch Kontrollpunkte, auch „Handles“ genannt, auf den Kanten der „Morph-Volumes“ erzeugt werden.
- Anschließend werden sukzessive einzelne oder Gruppen von Kontrollpunkten verschoben, die eine Formvariation in dem zu optimierenden Bereich erzeugen.
- Das Verschiebungsfeld jeder so generierten Formvariation wird als Formbasisvektor abgespeichert.

Die oben beschriebenen Schritte lassen sich in den „Morphing“-Programmen mithilfe der Benutzeroberfläche schnell und komfortabel ausführen. In nächsten Abschnitt wird auf die Grundversion von „Morphing“ eingegangen, mit der sich vor allem lineare Formvariationen vom Typ 2 – 3 aus Tabelle 8.1 generieren lassen. Im darauf folgenden Abschnitt werden die Möglichkeiten des erweiterten „Morphings“ zur Erzeugung von Formvariationen höherer Ordnung vorgestellt.

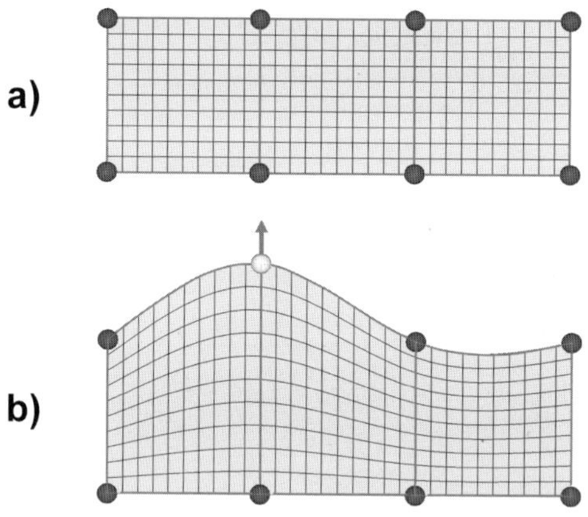

Abb. 8.23 Generierung von Formbasisvektoren mit „Morphing“: a) Umschließen des zu variierenden Bereichs. b) Formvariation durch Verschieben einzelner oder Gruppen von Kontrollpunkten

8.2.1.3.1 Grundversion von Morphing

In der Grundversion von „Morphing“ sind nur lineare Formvariationen möglich, wobei scharfe Ecken mithilfe eines „Bias“-Faktors ausgerundet werden können. Dies soll am Beispiel des Optimierungsproblems (8.17) für den in Abbildung 8.18 gezeigten Kragträger demonstriert werden. Als „Morphing“-Programm zur Erzeugung der Formbasisvektoren wurde das Programm HyperMorph <Altair> [11] verwendet.

In Abbildung 8.24 sind drei lineare Basisvektoren dargestellt, die ohne Ausrunden über die „Bias“-Faktoren generiert wurden. Wegen der spitzen Kanten sind diese Basisvektoren für Optimierungen bezüglich Spannungen nicht geeignet. In diesem Fall erhält man noch ein relativ gutes Ergebnis, weil die optimierte Form konvex ist und sich die harten Kanten nicht als Kerben bemerkbar machen.

In Abbildung 8.25 ist gezeigt, wie man mit dem „Bias“-Faktor die Kanten an jedem „Handle“ abrunden kann. Die dadurch entstehenden Basisvektoren sehen vernünftig aus, führen aber zu einem nicht zufrieden stellenden Resultat. Die oszillierende Form resultiert aus der Tatsache, dass alle 3 Basisvektoren an drei Stellen die Steigung null aufweisen (Abbildung 8.26). Demnach können durch die Linearkombination auch nur Formen erzeugt werden, die an diesen drei Stellen die Steigung null haben. Man kann dies auch so interpretieren, dass bei der Optimierung eine versteckte Restriktion vorliegt, nämlich die, dass die Form an drei Stellen die Steigung null aufzuweisen hat. Dieses Beispiel zeigt, wie wichtig es ist, Basisvektoren zu verwenden, von denen man weiß, welchen Formenraum sie aufspannen. Zudem zeigt sich hier, dass eine optische Kontrolle allein sehr schwierig ist und sogar irreführend sein kann.

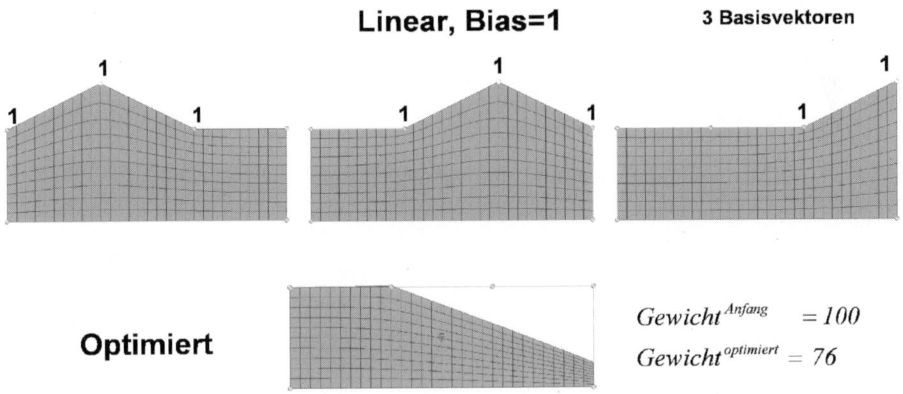

Abb. 8.24 Drei lineare Basisvektoren mit Angabe der „Bias“-Faktoren und das Ergebnis der Optimierung

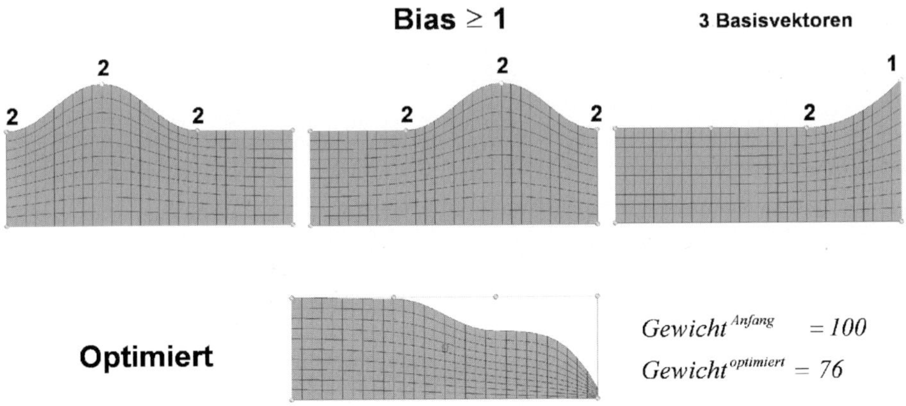

Abb. 8.25 Drei Basisvektoren mit abgerundeten Ecken mit Angabe der „Bias“-Faktoren an den einzelnen „Handles“ und das Ergebnis der Optimierung

Eine Möglichkeit, die versteckte Restriktion zu entfernen, besteht darin, zusätzlich überlappende Basisvektoren zu generieren, die an den oben genannten Stellen eine Steigung ungleich null besitzen. Das Beispiel in Abbildung 8.27 zeigt, dass das Ergebnis der optimalen Form nahe kommt, aber immer noch eine leichte Tendenz zur Oszillation in der Form zu erkennen ist. Dies ist ein Hinweis, dass immer noch versteckte Restriktionen vorhanden sind. Somit ist diese Vorgehensweise nicht empfehlenswert, vor allem weil es bei der erweiterten Version von Morphing die Möglichkeit gibt, einen sauberen Satz von Basisvektoren zu generieren.

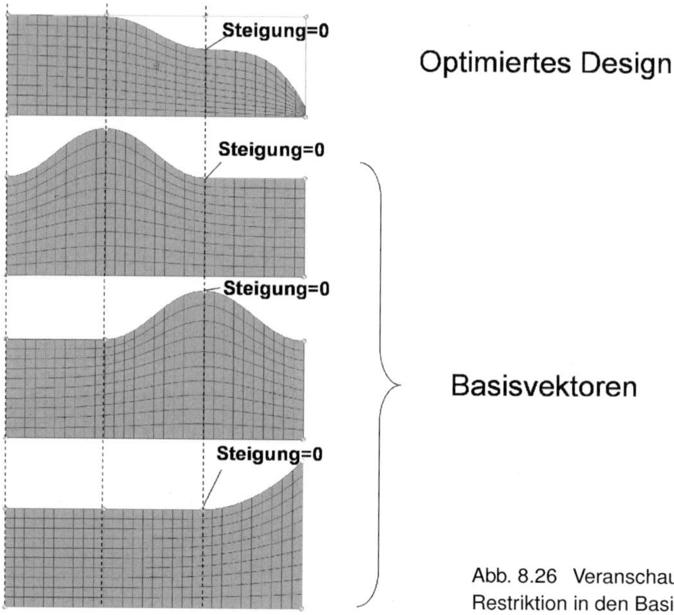

Abb. 8.26 Veranschaulichung der versteckten Restriktion in den Basisvektoren aus Abbildung 8.25

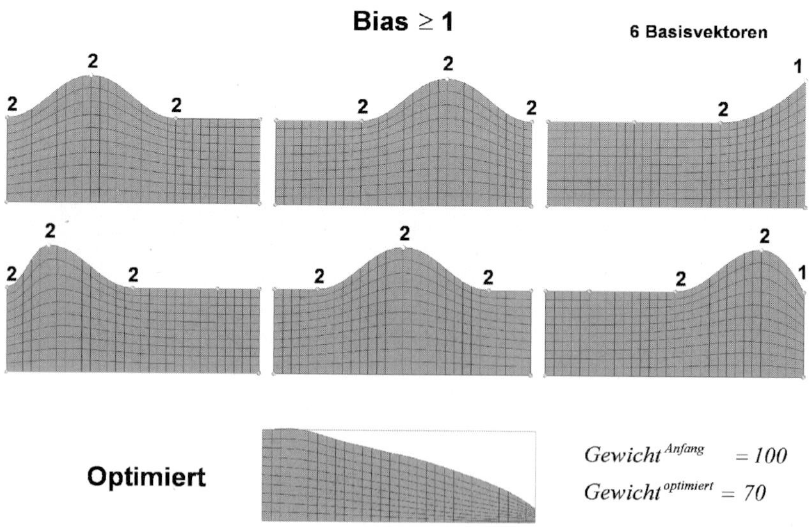

Abb. 8.27 Sechs überlappende Basisvektoren mit abgerundeten Ecken mit Angabe der „Bias"-Faktoren und das Ergebnis Optimierung

8.2.1.3.2 Erweitere Version von Morphing

Neben der Grundfunktionalität von „Morphing“ gibt es Erweiterungen, die sowohl eine Generierung von wohldefinierten Formvariationen als auch eine einfache Bedienung ermöglichen. Leider wird von den Anbietern im Allgemeinen nicht angegeben, welcher Typ von Formvariationen erzeugt wird. Es empfiehlt sich deswegen, die Qualität der durch „Morphing“ erzeugten Basisvektoren an einem einfachen Beispiel, wie an dem Optimierungsproblem (8.17) für den in Abbildung 8.18 gezeigten Kragträger, zu testen.

In HyperMesh <Altair> wird ab der Version 8 eine „Morphing“ Variante unter dem Namen „Morph-VolumeswithEnforcedTangency“ angeboten. Wie der Name schon suggeriert, ist die erste Ableitung zwischen zwei benachbarten „Morph-Volumes“ stetig. Mit dieser Variante können gute Basisvektoren generiert werden, indem man mehrere aneinanderliegende „Morph-Volumes“ erzeugt und nur die automatisch erzeugten „Handles“ verwendet und keine zusätzlichen definiert. Dies ist exemplarisch in Abbildung 8.28 am Beispiel des Kragträgers aus Abbildung 8.18 demonstriert. Hier liefert das Optimierungsergebnis eine gute Approximation der liegenden Parabel unter Verwendung von lediglich drei Basisvektoren, die mithilfe von drei aneinanderliegenden „Morph-Volumes“ erzeugt wurden.

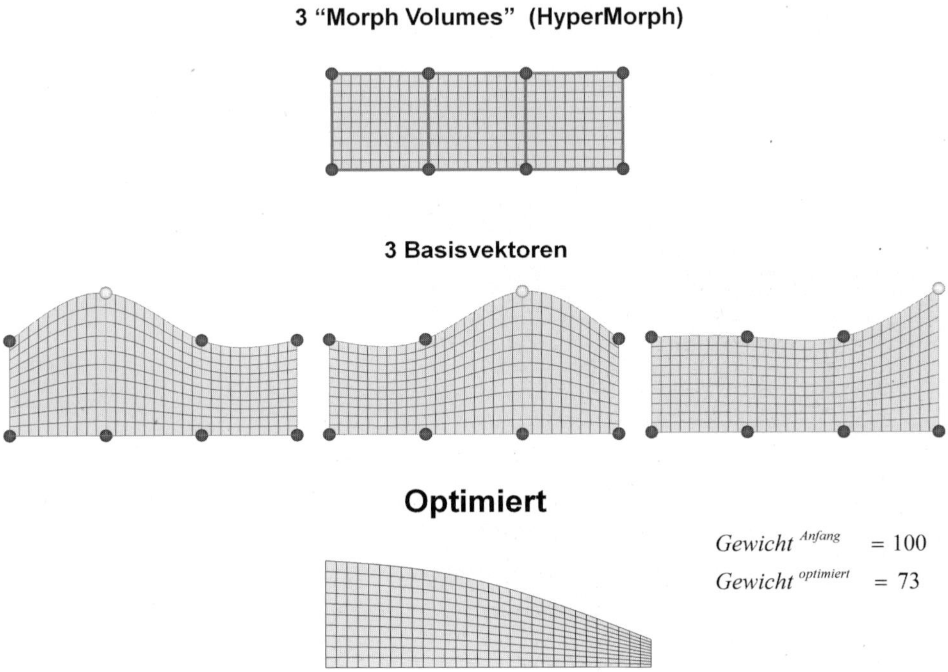

Abb. 8.28 Drei Basisvektoren erzeugt mit der Variante „Morph-Volumes with enforced Tangency“ und das Ergebnis Optimierung

8.2.1.3.3 Freiformoptimierung

Eine andere Variante wird in OptiStruct <Altair> ab der Version 8 unter dem Namen Freiformoptimierung (Free Shape Optimization) angeboten. Hier braucht der Anwender nur die Knoten in dem zu optimierenden Bereich auszuwählen und sich nicht auf die Art der Formvariationen festzulegen. Weiterhin kann für einzelne oder auch alle Knoten die Bewegungsrichtung während der Formänderungen vorgegeben werden. Dies ist vor allem hilfreich, wenn sich Knoten nur entlang einer Richtung bewegen dürfen, um beispielsweise eine Symmetrieebene beizubehalten. Weiterhin muss nur noch die maximale zulässige Verschiebung in einer Iteration und über die Anzahl der Knotenreihen der Netzbereich angegeben werden, der bei der Formänderung angepasst wird. Über die Hintergründe der Methode ist nichts veröffentlicht. Da sie jedoch nicht nur für Festigkeitsprobleme verwendbar sondern auch generell einsetzbar ist, kann man vermuten, dass die Formänderungen nicht über ein Optimalitätskriterium wie bei CAO-Verfahren erzeugt werden, sondern dass das Programm intern Formbasisvektoren generiert. Abbildung 8.29 zeigt das Ergebnis einer Freiformoptimierung für Optimierungsproblem (8.17) des in Abbildung 8.18 gezeigten Kragträgers. Hier wurden lediglich die Knoten an der Oberkante des Balkens zur Definition des zu variierenden Bereichs selektiert. Weiterhin wurde für den Knoten an der rechten Oberkante nur eine senkrechte Verschiebung zugelassen. Ohne irgendwelche Angaben über mögliche Formvariationen ergibt sich dann als Lösung eine gute Approximation der bekannten optimalen Form.

Somit ist die Freiformoptimierung eine besonders benutzerfreundliche und zeitsparende Variante der Formoptimierung. Testbeispiele zeigen jedoch, dass das Verfahren manchmal zu einer Zwischenlösung konvergiert und das Optimierungspotenzial nicht so vollständig ausgeschöpft wird, wie mit einen guten Satz von Basisvektoren. Weiterhin lassen sich auch solche wie in Abbildung 8.15 gezeigten Oberkanten, die in einer Richtung gerade bleiben sollen, nicht realisieren. Wenn dies jedoch nicht gefordert ist, besteht eine gute Strategie darin, zuerst mit einer Freiformoptimierung zu beginnen und erst dann die zeitaufwendigere Optimierung mit Basisvektoren durchzuführen, wenn das Ergebnis nicht zufrieden stellend war.

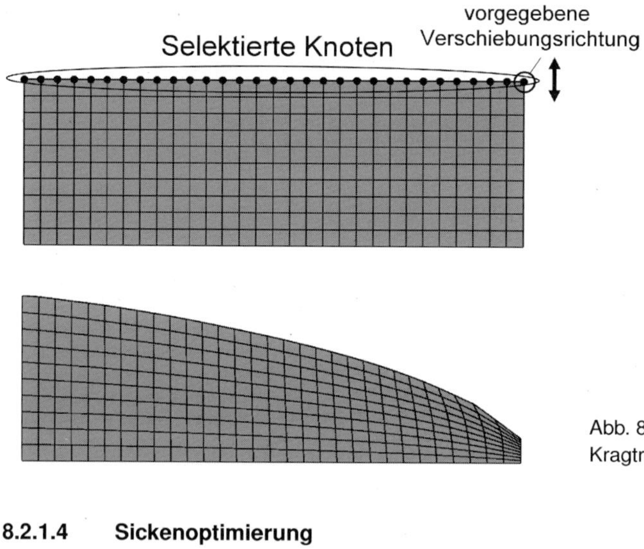

Abb. 8.29 Formoptimierung eines Kragträgers mit der Freiformoptimierung

8.2.1.4 Sickenoptimierung

Eine spezielle Variante der Formoptimierung mit Formbasisvektoren ist die Sickenoptimierung. Hier werden die Sicken aus einzelnen Formbasisvektoren zusammengesetzt, bei denen Schalenelemente aus der Blechebene heraus verschoben werden. Dabei haben die einzelnen Formvariationen nur eine geringe Ausdehnung (überlappende Eierkarton-Struktur). Eine Optimierung mit dieser Art Basisvektoren ist unter dem Namen Topographieoptimierung [11], [375] beispielsweise in OptiStruct <Altair>, GENESIS <VRAND> und in PERMAS-OPT <INTES> implementiert. Wie in Abbildung 8.30 veranschaulicht, wird die Form der einzelnen Basisvektoren durch die Angabe der minimalen Sickenbreite B, der maximalen Sickentiefe H und des Ziehwinkels α festgelegt. Basierend auf diesen Angaben werden die dazugehörigen Basisvektoren intern vom

Optimierungsprogramm erzeugt. Um zu verdeutlichen, welche Sickenformen und Anordnungen mit solchen Basisvektoren generiert werden können, sind in Abbildung 8.31 vier Basisvektoren und drei Linearkombinationen dargestellt.

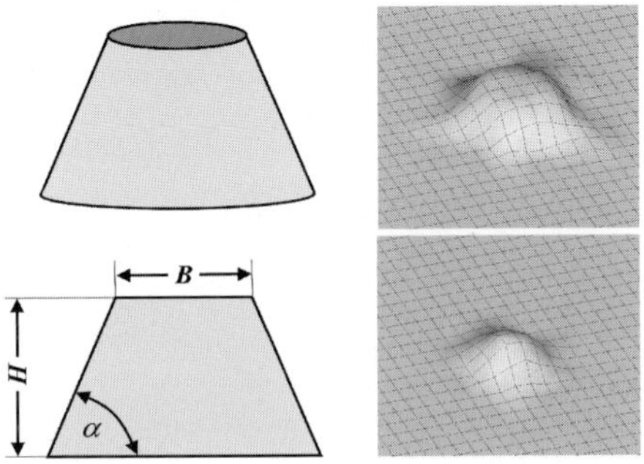

Abb. 8.30 Aufbau der Basisvektoren für die Topographieoptimierung (links) und 2 Formbasisvektoren, die sich in der Sickenbreite B um einen Faktor 2 unterscheiden

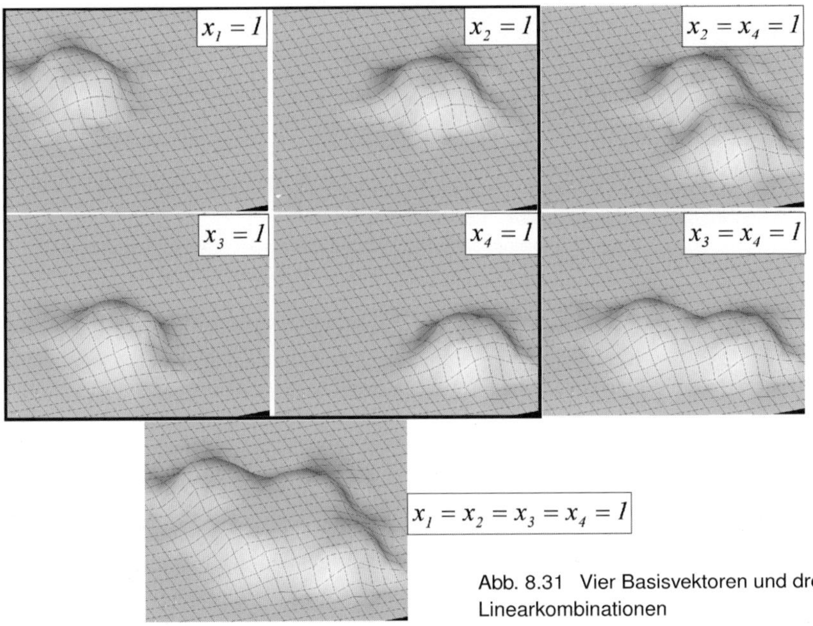

Abb. 8.31 Vier Basisvektoren und drei mögliche Linearkombinationen

Das Ziel einer Sickenoptimierung ist normalerweise, eine Sickenanordnung zu finden, bei der entweder die Steifigkeit oder eine oder mehrere Eigenfrequenzen maximal werden. Ersteres kann durch die Minimierung der mittleren Nachgiebigkeit oder der Verschiebungen an den Lastangriffspunkten erreicht werden, während für die Frequenzoptimierung zur Definition des Optimierungsproblem eine Formulierung aus Abschnitt 7.1.3 verwendet werden kann.

Die Sickenoptimierung mit den oben beschriebenen Basisvektoren hat das prinzipielle Problem, dass während der Optimierung große Netzverzerrungen und daraus resultierende künstliche Steifigkeiten entstehen können. Sie ist somit anfällig für das weiter oben beschriebene Phänomen, dass der Optimierer nicht das Optimierungsproblem löst, sondern den Diskretisierungsfehler maximiert. Das kann im Extremfall dazu führen, dass man erst gar kein ein Ergebnis erhält, weil die Optimierung vom Programm aufgrund zu großer Elementverzerrungen abgebrochen wird. Selbst wenn das nicht der Fall ist, erhält man in der Regel ein Design mit verzerrtem Netz und muss damit rechnen, das ein Anteil der optimierten Steifigkeit auf eine künstliche Steifigkeit aufgrund der Netzverzerrung zurückzuführen ist. Dieser Anteil wird in der Regel umso größer sein, je rauer die Oberfläche der optimierten Struktur ist. Deswegen reduziert sich normalerweise die optimale Steifigkeit bei der Umsetzung in ein sauberes Modell.

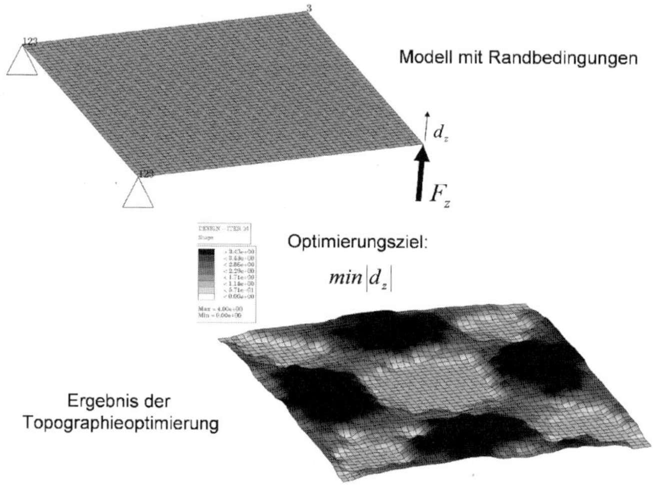

Abb. 8.32 Anwendungsbeispiel zur Topographieoptimierung, bei der die Verschiebung d_z am Lastangriffspunkt minimiert wurde. Die Elemente im Sickenbereich sind entsprechend der vorliegenden Sickentiefe dunkel eingefärbt.

Den oben beschriebenen Nachteilen kann man auf zwei Arten entgegenwirken. Zum einen kann man die Netzverzerrungen durch den Einsatz von Netzregularisierungsmethoden und Filtertechniken möglichst gering halten. Diese Vorgehensweise ist in dem Programm Carat++ <FEMopt> umgesetzt [93], [94]. Bei Programmen, in denen dies nicht implementiert ist, können die oben beschriebenen Nachteile abgemildert werden, wenn man den Versickungsgrad G_V als Zielfunktion verwendet [108]. Die grundlegende Idee basiert auf der Vorstellung, dass die Ursache für die Ausbildung der rauen Oberfläche darin begründet liegt, dass zu Beginn der Optimierung auch die kleinsten Sensitivitäten zu einer Verschiebung senkrecht zur Ebene führen. Die daraus resultierende Rauigkeit und die damit verbundene künstliche Steifigkeit wird dann in den folgenden Iterationen verstärkt. Die Gegenmaßnahme besteht nun darin, diese kleinen Sensitivitäten mithilfe des Versickungsgrad G_V zu unterdrücken. Um den Versickungsgrad zu definieren, setzt man voraus, dass alle Designvariablen - wie bei der Topographieoptimierung üblich - betragsmäßig maximal den Wert 1 erreichen können. Es gibt dann in Abhängigkeit von der Sickenrichtung folgende Möglichkeiten für die untere und obere Grenze:

$x_i \in [0, 1]$ für Sickenrichtung in der Normalenrichtung,
$x_i \in [-1, 0]$ für Sickenrichtung entgegengesetzt der Normalenrichtung,
$x_i \in [-1, 1]$ für bi-direktionale Sickenrichtung.

Betrachtet man nun die Summe S der absoluten Werte aller Designvariablen

$$S = \sum_{i=1}^{n} |x_i| \tag{8.23}$$

kann der maximaler Wert in allen 3 Fällen höchstens n betragen:

$$S^{\max} = n. \tag{8.24}$$

Der Versickungsgrad ist nun definiert als

$$G_\mathrm{V} = \frac{S}{n}. \tag{8.25}$$

Bei einem Wert von $G_\mathrm{V} = 1$ würde beispielsweise ein Versickungsgrad von 100 % vorliegen, was nur bei der bi-direktionalen Sickenrichtung ein Sickenbild und bei den beiden anderen Optionen lediglich eine Parallelverschiebung generiert. Dagegen entspricht $G_\mathrm{V} = 0{,}4$ bei allen drei Optionen einem Versickungsgrad von 40 %. Dies stimmt natürlich nicht exakt, weil die Designvariablen nicht nur die Werte 0 und ± 1 sondern auch Zwischenwerte annehmen können. Dennoch ist der Versickungsgrad ein gutes Maß dafür, wie hoch der Anteil der Sicken im Gesamtbauteil ist. Mithilfe des Versickungsgrads kann nun folgende Optimierungsstrategie [108] umgesetzt werden:

1. Zuerst wird eine normale Topographieoptimierung durchgeführt, bei der eine gewünschte Zielfunktion f minimiert wird.

   $$\min f(\overrightarrow{x}), \tag{8.26}$$

   sodass

   $$x_i^L \leqq x_i \leqq x_i^U; \qquad i = 1, n.$$

   Als Ergebnis erhält man die optimalen Werte $\overrightarrow{x}^*$ der Designvariablen und den dazugehörigen Wert der Zielfunktion $f^* = f\left(\overrightarrow{x}^*\right)$.

2. Anschließend wird ein 2. Optimierungslauf durchgeführt, bei dem der Versickungsgrad G_V unter einer Restriktion auf die Zielfunktion aus dem ersten Optimierungslauf minimiert wird.

   $$\min G_\mathrm{V}, \tag{8.27}$$

   sodass

   $$f(\overrightarrow{x}) \leqq \alpha f^*; \qquad \alpha > 1$$
   $$x_i^L \leqq x_i \leqq x_i^U; \qquad i = 1, n.$$

   Dabei wird die obere Restriktionsgrenze für f abgemildert, indem ein etwas größerer Wert als f^* genommen wird, um dem Optimierer etwas Freiheit zu geben. In dem Fall, dass f im ersten Optimierungslauf maximiert wird, erfolgt die Abmilderung über eine untere Restriktionsgrenze mit einem $\alpha < 1$.

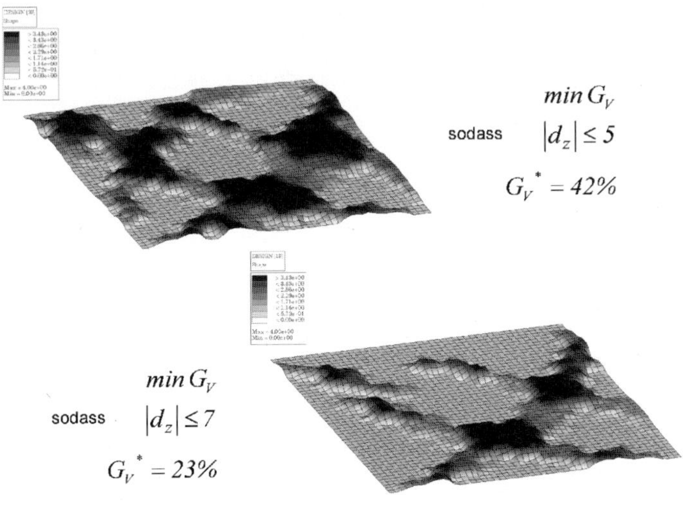

Abb. 8.33 Wirkungsweise des Versickungsgrads als Zielfunktion für die Platte aus Abbildung 8.32

Die Minimierung des Versickungsgrads soll dabei die kleinen Sensitivitäten unterdrücken, sodass sich nur die wichtigsten Sicken herausbilden können und Rauigkeiten vermieden werden. Dadurch ergeben sich in der Regel bessere Sickenbilder, die einfacher interpretiert und umgesetzt werden können. Die Wirkungsweise soll an dem einfachen Beispiel der Beispiel der Platte in Abbildung 8.32 demonstriert werden. Die optimale Verschiebung betrug dort $|d_z| = 4{,}22\,\text{mm}$. In Abbildung 8.33 sind die Ergebnis für die oben erläuterte Optimierungsstrategie für zwei verschiedene Grenzen von $|d_z|$ zu sehen.

Zum Abschluss sei noch darauf hingewiesen, dass in TOSCA <Dassault> unter dem Namen TOSCA.bead ein Programm zur Sickenoptimierung angeboten wird, in dem die Sicken mithilfe von Optimalitätskriterien und Konstruktionsregeln erzeugt werden [87]. Eine weitere Alternative für eine Sickenoptimierung von Bauteilen, die dominant auf Biegung belastet werden, bietet die Topologieoptimierung, die in Kapitel 9 vorgestellt wird.

8.2.1.5 Diskussion der Vor- und Nachteile der Formoptimierung mit Formbasisvektoren

Der größte Vorteil der Formoptimierung mit Formbasisvektoren ist sicherlich, dass man vom CAD-Modell unabhängig ist und nicht mehr darauf angewiesen ist, ein bis ins Detail sauber durchkonstruiertes und auf die Formoptimierung zugeschnittenes CAD-Modell zu erhalten. Sobald ein FE-Modell vorliegt, kann damit die Formoptimierung durchgeführt werden, unabhängig von der Datenbasis, auf der es erzeugt worden ist. Der Hauptaufwand besteht jedoch immer darin, die Formbasisvektoren zu generieren, auch wenn heutzutage Programme verfügbar sind, die eine Erzeugung von Basisvektoren in einem akzeptablen Zeitrahmen ermöglichen. Der Nachteil ist jedoch immer, dass das optimierte Design nicht als CAD-Beschreibung vorliegt und deshalb immer neu im CAD-System aufgebaut werden muss. Zudem sollte am Ende einer Formoptimierung immer die Qualität des Netzes kontrolliert und gegebenenfalls eine Neuvernetzung vorgenommen werden, weil Netzverzerrungen die Qualität der Systemantworten stark verschlechtern können. Im schlimmsten Fall kann dies zum Abbruch der Optimierung führen, sodass zur Fortführung der Optimierung eine Neuvernetzung vorgenommen werden muss. Eine Neuvernetzung ist dabei immer aufwendig, weil auch alle Formbasisvektoren dann neu generiert werden müssen. Das Problem der Netzverzerrung könnte jedoch – wie bereits ja schon teilweise in Carat++ implementiert – in Zukunft dadurch gelöst werden, dass ohne Zutun des Anwenders im Optimierungsprogramm die Qualität des Netzes kontrolliert und, wenn notwendig, eine Neuvernetzung intern vorgenommen wird. Dabei müssten dann allerdings auch alle benötigten Systemantworten neu generiert und die Formbasisvektoren durch Interpolation an das neue Netz angepasst werden.

Im Folgenden sind zum Abschluss nochmals die Vor- und Nachteile der FE-Netz-basierten Methode zusammengefasst:

+ Unabhängig von CAD-Modell (Qualität, Parametrisierung)
+ Unabhängig von CAD-System
– Netzverzerrungen können Qualität der FEM-Ergebnisse verschlechtern
– Erzeugung der Basisvektoren kann schwierig sein
– Optimierte Form nicht als CAD-Modell
– Netzverzerrungen können Qualität der FEM-Ergebnisse verschlechtern
– Neuvernetzung aufwendig

8.2.1.6 Anwendungen

8.2.1.6.1 Formoptimierung eines Vorderachslenkers

In Abbildung 8.34 bis Abbildung 8.37 ist die Formoptimierung eines Vorderachslenkers gezeigt. Für den Lastfall „Bremsen“ wies er in den Bereichen A und B überhöhte Spannungswerte auf, die reduziert werden sollten. Als Optimierungsziel wurde deshalb angegeben, dass die Differenz zwischen größter und kleinster Spannung in beiden Bereichen minimiert werden sollte:

$$\min[(\beta_A^{\max} - \beta_A^{\min}) + (\beta_B^{\max} - \beta_B^{\min})], \tag{8.28}$$

sodass

$$\begin{aligned}
&\frac{\sigma_A(j)}{\beta_A^{\max}} \leqq 1; && j \in A \\
&\frac{\sigma_A(j)}{\beta_A^{\min}} \geqq 1 && \\
&\frac{\sigma_B(k)}{\beta_B^{\max}} \leqq 1; && k \in B \\
&\frac{\sigma_B(k)}{\beta_B^{\min}} \geqq 1 && \\
&x_i^L \leqq x_i \leqq x_i^U; && i = 1, 10
\end{aligned}$$

Das Optimierungsproblem wurde hierbei mit der Beta-Methode (Abschnitt 7.1.2) formuliert. Da die üblichen Optimierungsprogramme nur Konstanten als obere oder als untere Grenze akzeptieren, wurden zusätzlich alle Variablen β in den Restriktionen auf die andere Seite der Ungleichung und die Formulierung damit in eine praxisgerechte Form gebracht.

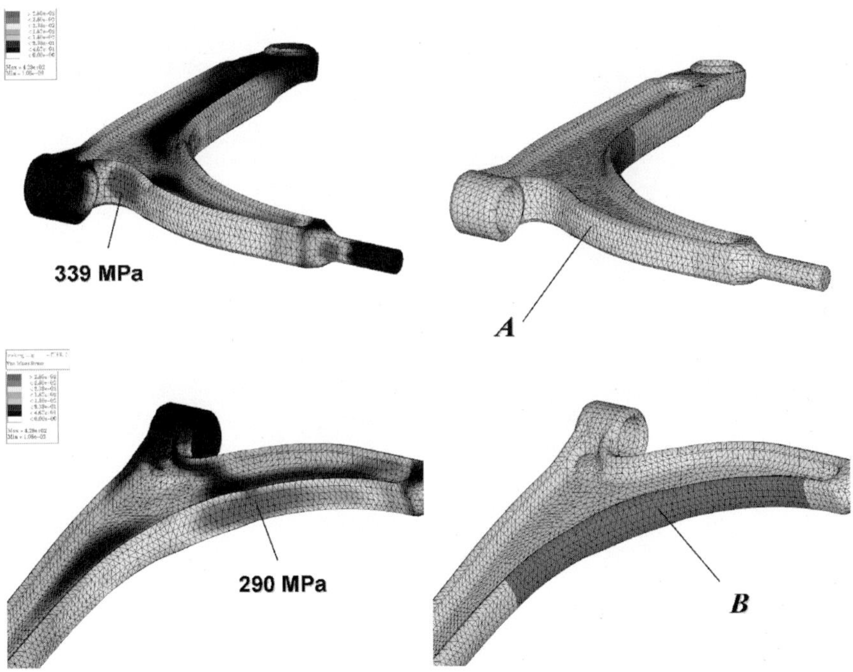

Abb. 8.34 Spannungsspitzen für den Lastfall „Bremsen" und Definition der beiden Bereiche *A* und *B*, in denen die Spannungen bei der Optimierung berücksichtigt wurden

Mithilfe des Programms SHAPE200 wurden jeweils in Bereich *A* (Abbildung 8.35) und *B* (Abbildung 8.36) fünf Basisvektoren definiert, die eine Formvariation eines Polynoms 6-ten Grades ermöglichen. Das Ergebnis, das in Abbildung 8.37 dargestellt ist, erbrachte im Bereich *A* eine Spannungsreduktion von 30 % und im Bereich B von 18 %. Es wird zudem deutlich, dass die

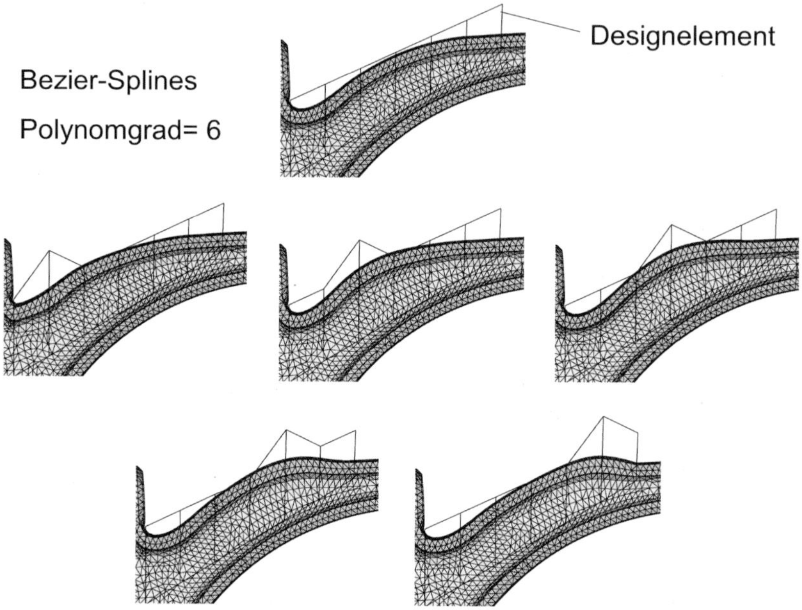

Abb. 8.35 Festlegung des Designelements für Bereich *A* und Erzeugung von 5 Basisvektoren über Bezier-Splines mit einem Polynomgrad = 6 durch Verschieben von Kontrollpunktpaaren

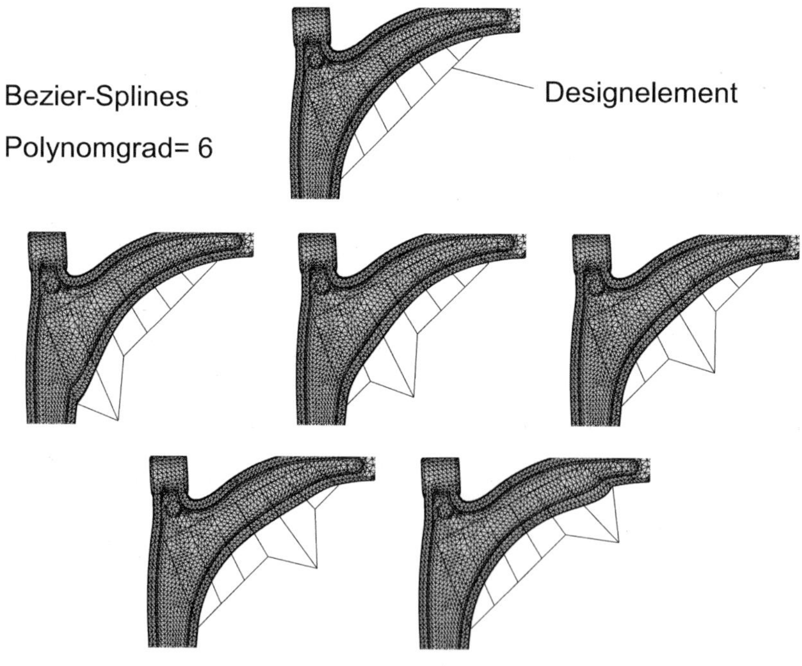

Abb. 8.36 Festlegung des Designelements für Bereich *B* und Erzeugung von 5 Basisvektoren über Bezier-Splines mit einem Polynomgrad = 6 durch Verschieben von Kontrollpunktpaaren

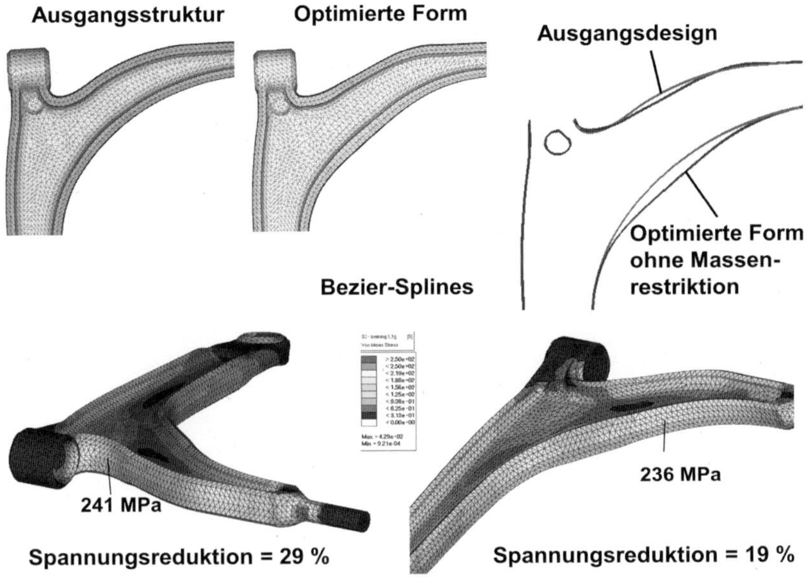

Abb. 8.37 Gegenüberstellung der Ausgangs- und der optimierten Form über Bezier-Splines für das Optimierungsproblem (8.28) und Darstellung der Spannungsverteilungen mit Angabe der Spannungsspitzen im Bereich *A* und *B* des optimierten Lenkers

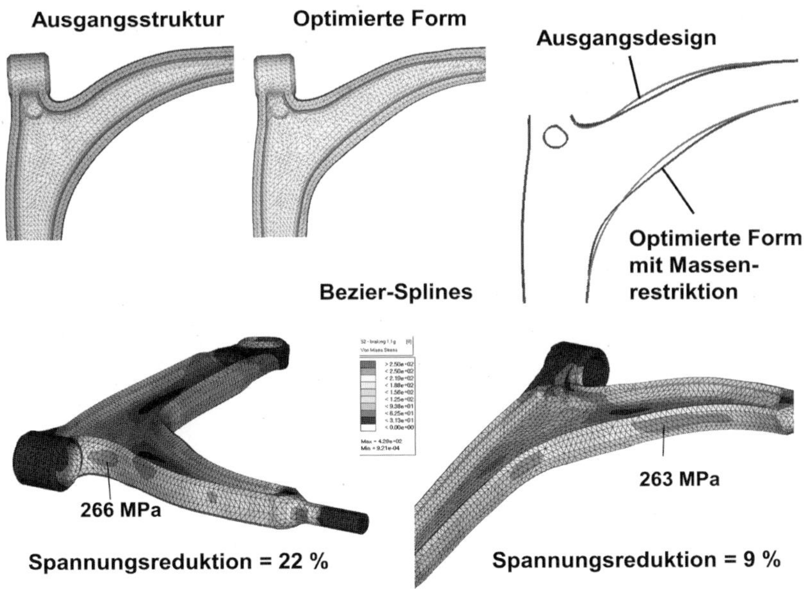

Abb. 8.38 Gegenüberstellung der Ausgangs- und der optimierten Form über Bezier-Splines für das Optimierungsproblem (8.29) und Darstellung der Spannungsverteilungen mit Angabe der Spannungsspitzen im Bereich *A* und *B* des optimierten Lenkers

Spannungsreduktion im Bereich A allein über das Entschärfen der Kerbe durch Wegnehmen von Material erreicht wurde. Im Bereich B wurde dagegen Material angelagert.

Mit der Formulierung (8.28) erreicht man zwar die größte mögliche Spannungsreduktion, jedoch hat man keine Kontrolle über die Masse des Bauteils. So wird in dem obigen Beispiel zwar ein exzessives Anwachsen der Masse tendenziell dadurch verhindert, dass in den Bereichen kleiner Spannungen bevorzugt Material entfernt wird um dort die Spannungen zu erhöhen, jedoch führte die Optimierung dennoch zu einer Massenerhöhung von 2,5 %. Wenn man dies nicht akzeptieren möchte, muss man das Optimierungsproblem um eine Massenrestriktion erweitern:

$$\min[\beta_A^{\max} + \beta_B^{\max}], \tag{8.29}$$

sodass

$$\begin{aligned} &\frac{\sigma_A(j)}{\beta_A^{\max}} \leqq 1; && j \in A \\ &\frac{\sigma_B(k)}{\beta_B^{\max}} \leqq 1; && k \in B \\ &M \leqq M^{(0)} && \\ &x_i^L \leqq x_i \leqq x_i^U; && i = 1, 10 \end{aligned}$$

Dabei ist $M^{(0)}$ die Masse des Ausgangsdesigns. Das Ergebnis ist in Abbildung 8.38 dargestellt. Die Optimierung erbrachte im Bereich A eine Spannungsreduktion von 22 % und im Bereich B von 9 %. Damit fällt die Spannungsreduktion bei dem Optimierungsproblem (8.29) mit Massenrestriktion deutlich geringer aus als für das Optimierungsproblem (8.28) ohne Massenrestriktion. Daraus kann man jedoch nicht folgern, dass eine Spannungsreduktion mit einer Massenerhöhung einhergehen muss (siehe dazu auch die Erläuterungen zu Beginn von Kapitel 8). Vielmehr ist der Grund für die geringere Spannungsreduktion beim Optimierungsproblem (8.29), dass der Designraum durch die zusätzliche Restriktion eingeschränkt und damit der Raum der zulässigen Formen reduziert ist. Wie groß der Einfluss der möglichen Formen auf das Optimierungsergebnis sein kann, sieht man auch, wenn die Formbasisvektoren nicht über Bezier-Splines sondern über Lagrange-Polynome erzeugt werden. Die Interpolationsformel über ein Lagrange-Polynom M-ten Grades mit $M+1$ Stützstellen x_i lautet:

$$y(x) = \sum_{i=0}^{M} y_i l_i. \tag{8.30}$$

mit

$$\begin{aligned} y_i &= y(x_i) \\ l_i &= \prod_{\substack{j=0 \\ j \neq i}}^{M} \frac{x - x_j}{x_i - x_j} \end{aligned}$$

In Abbildung 8.39 ist dargestellt, welche Formvariationen sich bei einer äquidistanten Anordnung von sieben Stützstellen ergeben, wenn der Funktionswert an den einzelnen Stützstellen jeweils um eine Längeneinheit verschoben wird. Entsprechend ähnlich sehen auch die in Abbildung 8.40 und 8.41 dargestellten Formvariationen aus, die auf die gleiche Weise in HyperMesh <Altair> erzeugt wurden. Obwohl die Formvariationen ein ausgeprägtes Runge-Phänomen aufweisen, ergibt sich als Lösung des Optimierungsproblems (8.29) eine glatte optimale Form. Man erhält im Bereich A eine Spannungsreduktion von 16 % und im Bereich B von 9 % (siehe Abbildung 8.42). Dies bedeutet jedoch nicht, dass die Verwendung von Lagrange-Polynomen generell ungünstig ist, sondern lediglich, dass in dem speziellen Beispiel der Formenraum, der durch die Formbasisvektoren aufgespannt wird, bei den Bezier-Splines ein besseres Ergebnis enthält. Dies kann bei einer anderen Anwendung durchaus unterschiedlich sein.

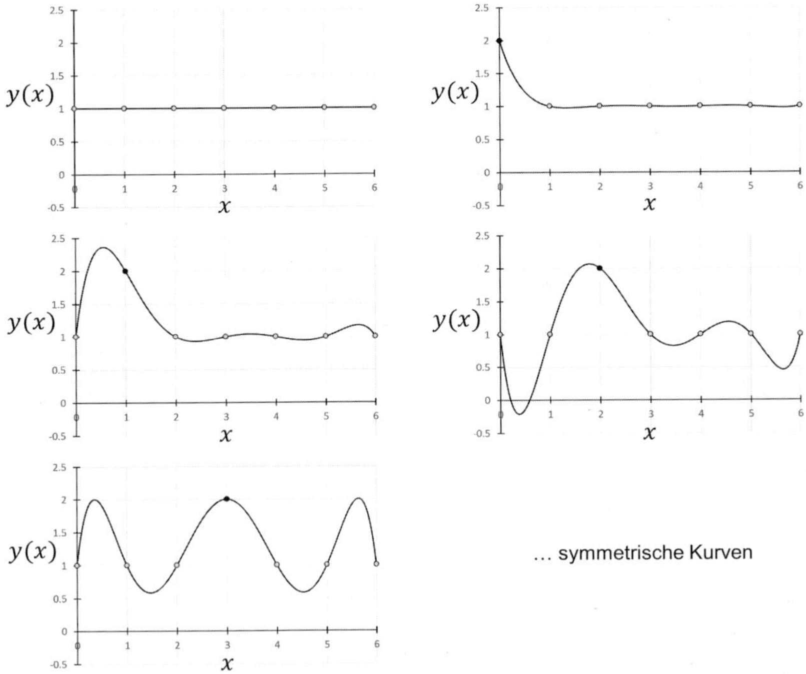

Abb. 8.39 Formänderungen, die sich durch das Verschieben von einzelnen Stützpunkten (schwarze Punkte) bei einer Lagrange-Polynominterpolation ergeben. Die fehlenden Kurven erhält man durch Spiegelung an der vertikalen Linie bei $x = 3$

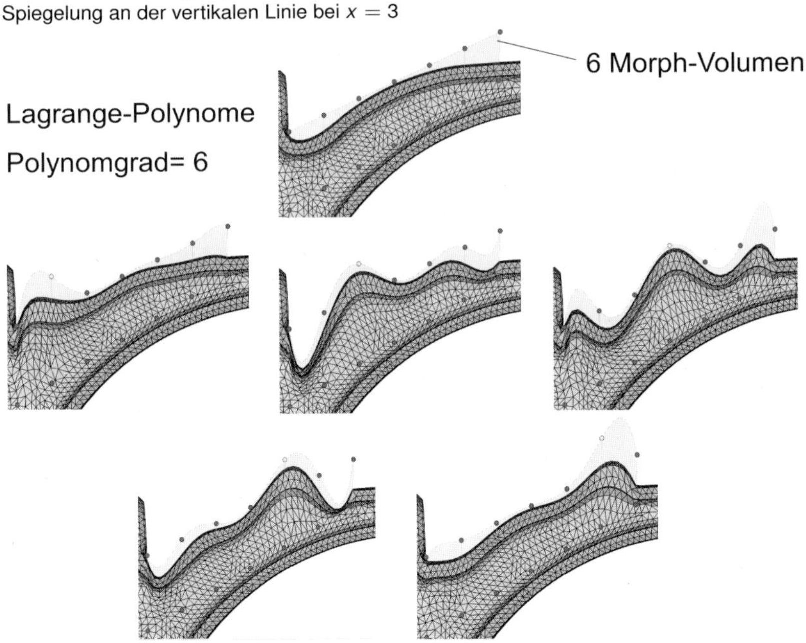

Abb. 8.40 Festlegung der Designelemente für Bereich *A* und Erzeugung von 5 Basisvektoren über Lagrange-Polynome mit einem Polynomgrad $= 6$ durch Verschieben von Kontrollpunktpaaren

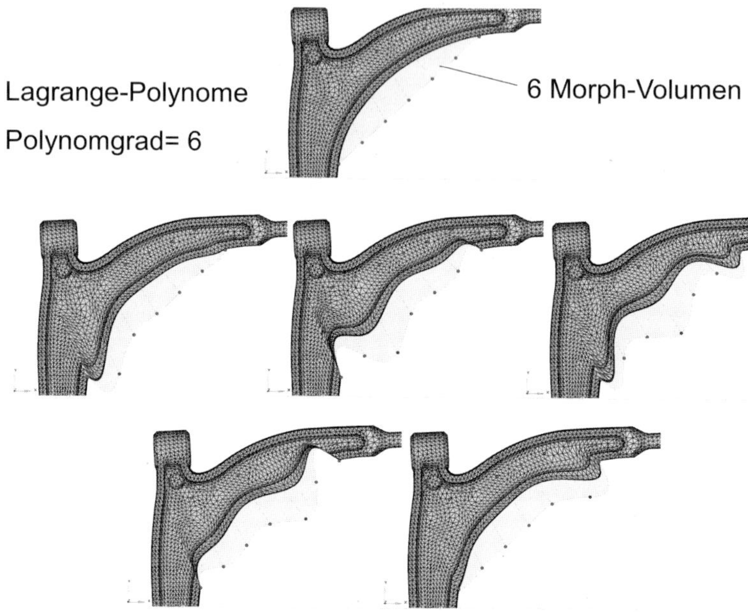

Abb. 8.41 Festlegung der Designelemente für Bereich *B* und Erzeugung von 5 Basisvektoren über Lagrange-Polynome mit einem Polynomgrad = 6 durch Verschieben von Kontrollpunktpaaren

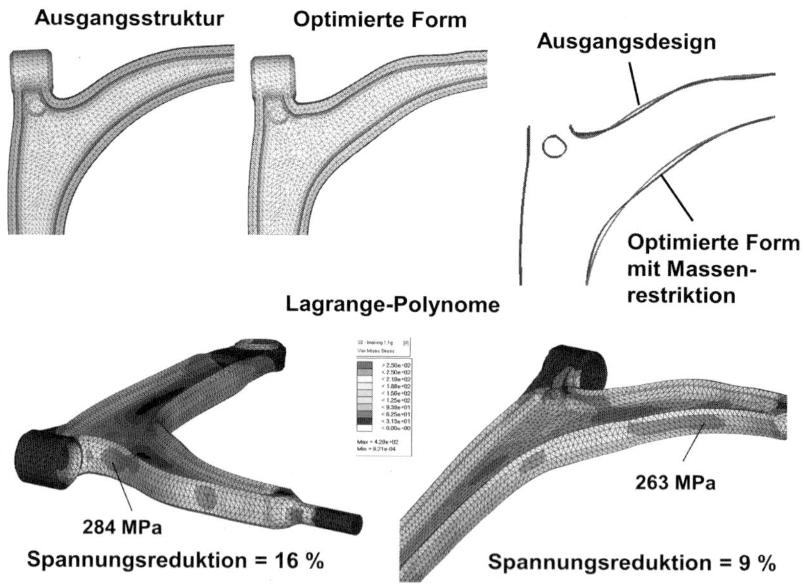

Abb. 8.42 Gegenüberstellung der Ausgangs- und der optimierten Form über Lagrange-Polynome für das Optimierungsproblem (8.29) und Darstellung der Spannungsverteilungen mit Angabe der Spannungsspitzen im Bereich *A* und *B* des optimierten Lenkers

8.2.1.6.2 Formoptimierung eines Motorhalters

In den Abbildungen 8.43 bis 8.47 ist eine Formoptimierung eines Motorhalters gezeigt, bei dem SHAPE200 zur Generierung der Formbasisvektoren eingesetzt wurde. Das Ziel war, die Spannung innerhalb des in Abbildung 8.44 dargestellten Bereichs A zu reduzieren.

Für die in Abbildung 8.45 gezeigte Shape Box wurde in der zu variierenden Richtung ein Polynomansatz $l = 12$ und für beiden anderen Richtungen ein Polynomgrad von $m = n = 1$ verwendet. Anschließend wurden die Formvariationen erzeugt, indem immer Paare von Kontrollpunkte hochgezogen wurden. Damit wurde gewährleistet, dass man eine gerade Kante senkrecht zur variierenden Richtung behält. Es wurden nur 11 von den insgesamt 13 möglichen Basisvektoren generiert, um eine C^0 Stetigkeit am Rand zu gewährleisten.

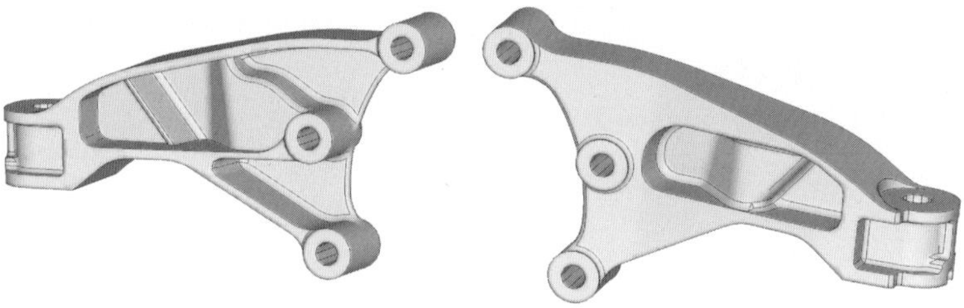

Abb. 8.43 Zwei Ansichten des Ausgangsdesigns eines Motorhalters

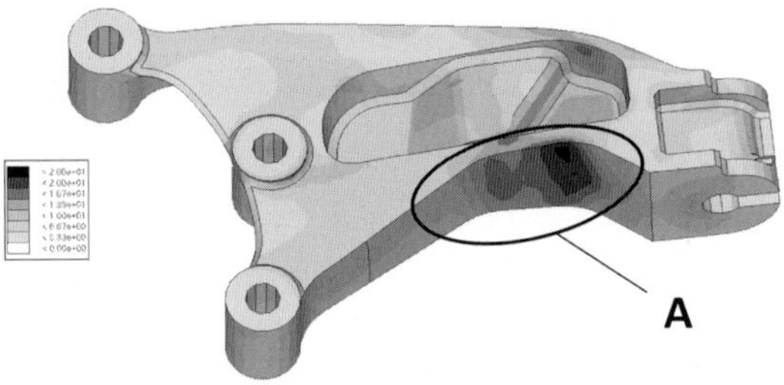

Abb. 8.44 Spannungsverteilung für den kritischsten Lastfall mit der Definition des Bereichs A, in dem die Spannungen reduziert werden sollten

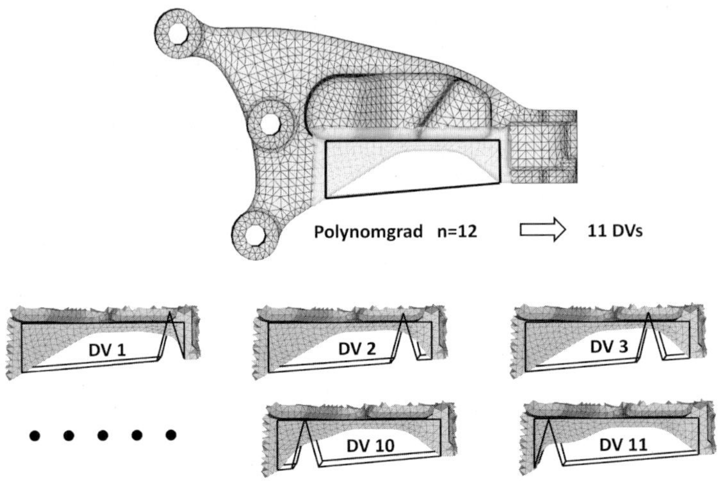

Abb. 8.45 Definition der Shape Box und fünf Beispiele der insgesamt 11 generierten Formvariationen

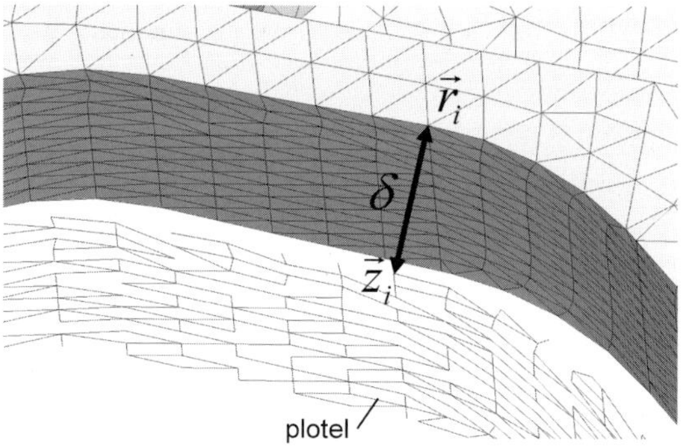

Abb. 8.46 Definition der Größen, die zur Formulierung der geometrischen Restriktion benötigt werden

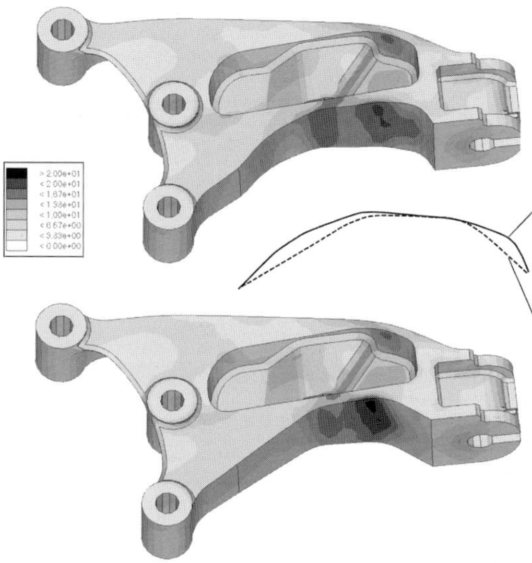

Abb. 8.47 Optimiertes Design im Vergleich zum Ausgangsdesign

Aus Platzgründen durfte das Ausgangsdesign nur nach innen und nicht nach außen geändert werden. Um dies zu gewährleisten wurde von allen Außenknoten $\vec{r_i}$ im Bereich A eine Kopie angefertigt, die kopierten Knoten $\vec{z_i}$ um den Betrag δ nach außen verschoben und über Plot-Elemente[1)] (plotels) miteinander verbunden (siehe Abbildung 8.46).

Das Optimierungsproblem wurde unter Verwendung der Beta-Methode folgendermaßen formuliert:

$$\min \beta, \tag{8.31}$$

sodass

$$\begin{aligned} &\sigma(j) \leqq \beta; && j \in A \\ &|\vec{r_i} - \vec{z_i}| \geqq \delta; && i \in B \\ &x_i^L \leqq x_i \leqq x_i^U; && i = 1, 11. \end{aligned}$$

[1)] Plot-Elemente dienen nur der grafischen Darstellung und haben keinen Einfluss auf das FE-Modell. Da viele Post-Prozessoren nur Knoten herausschreiben, die zur Definition von mindestens einem Element benötigt werden, kann über Plot-Elemente sichergestellt werden, das die zur Definition der geometrischen Restriktion benötigten Knoten auch wirklich herausgeschrieben werden und in der FE-Eingabedatei vorhanden sind.

Dabei ist σ_j die Spannung des j-ten Elements und A bzw. B die Menge, die alle Elemente bzw. Knoten im zu formvariierenden Bereich enthält.

Zur Lösung des Optimierungsproblems wurde das Programm OptiStruct <Altair> eingesetzt. Abbildung 8.47 zeigt das Ergebnis der Optimierung, durch die eine Spannungsreduktion von 16 % erreicht werden konnte und das ein schönes Beispiel dafür ist, dass Spannungsreduktion nicht zwangsläufig eine Erhöhung des Gewichts bedeutet.

8.2.1.6.3 Formoptimierung eines Kunststoff-Spritzgussteils

Abbildung 8.48 zeigt die Ausgangsform eines Kunststoff-Spritzgussteil und die dazugehörige „von Mises"-Spannungsverteilung, welche sich bei einer vorgegebenen Verschiebung im Zentrum der Bohrung einstellt. Die Aufgabe bestand darin, die Oberflächenspannung σ im Bereich A zu reduzieren. Das Optimierungsproblem kann somit mithilfe der Beta-Methode folgendermaßen formuliert werden

$$\min \beta,$$

sodass

$$\sigma_i \leqq \beta; \qquad i \in A. \tag{8.32}$$

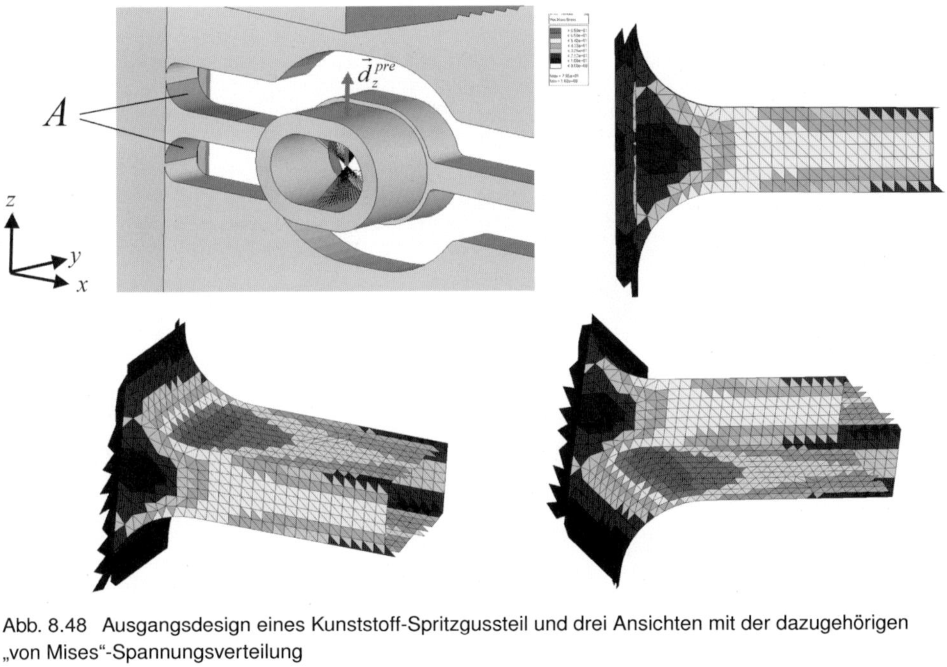

Abb. 8.48 Ausgangsdesign eines Kunststoff-Spritzgussteil und drei Ansichten mit der dazugehörigen „von Mises"-Spannungsverteilung

Dabei ist σ_i die „von Mises"-Spannung des i-ten Elements im Bereich A. Zur Lösung des Optimierungsproblems wurden drei verschiedene Formoptimierungsverfahren eingesetzt und deren Ergebnisse miteinander verglichen. Abbildung 8.49 zeigt das Ergebnis einer Freiformoptimierung mit OptiStruct, Abbildung 8.50 das Ergebnis unter Verwendung von mit SHAPE200 generierten Basisfunktionen vom Polynomgrad $= 8$ und Abbildung 8.51 das Ergebnis von Carat++ [93], [94], jeweils immer mit Angabe der erzielten relativen Spannungsreduktion $\Delta\sigma$. Die größte Spannungsreduktion ergibt sich mit Carat++, während die beiden anderen Verfahren eine gleich große Spannungsreduktion liefern. Das Netz der optimierten Form aus der Freiformoptimierung

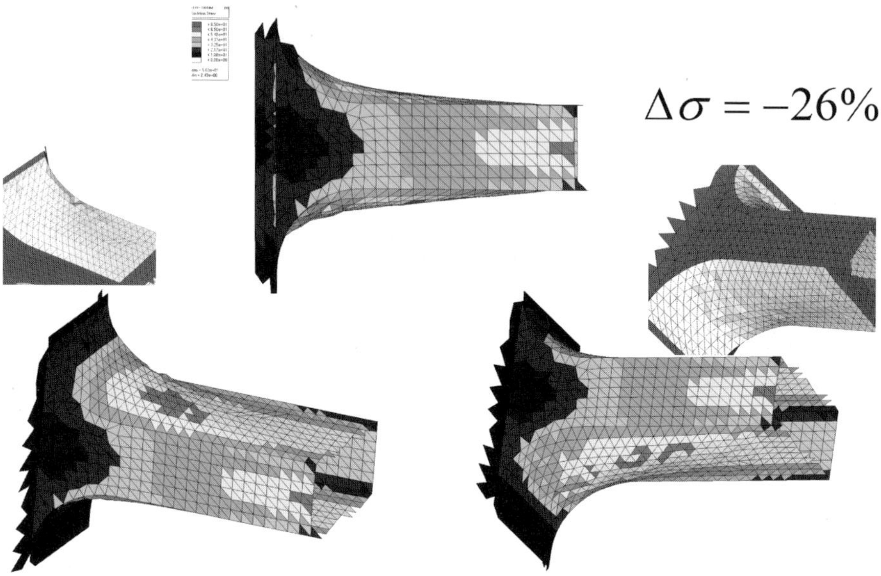

Abb. 8.49 Ergebnis der Freiformoptimierung mit OptiStruct. Die Bereiche mit nicht glatter Oberfläche sind nochmal extra hervorgehoben

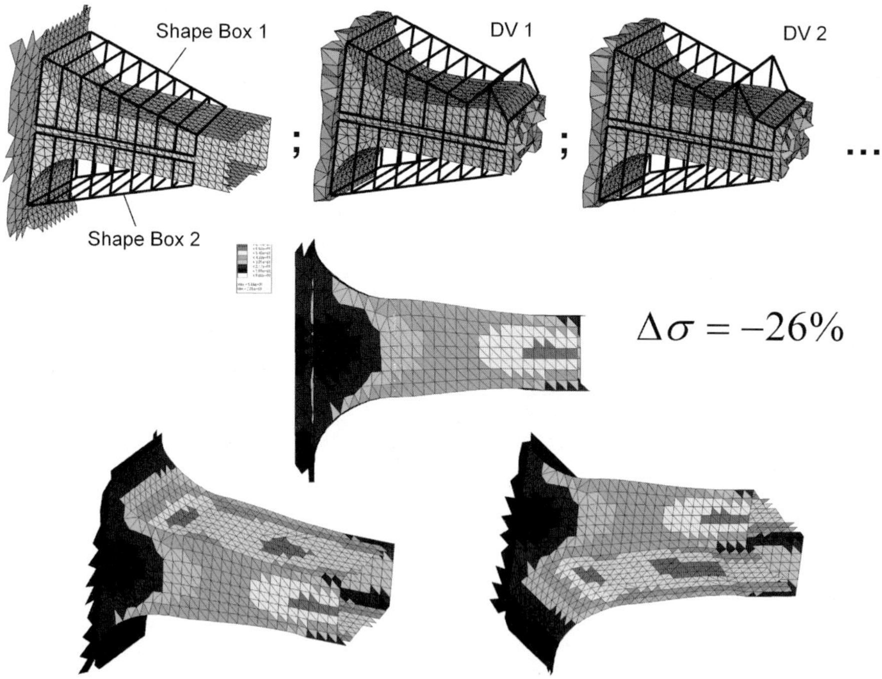

Abb. 8.50 Ergebnis der Formoptimierung unter Verwendung von mit SHAPE200 generierten Basisfunktionen vom Polynomgrad = 8. Oben sind die beiden Shape-Boxen und exemplarisch zwei der insgesamt 14 generierten Basisvektoren dargestellt. Um die Stetigkeit am Rand zu gewährleisten, wurden die insgesamt vier Basisvektoren am Anfang und am Ende des zu variierenden Bereiches nicht verwendet

weist dabei in einigen Bereichen eine nicht glatte Struktur auf. Diese müssen bei einer Umsetzung glättet werden, was sich jedoch nicht negativ auswirkt, weil sie außerhalb des Bereichs mit hohen Spannungen liegen. Das mit den Basisvektoren generierte Ergebnis ist von allen am einfachsten umzusetzen, weil dort bei der Generierung der Basisvektoren durch das paarweise Hochziehen von Kontrollpunkten erzwungen wurde, dass die Form in y-Richtung gerade bleibt. Dagegen ergibt sich bei den beiden anderen Verfahren in dieser Richtung eine komplexe Form. Dort ist jedoch auch eine Vereinfachung denkbar, indem man die in die „x-z"-Ebene projizierte Oberkante in y-Richtung extrudiert und dadurch eine gerade Kante in y-Richtung erzeugt.

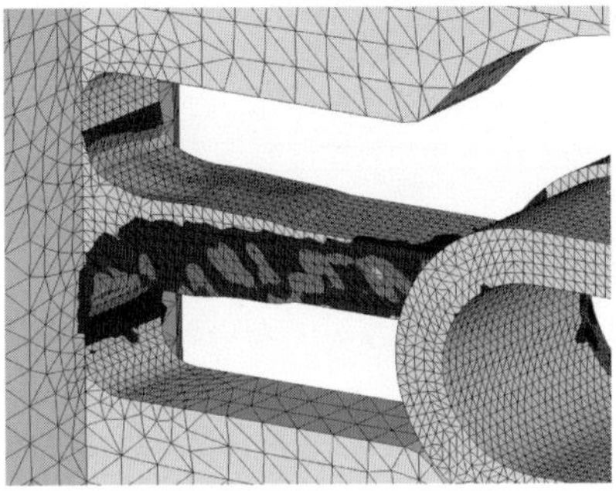

$\Delta\sigma = -33\%$

Abb. 8.51 Ergebnis der Formoptimierung mit Carat++

8.2.1.6.4 Formoptimierung eines Karosserie-Blechbauteils

Abbildung 8.52 zeigt die Ausgangsform eines Karosserie-Blechbauteils aus dem Hinterwagenbereich und die dazugehörige „von Mises"-Spannungsverteilung, die bei einem Torsionslastfall auftrat. Die Aufgabe war, die Spannungsspitze im Knickbereich zu reduzieren. Zusätzlich war eine geometrische Restriktion bedingt durch die Auspuffanlage zu beachten, sodass die Formänderungen nur nach innen und nicht nach außen vorgenommen werden durften. Um dies zu gewährleisten wurde von allen Außenknoten $\vec{r_i}$ in dem Bereich, der formmäßig verändert werden sollte, eine Kopie angefertigt, die kopierten Knoten $\vec{z_i}$ tangential um den Betrag δ nach außen verschoben und über Plot-Elemente (plotels) miteinander verbunden (siehe Abbildung 8.52).

Plot-Elemente dienen nur der grafischen Darstellung und haben keinen Einfluss auf das FE-Modell. Da viele Post-Prozessoren nur Knoten herausschreiben, die zur Definition von mindestens einem Element benötigt werden, kann über Plot-Elemente sichergestellt werden, das die zur Definition der geometrischen Restriktion benötigten Knoten auch wirklich herausgeschrieben werden und in der FE-Eingabedatei vorhanden sind. Das gesamte Optimierungsproblem kann nun zusammen mit der geometrischen Restriktion über die Beta-Methode folgendermaßen formuliert werden:

$$\min \beta,$$

sodass

$$\sigma_j \leqq \beta; \qquad j \in A$$
$$|\vec{r_i} - \vec{z_i}| \geqq \delta; \qquad i \in B$$

Dabei ist σ_j die „von Mises"-Spannung des j-ten Elements und A bzw. B die Menge, die alle Elemente bzw. Knoten im zu formvariierenden Bereich enthält.

Die Formvariationen wurden mit SHAPE200 über zwei aneinanderliegende Shape-Boxen generiert (Abbildung 8.53). Dazu wurde jeweils in der Richtung, in der die Form variiert werden sollte, ein Polynomgrad von $m = 10$ verwendet. Aus Stetigkeitsgründen wurden jedoch nicht die Kontrollpunkte an den Ecken verschoben, sodass sich insgesamt eine Anzahl von 18 Designvariable ergab.

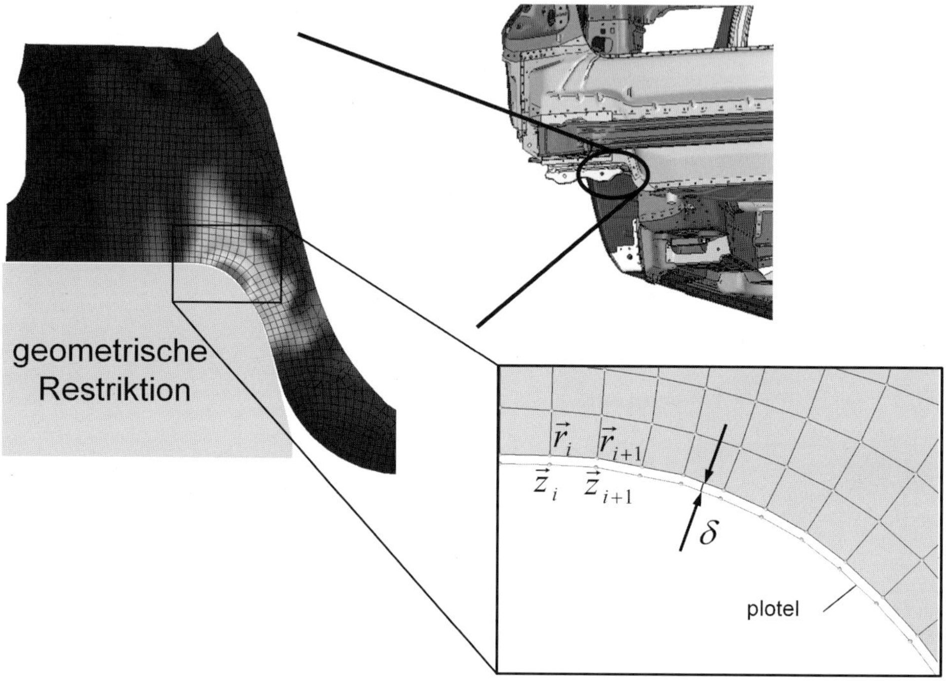

Abb. 8.52 Ausgangsdesign eines Karosserie-Blechbauteils aus dem Hinterwagenbereich mit dazugehöriger „von Mises"-Spannungsverteilung und Definition der Größen, die zur Formulierung der geometrischen Restriktion benötigt werden

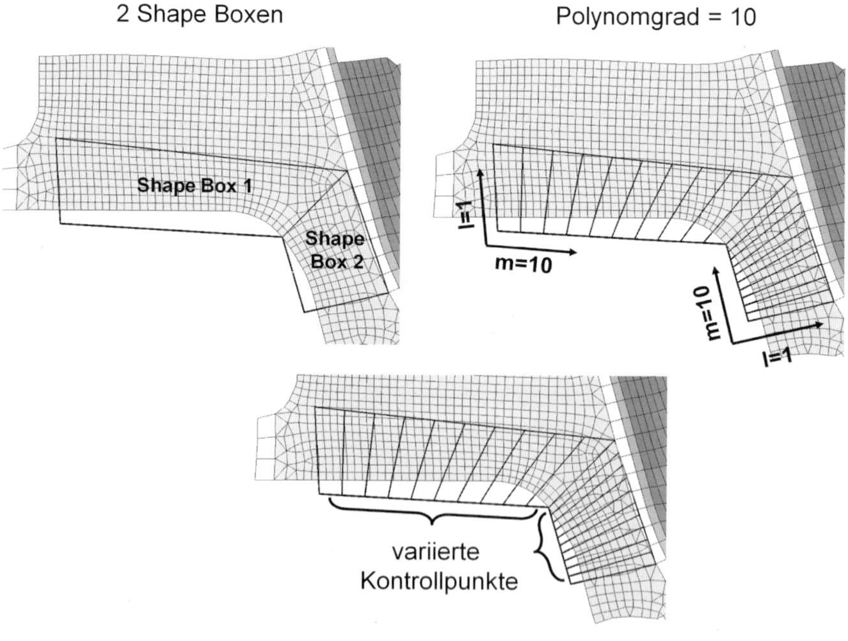

Abb. 8.53 Definition der beiden Shape-Boxen zur Formvariation über SHAPE200

Die optimale Form nach der Optimierung, die eine Spannungsreduktion von $\Delta\sigma = 35\,\%$ ergab, ist in Abbildung 8.54 dargestellt.

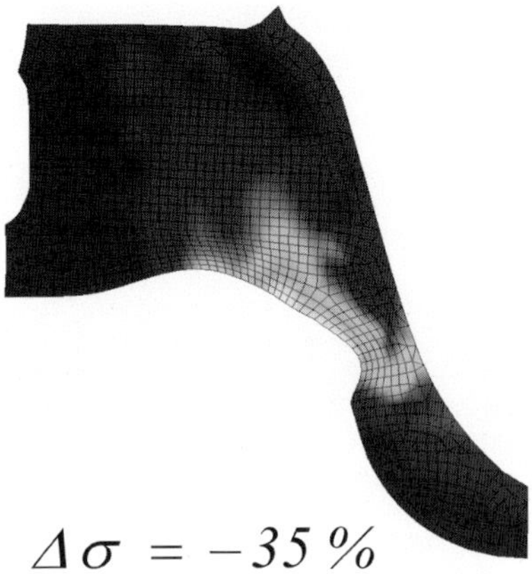

Abb. 8.54 Ergebnis der Formoptimierung

8.2.1.6.5 Sickenoptimierung einer Ersatzradmulde

In Abbildung 8.55 ist das Ausgangsdesign einer Ersatzradmulde und die 1. Eigenform dargestellt. Die Aufgabe bestand darin, die 1. Eigenfrequenz durch das Einbringen von Sicken soweit wie möglich nach oben zu schieben. Anstatt ein „Mode Tracking" zu verwenden, wurde hier die Summe der reziproken Werte der ersten 4 Eigenfrequenzen als zu minimierende Zielfunktion verwendet und damit sichergestellt, dass die 1. Eigenfrequenz auf jeden Fall zu höheren Werten verschoben wird:

$$\min f(\vec{x}) = \sum_{j=1}^{4} \frac{1}{\nu_j}, \tag{8.33}$$

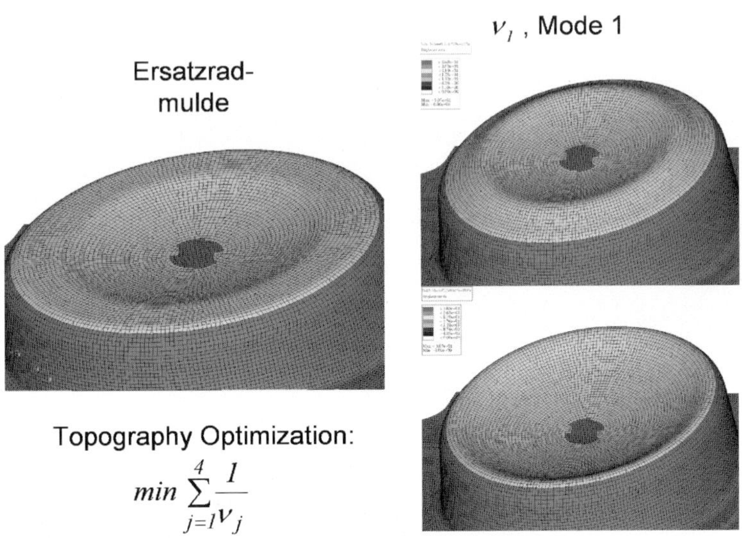

Abb. 8.55 Ausgangsdesign einer Ersatzradmulde mit der 1. Eigenform, die zu höheren Frequenzwerten hin verschoben werden sollte

sodass

$$x_i^L \leqq x_i \leqq x_i^U.$$

Das Optimierungsergebnis ist in Abbildung 8.56 dargestellt. Da das Optimierungsergebnis ausreichend gut war, um eine Umsetzung durchzuführen, brauchte keine weitere Optimierung mit dem Versickungsgrad als Zielfunktion durchgeführt werden. Die erste Eigenfrequenz wurde durch die optimierte Sickenanordnung mehr als verdoppelt.

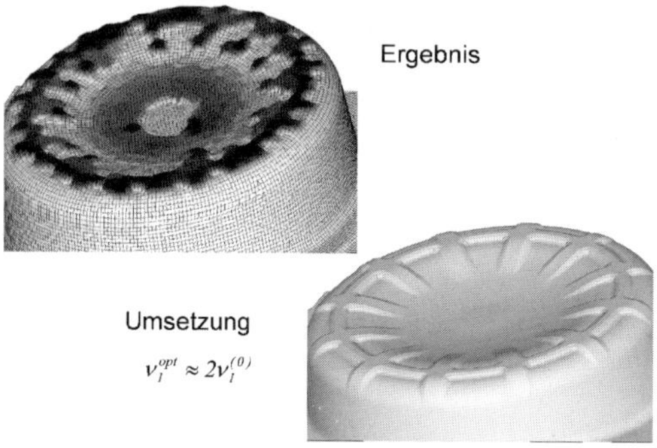

Abb. 8.56 Ergebnis der Topographieoptimierung der Reserveradmulde und Umsetzung

8.2.1.6.6 Sickenoptimierung einer Fahrzeugbodengruppe

Abbildung 8.57 zeigt eine Bodengruppe aus dem Hinterwagen-Bereich, für die eine optimale Sickenanordnung gesucht wurde mit dem Ziel, die erste Eigenfrequenz ν_1 zu maximieren. Die erste Eigenfrequenz bei dem unversickten Blech betrug $\nu_1^{(0)} = 24{,}7$ Hz. Durch eine bi-direktionale

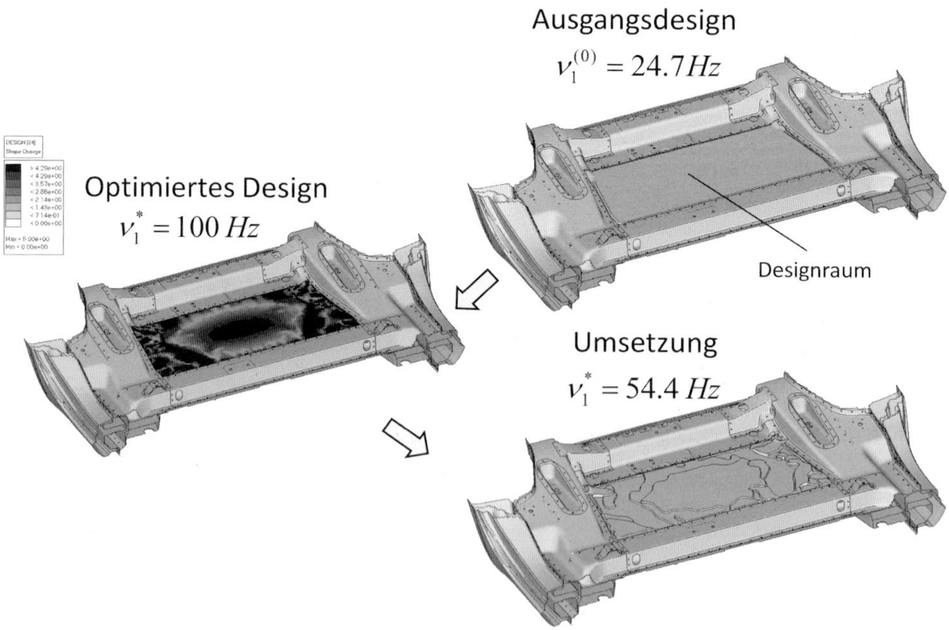

Abb. 8.57 Ausgangsdesign der Fahrzeugbodengruppe, Ergebnis der Sickenoptimierung und automatische Umsetzung in eine sauber vernetzte Sickenstruktur mit OSSmooth AutoBead

Topographieoptimierung mit OptiStruct <Altair>, bei der die erste Eigenfrequenz mit aktiviertem Mode Tracking maximiert wurde, konnte die Frequenz auf $\nu_1 = 100\,\mathrm{Hz}$ angehoben werden. Mithilfe des Programms OSSmooth AutoBead der Firma Altair <Altair> kann dann das Ergebnis schnell und komfortabel in eine sauber vernetzte Sickenstruktur übergeführt werden. Weil dadurch alle künstlichen Steifigkeiten aus dem Ergebnis entfernt werden, verschlechtert sich dadurch in der Regel der optimale Wert. Weiter Einbußen können dadurch entstehen, dass bei der automatischen Umsetzung Vereinfachungen vorgenommen werden. In dem konkreten Fall in Abbildung 8.57 ergab sich eine ungewöhnlich hohe Absenkung auf den Wert $\nu_1 = 54{,}4\,\mathrm{Hz}$. Solche Effekte treten natürlich nicht auf, wenn die Netzgüte während der Optimierung kontrolliert wird. So führte beispielsweise die Optimierung mit dem Programm Carat++, infolge der Kontrolle der Netzqualität während der Optimierung, zu einem Ergebnis [93], [94], das unter Beibehaltung der optimalen Wertes von $\nu_1^* = 94\,\mathrm{Hz}$ direkt übernommen werden konnte (Abbildung 8.58). Allerdings ist die resultierende Sickenstruktur ungewohnt, weil sich keine harten Kanten sondern stattdessen fließende Übergänge einstellen.

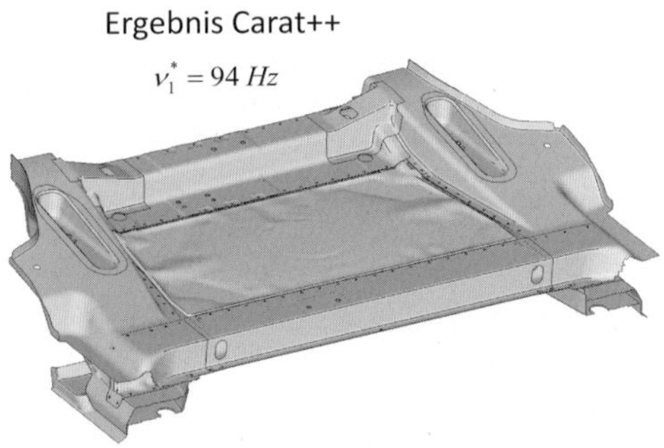

Abb. 8.58 Ergebnis der Sickenoptimierung der Fahrzeugbodengruppe mit Carat++

8.2.2 Das CAO-Verfahren

Das CAO-Verfahren (Computer Aided Optimization) ist ein Verfahren zur Formoptimierung, das die adaptive biologische Wachstumsregel [238], [239], [240], [242] simuliert, die in Abschnitt 5.2 vorgestellt wurde und welche lautet:

1. Lagere an hochbelasteten Stellen Material an.
2. Entferne Material (Knochen) an unterbelasteten Stellen.

Damit zählt es zu den Verfahren, die auf einem Optimalitätskriterium basieren. Da die empirische Wachstumsregel zu einem Design mit homogener Oberflächenspannung führt, ist das Verfahren nur für Festigkeitsprobleme einsetzbar. Der Vorteil des Verfahrens liegt darin, dass nicht – wie bei manch anderen Beispielen aus dem Bereich der Bionik – eine Konstruktion kopiert wurde, sondern eine Strategie. Deswegen kann die Wachstumsregel auf jedes beliebige Bauteil angewendet werden, wenn ein festigkeitsoptimiertes Leichtbaudesign das Ziel ist.

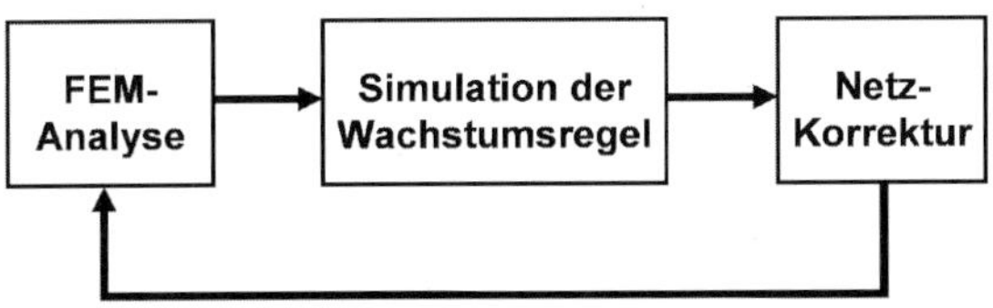

Abb. 8.59 Ablauf des CAO-Verfahrens

Der prinzipielle Ablauf des CAO-Verfahrens ist in Abbildung 8.59 dargestellt. Zu Beginn steht eine FE-Analyse, in der die Spannungen des Bauteils für alle benötigten Lastfälle berechnet werden. Mithilfe der Knotenspannungen σ_i werden danach gemäß der Wachstumsregel für jeden außen liegenden Knoten i in dem zu optimierenden Bereich eine Wachstumsverschiebung $\vec{d_i}$ berechnet. Dazu muss der Benutzer eine Referenzspannung σ_{ref} definieren. Diese ist die erwünschte Spannung, die sich am Ende der Optimierung als homogene Oberflächenspannung einstellen soll. Die Referenzspannung legt fest, welcher Knoten als hochbelastet ($\sigma_i > \sigma_{\text{ref}}$) und welcher als unterbelastet ($\sigma_i < \sigma_{\text{ref}}$) gilt. Im ersten Fall wird der entsprechend Knoten nach außen, im anderen Fall nach innen verschoben. Dabei wird Betrag der Verschiebung proportional zur Spannungsdifferenz $\sigma_i - \sigma_{\text{ref}}$ gewählt. Als Spannung kann dabei jede gewünschte Vergleichsspannung verwendet werden. Bei allen in diesem Buch vorgestellten Beispielen wurde die „von Mises"-Spannung verwendet.

Statt einer festen Referenzspannung kann auch die Spannung eines Knotens als Referenzspannung verwendet werden. Ein solcher Knoten wird Referenzknoten genannt. In diesem Fall ändert sich die Referenzspannung von Iteration zu Iteration, sodass es am Anfang der Optimierung nicht bekannt ist, welche Spannung sich am Schluss als homogene Oberflächenspannung einstellen wird. Der Vorteil ist jedoch, dass sichergestellt ist, dass sich die Lage des Referenzknoten während der Iterationen nicht verändert. Auf diese Weise kann man sicherstellen, dass sich eine glatte optimierte Anschlusskontur zu einem festgehaltenen Bereich ergibt. Ebenso können, wie weiter unter näher erläutert wird, mithilfe eines Referenzknotens geometrische Restriktionen berücksichtigt werden.

In jeder Iteration erhält man die neuen Koordinaten eines jeden Knotens, indem man die berechneten Wachstumsverschiebungen zu den entsprechenden aktuellen Koordinaten hinzuaddiert. Anschließend wird eine Netzkorrektur durchgeführt, in der die innen liegenden Knoten an die neue Kontur angepasst und damit die Netzverzerrungen minimiert werden. Dabei werden die berechneten Wachstumsverschiebungen $\vec{d_i}$ in einer weiteren FE-Analyse als vorgeschriebene Verschiebungen (prescribed displacements) aufgegeben. Dazu müssen in der Regel andere Randbedingungen gewählt werden, um eine gut angepasstes Netz zu erhalten. Ein einfaches Beispiel zur richtigen Wahl der Randbedingungen ist in Abbildung 8.60 dargestellt.

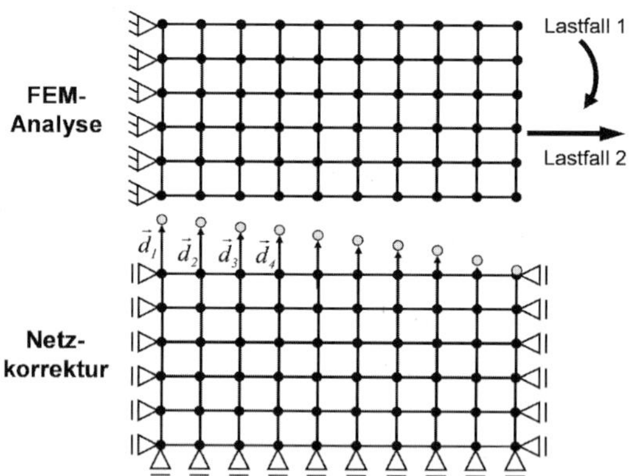

Abb. 8.60 Schematisches Beispiel zur Wahl der Randbedingungen bei der Netzkorrektur, in der die Wachstumsverschiebungen $\vec{d_i}$ als vorgeschriebene Verschiebungen aufgegeben werden, im Vergleich zu denen der FE-Analyse für die verwendeten Lastfälle

Das Verfahren wird abgebrochen, wenn die erwünschte Spannungsreduktion erreicht ist, oder spätestens dann, wenn sich die homogene Spannungsverteilung eingestellt hat.

Die Rechenzeit für eine Iteration beträgt mindestens zwei FE-Analysen, eine für die Spannungsanalyse und eine für die Netzkorrektur. Die Zeit zur Berechnung der Wachstumsverschiebungen kann dagegen vernachlässigt werden. Es gibt zwei Varianten, um die Wachstumsregel zu simulieren, die im nachfolgenden vorgestellt werden. In der ersten Variante wird noch eine zusätzliche FE-Analyse pro Iteration benötigt.

8.2.2.1 Wachstumssimulation mithilfe einer Wachstumsschicht

Bei der ursprünglichen Version des CAO-Verfahrens [238], [239], [240], [242] <CAOSKO>, die am Forschungszentrum Karlsruhe entwickelt wurde, wird die Wachstumsregel mithilfe einer Wachstumsschicht (auch Schwellschicht genannt) simuliert. Diese wird in dem zu optimierenden Bereich unterhalb der Außenkontur aufgebracht (Abbildung 8.61) und sollte eine möglichst konstante Dicke D haben. Die Wachstumsverschiebungen werden in einer zusätzlichen FE-Analyse berechnet, in der die Wachstumsschicht, die einen wesentlich geringeren E-Modul als die darunter liegende Struktur zugewiesen bekommt, einem volumetrischen Schwellgesetz unterworfen wird:

$$\dot{\varepsilon}_s = \frac{\Delta V}{V} = s\Delta T. \tag{8.34}$$

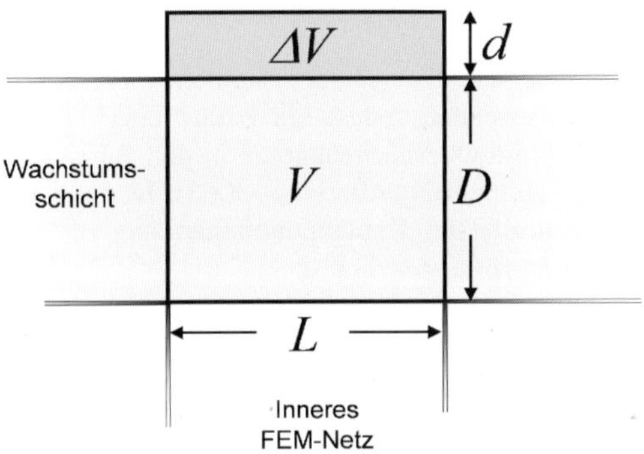

Abb. 8.61 Simulation der Wachstumsregel mit der Wachstumsschicht

Dabei wird die Temperaturdifferenz für jedes Element der Schwellschicht gleich der Spannungsdifferenz gesetzt:

$$\Delta T = \sigma - \sigma_{\text{ref}}. \tag{8.35}$$

Die Elementspannung σ wird dabei als Mittelwert aller zu dem Element gehörigen Knotenspannungen bestimmt. Es ist offensichtlich, dass diese Vorgehensweise die Wachstumsregel simuliert, weil sich im Fall einer positiven Temperaturdifferenz (hochbelastet) die Wachstumsschicht ausdehnt, sich dagegen bei einer negativen Temperaturdifferenz (unterbelastet) zusammenzieht. Der Skalierungsfaktor s muss dabei so angepasst werden, dass sich sinnvolle Verschiebungen ergeben.

Man kann die Wachstumsverschiebungen näherungsweise berechnen, wenn man die Ausdehnung senkrecht zur Oberfläche unter Vernachlässigung der Ausdehnung innerhalb der Wachstumsschicht bestimmt (Abbildung 8.61). Es ergibt sich

$$d = sD\Delta T = sD(\sigma - \sigma_{\text{ref}}). \tag{8.36}$$

Hier wird deutlich, dass die Wachstumsverschiebung nicht nur von der Spannungsdifferenz, sondern auch von der Dicke der Wachstumsschicht abhängt. Somit wird die Wachstumsregel nur dann korrekt simuliert, wenn sichergestellt ist, dass die Dicke der Wachstumsschicht überall identisch ist. Dies kann zwar mit entsprechend aufwendiger Modellierung für die Ausgangskontur gewährleistet werden, jedoch nicht für die modifizierten Formen innerhalb der Iterationen, in denen sich zwangsläufig eine Variation der Dicke einstellt. Dieses Problem kann behoben werden, wenn anstatt der

Temperaturdifferenz aus Gleichung (8.35) die korrigierten Temperaturen verwendet werden, sodass sich die Abhängigkeit von der Schichtdicke in Gleichung (8.36) herauskürzt [241]:

$$\Delta T^{\mathrm{korr}} = \frac{(\sigma - \sigma_{\mathrm{ref}})}{\overline{D}}. \tag{8.37}$$

Dabei ist $\overline{D}$ die mittlere Dicke des betrachteten Elements.

Auch wenn die Ausdehnung innerhalb der Wachstumsschicht vernachlässigt werden kann, entsteht durch das Schwellen ein Druck, der zum Knittern der Wachstumsschicht führen kann. Dieser Tendenz kann dadurch entgegengewirkt werden, dass nur der thermische Ausdehnungskoeffizient in Normalenrichtung der Außenfläche ungleich null und alle anderen zu null gesetzt werden.

Mit den oben vorgestellten Maßnahmen kann die Wachstumsregel erfolgreich simuliert werden. Dennoch bleibt das Problem, dass die Wachstumsschicht modelliert werden muss. Gerade bei komplexen Bauteilen kann dies einen erheblichen Aufwand darstellen. Dies steht vor allem dann in keiner vernünftigen Relation, wenn man bedenkt, dass ein automatischer Netzgenerator heutzutage ein ganzes Bauteil in Minuten vernetzen kann.

8.2.2.2 Direkte Methode der Wachstumssimulation

Bei der direkten Methode werden die Wachstumsverschiebungen ohne zusätzliche FE-Analyse bestimmt. Weiterhin wird keine Wachstumsschicht verwendet, sodass ein zusätzlicher Modellierungsaufwand entfällt. Der Benutzer muss lediglich die Oberflächenknoten in den Bereichen, die optimiert werden sollen, als „Wachstumsknoten“ definieren (Abbildung 8.62). In der k-ten Iteration wird dann für jeden Wachstumsknoten i mithilfe der Knotenpunktsspannung $\sigma_i^{(k)}$ die Wachstumsverschiebung $\overrightarrow{d_i}^{(k)}$ direkt berechnet [140], [143]:

$$\overrightarrow{d_i}^{(k)} = s(\sigma_i^{(k)} - \sigma_{\mathrm{ref}})\,\overrightarrow{n_i}^{(k)}. \tag{8.38}$$

Dabei ist s ein Skalierungsfaktor. Als Faustregel sollte dieser so gewählt werden, dass sich im ersten Schritt ungefähr die Hälfte der erwünschten Spannungsreduktion ergibt. Der Richtungsvektor $\overrightarrow{n_i}^{(k)}$ gibt die Richtung vor, in der die Verschiebung stattfinden soll. Er muss nach außen gerichtet sein, um die erwünschte Orientierung der Verschiebung zu erhalten. Er wird üblicherweise als Normalenvektor vorgegeben, der sich an jedem Knoten durch die Mittelung aller Normalen der umgebenden Außenflächen ergibt. Es kann aber auch sinnvoll sein, andere Richtungen vorzugeben, wenn zum Beispiel Symmetrieebenen eingehalten werden sollen.

Mit Gleichung (8.38) wird das Wachstumsverhalten der Knochen simuliert. Diese Variante wird normalerweise verwendet. Es ist aber auch möglich, über eine einfache „If“-Abfrage im Programm entweder nur Wachstum (Baumwachstum) oder nur Schrumpfen (in der Natur nicht vorhanden) zu realisieren.

In der Regel müssen bei der Optimierung mehrere Lastfälle berücksichtigt werden. In diesem Fall wird in Gleichung (8.38) für jeden Wachstumsknoten die maximale Spannung aus allen Lastfällen verwendet. Dadurch wird gewährleistet, dass immer die maximalen Spannungen in der Optimierung berücksichtigt und abgebaut werden. Dies bedeutet, dass die berücksichtigten Spannungen zweier Knoten aus verschiedenen Lastfällen stammen können und sich somit keine homogene Spannungsverteilung bei einem einzelnen Lastfall einstellt. Diese erhält man nur, wenn man die maximalen Spannungen aller Lastfälle überlagert.

Eine Variante der Iterationsvorschrift (8.38) wird im Programm TOSCA <Dassault> verwendet, das zuerst unter dem Namen CAOS und später als CAOA, CAOSS und MSC/Construct angeboten wurde. Dort wird folgende Formel verwendet [312], [313], [246], [246]:

$$\overrightarrow{d_i}^{(k)} = sign\left(\sigma_i^{(k)} - \sigma_{\mathrm{ref}}\right) s \left|\sigma_i^{(k)} - \sigma_{\mathrm{ref}}\right|^{\kappa} \overrightarrow{n_i}^{(k)}. \tag{8.39}$$

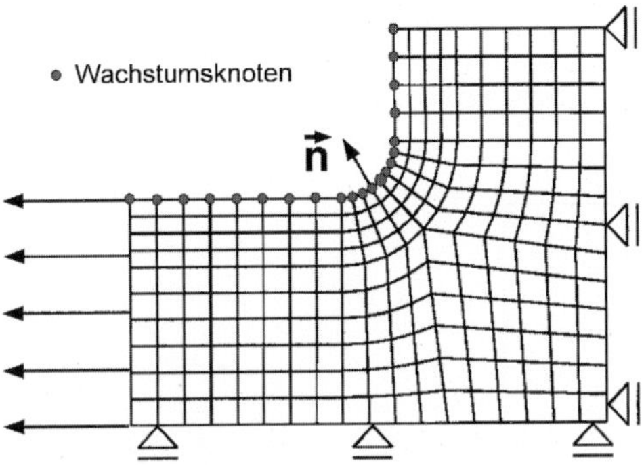

Abb. 8.62 Direkte Methode beim CAO-Verfahren

Es handelt sich damit um eine Verallgemeinerung der Iterationsvorschrift (8.38), die man aus (8.39) für $\kappa = 1$ erhält. Nach [246] soll sich für $\kappa = 0{,}5$ ein leicht verbessertes Konvergenzverhalten ergeben.

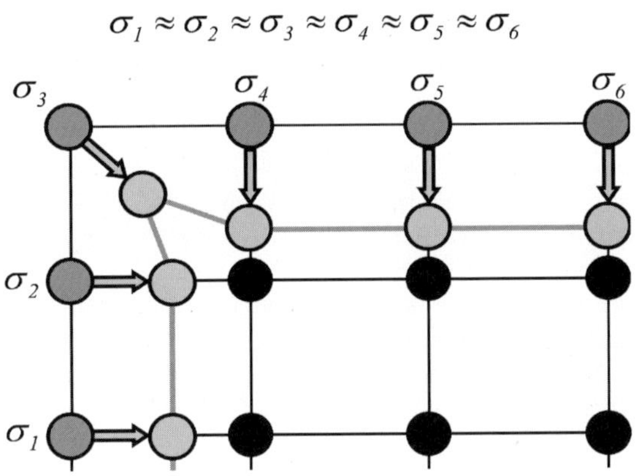

Abb. 8.63 Abschnüreffekt bei einer Außenkante, an der alle Knotenspannungen σ_i und damit auch die Beträge der Wachstumsverschiebungen ungefähr gleich groß sind

Bei der Verwendung von Gleichung (8.38) können sich Abschnüreffekte an scharfen Kanten und Kerben ergeben, wie dies exemplarisch für eine Außenkante in Abbildung 8.63 dargestellt ist. Dies kann, wie in [378] für den 2-dimensionalen Fall beschrieben, durch eine Wachstumskorrektur behoben werden:

$$\vec{d}_i^{(k)} = s\,(1 + \alpha_i)\,(\sigma_i^{(k)} - \sigma_{\mathrm{ref}})\,\vec{n}_i^{(k)}. \tag{8.40}$$

In dieser werden die Wachstumsverschiebungen beim Schrumpfen an Stellen großer Krümmung über einen Faktor α_i vergrößert und damit dem Abschnüreffekt entgegengewirkt. Der Faktor α_i kann für den 2-dimensionalen Fall folgendermaßen berechnet werden (Abbildung 8.64):

$$\alpha_i = \mathrm{sig}\,(\sigma_i - \sigma_{\mathrm{ref}})\,\vec{n}_i^{\mathrm{T}}\vec{e}_i. \tag{8.41}$$

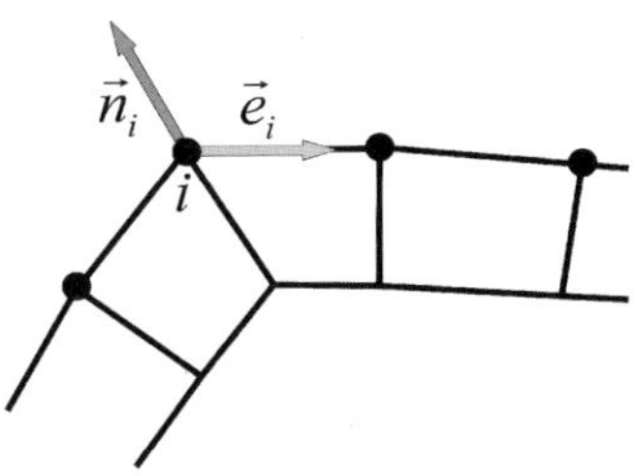

Abb. 8.64 Wachstumskorrektur im 2-dimensionalen Fall

In Abbildung 8.65 ist die Wirkungsweise der Korrektur auf die Wachstumsverschiebung für alle denkbaren Fälle veranschaulicht.

Fall	Schrumpfen $\sigma - \sigma_{ref} < 0$	Wachsen $\sigma - \sigma_{ref} > 0$	
	$1+\alpha < 1$ d wird verkleinert	$1+\alpha > 1$ d wird vergrößert	$\vec{n}^T \vec{e} > 0$
	$1+\alpha > 1$ d wird vergrößert	$1+\alpha < 1$ d wird verkleinert	$\vec{n}^T \vec{e} < 0$

Abb. 8.65 Wirkung der Wachstumskorrektur auf die Wachstumsverschiebung *d* im 2-dimensionalen Fall

Es sei zu Abschluss dieses Abschnitts darauf hingewiesen, dass CAO ein lokales Verfahren ist. Das heißt, dass nur die Spannungen im Wachstumsbereich abgebaut werden und die Spannungen außerhalb dieses Bereiches nicht kontrolliert werden können. Diese können im ungünstigsten Fall auch ansteigen, wie das Beispiel in Abbildung 8.66 zeigt. Hier kann CAO wegen geometrischer Restriktionen nicht im Bereich der Spannungsspitze angewendet werden. Eine Verlagerung auf die gegenüberliegende Seite führt jedoch zu einer Verschlechterung des Designs, weil in diesem Fall CAO nicht lokal und damit unsachgemäß angewendet wird. Eine Verbesserung kann nur über eine Verschiebung der Außenkontur nach außen oder über eine Entlastungskerbe erzielt werden, was jedoch nicht mit CAO, sondern nur mit einem mathematischen Verfahren möglich ist.

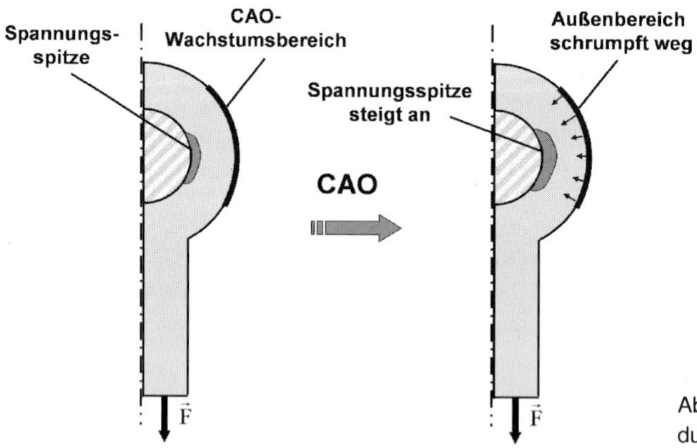

Abb. 8.66 Unsachgemäße Anwendung des CAO-Verfahrens

8.2.2.3 Berücksichtigung von geometrischen Restriktionen

Da beim CAO-Verfahren die empirische Wachstumsregel verwendet wird, können in der Optimierung lediglich geometrische Restriktionen berücksichtigt werden. Ist beispielsweise erwünscht, dass die Form nur in einer Richtung 1 verändert werden und in der Richtung 2 senkrecht dazu gerade bleiben soll, kann dies durch Gruppenbildung von Knoten berücksichtigt werden. Dabei werden alle Wachstumsknoten, die in Richtung 2 auf einer Linie liegen, zu einer Gruppe zusammengefasst und bekommen eine gleiche Wachstumsrichtung zugewiesen (Abbildung 8.67). Alle Knoten einer Gruppe erhalten dann die gleiche Wachstumsverschiebung, indem in Gleichung (8.40) die maximale Knotenspannung aus dieser Gruppe verwendet wird. Ebenfalls lassen sich über Gruppenbildung Symmetriebedingungen realisieren.

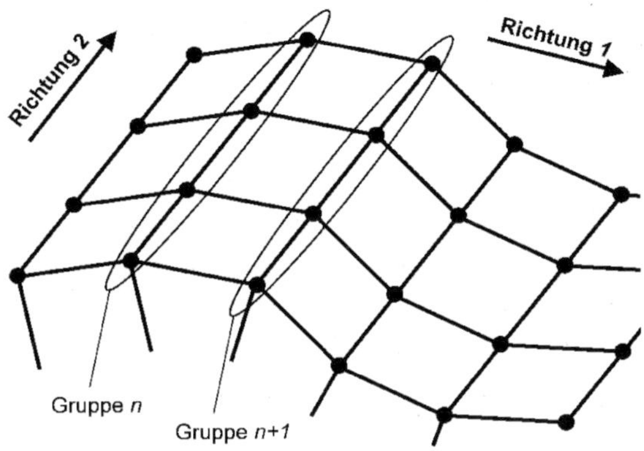

Abb. 8.67 Gruppenbildung, um zu gewährleisten, dass die Struktur in Richtung 2 gerade bleibt

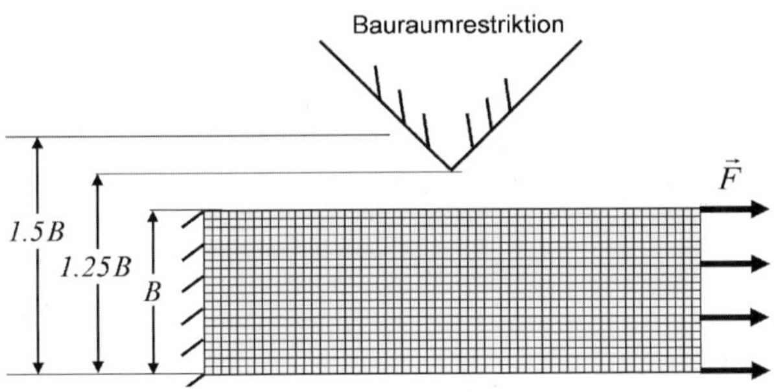

Abb. 8.68 Zugbalkenoptimierung, bei der die Referenzspannung so gewählt wurde, dass sich als optimale Lösung ein Balken mit der Breite 1,5B ergibt. Die geometrische Restriktion wird ab einer Breite von 1,25B aktiv.

Ebenfalls können auch Bauraumrestriktionen berücksichtigt werden. Dies kann dadurch geschehen, dass bei einer Restriktionsverletzung die Knoten, die die Bauraumrestriktion verletzen, auf die Restriktionsgrenze zurückgesetzt werden, wie dies in Abbildung 8.68 bis 8.71 am Beispiel eines einfachen Zugbalkens dargestellt ist. Dies alleine reicht jedoch nicht aus, weil sonst in den folgenden Iterationen der angrenzende nicht zurückgesetzte Bereich weiter wächst, die Restriktionsgrenze weiter umwallt und sich auf diese Weise eine Kerbe ausbildet (Abbildung 8.69). Die dort auftretende Kerbspannung ist dabei durch die Form der Restriktionsgrenze für den Bauraum bestimmt und liegt zwangsläufig oberhalb der angestrebten Referenzspannung. Wird jedoch der Knoten als Referenzknoten verwendet, der nach dem Zurücksetzen die maximale Spannung aufweist, wird in der nachfolgenden Iteration eine weitere Verletzung der Restriktion ausgeschlossen. Der Referenzknoten bleibt an der Restriktionsgrenze liegen, während sich die anderen von der Restriktionsgrenze entfernen (Abbildung 8.70). Sollten später nochmals Restriktionsverletzungen auftreten, wird immer von allen an der Restriktionsgrenze anliegenden Knoten derjenige als Referenzknoten verwendet, der die maximale Spannung aufweist. Normalerweise wird sich – wie auch in Abbildung

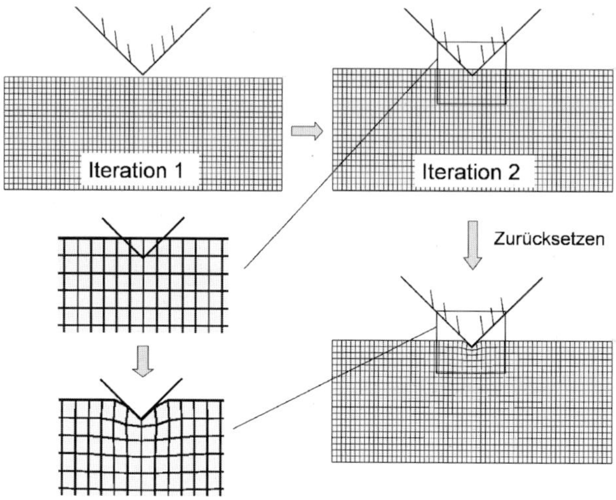

Abb. 8.69 Ergebnisse der ersten beiden Iterationen und Zurücksetzen der Knoten auf die Restriktionsgrenze in der 2. Iteration

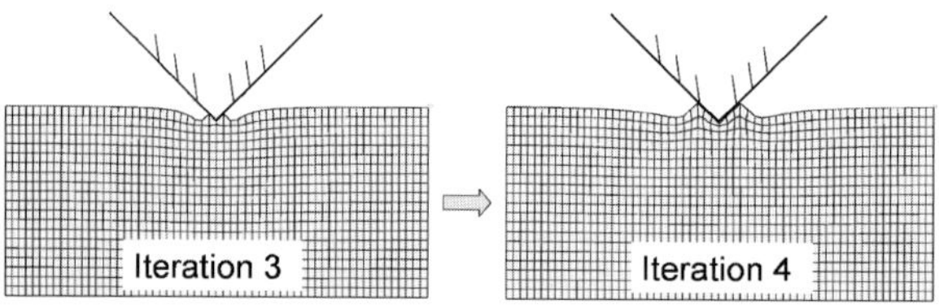

Abb. 8.70 Verlauf der Optimierung, wenn die Referenzspannung nach dem Zurücksetzen auf die Restriktionsgrenze nicht geändert wird. Die Kerbe wird umwallt, wobei die zwischenzeitlich auftretende Oszillation der kerbnahen Knoten dadurch entsteht, dass diese durch die Kerbe spannungsmäßig entlastet werden. Die Spannung im Kerbgrund in Iteration 4 beträgt $\sigma_{Kerbe} = 1{,}8\,\sigma_{\text{ref}}$).

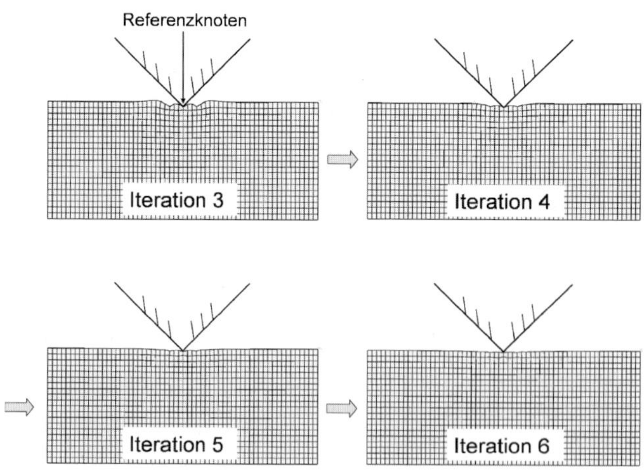

Abb. 8.71 Verlauf der Optimierung, wenn nach dem Zurücksetzen auf die Restriktionsgrenze der zurückgesetzte Knoten mit der größten Spannung als Referenzknoten gewählt wird. Die Kontur konvergiert gegen einen Balken mit der Breite $1{,}25B$ mit einer homogener Spannung, die um den Faktor 1,2 höher liegt, als die zu Beginn definierte Referenzspannung.

8.70 – nach einer solchen Korrektur eine optimale Struktur ergeben, die eine höhere homogene Spannung aufweist als durch die ursprüngliche Referenzspannung gefordert worden ist. Jedoch ist das Optimierungsergebnis die beste Lösung, die unter den vorgegebenen Bauraumrestriktionen möglich ist. Ist die resultierende Spannung deshalb zu hoch, bleiben als Alternativen nur noch, die Verwendung höherfesteren Materials in Betracht zu ziehen oder darauf hinzuarbeiten, dass die Bauraumrestriktion abgeschwächt wird.

8.2.2.4 Das CAIO-Verfahren

Bei der Standardanwendung des CAO-Verfahrens wird isotropes Material verwendet. Nun bestehen jedoch biologische Wachstumsträger in der Regel aus einem orthotropen Material. Neben der Außenkontur findet bei diesen deshalb auch eine Optimierung der Faserausrichtung statt, sodass die orthotropen Materialeigenschaften optimal ausgenützt werden können. Die Optimierung der Faserrichtung wird im CAIO-Verfahren (Computer Aided Internal Optimization) [216] simuliert, indem die Ausrichtung der Faserrichtung so vorgenommen wird, dass diese in jeder Iteration in Richtung der ersten Hauptspannung gelegt wird. Diese Vorgehensweise konvergiert sehr schnell und liefert eine stabile Lösung. Jedoch sind die sich ergebenden Faserverläufe technisch häufig nur sehr schwer oder überhaupt nicht umsetzbar.

8.2.2.5 Diskussion der Vor- und Nachteile des CAO-Verfahrens

Das CAO-Verfahren hat überwiegend die gleichen Vor- und Nachteile wie die Formoptimierung mit Formbasisvektoren. So ist man ebenfalls vom CAD-System und CAD-Modell unabhängig. Da jedoch beim CAO-Verfahren die Formänderungen durch Verschieben einzelner Knoten gemäß der Wachstumsregel generiert werden, ist es nicht notwendig, sich, wie bei den Formbasisvektoren, auf eine Klasse von Formvariationen festzulegen. Die optimale Kontur stellt sich ohne solche Vorgaben und Einschränkungen ein. Dies ist wohl der größte Vorteil des CAO-Verfahrens. Lediglich die Freiformoptimierung bietet die gleichen Vorteile. Weiterhin ist man wegen der Tatsache, dass für das CAO-Verfahren keine Formbasisvektoren generiert werden müssen, nicht auf spezielle Pre- oder Post-Prozessoren angewiesen. Ein weiterer Vorteil ist, dass keine Sensitivitäten sondern nur Knotenspannungen benötigt werden. Dabei scheint es vollkommen irrelevant zu sein, ob die Spannungen über eine lineare oder über eine nichtlineare Simulation ermittelt werden oder ob es sich um thermische Spannungen handelt. Damit bietet sich CAO bei nichtlinearen oder thermischen Spannungsproblemen an, bei deren Analyse keine (semi-)analytische Sensitivitätsanalyse vorliegt.

Der Nachteil des CAO-Verfahrens ist, das es nur für Festigkeitsprobleme einsetzbar ist und bis auf geometrische keine weiteren Restriktionen berücksichtigt werden können. Weiterhin liegt, wie bei jeder Netz-basierten Formoptimierung, das optimierte Design nicht als CAD-Beschreibung vor, sodass deshalb immer eine Neukonstruktion im CAD-System erforderlich ist. Ebenfalls können während der Optimierung unzulässige Netzverzerrungen auftreten, die die Qualität der Spannungsberechnung unzulässig stark verschlechtern. Häufig stellt sich in einem solchen Fall mit CAO-Algorithmus eine gezackte Außenkontur ein, sodass ein Neuvernetzung und eine Neudefinition des gesamten Optimierungsproblems vorgenommen werden muss.

Im Folgenden sind zum Abschluss nochmals die Vor- und Nachteile des CAO-Verfahrens zusammengefasst:

\+ Keine Definition der Formvariationen erforderlich
\+ Unabhängig von CAD-Modell (Qualität, Parametrisierung)
\+ Unabhängig von CAD-System
\+ Keine Sensitivitätsanalyse notwendig
\+ Spannungen können aus nichtlinearer Analyse stammen oder thermische Spannungen sein
– Nur für Spannungs-/Festigkeitsprobleme verwendbar
– Optimierte Form nicht als CAD-Modell

- Netzverzerrungen können Qualität der FEM-Ergebnisse verschlechtern
- Neuvernetzung aufwendig
- Nur geometrische Restriktionen möglich.

8.2.2.6 Anwendungen

Bevor Anwendungen aus der Praxis vorgestellt werden, soll anhand einiger ausgewählter Beispiele aus der Natur erläutert werden, dass das CAO-Verfahren in der Lage ist, das Wachstumsverhalten biologischer Wachstumsträger zu beschreiben.

8.2.2.6.1 Beispiele aus der Natur

Die empirische Wachstumsregel kann dadurch verifiziert werden, dass man das Wachstum von biologischen Kraftträgern simuliert und die Ergebnisse mit den Vorbildern in der Natur vergleicht. Wie schon in Abschnitt 5.2 erläutert wurde, entspricht ein Astloch in einem Baumstamm mechanisch gesehen näherungsweise einem Loch in einer bi-axial belasteten Lochplatte. In Abbildung 8.72 wurde die Lochkontur mit dem CAO-Verfahren optimiert, um die Lochform mit homogener Spannung entlang des Lochrandes zu erhalten. Dazu wurde der Knoten an der linken unteren Ecke im Viertelmodell als Referenzknoten definiert. Man kann analytisch herleiten, dass bei einem Lastverhältnis von 2 : 1 die optimale Form eine Ellipse mit dem Achsenverhältnis 2 : 1 ist. Hier zeigt sich noch mal ein Vorteil des CAO-Verfahren, weil hier keine Annahmen über die möglichen Formen gemacht werden müssen und sich die optimale Form automatisch einstellt. Die Ausbildung einer länglichen Lochform kann man auch in der Natur bei zuheilenden Astlöchern beobachten [238], [239], [242].

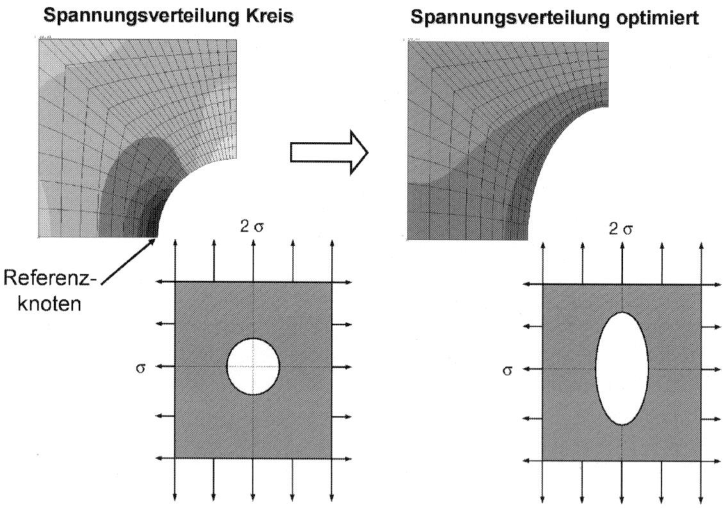

Abb. 8.72 Optimierung einer bi-axial belasteten Lochplatte, welche näherungsweise einem Astloch in einem Baumstamm entspricht

In Karlsruhe wurde auch zusätzlich das Wachstumsverhalten von in Baumstämmen eingebrachten Kerben mit unterschiedlicher Form [238], [239], [240] untersucht und mit dem CAO-Verfahren simuliert. Es zeigt sich in allen Fällen eine gute Übereinstimmung zwischen Simulationsergebnis und Versuch.

Ein weiteres Beispiel aus den Untersuchungen ist die in Abbildung 8.73 gezeigte Optimierung einer Baumgabel. Beginnt man mit einer Ausgangskontur, in der die Gabel mit 2 Kreisbögen modelliert ist, erhält man in diesen Bereichen Kerbspannungen. Diese können über die Wachstumssimulation mit CAO erfolgreich abgebaut werden. Der Vergleich mit einer realen Baumgabel zeigt ebenfalls gute Übereinstimmung mit der optimierten Struktur.

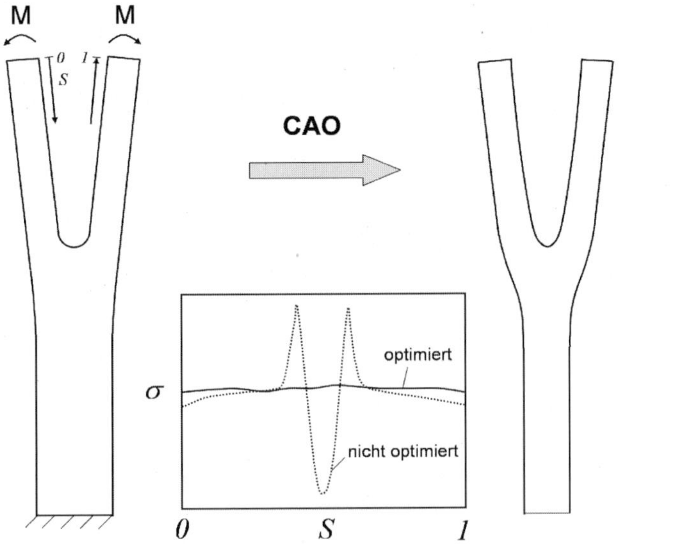

Abb. 8.73 Schematische Darstellung der Optimierung einer Baumgabel mit Spannungsverteilung entlang der Innenkontur für die Ausgangskontur und die optimierte Form

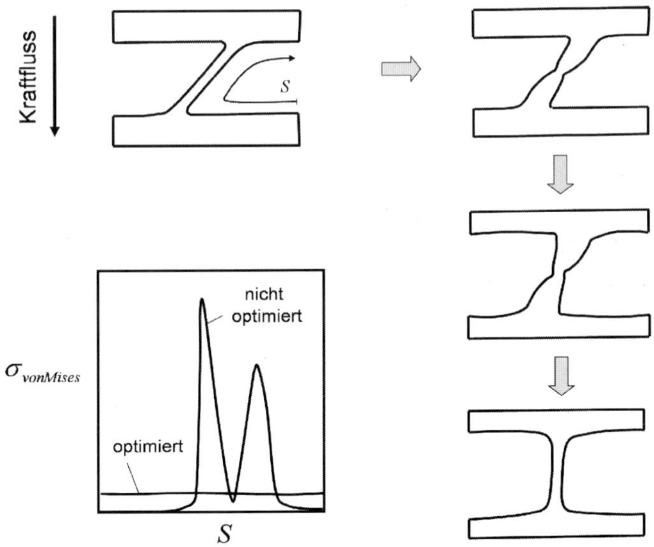

Abb. 8.74 Schematische Darstellung der Simulation des Wachstumsverhaltens einer Knochentrabekel und der Spannungsverteilung entlang der Innenkontur für die Ausgangs- und die optimierte Orientierung

Das Beispiel in Abbildung 8.74 demonstriert die Optimierungseigenschaften von Knochen. Ein Knochen besteht nicht durchgehend aus massivem Material sondern besitzt stellenweise eine poröse Struktur, die Spongiosa genannt wird. Diese ist aus einzelnen Knochenbälkchen, den so genannten Trabekeln, zusammengesetzt, die jedoch nicht wahrlos angeordnet, sondern in Richtung des Kraftflusses, oder genauer in Richtung der ersten Hauptspannung, ausgerichtet sind. Mechanisch gesehen ist die Spongiosa damit ein komplexes Fachwerk, das optimal an die Belastung angepasst ist. In Abbildung 8.74 ist eine Knochentrabekel dargestellt, die in einer Fehlstellung ausgerichtet ist, weil der Kraftfluss vertikal verläuft. Wird jedoch die Wachstumsregel über das CAO-Verfahren angewendet, verändert sich die Orientierung der Trabekel bis sie sich entlang des Kraftflusses ausgerichtet hat. Damit kann die Wachstumsregel erklären, wieso sich in der Spongiosa ein optimales Fachwerk ausbilden kann.

8.2.2.6.2 Formoptimierung eines Achsschenkels

In Abbildung 8.75 ist die Spannungsverteilung eines Achsschenkels im Bereich zur Federbeinanbindung für den kritischsten Lastfalle „Kurvenfahrt mit Bremsen" gezeigt. Um die dort auftretenden Spannungsspitzen zu reduzieren, wurde das CAO-Verfahren eingesetzt [143]. Dazu wurden die Knoten in den kritischen Bereichen als Wachstumsknoten definiert und der Wachstumsalgorithmus unter Berücksichtigung aller Lastfälle angewendet. Weiterhin wurde über Gruppenbildung die geometrische Restriktion berücksichtigt, weil die Kontur in Richtung 2 gerade bleiben sollte. Das Ergebnis, das in Abbildung 8.75 dargestellt ist, erbrachte eine Spannungsreduktion von 23 %.

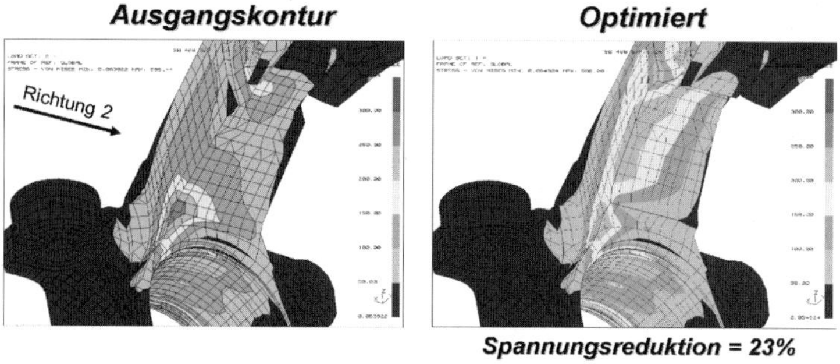

Abb. 8.75 Formoptimierung eines Achsschenkels im Bereich zur Federbeinanbindung

8.2.2.6.3 Formoptimierung eines Differenzialkäfigs

Das Beispiel in Abbildung 8.76 zeigt die Optimierung einer schwingbruchkritischen Stelle eines Differenzialkäfigs [55]. Die Erhöhung des Radius in diesem Bereich war wegen einer Bohrung nicht möglich. Es wurde deswegen ein Hinterschnitt erzeugt und dessen Form mit CAO optimiert. Alle Knoten im gesamten Bereich des Hinterschnitts wurden dazu als Wachstumsknoten definiert. Der Knoten am oberen Ende des Hinterschnitts wurde als Referenzknoten definiert, um zu gewährleisten, dass sich dort eine glatte Übergangskontur einstellt (Abbildung 8.77).

Das in Abbildung 8.77 dargestellte Ergebnis, das sich nach der 20. Wachstumsiteration ergab, wies eine Spannungsreduktion von 28 % auf. Die auf den ersten Blick etwas befremdlich anmutende Kerbe unten rechts ist damit zu erklären, dass hier der Wachstumsbereich endet und das CAO-Verfahren den an den Hinterschnitt angrenzenden Bereich nicht modifizieren konnte. Weiterhin handelt es sich um einen vom Kraftfluss isolierten Bereich, sodass hier trotz Kerbe keine Kerbspannung auftritt. Die Kerbe verschwindet, wenn die optimierte Kontur durch zwei Kreisbögen approximiert wird. Die erzielte Spannungsreduktion erniedrigte sich dadurch nur unwesentlich auf

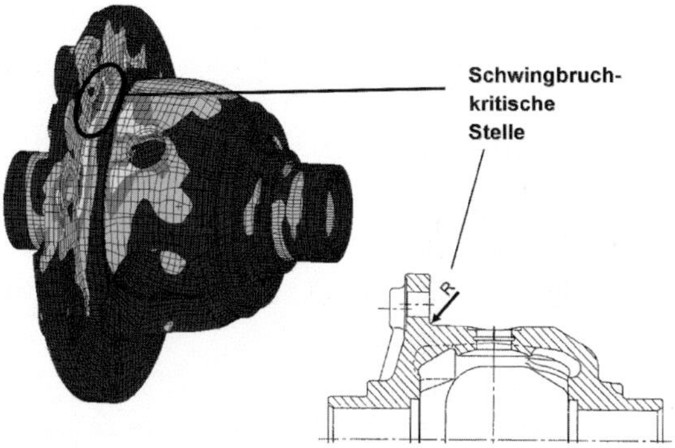

Abb. 8.76 Spannungsverteilung eines Differenzialkäfigs und Querschnitt durch die schwingbruchkritische Stelle

27 %. Dafür konnte die approximierte Kontur leicht ins CAD-System zurückübertragen und auch durch Schleifen problemlos gefertigt werden.

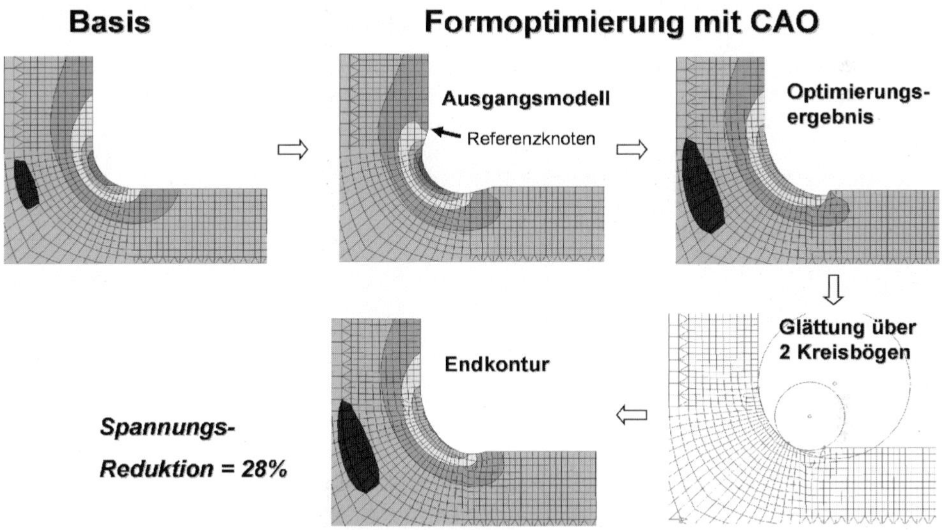

Abb. 8.77 Spannungsverteilung der Ausgangskontur, des Hinterschnitts und der optimierten Kontur. Zusätzlich sind die beiden Kreisbögen eingezeichnet, mit denen die optimierte Kontur approximiert wurde

8.2.2.6.4 Formoptimierung eines Karosserie-Blechbauteils

Das bereits in Abschnitt 8.2.1.6.4 vorgestellte und über Formbasisvektoren optimierte Karosserie-Blechbauteil sollte zum Vergleich mit dem CAO-Verfahren optimiert werden. Dazu wurden die Wachstumsknoten in dem zu optimierenden Bereich so wie in Abbildung 8.78 gezeigt definiert. Die in Abbildung 8.52 gezeigte geometrische Restriktion wurde dadurch berücksichtigt, dass als Referenzspannung σ_{ref} die maximale Spannung aller Wachstumsknoten verwendet wurde. Dies hat zur Folge, dass sich der Knoten mit der maximalen Spannung gar nicht und alle anderen Knoten nur nach innen verschieben können und somit die geometrische Restriktion erfüllt wird.

Dass die so definierte Optimierung dennoch nicht erfolgreich war, liegt daran, dass die Wachstumsknoten am Rand des zu optimierenden Bereichs eine sehr geringe Spannung aufweisen, weil sie außerhalb des Kraftflusses liegen. In diesem Bereich kann man eine beliebige Form wählen, ohne

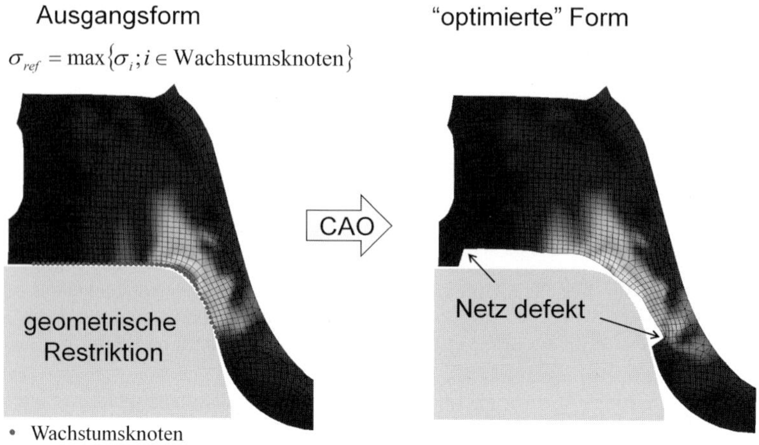

Abb. 8.78 Definition der CAO-Optimierung und „optimierte“ Form ohne Barrieren

dass sich dies in einer nennenswerten Spannungserhöhung niederschlagen würde. Bei der CAO-Optimierung führten diese geringen Spannungen jedoch dazu, dass die Wachstumsverschiebung dieser Knoten betragsmäßig am größten war und sich dadurch eine so starke Netzverzerrung einstellte, dass keine FE-Analyse mehr durchgeführt werden konnte und die Optimierung abgebrochen werden musste (Abbildung 8.78). Diesen Effekt kann man eliminieren, indem man Barrieren[1)] einführt, die von den Wachstumsknoten nicht überschritten werden dürfen. Dies führt zu einen einfachen und glatten Übergang in dem spannungsunkritischen Bereich, während sich in dem kritischen Bereich die die optimale Form einstellen kann (Abbildung 8.79). Als Ergebnis erhält man ungefähr die gleiche Spannungsreduktion wie unter der Verwendung von Formbasisvektoren in Abschnitt 8.2.1.6.4.

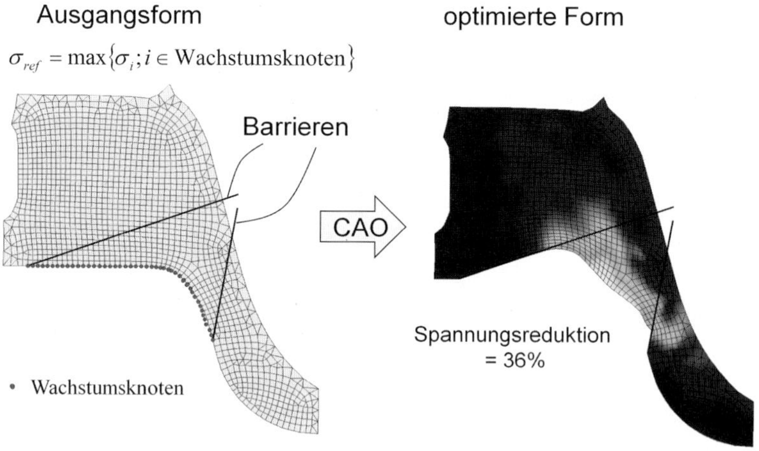

Abb. 8.79 Definition der Barrieren und optimierte Form mit Barrieren

[1)] Diese Barrieren müssen nicht zusätzlich programmiert werden. Man kann vielmehr den in Abschnitt 8.2.2.3 beschriebenen Algorithmus für Restriktionsgrenzen verwenden, weil nach dem Zurücksetzen der Knoten auf die Restriktionsgrenze die maximale Spannung in dem zu optimierenden Bereich verbleibt.

9 Topologieoptimierung

Die Topologieoptimierung ist die flexibelste Form der Optimierung, weil hier nicht nur Dimensionierungsgrößen oder äußere Konturen verändert werden, sondern auch die Ausbildung von Löchern innerhalb der Struktur zugelassen wird. Der Name Topologieoptimierung resultiert daher, dass sich durch das Einbringen von Löchern im mathematischen Sinn die Topologie einer Struktur ändert. Die Topologieoptimierung ist trotz der höheren Komplexität wesentlich einfacher in der Handhabung als die Dimensionierung oder die Formoptimierung, weil die Löcher in der Struktur nicht wirklich in das Modell eingebracht, sondern simuliert werden. Dies geschieht dadurch, dass für jedes einzelne Element eine Materialeigenschaft variiert wird, und zwar der E-Modul (Abbildung 9.1). Hat dieser einen kleinen Wert, so verhält sich das Element weich und damit wie ein Loch (Lochelement), hat es dagegen den maximalen und erwünschten Wert, z. B. den von Stahl, verhält sich das Element wie ein Festkörper (massives Element). Es wäre für die Simulation der Lochbereiche ideal, wenn der minimale Wert für das E-Modul null wäre, was sich aber aus numerischen Gründen verbietet, weil dann die Steifigkeitsmatrix singulär wird. Es wird deshalb ein kleiner Wert verwendet, der ein Loch noch gut simulieren kann und dabei numerische Stabilität gewährleistet. Weil das Netz während der Optimierung nicht verändert wird, entfallen Probleme wie Netzverzerrungen oder die Notwendigkeit einer Neuvernetzung, wie bei der Formoptimierung.

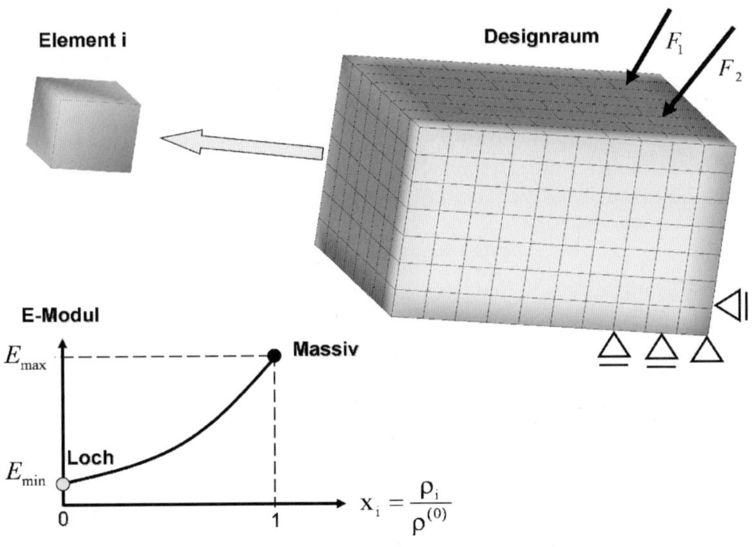

Abb. 9.1 Schematische Darstellung der Topologieoptimierung und des Zusammenhangs zwischen Designvariable und E-Modul im isotropen Fall

Man kann die Topologieoptimierung grob in zwei Gruppen aufteilen, die sich sowohl in der Formulierung des Optimierungsproblems als auch in der Lösungsmethode unterscheiden:

1. **Mathematische Topologieoptimierung:** Hier wird ein mathematisches Optimierungsproblem [35], [36], [37], [39], [161] gelöst, indem eine Zielfunktion unter Einhaltung von Restriktionen minimiert wird. Dabei wird der E-Modul jedes einzelnen Elementes *i* über die auf Eins normierte Dichte gesteuert, welche im isotropen Fall über eine und im orthotropen Fall über mehrere

Designvariablen variiert wird (Abbildung 9.1). Der kleinste Dichtewert, der nahe bei null liegt, soll den Lochzustand repräsentieren und entspricht dem kleinsten E-Modul, der Dichtewert 1, bei dem das Element seine volle Masse besitzt, dagegen dem maximalen E-Modul. Bei der klassischen Version, die als erste unter dem Namen OptiStruct [12] <Altair> kommerziell angeboten wurde, wird die mittlere Nachgiebigkeit C unter einer Füllgradrestriktion minimiert:

$$\min C, \tag{9.1}$$

sodass

$$v \leqq v^U$$

$$x_i^L \leqq x_i \leqq x_i^U; \qquad i \in I_E$$

Dabei ist I_E eine Indexmenge, die alle Elemente des Bereichs enthält, in dem der E-Modul variiert werden soll. Dieser Bereich wird als Designraum bezeichnet. Die obere Grenze für die Designvariablen ist normalerweise $x_i^U = 1$, während für die untere Grenze aus numerischen Gründen ein sehr kleiner Wert nahe bei null verwendet wird. Der Füllgrad v ist das Volumenverhältnis der massiven zu den Lochelementen. So bedeutet ein Wert von $v = 0{,}3$, dass 30 % des Designraums aus massivem Material besteht. Da die mittlere Nachgiebigkeit minimiert wird, erhält man als Lösung eine Struktur mit maximaler Steifigkeit. Ein einfaches Beispiel einer solchen Topologieoptimierung für einen Kragträger ist in Abbildung 9.2 dargestellt.

Bei der zweiten klassischen Variante wird ein Design mit maximaler Eigenfrequenz ermittelt [82], [231]. Beide klassischen Verfahren werden mit einem Optimalitätskriterienverfahren gelöst. Eine andere Lösungsmöglichkeit des Optimierungsproblems ist die Verwendung der dualen Methode. In diesem Fall kann nahezu jede Systemantwort als Zielfunktion oder als Restriktion verwendet werden.

2. **Empirische Topologieoptimierung:** Hier wird kein mathematisches Optimierungsproblem gelöst, sondern eine empirische Iterationsvorschrift [25], [140], [148], [149], [150], [170], [402], [407] verwendet. Ein Beispiel hierzu ist das SKO-Verfahren, bei dem die adaptive biologische Wachstumsregel simuliert wird. Hier ergeben sich als Lösung Designs mit homogener Oberflächenspannung. Somit ist dieses Verfahren für Festigkeitsprobleme geeignet.

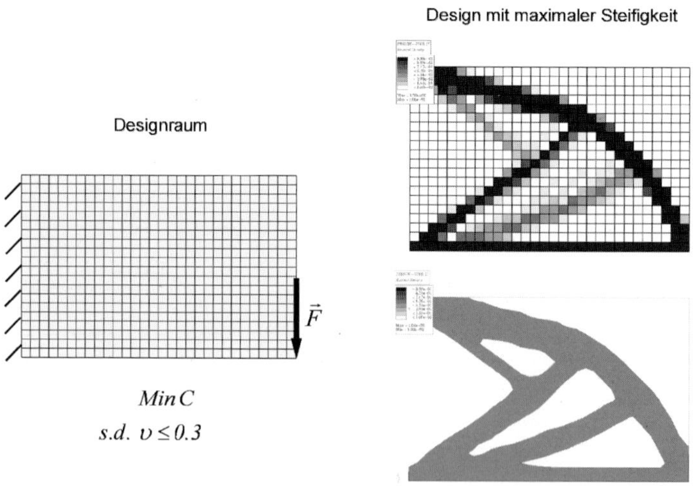

Abb. 9.2 Topologieoptimierung eines Kragträgers mit dem Ziel, die mittlere Nachgiebigkeit zu minimieren. Rechts ist die optimierte Dichteverteilung als Konturplot für einen Füllgrad von $v = 0{,}3$ (oben) und der geglättete Designvorschlag mit $\rho^{\text{iso}} = 0{,}25$ (unten) dargestellt.

Stellt man das Ergebnis einer Topologieoptimierung wie in Abbildung 9.2 als Konturplot der Elementdichten dar, wird deutlich, dass die Flexibilität der Topologieoptimierung infolge des verwendeten Dichteansatzes ihren Preis hat. Da das Material nur Elementweise hinzugefügt und entfernt werden kann, ist die Oberfläche der festen Struktur nicht glatt, sondern rau. Man spricht deswegen auch von einem Designvorschlag, weil das Ergebnis direkt nicht umgesetzt werden kann. Eine weitere Schwierigkeit ergibt sich durch die Zwischenwerte der Dichte im Designvorschlag, welche die Interpretation sehr erschweren können. Damit wird auch klar, dass der Einsatzbereich der Topologieoptimierung darin liegt, die grundlegende optimale Struktur eines Bauteils oder ein Konzept zu bestimmen, nicht jedoch die Details zu optimieren. Trotz dieser Einschränkung hat sich die Topologieoptimierung in der Praxis als wichtiges Werkzeug für die Gestaltung optimaler Bauteile bewährt, wie in Abschnitt 9.5 an den Anwendungsbeispielen demonstriert wird.

Die Darstellung des Optimierungsergebnisses als Konturplot ist nur für 2-dimensionale Strukturen geeignet. Es werden aus dem Grunde Programme angeboten, die es erlauben, sowohl für 2- als auch 3-dimensionale Strukturen einen geglätteten Designvorschlag zu erzeugen. Dazu muss der Benutzer einen Dichtewert ρ^{iso} angeben, dessen dazugehörige Isofläche als geglättete Oberfläche erzeugt wird. Alle Bereiche mit einem größeren Dichtewert werden dann als massiv, alle anderen als Lochbereich dargestellt.

Die bis jetzt geschilderten Verfahren verwenden den so genannten Dichteansatz, bei dem die Struktur allein durch die Dichteverteilung beschrieben wird. Dieser ist in der Topologieoptimierung außerordentlich erfolgreich und nahezu alle kommerziellen Programme basieren auf dieser Beschreibung. In den folgenden Abschnitten werden zunächst die Details der mathematischen Topologieoptimierung vorgestellt, bevor die SKO-Methode exemplarisch für die empirische Topologieoptimierung eingeführt und deren Erweiterung (TopShape) vorgestellt wird. Abschließend wird die Anwendbarkeit der Topologieoptimierung anhand von Anwendungsbeispielen aufgezeigt.

Parallel zu den Verfahren mit dem Dichteansatz haben sich zwei alternative Methoden zur Topologieoptimierung entwickelt. Bei den „Phase field“-Methoden [47], [374], [388] werden die Elementdichten direkt als Designvariablen verwendet und sich dem Optimum über die zeitliche Entwicklung eines 2-Phasen Felds angenähert. Dabei repräsentiert die eine Phase den massiven und die andere den materialfreien Bereich. Bei der Level Set Methode [6], [112], [266], [267], [268], [340], [342], [351], [381], [387] wird anstatt eines 2-Phasen Feldes eine so genannte Level Set Funktion ϕ verwendet, deren Isofläche $\phi = 0$ den Rand des massiven Bereich beschreibt. Da für die „Phase field“ Methoden zurzeit kein kommerzielles Produkt auf dem Markt ist, wird auf diesen Ansatz nicht näher eingegangen, sondern nur die Level Set Methode in Abschnitt 9.4 erklärt.

9.1 Mathematische Topologieoptimierung

9.1.1 E-Modul – Dichte-Relation

Da bei der mathematischen Topologieoptimierung die normierte Dichte als Designvariable verwendet wird, benötigt man einen Zusammenhang zwischen Dichte und E-Modul. Es steht lediglich fest, dass die E-Modulwerte für die beiden Extremfälle $x_i = x_i^L$ und $x_i = x_i^U$ die Werte $E_{\min}$ und $E_{\max}$ haben müssen. Es gibt zwei Möglichkeiten den Verlauf im Zwischenbereich festzulegen [35], [36], [37], [39], [161]. Im ersten Fall wird der Designraum mit einem ein porösen Material gefüllt und mithilfe der Homogenisierungsmethode der Zusammenhang zwischen Dichte und E-Modul hergeleitet. Dagegen wird beim SIMP-Ansatz ein isotropes Material zugrunde gelegt und ein empirischer Ansatz verwendet. Letzterer wird üblicherweise in den kommerziellen Programmen verwendet.

9.1.1.1 Die Homogenisierungsmethode

Bei der Homogenisierungsmethode wird ein Zusammenhang zwischen Materialdichte und Elastizitätsmodul durch die Homogenisierung einer periodischen Mikrostruktur (mikromechanischen Modell) hergeleitet. Eine solche Mikrostruktur, die als unendlich ausgedehnt angenommen wird, besteht aus periodisch angeordneten Mikrozellen (Basiszellen) und hat im Allgemeinen orthotrope Eigenschaften. Ein 2D-Beispiel für eine solche Basiszelle ist in Abbildung 9.3 dargestellt. Die physikalischen Eigenschaften und die Dichte dieser Mikrozelle und somit auch der gesamten Mikrostruktur lassen sich über die drei Variablen a, b und Θ verändern.

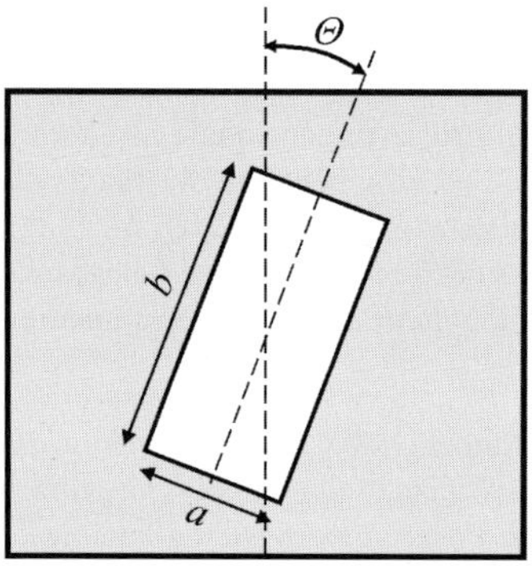

Abb. 9.3 Ein 2D-Beispiel einer rechteckigen Mikrozelle, die ein rechteckiges Loch mit den Kantenlängen a und b enthält. Zudem kann die Orientierung des Loches über den Winkel Θ gesteuert werden.

Es wird nun versucht auf Basis der Mikrozellen eine homogenisierte Materialeigenschaft herzuleiten, die nur das makroskopische Verhalten widerspiegelt und von den Parametern der Mikrozelle abhängt. Diese Materialeigenschaft wird dann für jedes einzelne FE-Element in der Topologieoptimierung verwendet, d. h. jedes Element repräsentiert ein Material bestehend aus einer großen Anzahl von Mikrozellen.

Die Periodizität der Struktur spiegelt sich in den geometrischen oder anderen charakteristischen Eigenschaften F wieder, indem gilt

$$F(\vec{x}) = F(\vec{x} + \boldsymbol{N}\vec{y}) \tag{9.2}$$

mit

$$\boldsymbol{N} = \begin{pmatrix} n_1 & 0 & 0 \\ 0 & n_2 & 0 \\ 0 & 0 & n_3 \end{pmatrix}; \qquad n_i \in N.$$

Dabei ist $\vec{y}^{\mathrm{T}} = (y_1, y_2, y_3)$ der Vektor, der die Perioden in den einzelnen Richtungen enthält. Es wird vorausgesetzt, dass der mikroskopische Maßstab $\vec{y}$ klein gegenüber dem makroskopischen Maßstab $\vec{x}$ ist. Der Zusammenhang zwischen der mikroskopischen und der makroskopischen Einheitslänge wird durch den Parameter $\varepsilon \ll 1$ beschrieben:

$$\varepsilon \vec{y} = \vec{x} \qquad \Rightarrow \qquad \vec{y} = \frac{\vec{x}}{\varepsilon}. \tag{9.3}$$

Man kann davon ausgehen, dass eine physikalischen Eigenschaft $\phi(\vec{x}, \vec{y})$ einer Mikrostruktur oszilliert und dadurch die Periodizität ε widerspiegelt (siehe Abbildung 9.4).

Ziel der Homogenisierung ist es nun, das globale Verhalten des Systems zu beschreiben und die Oszillationen auf dem mikroskopischen Niveau herauszufiltern. Dazu wird die interessierende physikalische Größe ϕ des mikromechanischen Modells zerlegt in einen makroskopischen, bzw. homogenisierten, Anteil ϕ^H, der nur von $\vec{x}$ abhängt und einem mikroskopischen Anteil, der von $\vec{x}$ und $\vec{y} = \vec{x}/\varepsilon$ abhängt. Man kann somit die mikroskopischen Oszillationen als Störung des globalen Verlaufs auffassen.

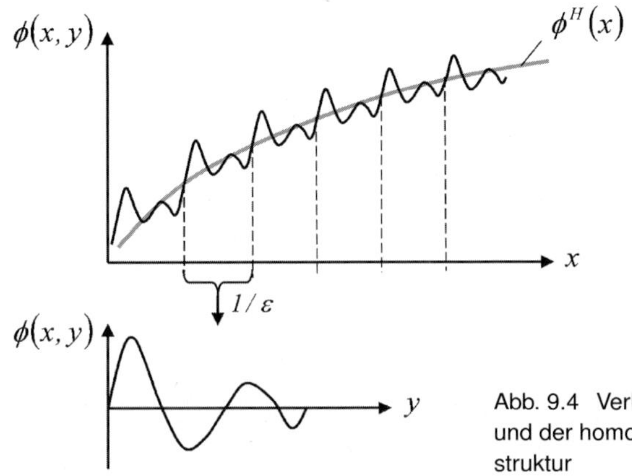

Abb. 9.4 Verlauf einer physikalischen Größe $\phi(\vec{x}, \vec{y})$ und der homogenisierten Größe $\phi^H(x)$bei einer Mikrostruktur

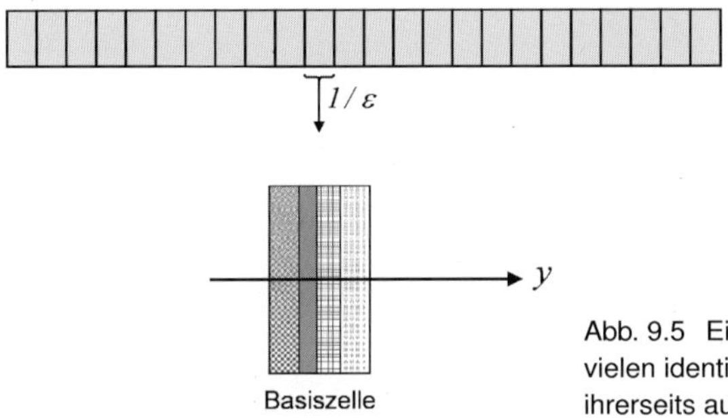

Abb. 9.5 Ein Balken aus Faserverbundmaterial, der aus vielen identischen Basiszellen zusammengesetzt ist, die ihrerseits aus verschiedenen Schichten bestehen

Am eindimensionalen Beispiel des in Abbildung 9.5 gezeigten Balkens aus Faserverbundmaterial wird dieses Verfahren jetzt exemplarisch angewandt. Ziel ist es hier, den Ausdruck für den homogenisierten Elastizitätsmodul E^H herzuleiten. Dazu werden zunächst die Spannungen σ und Verschiebungen u, die über das Hookesche Gesetz

$$\sigma = E\frac{\partial u}{\partial x} \tag{9.4}$$

verknüpft sind, in einen globalen Anteil zerlegt, der nur von x abhängt und einer Störung, die in Potenzen von ε entwickelt wird:

$$\sigma(x,y) = \sigma^{(0)}(x) + \varepsilon \cdot \sigma^{(1)}(x,y) + \varepsilon^2\sigma^{(2)} + \dots \tag{9.5}$$

$$u(x,y) = u^{(0)}(x) + \varepsilon \cdot u^{(1)}(x,y) + \varepsilon^2 u^{(2)} + \dots \tag{9.6}$$

Für die Ableitung von u gilt

$$\begin{aligned} \frac{\partial u}{\partial x} &= \frac{\partial u^{(0)}}{\partial x} + \varepsilon\frac{\partial u^{(1)}}{\partial x} + \varepsilon\frac{\partial u^{(1)}}{\partial y}\frac{\partial y}{\partial x} + \varepsilon^2\frac{\partial u^{(2)}}{\partial x} + \varepsilon^2\frac{\partial u^{(2)}}{\partial y}\frac{\partial y}{\partial x} + \dots \\ &= \frac{\partial u^{(0)}}{\partial x} + \varepsilon\frac{\partial u^{(1)}}{\partial x} + \frac{\partial u^{(1)}}{\partial y} + \varepsilon^2\frac{\partial u^{(2)}}{\partial x} + \varepsilon\frac{\partial u^{(2)}}{\partial y} + \dots \end{aligned} \tag{9.7}$$

Dabei wurde verwendet, dass gilt

$$\frac{\partial y}{\partial x} = \frac{1}{\varepsilon}. \tag{9.8}$$

Setzt man die Ausdrücke (9.5) und (9.7) in das Hookesche Gesetz (9.4) ein erhält man

$$\sigma^{(0)}(x) + \varepsilon \cdot \sigma^{(1)}(x,y) + \varepsilon^2 \sigma^{(2)} = E\left[\left(\frac{\partial u^{(0)}}{\partial x} + \frac{\partial u^{(1)}}{\partial y}\right) + \varepsilon\left(\frac{\partial u^{(1)}}{\partial x} + \frac{\partial u^{(2)}}{\partial y}\right) + \varepsilon^2\left(\frac{\partial u^{(2)}}{\partial x} + \frac{\partial u^{(3)}}{\partial y}\right)\right]. \tag{9.9}$$

Der Koeffizientenvergleich von Termen mit gleicher Potenz von ε ergibt

$$\sigma^{(0)}(x) = E(y)\left(\frac{\partial u^{(0)}}{\partial x} + \frac{\partial u^{(1)}}{\partial y}\right) \tag{9.10}$$

$$\sigma^{(1)}(x,y) = E(y)\left(\frac{\partial u^{(1)}}{\partial x} + \frac{\partial u^{(2)}}{\partial y}\right). \tag{9.11}$$

Gleichung (9.10) wird nun für die Herleitung des homogenisierten Elastizitätsmoduls E^H verwendet. Dazu wird auf beiden Seiten bezüglich y über eine ganze Periode Y integriert und man erhält

$$\sigma^{(0)}(x)\int_0^Y \frac{\mathrm{d}y}{E(y)} = \frac{\partial u^{(0)}(x)}{\partial x}\int_0^Y \mathrm{d}y + \int_0^Y \frac{\partial u^{(1)}}{\partial y}\,\mathrm{d}y. \tag{9.12}$$

Das letzte Integral verschwindet wegen der Periodizität

$$\int_0^Y \frac{\partial u^{(1)}}{\partial y}\,\mathrm{d}y = u^{(1)}(Y) - u^{(1)}(0) = 0 \tag{9.13}$$

und man erhält daraus das Hookesche Gesetz

$$\sigma^{(0)} = \frac{Y}{\int_0^Y \frac{\mathrm{d}y}{E(y)}}\frac{\partial u^{(0)}}{\partial x}, \tag{9.14}$$

aus dem sich der homogenisierte Elastizitätsmodul als Kehrwert des reziproken Mittelwertes über eine Periode ergibt:

$$E^H = \frac{Y}{\int_0^Y \frac{\mathrm{d}y}{E(y)}} \quad \Rightarrow \quad \frac{1}{E^H} = \frac{1}{Y}\int_0^Y \frac{\mathrm{d}y}{E(y)}. \tag{9.15}$$

Das Ergebnis ist plausibel, da der Balken physikalisch mit einem System aus Federn vergleichbar ist, die in Reihe angeordnet sind (siehe Abbildung 9.6). Auch hier ergibt sich der Kehrwert der Federkonstanten des Gesamtsystems als Summe der reziproken Federkonstanten der einzelnen Federn.

In der Praxis wird die Homogenisierung numerisch mit FEM durchgeführt und die Koeffizienten des Elastizitätstensors C durch eine geeignete Funktion interpoliert. So hat man beispielsweise im 2-dimensionalen Fall bei einem ebenen Spannungszustand im orthotropen Fall einen Tensor mit der Struktur

$$\boldsymbol{C} = \begin{pmatrix} C_{11} & C_{12} & 0 \\ C_{12} & C_{22} & 0 \\ 0 & 0 & C_{66} \end{pmatrix}. \tag{9.16}$$

Es sind damit vier Koeffizienten zu approximieren, beispielsweise durch ein geeignetes Polynom.

Im Fall der 2-dimensionalen Einheitszelle aus Abbildung 9.3 wird jedes Element durch die drei Designvariablen a, b und Θ charakterisiert. Die Dichte jedes Elements ist dabei gegebenen als

$$\rho(a,b) = (1 - ab)\rho^0 \tag{9.17}$$

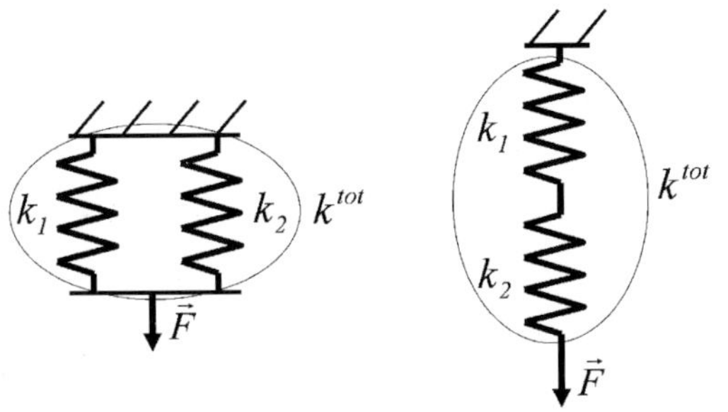

$$k^{tot} = k_1 + k_2 \qquad \frac{1}{k^{tot}} = \frac{1}{k_1} + \frac{1}{k_2}$$

Abb. 9.6 System aus zwei Federn mit den Federkonstanten k_1 und k_2, links parallel und rechts in Reihe geschaltet. Im ersten Fall ergibt sich die Federkonstante k^{tot} des Gesamtsystems aus der Summe der einzelnen Federkonstanten, im anderen Fall über die Summe der Reziprokwerte.

und hängt damit nicht vom Winkel Θ ab. Die Approximation für die Koeffizienten C_{ij} wird zunächst nur als Funktion von a und b bei $\Theta = 0$ ermittelt:

$$\boldsymbol{C} = \boldsymbol{C}(a,b). \tag{9.18}$$

Zum Schluss wird die noch fehlende Winkelabhängigkeit dadurch ermittelt, dass der Tensor $\boldsymbol{C}(a,b)$ mithilfe einer Ähnlichkeitstransformation gedreht wird

$$\boldsymbol{C}(a,b,\Theta) = \boldsymbol{R}^{\mathrm{T}}(\Theta)\,\boldsymbol{C}(a,b)\,\boldsymbol{R}(\Theta), \tag{9.19}$$

wobei

$$\boldsymbol{R}(\Theta) = \begin{pmatrix} \cos^2\Theta & \sin^2\Theta & \cos\Theta\sin\Theta \\ \sin^2\Theta & \cos^2\Theta & -\cos\Theta\sin\Theta \\ -2\cos\Theta\sin\Theta & 2\cos\Theta\sin\Theta & \cos^2\Theta - \sin^2\Theta \end{pmatrix} \tag{9.20}$$

die Drehmatrix ist.

Entsprechend kann auch im 3-dimensionalen Fall vorgegangen werden. Jedoch werden hier insgesamt 5 Designvariable pro Element benötigt, drei Variable für die Kantenlänge des Lochs im Einheitswürfel und zwei Winkelvariable für die Ausrichtung.

9.1.1.2 Der SIMP-Ansatz

Mit der Homogenisierungsmethode erhält man als Lösung des Optimierungsproblems nicht nur eine Materialverteilung, sondern auch die optimierten orthotropen Materialeigenschaften für jedes Element. Letztere lassen sich aber normalerweise nicht auf ein reales Bauteil übertragen, was in der Vergangenheit dazu führte, dass in der praktischen Anwendung häufig nur die Materialverteilung und nicht die orthotropen Materialeigenschaften ausgewertet wurden. Für die Materialverteilung sind aber nur die beiden Extremwerte der Dichte $\rho = 0$ und $\rho = 1$ von Interesse, bei denen auch beim Homogenisierungsansatz das Material isotrop ist und eine Designvariable zur Beschreibung ausreicht, im Gegensatz zu den drei Variablen im 2-dimensionalen und den fünf Variablen im 3-dimensionalen Fall. Aus diesem Grund wird häufig mit dem SIMP-Ansatz (Solid Isotropic Material with Penalization) [36], [306], [307], [409] direkt ein isotropes Material für Topologieoptimierung zugrunde gelegt. Hier wird für jedes Element i nur eine Designvariable x_i benötigt, welche gleich der normierten Dichte gesetzt wird:

$$x_i = \frac{\rho_i}{\rho_i^0}. \tag{9.21}$$

Für den Zusammenhang zwischen Designvariable und E-Modul wird folgender Potenzansatz verwendet:

$$\frac{E_i}{E_i^0} = x_i^p; \qquad p > 1. \tag{9.22}$$

Dabei ist jeweils ρ_i^0 und E_i^0 die Dichte und der E-Modul des massiven Elements.

Mit zunehmendem Wert des Exponenten p bewegt sich das optimierte Design immer mehr zu einem Design ohne Zwischenwerte, einem so genannten „0 – 1“ Design. In Abbildung 9.7 wird deutlich, warum die Zwischenwerte für die Dichte mit zunehmenden Wert von p immer unökonomischer werden. Offenbar bewirkt ein Anwachsen von x im Bereich A nur einen geringen Zuwachs an Steifigkeit. Man bekommt anschaulich gesprochen wenig Steifigkeit für sein Geld. Dagegen führt in Bereich B schon eine geringe Änderung von x zu einem großen Zuwachs im E-Modul. Dadurch ist es ökonomischer, ein Element im Bereich B zu hohen und dafür ein anderes im Bereich A zu niedrigeren Werten zu verschieben als anders herum. Damit werden über das Potenzgesetz die mittleren Dichten „bestraft“ und ein „0 – 1“ Design bevorzugt. Dieser Effekt verstärkt sich mit steigendem Wert von p, weil dabei der Übergangsbereich zwischen a und B immer kleiner und dadurch die Tendenz zum „0 – 1“ Design immer größer wird. In der Anwendung hat sich gezeigt, dass ein Wert von $p \geqq 3$ benötigt wird, um brauchbare scharfe Designs zu erhalten. In den kommerziellen Programmen werden Werte zwischen $p = 2 - 4$ verwendet. Zum Teil wird auch mit einem kleinen Wert begonnen und dieser im Verlauf der Optimierung erhöht. Häufig wird auch dem Benutzer angeboten, den Exponenten p zu verändern und damit den Schärfegrad selbst zu bestimmen.

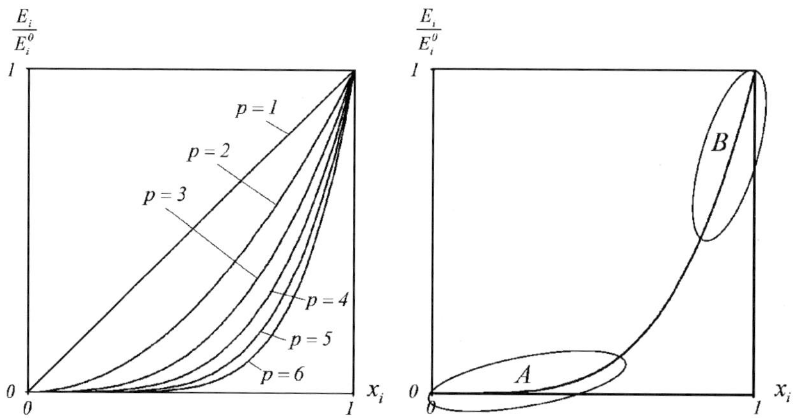

Abb. 9.7 Der SIMP-Ansatz für verschiedene Werte von *p* (links) und Kennzeichnung der Bereiche *A* und *B* (rechts)

Zum Abschluss stellt sich die Frage nach der physikalischen Interpretation des Potenzgesetzes (9.22). Hier kann man zeigen, dass das Gesetz nur für $p \geqq 3$ bei 2-dimensionalen und für $p \geqq 2$ bei 3-dimensionalen Strukturen ein physikalisches Material beschreibt [38], [39].

9.1.2 Optimierungsziele und Lösungsverfahren

Als Lösungsverfahren zur Ermittelung der optimalen Dichteverteilung haben sich vor allem zwei Methoden durchgesetzt. Zunächst kann ein auf der Kuhn-Tucker-Bedingung basierendes Optimalitätskriterium verwendet werden, wie es in Abschnitt 5.3 beschrieben ist. Dieser Zugang kann sowohl bei der Ermittelung des steifsten Designs als auch bei der dynamischen Topologieoptimierung eingesetzt werden. Da hier die Einsatzmöglichkeit eines Optimalitätskriteriums gut veranschaulicht werden kann, wird der Lösungsweg für die Minimierung der mittleren Nachgiebigkeit im folgenden Abschnitt beschrieben. Wesentlich flexibler ist man jedoch mit der dualen Methode (siehe Abschnitt 4.4.2), bei der generell alle Systemantworten entweder als Zielfunktion oder Restriktion verwendet werden können. Beide Zugänge sind beispielsweise in OptiStruct [12] <Altair> implementiert.

9.1.2.1 Minimierung der mittleren Nachgiebigkeit

Das klassische Optimalitätskriterienverfahren bei der mathematischen Topologieoptimierung ist die Minimierung der mittleren Nachgiebigkeit C. Wie in Abschnitt 7.1.1 dargelegt, ist diese definiert als

$$C = \sum_i \vec{F}_i^{\mathrm{T}} \cdot \vec{u}_i. \tag{9.23}$$

Es wird im Folgenden vorausgesetzt, dass als Belastung keine vorgeschriebenen Verschiebungen sondern nur konstante Kräfte $\vec{F}_i$ auf die Struktur aufgebracht werden, sodass die Minimierung von C eine Minimierung der Verschiebungen $\vec{u}_i$ am Kraftangriffspunkt und damit eine Maximierung der Steifigkeit bedeutet.

Die mittlere Nachgiebigkeit ist betragsmäßig gerade die doppelte äußere geleistete Arbeit und damit auch gleich der doppelten Dehnungsenergie $U = 1/2 \cdot (\vec{u}^{\mathrm{T}} \boldsymbol{K} \vec{u})$. Dies kann direkt aus der FEM-Bestimmungsgleichung der linearen Statik

$$\boldsymbol{K}\vec{u} = \vec{F} \tag{9.24}$$

hergeleitet werden, indem beide Seiten mit der Verschiebung $\vec{u}$ multipliziert werden:

$$\vec{u}^{\mathrm{T}}\boldsymbol{K}\vec{u} = \vec{u}^{\mathrm{T}}\vec{F}. \tag{9.25}$$

Somit kann anstatt der mittleren Nachgiebigkeit alternativ die Dehnungsenergie als Zielfunktion verwendet werden.

Es wird im Folgenden der SIMP-Ansatz verwendet, sodass jedes Element nur eine Designvariable besitzt, die wiederum gleich der normierten Dichte ist:

$$x_i = \frac{\rho_i}{\rho^0}; \qquad x_i \in (0,1], \quad i = 1,n \tag{9.26}$$

Das aktuelle Volumen v_i eines Elementes i berechnet sich damit aus dem geometrischen Volumen v_i^0 zu

$$v_i = x_i v_i^0, \tag{9.27}$$

sodass sich das aktuelle Volumen des gesamten Modells schreiben lässt als

$$V = \sum_{i=1}^{n} v_i = \sum_{i=1}^{n} x_i v_i^0. \tag{9.28}$$

Da eine Struktur immer die maximale Steifigkeit bzw. die minimale mittlere Nachgiebigkeit hat, wenn das gesamte Volumen

$$V^{(0)} = \sum_{i=1}^{n} v_i^0 \tag{9.29}$$

massiv ist, muss dieses auf einen kleineren Wert restringiert werden, um nichttriviale Lösungen zu erhalten:

$$V \leqq \upsilon \cdot V^0; \qquad 0 < \upsilon < 1. \tag{9.30}$$

Damit kann das zu lösende Optimierungsproblem nun folgendermaßen formuliert werden

$$\min U = \frac{1}{2}\vec{u}^{\mathrm{T}}\boldsymbol{K}\vec{u}, \tag{9.31}$$

sodass $V - \upsilon V^0 \leqq 0$

$$x_i^L - x_i \leqq 0; \qquad i = 1, n$$
$$x_i - x_i^U \leqq 0; \qquad i = 1, n.$$

Die dazugehörige Lagrange-Funktion lautet

$$L(\vec{x}, \Lambda, \vec{\lambda}, \vec{\gamma}) = \frac{1}{2}\vec{u}^{\mathrm{T}}\boldsymbol{K}\vec{u} + \Lambda(V - \upsilon V^0) + \sum_{i=1}^{n} \lambda_i(x_i^L - x_i) + \sum_{i=1}^{n} \gamma_i(x_i - x_i^U). \quad (9.32)$$

Dabei sind Λ, λ_i und γ_i die Lagrange-Multiplikatoren mit

$$\Lambda \geqq 0, \qquad \lambda_i \geqq 0, \qquad \gamma_i \geqq 0.$$

Mithilfe der Bedingung, dass die Lagrange-Funktion im Optimum bezüglich $\vec{x}$ stationär wird, (2. Kuhn-Tucker-Bedingung) wird nun ein Optimalitätskriterium hergeleitet. Dieses dient dann wiederum als Basis für einen heuristischen Iterationsalgorithmus zur Lösung des Optimierungsproblems.

Die Stationaritätsbedingung bezüglich $\vec{x}$ lautet

$$\frac{\partial L}{\partial x_i} = \frac{1}{2}\left(\frac{\partial \vec{u}^{\mathrm{T}}}{\partial x_i}\boldsymbol{K}\vec{u} + \vec{u}^{\mathrm{T}}\frac{\partial \boldsymbol{K}}{\partial x_i}\vec{u} + \vec{u}^{\mathrm{T}}\boldsymbol{K}\frac{\partial \vec{u}}{\partial x_i}\right) + \Lambda v_i^0 - \lambda_i + \gamma_i = 0. \quad (9.33)$$

Besonders aufwendig ist die Berechnung der Terme $\partial\vec{u}/\partial x_i$, da für diese kein analytischer Ausdruck vorliegt. Es wird deshalb versucht, diesen Term aus Gleichung (9.33) zu eliminieren. In diesem Fall ist das problemlos möglich, weil hier die mittlere Nachgiebigkeit, beziehungsweise die Dehnungsenergie, als Zielfunktion verwendet wird. Dazu wird die Bestimmungsgleichung der linearen Statik (9.24) auf beiden Seiten nach x_i differenziert und mit dem Verschiebungsvektor $\vec{u}$ multipliziert:

$$\vec{u}^{\mathrm{T}}\frac{\partial \boldsymbol{K}}{\partial x_i}\vec{u} + \vec{u}^{\mathrm{T}}\boldsymbol{K}\frac{\partial \vec{u}}{\partial x_i} = \vec{u}^{\mathrm{T}}\frac{\partial \vec{F}}{\partial x_i}. \quad (9.34)$$

Unter Verwendung von

$$\vec{u}^{\mathrm{T}}\boldsymbol{K}\frac{\partial \vec{u}}{\partial x_i} = \frac{\partial \vec{u}^{\mathrm{T}}}{\partial x_i}\boldsymbol{K}\vec{u} \quad (9.35)$$

erhält man den Ausdruck

$$\frac{1}{2}(\frac{\partial \vec{u}^{\mathrm{T}}}{\partial x_i}\boldsymbol{K}\vec{u} + \vec{u}^{\mathrm{T}}\frac{\partial \boldsymbol{K}}{\partial x_i}\vec{u} + \vec{u}^{\mathrm{T}}\boldsymbol{K}\frac{\partial \vec{u}}{\partial x_i}) = -\frac{1}{2}\vec{u}^{\mathrm{T}}\frac{\partial \boldsymbol{K}}{\partial x_i}\vec{u} + \frac{\partial \vec{F}}{\partial x_i}. \quad (9.36)$$

der eingesetzt in Gleichung (9.33) folgendes Ergebnis liefert:

$$-\tfrac{1}{2}\vec{u}^{\mathrm{T}}\frac{\partial \boldsymbol{K}}{\partial x_i}\vec{u} + \frac{\partial \vec{F}}{\partial x_i} + \Lambda v_i^0 - \lambda_i + \gamma_i = 0. \quad (9.37)$$

Normalerweise ändert sich die Lastdefinition während der Optimierung nicht, sodass $\partial\vec{F}/\partial x_i = 0$ gilt und sich somit folgendes Optimalitätskriterium ergibt:

$$G_i = 1 - \frac{\lambda_i}{\Lambda v_i^0} + \frac{\gamma_i}{\Lambda v_i^0}; \qquad i = 1, n \quad (9.38)$$

mit

$$G_i = \frac{\vec{u}^{\mathrm{T}}\frac{\partial \boldsymbol{K}}{\partial x_i}\vec{u}}{2\Lambda v_i^0}. \quad (9.39)$$

Um G_i bestimmen zu können, muss der Term $\partial\boldsymbol{K}/\partial x_i$ berechnet werden. Dabei gilt offensichtlich

$$\frac{\partial \boldsymbol{K}}{\partial x_i} = \frac{\partial \boldsymbol{k}_i}{\partial x_i}, \quad (9.40)$$

da nur die Elementsteifigkeitsmatrix $\boldsymbol{k}_i$ des Elementes i von der Dichte x_i abhängt. Mit dem SIMP-Ansatz ergibt sich zwischen der aktuellen und der Ausgangs-Elementsteifigkeitsmatrix $\boldsymbol{k}_i$ und $\boldsymbol{k}_i^0$ der Zusammenhang

$$\boldsymbol{k}_i = x_i^p \boldsymbol{k}_i^0 \tag{9.41}$$

und damit

$$\frac{\partial \boldsymbol{k}_i}{\partial x_i} = p \cdot x_i^{p-1} \boldsymbol{k}_i^0. \tag{9.42}$$

Damit kann die gesuchte Ableitung leicht aus dem aktuellen Wert der Designvariable und der Elementsteifigkeitsmatrix bestimmt werden.

Es gilt jetzt einen heuristischen Iterationsalgorithmus zu finden, der dazu führt, dass das Optimalitätskriterium (9.38) für alle Elemente i erfüllt ist. Offenbar gilt

$$G_i = 1, \tag{9.43}$$

wenn die Designvariable x_i nicht an eine Grenze stößt, d. h. $x_i \in (x^L, x^U)$, weil dann die dazugehörigen Lagrange-Multiplikatoren null sind. Weiterhin ist

$$\begin{aligned} G_i &\leqq 1 \quad \text{wenn} \quad x_i = x^L \\ G_i &\geqq 1 \quad \text{wenn} \quad x_i = x^U, \end{aligned} \tag{9.44}$$

weil alle Lagrange-Multiplikatoren größer oder gleich null sein müssen. Für die Grenzfälle (9.44) lässt sich immer ein Lagrange-Multiplikator finden, sodass Gleichung (9.38) erfüllt ist. So bleibt nur die Frage zu klären, wie die Designvariable verändert werden muss, wenn G_i ungleich Eins ist und die Variable weder den Wert der oberen noch der unteren Grenze hat. Dazu muss zumindest tendenzmäßig bekannt sein, wie sich der Ausdruck $\overrightarrow{u}^{\mathrm{T}} \cdot \partial \boldsymbol{k}/\partial x_i \cdot \overrightarrow{u}$ in Abhängigkeit von x_i ändert. Die folgende Plausibilitätsbetrachtung dient dazu, dies herauszufinden.

Wenn der Wert von x_i erhöht wird, erhöht sich nach dem SIMP-Ansatz (9.22) auch der Elastizitätsmodul E. Dadurch verringert sich bei konstanter Kraft die Verschiebung $\overrightarrow{u}$ am Kraftangriffspunkt und damit nach Gleichung (9.25) und (9.41) die Ausdrücke $\overrightarrow{u}^{\mathrm{T}} \boldsymbol{k} \overrightarrow{u} = x^p \overrightarrow{u}^{\mathrm{T}} \boldsymbol{k}^0 \overrightarrow{u}$. Das Gleiche gilt mit Gleichung (9.42) auch für den gesuchten Ausdruck $\overrightarrow{u}^{\mathrm{T}} \cdot \partial \boldsymbol{k}/\partial x_i \cdot \overrightarrow{u} \propto x^{p-1} \overrightarrow{u}^{\mathrm{T}} \boldsymbol{k}^0 \overrightarrow{u}$. Aus diesen Betrachtungen ergibt sich, dass sich G_i erniedrigt, wenn x_i erhöht wird und erhöht, wenn x_i erniedrigt wird. Um den Zielwert Eins zu erreichen muss demnach x_i erhöht werden, wenn $G_i > 1$ und im anderen Fall erniedrigt werden. Das kann jedoch genau durch das Iterationsschema

$$x_i^{(k+1)} = G_i^{(k)} x_i^{(k)} \tag{9.45}$$

erreicht werden, wobei k der Iterationsindex ist. In Abbildung 9.8 wird anhand von zwei Szenarien verdeutlicht, dass dieses Iterationsschema sinnvoll und konsistent ist. Im Fall $G_i < 1$ verringert der Algorithmus x_i und vergrößert damit G_i bis der Wert Eins erreicht ist (Fall b). Wenn der Wert Eins nicht innerhalb der Grenzen für die Designvariable erreicht wird (Fall a), ergibt sich als Lösung $x_i = x^L$ mit $G_i < 1$. Hier gilt $\gamma_i = 0$ und es lässt sich immer ein $\lambda_i \geqq 0$ finden, sodass Gleichung (9.38) erfüllt ist. Wird dagegen im Fall $G_i > 1$ der Wert Eins nicht innerhalb der Grenzen für die Designvariable erreicht, ergibt sich als Lösung $x_i = x^U$ mit $G_i > 1$ (Fall a). Hier gilt $\lambda_i = 0$ und es lässt sich immer ein $\gamma_i \geqq 0$ finden, um Gleichung (9.38) zu erfüllen.

Der Algorithmus ist stabiler, wenn das Iterationsschema (9.45) mit einem Dämpfungsfaktor $\xi \in (0,1]$ versehen wird

$$x_i^{(k+1)} = \left[G_i^{(k)}\right]^{\xi} x_i^{(k)}. \tag{9.46}$$

Ein typischer Wert für den Dämpfungsfaktor ist dabei $\xi = 0{,}5$.

Weiterhin werden „Move-Limits" $m \in (0,1]$ verwendet, um eine zu große Änderung von x_i in einem Iterationsschritt zu verhindern. Es werden nur Werte innerhalb eines Intervalls $[(1-m)x_i, (1+m)x_i]$ um x_i herum akzeptiert und außerhalb liegende Werte zurückgesetzt. Es ergibt sich damit als

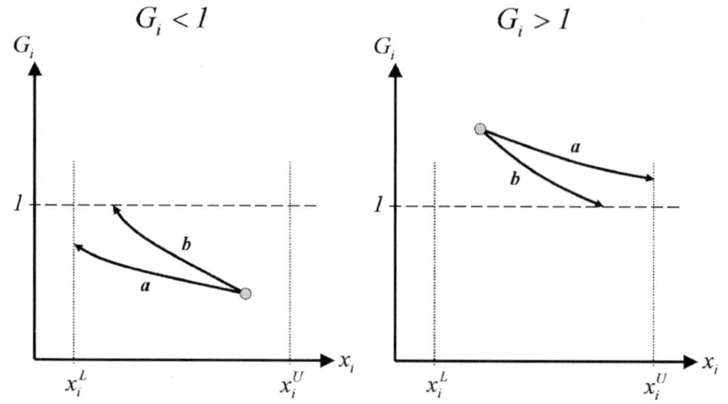

Abb. 9.8 Zwei Szenarien, die verdeutlichen sollen, wie das Iterationsschema (9.45) wirkt

Iterationsschema

$$x_i^{(k+1)} = \begin{cases} \left[G_i^{(k)}\right]^{\xi} x_i^{(k)} & \text{wenn} \quad \max[(1-m)x_i^{(k)}, x_i^L] \leqq [G_i^{(k)}]^{\xi} x_i^{(k)} \leqq \min[x_i^U, (1+m)x_i^{(k)}] \\ \max[(1-m)x_i^{(k)}, x_i^L] & \text{wenn} \quad \max[(1-m)x_i^{(k)}, x_i^L] \geqq [G_i^{(k)}]^{\xi} x_i^{(k)} \leqq \min[x_i^U, (1+m)x_i^{(k)}]. \\ \min[x_i^U, (1+m)x_i^{(k)}] & \text{wenn} \quad \max[(1-m)x_i^{(k)}, x_i^L] \leqq [G_i^{(k)}]^{\xi} x_i^{(k)} \geqq \min[x_i^U, (1+m)x_i^{(k)}] \end{cases} \tag{9.47}$$

Um G_i berechnen zu können, benötigt man noch den Wert des Lagrange-Multiplikators Λ. Dieser wird durch die Volumenrestriktion festgelegt, wobei man davon ausgeht, dass bei jeder sinnvollen Lösung diese Restriktion aktiv ist. Ausgehend von einem Anfangswert für Λ wird der Wert für G_i bestimmt und daraus aus Gleichung (9.47) die neuen Werte der Designvariablen berechnet. Über Gleichung (9.28) wird dann das Volumen ermittelt, das normalerweise nicht gleich den geforderten Wert von $\upsilon \cdot V^0$ hat. Der Wert des Lagrange-Multiplikators Λ wird dann iterativ so angepasst, dass der gewünschte Volumenwert erreicht ist. Dies kann man beispielsweise mit der Bisektionsmethode erreichen, indem die Nullstelle der Funktion

$$g(\Lambda) = V(\Lambda) - \upsilon \cdot V^0 \tag{9.48}$$

gesucht wird.

Bis jetzt wurde nur der Fall besprochen, dass nur ein Lastfall vorliegt. Bei mehreren Lastfällen wird als Zielfunktion die gewichtete Summe der mittleren Nachgiebigkeit aus den Einzellastfällen verwendet.

$$C = \sum_{k=1}^{N} w_k c_k. \tag{9.49}$$

Hierbei ist N die Anzahl der Einzellastfälle, c_k die mittlere Nachgiebigkeit aus Lastfall k und $w_k \in R$ der dazugehörige Gewichtungsfaktor. Dadurch wird lediglich in der Lagrange-Funktion und im Optimalitätskriterium der Term $\overrightarrow{u}^{\mathrm{T}} \boldsymbol{K} \overrightarrow{u}$ durch die Summe $\sum_{k=1}^{N} w_k \overrightarrow{u_k}^{\mathrm{T}} \boldsymbol{K} \overrightarrow{u_k}$ ersetzt. Die Wichtungsfaktoren werden in der Regel alle zu Eins gesetzt. Dies ist eine vernünftige Wahl, wenn die Verhältnisse der Belastungen zwischen den einzelnen Lastfällen den realen Verhältnissen entsprechen. Dennoch hat man es hier mit dem in Abschnitt 11.1.1 erläuterten Gewichtungsproblem zu tun, weil verschiedene Gewichtungskombinationen zu sehr unterschiedlichen optimalen Lösungen führen können (siehe auch Abbildung 11.7).

Wird statt dem SIMP-Ansatz die Homogenisierungsmethode verwendet, wird im 2-dimensionalen Fall das Iterationsschema aus Gleichung (9.47) jeweils getrennt auf a_i und b_i angewendet. Die dort benötigten partiellen Ableitungen der Element-Steifigkeitsmatrix $\partial \boldsymbol{k}_i / \partial a_i$ und $\partial \boldsymbol{k}_i / \partial b_i$ können dabei aus der Approximation für den Elastizitätstensors C analytisch bestimmt werden.

Die Anpassung der Orientierungsvariablen Θ_i wird anders gehandhabt. Sie muss natürlich so erfolgen, dass die Zielfunktion minimiert wird. Dazu lässt sich entweder wieder ein Optimalitätskriterium heranziehen oder ein plausibles Ersetzungsschema verwenden, das einfach zu handhaben ist. Im letzteren Fall richtet man einfach während jeder Iteration die Winkel entlang der Hauptrichtung des Dehnungstensors (Principal Strain Method) oder des Spannungstensors (Principal Stress Method) aus. Letztere Möglichkeit kann besonders leicht auf mehrere Lastfälle erweitert werden.

9.1.2.2 Dynamische Topologieoptimierung

Meistens ist die Zielsetzung bei einem Eigenfrequenzproblem, einen Designvorschlag zu ermitteln, bei dem eine einzelne oder ein Satz ausgewählter Eigenfrequenzen einen möglichst hohen Wert haben. Da sich jedoch während einer Topologieoptimierung das Design extrem verändern kann, versagt normalerweise das „Mode Tracking". Aus diesem Grund wird üblicherweise die in Abschnitt 7.1.3 beschriebene Summe der reziproken Eigenfrequenzen als Zielfunktion verwendet und minimiert. Zusammen mit der Restriktion auf den Füllgrad lautet somit das vollständige Optimierungsproblem:

$$\min f = \sum_{k \in I_v} \frac{w_k}{v_k} \Big/ \sum_{k \in I_v} w_k, \tag{9.50}$$

sodass

$$\upsilon \leqq \upsilon^U$$
$$x_i^L \leqq x_i \leqq x_i^U; \qquad i \in I_E$$

Dabei ist I_v die Indexmenge, welche die ausgewählten Eigenfrequenzen enthält und w_k ein Wichtungsfaktor[1)]. In dieser Formulierung werden die ausgewählten Eigenfrequenzen umso mehr nach oben geschoben, je niedriger sie liegen. Da sich auch bei einer Überkreuzung von Eigenfrequenzen die Zielfunktion glatt ändert, ist ein „Mode Tracking" nicht erforderlich und die Optimierung läuft in die richtige Richtung, solange die interessierenden Eigenfrequenzen innerhalb der Indexmenge bleiben. Um dieses zu gewährleisten, sollte man immer eine Gruppe von zusammenliegenden Eigenfrequenzen auszuwählen. Wenn beispielsweise die Frequenz des ersten Modes maximiert werden soll, empfiehlt es sich mindestens noch die beiden darüber liegenden Frequenzen mitzunehmen. Möchte man eine Gruppe von Frequenzen maximieren, sollten auch die dazwischenliegenden und mindestens noch die beiden darüber liegenden und darunter liegen Frequenzen in die Indexmenge aufgenommen werden. Nur so ist halbwegs sichergestellt, dass sich auch nach einer Überkreuzung von Frequenzen die interessierenden Frequenzen noch in der Indexgruppe befinden und somit auch weiter nach oben geschoben werden.

Zur Lösung des Optimierungsproblems kann wieder ein Optimalitätskriterienverfahren eingesetzt werden. Für die Details sei der interessierte Leser auf [231] verwiesen. Dort wird zusätzlich auch die Lösung auch für ein „Frequency Response" Problem beschrieben.

Während für die Topologieoptimierung der Dichteansatz basierend auf einer linearen statischen Analyse immer funktioniert und das Ergebnis auch eine praktikable Annäherung an ein reines massives Bauteil darstellt, ist dies bei der dynamischen Topologieoptimierung nicht unbedingt der Fall. Der Grund dafür ist, dass Frequenzen nicht nur durch die Steifigkeits- sondern auch durch die Massenverteilung beeinflusst werden. Dies hat zwei Konsequenzen. Es kann dazu führen, dass lokale Eigenformen in Bereichen mit niedriger Dichte auftreten, so genannte künstliche Eigenformen (artificial modes) [278]. Ein weiteres Problem ist die so genannte Modellierungsschwäche bei

[1)] In der Regel werden alle Gewichtungsfaktoren zu Eins gesetzt, weil durch die Formulierung der Zielfunktion schon eine sinnvolle Gewichtung vorgegeben ist, bei der die niedrigste Eigenfrequenz den größten Einfluss hat.

der dynamischen Topologieoptimierung. Im Folgenden werden die künstlichen Eigenformen und die Modellierungsschwäche im Detail behandelt und danach Kriterien abgeleitet, die helfen, diese Probleme zu identifizieren.

9.1.2.2.1 Künstliche Eigenformen

Unter künstlichen Eigenformen versteht man lokale Eigenformen, die nur oder dominant in Bereichen mit niedriger Dichte auftreten [278]. Liegen die Frequenzen dieser künstlichen Eigenformen im dem Bereich, der für die Optimierung relevant ist, wird die Optimierung durch nichtphysikalische Eigenformen im Lochbereich getrieben und dadurch das Ergebnis mit großer Wahrscheinlichkeit unbrauchbar. Erwünscht ist vielmehr, dass das Verhalten des Systems ausschließlich oder zumindest dominant durch die massiven Bereiche kontrolliert wird, weil nur diese ein physikalisches Bauteil approximieren. Die künstlichen Eigenformen stellen jedoch kein Problem dar, wenn sie außerhalb des für die Optimierung relevanten Frequenzbereichs liegen. Da sich die künstlichen Eigenformen beim Post-Processing in der Regel problemlos identifizieren lassen, kann der Anwender nach der Optimierung gut überprüfen, ob ein Problem aufgrund der künstlichen Eigenformen vorliegt oder nicht.

Als Beispiel ist in Abbildung 9.9 das Ergebnis der Topologieoptimierung eines Kragträgers mit nicht angebundenen eingefrorenen Bereich gezeigt. Das Ziel war, mit der Formulierung in Glei-

$$min \sum_{j=1}^{3} \frac{1}{\nu_j} \quad so\ dass \quad \upsilon \leq 0.3$$

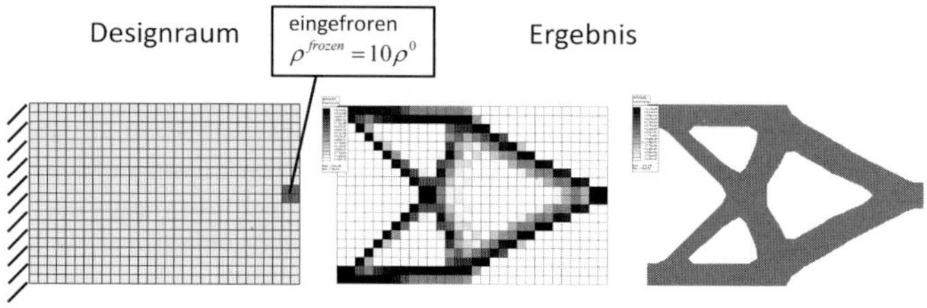

Abb. 9.9 Ergebnisse einer dynamischen Topologieoptimierung für einen Designraum mit nicht angebundenen eingefrorenen Bereich

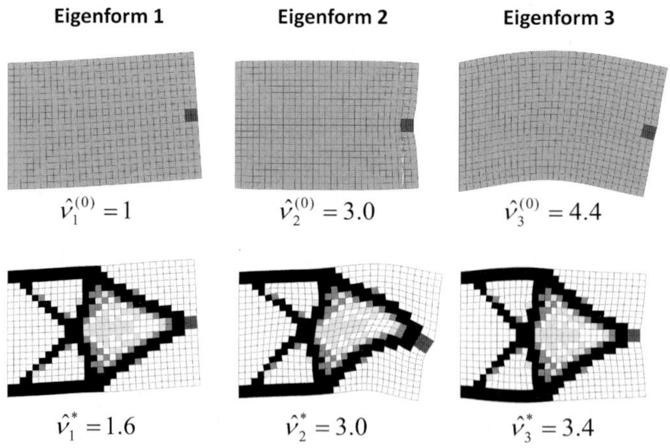

Abb. 9.10 Die ersten drei Eigenformen vor (oben) und nach der Optimierung (unten)

chung (9.50) die ersten drei Eigenfrequenzen möglichst weit nach oben zu schieben. In Abbildung 9.10 sind zusätzlich die ersten drei Eigenformen vor und nach der Optimierung dargestellt. Es ist offensichtlich, dass sich die 2. und die 3. Eigenform während der Optimierung vertauscht haben, was jedoch hier wegen der Wahl der Zielfunktion unproblematisch ist. Weiterhin zeigt sich, dass keiner der drei für die Optimierung relevanten Eigenformen eine künstliche Eigenform ist. Erst die 31. Eigenform ist eine künstliche Eigenform (Abbildung 9.11) und damit für die Optimierung unkritisch.

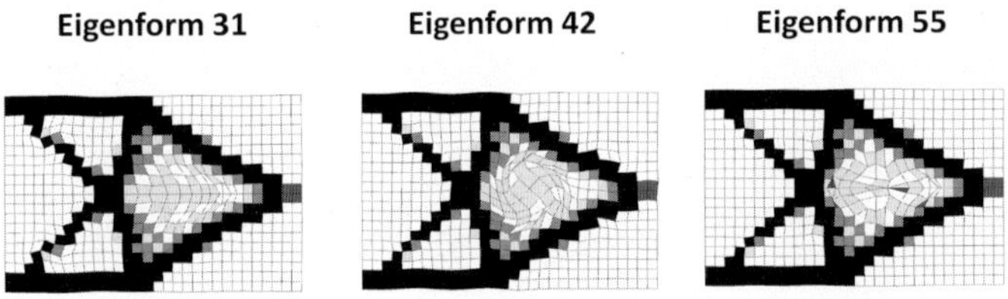

$\hat{\nu}^*_{31} = 26.5$ $\hat{\nu}^*_{42} = 32.1$ $\hat{\nu}^*_{55} = 40.2$

Abb. 9.11 Die erste künstliche Eigenform (31) und zwei weitere exemplarisch herausgegriffene künstliche Eigenformen der optimierten Struktur. In allen drei Fällen befinden sich die maximalen Amplituden im rechten eingeschlossenen Lochbereich während die massive Struktur nahezu in Ruhe ist

9.1.2.2.2 Modellierungsschwäche

Die Umsetzung einer Topologieoptimierung funktioniert nur dann, wenn ein Modell, bei dem in einem Designvorschlag die Bereiche mit kleinen Dichten entfernt und die mit den großen Dichten durch massives Material ersetzt worden sind, ungefähr das gleiche physikalische Verhalten aufweist wie der Designvorschlag selber. Nur dann kann ein Designvorschlag sinnvoll interpretiert werden. Genau dies ist bei der dynamischen Optimierung jedoch nicht immer sichergestellt. Man kann vielmehr nach der oben beschrieben Umsetzung Strukturen erhalten, die vom wirklichen Optimum sehr weit entfernt sein können und somit alles andere als optimal sind. Dieses Phänomen soll anhand des in Abbildung 9.12 dargestellten Beispiels näher erläutert werden. Hier ist das Optimierungsziel in dem vorgegebenen Kragträger-Designraum das Design zu ermitteln, bei dem die erste Eigenfrequenz möglichst hoch liegen. Das optimale Design lässt sich über eine analytische Formel für die erste Eigenfrequenz eines Kragträgers mit konstantem Querschnitt [298] abschätzen zu

$$\hat{\nu}_1(y) \propto \sqrt{\frac{E}{\rho y^4}}. \tag{9.51}$$

Dabei ist E der E-Modul, ρ die Dichte, y die auf die Länge L des Designraums normierte Länge l des Kragträgers

$$y = \frac{l}{L} \tag{9.52}$$

und $\hat{\nu}_1(y)$ die auf die Frequenz $\nu_1(1)$ des massiven Designraums in Abbildung 9.12 normierte erste Eigenfrequenz

$$\hat{\nu}_1(y) = \frac{\nu_1(y)}{\nu_1(1)}. \tag{9.53}$$

Da Formel (9.51) nur für schlanke Balken gilt, ergibt sich bei einer Überprüfung mit einem FE-Modell bei kleineren Werten von y eine Abweichung von den vorhergesagten Frequenzwerten (siehe Abbildung 9.13). Der generelle Trend, dass die Frequenz mit kleiner werdender Länge y ansteigt und bei $y = 0$ singulär und damit maximal wird, ist jedoch identisch.

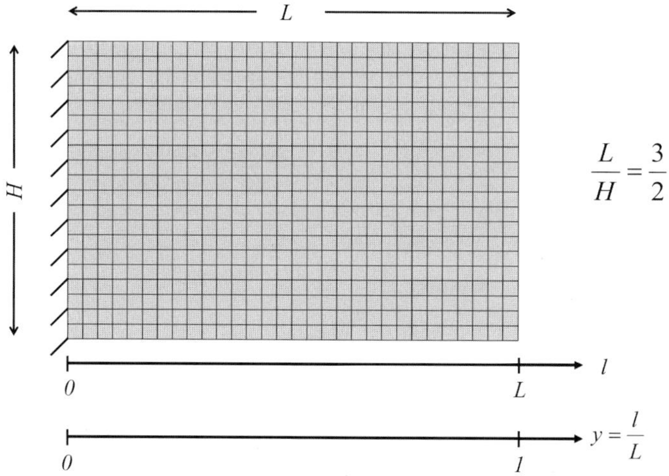

Abb. 9.12 Designraum eines Kragträgers

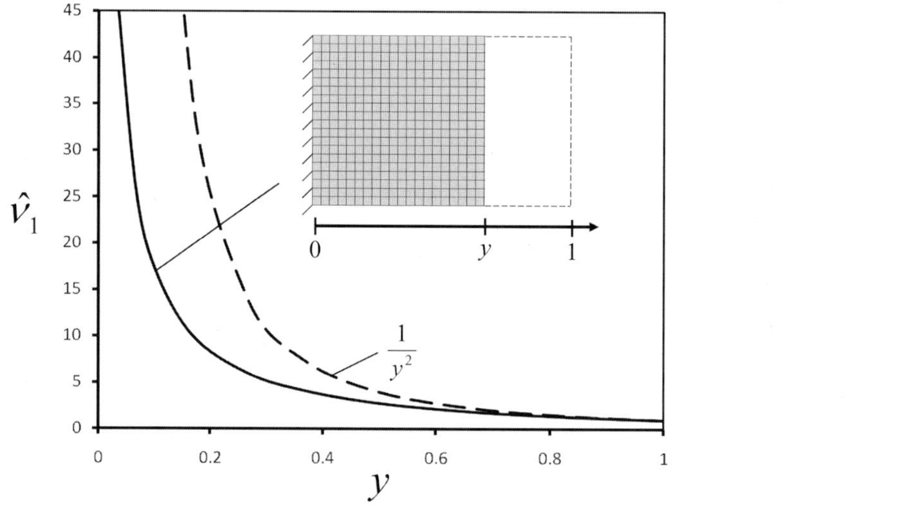

Abb. 9.13 Verlauf der ersten Eigenfrequenz eines Kragträgers in Abhängigkeit von seiner Länge y aus der FE-Analyse und der theoretischen Vorhersage. Bei der Ermittlung der Werte aus der FE-Analyse wurde jeweils immer ein Netz mit ausschließlich massiven Elementen verwendet (physikalisches Modell)

Es wird schnell klar, dass der Dichteansatz (Abbildung 9.14) die optimale Lösung nicht darstellen kann, weil dieser einem massiven Balken der Länge $y = 0$ mit einem Balken der Länge $y = 1$ aus Lochelementen approximiert und letzterer gemäß Gleichung (9.51) eine endliche Frequenz

$$\hat{v}_1^{\text{Loch}}(1) = \sqrt{\frac{\rho E^{\text{Loch}}}{E \rho^{\text{Loch}}}}\, \hat{v}_1(1) \qquad (9.54)$$

aufweist. Verwendet man den SIMP-Ansatz, so ist diese niedriger ist als die des massiven Balkens der Länge $y = 1$.

$$\rho_1^{\text{Loch}}(y) = \sqrt{\left(\rho^{\text{Loch}}\right)^{p-1}}\, \hat{v}_1(y). \qquad (9.55)$$

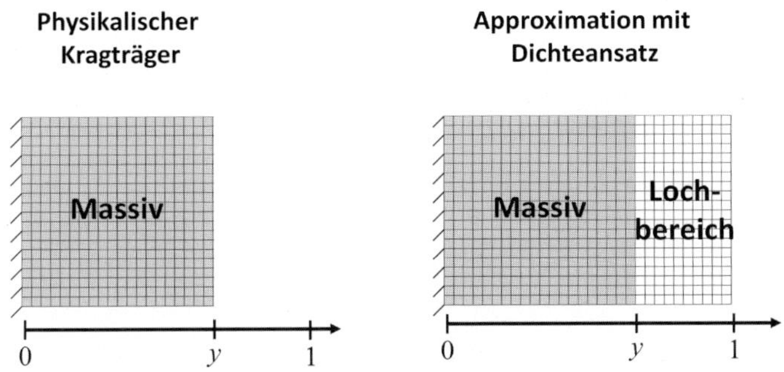

Abb. 9.14 Physikalischer Kragträger und dessen Approximation über den Dichteansatz (Dichtemodell)

Da das Dichtemodell die erste Eigenfrequenz eines physikalischen Kragträger in diesem Grenzfall nicht realistisch sondern als künstliche Eigenform abbildet, kann es das auch nicht im gesamten Zwischenbereich. Vielmehr muss dort irgendwo der Wechsel zwischen physikalischer und künstlicher Eigenform stattfinden. Mithilfe eines einfachen Modells kann man dies veranschaulichen, indem man das Dichtemodell als Zwei-Massen-Schwinger auffasst, bei dem der massive und der Lochbereich infolge des großen Steifigkeitsunterschieds entkoppelt betrachtet werden können. Damit setzt sich in erster Näherung das Dichtemodell für einen Kragträger der Länge y aus einem physikalischen massiven Träger der Länge y mit der Frequenz $\hat{v}_1(y)$ und einem Träger aus Lochelementen der Länge $1 - y$ mit der Frequenz $\hat{v}_1^{\text{Loch}}(1 - y)$ zusammen (siehe Abbildung 9.15). Das hat zur Folge, dass die erste Frequenz $\hat{v}_1^{\text{DM}}(y)$ des Dichtemodells nur für sehr große Werte von y mit der physikalischen Frequenz $\hat{v}_1(y)$ übereinstimmt. Sobald sich die beiden Kurven $\hat{v}_1(y)$ und $\hat{v}_1^{\text{Loch}}(1 - y)$ schneiden, ergibt sich für alle kleineren Längen y als erste Eigenfrequenz $\hat{v}_1^{\text{DM}}(y)$ die Frequenz $\hat{v}_1^{\text{Loch}}(1 - y)$ der künstlichen Eigenform (siehe Abbildung 9.16 und 9.17). Im Schnittpunk O liegt dabei das Optimum, wenn die erste Eigenfrequenz optimiert werden soll. Ähnliche Betrachtungen kann man für alle Eigenfrequenzen anstellen, sodass sich auch dort entsprechende Verläufe und Optima im Zwischenbereich einstellen. Werden nicht nur einzelne sondern mehrere zusammenhängende Frequenzen maximiert, ergibt sich das Optimum (eventuell auch lokale Optima) als Maximum der überlagerten Kurven für die betrachteten Frequenzen.

Zusammenfassend ergibt sich somit, dass das selbst das beste Dichtemodell mit einer scharfen Trennung zwischen massiven und Lochelementen nicht in der Lage ist, das Verhalten eines massiven Kragträgers über große Bereiche auch nur annähernd realistisch abzubilden.

Bis hierhin kann man die Modellierungsschwäche auch als Problem aufgrund von künstlichen Eigenformen auffassen, die man problemlos am Verformungsbild (Abbildung 9.17) identifizieren kann. Dies ist jedoch nicht mehr bei einem Ergebnis einer Topologieoptimierung möglich, weil dort immer mittlere Übergangsdichten im Design vorhanden sind. Die oben durchgeführten Überlegungen, dass beim Verkürzen des Balkens, was einer Reduktion des Füllgrades entspricht, ein Übergang von physikalischer zu künstlicher Eigenform stattfindet und sich das Optimum an dem daraus resultierendem Maximum einstellt, treffen jedoch auch dort zu. Der Unterschied ist jedoch, dass sich keine künstliche Eigenform mehr identifizieren lässt, weil sich durch den glatten Übergang in den Dichten ein Design ohne harte Steifigkeitssprünge und dadurch ein gleichmäßiges Verformungsbild ergibt.

Dies ist exemplarisch am Beispiel des Kragträgers in Abbildung 9.18 gezeigt, mit dem Optimierungsziel, die ersten drei Eigenfrequenz zu maximieren.

$$\min \sum_{i=1}^{3} \frac{1}{v_i}, \tag{9.56}$$

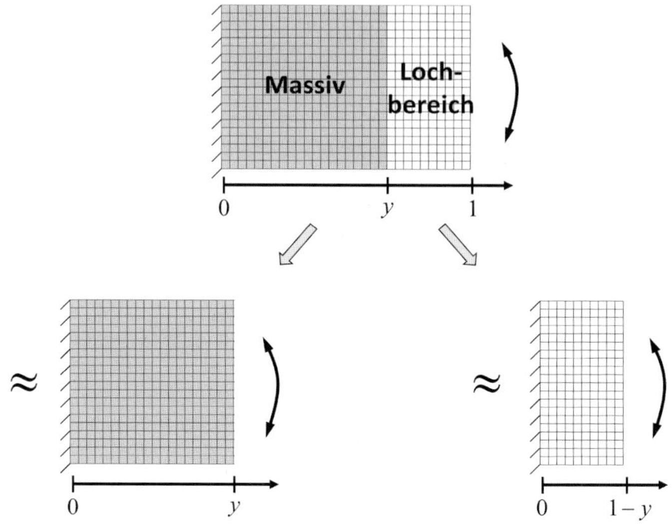

Abb. 9.15 Veranschaulichung der Näherung, den massiven und den Lochbereich als entkoppelt zu betrachten

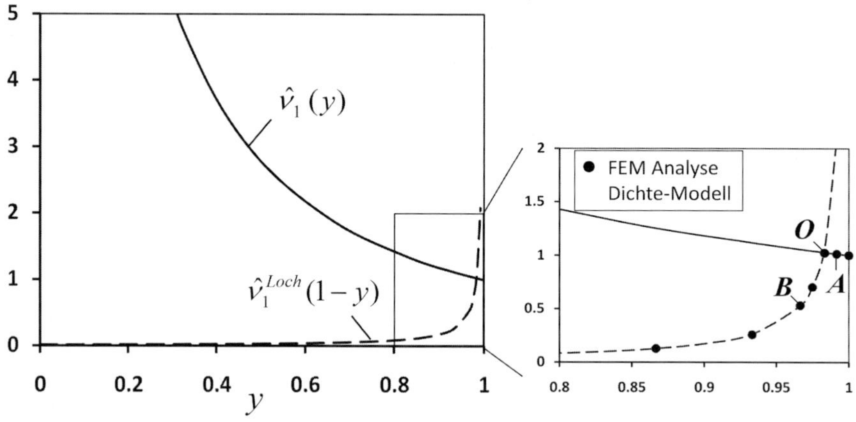

Abb. 9.16 Verlauf der Frequenzen für einen Kragträger der Länge y aus massiven Elementen und eines Kragträgers aus Lochelementen der Länge $1 - y$. Die Punkte bezeichnen die erste Eigenfrequenz $\hat{\nu}_1^{\mathrm{DM}}(y)$ aus exemplarisch ausgewählten FE-Analysen des Dichtemodells, die zur Kontrolle des analytischen Modells durchgeführt wurden

sodass

$$v \leqq v^U$$

Man erhält wie gewohnt einen Designvorschlag mit einem unscharfen Übergangsbereich zwischen massiven und Loch-Elementen. Weiterhin zeigen die Verformungsbilder in Abbildung 9.18, dass man keine künstlichen Eigenformen mehr identifizieren kann.

Die optimale Lösung mit einem Füllgrad von $v \approx 0{,}18$ stellt sich für alle $v^U \geqq 0{,}18$ ein und bestätigt die oben gemachte Annahme, dass sich das Optimum aus einem universellen Maximum im Zwischenbereich ergibt. Weiterhin zeigt sich auch, dass nicht aktive Restriktionen im Optimum,

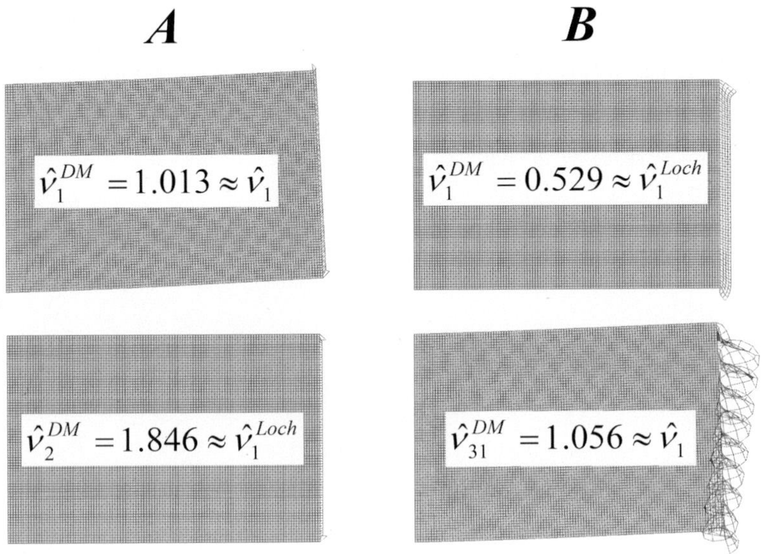

Abb. 9.17 Eigenformen an denen in Abbildung 9.16 gekennzeichneten Punkte *A* und *B* . Es sind jeweils die erste Eigenform und die Eigenform dargestellt, welche der ersten Eigenform eines physikalischen Kragträgers aus reinen Lochelementen (Punkt *A*) oder reinen massiven Elementen (Punkt *B*) entspricht. Im letzteren Fall wird die Frequenz durch die großen Verschiebungen der Lochelemente nur unwesentlich beeinflusst

wie in diesem Falle, immer ein Hinweis darauf sind, dass sich die Lösung vermutlich nicht als ein „0-1" Design umsetzen lässt. In diesem speziellen Beispiel führt dies zu einem Kragträgers mit der optimalen Länge $y \approx 0{,}18$ und damit zu einem falschen Ergebnis. Die einzige realistische Umsetzung und Interpretation ist somit, die optimierte Dichteverteilung umzusetzen, was jedoch in den meisten Fällen unrealistisch und auch nicht das Ziel der Optimierung ist. Die Modellierungsschwäche bedeutet demnach, dass das Ergebnis nicht als „0-1" Näherung zu interpretieren ist, sondern nur das Design mit den wirklich ermittelten Dichtewerten physikalisch richtig umgesetzt ist.

Es stellt sich die Frage, ob es Beispiele gibt, bei denen die Modellierungsschwäche nicht auftritt. Ein solcher Fall liegt in der Regel vor, wenn ein Bereich des Designraums eingefroren ist, der dominant die Eigenformen bestimmt. Die Topologieoptimierung liefert in diesem Fall nur einen Designvorschlag, wie das bestehende Design am besten zu verstärken ist, um die Frequenzen zu erhöhen. Solch ein Designvorschlag enthält typischerweise durchgehende Verstärkungen aus massiven Elementen, wie dies in dem Beispiel in Abbildung 9.19 zu erkennen ist.

Ein anderes Beispiel, bei dem sich die Modellierungsschwäche nicht auswirken kann, liegt vor, wenn es im Designraum eingefrorene Bereiche gibt, die nicht gelagert sind. In diesem Fall ist es nicht mehr ohne weiteres möglich, dass sich die massiven Elemente während der Optimierung immer mehr in Richtung der Anbindung zurückziehen, um dadurch die Frequenz zu erhöhen. Vielmehr kann man in diesem Fall erwarten, dass eine massive Verbindung zwischen den eingefrorenen Bereichen und der Lagerung favorisiert wird, um die Frequenz zu maximieren. Der verfälschende Einfluss der Lochelemente und den Elementen mittlerer Dichte bliebe dann gering. Das Beispiel in Abbildung 9.9 ist ein solcher Fall, bei dem ein nicht gelagerter Bereich von der Optimierung ausgeschlossen (eingefroren) wird. Hier ergibt sich eine sinnvolle Lösung, bei der die Einspannung mit dem eingefrorenen Bereich über eine massive Struktur verbunden ist. Dieser Zusammenhalt wird gleichsam erzwungen, weil eine Auflösung der Verbindung zu einem Abfall der Frequenzen führen würde. Jedoch gilt das nur, wenn die Masse des eingefrorenen Bereichs groß genug ist, um einen relevanten Einfluss auf das Design zu nehmen. So sind in Abbildung 9.20 die Ergebnisse der Topologieoptimierung für verschiedene Dichtewerte des eingefrorenen Bereichs dargestellt. Man erkennt, dass das Ergebnisse unterhalb von $\rho^{\text{frozen}} = \rho^0$ offenbar nicht mehr brauchbar sind und das Problem der Modellierungsschwäche wieder auftritt.

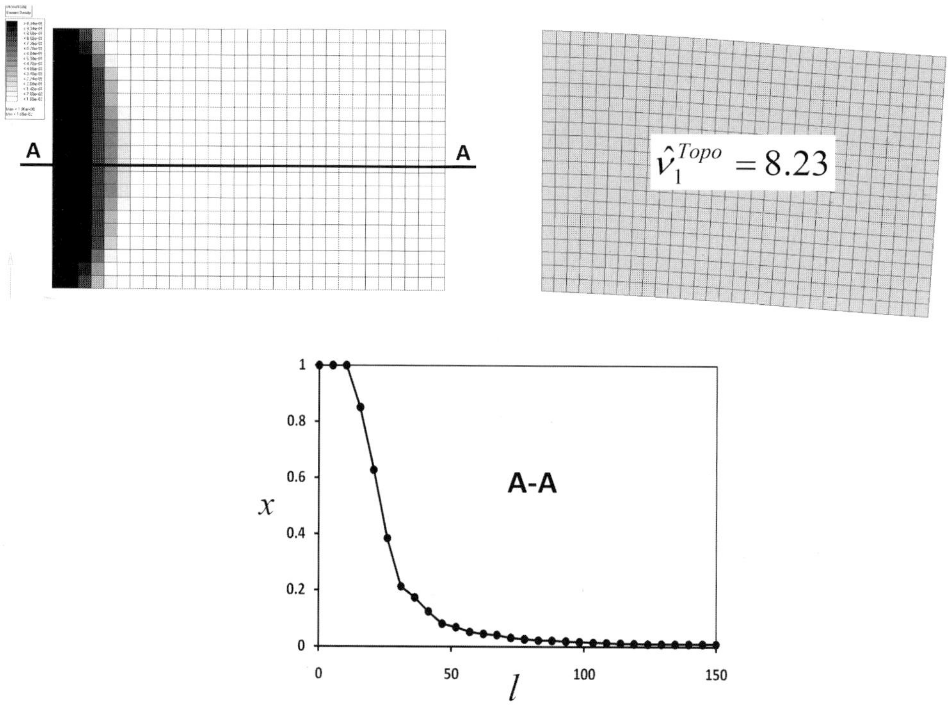

Abb. 9.18 Ergebnis der Topologieoptimierung. Oben: Dichteverteilung im Optimum (links) und die dazugehörige erste Eigenform (rechts). Unten: Dichteverteilung entlang A-A (links)

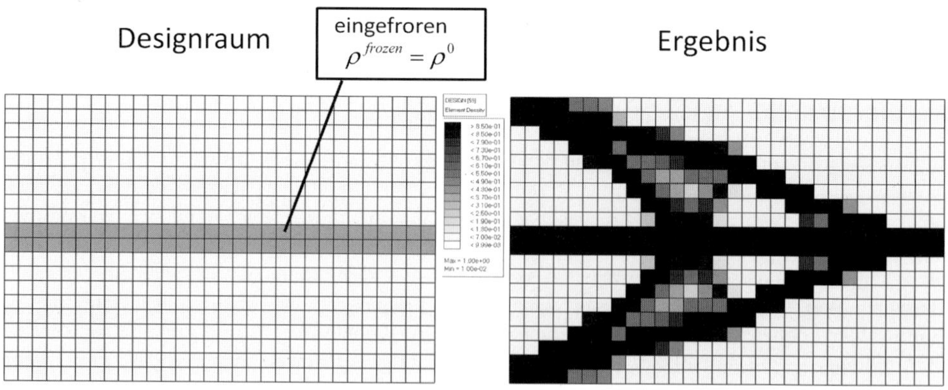

Abb. 9.19 Ergebnis der Topologieoptimierung eines Kragträgers mit eingefrorener mittlerer Strebe

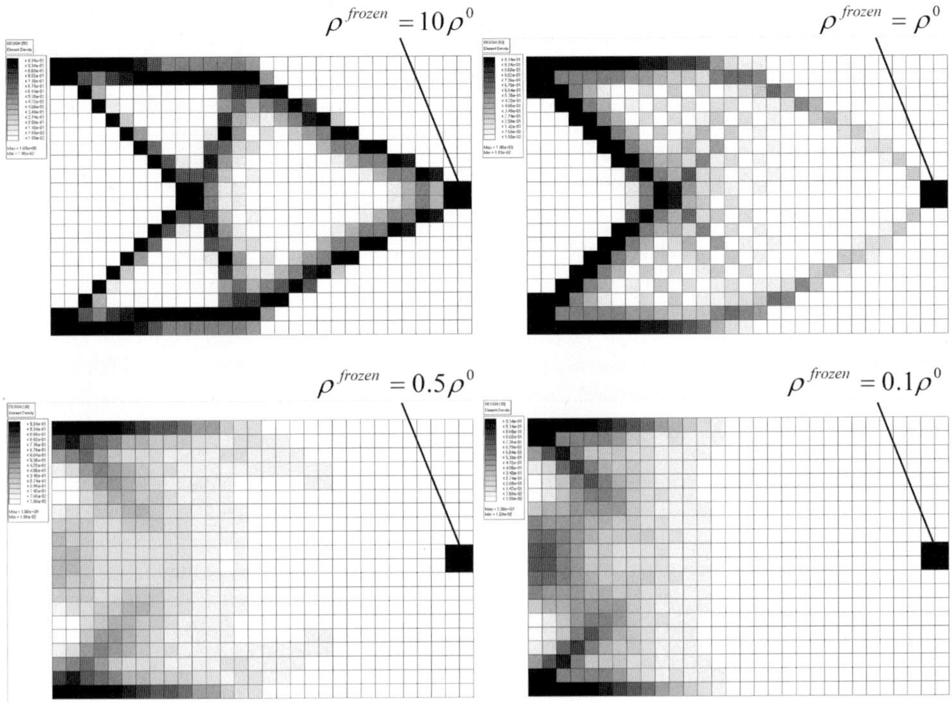

Abb. 9.20 Ergebnisse einer Topologieoptimierung für das Modell aus Abbildung 9.9 für verschiedene Dichtewerte des eingefrorenen Bereichs. Die Volumenrestriktion $v \leq 0{,}3$ ist bei allen Ergebnissen aktiv

Zusammenfassend kann man sagen, dass es nach einer dynamischen Topologieoptimierung möglich ist, dass das Ergebnis aufgrund von künstlichen Eigenformen oder einer Modellierungsschwäche nicht sinnvoll zu interpretieren ist. Dies ist vor allem dann wahrscheinlich, wenn es keine zentralen oder nicht angebundene eingefrorene Bereiche im Designraum gibt. Auf jeden Fall sollten immer folgende Punkte überprüft werden:

1. Befinden sich am Ende einer Optimierung unter den verwendeten Frequenzen eine oder mehrere künstliche Eigenformen? Ist dies der Fall, dann ist das Ergebnis vermutlich unbrauchbar.
2. Ist eine Volumenrestriktion im Optimum aktiv? Ist dies nicht der Fall und ist auch sonst keine andere Restriktion aktiv, dann ist das Ergebnis vermutlich unbrauchbar.
3. Gibt es zwischen Einspannung und nicht angebundenen eingefrorenen Bereichen nur große Bereiche mit geringen Dichten im Bereich von 0,1 bis 0,3 und keine durchgehenden Strukturen höhere Dichte (größer als 0,5)? Ist dies der Fall, dann ist das Ergebnis vermutlich unbrauchbar.

Wenn einer oder mehrere Punkte erfüllt sind, sollte man auf keinen Fall versuchen, den Designvorschlag physikalisch umzusetzen. Es bleibt dann nur die Möglichkeit, statische Ersatzlastfälle zu bestimmen, welche zu ähnlichen Verschiebungsfeldern führen wie die interessierenden Eigenformen, und darauf basierend eine Optimierung mit dem Ziel, die Steifigkeit zu maximieren, durchzuführen.

9.1.2.3 Duale Methode

Für das oben vorgestellte Optimierungsproblem mit der Minimierung der mittleren Nachgiebigkeit oder für die dynamische Topologieoptimierung werden Optimalitätskriterien eingesetzt. Diese haben den Nachteil, dass sie nur für diese spezielle Problemstellung verwendet werden können. Wird dagegen ein allgemeiner Lösungsalgorithmus eingesetzt, kann jede Systemantwort zur Definition der Zielfunktion und Restriktionen herangezogen werden. Da bei einem Topologieoptimierungsproblem eine hohe Anzahl von Designvariablen vorliegt (mindestens eine pro Element im Designraum), dagegen die Anzahl der Restriktionen klein ist (im einfachsten Fall nur eine Volumenrestriktion), bietet sich als Lösungsalgorithmus die duale Methode an. Diese wird üblicherweise zusammen mit CONLIN oder MMA eingesetzt, die eine konvexe Approximation des Optimierungsproblems liefern und damit eine eindeutige Lösung garantieren.

Durch die duale Methode ist es möglich, das Optimierungsproblem so zu formulieren, dass es bestmöglich zur vorgegebenen Aufgabenstellung passt. Dies kann jedoch auch dazu verleiten, ein Optimierungsproblem zu definieren, das die Möglichkeiten der Topologieoptimierung übersteigt. Wie später in den Anwendungsbeispielen verdeutlicht wird, liefert die Topologieoptimierung als Ergebnis nur einen Designvorschlag. Deshalb macht es normalerweise keinen Sinn, feste Zielwerte in der Definition des Optimierungsproblems zu verwenden, wie beispielsweise untere Grenzen für Eigenfrequenzen. Auch wenn die Grenzwerte in der Topologieoptimierung erreicht werden, muss bei der Umsetzung in ein fertigungsgerechtes Design häufig stark vom Designvorschlag abgewichen werden, sodass sich auch die Werte der Systemantworten stark verändern. Wenn also die Aufgabe darin besteht, ein Design zu finden, bei dem einige Eigenfrequenzen über einen Grenzwert liegen sollen, ist es sinnvoller, den Designvorschlag mit maximaler Eigenfrequenz zu ermitteln und zu versuchen, diesen möglichst gut umzusetzen. Sind beim umgesetzten Design die Anforderungen übererfüllt, kann man sich immer noch leicht zu den Grenzwerten nach unten bewegen, um beispielsweise Gewicht zu sparen. Sind die Grenzwerte jedoch nicht erreicht worden, kann man davon ausgehen, dass sie über die Topologieoptimierung nicht erreichbar sind.

Zusätzliche Restriktionen

Einer der größten Vorteile der dualen Methode besteht in der Möglichkeit, zusätzliche Restriktionen im Optimierungsproblem zu berücksichtigen. Die wichtigsten werden im Folgenden vorgestellt. Da die Effizienz der dualen Methode mit zunehmender Anzahl von Restriktionen sinkt, werden entweder Restriktionen ausgeblendet oder diese in Form von Straffunktionen oder anderen Formulierungen berücksichtigt. Es ist jedoch nicht von allen Restriktionen bekannt, wie diese im Detail in den kommerziellen Programmen umgesetzt werden.

Minimum Member Size Control

Häufig ist es nicht erwünscht, dass ein Designvorschlag filigrane und dünne Strukturen enthält, weil dadurch häufig die Interpretation und Umsetzung sehr erschwert wird. Die „Minimum Member Size Control" [375] sorgt dafür, dass solche Strukturen unterdrückt werden und Strukturen entstehen, deren Breite in der vom Anwender vorgegebenen Größenordnung $d_{\min}$ liegt. Umgesetzt wird diese Option, indem eine Restriktion dafür sorgt, dass ausgehend von einem beliebigen Element i die normierte Dichte und damit die Designvariablen nicht schneller als ein maximal zulässiger Steigungswert abfallen kann, der sich wiederum aus dem Wert von $d_{\min}$ ergibt (Abbildung 9.21):

$$|x_i - x_k| \leq \frac{\mathrm{dist}(i,k)}{d_{\min}}. \tag{9.57}$$

Dabei ist $\mathrm{dist}(i,k)$ der Abstand zwischen den Schwerpunkten von Element i und k. Die Restriktion (9.57) führt dazu, dass ausgehend von einem Element mit der Dichte $x = 1$ die Dichte nach jeder Seite über eine Strecke von $d_{\min}/2$ höchstens auf die Hälfte abfallen kann und sich kleinere Strukturen nicht ausbilden können. Man kann dies auch so formulieren, dass ein Übergang von einem Lochbereich durch massives Material (mindestens an einer Stelle $x = 1$) zu einem anderen Lochbereich mindestens $2d_{\min}$ betragen muss.

Bei einer direkten Verwendung der Formulierung (9.57) würde sich die Anzahl der Restriktionen im Optimierungsproblem drastisch erhöhen und die duale Methode ineffizient werden. Dies kann mithilfe einer adaptiven Restriktionsstrategie vermieden werden [411]. Hier wird die Restriktion

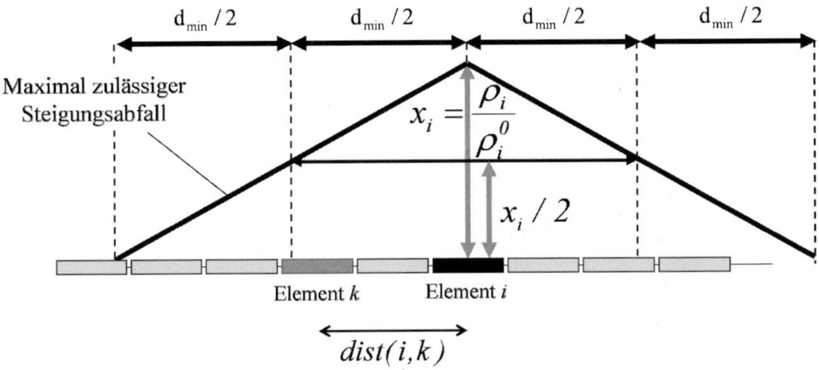

Abb. 9.21 Wirkungsweise der „Minimum Member Size Control"

über „Move-Limits" berücksichtigt, indem für jedes Element i die untere Grenze für die normierte Dichte in der $(k+1)$-ten Iteration folgendermaßen angepasst wird:

$$x_i^{L^{(k+1)}} = \max\left(x_i^L, x_i^{L^{(k)}} - \mathrm{dist}(i,j)/d_{\min}\right); \qquad j \in I_i.$$

Dabei ist I_i die Indexmenge aller an Element i angrenzenden Elemente.

Maximum Member Size Control

Häufig bilden sich im Designvorschlag Bereiche aus, in denen eine große Anhäufung von Material vorliegt. Solche Bereiche sind in der Regel jedoch nur schwer oder gar nicht umsetzbar. So würde beispielsweise bei Grußteilen eine solche Materialanhäufung zu Lunkerbildung führen. Hier behilft man sich normalerweise so, dass solche Materialanhäufungen durch parallel verlaufende Rippen angenähert werden. Dennoch ist es wünschenswert, direkt die optimale Rippenstruktur zu erhalten. Dieses Ziel kann mit der „Maximum Member Size Control" erreicht werden, die solche Materialanhäufungen verhindern soll und damit genau das Gegenteil der „Minimum Member Size Control" bewirkt. Wiederum wird vom Benutzer eine Größe $d_{\max}$ vorgegeben, jedoch sollen jetzt mit der „Maximum Member Size Control" solche Strukturen unterdrückt werden, deren Ausdehnung oberhalb dieses Wertes liegt. Es ist jedoch nicht veröffentlicht, wie diese Option umgesetzt wird. Zudem zeigt sich, dass die „Maximum Member Size Control" nicht in allen Fällen funktioniert.

Vorgeschriebene Entformungsrichtung

Wird ein Designvorschlag dazu verwendet, um das optimale Struktur eines Gussteils zu bestimmen, tritt häufig das Problem auf, dass der Designvorschlag eine Hohl- oder Fachwerkstruktur aufweist, die nur unter Verwendung von Schiebern oder verlorenen Kernen beim Gießen umsetzbar ist. Mit der vorgeschriebenen Entformungsrichtung (Prescribed Draw Direction) wird erzwungen, dass sich nur Designs ausbilden, die in einer vom Anwender vorgegebenen Entformungsrichtung $\overrightarrow{d}$ keinen Hinterschnitt aufweisen. Eine solche Option, die erstmals im Programm TopShape verfügbar war, wird heute auch in kommerziellen Programmen angeboten. In Abschnitt 9.2.2 wird beschrieben, wie diese Option in TopShape implementiert ist. In OptiStruct <Altair> geschieht die Umsetzung dadurch, dass die Elemente entlang der Entformungsrichtung bezüglich ihrer geometrischen Lage sortiert werden und folgende Restriktionen dem Optimierungsproblem hinzugefügt werden [328], [412], [413] (siehe Abbildung 9.22):

$$0 \leqq \rho_i \leqq \rho_{i+1} \leqq \rho_{i+2} \leqq \ldots \leqq \rho_M. \tag{9.58}$$

Diese Restriktion erzwingt, dass nur Material aus Richtung $\overrightarrow{d}$ kommend entfernt werden kann (uni-direktionale oder „Single"-Option). Dieses kann daraufhin erweitert werden, dass auch auf der

Gegenseite die Entfernung von Material in Richtung von $-\vec{d}$ zugelassen wird (bi-direktionale oder „Split"-Option). Weiterhin muss nicht, wie in Abbildung 9.22 dargestellt, ein reines Hexaedernetz vorliegen, in dem die Elemente genau in Richtung der Entformungsrichtung ausgerichtet sind. Die Option ist vielmehr für beliebige Netze verfügbar.

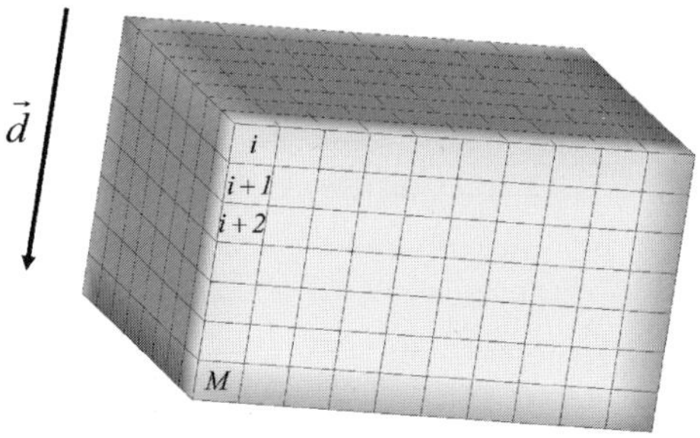

Abb. 9.22 Veranschaulichung der Option „vorgeschriebene Entformungsrichtung" für ein reines ausgerichtetes Hexaedernetz und der uni-direktionalen Option

Extrusionsrestriktion

Bei einem Extrusionsprofil muss der Querschnitt entlang der Extrusionsrichtung an allen Stellen identisch sein. Ein solches Design wird man mit einer Topologieoptimierung ohne Zusatzrestriktionen jedoch nicht erhalten. Dies kann jedoch erzwungen werden, indem eine Extrusionsrestriktion zum Optimierungsproblem hinzugefügt wird. Der Anwender muss dazu nur die erwünschte Extrusionsrichtung $\vec{d}$ definieren. Die Extrusionsrestriktion kann dann dadurch implementiert werden, dass alle Elemente, die in der Extrusionsrichtung hintereinander liegen, zu Gruppen zusammengefasst werden und allen Designvariablen in einer Gruppe immer der gleiche Wert zugewiesen wird. Dadurch wird das Optimierungsproblem auf ein 2-dimensionales Problem reduziert und somit der optimale Querschnitt des Extrusionsprofils bestimmt.

Globale Spannungsrestriktion

In vielen Programmen, wie beispielsweise in OptiStruct [12] <Altair>, PERMAS-TOPO <INTES> und GENESIS <VRAND>, wird für die Topologieoptimierung eine globale Spannungsrestriktion angeboten. Darüber kann der Anwender festlegen, welche maximale Spannung der Designvorschlag aufweisen darf. Damit ergibt sich wie beim SKO-Verfahren ein Design mit homogener Oberflächenspannung. Die Verwendung der globalen Spannungsrestriktion ist eine gute Alternative zur Verwendung der mittleren Nachgiebigkeit, wenn mehrere Lastfälle vorliegen. Während man bei der mittleren Nachgiebigkeit nur bei einem, jedoch nicht bei mehreren Lastfällen, sicher sein kann, ein festigkeitsoptimiertes Design zu erhalten, ist dies bei der Verwendung der globalen Spannungsrestriktion sichergestellt.

Prinzipiell kann eine globale Spannungsrestriktion über folgende Definition des Optimierungsproblems berücksichtigt werden:

$$\min \text{Gewicht}, \tag{9.59}$$

sodass

$$\sigma_i \leqq \sigma^U$$
$$x_i^L \leqq x_i \leqq x_i^U; \qquad i \in I_E$$

Diese Formulierung führt jedoch zu einer großen Anzahl von Restriktionen und damit zu einer starken Effizienzreduktion der dualen Methode. Einzelheiten darüber, wie diese Restriktion ohne diesen Nachteil implementiert werden kann, sind nicht veröffentlicht.

9.1.3 Topologieoptimierung mit nachgezogener Lasteinleitung

Bei einer Topologieoptimierung, die auf einer statischen Analyse basiert, werden die Lasten auf einzelne Knoten aufgegeben und diese Kraftangriffspunkte während der Optimierung beibehalten. Es gibt aber Aufgabenstellungen, in denen die Lasten immer nur auf die massive Struktur wirken sollen und deswegen während der Optimierung mitgezogen werden müssen. Beispiele für solche Anwendungen sind Strukturen unter Druckbelastung und die Ermittelung eines optimalen Dach- oder Kuppeldesigns unter Schneelast.

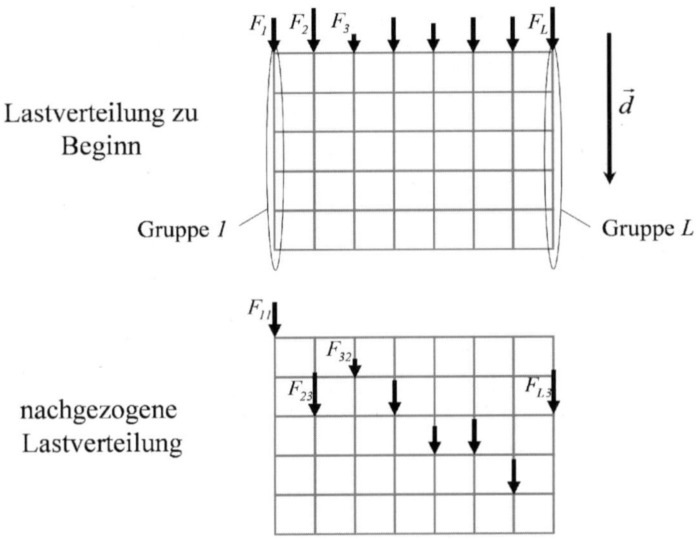

Abb. 9.23 Bezeichnung der Knotenkräfte für den Fall, dass die Kräfte in Richtung $\vec{d}$ nachgezogen werden sollen

Es gibt mehrere Möglichkeiten, ein solches Nachziehen der Lasten umzusetzen. Man kann zum einen, wie in [133] beschrieben, den Lastvektor $\vec{F}$ in der FEM-Gleichung während der Optimierung an die jeweils aktuelle Struktur anpassen. Diese Vorgehensweise ist jedoch bis jetzt, soweit bekannt, in keinem kommerziellen Programm umgesetzt worden. Für den Fall, dass die mittlere Nachgiebigkeit als Zielfunktion verwendet wird und die Kraft entlang einer festen Richtung verschoben werden soll (z. B. Struktur unter Schneelast), wird in [110] eine Möglichkeit vorgestellt, wie der Benutzer das Nachziehen der Belastung durch eine Modifikation des FE-Modells gewährleisten kann. Im Folgenden soll diese Modifikation hergeleitet werden: Im ersten Schritt muss das Netz in die Richtung ausgerichtet werden, in die Lasten verschoben werden dürfen. Alle Knoten, die in dieser Richtung hintereinander liegen, werden in Gruppen zusammengefasst (Abbildung 9.23). Die Aufgabe besteht nun darin, während der Optimierung in jeder Gruppe j die Ausgangslast F_j auf die Knotenkräfte F_{jm} gemäß der aktuellen Struktur zu verteilen. Dabei muss in jeder Gruppe j folgende Bedingung eingehalten werden:

$$\sum_{m\in I_j} F_{jm} = F_j. \tag{9.60}$$

Dabei ist I_j die Indexmenge, die alle Knoten aus Gruppe j enthält. Wird diese Bedingung zum Optimierungsproblem hinzugefügt, erhält man bei L Knotengruppen:

$$\min \vec{F}^{\mathrm{T}} \vec{u}, \tag{9.61}$$

sodass

$$v \leqq v^U$$
$$\sum_{m \in I_j} F_{jm} - F_j \leqq 0; \qquad j = 1, L$$

Die dazugehörige Lagrange-Funktion lautet

$$L(\vec{x}, \Lambda, \vec{\lambda}, \{F_{jm}\}) = \vec{F}^{\mathrm{T}} \vec{u} + \Lambda(v - v^U) + \sum_{j=1}^{L} \lambda_j \sum_{j \in I_j} \left(F_{jm} - F_j\right). \tag{9.62}$$

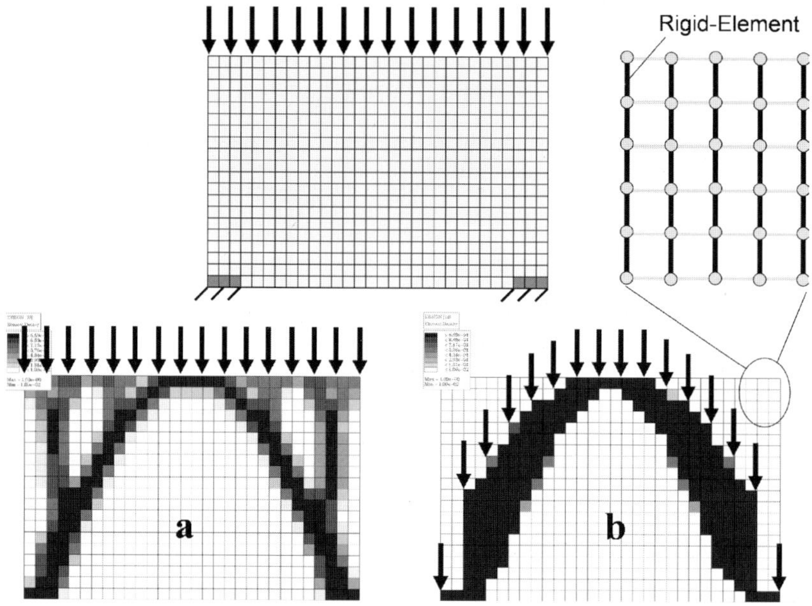

Abb. 9.24 Modell mit konstanter Last auf der Oberkante und Optimierungsergebnis bei fester (a) und nachgezogener Lasteinleitung (b) mit resultierender Lastanordnung. Der besseren Darstellung wegen ist im Fall (b) nur jeder 2. Lastvektor eingezeichnet.

Dabei wurden in der Lagrange-Funktion die Gruppenkräfte F_{jm} als Variable mit hinzugenommen. Über eine der Stationaritätsbedingungen kann nun ein Optimalitätskriterium hergeleitet werden:

$$\frac{\partial L}{\partial F_{jm}} = \lambda_j + \frac{\partial \vec{F}^{\mathrm{T}}}{\partial F_{jm}} \vec{u} = 0. \tag{9.63}$$

Die partielle Ableitung filtert jedoch gerade die Verschiebung am Knoten j der Gruppe m heraus

$$\frac{\partial \vec{F}^{\mathrm{T}}}{\partial F_{jm}} \vec{u} = \delta_{jm} \vec{u} = u_{jm}, \tag{9.64}$$

sodass sich ergibt

$$\lambda_j + u_{jm} = 0. \tag{9.65}$$

Dies bedeutet aber, dass die Verschiebung jedes Knotens m in einer Gruppe j gleich dem Lagrange-Multiplikator λ_j sein muss und damit alle Knotenverschiebungen in einer Gruppe gleich sein müssen. Dies lässt sich dadurch erzwingen, dass alle Knoten in einer Gruppe über Rigid-Elemente starr verbunden werden. Dass diese Vorgehensweise nicht nur für mathematische, sondern auch für ein empirisches Topologieoptimierungsverfahren anwendbar ist, ist in [404] für die BESO-Methode und in [110] gezeigt worden.

Eine einfache Anwendung ist in Abbildung 9.24 dargestellt, in der die Ergebnisse mit fester und nachgezogener Lasteinleitung gegenübergestellt sind.

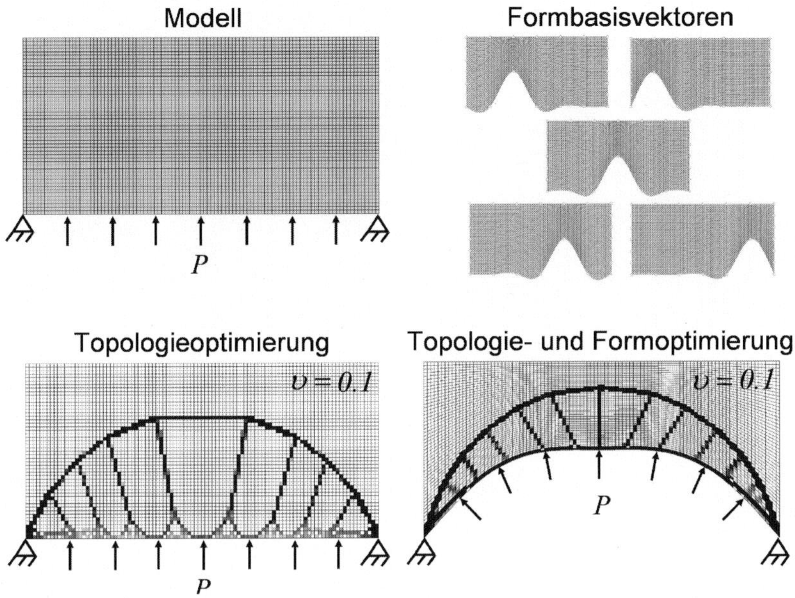

Abb. 9.25 Anwendungsbeispiel mit Druckbelastung, bei dem Topologie- und Formoptimierung gleichzeitig eingesetzt wurde

Die oben geschilderte Vorgehensweise kann nicht eingesetzt werden, wenn eine Druckbelastung vorliegt. Hier kann sich nämlich im Optimierungsverlauf nicht nur der Ort sondern auch die Orientierung der Lasten ändern. Dieser Fall kann jedoch behandelt werden, indem man Topologieoptimierung und Formoptimierung gemeinsam einsetzt. Die Formoptimierung variiert dabei die Außenkontur, an der die Lasten aufgebracht sind, während die Topologieoptimierung das optimale Design im modifizierten Design ermittelt. Ein einfaches Beispiel ist in Abbildung 9.25 dargestellt, bei dem das Programm OptiStruct [410], [12] eingesetzt wurde, das die gleichzeitige Anwendung von Topologie- und Formoptimierung ermöglicht. Für die Formoptimierung wurde hier ein „Morph-Volume with enforced Tangency" eingesetzt, um 5 Formbasisvektoren an der Unterkante zu erzeugen.

9.1.4 Mathematische und numerische Probleme

Idealerweise sollte eine Dichteverteilung $\rho(\vec{r})$ im Designraum Ω nur die Werte 0 und 1 annehmen können. In einem solchen Fall würde sich ein scharfes Design ohne Zwischenwerte ergeben und die Umsetzung in ein zulässiges Design erleichtert. Es wird oft die Frage laut, wieso nicht ein solches diskretes „0 – 1" Optimierungsproblem gelöst wird, das mit Volumenrestriktion lauten würde:

$$\min f\left(\rho\left(\vec{r}\right)\right), \tag{9.66}$$

sodass

$$\int_{\Omega} \rho\left(\vec{r}\right) d^3r \leqq \upsilon V^0$$
$$\rho \in \{0,1\}$$
$$\vec{r} \in \Omega$$

Es zeigt sich jedoch, dass für das $0-1$ Problem (9.66) keine Lösung existiert [39], [349]. Der Grund dafür ist, dass eine Struktur immer effizienter wird, wenn diese unter Einhaltung der Volumenrestriktion immer weiter verfeinert wird oder, in anderen Worten, immer kleinere Löcher eingebracht werden (Abbildung 9.26). So kann man beispielsweise bei Verwendung der mittleren Nachgiebigkeit als Zielfunktion eine Struktur auf diese Art immer weiter versteifen.

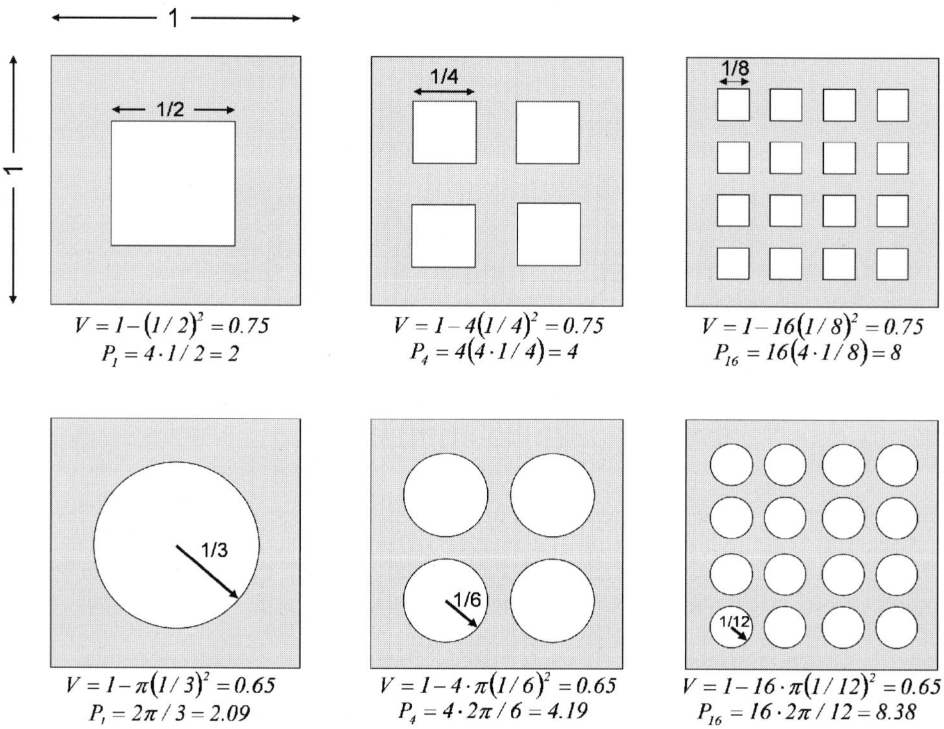

Abb. 9.26 Beispiel einer Verfeinerung einer Struktur durch Erhöhung der Lochanzahl n für 2 Lochformen bei Einhaltung der Volumenrestriktion. Weiterhin ist der Umfang P_n der inneren Löcher angegeben, der sich mit der Anzahl der Löcher erhöht gemäß der Formel $P_n/P_m = \sqrt{n/m}$

Wird das Problem (9.66) mithilfe der FEM mit n finiten Elementen diskretisiert

$$\min_{\vec{\rho}} f(\vec{\rho}) \tag{9.67}$$

sodass

$$V = \sum_{i=1}^{n} \rho_i v_i \leqq \upsilon V^0$$
$$\rho_i \in \{0,1\}\,; \qquad i = 1,n,$$

ergibt sich zwar eine eindeutige Lösung, die sich jedoch allein dadurch einstellt, dass die Größe der Löcher durch die Diskretisierung nach unten begrenzt ist. Dadurch ist die Lösung netzabhängig und es ergeben sich für verschiedene Diskretisierungsgrade unterschiedliche Lösungen.

Auch eine Erweiterung des Optimierungsproblem, bei dem für die Dichte nicht nur diskrete, sondern auch kontinuierliche Werte im Intervall [0, 1] zugelassen werden

$$\min f\left(\rho\left(\vec{r}\right)\right), \tag{9.68}$$

sodass

$$\int_{\Omega} \rho\left(\vec{r}\right) d^3r \leqq \upsilon V^0$$

$$0 \leqq \rho \leqq 1$$

$$\vec{r} \in \Omega,$$

kann das Problem nicht wirklich lösen. So existiert für diese Formulierung ebenfalls keine Lösung, wenn der SIMP-Ansatz verwendet wird. Lediglich bei der Verwendung der Homogenisierungsmethode ist die Existenz einer Lösung sichergestellt. Jedoch ergeben sich bei Verwendung der mittleren Nachgiebigkeit als Zielfunktion häufig Designs, die einen hohen Anteil an „grauen" Bereichen aufweisen, in denen Zwischenwerte der Dichte vorliegen. Dies ist eine nicht zufrieden stellende Lösung, wenn ein möglichst scharfes Design erwünscht ist. Modifiziert man den Homogenisierungsansatz jedoch in Richtung „0 – 1"-Design, läuft man in die gleichen Probleme wie beim SIMP-Ansatz.

Das oben geschilderte Existenzproblem löst man dadurch, indem man die Variationsmöglichkeit der Dichte einschränkt und dadurch den Raum der möglichen Designs verkleinert. Es gibt drei Möglichkeiten dies umzusetzen:

1. **Diskretisierung:** Wird das Problem (9.66) mithilfe der FEM diskretisiert, wird über die Netzfeinheit die Größe der Löcher nach unten hin begrenzt und dadurch eine eindeutige Lösung erzwungen. Auch wenn die dadurch resultierende Netzabhängigkeit der Lösung vom mathematischen Standpunkt her unbefriedigend sein mag, ist diese Möglichkeit vom Anwenderstandpunkt aus betrachtet durchaus praktikabel. Man ist ja meistens nicht an zu feinen Strukturen interessiert und hat über die Netzfeinheit die Möglichkeit, die Auflösung des Designvorschlags zu steuern. Da es jedoch für die mathematische Topologieoptimierung mehrere netzunabhängige Alternativen gibt, die Existenz einer Lösung sicherzustellen, hat sich dieser Zugang nicht durchgesetzt.

2. **Restriktionen:** Durch eine oder mehrere zusätzliche Restriktionen kann die Menge der möglichen Designs auf eine Untermenge reduziert werden, die dann ein netzunabhängiges Minimum und damit eine eindeutige Lösung aufweist. Man kann hierbei zwischen globalen und lokalen Restriktionen unterscheiden:
   a) *Globale Restriktionen:* Wie in Abbildung 9.26 an einem 2-dimensionalen Beispiel veranschaulicht ist, erhöht sich der Gesamtumfang der Löcher, wenn die Anzahl der Löcher unter Einhaltung der Volumenrestriktion ansteigt. Umgekehrt kann man über eine Restriktion auf den Gesamtumfang (Löcher und Außenkontur) bei 2-dimensionalen Strukturen oder auf die gesamte Außenfläche (Löcher und Außenkontur) bei 3-dimensionalen Strukturen die Anzahl der Löcher begrenzen und damit die Existenz einer eindeutigen Lösung sicherstellen (Perimeter Control). Der Vorteil dieses Verfahrens ist, dass nur eine Restriktion zusätzlich berücksichtigt werden muss. Ein Beispiel für einen solchen Restriktionstyp ist in [29] beschrieben. Hier wird für den 2-dimensionalen Fall eine Restriktion auf den Umfang der Außenkontur gegeben. Bei der praktischen Anwendung ergibt sich jedoch das Problem, dass es schwierig ist, eine sinnvolle Grenze für die Umrandung festzulegen.

Wenn der SIMP-Ansatz verwendet wird, kann diese Restriktion jedoch alternativ auch über eine Restriktion auf die totale Variation TV der Gradienten der Dichte ρ berücksichtigt werden:

$$TV = \int_{\Omega} \left| \overrightarrow{\nabla} \rho \right| \, \mathrm{d}^3 r \leqq TV^U . \tag{9.69}$$

Eine andere Möglichkeit einer globalen Restriktion ist gegeben als

$$\left(\int_{\Omega} \left(\rho^2 + \left| \overrightarrow{\nabla} \rho \right|^2 \right) \mathrm{d}^3 r \right)^{\frac{1}{2}} \leqq M \tag{9.70}$$

oder als Variante ohne die Dichte

$$\left(\int_{\Omega} \left| \overrightarrow{\nabla} \rho \right|^2 \mathrm{d}^3 r \right)^{\frac{1}{2}} \leqq M . \tag{9.71}$$

Man hat jedoch bei Verwendung einer globalen Restriktion keine Kontrolle über die Feinheit einer Struktur. So können durchaus sehr dünne Streben auftreten.

b) *Lokale Restriktionen:* Im Gegensatz zu den globalen Restriktionen kann mit den lokalen Restriktionen die Feinheit der Struktur festgelegt und dünne Streben aus dem Design entfernt werden. Eine Möglichkeit ist, die lokale Variation des Gradienten der Dichte zu restringieren

$$\left| \frac{\partial \rho}{\partial r} \right| \leqq G . \tag{9.72}$$

In diskretisierter Form lautet diese Restriktion

$$\frac{|x_i - x_k|}{\mathrm{dist}(i,k)} \leqq \frac{1}{d_{\min}} \tag{9.73}$$

und ist damit nicht anderes, als die in Abschnitt 9.1.2.3 beschriebene „Minimum Member Size Control", bei der der maximale Abfall der Dichte über den Parameter $d_{\min}$ festgelegt wird:

$$G = \frac{1}{d_{\min}} \tag{9.74}$$

3. **Filterung:** Ähnlich wie bei den lokalen Restriktionen wird beim Filtern (Filtering), die Variationsbreite in der Struktur eingeschränkt und damit eine Längenskala definiert, unterhalb derer alle Streben entfernt werden. Da die Filterung nicht oder nur schwach vom Diskretisierungsgrad des Netzes abhängt, spricht man auch von netzunabhängiger Filterung. Bei Verwendung des SIMP-Ansatzes gibt es zwei mögliche Größen, die gefiltert können:
   a) *Filtern der Dichten:* Hier werden die Komponenten des Steifigkeitstensors E_{ijkl} modifiziert, indem sie als mit dem Abstand gewichtete Summe der Steifigkeitstensoren innerhalb eines Filterradius $r_{\min}$ bestimmt werden

$$E_{ijkl} = \Phi^p(\overrightarrow{r}) E^0_{ijkl} \tag{9.75}$$

mit

$$\Phi(\overrightarrow{r}) = \frac{\int_{\Omega} \rho(\overrightarrow{y}) K(\overrightarrow{r} - \overrightarrow{y}) \, \mathrm{d}^3 y}{\int K(\overrightarrow{y}) \, \mathrm{d}^3 y} \tag{9.76}$$

$$K(\overrightarrow{r}) = \begin{cases} 1 - \dfrac{|\overrightarrow{r}|}{r_{\min}} & \text{wenn} \quad |\overrightarrow{r}| \leqq r_{\min} \\ 0 & \text{sonst} \end{cases} . \tag{9.77}$$

Damit hängt die Steifigkeit an einem Punkt $\vec{r}$ von der Steifigkeit aller Punkte im Umkreis von $r_{\min}$ ab. Durch die Mittelung werden die Feinheiten aus dem Design entfernt und durch einen grauen Bereich ersetzt, der dann wiederum über den Exponenten p aus dem SIMP-Ansatz bestraft und dadurch in Richtung „0 – 1"-Design geschoben wird.

b) *Filtern der Sensitivitäten:* Statt der Dichte kann auch die Sensitivität jedes Elementes gefiltert werden, indem sie als Mittelwert der gewichteten Sensitivitäten der umgebenden Elemente bestimmt wird (Abbildung 9.27).

$$\frac{\bar{\partial} f}{\partial x_i} = \frac{1}{x_i} \frac{\sum_k H_{ki} x_k \frac{\partial f}{\partial x_k}}{\sum_k H_{ki}} \tag{9.78}$$

mit

$$H_{ki} = \begin{cases} r_{\min} - \mathrm{dist}(i,k) & \text{wenn} \quad \mathrm{dist}(i,k) \leqq r_{\min} \\ 0 & \text{sonst} \end{cases} . \tag{9.79}$$

Dabei ist $\mathrm{dist}(i,k)$ der Abstand zwischen den Zentren von Element i und k. In welchem Umkreis die Elemente bei der Mittelung berücksichtigt werden, wird wiederum durch den Filterradius $r_{\min}$ festgelegt. Das Filtern der Sensitivitäten ist besonders einfach zu implementieren, weil die Definition des Optimierungsproblems und auch die Beschreibung der Struktur unverändert bleiben und als einziger Unterschied nur die gefilterten Sensitivitäten verwendet werden müssen.

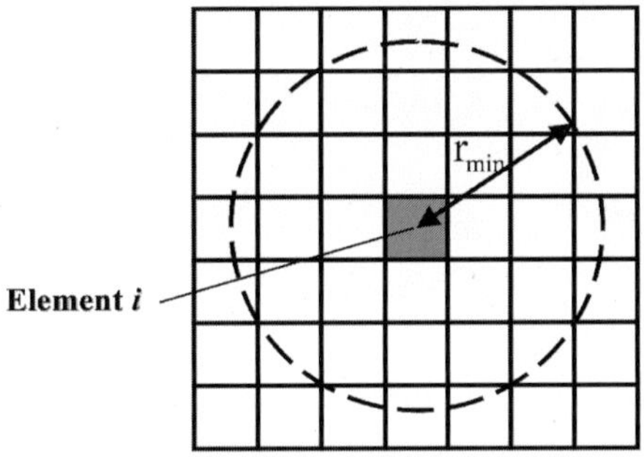

Abb. 9.27 Netzunabhängige Filterung

Bei allen kommerziellen Programmen wird die Analyse mit der FEM durchgeführt. Hier kann bei Verwendung von linearen Elementen ein Modellierungsproblem entstehen. Es können sich im Ergebnis einer Topologieoptimierung Bereiche ausbilden, in denen sich massive und Lochelemente abwechseln, sodass der Eindruck eines Schachbrettmusters entsteht. Dieser „Checkerboard"-Effekt ist darauf zurückzuführen, dass die linearen Elemente die Steifigkeit bei einem Schachbrettmuster numerisch falsch modellieren und dadurch dort eine künstliche Steifigkeit entsteht. Bei der Verwendung der mittleren Nachgiebigkeit als Zielfunktion ist deswegen die Wahrscheinlichkeit sehr hoch, dass sich Schachbrettmuster-Bereiche mit künstlicher Steifigkeit ausbilden. Es gibt mehrere Möglichkeiten, um diesem Effekt entgegenzuwirken. Zunächst können Elemente zweiter Ordnung verwendet werden, was jedoch wegen dem erhöhten Rechenaufwand ungern gemacht wird. Eine andere Alternative besteht darin, eine der oben beschriebenen Restriktionen oder eine Filterung zu verwenden. Bei all diesen Möglichkeiten wird das Schachbrettmuster abgeschwächt oder entfernt, weil hierdurch direkt oder indirekt der Abfall der Dichte restringiert wird und sich dadurch kein Schachbrettmuster mit stark oszillierender Dichte von Element zu Element ausbilden kann.

In Abbildung 9.28 ist ein Beispiel dargestellt, in dem sich ein Schachbrettmusterbereich ausgebildet hat. Hier zeigt sich auch, dass die geglättete Darstellung als alleinige Kontrolle des Ergebnisses

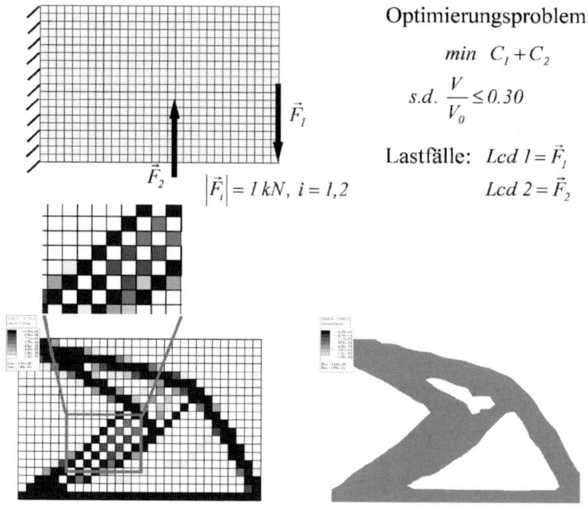

Abb. 9.28 Optimierungsbeispiel mit Ausbildung eines Schachbrettmusterbereichs, dargestellt als Dichteverteilung und als geglätteter Designvorschlag mit $\rho^{\text{iso}} = 0{,}25$

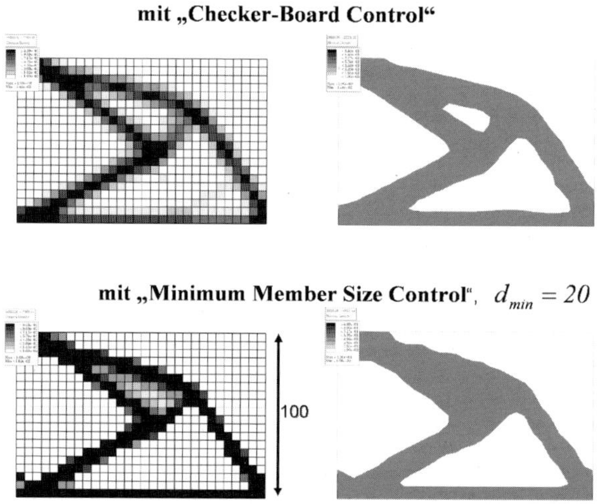

Abb. 9.29 Ergebnis für das Optimierungsbeispiel aus Abbildung 9.28 nach Aktivierung der „Checkerboard Control“ und der „Minimum Member Size Control“, dargestellt jeweils als Dichteverteilung und als geglätteter Designvorschlag mit $\rho^{\text{iso}} = 0{,}25$

irreführend sein kann, weil hier das Schachbrettmuster weggeglättet wird. Man sollte also immer zuerst die ungeglättete Dichteverteilung kontrollieren, wenn die Möglichkeit einer Schachbrettmusterausbildung besteht. In Abbildung 9.29 sind die Ergebnisse dargestellt, die sich nach Aktivierung der „Checkerboard Control“ (eine andere Bezeichnung für die Filterung der Sensitivitäten in OptiStruct) und der „Minimum Member Size Control“ ergeben. Es zeigt sich, dass sowohl die „Checkerboard Control“ als auch die „Minimum Member Size Control“ das Schachbrettmuster entfernen, dass aber aufgrund der verschiedenen Wirkungsweise die Ergebnisse zwar ähnlich aber nicht identisch sind.

9.2 Empirische Topologieoptimierung

9.2.1 Das SKO-Verfahren

Die Grundlage des SKO-Verfahrens (Soft Kill Option) [25], [140], [148], [149], [150], [152] <CAOSKO> ist, wie beim CAO-Verfahren, die biologische Wachstumsregel [238], [239], [240], [242], mit dem Unterschied, dass sie nun auch auf innere Bereiche angewendet wird. Dies führt zu einem Designvorschlag, dessen Spannung an der Oberfläche homogen ist. Zum Unterschied zu der mathematischen Topologieoptimierung wird beim SKO-Verfahren der E-Modul direkt modifiziert und nicht indirekt über die Elementdichte. Die Variation des E-Moduls kann auf einfache Art und Weise über die Variation der Knotentemperaturen gesteuert werden. Diese Temperaturen haben keine physikalische Bedeutung, sondern dienen nur dazu, den E-Modul der einzelnen Elemente bequem zu steuern, da bei allen FEM-Programmen die Möglichkeit besteht, den E-Modul als Funktion der Elementtemperaturen zu definieren. Weiterhin können die Ergebnisse leicht als Isolinien des Temperaturfeldes dargestellt werden. Die Zuordnung des E-Moduls über die Knotentemperaturen erfolgt dabei indirekt, weil zwar die Knotentemperaturen modifiziert werden, diese jedoch im FEM-Programm zu einer Elementtemperatur gemittelt werden und erst aus dieser der E-Modul bestimmt wird. Der Zusammenhang zwischen E-Modul und Elementtemperatur wird dabei üblicherweise so definiert, dass einer Elementtemperatur von $T = 0$ der minimale E-Modul $E_{\min}$ und $T = 100$ der maximale E-Modul $E_{\max}$ zugeordnet wird. Dazwischen wird, wie in Abbildung 9.30 dargestellt, ein linearer Zusammenhang angenommen.

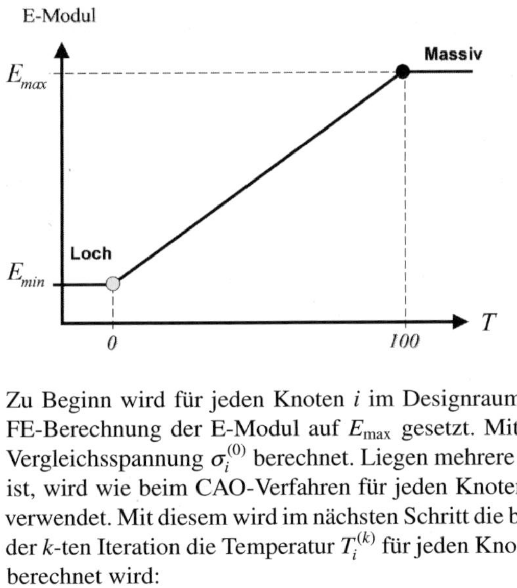

Abb. 9.30 Zusammenhang zwischen E-Modul und Temperatur eines Elements

Zu Beginn wird für jeden Knoten i im Designraum der Wert $T_i^{(0)} = 100$ und damit für die erste FE-Berechnung der E-Modul auf $E_{\max}$ gesetzt. Mit der FE-Analyse wird für jeden Knoten i die Vergleichsspannung $\sigma_i^{(0)}$ berechnet. Liegen mehrere Lastfälle vor, was in der Praxis immer der Fall ist, wird wie beim CAO-Verfahren für jeden Knoten der maximale Spannungswert aller Lastfälle verwendet. Mit diesem wird im nächsten Schritt die biologische Wachstumsregel simuliert, indem in der k-ten Iteration die Temperatur $T_i^{(k)}$ für jeden Knoten i im Designraum nach folgender Gleichung berechnet wird:

$$T_i^{(k)} = \tilde{T}_i^{(k-1)} + s(\sigma_i^{(k-1)} - \sigma_{\text{ref}}). \tag{9.80}$$

Dabei ist s in Gleichung (9.80) ein Skalierungsfaktor und σ_{ref} die Referenzspannung, die wie beim CAO-Verfahren vom Benutzer vorgegeben wird und die festlegt, welche Knoten als hochbelastet ($\sigma_i > \sigma_{\text{ref}}$) und welche als unterbelastet ($\sigma_i < \sigma_{\text{ref}}$) gelten. Weiterhin wird in $\tilde{T}_i^{(k-1)}$ der Temperaturwert der vorherigen Iteration auf den Bereich [0,100] zurückgesetzt.

$$\tilde{T}_i^{(k)} = \begin{cases} 100 & \text{wenn} \quad T_i^{(k-1)} > 100 \\ 0 & \text{wenn} \quad T_i^{(k-1)} < 0 \\ T_i^{(k-1)} & \text{sonst} \end{cases} . \tag{9.81}$$

Dies ist notwendig, damit das Verfahren direkt reagieren kann, wenn sich die Entwicklungsrichtung einer Knotentemperatur umkehrt. Ohne Zurücksetzen müssten sonst erst alle Werte abgebaut werden, die sich außerhalb des Bereichs [0, 100] akkumuliert haben. Als Abbruchkriterium fordert man, dass sich eine stabile Struktur herausgebildet haben muss. Es ist offensichtlich, dass Gleichung (9.80) die Erweiterung des CAO-Algorithmus darstellt und somit die Wachstumsregel simuliert.

Bei der Anwendung ist zu beachten, dass die erwünschte Referenzspannung nicht von Anfang an verwendet werden sollte, sondern ein kleinerer Wert. Er muss dann von Iteration zu Iteration mit einer vorgegebenen Schrittweite erhöht werden, bis der Zielwert erreicht ist. Der Grund für diese Vorgehensweise ist, dass häufig zu Beginn alle oder der Großteil der im Designraum auftretenden Spannungen kleiner sind als der Zielwert σ_{ref}. Würde der Zielwert von Beginn an verwendet, würden diese Bereiche entfernt und in den meisten Fällen der Kraftfluss unterbrochen. Es ist deswegen notwendig, mit einer kleineren Referenzspannung zu beginnen und diese während der Iterationen zu erhöhen, um dem Kraftfluss und den entsprechenden Spannungen die Gelegenheit zu geben sich zu auszurichten. Es sei noch darauf hingewiesen, dass die verwendete Schrittweite das Ergebnis beeinflusst. Je kleiner die Schrittweite ist, umso mehr Feinheiten wird der Designvorschlag aufweisen, während bei einer größeren Schrittweite die feineren Strukturen verloren gehen (was durchaus erwünscht sein kann). Der Benutzer hat also die Möglichkeit, über die Schrittweite den Detailreichtum zu steuern.

Weiterhin kann der Detailreichtum auch über die Netzfeinheit gesteuert werden, weil die Designvorschläge des SKO-Verfahrens eine starke Netzabhängigkeit aufweisen. Über die Größe der Elemente wird nämlich festgelegt, welche Strukturen noch aufgelöst werden können. Wird eine Struktur so fein, dass sie unter die Auflösungsgrenze fällt, schrumpft sie weg. Dies hat wiederum zur Folge, dass sich der Kraftfluss im verbliebenen Design ändert und sich dieses daraufhin solange umgruppiert, bis sich wieder ein Design mit homogener Oberflächenspannung eingestellt hat. Die Möglichkeit, über die Netzfeinheit die minimale Detailgröße im Designvorschlag festzulegen, entspricht damit von der Wirkungsweise her der „Minimum Member Size Control“ bei den mathematischen Verfahren. Der Unterschied ist jedoch, dass die „Minimum Member Size Control“ netzunabhängig ist und sich deswegen über Netzverfeinerung die Ergebnisse der Analyse verbessern lassen, ohne das Optimierungsergebnis zu verändern. Dies ist bei SKO nicht möglich. Dort ist es sinnvoller, ein Netz mit möglichst gleich großen Elementen zu verwenden, im Extremfall ein reines Hexaedernetz mit gleicher Kantenlänge [144]. Eine lokale adaptive Netzverfeinerung macht dagegen wenig Sinn, weil dadurch lokal die Auflösung des Designvorschlags erhöht wird. Natürlich ist es denkbar, auch bei SKO ähnliche Restriktionen wie bei den mathematischen Topologieoptimierungsverfahren zu implementieren und dadurch eine Netzunabhängigkeit zu erreichen. Über solche Bestrebungen gibt es jedoch keine Veröffentlichungen.

Normalerweise ist es praktischer, statt einer Referenzspannung den Füllgrad υ vorzugeben, wie es beispielsweise bei den mathematischen Verfahren der Fall ist:

$$V = \upsilon V^{(0)}. \tag{9.82}$$

Eine solche Option lässt sich auch in SKO implementieren, indem die Referenzspannung intern immer so angepasst wird, dass die Volumenrestriktion (9.82) erfüllt ist. Dazu muss, wie bei den mathematischen Verfahren, ein Zusammenhang zwischen E-Modul E_i und Volumen υ_i eines Elements i angenommen werden. Wird der SIMP-Ansatz zugrunde gelegt, ergibt sich folgende Abhängigkeit:

$$\frac{E_i}{E_i^0} = \left(\frac{\upsilon_i}{\upsilon_i^0}\right)^p. \tag{9.83}$$

Während jedoch die Abhängigkeit (9.83) bei den mathematischen Verfahren, vor allem bei dynamischen Aufgabestellungen, physikalisch sinnvoll sein muss, dient sie beim SKO-Verfahren lediglich als komfortable Möglichkeit, die Referenzspannung intern festzulegen und zu steuern. Es wird deswegen normalerweise ein Wert von $p = 1$ verwendet. Wird ein höherer Wert verwendet, so steigt die Referenzspannung kurzfristig während der Iterationen an, sobald eine Reduktion von υ vorgenommen wird und zwar umso stärker, je größer p ist [143]. Da jedoch umso mehr feinere Strukturen wegschrumpfen je höher die Referenzspannung ist, kann mit steigendem p der Anteil der feinen Strukturen im Designvorschlag reduziert werden.

Zum Abschluss sei noch darauf hingewiesen, dass es beim SKO-Verfahren nicht zur Ausbildung von Schachbrettmustern kommt. Dies ist darauf zurückzuführen, dass die treibende Kraft des Algorithmus die Spannungsverteilung ist und diese immer einen glatten Verlauf aufweist. Zudem wird für jedes Element die aus allen Kanten gemittelte Spannung verwendet, was einer Filterung entspricht und zu einer zusätzlichen Glättung führt.

9.2.2 TopShape

Bei dem Programm TopShape [145], [146], [147], [149], [150], [154] handelt es ich um eine Erweiterung des SKO-Verfahrens, in dem erstmals Fertigungsrestriktionen für Gussteile in einem Topologieoptimierungsalgorithmus berücksichtigt wurden. Heutzutage werden gleiche oder vergleichbare Restriktionen auch von kommerziellen Programmen angeboten (siehe Abschnitt 9.1.2.3). Der Grund für die Einführung dieser Restriktionen war, dass die Ergebnisse einer Topologieoptimierung eine Tendenz zu hohlen und fachwerkartigen Strukturen aufweisen. Solche Strukturen sind jedoch gerade bei Gussteilen normalerweise unerwünscht. Dies führt dazu, dass ein Designvorschlag normalerweise nicht direkt umsetzbar ist, sondern der Interpretation bedarf, bei der die Werkstoffeigenschaften und Fertigungsrestriktionen berücksichtigt werden müssen. In Abbildung 9.31 ist als Beispiel ein Designvorschlag gezeigt, der eine extreme Fachwerkstruktur aufweist. Deshalb musste man bei der Umsetzung, wenn sie auch noch so fachmännisch durchgeführt wurde, sehr viele Bereiche mit Material auffüllen und dadurch stark vom Designvorschlag abzuweichen, um ein fertigungsgerechtes Design zu erhalten. Gerade in solchen Fällen kann man davon ausgehen, dass es wahrscheinlich noch eine bessere Lösung gibt. Diese kann man jedoch nur dann finden, wenn die Fertigungsrestriktionen direkt im Optimierungsalgorithmus integriert sind. In TopShape werden folgende Restriktionen berücksichtigt:

1. Man verhindert die Ausbildung von Löchern innerhalb des Designraums, indem man wie bei SKO mit dem vollständigen Designraum startet, jedoch die Wachstumsregel wie beim CAO-Verfahren nur an der Oberfläche anwendet.
2. Der Benutzer kann eine minimale Wandstärke $t_{\min}$ festlegen, die nicht unterschritten werden darf.
3. Es kann eine uni- oder bidirektionale Entformungsrichtung definiert werden, sodass keine Hinterschnitte entstehen können.

Die erste Restriktion sorgt hauptsächlich dafür, dass sich – vor allen in den ersten Iterationen – keine Fachwerkstrukturen ausbilden können. Die gleiche Wirkung hat die zweite Restriktion, jedoch mehr gegen Ende der Optimierung, wo sich schon dünne Wände ausgebildet haben. Hier wird verhindert, dass in diesen Löcher entstehen und sich darüber Fachwerkstrukturen ausbilden. Die beiden ersten Restriktionen können nicht verhindern, dass Hinterschnitte entstehen, wie schematisch in Abbildung 9.32 dargestellt ist. Erst mit der Festlegung einer Entformungsrichtung in der dritten Restriktion wird dies gewährleistet.

Im Folgenden werden nur kurz die Hauptideen von TopShape beschrieben. Für die Details sei der interessierte Leser auf [145], [146], [147] verwiesen. Einer der Hauptunterschiede zwischen TopShape und SKO besteht darin, dass keine Zwischenwerte für den E-Modul zugelassen werden, sondern nur die beiden Extremwerte $E_{\max}$ für den massiven Bereich und $E_{\min} = E_{\max}/1000$ für den Lochbereich (Abbildung 9.33). Es ergibt sich damit eine zwar raue, aber scharfe Außenkontur. Im Gegensatz zu den mathematischen Verfahren führt die Verwendung von diskreten anstatt kontinuierlichen Variablen bei TopShape nicht zu numerischen Problemen, weil hier eine

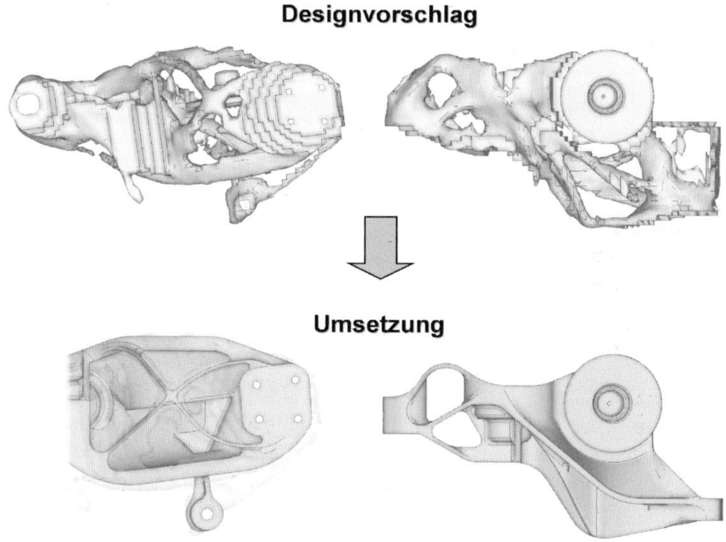

Abb. 9.31 Zwei Ansichten eines Designvorschlags für einen Hinterachslenker mit ausgesprochen ausgeprägter Fachwerkstruktur und die fachmännische Umsetzung in ein fertigungsgerechtes Bauteil

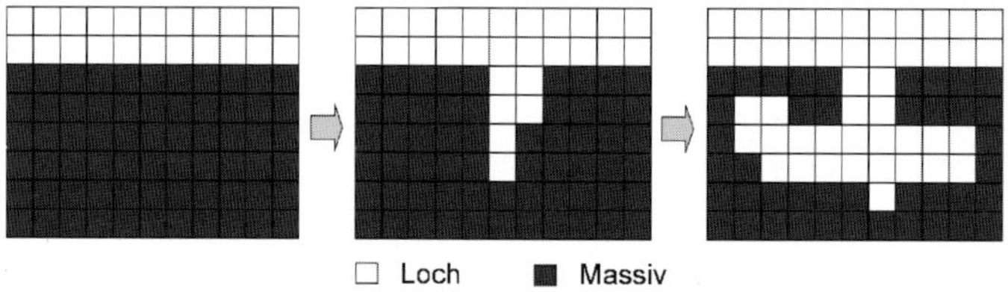

Abb. 9.32 Schematische Ausbildung einer Hohlstruktur, wenn nur Restriktionen 1 und 2 verwendet werden

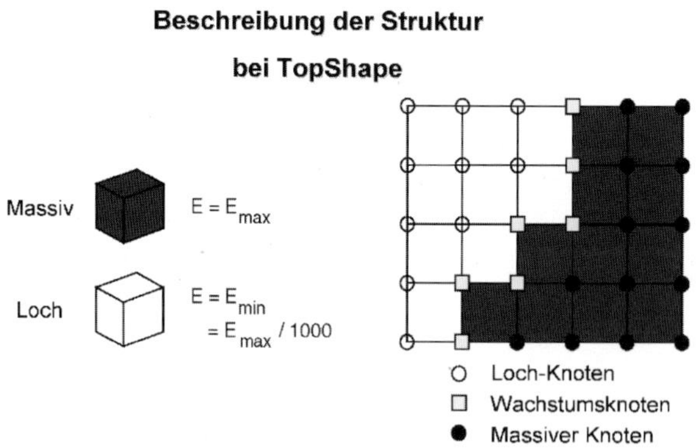

Abb. 9.33 Diskrete Darstellung des Designvorschlags bei TopShape

empirische Wachstumsregel verwendet wird. Da durch die raue Struktur mit Kerbeffekten bei den Wachstumsknoten zu rechnen ist, müssen dort die Spannungen geglättet werden. Nur diese werden dann zur Simulation der Wachstumsregel verwendet.

Im Grunde handelt es sich bei TopShape um ein sehr flexibles Formoptimierungsverfahren, mit dem Unterschied, dass die Form nicht durch die Außenkontur eines FE-Netzes, sondern durch eine E-

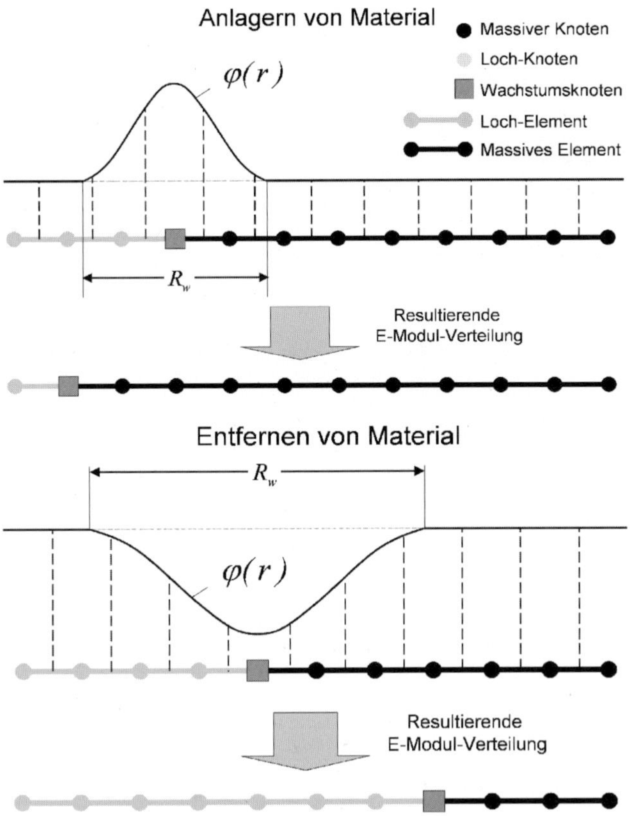

Abb. 9.34 Wirkungsweise der Wachstumsfunktion beziehungsweise des Wachstumsfeldes

Modul-Verteilung beschrieben wird. Gerade deswegen kann jedoch nicht die Vorgehensweise beim CAO-Verfahren angewendet werden, weil keine Knoten verschoben, sondern nur E-Modulwerte modifiziert werden. Aus diesem Grund wird bei TopShape für jeden Knoten i mit der Koordinate $\vec{r_i}$ eine radialsymmetrische Wachstumsfunktion $\varphi_i(|\vec{r} - \vec{r_i}|)$ verwendet, deren Ausdehnung R_w und Vorzeichen der Spannungsdifferenz $\sigma_i - \sigma_{\text{ref}}$ entspricht. Sie hat ihr Maximum im Punkt $\vec{r_i}$ und den Wert null für $R_w < |\vec{r} - \vec{r_i}|$. Der Wert der Wachstumsfunktion im Schwerpunkt $\vec{R_e}$ eines Elements entscheidet darüber, ob der Zustand erhalten bleibt, es vom Loch zum massiven Zustand umgeschaltet wird oder anders herum (Abbildung 9.34). Die Regel für jedes einzelne Element lautet dabei:

- Wenn $E = E_{\max}$ und $\varphi_i\left(\left|\vec{R_e} - \vec{r_i}\right|\right) < 0$, dann schalte um auf $E = E_{\min}$ (9.84)
- Wenn $E = E_{\min}$ und $\varphi_i\left(\left|\vec{R_e} - \vec{r_i}\right|\right) > 0$, dann schalte um auf $E = E_{\max}$.
- Andernfalls behalte den E-Modulwert bei.

Diese Regel gewährleistet, dass, wie es die Wachstumsregel fordert, Material in einer Reichweite angelagert beziehungsweise entfernt wird, die proportional zu Spannungsdifferenz $\sigma_i - \sigma_{\text{ref}}$ ist. Da es jedoch mehrere Wachstumsknoten gibt, werden in TopShape die Wachstumsfunktionen aller Wachstumsknoten zu einem Wachstumsfeld superponiert

$$\Phi\left(\vec{r}\right) = \sum_i c_i \varphi_i\left(|\vec{r} - \vec{r_i}|\right) \tag{9.85}$$

und Regel (9.84) auf das Wachstumsfeld Φ angewendet.

Die dritte Restriktion wird dadurch berücksichtigt, dass die Wachstumsregel, d. h. das Hinzufügen und Entfernen von Elementen, nur entlang der Entformungsrichtung angewendet wird. Dabei gibt es die uni-direktionale Option (Entfernen von Material nur in Pfeilrichtung und Hinzufügen nur entgegen Pfeilrichtung zugelassen) und die bi-direktionale Option(bi-direktionale (sowohl Entfernen als auch Hinzufügen in und entgegen Pfeilrichtung zugelassen). Bei der Umsetzung von TopShape wurde sich dabei auf Designräume beschränkt, die aus gleichförmigen und ausgerichteten Hexaedern bestehen und in denen folglich die Wachstumsrichtung nur in Richtung der Elementkanten definiert werden kann. Damit muss die Entformungsrichtung bekannt sein, bevor das Netz generiert wird. Dies ist in der Regel der Fall. Zudem ist es auch für die Topologieoptimierung ohne Gussteilrestriktionen vorteilhaft, ein reines gleichförmiges Hexaedernetz zu verwenden, weil man ein Netz mit hoher Qualität und Genauigkeit erhält [144].

Der Algorithmus von TopShape lautet Kurzform mit den oben erläuterten Begriffen damit folgendermaßen:

1. Erzeuge das Wachstumsfeld aus den Wachstumsfunktionen aller Wachstumsknoten.
2. Wende Regel (9.84) hierarchisch auf alle Elemente an, indem man zuerst die Elemente an den Wachstumsknoten berücksichtigt und sich von dort aus nach innen und nach außen weiterarbeitet.
3. Kontrolliere, ob durch das Entfernen eines Elements die minimale Wandstärke t_{min} unterschritten wird. Wenn ja, dann bleibt das Element massiv.

Im Gegensatz zu SKO weist TopShape keine Netzabhängigkeit der Ergebnisse auf. Der Grund liegt darin, dass es sich bei TopShape um ein Formoptimierungsverfahren handelt. Eine Netzverfeinerung liefert damit genauere Spannungswerte, verändert aber das Ergebnis der Optimierung nicht wesentlich.

9.2.3 Weitere empirische Optimierungsverfahren

Es gibt einige Verfahren, die einen ähnlichen Algorithmus wie die biologische Wachstumsregel verwenden. Ein solches Beispiel ist die „Hard Kill"-Methode [170], bei der die Zwischenwerte des E-Moduls nicht linear, sondern über eine Sprungfunktion abgebildet werden. Ein weiteres Beispiel ist der ESO-Algorithmus, [402], in dem jedoch in der Originalversion nur 2-dimensionale Strukturen mit einem Lastfall behandelt werden können. Weiterhin ist nur das Entfernen und nicht das Hinzufügen von Elementen möglich. Dies ist durchaus problematisch, weil bekannt ist, dass sich während einer Optimierung häufig bereits entfernte Bereiche wieder als massiv zurückbilden. Dieses Verfahren wurde unter dem Namen BESO (Bi-Directional ESO) [407] auf das wieder Hinzufügen von Material und auf mehrere Lastfälle erweitert, sodass es damit die gleiche Funktionalität aufweist wie übliche Topologieoptimierungsmethoden. Weiterhin gibt es für diese Methode Erweiterungen, in der anstatt Spannungen die Sensitivitäten verwendet werden, sodass sie auch für andere Zielvorgaben außer der Festigkeit eingesetzt werden können, wie beispielsweise für eine dynamische Topologieoptimierung.

Eine alternative Ersetzungsvorschrift für die Dichte, und damit über den SIMP-Ansatz für den E-Modul, wird in [110] vorgeschlagen:

$$\rho_i^{(k+1)} = \rho_i^{(k)} \frac{\sigma_i^{(k)}}{\sigma_{\text{ref}}}. \tag{9.86}$$

Auch diese Iterationsvorschrift steht mit der biologischen Wachstumsregel im Einklang und stellt somit eine mögliche Alternative für die Wachstumssimulation biologischer Kraftträger dar.

Ein weiterer empirischer Optimierungsalgorithmus wird in dem Programm TOSCA <Dassault> angeboten. Der Algorithmus wird dort als Regler bezeichnet. Details sind jedoch nicht veröffentlicht worden. Es wird lediglich angegeben, dass Elemente, die nicht im Kraftfluss liegen, aus dem Designraum entfernt werden [314]. Diese Angabe und die Ähnlichkeit zum CAO-Verfahren bei der

Formoptimierung, lassen damit lediglich vermuten, dass bei der Topologieoptimierung ein ähnlicher Algorithmus eingesetzt wird wie bei SKO.

9.3 Vergleich von SKO und mathematischen Verfahren

Zu Beginn einer Optimierung muss der Anwender entscheiden, welche Zielfunktion er benötigt, um sein Optimierungsziel zu erreichen. In vielen Fällen ist eine hohe Festigkeit das Ziel und weniger eine hohe Steifigkeit. Wenn jedoch die Festigkeit erhöht werden soll und nur ein Programm mit mittlerer Nachgiebigkeit als Zielfunktion zur Verfügung steht, stellt sich die Frage, ob damit das Problem angemessen behandelt werden kann. In der Vergangenheit gab es häufig Beispiele, in denen ein Designvorschlag, der mit SKO ermittelt wurde (festigkeitsoptimiert), mit dem Design identisch war, das sich als Struktur mit minimaler mittlerer Nachgiebigkeit (steifigkeitsoptimiert) ergab. Ein solches Beispiel ist in Abbildung 9.35 dargestellt.

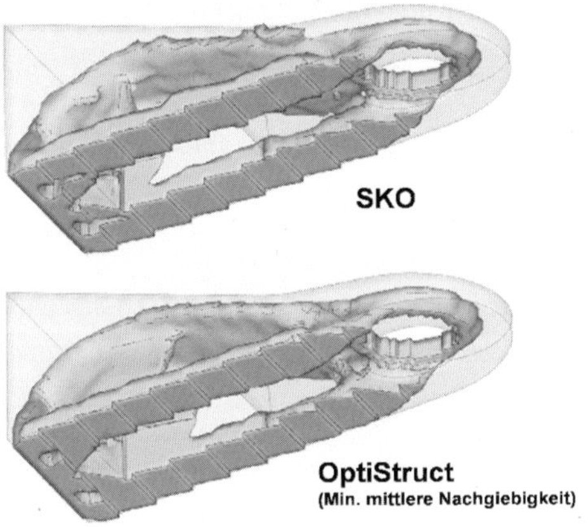

Abb. 9.35 Geglätteter SKO- und OptiStruct-Designvorschlag für einen Kühlmodul-Halter

Dass diese Ähnlichkeit kein Zufall ist, zeigen zwei Arbeiten von Pederson [276], [277], der nachweisen konnte, dass bei einem Lastfall das Design mit maximaler Steifigkeit identisch ist mit dem Design mit homogener Dehnungsenergiedichte auf der Oberfläche. Für isotropes und inkompressibles Material ist letzteres identisch mit einem Design mit homogener „von Mises“ Spannung auf der Oberfläche. Somit kann auch theoretisch nachvollzogen werden, dass das steifste und das Design mit homogener Oberflächenspannung zumindest in guter Näherung gleich sind. Dies kann man jedoch nur für einen Lastfall erwarten, oder wenn von allen verwendeten Lastfällen einer dominant ist. Vor allem können bei mehreren Lastfällen schon deswegen Unterschiede erwartet werden, weil diese in OptiStruct <Altair> und SKO <CAOSKO> völlig verschieden behandelt werden. Es ist also immer noch die beste Vorgehensweise, die erwünschte Zielgröße direkt zu verwenden. Eine Alternative zu SKO bei einer Festigkeitsoptimierung stellt die Verwendung eines mathematischen Topologieoptimierungsprogramms mit globaler Spannungsrestriktion dar.

9.4 Die Level Set Methode

Bei der Level Set Methode [6], [112], [266], [267], [268], [340], [342], [351], [381], [387] wird die Geometrie eines Bauteils im Designraum V nicht über eine Dichteverteilung im Raum approximiert, sondern mithilfe einer so genannten Level Set Funktion

$$\phi(\overrightarrow{r}) : R^n \rightarrow R$$

mit $n = 2$ für 2- und $n = 3$ für 3-dimensionale Strukturen beschrieben. Dabei wird üblicherweise der massive Bereich Ω durch die positiven Werte von ϕ, die Grenzflächen bzw. der Rand $\partial\Omega$ durch die Isofläche $\phi = 0$ und der materialfreie Bereich im Designraum $V \setminus \Omega$ durch die negativen Werte charakterisiert (Abbildung 9.36). Somit lautet die Definition der Level Set Funktion:

$$\begin{array}{llll} \phi(\vec{r}) > 0 & \Leftrightarrow & \vec{r} \in \Omega & \text{Materialbereich} \\ \phi(\vec{r}) = 0 & \Leftrightarrow & \vec{r} \in \partial\Omega & \text{Rand, Oberfläche} \\ \phi(\vec{r}) < 0 & \Leftrightarrow & \vec{r} \in V \setminus \Omega & \text{materialfreier Bereich} \end{array} \tag{9.87}$$

Der prinzipielle Vorteil dieser geometrischen Beschreibung ist, dass der massive und der materialfreie Bereich durch einen scharfen Rand getrennt sind und es keine grauen Bereiche mit Elementen mittlerer Dichte gibt. Die Idee ist nun, dass die Formänderungen des Designs durch Änderungen von ϕ in der Isofläche $\phi = 0$ in Anhängigkeit von einer Pseudozeit, welche den einzelnen Iterationen entspricht, beschrieben werden. Dazu wird eine Transportgleichung gelöst, bei der sich als stationäre Lösung des Systems die Lösung des Optimierungsproblems einstellt. Die Transportgleichung kann man herleiten, indem man den Rand $\partial\Omega$ betrachtet, der zu jedem Zeitpunkt durch die Bedingung

$$\phi(\vec{r}(t),t) = 0 \tag{9.88}$$

beschrieben wird. Wenn man diese Gleichung auf beiden Seiten nach der Zeit ableitet, erhält man die so genannte Hamilton-Jacobi-Gleichung [6], [268], [340], [387]

$$\frac{\partial\phi}{\partial t} + \sum_i \frac{\partial\phi}{\partial x_i}\frac{\partial x_i}{\partial t} = \frac{\partial\phi}{\partial t} + \vec{\nabla}^{\mathrm{T}}\phi\,\vec{v} = 0. \tag{9.89}$$

Berücksichtigt man, dass der Gradient von ϕ in Normalenrichtung zeigt, kann die Gleichung umgeschrieben werden zu

$$\frac{\partial\phi}{\partial t} + v_n \|\vec{\nabla}\phi\| = 0, \tag{9.90}$$

mit $\vec{n} = \vec{\nabla}\phi / \|\vec{\nabla}\phi\|$ und $v_n = \vec{n}^{\mathrm{T}}\vec{v}$.

Das Geschwindigkeitsfeld $\vec{v}$ bestimmt die zeitliche Änderung von ϕ. Es wird mithilfe der Sensitivitäten einer zu minimierenden Zielfunktion bezüglich einer Formänderung[1)] so festgelegt, dass sich eine Abstiegsrichtung ergibt. Dabei muss eine Ersatzzielfunktion verwendet werden, weil Restriktionen nur mithilfe von Straffunktionen [61], [381], wie beispielsweise über die erweiterte Lagrange-Methode (siehe Abschnitt 3.1.5), berücksichtigt werden können. Da eine infinitesimale Änderung tangential zum Rand zu keiner Formänderung führt, ist nur die Normalkomponenten des Geschwindigkeitsfelds v_n relevant. Die Berechnung der Sensitivitäten bezüglich einer Formänderung ist sehr komplex und hängt davon ab, wie die Methode umgesetzt worden ist. Es sei deswegen auf die einschlägige Literatur [6], [34], [194], [214], [228], [230], [281], [380], [387], [392] zu diesem Thema verwiesen.

Neben v_n hat jedoch auch der Betrag des Gradienten $\|\vec{\nabla}\phi\|$ am Rand Einfluss auf die zeitliche Entwicklung der Formänderung. Da jedoch nur die Isofläche $\phi = 0$ die Geometrie eines Bauteils bestimmt und lediglich Vorzeichen und nicht die Form von ϕ zur Unterscheidung zwischen massiven und im materialfreien Teil relevant ist, ist der Gradient $\vec{\nabla}\phi$ auf dem Rand unbestimmt und kann dadurch die Sensitivität verfälschen. Um sicherzustellen, dass die Front von $\phi = 0$ wirklich nur durch die Sensitivitäten getrieben wird, muss man den Einfluss der Gradienten $\|\vec{\nabla}\phi\|$ eliminieren. Dies kann dadurch geschehen, dass man $\|\vec{\nabla}\phi\|$ im Bereich um den Rand oder im Extremfall im gesamten Designraum V auf

$$\|\vec{\nabla}\phi\| = 1 \tag{9.91}$$

1) Diese Sensitivitäten werden im Englischen deshalb auch als „shape sensitivities“ bezeichnet.

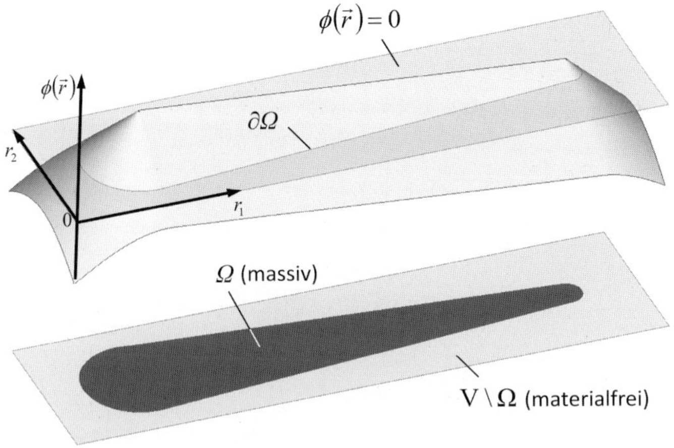

Abb. 9.36 Level Set Funktion ϕ für eine 2-dimensionale Struktur

setzt. Im diesem Fall wird ϕ als vorzeichenbehaftete Abstandsfunktion [6], [387] bezeichnet. Der Name resultiert daher, dass der Betrag einer solchen Funktion den kleinsten Abstand zum Rand angibt und das Vorzeichen den Bereich (massiv oder materialfrei) charakterisiert (siehe Abbildung 9.37). Die Level Set Funktionen in Abbildung 9.36 und 9.38 sind vorzeichenbehaftete Abstandsfunktionen. Eine vorzeichenbehaftete Abstandsfunktion kann im gesamten Designraum V als Lösung folgender Differenzialgleichung [268], [340] bestimmt werden

$$\frac{\partial \phi}{\partial t} = -\operatorname{sign}(\phi_0)\left(\|\vec{\nabla}\phi\| - 1\right) \tag{9.92}$$

mit

$$\phi_0 = \phi(t = 0).$$

Es ist offensichtlich, dass Eigenschaft (9.91) erfüllt ist, wenn sich nach Lösen von Gleichung (9.92) der stationäre Zustand $\partial\phi/\partial t = 0$ einstellt. Da im Allgemeinen die Eigenschaft (9.91) nach jedem neuen Zeitschritt verloren geht, muss das System immer wieder durch erneutes Lösen von Gleichung (9.92) re-initialisiert und dadurch die Eigenschaft (9.91) wiederhergestellt werden.

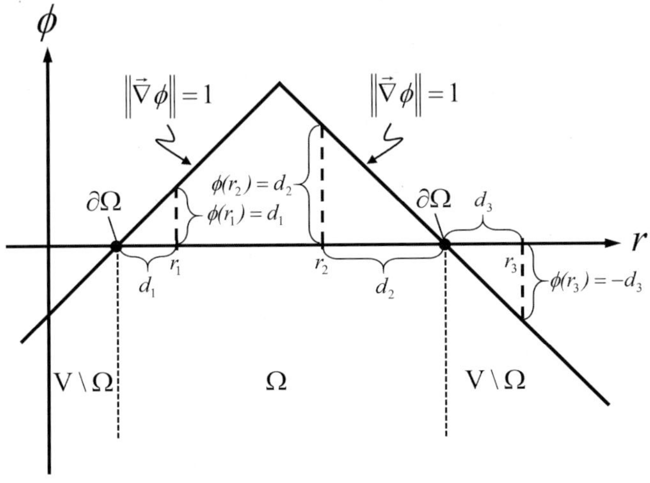

Abb. 9.37 Veranschaulichung einer vorzeichenbehafteten Abstandsfunktion ϕ

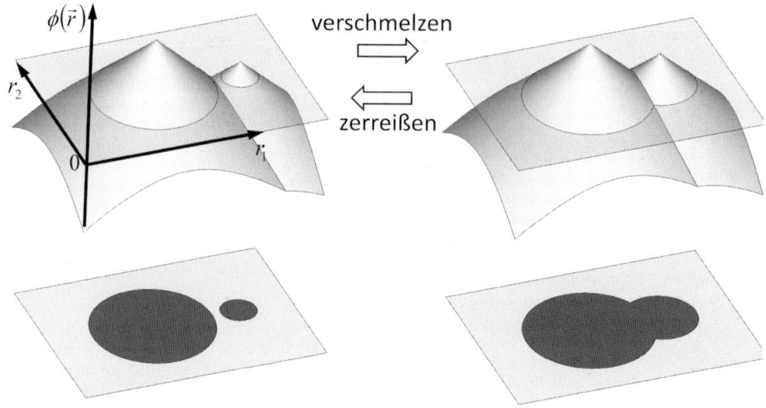

Abb. 9.38 Beschreibung des Zerreißens und Verschmelzens einer Struktur mithilfe einer Level Set Funktion ϕ

Generell können mit der Level Set Methode komplexe Formänderungen wie das Zerreißen oder Verschmelzen von Strukturen beschrieben werden, ohne dass die Level Set Funktion selber zerrissen wird (siehe Abbildung 9.38). Weil aber die Änderungen der Geometrie allein durch die Änderungen in der Isofläche $\phi = 0$ erzeugt werden, sind zur Beschreibung von Geometrieänderungen auch lediglich das Geschwindigkeitsfeld bzw. die Sensitivitäten auf dem Rand notwendig. Da jedoch zur Lösung von Gleichung (9.90) das Geschwindigkeitsfeld im gesamten Designraum V benötigt wird, muss dieses erweitert werden, wobei ϕ außerhalb der Isofläche $\phi = 0$ keine physikalische Bedeutung hat [351], [381]. Es ist lediglich das Ziel, zu gewährleisten, dass ϕ in den einzelnen Zeitschritten nicht allzu sehr verzerrt wird und möglichst glatt bleibt. Dementsprechend gibt es viele Möglichkeiten der Erweiterung, wie beispielsweise die Geschwindigkeitserweiterung in Normalenrichtung (Normal velocity extension) [341], [302] und die natürliche Geschwindigkeitserweiterung (natural velocity extension) [6], [267], [379], [387]. Zusätzlich werden unerwünschte Verzerrungen von ϕ eliminiert, wenn ϕ nach jedem Zeitschritt über Gleichung (9.92) als die vorzeichenbehaftete Abstandsfunktion wiederhergestellt wird.

Die Hamilton-Jacobi-Gleichung beschreibt in erster Linie eine Formänderung und ermöglicht bei 2-dimensionalen Strukturen nicht die Erzeugung von Löchern. Dazu müsste sich der Rand nach innen stülpen und dann abgeschnürt werden. Dies mag zwar theoretisch denkbar sein, praktisch dürfte es aber für eine sinnvolle Problemstellung keine Sensitivitäten geben, die eine solche Formvariation hervorrufen. Somit kann sich eine vorgegebene Anzahl von Löchern lediglich durch Verschmelzen reduzieren, sodass sich die Topologie nur in Richtung geringerer Anzahl von Löchern ändern kann (siehe Abbildung 9.39).

Bei 3-dimensionalen Strukturen kann sich die Anzahl der Löcher erhöhen, wenn sich zwei Fronten treffen und sich dadurch ein „Tunnel" bildet. Allerdings kann sich kein Loch innerhalb eines massiven Bereichs bilden, sodass auch hier die Änderungsmöglichkeiten der Topologie in Richtung größerer Anzahl von Löchern deutlich eingeschränkt sind. Der Mangel in der Locherzeugung kann auf zwei Arten behoben werden:

1. Man startet mit einem „Schweizer Käse"-Design [112], [351], [381], bei dem zu Beginn der Optimierung eine vorgegebene Anzahl von Löchern mit vorgegebener Größe möglichst gleichmäßig in den Raum V verteilt wird. Wie in den Abbildungen 9.39 bis 9.42 zu sehen ist, gibt es eine ausgeprägte Abhängigkeit des Designvorschlags vom vorgegebenen „Schweizer Käse"-Design.

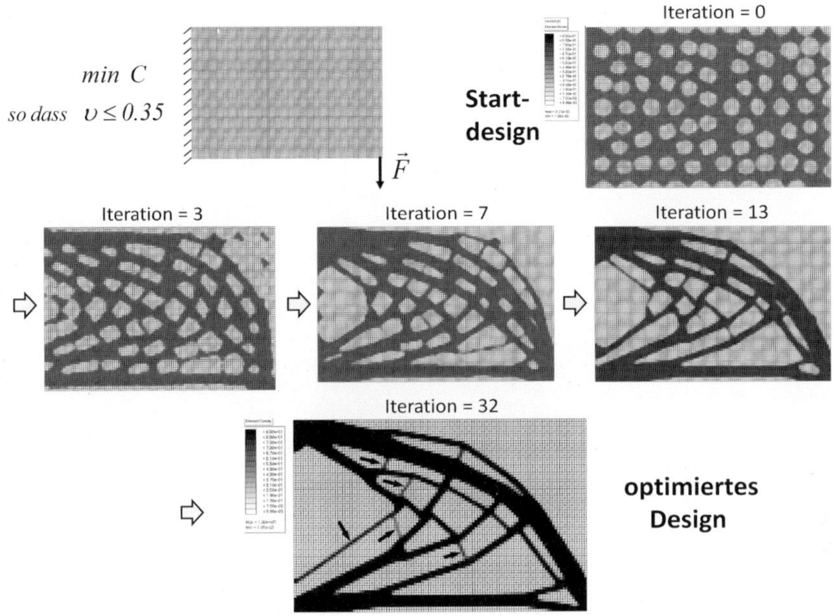

Abb. 9.39 Verschmelzen von Löchern eines vorgegebenen Startdesigns („Schweizer Käse"-Design) während der Optimierung eines 2-dimensionalen Kragträgers mit der Level Set Methode. Die Pfeile im optimierten Design zeigen auf Streben, deren Breite nicht aufgelöst werden kann und die deshalb eine mittlere Dichte aufweisen

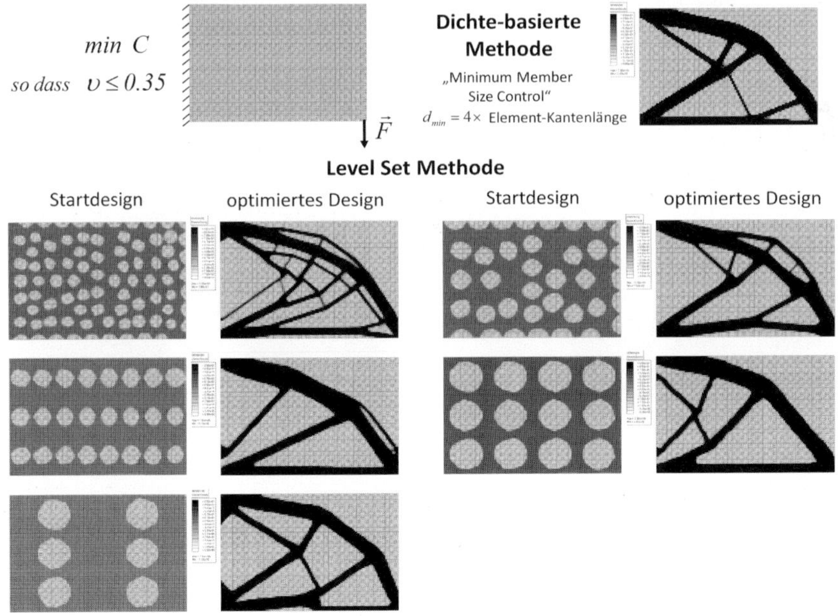

Abb. 9.40 Ergebnisse der Level Set Methode für einen 2-dimensionalen Kragträger bei verschiedenen „Schweizer Käse"-Startdesigns. Zum Vergleich ist ein Ergebnis mit der Dichte-basierten Methode gezeigt. Alle Rechnungen wurden mit OptiStruct <Altair> durchgeführt

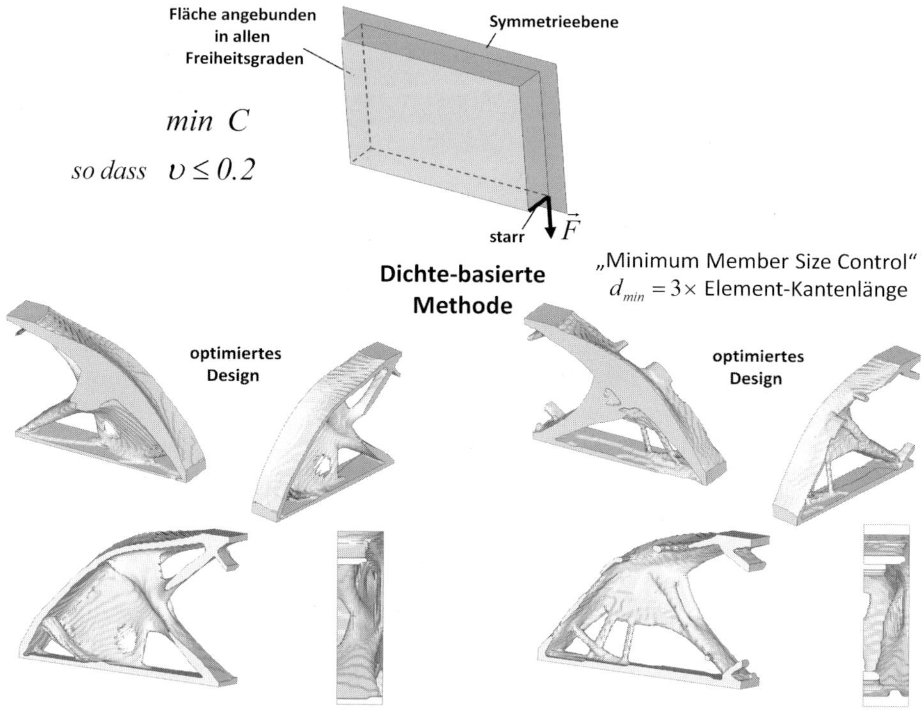

Abb. 9.41 Optimierungsergebnisse für einen 3-dimensionalen Kragträger mit der Dichte-basierten Methode ohne (links) und mit „Minimum Member Size Control" (rechts). Alle Rechnungen wurden mit OptiStruct <Altair> durchgeführt

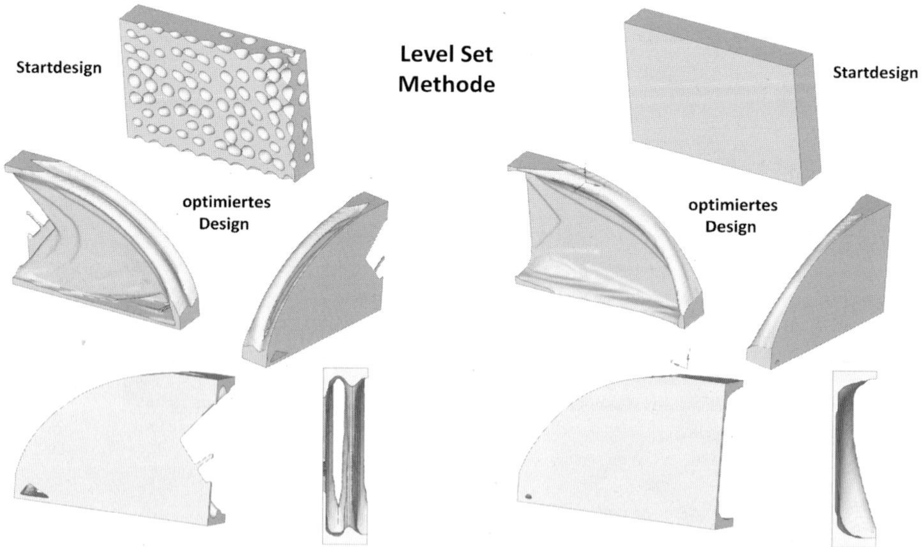

Abb. 9.42 Ergebnisse der Level Set Methode für das Optimierungsproblem aus Abbildung 9.41 bei einem „Schweizer Käse"-Startdesign (links) und einem Startdesign ohne Löcher (rechts). Alle Rechnungen wurden mit OptiStruct <Altair> durchgeführt

2. Man führt in Gleichung (9.90) einen reaktiven Term $R(\phi)$ [57], [61], [163] ein

$$\frac{\partial \phi}{\partial t} + v_n \| \overrightarrow{\nabla}^{\mathrm{T}} \phi \| + R(\phi) = 0, \tag{9.93}$$

der beispielsweise mithilfe der topologischen Ableitung [115], [262], [359], [360] als Entscheidungskriterium Löcher generiert. Die topologische Ableitung einer Systemantwort f an der Stelle $\overrightarrow{r}$ ist definiert als

$$\delta_\tau f = \lim_{\epsilon \to 0} \frac{f(\overrightarrow{r}, \epsilon) - f(\overrightarrow{r})}{\Gamma(\epsilon)} \tag{9.94}$$

mit $\Gamma = \pi\epsilon^2$ für 2-dimensionale und mit $\Gamma = \frac{4}{3}\pi\epsilon^3$ für 3-dimensionale Strukturen (Abbildung 9.43). Dabei ist $f(\overrightarrow{r})$ die Systemantwort an der Stelle $\overrightarrow{r}$ und $f(\overrightarrow{r}, \epsilon)$ die Systemantwort, wenn dort ein kreis- bzw. kugelförmiges Loch mit dem Radius ϵ eingebracht wird. Die topologische Ableitung beschreibt somit Änderung einer Systemantwort, wenn im Materialbereich ein infinitesimales kreisrundes Loch erzeugt wird und ist deshalb ein gutes Maß, um zu entscheiden, an welches Stelle es am günstigsten ist, ein neues Loch zu generieren. Damit kann man für $R(\phi)$ ansetzen

$$R(\phi) = \begin{cases} s\delta_\tau f & \text{wenn } \phi > 0 \\ 0 & \text{wenn } \phi \leq 0 \end{cases}, \tag{9.95}$$

wobei s ein Skalierungsfaktor ist.

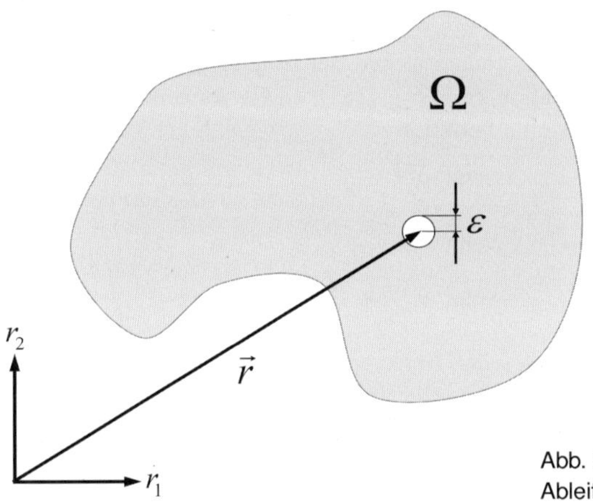

Abb. 9.43 Veranschaulichung der topologischen Ableitung im 2-dimensionalen Fall

Unabhängig davon, für welche Variante man sich entscheidet, bedeutet die Locherzeugung typischerweise immer einen zusätzlicher Aufwand oder Schritt in der Optimierungsprozedur.

Zur praktischen Umsetzung der Level Set Methode müssen drei Arbeitsschritte durchlaufen werden:

1. **Die Parametrisierung der Level Set Funktion:** Eine Möglichkeit der Parametrisierung besteht darin, lokale Basisfunktionen [6], [14], [34], [387] auf einem festen Netz zu verwenden. Dabei wird für die Knoten die gleiche Interpolationsfunktion (linear, bi-, tri-linear oder quadratisch) verwendet wie in einem FE-Model. Dies hat den Nachteil, dass ϕ im Übergang zwischen den Elementen nur C^0 stetig ist und somit dort die erste Ableitung springen kann. Dies führt zu scharfen Kanten auf dem Rand der Geometrie, was für gewisse Applikationen ungünstig ist, wie beispielsweise bei Spannungsproblemen. Alternativ kann man Basisfunktionen mittlerer Reichweite oder globale Basisfunktionen verwenden, wie beispielsweise radiale Basisfunktionen [80], [214], [230], [389]. Hier ist die Ableitung in der Regel überall stetig. Jedoch sind durch die relativ breiten Basisfunktionen feine Details in der Geometrie nicht mehr darstellbar.

2. **Die Abbildung der Level Set Funktion auf das mechanische (FE-)Modell:** Eine exakte Abbildung des Geometrierandes erhält man über eine Lagrangesche Formulierung [2], [7], [130], [403], bei der das Netz immer exakt der Geometrie angepasst ist. Das kann entweder durch eine Neuvernetzung geschehen oder durch ein Anpassen der Elementformulierung am Rand der Geometrie (immersed boundary techniques) [109], [215], [369], [250], [392].

   Bei den meisten Veröffentlichungen kommt jedoch die Eulersche Formulierung zum Einsatz, bei der die aktuelle Geometrie auf ein festes FE-Netz abgebildet wird. Hier wird auch typischerweise der Ersatz-Material Ansatz [6], [387] verwendet. Wie beim Dichteansatz wird dort der massiven Bereich ($\rho = 1$) durch Material mit hoher Steifigkeit repräsentiert, während der der materialfreie Bereich ($\rho = \rho_{\min}$) durch ein sehr weiches Material approximiert wird. Bei Dichten zwischen den beiden Extremen wird meistens ein linearer Zusammenhang zwischen Dichte und Steifigkeit zugrunde gelegt. Es gibt nun mehrere Möglichkeiten die Dichte der Elemente im Randbereich zu bestimmen. Eine Möglichkeit ist, das Vorzeichen von ϕ_e im Zentrum eines Elements e als Maßstab zu verwenden, sodass sich sich für die Dichte von Element e

$$\rho_e = \rho_{\min} + (1 - \rho_{\min})H(\phi_e) \tag{9.96}$$

   ergibt. Dabei ist H die Sprungfunktion

$$H(\phi) = \begin{cases} 0 & \text{wenn } \phi < 0 \\ 1 & \text{wenn } \phi \geq 0. \end{cases} \tag{9.97}$$

   Diese führt zu einem reinem schwarz-weiß Design, jedoch mit einem ausgezacktem Rand [61]. Weiterhin ist H am Rand nicht differenzierbar, sodass anstatt der exakten Sprungfunktion H häufig ein glatte differenzierbare Approximation $\tilde{H}$ [194], [281], [379] verwendet wird, wie beispielsweise die in Abbildung 9.44 dargestellte Funktion

$$\tilde{H}(\phi) = \begin{cases} 0 & \text{wenn } \phi < -h \\ -\frac{1}{4}\left(\frac{\phi}{h}\right)^3 + \frac{3}{4}\left(\frac{\phi}{h}\right) + \frac{1}{2} & \text{wenn } -h \leq \phi \leq h \\ 1 & \text{wenn } \phi > h. \end{cases} \tag{9.98}$$

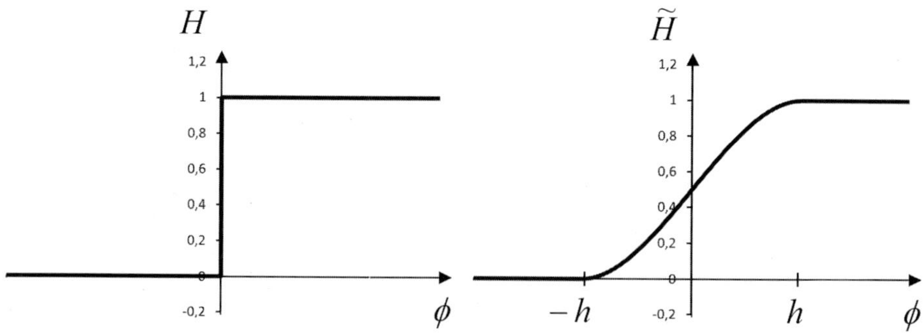

Abb. 9.44 Exakte Sprungfunktion H (links) und approximierte Sprungfunktion $\tilde{H}$ (rechts)

   Dies führt zu einem ausgeschmierten Rand der Breite $2h$ mit Elementen mittlere Dichte. Das gilt jedoch nur, wenn ϕ als vorzeichenbehaftete Abstandsfunktion vorliegt. weil nur dann der Wert von $\|\phi\|$ gleich dem Abstand zum Rand $\partial\Omega$ ist. Als weitere Möglichkeit kann man Elementen, die von der Isofläche $\phi = 0$ durchschnitten und dadurch in einen massiven und materialfreie Bereich geteilt werden, als Dichtewert das Volumenverhältnis von massiven Bereich zum Gesamtvolumen des Elements zuordnen [6].

Bei allen oben vorgestellten Varianten der Eulerschen Formulierung wird der prinzipielle Vorteil der Level Set Methode, nämlich eine glatte und scharfe Kontur zu generieren, aufgegeben. Was an Vorteilen bleibt ist, dass man im ersten Fall ein reines schwarz-weiß Design hat und bei den beiden anderen Möglichkeiten nur einen relativ schmalen grauen Bereich mit Elementen mittlere Dichte im Randbereich. Jedoch können auch dünne Strukturen mit mittlerer Dichte entstehen (siehe Pfeile in Abbildung 9.39), wenn sie eine Breite unterhalb von $4h$ haben. Die Ausbildung ausgedehnter grauer Strukturen ist jedoch immer ausgeschlossen.

3. **Die Optimierungsstrategie:**. Um die zeitliche Entwicklung der Level Set Funktion zu berechnen, wird die Hamilton-Jacobi-Gleichung (9.90) numerisch gelöst, indem das Problem räumlich und zeitlich diskretisiert und dann bezüglich der Zeit integriert wird. Es zeigt sich jedoch, dass zusätzliche Filter- und Regularisierungstechniken [6], [268], [340], [381], [380] eingesetzt werden müssen, um Oszillationen der Level Set Funktion zu verhindern, numerische Artefakte zu entfernen und das Konvergenzverhalten zu verbessern. Dies kann beispielsweise durch das Hinzufügen eines Diffusionsterms D in Gleichung (9.90) geschehen [6], [228], [387], sodass sich folgende zu lösende Gleichung ergibt.

$$\frac{\partial \phi}{\partial t} + v_n \| \overrightarrow{\nabla}^{\mathrm{T}} \phi \| + D(\phi) = 0 \tag{9.99}$$

Im einfachsten Fall kann für D ein linearer isotroper Diffusionsterm verwendet werden.

$$D \propto \overrightarrow{\nabla}^{\mathrm{T}} (\overrightarrow{\nabla} \phi) \tag{9.100}$$

Darüber hinaus vermeidet die Re-Initialisierung von ϕ als vorzeichenbehaftete Abstandsfunktion Konvergenzprobleme aufgrund einer zu flachen oder zu steilen Level Set Funktion.

Die Zeitintegration kann entweder mit einem „upwinding“ [6], [163], [267], [387] oder einem expliziten Integrationsschema [268] durchgeführt werden. Letzteres ist einfach zu implementieren, jedoch muss man diesen Vorteil mit einer größeren Anzahl von Zeitschritten bezahlen, weil der maximal mögliche Zeitschritt $\Delta t_{\max}$ durch die CFL-(Courant-Friedrichs-Lewy-)Bedingung [61], [268], [351], [381]

$$\Delta t_{\max} = \frac{h}{v_{\max}} \tag{9.101}$$

begrenzt ist. Dabei ist h der minimale Abstand zwischen benachbarten Punkten im FE-Netz und $v_{\max}$ der maximale Wert im Geschwindigkeitsfeld.

Zurzeit ist nicht noch nicht klar, bei welchen Problemen die Level Set Methode einen Vorteil gegenüber den Methoden mit dem Dichteansatz bietet. Weiterhin ist die Implementierung von Optionen, die für die praktische Anwendung wichtig sind, bei der Level Set Methode noch ungelöst, wie beispielsweise Minimum Member Size Control und Fertigungsrestriktionen für Gussteile. Hinzu kommt, dass der Großteil der Filter- und Regularisierungstechniken rein empirisch ist und deshalb nicht klar ist, inwieweit diese das Optimierungsproblem verfälschen.

9.5 Anwendungen

9.5.1 Akademische Beispiele

Die Topologieoptimierung ist die flexibelste von allen Optimierungstypen. Gerade diese Flexibilität macht sie jedoch auch besonders sensibel und intolerant gegen nicht genau formulierte Optimierungsprobleme und Modellschwächen. Hat man beispielsweise bei einer Formoptimierung noch die Chance, dass sich solche Unkorrektheiten im Optimierungsergebnis nicht oder nur schwach auswirken, weil sich hier die Struktur nicht stark genug verändern kann, gibt es diese Einschränkung bei der Topologieoptimierung nicht. Hier kann jede beliebige Struktur innerhalb der möglichen

Detailauflösung erreicht werden. Es macht deswegen durchaus Sinn, sich an einigen einfachen akademischen Beispielen die Wirkungsweise der Topologieoptimierung zu veranschaulichen.

In Abbildung 9.45 ist ein rechteckiger Designraum unter Zugbelastung dargestellt. Das Optimierungsziel ist hier die Minimierung der mittleren Nachgiebigkeit. Da jedoch die Kraft nicht mittig sondern versetzt angreift, ist es für einen Füllgrad $\upsilon > 0{,}1$ unmöglich, das Material im Designraum so zu verteilen, dass sich eine Struktur ohne Biegebelastung ausbilden kann. Dies führt zu einem Design mit einem Bogen, der die Biegeanteile so gut wie möglich abfängt. Für $\upsilon \leqq 0{,}1$ ist es jedoch möglich, das Material mittig unterhalb der Lasteinleitung anzuordnen, sodass keine Biegung mehr auftritt und sich ein reiner Zugbalken und damit ein Design mit anderer Topologie ausbildet. Dies zeigt deutlich, dass sich bei einer Reduktion des Füllgrads nicht nur die Dicken und die Wandstärken reduzieren, sondern dass auch topologisch völlig neue Designs entstehen können. Es ist deswegen immer sinnvoll, mehrere Optimierungsläufe mit unterschiedlichem Füllgrad durchzuführen und aus den Ergebnissen das Design auszuwählen, dass sich am besten umsetzen lässt.

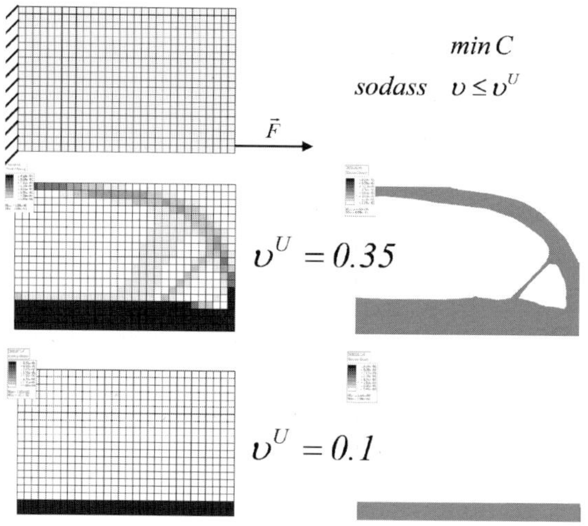

Abb. 9.45 Rechteckiger Designraum mit außermittiger Belastung und Ergebnisse für verschiedene Werte des Füllgrads

Ein ähnliches Beispiel mit dem gleichen Optimierungsziel aber verschiedener Belastung ist in Abbildung 9.46 dargestellt. Hier greifen an der unteren rechten Kante zwei gleich große Kräfte in unterschiedlicher Richtung an. Wird die Optimierung mit nur einem Lastfall durchgeführt, der beide Kräfte enthält, ergibt sich das Ergebnis, dass in Abbildung 9.46 dargestellt ist. Es ist plausibel, dass das Design für die resultierende Kraft $\overrightarrow{F}^{tot}$ sinnvoll ist, jedoch ist es offensichtlich nicht robust gegenüber Querbelastung. Solche Querkomponenten treten jedoch auf, sobald die beiden Einzelkräfte nicht mehr exakt gleich sind. Eine bessere Lösung erhält man offenbar, wenn man zwei Lastfälle mit jeweils einen der beiden Kräfte verwendet (Abbildung 9.47). Ist bekannt, in welchem Bereich die Kräfte schwanken können, bietet sich auch eine andere Strategie an, um ein robusteres Design zu erhalten. Beträgt die Schwankung für beide Kräfte beispielsweise $\pm 30\,\%$, kann die Optimierung mit 3 Lastfällen durchgeführt werden, einem, in dem die beiden Kräfte gleich groß sind und zwei Lastfällen, in welchen die beiden ungünstigsten Kombinationen der Kräfte enthalten sind (Abbildung 9.47). Auf diese Weise kann der Robustheitsaspekt in die Topologieoptimierung eingebracht werden. Zudem wird an dem Beispiel nochmals deutlich, wie wichtig die Auswahl der Lastfälle ist und diese die Qualität und die Brauchbarkeit des Ergebnisses beeinflusst.

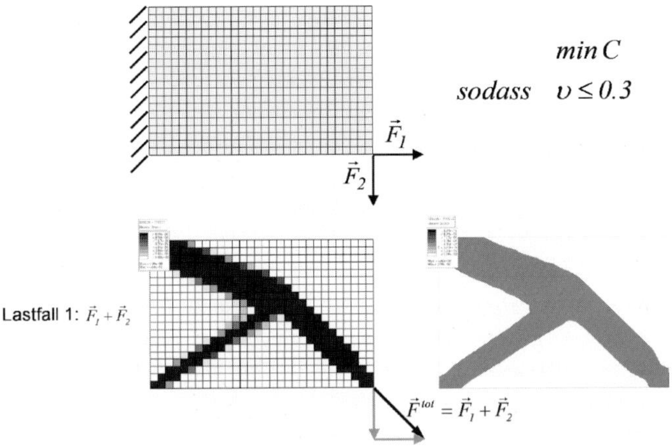

Abb. 9.46 Ergebnis der Topologieoptimierung für einen rechteckigen Designraum, der mit 2 Kräften in einem Lastfall belastet ist

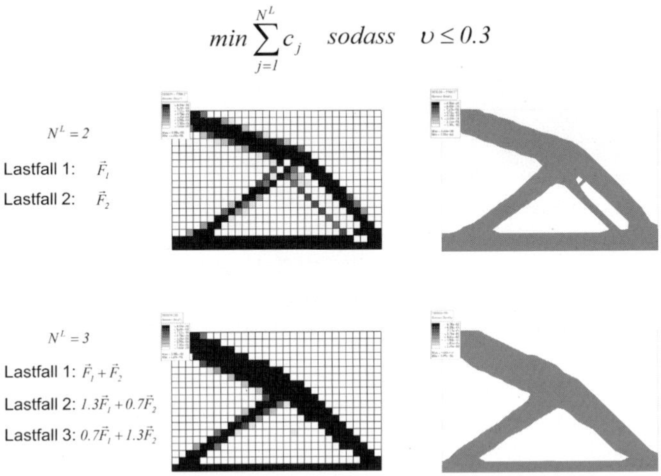

Abb. 9.47 Ergebnis der Topologieoptimierung für einen rechteckigen Designraum, der mit 2 Kräften in je einem Lastfall (oben) und mit 3 Lastfällen mit verschiedenen Kraftvariationen (unten) belastet ist

9.5.2 Praktische Anwendungen

Die Topologieoptimierung kann man heute in drei Bereichen einsetzten [143], [144], [148], [149], [150], [375]. Die einfachste Anwendung ist die Bestimmung der Lage und Form von Löchern, vor allem in Blechbauteilen, um deren Gewicht zu reduzieren. Der zweite Einsatzbereich ist das Auffinden der bestmöglichen Anordnung von Sicken in Blechen. Der dritte Anwendungsbereich der Topologieoptimierung ist die Bestimmung der optimalen Merkmale von Bauteilen oder Bauteilgruppen. Dieser Anwendungsbereich kann vor allem in der Konzeptphase eingesetzt werden, um festzustellen, in welchen Bereichen Material oder Strukturen benötigt werden [1]. Wesentlich detaillierter geht es bei der Optimierung von Gussteilen zu, weil hier aus den optimalen Merkmalen

[1] Alternativ kann für diese Aufgabenstellung auch eine „Free-Sizing"-Optimierung [60] eingesetzt werden, bei der die Wandstärke jedes Elements über je eine Designvariable variiert wird.

ein fertigungs- und funktionsgerechtes Bauteil abgeleitet werden muss. Es wird sich deshalb bei den Anwendungsbeispielen auf die Gussteiloptimierung beschränkt. Im Folgenden werden Praxisbeispiele aus den drei Anwendungsbereichen vorgestellt.

9.5.2.1 Auffinden einer optimalen Lochanordnung

Eine einfache Anwendung der Topologieoptimierung ist die Erzeugung von Löchern in Blechstrukturen aus Gründen der Gewichtsersparnis. Es stellt sich die Frage, wie viele Löcher an welchen Stellen möglichst schonend eingebracht werden können.

Als Beispiel ist in Abbildung 9.48 ein Halter für ein Schaltgestänge dargestellt. Es wurde nur der Boden des U-Profils in dem schrägen Bereich als Designraum definiert. Das Ergebnis mit dem Füllgrad $\upsilon = 0{,}6$ ist in Abbildung 9.48 dargestellt. Die Umsetzung des Ergebnisses erbrachte eine Gewichtsersparnis von 16 %.

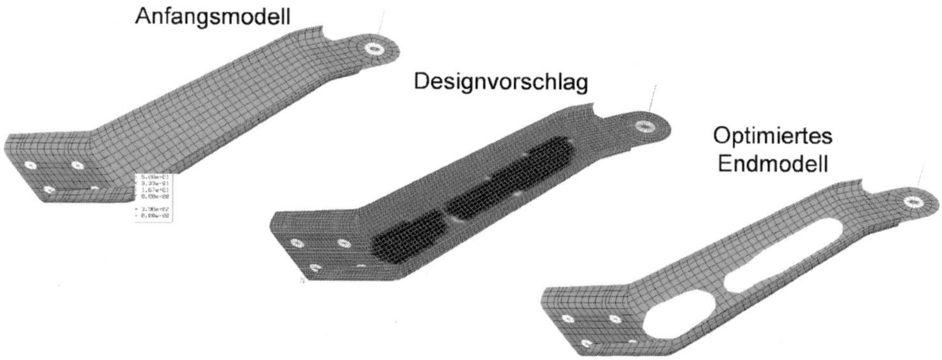

Abb. 9.48 Ermittelung der optimalen Lochanordnung in einem Halter für ein Schaltgestänge

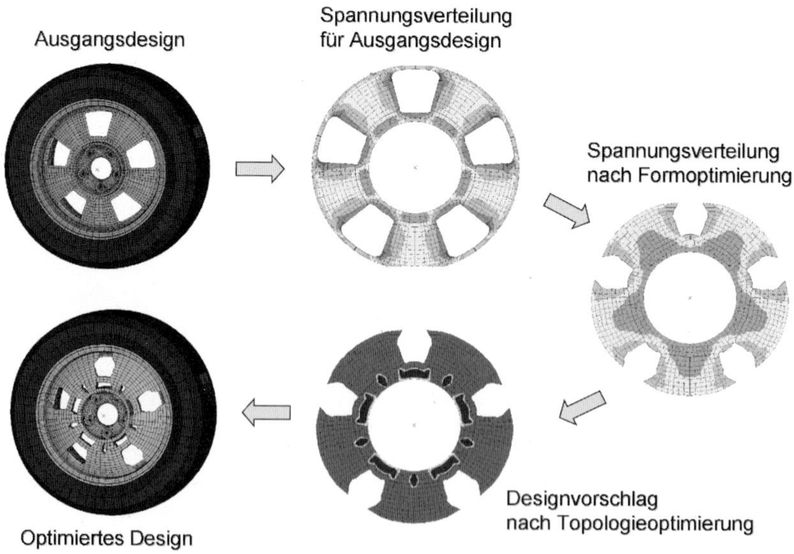

Abb. 9.49 Optimierungsablauf bei einer Felge

Eine weitere Anwendung ist in Abbildung 9.49 gezeigt. Dort wurden die Löcher einer Felge zunächst mit dem CAO-Verfahren formoptimiert und im zweiten Schritt mithilfe der Topologieoptimierung (SKO) die Lage von zusätzlichen Löchern ermittelt [384].

Verwendung der lokalen mittleren Nachgiebigkeit

In vielen Fällen wird in der Topologieoptimierung nur ein einzelnes freigeschnittenes Bauteil optimiert. Für ein einzelnes Blechbauteil einer Karosserie ist ein Freischneiden jedoch schwierig und zeitaufwendig. Der Grund dafür ist, dass solche Blechbauteile normalerweise über viele Schweißpunkte oder Schweißnähte mit den umgebenden Komponenten verbunden sind. In einem solchen Fall ist es deshalb häufig einfacher und kostengünstiger, die gesamte Karosseriestruktur als Analysemodell in der Optimierung zu verwenden und die daraus resultierenden höheren Rechenzeiten in Kauf zu nehmen. Wird jedoch die globale mittlere Nachgiebigkeit C^{Global} als Zielfunktion verwendet, kann dies zu numerischen Problemen und Ungenauigkeiten führen. Der Grund dafür ist, dass sich normalerweise Änderungen in der Steifigkeit des zu optimierenden Einzelbauteils nur geringfügig auf die Gesamtsteifigkeit auswirken. In diesem Fall scheint die Verwendung der lokalen mittleren Nachgiebigkeit C^{Lokal}, bei der nur die Nachgiebigkeit des zu optimierenden Blechteils berücksichtigt wird, ideal zu sein.

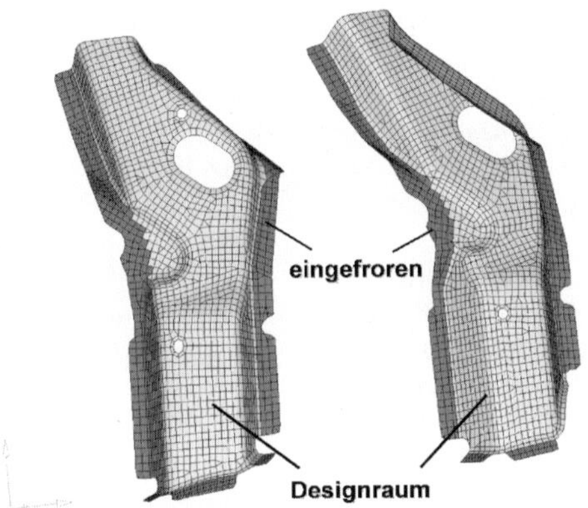

Abb. 9.50 FE-Modell der beiden zu optimierenden Blechbauteile mit Definition des eingefrorenen Bereichs und des Designraums

Das dem offenbar nicht so sein muss, zeigt die Optimierung der beiden nahezu symmetrischen Blechbauteile aus dem C-Säulenbereich in Abbildung 9.50. Das Ziel war, in die Teile Löcher einzubringen um Gewicht zu sparen. Mithilfe der Topologieoptimierung sollte die optimale Anordnung und Form dieser Löcher bestimmt werden. Als einziger Lastfall wurde der Pufferanschlag auf einer Seite der Karosserie zugrunde gelegt. Es war erwünscht einen symmetrischen Designvorschlag für beide Teile zu erhalten, zumindest im symmetrischen Bereich der beiden Komponenten. Aus diesem Grund wurde OptiStruct [12] <Altair> verwendet, das eine Symmetrie-Option bezüglich einer Spiegelebene anbietet.

Die beiden zu optimierenden Teile wurden nicht freigeschnitten, sodass immer das Gesamtmodell berechnet werden musste. Da die beiden Bauteile nur einen geringen Anteil an der Gesamtkarosserie ausmachen, wurde aus den oben genannten Gründen die lokale mittlere Nachgiebigkeit des Designraums C^{Lokal} als Zielfunktion verwendet und somit das Optimierungsproblem folgendermaßen formuliert:

$$\mathrm{Min}\, C^{\mathrm{Lokal}}, \tag{9.102}$$

sodass

$$v \leq v^{U}.$$

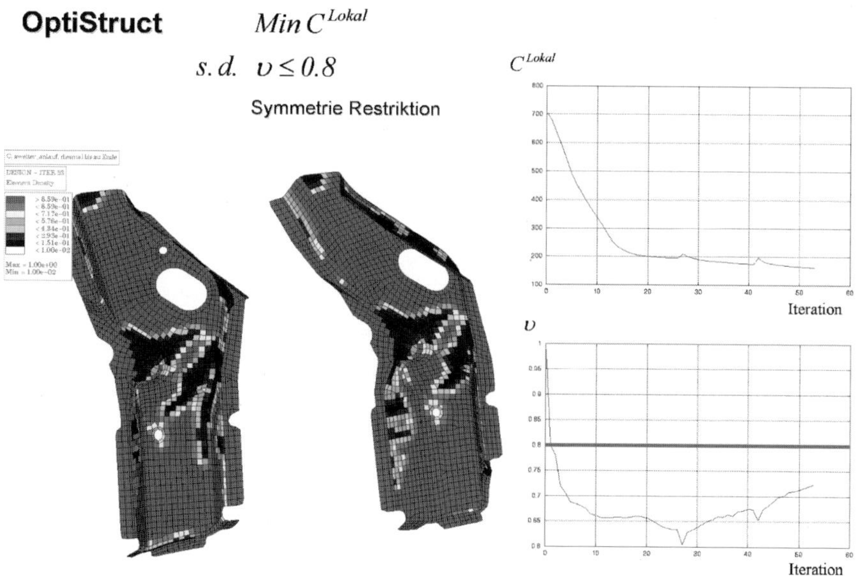

Abb. 9.51 Ergebnis der Topologieoptimierung mit der Zielvorgabe, die mittlere Nachgiebigkeit zu minimieren bei einer oberen Grenze von $\upsilon^U = 0{,}8$ für den Füllgrad und mit dem Standardwert von $5 \cdot 10^{-3}$ für die Abbruchstoleranz. Zusätzlich ist der Verlauf der lokalen mittleren Nachgiebigkeit und des Füllgrades über die Iterationen gezeigt.

Das Ergebnis der Topologieoptimierung für $\upsilon^U = 0{,}8$ ist in Abbildung 9.51 dargestellt. Die lokale mittlere Nachgiebigkeit zeigt das erwartete Verhalten, dass sich deren Wert über die Iterationen verringert. Betrachtet man allerdings den Füllgrad, so fällt auf, dass die Füllgrad-Restriktion weder während der Optimierung noch im Optimum aktiv ist und damit der Grenzwert $\upsilon^U = 0{,}8$ nicht erreicht wird. Es ist aber klar, dass eine erfolgreiche Optimierung der Steifigkeit immer die obere Grenze υ^U der Füllgradrestriktion am Ende der Optimierung erreichen muss, weil ein Hinzufügen von Material immer zu einer Zunahme der Steifigkeit führt. Ebenfalls ist der Designvorschlag selber nicht plausibel. Hier wurde der aussteifende Sickenbereich in den Blechen entfernt und es erscheint sehr zweifelhaft, dass der Designvorschlag wirklich das Design mit der größten Steifigkeit darstellt. Es ist offenkundig, dass das Ergebnis nicht vernünftig ist und somit nicht verwendet werden kann.

Mit einem Hilfsmodell soll der Grund für das Versagen untersucht und geklärt werden [153], [155]. Als einfaches Modell für ein einzelnes freigeschnittenes Bauteil wird dabei ein Balken mit einer Steifigkeit k verwendet (Abbildung 9.52), welche als gemittelte Steifigkeit des Bauteils interpretiert werden kann. Wird als Belastung eine Kraft $\vec{F}$ aufgebracht, ergibt sich die resultierende Verschiebung $\vec{u}$ zu

$$\vec{F} = k\vec{u}. \tag{9.103}$$

Mithilfe dieser Gleichung ergibt sich für die globale mittlere Nachgiebigkeit

$$C^{\text{Global}}_{F=\text{const}} = \vec{F}^{\mathrm{T}} \cdot \vec{u} = \frac{F^2}{k} \propto \frac{1}{k}. \tag{9.104}$$

Diese hat die wohlbekannte Eigenschaft, dass die Lösung des Optimierungsproblems

$$\min C^{\text{Global}}_{F=\text{const}}, \tag{9.105}$$

sodass

$$\upsilon \leqq \upsilon^U$$

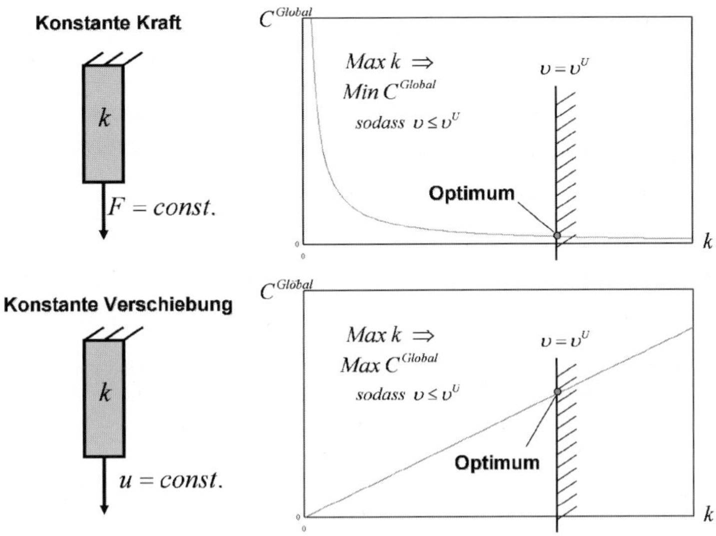

Abb. 9.52 Ein Balken als einfaches Hilfsmodell und die resultierenden Verhältnisse zwischen Steifigkeit k und mittlerer Nachgiebigkeit C für den Fall, dass eine konstante Kraft (oben) und eine konstante Verschiebung (unten) aufgebracht wird. Zusätzlich sind die Restriktionsgrenzen für den Füllgrad eingezeichnet, welche die Lage des Optimums bestimmen.

äquivalent ist mit der Maximierung der Steifigkeit k. Der Optimierungsprozess stoppt, wenn die Füllgrad-Restriktion aktiv wird. Dabei ist diese aktive Restriktion ein Hinweis, dass die Optimierung erfolgreich war.

Wird anstatt einer konstanten Kraft eine konstante Verschiebung auf das Bauteil aufgegeben, wird das Design mit größter Steifigkeit dann erreicht, wenn die Reaktionskräfte den maximalen Wert erreichen. Das bedeutet, dass bei vorgegebenen Verschiebungen folgendes Optimierungsproblem gelöst werden muss, um die Steifigkeit zu maximieren:

$$\max C_{u=\text{const}}^{\text{Global}}, \tag{9.106}$$

sodass

$$\upsilon \leqq \upsilon^U.$$

Das kann wiederum leicht an dem Hilfsmodell und mithilfe von Gleichung (9.103) veranschaulicht werden, wobei jetzt jedoch u konstant ist:

$$C_{u=\text{const}}^{\text{Global}} = \vec{F} \cdot \vec{u} = ku^2 \propto k. \tag{9.107}$$

Auch hier führt die Füllgrad-Restriktion zur Beendigung des Optimierungsprozess, sodass diese im Optimum aktiv sein muss (Abbildung 9.52).

Der entscheidende Punkt ist nun, dass beide Fälle nur bei einem freigeschnittenen Bauteil unterschieden werden können, nicht jedoch bei einem Bauteil, das in einer großen Reststruktur eingebettet ist. Das kann an dem Hilfsmodell aus Abbildung 9.53 veranschaulicht werden. Hier repräsentiert k^{RS} die konstante Steifigkeit der Reststruktur, während k^{DS} die Steifigkeit des Designraums darstellt, die während der Topologieoptimierung modifiziert wird. Mit dem Zusammenhang

$$\vec{F} = k^{\text{tot}}\vec{u}; \qquad k^{\text{tot}} = k^{RS} + k^{DS} \tag{9.108}$$

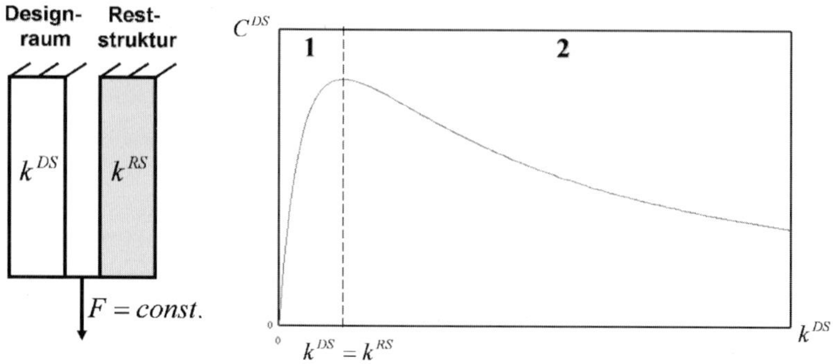

Abb. 9.53 Hilfsmodell für eine Einzelkomponente, die in einer Reststruktur eingebettet ist und der resultierende Zusammenhang zwischen Steifigkeit k^{DS} und lokaler mittlerer Nachgiebigkeit C^{DS}

kann die Kraft $\overrightarrow{F}^{DS}$ berechnet werden, die auf den Designraum wirkt:

$$F^{DS} = \frac{k^{DS}}{k^{DS} + k^{RS}} F. \tag{9.109}$$

Dies zeigt, dass sich die auf den Designraum wirkende Kraft F^{DS} in Abhängigkeit der Steifigkeit k^{DS} ändert, obwohl eine konstante Kraft F auf das Gesamtsystem aufgebracht wird. Somit bleibt die auf den Designraum wirkende Kraft bei einer Modifikation der Steifigkeit k^{DS} während der Optimierung nicht konstant.

Die mittlere Nachgiebigkeit C_{DS}^{Lokal} des Designraums als Funktion der Steifigkeit k^{DS} kann unter Verwendung von Gleichung (9.109) bestimmt werden zu

$$C_{DS}^{\text{Lokal}} = F^{DS} \cdot u = \frac{k^{DS}}{\left(k^{DS} + k^{RS}\right)^2} F^2. \tag{9.110}$$

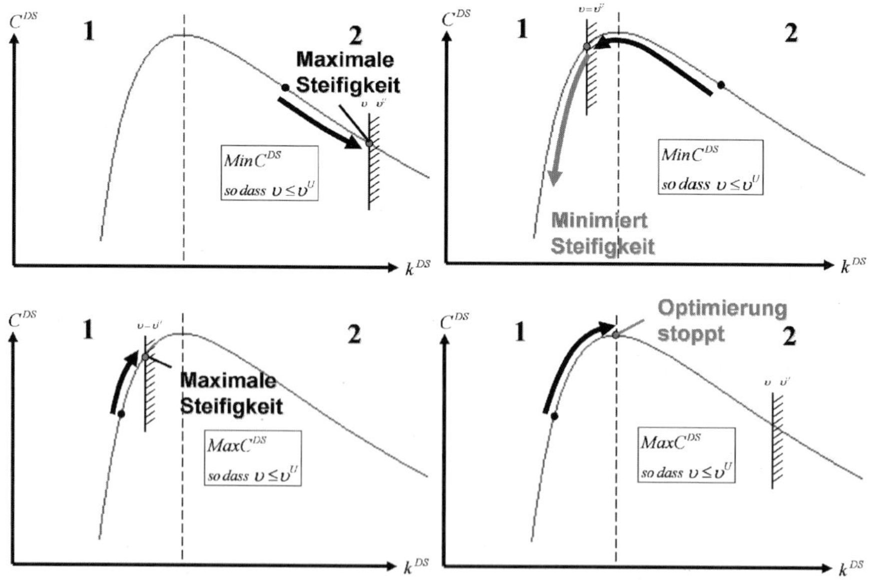

Abb. 9.54 Verschiedene Optimierungsszenarien für das Hilfsmodell aus Abbildung 9.53

Dieser Zusammenhang, der in Abbildung 9.53 dargestellt ist, zeigt, dass es zwei Bereiche gibt. Bereich 1 ist dadurch gekennzeichnet ist, dass die Steifigkeit k^{DS} des Designraums kleiner ist als die der Reststruktur k^{RS}. Hier muss C_{DS}^{Lokal} maximiert werden um das Design mit größter Steifigkeit zu erhalten. Dagegen muss C_{DS}^{Lokal} im Bereich 2, der durch die Bedingung $k^{DS} > k^{RS}$ charakterisiert ist, minimiert werden. Man kann leicht zeigen, dass man aus Gleichung (9.110) im Grenzfall $k^{RS} \to \infty$ den Fall mit konstanter aufgebrachter Verschiebung erhält (allerdings mit einer unendlich großen Steifigkeit für den Designraum), während für $k^{RS} \to 0$ das System gegen den Fall mit konstanter Kraft konvergiert.

Es können nun verschiedene Szenarien durchspielt werden, abhängig davon, ob in Bereich 1 oder 2 gestartet, die mittlere Nachgiebigkeit minimiert oder maximiert, und in welchem Bereich die Füllgrad-Restriktion aktiv wird. Eine Auswahl davon ist in Abbildung 9.54 dargestellt. Wie erwartet zeigt sich in allen Fällen, dass die Optimierung nur dann erfolgreich abgeschlossen wird, wenn die Füllgrad-Restriktion am Ende der Optimierung aktiv ist. Wenn das nicht der Fall ist, enthält man entweder das nachgiebigste Design oder die Optimierung endet in einem Zwischenpunkt. Bei einem realen Bauteil sind die Verhältnisse natürlich komplexer als bei dem Hilfsmodell und es wird nicht möglich sein, die beiden Bereiche sauber zu trennen. Weiterhin ist damit zu rechnen, dass die Verhältnisse lokal variieren. Auf jeden Fall ist es unwahrscheinlich, dass sich in einem solchen Fall ein sinnvolles Optimierungsergebnis einstellt. Ein Hinweis auf ein solches Problem ist dabei immer die nicht aktive Füllgrad-Restriktion im „Optimum". Für eine weiterführende Diskussion sei auf [153] und [155] verwiesen.

Zusammenfassend kann man sagen, dass die lokale mittlere Nachgiebigkeit als Zielfunktion in der Topologieoptimierung versagen kann. Der Grund dafür ist, dass sich der Kraftfluss während der Optimierung ändert und die Annahme, dass eine konstante Kraft oder eine fest vorgegebene Verschiebung auf den Designraum wirkt, nicht zutrifft. Das Versagen zeigt sich dadurch, dass, neben einem unplausiblen Ergebnis, die Füllgrad-Restriktion am Ende der Optimierung nicht aktiv ist.

Die Probleme, die sich aus der Verwendung der mittleren Nachgiebigkeit ergeben, treten nicht bei SKO-Verfahren auf. Da hier die Referenzspannung in jeder Iteration angepasst wird, bedeutet dies, dass die Methode nicht sensitiv auf Änderung der Belastung während der Optimierung ist. Es wird sich am Ende immer eine Struktur mit dem erwünschten Füllgrad und mit gleichmäßiger Oberflächenspannung einstellen. Da in SKO keine Symmetrieoption implementiert war, wurde

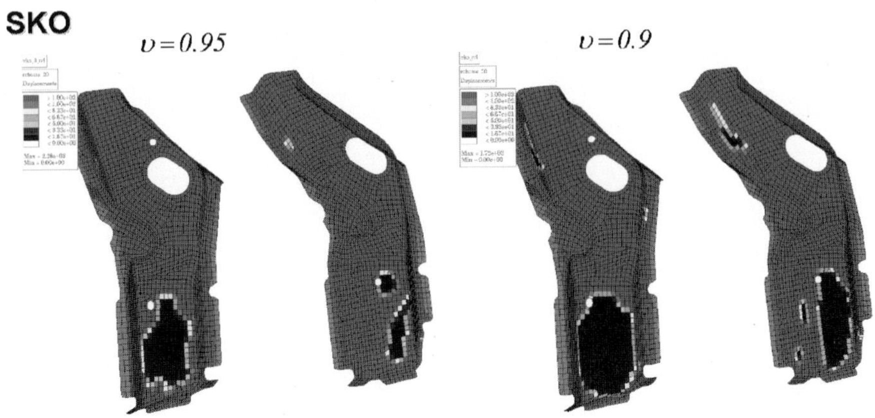

Abb. 9.55 Ergebnis der Topologieoptimierung unter Verwendung der SKO-Methode und einer oberen Grenze von $\upsilon^U = 0{,}9$ and $\upsilon^U = 0{,}95$ für den Füllgrad

versucht, die Symmetrie dadurch zu erzwingen, dass ein zum ersten symmetrischer zweiter Lastfall hinzugenommen wurde. Dies kann jedoch eine Symmetrieoption nicht ersetzten, wie bei den Designvorschlägen in Abbildung 9.55 deutlich wird. Die Designvorschläge sehen jedoch vernünftig aus und sind scharf.

9.5.2.2 Bestimmung einer optimalen Sickenanordnung

Die Ermittelung einer optimalen Sickenanordnung ist eigentlich ein Formoptimierungsproblem, das mit der Topographieoptimierung gelöst werden kann. Hier können jedoch unzulässigen Netzverzerrungen auftreten, die zum Abbruch der Optimierung führen können. Selbst wenn diese nicht zum Abbruch führen, können dadurch künstliche Steifigkeiten entstehen und dadurch das Ergebnis verfälscht werden. Als Alternative kann in einem solchen Fall die Topologieoptimierung verwendet werden. Hier gibt es zwei Möglichkeiten (Abbildung 9.56):

1. **Typ I:** Dieser Typ ist für die lineare Statik geeignet. Dort ist das Ziel, die Steifigkeit eines Blechbauteils für statische Lastfälle zu erhöhen, sodass sich hier die Verwendung der mittleren Nachgiebigkeit als Zielfunktion anbietet. In OptiStruct <Altair> wird die Option angeboten, zwei Wandstärken zwischen T_0 und T zu definieren. In diesem Fall bleibt die Blechstruktur bis zur Wandstärke T_0 fest, während nur die Struktur zwischen T_0 und T den Designraum darstellt, in dem die Dichte variiert wird. Setzt man $T_0 = 0$ erhält wiederum die gewöhnliche Topologieoptimierung, bei der in der Struktur Löcher entstehen können. Für die Sickenoptimierung wählt man dagegen für T_0 die reale Wandstärke des Blechteils und für T einen mindestens 3-fach höheren Wert. Das Optimierungsprogramm ermittelt dann, in welchen Bereichen die Wandstärke bis zum Wert T erhöht werden muss, um eine minimale mittlere Nachgiebigkeit zu erhalten. Die Verstärkung dieser Bereiche wird dann dadurch realisiert, dass dort die Sicken erzeugt werden. Normalerweise unterscheiden sich die Ergebnisse aus einer Topologieoptimierung von denen der Topographieoptimierung, wie beispielsweise ein Vergleich der Ergebnisse aus Abbildung 9.58 und Abbildung 8.32 zeigt.

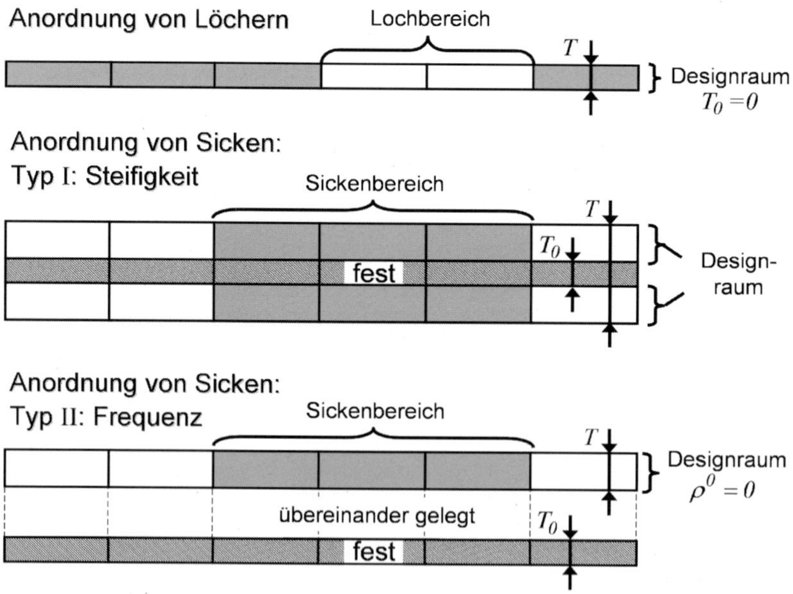

Abb. 9.56 Verschiedene Einsatzmöglichkeiten der Topologieoptimierung bei Blechstrukturen, die mit Schalenelementen modelliert sind

2. **Typ II:** Für die Dynamik ist der Typ I nicht geeignet, weil dort nicht nur die Steifigkeit sondern auch die Massenverteilung modifiziert wird. Da jedoch das Einbringen einer Sicke die Massenverteilung nicht verändert, dagegen aber die Massenverteilung großen Einfluss auf die Frequenzen hat, muss das Optimierungsmodell so abgeändert werden, dass nur die Steifigkeit und nicht die Massenverteilung modifiziert wird. Dies geschieht dadurch, dass von dem zu optimierenden Bereich des Blechteils eine Kopie des Netzes generiert wird und die entsprechenden Knoten zusammengezogen werden. Es liegen dann dort gleichsam zwei zusammengeklebte Bleche vor, von denen eines wiederum die Wandstärke T_0 des Blechteils zugewiesen bekommt, während das andere die Massendichte $\rho^0 = 0$ erhält und als Designraum mit entsprechen größerem T fungiert. Die Interpretation und Umsetzung des Optimierungsergebnisses ist dann die Gleiche wie bei Typ I. Typ II kann auch für statische Lastfälle verwendet werden, wenn in dem verwendeten Topologieoptimierungsprogramm die Option mit den zwei Wandstärken T_0 und T nicht zur Verfügung steht.

Die oben beschriebene Vorgehensweise funktioniert jedoch nur, wenn das zu optimierende Bauteil dominant auf Biegung belastet ist (Abbildung 9.57). Nur beim Biegelastfall führt sowohl das Einbringen einer Sicke als auch die Aufdickung von Material zu einer Erhöhung der Steifigkeit. In diesem Fall ist die oben beschriebene Interpretation und die Vorgehensweise, die aufgedickten Bereiche als Sicken umzusetzen, gerechtfertigt. Bei einer Zugbelastung ist dies nicht der Fall, weil sich die Steifigkeit nur bei der Materialaufdickung erhöht, jedoch nicht durch das Einbringen einer Sicke.

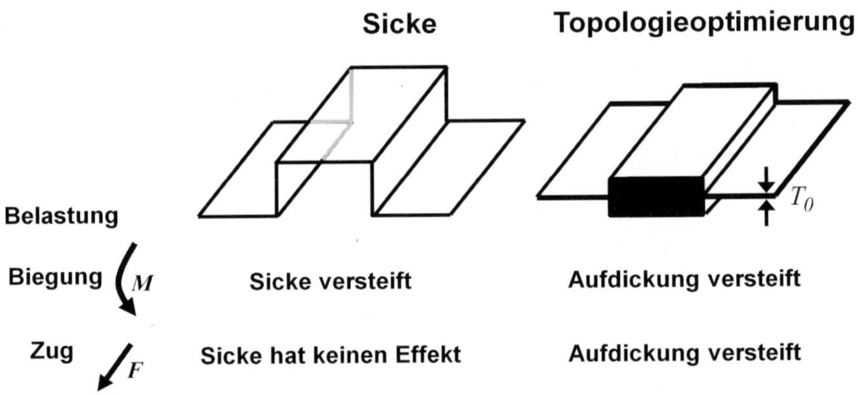

Abb. 9.57 Unterschiedliche Wirkungen der Materialaufdickung und der Einbringung von Sicken für Zug- und Biegebelastung

Als Beispiel für eine Anwendung vom Typ I soll die Optimierung eines Motorschutzschilds beschrieben werden, dessen Anfangsdesign in Abbildung 9.59 dargestellt ist. Ziel war es, die Steifigkeit durch eine verbesserte Sickenanordnung zu erhöhen. Die reale Belastung wurde mit 25 Lastfällen simuliert, in denen an 25 gleichmäßig über den Schild verteilten Stellen Einheitslasten aufgebracht wurden. Da die aufgebrachten Lasten hauptsächlich eine Biegebelastung erzeugen, war es gerechtfertigt, die optimale Sickenanordnung über eine Topologieoptimierung zu ermitteln.

Im ersten Schritt wurden alle Löcher aus dem Schutzschild entfernt, was nahezu keinen Effekt auf die Steifigkeit hatte. Dies war darauf zurückzuführen, dass alle Löcher mit einem Kragen versehen waren. Dann wurden alle Sicken, die nicht durch den Bauraum vorgegeben waren, aus dem Schutzschild entfernt. Als Designraum wurde der gesamte so modifizierte Schutzschild gewählt. Für die Optimierung mit dem Programm OptiStruct <Altair> wurde als Zielfunktion die Summe aus der mittleren Nachgiebigkeit aller Lastfälle gewählt, wobei alle mit Eins gewichtet waren.

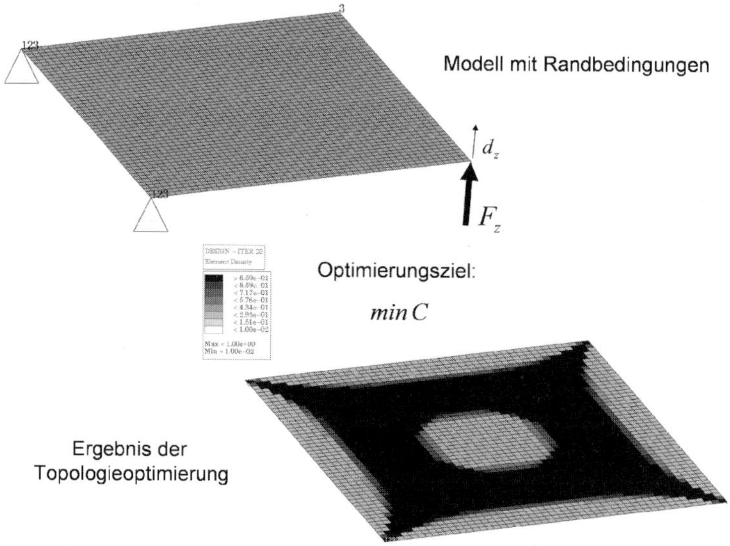

Abb. 9.58 Topologieoptimierung einer Platte zur Ermittelung der optimalen Sickenanordnung

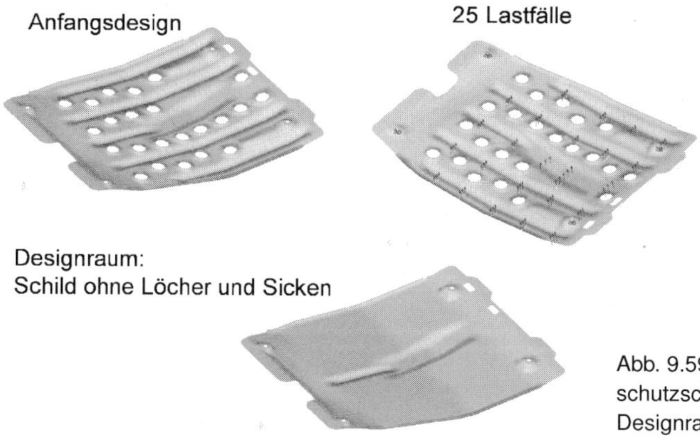

Abb. 9.59 Anfangsdesign eines Motorschutzschilds, Definition der Lastfälle und Designraum ohne Löcher und Sicken

Das Ergebnis der Optimierung mit einem Wandstärkenverhältnis von $T/T_0 = 6$ und einem Füllgrad von $v = 0{,}3$ ist in Abbildung 9.60 dargestellt. Die gesamte mittlere Nachgiebigkeit wurde durch die Optimierung um 38 % reduziert. Es zeigte sich, dass durch die Optimierung die mittlere Nachgiebigkeit auch in allen Einzellastfällen verringert wurde.

Im zweiten Schritt wurde an dem Schild mit optimierter Sickenanordnung eine Optimierung mit der gleichen Zielfunktion, aber mit $T_0 = 0$ durchgeführt, um die optimale Lage von Löchern zu ermitteln. Das endgültige Design mit den ermittelten Löchern und der abgeleiteten Sickenanordnung ist im letzten Schritt in Abbildung 9.60 dargestellt. Wie in Abbildung 9.61 gezeigt, konnte die mittlere Durchsenkung um insgesamt 39 % gesenkt werden. Um das gleiche Ergebnis über die Erhöhung der Blechstärke zu erreichen, müsste diese, und damit auch das Gewicht, um mehr als 25 % erhöht werden. Wie schon vorher beim ursprünglichen Design, wurde die Steifigkeit durch das Einbringen der Löcher nur unwesentlich reduziert. Deshalb lohnt es eigentlich nicht, eine Optimierung der Lochanordnung vorzunehmen, wenn die Löcher wie hier mit einem Kragen versehen sind. Sie können vielmehr nach rein funktionellen Gesichtspunkten angeordnet werden.

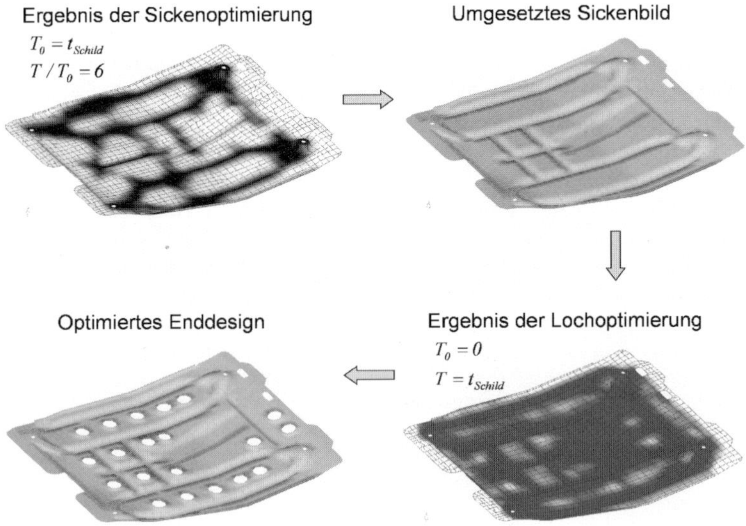

Abb. 9.60 Ergebnis der Topologieoptimierung für die optimale Sickenanordnung und die Lochanordnung

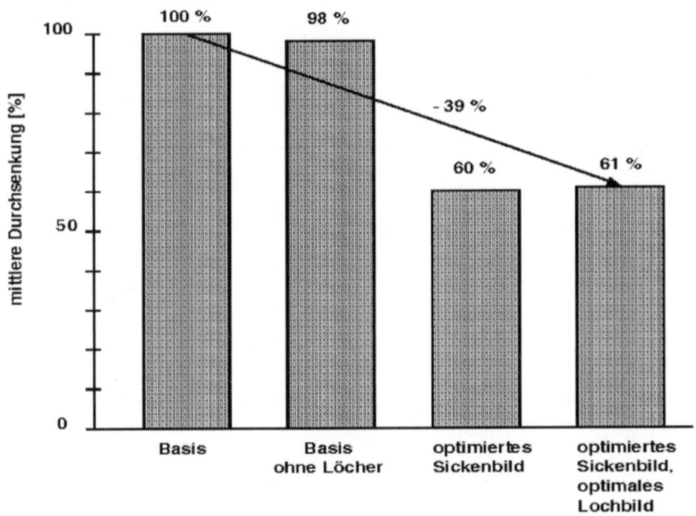

Abb. 9.61 Mittlere Durchsenkung als Maß für die Steifigkeit bei den verschiedenen Designs

9.5.2.3 Ermittelung von optimalen Merkmalen von Gussteilen

Ein wichtiger Einsatzbereich der Topologieoptimierung ist die Ermittelung von optimalen Eigenschaften eines Gussteils. Mit optimalen Merkmalen sind die globalen Eigenschaften eines Bauteils gemeint, wie beispielsweise der Querschnitt oder die Anzahl und Lage von Rippen in einem offenen Profil. Mit der Topologieoptimierung können solche optimalen globalen Eigenschaften eines Bauteils festgelegt werden, während mit der Formoptimierung eher lokale Bereiche optimiert werden. Es zeigt sich dabei, dass die globalen Eigenschaften von größter Wichtigkeit sind, da sie erst die Grundvoraussetzung schaffen, um ein optimales Bauteil zu erhalten. Dies soll im Folgenden genauer erläutert werden. Dabei wird zuerst auf die Topologieoptimierung ohne [144], [148], [152] und im nachfolgenden Abschnitt mit Zusatzrestriktionen für Gussteile [145], [146], [147], [149], [154] eingegangen.

9.5.2.3.1 Topologieoptimierung ohne Gussteilrestriktionen

In Abbildung 9.62 ist die Optimierung des Motorhalters dargestellt, der eines der ersten Anwendungsbeispiele des SKO-Verfahrens war und an dem gut die Bedeutung der Topologieoptimierung verdeutlicht werden kann. In guter Näherung kann das Ausgangsdesign des Halters als schlankes U-Profil angesehen werden, in dem einige Rippen eingebracht sind. Die Analyse des Halters ergab, dass das Spannungsniveau zu hoch lag. Das Ziel war demnach, das Spannungsniveau zu senken, ohne dabei jedoch das Gewicht zu erhöhen. Eine Möglichkeit dazu wurde in einer Änderung des Querschnitts gesehen, wobei zur Ermittelung des optimalen Querschnitts die Topologieoptimierung eingesetzt werden sollte. Dazu wurde der gesamte Innenraum des Halters, der den maximal verfügbaren Bauraum darstellte, mit Solid-Elementen aufgefüllt, die Bereiche der Schraubenanbindung und Krafteinleitung eingefroren und auf dem verbleibenden Bereich das SKO-Verfahren angewendet.

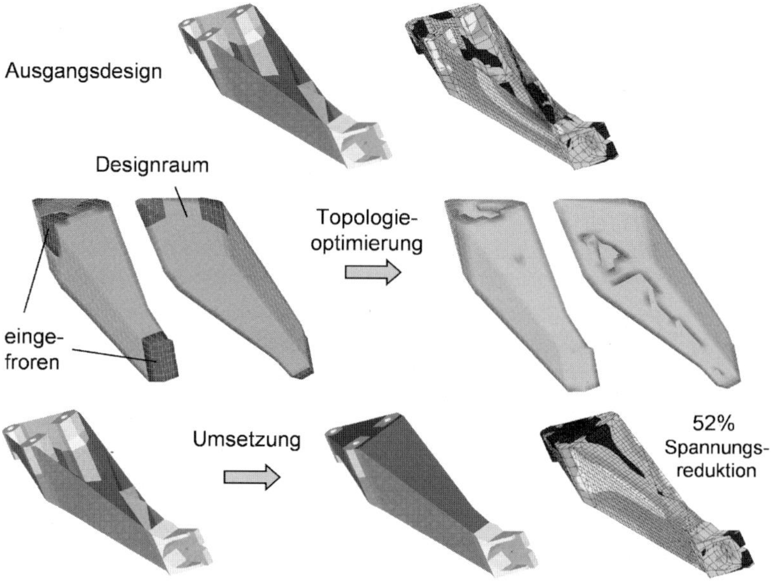

Abb. 9.62 Anfangsdesign eines Motorhalters und Spannungsverteilung für den kritischsten Lastfall (oben), 2 Ansichten des Designraums und Ergebnis der Topologieoptimierung (Mitte) und Umsetzung des Ergebnisses mit dazugehöriger Spannungsverteilung (unten)

Wie Abbildung 9.62 zeigt, lieferte die Topologieoptimierung als optimalen Querschnitt ebenfalls ein U-Profil, jedoch mit dem Boden auf der gegenüberliegenden Seite. Daraufhin wurde der Halter entsprechend modifiziert und die Spannungen erneut bestimmt. Es zeigte sich, dass die Änderung des Profils eine Spannungsreduktion von mehr als 50 % erbracht hatte. In diesem Fall kann der Grund für die beachtliche Spannungsreduktion nachvollzogen werden, weil bei allen verwendeten Lastfällen eine Kraftrichtung dominant war. So kann man in guter Näherung von nur einem Lastfall mit der dominanten Lastkomponente F ausgehen und unter Vernachlässigung der Rippenstruktur deren Lage relativ zum Schubmittelpunkt S untersuchen. Wie in Abbildung 9.63 dargestellt, ist das Torsionsmoment M beim Ausgangsdesign wesentlich größer als beim optimierten Querschnitt, weil der Schubmittelpunkt sehr weit von Krafteinleitungspunkt entfernt ist und sich damit ein großer Hebelarm ergibt. Die Verlagerung des Bodens auf die gegenüberliegende Seite bringt nun einfach den Schubmittelpunkt näher an den Krafteinleitungspunkt heran, reduziert damit den Hebelarm und dadurch auch das Torsionsmoment. Die Spannungsreduktion ist somit darauf zurückzuführen, dass die Torsionsanteile, die ja bekanntlich gerade bei einem offenen Profil kritisch sind, aus dem Bauteil herausgenommen wurden.

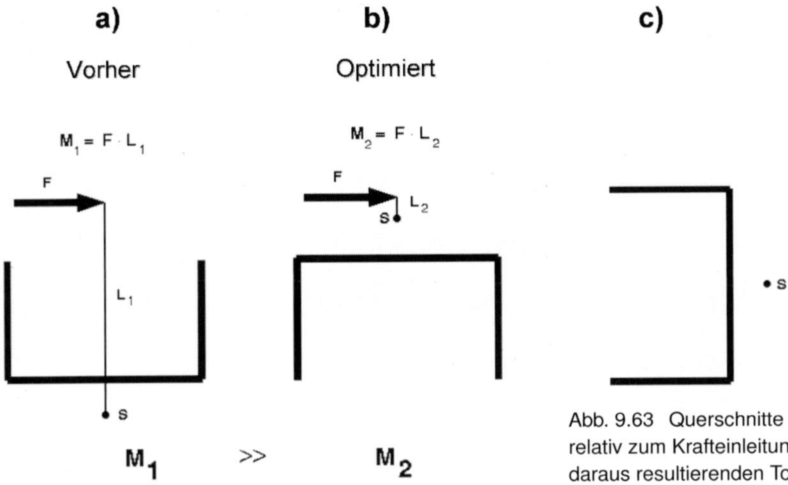

Abb. 9.63 Querschnitte des Motorhalters relativ zum Krafteinleitungspunkt und die daraus resultierenden Torsionsmomente

Man mag jetzt anführen, dass ein erfahrener Ingenieur auch ohne Optimierungsprogramm auf dieses Ergebnis hätte kommen können. Das ist sicher richtig, jedoch liefert ein Programm immer die optimalen Merkmale. Zudem ist die Belastung nicht immer so einfach, wie in dem hier beschriebenen Beispiel, bei dem die dominante Kraftrichtung bei allen Lastfällen identisch war und somit de facto nur ein Lastfall vorlag. Ist das nicht der Fall, wird es auch ein erfahrener Ingenieur ohne Hilfsmittel schwer haben, einen optimalen Querschnitt zu ermitteln. Dennoch sollte man natürlich immer versuchen, das Optimierungsergebnis zu verstehen, um sich sowohl gegen Modellfehler abzusichern als auch um seinen Erfahrungsschatz zu erweitern.

Um mit einer Formoptimierung von Querschnitt a) nach b) in Abbildung 9.63 zu gelangen, müsste der Boden von der einen auf die andere Seite des Profils geschoben werden. Dies ist aber mit einem so hohen Aufwand verbunden, dass in der Praxis wohl kein Anwender diese Möglichkeit in seinem Modell berücksichtigen würde. Wenn sogar ein Ausgangsquerschnitt wie in c) vorliegt, ist es sogar unmöglich, über eine Formoptimierung nach b) zu gelangen. Das bedeutet, dass eine Formoptimierung, die mit dem Querschnitt a) oder c) beginnt, die dominanten Torsionsanteile aus dem Bauteil nicht entfernen kann. Man muss davon ausgehen, dass sogar noch Material angelagert werden muss, um die geforderten Kriterien wie beispielsweise Reduktion von Spannungen oder Erhöhung von Eigenfrequenzen zu erfüllen. Dagegen hat man mit dem optimierten Querschnitt das gesamte Potenzial zu Gewichtsreduktion zur Verfügung. Dies zeigt, dass bei einem Gussteil die optimalen Merkmale schon in der ersten Konstruktion enthalten sein müssen, weil man diese später mit der Formoptimierung nicht mehr entfernen und damit das Gewichtseinsparpotenzial nicht ausschöpfen kann. So kann der Querschnitt eines Profils häufig gar nicht oder nur in geringem Maße variiert werden. Weiterhin kann die Anzahl der Rippen nicht verändert und deren Lage nur sehr begrenzt verschoben werden. Dies hat zur Folge, dass man bei einem ungünstigen Querschnitt und einer ungünstig gewählten Rippenanordnung mit einer Formoptimierung kaum eine Chance hat, eine nennenswerte Verbesserung zu erreichen. Aus diesem Grunde ist die Topologieoptimierung so wichtig, weil sie es ermöglicht, diese optimalen Merkmale zu bestimmen. Oft liegt das Design nach einer sorgfältigen und sauberen Umsetzung des Topologieoptimierungsergebnisses schon nahe am Optimum, sodass anschließend nur noch geringe oder keine Verbesserungen mehr nötig sind.

Wie groß das Einsparungspotenzial durch die Topologieoptimierung ist, wird an dem Beispiel eines Kühlmodul-Halters in Abbildung 9.64 und Abbildung 9.65 deutlich. Die Anforderung war, dass die maximale Spannung um mindestens 25 % gesenkt werden sollte, ohne jedoch das Gewicht zu erhöhen. Dieses Ziel wurde mithilfe der Topologieoptimierung weit übertroffen, weil die Spannung um 64 % und das Gewicht sogar noch zusätzlich um 31 % reduziert werden konnte. Die Gewichtsreduktion war jedoch nur durch den Einsatz von Schiebern möglich. Ohne deren Einsatz hätte sich eine gewichtsneutrale Lösung ergeben, aber immerhin immer noch mit der großen Spannungsreduktion. Auch hier ist das Ergebnis plausibel, weil das optimierte Design ein wesentlich höheres Flächenträgheitsmoment bezüglich der dominanten Kraftrichtung aufweist.

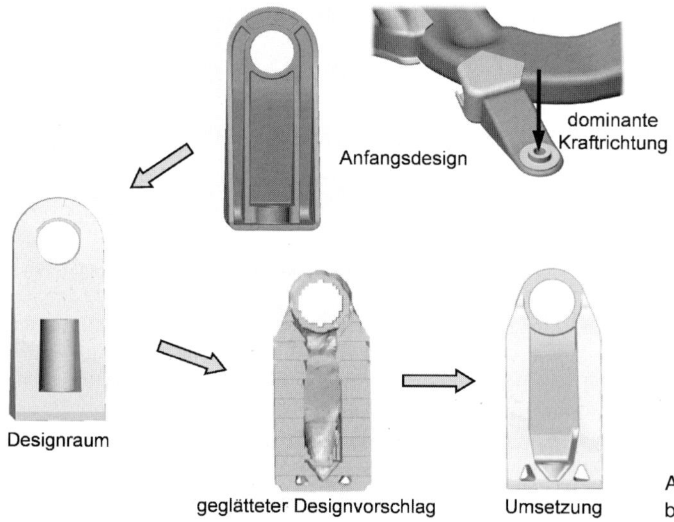

Abb. 9.64 Optimierungsablauf bei einem Kühlmodul-Halter

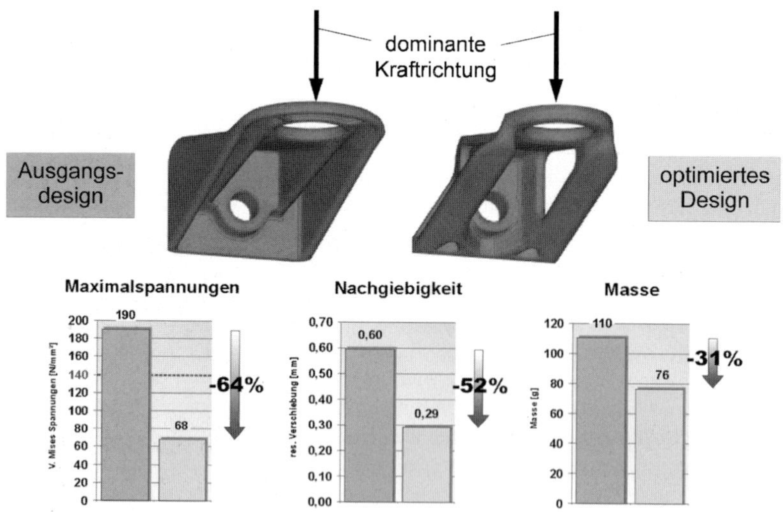

Abb. 9.65 Gegenüberstellung der Bauteileigenschaften

Bei den oben vorgestellten Beispielen war jeweils ein Anfangsdesign vorhanden, das intuitiv konstruiert wurde, d. h. ohne Hilfe von Optimierungsprogrammen. In diesem traditionellen Konstruktionskonzept (Abbildung 9.66) erstellt der Konstrukteur zuerst ein detailliertes CAD-Modell eines Bauteils, auf dessen Basis dann eine FE-Analyse durchgeführt wird. Erfüllt das Bauteil die Anforderungen nicht, muss eine Optimierung durchgeführt werden. Diese ergibt dann allerdings häufig ein völlig neues Design, sodass auch meistens ein vollkommen neues CAD-Modell erstellt werden muss.

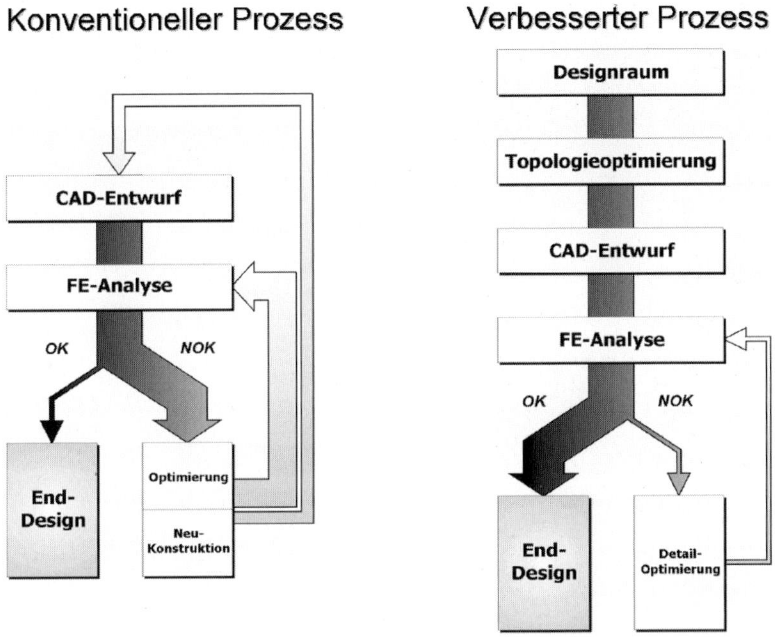

Abb. 9.66 Gegenüberstellung des konventionellen und des verbesserten Designprozesses mit integrierter Topologieoptimierung

Es ist viel effizienter, die Topologieoptimierung schon in der Konzeptphase einzusetzen (Abbildung 9.66). Der Konstrukteur erzeugt hier im ersten Schritt kein detailliertes Modell eines Bauteils, sondern nur ein CAD-Modell des zur Verfügung stehenden Bauraums. Ein solcher Designraum ist schnell und ohne großen Aufwand zu erstellen. Basierend auf dem Designraum wird eine Topologieoptimierung durchgeführt, um die wichtigsten Merkmale des Bauteils festzulegen, wie beispielsweise Querschnitt und Rippenanordnung. Erst dann wird ein detailliertes CAD-Modell des Bauteils erstellt, das zur Kontrolle noch berechnet und gegebenenfalls feinoptimiert wird. Ein solcher verbesserter Designprozess mit integrierter Topologieoptimierung in der Konzeptphase wird heute bei der Adam Opel GmbH für eine Reihe von Bauteilen standardmäßig eingesetzt.

Die Umsetzung des Designvorschlags ist immer der schwierigste Schritt bei einer Topologieoptimierung. Das Herauslesen der optimalen Merkmale eines Gussteils aus dem Designvorschlag, wie der optimale Querschnitt und die optimale Rippenanordnung, ist die besondere Herausforderung bei der Topologieoptimierung. Besonders sind bei der Interpretation der Ergebnisse die Kreativität, die Fantasie, ein gutes mechanisches Verständnis und auch die Erfahrung des Anwenders gefragt. Es erfordert zudem eine gute Zusammenarbeit zwischen Berechnungsingenieur und Konstrukteur. Normalerweise ist es nicht ausreichend, nur einen Optimierungslauf mit einem festen Füllgrad durchzuführen. Vielmehr ist es empfehlenswert, mehrere Läufe mit unterschiedlichen Füllgrad durchzuführen und den auszuwählen, der sich am besten umsetzen lässt. Wichtig ist dabei immer, dass bei der Umsetzung versucht wird, dem Designvorschlag möglichst nahe kommt. Einige ausgewählte Beispiele sind auf Abbildung 9.67 und Abbildung 9.68 zusammengestellt, die im Nachhinein alle sehr plausibel aussehen. Vor der Umsetzung waren jedoch häufig längere Diskussionen notwendig, ehe sich das endgültige Design herauskristallisierte. Zum Teil mussten auch Designvorschläge mit verschiedenen Füllgraden herangezogen werden, um Klarheit zu bekommen.

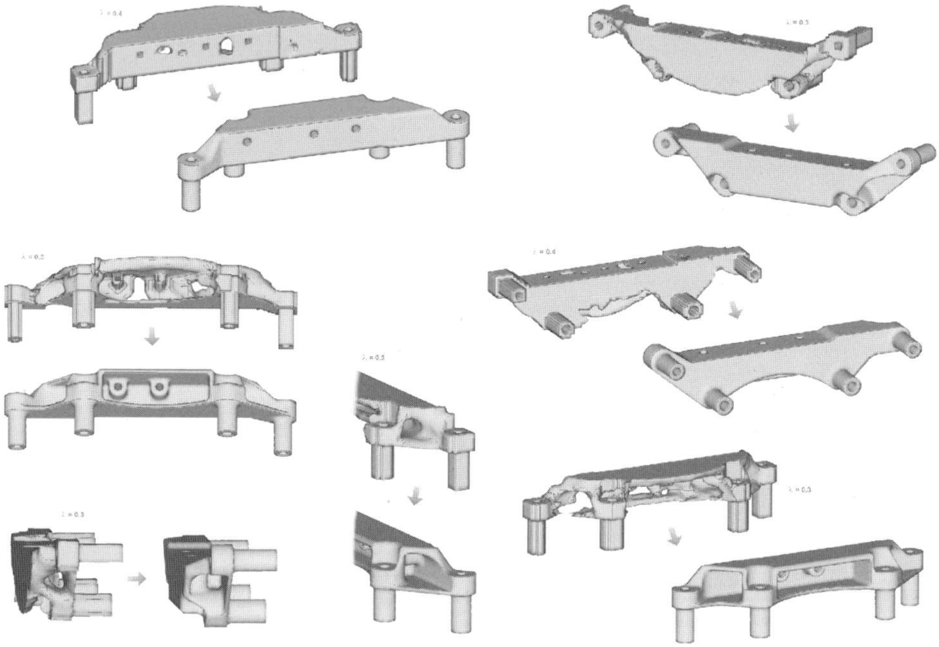

Abb. 9.67 Interpretationsbeispiele für Gussteile

Besonders gut gelingt die Annäherung an den Designvorschlag, wenn Schieber eingesetzt werden können. Ein Beispiel für eine solche Umsetzung mit Einsatz von Schiebern ist in Abbildung 9.69 dargestellt. Hier war der Designraum sehr eingeschränkt, sodass zuerst angenommen wurde, dass hier Stahlguss statt des üblichen Aluminiumgusses eingesetzt werden müsste. Durch die Optimierung konnte jedoch ein Design gefunden werden, dessen Spannungsniveau so niedrig lag, dass der Einsatz von Aluminiumguss möglich war. Hier konnte also durch die Optimierung gut 60 % Gewicht eingespart werden.

Es gibt jedoch auch Fälle, in denen der Bauraum so begrenzt ist, dass von Anfang an klar ist, dass kein Aluminiumguss eingesetzt werden kann. Ein solches Beispiel ist in Abbildung 9.70 dargestellt. Es wird aber hier auch deutlich, dass mithilfe der Topologieoptimierung ein gewichtsoptimiertes Design gefunden werden konnte.

In Abbildung 9.71 ist die Optimierung eines Halters gezeigt, bei dem es sowohl Anforderungen an die Steifigkeit als auch an die Frequenz gab. Hier wurden drei Designvorschläge berechnet, einer mit maximaler Steifigkeit, einer mit maximaler Frequenz und einer, bei dem als Zielfunktion eine Linearkombination aus mittlerer Nachgiebigkeit und Frequenzfunktion verwendet wurde. Die Wichtungsfaktoren wurden dabei so gewählt, dass beide Zielfunktionen am Anfang gleich groß waren. Die Schwierigkeit bestand darin, ein Design abzuleiten, dass allen drei Designvorschlägen möglichst gut gerecht wird (Abbildung 9.72).

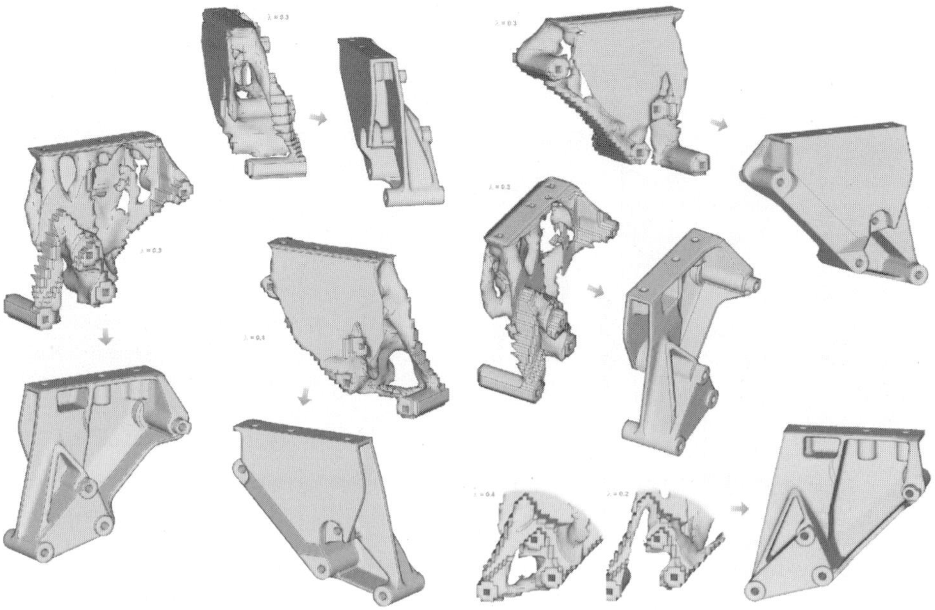

Abb. 9.68 Interpretationsbeispiele für Gussteile

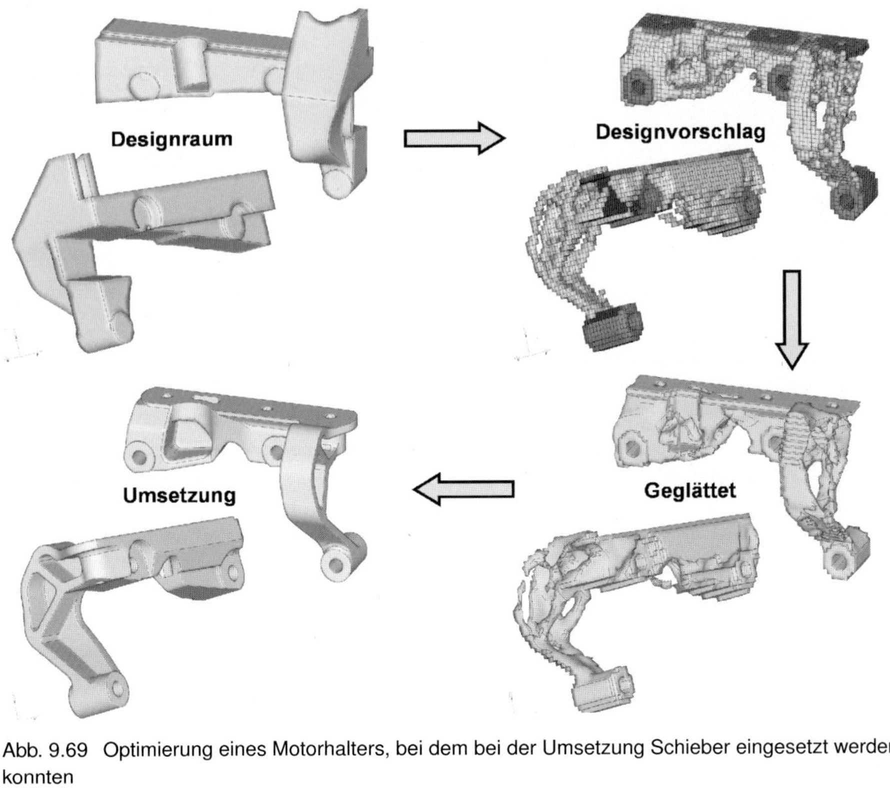

Abb. 9.69 Optimierung eines Motorhalters, bei dem bei der Umsetzung Schieber eingesetzt werden konnten

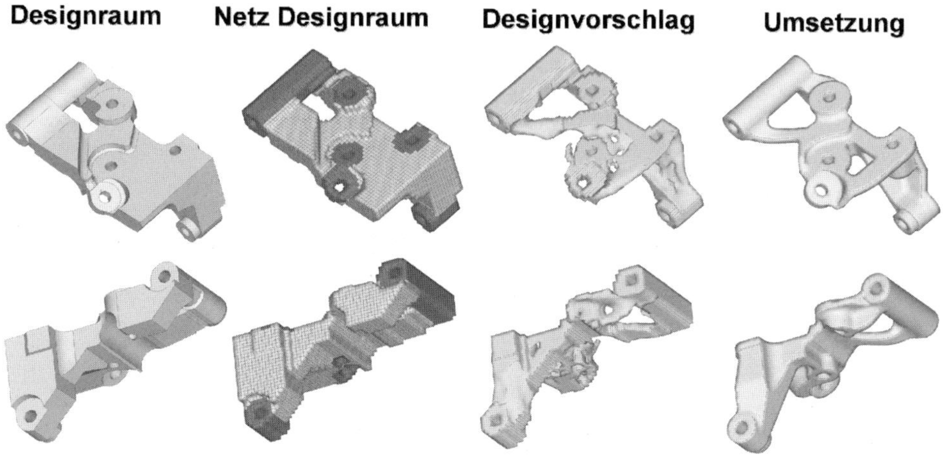

Abb. 9.70 Optimierung eines Motorhalters mit sehr eingeschränktem Designraum

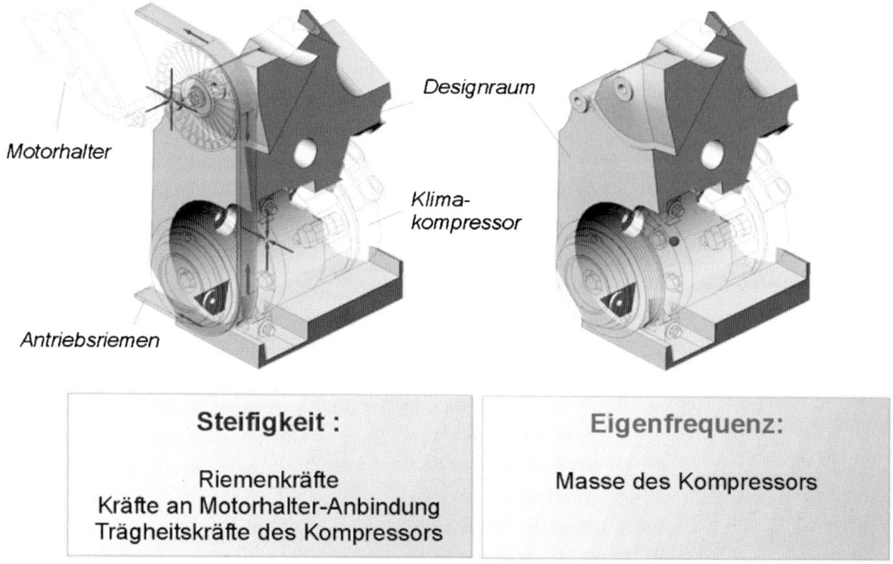

Abb. 9.71 Designraum eines Motorhalters, der sowohl Festigkeitsanforderungen als auch Anforderungen bezüglich der Eigenfrequenz erfüllen musste

Wenn der Designvorschlag nicht gut genug ist, um daraus das endgültige Design abzuleiten, kann manchmal eine zusätzliche Optimierung auf Basis eines Hilfsmodells helfen. Dies soll am Beispiel des Motorhalters in Abbildung 9.73 demonstriert werden. Ausgehend vom Designraum ergab die Topologieoptimierung einen Designvorschlag, aus dem sich der optimale Querschnitt sehr gut bestimmen ließ. Er war jedoch, wie so häufig, zur Festlegung der Rippenstruktur nicht detailliert genug. In diesem Fall kann man zuerst ein Model des optimalen Querschnitts aufbauen, in diesem Fall ein U-Profil, und darauf aufbauend ein Hilfsmodell erzeugen, mit dessen Hilfe die Rippenanordnung bestimmt wird. Die grundlegenden Ideen des Hilfsmodells ist, dass normalerweise nur die Oberkanten von Rippen hoch belastet sind und deshalb zu erwarten ist, dass nur

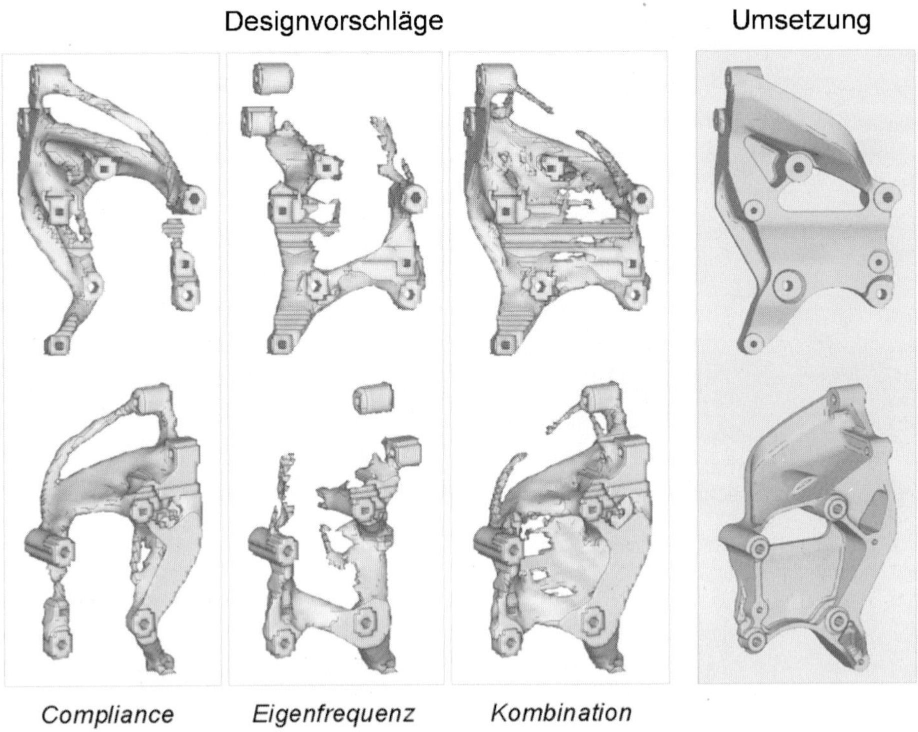

Abb. 9.72 Ergebnisse der 3 Optimierungsläufe für den Motorhalter aus Abbildung 9.71 und die Umsetzung als Synthese aller Designvorschläge

diese Bereiche die optimale Rippenanordnung festlegen. Dann ist es aber auch ausreichend, nur in diesen hoch belasteten Bereich der Rippenoberkanten die Optimierung durchzuführen. Basierend auf dieser Vorstellung kann ein Hilfsmodell aufgebaut werde, wie es in Abbildung 9.74 skizziert ist. Zuerst wird der offene Querschnitt mit einer Schicht aus Schalenelementen geschlossen. Diese liegen nun in dem hoch belasteten Oberkantenbereich der zu bestimmenden Rippen, in dem dann auch die Topologieoptimierung durchgeführt wird. Da aber Rippenoberkanten mit dem Boden des Profils verbunden sind, kann dieser Aspekt dadurch approximiert werden, dass alle Knoten der Schalenschicht mit den entsprechenden Knoten auf dem Profilboden mit Balken verbunden werden. Dadurch werden nur die Bereiche mit hoher Dichte an den Boden gekoppelt, weil die Balken, die mit Elemente minimaler Dichte verbunden sind, an diesem Ende faktisch frei sind und damit keine Lasten übertragen können. Wenn der Querschnitt, wie in dem vorliegenden Beispiel, aus Solid-Elementen modelliert ist, muss zusätzlich noch eine Schalenschicht auf dem Boden des Profils hinzugefügt werden, um auch die Drehfreiheitsgrade zu koppeln.

Stellt sich als Ergebnis der Topologieoptimierung in der oberen Schalenschicht eine Fachwerkstruktur ein, kann man daraus direkt die optimale Rippenanordnung ableiten. So ergibt sich für den Halter in Abbildung 9.75 bei einem kleinen Füllgrad ganz klar die Lage von einer Rippe R1, während es bei einem höheren Füllgrad einen Hinweis auf zwei weitere Rippen gibt. Die dritte Rippe R3 konnte jedoch aus Fertigungsgründen nicht umgesetzt werden, sodass sich letztendlich das Design mit zwei Rippen ergab.

Es ist auffällig, dass im Designvorschlag die Rippe R1 nicht zentral sondern tangential auf das Schraubenloch zuläuft. Intuitiv würde man die Rippe sicherlich zentral ausrichten. Dies wurde überprüft und es stellte sich heraus, dass die tangentiale Variante wirklich die bessere ist. Dies ist

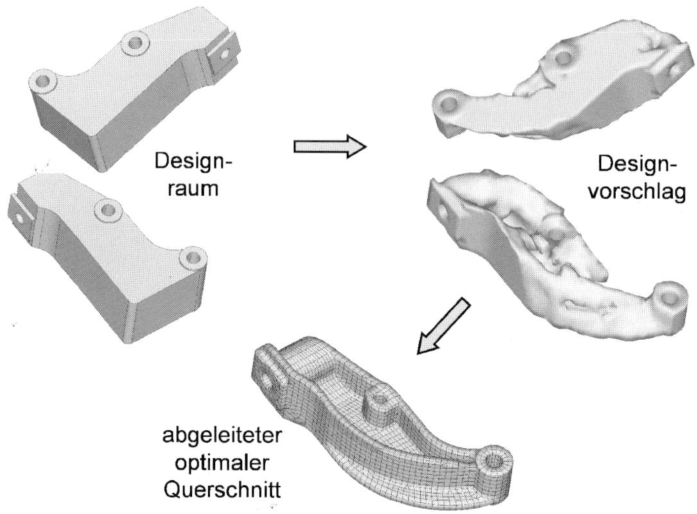

Abb. 9.73 Beispiel eines Motorhalters, bei dem der Designvorschlag nur zur Ableitung eines optimalen Querschnitts geeignet war

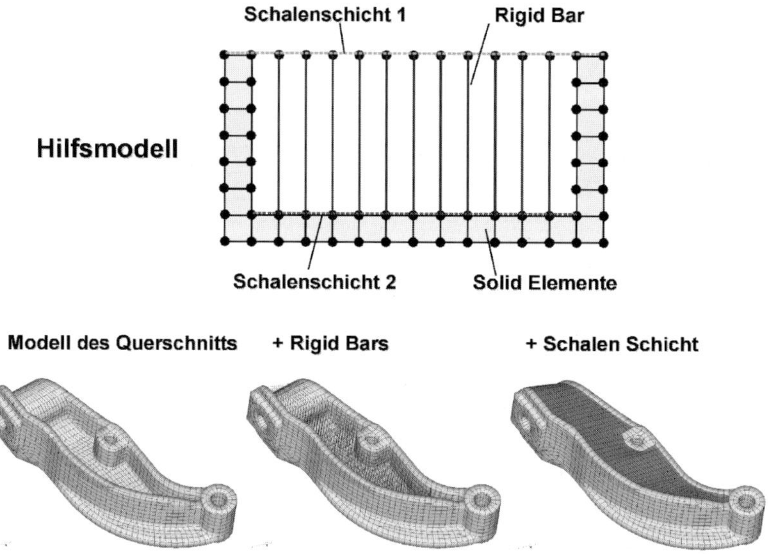

Abb. 9.74 Schematische Darstellung des Hilfsmodells zur Rippenoptimierung und Umsetzung am konkreten Beispiel aus Abbildung 9.73

ein deutlicher Hinweis darauf, dass es lohnenswert ist, auch auf Details im Designvorschlag zu achten und sich zu bemühen, diese auch möglichst genau umzusetzen. Dies wurde auch durch viele andere Beispiele bestätigt.

Die Verwendung eines Hilfsmodells führt nicht immer zum Erfolg. So kann es vorkommen, dass sich keine Fachwerkstruktur ausbildet. Jedoch funktioniert die beschriebene Strategie in vielen Fällen, was in Abbildung 9.76 mit einem weiteren Beispiel für eine Rippenoptimierung demonstriert wird.

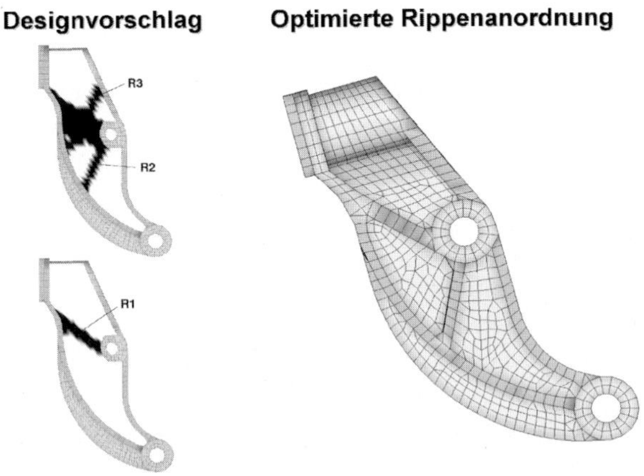

Abb. 9.75 Ergebnisse der Topologieoptimierung mit dem Hilfsmodell und Umsetzung

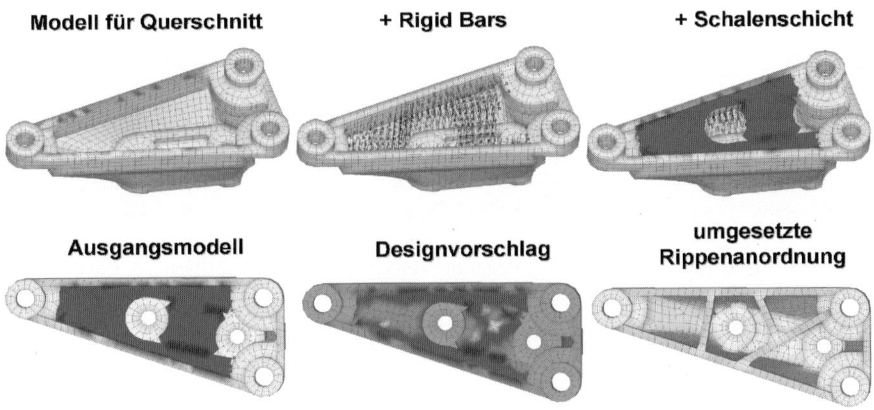

Abb. 9.76 Rippenoptimierung eines Motorhalters unter Verwendung des Hilfsmodells

Das Hilfsmodell kann auch zur Ermittelung der Gerippestruktur einer Motorhaube oder eines Kofferraumdeckels eingesetzt werden, indem als Designraum eine Kopie der Blechstruktur verwendet wird, die um den Betrag der Tiefe der Gerippestruktur verschoben und mit Rigid-Balken an das Blech gekoppelt ist.

9.5.2.3.2 Topologieoptimierung mit Gussteilrestriktionen

Der verbesserte Designprozess in Abbildung 9.66 mit integrierter Topologieoptimierung hat sich in der Praxis vielfältig bewährt und dazu beigetragen, eine Unzahl von Gussteilen erfolgreich zu optimieren, die heute in Produktion sind. Dennoch hat man immer das Problem, dass der Designvorschlag einer Interpretation bedarf und diese zum Teil sehr mühsam ist. Auch eine – wie oben beschriebene - zusätzliche Optimierung mit einem Hilfsmodell hilft da nicht immer weiter, was am Beispiel in Abbildung 9.31 für einen Hinterachslenker deutlich wird. Hier weist der Designvorschlag eine ausgeprägte Hohl- und Fachwerkstruktur auf und ein optimaler Querschnitt kann nicht abgeleitet werden. An der Umsetzung wird zwar sehr gut deutlich, wie die optimalen Merkmale aus dem Designvorschlag herausgelesen wurden und im Enddesign umgesetzt wurden. Dennoch kommen einem Zweifel auf, ob es nicht noch ein besseres Design geben könnte. Das Problem ist, dass man gezwungen ist, viele Bereiche des Designvorschlags mit Material aufzufüllen, um ein gießbares Bauteil zu erhalten. Dadurch entfernt man sich aber notgedrungen sehr weit von dem optimalen Design weg und die Wahrscheinlichkeit, dass es ein besseres Design gibt, ist sehr hoch. Um ein solches Design zu finden muss man jedoch die Fertigungsrestriktionen für Gussteile direkt in die Optimierung einbinden. Es ist deshalb meistens immer von Vorteil solche Restriktionen zu verwenden, wenn sie verfügbar sind. Es gibt zwei Restriktionen für Gussteile:

1. **Wandstärkenrestriktion:** Der Anwender definiert eine minimale Wandstärke t_{min}, die nicht unterschritten werden darf. Das bedeutet, dass beim Erreichen dieser Wandstärke während der Optimierung die Wand nur noch verschoben, deren Dicke dagegen nicht weiter reduziert wird. Dadurch wird verhindert, dass sich Löcher ausbilden. Nun sind Löcher in Gussteilen nicht generell ungünstig umzusetzen, jedoch ist es sicherlich sinnvoll, die Ausbildung von Löchern im ersten Schritt nicht zuzulassen. Zudem wird dadurch die Ausbildung von Fachwerkstrukturen unterdrückt.
2. **Entformungsrichtung:** Durch die Vorgabe der Entformungsrichtung wird verhindert, dass sich Hinterschnitte oder Hohlstrukturen bilden. Es kann dabei entweder nur eine Richtung vorgegeben werden (uni-direktional) oder auch die entgegengesetzte Richtung mit einbezogen werden (bi-direktional). Die erste Option führt dazu, dass während der Optimierung nur Material von einer Seite, im bi-direktionalen Fall dagegen von beiden Seiten abgebaut werden kann.

Beide Restriktionen sind TopShape implementiert, dass weltweit das erste Programm war, das Fertigungsrestriktionen von Gussteilen berücksichtigen konnte. In der Zwischenzeit gibt es auch kommerzielle Produkte wie OptiStruct <Altair>, PERMAS-TOPO <INTES>, GENESIS <VRAND> und TOSCA <Dassault>, bei denen diese Restriktionen verfügbar sind.

Wie sich die zusätzlichen Optionen auswirken, wird in den nächsten Beispielen demonstriert. Wenn nicht anders erwähnt, wurden die Berechnungen mit TopShape unter Verwendung beider Gussteilrestriktionen durchgeführt. Hier werden die Ergebnisse der Einfachheit halber mit TopShape-Design bezeichnet. Jedoch sind mit kommerziellen Programmen die gleichen oder ähnliche Resultate zu erwarten, sodass TopShape hier exemplarisch für die Topologieoptimierung mit Verwendung von Gussteilrestriktionen steht.

Wie groß der Einfluss der Fertigungsrestriktionen auf den Designvorschlag und letztendlich auch auf das umgesetzte Design ist, wird am Beispiel des in Abbildung 9.77 gezeigten Vorderachslenkers [157] deutlich. Ohne Fertigungsrestriktionen liefert die Topologieoptimierung das typische Hohlprofil, dass auf den Außenwänden eine Fachwerkstruktur aufweist (Abbildung 9.78). Solche Hohlprofile erhält man immer, sobald nennenswerte Torsion und Biegebelastungen im der Struktur auftreten, was in der Regel ja fast immer der Fall ist. Dass ein Hohlprofil für diese Belastungen das beste Design darstellt, ist unmittelbar einleuchtend und erklärt die Tendenz des Optimierer, möglichst nah an die Rändern des Designraums die Struktur aufzubauen. Die Fachwerkstruktur in den Außenwänden entsteht dann einfach dadurch, dass dort unbelastete Bereiche vorhanden sind, in denen der Optimierer dann Löcher generiert. Da in der Regel keine Hohlgussteile mit verlorenem Kern erwünscht sind, gestaltet sich die Umsetzung eines solchen Designvorschlags in der Regel als schwierig. In Abbildung 9.78 ist eine typische Interpretation des Designvorschlags gezeigt, bei dem als Grundlage ein I-Profil und die Fachwerkstruktur als Vorlage für die Rippenanordnung verwendet wurde. Auch wenn die Umsetzung vorbildlich durchgeführt wurde, darf man sich nicht darüber hinwegtäuschen, dass man sich vom Hohlprofil des Designvorschlags sehr weit entfernt hat. Man kann damit nicht erwarten, das Optimierungspotenzial vollständig ausgenutzt zu haben.

Anders sieht es aus, wenn als Fertigungsrestriktionen die bi-direktionale Entformungsrichtung und die Wandstärkenrestriktion verwendet werden (Abbildung 9.79). Hier kann sich kein Hohlprofil mehr ausbilden und die Optimierung liefert das unter diesen Restriktionen beste Ergebnis. In diesem Fall erhält man ein offensichtlich leichteres Design als oben, das lediglich aus einem einfachen I-Profil mit einer Rippe besteht. Dabei handelt es sich nicht durchgehend um ein reines I-Profil, sondern um ein Profil, das zur Seite der Achsschenkel-Anbindung in ein U-Profil ausläuft. Der

Grund dafür ist offensichtlich – wie schon in Abbildung 9.63 veranschaulicht – die bessere Lage des Schubmittelpunktes, die zu geringeren Belastung führt.

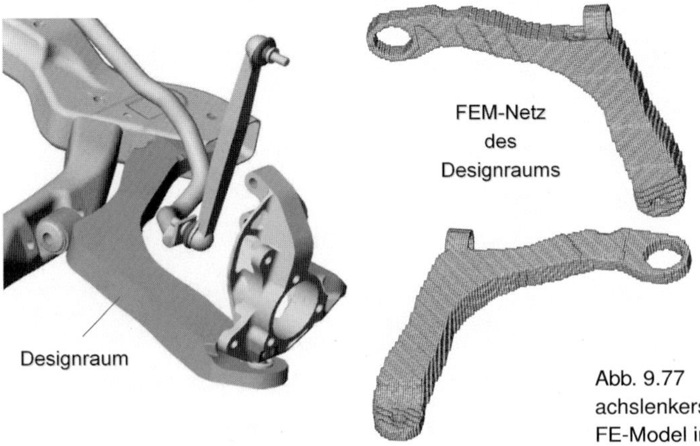

Abb. 9.77 Designraum eines Vorderachslenkers im Zusammenbau und als FE-Model in zwei Ansichten

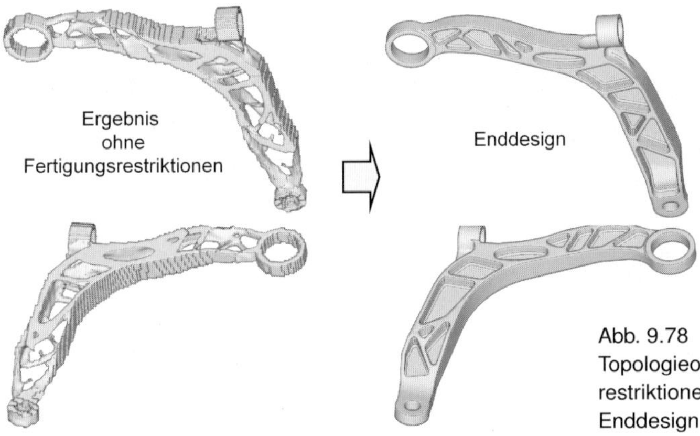

Abb. 9.78 Geglättetes Ergebnis einer Topologieoptimierung ohne Fertigungsrestriktionen (SKO) und das abgeleitete Enddesign des Lenkers

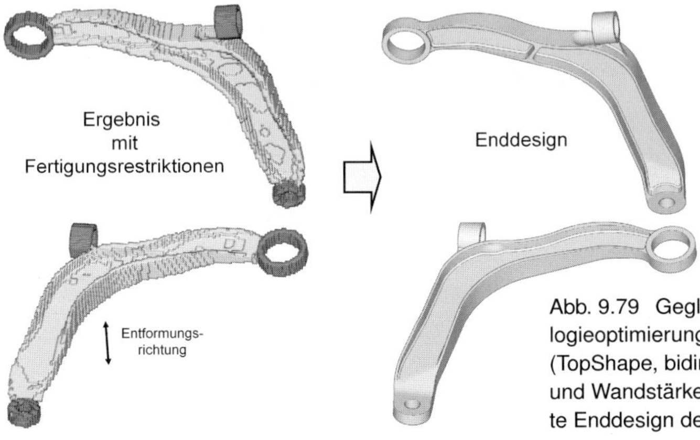

Abb. 9.79 Geglättetes Ergebnis einer Topologieoptimierung mit Fertigungsrestriktionen (TopShape, bidirektionale Entformungsrichtung und Wandstärkenrestriktion) und das abgeleitete Enddesign des Lenkers

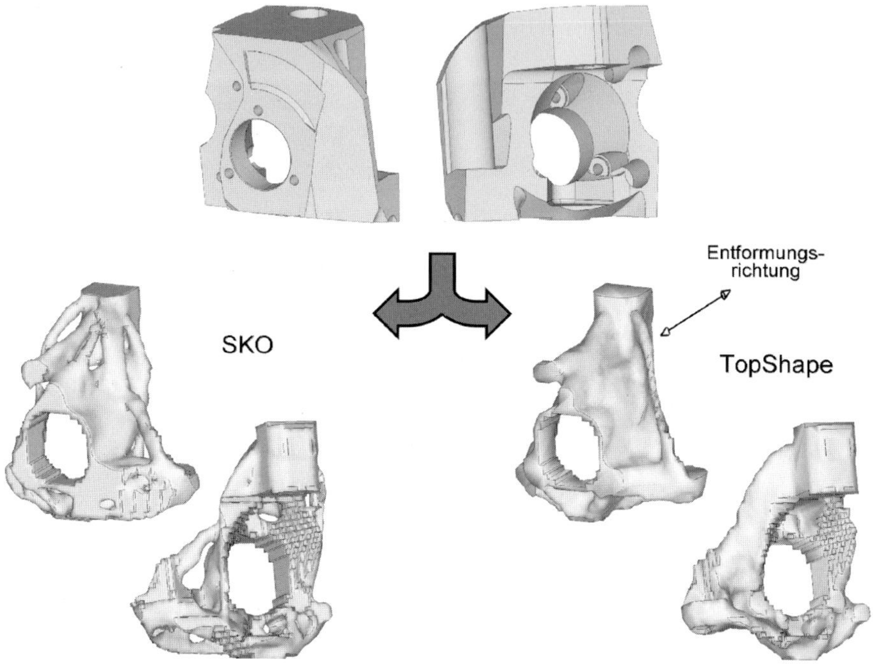

Abb. 9.80 Ergebnis der Topologieoptimierung eines Achsschenkels mit (TopShape) und ohne (SKO) Gussteilrestriktionen

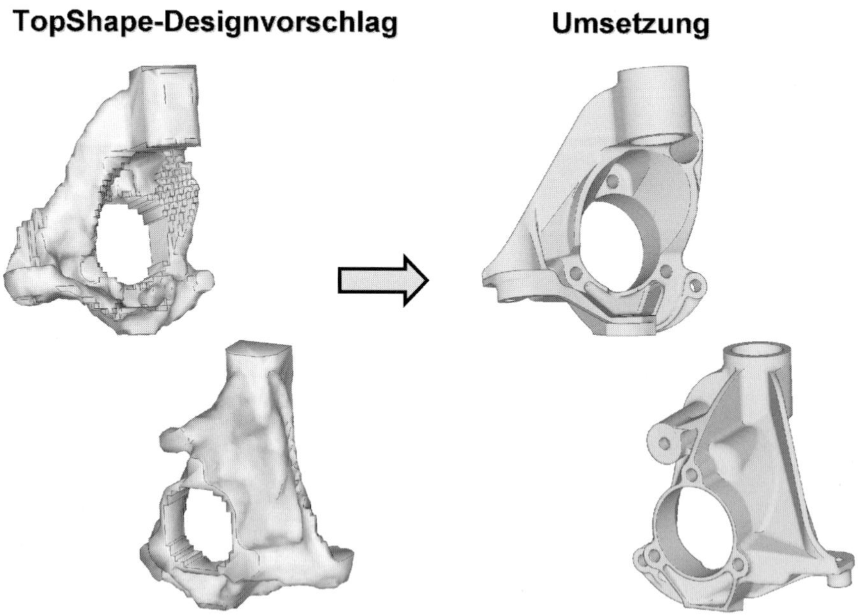

Abb. 9.81 Umsetzung des TopShape-Designvorschlags

In Abbildung 9.80 und Abbildung 9.81 ist die Optimierung eines Achsschenkels mit SKO und TopShape gegenübergestellt. Auch hier zeigt sich deutlich, wie stark die Fertigungsrestriktionen den Designvorschlag beeinflussen. Während die reine Topologieoptimierung (SKO) eine typische Fachwerkstruktur liefert, die schwer zu interpretieren und nur unter starken Abweichungen umzusetzen ist, kann das TopShape Ergebnis nahezu direkt verwendet werden. Der daraus abgeleitete Achsschenkel ist rund 20 % leichter als der bis dahin beste optimierte Achsschenkel mit SKO.

In Abbildung 9.82 ist nochmals der Halter aus Abbildung 9.73 gezeigt, für den die Rippenoptimierung mit dem Hilfsmodell durchgeführt wurde. Hier wurde mit TopShape eine Optimierung mit vorgegebener uni-direktionaler Entformungsrichtung durchgeführt, sodass das Entfernen and Anlagern von Material nur von einer Seite her zugelassen war. In diesem Beispiel wurde die Richtung so gewählt, dass sich ein Designvorschlag ergab, bei dem der Boden auf der gleichen Seite lag wie beim Hilfsmodell. Das resultierende TopShape Design hat, wie in Abbildung 9.82 gezeigt, große Ähnlichkeiten mit dem Ergebnis aus dem Hilfsmodell. Lediglich im unteren Bereich ergeben sich Unterschiede. Dort sind jedoch auch die Querschnitte verschieden. Dies ist darauf zurückzuführen, dass sich bei TopShape während der Optimierung noch der Querschnitt verändern kann, während er beim Hilfsmodell eingefroren ist. TopShape ist damit wesentlich flexibler als das Hilfsmodell.

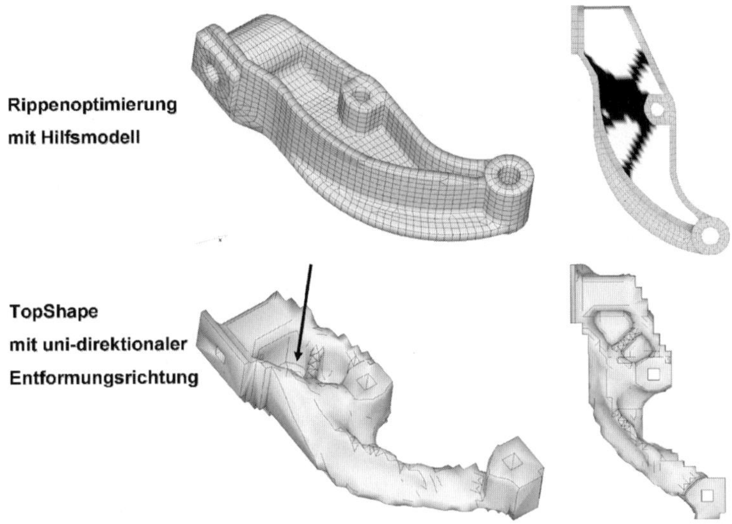

Abb. 9.82 Vergleich der Rippenoptimierung mit einem Hilfsmodell mit dem Ergebnis unter Verwendung von Gussrestriktionen bei uni-direktionaler Entformungsrichtung

Normalerweise wird man jedoch nicht die uni-direktionale, sondern die bi-direktionale Entformungsrichtung verwenden, bei der Entfernen und Anlagern von Material von beiden Richtungen her zugelassen ist. Wegen der höheren Flexibilität kann man hierfür bessere Optimierungsergebnisse erwarten. Das Ergebnis des Motorhalters mit bi-direktionaler Entformungsrichtung ist in Abbildung 9.83 gezeigt. Auch dieses Ergebnis lässt sich leicht interpretieren und umsetzen. Vergleicht man die mechanischen Eigenschaften des TopShape-Design mit dem ursprünglichen Halter aus Abbildung 9.73, der den Anforderungen genügte und in Produktion ist, so zeigt sich, dass das TopShape-Design eine etwas gleichmäßigere Spannungsverteilung aufweist und zudem noch 11,5 % leichter ist. Der entscheidende Punkt ist jedoch, dass keine zweite Optimierung mit einem zusätzlich zu generierenden Hilfsmodell notwendig war. Vergleicht man die Designs der beiden Halter, dann fällt auf, dass das TopShape-Design keine Rippen aufweist. Hier hat sich in dem Bereich, in dem die

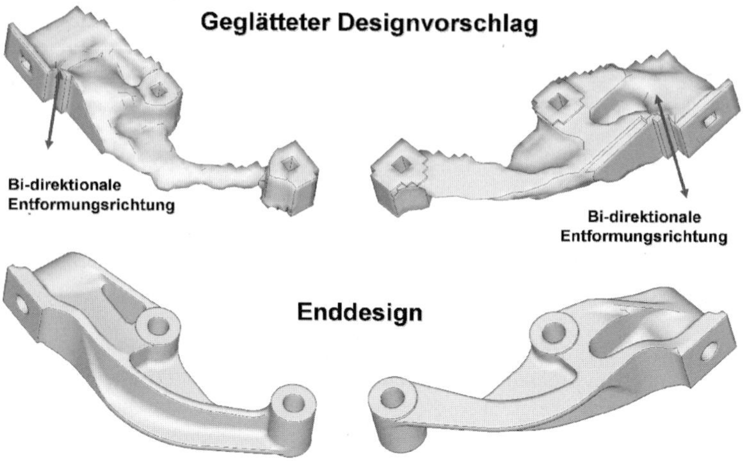

Abb. 9.83 Ergebnis unter Verwendung von Gussrestriktionen bei bi-direktionaler Entformungsrichtung und Umsetzung

Oberkanten der Rippen hoch belastet waren, ein Boden auf die gegenüberliegende Seite ausgebildet. Statt also die Wandstärke der Rippen mit hoch belasteter Oberkante zu vergrößern und damit das Gewicht zu erhöhen, findet man hier eine Designalternative, bei der Material durch Verschieben des Bodens in die hoch belasteten Bereiche gebracht wird, ohne das Gewicht zu erhöhen (Abbildung 9.84).

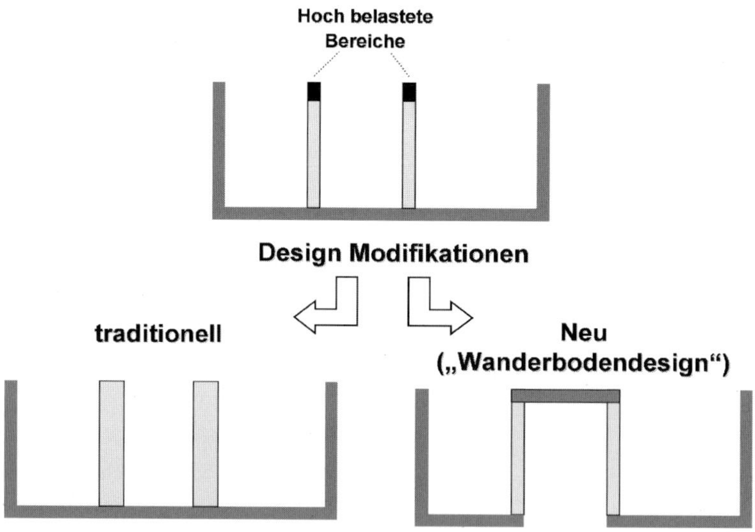

Abb. 9.84 Traditionale und neue Methode (Wanderbodendesign) um Spannungen im Bereich der Rippenoberkanten abzubauen

Ein solches „Wanderbodendesign" findet man häufig, wenn die bi-direktionale Entformungsrichtung verwendet wird. Beim Beispiel in Abbildung 9.85 ergibt sich zum Beispiel mit unidirektionaler Entformungsrichtung ein Rippendesign, während sich mit der flexibleren bi-direktionalen Entformungsrichtung wieder ein „Wanderbodendesign" herausbildet. Das bedeutet jedoch nicht, dass sich dieses Design immer einstellt, wie am Beispiel in Abbildung 9.86 ersichtlich ist. Hier stellt sich auch bei bidirektionaler Entformungsrichtung nur ein Rippendesign ein. Auch Mischformen sind möglich, wie das Beispiel in Abbildung 9.87 zeigt. In Abbildung 9.88 ist ein Ergebnis zu sehen, bei dem sich auf der einen Seite ein Rippendesign und auf der gegenüberliegenden Seite ein „Wanderbodendesign“ ergibt. Der Querschnitt zeigt den genauen Verlauf des Bodens, der in der Mitte anfängt, sich nach Ausbildung einer kurzen Rippe wieder nach unten und dann zur Mitte bewegt um, schließlich am Boden der Schraubanbindung zu enden.

Bis jetzt wurden nur Beispiele gezeigt, bei denen immer beide Gussteilrestriktionen verwendet wurden und deshalb innerhalb des Designvorschlags keine Löcher entstehen konnten. Möchte man solche jedoch aus Gründen weiterer Gewichtseinsparungen einbringen, kann man sich leicht einen Designvorschlag dazu berechnen, indem man den besten Designvorschlag, den man sonst zur Umsetzung verwendet hätte, nimmt und die Optimierung erneut startet, jetzt jedoch ohne die Wandstärkenrestriktion. In diesem Fall ergibt sich für den Motorhalter aus Abbildung 9.88 ein Design mit zwei Löchern (Design a in Abbildung 9.89). Das größere Loch ist wohl ohne Probleme umzusetzen, während auf das kleinere Loch wohl besser verzichtet wird, weil dort der Überlapp zwischen beiden Hälften der Gussform nur gering ist und deswegen beim Gießprozess Probleme auftreten können.

Die Strategie für die Bestimmung der Löcher mit einem Designvorschlag zu beginnen und nicht erneut mit dem vollständigen Designraum hat zwei Vorteile. Zuerst ist die Rechenzeit geringer und zum anderen startet man von einem Design, das sich gut umsetzen lässt und nahe am Enddesign liegt. Damit ist die Wahrscheinlichkeit groß, dass man ein Design mit Löchern erhält, das auch nahe am ursprünglichen Designvorschlag liegt und sich deswegen wiederum leicht umsetzen lässt. Es ist bekannt, dass häufig viele lokale Minima bei Topologieoptimierungsproblemen existieren und deswegen der eingeschlagene Optimierungsweg für die Qualität des Ergebnisses von Bedeutung ist. Dass sich wirklich ein anderes Design einstellt, wenn man ohne Wandstärkenrestriktion mit dem vollen Designraum startet, ist in Abbildung 9.89 am Design b), zu sehen. In diesem Fall ist dieses weniger gut zu interpretieren als das Design a). Zusätzlich ist auch noch zum Vergleich das Design gezeigt, das sich mit OptiStruct bei bi-direktionaler Entformungsrichtung ergibt (Design c), und das wiederum anders als die beiden TopShape Designs ist.

Die gute Qualität der Designvorschläge mit Gussteilrestriktionen und deren Nähe am endgültigen Design eröffnen neue Möglichkeiten, die Qualität der ersten Umsetzung zu verbessern. So kann der geglättete Designvorschlag vernetzt und für die benötigten Lastfälle berechnet werden. Durch Vergleich der Spannungen in den einzelnen Bereichen kann auf die notwendige Wandstärke geschlossen werden, für die der Designvorschlag selber meistens nicht fein genug ist. Damit kann direkt in der ersten Umsetzung eine optimale oder optimumsnahe Wandstärkenverteilung eingebracht und der Aufwand für die Feinarbeit verkürzt werden. Die oben geschilderte Vorgehensweise ist bei den Designvorschlägen ohne Gussteilrestriktionen normalerweise wenig sinnvoll, weil der Designvorschlag und die Umsetzung meistens zu weit auseinander liegen.

Eine andere Möglichkeit, mehr Details zu bestimmen, ist die Netzverfeinerung [146]. Dies führt jedoch durch die Erhöhung der Freiheitsgrade zu einer erhöhten Rechenzeit. Dieser Effekt kann durch eine sukzessive Netzverfeinerung abgemildert werden, indem man zuerst mit einem groben Netz die Optimierung beginnt und damit einen Designvorschlag bestimmt. Dann können bis auf eine dünne Schicht an der Oberfläche des Designvorschlags alle Lochelemente gelöscht, die verbleibenden Elemente verfeinert und mit diesem Modell ein Neustart der Optimierung durchgeführt werden (Abbildung 9.90). Die Schicht an Lochelementen soll sicherstellen, dass die Struktur sich auch etwas außerhalb eines Bereichs um den ermittelten Designvorschlags entwickeln kann, der vielleicht mit dem groben Netz nicht genügend gut abgebildet wurde. In dem in Abbildung 9.90 gezeigtem Beispiel erhöhte sich die Anzahl der Freiheitsgrade bei der sukzessiven Netzverfeinerung

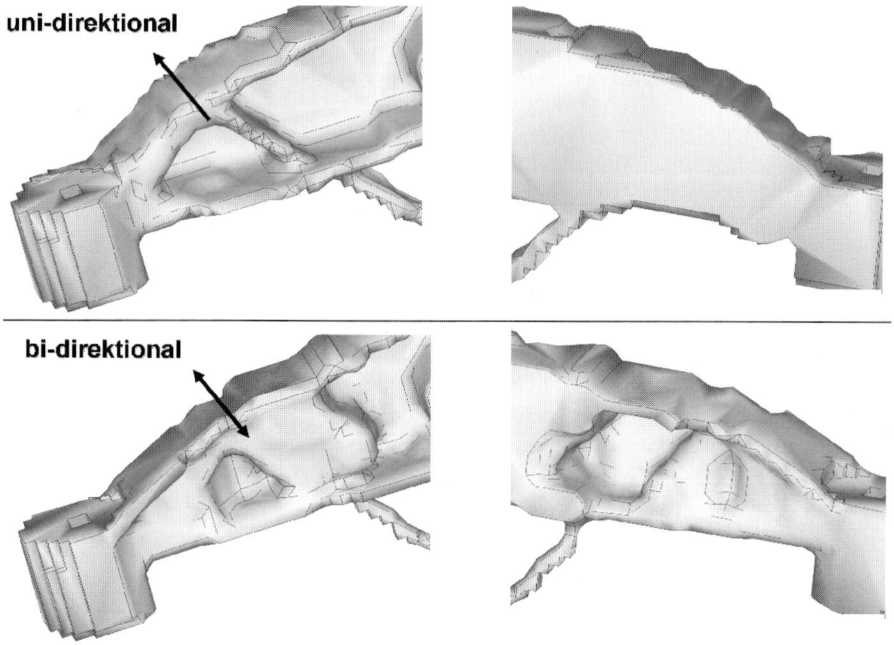

Abb. 9.85 Zwei Ansichten von Ergebnissen mit uni- und bi-direktionaler Entformungsrichtungsrestriktion

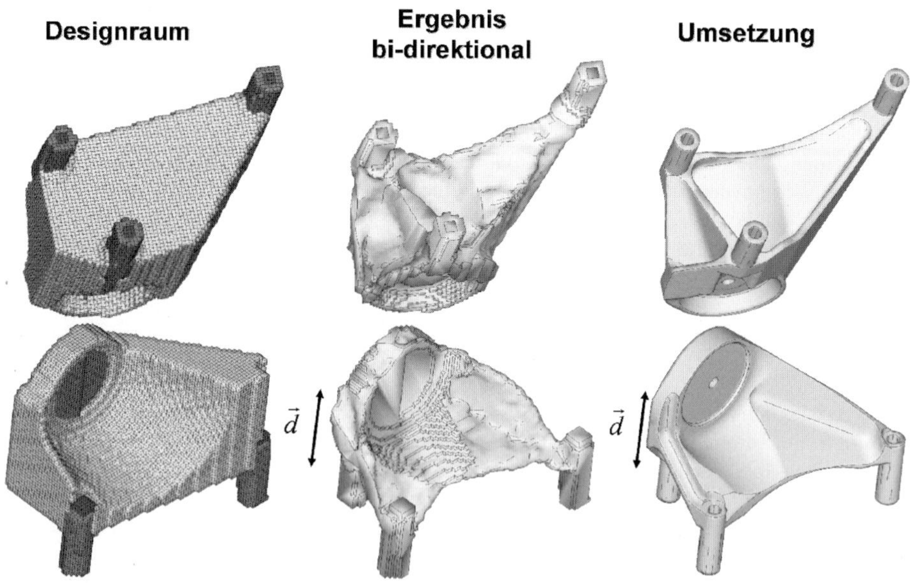

Abb. 9.86 Ein Beispiel, bei dem sich kein „Wanderbodendesign“ bei der bi-direktionalen Entformungsrichtungsrestriktion ausbildet

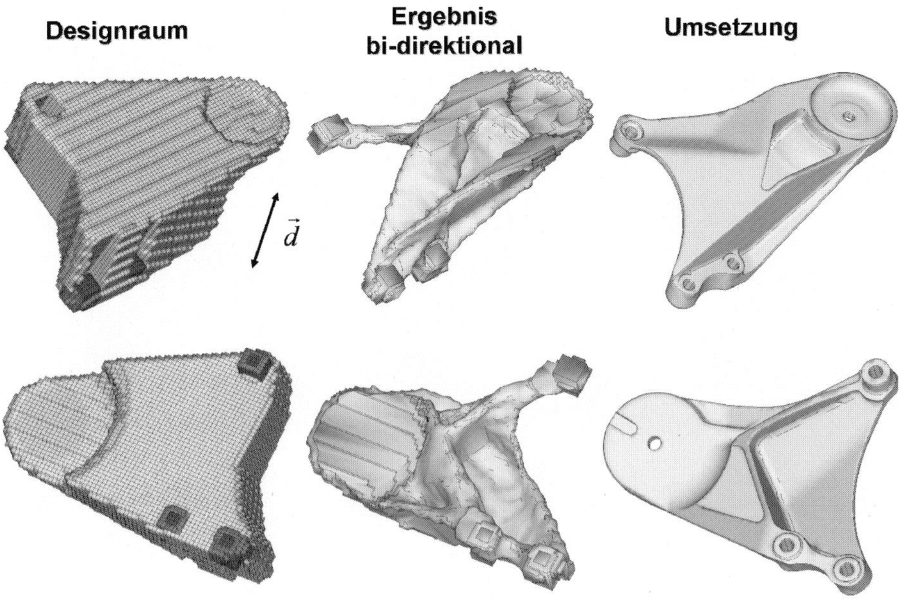

Abb. 9.87 Ein Beispiel, bei dem sich eine Mischform zwischen Rippen und „Wanderbodendesign" bei der bi-direktionalen Entformungsrichtungsrestriktion ausbildet

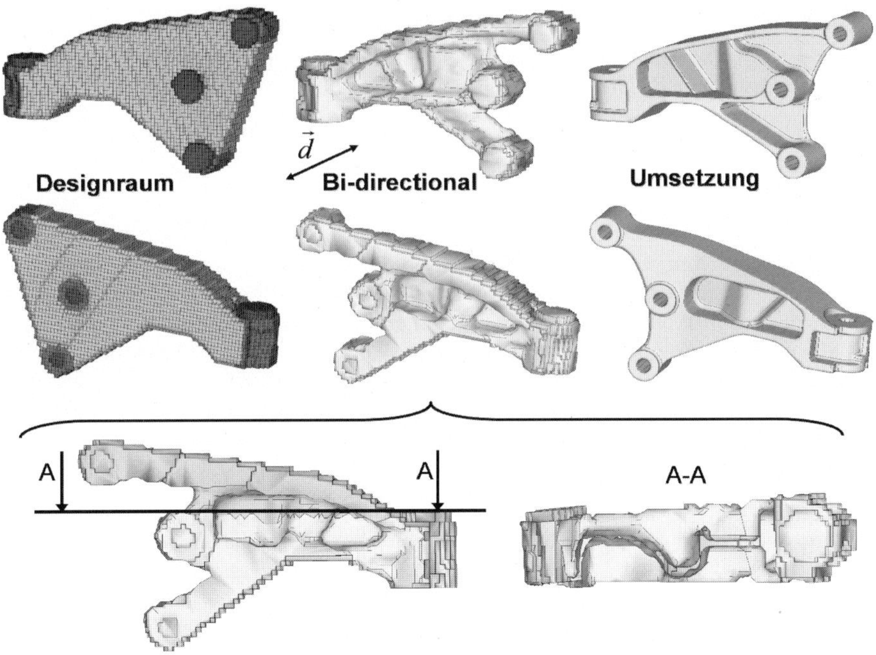

Abb. 9.88 Designraum eines Motorhalters, geglätteter Designvorschlag bei Verwendung der bi-direktionaler Entformungsrichtungsrestriktion mit Darstellung des Querschnitts und der Umsetzung

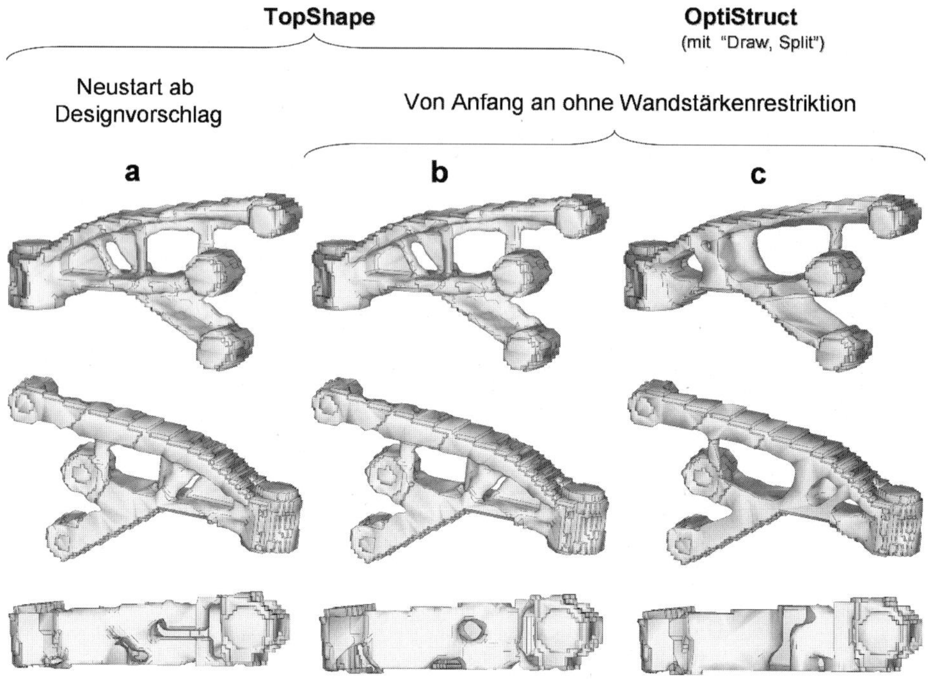

Abb. 9.89 Ergebnisse einer Gussteiloptimierung des Motorhalters aus Abbildung 9.88 für verschiedene Optimierungsstrategien

nur um einen Faktor 3.8, während sich bei der Verfeinerung des gesamten Designraums die Freiheitsgrade um den Faktor 7.3 erhöht hätten.

Abbildung 9.91 zeigt das Ergebnis nach einer solchen Netzverfeinerung, bei der die minimale Wandstärke t_{min} nach der Netzverfeinerung beibehalten wurde. Setzt man die minimale Wandstärke herunter, können Wandstärkenunterschiede aufgelöst werden (Abbildung 9.92). Ob das Ergebnis den Mehraufwand gerechtfertigt. mag jeder Anwender für sich selbst entscheiden.

Zum Abschluss wird ein komplexer Einsatz von Entformungsrichtungen am Beispiel eines Hinterachslenkers demonstriert. Abbildung 9.93 zeigt das bestehende Design des Lenkers. Er war im Bereich zwischen Torsionsprofil und Radträger als Hohlprofil gestaltet, das über einen verlorenen Kern gefertigt wurde. Die Aufgabe bestand darin, das Design für eine reduzierte Belastung umzugestalten und dadurch Gewicht zu sparen. Dabei durfte nur die Wandstärke der Hohlprofils über eine Neugestaltung des verlorenen Kerns und der Bereich um den Radträger modifiziert werden. Für die mit OptiStruct <Altair> durchgeführte Optimierung wurden fünf verschiedene Lastfälle berücksichtigt, deren mittlere Nachgiebigkeiten in der zu minimierenden Zielfunktion als gleich gewichtete Summe eingingen.

Für die Optimierung wurde das Hohlprofil in zwei Bereiche aufgeteilt (Abbildung 9.94). Der äußere Bereich hatte die minimale Wandstärke, die für den Gussprozess zulässig war. Dieser Bereich wurde eingefroren. Der innere Bereich, der eine Aufdickung bis zur maximal zulässigen Wandstärke ermöglichte, wurde als Designraum gewählt. Dabei wurde der Designraum in mehrere Lagen aufgeteilt, um zu gewährleiten, dass der Designvorschlag auch eine brauchbare Information über die optimale Wandstärke liefert. Der Grund dafür war, dass man ohne diese Aufteilung keine Kontrolle darüber hat, wie ein automatischer Vernetzter die Elemente im Designraum generiert. Im

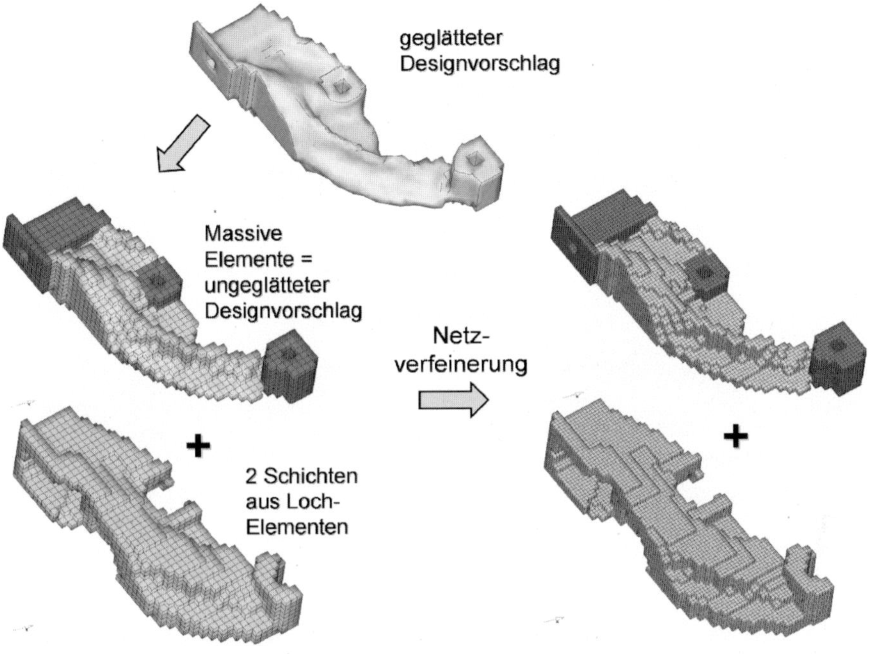

Abb. 9.90 Vorgehensweise bei der Netzverfeinerung

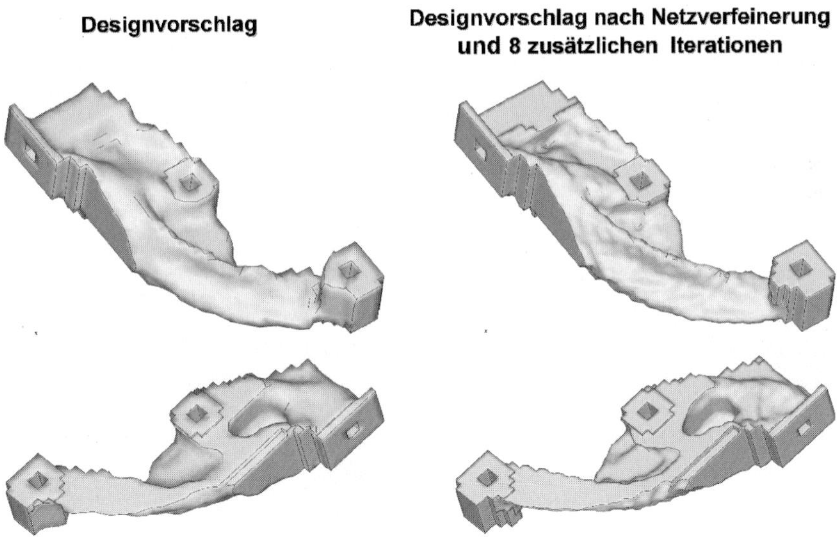

Abb. 9.91 Ergebnis vor und nach der Netzverfeinerung, wobei in beiden Fällen der gleiche Wert für t_{min} bei der Wandstärkenrestriktion verwendet wurde

ungünstigsten Fall kann es dazu kommen, dass Elemente mit Knoten auf der Außen- und Innenwand erzeugt werden und infolge dessen der Designvorschlag keine Information mehr über die optimale Dicke liefern kann. Werden jedoch die einzelnen Lagen individuell vernetzt, ist mindestens eine Wandstärkenauflösung in der Dicke der Lagen gewährleistet.

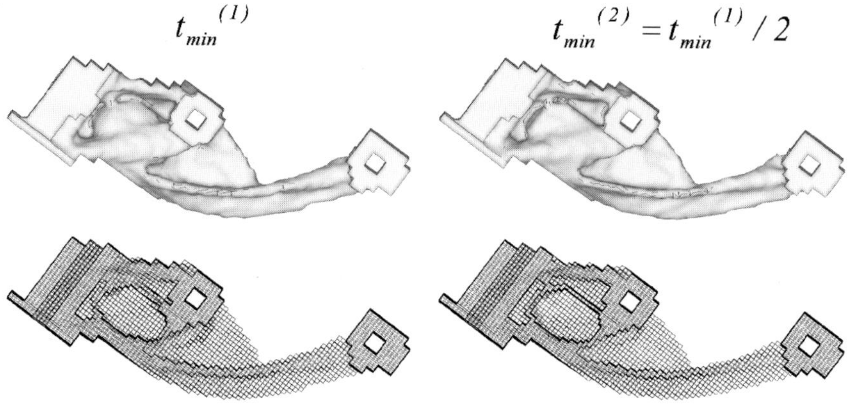

Abb. 9.92 Ergebnisse nach der Netzverfeinerung mit dem gleichen Wert für $t_{\min}^{(1)} = t_{\min}$ wie in Abbildung 9.91 und bei einem halbierten Wert $t_{\min}^{(2)} = t_{\min}/2$

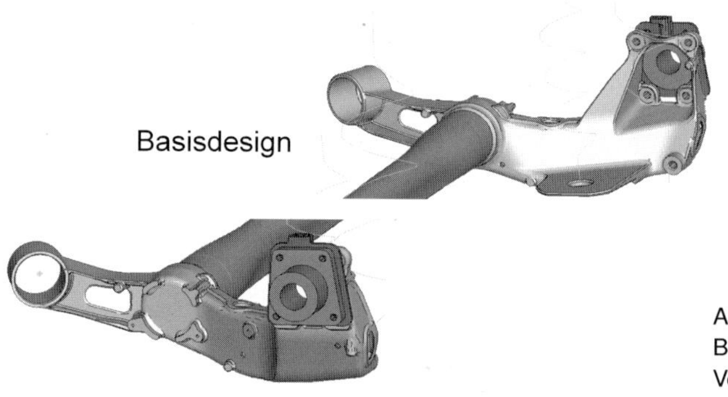

Abb. 9.93 Zwei Ansichten des Basisdesigns eines Lenkers einer Verbundlenker-Hinterachse

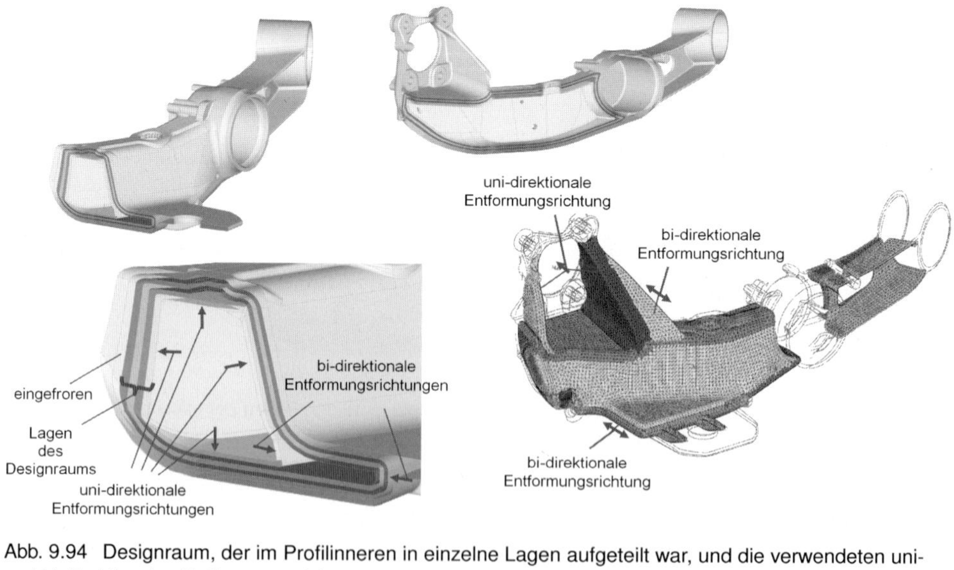

Abb. 9.94 Designraum, der im Profilinneren in einzelne Lagen aufgeteilt war, und die verwendeten uni- und bi-direktionalen Entformungsrichtungen

Wie in Abbildung 9.94 zu sehen ist, wurden im Profil uni-direktionale Entformungsrichtungen von innen nach außen gewählt, um zu gewährleiten, dass man als Designvorschlag nur eine Verdickung der Wand erhält. Lediglich im Bereich um den Federteller und es Radträgers wurde auch bi-direktionale Entformungsrichtungen verwendet.

Die Ergebnisse der Topologieoptimierung und die Umsetzung sind in Abbildung 9.95 bis Abbildung 9.97 dargestellt. Das umgesetzte Design war um 18 % leichter und der Kern des optimierten Designs war einfacher und damit auch kostengünstiger herzustellen.

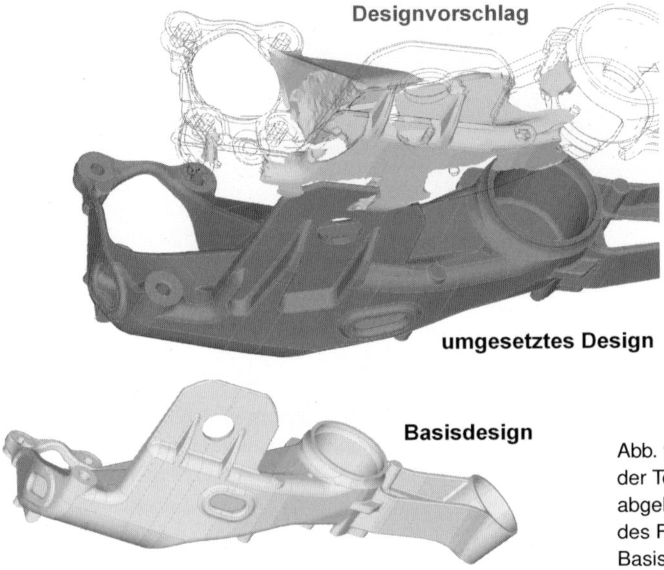

Abb. 9.95 Geglättetes Ergebnis der Topologieoptimierung und das abgeleitete Design im Bereich des Federtellers im Vergleich zum Basisdesign

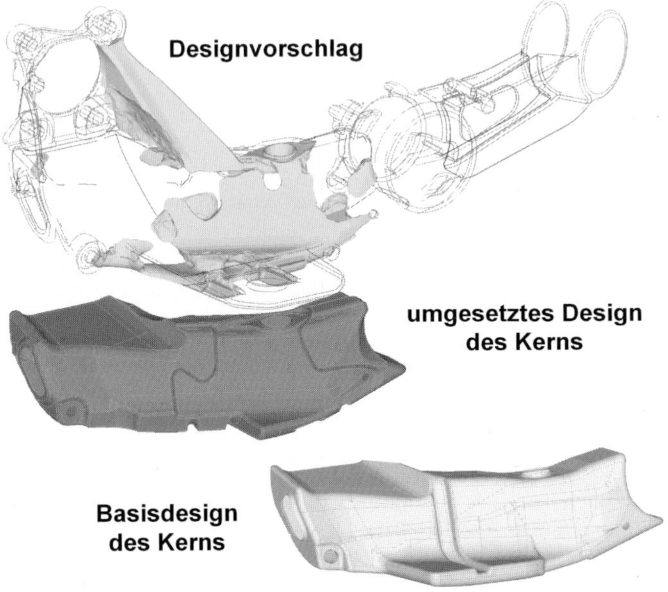

Abb. 9.96 Geglättetes Ergebnis der Topologie-optimierung und das abgeleitete Design für den verlorenen Kern im Vergleich zum Basisdesign

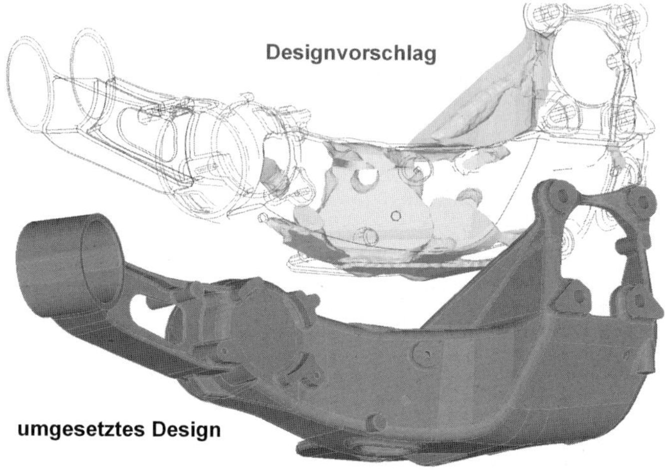

Abb. 9.97 Geglättetes Ergebnis der Topologieoptimierung und das abgeleitete Design im Bereich des Radträgers

9.5.2.4 Topologieoptimierung eines Querträgers

In Abbildung 9.98 ist der vordere Querträger einer Karosserie dargestellt, in dem in der Mitte ein elektrischer Frontsensor untergebracht ist. Um ein problemloses Funktionieren des Sensors zu gewährleisten, muss sichergestellt werden, dass der Pegel der nicht relevanten Schwingungen, wie sie im Normalbetrieb auftreten, nicht zu hoch wird. Nur dann können die Crash-relevanten Signale problemlos diskriminiert werden. Um dies nachzuweisen, wird eine modale Frequenzganganalyse durchgeführt, bei der im relevanten Frequenzbereich in Fahrtrichtung (x-Richtung) eine sinusförmige Anregung

$$F(t) = f \sin(2\pi\nu t) \tag{9.111}$$

mit konstanter Amplitude f auf den Anschraubpunkt des Sensors aufgegeben wird. Ausgewertet wird die Beschleunigung $\ddot{x}$ in x-Richtung im Mittelpunkt des Sensors. Aus dieser wird dann die Inertanz

$$I = \frac{\ddot{x}}{f} \tag{9.112}$$

bestimmt. Die Anforderung lautet, dass die Inertanz über den betrachteten Frequenzbereich unterhalb der in Abbildung 9.99 dargestellten Grenzkurve liegen soll. Wie dort zu erkennen ist, erfüllte das Basisdesign diese Anforderung nicht, obwohl bereits eine Strebe zur Verbesserung eingebaut worden war (Abbildung 9.98). Vor dem Einbau der Strebe, verletzte Spitze I (siehe Abbildung 9.99 und Abbildung 9.100) die Anforderung. Die dazugehörige Eigenform, bei dem der Querträger nach vorne und hinten kippt, wurde durch den Einbau der Strebe jedoch so stark verbessert, dass die Spitze unterhalb der Grenzkurve sank. Für die Eigenformen II und III, bei denen die Hauptanregung eine Torsion des Querträgers war, wirkte sich die Strebe dagegen kaum aus, sodass in diesem Bereich die Anforderung weiterhin verletzt war.

Da befürchtet wurde, dass die Strebe in einigen Crash-Lastfällen zu unerwünschten Lastpfaden und damit zu Problemen führt, war es das Ziel, mithilfe der Topologieoptimierung ein Design ohne Strebe zu finden, das die Anforderungen erfüllte. Da es sich um einen dynamischen Lastfall handelte, wurde im ersten Schritt eine Optimierung bezüglich der Eigenfrequenzen durchgeführt, weil erwartet wurde, dass sich das Verhalten der Inertanz verbessert wenn die unteren Frequenzen nach oben geschoben werden. Weiterhin konnte bei dieser Gelegenheit überprüft werden, ob das in Abschnitt 9.1.2.2.2 geschilderte Modellierungsproblem auftrat oder nicht.

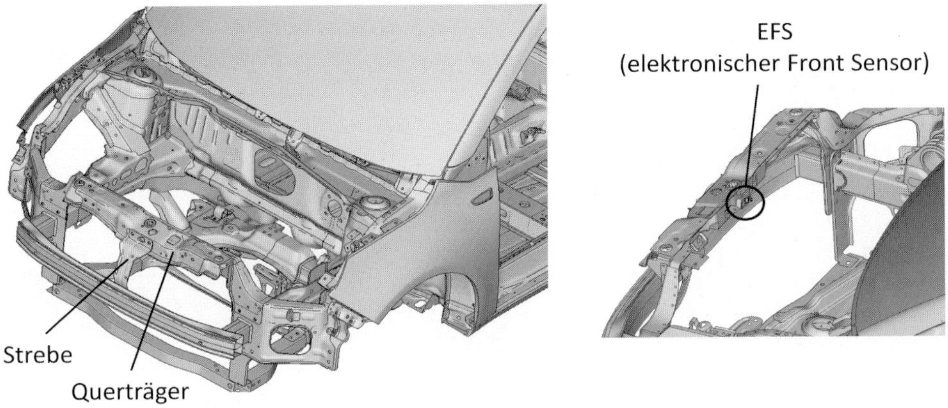

Abb. 9.98 Querträger mit Strebe und Sensor

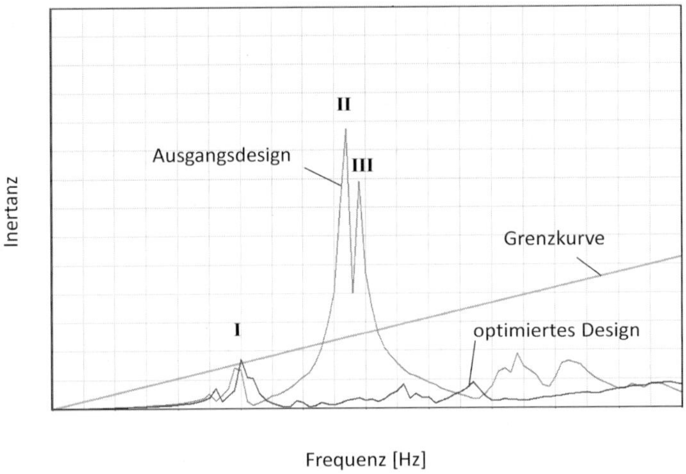

Abb. 9.99 Verlauf der Grenzkurve und der Inertanz für das Ausgangs- und das optimierte Design mit Bezeichnung der drei dominanten Spitzen

Der verfügbare Designraum ist in Abbildung 9.101 dargestellt. Die Bereiche um das Schloss und um den Sensor wurden „eingefrorenen". Die Absicht war, die Frequenz der Eigenformen, die den Spitzen *I*, *II* und *III* entsprechen, anzuheben. Da jedoch, wie in Abschnitt 9.1.2.2 erläutert, bei der Topologieoptimierung ein Mode-Tracking nicht sinnvoll ist, wurden die ersten sechs Frequenzen, in denen die erwünschten Frequenzen enthalten waren, mithilfe der reziproken Formulierung nach oben geschoben. Das Optimierungsproblem lautete somit:

$$\min \sum_{i=1}^{6} \frac{1}{v_i}, \tag{9.113}$$

sodass

$$\lambda \leqq 0{,}2$$

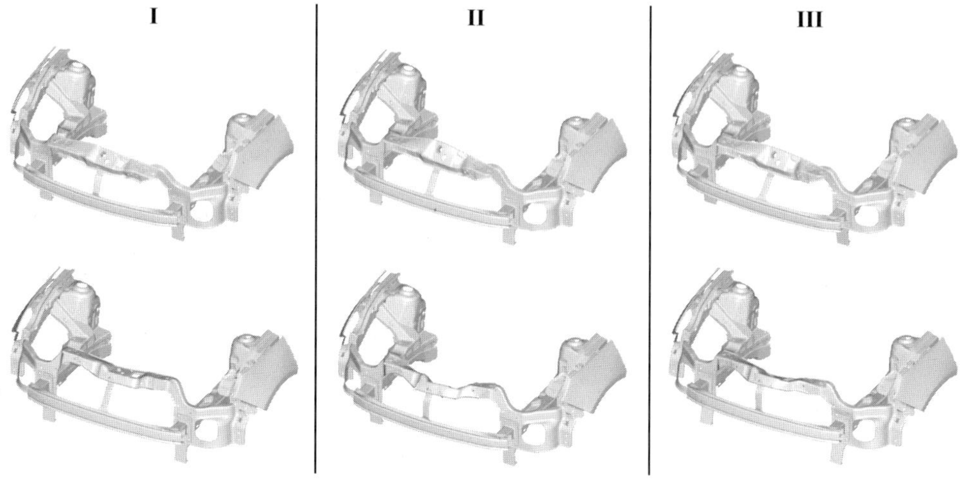

Abb. 9.100 Die drei Eigenformen, die den drei Spitzen in Abbildung 9.99 entsprechen

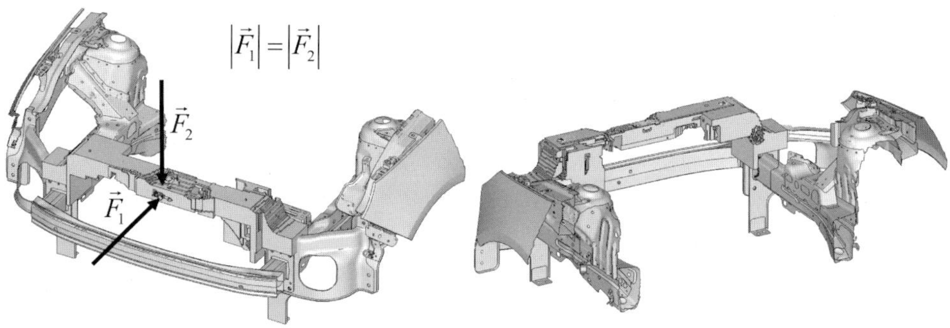

Abb. 9.101 Designraum für die Topologieoptimierung mit den beiden verwendeten Lasten für die zweite Topologieoptimierung bezüglich Steifigkeit

Das Ergebnis für den verwendeten Füllgrad von 0,2 zeigte, dass das Modell die in Abschnitt 9.1.2.2.2 besprochene Modellierungsschwäche aufwies und somit nicht verwendet werden konnte. So lagen zwar im relevanten Frequenzbereich keine künstlichen Eigenformen vor, aber die beiden anderen Kriterien ließen sich hier anwenden. So wurde in der Optimierung der maximale mögliche Füllgrad von $\lambda = 0{,}2$ nicht ausgenutzt. Vielmehr stellte sich im Optimum ein Füllgrad von $\lambda = 0{,}187$ ein. Weiterhin zeigte sich in der Dichteverteilung, welche in Abbildung 9.102 dargestellt ist, dass im Designvorschlag fast ausschließlich nur Dichten unterhalb von 0,3 vorhanden waren. Der Massenanteil der „eingefrorenen" Schloss- und Sensorbereiche war offenbar zu gering, um die Modellierungsschwäche zu beheben. Diese Vermutung wurde bestätigt durch die Tatsache, dass man das gleiche Ergebnis erhielt, wenn man die „eingefrorenen" Bereiche entfernte. Es machte somit keinen Sinn, die Strukturen mit geringer Dichte physikalisch umzusetzen.

Basierend auf dem oben erläuterten Ergebnis wurde das Ergebnis der frequenzbasierten Optimierung verworfen und auch von einer Optimierung basierend auf einer modalen Frequenzganganalyse abgesehen. Stattdessen wurden zwei statische Ersatzlastfälle bestimmt, welche zu ähnlichen Verschiebungsfeldern führten wie die interessierenden Eigenformen (Abbildung 9.101). Beim ersten Lastfall mit der Last $\vec{F}_1$ wurde auf dem Anschraubpunkt des Sensors eine Einheitslast entgegen der Fahrtrichtung aufgebracht. Dieser Lastfall sollte die „Kipp"-Eigenform repräsentieren,

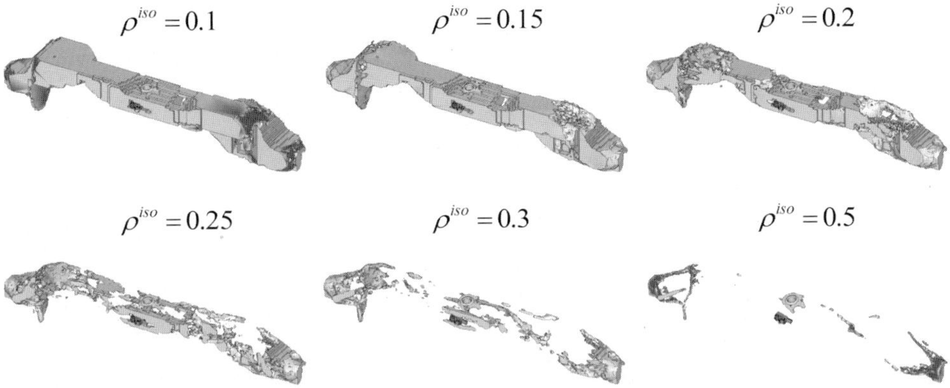

Abb. 9.102 Dichteverteilung des Designvorschlags von der Frequenzoptimierung mit $\lambda \leqq 0{,}2$. Dargestellt sind Isoflächen für verschiedene Dichtewerte ρ^{iso}

welche der Spitze I entsprach. Die vertikale Einheitskraft $\overrightarrow{F_2}$ im zweiten Lastfall wirkte nicht mittig auf den Querträger, sondern war etwas in Fahrtrichtung verschoben. Sie sollte die beiden „Torsions"-Eigenformen repräsentieren, die den Spitzen II und III entsprachen. Als Zielfunktion wurde die Summe der mittleren Nachgiebigkeiten C_1 und C_2 aus beiden Lastfällen verwendet. Das Optimierungsproblem lautete somit:

$$\min\left(C_1 + C_2\right), \tag{9.114}$$

sodass

$$\lambda \leqq 0{,}2$$

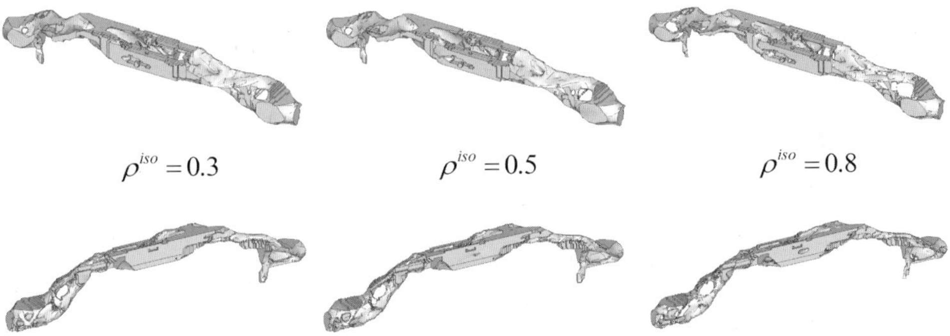

Abb. 9.103 Dichteverteilung des Designvorschlags aus der Steifigkeitsoptimierung mit verschiedenen Dichtewerten für die dargestellten Isoflächen

Das Ergebnis der Optimierung ist in Abbildung 9.103 dargestellt. Hier zeigte sich, dass – wie erwünscht – der Designvorschlag im Wesentlichen aus massiven Elementen mit einer Dichte $\rho >$ 0,8 bestand. Es wurden auch weitere Optimierungsläufe mit verschiedenen Fertigungsrestriktionen durchgeführt, welche jedoch Designvorschläge ergaben, die weniger erfolgversprechend aussahen. Somit wurde das in Abbildung 9.103 gezeigte Ergebnis ohne Fertigungsrestriktionen verwendet.

In Abbildung 9.104 ist die Umsetzung gezeigt. Hier wurde der Designvorschlag so interpretiert, dass der Mittelbereich des Querträgers als geschlossenes Profil ausgeführt werden sollte. Weiterhin wurden Details des Designvorschlags dazu verwendet, um Hinweise zu bekommen, wie der Mittelbereich seitlich angebunden werden sollte. Abgewichen wurde bei dem Verlauf der seitlichen

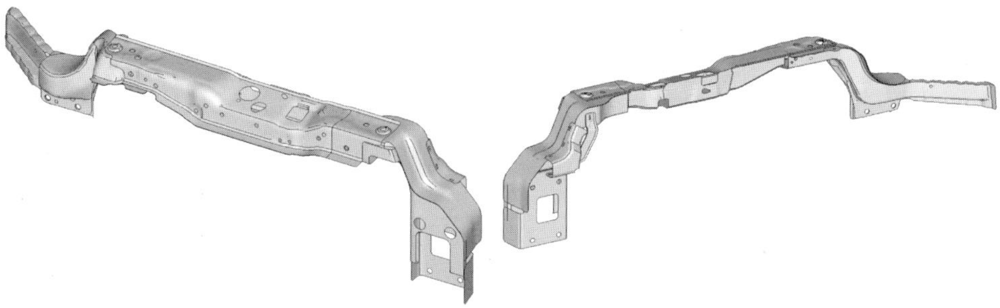

Abb. 9.104 Umsetzung des Designvorschlags aus Abbildung 9.103

Anbindungen, welche im Designvorschlag schon frühzeitig diagonal nach außen abfallen, in der Umsetzung dagegen noch über einen größeren Bereich in Höhe des Mittelteils verliefen. Der Grund dafür war, dass in diesem Bereich die Anschlagspuffer für die Haube angebracht wurden. Am Ende musste wie immer überprüft werden, ob die abgeleitete Konstruktion wirklich die Anforderungen erfüllte. Die Auswertung der modalen Frequenzganganalyse zeigte (Abbildung 9.99), dass die getroffen Maßnahme erfolgreich waren und dass man ein Design gefunden hatte, das ohne Strebe auskommt.

9.5.2.5 Topologieoptimierung eines Hinterwagens

Eine besondere Herausforderung ist die Designfindung von Blechstrukturen mithilfe der Topologieoptimierung. Während ein Designvorschlag für ein Gussbauteil unter Verwendung von Fertigungsrestriktionen häufig schon nahe am Enddesign liegt und dadurch eine Interpretation und Umsetzung sehr erleichtert wird, liefert eine Topologieoptimierung für ein Blechbauteil keinen fertigungsnahen Designvorschlag. Hier zeigt der Designvorschlag wirklich nur den Kraftfluss an und der Anwender muss aufgrund seiner Erfahrung und seines Expertenwissen entscheiden, ob er beispielsweise eine Kreuzstruktur im Designvorschlag als Schubfläche oder über gekreuzte Profile umsetzt.

In Abbildung 9.105 ist der Designraum für die Optimierung eines Hinterwagens gezeigt. Dieser wurde über RBE3-Element an die vordere Struktur angebunden. Die Aufgabe war, eine optimale

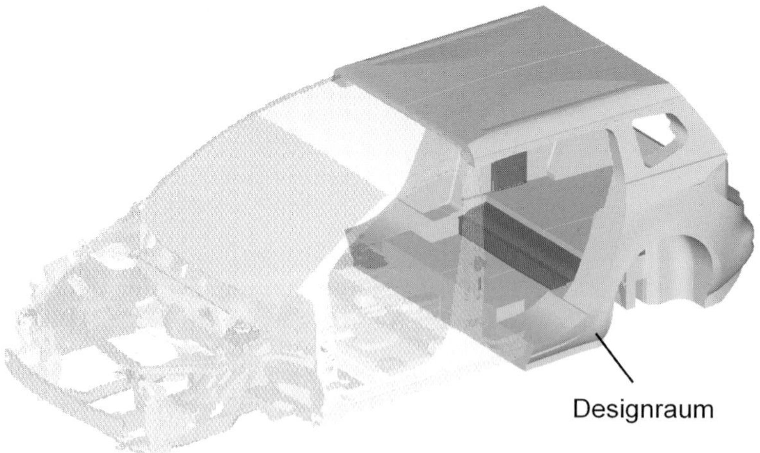

Abb. 9.105 Designraum zur Ermittelung einer optimalen Hinterwagenstruktur

Blechkonstruktion für den Hinterwagen zu finden. Dabei wurden sowohl globale und lokale Steifigkeiten als auch Crash-Anforderungen berücksichtigt. Letztere wurde über lineare Ersatzlastfälle in die Optimierung eingebracht. Das Ergebnis der Topologieoptimierung und die Umsetzung in eine fertigbare Blechkonstruktion ist in Abbildung 9.106 gezeigt.

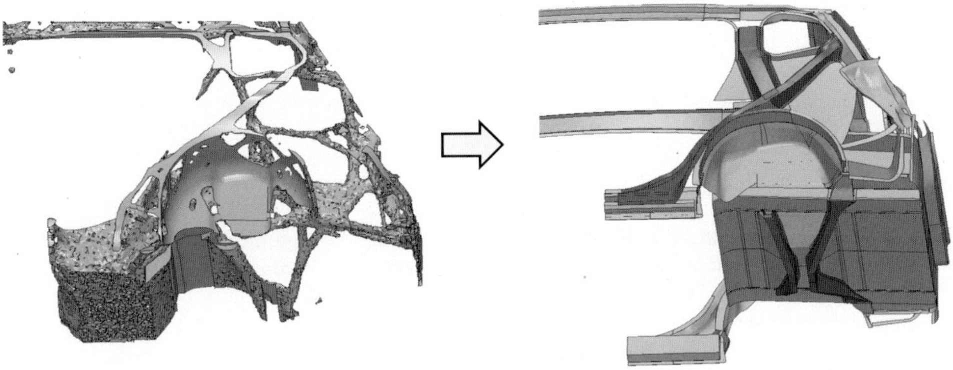

Abb. 9.106 Designvorschlag und abgeleitete Hinterwagenstruktur

9.5.2.6 Designerstuhl

Bei dem hier vorgestellten Anwendungsbeispiel handelt es sich um eine Kooperation zwischen der Firma Opel und dem Joris Laarman Studio aus Rotterdam. Ziel war es mithilfe von SKO einen biologisch gewachsenen Stuhl zu gestalten. Ausgangspunkt war der in Abbildung 9.107

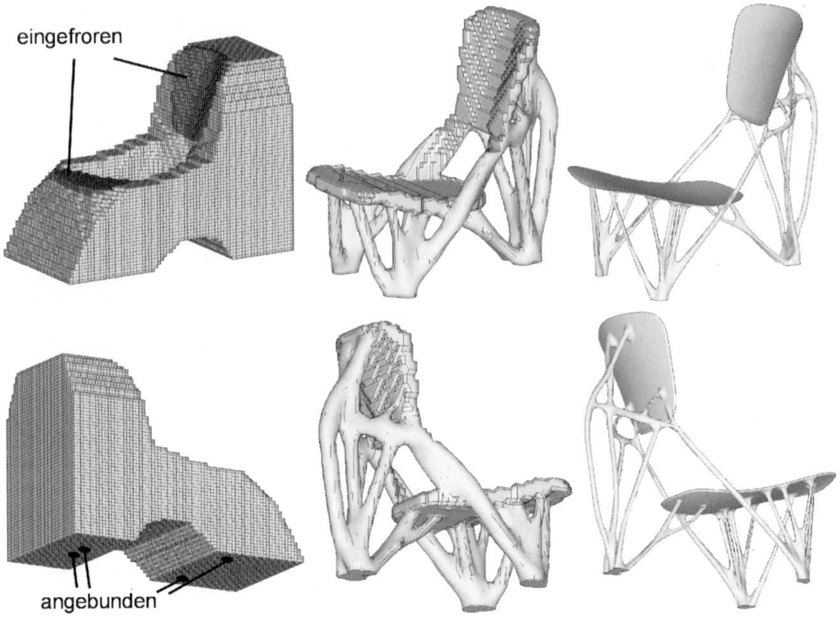

Abb. 9.107 Zwei Ansichten des Designraums, des Optimierungsergebnisses aus der SKO-Simulation und der Umsetzung

dargestellte Designraum. Die Lage der Aufstandsfläche der Stuhlbeine wurde vorgegeben und dort das Model angebunden. Die Sitzfläche und die Rückenlehne wurden eingefroren. Insgesamt wurden 9 Lastfälle berücksichtigt, in denen neben dem Lastfall „Sitzen“ und „Anlehnen“ auch verschiedene Missbrauchslastfälle enthalten waren. Da es lediglich das Ziel war, die Struktur der Verstrebung zu ermitteln und nicht die Optimierung bis zur Originalgröße der Streben durchzuführen, konnte ein relativ grobes Netz verwendet werden. Das Ergebnis ist in Abbildung 9.107 dargestellt. Bei der Umsetzung wurden die Strebendurchmesser nach den zu erwartenden realen Lasten ausgelegt, sodass sich im Vergleich zum Designvorschlag eine filigrane Struktur ergab, die aber die Struktur der Verstrebung im Designvorschlag wiedergibt. Der Stuhl wurde dann als aus einem Stück gegossenes Gussteil aus Aluminium realisiert.

9.5.2.7 Optimierung von Schweißpunkten

Eine mögliche Anwendung für die Topologieoptimierung ist die Optimierung von Schweißpunkten. Dies soll im Folgenden für eine ACM2-Schweißpunktmodellierung beschrieben werden, bei ein Schweißpunkt als ein Hexaeder-Element dargestellt wird, das über RBE3-Elemente mit den Schalenelementen der zu verschweißenden Teile verbunden ist (Abbildung 9.108). Die typische Aufgabenstellung einer Schweißpunktoptimierung lautet, entweder Schweißpunkte zu entfernen oder bei gleich bleibender Anzahl von Schweißpunkten eine bessere Anordnung zu finden. Dazu werden im ersten Schritt in ein bestehendes Design so viel zusätzliche Schweißpunkte wie möglich eingebracht, ohne dass der minimal zulässige Abstand zwischen zwei Schweißpunkten unterschritten wird. Die Hexaeder-Elemente aller Schweißpunkte werden dann als Designraum für die Topologieoptimierung verwendet. Das Ergebnis der Topologieoptimierung ist jedoch nur dann brauchbar, wenn es einen „0-1“ Designvorschlag liefert. In diesem Fall können die Schweißpunkte mit den minimalen Dichten entfernt und die mit maximaler Dichte beibehalten werden. Dass sich ein solches diskretes Ergebnis jedoch nicht immer einstellt, zeigt das Beispiel des in Abbildung 9.109 dargestellten Hutprofils mit 24 Schweißpunkten, das an einer Seite fest angebunden und auf der gegenüberliegenden Seite auf Torsion belastet ist. Hier konnten nochmals die gleiche Anzahl von Schweißpunkten zusätzlich erzeugt werden, sodass sich insgesamt eine Anzahl von 48 Schweißpunkten für die Topologieoptimierung ergab. Das Ziel war, die mittlere Nachgiebigkeit C zu minimieren, sodass das Optimierungsproblem lautete:

$$\min C,$$

sodass

$$\upsilon \leqq 0{,}5.$$

Für den gewählten Füllgrad von 0,5 erhält man nach der Optimierung bei einem „0-1“ Design wieder ein Design mit 24 Schweißpunkten, von dem jedoch erwartet wird, dass es eine höhere Steifigkeit aufweist als das Ausgangsdesign. Ein solches diskretes Ergebnis stellt sich jedoch in diesem Fall nicht ein. Man erhält vielmehr, wie in Abbildung 9.110 gezeigt, eine Dichteverteilung, bei dem fast alle Schweißpunkt-Hexaeder eine mittlere Dichte aufweisen.

Eine mögliche Gegenmaßnahme besteht darin, die mittleren Dichten zu bestrafen, indem man den Exponenten p aus dem SIMP-Ansatz erhöht. In diesem Fall erhält man für $p = 11$ das erste diskrete Design. Jedoch zeigt Abbildung 9.110, dass sich die optimierte mittlere Nachgiebigkeit C^* für Werte oberhalb von $p > 5$ mit steigendem p erhöht und sich damit die Steifigkeit verschlechtert. Zusätzlich zeigt sich, dass das einfache Anfangsdesign mit den 24 Schweißpunkten eine bessere mittlere Nachgiebigkeit aufweist als alle Ergebnisse, die zu verschiedenen p-Werten in der Topologieoptimierung gefunden werden. Dabei liegt dieses Design im Designraum und wäre prinzipiell für den Optimierer erreichbar gewesen. Eine mögliche Interpretation dieses unbefriedigenden Ergebnisses ist, dass das Optimierungsproblem eine große Anzahl von lokalen Minima aufweist und dass sich mit steigendem p die Anzahl und die Tiefe dieser Minima erhöht und damit auch die

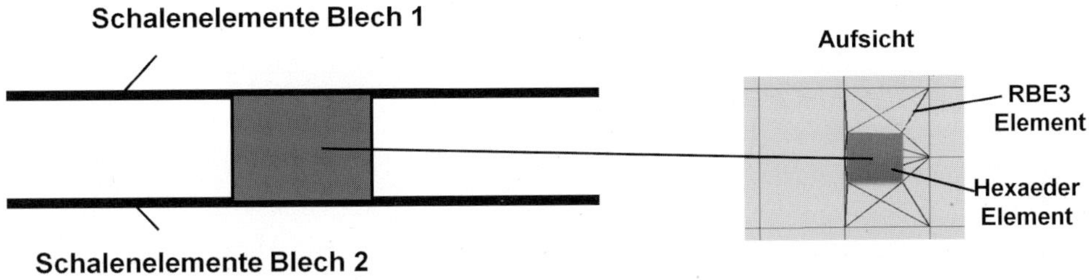

Abb. 9.108 ACM2-Schweißpunkt, bei dem der Schweißpunkt über ein Hexaeder-Element modelliert wird, das über RBE3-Elementen mit den Knoten des oberen und unteren Blechbauteils verbunden wird

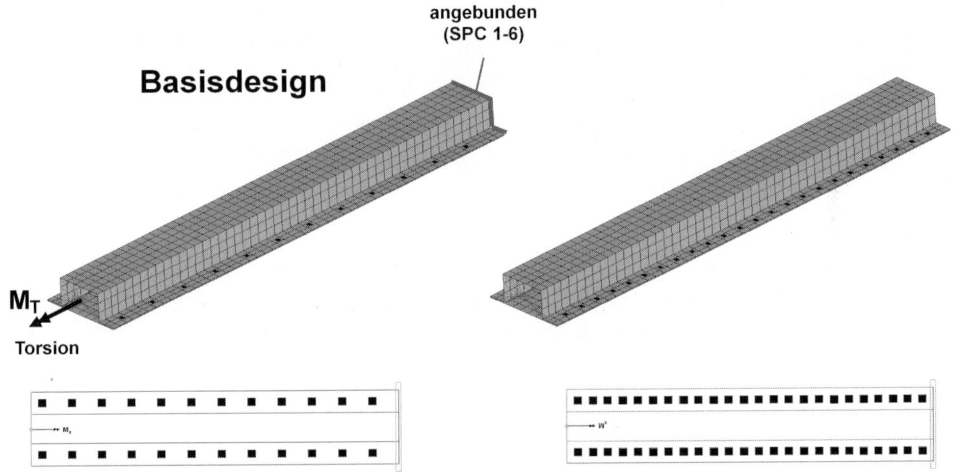

Abb. 9.109 Basisdesign (links) des auf Torsion belasteten Hutprofils mit 24 Schweißpunkten und das Profil mit 24 ergänzten Schweißpunkten für die Topologieoptimierung (rechts)

Wahrscheinlichkeit in einem solchen lokalen Minima zu enden. Neben dem Parameter p kann man auch andere Optimierungsparameter variieren, um ein diskretes Ergebnis zu erzwingen. Im Fall des Hutprofils ist es auf diese Weise möglich, ein Design zu erhalten, dass näherungsweise dem Basisdesign entspricht [320].

Das oben gezeigte Negativbeispiel heißt natürlich nicht, dass die Topologieoptimierung generell für die Schweißpunktoptimierung ungeeignet ist, sondern lediglich, dass die Anwendung mit Schwierigkeiten verbunden sein kann. Man kann somit folgende Optimierungsstrategie verfolgen:

- Man führt nach Erzeugung der zusätzlichen Schweißpunkte eine Topologieoptimierung durch.
- Wenn das Ergebnis diskret und besser als das Ausgangsdesign ist, wird das Ergebnis übernommen.
- Wenn das Ergebnis nicht diskret ist, kann versucht werden durch Variation der Optimierungsparameter eine diskretes Ergebnis zu erzwingen. Dabei sollte der Exponent p nicht über $p > 5$ erhöht werden.
- Erhält man daraufhin ein diskretes Ergebnis, das besser als das Ausgangsdesign ist, wird das Ergebnis übernommen.

Ein weitere Umstand, der die Schweißpunktoptimierung erschweren kann, ist das „Nullstab"-Problem, das aus der Optimierung von Fachwerken her bekannt ist. Dort kommt der Fall vor, dass

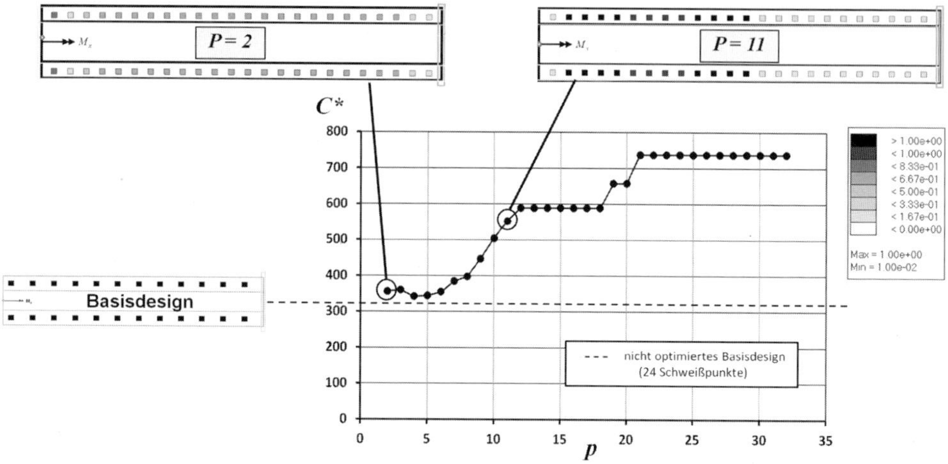

Abb. 9.110 Resultierende Dichteverteilung aus der Topologieoptimierung für $p = 2$ und $p = 11$ und Abhängigkeit der optimierten mittleren Nachgiebigkeit C^* als Funktion von p im Vergleich zum Basisdesign

ein oder mehrere Stäbe nur einen sehr geringen Querschnitt aufweisen und nur sehr geringe Last tragen. Wird ein solcher Nullstab entfernt, können schon kleine Schwankungen in der Belastung zu einer großen Verschlechterung der Struktur und im schlimmsten Fall sogar zum Versagen führen. Es ist nicht auszuschließen, dass ein vergleichbares Phänomen auch bei Schweißpunkten mit geringer Dichte auftritt.

Ein generelles Problem der Topologieoptimierung von Schweißpunkten ist, dass die Schweißpunkte einer Karosserie Einfluss auf eine Vielzahl von Eigenschaften haben, wie beispielsweise Steifigkeit, Festigkeit, Dynamik, Akustik und Crash. Es ist aber bis jetzt nicht möglich, alle diese Aspekte in einer Topologieoptimierung zu berücksichtigen. Wird aber ein Anforderungsbereich bei der Optimierung ausgelassen, ist zu befürchten, dass die optimierte Schweißpunktanordnung gerade für diesen ausgesparten Bereich extrem ungünstig ist. Der Benutzer muss also vor der Optimierung abwägen, wie groß diese Gefahr bei einer konkreten Anwendung einzuschätzen ist. Bei den kommerziellen Produkten ist die Auswahl zurzeit ziemlich eingeschränkt, weil bei den meisten nur Steifigkeit oder Frequenzen maximiert werden können. Darüber hinaus kann eine Maximierung der Lebensdauer nur mit TOSCA <Dassault> [129], [162] oder mit Eigenentwicklungen [320] durchgeführt werden.

Da es sich bei der Schweißpunktoptimierung um ein diskretes Optimierungsproblem handelt, ist als Alternative zur Topologieoptimierung der Einsatz eines diskreten Optimierungsalgorithmus denkbar, wie beispielsweise eines genetischen Algorithmus [53], [54]. Hier können alle Anwendungsbereiche berücksichtigt werden, sodass hier nur die Rechenzeit ein Problem darstellt.

9.5.3 Weitere Anwendungsbereiche

Die oben gezeigten Anwendungen beschränken sich nur auf Bereiche, bei denen es um Festigkeit, Steifigkeit und Dynamik von Strukturen geht. Dabei wurde die Festigkeit nur indirekt über die Spannungen berücksichtigt. Es ist jedoch auch möglich die Lebensdauer direkt als Zielgröße in die Optimierung einfließen zu lassen, wie dies bei TOSCA <Dassault> sowohl bei der Form- als auch der Topologieoptimierung umgesetzt wurde [129], [162]. Generell ist es möglich, sowohl CAO als auch SKO für diesen Anwendungsbereich zu erweitern, indem im Algorithmus statt der Spannung die Lebensdauer verwendet wird [320].

Die Möglichkeiten der Topologieoptimierung gehen jedoch über die oben genannten Anwendungen heraus und man kann davon ausgehen, dass einige von ihnen in Zukunft genauso standardmäßig angewendet werden, wie das bei den obigen Beispielen heute der Fall ist. In [39] ist ein Überblick über die heute bekannten Anwendungsmöglichkeiten gegeben, von denen hier eine Auswahl vorgestellt wird.

Eine Anwendungsmöglichkeit besteht in der Optimierung von nachgiebigen Mechanismen (Compliant Mechanism). Dort wird die Beweglichkeit nicht über Gelenke, sondern durch eine gezielte Schwächung der mechanischen Struktur an den Stellen erreicht, welche die Gelenkfunktion übernehmen sollen. Mithilfe der Topologieoptimierung kann die optimale Struktur solcher nachgiebigen Mechanismen bestimmt werden. Beispiele sind ein Bewegungsumkehrer, für den bei aufgebrachter Krafteinleitung auf der einen Seite der Struktur, die resultierende Verschiebung in entgegengesetzter Richtung auf der gegenüberliegen Seite maximiert wird, oder ein Mikrogreifer, bei dem sich die Greifbacken parallel schließen sollen. Weiterhin gibt es Anwendungsbeispiele mit thermischen Aktuatoren. Es zeigt sich, dass bei der Optimierung von nachgiebigen Mechanismen keine lineare Analyse zugrunde gelegt werden sollte, sondern eine geometrisch nichtlineare Analyse erforderlich ist. Der Grund dafür ist, dass Strukturen, die auf Basis von einer linearen Analyse optimiert wurden, häufig unbrauchbar sind, weil sich bei etwas größeren Verschiebungen eine Anordnung einstellt, bei der der Mechanismus blockiert (Locking Effect).

Die Optimierung von Mikrostrukturen und Verbundwerkstoffen ist eine nahe liegende Anwendung der Topologieoptimierung. Als 2-dimensionales Beispiel ist in Abbildung 9.111 eine Mikrostruktur mit negativer Querkontraktionszahl zu sehen, die sich aus einer Topologieoptimierung ergab bei der die Querkontraktionszahl minimiert wurde.

Abb. 9.111 Schematische Darstellung einer Mikrostruktur mit negativer Querkontraktionszahl, die sich als Ergebnis einer Topologieoptimierung ergab

Interessante Anwendungen gibt es auch im Bereich der Wellenausbreitung. Dabei kann es sich um elastische, akustische oder elektromagnetische Wellen handeln. Die Ausbreitung von Wellen kann durch periodische Strukturen blockiert werden, wobei dieses Phänomen frequenzabhängig ist. Dadurch entstehen Lücken im Frequenzband, wenn eine Welle durch eine solche periodische Struktur hindurchläuft. Die Aufgabe besteht nun darin, mithilfe der Topologieoptimierung die periodischen Strukturen zu finden, die erwünschten Filtereigenschaften aufweisen. Anwendungsbeispiele dazu sind Lichtumlenker oder Frequenzfilter.

In [39] ist auch eine Anwendung aus dem Crash-Bereich beschrieben, bei der eine Frontstruktur eines Fahrzeugs optimiert wurde, mit dem Ziel, möglichst gut eine vorgegebene Beschleunigung zu erreichen. Die Frontstruktur wurde dabei mithilfe von elastischen Stäben modelliert. Da dies nur eine sehr grobe Annäherung an eine realistische Frontstruktur darstellt, ist es zweifelhaft, ob die Ergebnisse einer solchen Optimierung in der Praxis verwendbar sind. Generell ist es eher unwahrscheinlich, dass die Topologieoptimierung im Bereich Crash jemals einen standardmäßigen Anwendungsbereich findet. Der Grund dafür ist, dass es sich um ein System handelt, das chaotische Bereiche aufweist und dort schon kleine Änderungen zu einen gänzlich anderen Verhalten führen oder zu einem Springen des Systems in einen anderen Zustand (Bifurkation). Da aber gerade in solchen Bereichen das System sensibel auf Details reagiert, ist dort der Erfolg einer Topologieoptimierung sehr unwahrscheinlich, weil bei dieser, zumindest bei dem heutigen Stand, solche Details nicht abgebildet werden können.

Anders sieht es bei dem Bereich Strömung [13], [46], [189], [205], [263], [270], [350] aus, in dem mit dem Programm TOSCA.fluid <Dassault>, dem ersten Topologieoptimierungsprogramm für geführte Strömungen, die Kommerzialisierung dieses Optimierungstyps begonnen hat. Die Aufgabe besteht hier darin, die optimale Form eines Strömungskanals für eine geführte Strömung zu finden, um den Druckverlust zu minimieren oder eine möglichst gleichmäßige Geschwindigkeitsverteilung über einen Querschnitt zu erhalten. Verwendet wird dabei ein empirisches Verfahren, bei dem man sich am Verlauf von Flüssen orientiert. Dort scheint sich ein optimaler Verlauf des Flussbetts einzustellen, indem die Bereiche versanden, die durch Rückströmung die Hauptströmung behindern. Entsprechend lässt man auch in dem abgeleiteten Algorithmus über die Topologieoptimierung solche Bereiche „versanden“. Da die Wandreibung nicht berücksichtigt wird, kann man nur dann brauchbare Ergebnisse erwarten, wenn der Druckverlust durch die Ablösung der Strömung dominant bestimmt wird. Für viele Anwendungen ist dies jedoch der Fall. Interessanterweise scheint es neben diesem empirischen Zugang wieder einen zweiten Zugang zu geben, bei dem die gradientenbasierte Algorithmen Verwendung finden.

10 Globale Optimierungsverfahren

Die bisher vorgestellten Optimierungsalgorithmen zählen zu der Klasse der lokalen Optimierungsverfahren. Das bedeutet, dass sie in der Lage sind, irgendein Optimum schnell und effektiv zu bestimmen. Da sie sich vom Startpunkt aus abwärts bewegen, wird dies immer das am nächsten gelegene Optimum sein und es bleibt offen, ob es sich um ein lokales oder ein globales Optimum handelt. Die Zielrichtung der globalen Optimierungsverfahren ist dagegen, das globale Optimum zu bestimmen. Dies bedeutet jedoch nicht, dass sie dieses auch mit Sicherheit finden. Dieses Problem ist nur für unendlich viele Analysen eindeutig lösbar. Dieser Grenzfall ist jedoch trivial, weil für diesen auch das uneffektivste Optimierungsverfahren erfolgreich ist. Ein globales Optimierungsverfahren besitzt somit nur eine erhöhte Wahrscheinlichkeit, mit einer endlichen Anzahl von Analysen das globale Optimum zu finden. Eine Garantie, dass die ermittelte Lösung wirklich das globale Optimum ist, kann kein Verfahren bieten. Dies spiegelt sich auch schon in der Tatsache wieder, dass viele globale Optimierungsverfahren eine Zufallskomponente besitzen, welche es ihnen ermöglicht aus einem lokalen Minimum zu entkommen. Dies bedeutet aber auch wiederum, dass bei einem solchen Verfahren zwei Optimierungsläufe verschiedene Lösungen liefern können. Die Algorithmen, die eine Zufallskomponente enthalten werden auch als stochastische Optimierungsverfahren bezeichnet. Die Methoden, die in Abschnitt 10.2 und 10.3 vorgestellt werden, fallen in diese Kategorie.

Alle globalen Optimierungsverfahren erfordern einen erhöhten Rechenaufwand, der je nach Verfahren und Problemstellung erheblich sein kann. Man sollte deshalb tunlichst vor der Verwendung eines globalen Optimierungsverfahrens abwägen, ob man den erhöhten Aufwand betreiben oder ob man sich nicht eventuell mit einem lokalen Minimum zufrieden geben will. Im Folgenden werden einige Verfahren besprochen, die häufig Verwendung finden.

10.1 Multistart

Bei der „Multistart"-Strategie werden verschiedene Startpunkte ausgewählt und von dort jeweils eine Optimierung mit einem Gradientenverfahren gestartet. Damit gibt es eine erhöhte Wahrscheinlichkeit, dass der Optimierungsalgorithmus von einem der Startpunkte ins globale Minimum gelangt, ohne vorher in einem lokalen Minimum „steckenzubleiben". Es gibt mehrere Möglichkeiten diese Startpunkte zu wählen:

1. Die Startpunkte können mithilfe eines Zufallszahlengenerators zufällig gewählt werden. Dabei sollten gleichverteilte Zufallszahlen gezogen werden, um eine möglichst gleichmäßige Verteilung der Startpunkte zu gewährleisten. Diese Vorgehensweise bietet sich vor allem dann an, wenn man nichts über die Struktur des Optimierungsproblems weiß.
2. Statt gleichverteilte Zufallszahlen zu verwenden, kann auch ein Versuchsplan eingesetzt werden. Wenn keine Informationen über die Struktur des Optimierungsproblems vorliegen, bieten sich „Space Filling"-Designs an, wie beispielsweise „Random Latin Hyper Cube". Hier gibt es eine größere Sicherheit, dass die Startpunkte auch gleichmäßig über den Designraum verteilt sind.
3. Wie immer ist es am effektivsten, wenn man seine Erfahrung und das technischen Hintergrundwissen in die Optimierung einbringen, dadurch Startpunkte ausschließen und andere als technisch sinnvoll auswählen kann. Dies setzt allerdings eine gewisse Kenntnis über die zu optimierende Struktur voraus.

10.2 Globale Optimierungsverfahren aus dem Bereich der Bionik

Mit dem CAO und SKO-Verfahren wurden bereits zwei Verfahren aus dem Bereich der Bionik vorgestellt. Es gibt auch aus dem globalen Optimierungsbereich einige Verfahren, die ihre Wurzeln in der Bionik haben. Einige populäre Vertreter dieser Klasse werden im Folgenden besprochen.

10.2.1 Evolutionäre Algorithmen

Evolutionäre Algorithmen sind zur Lösung von schwierigen Problemen geeignet, bei denen Standardverfahren versagen. Beispiele dafür sind unstetige und zerklüftete Zielfunktionen oder diskrete Optimierungsprobleme wie das „Traveling Salesman Problem“ [289], bei dem die kürzeste Verbindung zwischen einer Anzahl von Städten gesucht wird.

Es existiert je nach Problemstellung eine Vielzahl von Varianten, die in dem hier gesteckten Rahmen nicht alle behandelt werden können. Deshalb werden nur die Grundideen und die einfachsten Modifikationen dargestellt.

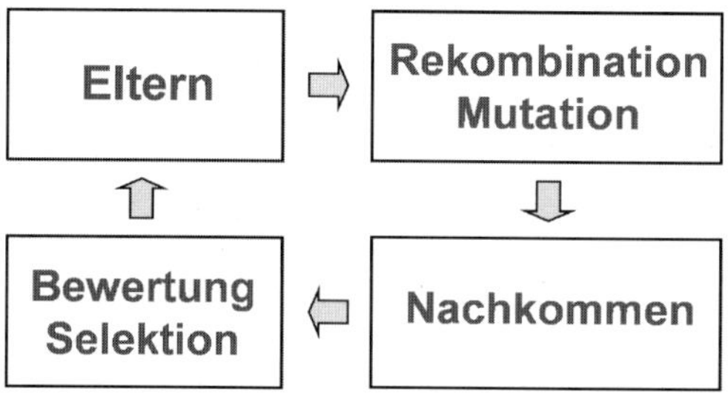

Abb. 10.1 Ablauf eines evolutionären Algorithmus

Bei den evolutionären Algorithmen [173], [211], [323], [335], [336], [337], [293], [294], [295], [296] wird die biologische Evolution nachgebildet (Abbildung 10.1). Durch diese findet in der Natur ein Optimierungsprozess statt, bei dem in dem harten Konkurrenzkampf hauptsächlich die besten Individuen überleben (Survival of the Fittest) und sich weiter fortpflanzen können. Den Nachkommen werden zwar auch gute Eigenschaften der Eltern vererbt, jedoch haben sie nicht die identischen Eigenschaften, da die Gene, welche die Eigenschaft eines Individuums bestimmen, durch Rekombination und Mutation modifiziert werden. Die Vorstellung ist hier, dass durch den sich immer widerholenden Prozess von Fortpflanzung und Selektion die Anpassung von Generation zu Generation immer besser wird, bis schließlich ein Optimum erreicht ist.

Dieser evolutionäre Prozess wird von den evolutionären Algorithmen nicht kopiert, sondern sie verwenden vielmehr nur die wesentlichen Aspekte und Einflüsse. Dabei haben sich zwei Modelle herausgebildet, die Evolutionsstrategien (ES) [211], [323], [335], [336], [337], [293], [294], [295], [296], die von Rechenberg vorgeschlagen und von ihm selbst und neben vielen anderen auch von Schwefel weiterentwickelt wurden, und die genetischen Algorithmen (GA) [173], [310], [311], [323], [336], die von Holland eingeführt wurden. Die generelle Vorgehensweise, die in Abbildung 10.1 dargestellt ist, ist jedoch identisch. Jedes Individuum ist durch seine Gene charakterisiert, die auf den Chromosomen angeordnet sind. Die Gene sind über Zahlen eines Chromosomen-Vektors $\vec{x}$ codiert, die den Designvariablen direkt oder einer Codierung von diesen entsprechen. Eine Menge von solchen Individuen nennt man eine Population. Zu Beginn steht eine Population von zufällig im Designraum verteilten Individuen, aus welchen durch Rekombination und Mutation Nachkommen erzeugt werden. Anschließend werden die Individuen bewertet – man sagt auch, dass die Individuen in eine „Wahlurne“ kommen – und die besten selektiert, welche dann die Eltern für die nächste Generation bilden. Das Qualitätsmaß bei der Bewertung und Selektion wird dabei als Fitness bezeichnet. Die GA und ES unterscheiden sich sowohl in der Umsetzung als auch in der Beurteilung und Behandlung der einzelnen Mechanismen. Dementsprechend liegen auch die Stärken beider Verfahren auf verschiedenen Gebieten. Während die Stärke der ES bei der Parameteroptimierung liegt, ist es bei dem GA die kombinatorische Optimierung.

10.2.1.1 Evolutionsstrategien (ES)

Bei der Evolutionsstrategie wird jedes einzelne Gen durch eine reelle Zahl x_i dargestellt, welche im einfachsten Fall dem Wert einer Designvariablen entspricht, sodass sich als Chromosomen-Vektors $\vec{x}$ ergibt:

$$\vec{x}^{\mathrm{T}} = (x_1, x_2, \dots, x_n) \tag{10.1}$$

Diese Codierung hat historische Gründe, da Rechenberg sie hauptsächlich für das Auffinden von optimalen Systemparametern einsetzen wollte [293], [294], [296].

Bei der einfachsten ES, die mit $(1+1)$-ES bezeichnet wird, erzeugt ein Elter einen Nachkommen durch eine einfache Kopie der Gene, die dann mutiert werden. Danach kommen der Elter und der Nachkomme in eine Wahlurne, in der die Fitness der beiden bewertet und das bessere Individuum dann Elter der nachkommenden Generation wird. Ein Bewertungskriterium kann beispielsweise der kleinste Wert einer Zielfunktion sein, die minimiert werden soll.

Eine nahe liegende Erweiterung des Schemas besteht in einer $(\mu + \lambda)$-ES, bei der μ Eltern λ Nachkommen erzeugen. Dabei sollte sinnvollerweise immer $\lambda \geqq \mu$ sein. Je größer λ/μ umso größer ist der so genannte Selektionsdruck, der ein Maß für die Durchsetzung der Starken zu Lasten der Schwachen ist. Er ist eine wichtige Größe zur Steuerung von Konvergenzsicherheit und Konvergenzgeschwindigkeit.

Die Eltern werden bei einer $(\mu + \lambda)$-ES wie bei der $(1+1)$-ES zufällig ausgewählt. Dabei kann ein Elter auch mehrfach ausgewählt werden, speziell bei $\lambda > \mu$ muss das sogar der Fall sein. Die Nachkommen können hier ebenso, wie bei der $(1+1)$-Strategie, als einfache Kopien eines Elters erzeugt werden. Häufig wird jedoch die Rekombination aus mindestens zwei Eltern verwendet. Diese wird mit $(\mu/\rho + \lambda)$ bezeichnet, wobei ρ die Anzahl der Eltern für eine Rekombination ist. Es werden im wesentlichen zwei Rekombinationsstrategien verwendet:

1. Jede Zahl in dem Vektor des Nachkommens wird durch Mittelung der entsprechenden Zahlen der Eltern bestimmt. So ergibt sich beispielsweise für $\rho = 2$ und den Eltern-Vektoren

   $$(\vec{x}^{E1})^{\mathrm{T}} = (2{,}3;\ 3{,}7;\ 6{,}0;\ 8{,}2;\ 1{,}1;\ 3{,}3) \quad \text{und} \quad (\vec{x}^{E2})^{\mathrm{T}} = (5{,}7;\ 7{,}1;\ 10{,}2;\ 4{,}4;\ 9{,}9;\ 7{,}7)$$

   der Nachkomme

   $$(\vec{x}^{N})^{\mathrm{T}} = (4{,}0;\ 5{,}4;\ 8{,}1;\ 6{,}3;\ 5{,}5;\ 11{,}0)\,.$$

2. Jede Zahl im Vektor des Nachkommens wird aus den entsprechenden Zahlen der Eltern durch Zufall ermittelt. Für das obige Beispiel und einer zufällig gewürfelten Zuordnung

   $$(1;\ 1;\ 2;\ 1;\ 2;\ 2)\,,$$

   bei der 1 bedeutet, dass die Zahl des 1. Elters genommen wird und bei 2 die des 2. Elters, ergibt sich als Nachkomme

   $$(\vec{x}^{N})^{\mathrm{T}} = (2{,}3;\ 3{,}7;\ 10{,}2;\ 8{,}2;\ 9{,}9;\ 7{,}7)\,.$$

Bis jetzt kamen nach Rekombination und Mutation die Eltern und Nachkommen in eine Wahlurne, aus der die besten μ Individuen als Eltern der nächsten Generation selektiert werden. Diese Strategie, die als '+'-Strategie (Plus-Strategie) bezeichnet wird, hat den Vorteil, dass das Individuum mit der besten Fitness immer erhalten bleibt (Abbildung 10.2). Handelt es sich aber bei dem Wert um ein lokales Optimum, ist diese Vorgehensweise von Nachteil, weil der dominante Elter über viele Generation hinweg überleben kann und ein Wegentwickeln von diesem Punkt unwahrscheinlich macht. Die '+'-Strategie hat deshalb immer die Tendenz, zu einem lokalen Optimum zu konvergieren. Ein solches vorzeitiges Konvergenzverhalten kann verhindert werden, indem man nur die Nachkommen in die Wahlurne wirft und die Eltern „sterben“ lässt. Diese Strategie, die ja auch mehr dem biologischen Vorbild entspricht, wird als $(\mu/\rho, \lambda)$-ES oder allgemein als ’ , ‘-Strategie (Komma-Strategie) bezeichnet. Sie hat jedoch den Nachteil, dass nicht sichergestellt ist, dass sich das Qualitätsniveau von Generation zu Generation verbessert. Vielmehr werden immer zwischenzeitlich Generationen entstehen, bei denen die Qualität absinkt (siehe Abbildung 10.2). Dafür hat man jedoch eine höhere Wahrscheinlichkeit, das globale Optimum zu finden.

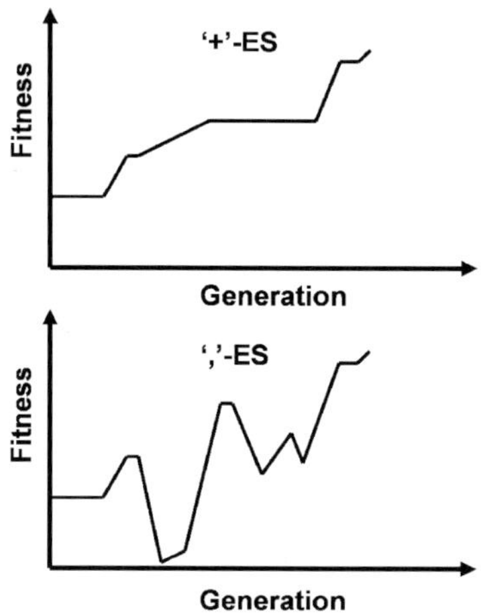

Abb. 10.2 Schematischer Verlauf der Fitness über die Generationen hinweg bei der ’+‘- und der ’ , ‘-Strategie

Der Mutation kommt bei der ES eine besondere Bedeutung zu und ist entscheidend für die Effizienz des Verfahrens. Es wird dabei zu jeder Zahl x_i des Chromosomenvektors eine normalverteilte Zufallszahl $N(0, \sigma)$ hinzuaddiert:

$$x_i^{\text{mutiert}} = x_i + N(0, \sigma) \tag{10.2}$$

Dabei wird eine Gauß-Verteilung mit dem Mittelwert 0 und der Standardabweichung σ verwendet. Dies bedeutet, dass keine Suchrichtungen bevorzugt werden, da die gewürfelte Zufallszahl sowohl positiv als auch negativ sein kann. Weiterhin sind durch die Gauß-Verteilung mit dem Mittelwert 0 die kleinen Änderungen bevorzugt. Der Wert σ bestimmt die mittlere Schrittweite und beeinflusst damit entscheidend die Konvergenzgeschwindigkeit. Ist σ und damit die mittlere Schrittweite zu klein, hat man zwar eine hohe Konvergenzsicherheit, jedoch können von Generation zu Generation nur geringfügige Fortschritte erzielt werden. Ist σ dagegen zu groß, so führt dies zu einen Hin- und Herspringen im Designraum. In beiden Fällen reduziert sich die Konvergenzgeschwindigkeit. Die richtige Wahl von σ ist somit entscheidend für die Effizienz des Verfahrens. Da man nicht erwarten kann, dass der optimale Wert von σ während des ganzen Optimierungsprozesses gleich bleibt, wird eine adaptive Schrittweitensteuerung verwendet. Die Frage, wie eine optimale Steuerung festgelegt werden soll, kann bei einfachen Modellen, wie dem Korridormodell und dem Kugelmodell beantwortet werden. Das Ergebnis ist die $1/5$-Erfolgsregel, welche aussagt, dass die optimale Fortschrittsgeschwindigkeit erreicht ist, wenn der Quotient q der erfolgreichen Mutationen zu der Gesamtzahl der Mutationen ungefähr $1/5$ ist [335], [294], [296]. Ist beispielsweise die Anzahl der erfolgreichen Mutationen zu gering, so bedeutet das, dass das Verfahren zu sehr springt und deshalb die Streuung erniedrigt werden muss. Umgekehrt ist es, wenn die Anzahl der erfolgreichen Mutationen zu groß ist. Daraus kann folgendes Anpassungsschema der Streuung abgeleitet werden:

- Wenn $q < 1/5$ dann erniedrige die Streuung: $\sigma^{\text{neu}} = d \cdot \sigma^{\text{alt}}$
- Wenn $q > 1/5$ dann erhöhe die Streuung: $\sigma^{\text{neu}} = c \cdot \sigma^{\text{alt}}$.

Dabei sollten nach Schwefel $c = 1{,}22$ und $d = 0{,}82$ gewählt werden.

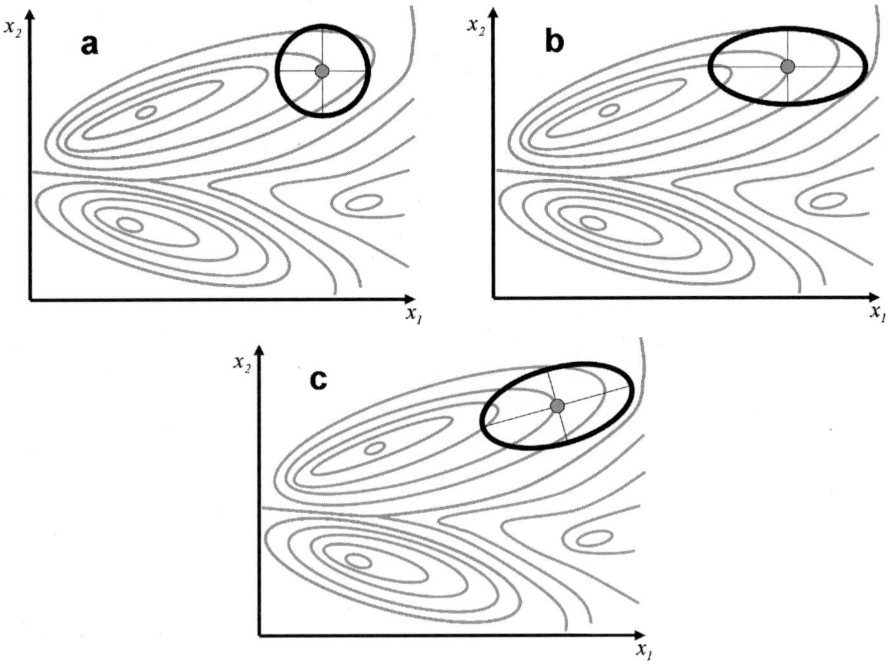

Abb. 10.3 Flächen gleicher Wahrscheinlichkeit bei normalverteilten Zufallszahlen für einheitliche (a), individuelle (b) und korrelierte (c) mittlere Schrittweiten

Bei der oben dargestellten Vorgehensweise ist die mittlere Schrittweite σ für alle Designvariablen identisch. Somit liegen die Werte gleicher Wahrscheinlichkeit für die normalverteilten Zufallszahlen auf Kugelflächen (Abbildung 10.3). Schwefel ging darüber hinaus, indem er für jede einzelne Variable x_i eine individuelle Streuung σ_i verwendete. Die Anpassung geschieht dann durch eine adaptive Schrittweitensteuerung, indem auch die Streuungen selbst in den Rekombinations- und Mutationsprozess einbezogen werden. Jedes Individuum wird dann durch einen Vektor $(x_1, \ldots, x_n, \sigma_1, \ldots, \sigma_n)$ repräsentiert, der die Designvariablen x_i und die jeweils dazugehörige Streuung σ_i enthält. Die Rekombination der Streuung kann dabei wie bei den Designvariablen als Mittelwertbildung oder durch Auswürfeln zwischen den Eltern erfolgen. Bei der Mutation wählt man, um negative Streuungen auszuschließen, eine multiplikative Formulierung über die Exponentialfunktion:

$$\sigma_i^{\text{mutiert}} = \sigma_i \exp\left(\tau' N(0,1) + \tau N_i(0,1)\right) \tag{10.3}$$

Der Faktor $\exp\left(\tau' N(0,1)\right)$ repräsentiert dabei die globale Komponente, während der Anteil $\exp(\tau N_i(0,1))$ den individuellen Mutationsanteil beschreibt. Dabei gilt nach [335]

$$\begin{aligned} \tau &\propto \frac{1}{\sqrt{2\sqrt{n}}} \\ \tau' &\propto \frac{1}{\sqrt{2n}}. \end{aligned} \tag{10.4}$$

Die mutierten Werte der Designvariablen ergeben sich dann wie gewohnt, jedoch jetzt mit der mutierten Streuung zu

$$x_i^{\text{mutiert}} = x_i + N(0, \sigma_i^{\text{mutiert}}). \tag{10.5}$$

Bei Verwendung der individuellen mittleren Schrittweiten σ_i liegen die Werte gleicher Wahrscheinlichkeit auf Ellipsen. Damit kann die mittlere Fortschrittsrichtung besser an den Verlauf der Zielfunktion angepasst und darüber ein besseres Konvergenzverhalten erreicht werden. Noch besser gelingt dies, wenn eine Drehung der Ellipsen zugelassen wird [18], [136], [166], [211], [269], [335]. Dies kann dadurch erreicht werden, dass zusätzlich $n(n-1)/2$ Winkel α_j für die Drehung der Ellipse hinzugenommen und ebenfalls der Mutation unterworfen werden

$$\alpha_j^{\text{mutiert}} = \alpha_j + \beta N_j(0,1). \tag{10.6}$$

Dabei wird nach [335] der Wert

$$\beta = 0{,}0873$$

empfohlen, was einem Winkel von 5° entspricht. Alternativ kann die Drehung auch über die Kovarianzmatrix $\boldsymbol{\Sigma}$ erzeugt werden, indem nicht nur die Diagonalelemente σ_i sondern auch die Nebendiagonalelemente σ_{ij} der Kovarianzmatrix in den Rekombination- und Mutationsprozess integriert werden (korrelierte Mutation). Somit ergeben sich für den allgemeinsten Fall die mutierten Werte der Designvariablen nach der Mutation der Streuungen und Drehwinkel zu

$$\overrightarrow{x}^{\text{mutiert}} = \overrightarrow{x} + \overrightarrow{N}\left(\overrightarrow{0}, \boldsymbol{\Sigma}^{\text{mutiert}}\right). \tag{10.7}$$

Eine solche Selbstadaption macht jedoch nur bei der ' , '-Strategie Sinn, denn nur so können Individuen mit gutem Zielfunktionswerten aber mit schlecht angepasster Schrittweite „aussterben".

Es gibt noch zahlreiche Varianten und Feinheiten wie zum Beispiel die Verwendung mehrere Populationen. Das Ziel und auch die Kunst ist dabei immer die Parameter wie z. B. die Schrittweite so einzustellen, dass sie in das so genannte Evolutionsfenster fällt, in dem sich eine optimale Fortschrittsgeschwindigkeit ergibt.

Mit einer Nischen-Strategie (Niching), die zuerst für GA [232] entwickelt und dann später auf ES [347], [348] erweitert wurde, kann man die Wahrscheinlichkeit erhöhen, dass der Algorithmus auch das globale Optimum findet. Hier werden jeweils um die Punkte mit der größten Fitness Nischen mit einem Nischenradius ρ gebildet und die Individuen den einzelnen Nischen zugeordnet. Die Fortpflanzung findet daraufhin nur zwischen den Individuen innerhalb einer Nische statt, sodass man pro Nische eine optimale Lösung erhält und damit auch eine erhöhte Wahrscheinlichkeit, dass sich das globale Optimum darunter befindet.

10.2.1.2 Genetische Algorithmen (GA)

Im Gegensatz zu der ES wird beim GA [173], [310], [311], [323], [336] sehr großer Wert auf die Codierung der Gene gelegt. Sie werden in dem GA als binäre Zahlen dargestellt, sodass der Chromosomen-Vektor die Form hat

$$\overrightarrow{x} = \left(\begin{bmatrix}1 & 1 & 0 & 1 & 1 & \ldots & 0 & 1\end{bmatrix}, \begin{bmatrix}0 & 1 & 1 & 0 & 1 & \ldots & 0 & 0\end{bmatrix}, \ldots\right). \tag{10.8}$$

Jeder Designvariablen wird dabei eine Anzahl l an Bits zugeordnet. Diese Codierung erweist sich bei diskreten Problemen als vorteilhaft. Wenn jedoch reelle Zahlen verwendet werden sollen, ist die Codierung umständlicher als bei der Evolutionsstrategie. Unter Verwendung der Tatsache, dass mit l Bits genau 2^l natürliche Zahlen I dargestellt werden können, kann einer Designvariable x mit der unteren und oberen Grenze x^L und x^U folgenderweise eine reelle Zahl als Funktion der natürlichen Zahl I zugeordnet werden:

$$x(I) = x^L + I\Delta x. \tag{10.9}$$

Dabei ist

$$\Delta x = \frac{x^U - x^L}{2^l - 1}$$

die Auflösung, mit der die reelle Designvariable x dargestellt werden kann.

Jedoch ergibt sich hier das Problem, dass die Gewichtung der Binärwerte unterschiedlich ist, weil bei der üblichen binäre Codierung

$$\begin{bmatrix} b_n & b_{n-1} & b_{n-2} & \ldots & b_1 & b_0 \end{bmatrix} \qquad b_i \in \{0,1\}$$

eine natürlichen I Zahl den Wert

$$I = b_n 2^n + b_{n-1} 2^{n-1} + b_{n-2} 2^{n-2} + \ldots + b_1 2^1 + b_0 2^0$$

hat. Damit bewirkt zum Beispiel eine Invertierung von b_{12} eine Änderung um den Zahlenwert 4 096, während eine Änderung von b_0 nur eine Änderung von 1 bewirkt. Dies hat zur Folge, dass eine geringfügige Änderungen im Binärkode nicht immer auch einer geringfügigen Änderungen der Dezimalzahl entspricht. Dies soll an einem einfachen Beispiel verdeutlicht werde. So lautet die Codierung der natürlichen Zahl 4 099

$$4\,099_{10} = \begin{bmatrix} 1 & 0 & 0 & 0 & 0 & 0 & 0 & 0 & 0 & 0 & 0 & 1 & 1 \end{bmatrix}_2 .$$

Wird jetzt der Binärwert des ersten Bits verändert ergibt sich ein Zahlensprung zur Zahl

$$3_{10} = \begin{bmatrix} 0 & 0 & 0 & 0 & 0 & 0 & 0 & 0 & 0 & 0 & 0 & 1 & 1 \end{bmatrix}_2 ,$$

während sich bei einer Änderung des letzten Bits nur ein Sprung zur Zahl

$$4\,098_{10} = \begin{bmatrix} 1 & 0 & 0 & 0 & 0 & 0 & 0 & 0 & 0 & 0 & 0 & 1 & 0 \end{bmatrix}_2 .$$

ergibt.

Andersherum können kleine Zahlenänderungen der Dezimalzahl bei gewissen Werten nur durch große Änderungen im Binärkode erzeugt werden. Dies zeigt das Beispiel

$$4\,095_{10} = \begin{bmatrix} 0 & 1 & 1 & 1 & 1 & 1 & 1 & 1 & 1 & 1 & 1 & 1 & 1 \end{bmatrix}_2$$

$$4\,096_{10} = \begin{bmatrix} 1 & 0 & 0 & 0 & 0 & 0 & 0 & 0 & 0 & 0 & 0 & 0 & 0 \end{bmatrix}_2 .$$

Hier müssen 12 Bits invertiert werden, um die natürliche Zahl von 4 095 um eins zu erhöhen. Diese Eigenschaft kann zu erheblichen Konvergenzproblemen eines GAs führen bzw. kann die Konvergenz sogar verhindern.

Dieser oben geschilderte Effekt ist vor allem bei der Mutation von Nachteil, bei der, wie später noch genauer besprochen wird, einzelne Bits invertiert werden. Eine mögliche Lösung dieses Problems ist die Einführung einer gewichteten Mutation.

Eine generelle Lösung dieses Codierungsproblems besteht jedoch in einer anderen Art der Codierung. Ein alternativer Binärkode ist der Cray-Code, von dem als Beispiel die ersten 8 Zahlen dargestellt sind:

I	binär	Cray-Code
0	0000	0000
1	0001	0001
2	0010	0011
3	0011	0010
4	0100	0110
5	0101	0111
6	0110	0101
7	0111	0100
8	1000	1100

Er stellt sicher, dass ein Zahlenwert immer durch die Invertierung eines einzelnen Bits um eins erhöht oder erniedrigt werden kann.

Die Mutation besitzt beim GA im Gegensatz zur ES nur eine untergeordnete Bedeutung. In der einfachsten Variante (Abbildung 10.4) wird ein Bit zufällig ausgewählt und invertiert (gleichverteilte Mutation). In der Variante „gleichverteilte Mutation/2" wird nicht invertiert sondern gewürfelt, welchen Wert das selektierte Bit erhalten soll. Damit erhält dieses mit einer Wahrscheinlichkeit von 50 % einen anderen Wert (daher auch „/2" in der Namensgebung). Andere Varianten verwenden bei der Selektion der Bits eine Gauß-Verteilung oder führen eine individuelle positionsabhängige Mutationswahrscheinlichkeit ein, um das oben als Punkt 1 erwähnte Gewichtungsproblem der Codierung zu beheben. Normalerweise ist die Mutationsrate sehr niedrig. Als Regel gilt, dass die Mutationsrate $1/l$ betragen sollte, wobei l die Bitlänge ist.

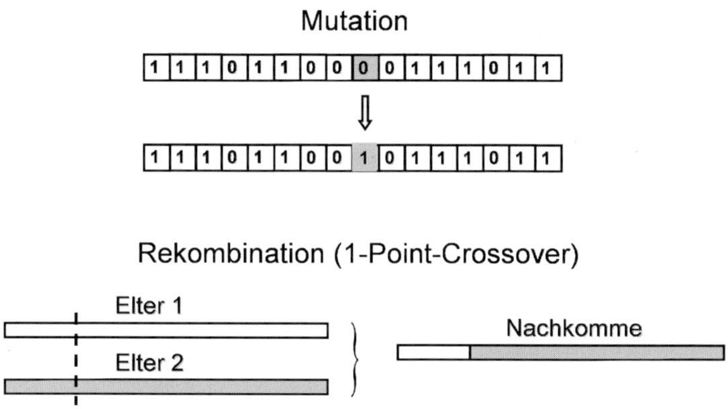

Abb. 10.4 Mutation und Rekombination beim GA

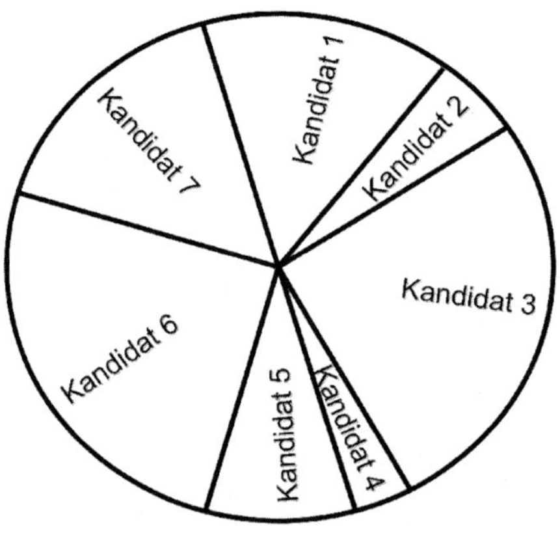

Abb. 10.5 „Roulette-Wheel"-Auswahlverfahren

Ein weiterer Unterschied zwischen GA und ES besteht in der Verwendung der Begriffe Fitness und Bewertung. Bei der ES ist die Fitness und die Bewertung gleichbedeutend und dient nur dazu, die besten Nachkommen zu selektieren. Beim GA wird dagegen die Bewertung eines Individuums in seine Fitness umgerechnet, die dann bestimmt, mit welcher Wahrscheinlichkeit sich ein Individuum reproduzieren kann. Damit ist die Bewertungsfunktion ein Maß dafür, wie nahe sich das Individuum am Optimum befindet, während die Fitness die Wahrscheinlichkeit eines Individuums wiedergibt ein Elter zu werden. In der Praxis werden beide Begriffe jedoch häufig nicht sauber voneinander getrennt und die gleiche Funktion für die Bewertungsfunktion und die Fitness verwendet.

Nach Festlegung der Fitness wird ein Individuum durch ein „Roulette-Wheel"-Auswahlverfahren mit einer Wahrscheinlichkeit als Elter ausgewählt, die proportional seiner Fitness ist (Abbildung

10.5). Man kann sich das als Glücksrad vorstellen, auf dem jedes Individuum eine Fläche proportional seiner Fitness zugeteilt bekommt. Damit hat ein Individuum mit großer Fitness eine größere Wahrscheinlichkeit sich zu reproduzieren als ein Individuum mit geringerer Fitness.

Wie bei der ES muss die Anzahl der Eltern beim GA nicht zwangsläufig 2 sein. Es ist vielmehr auch hier je nach Problemstellung eine andere Anzahl von Eltern möglich und sinnvoll. Der Rekombination messen die GAs, anders als die ES, eine besondere Bedeutung bei. Je nach Problemstellung werden verschiedene Möglichkeiten der Erzeugung der Nachkommen implementiert und damit die Effizienz des Verfahrens entscheidend beeinflusst. Vor allem das „Crossover“ spielt eine bedeutende Rolle. In der einfachsten Variante (one-Point-Crossover) wird zufällig eine Stelle im Chromosom ausgewählt und der Teil vor dieser Stelle vom ersten Elter und der Rest vom zweiten Elter übernommen (Abbildung 10.4). Dies kann auf ein „*n*-Point-Crossover“ erweitert werden, bei dem zufällig *n* Stellen ausgewählt werden und dazwischen immer abwechselnd die Gene des einen und des anderen Elter eingefügt werden. Die Selektion der Nachkommen kann nach dem gleichen „Roulette-Wheel“-Schema wie bei der Selektion der Eltern verwendet werden.

Beim Ersetzungsschema gibt es eine große Anzahl von Varianten. Beim „Generational Replacement-Schema“ wird die aktuelle Generation vollständig durch die Nachkommen ersetzt. Dies entspricht der ’ , ‘-Variante der ES und hat demnach auch den gleichen Nachteil, dass das Bewertungsniveau abfallen kann. Auf der anderen Seite steht diesem auch der Vorteil entgegen, dass die Dominanz einzelner Individuen mit hohem Bewertungsniveau verhindert wird. Jedoch wird dies häufig mit einer Abnahme der Konvergenzgeschwindigkeit erkauft.

Dagegen bleiben beim „Prinzip der Eliten“ die besten Individuen erhalten, indem jeweils die *n* besten Individuen einer Generation in die nächste übernommen werden. Dies kann etwas abgeschwächt werden, indem diese vor der Übernahme noch mutiert werden. Eine andere Möglichkeit bietet das Ersetzungsschema „Delete-*n*-Last“, bei dem die *n* schlechtesten Individuen aus der Population entfernt werden. Ist *n* gleich der Anzahl der Individuen einer Population, erhält man wieder das „Generational Replacement-Schema“. Bei einer weiteren Variante wird ein „Altersheim“ eingeführt. Dem liegt die Vorstellung zugrunde, dass gerade die Nachkommen überdurchschnittlich guter Eltern so weit von den anderen Individuen entfernt sind, dass sie kaum eine Chance haben, einen adäquaten Partner zu finden um einen Nachfolger mit hohem Niveau zu erzeugen. Dem soll dadurch entgegengelenkt werden, dass eine gewisse Anzahl von Individuen in ein Altersheim gebracht wird. In diesem überleben sie eine vorgegebene Anzahl von Generationen, während sie aber an dem Fortpflanzungsprozess teilnehmen. Der Einführung eines „Kindergartens“ liegt eine ähnliche Vorstellung und die Tatsache zugrunde, dass die Nachkommen höher entwickelter Individuen häufig die ersten Jahre behütet werden, ehe sie sich dem harten Überlebenskampf aussetzen müssen. Hier werden die Nachkommen für eine gewisse Anzahl von Generationen im Kindergarten aufgehoben und mutiert, ohne sich jedoch an dem Reproduktionsprozess zu beteiligen. Erst danach werden sie für den Reproduktions- und Ausleseprozess freigesetzt.

10.2.1.3 Differentielle Evolution (DE)

Während zu Beginn der Entwicklung ES und GA streng getrennt waren, gibt es heute zahlreiche Verfahren, die Teile aus beiden Ansätzen verwenden. Ein sehr gutes Beispiel dafür ist die differentielle Evolution (DE), die von R. Storm und K. Price [367] entwickelt wurde. Sie ist eine sehr effiziente Variante der evolutionären Algorithmen und zudem ein gutes Beispiel dafür, wie die ursprünglichen Strategien von ES und GA modifiziert und auch vermischt werden können.

Zu Beginn werden N_p Punkte gleichmäßig im Designraum verteilt. Jeder Punkt repräsentiert ein Individuum, dessen Chromosomen-Vektor, wie bei der ES, durch einen reellwertigen

Designvariablen-Vektor beschrieben wird. Für das j-te Individuum in der G-ten Generation wird er bezeichnet mit

$$\left(\overrightarrow{x}^{j,G}\right)^{\mathrm{T}} = \left(x_1^{j,G}, x_2^{j,G}, \ldots, x_n^{j,G}\right). \tag{10.10}$$

Im Gegensatz zu ES und GA, bei denen die Eltern zufällig ausgewählt werden, wird bei der DE jedes Individuum genau einmal erster Elter. Sei Elter 1 das j-te Individuum in der G-ten Generation, dann wird der Vektor, der dieses Individuum repräsentiert, als Target-Vektor bezeichnet. Als zweiter Elter wird ein zufällig ausgewähltes und dann mutiertes Individuum aus der gleichen Generation verwendet, wobei der daraus resultierende Mutationsvektor $\overrightarrow{v}^{j,G}$ nach folgender Vorschrift erzeugt wird (Abbildung 10.6):

$$\overrightarrow{v}^{j,G} = \overrightarrow{x}^{r_1,G} + F\left(\overrightarrow{x}^{r_2,G} - \overrightarrow{x}^{r_3,G}\right) \tag{10.11}$$

Dabei ist F eine gleichverteilte reelle Zufallszahl aus dem Intervall $[0,2]$, die angibt, wie stark die Differenz $\left(\overrightarrow{x}^{r_2,G} - \overrightarrow{x}^{r_3,G}\right)$ und damit auch der Mutationsgrad von $\overrightarrow{x}^{r_1,G}$ verstärkt wird. Dagegen sind r_1, r_2 und r_3 Zufallsindizes aus der Index-Menge $\{1, 2, \ldots, N_p\}$, die sowohl untereinander als auch zu j unterschiedlich sein müssen, d. h. es muss gelten

$$j \neq r_1 \neq r_2 \neq r_3. \tag{10.12}$$

Somit muss eine Generation aus mindestens vier Individuen bestehen.

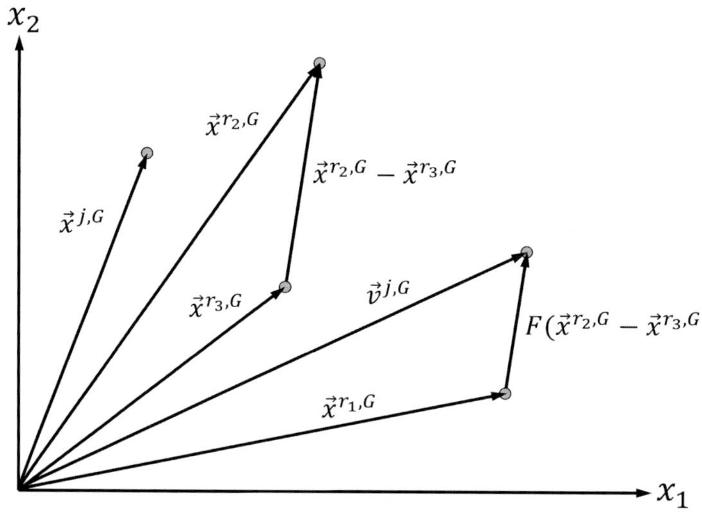

Abb. 10.6 Veranschaulichung der Mutationsstrategie bei der DE

Im Rekombinationsschritt wird der Nachkomme, repräsentiert durch den sogenannten Trial-Vektor $\overrightarrow{u}^{j,G+1}$, aus Elter 1 und Elter 2, ähnlich wie beim GA, über eine Crossover-Strategie erzeugt.

$$u_i^{j,G+1} = \begin{cases} v_i^{j,G} & \text{wenn} \quad \tau^j \leq CR \quad \text{oder} \quad j = r_b^j \\ x_i^{j,G} & \text{wenn} \quad \tau^j > CR \quad \text{und} \quad j \neq r_b^j \end{cases}. \tag{10.13}$$

Dabei ist τ^j eine gleichverteilte reelle Zufallszahl im Intervall $[0,1]$ und CR die sogenannte Crossover-Konstante, die angibt, mit welcher Wahrscheinlichkeit die Komponente von Elter 2 gewählt wird (siehe auch Kapitel 10.6). Dagegen ist r_b^j ein Zufallsindex aus der Index-Menge $\{1, 2, \ldots, N_p\}$. Er stellt sicher, dass mindestens eine Komponente des Trial-Vektors von Elter 2 stammt, denn ansonsten gibt es eine, wenn auch sehr geringe, Wahrscheinlichkeit, dass der Trial-Vektor $\overrightarrow{u}^{j,G+1}$ nur die Komponenten des Target-Vektors $\overrightarrow{x}^{j,G}$ enthält.

Im Selektionsschritt wird der Nachkomme lediglich mit Elter 1 verglichen und nur dann in die neue Generation $G+1$ übernommen, wenn er besser ist als Elter 1, d. h. wenn seine Zielfunktion kleiner ist als die von Elter 1. Andernfalls überlebt Elter 1 und wird in die nächste Generation übernommen.

$$\vec{x}^{j,G+1} = \begin{cases} \vec{u}^{j,G+1} & \text{wenn} \quad f(\vec{u}^{j,G+1}) \leq f(\vec{x}^{j,G}) \\ \vec{x}^{j,G} & \text{sonst} \end{cases} . \tag{10.14}$$

In der Originalarbeit [367] werden als Parameterwerte $F = 0{,}5$ und $CR = 0{,}1$ empfohlen. Es zeigt sich aber, dass der optimale Parametersatz sehr stark problemabhängig ist [86]. Man muss also für jedes Optimierungsproblem entweder den optimalen Parametersatz über zusätzliche Optimierungstestläufe ermitteln oder eine eventuell langsame Konvergenzgeschwindigkeit akzeptieren. Eine bessere Alternative ist, einen selbstadaptiven Algorithmus [19], [20], [49], [50], [291] zu verwenden, in dem auch die Parameter im Evolutionsprozess variiert und optimiert werden. So werden beim jDE-Verfahren [49] die Parameterwerte F und CR in Gleichung (10.11) und (10.13) für jedes Individuum j in jeder Generation G folgendermaßen variiert:

$$F^{j,G} = \begin{cases} F^L + \tau_1^j F^U & \text{wenn} \quad \tau_2^j < p_1 \\ F^{j,G-1} & \text{sonst} \end{cases} . \tag{10.15}$$

$$CR^{j,G} = \begin{cases} \tau_3^j & \text{wenn} \quad \tau_4^j < p_2 \\ CR^{j,G-1} & \text{sonst} \end{cases} . \tag{10.16}$$

Dabei sind mit τ_i^j, $i \in \{1, 2, 3, 4\}$, gleichverteilte reelle Zufallszahlen im Intervall $[0, 1]$ bezeichnet. Weiterhin sind p_1 und p_2 die Wahrscheinlichkeiten, dass die Parameterwerte F und CR zufällig verändert werden. Für diese werden die festen Werte $p_1 = p_2 = 0{,}1$ vorgeschlagen. Dies bedeutet, dass im Mittel nur in jeder 10-ten Generation die Werte modifiziert werden. Für die untere und obere Grenze des Parameters F wird $F^L = 0{,}1$ und $F^U = 0{,}9$ gewählt.

Die oben vorgestellte Strategie wird mit dem Kürzel DE/ran/1 bezeichnet. Dabei bedeutet „ran“, dass der zu mutierende Vektor $\vec{x}^{r_1,G}$ in Gleichung (10.11) zufällig (random) ausgewählt wird, und die „1“, dass nur eine Differenz bei der Mutation verwendet wird. Es gibt eine ganze Reihe von alternativen Strategien, von denen einige unten aufgelistet sind. Weiterhin ist angegeben, wie die Bestimmungsgleichung (10.11) für den Mutationsvektor bei den einzelnen Strategien modifiziert werden muss.

DE/best/1: $\vec{v}^{j,G} = \vec{x}^{\text{best},G} + F\left(\vec{x}^{r_1,G} - \vec{x}^{r_2,G}\right)$

DE/rand/2: $\vec{v}^{j,G} = \vec{x}^{r_1,G} + F\left(\vec{x}^{r_2,G} - \vec{x}^{r_3,G}\right) + F\left(\vec{x}^{r_4,G} - \vec{x}^{r_5,G}\right)$

DE/best/2: $\vec{v}^{j,G} = \vec{x}^{\text{best},G} + F\left(\vec{x}^{r_1,G} - \vec{x}^{r_2,G}\right) + F\left(\vec{x}^{r_3,G} - \vec{x}^{r_4,G}\right)$

DE/current to best/1: $\vec{v}^{j,G} = \vec{x}^{j,G} + F\left(\vec{x}^{\text{best},G} - \vec{x}^{j,G}\right) + F\left(\vec{x}^{r_1,G} - \vec{x}^{r_2,G}\right)$

DE/current to best/2: $\vec{v}^{j,G} = \vec{x}^{j,G} + F\left(\vec{x}^{\text{best},G} - \vec{x}^{j,G}\right) + F\left(\vec{x}^{r_1,G} - \vec{x}^{r_2,G}\right) + F\left(\vec{x}^{r_3,G} - \vec{x}^{r_4,G}\right)$

Hier ist $\vec{x}^{\text{best},G}$ der Vektor mit der besten Fitness in Generation G. Weiterhin sind r_1, r_2, r_3, r_4 und r_5 Zufallsindizes aus der Index-Menge $\{1, 2, \ldots, N_p\}$, die sowohl untereinander als auch zu j unterschiedlich sein müssen.

Da es sich zeigt, dass auch die Optimierungsstrategie problemabhängig ist, kann neben den Parameterwerten auch die Optimierungsstrategie der Selbstanpassung unterworfen werden, wie dies beispielsweise im SaDE [291] und im jDE-2 [50] Algorithmus umgesetzt wird. Dadurch lässt sich die Effizienz des Verfahrens nochmals steigern.

10.2.1.4 Abschließende Bemerkungen zu den evolutionären Algorithmen

Bei den evolutionären Algorithmen handelt es sich um sehr effiziente globale Optimierungsmethoden. Sie können jedoch, ebenso wenig wie andere globale Optimierungsverfahren, garantieren, dass das globale Optimum gefunden wird. Dabei hilft auch der Hinweis auf das biologische Vorbild wenig. Dort wird häufig argumentiert, dass nicht nur die Strukturen und Individuen selber optimiert sind, sondern dass sich im Laufe der Entwicklung auch die Methoden selber optimiert haben. Dem ist jedoch – wie auch bei CAO und SKO - entgegenzuhalten, dass gar nicht klar ist, ob dieser Optimierungsprozess überhaupt schon abgeschlossen ist. Selbst wenn dies der Fall sein sollte, kann nicht ausgeschlossen werden, dass der Optimierungsprozess trotzdem in einem lokalen Optimum endet. Es gibt Hinweise, dass mindestens einer von beiden Punkten für den Optimierungsstand beim Menschen zutrifft [396]. Als Beispiel sei das menschliche Auge genannt. Im Gegensatz zum Augenaufbau von Kalmaren und anderen Weichtieren, bei denen die Nervenfasern von den Stäbchen und Zäpfchen zum Gehirn durch die Lederhaut hindurch nach außen laufen, liegen diese mitsamt den Blutgefäßen beim Menschen nur lose auf der Netzhaut auf. Dies hat den Nachteil, dass ein Teil des Lichtes abgeschirmt wird und dass der blinde Fleck, an denen die Nervenfasern nach außen treten, vom Gehirn „herausgerechnet“ werden muss. Weiterhin ist die Gefahr einer Netzhautablösung größer. Somit kann das menschliche Auge sicherlich nicht als eine optimale Konstruktion, sondern höchstens als lokales Optimum angesehen werden. Es mag zudem auch zweifelhaft erscheinen, dass diese Konstruktion durch die Evolution noch verändert oder verbessert werden kann. Dies würde einen sehr großen Sprung in der Entwicklung bedeuten, bei denen die Individuen der Zwischenstufe wahrscheinlich zu stark benachteiligt wären, um zu überleben [1)]. Zudem müssten diese auch einen Partner finden, mit dessen Genen die Entwicklung in die entsprechende Richtung fortgeführt werden kann. Da sind evolutionäre Algorithmen wahrscheinlich sogar flexibler als das Vorbild der Natur und besser geeignet ein globales Optimum zu finden, weil solche Effekte durch Parameteranpassung und Strategien, wie die Einführung eines Kindergartens oder Altersheims, überwunden werden können. Sie sind damit ein gutes Beispiel für eine gelungene Umsetzung aus dem Bereich der Bionik, weil nach dem Verständnis der Mechanismen des biologischen Vorbilds die wichtigsten Aspekte übernommen und an die praktische Problemstellung angepasst wurden.

10.2.2 Optimierung mit Teilchenschwärmen (Particle Swarm Optimization)

Die Optimierung mit Teilchenschwärmen, kurz PSO (Particle Swarm Optimization), wurde von Kennedy und Eberhard [196] eingeführt und orientiert sich, wie die evolutionären Algorithmen, an einem Vorbild aus der Natur, indem es die soziale Wechselwirkung von Schwärmen simuliert. Es ist beispielsweise bekannt, dass Vogelschwärme die Fähigkeit besitzen, Futterplätze schnell und effizient zu finden. Die hohe Effizienz ergibt sich aus dem Zusammenspiel des Wissens der Individuen um den jeweils besten Futterplatz und dem kollektiven Wissen des Schwarms. Dabei profitiert offenbar das einzelne Individuum so sehr aus dem Erfahrungsschatz der Anderen aus dem Schwarm, dass dies den Nachteil des Wettbewerbs um das Futter aufwiegt. Diese Erkenntnis ist die Grundlage der PSO, bei der nur die wichtigsten Elemente aus dem Simulationsmodell für das Schwarmverhalten übernommen werden.

Ausgangspunkt ist ein Schwarm aus N Teilchen, wobei jedes Teilchen i durch seine Position $\overrightarrow{x}(i)$ im Designraum und als Qualitätsmaß (für die Güte des Futterplatzes) dem dazugehörigen Wert der Zielfunktion $f(i) = f(\overrightarrow{x}(i))$ repräsentiert wird. Für jedes Teilchen i wird in jedem Zeitschritt

[1)] Dies gilt jedoch nur für Individuen in der freien Wildbahn. In einer Zivilisation mit einem sozialen Netz können auch die Schwachen mit hoher Wahrscheinlichkeit überleben. Hier ist der Selektionsmechanismus außer Kraft gesetzt.

$k+1$ ein neuer Ort durch die Addition eines Pseudo-Geschwindigkeitsvektors $\overrightarrow{v}^{(k+1)}(i)$ zu der alten Position $\overrightarrow{x}^{(k)}(i)$ berechnet:

$$\overrightarrow{x}^{(k+1)}(i) = \overrightarrow{x}^{(k)}(i) + \overrightarrow{v}^{(k+1)}(i). \tag{10.17}$$

Werden noch explizite Restriktionen mitberücksichtigt, muss für die einzelnen Komponenten $\overrightarrow{x}^{(k+1)}(i)$ abgeprüft werden, ob sie innerhalb des zulässigen Intervalls $\left[x_j^L, x_j^U\right]$ liegen. Ist das nicht der Fall, wird Wert auf die am nächsten liegende Grenze gesetzt:

$$x_j^{(k+1)}(i) = \begin{cases} x_j^L & \text{wenn} \quad x_j^{(k)}(i) + v_j^{(k+1)}(i) < x_j^L \\ x_j^U & \text{wenn} \quad x_j^{(k)}(i) + v_j^{(k+1)}(i) > x_j^U \\ x_j^{(k)}(i) + v_j^{(k+1)}(i) & \text{sonst} \end{cases}. \tag{10.18}$$

In der ursprünglichen Version berechnet sich der Geschwindigkeitsvektor $\overrightarrow{v}^{(k+1)}(i)$ aus dem Geschwindigkeitsvektor $\overrightarrow{v}^{(k)}(i)$ des vorherigen Zeitschritts und einigen Zusatztermen zu [286]

$$\overrightarrow{v}^{(k+1)}(i) = \overrightarrow{v}^{(k)}(i) + c_1 \boldsymbol{U}_1 \left(\overrightarrow{p}^i - \overrightarrow{x}^{(k)}(i)\right) + c_2 \boldsymbol{U}_2 \left(\overrightarrow{p}^g - \overrightarrow{x}^{(k)}(i)\right). \tag{10.19}$$

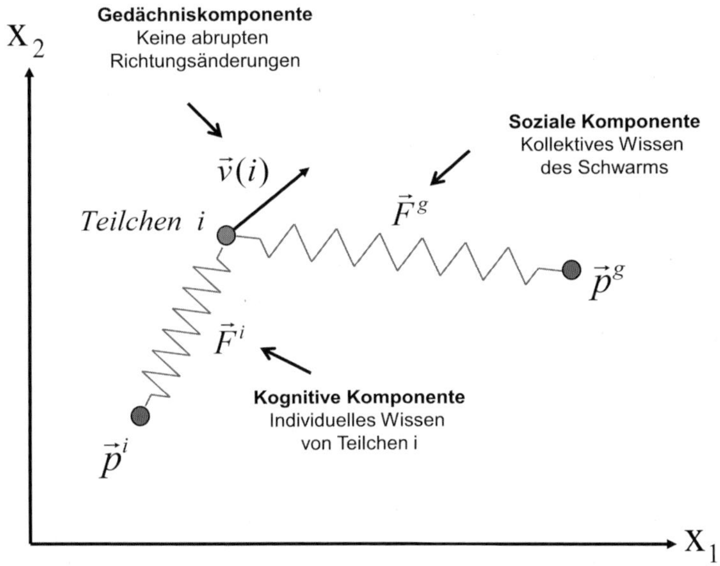

Abb. 10.7 Darstellung der Einflüsse, welche die Bahn des Teilchens bestimmen und deren Interpretation

Dabei repräsentiert die Geschwindigkeit $\overrightarrow{v}^{(k)}(i)$ aus dem vorherigen Zeitschritt das Gedächtnis des Teilchens und verhindert abrupte Bewegungsänderungen. Die beiden anderen Terme beschreiben die Anziehung, die auf das Teilchen wirkt (siehe Abbildung 10.7). Ein Kraftzentrum mit der maximal möglichen Anziehungsstärke $c_1 > 0$ liegt an der bis zu diesem Zeitpunkt besten Position $\overrightarrow{p}^i$ von Teilchen i. Dieser Term beschreibt die individuelle Komponente, die den Erfahrungsschatz des einzelnen Individuums ausdrückt und dessen Tendenz, zu dem besten Platz zurückzukehren. Dagegen liegt das zweite Kraftzentrum mit der maximal möglichen Kraftstärke $c_2 > 0$ an der bis zu diesem Zeitpunkt besten Position $\overrightarrow{p}^g$ des ganzen Schwarms. Es repräsentiert die soziale Komponente, und das kollektive Wissen des Schwarms, von dem das einzelne Individuum profitiert. Beide Anziehungen sind linear zum Abstand und entsprechen damit einer Federkraft. Beide Komponenten sind wichtig. Wenn die soziale Komponente fehlt ($c_2 = 0$) wird sich nur eine exzessive Wanderung der einzelnen Teilchen durch den Designraum einstellen, während im anderen Fall

($c_1 = 0$) sich alle Teilchen vorzeitig in einem gemeinsamen Optimum zusammenfinden. In der ursprünglichen Version wurde $c_1 = c_2 = 2$ vorgeschlagen. Die Stärke beider Attraktionsterme wird über die Diagonalmatrizen

$$\boldsymbol{U}_1 = \begin{pmatrix} r_{1,1} & 0 & & & 0 \\ 0 & r_{1,2} & 0 & & \\ & 0 & \ddots & & \\ & & & \ddots & 0 \\ 0 & & & 0 & r_{1,n} \end{pmatrix}, \quad \boldsymbol{U}_2 = \begin{pmatrix} r_{2,1} & 0 & & & 0 \\ 0 & r_{2,2} & 0 & & \\ & 0 & \ddots & & \\ & & & \ddots & 0 \\ 0 & & & 0 & r_{2,n} \end{pmatrix} \tag{10.20}$$

mit

$r_{1,i}$, $r_{2,i}$ = gleichverteilte Zufallszahlen im Intervall [0, 1]

zufällig variiert. Das bedeutet, dass jede Komponente der Attraktionsterme unabhängig voneinander zufällig zwischen der Kraftstärken 0 und c_1 bzw. c_2 schwanken kann.

Im Prinzip sind Gleichungen (10.17) und (10.19) nichts anderes als die numerische Lösung folgender Bewegungsgleichung

$$m\ddot{\vec{x}} = \vec{F}^i + \vec{F}^g \tag{10.21}$$

mit

$$\begin{aligned} \vec{F}^i &= \alpha(\vec{p}^i - \vec{x}) \\ \vec{F}^g &= \beta(\vec{p}^g - \vec{x}) \end{aligned}$$

über ein explizites Verfahren mit einem Zeitschritt von $\Delta t = 1$ [91] und für ein Teilchen mit der Masse $m = 1$. Man kann die Bewegungsgleichung umformen zu

$$m\ddot{\vec{x}} = \vec{F}^{cm} \tag{10.22}$$

mit

$$\vec{F}^{cm} = (\alpha + \beta)(\vec{p}^{cm} - \vec{x}) \tag{10.23}$$

$$\vec{p}^{cm} = \frac{\alpha\vec{p}^i + \beta\vec{p}^g}{\alpha + \beta},$$

sodass die Gleichung die Bewegung eines Teilchen in einem Zentralpotenzial beschreibt, dessen Zentrum an dem mit den Kraftstärken gewichteten Schwerpunkt von $\vec{p}^i$ und $\vec{p}^g$ liegt. Bei konstantem α und β kann die Lösung der Bewegungsgleichung (harmonischer Oszillator), direkt angegeben werden als

$$\vec{x}(t) = \vec{a}\sin\omega t + \vec{b}\cos\omega t \tag{10.24}$$

mit

$$\omega = \sqrt{\frac{\alpha + \beta}{m}} \tag{10.25}$$

und den konstanten Koeffizientenvektoren $\vec{a}$ und $\vec{b}$. Damit ergeben sich als Lösung geschlossene Bahnkurven.

Solche geschlossenen Bahnkurven erhält man dann auch innerhalb der numerischen Genauigkeit, wenn man in Gleichung (10.19) alle Zufallszahlen auf 1 (d. h. $\boldsymbol{U}_1 = \boldsymbol{U}_2 = \mathbf{1}$) und damit die Kräfte auf einen konstanten Wert setzt. Dies soll in Abbildung 10.8 verdeutlicht werden, in denen die Bahnen eines Teilchens für verschiedene Kraftstärken c_1 und c_2 in einem 2-dimensionalen Beispiel dargestellt sind. Dabei wird angenommen, dass Teilchen i zum Zeitpunkt $t = 0$ eine neue individuelle beste Position $\vec{p}^{i\mathrm{T}} = (10, 10)$ findet. Der dahin führende Geschwindigkeitsvektor sei $\vec{v}^{(0)\mathrm{T}} = (3, 8)$ und die globale beste Position $\vec{p}^{g\mathrm{T}} = (30, 20)$. Beginnend von $\vec{p}^i$ wird nun für 20

Zeitschritte die Teilchenbahn nach Gleichung (10.17) und (10.19) bestimmt. In Abbildung 10.8 ist zu erkennen, dass sich innerhalb der numerischen Genauigkeit eine geschlossen Bahnkurve ergibt, bei der das Teilchen immer zu dem Ausgangspunkt $\overrightarrow{p}^i$ zurückkehrt. Da in dem Beispiel $c_1 = c_2$ gesetzt wurde, geht das Teilchen aus Symmetriegründen auch immer durch den Punkt $\overrightarrow{p}^g$. Mit steigender Kraftstärke werden die Bahnen immer länglicher, bleiben jedoch trotz der großen Schrittweite von $\Delta t = 1$ für die gezeigten Kräfte innerhalb der numerischen Genauigkeit auch noch nach 7500 Zeitschritten stabil. Weiterhin demonstriert Abbildung 10.9 mit einer Anfangsgeschwindigkeit von $\overrightarrow{v}^{(0)^T} = (3,8)$, dass die Form der Bahnkurve wie erwartet von den Anfangsbedingungen abhängt. Abbildung 10.10 zeigt, dass für den Fall $c_1 \neq c_2$ das das Teilchen nicht mehr durch den Punkt $\overrightarrow{p}^g$ geht und sich das effektive Kraftzentrum $\overrightarrow{p}^{cm}$ gemäß Gleichung (10.23) zu dem mit den Kraftstärken gewichteten Schwerpunkt von $\overrightarrow{p}^i$ und $\overrightarrow{p}^g$ verschiebt.

Natürlich sind solche geschlossenen Teilchenbahnen und die damit verbundene Rückkehr zu schon bekannten Punkten unerwünscht, weil das Teilchen ja den Bereich um $\overrightarrow{p}^i$ und $\overrightarrow{p}^g$ möglichst großräumig durchsuchen soll. Letzteres wird aber gerade dadurch bewirkt, dass die Kräfte über die Zufallszahlen variiert werden und sich dadurch keine geschlossenen Bahnen mehr ausbilden (siehe Abbildung 10.11).

Ein kritischer Punkt bei PSO ist zu gewährleisten, dass das Verfahren stabil ist und konvergiert. Abbildung 10.12 zeigt bei konstant gehaltenen Kräften, dass das Teilchen mit zunehmender Kraftstärke immer mehr beschleunigt und schließlich weit aus dem Designraum herausgeschleudert wird. Der Schwarm explodiert somit bei zu großen Kräften. Aber auch die Zufallszahlen können, wie Abbildung 10.13 zeigt, zu Instabilitäten führen. Hier erzeugt die Zufallskomponente mit einer Maximalkraft von $c_1 = c_2 = 0.2$, bei der sich ohne Zufallsvariation stabile Bahnen einstellen, ein instabiles Verhalten. Untersuchungen zeigen, dass ein stabiler Schwarm nur dann erreicht werden kann, wenn die Bewegung des Teilchens gedämpft wird. Die kann mithilfe eines Faktors $\omega \leqq 1$ vor dem Geschwindigkeitsterm geschehen [344]

$$\overrightarrow{v}^{(k+1)}(i) = \omega \overrightarrow{v}^{(k)}(i) + c_1 \boldsymbol{U}_1 \left(\overrightarrow{p}^i - \overrightarrow{x}^{(k)}(i) \right) + c_2 \boldsymbol{U}_2 \left(\overrightarrow{p}^g - \overrightarrow{x}^{(k)}(i) \right). \qquad (10.26)$$

denn eine einfache Umformung nach

$$\Delta \overrightarrow{v} = \overrightarrow{v}^{(k+1)}(i) - \overrightarrow{v}^{(k)}(i) \propto -(1-\omega)\overrightarrow{v}^{(k)}(i)$$

zeigt, dass dadurch eine Reibungskraft mit dem Reibungskoeffizienten $(1-\omega)$ eingeführt und die Bewegung des Teilchens abgebremst wird. Es gibt Untersuchungen, die zeigen, welche Kombinationen von Reibungs- und maximalen Kraftkomponenten einen stabilen Schwarm gewährleisten. Die einfachste Formulierung ist die über den so genannten „Clerc's constriction factor“ [64], [65], [84], [116]

$$\overrightarrow{v}^{(k+1)}(i) = \chi \left(\overrightarrow{v}^{(k)}(i) + c_1 \boldsymbol{U}_1 \left(\overrightarrow{p}^i - \overrightarrow{x}^{(k)}(i) \right) + c_2 \boldsymbol{U}_2 \left(\overrightarrow{p}^g - \overrightarrow{x}^{(k)}(i) \right) \right). \qquad (10.27)$$

welche folgende Bedingung für die Schwarmstabilität liefert

$$c = c_1 + c_2 > 4 \qquad (10.28)$$

$$\chi = \frac{2}{c - 2 + \sqrt{c^2 - 2c}}$$

und kanonischer Schwarm-Algorithmus genannt wird. Eine typische Wahl der Koeffizienten ist

$$c_1 = c_2 = 2.05 \qquad \Rightarrow \qquad \chi = 0.7298 \qquad (10.29)$$

Die kanonische Formulierung eliminiert die Explosion des Schwarms und stellt – wie in Abbildung 10.14 exemplarisch gezeigt – die Konvergenz sicher. Die Konvergenzgeschwindigkeit kann noch

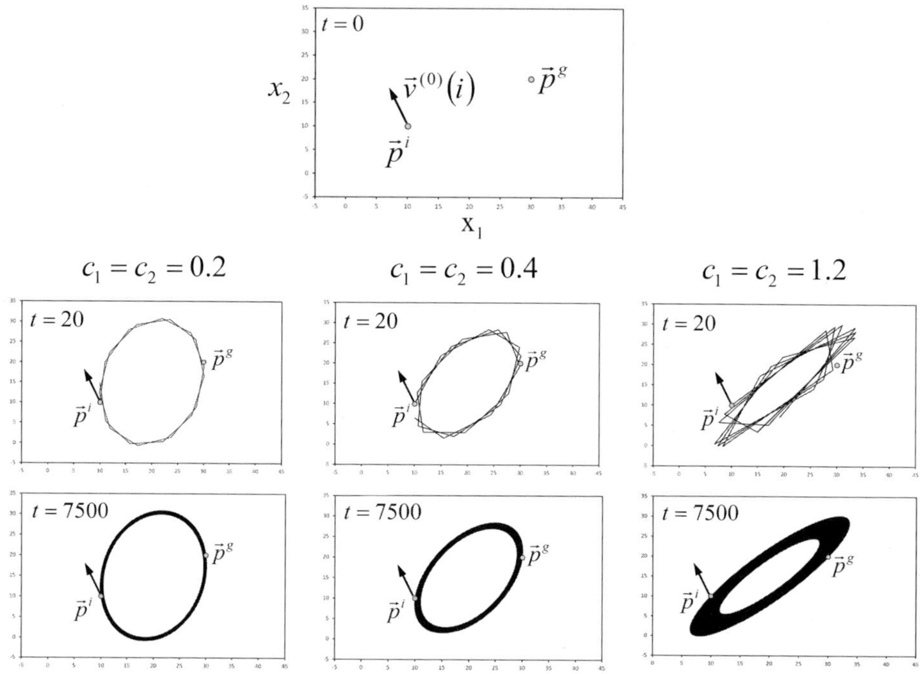

Abb. 10.8 Anfangsbedingungen und resultierende geschlossene Bahnen eines Teilchens bei konstanten unterschiedlichen Kraftstärken $c_1 = c_2$ über 20 und 7500 Zeitschritte

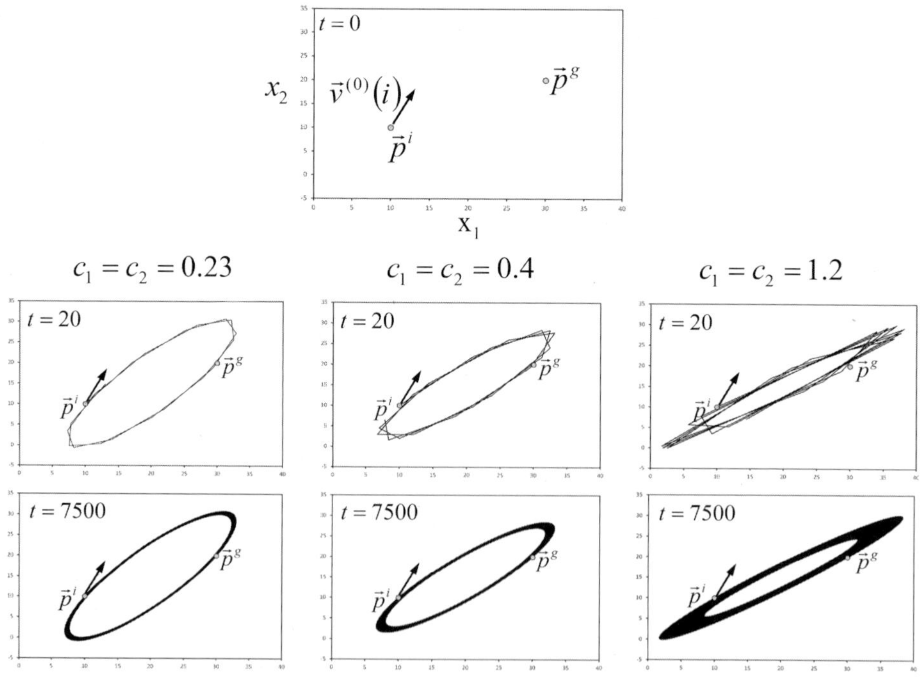

Abb. 10.9 Wie Abbildung 10.8 jedoch mit geänderten Anfangsbedingungen

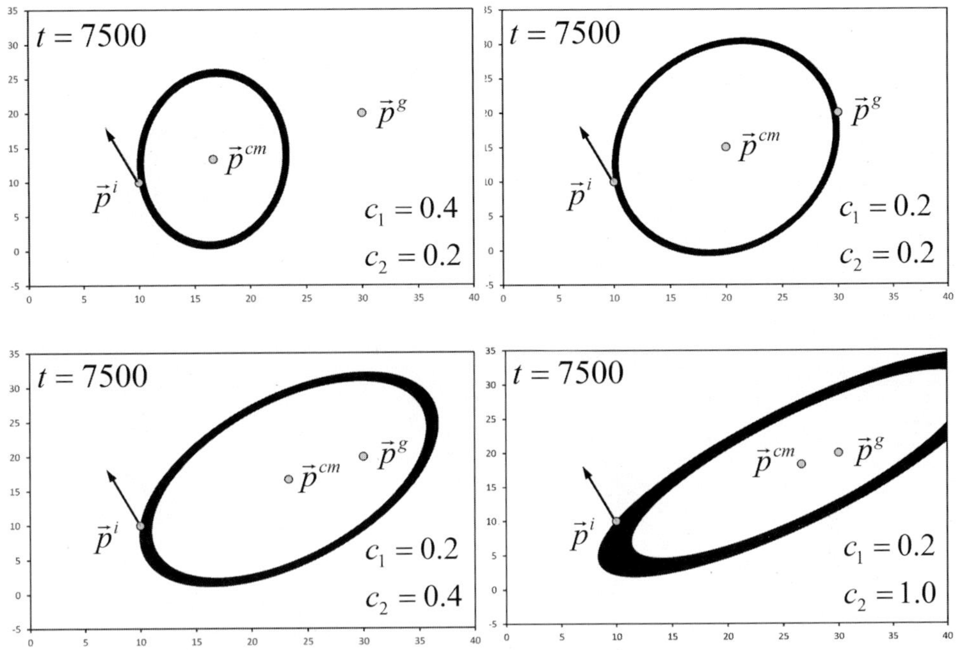

Abb. 10.10 Bahnkurven mit 7500 Zeitschritten mit jeweils eingezeichnetem effektivem Kraftzentrum $\vec{p}^{\,cm}$ für verschiedene Wertekombinationen von c_1 und c_2

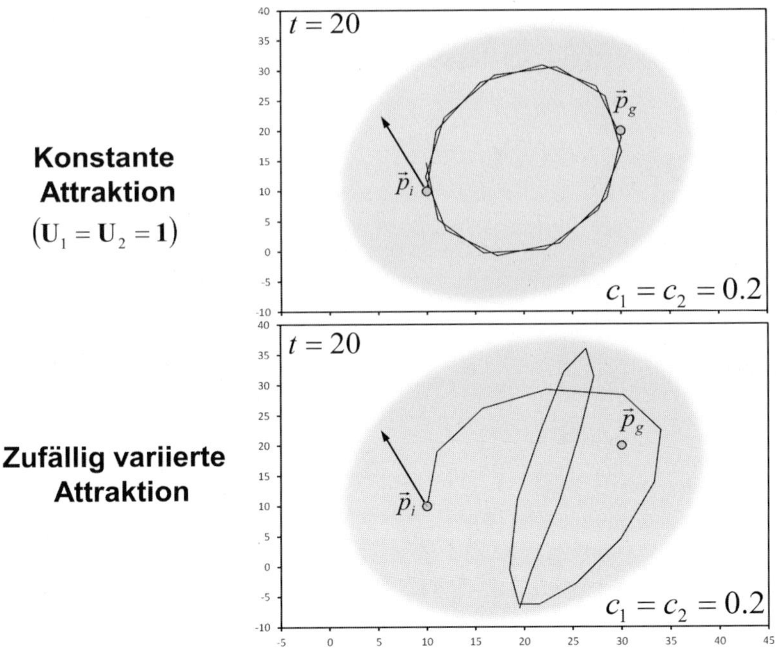

Abb. 10.11 Bahnkurve mit konstanten und mit zufällig variierten Kräften über 20 Zeitschritte. Der graue Bereich skizziert den Bereich, den das Teilchen großräumig durchsuchen soll

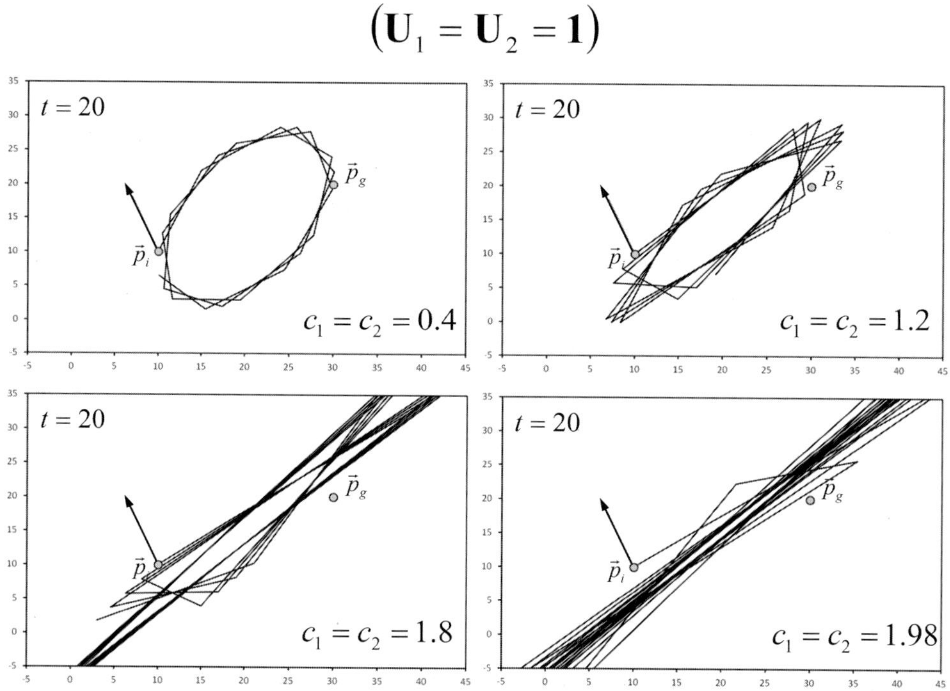

Abb. 10.12 Effekt der Kraftgröße (konstant gehalten) auf die Stabilität der Teilchenbahn

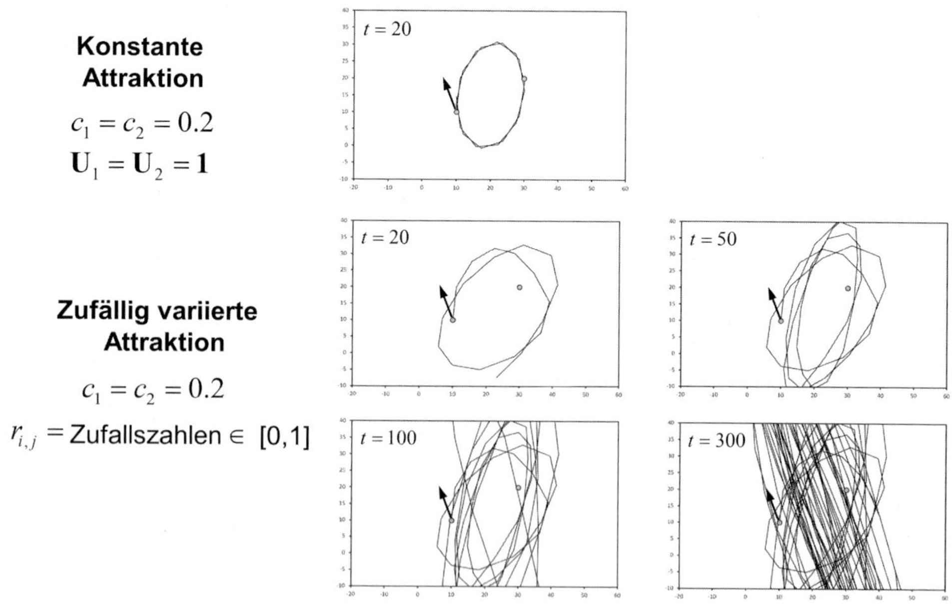

Abb. 10.13 Effekt der über Zufallszahlen variierten Kraftgrößen auf die Stabilität der Teilchenbahn

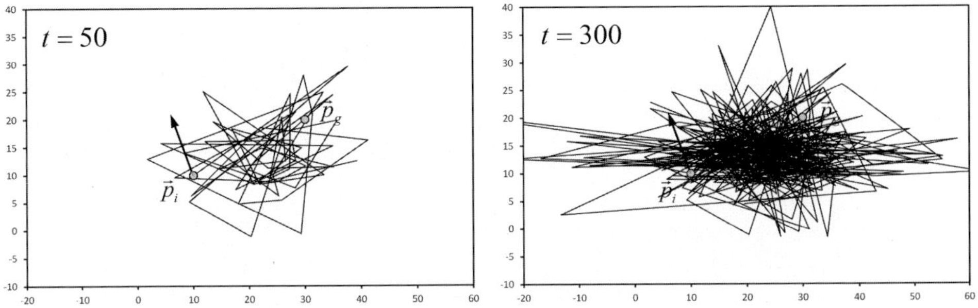

Abb. 10.14 Bahn eines Teilchens mit kanonischer Formulierung nach 50 und 300 Zeitschritten

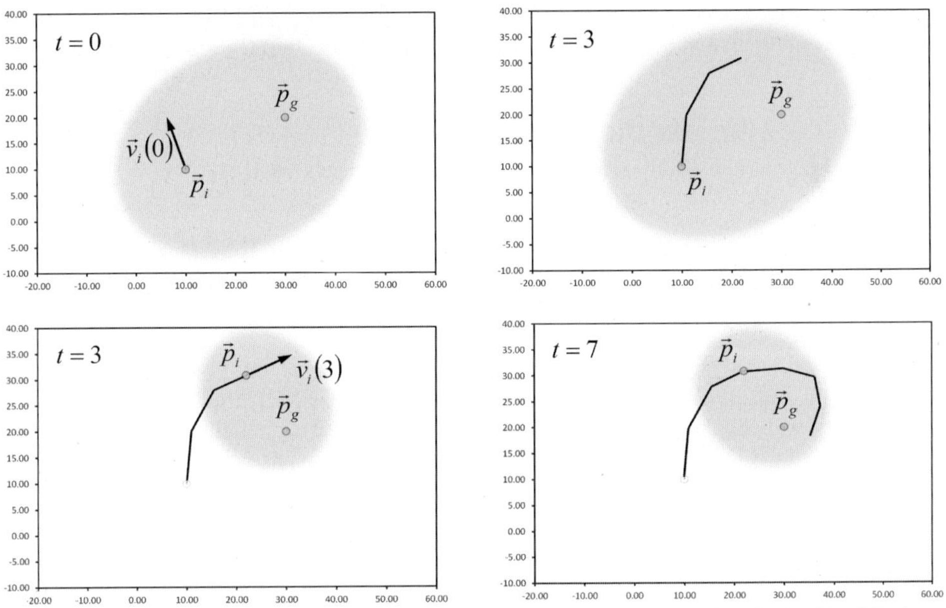

Abb. 10.15 Veranschaulichung der PSO-Strategie. Der graue Bereich skizziert jeweils den Bereich, den das Teilchen großräumig durchsuchen soll

verbessert werden, indem jede Geschwindigkeitskomponente $v_j^{(k)}$ betragsmäßig auf einen Maximalwert $v_j^{\max}$ begrenzt wird.

$$v_j^{(k+1)}(i) = \begin{cases} v_j^{(k)}(i) & \text{wenn} \quad -v_j^{\max} \leqq v_j^{(k)}(i) \leqq v_j^{\max}(i) \\ v_j^{\max} & \text{wenn} \quad v_j^{\max} < v_j^{(k)}(i) \\ -v_j^{\max}(i) & \text{wenn} \quad v_j^{(k)}(i) < -v_j^{\max} \end{cases} . \tag{10.30}$$

Dabei hat sich eine Wahl von

$$v_j^{\max} = x_j^U - x_j^L \tag{10.31}$$

bewährt.

Damit sieht die PSO-Strategie folgendermaßen aus: Jedes Teilchen i durchsucht den Bereich um $\overrightarrow{p}^i$ und $\overrightarrow{p}^g$ bis es entweder selber einen eigenen besseren Punkt $\overrightarrow{p}^i$ (siehe Abbildung 10.15) oder der Schwarm einen besseren Punkt $\overrightarrow{p}^g$ findet. Ab diesem Zeitpunkt ändert sich der Bereich, den das Teilchen durchsucht, und die Suche konzentriert sich um die aktualisierten Punkte $\overrightarrow{p}^i$ und $\overrightarrow{p}^g$. Auf diese Weise nähert sich das Teilchen dem Optimum, indem der Suchbereich sukzessive verkleinert wird.

Konkret lautet der Ablauf der PSO lautet unter Berücksichtigung der expliziten Restriktionen nun folgendermaßen:

1. Lege Parameter N, $k^{\max}$, c_1 und c_2 fest und setze $k = 0$.
2. Bestimme zufällig N Startpositionen $\overrightarrow{x}^{(0)}(i)$ im zulässigen Bereich $[\overrightarrow{x}^L, \overrightarrow{x}^U]$ für die N Teilchen und berechne die dazugehörigen Werte der Zielfunktion $f(i) = f(\overrightarrow{x}^{(0)}(i))$. Setze $f^{\text{best}}(i) = f(i)$, $\overrightarrow{p}^i = \overrightarrow{x}^{(0)}(i)$, $f^g = \min(f(i), i = 1, N)$ und $\overrightarrow{p}^g = \overrightarrow{x}^{(0)}(k)$ mit $f^g = f(k)$.
3. Bestimme zufällig N Geschwindigkeitsvektoren $\overrightarrow{v}^{(1)}(i)$ im Bereich $\eta[\overrightarrow{x}^L, \overrightarrow{x}^U]$ mit beispielsweise $\eta = 0{,}5$.
4. Bestimme für jedes Teilchen $i = 1, N$ die neuen Ortsvektoren $\overrightarrow{x}^{(k+1)}(i)$ nach Gleichung (10.17), (10.18) und (10.19) und den dazugehörigen Wert der Zielfunktion $f(i) = f(\overrightarrow{x}^{(k)}(i))$.
5. Wenn $f(i) < f^{\text{best}}(i)$ dann setze $f^{\text{best}}(i) = f(i)$ und $\overrightarrow{p}^i = \overrightarrow{x}^{(k+1)}(i)$.
6. Wenn $f(i) < f^g$ dann setze $f^g = f(i)$ und $\overrightarrow{p}^g = \overrightarrow{x}^{(k+1)}(i)$.
7. Konvergenzkriterium erfüllt oder $k > k^{\max}$? Wenn ja, dann gehe nach 11.
8. Setze $k = k + 1$.
9. Bestimme für jedes Teilchen $i = 1, N$ den Geschwindigkeitsvektor $\overrightarrow{v}^{(k+1)}(i)$ gemäß Gleichung (10.27).
10. Gehe nach 4.
11. Dokumentiere das Ergebnis und beende das Programm.

Dieser serielle Ablauf kann leicht parallelisiert werden, indem in Schritt 4 die Analysen zur Bestimmung der Zielfunktionswerte $f(i)$ auf N verschiedene Rechner verteilt werden. Damit kann die Wartezeit auf das Optimierungsergebnis um einen Faktor $1/N$ reduziert werden. Dies ist jedoch bei größeren Problemen auch sicherlich notwendig, da sich die Anzahl der benötigten Zeitschritte in der Größenordnung 200 – 1000 bewegt und damit die Anzahl der Analysen $200N - 1\,000N$ beträgt.

Während die Parameter χ, c_1 und c_2 meistens wie in (10.29) gewählt werden und damit festgelegt sind, gibt es noch frei zu wählende Parameter und Strategien, die Einfluss auf die Effizienz des Verfahrens haben. Durch Untersuchungen an Testfunktionen gibt es Empfehlungen, wie diese zu wählen sind:

1. **Populationsgröße *N*:** Nach [345] ist die Fähigkeit von PSO, das globale Optimum zu finden, nicht sensitiv auf die Populationsgröße N. Ist jedoch N klein, so werden mehr Iterationen benötigt als bei großem N. Dagegen werden bei zu großem N mehr Analysen benötigt als eigentlich notwendig. Es ist also wichtig die Populationsgröße zu finden, bei der die Anzahl der Analysen minimal ist. Als Populationsgröße wird in [59] $N = 30$ empfohlen. Jedoch ist dabei zu beachten, dass nahezu alle Testfunktionen 30 Designvariablen hatten, sodass eine Abhängigkeit der optimalen Populationsgröße von der Anzahl der Designvariablen dort nicht untersucht wurde und deshalb nicht ausgeschlossen werden kann.
2. **Synchrone und asynchrone Aktualisierung von $\overrightarrow{p}^g$:** In der ursprünglichen Version wurde der Wert von $\overrightarrow{p}^g$ synchron aktualisiert, d. h. erst nachdem alle Teilchen in einem Zeitschritt in eine neue Position gebracht worden sind. Im asynchronen Fall wird dagegen ein verbesserter Wert von $\overrightarrow{p}^g$ sofort beim Nächsten zu bearbeitenden Teilchen verwendet. In [59] wird die asynchrone Aktualisierung empfohlen, weil sie sich, wie zu erwarten, in den Testrechnungen als die preisgünstigste herausgestellt hatte. Als Grund dafür kann man sich anschaulich vorstellen, dass der Schwarm schneller auf eine Verbesserung reagieren kann.

3. **Nachbarschaftsstrukturen:** Die Eigenschaften eines Schwarms lassen sich auch über verschiedene Nachbarschaftsstrukturen (Abbildung 10.16) steuern. Bisher wurde nur die so genannte „gbest"-Nachbarschaftsstruktur vorgestellt, bei der $\overrightarrow{p}^g$ die beste Position des gesamten Schwarms ist. Man kann dies grafisch als einen vollständig verbundenen Graphen darstellen (Sternstruktur). Dies bedeutet jedoch nicht, dass jedes Teilchen die Informationen aller Nachbarn verwendet, sondern lediglich, dass alle Nachbarn abgefragt werden und nur die Information des besten Nachbarn verwendet wird. Die „gbest"-Nachbarschaftsstruktur hat den Vorteil, dass sie schnell konvergiert. Dagegen ist die Gefahr größer zu einem lokalen Optimum zu konvergieren. Bei der „lbest"-Nachbarschaftsstruktur [85] kennt jedes Teilchen nur 2 Nachbarn und $\overrightarrow{p}^g$ ist die beste Position von diesen 2 Nachbarn. Grafisch kann dies durch eine Ringstruktur repräsentiert werden. Benachbart heißt dabei nicht zwangsläufig, dass die Teilchen auch räumlich eng beieinander liegen. Vielmehr ordnet man, um Rechenzeit zu sparen, die Nachbarn häufig über die Indizierung der Teilchen zu, z. B. die Nachbarn zu Teilchen i sind die Teilchen $i+1$ und $i+2$. Die „lbest"-Nachbarschaftsstruktur konvergiert nicht so schnell wie „gbest", weist aber dafür eine größere Wahrscheinlichkeit auf das globale Optimum zu finden. Bei der so genannten „von Neumann"-Struktur [197] handelt es sich um einen Kompromiss zwischen „gbest" und „lbest", bei dem jedes Teilchen 4 Nachbarn hat.

Neben den oben geschilderten statischen Nachbarschaftsstrukturen gibt es noch die dynamischen Nachbarschaftsstrukturen. So kann man mit einer „lbest"-Strategie beginnen (Suche nach globalem Optimum) und die Anzahl der Nachbarn während der Optimierung sukzessive erhöhen bis die „gbest"-Struktur (schnelle Konvergenz) erreicht ist [368]. Eine andere Möglichkeit ist, als Nachbarn das Teilchen mit der dem höchsten FDR-Wert (Fitness Distance Ration) [279] auszuwählen. Darunter versteht man das Verhältnis von der Zielfunktionsdifferenz zwischen dem aktuellen Teilchen und dem Nachbarn zu deren Abstand. Diese Strategie stellt sicher, dass der ausgewählte Nachbar einen guten Zielfunktionswert aufweist und nicht zu weit entfernt ist. Da diese Strategie komponentenweise angewendet ist, wird normalerweise nicht der gleiche Nachbar in allen Dimensionen selektiert. Bei dem Schwarmsystem mit dem Namen TRIBES [66], [70] wird die gesamte Population in autonome Unterpopulationen (Stämme) aufgeteilt. Die Idee ist dabei, dass gute Stämme sich verbessern, indem sie auf schlechte Mitglieder verzichten, während im Gegenzug sich die schwächeren Stämme schneller verbessern können, indem sie neue Mitglieder bekommen.

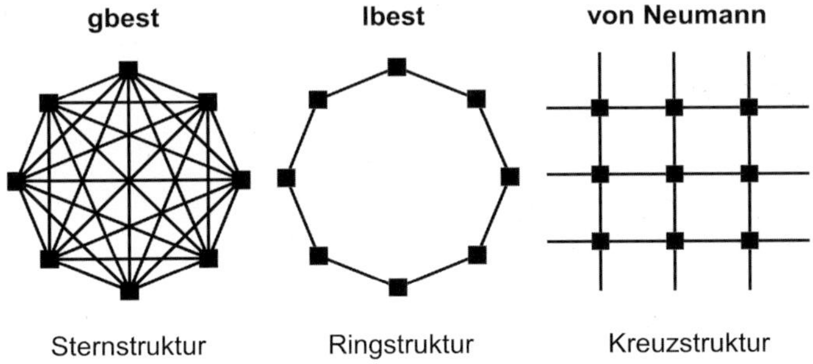

Abb. 10.16 Nachbarschaftstopologien

Neben der unüberschaubaren Anzahl von PSO-Varianten gibt es auch die so genannten hybriden Modelle, bei denen PSO mit evolutionären Algorithmen kombiniert wird. So kann man beispielsweise die Position eines Teilchen wie auch die Parameter c_1, c_2 und χ über Mutation verändern [251] oder Nachkommen aus der Rekombination von Positionen und Geschwindigkeiten von Eltern-Teilchen erzeugen [229]. Eine andere Variante beginnt mit PSO mit dem Ziel, effektiv nach dem globalen Optimum zu suchen, um dann gegen Ende auf einen evolutionären Algorithmus umzuschalten und dadurch die Konvergenzgeschwindigkeit zu erhöhen [299].

10.3 Simulated Annealing

Beim Simulated Annealing-Verfahren [200], [201], [247], [289], dient nicht die Bionik als Vorbild und Motivation, sondern der physikalische Prozess der Kristallisation (Abbildung 10.17). Wird eine Kristallschmelze langsam und vorsichtig abgekühlt, bildet sich am Ende ein perfekter Einkristall heraus. Dieser Zustand zeichnet sich dadurch aus, dass er die geringste potenzielle Energie aufweist. Schreckt man die Schmelze jedoch ab, erhält man zwar auch einen Kristall, diesmal jedoch mit Fehlstellen und einer höheren potenziellen Energie. Offenbar ist das System durch die schnelle Abkühlung in ein lokales Minimum gefallen. Der Unterschied zur langsamen Abkühlung besteht darin, dass das System zwar auch beim langsamen Abkühlen in ein lokales Minimum gelangen kann, es jedoch eine Entkommwahrscheinlichkeit

$$P \sim \exp\left(-\frac{\Delta E}{kT}\right) \tag{10.32}$$

gibt, mit der das System aus dem lokalen Minimum herausspringen und sich weiter in Richtung globales Minimum bewegen kann. Dabei ist k die Boltzmann-Konstante, T die Temperatur des Systems und ΔE die Energiedifferenz, die zu überwinden ist, um aus dem lokalen Minimum herauszukommen. Das bedeutet, dass die Entkommwahrscheinlichkeit umso größer ist, je höher die Temperatur ist und es deshalb dem System beim langsamen Abkühlen normalerweise gelingt, dem lokalen Minimum zu entkommen. Beim Abschrecken fällt das System dagegen in das nächstgelegene lokale Minimum und wird darin „eingefroren“ (Abbildung 10.17).

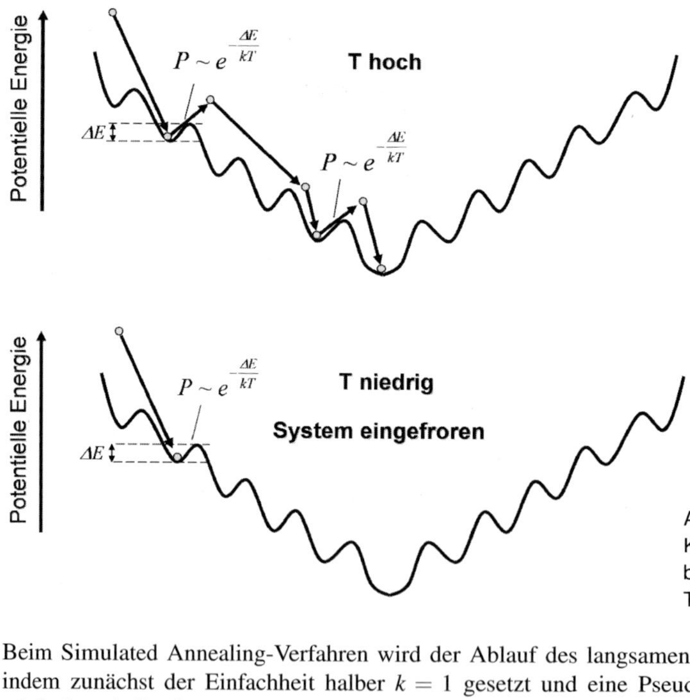

Abb. 10.17 Ablauf eines Kristallisationsprozesses bei hoher und bei niedriger Temperatur

Beim Simulated Annealing-Verfahren wird der Ablauf des langsamen Abkühlens nun simuliert, indem zunächst der Einfachheit halber $k = 1$ gesetzt und eine Pseudotemperatur T eingeführt wird. Innerhalb einer vorgegebenen Schrittweite werden dann in jeder Iteration neue Punkte zufällig generiert. Ein neuer Punkt wird dabei immer dann akzeptiert, wenn sich die Zielfunktion verbessert. Verschlechtert sich der Wert der Zielfunktion jedoch, wird der neue Punkt nur mit der Wahrscheinlich P aus Gleichung (10.32) akzeptiert. Auf diese Weise ist es möglich, dass der Optimierungsalgorithmus aus einem lokalen Minimum wieder herausfindet. Von Iteration zu

Iteration werden dann die Temperatur und die Schrittweite verkleinert bis gegen Ende das System „eingefroren" und (hoffentlich) das globale Minimum erreicht worden ist.

Der genaue Ablauf des Verfahrens lautet somit:

1. Führe eine Pseudotemperatur T ein und wähle diese zu Beginn so, dass 50 % der Analysen erfolgreich sind.
2. Bestimme in jeder Iteration k einen neuen Punkt $\overrightarrow{x}^{(k)}$ durch zufällige Änderung von $\overrightarrow{x}^{(k-1)}$ mit der Schrittweite Δ.
3. Akzeptiere einen neuen Punkt $\overrightarrow{x}^{(k)}$, wenn gilt $f(\overrightarrow{x}^{(k)}) \leqq f(\overrightarrow{x}^{(k-1)})$.
4. Wenn $f(\overrightarrow{x}^{(k)}) > f(\overrightarrow{x}^{(k-1)})$, dann akzeptiere einen neuen Punkt $\overrightarrow{x}^{(k)}$ mit der Wahrscheinlichkeit $P = \exp\left(-\frac{f(\overrightarrow{x}^{(k)}) - f(\overrightarrow{x}^{(k-1)})}{T}\right)$.
5. Wenn Konvergenzkriterien erfüllt, gehe nach 7.
6. Verringere Schrittweite Δ und erniedrige Temperatur T. Gehe nach 2.
7. Das Optimum ist $\overrightarrow{x}^* = \overrightarrow{x}^{(k)}$.

10.4 Generelle Bemerkungen zu den stochastischen Optimierungsverfahren

Bei allen stochastischen globalen Optimierungsverfahren ist es generell problematisch, ein Abbruchkriterium anzugeben, weil man nie weiß, wann das Verfahren aus einem lokalen Minimum herausspringen wird. So kann es geschehen, dass ein globales Verfahren längere Zeit in einem lokalen Minimum verweilt, ehe es aus diesem entkommen kann. Dennoch werden in Ermangelung einer besseren Strategie von den kommerziellen Programmen erfahrungsbasierte Abbruchkriterien verwendet, die beispielsweise auf der Konvergenzrate der Zielfunktion oder der maximalen Anzahl von Analysen basieren. In solchen Abbruchkriterien ist deshalb immer eine gewisse Willkür und Unsicherheit enthalten, sodass ein erfolgreich beendetes globales Optimierungsverfahren nicht garantiert, das globale Optimum gefunden zu haben.

Weiterhin können bei den oben vorgestellten globalen Optimierungsverfahren nur die expliziten jedoch nicht die impliziten Restriktionen direkt berücksichtigt werden. Sie müssen also indirekt in den Algorithmus integriert werden. Dies kann man beispielsweise über Straffunktionen (siehe Abschnitt 3.1) tun. Dabei kommen ausschließlich externe Straffunktionen zum Einsatz, weil bei den globalen Optimierungsverfahren große Sprünge im Designraum und damit auch Sprünge vom zulässigen in den unzulässigen Bereich möglich sind. Bei einem solchen Verhalten sind interne Straffunktionen wegen der Singularität an der Restriktionsgrenze problematisch.

Je nach Optimierungsmethode gibt es auch verfahrensspezifische Möglichkeiten um Restriktionen zu berücksichtigen. Einen guten Überblick über solche alternativen Möglichkeiten für evolutionäre Algorithmen findet man in [68]. Die wohl einfachste dort beschriebene Variante ist die sogenannte „Death Penalty" [171]. Hier werden solange Nachkommen erzeugt, bis die erwünschte Anzahl an zulässigen Nachkommen erreicht ist. Alle anderen (nicht zulässigen) Nachkommen werden verworfen. Eine solche Strategie ist jedoch nur einsetzbar, wenn die Rechenzeit für eine Analyse extrem klein ist. Eine wesentlich bessere und praxisgerechte Variante bei evolutionären Algorithmen ist, die Restriktionsverletzung in der Fitness-Definition bzw. im Selektionsschema zu berücksichtigen. So kann man beispielsweise für die DE, bei der jeweils immer zwei Individuen verglichen werden, folgende Regeln [5] festlegen:

1. Wenn beide Individuen keine Restriktionen verletzen, dann gewinnt das mit der kleineren Zielfunktion.

2. Das Individuum ohne Restriktionsverletzung ist immer besser als das mit Restriktionsverletzung.
3. Wenn beide Individuen Restriktionen verletzen, dann gewinnt das Individuum mit der kleineren maximalen Restriktionsverletzung.

In diesem Fall kann man allerdings auch alle drei Regeln über folgende Straffunktion berücksichtigen:

$$P(\vec{x}) = \alpha \left(f^{\max} - f(\vec{x}) + g^{\max}(\vec{x})\right) \tag{10.33}$$

mit dem Schalter

$$\alpha(x) = \frac{\max\left(0, g^{\max}(\vec{x})\right)}{\max\left(\epsilon, g^{\max}(\vec{x})\right)} \tag{10.34}$$

der die Straffunktion stetig einschaltet, sobald eine Restriktion verletzt wird. Dabei ist $g^{\max}(\vec{x}) = \max\{g_j(\vec{x});\ j = 1, m\}$ die maximale Restriktionsverletzung aller Lastfälle und $f^{\max}$ der größte Zielfunktionswert aller Individuen. Weiterhin verhindert $\epsilon \ll 1$ (z. B. $\epsilon = 10^{-2}$) die Division durch null wenn keine Restriktion verletzt ist.

Wenn man allerdings, um beispielsweise Stagnation zu verhindern, die dritte Regel folgendermaßen umformuliert [5]

3. Wenn beide Individuen Restriktionen verletzen, dann gewinnt das jüngere Individuum.

ist es nicht mehr möglich, alle drei Regeln in einer Straffunktion zusammenzufassen.

Eine weitere in [68] beschriebene interessante Variante [58] behandelt das restringierte Optimierungsproblem als restriktionsfreies Mehrzieloptimierungsproblem (siehe Kapitel 11.1).

$$\min \begin{pmatrix} f(\vec{x}) \\ \phi(\vec{x}) \end{pmatrix} \tag{10.35}$$

mit

$$\phi(\vec{x}) = \sum_{j=1}^{m} \left[\max\left(g_j(\vec{x}), 0\right)\right]^2 \tag{10.36}$$

In diesem Fall ist die Lösung eine Pareto-Front und die gesuchte Lösung des Originaloptimierungsproblems liegt in dem in Abbildung 10.18 markierten Knick. In [58] wird zudem noch eine Lösungsstrategie angegeben. Dazu werden zuerst verschiedene Schichten von Pareto-Punkten extrahiert, indem man zuerst alle nicht dominierten Punkte entfernt (1. Schicht), von der verbleibenden Mengen dann wieder die nicht dominierten Punkte entfernt (2. Schicht) und damit solange fortfährt, bis alle Punkte in Schichten eingeteilt sind. Anschließend wird eine Suchrichtung festgelegt, indem zwei Punkte aus verschiedenen Schichten verbunden werden. Dabei ist die Suchrichtung immer so orientiert, dass sie die Pareto-Front nach außen treibt (in Abbildung 10.18 von rechts nach links). Weiterhin wird die Suchrichtung noch einer Mutation unterzogen. Anschließend wird in einem begrenzten Bereich der Suchrichtung eine Liniensuche durchgeführt, indem dort zufällig gleichverteilte Punkte selektiert werden.

Die Formulierung von ϕ hat jedoch den Nachteil, dass sie nicht differenzieren kann zwischen einem Punkt mit einer großen und einem mit vielen kleinen Restriktionsverletzungen. So würde beispielsweise ein Punkt, bei dem nur eine Restriktion um 20 % verletzt ist, gleich bewertet werden wie ein Punkt, bei dem 20 Restriktionen zu 1 % verletzt sind. Je nach Problemstellung könnte man aber den letzten Punkt mit den kleinen Restriktionsverletzungen vielleicht noch als Lösung akzeptieren, den anderen dagegen nicht. Dem kann man entgegenwirken indem man ϕ als

$$\phi(\vec{x}) = \max\left\{\left[\max\left(g_j(\vec{x}), 0\right)\right]^2;\ j = 1, m\right\} \tag{10.37}$$

definiert. Hier würde man in dem obigen Beispiel für den ersten Punkt $\phi = 0{,}2$ und für den zweiten Punkt $\phi = 0{,}01$ und damit eine wesentlich bessere Bewertung erhalten.

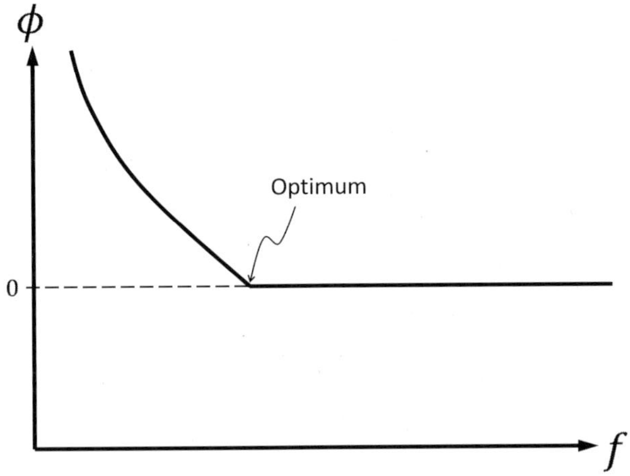

Abb. 10.18 Veranschaulichung der Pareto-Front für das Optimierungsproblem (10.35)

10.5 Der EGO-Algorithmus

Beim EGO-Algorithmus (Efficient Global Optimization) [186] handelt es sich um ein globales Optimierungsverfahren, das keine Zufallskomponenten enthält. Man nutzt vielmehr die statistischen Aussagemöglichkeiten einer Kriging-Approximation. Zu Beginn werden mithilfe einer Versuchsplanung Stützpunkte festgelegt und aus den dortigen Funktionswerten das erste Kriging-Modell berechnet. Anschließend wird der Punkt bestimmt, an dem die Wahrscheinlichkeit am größten ist, einen kleineren Funktionswert als den bisher kleinsten Wert $y_{\min}$ zu finden. Dieser ist dadurch charakterisiert, dass dort die erwartete Verbesserung EI maximal wird. Der Reiz dieser Strategie besteht darin, dass sowohl globale als auch lokale Aspekte berücksichtigt werden. Wenn der maximale Wert von EI nahe bei $y_{\min}$ liegt, handelt es sich um eine lokale Optimierung. Liegt er dagegen weit entfernt, zeigt dies an, dass es wegen der großen Unsicherheit des Modells in diesem Bereich sinnvoll ist, dort einen neuen Datenpunkt zu setzen, weil hier eine hohe Wahrscheinlichkeit zur Verbesserung besteht. Dies deckt den globalen Aspekt ab. Die Restriktionen werden dadurch berücksichtigt, dass der Punkt mit der größten zu erwarteten Verbesserung EI nicht hinzugenommen wird, wenn dort die Wahrscheinlichkeit hoch ist, dass eine oder mehre Restriktionen verletzt sind. In einem solchen Fall wird der Punkt ausgewählt, der den höchsten Wert EI hat ohne eine Restriktion zu verletzen. Der neue Punkt wird als zusätzlicher Stützpunkt hinzugenommen und damit eine neue und bessere Kriging-Approximation bestimmt. Die Optimierung wird beendet, wenn ein neuer Punkt zu nahe an einem Stützpunkt liegt. Der Algorithmus lautet somit im Detail:

1. Lege über einen Versuchsplan N Stützstellen $\overrightarrow{x}(j)$ fest und bestimme dort die Funktionswerte f_j der Zielfunktion. Eine vernünftige Wahl zu Beginn ist $N = 5n$.
2. Bestimme aus den Funktionswerten f_j, $j = 1, N$, eine Kriging-Approximation $\tilde{f}(\overrightarrow{x})$ für die Zielfunktion.
3. Löse das Optimierungsproblem $\max EI$ und nenne den optimalen Punkt $\overrightarrow{x}^*$.
4. Wenn es einen Stützpunkt $\overrightarrow{x}(j)$ gibt, bei dem für alle Komponenten $i = 1, n$ gilt $\left|\dfrac{x_i^* - x_i(j)}{x_i(j)}\right| < \varepsilon$, dann gehe nach 6.
5. Nehme $\overrightarrow{x}^*$ mit dem dazugehörigen Funktionswert f^* als neuen Stützpunkt hinzu und setze $N = N + 1$. Gehe nach 2.
6. Der optimale Punkt ist $\overrightarrow{x}^*$.

Ein möglicher Wert für die Abbruchstoleranz ist dabei $\varepsilon = 0{,}01$.

Ein einfaches eindimensionales Beispiel ist in Abbildung 10.19 gezeigt. Hier liegt das Maximum am Punkt $x^* = 2{,}7$, sodass man nach dem EI-Kriterium diesen als neuen Datenpunkt wählen würde. Hier käme mehr der lokale Aspekt zum Tragen. Im nächsten Schritt sinkt jedoch dann nach Hinzunahme dieses Punktes in dessen Umgebung durch die erhöhte Dichte an Stützpunkten die Wahrscheinlichkeit und damit auch der Wert von EI stark ab, sodass sich das nächste Maximum von EI bei $x \approx 8$ ergeben würde. Damit würde in diesem Schritt der globale Aspekt wirksam.

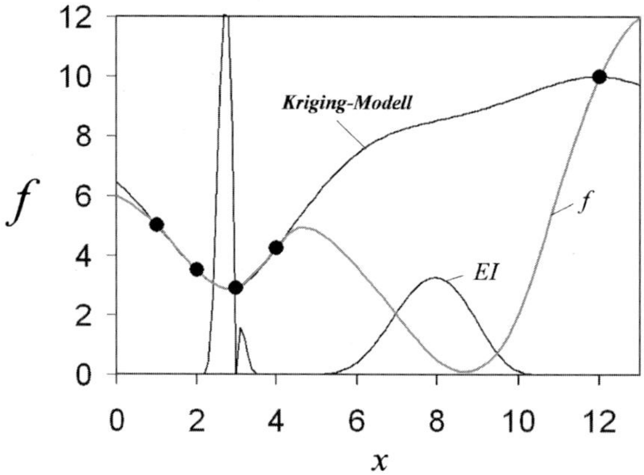

Abb. 10.19 Kriging-Modell durch 5 Stützpunkte für die zu approximierende Funktion f und Verlauf von EI (mit 200 skaliert)

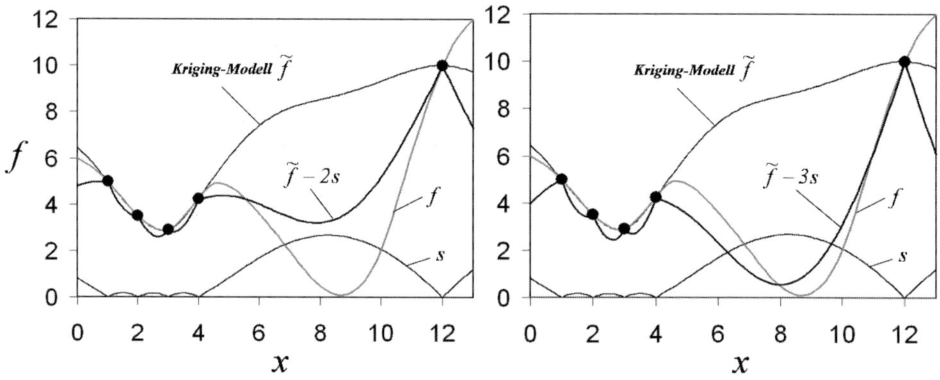

Abb. 10.20 Kriging-Modell durch 5 Stützpunkte und Verlauf von s, $\tilde{f} - 2s$ und $\tilde{f} - 3s$

Anstatt die zu erwartende Verbesserung EI zu maximieren, kann auch die Zielfunktion

$$\hat{f}(\vec{x}) = \tilde{f}(\vec{x}) - \alpha s; \qquad \alpha > 0$$

minimiert werden, wobei s die Standardabweichung ist, die sich aus der Varianz s^2 in Gleichung (6.112) ergibt. Hier wird allerdings nicht der lokale und globale Aspekt gleichzeitig abgedeckt. Vielmehr legt der Anwender über die Wahl des Skalierungsfaktors α fest, welcher Aspekt berücksichtigt werden soll. Ist $\alpha \approx 0$, handelt es sich um eine lokale Optimierungsstrategie, die auf dem bestehenden Kriging-Modell durchgeführt wird. Je größer α ist, z. B. $\alpha = 3$, umso mehr werden der globale Aspekt und die Unsicherheiten in der Approximation berücksichtigt (Abbildung 10.20).

10.6 Würfeln auf dem Computer

In den oben vorgestellten globalen Optimierungsverfahren aus Abschnitt 10.2 und 10.3 wird gefordert, dass ein gewisser Schritt oder eine Auswahl mit einer vorgegebenen Wahrscheinlichkeit durchgeführt wird. Im praktischen Leben kann eine solche Strategie durch Würfeln umgesetzt werden. Soll beispielsweise ein Schritt mit einer Wahrscheinlichkeit $P = 1/3$ ausführt werden, kann man dies durch Würfeln mit der Vereinbarung umsetzen, dass der Schritt nur dann ausgeführt wird, wenn eine 1 oder 2 gewürfelt wird.

Ein solches Würfeln kann auf dem Computer [289] simuliert werden, indem man gleichverteilte Zufallszahlen im Intervall $[0, 1]$ generiert. Gleichverteilt bedeutet, dass man eine Rechteckverteilung erhält, wenn unendlich viele Zufallszahlen gezogen werden. Dies hat wiederum zur Folge, dass eine einzeln gezogene Zufallszahl mit einer Wahrscheinlichkeit $P \in [0, 1]$ im Intervall $[0, P]$ und mit einer Wahrscheinlichkeit $1 - P$ im Intervall $[P, 1]$ liegt (Abbildung 10.21). Wenn nun in einem Programm ein Schritt mit einer Wahrscheinlichkeit P ausgeführt werden soll, kann dies mit folgendem Algorithmus simuliert werden:

1. Erzeuge eine gleichverteilte Zufallszahl τ im Intervall $[0, 1]$.
2. Wenn $\tau \leqq P$ ist, dann führe den Schritt aus.
   Wenn $\tau > P$ ist, dann führe den Schritt nicht aus.

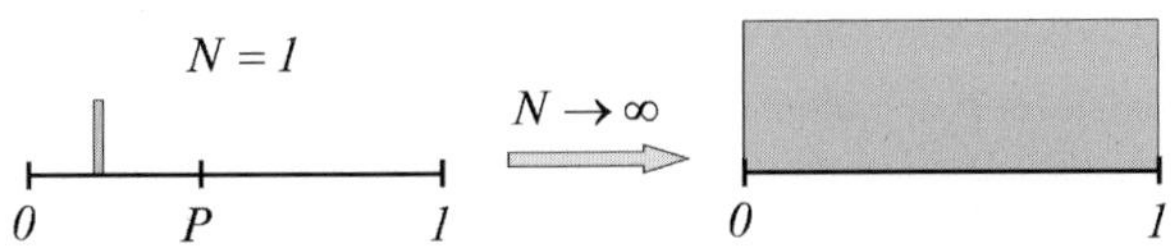

Intervall	W
$[0, P]$	P
$(P, 1]$	$1 - P$

Abb. 10.21 Einzelne gleichverteilte Zufallszahl und Tabelle, welche angibt, mit welcher Wahrscheinlichkeit W die Zufallszahl in den angegebenen Intervallen liegt

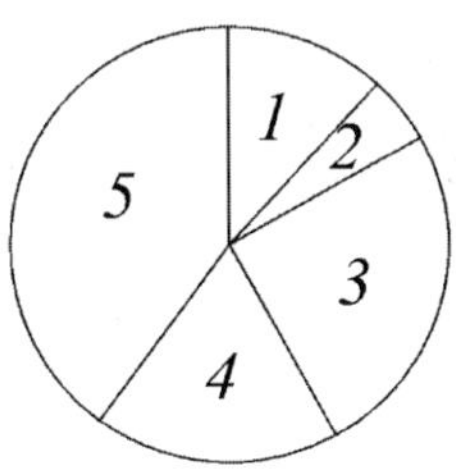

$$\sum_{k=1}^{5} P_k = 1$$

Kandidat	Relative Fläche auf Glücksrad
1	P_1
2	P_2
3	P_3
4	P_4
5	P_5

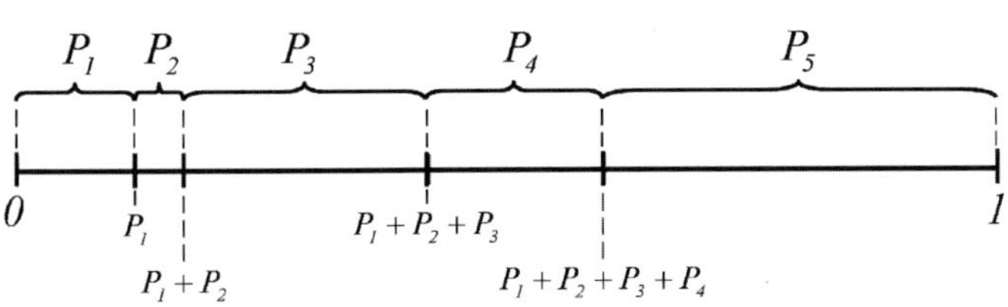

Abb. 10.22 Umsetzung des Glücksrads auf dem Zahlenstrahl im Intervall $[0, 1]$ für $N = 5$

Ebenso kann auf diese Weise das „Roulette-Wheel“ simuliert werden. Die Aufgabe besteht hier darin, aus N Individuen, die jeweils eine Einzelwahrscheinlichkeit P_i besitzen und für welche $\sum_{i=1}^{N} P_i = 1$ gilt, ein einzelnes Individuum unter Berücksichtigung der Wahrscheinlichkeitsverteilung auszuwählen. Dies kann folgendermaßen simuliert werden (Abbildung 10.22):

1. Erzeuge eine im Intervall [0, 1] gleichverteilte Zufallszahl τ.
2. Wenn $\sum_{k=1}^{i-1} P_k \leqq \tau \leqq \sum_{k=1}^{i} P_k$ ist, dann wähle Individuum i aus. (Dabei wird $\sum_{k=1}^{0} P_k = 0$ gesetzt).

10.7 Globale Optimierungsstrategien

Die globalen Optimierungsverfahren in Abschnitt 10.2 und 10.3 haben zwar eine hohe Wahrscheinlichkeit, ein globales Optimum zu finden, jedoch den Nachteil, dass sie gegen ein Optimum langsamer konvergieren als ein guter lokaler Optimierungsalgorithmus. Damit liegt es nahe, ein globales Optimierungsprogramm generell mit einem lokalen Optimierer zu kombinieren (Abbildung 10.23), wie das ja auch schon bei der Multistart-Strategie praktiziert wird. Man setzt damit das globale Optimierungsverfahren nur ein, um in die Nähe des globalen Optimums zu gelangen und einen guten Startpunkt für einen lokalen Optimierer zu finden, der dann schnell und effizient die genaue Lage des Optimums bestimmt. Dadurch lassen sich die hohe Anzahl von Analysen und damit auch die Kosten der Optimierung senken.

Bei einer solchen gemischten Optimierungsstrategie startet man mit einem globalen Optimierungsprogramm, wobei die Anzahl der Analysen auf ein vernünftiges und vertretbares Maß reduziert wird. Wie man nach Abschluss der globalen Optimierung fortfährt, hängt dann stark von der speziellen Aufgabenstellung ab. Einige solcher Möglichkeiten sind beispielsweise:

- Man sucht den besten oder die N besten Punkte heraus, welche dann als Startpunkt für ein Gradientenverfahren genommen werden.
- Wenn ein Optimierungsproblem viele Restriktionen hat und als Folge der Großteil des Designraums nicht zulässig ist, kann man aus dem Ergebnis der globalen Optimierung die zulässigen

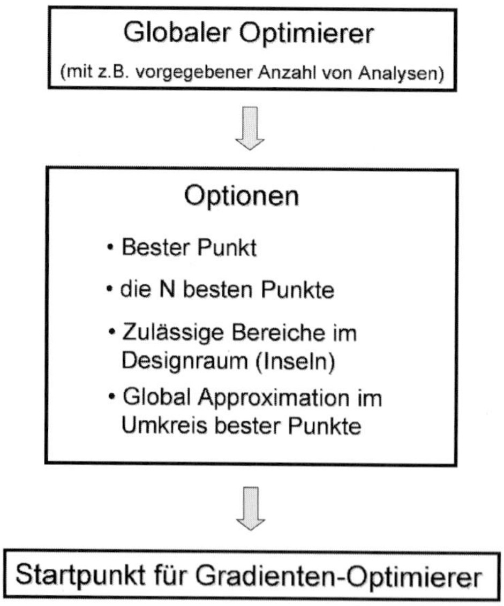

Abb. 10.23 Globale Optimierungsstrategie mit einer Kombination aus globalen und lokalen Optimierungsprogrammen

Punkte verwenden und somit innerhalb der zulässigen Inseln im Designraum den lokalen Optimierer starten.

- Man kann eine Approximation im Umkreis der selektierten Punkte bestimmen und auf diesen Approximationen jeweils die lokale Optimierung durchführen. Weiterhin ist es dann möglich, eine Robustheitsanalyse und gegebenenfalls eine Robustheitsoptimierung kostengünstig auf dieser Approximation durchzuführen.

11 Optimierungsstrategien

In diesem Kapitel werden Strategien und Formulierungen des Optimierungsproblems für spezielle Aufgabenstellungen vorgestellt. Darunter fallen Fragestellungen, wie ein Optimierungsproblem mit mehreren Zielfunktionen zu behandeln ist, wie die Anzahl der Designvariablen reduziert und wie die Robustheit einer Lösung sichergestellt werden kann.

11.1 Mehrzieloptimierung

Bis jetzt wurde nur der Fall betrachtet, dass eine Zielfunktion vorliegt. Oft ist es aber erwünscht, mehr als eine Größe zu optimieren, sodass dann mehrere Zielfunktionen gleichzeitig betrachtet werden müssen. Die Aufgabenstellung, bei der M Zielfunktionen

$$\vec{f}(\vec{x}) = \begin{pmatrix} f_1(\vec{x}) \\ f_2(\vec{x}) \\ \vdots \\ f_M(\vec{x}) \end{pmatrix} \tag{11.1}$$

gleichzeitig minimiert werden sollen, heißt Mehrziel-, Vektor- oder Pareto-Optimierung [17], [21], [31], [69], [122], [333]. Das Optimierungsproblem lautet nun:

$$\min \vec{f}(\vec{x}), \tag{11.2}$$

sodass

$$g_j(\vec{x}) \leqq 0, \qquad j = 1, m$$
$$h_k(\vec{x}) = 0, \qquad k = 1, q.$$

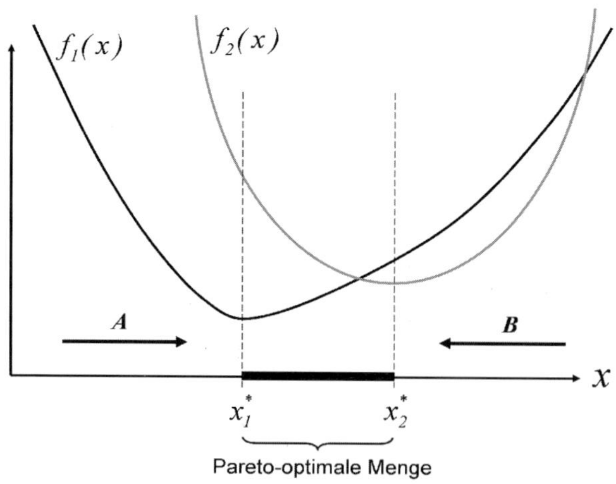

Abb. 11.1 Pareto-optimale Menge bei zwei Zielfunktionen

Dieses Problem hat jedoch im Allgemeinen keinen Punkt mehr als Lösung, sondern besitzt vielmehr eine Lösungsmenge. Dies ist darauf zurückzuführen, dass sich die verschiedenen Ziele normalerweise gegenläufig verhalten. Das ist in Abbildung 11.1 am 2-dimensionalen Beispiel für zwei Zielfunktionen dargestellt. Sollen beide Funktionen gleichzeitig minimiert werden, ist dies, wenn man aus der Richtung A herkommt, problemlos bis zu dem Punkt x_1^* möglich, an dem die Funktion $f_1(x)$ ihr Minimum erreicht. Ebenso gelingt das aus der Richtung B her bis zu dem Punkt x_2^*, an dem die Funktion $f_2(x)$ ihr Minimum hat. In dem Bereich dazwischen kann eine der beiden Funktionen nur auf Kosten der anderen verbessert werden. Ein solcher Bereich heißt Pareto-optimale Menge und ist die Lösungsmenge des Problems [272].

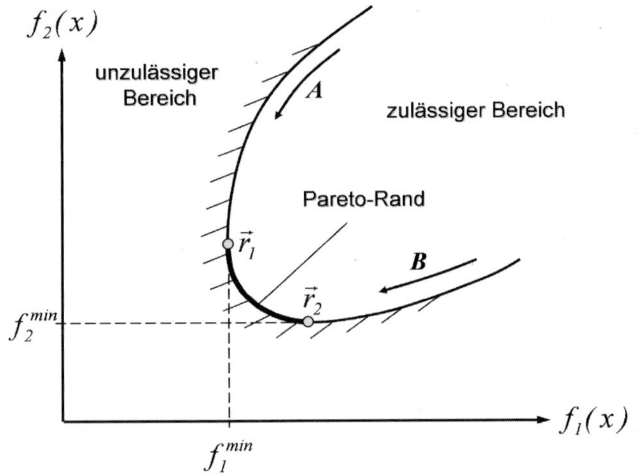

Abb. 11.2 Pareto-Rand bei zwei Zielfunktionen

Wenn Restriktionen zu berücksichtigen sind, kann man eine ähnliche Betrachtung anstellen, indem man sich an dem Rand des zulässigen Bereichs entlang bewegt. Dies ist in Abbildung 11.2 für den Fall von zwei Zielfunktionen [1)] dargestellt. Bewegt man sich am Rand des zulässigen Bereichs aus Richtung A herkommend, können beide Zielfunktionen bis zum Punkt $\vec{r}_1$ minimiert werden. Ab da kann der Wert der Funktion f_2 nur noch auf Kosten von f_1 weiter verkleinert werden. Entsprechend anders herum verhält es sich, wenn man aus Richtung B kommend den Punkt $\vec{r}_2$ erreicht. Der Bereich, in dem man eine oder mehrere Zielfunktionen nur dadurch verbessern kann, dass sich mindestens eine Zielfunktion verschlechtert, heißt funktional effizienter Rand oder einfach Pareto-Rand oder Pareto-Front. Die Pareto-Front muss jedoch nicht zusammenhängend sein. Sie kann vielmehr aus mehreren Teilstücken bestehen, wenn der zulässige Bereich nicht konvex ist (Abbildung 11.3).

Der oben anschaulich erläuterte Begriff der Pareto-Optimalität lässt sich formal mit dem Begriff der Dominanz fassen. Man sagt, dass ein Lösungsvektor $\vec{x}_1$ einen anderen Lösungsvektor $\vec{x}_2$ dominiert, wenn alle Zielfunktionswerte an der Stelle $\vec{x}_1$ mindestens gleich gut wie an der Stelle $\vec{x}_2$ sind, aber der Wert von mindestens einer Zielfunktion besser ist. Formal lautet die Definition:

Definition: Seien zwei Lösungsvektoren $\vec{x}_1$ und $\vec{x}_2$ gegeben. Dann dominiert $\vec{x}_1$ den Lösungsvektor $\vec{x}_2$, wenn gilt:

$$f_j\left(\vec{x}_1\right) \leqq f_j\left(\vec{x}_2\right); \qquad \forall j = 1, M$$

und

$$\exists k \in \{1, 2, \ldots, M\} \qquad \text{mit} \qquad f_k\left(\vec{x}_1\right) < f_k\left(\vec{x}_2\right).$$

[1)] Es ist zu beachten, dass hier auf den Achsen nicht die Werte der Designvariablen sondern die der Zielfunktionen dargestellt sind. Es ist somit an den einzelnen Punkten auch kein Rückschluss auf die dazugehörigen Werte der Designvariablen möglich.

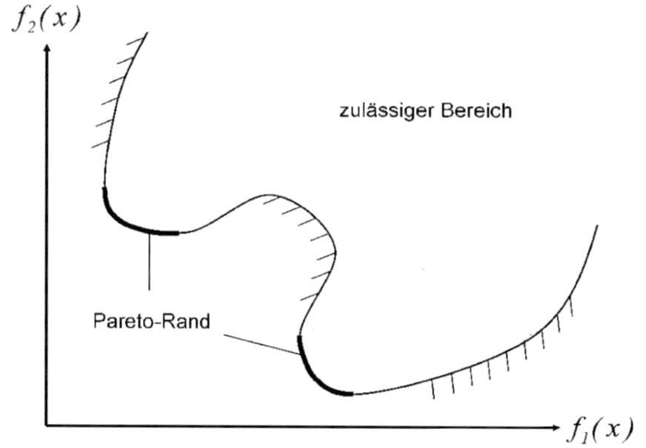

Abb. 11.3 Pareto-Rand bei einem nicht konvexen zulässigen Bereich

Diese Definition kann man gut im Fall von zwei zu minimierenden Zielfunktionen veranschaulichen. Wie in Abbildung 11.4 dargestellt, ist für einen Punkt $\overrightarrow{P_1}$ der Quadrant unten links die sogenannte Dominanzzone, welche alle Punkte enthält, die Punkt $\overrightarrow{P_1}$ dominieren. Dagegen enthält der obere rechte Quadrant, die sogenannte dominierte Zone, alle Punkte, die von $\overrightarrow{P_1}$ dominiert werden. Die verbleibenden beiden Bereiche sind indifferent und erlauben keine Zuordnung.

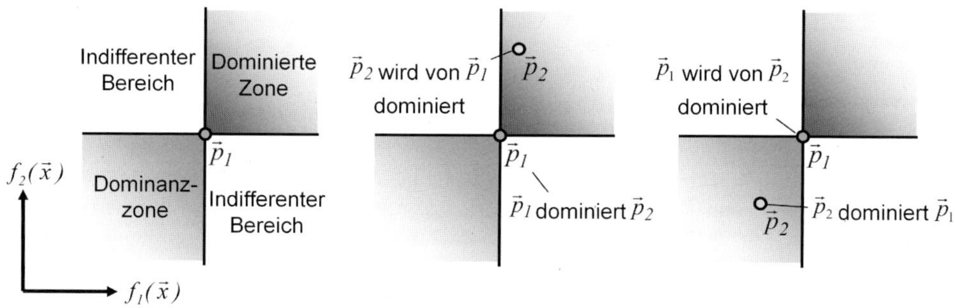

Abb. 11.4 Veranschaulichung des Dominanzbegriffs

Definition: Die Pareto-optimale Menge besteht aus Lösungspunkten, die von keinem andern Lösungspunkt dominiert werden.

Da das Vektoroptimierungsproblem eine Lösungsmenge und keinen Punkt als Lösung liefert, gibt es zwei Möglichkeiten mit dem Problem umzugehen:

1. Man kann sich damit begnügen, als Kompromisslösung einen Punkt auf dem Pareto-Rand zu berechnen. In diesem Fall führt man das Vektoroptimierungsproblem auf ein skalares Optimierungsproblem zurück, das man mit den bewährten Methoden lösen kann. In den Abschnitten 11.1.1 bis 11.1.4 werden verschiedene Strategien vorgestellt, um eine skalare Ersatzfunktion $\hat{f}(\overrightarrow{x})$ zu bestimmen, die dann mit einem Standardverfahren minimiert werden kann.
2. Man kann versuchen, die gesamte Pareto-Front zu bestimmen. Dies erhöht den Aufwand an Zeit und Ressourcen jedoch beträchtlich. Es ist jedoch immer hilfreich die Pareto-Front zu berechnen, wenn es die Zeit erlaubt. Sie ermöglicht die Wahl des sinnvollsten Punktes auf dem Pareto-Rand, wie dies in Abbildung 11.5 als Beispiel dargestellt ist. So ist der linke Punkt sinnvoller als der rechte, weil sich bei ihm der Funktionswert von f_1 wesentlich verbessert, während die Verschlechterung von f_2 nur geringfügig ist. Mit ansteigender Zahl von Zielfunktionen wird jedoch die grafische Darstellung der Pareto-Front immer problematischer.

Eine Pareto-Front kann mit der Methode aus den Abschnitten 11.1.1, 11.1.2 und 11.1.4 ermittelt werden, indem mehrere Lösungspunkte auf der Front bestimmt und die Zwischenwerte interpoliert werden. Eine Bestimmung über Punktwolken ist entweder mithilfe eines Versuchsplans (Abschnitt 11.1.5) oder eines genetischen Algorithmus (Abschnitt 11.1.6) möglich.

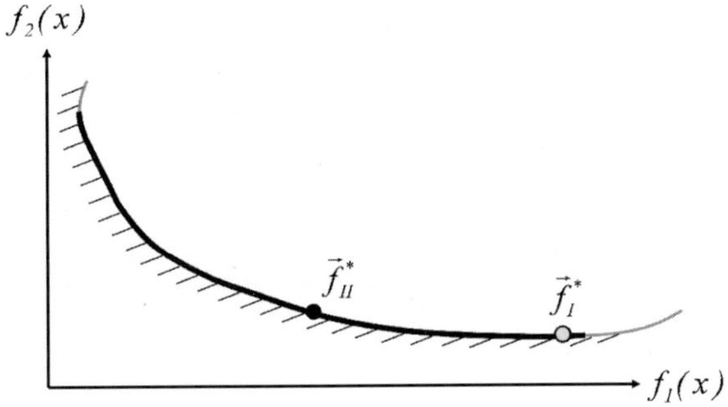

Abb. 11.5 Die Pareto-Front als Werkzeug zur Bestimmung der besten Kompromisslösung

11.1.1 Zielgewichtung

Hier wird als Ersatzzielfunktion die gewichtete Summe aller Zielfunktionen verwendet:

$$\hat{f}(\vec{x}) = \sum_{i=1}^{M} w_j f_j(\vec{x}); \qquad w_j \in R^+. \tag{11.3}$$

Obwohl man hier mit den Gewichtungsfaktoren w_j die relative Bedeutung der Zielfunktionen untereinander vorgeben kann, ist es jedoch meistens sehr schwierig, die Wirkung der Faktoren zu überschauen und einzuschätzen. Bei bekannter Pareto-Front man geometrisch veranschaulichen, welches Optimum sich für eine vorgegebene Gewichtungskombination ergibt. Für einen festen Wert von $\hat{f}$ beschreibt Gleichung (11.3) nämlich eine Hyperebene, deren Beschreibung in der Normalendarstellung

$$\vec{n}^{\mathrm{T}} \vec{f} = c \tag{11.4}$$

lautet. Dabei ist $\vec{n}$ der Normalenvektor und c eine Konstante. Der Vergleich von Gleichung (11.3) mit (11.4) zeigt, dass die Komponenten des Normalenvektors durch die Gewichtungsfaktoren festgelegt werden:

$$\vec{n}^{\mathrm{T}} = \mathrm{const} \cdot (w_1, w_2, \ldots, w_M)\,. \tag{11.5}$$

Eine Minimierung von $\hat{f}$ bedeutet nun geometrisch, dass die Ebene solange verschoben wird. bis diese die Pareto-Front nur noch in einem Punkt berührt, welcher dann das gesuchte Optimum darstellt (Abbildung 11.6).

Aus dem oben Dargestellten folgt, dass hier ein Gewichtungsproblem vorliegt, weil verschiedene Gewichtungsfaktoren zu verschiedenen Punkten und damit auch zu sehr unterschiedlichen optimalen Lösungen führen können. Wie unterschiedlich diese Lösungen ausfallen können, ist in Abbildung 11.7 am Beispiel einer Topologieoptimierung dargestellt. Das Problem ist, dass zu Beginn der Optimierung nicht klar ist, ob bei einer gewählten Gewichtungskombination die optimalen Zielfunktionswerte auch die Anforderungen erfüllen. Wenn untere oder obere Grenzen für die Zielfunktionen bekannt sind, ist es deswegen vorteilhafter, diese nicht über die Zielgewichtung, sondern über Restriktionen in der Optimierung zu berücksichtigen. Ist das nicht der Fall, wählt man in Ermangelung besseren Wissens normalerweise bei Zielfunktionen des gleichen Typs (z. B. die mittlere Nachgiebigkeit aus verschiedenen Lastfällen) für alle Zielfunktionen den gleichen Gewichtungsfaktor. Bei Zielfunktionen verschiedenen Typs (z. B. mittlere Nachgiebigkeit

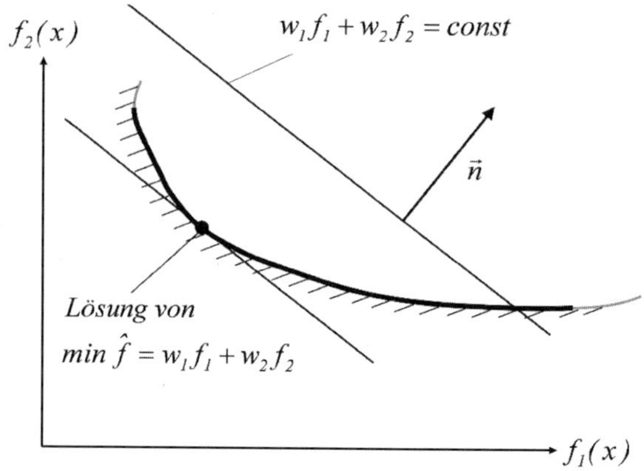

Abb. 11.6 Geometrische Konstruktion des Optimums für eine vorgegebene Gewichtungskombination in Gleichung (11.3)

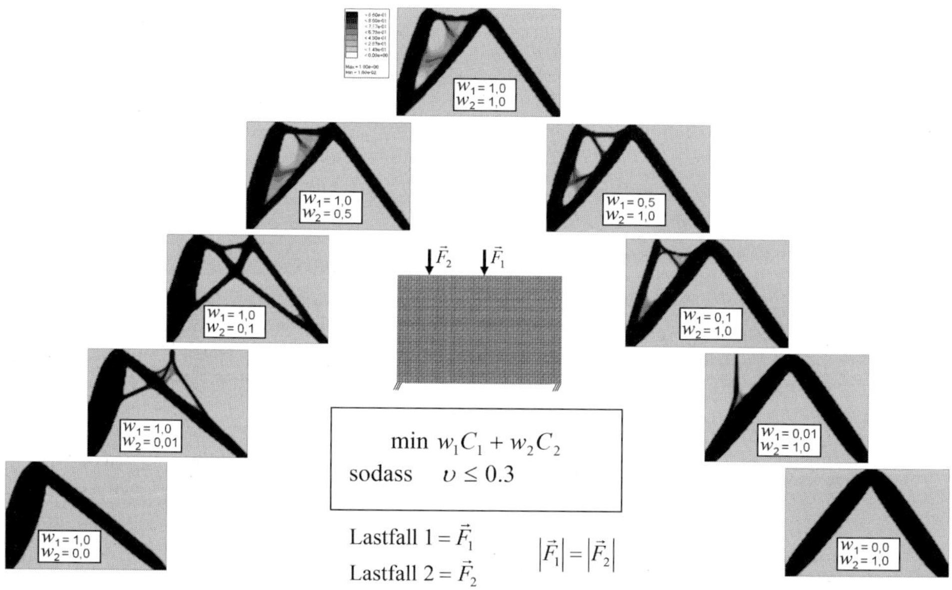

Abb. 11.7 Lösungen einer Topologieoptimierung bei verschiedenen Gewichtungsfaktoren w_1 und w_2 für die mittleren Nachgiebigkeiten C_1 und C_2 der beiden Lastfälle 1 und 2 bei einem Füllgrad von 30 %

und Frequenz) ist es eher sinnvoll die Gewichtung so festzulegen, dass die Summanden am Anfang gleich groß sind.

Offenbar kann die Zielgewichtung zur Bestimmung der Pareto-Front verwendet werden, weil durch die Variation der Gewichtungsfaktoren verschiedene Lösungspunkte der Pareto-Front ermittelt werden können. Jedoch ergibt eine gleichmäßige Variation der Gewichtungsfaktoren nicht zwangsläufig eine halbwegs gleichmäßige und sinnvolle Verteilung der Lösungspunkte [78]. Erschwerend kommt hinzu, dass es Variationsbereiche der Gewichtsfaktoren geben kann, innerhalb derer sich der Lösungspunkt nicht ändert [408]. Dies tritt auf, wenn die Lösung an einer Restriktionsgrenze liegt, die am Lösungspunkt nicht stetig differenzierbar ist. In diesem Fall ist der Lösungspunkt für einen bestimmten Variationsbereich der Gewichtungsfaktoren in den Restriktionsgrenzen „eingeschlossen" (Abbildung 11.8).

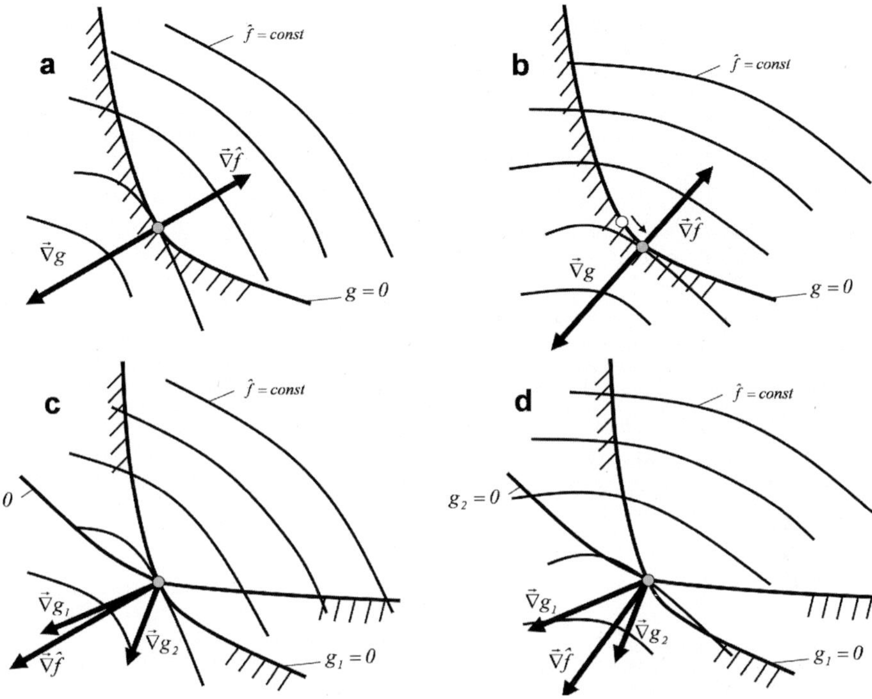

Abb. 11.8 Lösungspunkt im Fall einer stetig differenzierbaren Restriktionsgrenze (a), der sich bei einer Änderung der Ersatzzielfunktion $\hat{f}$ über die Gewichtungsfaktoren verschiebt (b) und im Fall einer nicht stetig differenzierbaren Restriktionsgrenze (c), bei dem sich der Lösungspunkt bei einer Änderung der Ersatzzielfunktion $\hat{f}$ nicht ändert, weil er in den Restriktionsgrenzen „eingeschlossen" ist

Die Methode der adaptiven Wichtungsfaktoren (AWF) [3], [165] liefert eine gute Strategie, welche Optimierungsläufe mit welchen Gewichtungsfaktoren durchzuführen sind, um die Pareto-Front mit einer minimalen möglichen Anzahl von Punkten zu bestimmen. Die Idee ist dabei, dass in den Bereichen und Richtungen, in denen sich die Steigung der Front nur schwach verändert, wenige Punkte zur Darstellung ausreichen, während bei großen Änderungen die Punktdichte erhöht werden sollte. Das Verfahren macht sich die oben beschriebene geometrische Interpretation zunutze, indem man versucht, die Pareto-Front durch zusammenhängende Hyperebenen (im 2-dimensionalen durch einen Polygonzug) anzunähern und sich mit der Güte der Darstellung zufrieden zu geben, wenn der Winkel zwischen den Normalen $\vec{n}_i$ und $\vec{n}_j$ aller benachbarten Ebenen einen vorgegebenen Wert α unterschreitet:

$$\vec{n}_i^{\mathrm{T}} \vec{n}_j < \alpha. \tag{11.6}$$

Ist das nicht der Fall, werden zusätzliche Optimierungsläufe durchgeführt, bei denen die Gewichtung aus den Normalen der Hyperebenen bestimmt wird, die das Kriterium (11.6) verletzen. Es ergibt sich damit folgender Ablauf beim AWF-Algorithmus:

1. Führe M Optimierungen durch, bei denen nur jeweils eine Zielfunktion minimiert wird. Die ermittelten M Optima definieren die erste Hyperebene und den dazugehörigen Normalenvektor $\vec{n}$.
2. Führe eine Optimierung mit der Zielfunktion aus Gleichung (11.3) durch, wobei die Gewichtungsfaktoren durch die Komponenten des Normalenvektors $\vec{n}$ bestimmt sind.

3. Zerteile die vorherige(n) Hyperebene(n) über den/die neuen erzeugten Pareto-optimalen Punkt(e) in neue Hyperebenen auf.
4. Prüfe für die neuen Hyperebenen das Winkelkriterium (11.6). Ist dies für alle Hyperebenen erfüllt, dann gehe nach 5. Andernfalls führe für jede Hyperebene, die das Winkelkriterium verletzt, eine Optimierung durch, bei der die Gewichtungsfaktoren durch den dazugehörigen Normalenvektor bestimmt werden. Gehe nach 3.
5. Beende das Verfahren und schreibe alle ermittelten Punkte auf der Pareto-Front heraus.

Die Vorgehensweise ist in Abbildung 11.9 an einem 2-dimensionalen Beispiel veranschaulicht.

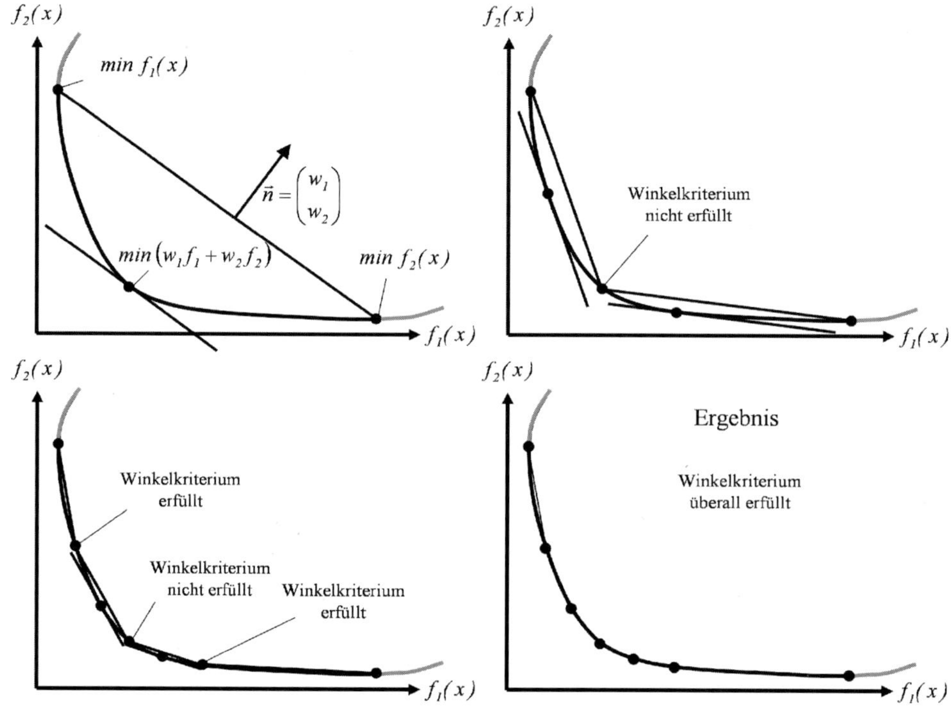

Abb. 11.9 Ablauf beim AWF-Verfahren

Ein genereller Nachteil der Methode ist jedoch, dass nicht alle Lösungspunkte ermittelt werden können, wenn die Pareto-Front nicht konvex ist [365].

11.1.2 Formulierung mit der KS-Funktion

Mithilfe der in Abschnitt 7.1.2.3 eingeführten KS-Funktion kann man als Alternative zur gewichteten Summe

$$\min(\omega_1 f_1 + \omega_2 f_2 + \ldots + \omega_m f_m) \tag{11.7}$$

folgende Formulierung verwenden

$$\min KS^{\downarrow}(\omega_1 f_1, \omega_2 f_2, \ldots, \omega_m f_m) \tag{11.8}$$

Auch hier ergibt sich für eine jeweils feste Wahl der Gewichtungsfaktoren ein Punkt auf der Pareto Front. Jedoch sind die gefundenen Punkte bei beiden Formulierungen nicht identisch wie man in Abbildung 11.10 erkennen kann.

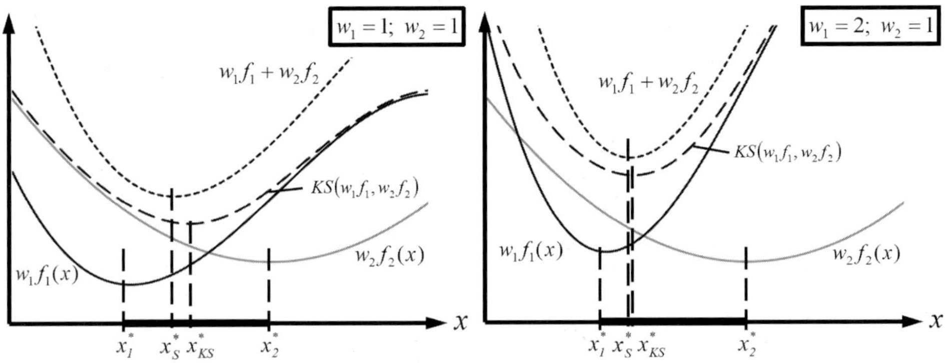

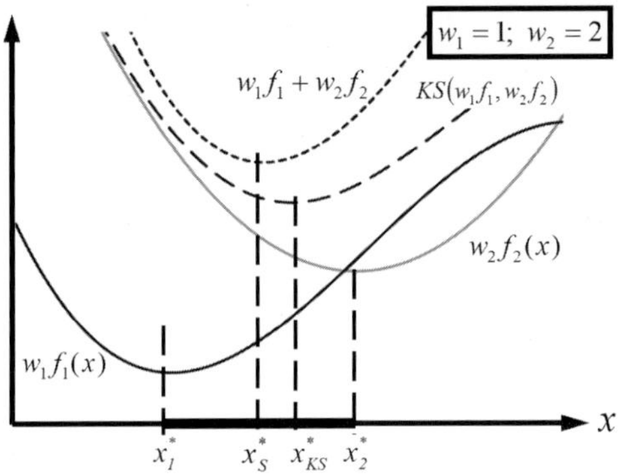

Abb. 11.10 Vergleich der Formulierung einer Mehrzieloptimierung mit einer gewichteten Summe und der KS-Funktion

11.1.3 Methode der Abstandsfunktionen

Hier wird für jede Zielfunktion f_i ein Zielwert y_i vorgegeben, welche zusammen auch als Anspruchsniveau bezeichnet werden. Als Gütemaß wird die Differenz zwischen den einzelnen Zielfunktionen und deren Anspruchsniveaus verwendet und als p-Norm in der Zielfunktion aufsummiert

$$\hat{f}(\vec{x}) = \left(\sum_{i=1}^{M} |y_j - f_j(\vec{x})|^p \right)^{\frac{1}{p}} . \tag{11.9}$$

Je nach Wahl des Faktors p wird die Summe der Beträge oder der quadratischen Abweichungen minimiert, während man im Extremfall $r \to \infty$ eine Min-Max-Formulierung erhält:

- Summe der Beträge: $\hat{f}(\vec{x}) = \sum_{i=1}^{M} |y_j - f_j(\vec{x})|$ für $p = 1$ (11.10)
- Mittlere quadratische Abweichung: $\hat{f}(\vec{x}) = \sqrt{\sum_{i=1}^{M} |y_j - f_j(\vec{x})|^2}$ für $p = 2$ (11.11)
- Min-Max: $\hat{f}(\vec{x}) = \max \{ |y_j - f_j(\vec{x})| \}$ für $p \to \infty$ (11.12)

Problematisch ist die oben angegebene Formulierung die Zielfunktion jedoch, wenn verschiedene Typen von Zielfunktionen verwendet werden, weil sich dann die Terme in der Summe um Größenordnungen unterscheiden können und dadurch eine unausgeglichene Gewichtung entsteht. Eine ausgeglichene Formulierung erhält man jedoch, wenn alle Terme auf das Anspruchsniveau normiert werden.

- Summe der Beträge: $\hat{f}(\vec{x}) = \sum_{i=1}^{M} \frac{|y_j - f_j(\vec{x})|}{|y_j|}$ für $p = 1$ (11.13)

- Mittlere quadratische Abweichung: $\hat{f}(\vec{x}) = \sqrt{\sum_{i=1}^{M} \frac{|y_j - f_j(\vec{x})|^2}{|y_j|}}$ für $p = 2$ (11.14)

- Min-Max: $\hat{f}(\vec{x}) = \max \left\{ \frac{|y_j - f_j(\vec{x})|}{|y_j|} \right\}$ für $p \to \infty$ (11.15)

In Abbildung 11.11 sind exemplarisch einige Anspruchsniveaus mit der dazugehörigen optimalen Lösung dargestellt, die zeigen, dass sich je nach Anspruchsniveau auch wenig sinnvolle Lösungen ergeben können. Liegt das Anspruchsniveau im nichtzulässigen Bereich, dann liegt das Optimum am Rand des zulässigen Bereichs an der Stelle, die den geringsten Abstand zum Anspruchsniveau aufweist. Eine sinnvolle Lösung liegt dann vor, wenn dieser Punkt auf der Pareto-Front liegt (Fall I). Ist das jedoch nicht der Fall (Fall II), hat man offenbar eine schlechte Wahl der Anspruchsniveaus getroffen, weil eine weitere Verbesserung der Zielfunktionen möglich ist. Das Problem ist jedoch, dass im Allgemeinen nicht direkt erkennbar ist, ob der Lösungspunkt auf der Pareto-Front liegt oder nicht. Das ist nur möglich, wenn das Anspruchsniveau innerhalb des zulässigen Bereichs liegt und deshalb im Lösungspunkt keine Restriktion aktiv ist (Fall III). Hier sollte man auf jeden Fall die Wahl der Anspruchsniveaus neu überdenken.

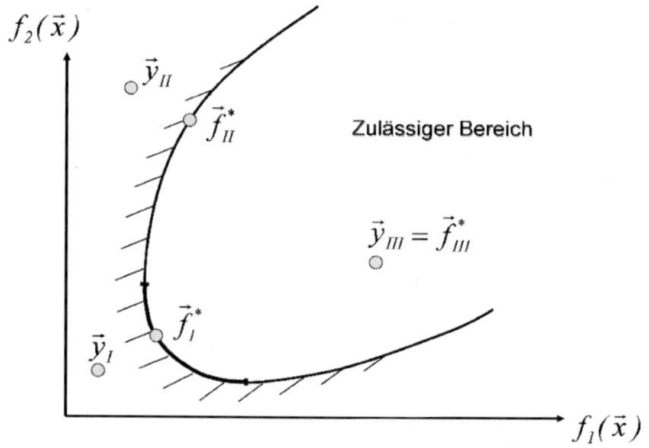

Abb. 11.11
Lösungen $\vec{f}^{*T} = (f_1^*, f_2^*, \ldots, f_M^*)$ für 3 verschiedene Anspruchsniveaus $\vec{y}^T = (y_1, y_2)$ bei $M = 2$ Zielfunktionen

Wenn es schwierig ist, geeignete Werte für die Anspruchsniveaus vorzugeben, kann alternativ auch folgende Methode verwendet werden: Dazu wird zunächst jede einzelne Zielfunktion f_j allein optimiert und der sich daraus ergebende Wert f_j^* im Optimum als Anspruchsniveau verwendet:

$$y_j = f_j^*. \qquad (11.16)$$

Der Nachteil der Methode ist jedoch, dass zusätzlich M Optimierungsläufe durchgeführt werden müssen.

11.1.4 Restriktionsformulierung

Bei dieser Strategie wird nur eine Zielfunktion minimiert, während die anderen als Restriktionen verwendet werden:

$$\min f_k(\vec{x}), \qquad (11.17)$$

sodass

$$f_j(\vec{x}) \leq f_j^U; \qquad j \neq k.$$

Hier muss sich der Anwender entscheiden, welche der Zielfunktionen die wichtigste ist und mit welchen Werten er sich bei den restlichen Zielfunktionen zufrieden gibt. Führt man mehrere

Optimierungen mit verschiedenen Restriktionsgrenzen durch, kann man auf diese Weise Punkte auf der Pareto-Front bestimmen (Abbildung 11.12).

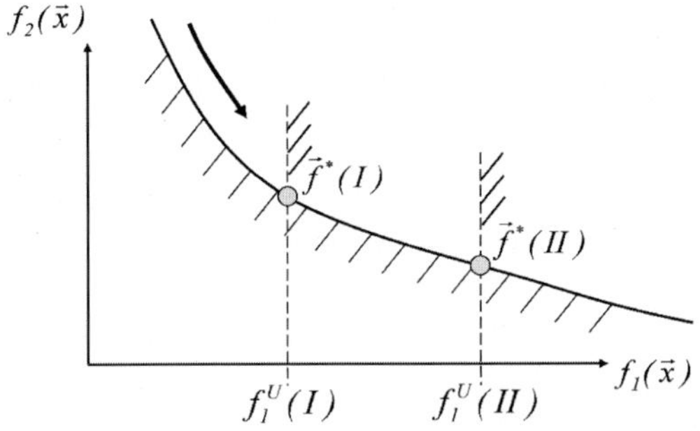

Abb. 11.12 Zwei Punkte auf der Pareto-Front, die sich als Lösung des Optimierungsproblems (11.17) für $k = 2$ für zwei verschiedene Restriktionsgrenzen $f_1^U(I)$ und $f_1^U(II)$ ergeben

11.1.5 Pareto-Front Bestimmung über Versuchsplanung

Wenn eine Versuchsplanung durchgeführt worden ist, um beispielsweise eine Approximation zu bestimmen, können die Funktionswerte an den Stützpunkten auch verwendet werden, um eine Approximation der Pareto-Front zu erhalten. Dazu werden in einem so genannten Ant-Hill-Plot alle ermittelten Wertekombinationen als Punkte aufgetragen, wobei nur die Punkte im zulässigen Bereich berücksichtigt werden. Eine Approximation der Pareto-Front erhält man dann als äußere Hülle der Punkte (Abbildung 11.13). Jedoch ist dies nur möglich, wenn die Anzahl der Punkte im zulässigen Bereich entsprechend groß und eine Häufung der Punkte in Nähe der Front erkennbar ist. Als generelle Methode ist die Versuchsplanung zur Bestimmung der Pareto-Front deswegen weniger geeignet. Die im folgenden Abschnitt vorgestellten genetischen Algorithmen sind hier wesentlich zielgerichteter und effektiver. Die Verwendung der Funktionswerte aus einer Versuchsplanung bietet jedoch eine Möglichkeit, eine zusätzliche Information ohne Mehraufwand zu erhalten. Dies kann beispielsweise genutzt werden, um die Restriktionsgrenzen in Gleichung (11.17) festzulegen, um die Pareto-Front möglichst effektiv zu bestimmen oder um einen geeigneten Startpunkt für eine Optimierung festzulegen.

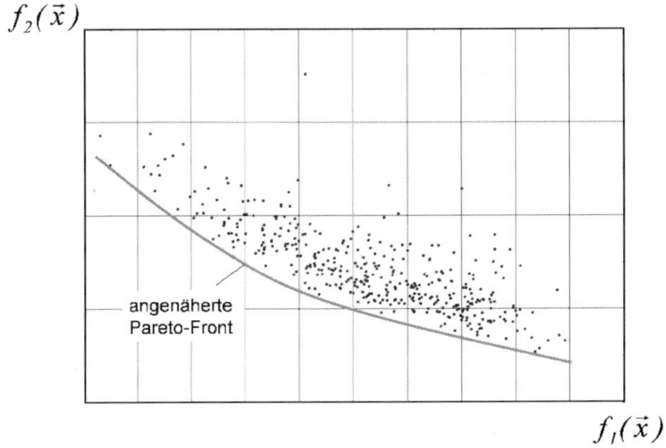

Abb. 11.13 Ant-Hill-Plot von Punkten im zulässigen Bereich zur näherungsweisen Bestimmung der Pareto-Front

11.1.6 Pareto-basierte genetische Algorithmen

Bei den Pareto-basierten genetischen Algorithmen (GA) [15], [40] wird versucht, die gesamte Pareto-Front über eine Punktwolke (Ant-Hill-Plot) in einem Optimierungslauf zu bestimmen. Dies geschieht dadurch, dass die Fitness eines Individuums über die Dominanz festgelegt wird. Je weniger ein Punkt von anderen Punkten dominiert wird, umso höher ist sein Rang und damit auch seine Fitness. Dadurch pflanzen sich die Individuen mit der größten Wahrscheinlichkeit fort, die am nächsten an der Pareto-Front liegen, sodass die Punkte im Laufe der Generationen gegen die Pareto-Front konvergieren. Es ist jedoch nicht erkennbar, welcher der Punkte am Ende der Optimierung wirklich auf der Pareto-Front liegt, sodass man eine Approximation der Front als äußere Hülle der Punkte erhält.

Es gibt verschiedenste Möglichkeiten, den Rang eines Individuums festzulegen, von denen zwei hier vorgestellt werden sollen:

1. Beim NSGA-Algorithmus (Non-dominated Sorting GA) [124], [361] erhalten alle Individuen den höchsten Rang 1, wenn sie von keinem anderen Individuum dominiert werden. Den nächsthöchsten Rang 2 erhalten die Individuen, die nach Entfernen aller Individuen mit dem Rang 1 von keinem anderen Individuum dominiert werden. Danach werden auch diese aus der Population entfernt und die Individuen der Rangstufe 3 als nicht dominierte Individuen der Restgruppe bestimmt. Auf diese Weise kann jedem Individuum ein Rang zugeordnet werden (Abbildung 11.14).
2. Bei dem MOGA-Algorithmus (Multi-Objective GA) [102] ist die Rangabstufung etwas verfeinert, indem dort der Grad der Dominanz berücksichtigt wird. Hier wird der Rang R über die Anzahl der dominierenden Individuen n_d definiert als

   $$R = n_d + 1.$$

   Hier erhalten die gleichen Individuen den höchsten Rang 1, wie dies nach der NSGA-Methode der Fall wäre. Bei den Individuen mit niedrigerem Rang ergibt sich jedoch eine feinere Abstufung (Abbildung 11.15).

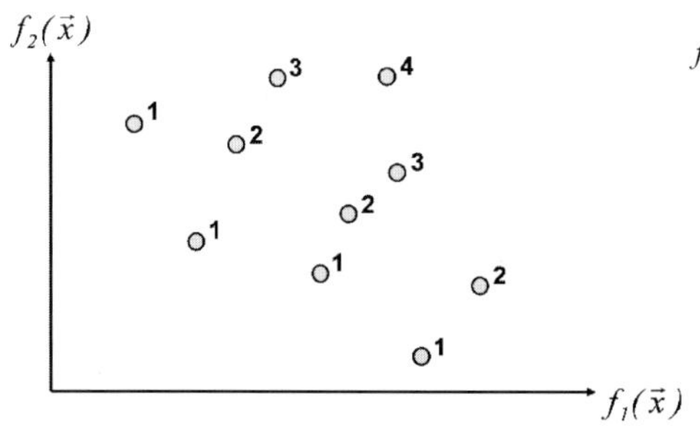

Abb. 11.14 Rangabstufung von Individuen nach dem NSGA-Algorithmus

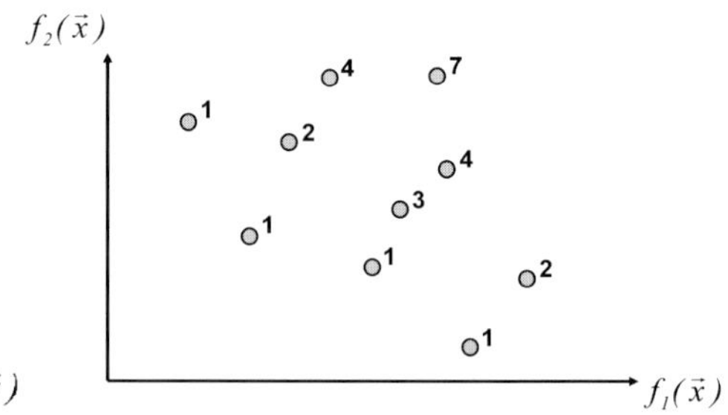

Abb. 11.15 Rangabstufung von Individuen nach dem MOGA-Algorithmus

11.2 Multidisziplinäre Optimierung

Bei der multidisziplinären Optimierung werden nicht nur die Systemantworten einer Disziplin, sondern die Anforderungen mehrerer Fachabteilungen berücksichtigt. Dies erfordert normalerweise, dass auch verschiedene Analyse-Programme eingesetzt werden müssen, wie dies exemplarisch in Abbildung 11.16 und 11.17 für den Fall von zwei Disziplinen dargestellt ist. Hier sollen gleichzeitig sowohl Steifigkeits- als auch Crash-Anforderungen bei der Optimierung berücksichtigt werden, sodass jeweils immer sowohl lineare statische als auch Crash-Analysen durchgeführt werden müssen. Die Designvariablen $\vec{x}$ sind hier an die entsprechenden Größen in den Eingabedateien gekoppelt. Dabei muss darauf geachtet werden, dass bei einer Änderung einer Designvariable die entsprechenden Größen in allen Eingabedateien geändert werden. Wird beispielsweise die Wandstärke eines Blechbauteils über eine der Designvariablen variiert, muss sich deren Änderung sowohl in den Eingabedateien für die linear statischen als auch für die Crash-Analysen niederschlagen. Die Definition der Kopplung der Variablen an die entsprechenden Größen des Modells muss also in diesem Fall mehrfach vorgenommen werden, was dadurch erschwert wird, dass das Eingabeformat der verschiedenen Analysen normalerweise unterschiedlich ist.

Nach der Analyse werden aus den Ausgabedateien die benötigten Systemantworten extrahiert und darüber Zielfunktionen $\vec{f}^{\,\mathrm{T}} = (f_1, \ldots, f_M)$ und Restriktionsfunktionen $\vec{g}^{\,\mathrm{T}} = (g_1, \ldots, g_m)$ und $\vec{h}^{\,\mathrm{T}} = (h_1, \ldots, h_q)$ definiert. Wenn mehr als eine Zielfunktion vorliegt, handelt es sich um eine Mehrzieloptimierung. In diesem Fall können alle in Abschnitt 11.1 vorgestellten Optimierungsstrategien verwendet werden. Das bedeutet, dass die Zielgrößen jedes Fachbereiches diskutiert, gegeneinander abgewogen werden müssen, um am Schluss eine Einigung darüber zu finden, wie das Mehrzieloptimierungsproblem formuliert wird. Besonders hilfreich ist es dabei, wenn es vom Aufwand her möglich ist, eine Pareto-Front zu bestimmen. In diesem Fall muss man sich nicht schon vor der Optimierung auf konkrete Ziel- und Grenzwerte einigen, sondern kann diese erst nach der Optimierung unter Zuhilfenahme der Pareto-Fronten festlegen. Oft ist es aber auch so, dass alle Fachbereiche die gleiche Zielfunktion haben, wie beispielsweise das Gewicht. In diesem Fall entfallen die Diskussionen und es liegt die klassische Formulierung des Optimierungsproblems mit einer Zielfunktion vor, bei dem alle Anforderungen aus den verschiedenen Fachbereichen allein über Restriktionen berücksichtigt werden.

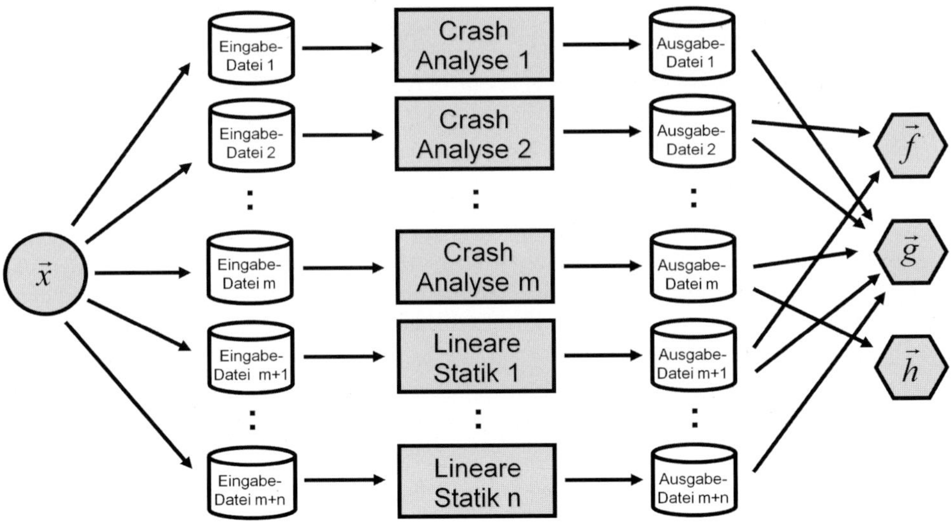

Abb. 11.16 Schematischer Aufbau einer multidisziplinären Optimierung basierend auf FE-Analysen

Mithilfe eines „General Purpose"-Optimierers kann das multidisziplinäre Optimierungsproblem definiert und gelöst werden. Hier gibt es prinzipiell zwei mögliche Strategien. Im einen Fall kann man die Optimierung direkt auf der FE-Analyse durchführen (Abbildung 11.16). Das bedeutet, dass in jeder Iteration die FE-Analysen an den aktuellen Punkten durchgeführt werden. Wenn explizite Analysen, wie beispielsweise Crash-Analysen, in der Optimierungsschleife vorhanden sind, kann

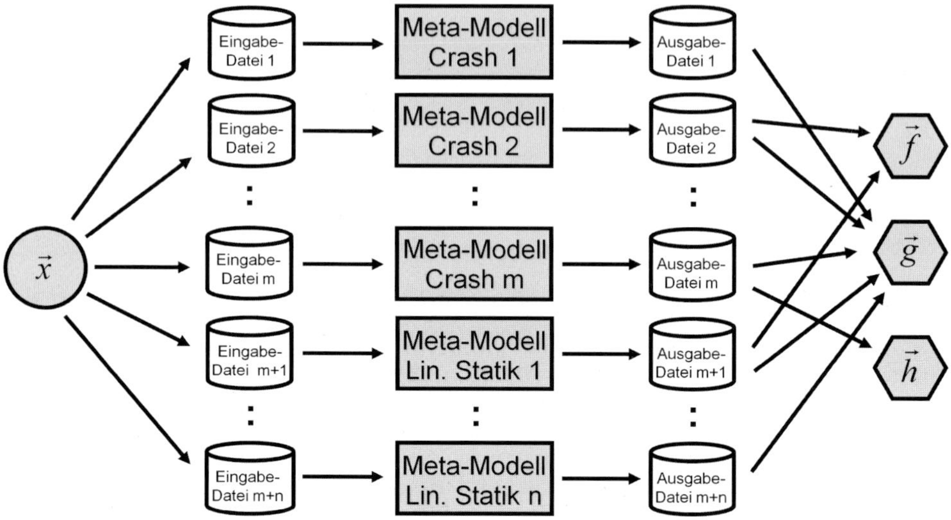

Abb. 11.17 Schematischer Aufbau einer multidisziplinären Optimierung basierend auf Metamodellen

dann nur ein gradientenfreies Verfahren zur Lösung des Optimierungsproblems eingesetzt werden. Als Alternative kann man eine Metamodell-basierte Optimierung durchführen (Abbildung 11.17). Hier müssen, wie in Abschnitt 6.2.7 erläutert, im ersten Schritt alle Punkte eines Versuchsplans zur Erstellung der globalen Approximationen (Metamodelle) generiert werden. Die Optimierung wird dann allein auf Basis dieser Metamodelle durchgeführt. Da die Metamodelle in der Regel glatt und differenzierbar sind, kann zur Lösung des Optimierungsproblems jeder beliebige Optimierungsalgorithmus, also auch ein Gradientenverfahren, eingesetzt werden. Häufig werden jedoch auch hausinterne Entwicklungen verwendet, wie beispielsweise das Programm ASPEN bei der Firma Opel.

Unabhängig davon für welche Optimierungsstrategie an sich entschieden hat, steigen der Aufwand und die benötigte Rechnerleistung mit Anzahl der Analysen stark an, sodass immer vorher abgewogen werden sollte, welche Lastfälle [1)] wirklich relevant sind und welche nicht. Wenn beispielsweise zu erwarten ist, dass nur eine Gruppe von Lastfällen das Optimierungsergebnis dominant festlegt, kann durch eine Optimierung mit nur dieser Lastfallgruppe der Aufwand reduziert und ein vergleichbar gutes Ergebnis erzielt werden wie mit allen Lastfällen. Nach durchgeführter Optimierung müssen dann jedoch immer die die fehlenden Lastfälle überprüft und gegebenenfalls das Optimierungsergebnis modifiziert werden.

Die besondere Herausforderung einer multidisziplinären Optimierung liegt jedoch nicht nur in der Größe der benötigten Hardware, sondern auch in der Vorbereitung des Optimierungslaufes. Dazu gehört beispielsweise:

- Man muss die Vertreter aller Disziplinen an einen Tisch zusammenbringen.
- Man muss gemeinsam alle zu optimierenden Teile selektieren und den Bereich für die Designvariablen festlegen, wie beispielsweise die obere und untere Grenze bei einer Wandstärkenoptimierung.

[1)] Der Begriff Lastfall bezieht sich hier vor allem auf den Bereich Crash, in dem jeder Lastfall auch eine FE-Analyse bedeutet, wie beispielsweise eine für Frontalcrash mit hoher Geschwindigkeit, einer mit niedriger Geschwindigkeit, mit Offset, ohne Offset, Seitencrash mit Barriere, mit Pfahl, usw. Dagegen können in der lineare Statik mehrere Lastfälle in einer Analyse berechnet werden, sodass hier die Anzahl der Lastfälle eher unbedeutend ist.

- Man muss bei einer Wandstärkenoptimierung nach spiegelsymmetrischen Teilen oder nach Teilen suchen, die aus dem gleichen Werkzeug kommen, weil diese die gleiche Wandstärke und damit auch die gleiche Designvariable zugewiesen bekommen müssen.
- Man muss sich auf die wichtigen Lastfälle und Anforderungen einigen, die in der Optimierung berücksichtigt werden sollen.
- Alle FE-Modelle müssen auf den gleichen Stand gebracht werden.
- Es muss sichergestellt sein, dass eine Designvariable in allen FE-Modellen die gleiche Änderung bewirkt.
- Eventuell muss man für einige Lastfälle eine Modellreduktion durchführen, um die Rechenzeit zu reduzieren.

All diese Punkte können nur dann erfolgreich abgearbeitet werden, wenn die verschiedenen Fachbereiche eng und effizient zusammenarbeiten. Letzteres ist somit eine Grundvoraussetzung für eine erfolgreiche multidisziplinäre Optimierung.

11.3 Die ESL (Equivalent Static Loads) Methode

Mithilfe der ESL-Methode (ESL = Equivalent Static Loads) [274], [63], auch als ESLM (Equivalent Static Loads Method) bezeichnet, können lineare Ersatzlastfälle für nichtlineare Analysen erstellt werden, welche es dann erlauben, die üblichen Optimierer einzusetzen, die auf der linearen Analyse basieren. In der Basisversion werden die linearen Ersatzlasten, die so genannten äquivalenten statischen Lasten (equivalent static loads), so bestimmt, dass sich in der linearen statischen Analyse die gleichen Verschiebungen ergeben, wie in der nichtlinearen Analyse (siehe Abbildung 11.18). Wie viele und welche Verschiebungsfelder $\overrightarrow{u}_{NL}^{j}$ aus der nichtlinearen Analyse extrahiert und zur Bestimmung von äquivalenten statischen Lastvektoren verwendet werden, hängt von der Art der nichtlinearen Analyse ab [274]. Im Fall einer nichtlinearen statischen Analyse wird nur das Verschiebungsfeld verwendet, das sich am Ende der Analyse einstellt ($M = 1$). Im Fall einer nichtlinearen dynamischen Analyse [274] und bei einer Starrkörpersimulation [175] werden die Verschiebungsfelder für ausgewählte Zeitschritte, im Extremfall für alle Zeitschritte, extrahiert, weil hier i. Allg. die Verschiebungsfelder über eine größere oder über die gesamte Zeitspanne kontrolliert und restringiert werden müssen (siehe Abbildung 11.19). Im Detail ergibt sich damit folgender Ablauf (Abbildung 11.20):

1. Setze der Iterationszähler $k = 0$.
2. Führe die nichtlineare Analyse durch und bestimme M Verschiebungsfelder $\overrightarrow{u}_{NL}^{j}$ mit $j = 1, M$.
3. Bestimme für jedes Verschiebungsfeld $\overrightarrow{u}_{NL}^{j}$ die äquivalenten statischen Lasten $\overrightarrow{F}_{ESL}^{j}$ mithilfe der linearen Steifigkeitsmatrix $\boldsymbol{K}$ über die Gleichung $\boldsymbol{K}\,\overrightarrow{u}_{NL}^{j} = \overrightarrow{F}_{ESL}^{j}$.
4. Führe eine Optimierung basierend auf einer linearen Analyse mit M Lastfällen durch, bei der jeder äquivalente statischen Lastvektor $\overrightarrow{F}_{ESL}^{j}$ einen linearen Ersatzlastfall definiert.
5. Überprüfe für $k > 0$ das Konvergenzkriterium $\left|x_i^{(k)} - x_i^{(k-1)}\right| / \left|x_i^{(k)}\right| < \epsilon$. Ist dieses für alle $i = 1, n$ erfüllt, dann gehe nach 7.
6. Setze $k = k + 1$ und gehe nach 2.
7. Setze $\overrightarrow{x}^{*} = \overrightarrow{x}^{(k)}$ und beende die Optimierung.

In vielen Fällen werden bei einer Optimierung nicht nur die Verschiebungen, sondern auch Spannungen und Dehnungen und im Fall der nichtlinearen dynamischen Analyse auch Geschwindigkeiten und Beschleunigungen als Systemantworten benötigt. Spannungen können dabei wieder über der ESL-Methode berücksichtigt werden, indem aus der Bedingung, dass die Spannungen aus der nichtlinearen Analyse mit denen aus der nichtlinearen Analyse übereinstimmen, M zusätzliche äquivalente statische Lastvektoren und damit auch M zusätzliche Lastfälle bestimmt werden [346], [199], [406]. Auf die gleiche Weise können auch Dehnungen behandelt werden. Bei Systemantworten wie Geschwindigkeit und Beschleunigung ist eine solche Vorgehensweise jedoch nicht möglich, weil diese in einer linearen statischen Analyse nicht definiert sind. Sie können jedoch über finite Differenzen aus den Verschiebungen benachbarter Lastfälle, welche benachbarten Zeitpunkten entsprechen, approximiert werden [183]. So ergibt sich für die Geschwindigkeit $\dot{\vec{u}}_j$ im j-ten Zeitschritt

$$\dot{\vec{u}}_j = \frac{\vec{u}_{j+1} - \vec{u}_j}{\Delta t} \tag{11.18}$$

und für die Beschleunigung $\ddot{\vec{u}}_j$

$$\ddot{\vec{u}}_j = \frac{\vec{u}_{j+1} - 2\vec{u}_j + \vec{u}_{j-1}}{(\Delta t)^2}\,. \tag{11.19}$$

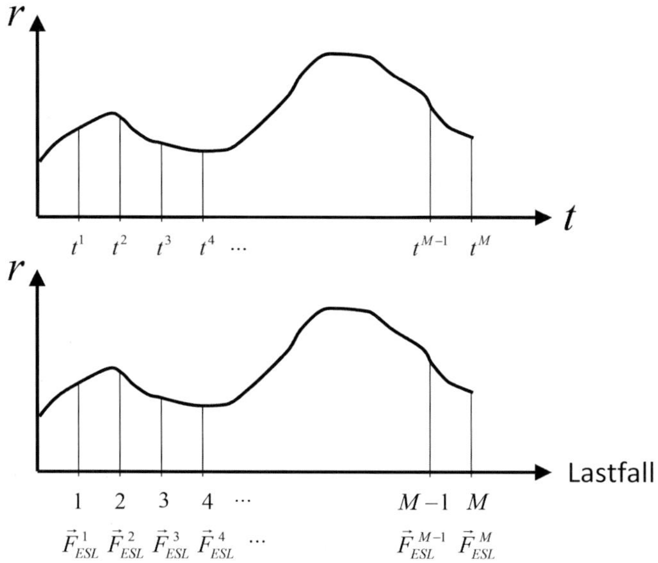

Abb. 11.18 Veranschaulichung der äquivalenten statischen Lastvektoren $\vec{F}^j_{ESL}$, die in der linearen Analyse die gleiche Systemantwort r generieren wie in der nichtlinearen dynamische Analyse zum zugeordneten Zeitpunkt t^j. In den meisten Fällen wird als Systemantwort das Verschiebungsfeld $\vec{u}$ verwendet

Dabei ist $\vec{u}_j$ die Verschiebung aus dem j-ten Lastfall, der aus dem j-ten extrahierten Zeitschritt der nichtlinearen Analyse generiert worden ist, und Δt die Zeitdifferenz zwischen den extrahierten Zeitschritten. Der Anwender muss hierbei immer abwägen, wie groß er die Zeitdifferenz Δt wählt. Ist sie klein, erhält er eine hohe Approximationsgenauigkeit für die Geschwindigkeiten und Beschleunigungen aber auch eine hohe Anzahl von Lastfällen, die sich in einer großen Rechenzeit für die Optimierung niederschlagen. Bei einer großen Zeitdifferenz Δt reduziert sich die Optimierungsdauer, jedoch auf Kosten der Approximationsgenauigkeit.

Nach der Definition der ESL-Lasten ist zu Beginn der Optimierung das Verschiebungsfeld in der linearen statischen Analyse exakt gleich dem aus der nichtlinearen Analyse. Dies ändert sich jedoch während der Optimierung und man kann davon ausgehen, dass sich die Übereinstimmung zwischen dem Verschiebungsfeld aus der linearen und der nichtlinearen Analyse umso mehr verschlech-

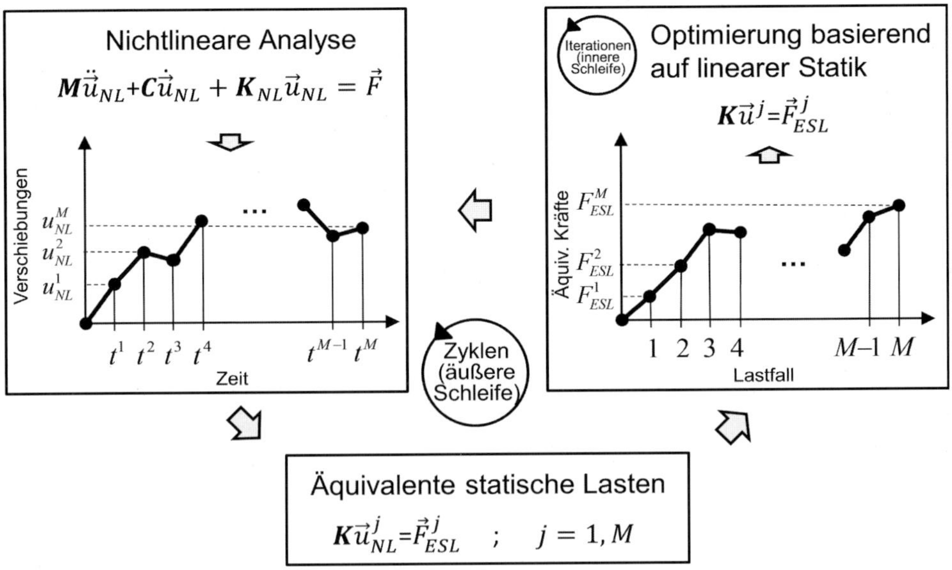

Abb. 11.19 Schematische Darstellung der ESL-Methode für eine nichtlineare dynamische Analyse

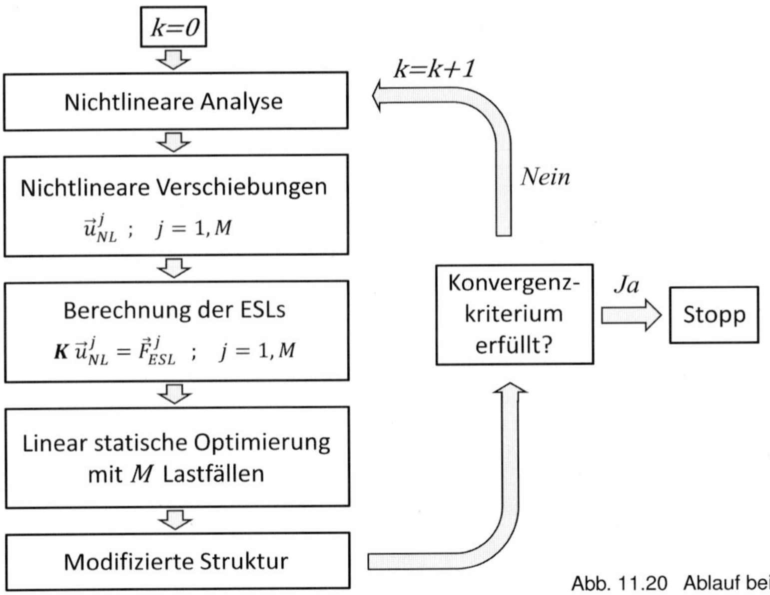

Abb. 11.20 Ablauf bei der ESL-Methode

tert, je weiter die Optimierung fortschreitet. Es müssen deswegen mehrere Zyklen durchlaufen werden bis das Verfahren konvergiert. Ein Zyklus besteht dabei aus einer nichtlinearen Analyse, der Generierung der linearen Ersatzlastfällen über die äquivalenten Lasten und der Optimierung basierend auf den resultierenden linearen Ersatzlastfällen. Nach jedem Zyklus wird dann das nichtlineare Verschiebungsfeld für die optimierte Struktur neu bestimmt und als Ausgangspunkt für den nächsten Zyklus verwendet und dadurch die Abweichung zwischen linearem und nichtlinearem Verschiebungsfeld korrigiert. Diese Vorgehensweise führt jedoch nur dann zu einer konvergenten

Lösung, wenn sich in einem Zyklus das System nach der Optimierung nicht zu weit vom Ausgangspunkt entfernt hat. Ist das nicht der Fall, kann das Verfahren divergieren [183], [346]. Es empfiehlt sich also, den Optimierer in seiner Reichweite zu begrenzen. Dies kann dadurch geschehen, dass man einfach die Anzahl der Iterationen begrenzt oder die Move-Limits im Optimierer enger setzt. Alternativ kann man auch außerhalb des Optimierers eine Move-Limit Strategie anwenden, indem man dem Optimierer direkt reduzierte Grenzen für die Designvariablen übergibt [183].

Als Abbruchkriterium wird der Unterschied zwischen den Designvariablen vor und nach einem Zyklus verwendet

$$\left|x_i^{(k)} - x_i^{(k-1)}\right| / \left|x_i^{(k)}\right| < \epsilon . \tag{11.20}$$

Dabei ist $\epsilon = 10^{-3}$ ein typischer Wert für die Konvergenzprüfung. Ist die Differenz (11.20) gering und somit

$$\overrightarrow{x}^{(k)} \approx \overrightarrow{x}^{(k-1)} , \tag{11.21}$$

ist auch der Unterschied in den Verschiebungsfeldern gering

$$\overrightarrow{u}^{(k)} \approx \overrightarrow{u}_{NL}^{(k)} \tag{11.22}$$

und das Verfahren hat konvergiert. Als alternatives Abbruchkriterium kann man auch die Differenz der äquivalenten statischen Lasten zwischen zwei Zyklen verwenden [198]. Zusätzlich sollten auch immer die Restriktionen überprüft werden [199]. Auf den ersten Blick erscheint das überflüssig, weil der Optimierer bei einer Restriktionsverletzung immer versucht, diese zu beheben. Dies hat wiederum eine größere Änderung in den Designvariablen zur Folge, sodass das Abbruchkriterium nicht erfüllt werden kann. Man kann somit erwarten, dass sich bei geringen Änderungen in den Designvariablen auch nur so geringfügige Änderungen im Verschiebungsfeld ergeben, dass diese nicht zu einer relevanten Restriktionsverletzung führen. In der Praxis zeigt sich jedoch, dass es Fälle gibt, in denen Restriktionen verletzt sind, der Optimierer nicht in der Lage ist diese zu beheben, mit nur geringfügig geänderten Designvariablen die Optimierung beendet und dabei das Abbruchkriterium erfüllt. Es ist deswegen unumgänglich, die Restriktionen nach der Optimierung zu kontrollieren.

Auf den ersten Blick ist die ESL-Methode sehr vielversprechend, weil sie über die Linerarisierung prinzipiell den Einsatz aller Optimierungstypen ermöglicht. Auf den zweiten Blick sind jedoch noch viele Fragen offen und es ist unklar, wo die Grenzen des Verfahrens liegen und inwieweit die notwendigen Näherungen die Richtung beeinflussen, die sich in der Optimierung einstellt. Beispiele für solche offenen Punkte sind:

1. Die äquivalenten statischen Lasten bewirken zwar, dass die Verschiebungen im linearen Fall mit denen aus der nichtlinearen Analyse übereinstimmen, jedoch bedeutet das nicht, dass sie mit den dynamischen Lasten übereinstimmen, die im nichtlinearen Fall auftreten. Weiterhin sind die Verschiebungen, die sich nach Ausbildung eines plastischen Gelenks einstellen, nur durch unrealistisch große äquivalente statische Lasten in der linearen Analyse zu erreichen, die in der nichtlinearen Analyse infolge der Plastizität nicht auftreten können.
2. Da die lineare statische Analyse nur die Beschreibung eines lineares Materialverhalten ermöglicht, können die Bereiche nicht korrekt abgebildet werden, die sich im plastischen Bereich befinden. Noch größer wird die Diskrepanz, wenn - wie im Crash - eine Dehnratenabhängigkeit in der Materialbeschreibung berücksichtigt werden muss.

Trotz dieser offenen Fragen gibt es bereits zahlreichen Beispiele, bei denen das ESL-Verfahren erfolgreich angewendet worden ist [225], [224], [199], [183], [182], [113], [198]. Das gilt vor allen für Wandstärken-, Form- und Topographieoptimierung. Bei der Topologieoptimierung müssen noch zusätzliche Maßnahmen getroffen werden [225], [224], [406]. So sollten für die nichtlineare Analyse die Elemente mit geringer Dichte, die den Lochbereich repräsentieren, aus dem Rechenmodell entfernt werden, weil diese bedingt durch ihre geringe Dichte und Steifigkeit zu kritischen

Netzverformungen und zum Abbruch in der nichtlinearen Analyse führen können. Erst nach der Bestimmung der ESL-Lasten sollten diese zur Optimierung wieder in das Modell integriert werden.

11.4 Bestimmung der wichtigsten Designvariablen und Reduktion der Variablen

Die Lösung eines Optimierungsproblems wird immer umso problemloser sein, je mehr Information man über die zu optimierende Struktur hat. Besonders interessant und hilfreich ist die Information, welche der Designvariablen den größten Einfluss auf die Zielfunktion haben. Gerade für den Fall, dass zur Lösung eines Optimierungsproblems die Sensitivitäten nicht (semi-)analytisch ermittelt werden können oder generell kein Gradientenverfahren eingesetzt werden kann, steigen die Kosten und der Aufwand der Optimierung mit der Anzahl der Designvariablen stark an. Es ist deshalb sinnvoll, die Designvariablen, die keinen oder nur einen geringen Einfluss auf die Qualität der Zielfunktion haben, zu eliminieren und nur die wichtigen Designvariablen in der Optimierung zu berücksichtigen. Darüber hinaus ist es aber auch generell hilfreich, den Einfluss der einzelnen Variablen auf die Zielfunktion zu kennen, weil dies das Verständnis für die betrachtete Struktur erhöht. Dadurch erhält man zum einen eine Rückmeldung, ob man die Struktur wirklich verstanden hat und zum anderen wird deren Weiterentwicklung erleichtert. Weiterhin kann man bei geplanten Änderungen am System beurteilen, welche Änderungen akzeptabel sind, weil sie nur einen geringen Einfluss auf die Zielfunktion haben, und welche nicht.

Im Folgenden werden verschiedene Methoden vorgestellt, die es erlauben, mithilfe von Sensitivitäten die wichtigsten Designvariablen zu bestimmen und darüber eine Reduktion der Designvariablen vorzunehmen. Man kann dabei zwischen lokalen und globalen Sensitivitäten unterscheiden, wobei die ersteren nicht empfehlenswert sind. Dagegen liefern globale Sensitivitäten, die auf einer Varianzanalyse basieren, besonders viel Informationen. Dort werden neben der Wichtigkeit einzelner Designvariablen noch die mittlere funktionale Abhängigkeit der Zielfunktion von einzelnen und mehreren Variablen ermittelt. Damit lassen sich insgesamt folgende Informationen bestimmen und nutzen:

1. Eine Rangreihenfolge über die Wichtigkeit einzelner Designvariablen und daraus die Möglichkeit die Anzahl der Variablen zu reduzieren.
2. Berechnung der mittleren Funktionsverläufe einer Systemantwort in Anhängigkeit von einzelnen Variablen sowie deren Wechselwirkungsterme. Diese Information kann folgendermaßen genutzt werden:
   a) Festlegung von Werten für einzelne Designvariablen, um die Robustheit der Lösung zu erhöhen.
   b) Abschätzung der optimalen Lösung, um einen guten Startpunkt für die Optimierung zu finden.
   c) Möglichkeit zwischen lokalen und globalen Optimum zu unterscheiden.

Es sei jedoch schon jetzt darauf hingewiesen, dass jedem der Zugänge gewisse Annahmen zugrunde liegen und daraus Unsicherheiten bei der Reduktion resultieren. Natürlich können die Unsicherheiten durch einen höheren Aufwand immer weiter reduziert werden, jedoch erreicht man irgendwann den Punkt, an dem die Reduktion der Variablen gegenüber der direkten Optimierung des Gesamtproblems keinen Gewinn mehr bringt. Der Anwender muss also jeweils Aufwand und Unsicherheit gegeneinander abwägen.

Wenn zur Optimierung ein Gradientenverfahren basierend auf einer (semi-)analytischen Sensitivitätsanalyse eingesetzt werden kann, wird man sich normalerweise eine Variablenreduktion sparen und die Optimierung mit allen Variablen durchführen. Hier können jedoch die Sensitivitäten entlang des Optimierungspfades verfolgt werden und daraus der Beitrag der einzelnen Variablen zur Zielfunktionsreduktion bestimmt werden. Dies wird im letzten Unterabschnitt 11.4.3 beschrieben.

11.4.1 Bestimmung der wichtigsten Variablen über lokale Sensitivitäten

Die Verwendung der Sensitivitäten $\partial f(\vec{x}^{(0)})/\partial x_i$ am Startpunkt $\vec{x}^{(0)}$ scheint eine einfache Art zu sein, um zu entscheiden, welche Variablen x_i wichtig sind und welche die Zielfunktion f nur schwach beeinflussen. Die Verwendung von lokalen Sensitivitäten ist jedoch problematisch, weil man nicht sicherstellen kann, dass diese das mittlere globale Verhalten halbwegs vernünftig wiedergeben, da es sich um eine rein lokale Information handelt. Zusätzlich sind lokale Sensitivitäten gegen Oszillationen empfindlich. Sie können deswegen zu vollkommen falschen Aussagen führen (Abbildung 11.21). Man kann demnach nur ein vernünftiges Ergebnis erwarten, wenn der Verlauf der Zielfunktion halbwegs glatt ist und nicht zu große Nichtlinearitäten aufweist. Da aber der Verlauf der Zielfunktion in der Regel nicht bekannt ist, ist die Verwendung von lokalen Sensitivitäten nicht empfehlenswert.

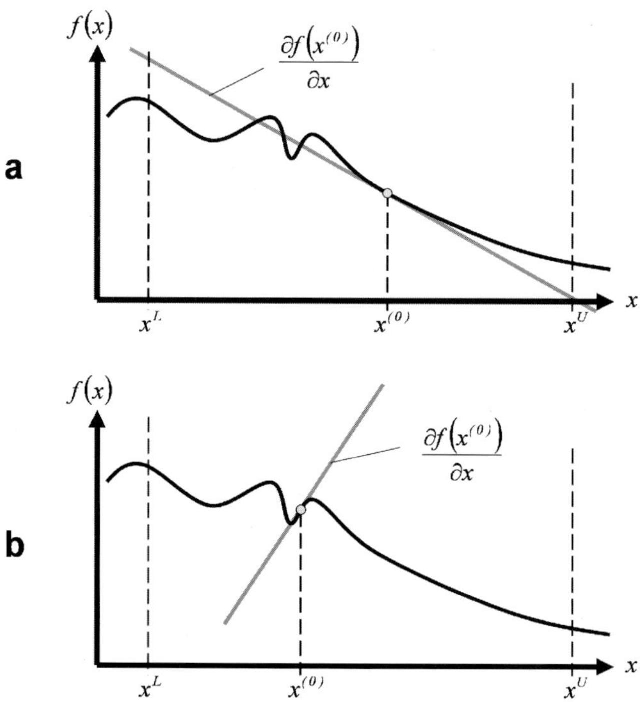

Abb. 11.21 Zwei Beispiele, in denen die lokale Sensitivität am Punkt $x^{(0)}$ den mittleren globalen Funktionsverlauf gut (a) und falsch (b) wiedergibt

11.4.2 Bestimmung der wichtigsten Variablen über globale Sensitivitäten

Die globale Sensitivitätsanalyse hat das Ziel, den globalen Einfluss der einzelnen Variablen x_i auf eine Funktion $f(\vec{x})$ im Designraum zu bestimmen, welcher über die Variablengrenzen x_i^L und x_i^U als Bereich $x_i^L \leq x_i \leq x_i^U$ definiert ist. Die globalen Sensitivitäten hängen somit nicht vom Ort $\vec{x}$ ab, sondern beschreiben, wie stark sich f im Designraum bei einer Variation der einzelnen

Designvariablen x_i ändert. Im Folgenden werden verschiedene Methoden zur Bestimmung von globalen Sensitivitäten vorgestellt.

11.4.2.1 Globale Sensitivitäten aus finiten Differenzen

Anstatt die lokalen Sensitivitäten über finite Differenzen zu bestimmen, kann man auch mit der gleichen Anzahl von Analysen über ein Koshal Design eine lineare Approximation und somit Sensitivitäten berechnen, die mehr den globalen Charakter der Funktion wiedergeben. Diese Vorgehensweise nicht so empfindlich gegen Oszillationen in der Funktion, sodass die Wahrscheinlichkeit höher ist, eine hinreichend gute Näherung für den mittleren globalen Verlauf der Funktion zu erhalten. Die Koeffizienten der linearen Terme können dann als globale Sensitivitäten interpretiert und, wie bei den lokalen Sensitivitäten, als Mittel zu Reduktion der Designvariablen eingesetzt werden.

Eine wesentlich bessere Methode besteht darin, die Reduktion der Variablen über eine Optimierung unter Berücksichtigung der Restriktionen basierend auf der linearen Approximation von Zielfunktion und Restriktionen durchzuführen. Dabei geht man folgendermaßen vor [332]:

1. Führe auf der Approximation n Optimierungsläufe durch, bei denen jeweils eine Variable festgehalten wird. Dabei wird immer das vollständige Optimierungsproblem inklusiv aller Restriktion gelöst. Da dies auf Basis der linearen Approximation durchgeführt wird, ist dies schnell und kostengünstig möglich.
2. Mithilfe der ermittelten Zielfunktionswerte im Optimum der n Optimierungsläufe kann eine Rangreihenfolge der Designvariablen bestimmt und darüber eine Reduktion vorgenommen werden. Dabei hat eine Variable einen umso höheren Rang und damit eine umso höhere Wichtigkeit, je schlechter das Ergebnis des Optimierungslaufs war, bei dem diese Variable festgehalten wurde.

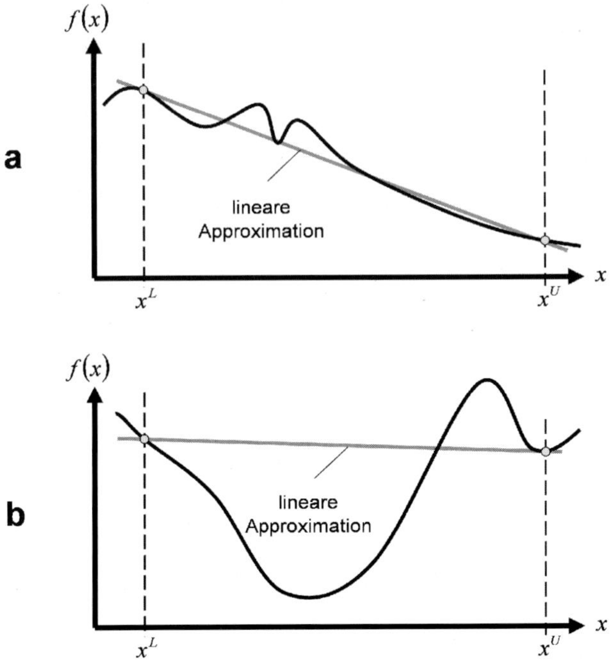

Abb. 11.22 Zwei Beispiele, in denen die globale Sensitivität den mittleren Funktionsverlauf und damit die Wichtigkeit der Variablen x gut (a) und unzureichend (b) wiedergibt

Der Vorteil dieser Vorgehensweise ist, dass die Restriktionen berücksichtigt werden, wenn auch nur näherungsweise.

Bei beiden beschriebenen Methoden hängt jedoch die Qualität des Ergebnisses entscheidend davon ab, wie gut der globale Verlauf der Zielfunktion und der Restriktionen durch die lineare Approximation abgebildet werden kann. So zeigt Abbildung 11.22b das Beispiel einer Funktion, die stark mit der Variablen x variiert, deren lineare Approximation jedoch nur eine sehr geringe Steigung aufweist. Die lineare Approximation unterschätzt in diesem Fall massiv den Einfluss von x. Jedoch kann man bei der letzteren Methode die Ordnung der Approximationen erhöhen und damit die Qualität der Ergebnisse steigern.

11.4.2.2 Globale Sensitivitäten über eine Varianzanalyse (ANOVA)

Eine Bestimmung der wichtigsten Variablen kann auch über eine Varianzanalyse (ANOVA = ANalysis Of VAriances) erfolgen, wie sie für die Robustheitsbewertung eines Systems eingesetzt wird. Dort wird die Varianz einer Ausgangsgröße in die Summe der Varianzen der Eingabegrößen zerlegt. Eine Variable wird dabei als umso wichtiger eingestuft, je größer ihr Streuanteil an der Gesamtstreuung der Zielfunktion ist.

Da man jedoch bei der Bestimmung der wichtigsten Variablen an deren Einfluss im gesamten Designraum interessiert ist, wird hier für alle Designvariablen eine Gleichverteilung zwischen oberer und unterer Grenze verwendet. Man lässt also hier alle Designvariablen gleichmäßig im

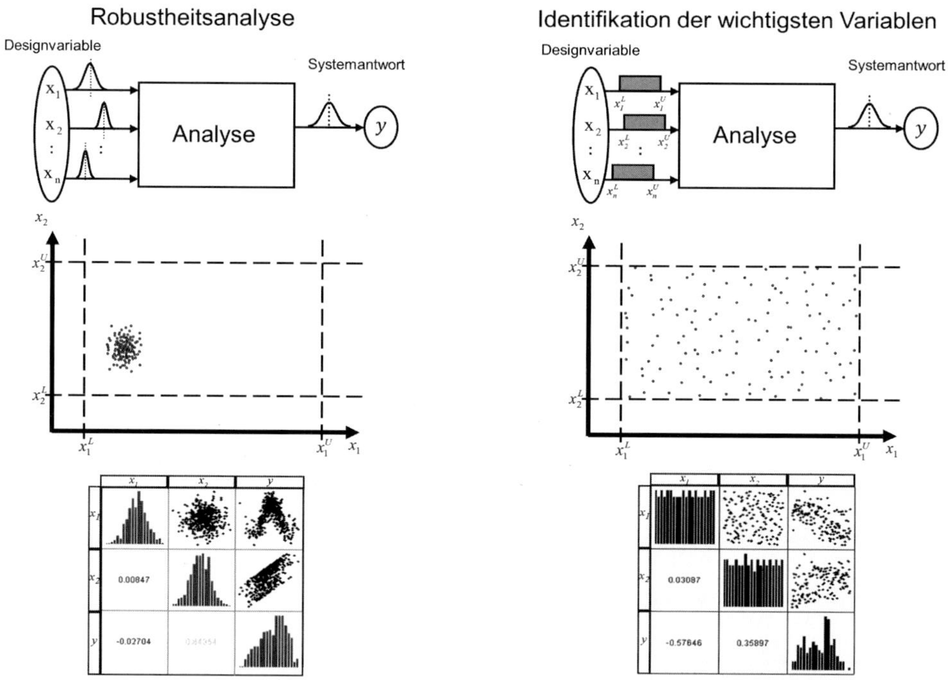

$\sigma_y^2 = \sigma_{x_1}^2 + \sigma_{x_2}^2 + \sigma_{x_3}^2 + \sigma_{x_4}^2 + \ldots$

- Je größer σ_{x_i} desto wichtiger ist x_i

$\sigma_y^2 = \sigma_{x_1}^2 + \sigma_{x_2}^2 + \sigma_{x_3}^2 + \sigma_{x_4}^2 + \ldots$

- Je größer σ_{x_i} desto wichtiger ist x_i

Abb. 11.23 Unterschied zwischen einer Robustheitsanalyse (links) und einer stochastischen Analyse zur Bestimmung der wichtigsten Variablen (rechts) gesamten Designraum streuen, während bei der Robustheitsanalyse normalerweise Verteilungsdichten verwendet werden, die lokal um den aktuellen Punkt konzentriert sind (Abbildung 11.23). Ansonsten ist die Vorgehensweise jedoch identisch, d. h. man zerlegt auch hier die Gesamtvarianz einer Ausgabegröße σ_{tot}^2 in die Varianzbeiträge der Eingabegrößen

$$\sigma_{\text{tot}}^2 = \sigma_1^2 + \sigma_2^2 + \sigma_3^2 + \ldots \qquad (11.23)$$

Dabei wird auch hier eine Variable x_i als umso wichtiger angesehen, je größer ihr Beitrag σ_i an der Gesamtvarianz σ_{tot}^2 ist. Die relativen Beiträge der Variablen werden dann als globale Sensitivitäten bezeichnet.

Die Zerlegung (11.23) lässt sich entweder mithilfe eines linearen Regressionsmodells oder mit einer funktionalen oder diskreten Varianzanalyse durchführen. Während jedoch bei dem linearen Regressionsmodells der Einfluss von Restriktionen nicht berücksichtigt werden kann, ist dies bei der funktionalen und diskreten Varianzanalyse, wenn häufig auch nur begrenzt, möglich.

11.4.2.2.1 Lineares Regressionsmodell

Die Basis für das lineare Regressionsmodell sind gleichverteilte Stützpunkte, die basierend auf einem Versuchsplan generiert wurden. Alternativ können auch Stützstellen mit der Monte-Carlo-Methode bestimmt werden, bei der für alle Designvariablen innerhalb der Grenzen eine Gleichver-

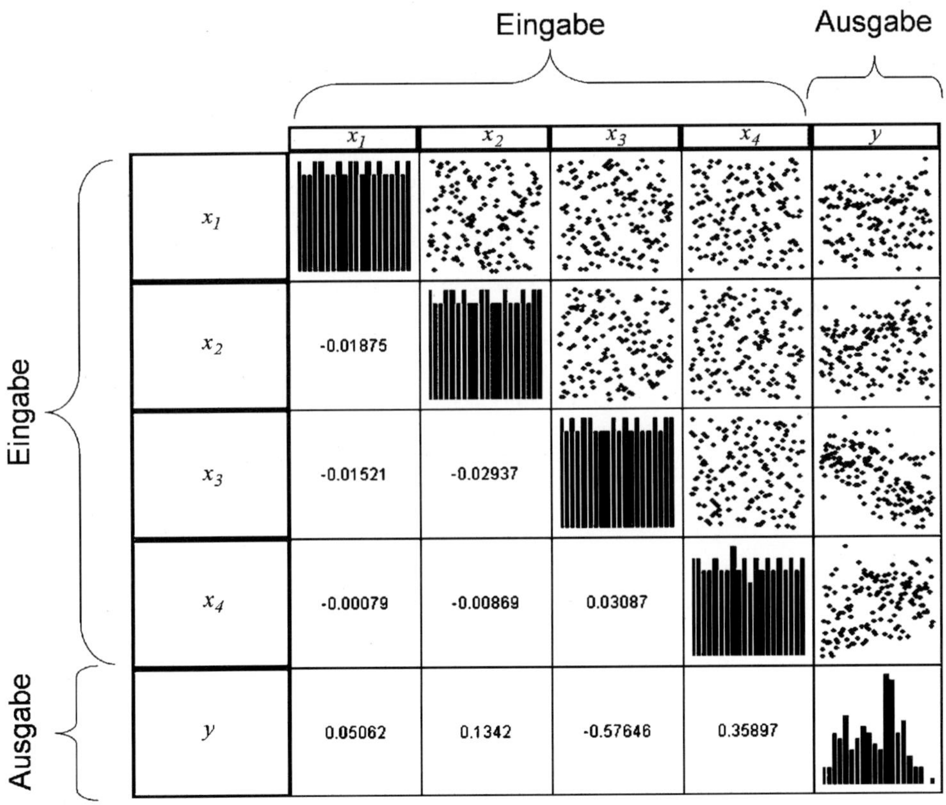

Abb. 11.24 Streuungs-Korrelations-Diagramm: Auf der Diagonalen sind die Eingangs- und Ausgangsverteilungsdichten als Säulendiagramm, im oberen Drittel die Ant-Hill Plots und im unteren Bereich die dazugehörigen Korrelationskoeffizienten ρ_{ij} aufgetragen

teilung verwendet wird. Mithilfe eines linearen Regressionsmodells können dann die Korrelationskoeffizienten ρ_{ij} (Abbildung 11.24) und mithilfe des Bestimmtheitsmaßes R_{ij}^2 aus Gleichung (11.90) der relative Beitrag jeder einzelnen Variable auf die Varianz der Zielfunktion ermittelt werden.

Diese Vorgehensweise kann auch ohne Mehraufwand angewandt werden, wenn Stützpunkte mit dem Ziel generiert wurden, eine globale Approximation zu bestimmen. Dadurch erhält man eine Zusatzinformation über die Bedeutung der einzelnen Designvariablen, bevor man die Optimierung auf der globalen Approximation startet und kann somit schon vorher unwichtige Designvariablen aus der Optimierung herausnehmen und auf die Werte setzen, die mit den geringsten Kosten verbunden sind.

11.4.2.2.2 Funktionale Varianzanalyse

Im Gegensatz zum linearen Regressionsmodell wird bei der funktionalen Varianzanalyse (functional ANOVA)(ANOVA = Analysis of Variances) kein linearer Zusammenhang zwischen Eingangs- und Ausgangsgrößen unterstellt. Vielmehr können beliebig nichtlineare Abhängigkeiten und Wechselwirkungsterme berücksichtigt werden. Voraussetzung ist dabei, dass für die zu untersuchende Funktion entweder ein analytischer Ausdruck oder eine gute globale Approximation (Metamodell) vorliegt. Mithilfe der funktionalen Varianzanalyse kann dann die mittlere funktionale Abhängigkeit einer Systemantwort von den verschiedenen Variablen und deren Wechselwirkungstermen exakt bestimmt werden [45], [181], [186], [271], [309], [357], [358]. Da in der Strukturoptimierung in der Regel keine analytischen Ausdrücke für die Systemantworten vorliegen, werden in der Praxis globale Approximationen verwendet. In diesem Fall hängt die Ergebnisqualität der funktionalen Varianzanalyse von der Qualität des Metamodells ab. Da die Ergebnisse jedoch globale und gemittelte Größen sind, ist es nicht notwendig, dass das Metamodell alle Details abbildet. Es ist vielmehr ausreichend, wenn das Metamodell die globalen Eigenschaften zufriedenstellend widerspiegelt. Im Folgenden sei angenommen, dass für die Systemantwort $y(\vec{x})$ entweder direkt ein analytischer Ausdruck oder eine hinreichend gute Approximation vorliegt.

Eine Funktion $y(\vec{x})$ lässt sich auf vielfältige Weise in eine Summe aus einzelnen Faktoren zerlegen, wobei die Taylor- und Fourier-Reihe wohl zu den bekanntesten Vertretern zählen. Welche Zerlegung man wählt, hängt letztendlich von der Zielsetzung ab. Im Fall der Varianzanalyse lautet das Ziel, die Varianzzerlegung (11.23) zu bestimmen. Um dies zu erreichen, wird die Funktion in einen konstanten Term μ, in Terme $\mu_i(x_i)$, die nur von einer Variablen abhängen, sowie in Terme $\mu_{ij}(x_i, x_j)$, die nur von zwei Variablen abhängen, usw. zerlegt.

$$\begin{aligned} y(\vec{x}) &= \mu + \sum_{s=1}^{n} \sum_{i_1 < \ldots < i_s} \mu_{i_1 \ldots i_s}(x_{i_1}, \ldots, x_{i_s}) \\ &= \mu + \sum_{i=1}^{n} \mu_i(x_i) + \sum_{i=1}^{n-1} \sum_{j=i+1}^{n} \mu_{ij}(x_i, x_j) + \sum_{i=1}^{n-2} \sum_{j=i+1}^{n-1} \sum_{k=j+1}^{n} \mu_{ijk}(x_i, x_j, x_k) + \ldots \end{aligned} \tag{11.24}$$

Dabei werden die $\mu_i(x_i)$ als Haupteffekte (Main Effects) und die höheren Terme als Wechselwirkungsterme (Interactions) bezeichnet. Den einfachsten Faktor der Zerlegung in Gleichung (11.24) stellt der konstante Term μ dar. Für ihn wird einfach der Mittelwert von $y(\vec{x})$ gewählt, der sich als Mittelung über alle Variablen ergibt zu

$$\mu = \frac{\int_{x_1^L}^{x_1^U} \mathrm{d}x_1 \int_{x_2^L}^{x_2^U} \mathrm{d}x_2 \ldots \int_{x_n^L}^{x_n^U} \mathrm{d}x_n \, y(\vec{x})}{\int_{x_1^L}^{x_1^U} \mathrm{d}x_1 \int_{x_2^L}^{x_2^U} \mathrm{d}x_2 \ldots \int_{x_n^L}^{x_n^U} \mathrm{d}x_n}. \tag{11.25}$$

Um die Schreibweise zu vereinfachen und die nachfolgenden Formeln übersichtlicher zu gestalten, wird im Folgenden angenommen, dass alle Variablen auf das Intervall [0, 1] normiert sind und sich somit für die Normierungsterme

$$\int_{x_i^L}^{x_i^U} \mathrm{d}x_i = \int_0^1 \mathrm{d}x_i = 1 \tag{11.26}$$

ergibt. Damit vereinfacht sich Gleichung (11.25) zu

$$\mu = \int_0^1 \mathrm{d}x_1 \int_0^1 \mathrm{d}x_2 \ldots \int_0^1 \mathrm{d}x_n\, y(\overrightarrow{x}). \tag{11.27}$$

Wie die weiteren Terme berechnet werden, soll zunächst an einem einfachen Beispiel einer Funktion

$$y(x_1, x_2) = 15x_1(1 - x_1) + 30x_2(x_2 - 0{,}5)(1 - x_2) + 2x_1x_2 \tag{11.28}$$

veranschaulicht werden, die von nur zwei Variablen abhängt. In Abbildung 11.25 sind die Funktionsverläufe in Anhängigkeit von einer Variablen für jeweils feste Werte der anderen Variablen dargestellt. Weiterhin ist dort in der unteren Reihe der Mittelwert μ eingezeichnet. Die gesuchte Zerlegung lautet in diesem Beispiel

$$y(x_1, x_2) = \mu + \mu_1(x_1) + \mu_2(x_2) + \mu_{12}(x_1, x_2). \tag{11.29}$$

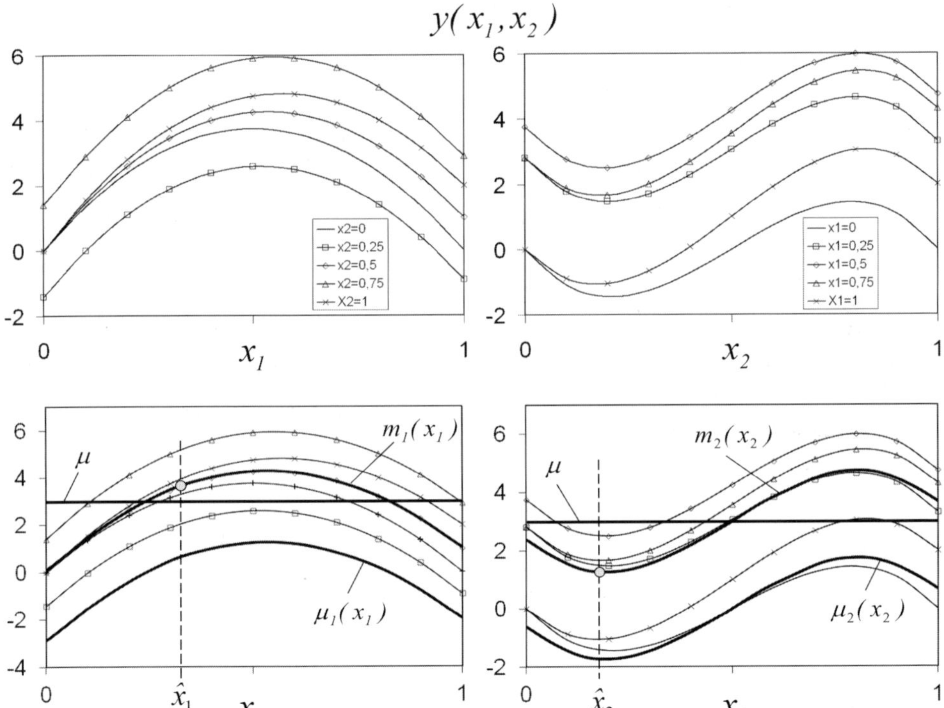

Abb. 11.25 Funktionsverläufe (oben) mit jeweils einer festgehaltenen Variablen für die Funktion aus Gleichung (11.28). Zusätzlich sind unten noch der Mittelwert μ und die Größen m_i und μ_i eingezeichnet

Um den Haupteffekt $\mu_1(x_1)$ zu bestimmen, wird zunächst ein fester Punkt $\hat{x}_1$ betrachtet. Der Funktionswert an dieser Stelle hängt vom Wert der anderen Variablen x_2 ab. Einen eindeutigen

Einzelwert erhält man, indem man über alle Werte mittelt, die sich bei der Variation von x_2 einstellen können.

$$m_1(\hat{x}_1) = \int_0^1 \mathrm{d}x_2\; y(\hat{x}_1, x_2) \tag{11.30}$$

Führt man dies für alle Werte von x_1 durch, erhält man eine Kurve, deren Verlauf sich aus der Mittelung über die nicht betrachtete Variable x_2 ergibt.

$$m_1(x_1) = \int_0^1 \mathrm{d}x_2\; y(x_1, x_2) \tag{11.31}$$

In $m_1(x_1)$ ist jedoch der Anteil μ enthalten. Da dieser schon erklärt worden ist, muss er in Gleichung (11.31) abgezogen werden, damit sich der gesuchte Term $\mu_1(x_1)$ ergibt.

$$\mu_1(x_1) = m_1(x_1) - \mu = \int_0^1 \mathrm{d}x_2\; y(x_1, x_2) - \mu \tag{11.32}$$

Entsprechend ergibt sich für den zweiten Haupteffekt

$$\mu_2(x_2) = m_2(x_2) - \mu = \int_0^1 \mathrm{d}x_1\; y(x_1, x_2) - \mu\,. \tag{11.33}$$

Beim letzten Term $\mu_{12}(x_1, x_2)$ sind alle Variablen enthalten, sodass dort keine Mittelung mehr durchgeführt werden kann und somit die Funktion $y(x_1, x_2)$ verbleibt, von der dann wiederum die bereits erklärten Anteile μ, μ_1 und μ_2 abgezogen werden.

$$\mu_{12}(x_1, x_2) = y(x_1, x_2) - \mu_1(x_1) - \mu_2(x_2) - \mu \tag{11.34}$$

Wenn man Gleichung (11.34) in Gleichung (11.29) einsetzt, wird auch deutlich, dass Gleichung (11.29) eine exakte Zerlegung von der Funktion y und keine Approximation darstellt, denn man erhält

$$y(x_1, x_2) = \mu + \mu_1(x_1) + \mu_2(x_2) + y(x_1, x_2) - \mu_1(x_1) - \mu_2(x_2) - \mu = y(x_1, x_2).$$

In Abbildung 11.26 sind die auf diese Weise berechneten Haupteffekte und der Wechselwirkungsterm dargestellt. Es zeigt sich, dass der mittlere Verlauf der Funktion durch die Haupteffekte gut wiedergegeben wird und der Wechselwirkungsterm klein ist.

Die Erweiterung auf den allgemeinen Fall mit n Variablen erhält man, indem jeweils über alle nicht betrachteten Variablen gemittelt wird. Damit ergibt sich für die Terme in Gleichung (11.24)

$$\mu = \int_0^1 \mathrm{d}x_1 \int_0^1 \mathrm{d}x_2 \ldots \int_0^1 \mathrm{d}x_n\; y(\overrightarrow{x}) \tag{11.35}$$

$$\mu_i(x_i) = m_i(x_i) - \mu; \qquad i = 1, n$$

$$\mu_{ij}(x_i, x_j) = m_{ij}(x_i, x_j) - \mu_i(x_i) - \mu_j(x_j) - \mu; \qquad i, j = 1, n; \qquad i < j$$

$$\begin{aligned}\mu_{ijk}(x_i, x_j, x_k) = {} & m_{ijk}(x_i, x_j, x_k) - \mu_{ij}(x_i, x_j) - \mu_{ik}(x_i, x_k) - \mu_{jk}(x_j, x_k)\\ & - \mu_i(x_i) - \mu_j(x_j) - \mu_k(x_k) - \mu; \qquad i, j, k = 1, n; \qquad i < j < k\end{aligned}$$

$$\vdots$$

$$\mu_{1\ldots n}(x_1, \ldots, x_n) = m_{1\ldots n}(x_1, \ldots, x_n) - \mu - \sum_{s=1}^{n-1} \sum_{i_1 < \ldots < i_s} \mu_{i_1 \ldots i_s}(x_{i_1}, \ldots, x_{i_s})$$

Dabei sind

$$m_i(x_i) = \int_0^1 \mathrm{d}x_1 \int_0^1 \mathrm{d}x_2 \ldots \int_0^1 \mathrm{d}x_{i-1} \int_0^1 \mathrm{d}x_{i+1} \ldots \int_0^1 \mathrm{d}x_n\; y(\overrightarrow{x}) \tag{11.36}$$

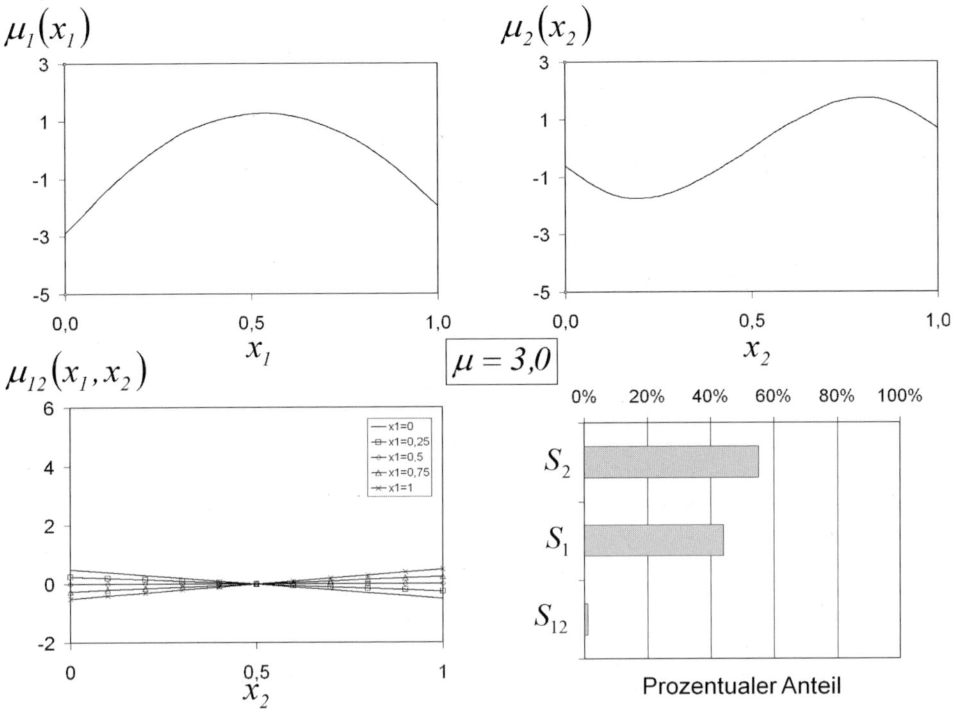

Abb. 11.26 Haupteffekte, Wechselwirkungsterm und Sobol-Indizes für die Funktion aus Gleichung (11.28)

$$m_{ij}(x_i, x_j) = \int_0^1 \mathrm{d}x_1 \int_0^1 \mathrm{d}x_2 \ldots \int_0^1 \mathrm{d}x_{i-1} \int_0^1 \mathrm{d}x_{i+1} \ldots \int_0^1 \mathrm{d}x_{j-1} \int_0^1 \mathrm{d}x_{j+1} \ldots \int_0^1 \mathrm{d}x_n \, y(\overrightarrow{x})$$

$$\vdots$$

$$m_{1\ldots n}(x_1, \ldots, x_n) = y(\overrightarrow{x})$$

die Terme, die sich jeweils aus der Mittelung über die nicht betrachteten Variablen ergeben. Auch hier kann man wieder leicht zeigen, dass die oben angegebenen Terme eine exakte Zerlegung von $y(\overrightarrow{x})$ in Gleichung (11.24) darstellen, indem man dort einfach $\mu_{1\ldots n}(x_1, \ldots, x_n)$ einsetzt.

Die Terme in Gleichung (11.35) haben, wie man leicht zeigen kann, folgende Eigenschaft

$$\int_0^1 \mathrm{d}x_{i_p} \, \mu_{i_1 \ldots i_s} = 0 \qquad \text{wenn} \qquad 1 \leq p \leq s. \tag{11.37}$$

Dabei wurde hier eine vereinfachte Schreibweise ohne Variablen verwendet, welche ja eindeutig durch die Indizes bestimmt sind. Die Eigenschaft (11.37) kann man beweisen, indem man verwendet, dass die Integration von $m_{i_1 \ldots i_s}$ über eine der Variablen den entsprechenden Index eliminiert

$$\begin{aligned} \int_0^1 \mathrm{d}x_{i_p} \, m_{i_1 \ldots i_{p-1} i_p i_{p+1} \ldots i_s} &= m_{i_1 \ldots i_{p-1} i_{p+1} \ldots i_s} && \text{wenn} \quad 1 \leq p \leq s \text{ und } s \geq 2 \\ \int_0^1 \mathrm{d}x_i \, m_i &= \mu && \text{wenn} \quad s = 1 \end{aligned} \tag{11.38}$$

und dann den sich ergebenden reduzierten Term durch den Ausdruck ersetzt, der sich durch Auflösen der entsprechenden Gleichung in (11.35) ergibt. So erhält man beispielsweise für

$$\int_0^1 \mathrm{d}x_i\, \mu_i = \int_0^1 \mathrm{d}x_i\, m_i - \mu = \mu - \mu = 0 \tag{11.39}$$

und entsprechend unter zusätzlicher Verwendung von Gleichung (11.39) für

$$\begin{aligned}\int_0^1 \mathrm{d}x_i\, \mu_{ij} &= \int_0^1 \mathrm{d}x_i\, m_{ij} - \int_0^1 \mathrm{d}x_i\, \mu_i - \int_0^1 \mathrm{d}x_i\, \mu_j - \int_0^1 \mathrm{d}x_i\, \mu \\ &= m_j - \mu_j - \mu = \mu_j + \mu - \mu_j - \mu = 0\end{aligned} \tag{11.40}$$

und unter zusätzlicher Verwendung von Gleichung (11.40)

$$\begin{aligned}\int_0^1 \mathrm{d}x_j\, \mu_{ijk} &= \int_0^1 \mathrm{d}x_j\, m_{ijk} - \int_0^1 \mathrm{d}x_j\, \mu_{ij} - \int_0^1 \mathrm{d}x_j\, \mu_{ik} - \int_0^1 \mathrm{d}x_j\, \mu_{jk} \\ &\quad - \int_0^1 \mathrm{d}x_j\, \mu_i - \int_0^1 \mathrm{d}x_j\, \mu_j - \int_0^1 \mathrm{d}x_j\, \mu_k - \int_0^1 \mathrm{d}x_j\, \mu \\ &= m_{ik} - \mu_{ik} - \mu_i - \mu_k - \mu \\ &= \mu_{ik} + \mu_i + \mu_k + \mu - \mu_{ik} - \mu_i - \mu_k - \mu = 0\end{aligned} \tag{11.41}$$

usw.

Für eine rein formale Herleitung der Terme in Gleichung (11.24) ist es ausreichend, die Eigenschaften (11.27) und (11.37) zu fordern[1)] [357], [358]. So erhält man, wenn Gleichung (11.24) über alle Variablen außer über x_i integriert wird, den Ausdruck

$$\int_0^1 \mathrm{d}x_1 \int_0^1 \mathrm{d}x_2 \ldots \int_0^1 \mathrm{d}x_{i-1} \int_0^1 \mathrm{d}x_{i+1} \ldots \int_0^1 \mathrm{d}x_n\, y(\vec{x}) = \mu + \mu_i(x_i), \tag{11.42}$$

der nach μ_i aufgelöst den entsprechenden Ausdruck in Gleichung (11.35) ergibt. Entsprechend erhält man den nächsthöheren Term μ_{ij}, indem man über alle Variablen außer über x_i und x_j integriert

$$\begin{aligned}&\int_0^1 \mathrm{d}x_1 \int_0^1 \mathrm{d}x_2 \ldots \int_0^1 \mathrm{d}x_{i-1} \int_0^1 \mathrm{d}x_{i+1} \ldots \int_0^1 \mathrm{d}x_{j-1} \int_0^1 \mathrm{d}x_{j+1} \ldots \int_0^1 \mathrm{d}x_n\, y(\vec{x}) \\ &\quad = \mu + \mu_i(x_i) + \mu_i(x_i) + \mu_{ij}(x_i, x_j).\end{aligned} \tag{11.43}$$

Eine wichtige Eigenschaft, die direkt aus Gleichung (11.37) folgt, ist die Orthogonalität der Terme in Gleichung (11.24)

$$\int_0^1 \mathrm{d}x_1 \int_0^1 \mathrm{d}x_2 \ldots \int_0^1 \mathrm{d}x_n\, \mu_{i_1 \ldots i_s} \mu_{j_1 \ldots j_r} = 0 \quad \text{wenn} \quad (i_1, \ldots, i_s) \not\equiv (j_1, \ldots, j_r). \tag{11.44}$$

Das bedeutet, dass Produkt zweier Terme integriert über den gesamten Designraum immer null ist, wenn sich diese in mindestens einem Index unterscheiden. Diese Orthogonalitätseigenschaft ermöglicht es nun, die Varianzzerlegung vorzunehmen. Die Gesamtvarianz σ^2_{tot} einer Funktion $y(\vec{x})$ lässt sich mithilfe von Gleichung (11.24) folgendermaßen bestimmen:

[1)] Dies ist auch ein alternativer Weg für den obigen Beweis. Hier kommt man aus der anderen Richtung, indem man die Eigenschaften (11.27) und (11.37) voraussetzt und daraus die Terme in Gleichung (11.24) ableitet.

$$\begin{aligned}\sigma_{\text{tot}}^2 &= \int_0^1 \mathrm{d}x_1 \ldots \int_0^1 \mathrm{d}x_n \left(y(\overrightarrow{x}) - \mu\right)^2 \\ &= \int_0^1 \mathrm{d}x_1 \ldots \\ &\ldots \int_0^1 \mathrm{d}x_n \left(\sum_{i=1}^{n} \mu_i(x_i) + \sum_{i=1}^{n-1} \sum_{j=i+1}^{n} \mu_{ij}(x_i, x_j) + \sum_{i=1}^{n-2} \sum_{j=i+1}^{n-1} \sum_{k=j+1}^{n} \mu_{ijk}(x_i, x_j, x_k) + \ldots \right)^2 .\end{aligned} \tag{11.45}$$

Aufgrund der Orthogonalitätseigenschaft (11.44) verschwinden nach Auflösen der Klammer auf der rechten Seite alle Mischterme. So ergibt sich die Gesamtvarianz einfach als Summe aus den Varianzen der Haupteffekte und Wechselwirkungsterme

$$\begin{aligned}\sigma_{\text{tot}}^2 &= \int_0^1 \mathrm{d}x_1 \ldots \\ &\ldots \int_0^1 \mathrm{d}x_n \left(\sum_{i=1}^{n} \mu_i^2(x_i) + \sum_{i=1}^{n-1} \sum_{j=i+1}^{n} \mu_{ij}^2(x_i, x_j) + \sum_{i=1}^{n-2} \sum_{j=i+1}^{n-1} \sum_{k=j+1}^{n} \mu_{ijk}^2(x_i, x_j, x_k) + \ldots \right) \\ &= \sum_{i=1}^{n} \sigma_i^2 + \sum_{i=1}^{n-1} \sum_{j=i+1}^{n} \sigma_{ij}^2 + \sum_{i=1}^{n-2} \sum_{j=i+1}^{n-1} \sum_{k=j+1}^{n} \sigma_{ijk}^2 + \ldots ,\end{aligned} \tag{11.46}$$

wobei die Varianzen der Haupteffekte mit

$$\sigma_i^2 = \int_0^1 \mathrm{d}x_1 \ldots \int_0^1 \mathrm{d}x_n \, \mu_i^2(x_i) = \int_0^1 \mathrm{d}x_i \, \mu_i^2(x_i) \tag{11.47}$$

und die Varianzen der Wechselwirkungsterme mit

$$\begin{aligned}\sigma_{ij}^2 &= \int_0^1 \mathrm{d}x_1 \ldots \int_0^1 \mathrm{d}x_n \, \mu_{ij}^2(x_i, x_j) = \int_0^1 \mathrm{d}x_i \int_0^1 \mathrm{d}x_j \, \mu_{ij}^2(x_i, x_j) \\ \sigma_{ijk}^2 &= \int_0^1 \mathrm{d}x_1 \ldots \int_0^1 \mathrm{d}x_n \, \mu_{ijk}^2(x_i, x_j, x_k) = \int_0^1 \mathrm{d}x_i \int_0^1 \mathrm{d}x_j \int_0^1 \mathrm{d}x_k \, \mu_{ijk}^2(x_i, x_j, x_k)\end{aligned} \tag{11.48}$$

bezeichnet worden sind.

Die globalen Sensitivitäten als Maß für die Wichtigkeit der dazugehörigen Variablen können als relativer Beitrag der einzelnen Terme bestimmt werden und werden auch Sobol-Indizes [357], [358]

$$S_{i_1 \ldots i_s} = \frac{\sigma_{i_1 \ldots i_s}^2}{\sigma_{\text{tot}}^2} \tag{11.49}$$

bezeichnet. Sie haben die Eigenschaft

$$\sum_{s=1}^{n} \sum_{i_1 < \ldots < i_s} S_{i_1 \ldots i_s} = 1. \tag{11.50}$$

Die Sobol-Indizes werden auch häufig in Prozent angegeben, wie dies in Abbildung 11.26 der Fall ist. In diesem Beispiel zeigt sich, dass die Variable x_2 mit 55 % den größten Beitrag zur Gesamtvarianz liefert und die Variable x_1 mit 44 % beiträgt. Der Anteil des Wechselwirkungsterms ist dagegen mit 1 % sehr klein. Anhand der Kurven wird aber auch deutlich, dass es sich bei den Beiträgen um gemittelte Größen handelt und lokal größere Abweichungen auftreten können. So liegt der Anteil des Wechselwirkungsterms an der Stelle $x_1 = 0$ und $x_2 = 1$ offensichtlich deutlich höher als 1 %.

Um zu entscheiden, auf welche Variablen am besten verzichtet werden kann und wie groß die daraus zu erwartende Ungenauigkeit ist, ist es hilfreich, ein Diagramm zu verwenden, in dem die kumulativen Anteile dargestellt sind. Um dieses aufzubauen, beginnt man mit dem Sobol-Index S_i, der den größten Wert aufweist. Dessen Beitrag wird als erster Balken im Diagramm dargestellt und mit dem dazugehörigen Variablennamen x_i gekennzeichnet. Im nächsten Schritt wird aus den verbleibenden Variablen diejenige ausgewählt, deren Summe aus den Sobol-Indizes bezüglich des Haupteffekts S_j und des Wechselwirkungsterms S_{ij} mit der bereits selektierten Variablen am größten ist. Dieser Anteil wird zum Beitrag der ersten Variablen hinzuaddiert, als zweiter Balken dargestellt und mit dem Namen der dazugekommenen Variablen x_j bezeichnet. Als nächstes wird aus den verbleibenden Variablen die ausgewählt, deren Summe aus den Sobol-Indizes resultierend aus dem Haupteffekt und den Wechselwirkungstermen mit den bereits selektierten Variablen am größten ist. Diese Prozedur kann bis zur letzten Variablen durchgeführt werden, bei der sich dann letztendlich ein Wert von 100 % ergibt. Ein Beispiel eines solchen kumulativen Balkendiagramms ist in Abbildung 11.27 gezeigt. Dort kann 90 % der Funktion allein mit den drei Variablen x_3, x_4 und x_6 beschrieben werden, wobei – wie oben erläutert – auch die Wechselwirkungsterme zwischen diesen drei Variablen mit enthalten sind. Werden nur diese Variablen zur Beschreibung der Funktion y verwendet, würde der mittlere quadratische Fehler 10 % betragen.

Um Rechenzeit zu sparen werden normalerweise nur die Haupteffekte und die 2-fach Wechselwirkungsterme bei der Varianzanalyse berücksichtigt. In diesem Fall muss man im kumulativen Diagramm am Ende nicht zwangsläufig einen Gesamtbeitrag von 100 % erhalten. Die fehlenden Prozente geben dann an, wie groß der Anteil der höheren Wechselwirkungsterme ist. In der Regel ist jedoch deren Beitrag nicht sehr groß. Warum dies so ist und wieso häufig schon die 2-fach Wechselwirkungsterme nur einen kleinen Beitrag liefern, soll an dem Beispiel der Funktion

$$y(x_1, x_2) = g_1(x_1) + g_2(x_2) + h_1(x_1)h_2(x_2) \tag{11.51}$$

veranschaulicht werden. Dabei wird der Mischterm als Produkt zweier Funktionen geschrieben, die jeweils nur von einer Variablen abhängen. Die Terme für die gewünschte Zerlegung

$$y(x_1, x_2) = \mu + \mu_1(x_1) + \mu_2(x_2) + \mu_{12}(x_1, x_2) \tag{11.52}$$

ergeben sich gemäß Gleichung (11.35) zu

$$\mu = \int_0^1 \mathrm{d}x_1 \int_0^1 \mathrm{d}x_2 \,(g_1(x_1) + g_2(x_2) + h_1(x_1)h_2(x_2)) = \bar{g}_1 + \bar{g}_2 + \bar{h}_1\bar{h}_2 \tag{11.53}$$

$$\mu_1(x_1) = \int_0^1 \mathrm{d}x_2 \,(g_1(x_1) + g_2(x_2) + h_1(x_1)h_2(x_2)) - \mu = g_1(x_1) + \bar{g}_2 + h_1(x_1)\bar{h}_2 - \mu \tag{11.54}$$

$$\mu_2(x_2) = \int_0^1 \mathrm{d}x_1 \,(g_1(x_1) + g_2(x_2) + h_1(x_1)h_2(x_2)) - \mu = \bar{g}_1 + g_2(x_2) + \bar{h}_1 h_2(x_2) - \mu \tag{11.55}$$

$$\begin{aligned} \mu_{12}(x_1, x_2) &= g_1(x_1) + g_2(x_2) + h_1(x_1)h_2(x_2) - \mu_1(x_1) - \mu_2(x_2) - \mu \\ &= \left(h_1(x_1) - \bar{h}_1\right)\left(h_2(x_2) - \bar{h}_2\right) \end{aligned} \tag{11.56}$$

Dabei werden mit

$$\begin{aligned} \bar{g}_i &= \int_0^1 \mathrm{d}x_i \, g_i(x_i) \\ \bar{h}_i &= \int_0^1 \mathrm{d}x_i \, h_i(x_i) \end{aligned} \tag{11.57}$$

jeweils die Mittelwerte der entsprechenden Funktion bezeichnet. Wie man sieht, bestehen die Haupteffekte nicht, wie man vielleicht zunächst intuitiv meinen könnte, allein aus den Funktionen $g_1(x_1)$ und $g_2(x_2)$. Sie enthalten vielmehr auch Anteile aus dem Mischterm. So enthält $\mu_1(x_1)$ neben dem Term $g_1(x_1)$ auch den Beitrag $h_1(x_1)\bar{h}_2$, der sich ergibt, wenn der Anteil von x_2 aus $h_1(x_1)\,h_2(x_2)$ herausgemittelt wird. Damit verbleiben für den Wechselwirkungsterm $\mu_{12}(x_1, x_2)$ weniger Anteile aus $h_1(x_1)h_2(x_2)$. Besonders extrem ist dies, wenn beispielsweise die Funktion $h_2(x_2)$ nur schwach mit x_2 variiert und deshalb gut durch den Mittelwert $\bar{h}_2$ approximiert werden kann. Sie liefert dann nach Gleichung (11.56) nur noch einen geringfügigen Beitrag zu $\mu_{12}(x_1, x_2)$. Aber auch im Normalfall sind die Beiträge der Wechselwirkungsterme mit zwei Variablen häufig schon sehr gering und fallen mit höherer Ordnung sehr stark ab. So begnügt man sich meistens damit, nur die Zweifach-Wechselwirkungen mitzunehmen und die höheren Terme zu vernachlässigen.

Man kann die Varianzanalyse jedoch noch zu mehr als zur Reduktion von Designvariablen verwenden. Die Haupteffekte und Wechselwirkungsterme aus Gleichung (11.35) geben Auskunft über die mittlere Abhängigkeit der Funktion von den einzelnen Variablen. So kann man beispielsweise mithilfe der Haupteffekte die optimale Lösung direkt bestimmen, wenn die Wechselwirkungsterme klein und keine Restriktionen vorhanden sind. Sind dagegen Restriktionen vorhanden, kann zumindest ein guter Startpunkt abgeleitet werden. Eventuell kann dabei auch zwischen einem lokalen und globalen Minimum unterschieden und ein Startpunkt nahe am globalen Minimum festgelegt werden.

Sind die Wechselwirkungsterme nicht vernachlässigbar, ist die oben dargestellte Interpretation nicht mehr so einfach. Die Wechselwirkungsterme können jedoch hilfreich sein, um Effekte zu verringern, die durch Toleranzen verursacht werden. Es sei beispielsweise angenommen, dass die Variable x_2 in Abbildung 11.28 einen Materialkennwert darstellt, der im gesamten Bereich variieren und dessen Varianz nur unter hohen Kosten reduziert werden kann. Aus dem Wechselwirkungsdiagramm kann aber entnommen werden, dass der Effekt dieser Variation auf die Funktion y am geringsten ist, wenn Variable x_1 den Wert $x_1 = 0$ annimmt. Auf diese Weise kann die Robustheit des Systems bezüglich der Streuung von Variablen x_2 über die Variable x_1 erhöht werden, ohne die Varianz von x_2 mit hohem Kostenaufwand reduzieren zu müssen.

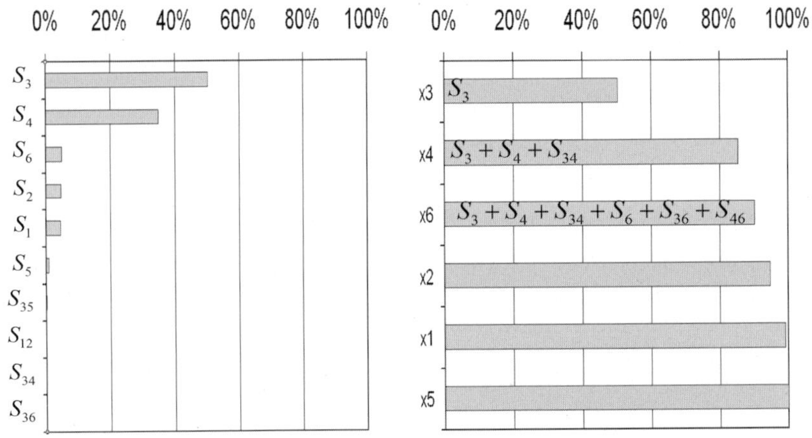

Abb. 11.27 Sobol-Indizes und kumulative Verteilung für ein System mit 6 Designvariablen. Für die ersten drei kumulativen Anteile sind im Balken die Beiträge angegeben, aus denen sie sich zusammensetzten.

Es gibt zwei Möglichkeiten, die Integrale in den oben aufgeführten Gleichungen zu berechnen. Zum einen kann man die Integration numerisch durchführen, beispielsweise mit der Monte-Carlo Methode [357]. Dies kann je nach Anzahl der Variablen einen nicht unerheblichen Aufwand darstellen. Die andere Möglichkeit besteht darin, die Integrale analytisch zu bestimmen, wie das beispielsweise bei Kriging-Modellen möglich ist. In diesem Fall bleibt der Aufwand überschaubar. Dennoch wird in einigen kommerziellen Programmen die Varianzanalyse nicht so wie oben be-

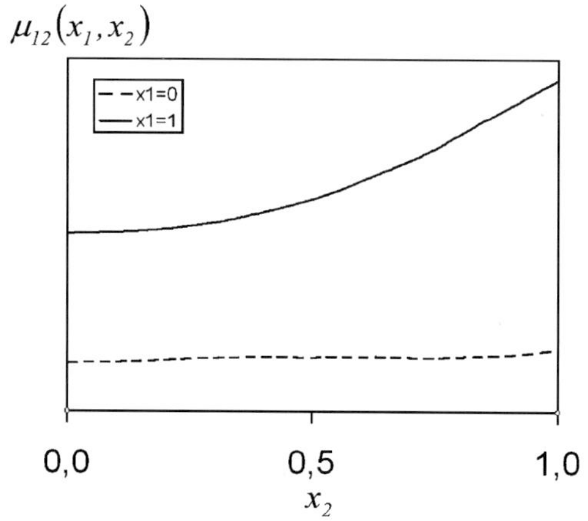

Abb. 11.28 Wechselwirkungsterm zweier Variable, der zur Robustheitserhöhung verwendet werden kann

schrieben durchgeführt. Vielmehr werden unter dem Namen ANOVA stattdessen die Koeffizienten eines Polynoms angegeben, die aus einer Regressionsanalyse bestimmt worden sind. Selbst wenn die Normierung der Variablen korrekt durchgeführt worden ist und die Quadrate der Koeffizienten angegeben werden, ist der Informationsgehalt wesentlich geringer als bei der oben beschriebenen Varianzanalyse. So gibt beispielsweise das Quadrat des Koeffizienten b_i des linearen Terms x_i nur den Anteil des linearen Anteils der Variable x_i an, nicht jedoch die Anteile der höheren Ordnungen oder Anteile der gemischten Terme. Dagegen enthält der Haupteffekt $\mu_i(x_i)$ sowohl den linearen als auch Anteile höherer Ordnung.

11.4.2.2.3 Diskrete Varianzanalyse

Als Alternative zur funktionalen Varianzanalyse unter Verwendung eines Metamodells, kann eine diskrete Varianzanalyse direkt auf der FE-Analyse durchgeführt werden. Dazu benötigt man einen Versuchsplan [178], [217], [372], [373], bei dem die Werte der Designvariablen ein festes Raster aufweisen. Dafür muss im ersten Schritt festgelegt werden, wie viele Werte, auch Stufen genannt, für jede einzelne Designvariable verwendet werden sollen. Im einfachsten Fall kann man einen vollständig faktoriellen Versuchsplan verwenden.

Die benötigten Formeln für die diskrete Varianzanalyse erhält man aus den Gleichungen für die funktionale Varianzanalyse, indem jedes Integral durch eine Summe über alle Stufen ersetzt und durch die Anzahl der Stufen N dividiert wird. Dies soll am konkreten Beispiel aus Gleichung (11.28) vorgeführt werden, wobei für beide Variable $N = 3$ Stufen $\{0;\ 0{,}5;\ 1\}$ verwendet werden sollen. Der vollständig faktorielle Versuchsplan liefert in diesem Fall 9 Punkte, an denen die Funktionswerte bestimmt werden müssen (Tabelle 11.1). Werden der Wert der k-ten Stufe von Variable x_i mit $x_i[k]$ und die Funktionswerte von y an den entsprechenden Stufen mit $y_{kp} = y(x_1[k], x_2[p])$ bezeichnet, ergeben sich als Mittelwert

$$\mu = \frac{\sum_{k=1}^{N}\sum_{p=1}^{N} y_{kp}}{N^2}, \tag{11.58}$$

als Haupteffekte

$$\mu_1(x_1[k]) = \frac{\sum_{p=1}^{N} y_{kp}}{N} - \mu; \qquad \mu_2(x_2[p]) = \frac{\sum_{k=1}^{N} y_{kp}}{N} - \mu \tag{11.59}$$

und als Wechselwirkungsterm

$$\mu_{12}(x_1[k], x_2[p]) = y_{kp} - \mu_1(x_1[k]) - \mu_2(x_2[p]) - \mu\,. \tag{11.60}$$

Für die dazugehörigen Varianzen ergibt sich entsprechend

$$\sigma_{\text{tot}}^2 = \frac{\sum\limits_{k=1}^{N}\sum\limits_{p=1}^{N}\left(y_{kp} - \mu\right)^2}{N^2} \tag{11.61}$$

$$\sigma_1^2 = \frac{\sum\limits_{k=1}^{N}\mu_1^2(x_1[k])}{N}; \qquad \sigma_2^2 = \frac{\sum\limits_{k=1}^{N}\mu_2^2(x_2[k])}{N}; \qquad \sigma_{12}^2 = \frac{\sum\limits_{k=1}^{N}\sum\limits_{p=1}^{N}\mu_{12}^2(x_1[k], x_2[p])}{N^2}.$$

In Tabelle 11.1 und 11.2 sind die Funktionswerte, Haupteffekte und die Wechselwirkung aufgelistet und in Abbildung 11.29 als Diagramm mit den dazugehörigen Sobol-Indizes dargestellt. Der Vergleich mit den Werten aus der funktionalen Varianzanalyse zeigt vor allem für Variable x_2 deutliche Unterschiede. Dies ist darauf zurückzuführen, dass der hochgradig nichtlineare Verlauf vom Haupteffekt μ_2 nicht zufrieden stellend mit drei Stufen wiedergegeben werden kann. Zudem führt die Tatsache, dass μ_2 bei allen drei Stufen nahe bei null liegt, dazu, dass der Beitrag von x_2 durch die 3-stufige diskrete Varianzanalyse stark unterschätzt und der von Variable x_1 entsprechend überschätzt wird. Der Beitrag des Wechselwirkungsterms bleibt dagegen weiterhin gering.

Tabelle 11.1 Funktionswerte für die diskrete 3-stufige Varianzanalyse und die daraus resultierenden Haupteffekte

		Funktionswerte $y(x_1, x_2)$					
		x_2					
		0,0	**0,5**	**1,0**	m_1	μ_1	μ_1^2
x_1	**0,0**	0,00	0,00	0,00	0,00	−1,75	3,06
	0,5	3,75	4,25	4,75	4,25	2,50	6,25
	1,0	0,00	1,00	2,00	1,00	−0,75	0,56
	m_2	1,25	1,75	2,25			
	μ_2	−0,50	0,00	0,50		$\mu = 1{,}75$	
	μ_2^2	0,25	0,00	0,25			

Tabelle 11.2 Wechselwirkungswerte

		Wechselwirkung $\mu_{12}(x_1, x_2)$		
		x_2		
		0,0	**0,5**	**1,0**
x_1	**0,0**	0,50	0,00	−0,50
	0,5	0,00	0,00	0,00
	1,0	−0,50	0,00	0,50

Natürlich erhöht sich die Genauigkeit mit Anzahl der Stufen, wie in Abbildung 11.30 für $N = 5$ dargestellt ist. Dabei erhöht sich jedoch die Anzahl der benötigten Analysen von 9 auf 25. Hier wird zwar der Verlauf der Haupteffekte qualitativ wesentlich besser wiedergegeben, jedoch wird der Anteil von x_2 immer noch unterschätzt.

Wenn die diskrete Varianzanalyse auch anfänglich noch den Vorteil hatte, mit einer geringeren Anzahl von Analysen als die funktionale Varianzanalyse auszukommen, reduziert sich dieser

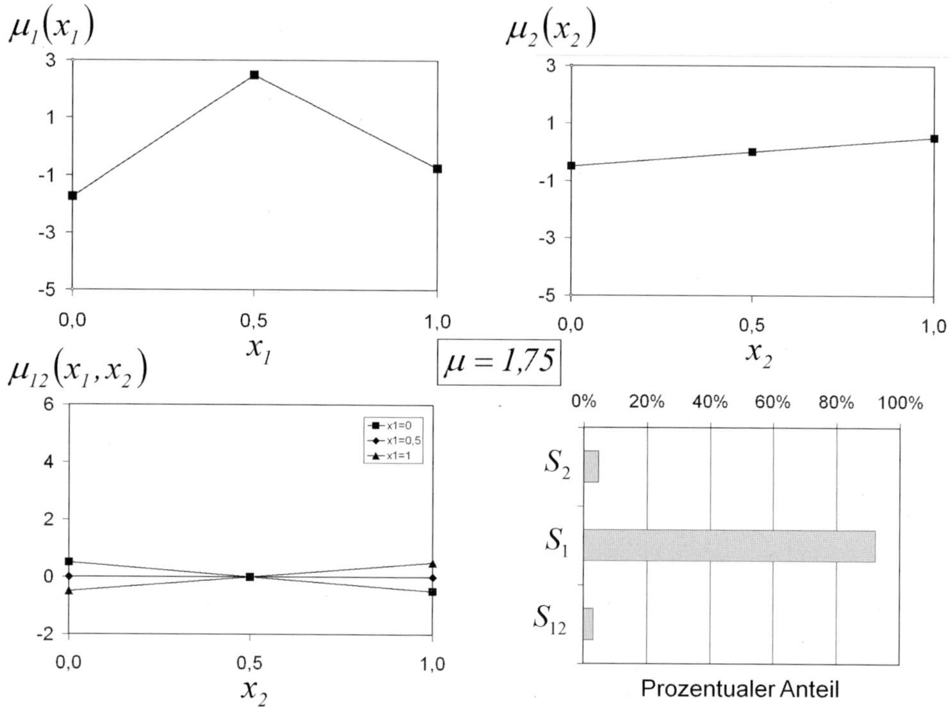

Abb. 11.29 Haupteffekte, Wechselwirkungsterm und Sobol-Indizes für die Funktion aus Gleichung (11.28) für die diskrete Varianzanalyse mit $N = 3$ Stufen

Unterschied schnell mit der Anzahl der verwendeten Stufen. Das Gleiche gilt auch mit zunehmender Anzahl von Designvariablen, vor allem, wenn voll faktorielle Versuchspläne verwendet werden. Hier erreicht man schnell den Punkt, bei dem mit der gleichen Anzahl von Datenpunkten auch ein Metamodell erstellt und damit eine funktionale Varianzanalyse durchgeführt werden kann. Dieser Punkt kann etwas weiter durch die Verwendung von orthogonalen Versuchsplänen herausgeschoben werden, wobei sich dabei jedoch auch der Informationsgehalt reduziert.

In Abbildung 11.31 soll ein Eindruck vermittelt werden, wie die Qualität der Ergebnisse ist, wenn man statt der diskreten Varianzanalyse mit der ungefähr gleichen Anzahl von Datenpunkten ein Metamodell erstellt und mit diesem eine funktionale Varianzanalyse durchführt. Es wurden hier einmal 10 und einmal 20 Datenpunkte mit einem Random Latin Hypercube Versuchsplan bestimmt, an diesem dann die Funktionswerte berechnet und daraus jeweils ein Kriging-Modell aufgebaut. Es zeigt sich nach durchgeführter funktionaler Varianzanalyse, dass beim Kriging-Modell mit den 10 Datenpunkten der Beitrag der Variablen x_2 ebenfalls unterschätzt und der Haupteffekt nur als Gerade wiedergegeben wird. Jedoch liegt der prozentuale Beitrag jetzt näher an dem wirklichen Wert. Weiterhin weist die Gerade nun eine höhere Steigung als bei der dreistufigen diskreten Varianzanalyse, sodass diese damit eine bessere Annäherung darstellt. Die funktionale Varianzanalyse basierend auf dem Kriging-Modell mit 20 Punkten liefert dagegen mit $S_1 = 44\,\%$ und $S_2 = 55\,\%$ exzellente Werte und gibt auch die Haupteffekte korrekt wieder.

Man muss sich immer vor Augen halten, dass die diskrete Varianzanalyse aus dem Bereich der Versuchsplanung stammt. Dort können die Systemantworten jeder einzelnen Variante nur durch zum Teil sehr aufwendige Versuche an diskreten Stufen ermittelt werden. Diese dürfen wiederum nicht zu eng zusammen liegen, damit die Änderungen innerhalb der Messgenauigkeit nachgewie-

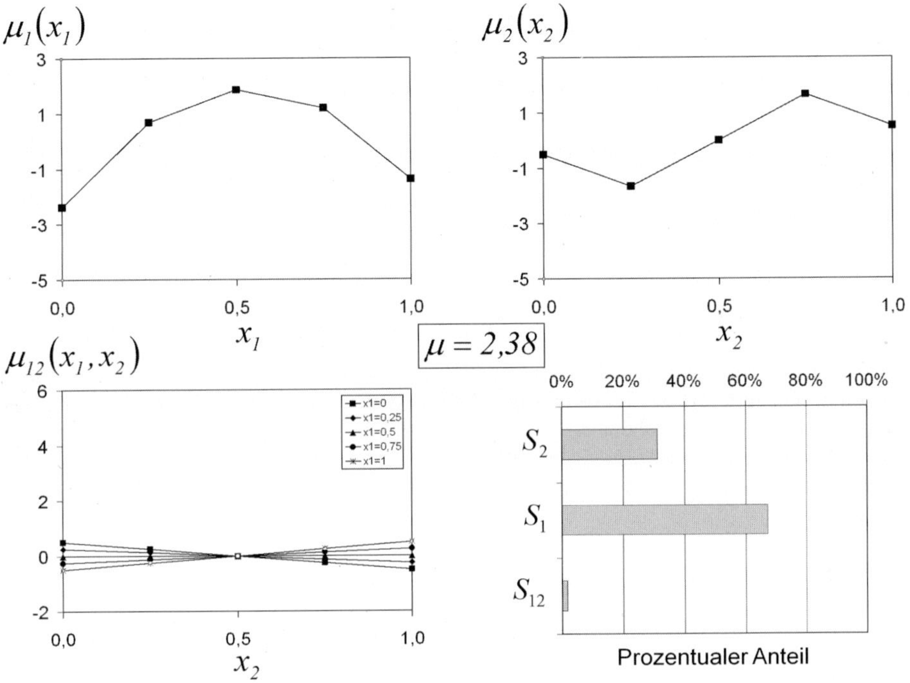

Abb. 11.30 Haupteffekte, Wechselwirkungsterm und Sobol-Indizes für die Funktion aus Gleichung (11.28) für die diskrete Varianzanalyse mit $N = 5$ Stufen

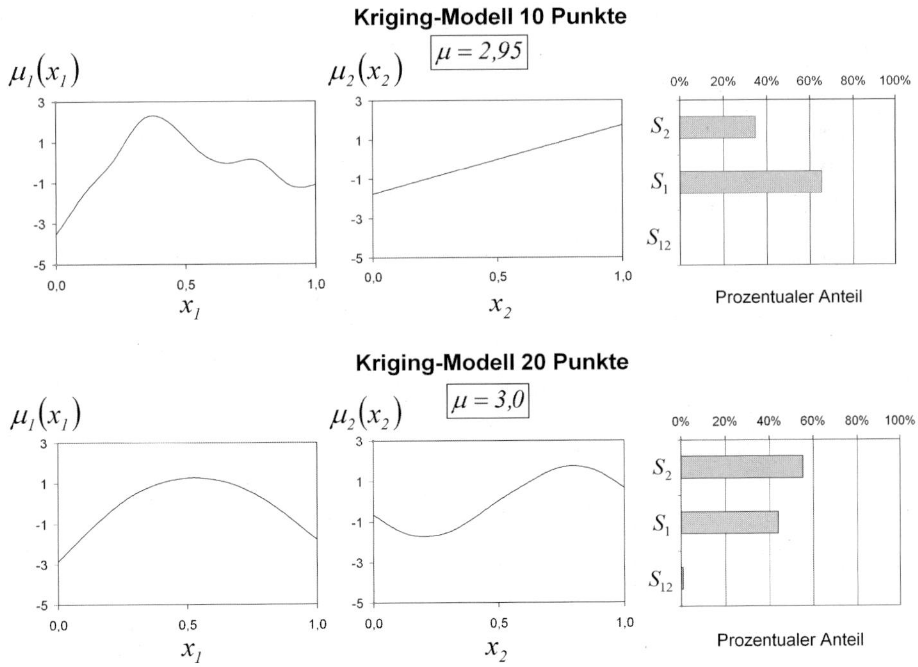

Abb. 11.31 Haupteffekte, Wechselwirkungsterm und Sobol-Indizes von zwei Kriging-Modellen für die Funktion aus Gleichung (11.28)

sen werden können. Damit ist hier die diskrete Varianzanalyse das passende Werkzeug. In der Simulation gelten diese Einschränkungen jedoch nicht. Häufig können durch einfache Änderungen der Variablen in der Eingabedatei die verschiedenen Varianten schnell und problemlos erzeugt werden, sodass nur die Rechenzeit den begrenzenden Faktor darstellt. Zusammenfassend empfiehlt sich im Simulationsbereich die Verwendung der diskreten Varianzanalyse also nur dann, wenn kein Programm zur funktionalen Varianzanalyse zur Verfügung steht und somit die Nachteile der diskreten Varianzanalyse, die per Hand mit einem Tabellenkalkulationsprogramm ausgeführt werden kann, in Kauf genommen werden müssen.

11.4.3 Verfolgen von Sensitivitäten

Wird eine Optimierung mit einem Gradientenverfahren durchgeführt, sind nicht nur die Funktionswerte und die Werte der Designvariablen, sondern auch die Werte der Sensitivitäten in allen Iterationen bekannt. Ein Verfolgen der Sensitivitäten (Sensitivity Tracking) [156] entlang des Optimierungsweges gibt Aufschluss darüber, wie stark jede Variable zur Reduktion der Zielfunktion beigetragen hat. Dies liefert damit eine kostenlose Zusatzinformation über das System, wenn auch nur entlang des Optimierungspfads.

Die Werte der Designvariablen im Optimum sagen alleine meistens wenig über die Bedeutung einer Variablen aus, weil auch die Variablen mit kleinen Sensitivitäten gegen Ende der Optimierung ihre oberen oder unteren Grenzwerte erreichen können (Abbildung 11.32). Bei Verwendung einer „Move-Limit“ Strategie wird sogar unabhängig von dem Betrag einer Sensitivität bei allen Designvariablen der maximal mögliche Wert innerhalb einer Iteration erreicht, wenn keine Restriktion dies verhindert.

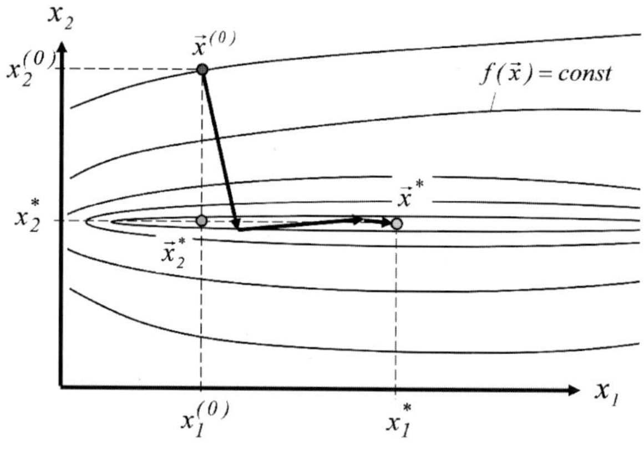

Abb. 11.32 Ein Beispiel, bei der die Variable x_1 nur eine geringen Beitrag zu Zielfunktionsreduktion liefert und sich der Wert der Zielfunktion am Punkt $\vec{x}_2^*$, bei dem x_1 auf den Anfangswert zurückgesetzt wurde, nur unwesentlich verschlechtert

Die Sensitivitäten alleine sind allerdings auch nicht aussagekräftiger als die Werte der Designvariablen. So ist es möglich, dass eine Variable zwar eine hohe Sensitivität hat, sich diese jedoch wegen einer Restriktion gar nicht oder nur sehr wenig auswirkt (Abbildung 11.33). Weiterhin sind Sensitivitäten abhängig von der Skalierung der Designvariablen. So wurden beispielsweise in Abbildung 11.34 die Variablen x_1 und x_2 mit einem Faktor $1/10$ herunterskaliert, was zu einem Anwachsen der Sensitivitäten um einen Faktor 10 führte. Wie sich jedoch später weiter unten herausstellt, sind beide Variablen eher unbedeutend.

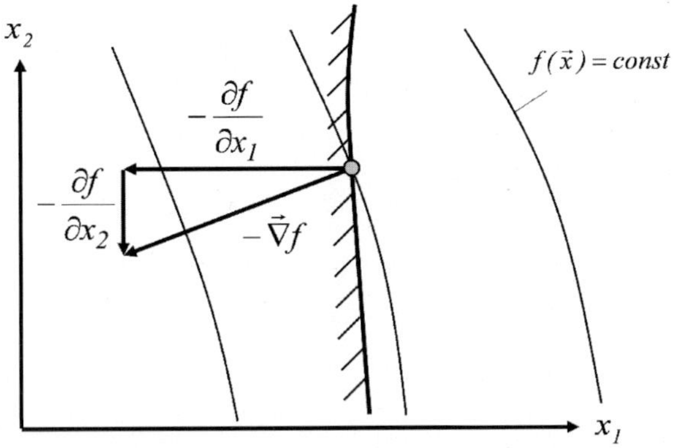

Abb. 11.33 Ein Beispiel, bei dem die Variable x_1 zwar eine hohe Sensitivität hat, sich diese jedoch wegen einer Restriktion nicht auswirken kann

Wenn man jedoch die Variablenwerte und die Sensitivitäten zusammen verwendet, um den Beitrag der einzelnen Variablen an der gesamten Reduktion der Zielfunktion zu bestimmen, erhält man ein Maß, das unabhängig von der Skalierung ist und in dem die Restriktionen berücksichtigt sind. Der Beitrag einer Variablen x_i lässt sich mithilfe der gemittelten Sensitivitäten

$$\frac{\partial \bar{f}^{(k)}}{\partial x_i} = \frac{1}{2}\left(\frac{\partial f\left(x_i^{(k-1)}\right)}{\partial x_i} + \frac{\partial f\left(x_i^{(k)}\right)}{\partial x_i}\right) \tag{11.62}$$

näherungsweise bestimmen zu:

$$\Delta f_i = \sum_{k=1}^{N} \Delta f_i^{(k)} \approx \sum_{k=1}^{N} \frac{\partial \bar{f}^{(k)}}{\partial x_i} \Delta x_i^{(k)}; \qquad \Delta x_i^{(k)} = x_i^{(k)} - x_i^{(k-1)}. \tag{11.63}$$

Dabei ist $\Delta f_i^{(k)}$ die Reduktion der Zielfunktion in der k-ten Iteration aufgrund der Variablen x_i und N die Anzahl der Iterationen.

Man kann leicht zeigen, dass die Formel exakt ist, wenn es sich bei Funktion f um eine quadratische Funktion handelt. Wird nämlich für diese der Ausdruck

$$\begin{aligned} f(\vec{x}) = {} & f(\vec{x}^{(k-1)}) + \vec{\nabla}^{\mathrm{T}} f(\vec{x}^{(k-1)})(\vec{x} - \vec{x}^{(k-1)}) \\ & + \frac{1}{2}(\vec{x} - \vec{x}^{(k-1)})^{\mathrm{T}} \boldsymbol{A}(\vec{x} - \vec{x}^{(k-1)}) \end{aligned} \tag{11.64}$$

verwendet, ergibt sich für den Gradienten der Ausdruck

$$\vec{\nabla} f(\vec{x}) = \vec{\nabla} f(\vec{x}^{(k-1)}) + \boldsymbol{A}(\vec{x} - \vec{x}^{(k-1)}). \tag{11.65}$$

Weiterhin kann der Gradient jedoch auch über die partiellen Ableitungen am Punkt $\vec{x}^{(k)}$ ausgedrückt werden

$$\vec{\nabla} f(\vec{x}) = \vec{\nabla} f(\vec{x}^{(k)}) + \boldsymbol{A}(\vec{x} - \vec{x}^{(k)}). \tag{11.66}$$

Subtrahiert man Gleichung (11.65) von Gleichung (11.66), erhält man die Beziehung

$$\boldsymbol{A}(\vec{x}^{(k)} - \vec{x}^{(k-1)}) = \vec{\nabla} f(\vec{x}^{(k)}) - \vec{\nabla} f(\vec{x}^{(k-1)}). \tag{11.67}$$

Somit ergibt sich für die Reduktion der Zielfunktion in der k-ten Iteration

$$\begin{aligned}\Delta f^{(k)} &= f(\overrightarrow{x}^{(k)}) - f(\overrightarrow{x}^{(k-1)}) \\ &= \overrightarrow{\nabla}^{\mathrm{T}} f(\overrightarrow{x}^{(k-1)})(\overrightarrow{x}^{(k)} - \overrightarrow{x}^{(k-1)}) + \frac{1}{2}(\overrightarrow{x}^{(k)} - \overrightarrow{x}^{(k-1)})^{\mathrm{T}}\boldsymbol{A}(\overrightarrow{x}^{(k)} - \overrightarrow{x}^{(k-1)}) \\ &= \frac{1}{2}\left(\overrightarrow{\nabla}^{\mathrm{T}} f(\overrightarrow{x}^{(k-1)}) + \overrightarrow{\nabla}^{\mathrm{T}} f(\overrightarrow{x}^{(k)})\right)(\overrightarrow{x}^{(k)} - \overrightarrow{x}^{(k-1)})\end{aligned} \qquad (11.68)$$

und damit der oben angegebenen Ausdruck (11.63) mit den gemittelten Sensitivitäten (11.62).

Die Güte der Approximation kann einfach überprüft werden, indem die Gesamtreduktion der Zielfunktion, die sich aus der Näherung (11.63) ergibt

$$\Delta f = \sum_{i=1}^{N} \Delta f_i \qquad (11.69)$$

mit dem wirklichen Wert aus der Optimierung verglichen wird. Bei der in Abbildung 11.34 gezeigten Anwendung lag der Wert aus der Näherung um 3 % unterhalb des wirklichen Werts aus der Optimierung und zeigt damit eine exzellente Übereinstimmung. Weiterhin zeigt sich dort, dass die Variablen x_6, x_7 und x_8 einen hohen Beitrag zur Reduktion der Zielfunktion geliefert haben und damit als wichtig eingestuft werden können, während x_2 und x_5 von sehr geringer Bedeutung sind.

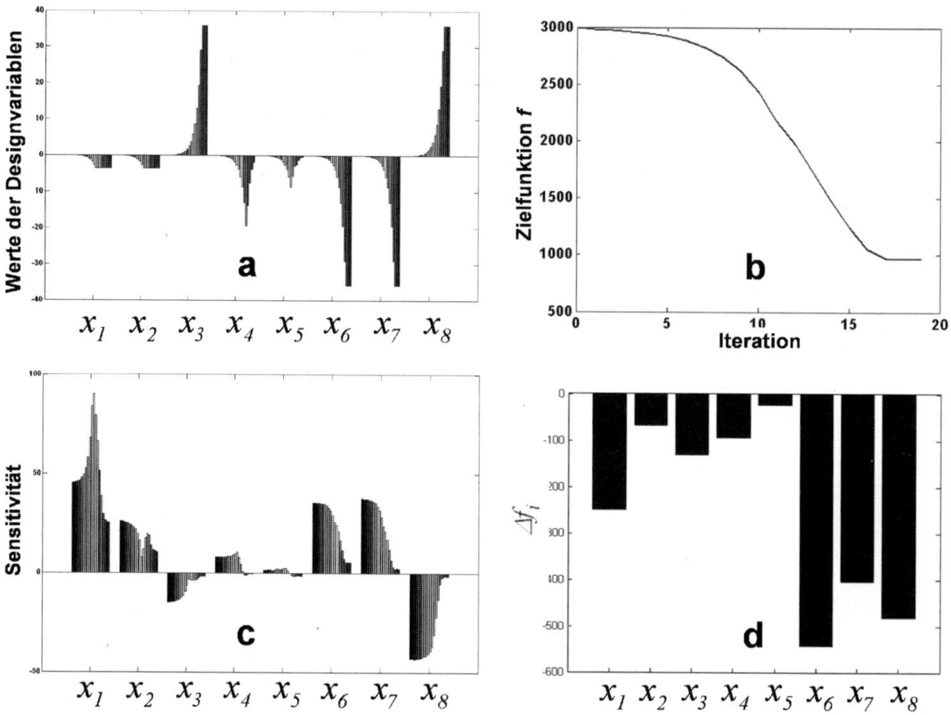

Abb. 11.34 Verlauf der Zielfunktion (b), der Werte der Designvariablen (a) und Sensitivitäten (c) während einer Optimierung und die Gesamtbeiträge der Variablen zur Zielfunktionsreduktion (d)

Falls erwünscht kann auch noch der relative Anteil $\Delta f_i^{\mathrm{rel}}$ der Beiträge bestimmt werden, welcher sich ergibt zu:

$$\Delta f_i^{\mathrm{rel}} = \frac{\Delta f_i}{\Delta f}. \qquad (11.70)$$

Beim „Sensitivity Tracking“ wird nur der Teil des Designraums ausgewertet, der während der Optimierung durchschritten wurde. Jedoch wird hier im Gegensatz zu den anderen Methoden der Einfluss der Restriktionen mitberücksichtigt, weil die meisten Gradientenverfahren entlang der Grenze des zulässigen Bereichs entlanglaufen. Dies ist gerade der interessante Bereich, weil die aktiven Restriktionen maßgeblich festlegen, wie stark jede Designvariable zur Reduktion der Zielfunktion beiträgt.

Wenn als Zielfunktion nicht die Masse verwendet wird, kann die Information über die Beiträge der einzelnen Variablen zur Gewichtsreduktion bei Blechbauteilen verwendet werden. Eine mögliche Strategie wäre, die Variablen mit den kleinsten Beiträgen auf die minimale Wandstärke zu setzen, wenn die daraus resultierende Verschlechterung der Zielfunktion akzeptabel ist. Zusätzlich kann man den so gewonnenen Punkt als Startpunkt eines weiteren Optimierungslaufs verwenden, bei dem dann nur die wichtigen Designvariablen berücksichtigt werden. Eine andere Möglichkeit ist, die Beiträge über die Iterationen so weit zurückzuverfolgen bis ein vorgegebener Schwellenwert für die Verschlechterung der Zielfunktion überschritten wird und den dort vorliegenden Wert zu verwenden.

Da die Werte der Sensitivitäten erst dann vorliegen, wenn Optimierung schon durchgeführt worden ist, kann das „Sensitivity Tracking“ nicht dazu eingesetzt werden, um die Anzahl der Variablen vor der Optimierung zu reduzieren. Es dient somit nur zur Erhöhung des Verständnisses der Abhängigkeiten im betrachteten System oder zur oben erläuterten Gewichtsreduktion.

11.5 Robustheits- und Zuverlässigkeitsoptimierung

Bei einer simulationsgestützten Optimierung werden üblicherweise nur Nominalwerte verwendet. Das bedeutet, dass alle Eingabegrößen wie Designvariable und Materialkennwerte einen festen Wert zugewiesen bekommen, mit denen dann die Analyse durchgeführt wird. Aus den Systemantworten, die demnach auch feste Zahlenwerte sind, werden dann Zielfunktion und Restriktionen aufgebaut, welche dann vom Optimierungsalgorithmus verwendet werden (Abbildung 11.35).

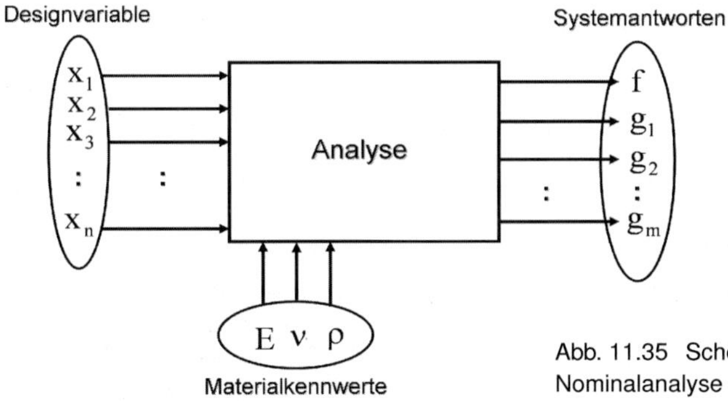

Abb. 11.35 Schematischer Aufbau und Ablauf einer Nominalanalyse

Bei einem realen physikalischen System weisen jedoch die Eingabegrößen eine Streuung auf. So sind beispielsweise die Werte für die Dicke von Blechen und die Materialdaten, wie E-Modul und Zugfestigkeit, statistischen Schwankungen unterworfen. Die Folge ist, dass auch die Systemantworten keine konstanten Werte sind, sondern eine Streuung aufweisen, die sich in Form einer Verteilungsdichte beschreiben lässt (Abbildung 11.36). Welche Konsequenzen dies auf die Qualität einer Optimierungslösung haben kann, ist in Abbildung 11.37 dargestellt. Dort liegt das Optimum der Zielfunktion f bei x^*, wenn bezüglich des Nominalwertes optimiert wird. Wird allerdings noch die Streuung Δx der Variablen berücksichtigt, führt dies zu einer großen Streuung des Zielfunktionswerts. Die Lösung ist nicht robust. Dagegen hat die Zielfunktion am Punkt x_R

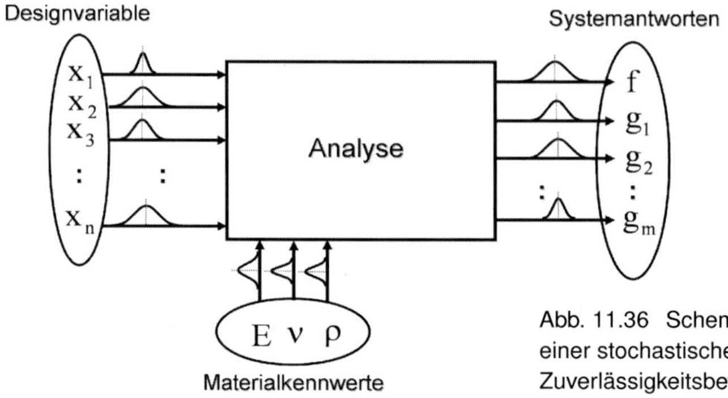

Abb. 11.36 Schematischer Aufbau und Ablauf einer stochastischen Analyse zur Robustheits- oder Zuverlässigkeitsbewertung

zwar einen höheren Nominalwert, welcher jedoch bei Hinzunahme der Streuung nur in einem sehr schmalen Band variiert. Hier handelt es sich um eine robuste Lösung, die sicher die bessere Wahl ist, wenn beispielsweise der Streubereich der Zielfunktionswerte um x_R im versagenssicheren Bereich liegt, dagegen Bereiche des Streubandes um den Punkt x^* in den Versagensbereich hineinragen. Ähnliche Effekte sind bei den Restriktionen möglich, wie dies in Abbildung 11.38 dargestellt ist. Liegt der Wert einer Systemantwort r_j am Ende einer Nominalwert-Optimierung an der oberen oder unteren Grenze, wird die Hälfte der Werte im nicht zulässigen Bereich liegen, wenn sie eine normalverteilte Streuung aufweisen. Die Stärke der Restriktionsverletzung hängt dabei von der Breite der Verteilungskurve ab. Ist diese groß, kann dies weitreichende Folgen auf die Qualität und Zuverlässigkeit eines Produkts haben.

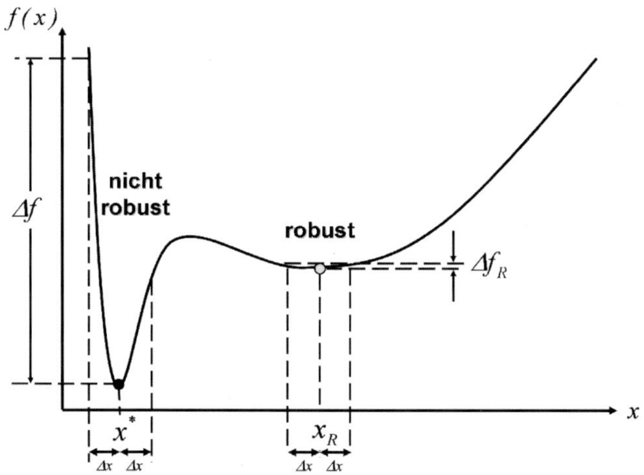

Abb. 11.37 Effekt der Streuung auf die Robustheit einer optimalen Lösung bezüglich des Nominalwerts

Die obigen Beispiele zeigen, dass die statistischen Schwankungen der Eingabegrößen großen Einfluss auf die Streubreite der Systemantworten haben können und dies dazu führen kann, dass das Ergebnis einer Optimierung mit Nominalwerten unbrauchbar ist. Wenn man sich dagegen absichern will, muss man spätestens am Ende einer Nominaloptimierung eine Robustheits- oder eine Zuverlässigkeitsanalyse durchführen[1]. Ist die Lösung nicht robust oder erfüllt nicht die

[1] Es sollte jedoch nicht vergessen werden, dass bei den zu behandelnden Systemen häufig sehr große Erfahrungswerte vorliegen und darüber deren Robustheit eingeschätzt werden kann. Weiterhin ist bei hochgradig nichtlinearen Systemen die Ursache einer Bifurkation häufig bekannt, sodass man weiß, welche Bauteile verbessert werden müssen, um die Robustheit zu erhöhen. Eine solche Kenntnis der Ursachen ist auch generell notwendig, um ein Robustheitsproblem beseitigen zu können.

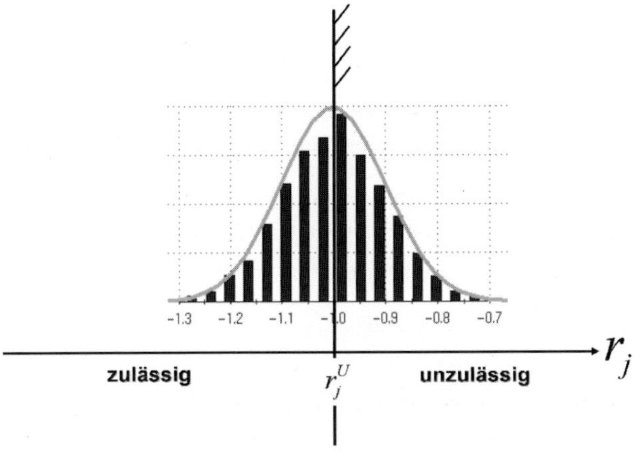

Abb. 11.38 Restriktionsverletzung durch die Streuung der Systemantwort r_j an einer über den Nominalwert definierten Restriktionsgrenze

geforderte Zuverlässigkeitsanforderung oder sollen beide Eigenschaften noch weiter verbessert werden, muss eine Robustheits- oder Zuverlässigkeitsoptimierung durchgeführt werden. Dabei werden die Anforderung an die Robustheit oder Zuverlässigkeit in der Formulierung des Optimierungsproblems direkt berücksichtigt. Wie dies alles im Detail durchgeführt werden kann, wird in den folgenden Abschnitten erläutert. Zuerst werden die Unterschiede zwischen Versuch und Simulation erläutert und diskutiert. Danach werden einige statistische Grundlagen erläutert und anschließend verschiedene Möglichkeiten aufgezeigt, wie eine stochastische Simulation durchgeführt und die statistischen Größen ermittelt werden können. Abschließend werden verschiedene Formulierungsmöglichkeiten des Optimierungsproblems vorgestellt.

11.5.1 Gegenüberstellung von Versuch und Simulation

Alle Daten, die bei einer Messung ermittelt werden, weisen eine Schwankungsbreite auf, die zwar mit entsprechendem Aufwand sehr klein gehalten, aber niemals vollständig eliminiert werden kann. Dies wirkt sich beispielsweise so aus, dass die Messungen der Steifigkeit von zwei Karosserien, die unter gleichen Bedingungen aufgebaut wurden, nicht das gleiche Ergebnis liefern. Die Ursache für die gesamte Streuung in den ermittelten Daten setzt sich dabei zusammen aus:

- Streuung in der Fertigung (Schweißpunkte, Schweißnähte, Klebungen ...)
- Streuung in Materialeigenschaften
- Streuung in den geometrischen Maßen
- Streuung in der Messapparatur.

Die Tatsache, dass die Messgrößen eine Streuung aufweisen und damit dem Zufall unterliegen, heißt jedoch nicht, dass der zugrunde liegende physikalische Prozess auch eine statistische Schwankung aufweist. Er läuft vielmehr für einen Satz vorgegebener Werte der Eingangsgrößen immer rein deterministisch ab. Die Streuung in den Messdaten resultiert allein aus der Tatsache, dass die aktuellen Werte der Eingabegrößen nicht exakt bekannt sind. Würde man deren Streubreite durch schärfere Toleranzgrenzen bei der Qualitätskontrolle immer weiter einschränken, könnte man die Streubreite der gemessenen Daten immer weiter reduzieren und im Grenzfall, dass alle Eingabegrößen exakt festgelegt werden, die Streuung (ohne Berücksichtigung der Messfehler) eliminieren. Weil dies jedoch nicht realisierbar ist, besteht die Aufgabe eines Ingenieurs darin, ein System so auszulegen, dass die Systemeigenschaften bei vorgegeben Streuungsbereichen der Eingabegrößen innerhalb der Anforderungsgrenzen bleiben.

In Gegensatz zur Messung ist eine Simulation immer deterministisch, weil eine deterministische Gleichung gelöst wird, für die alle Variablen, Parameter und Anfangsbedingungen durch Nominalwerte exakt vorgegeben werden. Eine Simulation mit den gleichen Eingabewerten liefert deswegen immer exakt das gleiche Ergebnis, wenn sie unter exakt den gleichen Bedingungen durchgeführt wird. Jedoch können sich Unterschiede in den Ergebnissen von identischen Simulationsläufen einstellen, wenn solche gleichen Bedingungen nicht gewährleistet sind. In diesem Fall spricht man vom numerischem Rauschen [305], [322], [397]. Ein solches numerisches Rauschen ist nicht nur für die reine Simulation problematisch, sondern vor allem auch für die simulationsgestützte Optimierung, weil sich dadurch nicht nur das Konvergenzverhalten verschlechtern, sondern auch ein Optimum vorgetäuscht werden kann. Numerisches Rauschen kann entstehen durch

1. Verschiedene Diskretisierungen des FE-Modells, unterschiedliche Kontaktalgorithmen und Lösungsalgorithmen
2. Berechnung des gleichen Modells auf unterschiedlichen Computern
3. Berechnung auf mehreren CPUs.

Bei dem ersten Punkt handelt es sich um Schwankungen in der Genauigkeit des Simulationsmodells. Die Aufgabenstellung einer Simulation besteht darin, ein Modell aufzubauen, das die Physik eines Prozesses möglichst gut beschreibt. Dabei ist es nicht immer nötig, ein „perfektes Modell“ aufzubauen. Vielmehr genügt es, ein Modell zu definieren, das in der Lage ist, mit vertretbarem Aufwand die interessierenden Effekte hinreichend genau zu simulieren und die gestellten Fragen hinreichend genau zu beantworten. Aufgrund seiner Erfahrung legt der Simulationsingenieur fest, welche Struktur das Modell haben muss, um diesen Anforderungen gerecht zu werden. Dazu gehören auch die Festsetzung der Diskretisierung und die Auswahl des Kontakt- und Lösungsalgorithmus. Wenn diese sinnvoll gewählt sind und die Physik damit hinreichend gut beschrieben werden kann, wird man diese Auswahl beibehalten und alle folgenden Analysen und auch die Optimierung damit durchführen. Das bedeutet aber auch, dass diese Aspekte dann nicht mehr dem Zufall unterworfen sind und somit auch kein numerisches Rauschen mehr erzeugen können.

Anders sieht es bei Punkt 2 aus. Geringfügige Unterschiede in der Maschinengenauigkeit und in den Compilern können hier zu Schwankungen in den Simulationsergebnissen führen, wenn ein Modell auf verschiedenen Computern oder auch auf gleichen Rechnern, die unterschiedlich konfiguriert sind, gerechnet wird. Dies kann zu Schwankungen in den Ergebnissen führen, wenn zur Berechnung ein Cluster mit unterschiedlichen Computern eingesetzt wird und die Rechenläufe automatisch mithilfe eines Queuing-Systems auf die Rechner verteilt werden. Diese zufallsbedingte Streuung kann und sollte wenn möglich eliminiert werden, weil sie keiner physikalischen Streuung entspricht und sie damit die Qualität der Simulation und die Vergleichbarkeit mit den Messungen nur verschlechtern kann. Bei einer Messung würde man auch nicht die Messapparatur für die einzelnen Messungen austauschen, weil sich dadurch die Messfehler unnötig erhöhen würden. Die unter Punkt 2 genannte Ursache für numerisches Rauschen kann somit eliminiert werden, indem nur identische Rechner aus dem Cluster für die Optimierung eingesetzt werden.

Punkt 3 spielt vor allem bei expliziten Verfahren, wie sie in der Crash-Simulation eingesetzt werden, eine große Rolle, weil diese Rechenläufe typischerweise auf mehrere CPUs verteilt werden, um möglichst schnell zu einem Ergebnis zu kommen. Hier kann auch bei identischer Rechnerarchitektur nicht gewährleistet werden, dass die Ergebnisse von den verschiedenen CPUs immer in der gleichen Reihenfolge zurückkommen und immer gleich zusammengefügt werden. Durch diese variierende Reihenfolge beim Zusammenführen der Ergebnisse kann es zu Unterschieden in den Rundungsfehlern und zu Veränderungen in der Kontaktreihenfolge und daraus resultierenden unterschiedlichen Lastpfaden kommen. In den expliziten Simulationsprogrammen kann jedoch eine Option gesetzt werden, die gewährleistet, dass die Ergebnisse immer gleich zusammengeführt werden. Dadurch kann dieser Rauschanteil eliminiert werden, jedoch geschieht das auf Kosten einer höheren Rechenzeit (um $\approx 1/3$ höhere Rechenzeit).

Obwohl durch die oben beschriebenen Maßnahmen das numerische Rauschen eliminiert werden kann, bleibt die Frage, ob ein Modell vertrauenswürdig ist, wenn sich ohne diese Maßnahmen die

Simulationsergebnisse stark unterscheiden. In einem solchen Fall sollte man immer versuchen, den Grund für den großen Unterschied verstehen, denn gerade bei hochgradig nichtlinearen Systemen weisen stark unterschiedliche Ergebnisse nicht unbedingt auf Schwächen im Modell hin. Es stellt sich somit die Frage, ob die großen Schwankungen physikalischen oder numerischer Natur sind. Im ersten Fall wird das System richtig beschrieben und ist für die Simulation und Optimierung geeignet, im zweiten Fall nicht. Eine typische physikalische Ursache, die zu großen Variationen in

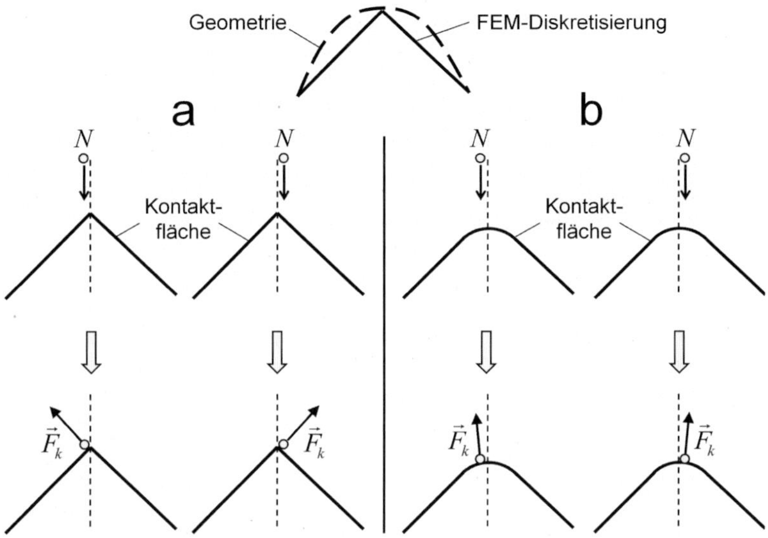

Abb. 11.39 Beispiel für eine numerische Bifurkation infolge einer scharfen Kante der Kontaktfläche (a) und deren Behebung durch Ausrunden der scharfen Kante (b)

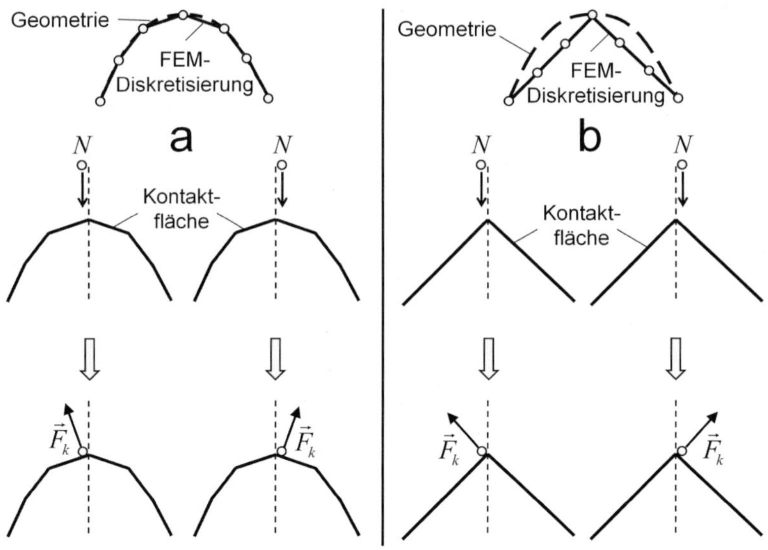

Abb. 11.40 (a) Nachweis der numerischen Bifurkation aus Abbildung 11.39(a) durch Netzverfeinerung auf der Geometrie. (b) Verfeinerung auf dem FE-Netz, die keinen Nachweis ermöglicht

den Systemantworten und zu chaotischem Verhalten führen kann, sind physikalische Bifurkationen. Bei einer Crash-Simulation können sich an einem solchen Verzweigungspunkt durch geringfügige Variationen in den Eingangsgrößen beispielsweise Änderungen der Knickrichtung oder in der Beulform und dadurch völlig neue Crash-Pfade und andere Kontaktabfolgen ergeben. Ein konkretes Beispiel dafür ist ein Träger in einem Crash-Modell, der bei einem Kraftangriffswinkel von $\alpha < 0$ nach innen und bei $\alpha \geqq 0$ nach außen ausknickt. Ergibt die Simulation auf einem Rechner einen resultierenden Winkel von $\alpha = -0{,}01^\circ$ und auf einem anderen Rechner $\alpha = 0{,}03^\circ$, wird der Träger in unterschiedliche Richtungen ausknicken und damit zu unterschiedlichen Endzuständen führen. Trotzdem wird in dem Modell der physikalische Effekt der Bifurkation mit einer Genauigkeit von $\delta\alpha = 0{,}04^\circ$ abgebildet. Es beschreibt somit die Physik mit hinreichender Genauigkeit und ist zur physikalischen Beschreibung der Bifurkation geeignet, auch wenn es bei vorhandenem numerischen Rauschen stark unterschiedliche Ergebnisse liefert. Ein Problem kann man in einem solchen Fall jedoch bei einer reinen Nominalanalyse bekommen, wenn man das Ergebnis auf dem Zweig erhält, der das bessere Ergebnis liefert und man sich dadurch in Sicherheit wiegt. Hier kann das numerische Rauschen oder auch eine stochastische Simulation helfen, das Problem aufdecken.

Während bei einer physikalischen Bifurkation die Physik richtig beschrieben wird, ist dies bei einer numerischen Bifurkation nicht der Fall. Unter einer numerischen Bifurkation versteht man eine Verzweigung, die aufgrund einer unzureichenden Modellierung und nicht durch einen physikalischen Effekt entsteht. Ein Beispiel dafür ist in Abbildung 11.39(a) dargestellt. Dort ist eine runde Kontur durch die Diskretisierung als scharfe Kante abgebildet und ebenso die daraus resultierende Kontaktfläche. Dies führt dazu, dass schon geringe Ortsvariationen eines Knotens N, der auf Kontakt abgeprüft wird, dazu führen, dass sich nahezu entgegengerichtete Kontaktkräfte $\overrightarrow{F_k}$ ergeben. Dies numerische Bifurkation kann eliminiert werden, indem die scharfe Kante der Kontaktfläche abgerundet wird (Abbildung 11.39(b)). Abgesehen davon, dass eine solche numerische Bifurkation nicht vom Anwender sondern nur vom Programmierer behoben werden kann, ist vor allem das Problem, diese überhaupt zu erkennen und nachzuweisen. In dem vorliegenden Beispiel kann der Nachweis dadurch geschehen, dass die Bifurkation verschwindet oder sich zumindest die Unterschiede zwischen den verschiedenen Rechenläufen deutlich ändern, wenn das Netz verfeinert wird (Abbildung 11.40 (a)). Dies funktioniert allerdings nur, wenn diese Netzverfeinerung auf der wirklichen Geometrie und nicht auf dem FE-Netz vorgenommen wird (Abbildung 11.40 (b)).

Zusammenfassend kann man sagen, dass das numerische Rauschen in einer Optimierung ausgeschaltet sein sollte, was im Prinzip möglich ist. Zur Überprüfung der Qualität eines Simulationsmodells kann numerisches Rauschen jedoch sehr hilfreich sein. Dazu ist es allerdings auch notwendig, den gleichen Rechenlauf ohne Unterdrückung des numerischen Rauschens mehrmals abzuschicken. Ergeben sich in den Ergebnissen große Unterschiede ($> 5\,\%$), sollte versucht werden die Ursache dafür zu identifizieren. Die Herausforderung ist dabei herauszufinden, ob es sich um eine physikalische oder eine numerische Bifurkation handelt. Hier ist es enorm hilfreich, wenn der Berechnungsingenieur so gut mit seinem Modell vertraut ist, dass er die kritischen Stellen kennt, an denen physikalische Bifurkationen auftreten können, und auch eine Vorstellung davon hat, wann sie auftreten. Ein solches Verständnis ist generell wichtig, um Maßnahmen zur Behebung eines Problems und die wichtigen Designvariablen für eine Optimierung festzulegen.

11.5.2 Statistische Grundlagen

In diesem Abschnitt werden kurz die statistischen Grundlagen erläutert, die für die folgenden Abschnitte benötigt werden. Für weitergehende Einzelheiten sei auf die Fachliteratur verwiesen [83], [126], [203], [289].

Die Streuung einer Größe wird über die Verteilungsdichte beschrieben. Eine häufig verwendete Verteilungsdichte ist die Normalverteilung (Abbildung 11.41)

$$\rho(x) = \frac{1}{\sqrt{2\pi}\sigma_x} \exp\left(-\frac{(x-\mu)^2}{2\sigma_x^2}\right), \tag{11.71}$$

auch Gauß-Verteilung oder Glockenkurve genannt, welche durch den Mittelwert μ und die Standardabweichung σ_x charakterisiert wird. Beispiele für andere Verteilungsdichten (Abbildung 11.42) sind die Log-Normalverteilung

$$\rho(x) = \frac{1}{\sqrt{2\pi}\sigma_x} \frac{1}{x} \exp\left(-\frac{(\ln(x)-\mu)^2}{2\sigma_x^2}\right), \tag{11.72}$$

welche die Verteilung einer Zufallsvariablen X beschreibt, wenn $\ln(X)$ normalverteilt ist, die Weibull-Verteilung

$$\rho(x) = \alpha\beta x^{\beta-1} \exp\left(-\alpha x^{\beta}\right) \tag{11.73}$$

und die Gleichverteilung (Rechtecksverteilung)

$$\rho(x) = \begin{cases} 1 & \text{wenn} \quad 0 \leqq x \leqq 1 \\ 0 & \text{sonst} \end{cases}. \tag{11.74}$$

Im Folgenden wird sich auf die Normalverteilung beschränkt.

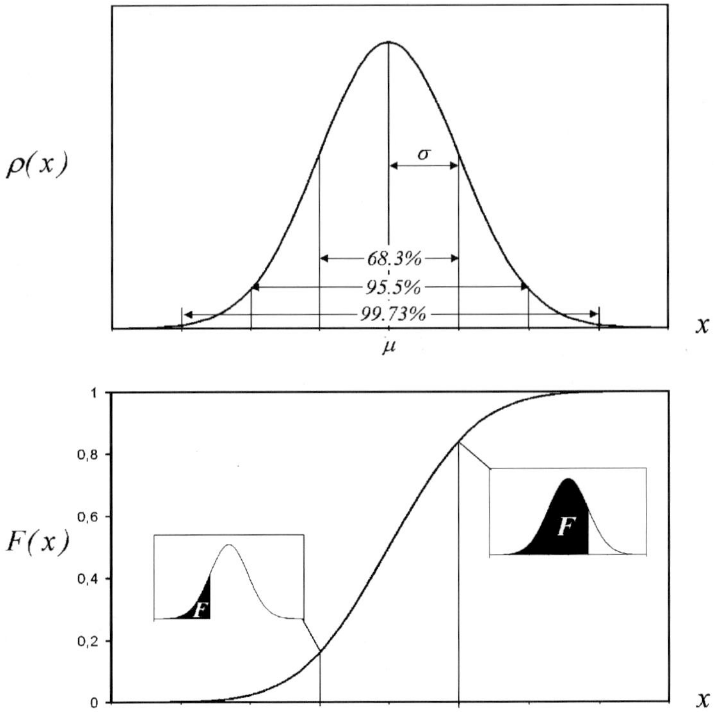

Abb. 11.41 Verteilungsdichte einer Normalverteilung mit Prozentangaben der Fläche in den Bereichen $[\mu - \sigma, \mu + \sigma]$, $[\mu - 2\sigma, \mu + 2\sigma]$ und $[\mu - \sigma, \mu + \sigma]$ und die kumulative Verteilungsfunktion

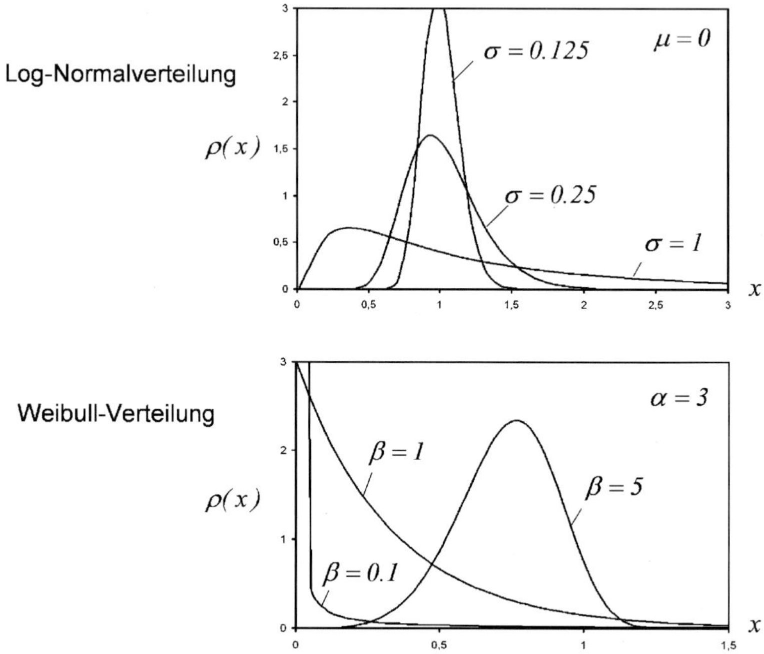

Abb. 11.42 Log-Normal- und Weibull-Verteilung

Neben der Verteilungsdichte kann eine Verteilung auch durch die kumulative Verteilungsfunktion $F(\chi)$, auch nur kurz Verteilungsfunktion genannt, beschrieben werden (Abbildung 11.41). Diese gibt die Wahrscheinlichkeit an, dass die Zufallsvariable einen Wert kleiner oder gleich χ annimmt:

$$F(\chi) = \int_{-\infty}^{\chi} \rho(x)\,\mathrm{d}x. \tag{11.75}$$

Als Quantil Q_p der Ordnung p wird die Zahl χ bezeichnet, für welche die Verteilungsfunktion den Wert p annimmt:

$$Q_p = \chi \quad \text{wenn gilt} \quad F(\chi) = p. \tag{11.76}$$

Oft wird auch die Ordnung in Prozent ausgedrückt, also das 0,95-Quantil $Q_{0,95}$ als 95 %-Quantil $Q_{95\,\%}$ bezeichnet. Das 50 %-Quantil wird auch Median genannt. Muss das Quantil $Q_{p\,\%}$ aus einer endlichen Anzahl von Stichproben ermittelt werden, wird der kleinste Zahlenwert genommen, für den mindestens $p\,\%$ der Werte unterhalb liegen.

Der Mittelwert $\bar{y}$ einer Systemantwort y kann aus den M Stichprobenwerten $y(j)$ ermittelt werden durch

$$\bar{y} = \frac{1}{M}\sum_{j=1}^{M} y(j) \tag{11.77}$$

und die Varianz s^2 durch

$$s^2 = \frac{1}{M-1}\sum_{j=1}^{M} (y(j) - \bar{y})^2, \tag{11.78}$$

aus der sich wiederum die Standardabweichung

$$s = \sqrt{s^2} \tag{11.79}$$

ergibt. Sowohl $\bar{y}$ als auch s^2 sind Schätzwerte für den wahren Mittelwert μ und die wahre Varianz σ^2 und unterliegen deshalb dem Zufall [1]. Lediglich im Grenzfall $M \to \infty$ nehmen die Schätzwerte die wahren Werte an. Diese Eigenschaft nennt man erwartungstreu. Im Gegensatz zum Mittelwert und zur Varianz ist die Standardabweichung nicht erwartungstreu.

Da es sich bei den Größen in Gleichung (11.77)–(11.79) um Schätzwerte handelt, ist es ratsam, sich ein Bild von der Genauigkeit der Schätzung zu machen. Man kann zeigen, dass die Varianz $\sigma_{\bar{y}}^2$ für den Schätzwert $\bar{y}$ gegeben ist als

$$\sigma_{\bar{y}}^2 = \frac{\sigma^2}{M}. \tag{11.80}$$

Dies bedeutet, dass die Varianz $\sigma_{\bar{y}}^2$ im Grenzfall $M \to \infty$ gegen null geht und der Schätzwert dem echten Wert entspricht. Man kann damit mit wachsendem Stichprobenumfang M eine ansteigende Wahrscheinlichkeit dafür erwarten, dass der Schätzwert nahe am wahren Wert liegt. Dies kann mit dem Begriff des Vertrauensbereichs beschrieben werden. So wird beispielsweise ein 95 %-Vertrauensbereich dadurch definiert, das der echte Wert μ mit einer Wahrscheinlichkeit von 95 % im Intervall

$$\bar{y} - \frac{t \cdot s}{\sqrt{M}} \leqq \mu \leqq \bar{y} + \frac{t \cdot s}{\sqrt{M}} \tag{11.81}$$

liegt. Dabei ist t die Studentsche t-Verteilung, die vom Vertrauensniveau und vom Stichprobenumfang abhängt. In dieser Formulierung ist berücksichtigt, dass die Varianz in Gleichung (11.80) auch nur als Schätzwert vorliegt. In Tabelle 11.2 sind einige Werte von t für vier verschiedene Vertrauensniveaus und unterschiedlichen Stichprobenumfang aufgelistet. Der Freiheitsgrad ist dabei die um Eins reduzierte Stichprobenanzahl

$$N_f = M - 1. \tag{11.82}$$

Eine mehrdimensionale Normalverteilung, die von n Zufallsvariablen y_j abhängt, wird als Multivariante Normalverteilung bezeichnet und ist folgendermaßen definiert:

$$\rho(\vec{y}) = \frac{1}{(2\pi)^{\frac{n}{2}} \, |\boldsymbol{\Sigma}|^{\frac{1}{2}}} \exp\left(- \frac{\left(\vec{y} - \vec{\bar{y}}\right)^{\mathrm{T}} \boldsymbol{\Sigma}^{-1} \left(\vec{y} - \vec{\bar{y}}\right)}{2} \right). \tag{11.83}$$

Dabei sind die Variablen und deren Mittelwerte zu einem Vektor zusammengefasst worden.

$$\begin{aligned} \vec{y}^{\mathrm{T}} &= (y_1, y_2, \ldots, y_n) \\ \vec{\bar{y}}^{\mathrm{T}} &= (\bar{y}_1, \bar{y}_2, \ldots, \bar{y}_n). \end{aligned} \tag{11.84}$$

Die Kovarianzmatrix $\boldsymbol{\Sigma}$ beschreibt die Streubreite der einzelnen Variablen und deren lineare Korrelationen untereinander:

$$\boldsymbol{\Sigma} = \begin{pmatrix} \sigma_{11}^2 & \sigma_{12}^2 & \cdots & \sigma_{1n}^2 \\ \sigma_{21}^2 & \sigma_{22}^2 & & \vdots \\ \vdots & & \ddots & \vdots \\ \sigma_{n1}^2 & \cdots & \cdots & \sigma_{nn}^2 \end{pmatrix}. \tag{11.85}$$

[1] Um den Unterschied zu verdeutlichen, wurden für die wahren Werte und die Schätzwerte unterschiedliche Bezeichnungen gewählt.

Tabelle 11.3 t-Werte zur Bestimmung zweiseitiger Vertrauensbereiche

Freiheitsgrade	t–Werte für Vertrauensniveau			
N_f	90 %	95 %	99 %	99,9 %
1	6,31	12,71	63,66	636,58
2	2,92	4,30	9,92	31,60
3	2,35	3,18	5,84	12,92
4	2,13	2,78	4,60	8,61
5	2,02	2,57	4,03	6,87
6	1,94	2,45	3,71	5,96
7	1,89	2,36	3,50	5,41
8	1,86	2,31	3,36	5,04
9	1,83	2,26	3,25	4,78
10	1,81	2,23	3,17	4,59
11	1,80	2,20	3,11	4,44
12	1,78	2,18	3,05	4,32
13	1,77	2,16	3,01	4,22
14	1,76	2,14	2,98	4,14
15	1,75	2,13	2,95	4,07
16	1,75	2,12	2,92	4,01
17	1,74	2,11	2,90	3,97
18	1,73	2,10	2,88	3,92
19	1,73	2,09	2,86	3,88
20	1,72	2,09	2,85	3,85
21	1,72	2,08	2,83	3,82
22	1,72	2,07	2,82	3,79
23	1,71	2,07	2,81	3,77
24	1,71	2,06	2,80	3,75
25	1,71	2,06	2,79	3,73
26	1,71	2,06	2,78	3,71
27	1,70	2,05	2,77	3,69
28	1,70	2,05	2,76	3,67
29	1,70	2,05	2,76	3,66
30	1,70	2,04	2,75	3,65
40	1,68	2,02	2,70	3,55
60	1,67	2,00	2,66	3,46
120	1,66	1,98	2,62	3,37
∞	1,64	1,96	2,58	3,29

Liegt zwischen den Variablen keine Korrelation vor, ist die Kovarianzmatrix diagonal und die inverse Matrix kann dann direkt angegeben werden als

$$\boldsymbol{\Sigma}^{-1} = \begin{pmatrix} \frac{1}{\sigma_{11}^2} & 0 & \cdots & 0 \\ 0 & \frac{1}{\sigma_{22}^2} & & \vdots \\ \vdots & & \ddots & \vdots \\ 0 & \cdots & \cdots & \frac{1}{\sigma_{nn}^2} \end{pmatrix} . \tag{11.86}$$

In diesem Fall ist die Gesamtverteilung als Produkt der Normalverteilungen der einzelnen Variablen y_j mit den dazugehörigen Varianzen $\sigma_{y_j}^2 = \sigma_{jj}$ gegeben. Die Achsen der Ellipsoiden, die den

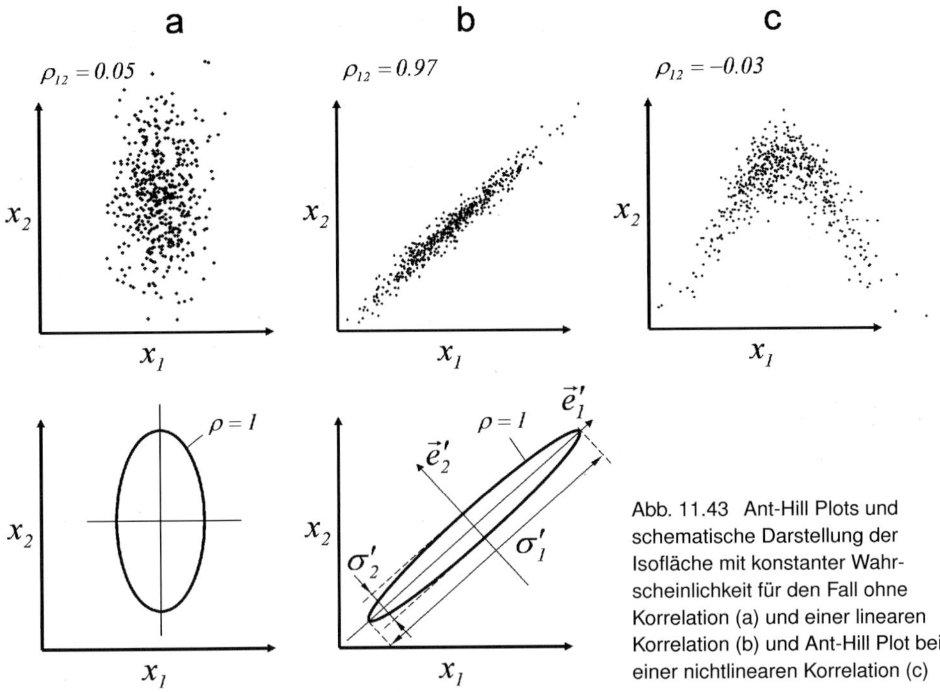

Abb. 11.43 Ant-Hill Plots und schematische Darstellung der Isofläche mit konstanter Wahrscheinlichkeit für den Fall ohne Korrelation (a) und einer linearen Korrelation (b) und Ant-Hill Plot bei einer nichtlinearen Korrelation (c)

Isoflächen mit gleicher Wahrscheinlichkeit entsprechen, liegen dann parallel zu den Koordinatenachsen (Abbildung 11.43). Wenn Korrelationen vorliegen, sind diese verdreht. Die Lage der Achsen kann in diesem Fall über die Eigenvektoren $\vec{e}'_j$ der Kovarianzmatrix bestimmt werden und die dazugehörige Länge der Achsen aus den Eigenwerten λ_j zu

$$\sigma'_{jj} = \frac{1}{\lambda_j}. \tag{11.87}$$

Ein Schätzwert S_{ij} für die Komponenten σ_{ij} der Kovarianzmatrix kann aus M Stichproben ermittelt mit

$$S_{ij} = \frac{1}{M-1}\sum_{k=1}^{M}\left(y_i(k)-\bar{y}_i\right)\left(y_j(k)-\bar{y}_j\right) \tag{11.88}$$

$$\bar{y}_j = \frac{1}{M}\sum_{k=1}^{M} y_j(k).$$

Ein Maß für die Stärke der linearen Korrelation zwischen zwei Zufallsgrößen y_i und y_j ist durch den Korrelationskoeffizienten gegeben

$$\rho_{ij} = \frac{S_{ij}}{\sqrt{S_{ii}}\sqrt{S_{jj}}}. \tag{11.89}$$

Je nach Größe des Korrelationskoeffizienten, der Werte zwischen -1 und $+1$ annehmen kann, sind folgende Bezeichnungen üblich:

- Starke Korrelation, wenn $0{,}7 \leqq |\rho_{ij}|$
- Schwache Korrelation, wenn $0{,}3 \leqq |\rho_{ij}| \leqq 0{,}5$
- Kein signifikanter linearer Zusammenhang, wenn $|\rho_{ij}| < 0{,}3$.

Der Korrelationskoeffizient ist null, wenn keine Korrelation vorliegt. Der Umkehrschluss gilt jedoch nicht, weil nur lineare Korrelationen erfasst werden. Bei sehr kleinen Werten sollte deswegen auch immer anhand eines Ant-Hill Plots überprüft werden, ob nichtlineare Korrelationen erkennbar sind, wie dies in Abbildung 11.43 beim Ant-Hill Plot c) der Fall ist. Vor allem versagt das lineare Modell, wenn der nichtlineare Verlauf im betrachteten Bereich symmetrisch ist. Dies ist fast immer der Fall, wenn die partielle Ableitung für eine Variable im aktuellen Punkt null ist, weil sich dann meistens in der näheren Umgebung der Verlauf gut durch einen quadratischen und damit symmetrischen Verlauf annähern lässt. Jedoch tritt dieser Fall in der Praxis selten auf, weil das Optimum meistens an einer Restriktionsgrenze liegt und dort die Sensitivitäten ungleich null sind. Dennoch geben die Sensitivitäten im aktuellen Punkt einen wichtigen Hinweis, wie vertrauenswürdig das lineare Modell ist und sollten deswegen immer hinzugezogen werden, wenn sie vorhanden oder ohne großen Aufwand zu bestimmen sind.

Bei einer Analyse sind vor allem die Korrelationen zwischen Ausgangs- und Eingangsgrößen von Interesse. Für das Verständnis des Gesamtsystems und für die Festlegung von Verbesserungsmaßnahmen ist es vor allen hilfreich zu wissen, wie sich die Varianz einer Systemantwort aus den Varianzen der Eingabegrößen zusammensetzt. Der relative Anteil einer Eingabegröße x_j an der Gesamtvarianz einer Systemantwort y_i kann durch das Bestimmtheitsmaß

$$R_{ij}^2 = \rho_{ij}^2 = \frac{S_{ij}^2}{S_{ii}S_{jj}} \tag{11.90}$$

angegeben werden. Die Größe gibt jedoch nur an, inwieweit die Varianz aufgrund der zugrunde liegenden linearen Regressionshypothese erklärt werden kann. Bei gutmütigen Systemen, in denen die Korrelationen in guter Näherung im Streubereich linear approximiert werden können, ist dies sicherlich hinreichend genau. Bei hochgradig nichtlinearen Systemen und in der Nähe von Bifurkationen ist das Bestimmtheitsmaß jedoch unzuverlässig. Hier kann eine funktionale Varianzanalyse auf Basis einer Approximation vorteilhafter sein, weil dort keine Einschränkung über den funktionalen Zusammenhang existiert. Allerdings setzt dies voraus, dass eine hinreichend gute Approximation vorhanden ist.

11.5.3 Stochastische Simulation

Da die Simulation bis auf die oben diskutierte Einschränkung immer deterministisch ist, muss die Streuung in einer Simulation immer zusätzlich eingebracht werden, indem die Nominalwerte der Eingabegrößen durch Verteilungsdichten ersetzt werden, die wiederum durch statistische Maße wie Mittelwert und Standardabweichung charakterisiert sind (Abbildung 11.36). Dies führt dann zu Streuungen in den Systemantworten, bei denen man zwei Anteile unterscheiden kann, einen, den man beeinflussen, und einen, den man nicht beeinflussen kann. Der Anteil, den man nicht beeinflussen kann, wird als Rauschen bezeichnet. Er entsteht durch die Streuung fest vorgegebener Parameter oder Einflussgrößen. Beispiele dafür sind Variationen von fest vorgegebenen Materialien oder Streuungen in den Lasten durch verschiedene Kundenprofile. Der andere Anteil kann dagegen über die Designvariablen beeinflusst und in einer Optimierung modifiziert werden. Ein Beispiel hierfür ist, wenn bei einem Blechbauteil als Designvariable die mittlere Wandstärke gewählt wird, dessen Streuung selber zwar nicht verändert werden kann, bei dem aber die Änderung der mittleren Wandstärke die Streuung einer Systemantwort verändert.

Die Ersetzung der Nominalwerte müsste streng genommen für alle Größen in dem Simulationsmodel geschehen, weil alle Größen in einem realen physikalischen Prozess einer Streuung unterworfen sind. Weil dies aber vom Aufwand her jeden vernünftigen Rahmen sprengen würde, muss man sich bei der stochastischen Analyse auf die wichtigsten Größen beschränken. Eine stochastische Analyse eines halbwegs realistischen Systems kann deshalb niemals vollständig sein, sondern nur die Einflüsse der ausgewählten Größen widerspiegeln. Eine weitere Einschränkung besteht darin, dass häufig weder der genaue Typ noch die Breite der Verteilungsdichte der einzelnen Eingabegrößen bekannt ist. In einem solchen Fall muss beides aus Erfahrung festgelegt werden. So ist in den meisten Fällen eine Normalverteilung für Blechdicken und eine Log-Normalverteilung für Streckgrenzen eine gute Wahl. Es ist jedoch klar, dass die Qualität der Ergebnisse einer stochastischen Analyse umso unsicherer wird, je weniger gut die Streuung der Eingabegrößen bekannt ist.

Das Ziel einer stochastischen Simulation ist es, die aus der Eingangsstreuung resultierenden statistischen Maße der Systemantworten zu bestimmen. Diese können dann für eine Robustheitsanalyse (typischer Bereich σ bis 2σ) oder eine Zuverlässigkeitsanalyse (typischer Bereich 3σ bis 6σ) verwendet werden.

Bei einer Robustheitsanalyse wird untersucht, ob die Streuung der Systemantworten, welche durch die Streuung der Eingabegrößen entsteht, akzeptabel ist oder nicht. Im letzteren Fall wird das System als nicht robust bezeichnet. Ob ein System robust ist oder nicht, kann letztendlich nur der Anwender beurteilen. Er kennt sein System und kann einschätzen, ob durch die Streuung der Systemantworten Anforderungen verletzt werden oder ob im schlimmsten Fall Versagen auftreten kann.

Zum Teil wird Robustheit auch recht vage über die Verstärkung der Streuung der Systemantworten definiert. Liegt eine Verstärkung vor, so wird das System als nicht robust bezeichnet. Ein Maß, um dies beurteilen zu können, ist bei einer Systemantwort y der Variationskoeffizient

$$CoV = \frac{\sigma_y}{\bar{y}}. \tag{11.91}$$

Eine Verstärkung liegt dann vor, wenn gilt

$$CoV_{\text{output}} > CoV_{\text{input}}. \tag{11.92}$$

Der Variationskoeffizient ist jedoch ein unsicheres Maß, was schon daran erkennbar ist, dass er nicht für den Fall $\bar{y} = 0$ verwendet werden kann. Zudem sind teilweise die Größenordnungen, vor allem aber auch die physikalische Bedeutung der Eingangs- und Ausgangsgrößen total unterschiedlich, sodass das Kriterium (11.92) mit Vorsicht zu genießen ist. Aus diesem Grund sollte das Ergebnis kritisch und aus der Erfahrung heraus beurteilt werden. Sind eine oder mehrere Systemantworten nicht robust, besteht die Aufgabe darin, den Variationsbereich der nicht robusten Systemantworten zu reduzieren (Abbildung 11.44).

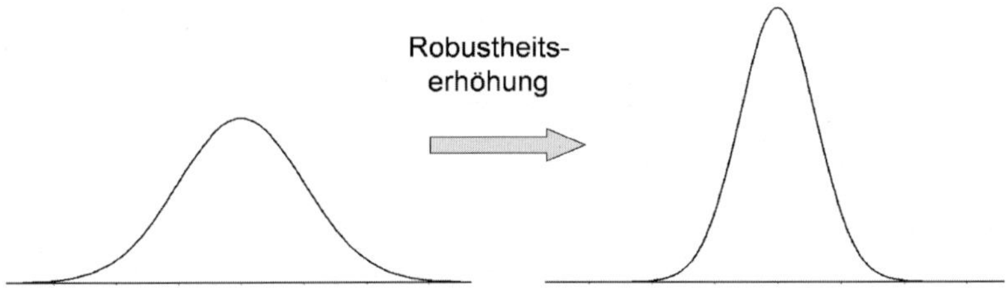

Abb. 11.44 Robustheitserhöhung durch Reduktion der Streubreite

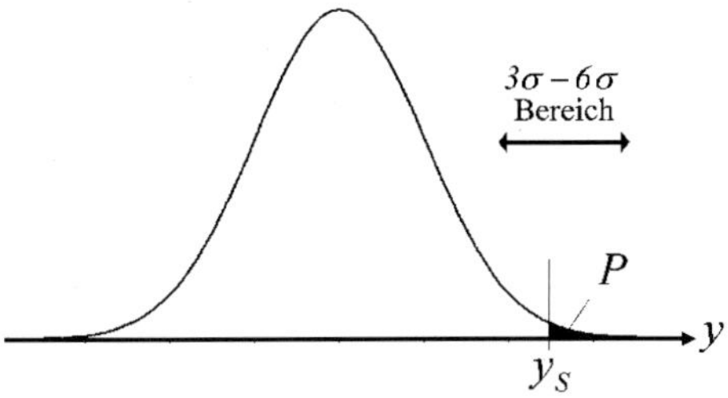

Abb. 11.45 Veranschaulichung der Versagenswahrscheinlichkeit P im ein-dimensionalen Fall (nicht maßstäblich)

Bei einer Zuverlässigkeitsanalyse wird die Versagenswahrscheinlichkeit eines Systems bestimmt. Tritt das Versagen ein, wenn für eine Systemantwort y gilt

$$y \geqq y_S, \tag{11.93}$$

dann ist die Versagenswahrscheinlichkeit P die Fläche unterhalb der Verteilungsdichte $\rho(y)$ von y, die im Versagensbereich Ω liegt (Abbildung 11.45):

$$P = \int_{\Omega} \rho(y)\,\mathrm{d}x_1 \ldots \mathrm{d}x_n; \qquad \Omega = (\vec{x} : y \geqq y_S). \tag{11.94}$$

Bedingt durch die Tatsache, dass man sich im Bereich geringer Verteilungsdichten befindet, ist die Zuverlässigkeitsanalyse sehr sensitiv auf die Form der Verteilungsdichte einer Systemantwort und damit auf die Verteilungsdichten der Eingabegrößen, durch welche diese ja letztendlich bestimmt wird. Liegt beispielsweise die Versagensgrenze y_S bei 6σ, erhält man bei einer Log-Normalverteilung eine um den Faktor 10^5 höhere Versagenswahrscheinlichkeit als bei einer Normalverteilung [56]. Erst bei 16σ erhält man für die Log-Normalverteilung die gleiche Versagenswahrscheinlichkeit wie für die Normalverteilung bei 6σ.

Die geringen Dichten haben noch eine weitere Konsequenz zur Folge. Da in Gleichung (11.94) über Bereiche integriert wird, die eine sehr geringe Verteilungsdichte aufweisen, ist die Berechnung generell sehr aufwendig und erfordert unter Verwendung der Monte-Carlo-Methode viele Analysen, um eine akzeptable Genauigkeit zu erreichen. Dieser Aufwand lässt sich mit Methoden wie ISMC (Importance Sampling Monte-Carlo), TILHS (Transformed Importance Latin Hypercube Sampling), FORM (First Order Reliability Method) oder SORM (Second Order Reliability Method) [172], [244], [264], [292] reduzieren. Dennoch ist die Anzahl der benötigten Analysen in den meisten Fällen immer noch so groß, dass eine direkte Verwendung von P in der Optimierung von der Rechenzeit her problematisch ist. Da der Focus hier auf den Bereich der Optimierung liegt, wird deshalb auf diese Methoden nicht näher eingegangen und sich in den folgenden Abschnitten auf Methoden beschränkt, die zur Robustheitsbewertung herangezogen werden können und mit denen die Versagenswahrscheinlichkeit auf indirekte Weise verbessert werden kann.

Bei den in Abschnitt 11.5.4 vorgestellten Formulierungen des Optimierungsproblems werden nur statistische Maße wie Mittelwert, Standardabweichung und Quantil benötigt. Eine zusätzliche Information erhält man jedoch, indem man bestimmt, wie sich die Varianz σ_y^2 der zu untersuchenden Ausgangsgröße y aus den Varianzbeiträgen σ_i^2 der Eingabegrößen x_i zusammensetzt.

$$\sigma_y^2 = \sigma_1^2 + \sigma_2^2 + \sigma_3^2 + \ldots \tag{11.95}$$

Eine Variable wird dabei als umso wichtiger eingestuft, je größer ihr Varianzanteil an der Gesamtvarianz der Ausgangsgröße y ist. Diese Information hilft dabei, das System besser zu verstehen und liefert eine Entscheidungshilfe, welche Variablen am sinnvollsten zu modifizieren und in der Optimierung zu berücksichtigen sind, um die Robustheit zu erhöhen. Die im folgenden vorgestellten Methoden erlauben es, diese Zerlegung zu bestimmen. Dabei liefert die funktionale Varianzanalyse die meiste Information, weil sie es ermöglicht, über die Haupteffekte die mittlere funktionale Abhängigkeit der Zielfunktion von einzelnen und mehreren Variablen zu ermitteln.

11.5.3.1 Monte-Carlo-Methode und lineares Regressionsmodell

Mit der Monte-Carlo-Methode wird genau der Vorgang simuliert, der sich bei einer Versuchsdurchführung ergibt, bei der beispielsweise die Steifigkeit von M Karosserien gemessen werden soll. Bei jeder Karosserie (Stichprobe) werden die Eingabegrößen unterschiedliche Werte haben, die sich zufällig innerhalb der vorliegenden Verteilungsdichten ergeben und zu dementsprechend unterschiedlichen Werte in den Messgrößen führen. Analog wird bei der Monte-Carlo-Methode bei jeder Stichprobe für jede Eingabegröße mit einem Zufallszahlengenerator Zahlenwerte bestimmt, die der vorgegebenen Verteilungsdichte genügen. Mit diesen Werten wird dann eine Analyse durchgeführt und die Werte der Systemantworten bestimmt. Wenn dies für alle M Stichproben

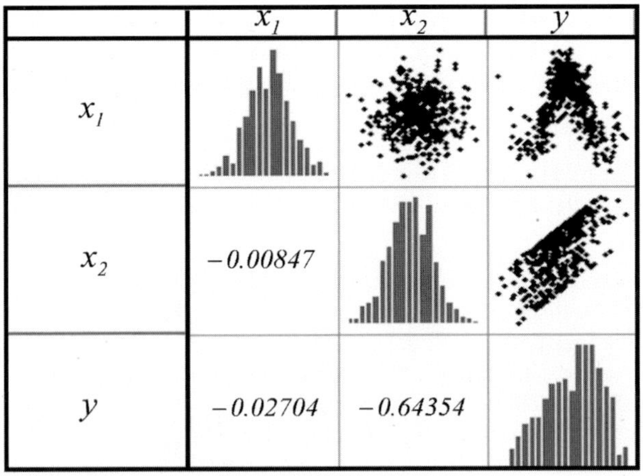

Abb. 11.46 Streuungs-Korrelations-Diagramm: Auf der Diagonalen sind die Eingangs- und Ausgangsverteilungsdichten als Balkendiagramm, im oberen Drittel die Ant-Hill Plots und im unteren Bereich die dazugehörigen Korrelationskoeffizienten ρ_{ij} aufgetragen

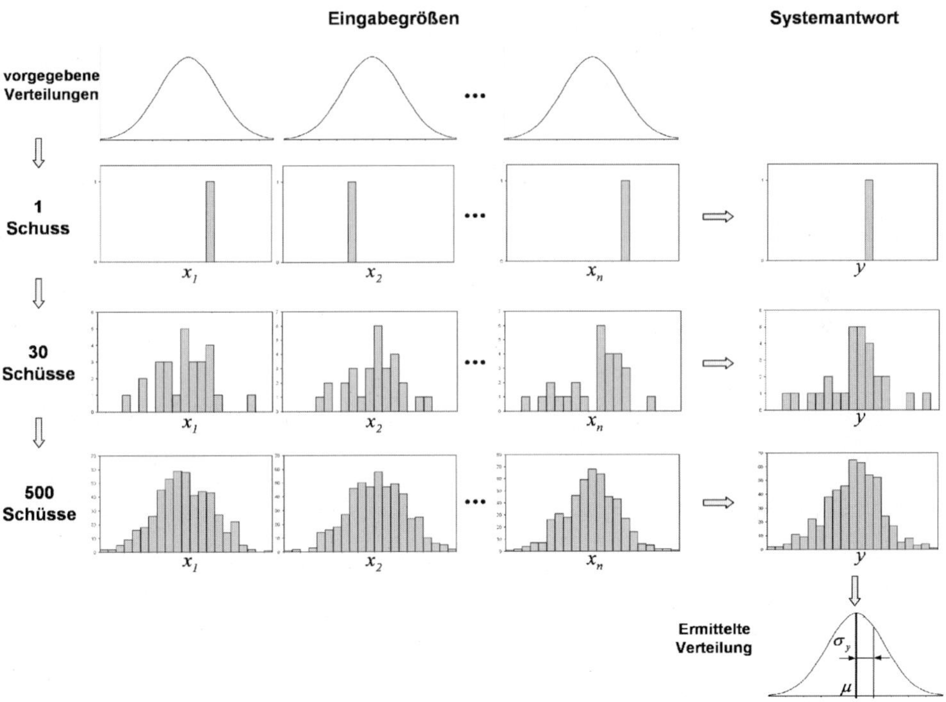

Abb. 11.47 Schematischer Ablauf einer Monte-Carlo-Simulation

(auch Schüsse genannt) durchgeführt worden ist, werden anschließend aus den ermittelten Werten die statistischen Maße der Systemantworten berechnet (Abbildung 11.47). Mithilfe eines linearen Regressionsmodells kann zusätzlich eine Zerlegung der Varianz einer Ausgabegröße in die Varianzen der Eingabegrößen vorgenommen werden. Dazu werden auf der Basis von der M Stichproben die Korrelationskoeffizienten ρ_{ij} berechnet und der relative Anteil der einzelnen Eingabegrößen aus dem Bestimmtheitsmaß in Gleichung (11.90) ermittelt. Die Qualität der Ergebnisse hängt hier davon ab, wie gut das lineare Modell das reale System beschreiben kann. Die Ant-Hill Plots in einem Streuungs-Korrelations-Diagramm, wie in Abbildung 11.46, können dabei sehr hilfreich sein, um zu überprüfen, inwieweit der unterstellte lineare Zusammenhang gegeben ist. Die lineare Annahme versagt vor allem bei nichtlinearen symmetrischen Korrelationen, wie dies in Abbildung 11.46 für die Korrelation $y-x_1$ der Fall ist. Hier prognostiziert das lineare Regressionsmodell keine Korrelation.

Da für eine einzige Monte-Carlo-Simulation eine große Anzahl von Analysen benötigt werden um hinreichend genaue Schätzwerte für die statistischen Maße zu erhalten, ist die Einbindung einer Monte-Carlo-Simulation in den Optimierungsprozess mit hohen Kosten verbunden. Sie ist deshalb nur dann praktikabel, wenn die Analysezeit sehr kurz ist. Eine Alternative ist es, abzuwägen, ob mit einer geringeren Anzahl von Analysen nicht auch eine Approximation erstellt werden kann, auf welcher dann die Monte-Carlo-Simulation preisgünstiger durchgeführt werden kann. Dies hat zusätzlich den Vorteil, dass ohne nennenswerten Rechenzeitaufwand die Anzahl der Stichproben erhöht und damit der Rauschanteil der ermittelten Schätzwerte reduziert werden kann. Diese sind immer verrauscht, unabhängig davon, ob sie auf Basis einer Analyse oder einer Approximation berechnet worden sind. Es kann deshalb generell von Vorteil sein, wenn eine glättende Approximation der statistischen Maße erzeugt und auf dieser dann die Optimierung durchgeführt wird. Eine andere Möglichkeit, den Rauschanteil zu eliminieren, kann dadurch geschehen, dass nicht jedes Mal neue Zufallszahlen generiert werden, sondern eine einmal ermittelte Folge an Zufallszahlen immer verwendet wird. Dies kann dadurch erreicht werden, dass dem Zufallszahlengenerator immer der gleichen Initialisierungswert (Seed) vorgegeben wird.

11.5.3.2 Latin Hypercube Sampling

Die hohe Anzahl an benötigten Analysen bei einer Monte-Carlo-Simulation kann mithilfe des Latin Hypercube Samplings (LHS) reduziert werden. Hier wird jedoch der Designraum nicht mehr in geometrisch gleich große Zellen aufgeteilt, sondern in Zellen gleich großer Wahrscheinlichkeit. Dies wird dadurch erreicht, dass die Aufteilung auf jeder Achse nicht äquidistant vorgenommen wird, sondern so, dass sich gleich große Flächen unter der entsprechenden Verteilungsdichte ergeben (Abbildung 11.48). Die Punkte für die einzelnen Stichproben werden dann, wie beim gewöhnlichen LHS, mithilfe eines Zufallszahlengenerators ermittelt. Es zeigt sich, dass man mit LHS einen um den Faktor ≈ 12 reduzierten Stichprobenumfang gegenüber der Monte-Carlo-Methode benötigt, um die gleiche Genauigkeit der statistischen Maße zu erreichen [56], [399].

11.5.3.3 Die FOSM-Methode

Wenn die Sensitivitäten einer Systemantwort y vorliegen oder mit geringem Aufwand bestimmt werden können, bietet die FOSM-Methode (First Oder Second Moment) eine preisgünstige Möglichkeit, um die Varianzzerlegung von σ_y^2 zu berechnen. Dabei wird die Varianz (2. Moment) über eine lineare Näherung (1. Order) aus den Varianzen der Eingabegrößen bestimmt (Abbildung 11.49). Man macht sich zunutze, dass sich bei einer linearen Abhängigkeit einer Systemantwort y von einer Eingangsgröße x

$$y = ax + b \tag{11.96}$$

die Varianz σ_y^2 exakt aus der Varianz der Eingabegröße σ_x^2 bestimmen lässt, wenn die Eingangsgröße normalverteilt ist

$$\rho(x) \propto \exp\left(-\frac{(x-\mu)^2}{2\sigma_x^2}\right). \tag{11.97}$$

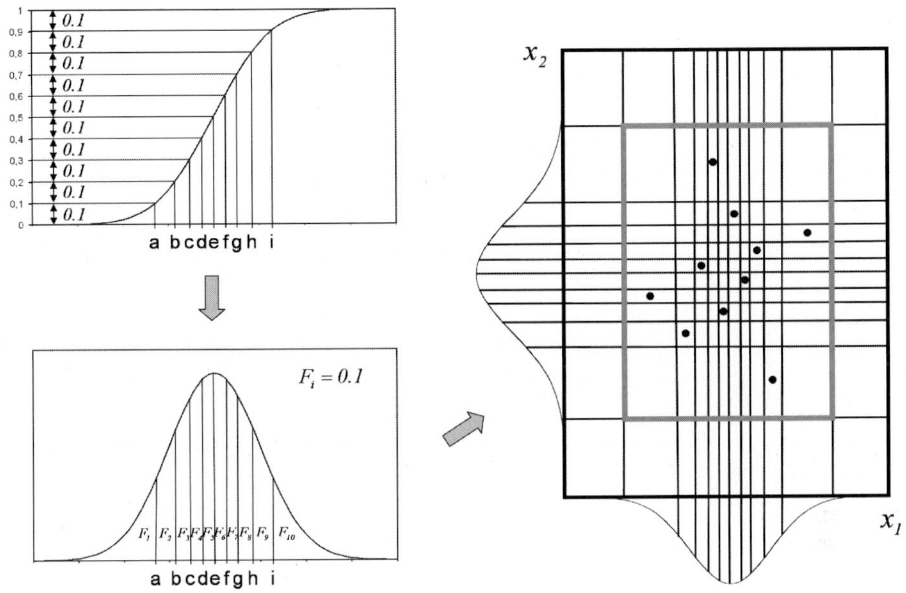

Abb. 11.48 Latin Hypercube Sampling für 10 Stichproben

Löst man nämlich Gleichung (11.96) nach x auf und setzt diesen Ausdruck in Gleichung (11.97) ein, erhält man für die Ausgangsgröße wieder eine Normalverteilung

$$\rho(y) \propto \exp\left(-\frac{(y-\bar{y})^2}{2\sigma_y^2}\right) \tag{11.98}$$

mit dem Mittelwert

$$\bar{y} = b + a\mu$$

und der Varianz

$$\sigma_y^2 = a^2\sigma_x^2.$$

Bei der FOSM-Methode wird nun die Abhängigkeit einer Ausgangsgröße y von allen Eingangsgrößen x_i über eine lineare Taylor-Reihe um den aktuellen Punkt approximiert, sodass sich dann als Steigungen die entsprechenden Sensitivitäten $\partial y/\partial x_i$ ergeben. Alle Varianzen $\sigma_{x_i}^2$ der Eingangsgrößen x_i werden dann aufsummiert, sodass man in der FOSM-Näherung erhält

$$\sigma_y^2 = \sum_{i=1}^{n}\left(\frac{\partial y}{\partial x_i}\right)^2 \sigma_{x_i}^2. \tag{11.99}$$

Die Methode liefert jedoch nur dann brauchbare Werte, wenn sich die Sensitivitäten über den Streubereich nicht zu stark ändern. Ein Extrembeispiel ist die Funktion in Abbildung 11.37, bei der die Steigung im Punkt x^* null ist und die FOSM-Methode dort einen Wert von $\sigma_f = 0$ ergibt, obwohl schon kleine Streuungen der Eingabegröße x eine große Streuung der Systemantwort erzeugen. Ebenso versagt die Methode bei Bifurkationen, wenn sich nach dem Sprung am Verzweigungspunkt die Sensitivitäten nicht wesentlich geändert haben. Ein extremes Beispiel dafür ist in Abbildung 11.63 zu sehen, in dem die FOSM-Methode kein Anzeichen für die Bifurkation liefert.

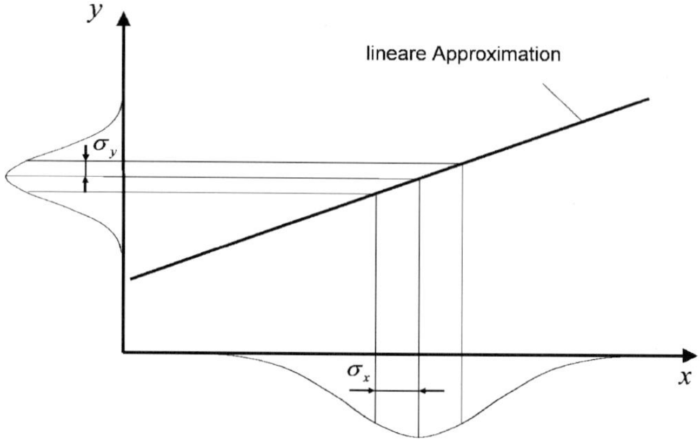

Abb. 11.49 Veranschaulichung der FOSM-Methode

Ein weiterer Nachteil der FOSM-Methode ist, dass nicht die genaue Form der Eingangsverteilung, berücksichtigt wird. Dieser Aspekt kann näherungsweise erfasst werden, indem eine Monte-Carlo-Methode auf Basis der linearen Approximation

$$\tilde{y} = \sum_{i=1}^{n} \frac{\partial y}{\partial x_i} x_i \tag{11.100}$$

der Systemantwort durchgeführt wird. Die anderen oben erwähnten Nachteile bleiben jedoch dabei erhalten.

11.5.3.4 Variation der Eingangsstreuung

Der Einfluss der Varianz σ_i^2 einer Variable x_i auf die Varianz σ_y^2 einer Systemantwort y kann direkt ermittelt werden, indem nur die Standardabweichung von Variable x_i auf den Wert $\sigma_i + \Delta\sigma_i$ gesetzt wird und die restlichen Varianzen festhalten werden und dann die sich einstellende modifizierte Standardabweichung $\sigma_y + \Delta\sigma_y$ bestimmt wird, beispielsweise über eine Monte-Carlo-Simulation. Der relative Anteil $\sigma_i^{\mathrm{rel}^2}$ von x_i an der Gesamtvarianz kann dann unter Annahme des linearen Zusammenhangs

$$\sigma_y^2 = \sum_{i=1}^{n} c_i \sigma_i^2 \tag{11.101}$$

bestimmt werden zu

$$\sigma_i^{\mathrm{rel}^2} = \frac{\left(\dfrac{\sigma_y + \Delta\sigma_y}{\sigma_y}\right)^2 - 1}{\left(\dfrac{\sigma_i + \Delta\sigma_i}{\sigma_i}\right)^2 - 1}. \tag{11.102}$$

11.5.3.5 Funktionale Varianzanalyse

Mithilfe einer funktionalen Varianzanalyse (functional ANOVA; ANOVA = Analysis of Variances) [45], [181], [271], [309], [186] kann nicht nur die Gesamtvarianz einer Systemantwort in die Beiträge aus den Varianzen der Eingabegrößen zerlegt werden, sondern darüber hinaus eine gemittelte funktionale Abhängigkeit von den einzelnen Variablen und den Wechselwirkungstermen berechnet werden. Sie liefert damit, verglichen mit den oben vorgestellten Verfahren, die meiste Information.

Eine spezielle Version der funktionalen Varianzanalyse wurde bereits in Abschnitt 11.4.2.2 eingeführt und dort verwendet, um die wichtigsten Variablen für eine Systemantwort im gesamten Designraum zu bestimmen. Hier wurde für alle Variablen der gesamte Bereich zwischen unterer und oberer Grenze betrachtet und auch alle Integrationen über diesen Bereich ausgeführt. Diese Integrale können mithilfe einer Rechtecksverteilungsdichte um den Punkt $x = 0{,}5$

$$\rho_{0,5}(x) = \begin{cases} 1 & \text{wenn} \quad x \in [0,1] \\ 0 & \text{sonst} \end{cases} \tag{11.103}$$

umformuliert werden als

$$\int_0^1 \mathrm{d}x = \int_{-\infty}^{+\infty} \mathrm{d}x\, \rho_{0,5}(x). \tag{11.104}$$

Obwohl mathematisch gesehen kein Unterschied zwischen den Formulierungen besteht, ist die Interpretation klarer. Anstatt über die Variable x von der unteren Grenze bis zur oberen Grenze zu integrieren, wird nun über eine Gleichverteilung um den Punkt $x^0 = 0{,}5$ integriert. Diese Betrachtungsweise kann nun einfach auf eine allgemeine Dichteverteilung um einen Punkt x^0 verallgemeinert werden. Dazu müssen lediglich die Gleichverteilungen der Eingangsgrößen durch die erwünschten Verteilungsdichten ersetzt werden. Die Verteilungsdichten müssen dabei wie üblich auf Eins normiert sein

$$\int_{-\infty}^{+\infty} \mathrm{d}x\, \rho_{x^0}(x) = 1. \tag{11.105}$$

Soll jetzt für die Systemantwort $y(\overrightarrow{x})$ an dem Punkt $\overrightarrow{x}^{0\mathrm{T}} = (x_1^0, x_2^0, \ldots, x_n^0)$ eine Robustheitsanalyse mit vorgegebenen Dichteverteilungsfunktionen $\rho_{x_i^0}(x_i)$ für jede Variable x_i durchgeführt werden, lässt sich die resultierende Varianz der Systemantwort nach Gleichung (11.45) berechnen, in der alle Integrale gemäß Gleichung (11.104) ersetzt worden sind

$$\sigma_{\mathrm{tot}}^2 = \int_{-\infty}^{+\infty} \mathrm{d}x_1\, \rho_{x_1^0}(x_1) \ldots \int_{-\infty}^{+\infty} \mathrm{d}x_n\, \rho_{x_n^0}(x_n) \left(y(\overrightarrow{x}) - \mu\right)^2 \tag{11.106}$$

mit

$$\mu = \int_{-\infty}^{+\infty} \mathrm{d}x_1\, \rho_{x_1^0}(x_1) \ldots \int_{-\infty}^{+\infty} \mathrm{d}x_n\, \rho_{x_n^0}(x_n) y(\overrightarrow{x}). \tag{11.107}$$

Ebenso lassen sich mit der Substitution nach Gleichung (11.104) alle anderen Formeln ableiten. So ergibt sich beispielsweise für die Haupteffekte

$$\begin{aligned} \mu_i(x_i) = & \int_{-\infty}^{+\infty} \mathrm{d}x_1\, \rho_{x_1^0}(x_1) \ldots \int_{-\infty}^{+\infty} \mathrm{d}x_{i-1}\, \rho_{x_{i-1}^0}(x_{i-1}) \int_{-\infty}^{+\infty} \mathrm{d}x_{i+1}\, \rho_{x_{i+1}^0}(x_{i+1}) \ldots \\ & \ldots \int_{-\infty}^{+\infty} \mathrm{d}x_n\, \rho_{x_n^0}(x_n) y(\overrightarrow{x}) - \mu, \end{aligned} \tag{11.108}$$

während man für den Anteil der Variablen x_i und der Wechselwirkungsterme zur gesamten Varianz σ_{tot}^2 der Systemantwort erhält

$$\begin{aligned} \sigma_i^2 &= \int_{-\infty}^{+\infty} \mathrm{d}x_1\, \rho_{x_1^0}(x_1) \ldots \int_{-\infty}^{+\infty} \mathrm{d}x_n\, \rho_{x_n^0}(x_n)\, \mu_i^2(x_i) = \int_{-\infty}^{+\infty} \mathrm{d}x_i\, \rho_{x_i^0}(x_i)\, \mu_i^2(x_i) \\ \sigma_{ij}^2 &= \int_{-\infty}^{+\infty} \mathrm{d}x_1\, \rho_{x_1^0}(x_1) \ldots \int_{-\infty}^{+\infty} \mathrm{d}x_n\, \rho_{x_n^0}(x_n)\, \mu_{ij}^2(x_i, x_j) \\ &= \int_{-\infty}^{+\infty} \mathrm{d}x_i\, \rho_{x_i^0}(x_i) \int_{-\infty}^{+\infty} \mathrm{d}x_j\, \rho_{x_j^0}(x_j)\, \mu_{ij}^2(x_i, x_j). \end{aligned} \tag{11.109}$$

Weiterhin kann man alle berechneten Größen nicht nur in der Robustheitsanalyse, sondern auch in der Optimierung zur Definition von Zielfunktion und Restriktionen verwenden.

Es gibt jedoch noch einen Punkt zu beachten. Während in Abschnitt 11.4.2.2.1 die Approximation nur zwischen den unteren und oberen Grenzen der Variablen hinreichend genau sein musste, muss dieser Bereich nun so weit vergrößert werden, dass die Integrale über die Dichteverteilungen hinreichend genau berechnet werden können. Dies ist, wie in Abbildung 11.50 dargestellt, beispielsweise nicht der Fall, wenn die Approximation nur im Bereich $[\vec{x}^L, \vec{x}^U]$ vertrauenswürdig ist und über eine Dichteverteilung integriert werden soll, die nahe oder an einer der Grenzen liegt. Hier kann die Güte der Approximation in dem Bereich unterhalb von $\vec{x}^L$ oder oberhalb von $\vec{x}^U$, in dem die Dichteverteilung noch hohe Beiträge zum Integral liefert, nicht sichergestellt werden. Der Gültigkeitsbereich für die Approximation sollte also vergrößert werden auf $[\vec{x}^L - s\vec{\sigma}, \vec{x}^U + s\vec{\sigma}]$

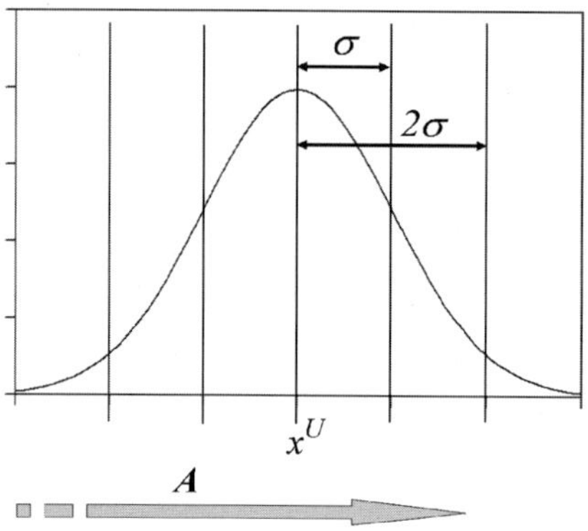

Abb. 11.50 Dichteverteilung um die oberen Grenze x^U für eine Designvariable x. Hier sollte der Gültigkeitsbereich A der Approximation um mindestens zwei Standardabweichung σ weiter nach außen reichen, um eine ausreichende Genauigkeit für die Integration zu gewährleisten.

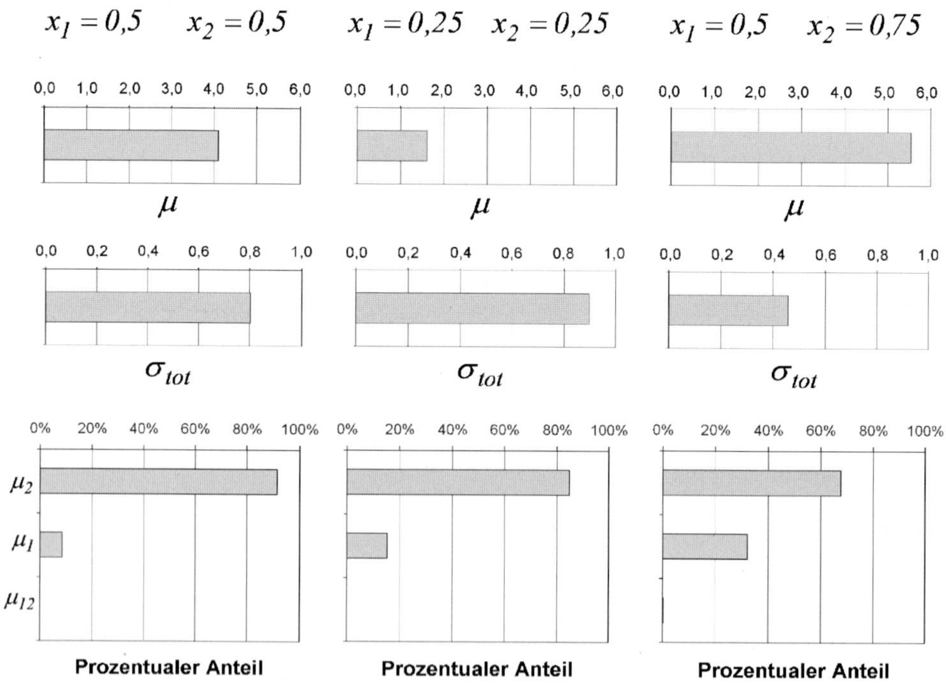

Abb. 11.51 Ergebnisse der Varianzanalyse an drei verschiedenen Punkten für die Funktion y aus Gleichung (11.28) bei einer Gauß-Verteilung für beide Variablen x_1 und x_2 mit den Standardabweichungen $\sigma_1 = \sigma_2 = 0{,}1$

mit $s \geqq 2$, wobei $\overrightarrow{\sigma}^{\mathrm{T}} = \left(\sigma_{x_1}, \sigma_{x_2}, \ldots, \sigma_{x_n}\right)$ und σ_{x_i} die Standardabweichung der Dichteverteilung für Variable x_i ist (Abbildung 11.50).

Als Anwendungsbeispiel wurde in Abbildung 11.51 an 3 verschiedenen Punkten für die Funktion y aus Gleichung (11.28) in Abschnitt 11.4.2.2.1 die Varianz und deren Zusammensetzung[1)] aus den Varianzen der beiden Variablen x_1 und x_2 mithilfe der funktionalen Varianzanalyse bestimmt. Für beide Variable wurde eine Gauß-Verteilung mit den Standardabweichungen $\sigma_1 = \sigma_2 = 0{,}1$ angenommen. Hier zeigt sich wie erwartet, dass der Beitrag einer Variablen gering ist, wenn die Steigung des Haupteffekts klein ist.

11.5.3.6 Diskrete Varianzanalyse

Wie bereits in Abschnitt 11.4.2.2.2 erläutert, erhält man die Formulierung der diskreten Varianzanalyse [178], [217], [372], [373], indem alle Integrale durch gemittelte Summen ersetzt werden. Für die Robustheitsanalyse werden normalerweise nur 2 oder 3 Stufen verwendet. Als Werte für eine Robustheitsanalyse um den Wert x_i^0 herum wird bei 2 Stufen

$$\begin{aligned} x_i(1) &= x_i^0 - \sigma_{x_i} \\ x_i(2) &= x_i^0 + \sigma_{x_i} \end{aligned} \tag{11.110}$$

und bei drei Stufen

$$\begin{aligned} x_i(1) &= x_i^0 - \frac{3}{2}\sigma_{x_i} \\ x_i(2) &= x_i^0 \\ x_i(3) &= x_i^0 + \frac{3}{2}\sigma_{x_i} \end{aligned} \tag{11.111}$$

gewählt. Dadurch wird gewährleistet, dass sich für eine Gauß-Verteilung mit der Standardabweichung σ_{x_i} bei der Mittelwertsbildung aus den einzelnen Stufen immer genau diese Standardabweichung, beziehungsweise die dazugehörige Varianz, ergibt.

Für die diskrete Varianzanalyse in der Robustheitsanalyse gelten die gleichen Einschränkungen und Hinweise wie in Abschnitt 11.4.2.2.2. Auch hier ist zu prüfen, ob die Bestimmung einer Approximation und die Durchführung einer funktionalen Varianzanalyse mehr Analysen benötigt, und wenn ja, ob nicht vielleicht der Mehraufwand durch den erhöhten Informationsgehalt gerechtfertigt ist.

11.5.4 Formulierungen des Optimierungsproblems

Soll ein System bezüglich der Robustheit einer Systemantwort optimiert werden, kann dies dadurch umgesetzt werden, dass die Standardabweichung σ_f der Zielfunktion f minimiert wird.

$$\min \sigma_f . \tag{11.112}$$

Bei dieser Formulierung kann jedoch nicht ausgeschlossen werden, dass sich die gesamte Verteilungsdichte verschiebt (Abbildung 11.52). Soll dies ausgeschlossen und sichergestellt werden, dass der Mittelwert $\bar{f}$ innerhalb des Intervalls $\left[\bar{f}^{(0)} - \varepsilon,\, \bar{f}^{(0)} + \varepsilon\right]$ bleibt, kann dies durch eine zusätzliche Restriktion bewirkt werden (Abbildung 11.53):

$$\min \sigma_f \tag{11.113}$$

sodass

$$\bar{f}^{(0)} - \varepsilon \leqq f \leqq \bar{f}^{(0)} + \varepsilon .$$

1) Um den Unterschied zu den globalen Sensitivitäten zu verdeutlichen, werden in den Balkendiagrammen die relativen Beiträge anstatt mit Sobol-Indizes mit den Bezeichnungen für die Haupteffekte und Wechselwirkungsterme gekennzeichnet.

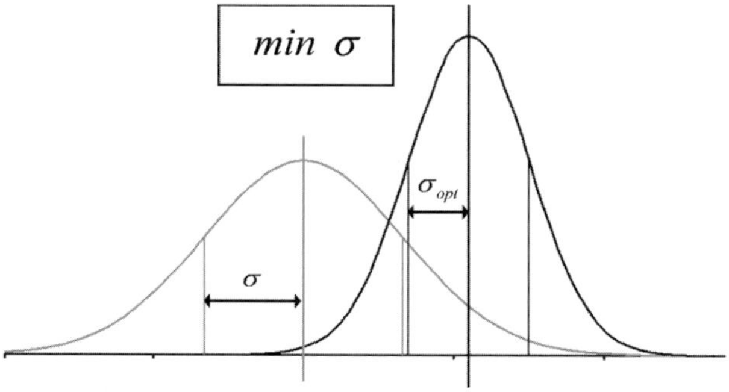

Abb. 11.52 Robustheitserhöhung ohne Kontrolle des Mittelwerts

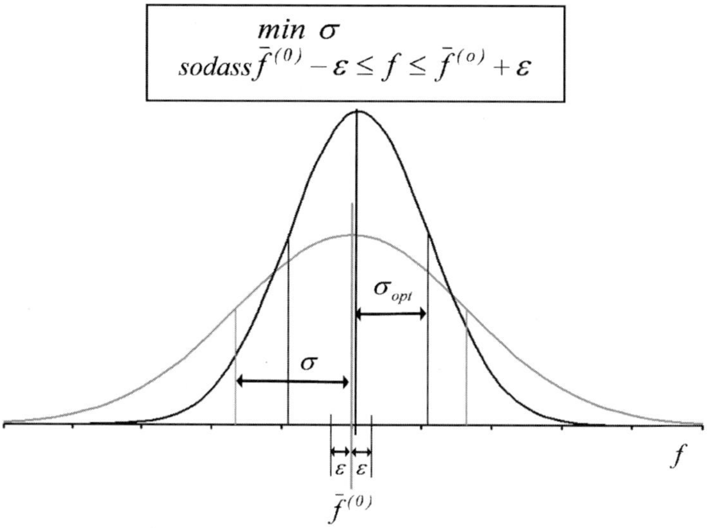

Abb. 11.53 Robustheitserhöhung mit Kontrolle des Mittelwerts

Soll die Versagenswahrscheinlichkeit P verringert werden, würde sich anbieten, diese als zu minimierende Zielfunktion zu verwenden und auf Basis einer Zuverlässigkeitsanalyse die Optimierung durchzuführen. Wie jedoch bereits in Abschnitt 11.5.3 ausgeführt, ist dies mit einer großen Anzahl von Analysen verbunden, sodass sich als Alternative anbietet, das Ziel auf indirekte Weise zu erreichen (Abbildung 11.54). Dies kann beispielsweise dadurch geschehen, dass man eine der kostengünstigeren Analyseverfahren aus Abschnitt 11.5.3 verwendet, um die statistischen Maße wie Mittelwert und Standardabweichung zu bestimmen und die Verteilungsdichte einfach von dem Versagensbereich wegschiebt und/oder deren Breite reduziert. Liegt die Versagensgrenze im oberen Bereich der Verteilung, kann diese vom Versagensbereich folgendermaßen weggeschoben werden:

$$\min \bar{f}, \tag{11.114}$$

sodass

$$\sigma_f \leqq \sigma_f^{(0)}.$$

Die Restriktion gewährleistet dabei, dass sich die Breite während der Optimierung nicht vergrößert und sich darüber die Versagenswahrscheinlich erhöht.

Eine alleinige Reduktion der Breite kann mit Formulierung (11.113) erreicht werden. Da es jedoch normalerweise nicht von Interesse ist, auf welche Weise die Reduktion der Versagenswahrscheinlichkeit erreicht wird, ist auch die Kombination von der Verschiebung des Mittelwerts

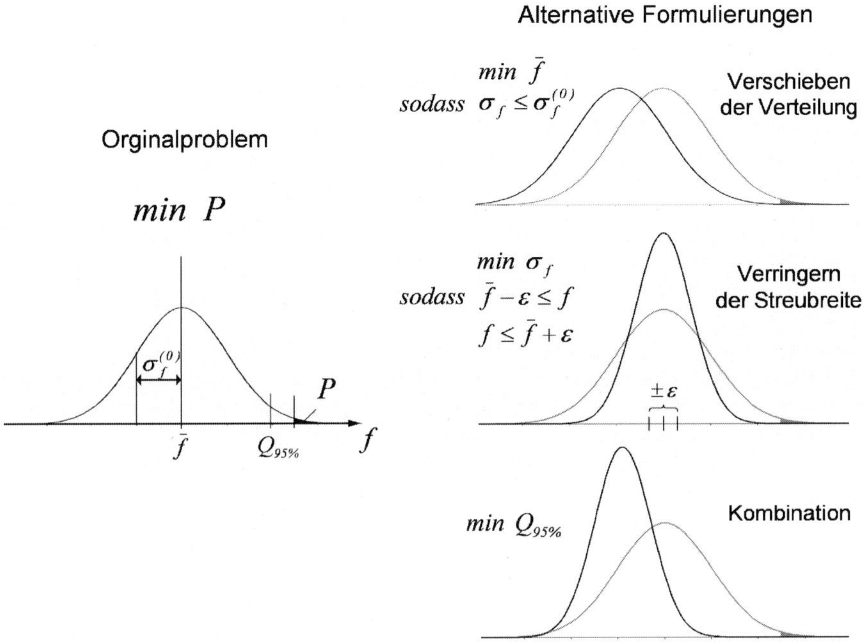

Abb. 11.54 Veranschaulichung der Versagenswahrscheinlichkeit P und alternative Maßnahmen zur deren Minimierung

und der Verringerung der Streubreite möglich. Dies ist wohl auch die Formulierung, die dem Optimierungsalgorithmus am meisten Freiraum zur Verbesserung lässt. Eine Kombination lässt sich mithilfe der Quantil formulieren, wobei hier exemplarisch das 95 %-Quantil verwendet wurde.

$$\min Q^f_{95\,\%}. \tag{11.115}$$

Alternativ kann auch der Mittelwert, dem ein Vielfaches der Standardabweichung hinzuaddiert wird, genommen werden.

$$\min f + \lambda\sigma_f; \qquad \lambda > 0 \tag{11.116}$$

Dabei entspricht bei einer Normalverteilung der Wert $\lambda = 1$ dem 84 %- und $\lambda = 2$ dem 98 %-Quantil. Da jedoch dieser Zusammenhang nur bei einer Gauß-Verteilung gewährleistet ist, ist das Quantil die sichere Variante.

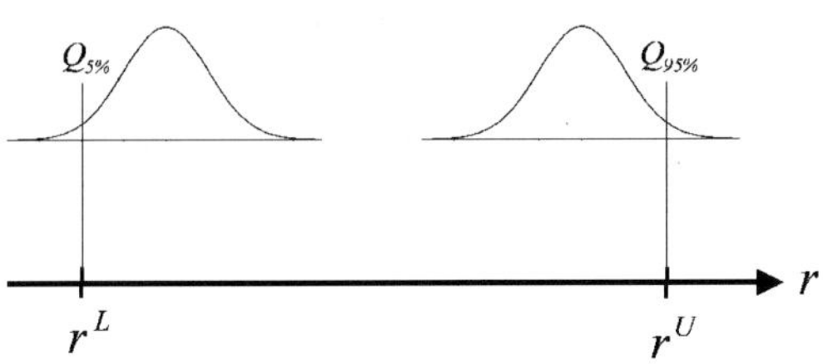

Abb. 11.55 Berücksichtigung der Streuung an den Restriktionsgrenzen

Mithilfe der Quantile kann auch die Streuung an den Restriktionsgrenzen mit berücksichtigt werden (Abbildung 11.55). So stellt eine obere Restriktionsgrenze auf das 95 %-Quantil $Q^r_{95\,\%}$ einer Systemantwort r sicher, dass 95 % der Systemantworten im zulässigen Bereich liegen:

$$Q^r_{95\,\%} \leqq r^U. \tag{11.117}$$

Entsprechend muss für die untere Grenze das 5 %-Quantil verwendet werden:

$$r^L \leqq Q^r_{5\,\%}. \tag{11.118}$$

Wie schon bei der Zielfunktion kann auch hier alternativ die Kombination aus Mittelwert $\bar{r}$ und Standardabweichung σ_r verwendet werden.

$$\begin{aligned} \bar{r} + \lambda\sigma_r &\leqq r^U \\ r^L &\leqq \bar{r} - \lambda\sigma_r. \end{aligned} \tag{11.119}$$

Dass die oben vorgestellten Konzepte auch im Fall einer Bifurkation anwendbar sind, soll an einem einfachen Beispiel veranschaulicht werden. Bifurkationen, auch Verzweigungen genannt, treten bei hochgradig nichtlinearen Systemen wie beispielsweise beim Crash auf. Dort springt das System bei einer kleinen Variation einer Designvariable, eines Parameters oder einer Randbedingung in einen völlig anderen Zustand. Ein Beispiel ist bei einem Frontal-Crash ein Längsträger, der bei geringer Variation des Aufprallwinkels mal nach innen und mal nach außen ausknicken kann und sich dadurch starke Unterschiede in den Beschleunigungswerten und HIC-Werten ergeben können. Der Grund dafür kann sein, dass sich in einem Fall der Träger am Motor abstützen kann und in anderen Fall nicht, und dass sich dadurch völlig unterschiedliche Lastpfade ausbilden.

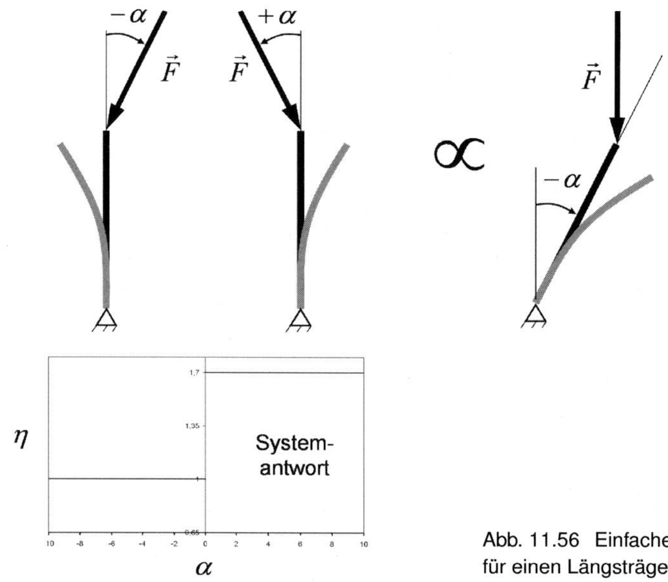

Abb. 11.56 Einfaches Ersatzmodell für einen Längsträger

Für die folgenden Untersuchungen wird der Längsträger durch das einfache Modell eines Balken ersetzt und als Qualitätskriterium der HIC-Wert verwendet (Abbildung 11.56). Die oben beschriebenen Variationen der HIC-Werte werden dadurch nachgebildet, dass sich bei einem Kraftangriffswinkel von $\alpha < 0$, bei dem der Balken nach links ausknickt, ein niedriger HIC Wert HIC_{min} einstellt, der hier einfach als konstant angenommen wird und damit im Bereich $\alpha < 0$ unabhängig vom Winkel ist. Im andern Fall, in dem der Balken nach rechts ausknickt, stellt sich ein größerer konstanter Wert $HIC_{\text{max}} = 1{,}7\,HIC_{\text{min}}$ ein, sodass sich insgesamt eine Sprungfunktion für den Verlauf des HIC-Wertes ergibt. Im Folgenden wird der auf HIC_{min} normierte HIC-Wert $\eta = HIC/HIC_{\text{min}}$ verwendet.

Wie in Abbildung 11.56 verdeutlicht, ist der Fall, dass die Kraft mit einem Winkel α angreift, äquivalent ist zum Fall, dass der Kraftangriffswinkel immer null und stattdessen der Balken um den Winkel $-\alpha$ gekippt ist. So kann man über den Kippwinkel α das Verhalten des Balkens und damit das Ergebnis bei einer exakten zentralen Krafteinleitung steuern. In der Praxis wird man das Ausknicken des Trägers durch andere Maßnahmen erzwingen, wie durch das Einbringen von Sicken oder durch Änderungen in der Formgebung. Zur Verdeutlichung des Prinzips soll in dem einfachen Beispiel jedoch der Winkel α genügen, der im Folgenden immer als Kraftangriffswinkel bezeichnet wird.

Wenn die Kraft keine Streuung aufweist, genügt schon ein kleiner negativer Wert von α, um den kleineren HIC-Wert $\eta = 1$ zu erhalten. Dies ist jedoch keine robuste Lösung, weil schon eine kleine Richtungsänderung der Kraft dazu führen kann, dass der Balken nach rechts ausknickt und sich der höhere HIC-Wert $\eta = 1{,}7$ einstellt. Es soll deswegen im Folgenden eine Optimierung unter Berücksichtigung der Streuung durchgeführt werden. Dazu wird für den Winkel α eine Normalverteilung mit der Standardabweichung σ_α angenommen. Für die Systemantwort η können dann aus der sich ergebenden Verteilungsfunktion der Mittelwert $\bar{\eta}$, die Standardabweichung σ_η und das 95 %-Quantil $Q_{95\,\%}$ bestimmt werden. Die Anforderung lautet, dass mindestens 95 % unterhalb eines normierten HIC-Wertes von 1,2 liegen sollen. Dies soll zudem mit einem möglichst kleinen Winkel α erreicht werden. Dabei darf α wegen Bauraumbeschränkungen (hier in der Interpretation als Kippwinkel) nur im Bereich $\alpha \in [-10°, 10°]$ variiert werden. Das Optimierungsproblem lautet somit:

$$\min |\alpha| \tag{11.120}$$

sodass

$$Q_{95\,\%} \leqq 1{,}2$$
$$-10° \leqq \alpha \leqq 10°.$$

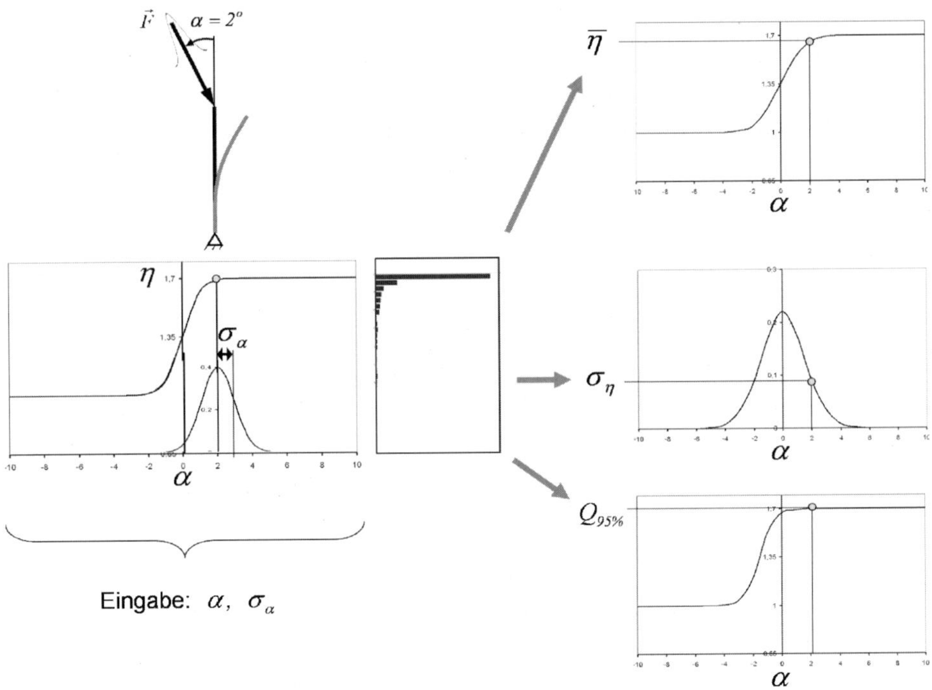

Abb. 11.57 Schematischer Ablauf einer stochastischen Analyse zur Ermittelung der statistischen Maße von η am Punkt $\alpha = 2°$ über eine Monte-Carlo-Simulation mit 500 Stichproben

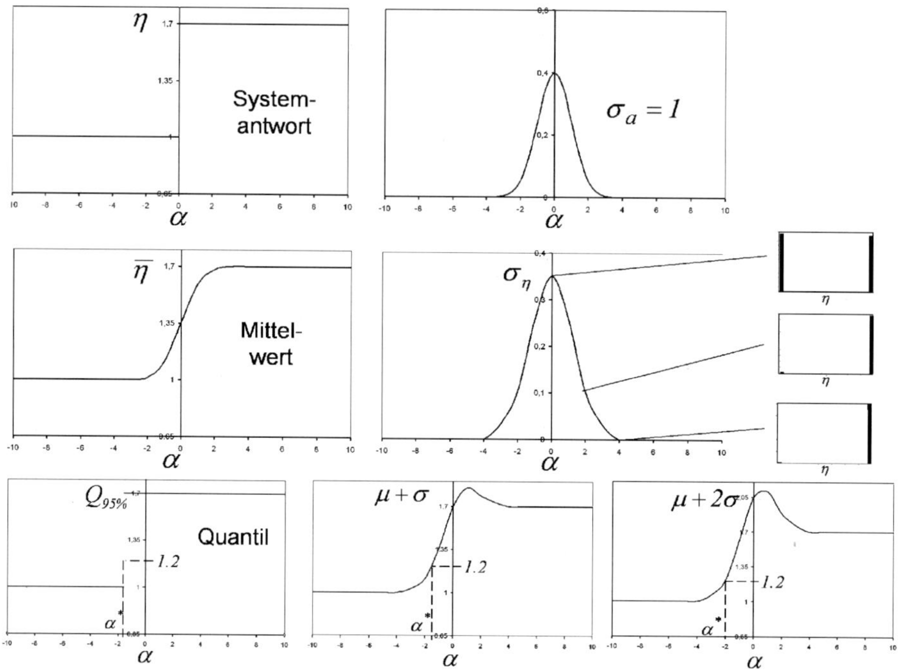

Abb. 11.58 Ergebnisse für Mittelwert $\bar{\eta}$, Standardabweichung σ_η und 95 %-Quantil $Q_{95\,\%}$ als Funktion von α bei einer Standardabweichung $\sigma_a = 1°$. Zusätzlich sind exemplarisch drei Verteilungen dargestellt, die sich für η aus einer Monte-Carlo-Analyse mit 500 Schüssen ergeben.

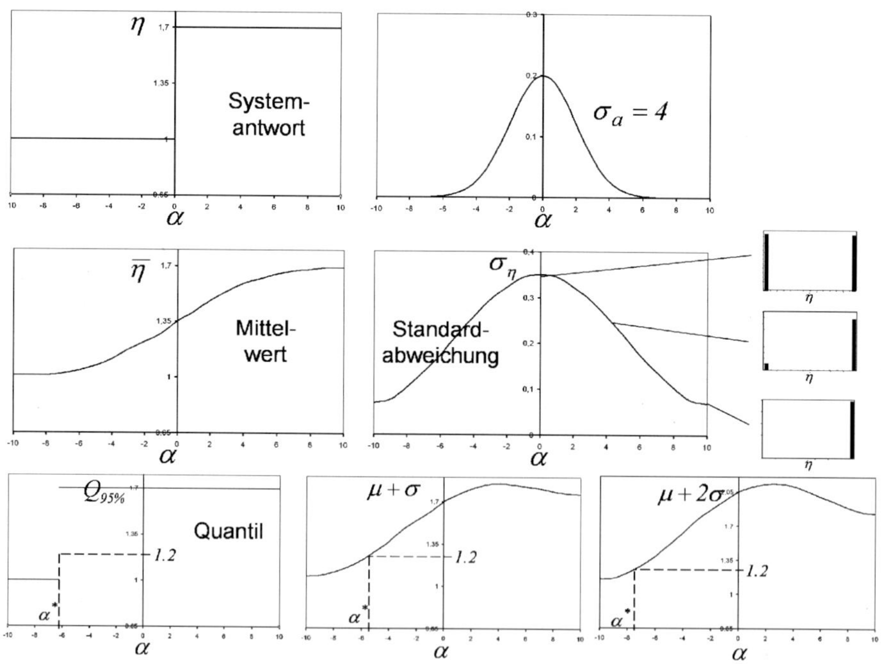

Abb. 11.59 Wie Abbildung 11.58 aber für eine Standardabweichung $\sigma_a = 4°$

Für jeden Winkel α müssen nun die statistischen Maße bestimmt werden. Dies kann beispielsweise mit einer Monte-Carlo-Simulation durchgeführt werden, wie es für einen festen Winkel α in Abbildung 11.57 verdeutlicht ist. In Abbildung 11.58 sind die ermittelten statistischen Maße von η für eine Eingangsstreuung von $\sigma_\alpha = 1$ und der sich ergebende optimale Wert α^* dargestellt. Trotz dem unstetigen Verlauf der Systemantwort, sind Mittelwert und Standardabweichung stetige Funktionen, weil sich in den Bereichen für $\eta = 1$ und $\eta = 1{,}7$ der Anteil der Eingangsverteilungsfunktion beim Verschieben stetig ändert. Dagegen ist die Funktion für das Quantil unstetig, weil in dem einfachen Beispiel nur die zwei Systemantworten $\eta = 1$ und $\eta = 1{,}7$ möglich sind. Das Quantil spiegelt somit immer die Unstetigkeit im Verzweigungspunkt der Systemantwort wieder, was wiederum zu numerischen Schwierigkeiten führen kann, wenn es in der Formulierung des Optimierungsproblems verwendet wird. Hier ist es von Vorteil, die stetigen Größen $\bar{\eta} + \sigma_\eta$ und $\bar{\eta} + 2\sigma_\eta$ zu verwenden. Werden diese anstatt dem Quantil als Restriktion verwendet, ergibt sich erwartungsgemäß im ersten Fall ein kleinere und im zweiten Fall ein größerer optimaler Wert für α (Abbildung 11.58). Diese Zusammenhänge bleiben auch bei einer größeren Eingangstreuung erhalten, wie in Abbildung 11.59 für den Fall $\sigma_a = 4°$ dargestellt ist. Die optimalen Werte α^* verschieben sich dabei erwartungsgemäß zu größeren Winkeln.

Bis jetzt wurde die Analyse und Optimierung auf der exakten Systemantwort durchgeführt. Die Frage ist nun, welches Ergebnis man erhält, wenn stattdessen eine Approximation verwendet wird. Eine Approximation kann eine Bifurkation immer nur näherungsweise wiedergeben, etwa als s-förmige Annäherung oder im ungünstigsten Fall nur als lineare Funktion, die nur noch den globalen Trend widerspiegelt. Die Ergebnisse für diese beiden Fälle sind in Abbildung 11.60 bis Abbildung 11.62 dargestellt. Es zeigt sich, dass sich umso größere optimale Winkel ergeben, je

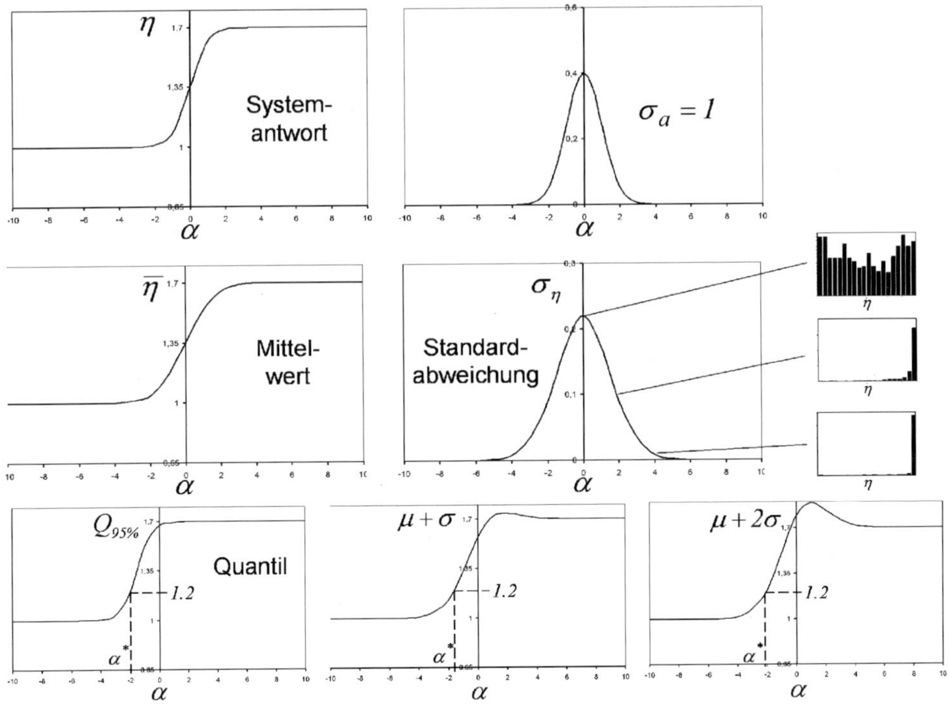

Abb. 11.60 Wie Abbildung 11.58 für eine Standardabweichung $\sigma_a = 1°$, aber unter Verwendung einer s-förmigen Approximation für die Systemantwort

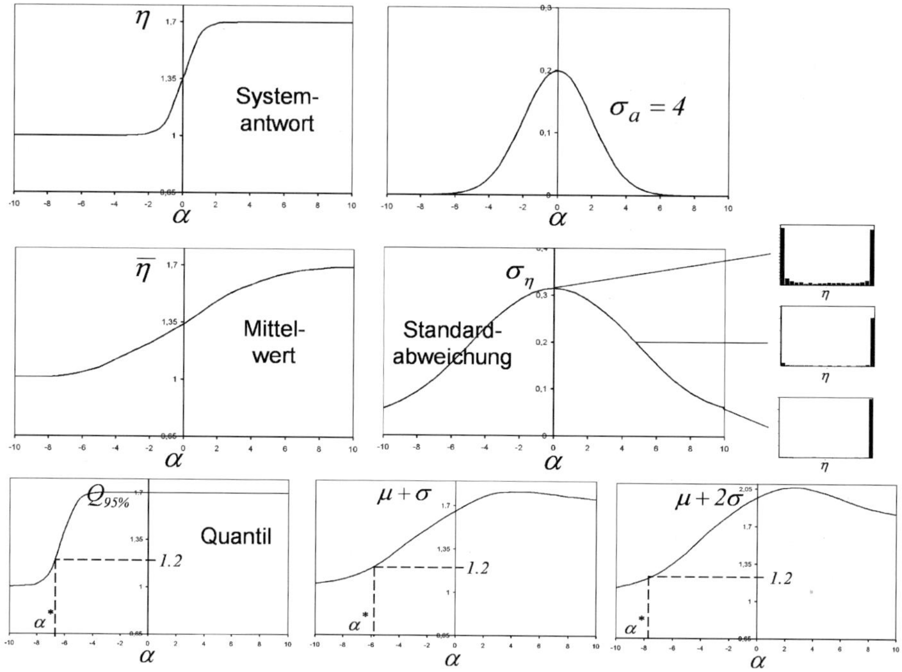

Abb. 11.61 Wie Abbildung 11.60 aber für eine Standardabweichung $\sigma_a = 4°$

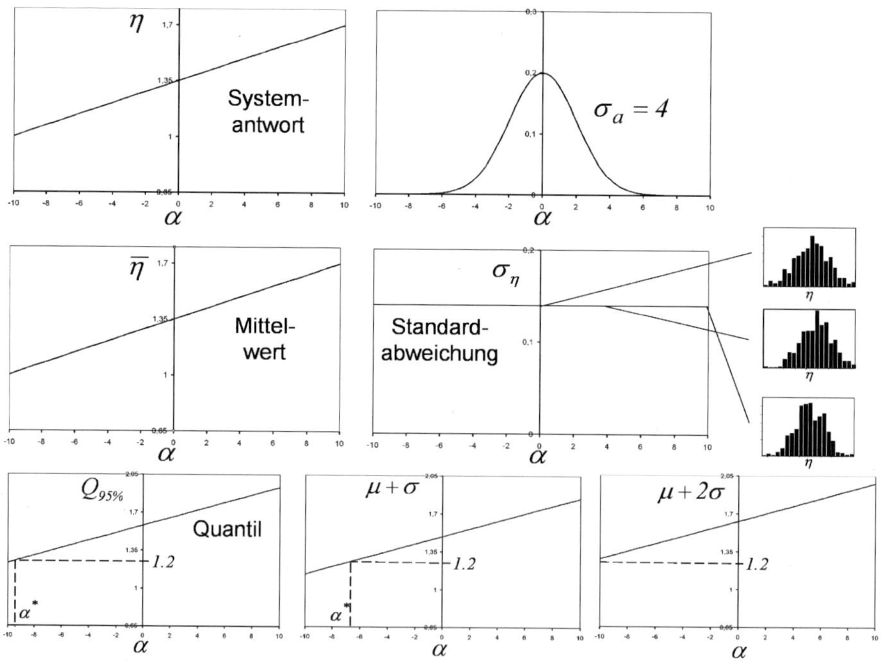

Abb. 11.62 Wie Abbildung 11.58 für eine Standardabweichung $\sigma_a = 1°$, aber unter Verwendung einer linearen Approximation für die Systemantwort

schlechter die Approximation der Bifurkation ist. Somit sind die Lösungen immer konservativ und führen in die richtige Richtung, wenn sie auch über das Ziel hinausschießen. Eine weiterführende Optimierungsstrategie wäre dann, in der Umgebung um das gefundene Optimum eine neue und bessere Approximation zu erzeugen, darauf eine erneute Optimierung durchzuführen und sich auf diese Weise dem wirklichen Optimum anzunähern.

Bis jetzt wurde vorausgesetzt, dass die statistischen Maße entweder, wie hier an dem einfachen Beispiel, analytisch oder, wie normalerweise in Praxis notwendig, durch eine Methode wie die Monte-Carlo-Methode oder durch LHS bestimmt werden. In allen Fällen wird man innerhalb der Grenzen, die durch den Vertrauensbereich vorgegeben sind, das korrekte Ergebnis erhalten. Anders sieht es aus, wenn die FOSM-Methode verwendet wird. In Abbildung 11.63 ist der mit der FOSM-Methode ermittelte Verlauf der Varianz σ_η als Funktion von α dargestellt. Nur bei der linearen Approximation erhält man das korrekte Ergebnis, während sich bei der s-förmigen Approximation ein Verlauf ergibt, der von der Eingangsstreubreite unabhängig ist. Lediglich die Höhe vergrößert sich mit zunehmender Standardabweichung. Der Grund dafür ist, dass der Varianzanteil der Systemantwort bei der FOSM-Methode nur über die Steigung am aktuellen Punkt bestimmt wird und damit nicht berücksichtigt wird, ob sich die Steigung in der näheren Umgebung stark ändert. Extrem ist dies bei der exakten Systemantwort (Stufenfunktion). Dort ist auch nahe der Bifurkation immer $\sigma_\eta = 0$, weil über die FOSM-Methode nicht festgestellt werden kann, dass ein Teil der Verteilung in den anderen Zweig hineinragt. Lediglich für den unwahrscheinlichen Fall, dass man bei der Gradientenbildung so nahe an der Bifurkation ist, dass die Vorwärtsdifferenz in den anderen Zweig führt, ergibt sich ein großer Gradient und damit auch eine große Ausgangsstreuung. Ähnlich wird es sich auch bei einem realen Beispiel verhalten, solange sich nicht die Steigungen

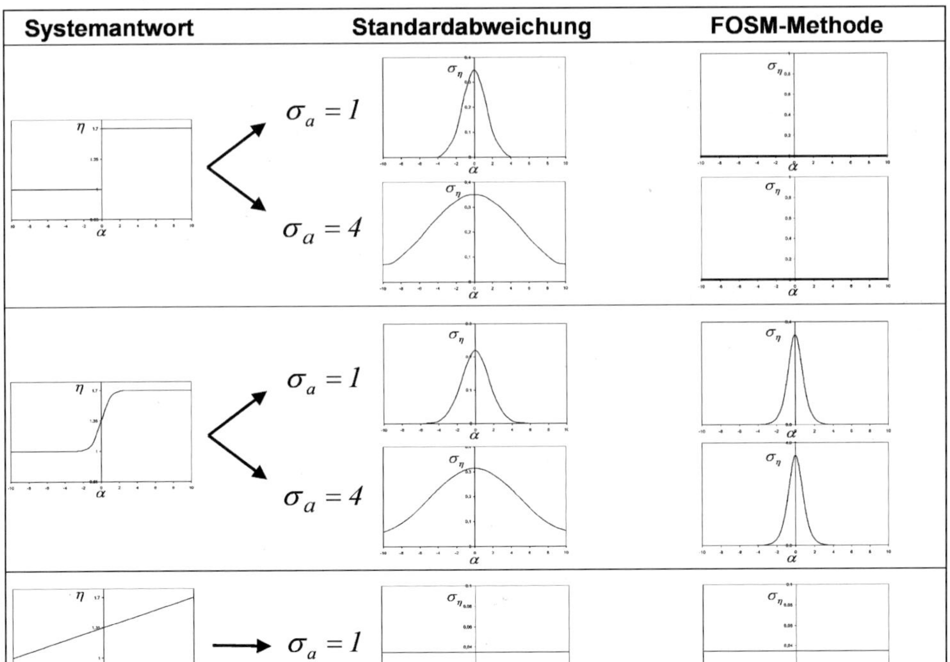

Abb. 11.63 Vergleich der exakten Standardabweichung bei verschiedenen Systemantworten η und Streubreiten σ_α mit den Ergebnissen aus der FOSM-Methode

in beiden Zweigen in der der Nähe der Bifurkation drastisch unterscheiden. Damit ist die FOSM-Methode im Allgemeinen nicht geeignet, die Streuung der Systemantwort in der Umgebung einer Bifurkation realistisch wiederzugeben.

11.6 Anwendungsbeispiele

11.6.1 Robustheitsanalyse und Optimierung des Systems Fensterrahmen/Türdichtung

In Abbildung 11.64 ist das Modell einer PKW-Tür gezeigt, für die eine Optimierung bezüglich der Nominalwerte, eine Robustheitsanalyse im Optimum der Nominaloptimierung und gegebenenfalls eine Robustheitsoptimierung durchgeführt werden sollten. Als Programm wurde Optimus <Noesis> verwendet, das alle diese Funktionalitäten zur Verfügung stellen kann.

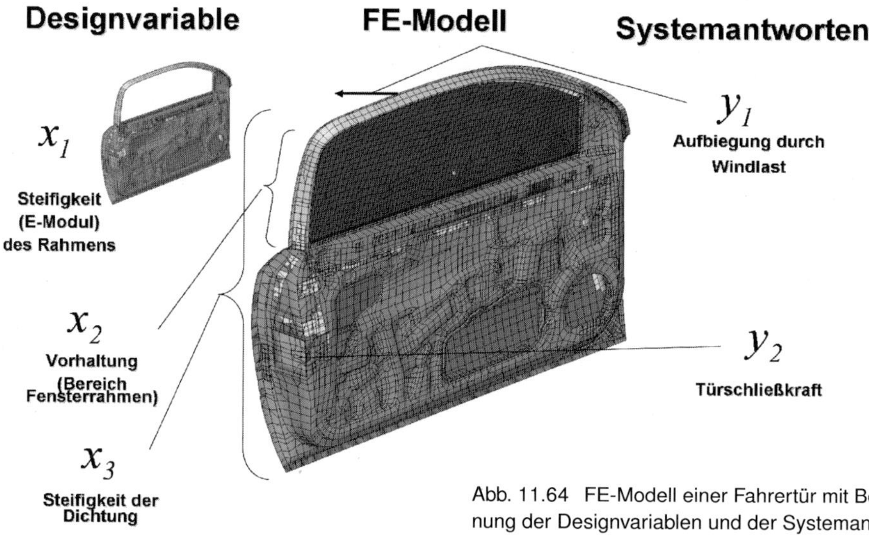

Abb. 11.64 FE-Modell einer Fahrertür mit Bezeichnung der Designvariablen und der Systemantworten

Es wurden drei Designvariablen verwendet, eine, die den E-Modul des Rahmens und damit dessen Steifigkeit veränderte, eine für die Vorhaltung und eine für die Steifigkeit der Dichtung. Die beiden letzten Größen wurden über Federn im Modell simuliert. Aus 2 Lastfällen wurde jeweils die Aufbiegung der Tür unter Windlast und die Reaktionskraft im Schloss bestimmt. Während die Aufbiegung möglichst gering sein sollte, wird aus Komfortgründen eine möglichst geringe Schließkraft angestrebt. Die Analyse wurde mit MSC/Nastran <MSC> durchgeführt.

Zuerst wurde das Optimierungsmodell in Optimus aufgebaut, indem die Wirkungsweise der Designvariablen in den Eingabedateien definiert und nach Durchführung der Analyse festgelegt wird, wie die Systemantworten aus den Ausgabedateien herausgelesen werden (Abbildung 11.65). Als Zielfunktion wurde die Aufbiegung der Tür y_1 gewählt, die betragsmäßig minimiert werden sollte. Da der Verschiebungswert y_1 jedoch negativ war, musste y_1 maximiert werden. Die Reaktionskraft y_2 wurde als Restriktion berücksichtigt. Damit lautete das zu lösende Optimierungsproblem:

$$\max y_1, \tag{11.121}$$

sodass

$$y_2 \leqq y_2^U$$
$$x_i^L \leqq x_i \leqq x_i^U; \qquad i = 1,3$$

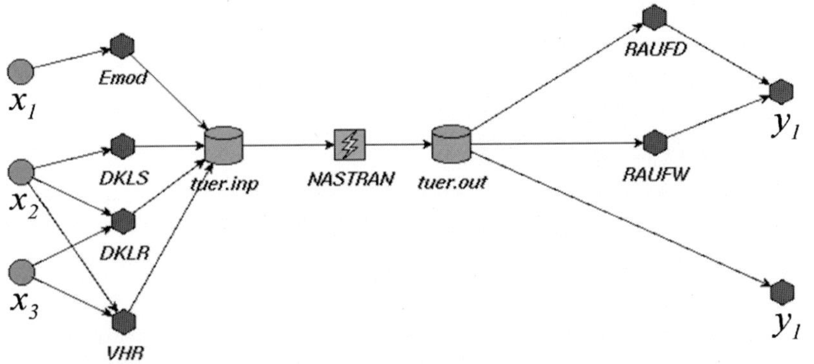

Abb. 11.65 Optimierungsmodell in Optimus

Von der Rechenzeit her ist eine einzelne Optimierung mit einem solchen Modell problemlos direkt auf Basis der Analysewerte durchführbar, selbst wenn die Sensitivitäten als finite Differenzen bestimmt werden müssen. Da jedoch eine Pareto-Front bestimmt und eine Robustheitsanalyse durchgeführt werden sollte, wurde zuerst eine globale Approximation aufgebaut und diese als Basis für alle Berechnungen verwendet. Da bei dem System kein hochgradig nichtlinearer Verlauf in den Systemantworten zu erwarten war, wurde ein Polynom zur globalen Approximation verwendet. Dazu wurden zuerst mit LHS 100 Stützpunkte (entspricht 80 % „Oversampling" bei einem Polynom 5-ten Grades) generiert und aus den Funktionswerten an diesen Datenpunkten ein Polynom 5-ten Grades berechnet. Die hohe Güte der Approximation kann anhand der Streudiagramme abgelesen werden, von denen das für y_2 exemplarisch in Abbildung 11.66 dargestellt ist.

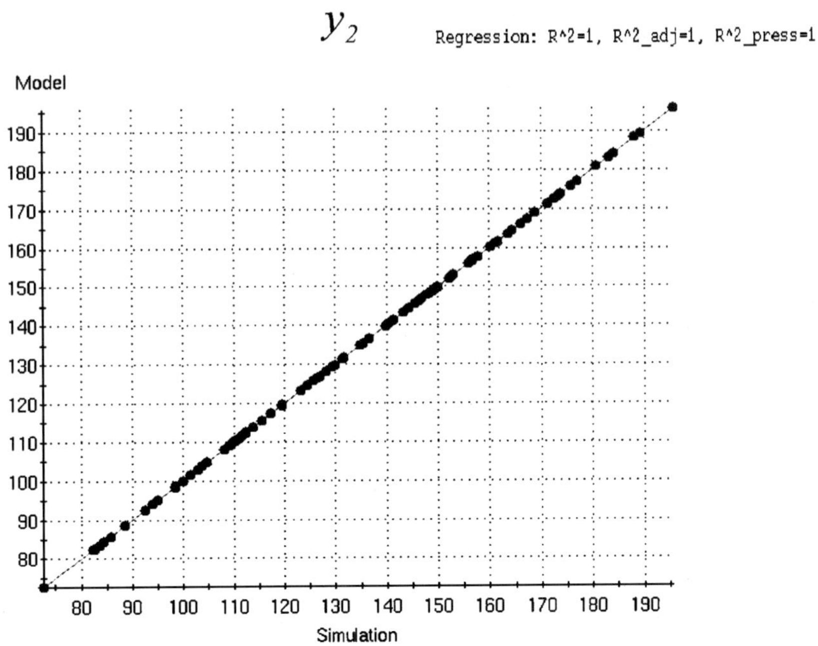

Abb. 11.66 Streudiagramm der globalen Approximation (Polynom 5-ten Grades) für die Schließkraft y_2

Die 100 Datenpunkte wurden zusätzlich dazu verwendet, um die wichtigsten Variablen mithilfe eines linearen Regressionsmodells zu bestimmen. Weiterhin wurde dies zum Vergleich auch mit einer funktionalen Varianzanalyse auf Basis der globalen Approximation durchgeführt. Die Ergebnisse beider Analysen, die in Abbildung 11.67 dargestellt sind, zeigen eine gute Übereinstimmung. So zeigt sich, dass y_1 fast ausschließlich von x_1, dagegen y_2 fast ausschließlich von x_2 abhängt. Zusätzlich erhält man aus der funktionalen Varianzanalyse die Information, dass der Anteil der Wechselwirkungsanteile vernachlässigbar ist und beide Ausgabegrößen in guter Näherung allein durch Funktionen zu beschreiben sind, die jeweils nur von einer Designvariablen abhängen. Dies erlaubt es, mithilfe der Haupteffekte aus der funktionalen Varianzanalyse das Optimum näherungsweise zu bestimmen und darüber einen guten Startpunkt $\left(x_1^{(0)}, x_2^{(0)}\right)$ für die Optimierung festzulegen (Abbildung 11.68). Es zeigte sich im Nachhinein, dass in allen durchgeführten Optimierungen bei der Designvariable x_1 wirklich immer die obere Grenze x_1^U im Optimum erreicht wurde und die Änderung in den Zielfunktionswerten bei Variation der Restriktionsgrenze y_2^U hauptsächlich über den Anteil von Designvariable x_2 zustande kommt. Der Wert der Designvariable x_2 im Optimum lag dabei immer um ca. 4 % oberhalb des vorhergesagten Wertes nach dem Haupteffektverlauf.

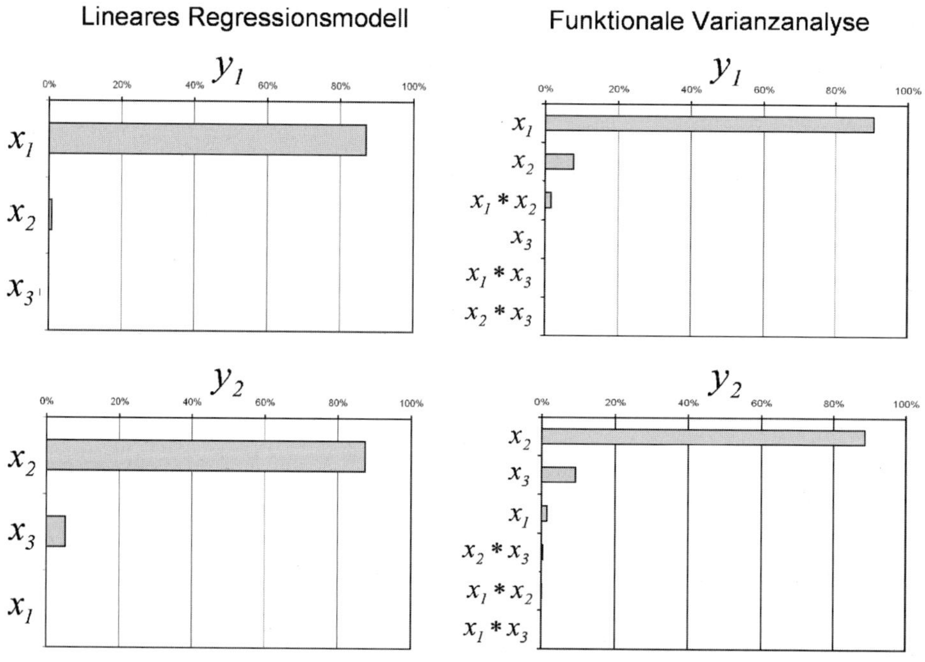

Abb. 11.67 Beitrag der drei Eingabevariablen zu den beiden Ausgabegrößen im gesamten Designraum, bestimmt mit einem linearen Regressionsmodell und einer funktionalen Varianzanalyse (die Haupteffekte sind hier anstatt mit μ_i einfach mit dem Namen der Designvariable x_i bezeichnet, die Zweifachwechselwirkungsterme μ_{ij} dagegen mit $x_i * x_j$)

Um die Pareto-Front zu bestimmen, wurde auf Basis der globalen Approximation eine Folge von Einzeloptimierungen durchgeführt, bei denen die Restriktionsgrenze für die Schließkraft y_2 im Bereich $y_2^U \in [80, 170]$ variiert wurde. Mit den Ergebnissen wurde die in Abbildung 11.69 gezeigte Pareto-Front aufgebaut, aus welcher als bester Kompromiss der Punkt $y_1 = -2{,}74$, $y_2 = 130$ ausgewählt wurde. In diesen Punkt wurde im 2. Schritt eine Robustheitsanalyse durchgeführt, bei der für alle Eingabegrößen eine Gauß-Verteilung verwendet wurde. Die statistischen Maße

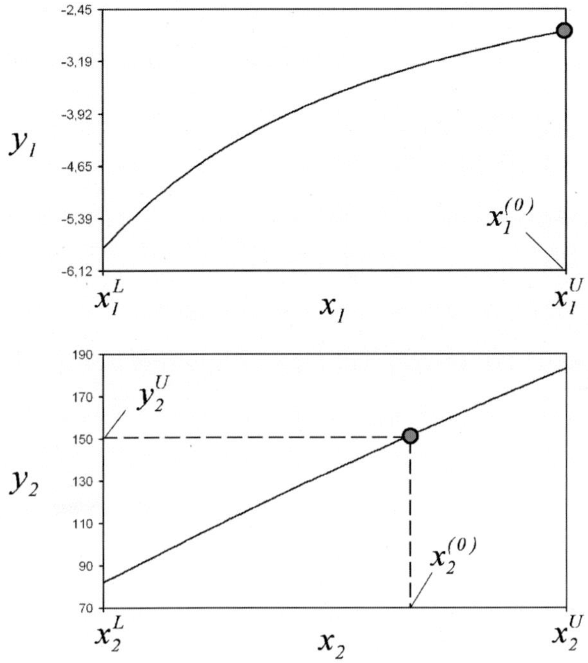

Abb. 11.68 Haupteffekte der beiden Systemantworten als Funktion der jeweils dominanten Designvariablen mit dem näherungsweise bestimmten Optimum $(x_1^{(0)}, x_2^{(0)})$

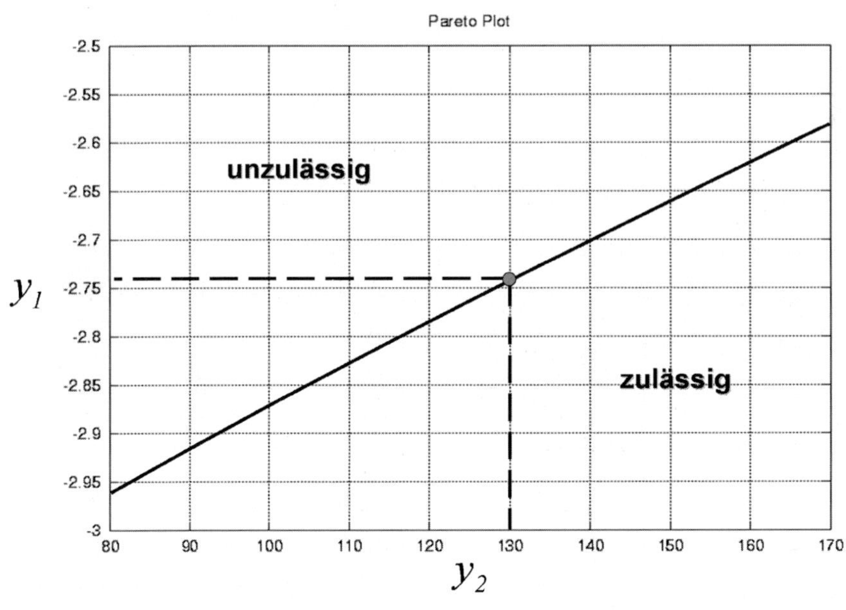

Abb. 11.69 Pareto-Front, die sich aus den Lösungen des Optimierungsproblems (11.121) mit unterschiedlichen Restriktionsgrenzen für y_2 ergibt

der Ausgabegrößen wurden über eine Monte-Carlo-Simulation ermittelt, welche mit jeweils 5000 Stichproben auf der globalen Approximation durchgeführt wurde. Da alle Funktionswerte über die globale Approximation berechnet wurden, war die Rechenzeit auch bei der hohen Anzahl von Stichproben gering.

Die Säulendiagramme der Eingangsverteilungsdichten und die daraus resultierenden Ausgangsverteilungsdichten, sowie die dazugehörigen Ant-Hill Plots und Korrelationskoeffizienten sind in Abbildung 11.70 dargestellt. Aus den Ant-Hill Plots kann man deutlich erkennen, dass sowohl zwischen der Systemantwort y_1 und x_1 als auch zwischen y_2 und x_2 eine starke lineare Korrelation vorliegt. Dies spiegelt sich im Beitrag der Variablen auf die Ausgangsgrößen basierend auf einem linearen Regressionsmodell in Abbildung 11.71 wieder. Es zeigt sich, dass auch lokal um den Punkt $(-2{,}74,\ 130)$ die Systemantwort y_1 durch die Variable x_1 und y_2 durch die Variable x_2 dominiert wird. Zum Vergleich wurden zusätzlich die Streubeiträge der einzelnen Variablen sowohl mit der funktionalen Varianzanalyse (Abbildung 11.71), die erwartungsgemäß die gleichen statistischen Maße für die Systemantworten wie die Monte-Carlo-Methode lieferte, als auch über die Variation der Eingangstreuungen (Abbildung 11.72) bestimmt. Im letzteren Fall wurde jeweils die Streuung von x_1 und x_2 halbiert und die von x_3 verdoppelt. In allen drei Fällen können die dominanten Variablen eindeutig identifiziert und den Systemantworten zugeordnet werden. Es zeigt sich dabei, dass sich die gleichen Abhängigkeiten ergeben, wie bei den Analysen über den gesamten Designraum. Zusammengefasst ergibt sich, dass die Rahmensteifigkeit vor allen die Aufbiegung beeinflusst,

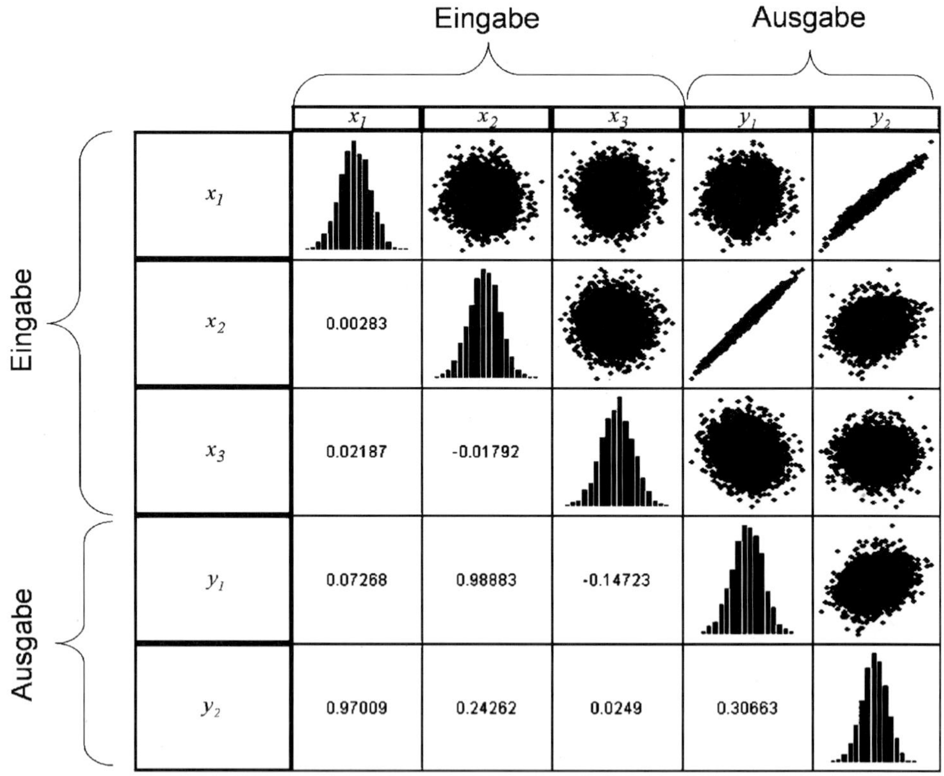

Abb. 11.70 Streuungs-Korrelations-Diagramm: Auf der Diagonalen sind die Eingangs- und Ausgangsverteilungsdichten als Säulendiagramm, im oberen Drittel die Ant-Hill Plots und im unteren Bereich die Korrelationskoeffizienten ρ_{ij} aufgetragen

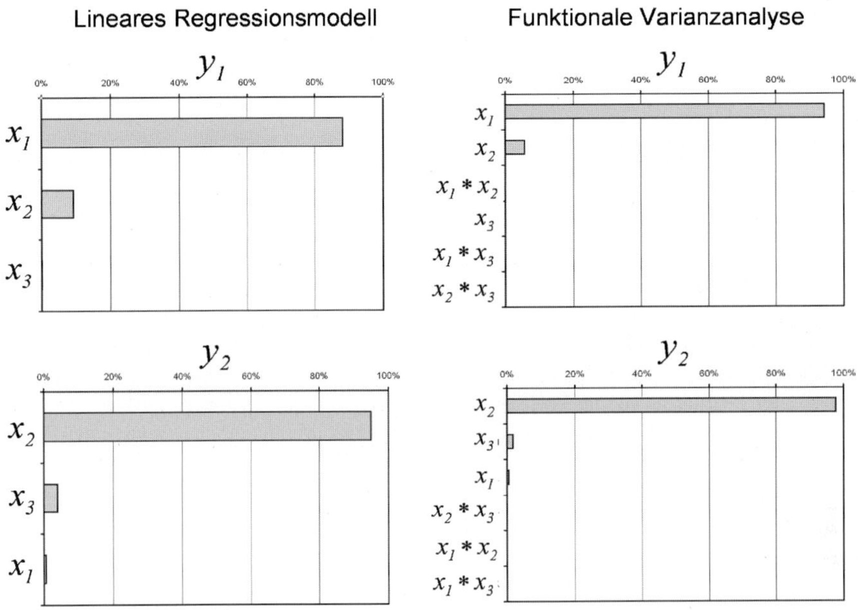

Abb. 11.71 Anteil der Streuung der drei Eingabevariablen an den beiden Streuungen der Ausgabegrößen im Punkt $y_1 = 2{,}74$, $y_2 = 130$, bestimmt mit einem linearen Regressionsmodell und einer funktionalen Varianzanalyse

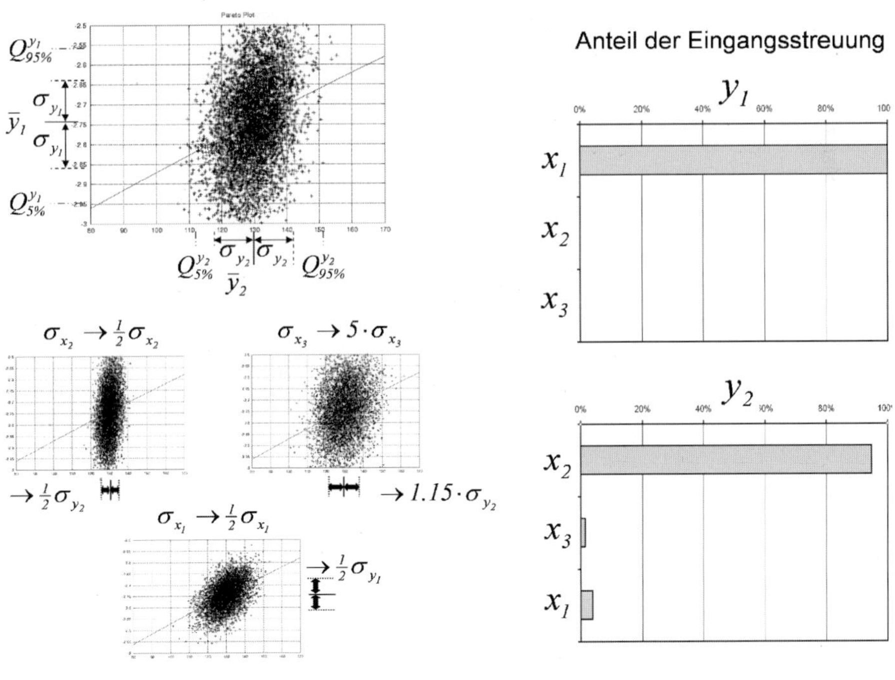

Abb. 11.72 Anteil der Streuung der drei Eingabevariablen ermittelt durch die Variation der Designvariablenstreuung, veranschaulicht als Ant-Hill Plot und dargestellt als Balkendiagramm

weil eine Halbierung der Streubreite der Rahmensteifigkeit dazu führt, dass sich die Streuung für die Aufbiegung halbiert. Dagegen bleibt die Streuung für die Türkraft unverändert, was zeigt, dass diese unempfindlich gegen Variationen in der Rahmensteifigkeit ist. Genau entgegengesetzt ist der Einfluss der Streuung der Dichtung, die einen großen Einfluss auf die Streuung der Schließkraft und nahezu keinen auf die der Aufbiegung hat. Dagegen sind beide Ausgabegrößen unempfindlich gegen eine Variation der Streuung der Vorhaltung. Diese Informationen können genutzt werden, wenn beispielsweise die Streuung von y_1 reduziert werden soll. Hier ist durch die Dominanz nur Veränderungen der Variablen x_1 sinnvoll und wirkungsvoll.

Die Streuung der beiden Ausgabegrößen wurde als unkritisch und damit die Lösung als robust beurteilt. Diese Einschätzung wird durch die Werte des Variationskoeffizienten in Abbildung 11.73 bestätigt, weil die Streuung der beiden Ausgabegrößen nicht durch die Streuung der Eingangsgrößen verstärkt wird. Eine Robustheitsoptimierung war demnach hier nicht notwendig. Sie wird dennoch hier vorgestellt, um das prinzipielle Vorgehen zu veranschaulichen. Das Ziel sollte sein, die Türaufbiegung unter Berücksichtigung der Streuung möglichst gering zu halten. Weiterhin sollte sichergestellt sein, dass an den Restriktionsgrenzen der Eingangsvariablen höchsten 16 % der Werte im unzulässigen Bereich liegen. Somit ergibt sich als zu lösendes Optimierungsproblem:

$$\max \bar{y}_1 - \sigma_{y_{q1}}, \tag{11.122}$$

sodass

$$\bar{y}_2 \leqq 130$$
$$x_i + \sigma_{x_i} \leqq x_i^U; \qquad i = 1,3$$
$$x_i^L \leqq x_i - \sigma_{x_i}; \qquad i = 1,3.$$

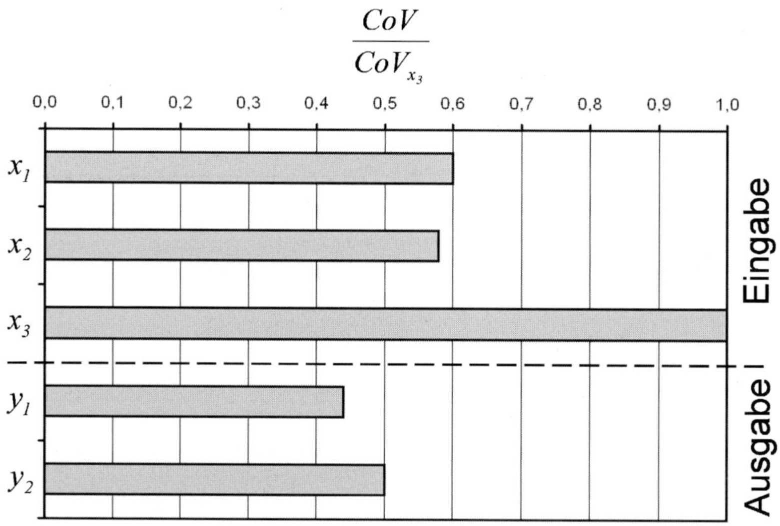

Abb. 11.73 Variationskoeffizient CoV der Eingangs- und Ausgangsgrößen, normiert auf CoV_{x_3}

Prinzipiell können die für die Optimierung benötigten statistischen Maße über eine Monte-Carlo-Simulation ermittelt werden, die auf der bestehenden globalen Approximation ausgeführt wird. Da jedoch ein Gradientenverfahren eingesetzt werden sollte und die aus der Monte-Carlo-Simulation stammenden statistischen Maße dem Zufall unterliegen und somit verrauscht sind, ist die Bestimmung der finiten Differenzen mit numerischen Unsicherheiten behaftet. Aus diesem Grund wurde für die statistischen Maße der Systemantworten, wie Mittelwert, Standardabweichung und Quantil, eine neue Approximation bestimmt. Dazu musste, wie in Abbildung 11.74 gezeigt, ein neues Modell aufgebaut werden. Anstatt eines Nominalwerts wird nun jeweils der Mittelwert und die Standardabweichung als Eingangsgröße verwendet und in die Eingabedatei für die Monte-Carlo-Simulation geschrieben. Nach durchgeführter Monte-Carlo-Simulation werden aus der Ergebnisdatei die Stichprobenwerte für die beiden Systemantworten extrahiert und daraus die benötigten statistischen Maße berechnet.

Zur Berechnung der neuen Approximation wurden 1069 Stützpunkte über einen LHS Versuchsplan ermittelt und an diesen über eine Monte-Carlo-Simulation auf Basis der bestehenden globalen Approximation die statistischen Maße der Systemantworten bestimmt. Es zeigte ich, dass ein

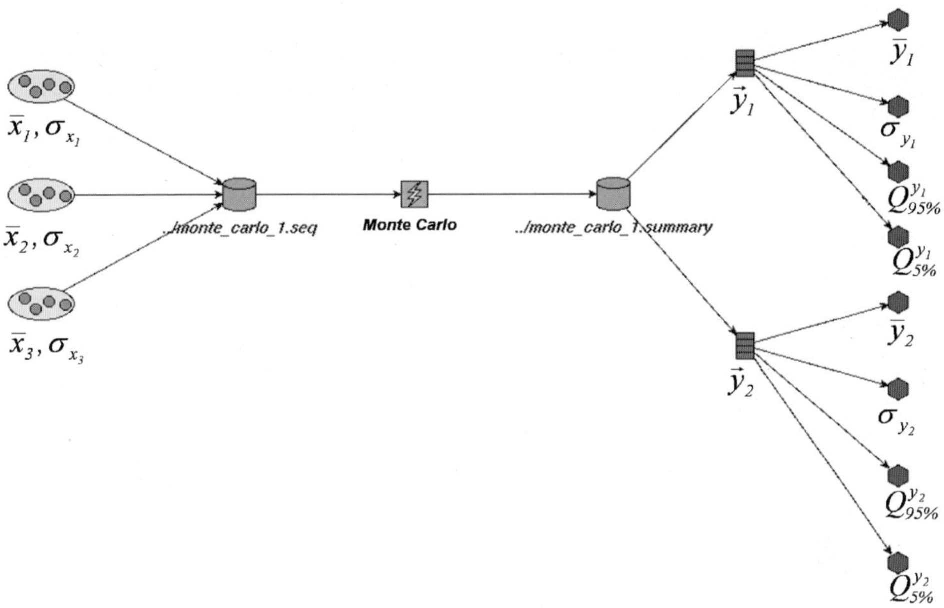

Abb. 11.74 Optimierungsmodell in Optimus für die Monte-Carlo-Simulation und Extraktion der statistischen Maße

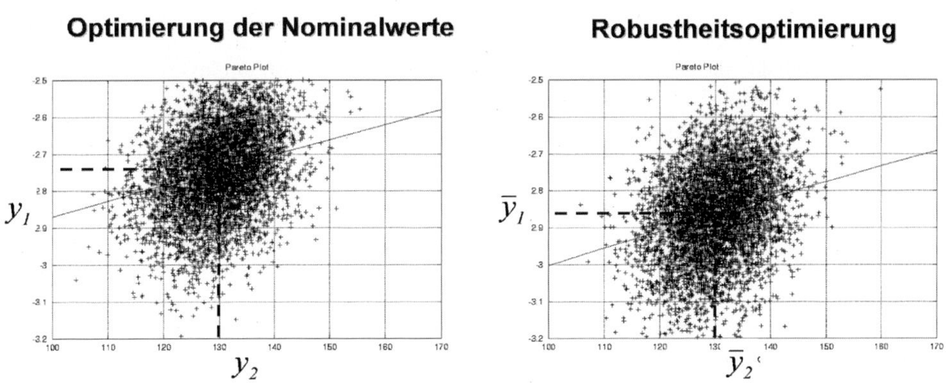

Abb. 11.75 Gegenüberstellung der Pareto-Kurven aus der Nominal- und der Robustheitsoptimierung mit Ant-Hill Plot aus der Robustheitsanalyse um den optimalen Wert bei $y_2 = 130$ bzw. $\bar{y}_2 = 130$

Polynom 3-ten Grades eine ausreichend genaue Approximation lieferte, welche dann die Basis für die durchgeführte Optimierung war. Mit der Approximation für die statistischen Maße konnten daraufhin schnell einzelne Robustheitsoptimierungen durchgeführt und darüber wiederum eine Pareto-Front generiert werden, welche jedoch diesmal auf die Mittelwerte der Systemantworten bezogen ist. Die Ergebnisse der Nominal und der Robustheitsoptimierung sind in Abbildung 11.75 gegenübergestellt. Hier wird deutlich, dass die Pareto-Kurve der Robustheitsoptimierung um einen ungefähr festen Betrag von der Pareto-Kurve aus der Nominaloptimierung verschoben ist. Diese Verschiebung ergibt sich aus der veränderten Definition der expliziten Restriktionen, die den Bereich der Designvariablen verringert. Bei der Zielfunktion y_1 hat dies über die Variable x_1 zur Folge, dass sich der Wert der Zielfunktion reduziert (Abbildung 11.76).

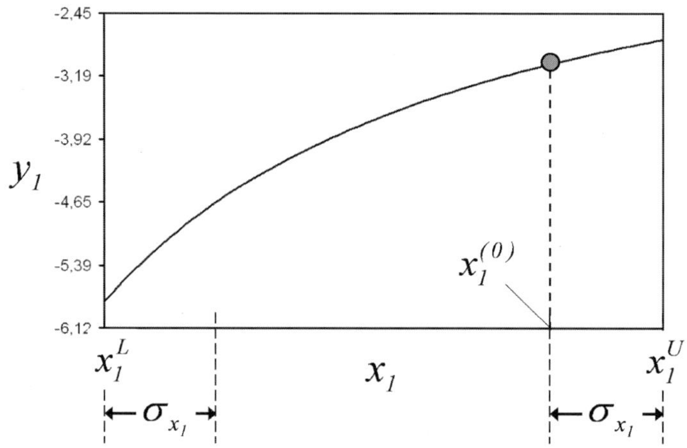

Abb. 11.76 Verringerung des Wertebereichs der Designvariablen x_1 durch die Einbeziehung der Standardabweichung in der Definition der Restriktionsgrenzen und resultierende Verringerung der Zielfunktion

11.6.2 Optimierung und Robustheitsuntersuchung einer Mehrlenkerhinterachse hinsichtlich des Rollgeräusches

Bei diesem Anwendungsbeispiel [156] bestand die Aufgabe darin, eine Optimierung einer bereits in der Architekturphase in wesentlichen Punkten festgelegten Hinterachse hinsichtlich des zu erwartenden Rollgeräuschs durchzuführen, welches einen wesentlichen Beitrag zum Komforteindruck liefert. Eine wichtige Einflussgröße auf das Rollgeräusch bei einer Mehrlenkerhinterachse ist dabei die Lage der Anbindungspunkte der Lenker an den Radträger. Ziel der Optimierung war deshalb, die optimale geometrische Lage der Anbindungspunkte zu bestimmen, wobei jeder Punkt über zwei Designvariablen in zwei Richtungen verschoben werden konnte. Da die Entwicklung „a priori" Rücksicht nehmen musste auf eine Vielzahl später realisierter, spezifischer Fahrzeugaufbauten, die selbstverständlich wiederum das Rollgeräusch beeinflussen, ist es wesentlich, eine geeignete Zielgröße zur Beschreibung des Rollgeräuschs zu finden, die von der speziellen Struktur der Aufbaus möglichst unabhängig ist. Eine solche Größe ist das Kräfteübertragungsverhalten von den Radnaben zu den Koppelstellen zwischen Achse und Karosserie (Abbildung 11.77). Deshalb wurde die Optimierung der Achse mit dem Ziel durchgeführt, die in die Karosserie eingeleiteten Kräfte im relevanten Frequenzbereich zu minimieren. Da für die Simulationsberechnungen MSC/Nastran <MSC> verwendet wurde, konnte zur Optimierung der darin eingebundene Optimierungsalgorithmus Solution 200 [254] eingesetzt werden. Dieser liefert jedoch lediglich ein Optimum bezüglich des Nominalwerts. Es gab jedoch noch weitere Anforderungen, die mit einer Nominalwertoptimierung nicht abgedeckt werden können. So sollte das System auch möglichst robust sein gegen geringe

Lageveränderungen der Anbindungspunkte. Weiterhin sollte das System auch möglichst robust gegenüber Streuungen im Anregungssignal (Rauschen) sein, wie es beispielsweise bei der Fahrt auf unterschiedlichen Straßenbelägen auftritt. Als letzte Anforderung sollten die Designvariablen ermittelt werden, die den größten bzw. den kleinsten Beitrag zur Zielfunktion liefern, um das Verständnis für das System zu erhöhen. Eine solche Kenntnis ist vor allem während der Entwicklung komplexer Systeme wie der Mehrlenkerachse wertvoll, bei der mehrere Fachbereiche ein für alle günstiges Design erarbeiten müssen. Eine Fokussierung auf die relevanten Designparameter hilft in einen solchen Fall, hohe Reibungsverluste zu vermeiden.

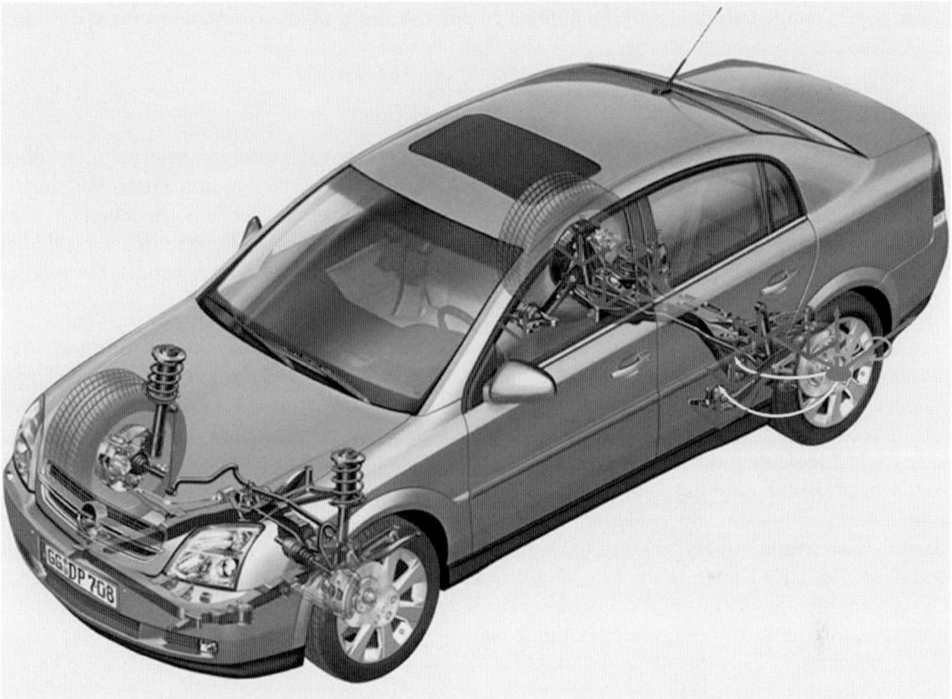

Abb. 11.77 Koppelstellen zwischen Fahrzeugkarosserie und Mehrlenkerhinterachse am Beispiel des Opel Vectra

Alle Robustheitsfragen können mit einer Monte-Carlo-Simulation basierend auf dem Analysemodell untersucht werden. Dies ist ein gangbarer Weg, wenn nur eine Robustheitsanalyse durchgeführt werden soll. Wenn sich jedoch dann als Ergebnis zeigt, dass die Robustheitsanforderungen nicht erfüllt werden und deshalb eine Robustheitsoptimierung notwendig ist, kann die die Anzahl der benötigten Analysen schnell eine inakzeptable Größenordnung erreichen. In diesem Fall bietet eine globale Approximation eine kostengünstige Alternative. Weiterhin kann auf Basis einer Approximation die funktionale Varianzanalyse angewendet und darüber auch nichtlineare Effekte berücksichtigt werden. Dies setzt natürlich voraus, dass auch die Qualität der Approximation sichergestellt ist. Aus diesem Grund wurden verschiedene Kriging-Modelle auf unterschiedliche Weise als globale Approximation erzeugt, deren Qualität überprüft und basierend darauf verschiedene Verfahren für die oben genannten Fragestellungen angewendet und verglichen.

Für die Berechnung der dynamischen Kräfte zwischen Achse und Karosserie im relevanten Frequenzbereich wurde ein FE-Modell verwendet, bei dem die gesamte Achse als Vollmodell, dagegen die übrige Fahrzeugstruktur als reduziertes Ersatzmodell mit der in MSC/Nastran verfügbaren CMS-Technik [259] abgebildet wurde. Die als Eingabegröße benötigten Spindelkräfte wurden mithilfe der inversen Methode aus Messdaten von Vorgängerfahrzeugen mit vergleichbarem Achskonzept ermittelt. Dabei galt in diesem Fall das Hauptinteresse weniger dem genauen Amplitudenverlauf der Kräfte, der sich bei einer Modifikation der Achse generell ändern kann, als vielmehr einer möglichst realitätsnahen Gewichtung zwischen Kraft und Drehmomentanteilen, wie sie bei einer Fahrt über rauen Fahrbahnbelag an der Spindel auftritt. Auf dieser Basis wurden an jeder Koppelstelle i die dynamischen Kräfte $F_i(\omega, \overrightarrow{x})$ an diskreten Frequenzstützstellen ω_j berechnet, welche wiederum von den weiter unten im Detail beschriebenen Designvariablen $\overrightarrow{x}$ abhängen. Diese Kräfte wurden als quadratische Summe zu einer skalaren Größe zusammengefasst, die dann als Zielfunktion verwendet wurde:

$$f(\overrightarrow{x}) = \sum_i \sum_j |F_i(\omega_j, \overrightarrow{x})|^2. \tag{11.123}$$

Generell wäre es auch möglich gewesen, das Rollgeräusch als Zielgröße zu verwenden, welches durch Multiplikation der Koppelkräfte mit der akustischen Transferfunktion eines Vorgängerfahrzeugs ermittelt werden kann. Da in der frühen Projektphase jedoch die Unsicherheit über die wirklichen akustischen Übertragungseigenschaften sehr hoch war und auch noch verschieden Varianten zu berücksichtigen waren, wurden die Koppelkräfte als Zielgröße verwendet, die von der speziellen Form der Transferfunktion unabhängig sind.

Das Verschieben der Geometriepunkte der Lenker wurde über Formbasisvektoren definiert (Abbildung 11.78). Streng genommen müsste immer die gesamte Anbindung am Achsschenkel verschoben werden. Da in dem meisten Fällen jedoch der Einfluss auf die Massenverteilung und den resultierenden Trägheitstensor gering war, wurde lediglich der entsprechende Geometriepunkt, der über Rigid-Elemente mit dem Achsschenkel verbunden war, in eine Richtung verschoben und die Achsschenkelanbindung dagegen nicht modifiziert. Die einzige Ausnahme war die Anbindung zum Schwert, bei dem die Änderung der Massenverteilung nicht mehr vernachlässigt werden konnte. Hier wurde mit HyperMorph [11] <Altair> der entsprechende Formbasisvektor generiert und über DVGRID-Karten in die MSC/Nastran-Eingabedatei eingefügt. Insgesamt ergaben sich 8 Designvariablen $\overrightarrow{x}^{\mathrm{T}} = (x_1, x_2, \ldots, x_8)$, über die jeweils jeder einzelne der vier Anbindungspunkte in x- und in z-Richtung verschoben werden konnte.

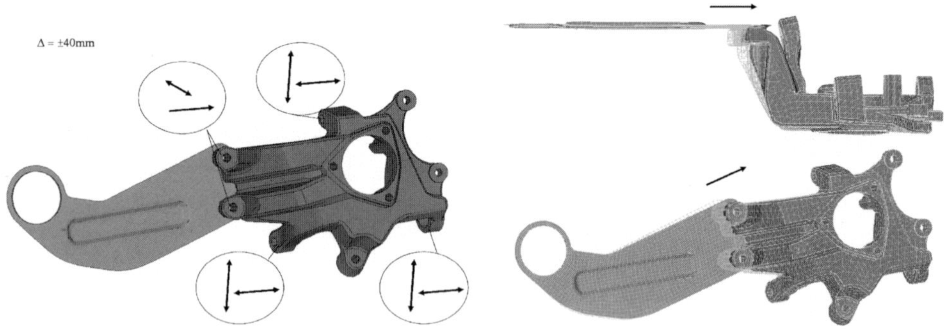

Abb. 11.78 Modell des Achsschenkels und Angabe der Richtungen, in denen die Anbindungspunkte der Lenker variiert wurden (links) und Formbasisvektor für die Schwertanbindung (rechts)

Das zu lösende Nominalwert-Optimierungsproblem besitzt nur explizite Restriktionen und lautete letztendlich:

$$\min f(\overrightarrow{x}), \tag{11.124}$$

sodass

$$\overrightarrow{x}^L \leqq \overrightarrow{x} \leqq \overrightarrow{x}^U.$$

Das Nominalwert-Optimierungsproblem kann nach Angabe der erwünschten oberen und unteren Grenzen für die Designvariablen mit MSC/Nastran Solution 200 gelöst werden. Da jedoch zusätzlich eine Robustheitsanalyse auf Basis eines Kriging-Modells durchgeführt werden sollte, wurden mehrere Läufe durchgeführt, um die erwünschte Genauigkeit der Approximation sicherzustellen. Da bei dem Optimierungsproblem (11.124) nur explizite Restriktionen vorliegen, ist damit zu rechnen, dass die Lösung am Rand des Designraums liegt und somit gerade in dem Bereich, in dem der „Randeffekt" eine Rolle spielt und demzufolge die Vorhersagequalität der Approximation am geringsten ist. Eine einfache Möglichkeit um die Qualität am Rand des Designraums zu erhöhen, besteht darin, dass die Stützpunkte nicht in dem Bereich erzeugt werden, der durch die unteren und oberen Grenzen x_i^L und x_i^U der Designvariablen vorgegeben ist, sondern in einem um den Faktor $\lambda > 1$ vergrößerten Raum. Dadurch wird sichergestellt, dass es in dem Designraum selber keine wirklichen Randpunkte mehr gibt, sondern auch die Punkte an Rand von allen Seiten von Stützpunkten umgeben sind. Da der Faktor λ jedoch nicht bekannt war, wurde dieser bestimmt, indem die Qualität der Approximation für verschiedene Vergrößerungsfaktoren durch Vergleich der Nominalwert-Optimierung mit den Ergebnissen auf der Approximation überprüft wurde. Jedoch wurde hier bei der Durchführung der umgekehrte Weg beschritten, indem zu Beginn der Designraum großzügig größer als eigentlich benötigt gewählt wurde. Nach der Generierung der Stützpunkte in dem so vorgegebenen Bereich und der Bestimmung der Approximation, wurde dann die Qualität der Approximation für verschiedene Designräume verglichen, die mit dem Faktor $\gamma < 1$ verkleinert wurden. Dabei hängt der Faktor γ mit dem Vergrößerungsfaktor λ folgendermaßen zusammen:

$$\gamma = \frac{1}{\lambda}. \tag{11.125}$$

Die Verkleinerung wurde durch eine Reduktion der Variablengrenzen auf

$$\begin{aligned} \overrightarrow{x}'^U &= \frac{(1+\gamma)\,\overrightarrow{x}^U + (1-\gamma)\,\overrightarrow{x}^L}{2} \\ \overrightarrow{x}'^L &= \frac{(1+\gamma)\,\overrightarrow{x}^L + (1-\gamma)\,\overrightarrow{x}^U}{2} \end{aligned} \tag{11.126}$$

vorgenommen. Der Vorteil dieser Vorgehensweise ist, dass die Bestimmung der Stützpunkte und Ermittlung der dortigen Funktionswerte nur einmal zu Beginn vorgenommen werden muss, während dies bei der Vergrößerungsstrategie für jeden Vergrößerungsfaktor notwendig ist. In der praktischen Umsetzung wurde ein um den Faktor 1,3 vergrößerter Designraum verwendet, weil ein Vergrößerungsfaktor zwischen 1,2 und 1,3 vermutet wurde. Dieser wurde dann in 5 % Schritten von 0 % auf 25 % reduziert und die Qualität der Approximation überprüft.

Da bei der Robustheitsuntersuchung auch Streuungen im Anregungssignal berücksichtigt werden sollten, wurde die zusätzliche Variable „Noise" eingeführt, über die das Lastniveau auf beiden Seiten um bis zu 5 % gegeneinander verschoben werden konnte. Insgesamt mussten demnach die Kriging-Modelle mit 9 Designvariablen aufgebaut werden.

Es wurden zwei verschiedene Versuchspläne verwendet, um damit jeweils eine globale Approximation zu erzeugen. Mit einem STOA (Strength-Two Orthogonal Array) Versuchsplan, der im Folgenden kurz mit STOA64 bezeichnet wird, wurden 64 Punkte erzeugt. Es handelt sich dabei um einen Versuchsplan, bei dem jede Projektion auf einen 2-dimensionalen Unterraum des Designraums wie ein vollständig faktorieller Versuchsplan mit $M = 8$ Stufen aussieht. In Wirklichkeit handelt es sich jedoch nicht um M^9 sondern immer nur um M^2 Stützpunkte, die so angeordnet sind, dass sie möglichst gleichmäßig über den Designraum verteilt sind (Abbildung 11.79). Den STOA-Versuchsplänen wird nachgesagt, dass sie eine besonders gleichmäßige Verteilung der Stützpunkte

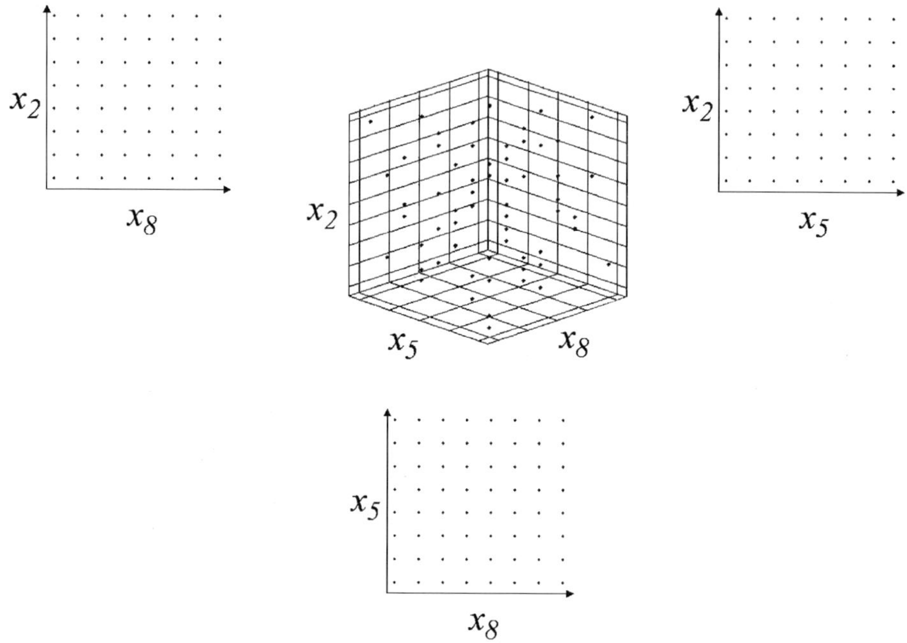

Abb. 11.79 Anordnung der Stützpunkte im 3-dimensionalen Unterraum beim STOA64 Versuchsplan und die Projektionen auf die drei 2-dimensionalen Unterräume

über den Designraum aufweisen. Aus diesem Grunde wurde dieser aus Testzwecken mit relativ wenigen Stützpunkten verwendet. Man kann jedoch bei 9 Designvariablen eher erwarten, dass die Anzahl von 64 Stützpunkten nicht ausreichend, sondern vielmehr eine Zahl von mindesten 150 realistisch ist. Alternativ wurde deswegen mit Random Latin Hypercube ein Versuchsplan aus 150 Punkten aufgebaut, der im Folgenden mit RLH150 bezeichnet wird.

In Abbildung 11.80 sind die Streuungs-Korrelations-Diagramme für STOA64 und RLH150 dargestellt. Dabei wurde für die Ausführung der beiden Versuchspläne sowie für die folgenden Monte-Carlo-Simulationen und die Bestimmung der statistischen Maße für die linearen Regressionsmodelle das Programm Optimus [265] <Noesis> verwendet. Basierend auf den Ergebnissen aus den beiden Versuchsplänen STOA64 und RLH150 wurde dann die beiden Kriging-Modelle Kriging(64) und Kriging(150) berechnet.

Zur Bestimmung der wichtigsten Designvariablen wurden drei verschiedene Verfahren angewendet und miteinander verglichen. Während beim „Sensitivity Tracking“ nur die Sensitivitäten und Ergebnisse aus einem Optimierungslauf mit einem Gradientenverfahren benötigt werden, muss für das lineare Regressionsmodell entweder eine ausreichende Anzahl an Stützpunkten oder, wie auch für die funktionale Varianzanalyse, eine globale Approximation vorliegen. Dazu müsste streng genommen die Approximation über den reduzierten Bereich verwendet werden, welche die geforderte Genauigkeit erfüllt. Da jedoch – wie weiter unten beschrieben – zur Bestimmung der benötigten Reduktion die Kenntnis über die Wichtigkeit der einzelnen Variablen mit einfließt, handelt es sich um einen iterativen Prozess, bei dem für jeden Verkleinerungsgrad die Beiträge der Variablen auf der entsprechend reduzierten Approximation neu bestimmt werden müssten. Es zeigt sich jedoch, dass die Ergebnisse zur Identifikation der wichtigen Designvariablen nicht sehr sensitiv auf den oben besprochenen „Randeffekt“ sind. Es wurden somit die wichtigsten Variablen auf der Basis des gesamten Designraums (0 % Reduktion) bestimmt und dadurch die

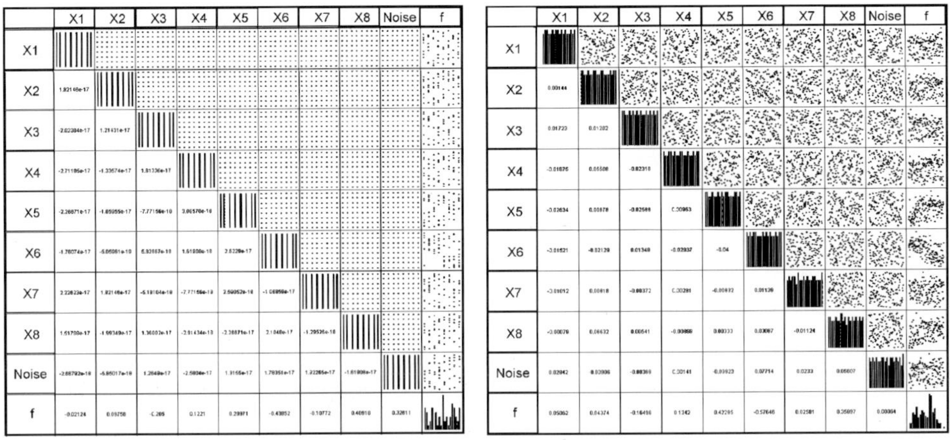

Abb. 11.80 Streuungs-Korrelations-Diagramm für STOA64 (links) und RLH150 (rechts)

Vorgehensweise vereinfacht. Am Schluss wurden die Ergebnisse mit denen auf der reduzierten Approximation verglichen. Dabei wurde bestätigt, dass der Unterschied vernachlässigbar war.

In Abbildung 11.81 sind die Werte der Zielfunktion, der Designvariablen und der Sensitivitäten über die insgesamt 10 Iterationen der mit MSC/Nastran durchgeführten Nominalwert-Optimierung auf dem gesamten nicht reduzierten Designraum dargestellt. Zusätzlich sind dort die Anteile Δf_i als Ergebnis des „Sensitivity Trackings“ zu entnehmen. Die Gesamtsumme dieser Anteile gibt in der vorgenommen Näherung die Gesamtreduktion der Zielfunktion an, welche nur um 3 % unterhalb des wirklichen Werts aus der Optimierung lag und somit eine gute Übereinstimmung ergab. Als Ergebnis zeigt sich, dass die Variablen x_5, x_6 und x_8 einen hohen Beitrag liefern und damit als wichtig eingestuft werden können, während x_4 und x_7 von geringer Bedeutung sind.

Zum Vergleich wurden mithilfe eines linearen Regressionsmodells die Korrelationskoeffizienten ρ_{ij} ermittelt und mithilfe des Bestimmtheitsmaßes R_{ij}^2 der relative Beitrag jeder einzelnen Variable auf die Varianz der Zielfunktion ermittelt. In Abbildung 11.82 sind die Ergebnisse dargestellt, die auf den Versuchsplänen STOA64 und RLH150 basieren. Zusätzlich wurde die Auswertung auch über eine Monte-Carlo-Simulation auf den beiden Kriging-Modellen Kriging(64) und Kriging(150) mit jeweils 5000 Schüssen ausgeführt.

Alle vier Auswertungen liefern x_5, x_6 und x_8 als wichtigste Variablen liefern das gleiche Ergebnis wie das „Sensitivity Tracking“. Jedoch stimmen die beiden Auswertungen von RLH150 und Kriging(150) besser überein als die von STOA64 und Kriging(64). Weiterhin ist die Übereinstimmung von der Monte-Carlo-Simulation auf Kriging(64) mit denen auf RLH150 und Kriging(150) besser als mit der auf STOA64. Geht man davon aus, dass das Ergebnis basierend auf RLH150 wegen der größeren Anzahl von Stützpunkten vertrauenswürdiger ist als das auf STOA64, kann man folgern, dass es besser ist, eine Monte-Carlo-Simulation auf einer Approximation mit einer großen Anzahl von Schüssen durchzuführen anstatt nur mit den Stützpunkten, die zur Bestimmung der Approximation verwendet wurden.

Basierend auf den beiden Kriging-Modellen Kriging(64) und Kriging(150) wurde jeweils eine funktionale Varianzanalyse ANOVA(64) und ANOVA(150) durchgeführt. In Abbildung 11.83 und Abbildung 11.84 sind die resultierenden prozentualen und kumulativen Beiträge der Variablen, sowie der Verlauf der Haupteffekt und einem 2-fach Wechselwirkungsterm dargestellt. Wiederum werden x_5, x_6 und x_8 als die wichtigsten Variablen identifiziert. Weiterhin stimmen beide Analysen in der Rangreihenfolge, x_6, x_8, x_5 überein. Es zeigt sich sowohl bei ANOVA(64) als auch bei ANOVA(150), dass es sich um ein hochgradig nichtlineares System handelt, in dem nur 62 % bzw.

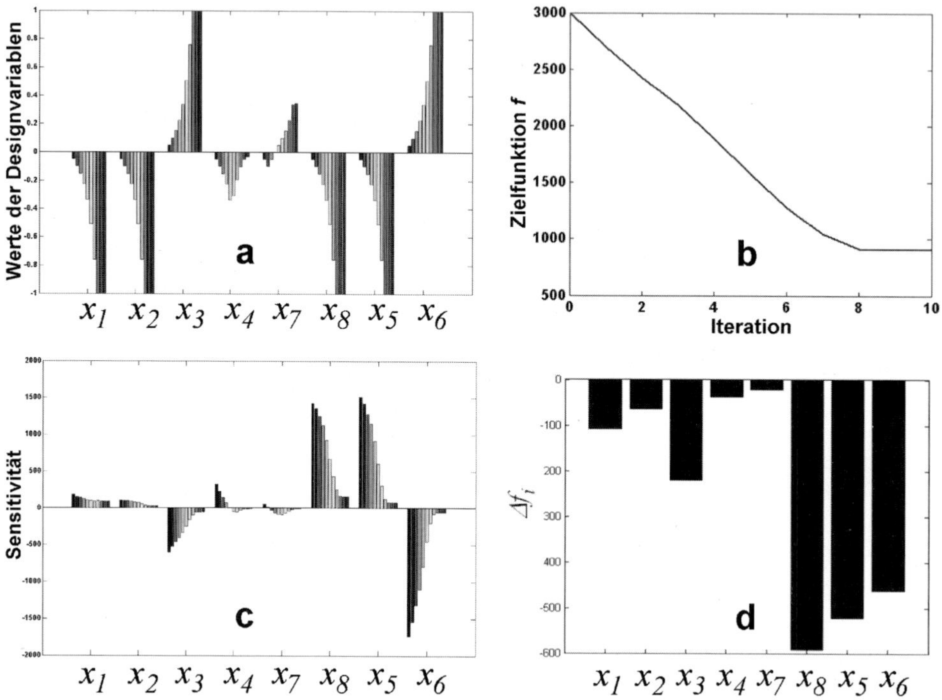

Abb. 11.81 Verlauf der Zielfunktion (b), der Werte der Designvariablen (a) und Sensitivitäten (c) während der Optimierung und die Gesamtbeiträge Δf_i der Variablen zur Zielfunktionsreduktion (d)

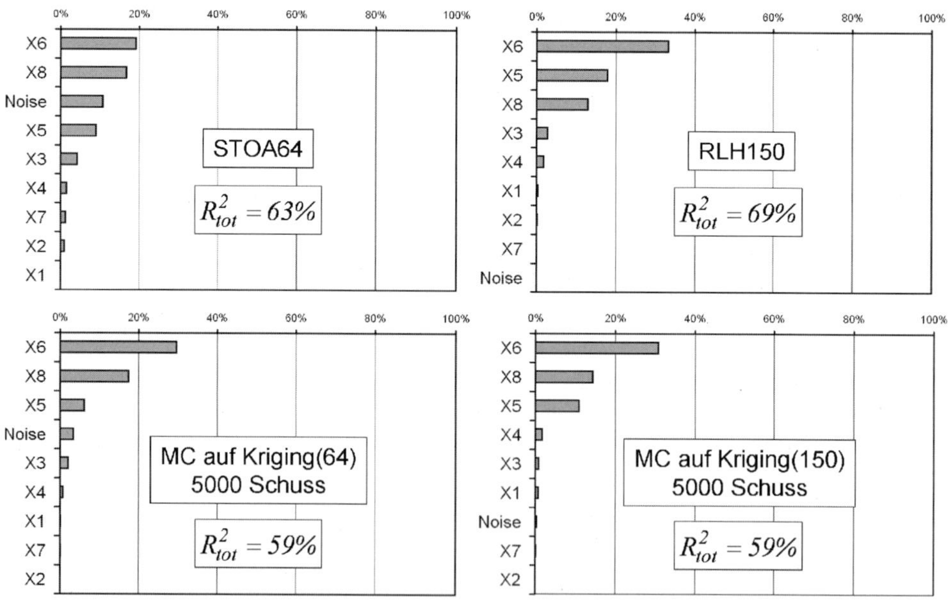

Abb. 11.82 Beiträge der einzelnen Designvariablen ermittelt auf Basis der Stützpunkte aus den Versuchsplänen STOA64 und RLH150 und mithilfe einer Monte-Carlo-Simulation auf den dazugehörigen Kriging-Modellen

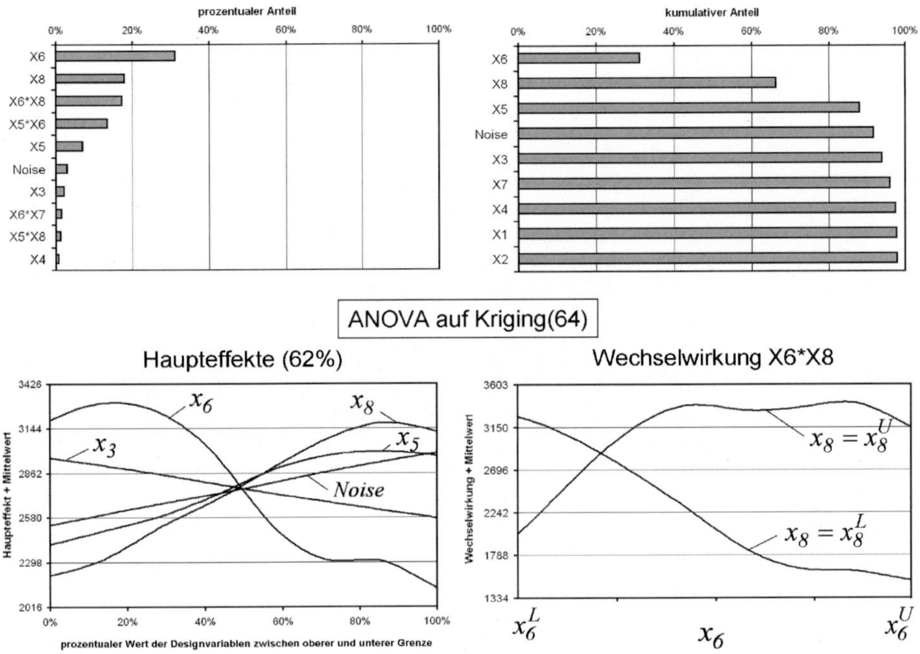

Abb. 11.83 Ergebnisse der funktionalen Varianzanalyse über den gesamten Designraum basierend auf dem Kriging(64)-Modell

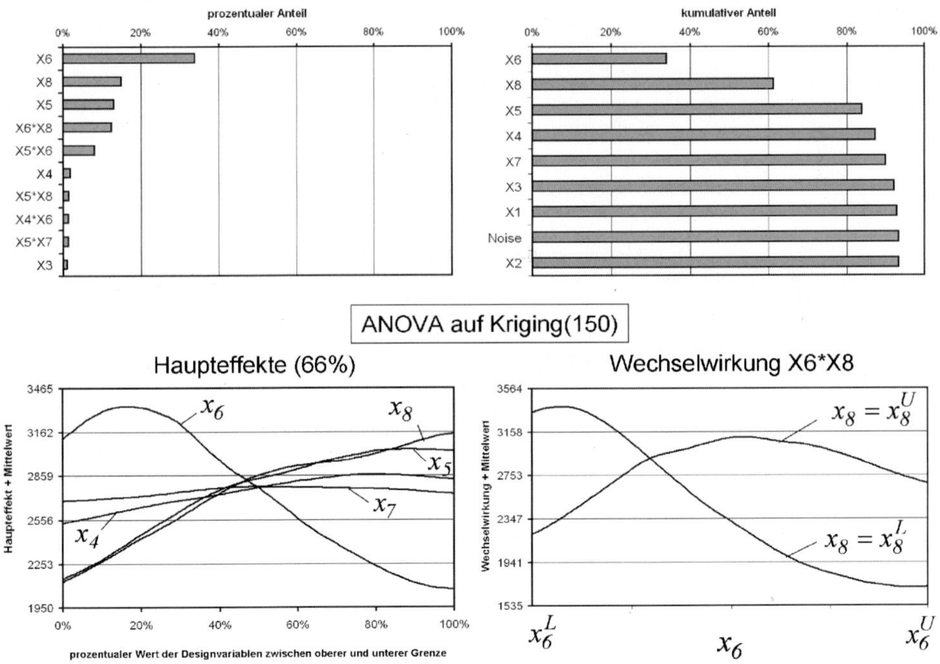

Abb. 11.84 Ergebnisse der funktionalen Varianzanalyse über den gesamten Designraum basierend auf dem Kriging(150)-Modell

66 % durch die Haupteffekte beschrieben, dagegen 35 % bzw. 27 % durch 2-fach Wechselwirkungen und 3 % bzw. 7 % nur durch höhere Wechselwirkungsterme erklärt werden können. Dennoch können die linearen Regressionsmodelle, die ungefähr den gleichen Anteil erklären können wie er den Haupteffekten entspricht, ebenfalls die gleichen drei wichtigen Variablen identifizieren, wenn auch in anderer Reihenfolge.

Eine Rückmeldung über die Qualität eines Kriging-Modells erhält man auf visuelle Weise über die Größe R_{SCV} und über das Streudiagramm aus der Kreuzvalidierung, welches in Abbildung 11.85 sowohl für Kriging(64) als auch für Kriging(150) dargestellt ist. Beide sind qualitativ ungefähr vergleichbar und geben keinen Hinweis auf einen Qualitätsunterschied zwischen beiden Kriging-Modellen. Es wurden deswegen zusätzlich folgende Untersuchungen durchgeführt, um die Qualität der Approximationen zu überprüfen und um den „Randeffekt" zu untersuchen. Der Wert der Variable „Noise" wurde dabei auf null gesetzt. Es wurden folgende Untersuchungen durchgeführt:

1. Die Zielfunktionswerte entlang des Optimierungspfads der Nominalwertoptimierung mit MSC/Nastran Solution 200 wurden mit den Werten verglichen, die von den Approximationen vorhergesagt werden (Abbildung 11.86).
2. Für verschiedene Reduktionen der Variablengrenzen wurde das Optimum $\vec{x}^*_{RS}$ auf der Approximation bestimmt und der dort ermittelte Wert der Zielfunktion mit MSC/Nastran überprüft.
3. Für verschiedene Reduktionen der Variablengrenzen wurde das Optimum $\vec{x}^*_{Nast}$ mit MSC/Nastran Solution 200 bestimmt und der dort ermittelte Wert der Zielfunktion mit dem Wert auf der Approximation verglichen.
4. Es wurden die Abstände $\left|\vec{x}^*_{RS} - \vec{x}^*_{Nast}\right|$ für verschiedene Reduktionen der Variablengrenzen überprüft. Um eine Aussage unabhängig von der jeweiligen Designraumreduktion zu erhalten, wurden die oberen und unteren Grenzen immer auf Eins normiert.

Aus den Untersuchungen ergaben sich folgende Ergebnisse:

1. Der Verlauf der Funktionswerte entlang des Optimierungspfades der Optimierung mit MSC/Nastran und die vorhergesagten Werte aus den beiden Approximationen sind in Abbildung 11.86 dargestellt. Es zeigt sich eine gute Übereinstimmung, jedoch wird die Übereinstimmung der Werte basierend auf Kriging(64) mit den Analysewerten gegen Ende des Optimierungsverlaufs schlechter. Da viele Designvariablen gegen Ende der Optimierung ihre Grenzen erreicht hatten, wirkt sich dort der „Randeffekt" aus, und zwar offenbar bei Kriging(64) stärker als bei Kriging(150). Das ist ein erster Hinweis, dass die Genauigkeit von Kriging(64) nicht ausreichend ist.
2. Der Eindruck der 1. Untersuchung wird bestärkt, wenn man die Ergebnisse an den Stellen $\vec{x}^*_{RS}$ auf dem Kriging-Modell mit denen aus der MSC/Nastran-Analyse vergleicht (Abbildung 11.87). Hier verringert sich zwar infolge der „Randeffekts" die Differenz zwischen Kriging(64) und Analyse-Wert mit zunehmender Reduktion der Designraums, jedoch wird der wirkliche Wert bei einer Reduktion von 25 % immer noch um 17 % unterschätzt. Dagegen ergibt sich für Kriging(150) ab einer Designraumreduktion von 15 % eine exzellent Übereinstimmung mit den Analysewerten.
3. Im Gegensatz zur 2. Untersuchung zeigen beide Kriging-Modelle die gleiche Qualität, wenn die Werte an den Punkten $\vec{x}^*_{Nast}$ verglichen werden (Abbildung 11.88). Beide Modelle zeigen bei 25 % Designraumreduktion eine exzellente Übereinstimmung mit den Analysewerten.
4. Die Untersuchung des Abstands ist für beide Kriging-Modelle nicht zufrieden stellend. Zwar liegen die Optima basierend auf Kriging(150) näher an den Optima auf der Analyse als für Kriging(64), jedoch ist die Differenz bei der größten Designraumreduktion von 25 % immer noch zu hoch (Abbildung 11.89).

Aus den ersten drei Untersuchungen folgt, dass das Kriging(64)-Modell offenbar unzureichend ist, während mit dem Kriging(150)-Modell ab einer Designraumreduktion von 25 % eine gute Übereinstimmung zwischen den Zielfunktionswerten aus der MSC/Nastran-Analyse und der Ap-

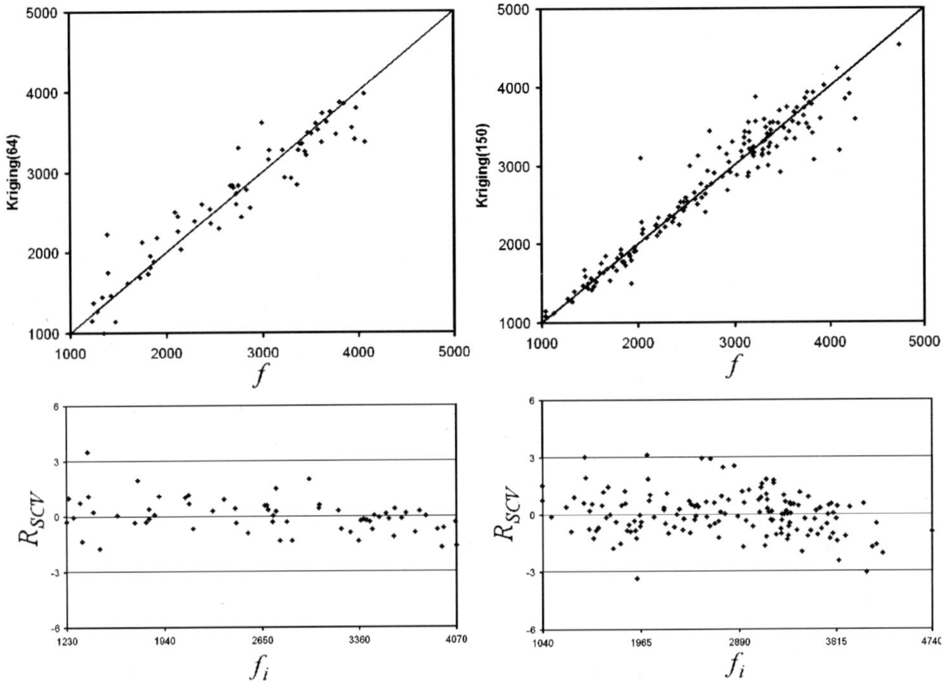

Abb. 11.85 Streudiagramme für Kriging(64) (links) und Kriging(150) (rechts)

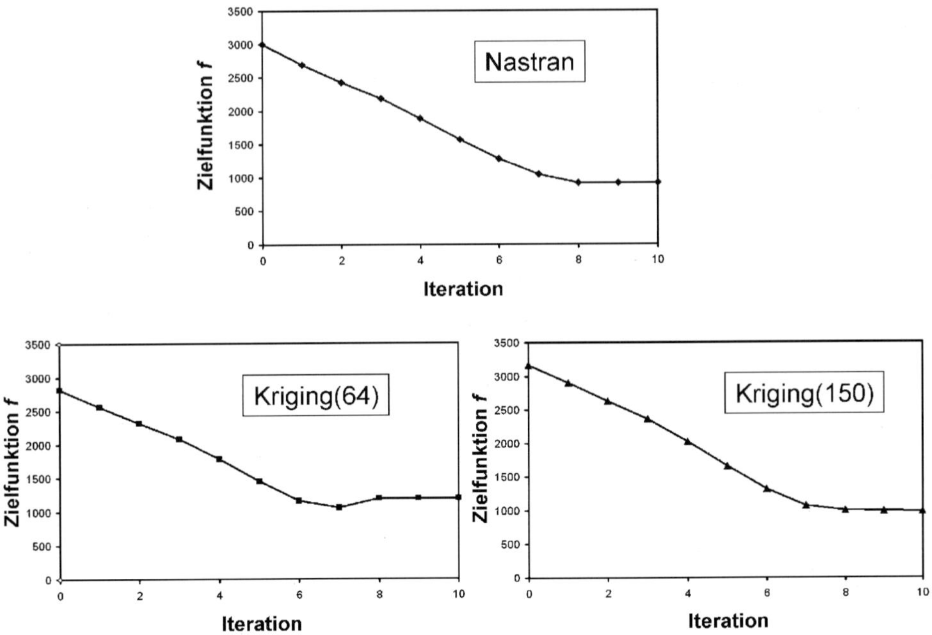

Abb. 11.86 Der Verlauf der Zielfunktionswerte entlang der Optimierungspfads aus der MSC/Nastran-Optimierung im Vergleich zu den Werten aus den beiden Kriging-Modellen

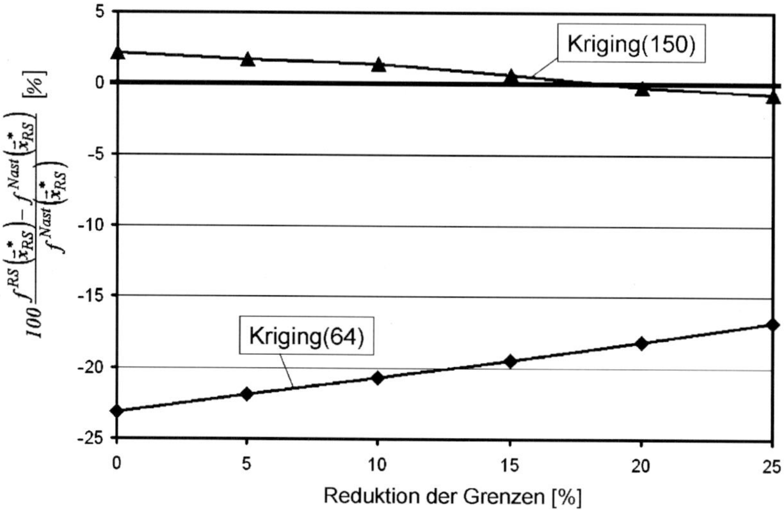

Abb. 11.87 Differenz zwischen den MSC/Nastran-Analysewerten und denen aus beiden Kriging-Modellen am Optimum $\vec{x}^*_{RS}$ auf Kriging(64) bzw. Kriging(150) für verschiedene Reduktionen des Designraums

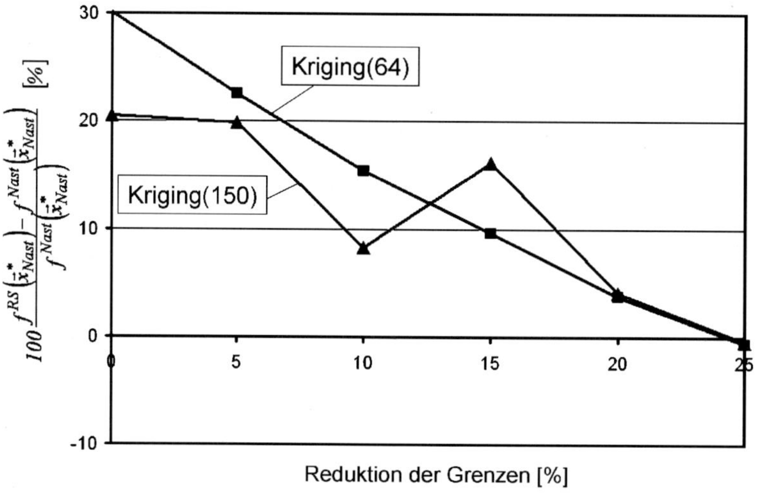

Abb. 11.88 Differenz zwischen den MSC/Nastran-Analysewerten im Optimum $\vec{x}^*_{Nast}$ aus der MSC/Nastran Solution 200 Optimierung und denen aus beiden Kriging-Modellen für verschiedene Reduktionen des Designraums

proximation erzielt wird. Dagegen kann für den Vergleich der Abstände der Optima in der 4. Untersuchung bei keiner Reduktion des Designraums ein zufrieden stellender Wert erzielt werden. Diese offenkundige Diskrepanz zwischen der Differenz in den Funktionswerten und der Lage des Optimums kann erklärt werden, wenn die Sensitivitäten entlang des Optimierungspfads in Abbildung 11.81 mit in die Betrachtung einbezogen werden. Dort zeigt sich, dass die Sensitivitäten für die Variablen x_4 und x_7 nicht nur klein sind, sondern dass auch ihr Vorzeichen über die Iterationen wechselt. Dies lässt darauf schließen, dass der Verlauf der Zielfunktion bezüglich dieser beiden Variablen flach und leicht oszillierend ist. Ein solcher flacher und leicht gewellter

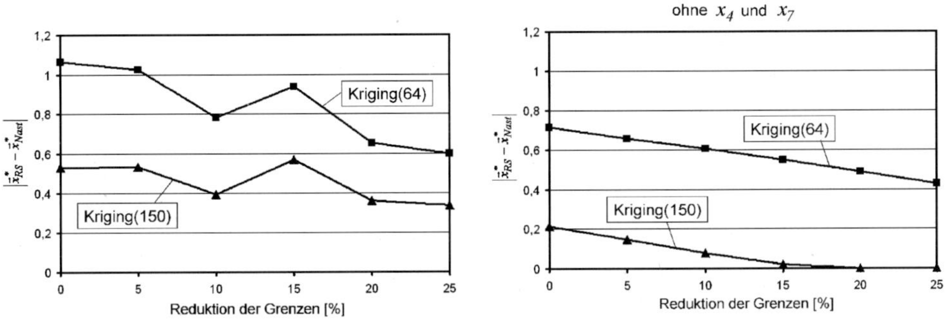

Abb. 11.89 Abstände zwischen den Optima aus der MSC/Nastran Solution 200 Optimierung und den Optima auf einem Kriging-Modell für verschiedene Reduktionen des Designraums bei Berücksichtigung aller Variablen (links) und ohne die Variablen x_4 und x_7 (rechts)

Talgrund führt dazu, dass viele lokale Optima gefunden werden können, in denen die Werte der Zielfunktion sehr eng beieinander, dagegen die Lage der Optima sehr weit auseinander liegen können. Um diese These zu überprüfen, wurde der Abstand ohne die beiden Designvariablen x_4 und x_7 bestimmt (Abbildung 11.89). Bezüglich dieses reduzierten Abstands ist die Lage der Optima aus der MSC/Nastran-Analyse und Kriging(150) ab einer Designraumreduktion von 15 % identisch, sodass sich jetzt ein einheitliches Bild zu den Zielfunktionswerten ergibt. Als zweiter Test wurde eine erneute MSC/Nastran Solution 200 Optimierung gestartet, bei dem jedoch jetzt die Move-Limits reduziert und dadurch ein anderer Optimierungspfad erzwungen wurde (Abbildung 11.90). Hier ergab sich nach 19 Iterationen ein offenbar lokales Optimum, bei dem der Zielfunktionswert um 1 % höher lag als bei der ersten MSC/Nastran Optimierung. Die Lage der Optima unterscheidet sich dabei nur in den Variablenx_4 und x_7.(Abbildung 11.90)

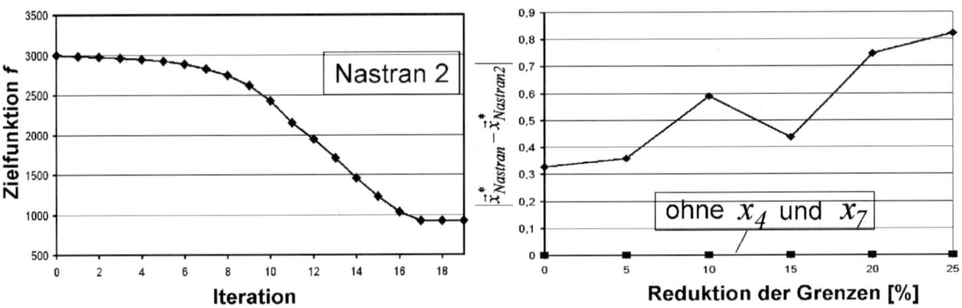

Abb. 11.90 Verlauf der Zielfunktion für die MSC/Nastran-Optimierung mit reduzierten Move-Limits und Abstände der Optima aus beiden MSC/Nastran-Optimierungsläufen mit und ohne die Variablen x_4 und x_7 für verschiedene Reduktionen des Designraums

Zusammenfassend kann man folgern, dass die Designvariablen x_4 und x_7 als die unwichtigsten Variablen einzustufen sind, weil sie nur einen sehr schwachen Einfluss auf die Zielfunktion haben. Infolge dessen ergeben sich viele lokale Optima, die bezüglich der Qualität der Zielfunktion sehr nahe nebeneinander liegen, die sich jedoch in der Lage sehr stark bezüglich der Werte x_4 und x_7 unterscheiden. Weiterhin zeigte sich, dass die oben verwendeten Verfahren alle die gleiche Antwort liefern, wenn es um die Identifikation der wichtigsten Designvariablen geht, dass sie sich jedoch stark bei der Bestimmung der unwichtigsten Variablen unterscheiden. Hier lieferte das „Sensitivity Tracking" als einziges Verfahren die korrekte Antwort.

Auf Basis der oben durchgeführten Untersuchungen wurde das Kriging(150)-Modell bei einer Designraumreduktion von 25 % als vertrauenswürdig eingestuft. Für alle weiteren Untersuchungen wurde deswegen der um 25 % reduzierte Designraum verwendet und als Optimum $\vec{x}^*$ das Optimum aus der Optimierung auf Basis von Kriging(150) verwendet, an dem der mit der MSC/Nastran-Analyse verifizierte Zielfunktionswert besser war als der im Optimum aus der MSC/Nastran-Optimierung, wenn auch nur geringfügig (0,04 %).

Im Gegensatz zu Kriging(150) zeigte das Kriging(64)-Modell auch bei der größten Designraumreduktion große Diskrepanzen zwischen Analyse und Approximationswerten und wurde deshalb als unzureichend eingestuft. Der Grund für die Diskrepanz ist hauptsächlich in der Variablen x_6 zu suchen. Für diese weist der Haupteffekt bei Kriging(64) im Gegensatz zum Kriging(150)-Modell ein lokales Minimum auf, das sich auch in der 2-fach Wechselwirkung noch zeigt. Dies hat zur Folge, dass x_6 im Optimum bei Kriging(64) den Zwischenwert im lokalen Optimum annimmt, anstatt den Wert der oberen Grenze. Wahrscheinlich hat sich das lokale Minimum deswegen ausgebildet, weil zu wenig Punkte vorhanden waren um den Raum gleichmäßig genug abzutasten. Offenbar gibt es einen zu großen Bereich ohne Stützpunkte, in dem die Kriging-Approximation auf den konstanten Wert abfällt und sich darüber ein lokales Minimum ausbildet. Eine Möglichkeit ist nun, die Approximation durch Hinzunahme zusätzlicher Stützpunkte zu verbessern. Für eine Robustheitsanalyse, bei der man hauptsächlich an einem engeren Bereich um den aktuellen Punkt interessiert ist, reicht es dabei aus, nur Stützpunkte aus der näheren Umgebung hinzuzunehmen. In dem hier behandelten Beispiel wurden einfach noch die schon vorhandenen Analysewerte an den 12 Punkten $\vec{x}^*_{\mathrm{RS}}$ und $\vec{x}^*_{\mathrm{Nast}}$ aus den Untersuchungen 2 und 3 mit hinzugenommen und aus den nun insgesamt 78 Stützpunkten die Approximation Kriging(78) bestimmt. Alternativ hätte man auch in der näheren Umgebung die zusätzlichen Stützpunkte über eine Versuchsplanung festlegen

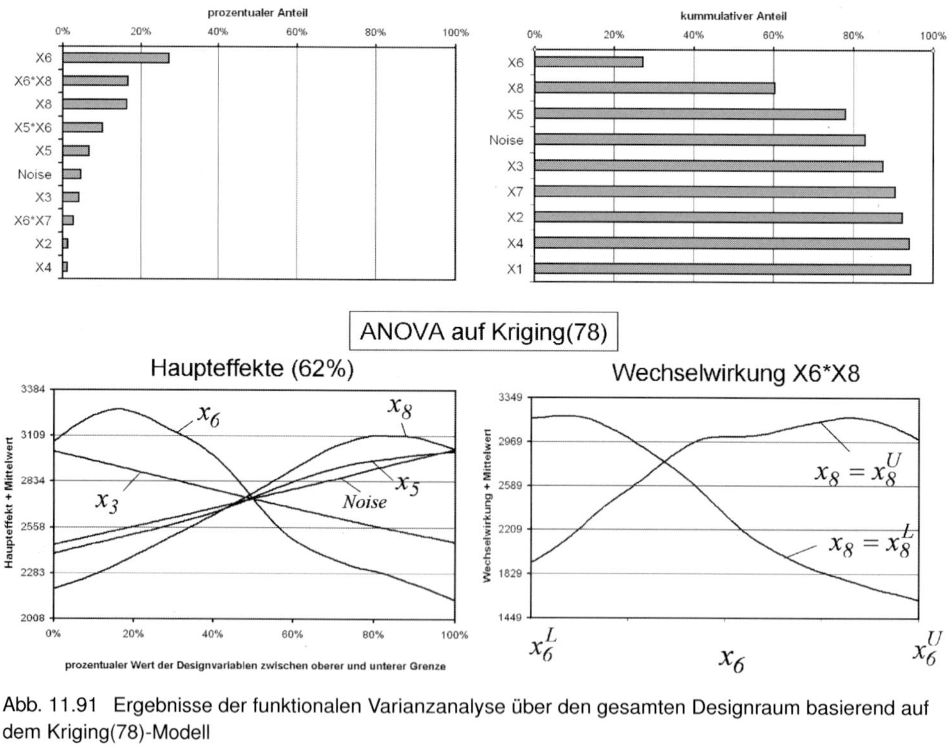

Abb. 11.91 Ergebnisse der funktionalen Varianzanalyse über den gesamten Designraum basierend auf dem Kriging(78)-Modell

können oder die optimalen Punkte, die sich aus einer Optimierung auf dem Kriging-Modell ergeben, solange hinzunehmen können, bis die Diskrepanz zwischen Analyse- und Kriging-Wert hinreichend klein ist.

Abbildung 11.91 zeigt die Ergebnisse der funktionalen Varianzanalyse für Kriging(78), das jetzt eine bessere Übereinstimmung mit den Ergebnissen für Kriging(150) aufweist. Zudem erreichte die Variable x_6 in der Optimierung die obere Grenze. Es wurden deswegen des Vergleichs wegen beide Modelle für die Robustheitsanalyse verwendet. Jedoch wurde anstatt Kriging(150) das Modell Kriging(151) verwendet, dass aus den Stützpunkten aus dem Versuchsplan RLH150 und dem zusätzlichen Punkt im Optimum auf Kriging(150) bestimmt wurde. Dies entspricht der üblichen Vorgehensweise, dass man den optimalen Punkt auf der Approximation überprüft und diesen dann auch verwendet, um die Approximation zu verbessern.

Bevor eine Robustheitsanalyse durchgeführt werden kann, müssen die Verteilungsdichten der Eingabegrößen festgelegt werden. Da die Robustheit der Lösung bezüglich geometrischer Änderungen der Lenkeranbindungen untersucht werden sollte und man davon ausgehen kann, dass der Widerstand gegen eine Änderung umso mehr anwächst, je mehr ein Punkt verschoben werden soll, wurde eine Normalverteilung mit einer Standardabweichung von $\sigma = \pm 1$ mm für alle Designvariablen $x_1 - x_8$ angenommen. Für die Variable „Noise“ wurde ebenfalls eine Normalverteilung verwendet, jedoch mit einer Standardabweichung von $\sigma = \pm 0{,}5\,\%$.

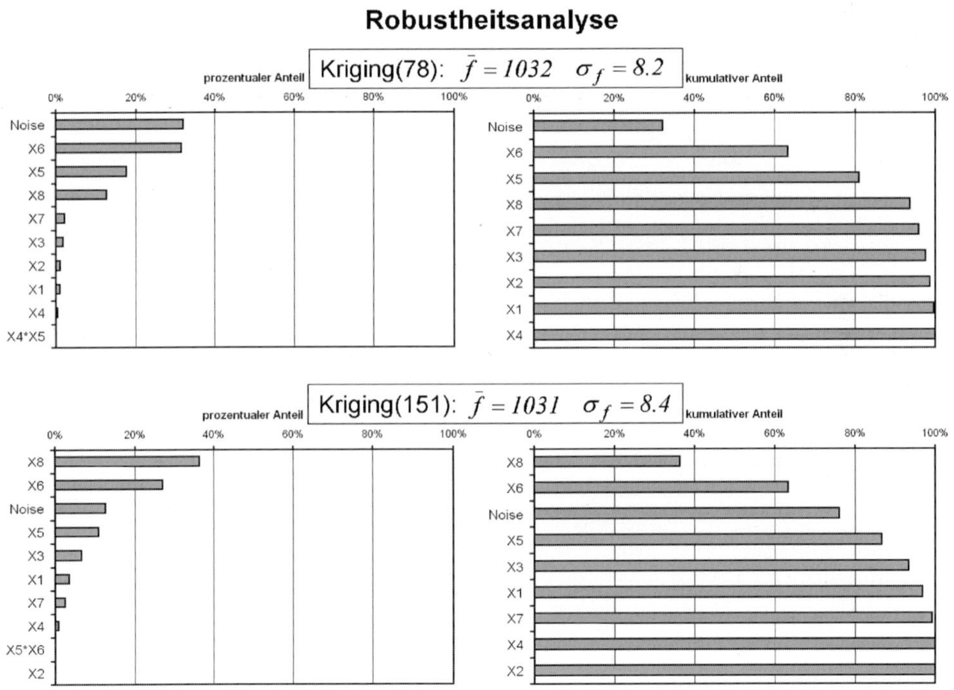

Abb. 11.92 Ergebnis der Robustheitsanalyse mit der funktionalen Varianzanalyse basierend auf den beiden Kriging-Modellen

Die Ergebnisse der Robustheitsanalyse über die funktionale Varianzanalyse basierend auf den beiden Kriging-Modelle ist in Abbildung 11.92 dargestellt. Dort sind sowohl der Mittelwert und die Standardabweichung als auch die Beiträge der einzelnen Variablen zur Streuung der Zielfunktion f dargestellt. Die Zusammensetzung der Streuung lässt nahezu vollständig mit den Haupteffekten beschreiben, deren Verläufe bei der Robustheitsanalyse, wie in Abbildung 11.93 exemplarisch für das Kriging(151) Modell dargestellt, eher unspektakulär sind, weil sie sich über den schmalen Bereich nahezu linear verlaufen. Der Mittelwert und die Standardabweichung stimmen in beiden Kriging-Modelle sehr gut überein, während sie sich in den Anteilen der Variablen unterscheiden. So wird der Rauschanteil von dem Kriging(78)-Modell als größter Beitrag bewertet und ist damit gut doppelt so groß wie beim Kriging(151)-Modell. Wenn es jedoch nur darum geht die 3 wichtigsten Variablen zu identifizieren, geben beide Modelle die gleiche Antwort.

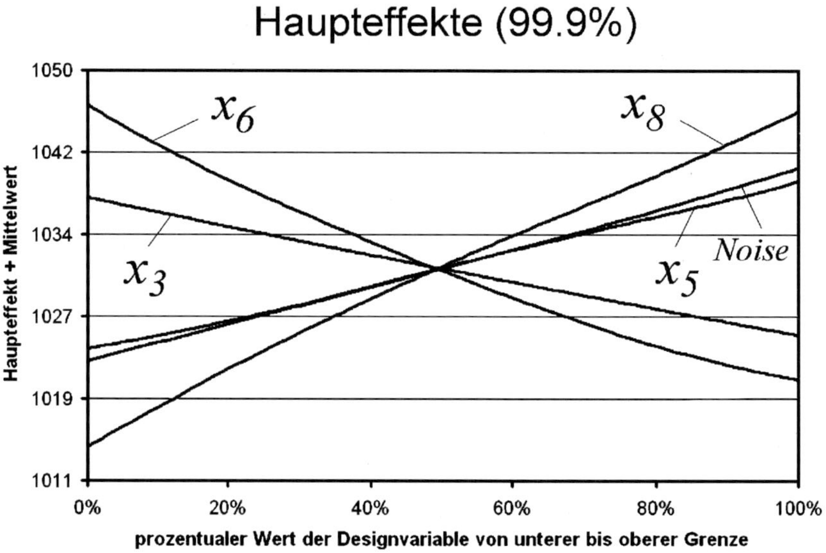

Abb. 11.93 Verlauf der Haupteffekte für das Kriging(151) Modell bei der Robustheitsanalyse

Zum Vergleich wurde eine Monte-Carlo-Analyse mit 50 Schüssen durchgeführt. Als Ergebnis wurde ein Mittelwert von $\bar{f}_{MC} = 1029$ und eine Standardabweichung von $\sigma_f = 9{,}5$ ermittelt. Auch hier ergibt sich eine gute Übereinstimmung mit den Ergebnissen aus der funktionalen Varianzanalyse der beiden Kriging-Modelle. Bei der Bewertung der Beiträge über ein lineares Regressionsmodell (Abbildung 11.94) liegt das Ergebnis näher an dem aus dem Kriging(151)-Modell.

Als Maß für die Robustheit wurde der Variationskoeffizient

$$CoV = \frac{\sigma_y}{\bar{y}} \tag{11.127}$$

ermittelt. In Abbildung 11.94 ist dieser exemplarisch für das Ergebnis aus der Monte-Carlo-Simulation aufgetragen. Da der Variationskoeffizient der Ausgabegröße f klein in Vergleich zu denen der Eingabegröße war, wurde das Ergebnis als robust bewertet und von einer Robustheitsoptimierung abgesehen.

Zusammenfassend konnte die Optimierung des Hinterachsradträgers mit MSC/Nastran Solution 200 erfolgreich durchgeführt und dadurch die Kraftübertragung an den Koppelpunkten vermindert werden. Eine solche Nominalwertoptimierung ist generell auch bei Robustheitsanforderungen zu empfehlen, weil sie schnell und effektiv zu einen Optimum führt, das dann einen guten Ausgangspunkt für die folgende Robustheitsanalyse darstellt. Als Ergebnis des „Sensitivity Trackings“ konnten drei Variablen als die mit dem größten Einfluss auf die Zielfunktion identifiziert werden. Die zum Vergleich durchgeführten Analysen über ein lineares Regressionsmodell und über funktionale Varianzanalyse kommen zu dem gleichen Ergebnis, wenngleich auch nicht immer

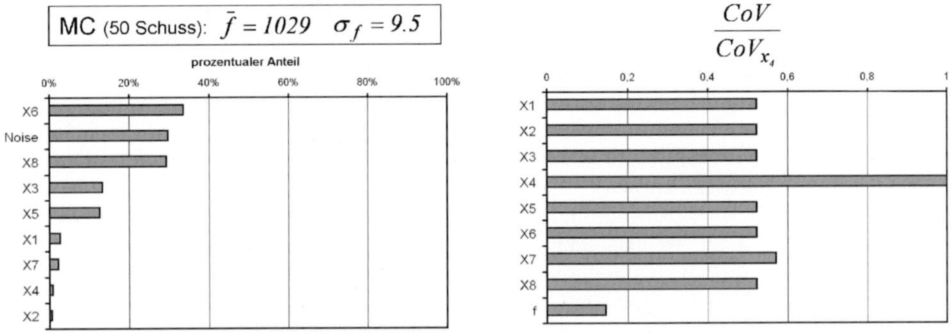

Abb. 11.94 Beiträge der einzelnen Designvariablen ermittelt mithilfe einer Monte-Carlo-Simulation (50 Analysen) und die normierten Variationskoeffizienten. Für „Noise" konnte kein Variationskoeffizient ermittelt werden, weil der Mittelwert null beträgt.

in der gleichen Rangreihenfolge. Somit waren alle Methoden in dem hier vorgestellten Beispiel gleichwertig, wenn nur die wichtigsten Variablen bestimmt werden sollen. Dabei scheint auch eine grobe Kriging-Approximation mit relativ wenigen Datenpunkten ausreichend zu sein, um die wichtigsten Variablen zu bestimmen, weil es bei dieser Fragestellung nicht auf jedes Detail sondern nur auf den mittleren Verlauf der Zielfunktion ankommt. Wenn es jedoch darum geht, die Variablen zu bestimmen, die den geringsten Einfluss auf die Zielfunktion haben, geben die einzelnen Verfahren sehr unterschiedliche Antworten. Hier scheint eine Stärke des „Sensitivity Trackings" zu liegen, mit dem über die Sensitivitäten und die Variablenbeiträge Δf_i zur Zielfunktionsreduktion die beiden Variablen identifiziert werden konnten, in deren Richtung die Zielfunktion nur sehr flach und leicht wellig verläuft. Bei der Qualitätsüberprüfung der Kriging-Modelle zeigte sich, dass bei der Beurteilung des Abstandes der Optima die Wichtigkeit der Variablen mitberücksichtigt werden sollte. Nur so kann ausgeschlossen werden, dass die Optima in lokalen Minima in einem flachen Tal liegen und die Aussage über die Güte der Approximation verfälschen. Weiterhin wurde der „Randeffekt" über die Reduktion des Designraums untersucht. Hier ergab sich, dass eine Reduktion von 25 % notwendig ist, um den Einfluss des „Randeffekts" ausschließen zu können. Bei vorgegebenen Grenzen für die Designvariablen bedeutet dies, dass der Raum, in dem die Stützpunkte generiert werden, um einen Faktor 1,3 vergrößert werden sollte. Das Kriging(64)-Modell, das mit einer geringen Anzahl von Stützpunkten erzeugt worden war, erwies sich als nicht genau genug, konnte aber durch Hinzunahme von weiteren 12 Punkten soweit verbessert werden, dass es mit 78 Stützpunkten in der Umgebung des Optimums vergleichbare Ergebnisse lieferte wie das Kriging(150)-Modell mit 150 Stützpunkten. Damit kann eine mögliche Strategie so aussehen, dass man zuerst mit einen Kriging-Modell anfängt, das auf einer relativ geringen Anzahl von Stützpunkten aufgebaut wird, um damit die Wichtigkeit der Variablen zu bestimmen. Dieses Ergebnis kann man wiederum ebenfalls dazu verwenden, um die Qualität der Approximation zu bewerten. Anschließend werden um den Bereich des Optimums so viele Stützpunkte hinzugenommen, bis die Qualität der Approximation für die Robustheitsanalyse ausreichend ist. Wenn anschließend dann noch eine Robustheitsoptimierung durchgeführt wird, muss dieser Prozess von Qualitätsprüfung und Hinzunahme von zusätzlichen Stützpunkten allerdings dann jeweils im Optimum der Robustheitsoptimierung solange wiederholt werden, bis die Konvergenz erreicht wird.

11.6.3 Robustheitsoptimierung eines Verzweigungsproblems beim Pendelumschlagen eines Hinterachsstabilisators

Abbildung 11.95 zeigt eine Pendelstütze eines Hinterachsstabilisators [158], [159], [160], [255], welche aufgrund von Bauraumrestriktionen sehr kurz war und deshalb bei sehr hoher Torsionsbelastung des Stabilisators umschlagen konnte. Neben Komforteinbußen bedeutet dies, dass die Position des Stabilisators unkontrollierbar wird und somit das Umschlagen unbedingt zu verhindern ist. Prinzipiell kann das Umschlagen durch Erhöhung der Kardaniksteifigkeiten der Buchsen an den Anbindungspunkten des Pendels zur Achse und zum Stabilisator verhindert werden, jedoch erhöht sich dadurch auch das in den Stabilisator eingeleitete Biegemoment, woraus wiederum Festigkeitsprobleme im Stabilisator resultieren können. Da man in dem konkreten Fall noch in einer sehr frühen Entwicklungsphase war, konnte nicht beurteilt werden, ob die Festigkeit des Stabilisators mit den vorgegebenen Mitteln zu erreichen war. Aus diesem Grunde wurde nach einer Lösung gesucht, die durch optimale Anordnung des oberen und unteren Anbindungspunktes des Pendels im vorgegebenen Bauraum die Wahrscheinlichkeit des Auftretens eines Umschlagen der Pendelstütze bei rein gelenkiger Anbindung des Pendels – also ohne jegliche Buchensteifigkeiten – verringert. Weiterhin sollte die Robustheit der ermittelten optimalen Position der Anbindungspunkte überprüft und gegebenenfalls eine Robustheitsoptimierung durchgeführt werden.

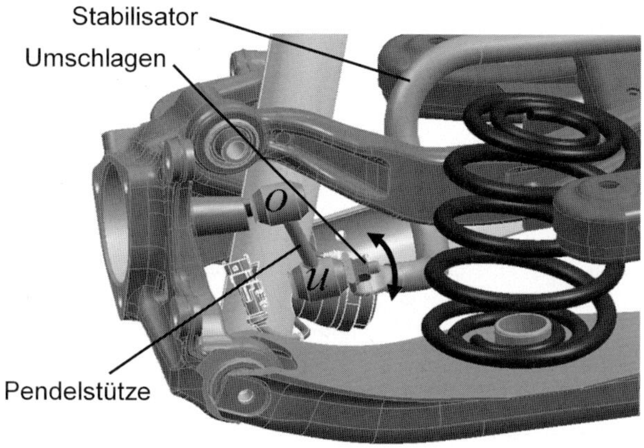

Abb. 11.95 Pendelstütze einer Hinterachse mit unterem (u) und oberem (o) Anbindungspunkt

Abb. 11.96 Rampenüberfahrt

Der kritische Lastfall für ein Umschlagen des Stabilisatorpendels ist die in Abbildung 11.96 gezeigte Rampenüberfahrt. Sie wurde vereinfacht mithilfe des Ersatzlastfalls des wechselseitigen Einfederns in einem MKS-Modell der Hinterachse (MKS-Software ADAMS/Car <MSC>) simuliert (Abbildung 11.97). Dabei wurden im Simulationsmodell die Pendelbuchsen durch Kugelgelenke ersetzt, sodass nur die Geometrie der Anbindungspunkte das Umschlagen beeinflussen konnte. Die maximale wechselseitige Auslenkung der Hinterachse bei der Rampenüberfahrt wurde im Modell

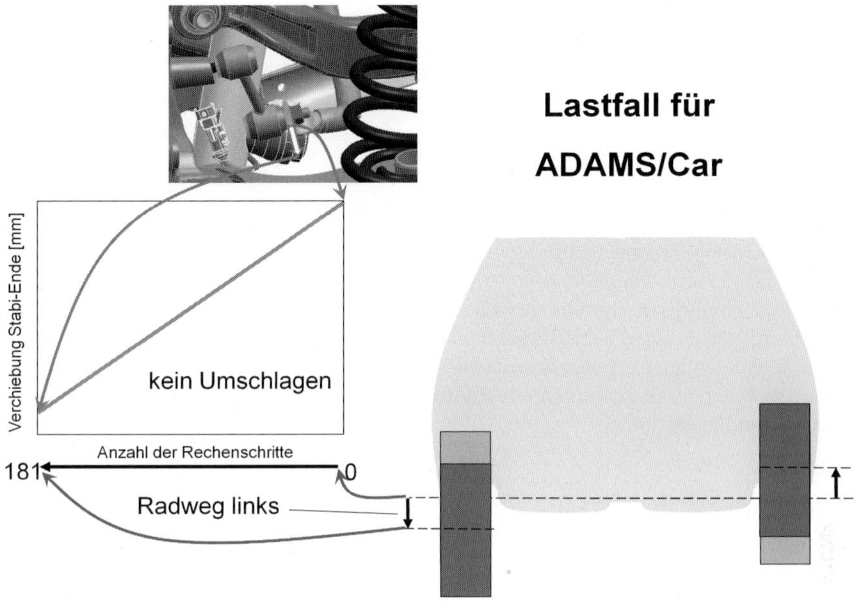

Abb. 11.97 Simulation der Rampenüberfahrt

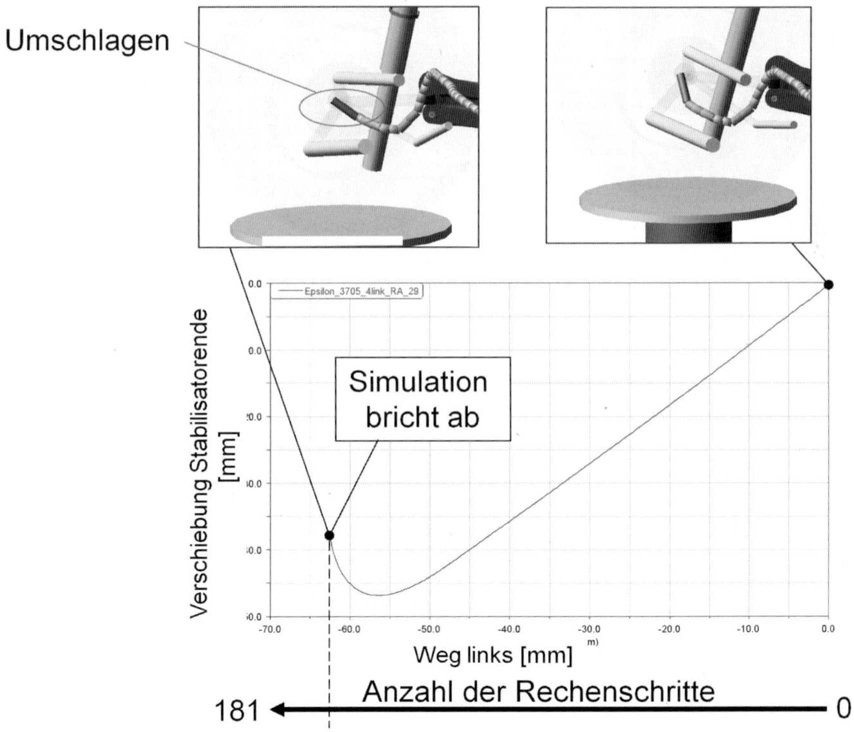

Abb. 11.98 Kurve „Weg-Verschiebung des unteren Anbindungspunkts“ für den Fall, dass Umschlagen auftritt

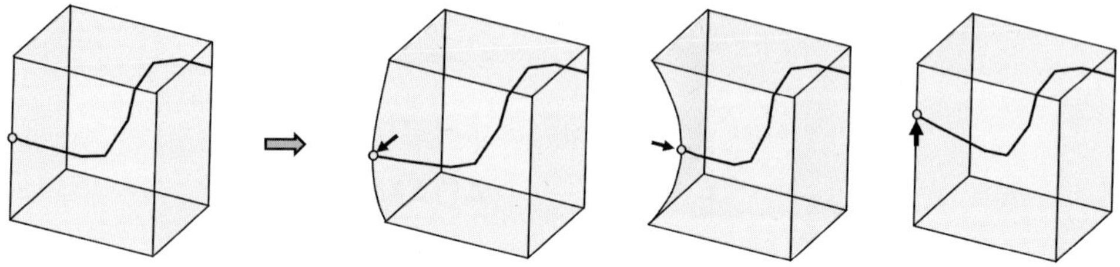

Abb. 11.99 Durch Morphing erzeugte Basisvektoren

nach $M = 181$ Rechenschritten erreicht, jedoch nur dann, wenn kein Umschlagen eintrat. Trat hingegen ein Umschlagen auf, brach die Simulation ab (Abbildung 11.98). Die maximal erreichbare Anzahl M von konvergenten Rechenschritten war somit ein geeignetes Maß für die Güte der Lösung und konnte damit als zu maximierende Zielfunktion verwendet werden. Das Nominalwert-Optimierungsproblem lautete somit:

$$\max M, \tag{11.128}$$

sodass

$$\overrightarrow{x}^L \leqq \overrightarrow{x} \leqq \overrightarrow{x}^U$$

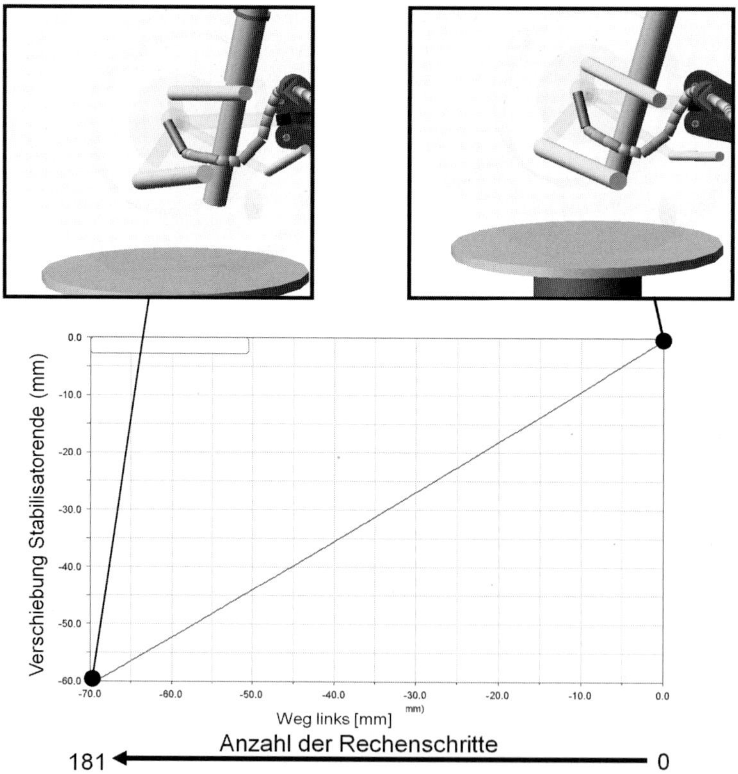

Abb. 11.100 Kurve „Weg-Verschiebung des unteren Anbindungspunkts“ im Optimum der Nominalwertoptimierung

Dabei entsprechen die Designvariablen $x_i, i = 1, 6$, den Koordinaten des unteren und oberen Anbindungspunkts des Pendels (Abbildung 11.95), wobei sich die Grenzen $\overrightarrow{x_L}$ und $\overrightarrow{x_U}$ aus dem zur Verfügung stehenden Bauraum ergaben. Da sich bei einer Verschiebung des unteren Anbindungspunktes die Geometrie des Stabilisators und damit auch dessen Eigenschaften ändert, wurde der Verlauf des Stabilisators mithilfe von drei Formbasisfunktionen an die aktuelle Position des unteren Anbindungspunkts angepasst. Die Basisvektoren wurden dabei mit dem Programm HyperMorph <Altair> erzeugt. Da die Zielfunktion M nur diskrete Werte annehmen konnte, wurde der „Self-Adaptive Evolution Algorithm“ in Optimus <Noesis> zur Lösung des Optimierungsproblems verwendet. Die Nominalwert-Optimierung lieferte als Ergebnis eine optimale Position $\overrightarrow{x}^*$ mit $M^* = 181$, bei der kein Umschlagen auftrat (Abbildung 11.100).

Mithilfe einer Monte-Carlo-Simulation mit 100 Schüssen wurde die Robustheit des Optimums aus der Nominalwert-Optimierung überprüft. Dabei wurde für die Verteilungsdichte der Designvariablen $\overrightarrow{x}$ eine Normalverteilung mit der Standardabweichung von $\sigma = 0{,}5$ angenommen. Das Ergebnis der Robustheitsanalyse in Abbildung 11.101 zeigte, dass sich der optimale Punkt offenbar genau in einem Verzweigungspunkt (Bifurkation) befand. Dabei trat im Bereich I in der Umgebung von $M = 125$ ein Umschlagen des Pendels nach vorne auf, während im Bereich II das Pendel nach hinten umschlug, jedoch erst bei einer größeren Anzahl von Rechenschritten in der Umgebung von $M = 170$. Das gefundene Optimum lag offenbar genau zwischen den beiden Bereichen und war somit ein labiler Punkt.

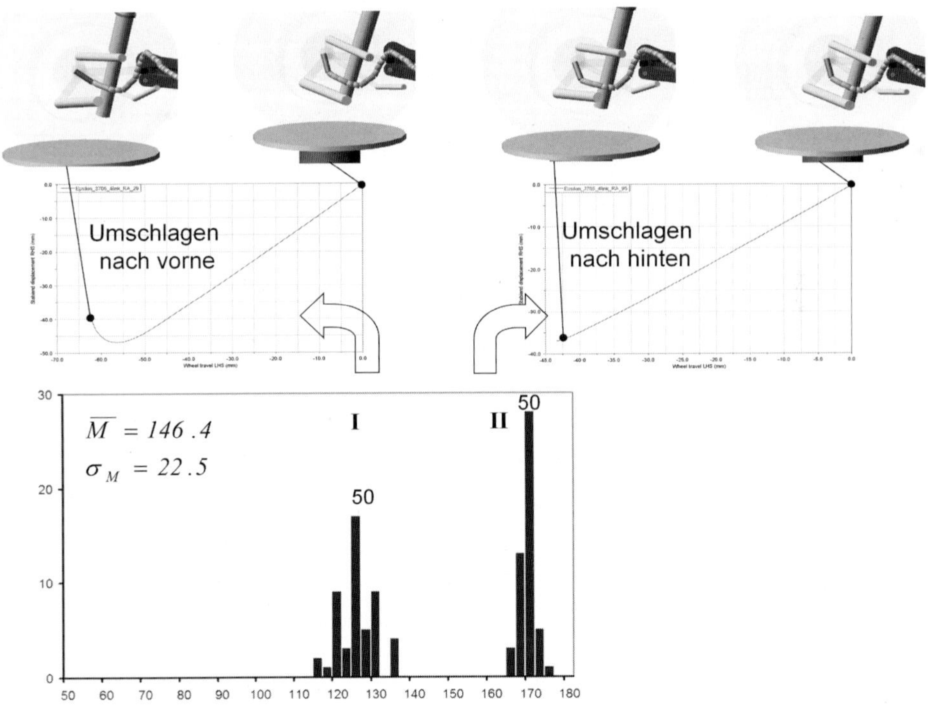

Abb. 11.101 Ergebnis der Monte-Carlo-Simulation im Optimum der Nominalwertoptimierung

Basierend auf den 100 Punkten aus der Monte-Carlo-Simulation wurden mithilfe einer linearen Regressionsanalyse über das Bestimmtheitsmaß R_{ij}^2 die wichtigsten Variablen identifiziert. Zum Vergleich wurden die 100 Punkte auch als Stützpunkte für ein Kriging-Modell verwendet, welches dann als Basis für eine funktionale Varianzanalyse (ANOVA) diente. Die Ergebnisse sind in Abbildung 11.102 als kumulative Verteilung dargestellt und zeigen, dass in beiden Fällen x_3 als wichtigste Variable mit einem Beitrag von knapp 40 % identifiziert wurde. Als Variablen mit dem nach x_3 größten Einfluss ergaben sich x_2 und x_6, wobei jedoch die Reihenfolge in beiden Fällen nicht einheitlich war. Zudem konnte laut der ANOVA ungefähr 85 % der Zielfunktion mit den Variablen x_3, x_2 und x_6 beschrieben werden, laut der linearen Regressionsanalyse jedoch nur 65 %. Dies war wohl darauf zurückzuführen, dass nur bei der ANOVA die 2-fach-Wechselwirkungen zwischen den Variablen in der kumulativen Verteilung enthalten sind. Weiterhin zeigte der Verlauf der Haupteffekte, dass die Bifurkation im Kriging-Model nicht aufgelöst werden konnte, obwohl die Punkte aus der Monte-Carlo-Analyse alle in der näheren Umgebung der Bifurkationskante lagen. Lediglich für die beiden Variablen x_3 und x_6 ließ sich ein Sprung in der Funktion erahnen, der jedoch sehr stark geglättet war.

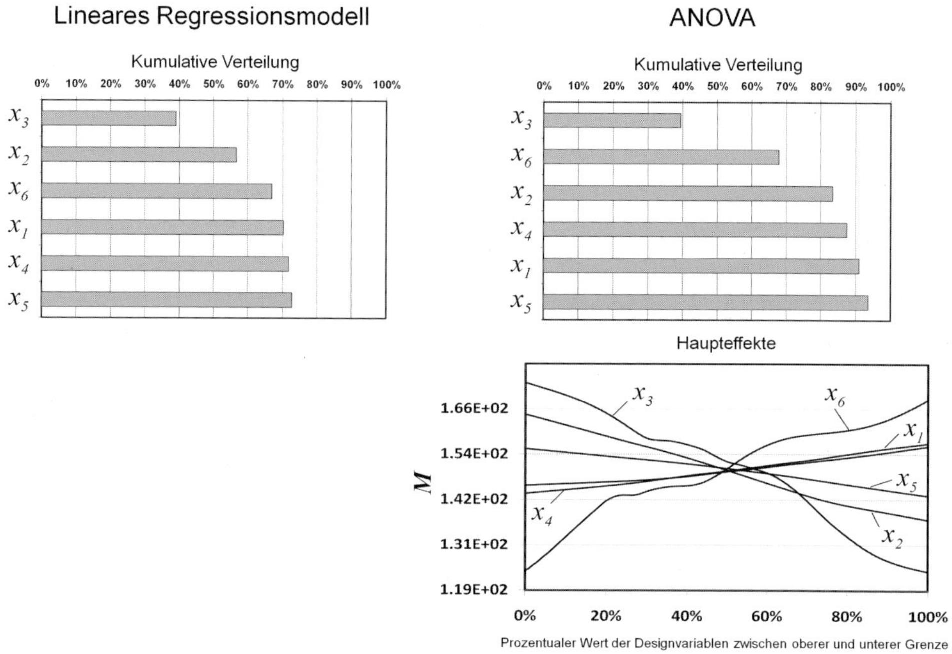

Abb. 11.102 Lokale kumulative Verteilung resultierend aus einer linearen Regressionsanalyse (links) und aus einer funktionalen ANOVA zuzüglich der Haupteffekte (rechts) durchgeführt in der Umgebung des nominalen Optimums

Da die Robustheitsanalyse zeigte, dass es offenbar keinen robusten Punkt gab, bei dem kein Umschlagen auftrat, wurde eine Robustheitsoptimierung durchgeführt mit dem Ziel, eine Position zu finden, bei der möglichst viele Punkte in Bereich *II* liegen und damit das Umschlagen möglichst „spät“, d. h. nach einer größtmöglichen Anzahl von Rechenschritten, auftrat. Dazu wurden zwei Strategien angewendet und verglichen:

1. Die „Pushing-Away“-Strategie
2. Eine Metamodell basierte Robustheitsoptimierung

11.6.3.1 Die „Pushing-Away"-Strategie

Bei der „Pushing-Away"-Strategie wurde versucht, den optimalen, aber nicht robusten Punkt aus der Nominalwert-Optimierung möglichst effektiv in den Bereich *II* zu verschieben (Abbildung 11.103). Als Verschiebungsrichtung wurde dazu

$$\vec{d} = \vec{R}_{II}^{cm} - \vec{R}_{I}^{cm} \tag{11.129}$$

gewählt, wobei $\vec{R}_{I}^{cm}$ ($\vec{R}_{II}^{cm}$) der Schwerpunkt der Punktewolke aus der Monte-Carlo-Simulation war, die im Bereich *I* (Bereich *II*) lag. Mithilfe eines Parameters λ konnte das Maß der Verschiebung beschrieben als

$$\vec{R}(\lambda) = \vec{R}_{I}^{cm} + \lambda\,\vec{d}\,. \tag{11.130}$$

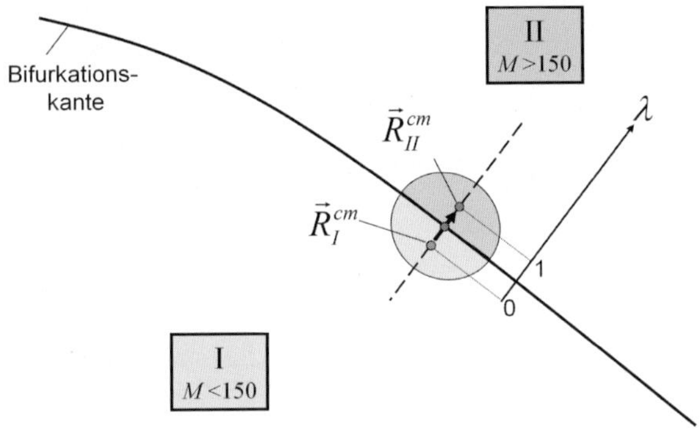

Abb. 11.103 Veranschaulichung der „Pushing-Away" Strategie

Da es sich bei den Verteilungsdichten der Designvariablen um Normalverteilungen handelte, konnte man abschätzen, wie groß der relative Anteil V von Punkten in Bereich *II* als Funktion von λ war [158]. So ergab sich beispielsweise

$$\begin{aligned} V &= 0{,}5 && \text{bei } \vec{R}(0{,}5) = \vec{x}^{*} \\ V &= 0{,}79 && \text{bei } \vec{R}(1{,}0) = \vec{R}_{II}^{cm} \\ V &= 0{,}96 && \text{bei } \vec{R}(1{,}6). \end{aligned}$$

Der Wert von $v = 0{,}96$ bei $\lambda = 1{,}6$ wurde als ausreichend robuste Lösung akzeptiert. Die Kontrollrechnung an diesem Punkt (und zum Vergleich auch für $\lambda = 1{,}0$) über eine Monte-Carlo-Simulation zeigte die exzellente Qualität der Abschätzung (Abbildung 11.104).

Alternativ lässt sich eine sinnvolle Verschiebungsrichtung auch auf einem anderen Wege bestimmen. Offensichtlich ändert sich die Varianz der Zielfunktion am stärksten, wenn man sich in der Normalenrichtung zur Bifurkationskante bewegt, während sich bei einer Bewegung entlang der Kante die Varianz nicht ändert. Das bedeutet aber, dass sich aus der Rangreihenfolge, die sich aus der linearen Regressionsanalyse oder der ANOVA ergeben, eine Verschiebungsrichtung bestimmen lässt und zwar für die lineare Regressionsanalyse als

$$r_i = \text{sig}\left(S_{ij}\right) R_{ij}^2, \tag{11.131}$$

wobei S_{ij} der Schätzwert der Kovarianzmatrix zwischen Variable x_i und der Zielfunktion und R_{ij}^2 das entsprechende Bestimmtheitsmaß ist. Dagegen ergibt sich für die ANOVA

$$a_i = \text{sig}\,(\bar{s}_i)\,\sigma_i^2, \tag{11.132}$$

wobei $\bar{s}_i$ die mittlere Steigung des Haupteffekts und σ_i^2 der Varianzbeitrag von Variable x_i ist. Dabei kann σ_i^2 auch als Differenz aus der kumulativen Verteilung bestimmt und somit sichergestellt werden, dass auch die 2-fach-Wechselwirkungen zu allen ranghöheren Variablen enthalten sind.

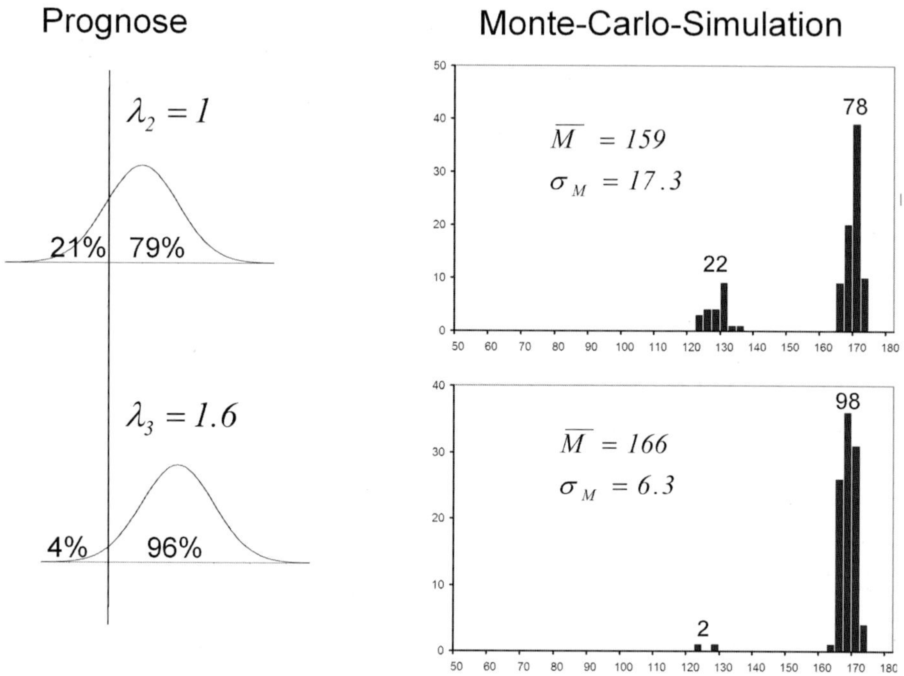

Abb. 11.104 Ergebnisse der Monte-Carlo-Simulation mit 100 Schüssen in den Punkten, die sich für $\lambda = 1$ und $\lambda = 1{,}6$ ergaben

Letztere Vorgehensweise wird in dieser Arbeit verwendet. Normiert man alle Verschiebungsrichtungen auf 1 erhält man

$$\begin{aligned}
\vec{d_0}^{\mathrm{T}} &= (\,0{,}035 \quad -0{,}542 \quad -0{,}725 \quad 0{,}083 \quad -0{,}055 \quad 0{,}411\,) \\
\vec{r_0}^{\mathrm{T}} &= (\,0{,}076 \quad -0{,}402 \quad -0{,}882 \quad 0{,}034 \quad -0{,}022 \quad 0{,}231\,) \\
\vec{a_0}^{\mathrm{T}} &= (\,0{,}067 \quad -0{,}305 \quad -0{,}767 \quad 0{,}078 \quad -0{,}052 \quad 0{,}552\,),
\end{aligned}$$

die offenbar alle geeignete Verschiebungsrichtungen darstellen, da die Skalarprodukte $\vec{a_0}^{\mathrm{T}}\vec{d_0}$ und $\vec{r_0}^{\mathrm{T}}\vec{d_0}$ in beiden Fällen ungefähr 0.96 ergeben. Danach unterscheiden sich die verschiedenen Richtungen lediglich um einem Winkel von 16^0.

Alle drei Verschiebungsrichtungen geben die Richtung an, in der sich die Varianz am schnellsten ändert. Sie können somit auch als Näherung für den Gradienten der Zielfunktion interpretiert werden. Es stehen somit drei preisgünstige Methoden zur Gradientenbestimmung zur Verfügung. Die gezeigte Vorgehensweise sollte auch anwendbar sein, wenn keine Bifurkationskante vorliegt. In diesem Fall würde die Bifurkationskante durch die Isofläche des aktuellen Funktionswerts ersetzt, und Bereich *I* würde die Punkte mit kleinerem und Bereich *II* die mit größerem Funktionswert enthalten. Ebenso sollte dies für Restriktionen anwendbar sein, indem der unzulässige Bereich mit Bereich *I* und der zulässige Bereich mit Bereich *II* identifiziert wird. Somit ist es möglich, nach jeder Monte-Carlo-Simulation auf einfache Weise approximierte Gradienten von Zielfunktion und Restriktionen zu bestimmen und ein Gradientenverfahren zur Optimierung einzusetzen, wie beispielsweise die Methode der zulässigen Richtungen. In den einzelnen Iterationen kann dann jeweils eine lineare Approximation für Zielfunktion und Restriktionen auf Basis der genäherten Gradienten verwendet werden.

11.6.3.2 Metamodell basierte Robustheitsoptimierung

Zum Vergleich zur oben beschriebenen „Pushing-Away"-Strategie wurde eine Metamodell basierte Robustheitsoptimierung auf Basis eines Kriging-Modells für die Zielfunktion M durchgeführt. Folgende Versuchspläne wurden verwendet:

- Ein 3-stufiger vollständig faktorieller Versuchsplan über den gesamten Designraum mit 729 Stützstellen.
- Ein Random Latin Hypercube Versuchsplan über den gesamten Designraum mit 200 Stützstellen, um bessere „Space Filling" Eigenschaften zu erhalten.
- Ein 3-stufiger vollständig faktorieller Versuchsplan ohne Zentrumspunkt mit 728 Stützstellen über den vergrößerten Designraum, um den Randeffekt zu eliminieren.

Es ergab sich somit eine Gesamtzahl von 1657 Stützstellen, die aber aufgrund der sehr geringen Analysezeiten problemlos generiert werden konnten. Da jedoch schon beim Kriging-Modell in der Umgebung des Optimums aus der Nominalwert-Optimierung die Bifurkationskante nicht aufgelöst werden konnte, war klar, dass diese in der globalen Approximation über den gesamten Designraum trotz der großen Anzahl von Stützstellen ebenfalls nicht dargestellt werden konnte, sondern vielmehr ausgerundet war (Abbildung 11.105). Deswegen konnten im Kriging-Modell die beiden Peaks an der Bifurkationskante nicht aufgelöst werden. Jedoch entfernt man sich von der Bifurkationskante, wenn der einzelne Peak aus dem Kriging-Modell zu höheren Werten hin verschoben wird. Dies funktioniert, solange das globale Verhalten der Zielfunktion richtig wiedergegeben wird (siehe auch die Diskussion in Abschnitt 11.5.4). Man kann somit auch bei einem Verzweigungsproblem die Standardformulierung für ein Robustheitsproblem verwenden:

$$\max\left(\bar{M} - \sigma_M\right), \tag{11.133}$$

sodass

$$\vec{x}^L \leqq \vec{x} \leqq \vec{x}^U$$

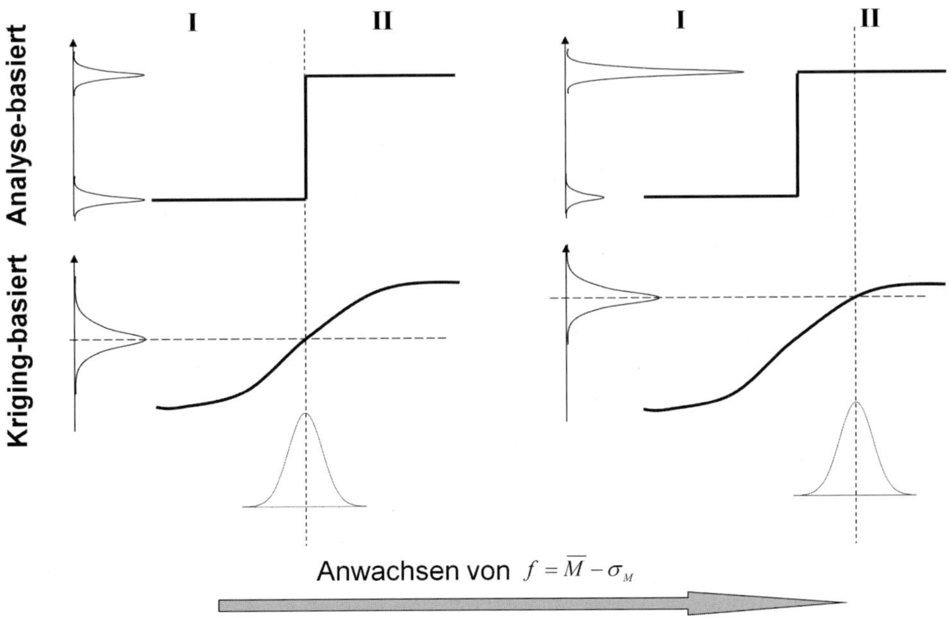

Abb. 11.105 Effekt des Kriging-Modells auf das Ergebnis der Monte-Carlo-Simulation

Dabei ist $\bar{M}$ der Mittelwert und σ_M die Standardabweichung von M. Beide statistischen Maße wurden mithilfe einer Monte-Carlo-Simulation basierend auf dem Kriging-Modell bestimmt. Dabei wurde in jedem Punkt immer der gleiche Versuchsplan verwendet, um numerisches Rauschen auszuschließen. Da die statistischen Maße auf Basis eines Kriging-Modells berechnet wurden, waren die Werte nicht länger diskret, sodass zur Lösung des Optimierungsproblems das SQP-Verfahren von Optimus <Noesis> gewählt werden konnte. Das in Abbildung 11.106 dargestellte Ergebnis ist qualitativ mit dem Ergebnis aus der „Pushing-Away"-Strategie vergleichbar. Der Metamodell basierte Ansatz hat jedoch den Vorteil, dass nun eine funktionale Varianzanalyse auf dem gesamten Designraum durchgeführt werden konnte. Damit konnten die global wichtigsten Variablen sowie über die Haupteffekte und Wechselwirkungsterme deren gemittelter Einfluss auf die Zielfunktion im gesamten Designraum identifiziert werden. Dabei mussten für die ANOVA die physikalischen Grenzen aus Gleichung (1) bzw. (6) verwendet werden und nicht die, welche sich aus dem Versuchsplan mit vergrößertem Designraum ergeben. Letzterer diente lediglich dazu, das Kriging-Modell am Rand des physikalischen Designraums zu verbessern.

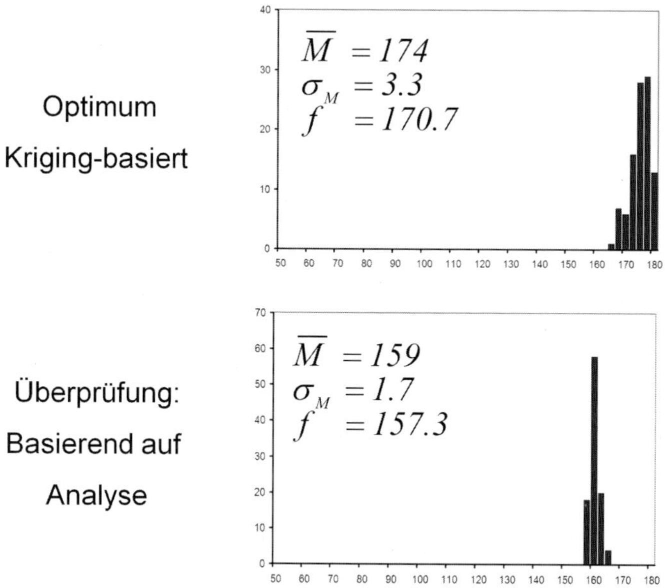

Abb. 11.106 Ergebnisse der Monte-Carlo-Simulation im Optimum der Kriging basierten Robustheitsoptimierung (oben) und die auf der Analyse basierte Kontrollrechnung (unten)

In Abbildung 11.107 ist das Ergebnis der ANOVA und zum Vergleich das Ergebnis basierend auf dem linearen Regressionsmodell über 929 Punkte[1] dargestellt. In beiden Fällen wurde wieder x_3 als wichtigste Variable mit einem Beitrag von etwa 77 % identifiziert. Bei den folgenden Variablen ergaben sich zwar Unterschiede, jedoch war deren Beitrag so gering, sodass sich insgesamt gesehen eine sehr gute Übereinstimmung ergab. Der Grund für die gute Übereinstimmung ist höchstwahrscheinlich dadurch zu erklären, dass sich die Haupteffekte, welche den gemittelten Verlauf der Zielfunktion wiedergeben, sehr gut linear approximieren lassen.

Zusammenfassend kann man sagen, dass die „Pushing-Away"-Strategie und die Metamodell basierte Robustheitsoptimierung qualitativ vergleichbare Ergebnisse liefern. Die „Pushing-Away"-

[1] Hier mussten die Punkte aus dem Versuchsplan mit dem vergrößerten Designraum weggelassen werden, da sie außerhalb des physikalischen Designraums lagen.

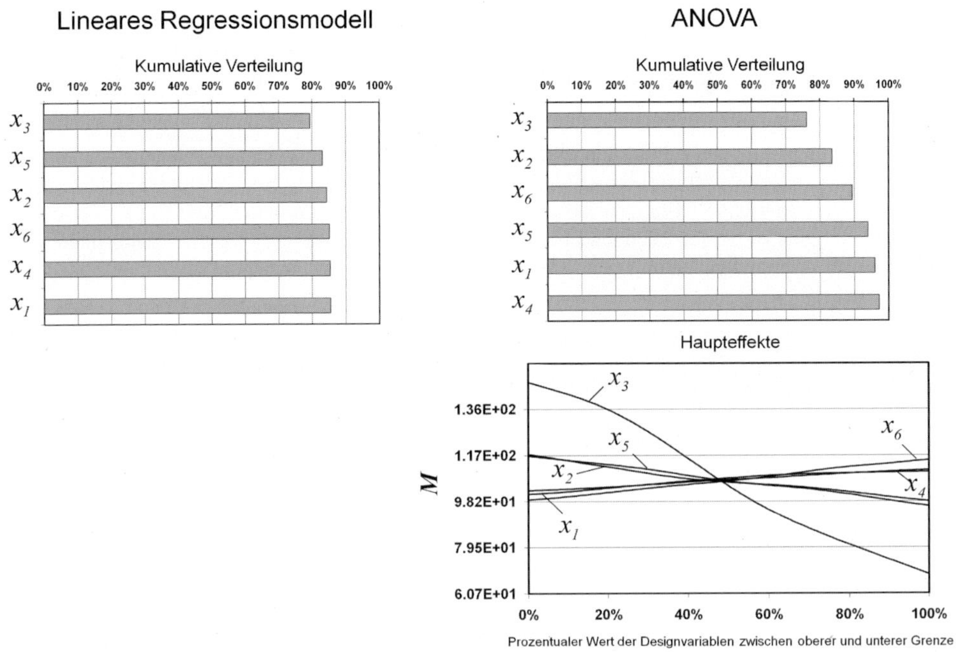

Abb. 11.107 Globale kumulative Beiträge resultierend aus einer linearen Regressionsanalyse (links) und aus einer funktionalen ANOVA zuzüglich der Haupteffekte (rechts), beide durchgeführt im gesamten Designraum

Strategie ist dabei die preisgünstigere Variante, weil sie nur die Analysen für zwei Monte-Carlo-Simulationen benötigt. Das Kriging basierte Verfahren ist die teurere Variante, weil zusätzlich zur Monte-Carlo-Simulation noch die Analysen an den Stützpunkten aus dem Versuchsplan durchgeführt werden müssen. Dafür lassen sich jedoch mithilfe einer funktionale Varianzanalyse oder einer linearen Regressionsanalyse die wichtigsten Variablen über den gesamten Designraum identifizieren, wodurch sich ein tieferes Verständnis für das globale System gewinnen lässt. Bei der „Pushing-Away"-Strategie ist dies nur im lokalen Umfeld um den aktuellen Punkt möglich, weil hier nur die Punkte aus der Monte-Carlo-Simulation zu Verfügung stehen. In beiden Fällen zeigt sich, dass die Ergebnisse aus der ANOVA und der linearen Regressionsanalyse gut übereinstimmen. Dies ist höchstwahrscheinlich darauf zurückzuführen, dass sich die Haupteffekte gut linear approximieren lassen, obwohl es sich um ein hochgradig nicht-lineares System mit hohen Wechselwirkungsanteilen handelt. Offenbar liegen die Stützpunkte aber so weit auseinander, dass nur das globale Verhalten beschrieben wird und scharfe Sprünge, wie eine Bifurkationskante, einfach weggeglättet werden.

11.6.4 Multidisziplinäre Wandstärkenoptimierung einer Karosserie

Bei einer multidisziplinären Optimierung einer Gesamtkarosserie handelt es sich in den meisten Fällen um eine Wandstärkenoptimierung. Prinzipiell ist es auch möglich, einfache Formänderungen wie Querschnittsänderungen zu berücksichtigen: Diese erhöhen aber nicht nur die meist ohnehin schon große Anzahl von Designvariablen, sondern erzeugen teilweise einen unruhigeren Optimierungsverlauf und erhöhen damit den zeitlichen Aufwand der Optimierung. Aus diesem Grunde bestimmen in der Praxis schon die Ressourcen und der zur Verfügung stehende zeitliche Rahmen, ob solche Formänderungen in der Optimierung berücksichtigt werden können oder nicht. Eine besondere Herausforderung ist es, wenn zusätzlich noch Materialgüten modifiziert werden und darüber auch die Kosten in die Optimierung einfließen können. Die nächsthöhere Stufe ist dann, noch die Anzahl von Schweißpunkten und Klebe- und Schweißnahtlängen in der Optimierung zu variieren.

Während die oben aufgezeigten Möglichkeiten zum Teil noch im Erprobungsstadium sind, wird die multidisziplinäre Wandstärkenoptimierung heutzutage standardmäßig im Entwicklungsprozess bei Opel eingesetzt. In vielen Fällen wird als zu minimierende Zielfunktion das Gewicht W verwendet, während alle anderen Anforderungen über Restriktionen berücksichtigt werden. Somit lautet ein typisches Optimierungsproblem

$$\min W(\vec{x}), \tag{11.134}$$

sodass

$$\begin{aligned} g_j^{\text{lin}}(\vec{x}) &\leqq 0; & j &= 1, m^{\text{lin}} \\ g_j^{\text{nonl}}(\vec{x}) &\leqq 0; & j &= 1, m^{\text{nonl}} \\ x_i^L \leqq x_i &\leqq x_i^U; & i &= 1, n \end{aligned}$$

Dabei sind $g_j^{\text{lin}}(\vec{x})$ die j-te lineare und $g_j^{\text{nonl}}(\vec{x})$ die j-te nichtlineare Restriktion. Die Anzahl der zu berücksichtigenden Restriktionen bewegt sich typischerweise um $m^{\text{lin}} \approx m^{\text{nonl}} \approx 50$ und die der Designvariablen um $n \approx 150$.

Das Ergebnis einer Multidisziplinären Wandstärkenoptimierung sieht in der Regel unspektakulär aus, wie es in dem Beispiel in Abbildung 11.108 gezeigt ist. Dort ist die Wandstärkenänderung bei einer Karosserie nach einer multidisziplinären Optimierung dargestellt, bei der 127 Designvariablen variiert wurden und die Optimierung eine Gewichtseinsparung von 5 % erbrachte. Zur Lösung des Optimierungsproblems wurde das bei Opel hausinterne Programm ASPEN eingesetzt.

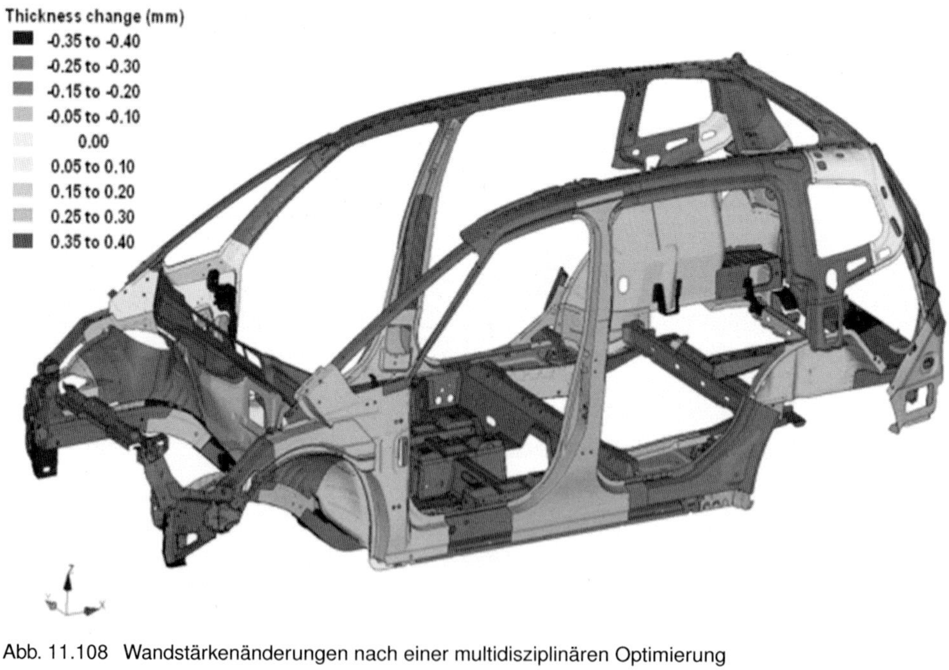

Abb. 11.108 Wandstärkenänderungen nach einer multidisziplinären Optimierung

11.6.5 Multidisziplinäre Form- und Wandstärkenoptimierung einer Sitzquerträger-Struktur

In Abbildung 11.109 ist eine Sitzquerträger-Struktur gezeigt, in der die beiden Sitzquerträger ♯2 und ♯3 optimiert werden sollten, mit dem Ziel, Gewicht einzusparen. Als dominanter Lastfall wurde der seitliche Pfahlaufprall verwendet, der sich von einer Testprozedur des Euro NCAP (European New Car Assessment Program) her ableitet. Dabei wird das Fahrzeug mit 29 km/h auf einen fixierten Pfahl gezogen, der auf Höhe des Dummy-Kopfschwerpunkts platziert ist. Dieser Lastfall wurde mit LS-DYNA simuliert. Die Anforderung war, dass die Eindringung I einen Maximalwert I^U nicht überschreiten durfte (siehe Abbildung 11.110). Weiterhin gab es die Anforderung, dass die Sitze bei einem Unfall nicht herausreißen dürfen und Anforderungen an das Frequenzverhalten. Aus Erfahrung war bekannt, dass die Anforderungen erfüllt werden, wenn die Steifigkeit S eine Grenze S^L nicht unterschreitet. Sie konnten deswegen indirekt durch Steifigkeitsanforderungen für einen linearen statischen Lastfall mit Belastung auf die Sitzanbindungen berücksichtigt werden. Die linear statische Analyse wurde mit OptiStruct durchgeführt. Somit lagen zwei Modelle mit den entsprechenden Eingabe-Dateien vor, ein LS-DYNA- und ein OptiStruct-Modell. Die Analyse-Zeiten der beiden Simulation unterschieden sich drastisch. So lag die Rechenzeit bei dem LS-DYNA Lauf um eine Faktor 80 höher als beim OptiStruct-Lauf. Aus diesem Grund wurde für das LS-DYNA Model ein so genanntes Komponenten-Modell (Abbildung 11.111) erstellt, das nur einen Teil der gesamten Struktur enthält, aber so aufgebaut ist, dass es das gleiche physikalische Verhalten wie die Gesamtstruktur aufweist. Dabei sind die Zahlenwerte der Systemantworten in der Regel nicht exakt gleich, sodass das Optimierungsergebnis am Ende immer im Vollmodell überprüft werden muss. Obwohl der zeitliche Aufwand zur Erstellung eines Komponenten-Modells sehr hoch ist, rechnet sich dies durch die Einsparung in den Simulationszeiten während der Optimierung. In diesem konkreten Fall konnte die Rechenzeit um 83 % reduziert werden, sodass diese nur noch um eine Faktor 14 höher war als für das OptiStruct-Gesamtmodell.

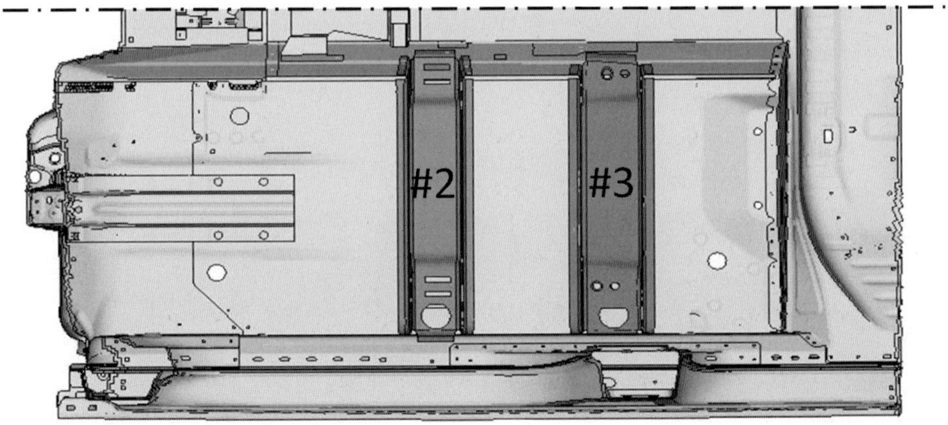

Abb. 11.109 Zwei Sitzquerträger in einer PKW Bodenstruktur

Neben den Wandstärken der beiden Träger sollte auch deren Form variiert werden. Die Formvariationen wurden mithilfe des Programms SFE-Concept generiert. Dazu wurde ein Teilbereich des Unterbodens zusammen mit den beiden Sitzquerträgern aus dem FE-Modell herausgeschnitten und dafür ein SFE-Concept Modell aufgebaut (Abbildung 11.112). Dies erhielt die erwünschten parametrisierten Formänderungen, deren Parameter in einer Datei aufgelistet waren. Während der Optimierung wurden diese Parameterwert immer durch die aktuellen Werte der dazugehörigen Designvariablen überschrieben. Nach jeder Parameteränderungen wurde in SFE-Concept dann

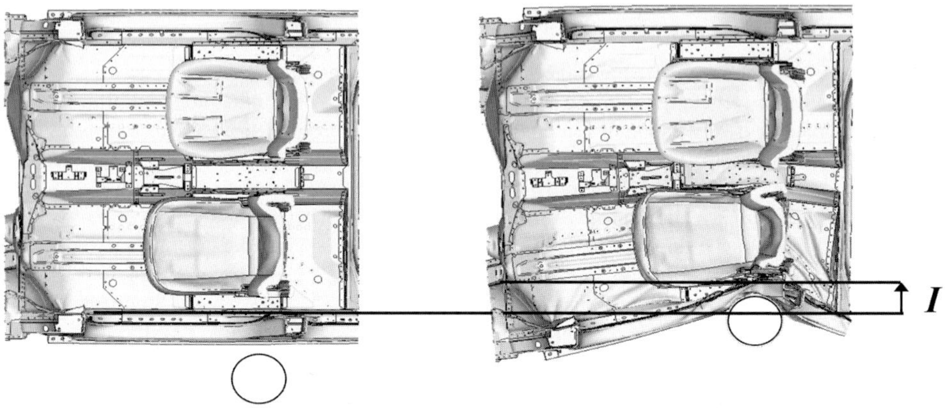

Abb. 11.110 Definition der Eindringung I beim seitlichen Pfahlaufprall

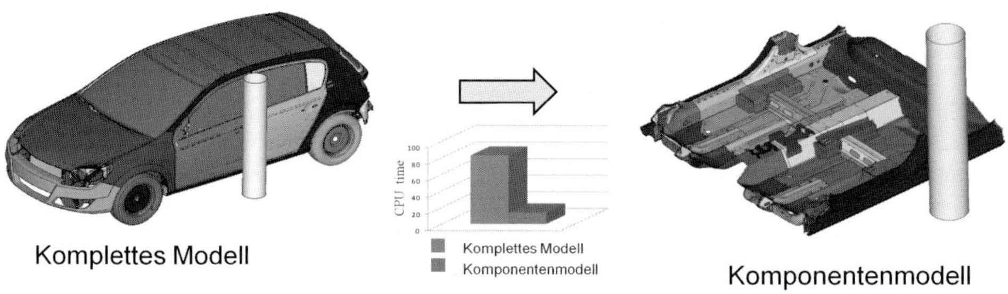

Abb. 11.111 Reduktion des kompletten Modells auf ein Komponentenmodell

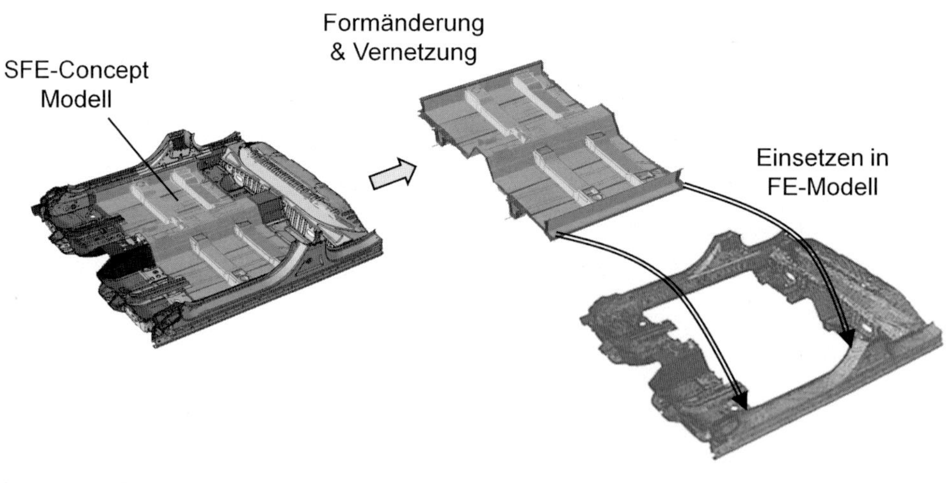

Abb. 11.112 Der Bereich, der als SFE-Concept-Modell aufgebaut wurde und Wiedereinsetzen des Bereichs in das FE-Modell nach Formänderung und Neuvernetzung

diese Datei eingelesen, die Formänderung durchgeführt, die modifizierte Struktur neu vernetzt und das so entstandene Modell des Teilbereichs sowohl in das LS-DYNA als auch in das OptiStruct FE-Modell eingesetzt. Dazu musste sichergestellt werden, dass die gemeinsamen Knoten am Rand in beiden FE-Modellen und auch in dem neu vernetzten Teilmodell identische Nummern hatten.

In Abbildung 11.113 sind die in SFE-Concept definierten Formänderungen dargestellt. So wurden bei beiden Trägern sowohl die Breite der Träger, als auch die Breite des Übergangsbereichs zwischen äußerem und abgesenktem Mittelbereich variiert. Bei dem Querträger ♯2 konnte zusätzlich noch die Höhe der vorderen und hinteren Kante verändert werden, eine Formvariation, die aus Platzgründen für den anderen Querträger nicht möglich war. Somit ergaben sich dann, zusammen mit den beiden Variablen für die Wandstärken, insgesamt acht Designvariablen für die Optimierung.

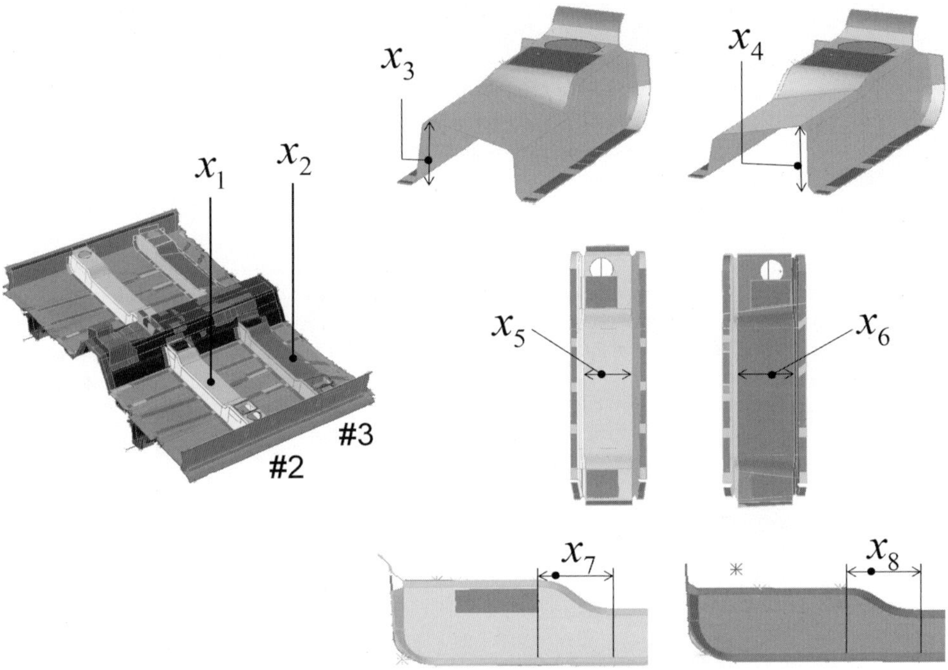

Abb. 11.113 Definition der Designvariablen für die Wandstärken und Formänderungen

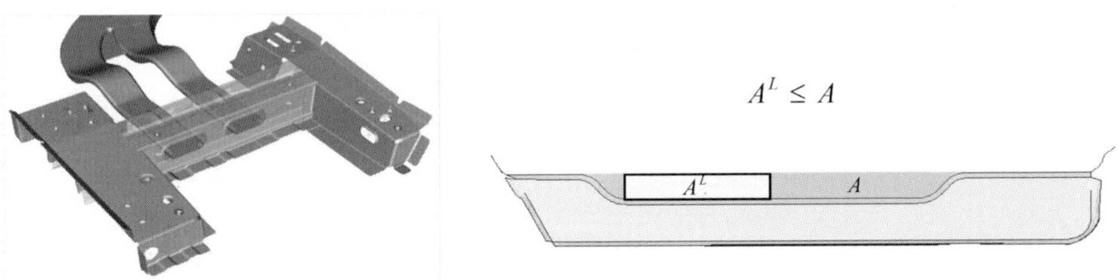

Abb. 11.114 Restriktion für die Fläche *A* oberhalb des abgesenkten mittleren Bereichs infolge der dort durchlaufenden Lüftungsrohre

Bei der Formulierung des Optimierungsproblems wurde noch eine zusätzliche Restriktion berücksichtigt. So durfte die Fläche A oberhalb des abgesenkten mittleren Bereichs einen Wert von A^L nicht unterschreiten um zu gewährleisten, dass die dort durchlaufende Lüftungsrohre den erforderlichen Querschnitt aufwiesen (siehe Abbildung 11.114). Somit lautete das zu lösende Optimierungsproblem

$$\min W(\vec{x}), \tag{11.135}$$

sodass

$$S^L \leqq S(\vec{x})$$
$$I(\vec{x}) \leqq I^U$$
$$A^L \leqq A(\vec{x})$$
$$\vec{x}^L \leqq \vec{x} \leqq \vec{x}^U,$$

wobei W das Gewicht ist. In Abbildung 11.115 ist der Ablauf in einer Optimierungsschleife dargestellt. Zur Lösung des Optimierungsproblems wurde eine Metamodell-basierte Optimierung durchgeführt. Zum Aufbau der Metamodelle wurden 169 ($= 13^2$) Stützstellen mithilfe eines STOA-Versuchsplan erzeugt. Das Optimierungsproblem wurde dann basierend auf Metamodellen mit einem Gradientenverfahren gelöst. Es ergab sich eine Gewichtsersparnis von 11 %. Der optimale Punkt wurde nochmals mit der FE-Analyse berechnet, um den Vorhersagefehler der Metamodelle zu bestimmen. Der Fehler betrug 0,05 % für W, 2,19 % für I und 0,3 % für S. Die Genauigkeit wurde als ausreichend angesehen, eine Verbesserung der Metamodelle als nicht notwendig erachtet und die Optimierung somit beendet. Die optimale Form von Querträger ♯2 ist in Abbildung 11.116 gezeigt. Dort wurde nur die Höhe in Richtung des Pfahls ungefähr beibehalten, weil dort eine höhere Steifigkeit benötigt wurde, während sie in Front-Richtung abgesenkt wurde, um Gewicht zu sparen.

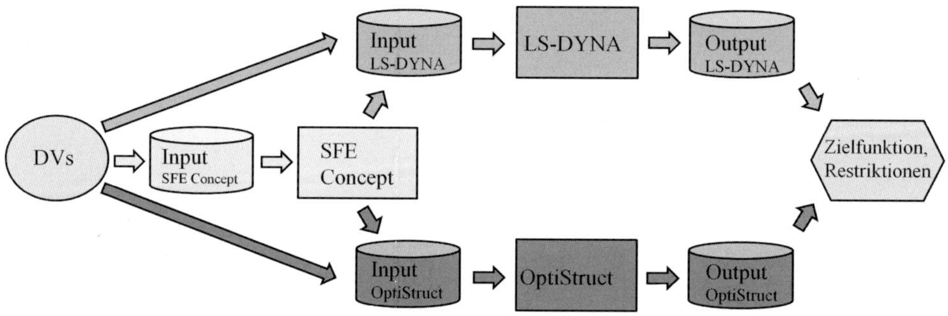

Abb. 11.115 Ablauf in der Optimierungsschleife

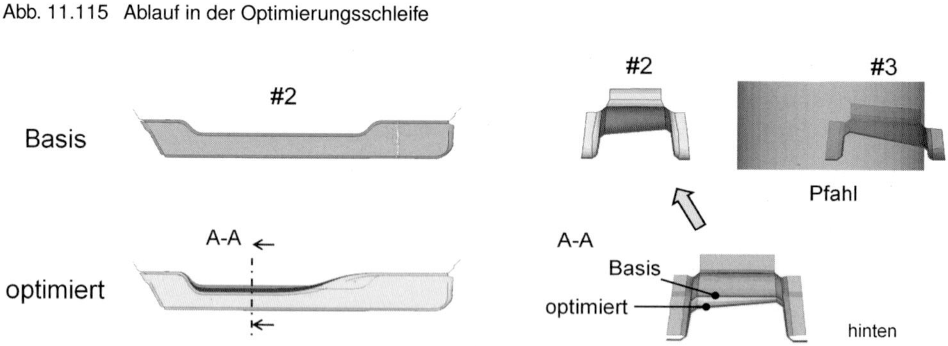

Abb. 11.116 Ergebnis der Optimierung für Sitzquerträger ♯2

Anhang A – Formelzeichen

A1 – Optimierung und Analysen

$f(\vec{x})$	Zielfunktion
$\vec{x}^{\mathrm{T}} = (x_1, \ldots, x_n)$	Designvariable
$\vec{x}^{(k)}$	Designvariablenvektor in der k-ten Iteration
n	Anzahl der Designvariablen
$i = 1, n$	Index i läuft von 1 bis n
x_i^L	Untere Grenze von Designvariable x_i
x_i^U	Obere Grenze von Designvariable x_i
$\vec{x}^*$	Optimaler Punkt = Lösung des Optimierungsproblems
$g_j(\vec{x})$	j-te Ungleichheitsrestriktion
m	Anzahl der Ungleichheitsrestriktionen
$I_z = \{j : g_j = 0;\ j = 1, m\}$	Indexmenge der aktiven Ungleichheitsrestriktionen
I_E	Indexmenge, die die Element-IDs aller Elemente des Designraums enthält (Topologieoptimierung)
$h_k(\vec{x})$	k-te Gleichheitsrestriktion
q	Anzahl der Gleichheitsrestriktionen
w_j	Schlupfvariable
$\vec{\nabla}^{\mathrm{T}} = \left(\frac{\partial}{\partial x_1}, \frac{\partial}{\partial x_2}, \ldots, \frac{\partial}{\partial x_n}\right)$	Gradient bezüglich der Designvariablen $\vec{x}$
$\vec{\nabla} f^{\mathrm{T}}(\vec{x}) = \left(\frac{\partial f(\vec{x})}{\partial x_1}, \frac{\partial f(\vec{x})}{\partial x_2}, \ldots, \frac{\partial f(\vec{x})}{\partial x_n}\right)$	Gradient der Funktion f an der Stelle $\vec{x}$
$\vec{\nabla}_z^{\mathrm{T}} = \left(\frac{\partial}{\partial z_1}, \frac{\partial}{\partial z_2}, \ldots, \frac{\partial}{\partial z_n}\right)$	Gradient bezüglich der Variablen $\vec{z}$
$\vec{0}^{\mathrm{T}} = (0, 0, \ldots, 0)$	Nullvektor
$\vec{1}^{\mathrm{T}} = (1, 1, \ldots, 1)$	Vektor, bei dem alle Komponenten 1 sind
$\boldsymbol{M}$	Fette Großbuchstaben = Matrix
$\lvert\boldsymbol{M}\rvert = \det \boldsymbol{M}$	Determinante der Matrix
$\boldsymbol{M}^{-1}$	inverse Matrix
$\boldsymbol{M}^{\mathrm{T}}$	transponierte Matrix
$\mathbf{1} = \begin{pmatrix} 1 & & 0 \\ & \ddots & \\ 0 & & 1 \end{pmatrix}$	Einheitsmatrix
$\boldsymbol{K}$	Steifigkeitsmatrix des Gesamtsystems
$\boldsymbol{k}_e$	Element-Steifigkeitsmatrix des Elements e

$\overrightarrow{F}$	Kraftvektor
$\overrightarrow{u}$	Verschiebungsvektor
$\dot{\overrightarrow{u}} = \overrightarrow{v}$	Geschwindigkeitsvektor
$\ddot{\overrightarrow{u}}$	Beschleunigungsvektor
$\overrightarrow{\epsilon}^{\mathrm{T}} = \left(\epsilon_x, \epsilon_y, \epsilon_z, \epsilon_{xy}, \epsilon_{yz}, \epsilon_{xz}\right)$	Verzerrungsvektor
$\overrightarrow{\sigma}^{\mathrm{T}} = \left(\sigma_x, \sigma_y, \sigma_z, \sigma_{xy}, \sigma_{yz}, \sigma_{xz}\right)$	Spannungsvektor
σ_i	Vergleichspannung am Knoten i
σ_{ref}	Referenzspannung
C	mittlere Nachgiebigkeit
$\boldsymbol{M}$	Massenmatrix
$\boldsymbol{A}$	Hesse-Matrix (exakte)
$\boldsymbol{H}$	Hesse-Matrix (genäherte mit BFGS)
ν_j	j-te Eigenfrequenz
$\overrightarrow{\phi}_j$	Zur j-ten Eigenfrequenz gehörige Eigenform
$y(\overrightarrow{x})$	Allgemeine Funktion, kann sowohl Zielfunktion als auch Restriktion sein
$\tilde{y}(\overrightarrow{x})$	Approximation für $y(\overrightarrow{x})$
$\tilde{f}(\overrightarrow{x})$	Approximation der Zielfunktion $f(\overrightarrow{x})$
$\overrightarrow{p}^{(k)}$	Suchrichtung in Iteration k
$P(\overrightarrow{x})$	Straffunktion
$(x : a; b; c)$	x mit der Eigenschaft a, b und c
$\{x : a; b; c\}$	Menge von Elementen x mit der Eigenschaft a, b und c
$\min\limits_{\overrightarrow{x}}$	Minimierung bezüglich der Variablen $\overrightarrow{x}$
$\delta_{ij} = \begin{cases} 1 & \text{wenn} \quad i = j \\ 0 & \text{wenn} \quad i \neq j \end{cases}$	Kronecker-Delta
$L(\overrightarrow{x}, \overrightarrow{\lambda}, \overrightarrow{\gamma})$	Lagrange-Funktion
$\overrightarrow{\lambda}, \quad \Lambda$	Lagrange-Multiplikatoren für Ungleichheitsrestriktionen
$\overrightarrow{\gamma}$	Lagrange-Multiplikatoren für Gleichheitsrestriktionen
v	Füllgrad in der Topologieoptimierung
v_i^0	Geometrisches Volumen des Elements i (Topologieoptimierung)
$\overrightarrow{r}$	Ortsvektor
$\overrightarrow{x}(j)^{\mathrm{T}} = (x_1(j), \ldots, x_n(j))$	j-te Stützstelle (j-ter Punkt einer Stichprobe)
N	Anzahl der Stützstellen
$y_j = y(\overrightarrow{x}(j))$	Funktionswert von y der j-ten Stützstelle $\overrightarrow{x}(j)$

A2 – Statistik

$\rho(x)$	Verteilungsdichte für Variable x
$\rho_{x^0}(x)$	Verteilungsdichte um den Punkt x^0
$x_i[k]$	Wert der k-ten Stufe für die diskrete Variable x_i (diskrete ANOVA)
$N(\mu,\sigma)$	Realisierung einer normalverteilten Zufallsvariablen mit Mittelwert μ und Standardabweichung σ
$F(x)$	(kumulative) Verteilungsfunktion
$\boldsymbol{\Sigma}$	Kovarianzmatrix
σ_{ij}	Matrixelement der Kovarianzmatrix
S_{ij}	Schätzwert für das Matrixelement der Kovarianzmatrix
ρ_{ij}	Korrelationskoeffizient
μ	Mittelwert
$\bar{x}$	Schätzwert für den Mittelwert von x
σ^2	Varianz
s^2	Schätzwert für die Varianz
σ	Standardabweichung
s	Schätzwert für die Standardabweichung
Q_p; $Q_{p\%}$	Quantil der Ordnung p; $p\%$-Quantil
$\mu_i(x_i)$	Haupteffekt der Variablen x_i
$\mu_{ij}(x_i, x_j)$	Zweifachwechselwirkung zwischen Variable x_i und x_j
σ_{x_i}	Standardabweichung der Variablen x_i
$\sigma_{x_i}^2$	Varianz der Variablen x_i
σ_i^2	Varianzbeitrag der Variablen x_i in einer Varianzzerlegung
$S_{i_1 \ldots i_s}$	Sobol-Indizes; $s = 1, n$

Anhang B – Software

Die folgende Tabelle gibt, ohne Anspruch auf Vollständigkeit, einen Überblick über kommerzielle Optimierungs- und Hilfsprogramme mit Angabe der Anbieter. Die Kürzel sind im Text in spitzen Klammern < > angegeben.

Kürzel	Programmname	Adresse
<Altair>	HyperMesh, OptiStruct, HyperOpt, HyperStudy, HyperMorph	Altair Engineering GmbH Claver Str. 7 D-71034 Böblingen www.altair.de
<BETA>	ANSA Morphing	BETA CAE Systems USA, Inc. 29800 Middlebelt Rd. Suite 100 Farmington Hills, Michigan 48334, USA www.ansa-usa.com/
<CADFEM>	ANSYS	CAD-FEM GmbH Marktplatz 2 D-85567 München www.cadfem.de
<Dassault>	TOSCA Structure, TOSCA Fluid	Dassault Systèmes Deutschland GmbH Meitnerstraße 8 D-70563 Stuttgart www.3ds.com/products-services/simulia/portfolio/tosca/overview/
<DEP>	DEP's Meshworks Morpher	Detroit Engineering Products 560 Kirts Blvd Suite 103 Troy. MI 48084, USA www.depusa.com
<DYNAmore>	LS-OPT	DYNAmore GmbH Industriestr. 2 D-70565 Stuttgart www.dynamore.de
<DYNARDO>	OptiSLang, TopSLang	DYNARDO GmbH Luthergasse 1 D D-99423 Weimar www.dynardo.de
<Engineous>	iSight	Engineous Software GmbH Landsberger Str. 398 D-81241 München www.engineous.com

<Esteco>	modeFRONTIER	ES.TEC.O. s.r.l. Area Science Park Padiciano 99 I-34012 Trieste, Italy www.esteco.com
<FEMopt>	Carat++	FEMopt Studios GmbH Aboldstr. 8 D- 83135 Schechen www.femopt.de/index.php/de/
<INTES>	PERMAS-OPT, PERMAS-TOPO	INTES GmbH Schulte-Derlitzsch-Str. 16 D-76131 Stuttgart www.intes.de
<MSC>	MSC/Nastran	MSC Deutschland Am Moosfeld 13 D-81829 München www.mscsoftware.com
<Noesis>	Optimus	Noesis Solutions Gaston Geenslaan, 11 B4 B-3001 Leuven, Belgien www.noesis.be
<PTC>	Pro/Engineer, Pro/Mechanica	Parametric Technology Corporation Edisonstr. 8 D-85716 Unterschleißheim www.ptc.com
<Samcef>	BOSS quattro	SAMTECH Deutschland GmbH Oskar Kalbfell Platz 8 D-72764 Reutlingen www.samcef.com
<SFE>	SFE-Concept	SFE GmbH Voltastr. 5 D-13355 Berlin www.sfe-berlin.de
<Sofy>	Sofy	Sofy Technologies 1111 W. Lake Road Troy, MI, USA www.sofy.com
<UG>	UNIGRAPHICS	Unigraphics Solutions GmbH Hohenstaufenring 48 – 54 D-50674 Köln www.ugsolutions.com
<VRAND>	GENESIS	Vanderplaats Research & Development, Inc. 1767 S. 8th Street, Suite 100 Colorado Springs, CO 80906, USA www.vrand.com

<CAOSKO>	CAO, CAIO, SKO	Prof. Dr. C. Mattheck Forschungszentrum Karlsruhe IMF II, Abt. Biomechanik Weberstr. 5 D-76133 Karlsruhe

12 Literatur

[1] J. ABADIE, J. CARPENTIER: Generalization of the Wolfe Reduced Gradient Method to the Case of Nonlinear Constraints. 'Optimization', R. Fletcher (ed.), Academic Press, New York, 1969, 37 – 47.

[2] K. ABE, S. KAZAMA, K. KORO: A boundary element approach for topology optimization problem using the level set method. Commun Numer Methods Eng 23(5), 2007, 405 – 416.

[3] B. ABEL: Entwicklung eines verbesserten multikriteriellen Optimierungsprozesses für Karosseriegeometrien. PhD Thesis, Hamburg University of Applied Science, 2006

[4] F. S. ACTON: Numerical Methods that Work. The Mathematical Association of America, 1990

[5] M. ALB (VIRTUAL VEHICLE RESEARCH CENTER, GRAZ): Private Mitteilung 2016

[6] G. ALLAIRE, F. JOUVE, A. M. TOADER: Structural optimization using sensitivity analysis and a level-set method. J Comput Phys 194(1), 2004, 363 – 393

[7] G. ALLAIRE, C. DAPOGNY, P. FREY: Topology and geometry optimization of elastic structures by exact deformation of simplicial mesh. CR Math 349(17 – 18), 2011, 999 – 1003

[8] D. M. ALLEN: Mean Square Error of Prediction as a Criterion for Selecting Variables. Technometrics 13, 1971, 469 – 475

[9] D. M. ALLEN: The relationship between Variable Selection and Data Augmentation and a Method for Prediction. Technometrics 16, 1971, 125 – 127

[10] Altair HyperOpt: User's Manual V4.0. Altair Computing Inc., Troy, MI, 1997

[11] Altair Computing User's Manual, Version V5.0, 2000

[12] Altair HyperOpt: User's Manual V8.0. Altair Computing Inc., Troy, MI, 2006

[13] S. AMSTUTZ: Topological Sensitivity in Fluid Dynaics. European Congress on Computational Methods in Applied Sciences and Engineering, ECCOMAS 2004, Jyväskylä, 24 – 28 July 2004

[14] S. AMSTUTZ, H. ANDRÄ: A new algorithm for topology optimization using a level-set method. J Comput Phys 216(2), 2006, 573 – 588

[15] J. ANDERSON: A Survey of Multiobjective Optimization in Engineering Design. Tech. Report LiTH-IKP-R-1097 Department of Mechanical Engineering, Linkping University, Linkping, Sweden, 2000,
http://citeseer.ist.psu.edu/andersson00survey.html

[16] J. S. ARORA: Introduction to Optimum Design. McGraw-Hill Inc. 1989,
ISBN 0-07-002460-X

[17] J. S. ARORA: Introduction to Optimum Design. Second Edition Elsevier Inc., 2004,
ISBN 0-12-064155-0

[18] T. BÄCK: Evolutionary algorithms in Theory and Practice. Oxford University Press, New York, 1996

[19] T. BÄCK, D. B. FOGEL, Z. MICHALEWICZ: Handbook of evolutionary computation. Institute of Physics Publishing and Oxford University Press, New York, 1997

[20] T. BÄCK: Adaptive business intelligence based on evolution strategies: some application examples of self-adaptive software. Inf Sci 148, 2002, 113 – 121

[21] H. BAIER, C. SEESSELBERG, B. SPECHT: Optimierung in der Strukturmechanik. Vieweg 1994, ISBN 3-528-08899-0

[22] P. Bartholomew, M. C. Biggs: An Improved Implementation of the Recursive Quadratic Programming Method for Constrained Minimization. Technical Report Nr. 105, Numerical Optimization Centre, The Hatfield Polytechnic, Hatfield UK, 1979

[23] B. Barthelemy, R. T. Haftka: Accuracy Analysis of the Semi-Analytical Method for Shape Sensitivity Calculation. Mech Struct Mach 18, 1988, 407 – 432

[24] R. Baud: Beiträge zur Kenntnis der Spannungsverteilung in prismatischen und keilförmigen Konstruktionselementen mit Querschnittsübergängen. Report 29, Schweiz, Verband für Materialprüfung in der Technik (Bericht 83 der Eidgen. Mat. Prüf.-Anstalt, Zürich 1934)

[25] A. Baumgartner, L. Harzheim, C. Mattheck: SKO (Soft Kill Option): The Biological Way to Find an Optimum Structure Topology. Int J Fatigue 14 No 6, 1992, 387 – 393

[26] B. J. C. Baxter: The Interpolation Theory of Radial Basis Functions. Dissertation, University of Cambridge 1992

[27] H. S. Bazaraa, H. D. Sherabi, C. M. Shetty: Nonlinear Programming, Theory and Algorithms. John Wiley & Sons Inc, 1993

[28] F. S. Beckman: The Solution of Linear Equations by the Conjugate Gradient Method. Mathematical Methods for Digital Computers, Ralston, A. and Wilf, H. S. (Eds.), Wiley, 1960

[29] M. Beckers: Topology Optimization Using a Dual Method with Discrete Variables. Struct. Optim.17, 1999, 14 – 24

[30] H. Beinersdorf: Implementierung und Anwendung eines adaptiven Antwortflächenverfahrens. Studienarbeit, Bauhaus Universität Weimar, Fakultät Bauingenieurswesen, Institut für Strukturmechanik, 2003

[31] A. D. Belegundu, T. R. Chandrupatla: Optimization Concepts and Applications in Engineering. Prentice-Hall, New Yersey, 1999, ISBN 0-13-031279-7

[32] R. E. Bellmann: Dynamic programming. Princeton University Press, 1957, ISBN 978-0-691-07951-6

[33] R. E. Bellmann: Adaptive Control Processes: A Guided Tour. Princeton University Press, 1961, ISBN 9780691625850

[34] T. Belytschko, S. P. Xiao, C. Parimi: Topology optimization with implicit functions and regularization. Int J Numer Methods Eng 57(8), 2003, 1177 – 1196

[35] M. P. Bendsoe, N. Kikuchi: Generating Optimal Topologies in Structural Design Using a Homogenization Method. Computer Methods in Applied Mechanics and Engineering 71, 1988, 197 – 224

[36] M. P. Bendsoe: Optimal Shape Design as a Material Distribution Problem. Struct Opt 1, 1989, 193 – 202

[37] M. P. Bendsoe: Optimization of Structural Topology, Shape, and Material. Springer, 1995

[38] M. P. Bendsoe, O. Sigmund: Material Interpolation Schemes in Topology Optimization. Archives of Applied Mechanics 69(9 – 19), 1999, 635 – 654

[39] M. P. Bendsoe, O. Sigmund: Topology Optimization Theory, Methods and Applications. Springer Verlag Berlin Heidelberg NY, 2003

[40] P. J. Bentley, J. P. Wakefield: An Analysis of Multiobjective Optimization within Genetic Algorithms. The University of Huddersfield, UK, Technical Report ENGPJB96, 1996
http://citeseer.ist.psu.edu/62443.html

[41] P. Bezier: Mathematical and Practical Possibilities of UNISURF. In R.E. Barnhill, R.F. Riesenfeld: Computer Aided Geometric Design, New York, Academic Press, 1974, 127 – 152

[42] M. C. BIGGS: Constraint Minimization Using Recursive Equality Quadratic Programming. In Numerical Methods for Nonlinear Optimization, F.A. Lootsma, Academic Press, London, 1972, 411 – 428

[43] M. C. BIGGS: Constraint Minimization Using Recursive Quadratic Programming: Some Alternative Subproblem Formulations. In Towards Global Optimization, L.C.W. Dixon and G.P. Szego, North-Holland Publishing Co., 1975, 341 – 349

[44] K.-U. BLETZINGER, M. FIRL, F. DAOUD: Approximation of Derivatives in Semi-Analytical Structural Optimization. Computers and Structures 86, 2008, 1404 – 1416

[45] A. J. BOOKER: Design and Analysis of Computer Experiments. AIAA paper 98 – 4757, 1998

[46] T. BORRVALL, J. PETERSSON: Topology Optimization of Fluid in Stokes Flow. International Journal for Numerical Methods in Fluids 41, 2003, 77 – 107

[47] B. BOURDIN, A. CHAMBOLLE: Design-dependent loads in topology optimization. ESAIM Control Optim Calc Var 9, 2003, 19 – 48

[48] V. BRAIBANT, C. FLEURY, P.BECKERS: Shape Optimal Design: An Approach Matching CA.D. and Optimization Concepts. Report SA-109, Aerospace Laboratory of the University of Liege, Belgium, 1983

[49] J. BREST, S. GREINER, B. BOSKOVIC, M. MERNIK, V. ZUMER: Self-Adapting Control Parameters in Differential Evolution: A Comparative Study on Numerical Benchmark Problems. IEEE Transactions on Evolutionary Computation, Vol. 10, No. 6, December 2006, 646 – 657

[50] J. BREST, B. BOSKOVIC, S. GREINER, V. ZUMER, M. S. MAUCEC: Performance comparison of self-adaptive and adaptive differential evolution algorithms. Soft Comput 11, 2007, 617 – 629

[51] D. S. BROOMHEAD, D. LOWE: Multivariable Functional Interpolation and Adaptive Networks. J. Geophysics Res. 76, 1988, 321 – 355

[52] C. G. BROYDON: The Convergence of a Class of Double Rank Minimization Algorithms, Parts I and II. J.Inst. Math. Appl., Vol. 6, 1970, 76 – 90

[53] J. BRUNS, L. KAPS: Optimization of Spot Weld Connections of Car Bodies with Genetic Algorithms under Fatigue Loading. Tagungsband NAFEMS Seminar: Optimierung in der Strukturmechanik, 27.-28.04.2005, Wiesbaden

[54] J. BRUNS, L. KAPS: Optimierung von Bauteilverbindungen in PKW-Karosserien mit genetischen Algorithmen unter Betriebsfestigkeitsrandbedingungen. NAFEMS Magazin 1/2006, 37 – 40

[55] H. BUBENHAGEN, L. HARZHEIM: Einsatz der Formoptimierung zur Lebensdauerverbesserung von Bauteilen. Konstruktion 50 1998 H. 11/12, 1998, 40 – 44

[56] C. BUCHER: Robustheitsbewertung von Strukturen. Präsentation, Insitut für Strukturmechanik, Bauhaus-Universität Weimar & DYNARDO GmbH, 2006

[57] M. BURGER, B. HACKL, W. RING: Incorporating topological derivatives into level set methods. J Comput Phys 194(1), 2004, 344 – 362

[58] E. CAMPONOGARA, S. N. TALUKDAR: A genetic algorithm for constrained and multiobjective optimization. J.T. Alander (Ed.), 3rd Nordic Workshop on Genetic Algorithms and their Applications (3NWGA), University of Vaasa, Vaasa, Finland, August 1997, 49 – 62

[59] A. CARLISLE, G. DOZIER: An Off-The-Shelf PSO. Proc. Of the 2001 Workshop on Particle Swarm Optimization, Indiapolis, IN., 2001, 1 – 6

[60] P. CERVELLERA, M. ZHOU, U. SCHRAMM: Optimization Driven Design of Shell Structures under Stiffness, Strength and Stability Requirements. Proceedings of the 6th World

Congress of Structural and Multidisciplinary Optimization, Rio de Janeiro, 30 May – 03 June, 2005, Brazil

[61] V. J. CHALLIS: A discrete level-set topology optimization code written in Matlab. Struct Multidisc Optim 41(3), 2010, 453 – 464

[62] G. CHENG, N. OLHOFF: New Method of Error Analysis and Detection in Semi-Analytical Sensitivity Analysis. In: G. Rozvany, editor. Optimization of Large Structural Systems, Vol. 1. Kluwer Academic Publishers, 1993, 361 – 383

[63] W. S. CHOI, G. J. PARK: Structural optimization using equivalent static loads at all the time intervals. Comput Methods Appl Math 191(19), 2002, 2077 – 2094

[64] M. CLERC: The Swarm and the Queen: Towards a Deterministic and Adaptive Particle Swarm Optimization. Proceedings, 1999 ICEC, Washington, DC, 1999, 1951 – 1957

[65] M. CLERC, J. KENNEDY: The Particle Swarm – Explosion, Stability, and Convergence in a Multidimensional Complex Space. IEEE Transaction on Evolutionary Computation, 6 (1), 2002, 58 – 73

[66] M. CLERC: Particle Swarm Optimization. London: ISTE, 2006

[67] C. A. C. COELLO: Use of a self-adaptive penalty approach for engineering optimization problems. Comput. Ind. 41 (2), 2000, 113 – 127

[68] C. A. C. COELLO: Theoretical and numerical constraint-handling techniques used with evolutionary algorithms: a survey of the state of the art. Comput. Methods Appl. Mech. Engrg. 191, 2002, 1245 – 1287

[69] L. L. COHON: Multiobjective Programmming and Planning. Academic Press, NY, 1978

[70] Y. COOREN, M. CLERC, P. SIARRY: Performance Evaluation of TRIBES, an Adaptive Particle Swarm Optimization Algorithm. Swarm Intell 3, 2009, 149 – 178

[71] N. CRESSIE: Spatial Prediction and Ordinary Kriging. Mathematical Geology, Vol. 20, No. 4, 1988, 405 – 421

[72] N. CRESSIE: Geostatics. The American Statistican 43, 1989, 197 – 202

[73] N. CRESSIE: The Origins of Kriging. Mathematical Geology 22, 1990, 239 – 252

[74] N. CRESSIE: Statistics for Spatial Data. John Wiley, New York, 1993

[75] H. CURRY: The Method of Steepest Descend for Nonlinear Minimization Problems. Quart. Appl. Math. 2, 1944, 258 – 261

[76] G. DAMBLIN, M. COUPLET, B. IOOSS: Numerical Studies of Space Filling Designs: Optimization Algorithms and Subprojection Properties. Submitted to: Journal of Simulation for the special issue Input & Output Analysis for Simulation, 2013

[77] F. DAOUD: Formoptimierung von Freiformschalen, Mathematische Algorithmen und Filtertechniken. PhD thesis, Chair of Structural Analysis, TU Munich, Report Nr. 4, 2005

[78] I. DAS, J. E. DENNIS: Closer Look at Drawbacks of Minimizing Weighted Sums of Objectives for Pareto Set Generation in Multicriteria Optimization Problems. Structural Optimization, Vol. 14, 1997, 63 – 69

[79] W. C. DAVIDON: Variable Metric Method for Minimization. Research and Development Report ANL-5990, Argonne National Laboratory, U.S. Atomic Energy Commission, 1959

[80] M. J. DE RUITER, F. VAN KEULEN: Topology optimization using a topology description function. Struct Multidisc Optim 26(6), 2004, 406 – 416

[81] K. DEMS: First- and Second-Order Shape Sensitivity Analysis of Structures. Structural Optimization 3, 1991, 79 – 88

[82] A. DIAZ, N. AND KIKUCHI: Solutions to Shape and Topology Eigenvalue Optimization Problems Using a Homogenization Method. Int. J. Numer. Meth. Engng 35, 1992, 1487 – 1502

[83] I. DOLTSINIS: Stochastic Analysis of Multivariate Systems in Computational Mechanics and Engineering. International Center for Numerical Methods in Engineering (CIMNE), Barcelona, Spain, 1999

[84] R. C. EBERHART, Y. SHI: Comparing Inertia Weights and Constriction Factors in Particle Swarm Optimization. 2000 Congress on Evolutionary Computing, Vol. 1, 2000, 84 – 88

[85] R. C. EBERHART, J. KENNEDY: A New Optimizer Using Particle Swarm Theory. Proceedings of the sixth International Symposium on Micro Machine and Human Science, Nagoya, Japan. Piscataway: IEEE, 1995, 39 – 43

[86] A. E. EIBEN, R. HINTERDING, Z. MICHALEWICZ: Parameter control in evolutionary algorithms," IEEE Trans. Evol. Comput., Vol. 3, No. 2, Jul. 1999, 124 – 141

[87] D. M. EMMRICH: Entwicklung einer FEM-basierten Methode zur Gestaltung von Sicken für biegebeanspruchte Leitstützstrukturen im Konstruktionsprozess. Dissertation, Institut für Produktentwicklung Universität Karlsruhe (TH), Band 13, 2005, ISSN 1615-8113

[88] M. EVANS, T. SWARTZ: Approximating Integrals via Monte Carlo and Deterministic Methods. Oxford University Press, Oxford, UK, 2000

[89] K. T. FANG, C. X. MA, P. WINKER: Centered L2-discrepancy of random sampling and Latin hypercube design and construction of uniform designs. Mathematics of Computation, Vol. 71, 2002, 275 – 296

[90] G. E. FASSHAUER, J. G. ZHANG: On Choosing „Optimal" Shape Parameters for RBF Approximation. Numerical Algorithms, Vol. 45, No. 1-4, 2007, 345 – 368

[91] J. L. F. FERNANDEZ MARTINEZ, E. GRACIA GONZALO: The PSO Family: Deduction, Analysis and Comparison. Swarm Intell 3, 2009, 245 – 273

[92] M. FIRL: Optimal Shape Design of Shell Structures. PhD thesis, Chair of Structural Analysis, TU Munich, Report Nr. 15, 2010

[93] M. FIRL, M. FISCHER, K.-U. BLETZINGER, L. HARZHEIM: Innovative Formoptimierung in der Fahrzeugentwicklung. ATZ, 2012-03, 2012, 224 – 229

[94] M. FIRL, M. FISCHER, K.-U. BLETZINGER, L. HARZHEIM: Innovative Shape Optimization in Vehicle Design. ATZ .worldwide 3/2012, 2012, 20 – 23

[95] M. FIRL, R. WÜCHNER, K.-U. BLETZINGER: Regularization of Shape Optimization Problems using FE-based Parameterization, Struct Multidisc Optim 47 (4), 2013, 507 – 521

[96] R. FLETCHER, C. M. REEVES: Function minimization by conjugate gradients. Computer Journal, Band 7, Nr. 2, 1964, 149 – 154.

[97] R. FLETCHER: A new approach to variable metric algorithms. Computer Journal, Band 13, 1970, 317 – 322

[98] R. FLETCHER: An Ideal Penalty Function for Constrained Optimization. Journal of the Institut of Mathematics and its Applications, 15, 1975, 319 – 342

[99] C. FLEURY: Structural Weight Optimization by Dual Methods of Convex Programming. Int. J. Numer. Methods Eng., Vol. 14, 1979, 1761 – 1783

[100] C. FLEURY, V. BRAIBANT: Structural Optimization: A New Dual Method Using Mixed Variables. Int. J. for Numerical Meth. In Eng., Vol. 23, 1986, 405 – 428

[101] C. FLEURY: First and Second Order Convex Approximation Strategies in Structural Optimization. Struct. Optim. 1, 1989, 3 – 10

[102] C. M. FONSECA, P. J. FLEMING: Multiobjective Optimization and Multiple Constraint Handling with Evolutionary Algorithms – Part I: A Unified Formulation. IEEE Transaction on Systems, Man & Cybernetics Part A: Systems & Humans Vol. 28, 1998, 26 – 37

[103] B. FORNBERG: A Practical Guide to Pseudospectral Methods. Cambridge University Press, Cambridge, 1996

[104] B. FORNBERG, G. WRIGH: Stable Computation of Multiquadratic Interpolants for All Values of the Shape Parameter. Advances in Computational Mathematics, Vol. 48, 2004, 853 – 867

[105] B. FORNBERG, C. PIRET: A Stable Algorithm for Flat Radial Basis Functions on a Sphere. SIAM Journal of Scientific Computing, Vol. 30, No. 1, 2007, 60 – 80

[106] B. FORNBERG, J. ZUEV: The Runge Phenomenon and Spatially Variable Shape Parameters in RBF Interpolation. Computers & Mathematics with Applications, Vol. 54, 2007, 379 – 398

[107] G. E. FORSYTHE, M. A. MACOLM, C. B. MOLER: Computer Methods for Mathematical Computations. Englewood Cliffs, NJ, Prentice Hall, 1977, Chapter 9

[108] C. FÖRTSCH (ALTAIR): Private Mitteilung 2006

[109] T. P. FRIES, T BELYTSCHKO: The extended/generalized finite element method: an overview of the method and its applications. Int J Numer Methods Eng 84(3), 2010, 253 – 304

[110] M. B. FUCHS, E. MOSES: Optimal Structural Topologies with Transmissible Loads. Struct. Multidisc. Optim. 19, 2000, 263 – 273

[111] G. A. GABRIELE, K. M. RAGSDELL: The Generalized Reduced Gradient Method: A Reliable Tool for Optimal Design. ASME J. Engin. Ind., Vol 99, No. 2, May 1977, 394 – 400

[112] A. L. GAIN, G. H. PAULINO: A critical comparative assessment of differential equation-driven methods for structural topology optimization Struct Multidisc Optim (2013) 48. 2013, 685 – 685

[113] M. GAMBLING: Efficient topology, topometry and sizing optimization for LS-DYNA analysis problems coupling LS-DYNA to VR&D GENESIS. German LS-DYNA Anwenderforum, Bamberg, Germany, 30 Sept 2008

[114] F. GAO, J. SACK, W. J. WELCH: Predicting Urban Ozone Levels and Trends with Semi-parametric Modelling. Journal of Agricultural, Biological, and Environmental Statistics 1, 1996, 404 – 425

[115] S. GARREAU, P. GUILLAUME, M. MASMOUDI: The topological asymptotic for PDE systems: the elasticity case. SIAM J Control Optim 39, 2001, 1756 – 1778

[116] V. GAZI, K. PASSINO: Swarm Stability and Optimization. Springer Science + Business Media B.V. 2011, ISBN 978-3-642-18040-8

[117] P. E. GILL, W. MURRAY: Quasi-Newton Methods for Unconstrained Optimization. J. Inst. Maths. Applns. 9, 1972, 91 – 108

[118] P. E. GILL, W. MURRAY, M. H. WRIGHT: Practical Optimization. Academic Press, London, 1981

[119] M. GIROD, L. HARZHEIM: The Chaotic Behavior of Radial Basis Functions of Gaussian Type. Proceedings of The Eighth World Congress of Structural and Multidisciplinary Optimization (WCSMO-8), Lissabon, Portugal 2009

[120] M. GIROD, L. HARZHEIM: Stable Computation of Gaussian Interpolants – a Heuristic Approach. Struct Multidisc Optim 42, 2010, 209 – 214

[121] A.A. GIUNTA, S.F. WOJTKIEWICZ JR, M.S. ELDRED: Overview of modern design of experiments methods for computational simulations. 41st AIAA Aerospace Sciences Meeting and Exhibit, Reno, Nevada, Jan 6-9, 2003 , AIAA 2003-0649

[122] A. GOICOECHEA, D. R. HANSEN, L. DUCKSTEIN: Multiobjective Decision Analysis with Engineering and Business Applications. Wiley, 1982

[123] D. GOLDFARB: A Family of Variable Metric Methods Derived by Variational Means. Math Comput. Vol. 24, 1970, 23 – 36

[124] D. GOLDBERG: Genetic Algorithms in Search and Machine Learning. Reading, Addison Wesley, 1989

[125] W. J. GORDON, J. A. WIXOM: Shepard's Method of Metric Interpolation to Bivariate and Multivariate Interpolation. Mathematics of Computation, 32, 1978, 253 – 264

[126] U. GRAF, H. J. HENNING, K. STANGE, P.-T. WILRICH: Formeln und Tabellen der angewandten mathematischen Statistik. 3. Aufl., Springer Verlag, Berlin, 1987

[127] D. M. GREIG: Optimisation. Longman Group, London, 1980

[128] A. GROSSO, A. JAMALI, M. LOCATELLI: Finding maximin Latin hypercube designs by iterated local search heuristics. European Journal of Operational Research, Vol. 197(2), 2009, 541 – 547

[129] F. GRÜN, W. EICHLSEDER, K. PUCHNER: Form- und Topologieoptimierung unter Berücksichtigung der Betriebsfestigkeit. XXII. Verformungskundliches Kolloquium – Tagungsband, Planneralm, 2003

[130] S. H. HA, S. CHO: Level set based topological shape optimization of geometrically nonlinear structures using unstructured mesh. Comput Struct 86(13 – 14), 2008, 1447 – 1455

[131] R. T. HAFTKA, J. H. STARNES JR.: Applications of a Quadratic Extended Interior Penalty Function for Structural Optimization. AIAA Journal, 14 (6), 1976, 718 – 724

[132] R. T. HAFTKA, Z. GÜRDAL: Elements of Structural Optimization. Third revised and expanded edition. Kluwer Academic Publishers 1992, ISBN 0-7923-1504-9

[133] V. B. HAMMER, N. OLHOFF: Topology Optimization of Continuum Structures Subjected to Pressure Loading. Struct Multidisc Optim 19, 2000, 85 – 92

[134] S. P. HAN: Superlinearly Convergent Variable Metric Algorithms for General Nonlinear Programming Problems. Math. Prog., Vol. 11, 1976, 263 – 282

[135] S. P. HAN: A Globally Convergent Method for Nonlinear Programming. J. Optim. Theory Appl., Vol. 22, No. 3, 1977, 297 – 309

[136] N. HANSEN, A. OSTERMEIER: Adapting Arbitrary Normal Mutation Distributions in Evolution Strategies: The Covariance Matrix Adaptation. In Proceedings of the 1996 IEEE International Conference on Evolutionary Computation (ICEC'96). IEEE; New York, NY, USA, 1996, 312 – 317

[137] R. L. HARDY: Multiquadratic Equations of Topography and Other Irregular Surfaces. J. Geophysics Res 176, 1971, 1905 – 1915

[138] R. L. HARDY: Theory and Applications of the Multiquadratic-Biharmonic Method: 20 Years of Discovery. Comput. Math. Applic. 19 (8/9), 1990, 163 – 208

[139] S. HARTMANN: Hierarchische Interpolation mit Radialen Basisfunkionen. Diplomarbeit, Universität Göttingen, 1996

[140] L. HARZHEIM, G. GRAF: Optimization of Engineering Components with the SKO Method. Proceedings of the IX International Conference on VehicleStructural Mechanics and Computer Aided Engineering, Troy,Michigan, April 4 – 6, 1995, 235 – 243

[141] L. HARZHEIM, G. GRAF: Verbesserung der Optimierung von Eigenfrequenzproblemen durch Topologieoptimierung (Improvement of the Optimization of Eigenfrequency Problems Using Topology Optimization). VDI Berichte 1283, VDI-Gesellschaft Fahrzeug- und Verkehrstechnik, Berechnung und Simulation im Fahrzeugbau 8. Internationaler Kongress, Würzburg, 16/17. September 1996, 131 – 154

[142] L. HARZHEIM, G. GRAF, J. LIEBERS: Shape200: A Program to Create Basis Vectors for Shape Optimization Using Solution 200 of MSC/Nastran. Proceedings of the X International Conference on Vehicle Structural Mechanics and Computer Aided Engineering, April 08 – 10, 1997, Troy, Michigan, 219 – 228

[143] L. HARZHEIM, G. GRAF: Shape and Topology Optimization in the Automotive Industry. High Performance Computing in Automotive Design, Engineering, and Manufacturing;

Proceedings of the 3rd International Conference on High Performance Computing in Automotive Industry, October 7 – 10, 1996, Paris, 1997, 167 – 182

[144] L. HARZHEIM, G. GRAF, S. KLUG, J. LIEBERS: Topologieoptimierung im praktischen Einsatz. ATZ Automobiltechnische Zeitschrift 101 7/8, 1999, 530 – 539

[145] L. HARZHEIM, G. GRAF: TopShape: An Attempt to Create Design Proposals Including Manufacturing Constraints. Proceedings of the 3rd Optimization software, Methods and Applications Conference OptiCON2000, October 26 – 27, 2000, New Port Beach, CA.

[146] L. HARZHEIM, G. GRAF: The Importance of Topology Optimisation in the Development Process. Proceedings of NAFEMS World Congress 2001 on The Evolution of Product Simulation Vol. 1, Lake Como, Italy, 24 – 28 April 2001, 361 – 372

[147] L. HARZHEIM, G. GRAF: TopShape: An Attempt to Create Design Proposals Including Manufacturing Constraints. Int. J. of Vehicle Design, Vol. 28, No. 4, 2002, 389 – 409

[148] L. HARZHEIM: Optimierung von Bauteilen mit der Wachstumsregel von Bäumen und Knochen. BIONA Report 16, Akad. Wiss. Lit., Mainz, 2003, 83 – 94

[149] L. HARZHEIM: Optimierung von Gussteilen unter Berücksichtigung von Fertigungsrestriktionen. Tagungsband zum 1. Landshuter Leichtbaukolloquium, Fachhochschule Landshut, 19./20.02.2003, 149 – 156

[150] L. HARZHEIM: The Computation of optimized Proposals taking into account manufacturing constraints. Proceedings of The Fifth World Congress of Structural and Multidisciplinary Optimization (WCSMO-5), Lido de Jesolo. Italy, 19 – 23 May 2003

[151] L. HARZHEIM, M. SAUL: Optimierung einer Karosseriestruktur unter Einsatz von Blechen mit variabler Wandstärke, VDI Berichte 1846, VDI-Gesellschaft Fahrzeug- und Verkehrstechnik, Berechnung und Simulation im Fahrzeugbau, 12. Internationaler Kongress, 29/30. September 2004, Würzburg, 125 – 136

[152] L. HARZHEIM, G. GRAF: A Review of Optimization of Cast Parts Using Topology Optimization: I - Topology Optimization without Manufacturing Constraints. Struct Multdisc Optim 30, 2005, 491 – 497

[153] L. HARZHEIM: Exception or Rule? The Failure of Local Compliance in Topology Optimization. Tagungsband NAFEMS Seminar: Optimierung in der Strukturmechanik, 27. – 28.04.2005, Wiesbaden

[154] L. HARZHEIM, G. GRAF: A Review of Optimization of Cast Parts Using Topology Optimization: II – Topology Optimization with Manufacturing Constraints. Struct Multdisc Optim 31, 2006, 388 – 399

[155] L. HARZHEIM: Ausnahme oder Regel? Das Versagen der mittleren Nachgiebigkeit (local Compliance) in der Topologieoptimierung. NAFEMS Magazin Nr. 1/2006, 3. Ausgabe, 14 – 25

[156] L. HARZHEIM, K. BOHLE: Vergleich verschiedener Strategien zur Optimierung der Road Noise Performance einer Mehrlenkerhinterachse. VDI Berichte 1967.1, VDI-Gesellschaft Fahrzeug- und Verkehrstechnik, Berechnung und Simulation im Fahrzeugbau, 13. Internationaler Kongress, 27/28. September 2006, Würzburg, 175 – 197

[157] L. HARZHEIM, G. GRAF, M. ROTH: Konstruktion optimaler Gussteile mit Hilfe der Topologieoptimierung. Tagungsband NAFEMS Seminar „Simulation Driven Design – Potential and Challenges“, Wiesbaden, 12. – 13.03.2008

[158] L. HARZHEIM, U. WARNECKE: Robustness optimization of the position of an anti-roll bar link to avoid the toggling of a rear axle stabilizer. Struct Multidisc Optim 42, 2010, 315 – 323

[159] L. HARZHEIM, U. WARNECKE: Robustheitsoptimierung eines Verzweigungsproblems am Beispiel des Pendelumschlagens eines Hinterachsstabilisators. VDI Berichte 2107, VDI-Gesellschaft Fahrzeug- und Verkehrstechnik, SIMVEC – Berechnung und Simulation im

Fahrzeugbau, 15. Internationaler Kongress, 16. – 17. November 2010, Baden-Baden, 2010, 335 – 348

[160] L. HARZHEIM, U. WARNECKE: Anti-Roll Bar Link Toggling: Investigation and Optimization of a Robustness Problem. Proceedings of the SAE 2011 World Congress, April 12 – 14, 2011, Cobo Center, Detroit, Michigan, USA, Paper Number: 2011-01-0063, 2011

[161] B. HASSANI, E. HINTON: A Review on Homogenization and Topology Optimization: I. Homogenization Theory for Media with Periodic Structure. Computers and Structures Vol. 69, 1998, 707 – 717. II. Analytical and Numerical Solution of Homogenization Equations. Computers and Structures Vol. 69, 1998, 719 – 738. III. Topology Optimization Using Optimality Criteria. Computers and Structures Vol. 69, 1998, 739 – 756

[162] P. HÄUSSLER, A. ALBERS, K. PUCHNER, F. FISCHER, W. WITTEVEEN, B. LAUBER: Topologieoptimierung dynamisch belasteter Bauteile durch Integration von Optimierung, Mehrkörpersimulation und Lebensdaueranalyse. NAFEMS Magazin 1/2006, 26 – 29

[163] L. HE, C. Y. KAO, S. OSHER: Incorporating topological derivative into shape derivatives based level set methods. J Comput Phys 225(1), 2007, 891 – 909

[164] A. S. HEDAYAT, N. J. A SLOANE, J. STUFKEN: Orthogonal Arrays: Theory and Applications. Springer, New York, NY, 1999

[165] D. HEISERER, B. ABEL: Pareto-optimale Auslegung von Karosseriestrukturen. VDI Berichte 1967.1, VDI-Gesellschaft Fahrzeug- und Verkehrstechnik, Berechnung und Simulation im Fahrzeugbau, 13. Internationaler Kongress, 27/28. September 2006, Würzburg, 233 – 244

[166] M. HERDY: Beiträge zur Theorie und Anwendung der Evolutionsstrategie. Mensch & Buch Verlag, 2000

[167] M. R. HESTENES, E. STIEFEL: Methods of Conjugate Gradients for Solving Linear Systems. J. Res. N. B. S., Vol. 49, 1952, 409 – 436

[168] M. R. HESTENES: Multiplier and Gradient Methods. Journal of Optimization Theory and Applications, 4 (5), 1969, 303 – 320

[169] D. M. HIMMELBLAU: Applied Nonlinear Programming. Mc Graw-Hill, New York, 1972

[170] E. HINTON, J. SIENZ: Integrated Topology Optimization. Proc. Of 2nd ACME Conf. (Edited by I. Smith), Manchaster, 1993

[171] F. HOFFMEISTER, J. SPRAVE: Problem-independent handling of constraints by use of metric penalty functions. L.J. Fogel, P.J. Angeline, T. Bäck (Eds.), Proceedings of the Fifth Annual Conference on Evolutionary Programming (EP'96), MIT Press, San Diego, CA, February 1996, 289 – 294

[172] M. HOHENBICHLER, R. RACKWITZ: Improvement of Second-Order Reliability Estimates by Importance Sampling. Journal of Engineering Mechanics, Vol. 114, 1988, 2195 – 2199

[173] J. H. HOLLAND: Adaption in Natural and Artificial Systems. MIT Press, Cambridge, Mass, 1992

[174] Y. C. HON, R. SCHABACK: On unsymmetric collocation by radial basis functions. Appl. Math. Comput., 119(2-3), 2001, 177 – 186

[175] E. P. HONG, B. J. YOU, C. H. KIM, G. J. PARK: Optimization of Flexible Components of Multibody Systems via Equivalent Static Loads. Struct Multidisc Optim 40, 2010, 549 – 562

[176] K. HORNIK, M. STINCHCOMBE, H. WHITE: Universal Approximation of an Unknown Mapping and its Derivatives Using Multilayer Feedforward Networks. Neural Networks, 3, 1990, 535 – 549

[177] C. J. HUIJBREGTS, G. MATHERON: Universal Kriging (An Optimal Method for Estimating and Contouring in Trend Surface Analysis). Proceedings of Ninth International Symposium on Technics for Decision-making in the Mineral Industrie, 1971

[178] J. S. Hunter: Statistical Design Applied to Product Design. J. of Quality Technology, Vol.17, No.4 , 1985

[179] K. Imai, L. A. Schmit: Configuration Optimization of Trusses. ASCE, Struct. Div., Vol. 107, no. ST5, May 1981, 745 – 756

[180] R.L. Iman, W.J. Conover: Small sample sensitivity analysis techniques for computer models, with an application to risk assessment. Communications in Statistics, Part A. Theory and Methods, Vol. 17, 1980, 1749 – 1842

[181] S. Jeong, M. Murayama, K. Yamamoto: Efficient Optimization Design Method Using Kriging Model. AIAA paper 2004 – 0118, 2004; www.ifs.tohoku.ac.jp/edge/Jeong/AIAA2004 – 0118.pdf

[182] S. B. Jeong, S. I. Yi, C. D. Kan, V. Nagabhushana, G. J. Park: Structural optimization of an automobile roof structure using equivalent static loads. Proceeding of the Institution of Mechanical Engineers, Part D, Journal of Automobile Engineering 222 (11), 2008, 1985 – 1995

[183] S. B. Jeong, S. Xu, G. J. Park: Non-linear dynamic response structural optimization of an automobile frontal structure using equivalent static loads. Proceeding of the Institution of Mechanical Engineers, Part D, Journal of Automobile Engineering 224 (4), 2010, 489 – 501

[184] R. Jin, W. Chen, A. Sudjianto: An efficient algorithm for constructing optimal design of computer experiments. Journal of Statistical Planning and Inference, Vol. 134, 2005, 268 – 287

[185] J. Joines, C. Houck: On the use of non-stationary penalty functions to solve nonlinear constrained optimization problems with GAs. D. Fogel (Ed.), Proceedings of the First IEEE Conference on Evolutionary Computation, IEEE Press, Orlando, FL, 1994, 579 – 584

[186] D. R. Jones, M. Schonlau, W. J. Welch: Efficient Global Optimization of Expensive Black-Box Functions. Journal of Global Optimization 13, 1998, 455 – 492

[187] D. R. Jones: A Taxometer of Global Optimization Methods Based on Response Surfaces. Journal of Global Optimization 21, 2001, 345 – 383

[188] F. Jurecka: Robust Design Optimization Based on Metamodeling Techniques. Dissertation Technische Universität München, Band 8, 2007, ISBN 3-8322-6390-X

[189] T. Kaminski, R. Giering 1, C. Othmer: Topological Design Based on Highly Efficient Adjoints Generated by Automatic Differentiation. Design Optimization International Conference, April 5 – April 7 2005, Las Palmas, Spain, www.fastopt.com/papers/kaminskial06.pdf

[190] E. J. Kansa: Multiquadratics- A Scattered Data Approximation Scheme with Applications to Computional Fluid Dynamics: I. Surface Approximations and Partial Derivative Estimates. Comput. Math. Appl. 19 (6 – 8), 1990, 127 – 145

[191] E. J. Kansa: Multiquadratics- A Scattered Data Approximation Scheme with Applications to Computional Fluid Dynamics: II. Solutions to Parabolic, Hyperbolic, and Elliptic Partial Differential Equations. Comput. Math. Appl. 19 (6 – 8), 1990, 147 – 161

[192] E. J. Kansa: Motivation of Using Radial Basis Functions to Solve PDE's. 1999 http://rbf-pde.uah.edu/kansaweb.html

[193] E. J. Kansa, Y. C. Hon: Circumventing the Ill-Conditioning Problem with Multiquadratic Radial Basis Functions: Applications to Elliptic Partial Differential Equations. Comp. Math. Appl. 39 (7/8), 2000, 123 – 137

[194] A. Kawamoto, T. Matsumori, S. Yamasaki, T. Nomura, T. Kondoh, S. Nishiwaki: Heaviside projection based topology optimization by a PDE-filtered scalar function. Struct Multidisc Optim 44(1), 2011, 19 – 24

[195] J. E. KELLY: The Cutting Plane Method for Solving Convex Programs. J. SIAM, Vol. 8, 1960, 702 – 712

[196] J. KENNEDY, R. EBERHART: Particle Swarm Optimization. Proc. IEEE Int'l Conf. On Neural Networks (Perth, Australia), IEEE Service Center, Piscataway, NJ IV, 1995, 1942 – 1948

[197] J. KENNEDY, R. MENDES: Population structure and particle swarm performance. In In Proceedings of the IEEE Congress on Evolutionary Computation, Hawaii, USA, 2002, 1671 – 1676

[198] Y. I. KIM, G. J. PARK, R. M. KOLONAY, M. BLAIR, R. A. CANFIELD: Nonlinear dynamic response structural optimization of a joined-wing using equivalent static loads, J. Aircraft 44 (4), 2007, 1302 – 1308

[199] Y. I. KIM, G. J. PARK: Nonlinear dynamic response structural optimization using equivalent static loads. Comput Methods Appl Math 199 (9 – 12), 2010, 660 – 676

[200] S. KIRKPATRIK, C. D. GELATT, M. P. VECCHI: Optimization by Simulated Annealing. Science, Vol. 220, 1983, 671 – 680

[201] S. KIRKPATRIK: Optimization by Simulated Annealing: Quantitative Studies. Journal of Statistical Physics, Vol. 34 (5/6), 1984, 975 – 986

[202] J. P. C. KLEIJNEN, W. VAN BEERS: Kriging for Interpolation in Random Simulation. Journal of the Operational Research Society 54, 2003, 255 – 262

[203] W. KLEPPMANN: Taschenbuch Versuchsplanung: Produkte und Prozesse optimieren. Praxisreihe Qualitätswissen, Carl Hanser Verlag, München, Wien, 1998

[204] W. KLEPPMANN: Taschenbuch Versuchsplanung-Produkte und Prozesse optimieren, Praxisreihe Qualitätswissen, Carl Hansel Verlag, München, Wien, 2001

[205] F. R. KLIMETZEK, J. PATERSON, O. MOOS: AutoDuct: Topology Optimization for Fluid Flow. 1. Konferenz für angewandte Optimierung, 21./22. März 2006, Karlsruhe

[206] J. KOEHLER, A. OWEN: Computer Experiments. In S. Gosh, C.R.Rao (eds.), Handbook of Statistics 13: Design and Analysis of Experiments, Elsevier Amsterdam, 1996, 261 – 308

[207] S. KOKOSKA, D. ZWILLINGER: CRC Standard Probability and Statistics Tables and Formulae, Student Edition. Chapman & Hall/CRC, New York, 2000.

[208] R. KORYCKI: Multiparametric Shape Optimal Design of Disk. Structural Optimization 9, 1995, 25 – 32

[209] R. KORYCKI, H. A. ESCHENAUER, A. SCHUMACHER: Incorporation of Adjoint-Method Sensitivity Analysis with the Optimization Procedure SAPOP. Proc. Of 11th Polish Conf. on Comp. Meth. In Mech., 11 – 15 May 1995, Kielce, Poland

[210] R. S. KOSHAL: Application of the Method of Maximum Likelihood to the Improvement of Curves Fitted by the Methods of Moments. Journal of the Royal Statistical Society, A (96), 1971, 303 – 313

[211] B. KOST: Optimierung mit Evolutionsstrategien. Verlag Harry Deutsch, Frankfurt, 2003

[212] G. KREISSELMEIER, R. STEINHAUSER: Systematic Control Design by Optimization a Vector Performance Index. Proceedings of IFAC Symposium in Computer Aided Design of Control Systems, Zürich, Switzerland, 1979, 113 – 117

[213] G. KREISSELMEIER, R. STEINHAUSER: Application of Vector Performance Optimization to a Robust Control Loop Design for a Fighter Aircraft. Int. J. of Control 37, 1983, 251 – 284

[214] S. KREISSL, G. PINGEN, K. MAUTE: An explicit level set approach for generalized shape optimization of fluids with the lattice Boltzmann method. Int J Numer Methods Fluids 65(5), 2011, 496 – 519

[215] S. KREISSL, K. MAUTE: Level set based fluid topology optimization using the extended finite element method. Multidisc Optim 46(3), 2012, 311 – 326

[216] R. Kriechbaum, J. Schäfer, C. Mattheck: CAIO Computer Aided Internal Optimization. Proc. Of Localized Damage II, Southampton, July 1 – 3, 1992

[217] J. Krottmaier: Versuchsplanung. 3. Auflage, Verl. TÜV Rheinland, Köln, 1994

[218] H. W. Kuhn, A. W. Tucker: Nonlinear Programming. In Neyman: Proceedings of the 2nd Berkley Symp. On Math. Statistics and Probability, Univ. of California, Berkley, 1951

[219] M. Kunle: Entwicklung und Untersuchung von Moving Least Square Verfahren zur numerischen Simulation hydrodynamischer Gleichungen. Dissertation, Fakultät für Physik, Eberhard-Karls_Universität zu Tübingen, 2001

[220] P. Lancaster, K. Salkauskas: Surfaces Generated by Moving Least Square Method. Mathematics of Computation, 37, 1981, No 155, 141 – 158

[221] P. Lancaster, K. Salkauskas: Curve and Surface Fitting: An Introduction. Academic Press Inc. LTD, London 1986

[222] L. S. Lasdon: Optimization Theory for Large Systems. The MacMillan Company, London, 1970

[223] U. Lautenschlager: Robuste Multikriterien-Strukturoptimierung mittels Verfahren der statistischen Versuchsplanung, Univeristät Siegen, TIM-Forschungsbericht Nr. T16 – 05.00, 2000

[224] H. A. Lee and G. J. Park: Topology optimization for structures with nonlinear behavior using the equivalent static loads, ASME-Journal of Mechanical Design, 134 (3), 2012, 031004-1 – 14

[225] S. J. Lee, H. A. Lee, S. I. Yi, D. S. Kim, H. W. Yang and G. J. Park: Design flow for the crash box in a vehicle to maximize energy absorption, Proceedings of the Institution of Mechanical Engineers, Part D, Journal of Automobile Engineering, 227 (2), 2013, 179 – 200

[226] M. Liefvendahl, R. Stocki: A study on algorithms for optimization of Latin hypercubes. Journal of Statistical Planning and Inference, Vol. 136 (9), 2006, 3231 – 3247

[227] W. Light: Advances in Numerical Analysis, Volume II: Wavelets, Subdivision Algorithms and Radial Basis Function: 3. The Theory of Radial Basis Function Approximation in 1990 (M.J.D. Powell). Clarendon Press, Oxford, 1992

[228] Z. Liu, J. G. Korvink, R. Huang: Structure topology optimization: fully coupled level set method via FEMLAB. Struct Multidisc Optim 29(6), 2005, 407 – 417

[229] M. Loovbjerg, T. K. Rasmussen, T. Krink: Hybrid Particle Swarm Optimiser with Breeding and Subpopulations. Proceedings of the third generic and evolutionary computation conference (GECCO), San Francisco, 2001, 469 – 476

[230] Z. Luo, M. Y. Wang, S. Wang, P. Wei: A level set-based parameterization method for structural shape and topology optimization. Int J Numer Methods Eng 76(1), 2008, 1 – 26

[231] Z.-D. Ma, N. Kikuchi, H.-C. Cheng, I. Hagiwara: Topology and Shape Optimization Technique for Structural Dynamic Problems. PVP-Vol.248/NE-Vol. 10, recent Advances in structural Mechanics – ASME 1992, 133 – 143

[232] S. W. Mahfoud: Niching Methods for Genetic Algorithms. PhD Thesis, University of Illinois at Urbana-Champaign, 1995. IlliGAL Report No. 95001

[233] O. L. Mangasarian: Nonlinear Programming. McGraw-Hill, 1969

[234] K. V. Mardia, R. J. Marschall: Maximum Likelihood Estimation of Models for Residual Covariance in Spatial Regression. Biometrika Vol. 71, 1984, 135 – 146

[235] D. W. Marquardt: An Algorithm for Least Square Estimations of Nonlinear Parameters. SIAM-Journal, 11, 1963, 431 – 441

[236] G. Matheron: Principles of Geostatics. Economic Geology 58, 1963, 1246 – 1266

[237] C. Mattheck, H. Huber-Betzer: Die Baud-Kurve – ein allgemeines Designprinzip für biologische Kraftträger? Allg. Forst- u. J.-Ztg., 160. Jg., 9/10, 1989, 194 – 200

[238] C. Mattheck: Design and Growth Rule for Biological Structures and their Application in Engineering. Fatigue Fract Eng Mater Struct 13, 5, 1990, 535 – 550.

[239] C. Mattheck: Engineering Components Grow Like Trees. Mat.-wiss. U. Werkstofftech. 21, 1990, 143 – 168

[240] C. Mattheck: Why They Grow, How They Grow – the Mechanics of Trees. Arboricultural J. 14, 1990, 1 – 17

[241] C. Mattheck, L. Harzheim: Effect of Loading on the Optimized Shape of a Kinked Bar. Mat.-wiss. U. Werkstofftech. 22, 1991, 236 – 244

[242] C. Mattheck: Design in der Natur, der Baum als Lehrmeister, Rombach GmbH + Co Verlagshaus KG, Freiburg i. B., 1992

[243] M. D. McKay, R. J. Beckman, W. J. Conover: A comparison of three methods for selecting values of input variables in the analysis of output from a computer code. Technometrics, Vol. 21 (2), 1979, 239 – 245

[244] R. B. Melchers: Structural Reliability Analysis and Prediction. 2nd Edition, 1999

[245] R. Meske, J. Sauter, E. Schnack: Nonparametric gradient-less shape optimization for real-world Applications. Struct Multidisc Optim 30, 2005, 201 – 218

[246] R. Meske: Non-parametric gradient-less shape optimization in solid mechanics. Habilitation, Department of Mechanical Engineering, University of Karlsruhe, December 13, 2006

[247] N. Metropolis, A. W. Rosenbluth, M. N. Rosenbluth, A. H. Teller, E. Teller: Equation of State Calculations by Fast Computing Systems. J. Chem. Physics, 21 (6), 1953, 1087 – 1092

[248] Z. Michalewicz, N. Attia: Evolutionary Optimization of Constrained Problems. Proceedings of the 3rd Annual Conference on Evolutionary Programming,World Scientic, 1994, 98 – 108

[249] Z. Michalewicz: Genetic algorithms, numerical optimization, and constraints. L.J. Eshelman (Ed.), Proceedings of the Sixth International Conference on Genetic Algorithms, University of Pittsburgh, Morgan Kaufmann, San Mateo, CA, July 1995, 151 – 158

[250] L. van Miegroet, P. Duysinx: Stress concentration minimization of 2D filets using X-FEM and level set description. Struct Multidisc Optim 33 (4), 2007, 425 – 438

[251] V. Miranda, N. Fonseca: New Evolutionary Particle Swarm Algorithm (EPSO) Applied to Voltage/VAR Control. Proceedings of the 14th power systems computation conference (PSCC) (Session 21, Paper 5); Seville, Spain, 2002, 1 – 6

[252] H. P. Mlejnek: Accuracy of Semi-Analytical Sensitivities and its Improvement by the „Natural Method“. Struct Optim 4, 1992, 128 – 131

[253] P. Montès: Smoothing Noisy Data by Kriging with Nugget Effects. Wavelets, Images and Surface Fitting (Laurent, P. J., Le Méhauté, A., et al., eds.), A.K. Peters, Wellesley, MA, 1994, 371 – 378

[254] G. J. Moore: MSC/Nastran Design Sensitivity and Optimization, User's Guide V68. The MacNeal-Schwendler Corporation, USA, 1994

[255] C. Morgenstern, U. Warnecke,L. Harzheim, L. Schnaubelt: Optimierung eines biege- und torsionsbeanspruchten Stabilisators unter geometrischen Einschränkungen. (Optimization of a Bending- and Torsion Loaded Stabilizer under Geometric Restrictions.) DVM-Bericht 135 „Optimierungspotenziale in der Betriebsfestigkeit“, 2008, 239 – 250

[256] M. Morris, T. Mitchell: Exploratory Design for Computer Experiments. Journal of Statistical Planning Inference, 43, 1995, 381 – 402

[257] W. Murray: Methods for Constraint Optimization; in Optimization in Action; L. C. W. Dixon, NY 1976

[258] R. H. Myers, D. C. Montgomery: Response Surface Methodology: Process and Product Optimization Using Designed Experiments, J. Wiley & Son, NY, 1995

[259] MSC. Nastran 2004: Quick Reference Guide. The MacNeal-Schwendler Corporation, USA, 2004

[260] J. A. Nelder, R. Mead: A Simplex Method for Function Minimization. Computer Journal, Vol. 7, 1965, 308 – 313

[261] H. Niederreiter: Random Number Generation and Quasi-Monte Carlo Methods. SIAM Press, Philadelphia, PA, 1992

[262] A. A. Nowotny, R. A. Feijoo, E. Taroco, C. Padra: Topological-shape sensitivity method: Theory and applications. IUTAM Symposium on Topological Design Optimization of Structures, Machines and Materials, Solid Mechanics and Its Applications Volume 137, 2006, 469 – 478

[263] L. H. Olesen, F. Okkels, H. Bruus: Topology Optimization of Navier-Stokes Flow in Microfluids. European Congress on Computational Methods in Applied Sciences and Engineering, ECCOMAS 2004, Jyväskylä, 24 – 28 July 2004

[264] A. Olsson, G. Sandberg, O. Dahlbloom: On Latin Hypercube Sampling for Structural Reliability Analysis. Structural Safety 25 (1), 2003, 47 – 68

[265] Optimus 5.1 Documentation V1. Noesis Solutions, Leuven, Belgium, 2005

[266] S. Osher, J. A. Sethian: Fronts propagating with curvature-dependent speed: algorithms based on Hamilton-Jacobi formulations. J Comput Phys 79 (1), 1988, 12 – 49

[267] S. Osher, R. P. Fedkiw: Level set methods: an overview and some recent results. J Comput Phys 169 (2), 2001, 463 – 502

[268] S. Osher, R. P. Fedkiw: Level set methods and dynamic implicit surfaces, vol 153. Springer, New York, 2003

[269] A. Ostermeier: Schrittweitenadaption in der Evolutionsstrategie mit einem entstochastisierten Ansatz. Dissertation, TU Berlin, 1997

[270] C. Othmer, T. Grahs: Approaches to Fluid Dynamic Optimization in the Car Development Process. Evolutionary and Deterministic Methods for Design, Optimization and Control with Applications to Industrial and Societal Problems, EUROGEN 2005, München

[271] A. B. Owen: Orthogonal Arrays for Computer Experiments, Integration and Visualisation. Statistica Sinica, Vol. 2, 1992, 439 – 452

[272] V. Pareto: Manual of Political Economy. Augustus M Kelley Publishers, 1971

[273] J. S. Park: Optimal Latin-hypercube designs for computer experiments. Journal of Statistical Planning and Inference, Vol. 39, 1994, 95 – 111

[274] G. J. Park: Technical overview of the equivalent static loads method for non-linear static response structural optimization. Struct Multidisc Optim 43, 2011, 319 – 337

[275] E. Parzen: A New Approach to the Synthesis of Optimal Smoothing and Prediction Systems. In R. Bellman, (ed.), Mathematical Optimization Technics, University of California Press, Berkley, 1963, 75 – 108

[276] P. Pederson: Influence from Non-Linearities on Optimal Shape Design.
7th AIAA/USAF/NASA/ ISSMO Symp. On Multidisciplinary Analysis and Optimization Part2, 1998, 1123 – 1130

[277] P. Pederson: On Optimal Shapes in Material and Structures. Struct. Multidisc Optim 19, 2000, 169 – 182

[278] N. L. Pederson: Maximization of Eigenvalues Using Topology Optimization. Struct Multidisc Optim 20, 2000, 2 – 11

[279] T. PERAM, K. VEERAMACHANENI, C. MOHAN: Fitness-Distance Ration Based Particle Swarm Optimization. Proceedings of the IEEE Swarm Intelligence Symposium (SIS), Indiapolis, IN., Piscataway: IEEE, 2003, 174 – 181

[280] D. A. PIERRE, M. J. LOWE: Mathematical Programming via Augmented Lagrangians. Applied Mathematics and Computations Series, Addison-Wesley, 1975

[281] G. PINGEN, M. WAIDMANN, A. EVGRAFOV, K. MAUTE: A parametric level-set approach for topology optimization of flow domains. Struct Multidisc Optim 41(1), 2010, 117 – 131

[282] R. B. PLATTE, T. A. DRISCOLL: Polynomials and Potential Theory for Gaussian Radial Basis Function Interpolation. SIAM Journal on Numerical Analysis, Vol. 43, 2005, 750 – 766

[283] E. POLAK: Computational Methods in Optimization. Academic Press, 1971

[284] M. J. D. POWELL: An Efficient Method for Finding the Minimum of a Function of Several Variables without Calculating Derivatives. Computer Journal, Vol. 7, 1964, 303 – 307

[285] M. J. D. POWELL: Algorithms for Nonlinear Constraints that Use Lagrangian Functions. Mathematical Programming, Band 14, 1978, 224 – 248

[286] R. POLI, J. KENNEDY, T.BLACKWELL: Particle Swarm Optimization, an Overview. Swarm Intel. 1, 2007, 33 – 57

[287] M. J. D. POWELL: A Fast Algorithm for Nonlinearly Constrained Optimization Calculations. In Numerical Analysis, G.A. Watson, Lecture Notes in Mathematics, Vol. 630, Springer 1978

[288] M. J. D. POWELL: The Theory of Radial Basis Function Approximation in 1990, Advances in Numerical Analysis, Vol. II, 1990, 105 – 210

[289] W. H. PRESS, S. A. TEUKOLSKY, W. T. VETTERLING, B. P. FLANNERY: Numerical Recipes in Fortran, The art of scientific computing., 2nd edition, Cambridge University Press, ISBN 0-521-43064, 1992, 387 – 448.

[290] L. PRONZATO, W. MÜLLER: Design of Computer Experiments: Space Filling and Beyond. Statistics and Computing, 22, 2012, 681 – 701

[291] A. K. QIN, P. N. SUGANTHAN: Self-adaptive differential evolution algorithm for numerical optimization. The 2005 IEEE congress on evolutionary computation CEC2005, DOI 10.1109/CEC.2005.1554904, 2005, 1785 – 1791

[292] R. RACKWITZ, B. FIESSLER: Structural Reliability under Combined Load Sequences. Computer and Structures 9, 1978, 489 – 494

[293] I. RECHENBERG: Optimierung technischer Systeme nach Prinzipien der biologischen Evolution, Dissertation, Technische Universität Berlin, 1970

[294] I. RECHENBERG: Evolutionsstrategie, Friedrich Frommann Verlag, Stuttgart, 1973

[295] I. RECHENBERG: Evolution strategy: Nature's way of optimization. Lecture Notes in Engineering, Vol. 47, Springer, Berlin 1989

[296] I. RECHENBERG: Evolutionsstrategie ,94. Werkstatt Bionik und Evolutionstechnik, Band 1, Friedreich Frommann Verlag, G. Holzboog, Stuttgart, 1994

[297] S. RIPPA: An algorithm for selecting a good value for the parameter c in radial basis function interpolation. Advances in Computational Mathematics 11, 1999, 193 – 210

[298] R. J. ROARK: Roark's Formulars for stress & Strain. Sixth Edition. McGraw-Hill Book Company 1989, ISBN 0-07-072541-1

[299] J. ROBINSON, S. SINTON,Y. RAHMAT-SAMII: Particle Swarm, Genetic Algorithm and their Hybrids: Optimization of a Profiled Corrugated Horn Antenna. Proceedings IEEE international symposium on antennas and propagation, San Antonio, TX, 2002, 314 – 317

[300] R. T. ROCKAFELLAR: The Multiplier Method of Hestenes and Powell Applied to Convex Programming. J. Optim. Theory Appl., Vol. 12, no. 6, 1973, 555 – 562

[301] K. RÖPKE: Design of Experiments (DOE) in der Motorenentwicklung, Umdruck der Haus der Technik Tagung, Berlin, 2001

[302] J. H. RONG, Q. Q. LIANG: A level set method for topology optimization of continuum structures with bounded design domains. Comput Methods Appl Mech Eng 197 (17 – 18), 2008, 1447 – 1465

[303] V. ROSHAN JOSEPH, Y. HUNG, A. SUDJIANTO: Blind Kriging: A New Method for Developing Metamodels. Zur Veröffentlichung eingereicht

[304] W. J. ROUX, N. STANDER, R. T. HAFTKA: Response Surface Approximations for Structural Optimization. International Journal for Numerical Methods in Engineering, Vol. 42, 1998, 517 – 534

[305] W. J. ROUX, N. STANDER, F. GUNTHER, AND H. MÜLLERSCHÖN: Stochastic Analysis of Highly Nonlinear. Structures. Int. J. Numer. Meth. Engng Vol. 65 (8), 2006, 1221 – 1242

[306] G. I. N. ROSVANY, M. ZHOU, T. BIRKER: Generalized Shape Optimization without Homogenisation. Struct Optim 4, 1992, 250 – 254

[307] G. I. N. ROSVANY: Aims, Scope, Methods, History ans Unified Terminology of Computer-Aided Topology Optimization in Structural Mechanics. Struct Multidisc Optim 21, 2001, 90 – 108

[308] D. E. RUMELHART, G. E. HINTON, R. J. WILLIAMS: Learning Internal Representations by Error Propagation. In D. E. Rumelhart and J. L. McClelland, editors, Parallel Distributed Processing, Vol. I Foundations, MIT Press, Cambridge, MA, 1986, 318 – 362

[309] J. SACKS, W. J. WELCH, T. J.MITCHELL, H. P. WYNN: Design and Analysis of Computer Experiments (with discussion). Statistical Science 4, 1989, 409 – 435

[310] R. SALOMON: Reevaluating Genetic Algorithm Performance under Coordinate Rotation of Benchmark Functions. A survey of some theoretical and practical aspects of genetic algorithms." BioSystems, 39 (3), 1996, 263 – 278

[311] R. SALOMON: The Influence of Different Coding Schemes on the Computational Complexity of Genetic Algorithms in Function Optimization. In H.-M. Voigt, W. Ebeling, I. Rechenberg, and H.-P. Schwefel (Eds.), Proceedings of The Fourth International Conference on Parallel Problem Solving from Nature (PPSN IV), Springer-Verlag, Berlin, 1996, 227 – 235

[312] J. SAUTER: Eine neue Gestaltoptimierungsstrategie nach dem Vorbild biologischer Strukturen. GAMM-Tagung in Krakau, April 1991

[313] J. SAUTER: CAOS oder die Suche nach der optimalen Bauteilform durch eine effiziente Gestaltoptimierungsstrategie. FE; '91 Congress, Baden-Baden, 18./19. November 1991

[314] J. SAUTER, B. LAUBER: Integrierte Gestalts- und Topologieoptimierung im Konstruktionsprozess. Das Fachmagazin für FEM, CFD und MKS, Ausgabe1/2002

[315] R. SCHABACK, H. WENDLAND: Characterization and construction of radial basis functions. Multivariate approximation and applications, Cambridge Univ. Press, Cambridge, 2001, 1 – 24

[316] R. SCHABACK: Stability of radial basis function interpolants. Approximation theory, X (St. Louis, MO, 2001), Innov. Appl. Math., Vanderbilt Univ. Press, Nashville, TN, 2002, 433 – 440

[317] R. SCHABACK: Multivariate Interpolation by Polynomials and Radial Basis Functions. Constructive Approximation, Vol. 21 No. 3, 2005, 293 – 317

[318] K. SCHITTKOWSKI: Nonlinear Programming Codes. Lecture Notes in Electronics and Mathematical Systems, Berlin, Heidelberg, NY, 1980

[319] K. SCHITTKOWSKI: On the Convergence of a Sequential Quadratic Programming Method with an Augmented Lagrangian Line Search Function. Optimization, Mathematische Operationsforschung und Statistik, Vol. 14, 1983, 197 – 216

[320] A. SCHICK, L. HARZHEIM, A. CHRIST, U. JUNG: Numerische Optimierung der Schweißpunktverteilung zur Erhöhung der Schweißpunktlebensdauer. DVM-Bericht 139 Tagungsband, 29. Tagung des DVM-AK Betriebsfestigkeit Werkstoffe und Fügeverfahren - Neue Herausforderungen für die Betriebsfestigkeit, Paderborn, 10+11.10.2012, 147 – 166

[321] L. A. SCHMIT, B. FARSHI: Some Approximation Concepts for Structural Syntesis. AIAA J. 12, 1974, 692 – 699

[322] D. SCHNEIDER, L. FREDEIKSSON: Robuste Designs als zukünftige Herausforderung der virtuellen Produktentwicklung. Tagungsband NAFEMS Seminar: Use of Stochastics in FEM Analysis, 7. – 8.5.2005, Wiesbaden

[323] E. SCHÖNEBURG, F. HEINZMANN, S. FEDDERSEN: Genetische Algorithmen und Evolutionsstrategien, Addison-Wesley, 1994

[324] U. SCHRAMM, D. SCHNEIDER: Structural Optimization in Occupant Safety and Crash Analysis. Proceedings of the Optimization software, Methods and Applications Conference OptiCON'98, October 8 – 9, 1998, New Port Beach, CA

[325] U. SCHRAMM, H. THOMAS: Crashworthiness Design Using Structural Optimization. AIAA Paper 98 – 4729, 1998

[326] U. SCHRAMM: Strukturoptimierung – Ein effektives Werkzeug in der Automobilentwicklung Teil 1, ATZ Automobiltechnische Zeitschrift 100, 6, 1998, 2 – 7

[327] U. SCHRAMM: Strukturoptimierung – Ein effektives Werkzeug in der Automobilentwicklung Teil 2, ATZ Automobiltechnische Zeitschrift 100, 7/8, 1998, 8 – 16

[328] U. SCHRAMM, H. THOMAS, M. ZHOU: Manufacturing Considerations ans Structural Optimization for Automotive Components. Society of Automotive Engineers, Inc., 2002 – 01 – 1242, 2002

[329] U. SCHRAMM, H. THOMAS, M. ZHOU: Manufacturing Considerations and Structural Optimization for Automotive Components. Paper No. 2002 – 01 – 1242, Society of Automotive Engineers, Inc, 2002

[330] A. SCHUMACHER, R. HIEROLD: Parameterized CAD-Models for Multidisciplinary Optimization Processes. 8th AIAA/NASA/USAF/ISSMO Symposium on Multidisciplinary Analysis and Optimization, AIAA2000 – 4912, Long Beach, CA, 6 – 8 September 2000

[331] A. SCHUMACHER: Time-saving Robust Design Considering Vehicle Crash Performance. In Parmee IC, Hajela P: Optimization in Industrie, Springer-Verlag, London, Berlin, Heidelberg, 2001

[332] A. SCHUMACHER, M. MERKEL, R. HIEROLD: Parametrisierte CAD-Modelle als Basis für eine CAE-gesteuerte Komponentenentwicklung. VDI Berichte 1701, 2002, 517 – 535

[333] A. SCHUMACHER: Optimierung mechanischer Strukturen, Grundlagen und industrielle Anwendungen. 2. Auflage, Springer Berlin Heidelberg 2013, ISBN 978-3-642-34699-6

[334] J. F. SCHUTTE, J. A. REINBOLT, B. J. FREGLY, R. T. HAFTKA, A. D. GEORGE: Parallel Global Optimization with the Particle Swarm Algorithm, Int. J. Numer. Meth. Engng. 61, 2004, 2296 – 2315

[335] H.-P. SCHWEFEL: Numerische Optimierung von Computermodellen mittels Evolutionsstrategie, Basel, Stuttgart. Birkhäuser Verlag, 1977

[336] H.-P. SCHWEFEL, HAMMEL, T. BÄCK: Evolutionäre Algorithmen: Optimieren nach dem Vorbild der Natur. Der CMD-Spiegel 1/2-94, 1994, 49 – 58

[337] H.-P. SCHWEFEL: Evolution and Optimum Seeking. John Wiley & Sons, Inc., New York, 1995

[338] S. SCHWARZ: Sensitivitätsanalyse und Optimierung bei nichtlinearem Stukturverhalten. Bericht Nr. 34, Institut für Baustatik der Universität Stuttgart, 2001

[339] T. W. SEDERFELD, S. R. PARRY: Free-Form Deformation of Solid Geometric Models. SIGGRAPH 86, Dallas, August 18 – 22, Vol. 20, Nr.4, 1986, 151 – 160

[340] J. A. SETHIAN: Level set methods and fast marching methods: evolving interfaces in computational geometry, fluid mechanics, computer vision, and materials science. Cambridge University Press, Cambridge, 1999

[341] J. A. SETHIAN, A. WIEGMANN: Structural boundary design via level set and immersed interface methods. J Comput Phys 163(2), 2000, 489 – 528

[342] J. A. SETHIAN: Evolution, implementation, and application of level set and fast marching methods for advancing fronts. J Comput Phys 169 (2), 2001, 503 – 555

[343] D. F. SHANNO: Conditioning of Quasi-Newton Methods for Function Minimization. Math. Comput. Vol. 24, 1970, 647 – 656

[344] Y. SHI, R. C. EBERHART: Parameter Selection in Particle Swarm Optimization. 7th Annual Conference on Evolutionary Programming, San Diego, USA, 1998

[345] Y. SHI, R. C. EBERHART: Empirical Study of Particle Swarm Optimization. 1999 Congress on Evolutionary Computing, Vol. III, 1999, 1945 – 1950

[346] M. K. SHIN, K. J. PARK, G. J. PARK Optimization of structures with nonlinear behavior using equivalent loads. Comput Methods Appl Math 196 (4 – 6), 2007, 1154 – 1167

[347] O. M. SHIR, T. BÄCK: Dynamic Niching in Evolution Strategies with Covariance Matrix Adaptation. IEEE CEC 2005, Edinburgh, Scotland

[348] O. M. SHIR, T. BÄCK: Technical Report: Niching in Evolution Strategies. TR 2005 – 01, LIACS, Leiden University, 2005 (www.liacs.ne/∼oshir)

[349] O. SIGMUND, J. PETERSSON: Numerical Instabilities in Topology Optimization: A Survey on Procedures Dealing with Checkerboards, Mesh Dependencies and Local Minima. Structural Optimization 16, 1998, 68 – 75

[350] O. SIGMUND, A. GERSBORG-HANSEN, R. B. HABER: Topology Optimization for Multiphysics Problems: A Future FEMLAB Application? Proceedings of the Nordic Matlab Conference 2003, Soborg, Denmark, 237 – 242

[351] O. SIGMUND, K. MAUTE: Topology optimization approaches, (a comparative review). Struct Multidisc Optim 48, 2013, 1031 – 1055

[352] T. W. SIMPSON, D. K. J. LIN, W. CHEN: Sampling Strategies for Computer Experiments: Design and Analysis. International Journal for Reliability and Applications, 2 (3), 2001, 209 – 240

[353] J. SOBIESZCZANSKI-SOBIESKI, J. F. BARTHELEMY, K. M. RILEY: Sensitivity of Optimum Solutions of Problem Parameters. AIAA Journal, 20 (9), 1982, 1291 – 1299

[354] J. SOBIESZCZANSKI-SOBIESKI: A Technique for Locating Function Roots and for Satisfying Equality Constraints in Optimization. NASA TM-104037, NASA LaRC, 1991

[355] J. SOBIESZCZANSKI-SOBIESKI: A Technique for Locating Function Roots and for Satisfying Equality Constraints in Optimization. Struct Optim 4, 1992, 241 – 243

[356] I. M. SOBOL: A Primer for the Monte Carlo Method. CRC Press, New York, NY, 1994

[357] I. M. SOBOL: Global sensitivity indices for nonlinear mathematical models and their Monte Carlo estimates. Mathematics and Computers in Simulation 55, 2001, 271 – 280

[358] I. M. SOBOL, S. KUCHERENKO: Global Sensitivity Indices for Nonlinear Mathematical Models. Review, Wilmott, 1, 2005, 56 – 61

[359] J. SOKOLOWSKI, A. ZOCHOWSKI: On the topological derivative in shape optimization. SIAM J Control Optim 37 (4), 1999, 1251 – 1272

[360] J. SOKOLOWSKI, A. ZOCHOWSKI: Topological derivatives of shape functionals for elasticity systems. Mech Struct Mach 29 (3), 2001, 331 – 349

[361] N. SRINIVAS, K. DEB: Multiobjective Optimization Using Nondominated Sorting in Genetic Algorithms. Evolutionary Computation, Vol. 2, 1995, 221 – 228

[362] N. STANDER: The Successive Response Surface Method Applied to Sheet Metal Forming. Proceedings of the First MIT Conference on Computational Fluid and Solid Mechanics, Boston, June 12 – 14, 2001, Elsevier Science Ltd., Oxford,

[363] N. STANDER, K. J. GRAIG: On the Robustness of a Simple Domain Reduction Scheme for Simulation-Based Optimization. Engineering Computations, 19 (4), 2002, 431 – 450

[364] N. STANDER, W. ROUX, A. BASUDHAR, T. EGGLESTON, T. GOEL, K. GRAIG: LS-OPT User's Manual: A Design Optimization and Probabilistic Analysis Tool for Engineering Analyst. Version 5. Liverpool Software Technology Corp., April 2013

[365] R. STEUER: Multiple Criteria Optimization: Theory, Computation and Application. NY, John Wiley & Sons, Inc., 1986

[366] J. STOER, R. BULIRSCH: Introduction to Numerical Analysis, Springer, NY, 1976

[367] R. STORM, K. PRICE: Differential Evolution - A simple and efficient adaptive scheme for global optimization over continuous spaces. Journal of Global Optimization 11, 1997, 341 – 359

[368] P. N. SUGANTHAN: Particle Swarm Optimizer with neigbourhood Operator. Proceedings of the IEEE Congress on Evolutionary Computation (CEC), Piscataway: IEEE, 1999, 1958 – 1962

[369] N. SUKUMAR, D. L. CHOPP, N. MOËSC, T. BELYTSCHKO: Modeling holes and inclusions by level sets in the extended finite-element method. Comput. Methods Appl. Mech. Engrg. 190 (46 – 47), 14 September 2001, 6183 – 6200

[370] K. SWANBERG: An Algorithm for Optimum Structural Design Using Duality. Mathematical Programming Study 20, 1982, 161 – 177

[371] K. SWANBERG: The Method of Moving Asymtotes – a New Method for Structural Optimization. Int. j. numer. methods eng., Vol. 24, 1987, 359 – 373

[372] G. TAGUCHI, S. KONISHI: Taguchi Methods: Orthogonal Arrays and Linear Graphs. Tools for Quality Engineering, American Supplier Institute Inc., 1987

[373] G. TAGUCHI, S. GHOWDHURY, Y. WU: Taguchi's Quality Engineering Handbook. John Wiley & Sons, Inc., Hoboken, New Jersey, 2005. ISBN 0-471-41334-8

[374] A. TAKEZAWA, S. NISHIWAKI, M. KITAMURA: Shape and topology optimization based on the phase field method and sensitivity analysis. J Comput Phys 229 (7), 2010, 2697 – 2718

[375] H. THOMAS, M. ZHOU, U. SCHRAMM: Issues of Commercial Optimization Software Development. Struct Multidisc Optim 23, 2002, 97 – 110

[376] A. THUM, W. BAUTZ: Der Entlastungsübergang. Günstigste Ausbildung des Überganges an abgesetzten Wellen u. dgl. Forschung 6. Bd./Heft 6, 1935, 269 – 273

[377] D. A. TORTORELLI, P. MICHALERIS: Design Sensitivity Analysis: Overview and Review." Inverse Prob Eng 1, 1994, 71 – 105

[378] Y. UMETANI, S. HIRAI: An Adaptive Shape Optimization Method for Structural Material Using the Growing-Reforming Procedure. Proc. Of 1975 Joint ISME-ASME Applied Mechanics Western Conference, 1975, 359 – 365

[379] N. P. VAN DIJK, G. H. YOON, F. VAN KEULEN, M. LANGELAAR: A level-set based topology optimization using the element connectivity parameterization method. Struct Multidisc Optim 42 (2), 2010, 269 – 282

[380] N. P. VAN DIJK, M. LANGELAAR, F. VAN KEULEN: Explicit level-set based topology optimization using an exact Heaviside function and consistent sensitivity analysis. Int J Numer Methods Eng 91 (1), 2012, 67 – 97

[381] N. P. VAN DIJK, K. MAUTE, M. LANGELAAR, F. VAN KEULEN: Level-set methods for structural topology optimization: a review. Struct Multidisc Optim 48, 2013, 437 – 472

[382] G. N. VANDERPLAATS: Numerical Optimization Techniques for Engineering Design. McGraw-Hill series in mechanical engineering, 1984, ISBN 0-07-066964-3

[383] G. N. VANDERPLAATS: An Efficient Feasible Direction Algorithm for Design Synthesis. AIAA Journal, Vol 22, No. 11, Nov. 1984

[384] J. VEITH: Topologische Optimierung einer Leichtmetallfelge mit dem SKO-Verfahren. Diplomarbeit am Fachgebiet Leichtbau, TH Darmstadt, 1994

[385] F.A.C. VIANA, G. VENTER, V. BALABANOV: An algorithm for fast generation of optimal Latin hypercube designs. International Journal for Numerical Methods in Engineering, Vol. 82, 2010, 135 – 156

[386] F.A.C. VIANA: Things you wanted to know about the Latin hypercube design and were afraid to ask. Proceedings of The Tenth World Congress of Structural and Multidisciplinary Optimization (WCSMO-10), Paper 5176, Orlando. Florida, USA, 19 – 24 May 2013

[387] M. Y. WANG, X. WANG, D. GUO: A level set method for structural topology optimization. Comput Methods Appl Mech Eng 192 (1 – 2), 2003, 227 – 246

[388] M. Y. WANG, S. ZHOU: Phase field: a variational method for structural topology optimization. Comput Model Eng Sci 6 (6), 2004, 547 – 566

[389] S. WANG, M. Y. WANG: Radial basis functions and level set method for structural topology optimization. Int J NumerMethods Eng 65 (12), 2006, 2060 – 2090

[390] Z. WASZCZYSZYN: Neural Networks in the Analysis and Design of Structures. CISM Courses and Lectures No. 404, Springer, New York, 1999

[391] Z. WASZCZYSZYN, L. ZIEMIANSKI: Neural Networks in Mechanics of Structures and Maerials – New Results and Prospects of Applications. Computers and Structures 79, 2001, 2261 – 2276

[392] P. WEI, M. Y. WANG, X. XING: A study on X-FEM in continuum structural optimization using a level set model. Comput-Aided Des 42 (8), 2010, 708 – 719

[393] H. WENDLAND: Piecewise polynomial, positive definite compactly supported radial basis functions of minimal degree. Adv. Comput. Math. 4, 1995, 389 – 396

[394] H. WHITE, K. HORNIK, M. STINCHCOMBE: Universal Approximation of an Unknown Mapping and its Derivatives. Artificial Neural Networks: Approximations and Learning Theory, H. White, ed., Oxford, UK: Blackwell, 1992.

[395] J. H. WILKINSON, C. REINSCH: Linear Algebra Vol. 2 of Handbook for Automatic Computation. Chapter 10, G.H. Golub, C. Reinsch, Springer, NY, 1977

[396] G. C. WILLIAMS: Das Schimmern des Ponyfisches. Plan und Zweck in der Natur. Heidelberg; Berlin: Spektrum, Akad. Verl., 1998

[397] J. WILL, D. ROOS, J. RIEDEL: Robustheitsbewertung in der stochastischen Strukturmechanik. Tagungsband NAFEMS Seminar: Use of Stochastics in FEM Analysis, 7. – 8.5.2005, Wiesbaden

[398] J. WILL, J. RIEDEL, C. BUCHER, I. RAASCH: Suche nach alternativen Gesamtfahrzeugkonzepten mit OptiSLang, Weimarer Optimierungs- und Stochastiktage 1.0 – 2./3. Dezember 2004

[399] J. WILL, C. BUCHER: Statistische Maße für rechnerische Robustheitsbewertung CAE gestützter Berechnungsmodelle. Weimarer Optimierungs- und Stochastiktage, 3.0 – Dezember 2006

[400] P. WOLFE: A Duality Theorem for Nonlinear Programming. Quarterly of Applied Mathematics, 19, 1961, 239 – 244

[401] P. WOLFE: Methods of Linear Programming. In Recent Advances in Mathematical Programming, R. S. Graves and P. Wolfe, NY 1963, 76 – 87

[402] Y. M. XSI, G. P. STEVEN: A Simple Evolutionary Procedure for Structural Optimization. Comp.& Struct 49, 1993, 885 – 896

[403] S. YAMASAKI, T. NOMURA, A. KAWAMOTO, K. SATO, S. NISHIWAKI: A level set-based topology optimization method targeting metallic waveguide design problems. Int J NumerMethods Eng 87 (9), 2011, 844 – 868

[404] X. Y. YANG, Y. M. XIE, G. P. STEVEN: Evolutionary Methods for Topology Optimization of Continuous Structures with Design dependent Loads. Computers & Structures 83, 2005, 956 – 963

[405] K.Q. YE, W. LI, A. SUDJIANTO: Algorithmic construction of optimal symmetric Latin hypercube designs. Journal of Statistical Planning and Inference, Vol. 90, 2000, 145 – 159

[406] S. I YI, H.A. LEE, J. Y. LEE AND G. J. PARK: Optimization of a structure with contact condition using equivalent loads, Journal of Mechanical Science and Technology 25 (3), 2011, 773 – 782

[407] V. YOUNG, O. M. QUERIN, G. P. STEVEN, Y. M. XIE: 3D and Multiple Load Case Bi-Directional Evolutionary Structural Optimization (BESO). Struct. Optim. 18, 1999, 183 – 192

[408] W. ZHANG, H. YANG: A Study of the Weighting Method for a Certain Type of Multicriteria Optimization Problem. Computers and Structures Vol. 79, 2001, 2741 – 2749

[409] M. ZHOU; R. T. HAFKA: A Comparison of Optimality Criteria Methods for Stress and Displacement Constraints. Comp Meth Appl Mech Engrg 124, 1995, 253 – 271

[410] M. ZHOU, N. PAPALDIPTI, H. THOMAS, Y. K. SHYY: An Integrated Approach for Topology, Sizing and Shape Optimization. 8th AIAA/USAF/NASA/ISSMO Symposium on Multidisciplinary Analysis and Optimization September 6 – 8, Long Beach, California, 2000

[411] M. ZHOU, Y. K. SHYY, H. L. THOMAS: Checkerboard and Minimum Member Size Control in Topology Optimization. Struct Multidisc Optim 21, 2001, 152 – 158

[412] M. ZHOU, Y. K. SHYY, H. L. THOMAS: Topology optimization with manufacturing constraints. Proc. 4th World Congress of Structural and Multidisciplinary Optimization, Dalian, China, June 2001

[413] M. ZHOU, R. FLEURY, Y. K. SHYY, H. L. THOMAS: Progress in topology optimization with manufacturing constraints. Proc. 9th AIAA/ISSMO Symposium on Multidisciplinary Analysis and Optimization, Atlanta, GA, September, 2002

[414] H. ZIMMER, H. SCHMIDT, U. UMLAUF: Parametrisches Entwurfstool zur schnellen und flexiblen Generierung virtueller Prototypen im Fahrzeugbau. VDI-Bericht des 10. Internationalen Kongresses zur Berechnung und Simulation im Fahrzeugbau, Würzburg, 14./15. September 2000

[415] G. ZOUTENDJIK: Method of feasible Directions. Elsevier, 1960

Sachwortverzeichnis

C

D

E

H

I

J

K

S

T

U

V

W

Z

Notizen

I. N. Bronstein,
K. A. Semendjajew,
G. Musiol,
H. Mühlig

Taschenbuch der Mathematik

10. Auflage 2016
1280 Seiten,
zahlreiche Abbildungen und Tabellen,
Plastikeinband

Europa-Nr.: 56702
ISBN 978-3-8085-5789-1
mit Multiplattform-CD-ROM
Europa-Nr.: 56726
ISBN 978-3-8085-5790-7

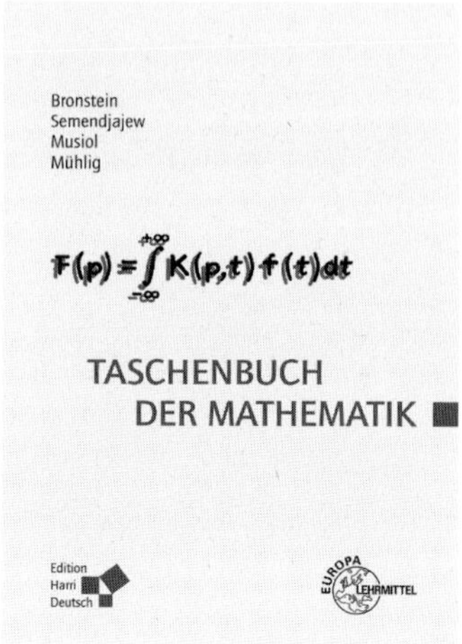

„Der Bronstein“ ist für Generationen von Ingenieuren und Naturwissenschaftlern zu einem festen Begriff geworden.

Anschaulichkeit und Verständlichkeit zeichnen diesen Querschnitt der Mathematik aus, dem es vorrangig um den inhaltlichen Kern der Sachverhalte sowie um Besonderheiten und Grenzen der Anwendungen geht, nicht um strenge mathematische Beweise.

Die dem Buch beiliegende CD-ROM enthält den Inhalt des Bronstein als vernetzte HTML-Struktur mit farbigen Abbildungen und einer integrierten Suchfunktion. Als Add-on bietet sie zwei Kapitel zu mathematischen Grundlagen der Quantenmechanik und Quantencomputern, die nicht im Buch enthalten sind.

H. Stöcker u. a.

Taschenbuch der Physik

8., korrigierte Auflage 2018
1119 Seiten, 2-fbg.,
zahlreiche Abbildungen und Tabellen,
Plastikeinband

Europa-Nr.: 56740
ISBN 978-3-8085-5875-1

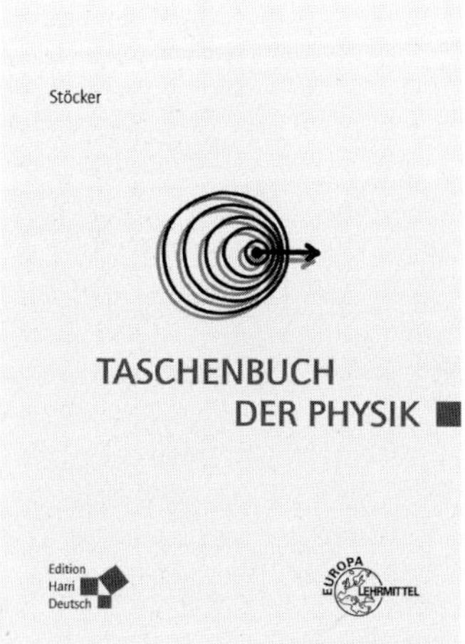

Das *Taschenbuch der Physik* wurde von einem Team erfahrener Hochschuldozenten, Wissenschaftler und in der Praxis stehender Ingenieure unter dem Gesichtspunkt „Physik griffbereit“ erstellt:

Alle wichtigen Begriffe, Formeln, Messverfahren und Anwendungen sind hier kompakt zusammengestellt.

Nicht zuletzt die ausführlichen Tabellenteile zur Mechanik, zu Schwingungen/Wellen/Akustik/Optik, zur Elektrizitätslehre, zur Thermodynamik und zur Quantenphysik machen dieses Buch zu einem unverzichtbaren Nachschlagewerk für Ingenieure und Naturwissenschaftler, die im physikalisch-technischen Sektor tätig sind.